U0168302

“十三五”国家重点出版物出版规划项目

铸 造 手 册

第 4 卷

造 型 材 料

第 4 版

中国机械工程学会铸造分会　组编

李远才　主编

机械工业出版社

《铸造手册》第4版共分铸铁、铸钢、铸造非铁合金、造型材料、铸造工艺和特种铸造6卷出版。本书为造型材料卷。第4版在第3版的基础上进行了全面的修订，体现了我国造型材料的产品与技术结构、环保新要求，以及新标准不断涌现的巨大变化。本书包括绪论、原砂、湿型黏土砂、水玻璃砂、树脂黏结剂型（芯）砂、其他有机和无机黏结剂砂、铸造涂料、过滤网、冒口套及覆盖剂、其他辅助材料和造型材料测试方法共11章，主要介绍了砂型铸造生产中广泛使用的各种造型材料及其性能、相关造型材料的检测方法和现行标准、选择和应用造型材料时应掌握的知识等内容。本书由中国机械工程学会铸造分会组织编写，内容系统全面，具有权威性、科学性、实用性、可靠性和先进性。

本书可供铸造工程技术人员、质量检验和生产管理人员使用，也可供造型材料研发和销售服务人员、相关专业的在校师生参考。

图书在版编目（CIP）数据

铸造手册. 第4卷，造型材料/中国机械工程学会铸造分会组编；李远才主编. —4版. —北京：机械工业出版社，2020. 12（2025.2 重印）

"十三五"国家重点出版物出版规划项目

ISBN 978-7-111-66559-5

Ⅰ. ①铸… Ⅱ. ①中… ②李… Ⅲ. ①铸造–手册②造型材料–手册 Ⅳ. ①TG2–62②TG221–62

中国版本图书馆 CIP 数据核字（2020）第 176958 号

机械工业出版社（北京市百万庄大街22号　邮政编码100037）
策划编辑：陈保华　　　　　责任编辑：陈保华
责任校对：张　征　张　薇　封面设计：马精明
责任印制：邓　博
北京盛通数码印刷有限公司印刷
2025 年 2 月第 4 版第 3 次印刷
184mm×260mm · 30. 25 印张 · 2 插页 · 1039 千字
标准书号：ISBN 978-7-111-66559-5
定价：129.00 元

电话服务　　　　　　　　　网络服务
客服电话：010 – 88361066　机　工　官　网：www.cmpbook.com
　　　　　010 – 88379833　机　工　官　博：weibo.com/cmp1952
　　　　　010 – 68326294　金　书　网：www.golden – book.com
封底无防伪标均为盗版　　　机工教育服务网：www.cmpedu.com

第4版前言

进入21世纪后，我国铸造行业取得了长足发展。2019年，我国铸件总产量接近4900万t，已连续20年位居世界第一，我国已成为铸造大国。但我们必须清楚地认识到，与发达国家相比，我国的铸造工艺技术水平、工艺手段还有一定的差距，我国目前还不是铸造强国。

1991年，中国机械工程学会铸造分会与机械工业出版社合作，组织有关专家学者编辑出版了《铸造手册》第1版。随着铸造技术的不断发展，2002年修订出版了第2版，2011年修订出版了第3版。《铸造手册》的出版及后来根据技术发展情况进行的修订再版，为我国铸造行业的发展壮大做出了重要的贡献，深受广大铸造工作者欢迎。两院院士、中国工程院原副院长师昌绪教授，中国科学院院士、上海交通大学周尧和教授，中国科学院院士、机械科学研究院原名誉院长雷天觉教授，中国工程院院士、中科院沈阳金属研究所胡壮麒教授，中国工程院院士、西北工业大学张立同教授，中国工程院院士、清华大学柳百成教授等许多著名专家、学者都曾对这套手册的出版给予了高度评价，认为手册内容丰富、数据可靠，具有科学性、先进性、实用性。这套手册的出版发行对跟踪世界先进技术、提高铸件质量、促进我国铸造技术进步起到了积极的推进作用，在国内外产生了较大的影响，取得了显著的社会效益和经济效益。《铸造手册》第1版1995年获机械工业出版社科技进步奖（暨优秀图书）一等奖，1996年获中国机械工程学会优秀工作成果奖，1998年获机械工业部科技进步奖二等奖。

《铸造手册》第3版出版后的近10年来，科学技术发展迅猛，先进制造技术不断涌现，技术标准及工艺参数不断更新和扩充，我国经济已由高速增长阶段转向高质量发展阶段，铸造行业的产品及技术结构发生了很大变化和提升，铸造生产节能环保要求不断提高，第3版手册的部分内容已不能适应当前铸造生产实际及技术发展的需要。

为了满足我国国民经济建设发展和广大铸造工作者的需要，助力我国铸造技术提升，推进我国建设铸造强国的发展进程，我们决定对《铸造手册》第3版进行修订，出版第4版。2017年11月，由中国机械工程学会铸造分会组织启动了《铸造手册》第4版的修订工作。第4版基本保留了第3版的风格，仍由铸铁、铸钢、铸造非铁合金、造型材料、铸造工艺、特种铸造共6卷组成；第4版除对第3版中陈旧的内容进行删改外，着重增加了近几年来国内外涌现出的新技术、新工艺、新材料、新设备的相关内容，全面贯彻现行标准，修改内容累计达40%以上；第4版详细介绍了先进实用的铸造技术，数据翔实，图文并茂，基本反映了当前国内外铸造领域的技术现状及发展趋势。

经机械工业出版社申报、国家新闻出版署评审，2019年8月，《铸造手册》第4版列入了"十三五"国家重点出版物出版规划项目。《铸造手册》第4版将以崭新的面貌呈现给广大的铸造工作者。它将对指导我国铸造生产，推进我国铸造技术进步，促进我国从铸造大国向铸造强国转变发挥积极作用。

《铸造手册》第4版的编写班子实力雄厚，共有来自工厂、研究院所及高等院校34个单位的130名专家学者参加编写。各卷主编如下：

第1卷 铸铁 暨南大学先进耐磨蚀及功能材料研究院院长李卫教授。

第2卷 铸钢 机械科学研究总院集团副总经理娄延春研究员。

第3卷 铸造非铁合金 北京航空材料研究院院长戴圣龙研究员，上海交通大学丁文江教授

（中国工程院院士）。

第4卷 造型材料 华中科技大学李远才教授。

第5卷 铸造工艺 沈阳铸造研究所有限公司苏仕方研究员。

第6卷 特种铸造 清华大学吕志刚教授。

本书为《铸造手册》的第4卷，编写工作在本书编委会主持下完成。主编李远才教授和副主编祝建勋高工、尹绍奎研究员全面负责，会同编委完成了各章的审定工作。本书共11章，各章的编写分工如下：

第1章 华中科技大学李远才教授。

第2、3章 清华大学黄天佑教授。

第4章 江苏宜兴市合兴化工有限公司王红宇高工。

第5~7章 华中科技大学李远才教授。

第8章 济南圣泉集团股份有限公司祝建勋高工、张科峰高工、刘敬浩工程师、陈海生高工、赵远明工程师、杨淑金工程师、赵国庆工程师和赵秀娟工程师。

第9章 济南圣泉集团股份有限公司祝建勋高工、刘烨高工、张科峰高工、李恒峰工程师、李金峰工程师和陈海生高工。

第10章 济南圣泉集团股份有限公司祝建勋高工、赵秀娟工程师和张科峰高工。

第11章 沈阳铸造研究所有限公司尹绍奎研究员、谭锐高工、王岩高工、段双高工和李宇彦高工。

本书由主编李远才教授与责任编辑陈保华编审共同完成统稿工作。

本书的编写工作得到了华中科技大学、清华大学、济南圣泉集团股份有限公司、沈阳铸造研究所有限公司、江苏宜兴市合兴化工有限公司等单位的大力支持，在此一并表示感谢！由于编者水平有限，不妥之处在所难免，敬请读者指正。

中国机械工程学会铸造分会

机械工业出版社

第3版前言

新中国成立以来，我国铸造行业获得了很大发展，年产量超过3500万t，位居世界第一；从业人员超过300万人，是世界规模最大的铸造工作者队伍。为满足行业及广大铸造工作者的需要，机械工业出版社于1991年编辑出版了《铸造手册》第1版，2002年出版了第2版，手册共6卷813万字。自第2版手册出版发行以来，各卷先后分别重印4~6次，深受广大铸造工作者欢迎。两院院士、中国工程院副院长师昌绪教授，科学院院士、上海交通大学周尧和教授，科学院院士、机械科学研究院名誉院长雷天觉教授，工程院院士、中科院沈阳金属研究所胡壮麒教授，工程院院士、西北工业大学张立同教授，工程院院士、清华大学柳百成教授等许多著名专家、学者都曾对这套手册的出版给予了高度评价，认为手册内容丰富、数据可靠，具有科学性、先进性、实用性。这套手册的出版发行对跟踪世界先进技术，提高铸件质量，促进我国铸造技术进步起到了积极推进作用，在国内外产生较大影响，取得了显著的社会效益及经济效益。第1版手册1995年获机械工业出版社科技进步奖（暨优秀图书）一等奖，1996年获中国机械工程学会优秀工作成果奖，1998年获机械工业部科技进步奖二等奖。

第2版手册出版后的近10年来，科学技术迅猛发展，先进制造技术不断涌现，标准及工艺参数不断更新，特别是高新技术的引入，使铸造行业的产品及技术结构发生了很大变化，手册内容已不能适应当前生产实际及技术发展的需要。应广大读者要求，我们对手册进行了再次修订。第3版修订工作由中国机械工程学会铸造分会和机械工业出版社负责组织和协调。

修订后的手册基本保留了第2版的风格，仍由铸铁、铸钢、铸造非铁合金、造型材料、铸造工艺、特种铸造共6卷组成。第3版除对第2版已显陈旧落后的内容进行删改外，着重增加了近几年来国内外涌现出的新技术、新工艺、新材料、新设备的相关内容，并以最新的国内外技术标准替换已作废的旧标准，同时采用法定计量单位，修改内容累计达40%以上。第3版手册详细介绍了先进实用的铸造技术，数据翔实，图文并茂，基本反映了21世纪初的国内外铸造领域的技术现状及发展趋势。新版手册将以崭新的面貌为铸造工作者提供一套完整、先进、实用的技术工具书，对指导生产、推进21世纪我国铸造技术进步，使我国从铸造大国向铸造强国转变将发挥积极作用。

第3版手册的编写班子实力雄厚，共有来自工厂、研究院所及高等院校40多个单位的110名专家教授参加编写，而且有不少是后起之秀。各卷主编如下：

第1卷　铸铁　中国农业机械化科学研究院原副院长张伯明研究员。

第2卷　铸钢　沈阳铸造研究所所长娄延春研究员。

第3卷　铸造非铁合金　北京航空材料研究院院长戴圣龙研究员。

第4卷　造型材料　清华大学黄天佑教授。

第5卷　铸造工艺　机械研究院院长李新亚研究员。

第6卷　特种铸造　清华大学姜不居教授。

本书为《铸造手册》的第4卷，其编写组织工作得到了清华大学的大力支持。在本书编委会的主持下，主编黄天佑教授全面负责，组织各章编写人员完成了本书的编写工作。全书共11章，各章编写分工如下：

第1~3章　清华大学黄天佑教授。

第4章　江苏宜兴市合兴化工有限公司王红宇高工。

第5~7章　华中科技大学李远才教授。

第8章　济南圣泉集团股份有限公司祝建勋高工、张科峰高工、王致明博士、刘敬浩工程师、王国栋工程师、陈海生高工、赵远明工程师、杨淑金工程师。

第9章　济南圣泉集团股份有限公司祝建勋高工、刘烨高工、王致明博士、李恒峰工程师、李金峰工程师、陈海生高工。

第10章　济南圣泉集团股份有限公司祝建勋高工、赵秀娟工程师、王致明博士。

第11章　沈阳铸造研究所谢华生研究员、尹绍奎研究员、吕德志研究员、王岩高工。

附录　清华大学黄天佑教授。

本书统稿工作由主编黄天佑教授与责任编辑余茂祚研究员级高工共同完成。

本书由沈阳铸造研究所周静一教授级高工担任主审。

本书的编写工作得到了各编写人员所在单位的大力支持，也得到了苏州市兴业铸造材料有限公司的大力支持，在此一并表示感谢。由于编者水平有限，错误之处在所难免，敬请读者指正。

中国机械工程学会铸造分会

机械工业出版社

第 2 版前言

新中国成立以来，我国铸造行业获得很大发展，年产量超过千万吨，位居世界第二；从业人员超过百万人，是世界规模最大的铸造工作者队伍。为满足行业及广大铸造工作者的需要，机械工业出版社于 1991 年编辑出版了《铸造手册》第 1 版，共 6 卷 610 万字。第 1 版手册自出版发行以来，各卷先后分别重印 3~6 次，深受广大铸造工作者欢迎。两院院士、中国工程院副院长师昌绪教授，科学院院士、上海交通大学周尧和教授，科学院院士、机械科学研究院名誉院长雷天觉教授，工程院院士、中科院沈阳金属研究所胡壮麒教授，工程院院士、西北工业大学张立同教授等许多著名专家、学者都对这套手册的出版给予了高度评价，认为手册内容丰富、数据可靠，具有科学性、先进性、实用性。这套手册的出版发行对跟踪世界先进技术、提高铸件质量、促进我国铸造技术进步起到了积极推进作用，在国内外产生较大影响，取得了显著的经济效益及社会效益。第 1 版手册 1995 年获机械工业出版社科技进步奖（暨优秀图书）一等奖，1996 年获中国机械工程学会优秀工作成果奖，1998 年获机械工业部科技进步奖二等奖。

第 1 版手册出版后的近 10 年来，科学技术迅猛发展，先进制造技术不断涌现，标准及工艺参数不断更新，特别是高新技术的引入，使铸造行业的产品及技术结构发生很大变化，手册内容已不能适应当前生产实际及技术发展的需要。应广大读者要求，我们对手册进行了修订。第 2 版修订工作由中国机械工程学会铸造分会和机械工业出版社负责组织和协调。

修订后的手册基本保留了第 1 版风格，仍由铸铁、铸钢、铸造非铁合金、造型材料、铸造工艺、特种铸造共 6 卷组成。为我国进入 WTO，与世界铸造技术接轨，并全面反映当代铸造技术水平，第 2 版除对第 1 版已显陈旧落后的内容进行删改外，着重增加了近十几年来国内外涌现出的新技术、新工艺、新材料、新设备的相关内容，并以最新的国内外技术标准替换已作废的旧标准，同时采用新的计量单位，修改内容累计达 40% 以上。第 2 版手册详细介绍了先进实用的铸造技术，数据翔实，图文并茂，基本反映了 20 世纪 90 年代末至 21 世纪初国内外铸造领域的技术现状及发展趋势。新版手册将以崭新的面貌为铸造工作者提供一套完整、先进、实用的技术工具书，对指导生产、推进 21 世纪我国铸造技术进步将发挥积极作用。

第 2 版手册的编写班子实力雄厚，共有来自工厂、研究院所及高等院校 40 多个单位的 109 名专家教授参加编写。各卷主编如下：

第 1 卷　铸铁　中国农业机械化研究院副院长张伯明研究员。

第 2 卷　铸钢　中国第二重型机械集团公司总裁姚正耀研究员级高工。

第 3 卷　铸造非铁合金　北京航空材料研究院院长刘伯操研究员。

第 4 卷　造型材料　清华大学黄天佑教授。

第 5 卷　铸造工艺　沈阳铸造研究所总工程师王君卿研究员。

第 6 卷　特种铸造　中国新兴铸管集团公司董事长范英俊研究员级高工。

本书为《铸造手册》的第 4 卷，在该卷编委会的主持下，经过许多同志辛勤劳动完成了本书的编写工作。主编黄天佑教授在全面负责的基础上（并分工负责原砂、无机黏结剂原材料及混合料部分的统稿），与副主编黄乃瑜教授（分工负责有机黏结剂原材料、混合料及涂料部分的统稿）、田秀全高工（分工负责检测方法部分的统稿）共同主持编写、修订工作。参加第 2 版各章编写、修订工作人员的分工如下：

第 1 章　清华大学黄天佑教授，华中科技大学黄乃瑜教授。

第 2 章　原砂部分：福建省机械科学研究院谢方文研究员级高工。

黏土部分：清华大学黄天佑教授。

水玻璃部分：上海交通大学朱纯熙教授，上海沪东重机公司王红宇高工。

有机黏结剂部分：济南圣泉集团股份有限公司祝建勋高工，华中科技大学徐正达副教授、黄乃瑜教授。

辅助材料部分：一汽铸造有限公司王德茂高工，清华大学黄天佑教授、石晶玉副教授。

第 3 章　黏土砂部分：清华大学黄天佑教授、石晶玉副教授。

水玻璃砂部分：上海交通大学朱纯熙教授，上海沪东重机公司王红宇高工，华中科技大学樊自田副教授。

有机黏结剂型芯砂部分：华中科技大学黄乃瑜教授、徐正达副教授，北京仁创铸造有限公司秦升益研究员级高工、刘琦高工，柳州第二空压机总厂蔡教战高工，一汽铸造有限公司王德茂高工。

特种型芯砂部分：戚墅堰机车车辆工厂张致洵高工，沈阳铸造研究所谢明师研究员级高工，福建省机械科学研究院谢方文研究员级高工。

涂料部分：上海汽轮机有限公司顾国涛高工。

第 4 章　沈阳铸造研究所田秀全高工、关键研究员级高工、刘伟华高工。

附录　清华大学黄天佑教授、胡永沂高级实验师。

东风汽车公司研究员级高工彭元享参加了本书的审稿。

本书的最后统稿工作由主编、副主编、责任编辑余茂祚研究员级高工以及石晶玉副教授共同完成。主审为沈阳铸造研究所谢明师研究员级高工。

本书的编写工作得到了清华大学、华中科技大学、沈阳铸造研究所、福建省机械科学研究院、上海交通大学、济南圣泉集团股份有限公司、北京仁创铸造有限公司、广西柳州市柳江造型材料厂、上海汽轮机有限公司、戚墅堰机车车辆工厂、一汽铸造有限公司、柳州第二空压机总厂、上海沪东重机公司等单位的支持和帮助，在此一并表示感谢。由于编者水平有限，错误之处在所难免，敬请读者指正。

中国机械工程学会铸造分会编译出版工作委员会

第1版前言

随着科学技术和国民经济的发展，各行各业都对铸造生产提出了新的更高的要求，而铸造技术与物理、化学、冶金、机械等多种学科有关，影响铸件质量和成本的因素又很多。所以正确使用合理的铸造技术，生产质量好、成本低的铸件并非易事。有鉴于此，为了促进铸造生产的发展和技术水平的提高，并给铸造技术工作者提供工作上的方便，我会编辑出版委员会与机械工业出版社组织有关专家编写了由铸钢、铸铁、铸造非铁合金（即有色合金）、造型材料、铸造工艺、特种铸造等六卷组成的《铸造手册》。

手册的内容，从生产需要出发，既总结了国内行之有效的技术经验，也搜集了国内有条件并应推广的国外先进技术。手册以图表数据为主，辅以适当的文字说明。

手册的编写工作由我会编辑出版委员会会同机械工业出版社负责组织和协调。本卷的编写工作在铸造专业学会铸造工艺及造型材料专业委员会的支持下，在《铸造手册》造型材料卷编委会的主持下，经过很多同志的辛勤工作完成的。编写过程中，根据各编委的专长分工起草，按章汇总，主编谢明师对全卷编写工作负责。各章汇总和编写的编委和有关同志如下：

第一章由谢明师（沈阳铸造研究所）编写。

第二章由谢方文（福建省机械科学研究院）、张致洵（戚墅堰机车车辆工厂）、谢明师、王慕荣（浙江大学）、李志辉（上海市机械制造工艺研究所）、程宽中（沈阳工业大学）、魏光晨（长春第一汽车制造厂）、李修文（长春第一汽车制造厂）等编写，并由谢方文汇总。

第三章由王慕荣、程宽中、李志辉、张致洵、魏光晨、谢明师等编写，并由王慕荣汇总。

第四章由周静一（沈阳铸造研究所）、胡清（沈阳铸造研究所）尚淑珍（沈阳铸造研究所）等编写，并由周静一汇总。

附录部分由谢明师搜集整理。

全卷由主编谢明师汇总。

参加本卷会稿、审稿的有全体编委、责任编辑余茂祚和徐庆柏（安徽工学院）、陈允南（上海市机械制造工艺研究所）、顾国涛（上海汽轮机厂）、李则用（福建省机械科学研究院）等同志。

本卷的编写工作得到了沈阳铸造研究所、福建省机械科学研究院、上海市机械制造工艺研究所、浙江大学、沈阳工业大学、安徽工学院、长春第一汽车制造厂，戚墅堰机车车辆工厂、上海汽轮机厂、中国造型材料公司、通辽市大林型砂厂、都昌县铸造型砂厂、星子县型砂厂、临安县膨润土矿、九台县膨润土矿、鄂州市太和膨润土矿、泸州化工厂、宣化县化工厂、宝鸡县型砂厂等很多工厂、科研院所、大专院校的支持以及许多专家们的帮助，在此一并表示感谢。由于编写的时间比较仓促，工作量又很浩大，难免有不周之处，望读者给予批评指正，以便再版时予以订正。

中国机械工程学会铸造专业学会

目 录

第1章 绪 论

1.1 造型材料的分类及特点

所谓造型材料，是指在砂型铸造和特种铸造生产中，在其造型、制芯及合箱浇注环节所使用的一切非金属、消耗性、不直接参与铸件形成冶金过程的原辅材料。

1.1.1 造型材料的分类

造型材料从总体上可分为无机矿物和有机化学品两大类；按照使用情况可分为原砂、黏结材料、添加材料、辅助材料、工艺过程材料五类，见表1-1。

表1-1 造型材料的类别及作用

序号	类别	作 用
1	原砂	原砂是砂型铸造和其他铸造工艺的基本骨料，包括天然硅质砂及其他非硅质砂，如锆砂、铬铁矿砂、镁砂、硅酸铝砂以及橄榄石砂等，还有人造颗粒砂等
2	黏结材料（黏结剂）	将原砂（再生砂）或耐火粉料黏结起来使之成为型、芯的有机和无机材料，包括各种人工合成树脂及其配套的固化剂、矿物和植物油类黏结剂、黏土（膨润土）、硅酸盐和磷酸盐等黏结剂
3	添加材料	改善型芯砂的某些性能而在型芯砂中添加的一些特殊材料，如煤粉、淀粉、防脉纹剂、增强剂、防开裂剂、溃散剂、促硬剂等
4	辅助材料	为方便造型、制芯以及解决造型制芯及浇注过程中出现的某些质量问题而配套使用的辅助材料，如涂料、脱模剂、修补膏、封箱条（膏）、黏合胶、通气绳、芯撑、密封垫等
5	工艺过程材料	为提高浇注及凝固过程中的铸件质量，并解决有关的铸造缺陷而添加的材料，主要有保温冒口套、发热–保温冒口套、发热冒口套，工艺补贴，金属液过滤网，保温覆盖剂，浇注系统用陶瓷管等

1.1.2 造型材料的特点

造型材料的特点见表1-2。

表1-2 造型材料的特点

特点	说 明
品种多，规格多	其品种、规格成百上千，给铸造生产、应用、管理、质量控制带来了诸多问题
涉及学科多	造型材料的开发、生产和应用涉及硅酸盐、矿物学、无机和有机化学、精细化工、铸造等学科，这对从业人员的知识结构提出了更高的要求
消耗量大	在砂型铸造中，每生产1t铸件可能会消耗上百千克乃至1t左右的材料
对铸件质量影响大	造型材料直接受高温金属液的多种作用，其自身的物理化学变化和与金属液的多种反应，将会影响到铸件的内外质量；据统计，50%以上的铸造缺陷均与造型材料的质量及其选用有关
引起的环保问题多	大多数造型材料在使用中易挥发和分解出有毒有害的气体，或产生有害的粉尘或大量的废弃物，这已引起了铸造行业的高度关注
与工艺和装备的联系密切	不同的工艺与装备，都对造型材料提出了不同的要求，都有与之相适应的造型材料。有些工艺和装备的不足，可以通过改进造型材料的性能来弥补，反之亦然
须综合考虑生产成本	造型材料大多为消耗性的材料，它们对铸造质量和成品率、生产率又有较大影响，因此选用高性价比的造型材料对降低铸件的生产成本意义重大

1.2 造型材料的发展历程

目前国外工业发达国家的砂型铸造工艺主要为三类：一是以汽车行业为代表的机械化、高密度黏土砂湿型铸造工艺配合各类树脂砂造芯；二是适合各种合金单件小批量生产的以呋喃树脂为代表的自硬树脂砂工艺；三是适合铸钢生产的以有机酯硬化法为代表的水玻璃砂工艺。

国外无论是黏土砂还是化学黏结砂，所生产的铸件质量无论是尺寸精度还是表面粗糙度都比较好，工艺都比较稳定。之所以取得这样的效果，与造型材料的品种、质量和工艺管理水平是分不开。所有工业发达国家，都建立了自己的造型材料基地，铸造用原辅材料的生产如同铸造生产一样已经专业化，铸造用原辅材料已经标准化、系列化、商品化。许多国家都有专营铸造原辅材料的公司，如英国的维苏威（Vesuvius）国际集团公司〔福士科（Foseco）是该集团公司的铸造事业部〕、英海沃斯矿物及化学品有限公司（Sibelco Uk Limited），美国的阿施兰德化学公司（Ashland），以及德国的欧区爱化工有限公司（Hüettenes–Albertus Chemische Werke Gmbh）等。

我国改革开放以来，砂型铸造工艺方面基本上也是开发和应用上述三大工艺。随着钠基膨润土的开发以及钙基土活化和应用，高密度近净型黏土砂湿型工艺的水平也有了很大的发展；用呋喃树脂、碱性酚醛树脂和酚脲烷树脂自硬砂铸造的各类铸件年产量达数百万吨以上；酯硬化水玻璃砂使水玻璃砂的溃散性和落砂性得到了改善，水玻璃砂的推广应用得到了回升。

1.2.1　原砂

造型造芯的基本材料是原砂，国内外主要采用天然硅砂（石英砂），对于一些厚、大铸钢件和合金钢铸件则多采用一些特种砂，常用的特种砂有铬铁矿砂、锆砂和橄榄石砂。有些国家由于资源原因采用铝硅系材料，如铝矾土熟料（英国）、刚玉（捷克）等。

我国铸造用硅砂资源丰富，从内蒙古自治区的通辽、赤峰，到河北省的围场一带广大地区蕴藏着大量的天然沉积硅砂，虽然二氧化硅含量大多只稍高于90%（质量分数），但粒形较圆，含泥量较低，适合于生产铸铁件。此外，江西省都阳湖、河南省境内的黄河流域也蕴藏丰富的天然硅砂。我国已有越来越多的型砂厂能供应含泥量小于0.3%（质量分数）的擦洗砂。

生产铸钢件的硅砂二氧化硅含量要求在95%（质量分数）以上。我国是一个缺乏优质高硅硅砂的国家，但我国铸钢件年产量高，约占世界各国铸钢件总产量的45%以上。而工业较集中的东北和西南地区所用的优质高硅硅砂，基本上来自福建沿海一带，此外海南省也有适合铸钢件生产的高二氧化硅含量的天然硅砂。由于我国南方沿海地区近年来对铸钢用天然硅砂的大量开采，加上各地出于对环境保护的重视，加强了对沿海砂源开采的限制，铸钢用硅砂资源已逐渐短缺。

砂型铸造用原砂中，特种砂的应用，例如铬铁矿砂、橄榄石砂、锆砂等的使用量近年来有增无减，特别是在大型铸钢件的生产中。

除了天然的原砂之外，近年来人造砂的生产和应用也越来越多，例如碳粒砂、顽辉石砂、莫来石陶粒砂在日本、美国早有应用，近年来我国的使用也大幅度增加。我国河南省洛阳一带高铝矾土资源丰富，10多年前一些企业和研究单位合作开发了高铝质人造砂，例如"宝珠砂""钰珠砂"等。此类原砂具有天然硅砂和特种砂所没有的优良性能，例如耐热温度高，粒形圆，不易破碎等，价格又低于特种砂，所以近年来开始用于制芯、造型、消失模铸造、熔模铸造，除了供应国内铸造厂外，大部分出口。

当前主要的问题是铸钢用的高品位优质天然硅砂资源欠缺，相当部分的中、大型铸钢件还不得不使用人工硅砂和部分特种砂。

我国特种砂资源较少。过去海南、广东、广西产少量锆砂，目前几近枯竭，大多进口澳大利亚的锆砂；而铬铁矿砂几乎全部从国外（南非）进口；镁橄榄石砂产自湖北宜昌和陕西商南；辽宁产镁砂；河南、山西、贵州等地产铝矾土熟料。

寻找铸钢用优质天然硅砂资源和研究开发铸钢特种砂，仍然是未来工作的重点之一。

随着树脂砂、水玻璃砂新工艺的发展，除了对原砂的含泥量、颗粒形貌等提出要求外，为了达到加入最少量的黏结剂获得最高的型砂黏结强度，已对型砂的粒度组成进行了研究，并认为用四筛制或五筛制的级配砂（后两筛的总重量为前两筛的13%的情况下），其配制型、芯砂的强度可比采用三筛制砂提高50%以上。因此各砂矿除生产供应黏土砂用的三筛制原砂外，应生产供应上述四筛制或五筛制的级配砂。

浇注后的旧砂是铸造生产中最大量的排废物。我国每年废砂的总生成量达3000多万t，而废砂的种类和毒性日趋增加和加剧，如含树脂芯砂的黏土混合旧砂中含有酚、醛、胺、苯、甲苯、二甲苯等芳香烃，还含有机树脂类有害物质（酚醛树脂、呋喃树脂、冷芯盒树脂及其固化剂等）。水玻璃自硬砂和树脂自硬砂的单一旧砂中，除了含有上述有机有害物质外，还含有无机呈碱性的钾、钠等化合物，对土壤和水源都会产生严重的污染。可是，我国不少中小铸造企业大多未能按照国家相关环保要求对旧砂进行处置，而是随意抛弃排放，甚至混进城镇生活垃圾或其他工业固体废弃物中随意排放，长此以往，对环境污染的累计效应会逐渐显现出来。

实现绿色铸造的关键之一是旧砂完全回用、再生技术进步。采用先进技术与装备,实现铸造废旧砂的再生利用、废水的循环使用、废气的净化排放。这不仅可以较大地节约铸造企业的生产成本,还可以大大减少铸造生产带来的排放污染,是铸造工业实现绿色可持续发展的必然要求。近些年来,我国铸造废旧砂的再生利用技术与装备取得了长足的进步,涌现了一批专业从事废砂再生利用的公司,如重庆长江造型材料(集团)股份有限公司、广西兰科资源再生利用有限公司和中机中联工程有限公司等。

1.2.2 黏土湿型砂用膨润土和煤粉

如上所述,黏土砂湿型工艺仍然是国内外中、小铸件生产的主要工艺,尤其是成批大量机械化流水线生产汽车、拖拉机的铸造厂,其砂型全是采用湿型铸造。

湿型的主要黏结剂是膨润土。膨润土在世界各国都有,但大多数是钙基膨润土。美国西部怀俄明膨润土被公认为世界上最好的钠基土。钠膨润土的胶体分散性和吸水膨胀性比钙基土高,因此对水分变化而引起的型砂湿强度的变化来说也比钙基土敏感性小。对于湿型浇注过程中,由于水分迁移,高水分区强度下降而引起的铸件产生夹砂等缺陷来说,钠膨润土比钙膨润土有较高的高温区强度和热抗拉强度,所以抗夹砂的能力强。因此,美国和一些国家黏土砂型都采用钠膨润土作为黏结剂。欧洲许多国家主要产钙基膨润土,因此也普遍采用人工活化处理的人工钠土。美国为了改善钠膨润土砂的落砂性能,常在钠土中搭配40%的钙土使用。

我国膨润土资源丰富,遍布各大区。主要钙基膨润土矿有:辽宁黑山和建平、吉林九台、浙江仇山(余杭)、河南信阳、江苏江宁、河北宣化、山东淮坊、湖北鄂州、安徽黄山和四川台县等膨润土矿。20世纪70年代后,我国相继发现和开发了浙江临安县平山钠基膨润土、辽宁凌县热水汤钠土、吉林公主岭刘房钠土,以及广西宁明、辽宁阜新的镁钠(钙)基膨润土。

目前公认的我国质量最好的膨润土矿当属辽宁建平膨润土矿,蒙脱石含量在80%(质量分数)以上。美国的唯科国际公司和德国的南方化学公司都在建平建有独资膨润土生产厂,人工钠化膨润土的年产量都在10万t以上,其中一半供出口。由于该膨润土质量稳定,我国一些铸铁件大量生产企业都采用这种膨润土。优质钠基膨润土在湿型铸造上的应用表明,它在成批大量生产铸铁中、小零件以及一些具有大平面的铸件生产中能有效地防止铸型塌箱和铸件的夹砂缺陷等,从而显著提高铸件的表面质量及内在质量。

湿型砂中另一个重要组分是煤粉。随着对加入煤粉能够防止湿型铸件产生粘砂机理研究的深入,人们已经明确:除了煤粉的挥发分在浇注过程中与型腔内形成还原性气氛,可以抑制铁液表面FeO的形成外,煤粉中炭质材料高温汽化后在砂粒表面沉积出的光亮碳膜,可改变铁液与砂型界面的润湿状态,也阻碍了铁液的渗透;还有煤粉燃烧时形成的焦渣可填充砂粒间的空隙等都对防止铸铁件粘砂起着重要的作用。因此现在对煤粉的技术条件不仅仅是挥发分>30%,灰分<10%,水分<4%,还要求光亮碳含量要高,焦渣特性为4~5级。湿型砂中光亮碳指数(指煤粉加入量×煤粉中光亮碳的质量分数×100)应大于30。近来市场上已经开发出添加光亮剂的高效煤粉。为适应绿色铸造的要求,还应严格控制煤粉的含硫量<2%(质量分数),且越低越好。

1.2.3 水玻璃(硅酸盐黏结剂)砂

水玻璃是我国自20世纪50年代以来用量仅次于黏土和膨润土的一种无机化学黏结剂,尤其是铸钢行业广泛采用水玻璃CO_2砂、水玻璃自硬砂和水玻璃石灰石砂。水玻璃砂的应用,使铸造行业摆脱了黏土砂干型的老传统,以"化学硬化"的新概念,使人耳目一新。其直接效果是,使用了几千年的黏土砂干型铸造工艺的地位发生了根本性的动摇,铸造生产进入了采用化学黏结砂的新时期。

随着水玻璃CO_2法的应用与推广,陆续暴露出一些问题,如吹CO_2硬化过程不稳定,对于厚大的砂型、砂芯,表面易过吹粉化,内部又硬不透,导致强度明显下降;CO_2耗量大,型芯残留水分多,冬季气温低吹不硬,强度低,易吸潮,保存性差,型砂溃散性差,回用困难等。

从20世纪60年代起,各种树脂黏结砂工艺迅猛发展,其具有黏结剂用量少,型砂强度高,落砂性能好,以及旧砂易于再生回用等优点。与树脂黏结砂的诸多优点相比,水玻璃黏结砂的缺点就显而易见。故从20世纪60年代后期开始,水玻璃黏结砂的应用就有逐步让位于树脂黏结砂之势。

从20世纪70年代起,对水玻璃黏结砂的研究有了新的进展。其研究方向是,在水玻璃中加入高分子材料,以提高型砂强度,减少水玻璃用量及改善落砂性能;应用真空置换硬化工艺(CO_2 – VRH工艺);采用有机酯硬化剂,开发了水玻璃黏结砂的自硬工艺。随后越来越多的铸钢件生产企业采用了酯硬化水玻璃砂自硬工艺和真空置换硬化工艺造型、制芯,不但减少了水玻璃用量,同时大大改善了型砂的溃散性,也易于旧砂再生和回用。

近年来，铸造工作者对水玻璃黏结剂的基本性能和老化现象的认识不断深化，采用了物理和化学改性来消除老化现象。铸造用水玻璃黏结剂的质量也不断得到提高。采用新型高质量的改性水玻璃和酯硬化工艺，可使型、芯砂中水玻璃加入量由传统方法的 7.0% ~8.0% 降低到 2.5% ~3.5%，从而使水玻璃砂的溃散性得到明显改善，也使水玻璃砂的再生和回用成为可能。与煤粉黏土砂、各种有机黏结剂砂比较，水玻璃砂对工人和工厂周围的环境污染最少。水玻璃砂作为少无污染的绿色铸造工艺具有很好的发展前景，但目前水玻璃砂铸造的铸件表面质量还不及树脂砂的铸件，旧砂回用率也低，原辅材料（包括原砂、改性水玻璃、有机酯及涂料）也欠规范化和规模化，故应进一步综合配套提高水玻璃工艺水平。

近 10 多年来，德国对硅酸盐类黏结剂进行了全面、系统的研究开发工作，由许多知名的企业分工合作，其中有：①ASK 化学有限公司和欧区爱化工有限公司等世界知名的黏结剂生产厂商，从事硅酸盐系黏结剂及有关改性剂方面的研究、开发工作；②Laempe&Mossner公司，研制适用于用硅酸盐系黏结剂及大批量自动化制芯的设备；③某矿业研究院铸造研究所负责旧砂再生、回用方面的研究；④BMW（宝马）公司、大众汽车公司和戴姆勒（Daimler）公司位于 Mettingen 的轻合金铸造厂等生产企业从事工艺试验和生产应用。

在德国铸造学会（VDC）2002 年 11 月召开的会议上，就着重讨论了如何使无机黏结剂的应用有新突破的问题。ASK 化学有限公司和欧区爱化工有限公司介绍了其研制的新型无机黏结剂。

2003 年，在德国举办的 GIFA 展览会上，ASK 化学有限公司展出了以硅酸盐为基础的 INOTEC 黏结剂，欧区爱化工有限公司展出了 Cordis 系列黏结剂。

BMW 公司在汽车用铝合金铸件方面，采用 INO-TEC 黏结剂制芯，以代替脲烷树脂冷芯盒工艺制芯，在大量试验工作的基础上，2006 年开始试生产，以考核工艺的可行性。结果表明：该工艺在铸件质量、生产率等方面都不逊于冷芯盒工艺，因而很快就正式在汽车工业大批量生产中应用。现已确认：在生态、产品质量、经济等方面都获得了很好的效益。

大众汽车公司和戴姆勒公司位于 Mettingen 的轻合金铸造厂已在生产中采用 Cordis 黏结剂制芯，代替冷芯盒工艺，制造铝合金铸件。这项成果标志着硅酸盐系黏结剂的应用已经进入了一个崭新的纪元，其在汽车行业大批量生产中的应用尤其值得重视。中国第一汽车集团有限公司（简称一汽集团）已经引进了

这项工艺技术，用于铝合金铸件的生产。

虽然目前还不了解有关新型硅酸盐系黏结剂技术内容的细节，但需要指出的是，要解决硅酸盐黏结砂的再生、回用问题，必须注意以下三个条件：

1）铸型或砂芯不能经受太高温度的作用，不能使硅酸盐黏结膜失去其中的结构水，尤其要避免其在高温作用下与砂粒熔合。因此，在现阶段，该技术只能用于生产铝合金铸件或某些浇注温度更低的合金铸件。

2）铸型、芯砂制成后，只能借助于脱除自由水使之硬化。目前，欧洲还只是用于制芯，采用的硬化方法是在制芯后吹 200℃ 以下的热空气使之脱水硬化，而且，应该避免任何材料与硅酸盐发生反应，落砂得到的旧砂中应不含任何反应产物。

3）硅酸盐系是一种前景很好的黏结剂，铸造行业对其应予以高度的关注，但是，目前还只能用于生产铝合金铸件。硅酸盐系黏结剂在铸铁、铸钢方面的应用，落砂和砂再生、回用的问题仍然存在，这是有待今后进一步进行探讨、研究的课题。

1.2.4　树脂砂

1. 树脂砂的发展

由于水玻璃砂溃散性问题未能得到令人满意的解决办法，20 世纪 40 年代树脂砂引入铸造行业，得到各国重视，并获得迅速发展，创造出了更多的经济及社会效益。

第二次世界大战期间，德国的 J. Croning 发明了用酚醛树脂作黏结剂的壳型铸造工艺。战后，此项专利公开，立即受到了普遍的重视。到了 20 世纪 50 年代，各工业国几乎都开始采用此工艺。

20 世纪 50 年代后期，欧洲开始采用由酸性液体催化剂硬化的呋喃和酚醛自硬树脂砂，美国大约在 1958 年前后也正式在生产中使用。

1960 年前后，为适应汽车工业的大发展，出现了呋喃树脂热芯盒法，其生产周期由油砂芯的几个小时缩短到几分钟。而且，因为在芯盒内硬化后再脱模，型芯的尺寸精度大为提高。虽然该工艺的耗能较多，且工作场地的气味较大，但这一工艺很快就在世界各国的汽车工业中广泛使用。

1965 年，油脲烷自硬树脂砂用于工业生产。

20 世纪 60 年代中期，欧洲及美国开始研制用于自硬工艺的甲阶酚醛树脂，以期部分代替价格较高的呋喃树脂。至 20 世纪 70 年代后期，这种树脂黏结剂有了较大的发展。

为克服热芯盒法的缺点，铸造行业即着手研究冷芯盒法。1968 年酚脲烷树脂冷芯盒法问世。采用此

种工艺时，芯盒不必加热，只需几秒就可使型芯硬化。

1970 年，出现了第二代的酚脲烷树脂，这就是三种组分的自硬酚脲烷树脂系统（PEP SET）。

1975 年，法国开发了吹二氧化硫气体硬化的呋喃树脂冷芯盒法。这是应用呋喃树脂的一大进步，从此，呋喃树脂不仅可用于小批量生产的自硬工艺，也可用于大量生产的吹气硬化工艺，硬化时间也只要几秒。20 世纪 80 年代以来，此工艺在欧洲及美洲都有一定的发展。

1976—1978 年，因天然气短缺，热芯盒法受到能源的限制，又加之热芯盒法的一些其他缺点（如气味大）日益难以为人们所接受，因而出现了温芯盒法。

在室温下硬化的自硬树脂砂工艺和冷芯盒工艺是造型、制芯工艺在 20 世纪的一项重大技术突破。在短短的三十年中，尤其是在 20 世纪 70 年代，世界先进工业国家的一些传统生产工艺和工艺装备迅速被树脂砂技术取代，劳动生产率、铸件的质量都有了明显的提高。

但是上述树脂砂在混砂、制芯造型、浇注时产生有害气体和难闻的气味，以及某些工艺和合金方面的缺点，促使铸造界一直在寻求低毒或无毒树脂砂技术。随着世界各国劳动卫生和环境保护法规的日趋严格，上述问题就愈加严重。

1982 年，美国阿施兰德化学公司推出了自由基硬化法，在采用不饱和聚酯树脂的基础上，可使吹气硬化的时间缩短到零点几秒。而且所用的硬化气体是氮和二氧化硫的混合气体，二氧化硫的体积分数只为 5% 左右。

1982 年，在英国铸钢研究与贸易协会（SCRA-TA）年会上，波顿（Borden）公司首次发表了已获专利的酯硬化碱性酚醛自硬树脂砂技术（α - set 法），为解决劳动卫生和环境污染问题推出了一种低毒树脂砂技术。

1983 年，环氧树脂 SO_2 吹气硬化法问世。

1984 年，在英国铸造学会（IBF）第 81 届年会上，波顿公司又发表了酯硬化碱性酚醛树脂冷芯盒工艺技术（β - set 法）。

波顿公司的低毒树脂砂技术一问世即受到铸造界的广泛重视，经过三年工业应用，α - set 法和 β - set 法因在劳动卫生和环境保护上的明显优势和优良的工艺性能受到了欧美铸造界的广泛承认和接受。

与树脂砂技术发展的同时，相应地发展了有关工艺设备。完全按树脂砂特点设计的各种新型混砂机、砂温控制装置、旧砂再生装置、造型及制芯设备等相

继问世，并不断有所改进。

由于树脂砂的应用，很大程度上改变了铸造生产（特别是单件小批量生产）车间和造芯车间的面貌，它已被各国公认为发展的方向。美国、日本和瑞士等国已经采用树脂自硬砂铸造达几十吨或上百吨的铸件。世界各国汽车铸造厂都已采用树脂砂造芯，砂芯最薄处达 2mm，铸件最薄处可达 3.5mm。

我国 20 世纪 50 年代中期开始研究覆膜砂工艺，60 年代开始应用热芯盒呋喃树脂砂工艺，70 年代末、80 年代初研究开发了呋喃树脂自硬砂的成套工艺，以及二氧化硫、三乙胺冷芯盒树脂砂工艺，但广泛采用树脂砂还是改革开放以后，随着铸件出口的要求和确定机械、汽车作为支柱产业的近 20 年间。

2. 自硬树脂砂

目前在生产中广泛使用的自硬树脂砂主要有酸硬化呋喃树脂砂、胺硬化酚脲烷树脂砂和酯硬化碱性酚醛树脂砂。

1）酸硬化呋喃树脂砂由原砂、呋喃树脂黏结剂和有机或无机类固化剂等组成。其中呋喃树脂是对脲醛树脂、酚醛树脂或脲酚醛树脂用糠醇进行改性以后，得到的一系列新的化合物等总称。常用的有脲呋喃树脂（UF/FA）、酚呋喃树脂（PF/FA）、酚脲呋喃树脂（UF/PF/FA）以及甲醛糠醇树脂（F/FA）。呋喃树脂含有"呋喃环"，还含有活性很强的羟基（—OH）和羟甲基（—CH$_2$OH）及氢键（—H），以短链线性化合结构存在，其相对分子质量较小。在酸的催化作用下，经链状化合物发生（—H）＋（—OH）＝H_2O 的脱水反应，交联成三维的大分子有机化合体。原砂、固化剂、树脂经过混砂机搅拌以后，每一粒砂粒好似镶嵌于或包容于这个大相对分子质量的有机体中，砂粒与砂粒之间被树脂桥黏结起来，从而形成在生产过程中需要的结构强度。由于反应生成副产物——水，其固化速度与强度受环境温度及湿度的影响大。

2）胺硬化酚脲烷树脂砂又叫 PEPSET 法，该工艺是由原砂、聚苯醚酚醛树脂（组分 I）和聚异氰酸酯（组分 II）作黏结剂和液体叔胺作催化剂等组成的。由于黏结剂的黏度较大，必须用高沸点的苯类混合溶剂来稀释以达到黏度低、可泵性和包覆性好的目的。该工艺的硬化反应机理是：聚异氰酸酯分子中的异氰酸根的两个双键 R—N≡C≡O，其化学性质异常活泼，易被亲核试剂（如酚醛树脂分子上的羟基）所攻击，使氢原子转移到氮原子上去，并使—OR′与碳原子相连。这种氢原子的转移反应就是形成聚氨酯树脂的硬化过程，这种交联反应不产生小分子

的副产物。

3）酯硬化碱性酚醛树脂砂是一种双组分的黏结剂体系。黏结剂为在强碱性催化条件下由苯酚和甲醛缩合而成的碱性甲阶酚醛树脂水溶液。固化剂为有机酯，常用的有：甘油醋酸酯、内酯或这些酯组成的混合物。在我国甘油醋酸酯应用较普遍。该法最大特点是：有机酯固化剂能直接参与树脂的硬化反应，在室温下，有机酯仅能使大部分碱性酚醛树脂进行交联反应，故它具有一定的塑性。在浇注时的热作用下，未交联的树脂继续进行缩聚反应，一般称此现象为"二次硬化"。即先表现出塑性，然后再转变为具有较高强度的刚性。

近 20 多年来，出现了一批如济南圣泉集团有限公司（简称济南圣泉公司）、苏州兴业材料科技有限公司（简称苏州兴业公司）等具有较大规模的自硬树脂黏结剂的专业生产厂家，向市场推出了多品种、多规格的自硬树脂黏结剂。近年来制定了多项树脂及其配套固化剂的国家或行业标准，对保障树脂砂工艺的发展起到了很大作用。其中由于呋喃树脂质量的提高，型砂中树脂的加入量一般为 0.7% ~ 1.0%，芯砂中的加入量一般为 0.9% ~ 1.1% 就可达到所需型、芯砂强度要求。呋喃树脂中游离醛的含量也由过去的 0.8% ~ 1.0% 降至现在的 0.3% 以下，有的厂已降至 0.1% 以下。呋喃树脂自硬砂无论生产工艺和铸件表面质量都可达到国际水平。为了克服部分薄壁铸钢件使用呋喃树脂自硬砂出现裂纹的缺陷，开发和采用了碱性酚醛树脂硬化砂和酚脲烷树脂砂，并取得了一定的效果。

目前，我国可以生产各种类型自硬砂用黏结剂，技术水平高，全部国产化。单件小批量铸铁件生产，使用呋喃树脂砂生产是较为理想的工艺，已是不争的事实。因此在我国，呋喃树脂在未来相当长时期仍然是铸铁树脂砂工艺的首选。铸钢件生产中，使用碱性酚醛树脂、无氮呋喃树脂，特别是抗热裂呋喃树脂，还有酯硬化水玻璃砂已成为目前铸界的共识。

3. 热芯盒法树脂砂

热芯盒法一般指用呋喃树脂作黏结剂的芯砂在预热到 200 ~ 250℃ 的芯盒内成型，硬化到有起模强度后取出，依靠砂芯的余热和硬化反应放出的热量使砂芯内部继续硬化的制芯方法。热芯盒法一般适用于截面厚度小于 50mm 的砂芯。

热芯盒法在国外约在 20 世纪 50 年代中后期用于生产，我国约在 20 世纪 60 年代初开始在大量生产的汽车、拖拉机铸件上应用。1966 年，热芯盒法在长春第一汽车制造厂试制成功并用于生产，从而取代了古老的手工油砂造芯工艺。至今，全国应用热芯盒造芯的铸造厂家达 350 家以上。20 世纪 70 年代热芯盒用的黏结剂主要是呋喃 I 型（糠醇脲醛树脂）和呋喃 II 型（糠醇酚醛树脂）。

对于呋喃 I 型树脂，采用含氮量高（质量分数为 5% ~ 13.5%）的脲醛呋喃树脂，用氯化铵水溶液作固化剂。此法的优点：树脂价廉，硬化强度高，在芯盒内的硬化时间短。缺点：树脂的黏度高，冬季不易定量，硬化过程中产生的甲醛气体对人体眼睛和黏膜有刺激，分解温度低，发气速度大，不适于制作细薄砂芯，不适合用于球墨铸铁件或铸钢件，易产生皮下气孔。

对于呋喃 II 型树脂，采用糠醇改性的碱性水溶液甲阶酚醛树脂，两者质量比 1:1，用苯磺酸的饱和水溶液作固化剂。因树脂和固化剂都不含氮或只含微量氮，可用于球墨铸铁件和铸钢件。

热芯盒法制芯的优点：生产率高，砂芯在硬化后取出尺寸精度高，能减少制芯、清砂的劳动量，能代替桐油制造 II 级 ~ III 级砂芯。缺点：制芯过程中产生甲醛或苯酚的刺激性气体，需要改进。

4. 温芯盒法树脂砂

温芯盒法常指芯盒温度低于 175℃ 时使树脂和固化剂体系硬化的制芯方法。采用一种低氮呋喃树脂（糠醇的质量分数约为 70%，氮的质量分数为 0.5% ~ 4%），用氯化铜水溶液或醇溶液作固化剂，这种固化剂在常温非常稳定，80 ~ 120℃ 开始分解，150℃ 以上完全分解。

温芯盒法的优点：甲醛气味显著减少，没有苯酚气味，芯砂的流动性好，砂芯的存放性好，发气量低，芯盒温度低（150℃），变形小，能耗低。目前我国温芯盒法制芯工艺应用很少。

5. 壳法覆膜砂

在国外，壳法工艺多用于生产精密铸件，尤其在日本、韩国、东欧的一些国家铸造工业中的应用，得到了快速发展，比如日本汽车铸件的砂芯 90% ~ 95% 均为壳芯。用覆膜砂既可制作铸型，又可制作砂芯（实体芯和壳芯），覆膜砂的型或芯既可以互相配合使用，又可以与其他砂型（芯）配合使用。覆膜砂不仅可以用于金属型重力铸造或低压铸造，也可以用于铁型覆膜砂铸造，还可用于热法离心铸造；不仅可以用于生产铸铁件和铸钢件，还可以用于生产有色金属及其合金铸件等。

我国于 20 世纪 50 年代末开始研究应用覆膜砂及壳型（芯）工艺，但至 20 世纪 80 年代中期以前，只有少数几家工厂采用自制的覆膜砂用于壳芯生产。20

世纪90年代以来，覆膜砂的应用得到更迅速的发展，覆膜砂开始作为商品推向市场。产品种类不断增多，并已形成系列化。随着原材料、制造设备和制造工艺的不断改进，覆膜砂的质量不断得到提高，生产成本下降。目前，我国铸造用覆膜砂年产量已达200万t以上，共有专业生产厂家近百家。

目前，汽车、拖拉机、内燃机、摩托车，液压阀及其他大批量生产高精度铸件的行业，已大量采用壳法工艺，且应用水平迅速提高。特别是壳型工艺和铁型覆砂工艺近几年发展很快，已在曲轴、凸轮轴、复杂壳体铸件、集装箱箱角、摩托车缸体等典型铸件上应用。覆膜砂壳芯已广泛地用于气道芯、缸体水套芯、排气管及进气管芯，以及液压件的砂芯。离心铸造生产铸钢和铸铁管已用覆膜砂代替涂料，效果很好。随着我国汽车工业的快速发展和机械产品外贸出口需要及铸件进入国际市场，对铸件质量的要求越来越高，覆膜砂的应用将会得到飞速增长。

6. 冷芯盒法树脂砂

冷芯盒法原先专指三乙胺法。现在用来泛指借助于气体或气雾催化或硬化，在室温下瞬时成型的树脂砂制芯工艺。该工艺的共同特点是芯砂可使用时间较长，脱模时间短，生产率高，适合于大批量型芯的生产；芯盒不需加热，降低了能量消耗，改善了劳动环境；铸件尺寸精度高；芯盒材料可以是木材、金属或塑料。冷芯盒法大致可分为三乙胺法（酚脲烷/胺法）；SO₂法，其中包括呋喃/SO₂法、环氧树脂/SO₂法、酚醛树脂/SO₂法、自由基法（FRC）等；此外还有各种低毒气体硬化法等。

其中SO₂法由于存在腐蚀问题，我国已很少采用。三乙胺法，我国曾自行研究过，自1989年常州有机化工厂引进美国阿施兰德化学公司专有技术生产酚醛型聚氨酯黏结剂以来，我国先后有其他厂家业生产此类黏结剂，多家汽车、柴油机等铸造厂已陆续开始采用。目前该工艺已成为国内造芯的一种主要工艺在生产中应用。

7. 应用树脂砂时的环保问题

树脂黏结剂原材料来源于石油制品或农业化学品，产品价格高。采用树脂砂时，在混砂、造型、制芯、铸型存放等环节会有VOCs等刺激性气味或有害气体组分产生，浇注时产生大量有害气体，污染环境，近年来引起了社会对铸造厂环境条件的强烈关注。

研究发现，砂型铸造厂排放的废气中含有大量对环境和人体健康有严重危害的多种挥发性有机物（BTEX，包括苯、甲苯、乙苯、二甲苯及单环芳烃）

和危险性空气污染物（HAPs）。所谓危险空气污染物是指已知或被怀疑会造成癌症或其他严重身体危害（如生殖系统、出生缺陷）的污染物，或不利于环境和生态效应的空气污染物。

美国环保署（EPA）共识别出189种危险性空气污染物，按类型可分为挥发性有机物、持久性有机物和重金属。挥发性有机物包括苯、1，3-丁二烯等，持久性有机物包括二噁英、苯并（a）芘（BaP）[属多环芳烃（PAHs）的一种]等，重金属包括铅、汞及其化合物等。值得指出的是，列出的189种HAPs中，已经确定了大约40种化合物由铸造厂的废气排放出，这些HAPs在金属浇注、铸型冷却和铸件落砂时被排放于大气环境中。

所谓多环芳烃是指具有两个或两个以上苯环的一类有机化合物，包括萘、蒽、菲、芘等150余种化合物。国际癌症研究中心（IARC）于1976年列出的94种对实验动物致癌的化合物，其中15种属于多环芳烃，由于苯并（a）芘是第一个被发现的环境化学致癌物，而且致癌性很强，故常以苯并（a）芘作为多环芳烃的代表，它占全部致癌性多环芳烃的1%～20%。

挥发性有机物主要通过呼吸道进入人体，而持久性有机物和重金属除通过呼吸渠道进入人体外，还伴随着沉降进入水体、土壤后通过饮水、皮肤接触和饮食等途径进入人体。危险空气污染物进入体内后，将在长期内（终身时间尺度）增加人群罹患癌症的风险。

2010年12月1日，欧盟议会和理事会发布条例（EC）No1272/2008（2008年12月16日）关于物质、混合物的分类、标记、包装中，认定对于游离糠醇的质量分数大于25%的呋喃树脂为有毒（通过吸入而产生毒害），对于糠醇和糠醇的质量分数大于25%的呋喃树脂，在包装上必须打上"骷髅"的标记，而游离糠醇含量低的呋喃树脂也被认定为有害的，游离糠醇的质量分数≥1%的呋喃树脂，必须打上R40标记（有限的致癌活性物）。

近些年来，我国相继出台了一些环保法规，如《中华人民共和国环境保护法》《中华人民共和国大气污染防治法》《中华人民共和国固体废弃物污染环境防治法》和《铸造行业大气污染排放限值》（中国铸协）等。为此，推进企业环境污染治理，实现达标排放为广大铸造厂所面临的重大问题。为减少铸造厂有机废气排放，对于树脂黏结剂的生产环节进行改进是其关键，如加入氧化剂和甲醛捕捉剂，用多聚甲醛代替部分液体甲醛，采用腰果酚代替苯酚，采用低分子脂肪双醛、多元醇、丙酮改性，选择乙醇和丙三醇对糠醇进行复合替代等。目前在市场上应用的有木香（芳香）呋喃树脂（加入木质素，部分取代甲醛）和改性甲阶酚醛树脂（又称邦尼树脂，以农作物和植物中的酚类和醛类作原料，取代苯酚和甲醛）等。

近些年来，铸造厂也开始尝试对车间有机废气进行综合处理，如吸附法、吸收法、冷凝法、燃烧法、生物法、低温等离子法等。

就世界范围来讲，合成树脂用于铸造行业已有60余年的历史，但是，关于其对环境及生态方面的影响，迄今仍缺乏系统的研究。国外有些机构做过不少工作，也发表过一些有价值的资料、数据，但都是在特定条件下测定的，有一定的局限性，只可以作为参考，而不能作为普遍适用的依据。我国铸造行业采用树脂砂已有多年了，但在环保及生态方面的研究几乎一片空白。今后随着化学工业的发展和树脂砂的扩大应用，将会在规定最大容许浓度和制定标准检测方法等方面逐步完善起来。因此，采用少污染和无污染的先进造型材料，达到国家工业卫生排放标准意义重大。

1.2.5 其他有机黏结剂砂

20世纪50年代，造型主要采用天然黏土砂湿型（中、小件）和黏土砂干型（大铸件和铸钢件），而制芯用黏结剂主要为干性植物油（桐油、亚麻油、糊精、糖浆等），后来又研究成功了一系列取代植物油的有机黏结剂，如亚硫酸盐纸浆残液、渣油和20世纪60年代初我国发明的合脂黏结剂，还有水溶性黏结剂等，目前仍在一些中小铸造企业应用。虽然这些黏结剂的砂芯都采用芯盒外加热硬化工艺，砂芯精度差，生产率低，但鉴于人工合成树脂砂在应用中的环境污染问题，在某些条件下，该类有机黏结剂砂也可以作为人工合成树脂砂的一种替代材料。

1.2.6 铸造涂料

为提高铸件的质量和适应树脂砂工艺的要求，20世纪80年代始，我国的一些大学、研究所和有关铸造工厂等加强了铸造涂料的研究开发，应用塑性流体力学的理论指导，研制了高触变性的适合于铸钢、铸铁、非铁金属及其合金的水基和醇基涂料。除研究采用锆砂粉、刚玉粉、铝矾土熟料、镁砂、橄榄石砂、硅砂粉及石墨等骨料外，还重点开发了锂基与钠基及有机膨润土、凹凸棒土、累托石、海泡石等悬浮剂和羧甲基纤维素钠、海藻酸钠及聚乙烯醇缩丁醛等增稠剂。

近年来福士科公司向市场推出了抗脉纹砂型铸造涂料，为降低三乙胺冷芯盒砂和覆膜砂缸体、缸盖铸件脉纹缺陷起到了较好效果。

国产涂料在引进国外跨国公司的涂料专有技术后，其性能和使用效果，已接近和达到国外同类产品的水平。国产涂料品种基本齐全，并已专业化生产，商品化供应。对保证铸件质量、减少铸造缺陷发挥了重要作用。

1.2.7 过滤网和冒口套

从20世纪60年代初起，陆续出现了硅酸铝纤维质、玻璃纤维、高硅氧玻璃纤维质等两维结构型内过滤网，并在生产中得到应用。自从1978年铝合金用泡沫陶瓷过滤器首次研究成功以来，泡沫陶瓷过滤技术得到了迅速发展。

在发达国家，各种材质、各种工艺、各种大小的铸件已普遍采用过滤网，大大提高了铸件的质量和出品率。随着我国铸造技术和铸件质量的不断提高，人们对过滤技术认识的不断深入，过滤网已被越来越多的人所认同。目前，我国的泡沫陶瓷过滤器的生产和应用从科研到生产已基本形成体系。济南圣泉公司以及其他陶瓷泡沫过滤器专业生产厂家已能大量生产包括陶瓷泡沫过滤器在内的各种陶瓷过滤器，并已出口国外，在镁合金、铝合金、铜合金以及铸铁等领域已获得大规模的应用，取得了巨大的经济效益。

20世纪60年代，保温冒口套开始在国外的一些铸造厂使用，20世纪70年代，在欧美、日本得到了推广使用。我国从20世纪70年代开始研究、生产、应用保温冒口套，开发出了多种产品，并逐渐得到了广泛应用，特别是在铸铝、球墨铸铁、铸钢树脂自硬砂造型工艺生产中的应用取得了很好的效果。

为综合利用发热和保温双重作用，铸造工作者们又开发出了以膨胀珍珠岩、漂珠等为保温材料，并添加耐火骨料和发热剂的发热保温冒口套，大大提高了冒口套的补缩效率。目前，发热保温冒口套得到了广泛的应用，针对不同的用途已有多种系列的产品实现了商品化和产业化。现在的发热保温冒口套可采用类似于下芯的方式在造型后放入，有时在树脂砂造型过程中将冒口套安置在型板上，造型后就固定在砂型内。另外，随着发热保温冒口技术的进一步发展，又出现了冒口盖、保温板、易割片等产品。易割片与发热保温冒口套配合使用可以简化冒口的去除和清理过程。

近年来，因为具有很好的"点补缩"效果，高铝热剂的发热冒口套在小型铸件上的应用优势逐渐得到了人们的认可，尤其是在只有有限冒口应用空间的情况下。发热冒口的骨料一般为硅砂，黏结剂采用水玻璃或树脂，所以冒口的强度高，可以在造型前将冒口放在型板上直接造型在砂型中。在型板上采用弹簧立柱，造型时将发热冒口套放置其上，解决了紧实过程中冒口与易割片压裂及冒口根部铸件表面质量不好的问题。

目前济南圣泉公司可生产保温冒口套、发热－保温冒口套和发热冒口套等三类各种规格的冒口套供应市场。

1.3 造型材料的发展趋势与展望

随着铸件市场的全球化，竞争更加激烈，对铸件的优质精化将提出更高的要求，需要更广泛采用各种近无余量的精确成形新工艺，因此必须建立与之相适应造型材料体系。为适应"绿色铸造"的要求，造型材料的产品从生产、使用到回收及废弃物处理的每一个环节，都应符合环境保护要求，对环境无害，并且最大限度地利用天然资源和节约能源，以实现"既满足当代人需要，又不对子孙后代满足其需求能力构成危害"的可持续发展。

1.3.1 原砂

原砂是砂型铸造和其他铸造工艺的基本材料，硅砂是用量最大最广泛的原砂，其他还有锆砂、铬铁矿砂及橄榄石砂等。其发展趋势如下：

（1）开发新矿点 今后应大力开发二氧化硅含量高、粒形好、储量大、开采方便、地理位置分布合理（中西部）的新矿点。

（2）改善硅砂的粒形 采用现代化的擦磨、脱泥、酸洗、分级和干燥加工处理工艺和装备，改善硅砂的粒形，除去表面杂质，降低含泥量，调整耗酸值。根据不同要求，使成品砂的粒度分布可以任意控制且分布合理，推广大包装烘干砂。

（3）推广熔制的莫来石砂（宝珠砂）等特种砂

1）用于 V 法铸造和消失模铸造。V 法铸造全部用干砂造型，消失模铸造大部分也采用干砂造型。如采用硅砂，落砂过程中散发的硅质粉尘很多，劳动条件很差，这是亟待解决的问题。用宝珠砂代替硅砂，可大幅度减少散发的粉尘，而且粉尘中所含的硅质粉尘很少，对改善劳动条件和保护环境意义重大。

除此以外，宝珠砂的耐火度高于硅砂，而且造型时填充的紧实度高，因而可使铸件的表面质量提高，并使生产中的废品率降低。球形的宝珠砂流动性很好，对于形状复杂的铸件，内夹角、深凹处、平孔等难以填充的部位，都易于填紧，因此可显著减少这些部位的包砂缺陷，大幅度减少清理和精整的工作量。虽然宝珠砂的价格比硅砂高很多，如使用得当，全面

核算下来，不仅可明显提高铸件质量，而且可降低生产成本。

2）在熔模铸造中替代锆砂和锆砂粉。质量较高的熔模精密铸件，型壳的面层耐火材料（包括涂料中的骨料和撒砂）大都采用锆砂粉和锆砂。铸件脱壳后，无法将其与背层耐火材料分离，不仅浪费了资源短缺、价格高昂的锆砂，而且增加了型壳废料回收利用的难度。

用宝珠砂替代锆砂和锆砂粉，由于型壳所用的耐火材料全部是硅铝质材料，废弃的型壳可全部回收，经适当处理后，重新制成陶粒和陶粒粉，循环利用，既节省了锆砂，又保护了资源。

3）在生产大中型铸钢件方面替代铬铁矿砂。宝珠砂除堆密度低于铬铁矿砂以外，一些主要的热物理性能，如热导率、热膨胀系数、耐火度等，都与铬铁矿砂相近，在颗粒形状和耐破碎性方面，则比铬铁矿砂好得多，而价格却只是铬铁矿砂的 1/2 左右。在综合分析的基础上，不难看出，宝珠砂是铬铁矿砂比较理想的替代材料。

4）在树脂黏结砂和黏土湿型砂中代替硅砂。在型砂、芯砂中配用部分宝珠砂，能有效地防止铸件产生膨胀缺陷。生产覆膜砂时，在原料砂中配加部分宝珠砂，从而可以使制成的壳型和壳芯具有耐高温、低膨胀、易溃散、高强度、发气量低等性能。对于形状特别复杂的砂芯，还可以解决射砂不易紧实的问题。

（4）开发各种型芯砂的再生处理工艺 旧砂再生在我国研究开发的时间还不长，尽管取得了较大的成效，但发展的空间还很大，还是一个新兴的铸造技术领域。

1）目前常用的型砂有黏土砂、树脂砂和水玻璃砂等。由于化学黏结剂砂在造型制芯工艺的应用，使得我国铸造旧砂的成分日趋复杂化，可根据其黏结剂的不同，将铸造旧砂分为两类：单一铸造旧砂，即湿型黏土旧砂、水玻璃旧砂、各类树脂旧砂等；混合铸造旧砂，即含树脂芯砂的黏土混合旧砂和含碱性酚醛树脂砂的水玻璃旧砂。旧砂再生应实现完全再生和清洁砂循环的要求，真正意义上的再生砂，应是其性能能恢复到新砂性能，即再生砂既能用作铸型的原砂，也能用作各类砂芯（热芯、冷芯、有机黏结剂、无机黏结剂等）的原砂。

2）各类旧砂的特征不同，需要采用不同的再生方法与装备，研究开发适于各类旧砂成本低高效率的再生回用方法、工艺及装备，以实现所有旧砂的合理再生和综合利用。干法（机械）再生相对简单，要重视热法、湿法，尤其是多种方法复合再生技术及装

备的研究开发，应根据不同旧砂的性能特点采用不同的再生方法。热法再生的余热回用、水玻璃旧砂（碱酚醛树脂旧砂）再生的碱性物质回用、生物再生、超声波再生、微波再生等新技术及应用，值得关注与期待。

3）由于旧砂再生的经济、技术和环保等的综合效益大，生态要求也越来越严，今后各种型芯砂都应进行再生，所以旧砂再生必将成为砂处理系统中不可缺少的重要组成部分。旧砂再生设备应从单工序处理向多功能一体化综合多工序处理及多样化发展，冷热结合，优势互补，进一步提高现有再生方法的效果。

4）从工艺到设备，加强旧砂技术基础再生理论的研究和探讨，包括旧砂的再生机理、脱膜理论、旧砂再生的可行性和极限性，特别是当前亟待解决的水玻璃旧砂和酯硬化碱性酚醛树脂旧砂的再生，提高再生效果，发展高效设备。

5）通过旧砂再生技术，基本上减少废砂的排放和新砂的加入，即从治理旧砂向防止或减少旧砂废弃物产生的方向发展。旧砂再生已不再是孤立的，而是绿色铸造工程的一部分、环境保护的一环，已成为可持续发展战略的不可缺少的需要解决的环保问题。旧砂再生应与高新技术的发展联系和结合在一起，向适应现代化要求的方向发展。

1.3.2　高密度湿型砂

在如汽车、内燃机缸体、缸盖、箱体类等中小铸铁件大批量流水生产中，将广泛采用射压、气冲、高压和静压造型等高密度湿型砂。

1）采用先进的勘探和采矿方法，以及采用现代化的混合、活化、干燥、制粉工艺和装备，稳定膨润土的质量。

2）在严格选用蒙脱石含量高的膨润土原矿的基础上，对膨润土进行改性处理，如进行有机物－膨润土复合改性，使其分散性、黏结性得到更大程度的发挥。

3）开发无毒、无味、无腐蚀、颜色浅、光亮碳含量高、硫与灰分含量低的煤粉代用材料。

4）开发新一代的型砂性能检测仪器，运用计算机、自动化技术的最新成果，实现砂处理系统的在线检测和型砂质量的智能化控制。

1.3.3　水玻璃砂

水玻璃砂在铸钢件生产中，特别是在大件和特大件铸钢件的生产中有较好的应用前景。水玻璃砂绿色铸造工艺升级及创新研发内容如下：

（1）微波硬化水玻璃砂技术研究　使用微波硬化水玻璃砂的新方法，微波硬化水玻璃加入量只需1.6%，相比 CO_2 硬化加入量6%～8%及酯硬化改性

水玻璃加入量2%～3%，有着非常明显的效果，极大改善了水玻璃旧砂的溃散性和再生回用性。

（2）水玻璃纳米改性技术的研究　这一技术的主要原理是通过优化的材料物相相容设计和纳米材料改性，开发了适于酯硬化水玻璃砂的高性能改性水玻璃黏结剂，使水玻璃加入量由 CO_2 硬化的6%～8%下降到酯硬化的2%～3%。旧砂表面的残留黏结剂由连续玻璃化膜变成泡沫状多孔膜，溃散性提高50%以上，可实现通过机械振动碎砂。该技术解决了无机胶体水玻璃黏结剂与有机化学助剂不相容、铸造后旧砂烧结而玻璃化的难题。

（3）高性能新型水玻璃黏结剂的开发与应用高性能的新型水玻璃黏结剂仍将是水玻璃砂技术研究和开发的重点，更新一代的水玻璃应具有高的硬化强度、好的溃散性、优异的抗吸湿性和表面稳定性。为此，需要多重改性（包括物理改性和化学改性、有机物改性与无机物改性的综合等）水玻璃、复合水玻璃（钠－钾水玻璃、钠－锂水玻璃等）的出现与采用。如采用微波加热硬化时，水玻璃的加入量低、水玻璃砂的强度高，但硬化后的水玻璃砂型（芯）吸湿性大，研究开发适于微波加热硬化的抗吸湿性好的水玻璃黏结剂，具有很高的应用价值。

1.3.4　自硬树脂砂

今后，在机床、造船、通用机械和重型机械等中大件单件小批铸件的生产中，自硬树脂砂将广泛采用，在大中型单件小批生产中还将继续扩大应用范围。

1）充分发挥多种自硬树脂砂的优势和特点，形成呋喃自硬、碱性酚醛、酚脲烷、酯固化酚醛等多种自硬砂竞相发展的局面。

2）开发出少污染和无污染的新的树脂品种，使铸造过程挥发的苯、甲苯等有毒气体大幅度下降，甚至完全消除。

3）树脂的性能将向加快固化速度、降低黏度、增加抗吸湿性、提高常温强度和高温强韧性的方向发展，树脂砂的品种将会更加多样化、系列化，以适应于不同原砂、不同环境条件、不同合金材质、不同形状铸件的特殊要求。

4）为满足铸件"轻量化"的需求，开发专门用于铝合金、镁合金的分解温度低、易溃散的树脂。

1.3.5　覆膜砂壳型（芯）

覆膜砂壳型（芯）工艺在今后相当长的一段时期内仍会保持较大的市场规模。未来其研发的重点如下：

1）开发取代硅砂和锆砂的覆膜砂用原砂、多品种的覆膜砂用树脂以及各种添加物，制成具有特殊性

能的系列壳型（芯）覆膜砂，以适应不同覆膜砂性能的要求。

2）开发新型无氮/无氨低气味且固化速度快的固化剂。

3）研究壳法覆膜砂与铸（钢）件表面缺陷的生成机理及防止措施。

4）为提高铸件的尺寸精度，开展高渗透性薄层涂料或无涂料化工艺的研究。

1.3.6 三乙胺冷芯盒工艺

从节约能源、改善工作条件和提高砂芯精度出发，三乙胺冷芯盒工艺的应用会呈快速上升的趋势，它将逐渐取代热法，特别是取代热芯盒法，与世界先进国家的制芯工艺发展趋势相吻合。

1）为减少对环境的污染，开发和改进树脂品种，改进吹气工艺和尾气净化装置，使三乙胺的排放量控制在工业卫生排放标准范围内。

2）进一步提高树脂砂的抗吸湿性。

3）将大力发展碱酚醛树脂砂、甲酸甲酯固化酚醛树脂砂等各类新的低毒、无毒冷芯盒气硬制芯工艺。

1.3.7 铸造涂料

铸造涂料的发展应顺应近净形和绿色集约化铸造技术总的发展趋势，在铸件精化、提高铸件品质、节约资源、保护环境等方面充分发挥铸造涂料的作用。

1）开发新型及复合耐火骨料，以提高涂料的抗粘砂性能，拓宽纳米材料和超细分材料在涂料中的应用等。

2）不用载液、少用载液或主要用水作为载液，尽量不用苯、二甲苯、乙醇、甲醇等有害人体健康的挥发性溶剂，以解决醇基涂料的污染和成本的问题。

3）采用自干、快干和微波干燥方法，以提高水基涂料的干燥效率和表面质量。

4）大力推广粒状或粉状铸型涂料，以解决醇基涂料运输周期长，费用高，不安全，以及由于醇基涂料的悬浮稳定性较差，涂料在长途运输和存放过程中易产生板结（死沉淀）的问题。

5）研究铸铁件用的白色或浅色涂料，加快涂料绿色化生产，以适应环境保护的要求。

6）推广树脂砂流水线上高效优质的流涂涂料，建立与近无余量精确成形技术相适应的新型系列涂料及其施涂工艺。

7）使涂料由单一的防粘砂作用向多功能化发展，近一步开发表面合金化涂料、控制凝固速度的涂料、能阻隔铸型（芯）中有害气体侵入铸件的烧结型屏蔽涂料，建立完善的涂料商品系列。

1.3.8 铸造金属液过滤网和冒口套

近20年来，过滤网及其在铸造合金液过滤领域的应用已得到了长足的发展。仅就泡沫陶瓷过滤网而言，国内铸造行业的潜在年需求量约1亿片。

1）采用先进的自动化大批量生产泡沫陶瓷、蜂窝陶瓷和直孔陶瓷过滤器的工艺和装备，使产品的质量稳定可靠，实现规模化生产。

2）改进陶瓷过滤网的高温性能，提高直孔陶瓷过滤器的孔隙率。

3）加强各种过滤网的应用研究，为推广提供技术支持。

4）过滤器与冒口套相结合，减少浇注系统，提高铸件出品率和清理效率。

5）开展泡沫陶瓷过滤网生产过程中废旧料的回收利用，以减少其对环境的污染。

6）开发大批量高精度发热和保温冒口套的生产工艺和装备。

7）推广发热保温冒口套，并推广冒口套与易割片的使用工艺。

8）开发低毒、少污染的新型发热和保温冒口套。

参 考 文 献

[1] 李远才, 董选普. 铸造造型材料实用手册[M]. 2版. 北京: 机械工业出版社, 2015.

[2] 李传栻. 无机盐类黏结剂的应用和发展[J]. 金属加工（热加工）, 2014 (9): 12-15.

[3] 李传栻. 硅砂替代材料的应用与发展（上）[J]. 金属加工（热加工）, 2011 (19): 8-12.

[4] 李传栻. 硅砂替代材料的应用与发展（下）[J]. 金属加工（热加工）, 2011 (21): 60-64.

[5] 樊自田, 刘富初, 龚小龙, 等. 铸造旧砂再生新方法、新进展及新期待[J]. 中国铸造装备与技术, 2018, 53 (4): 5-10.

[6] 刘烨. 铸造用有机与无机黏结剂优缺点对比与分析[J]. 金属加工（热加工）, 2014 (9): 8-10.

[7] 何欢, 朱以松, 吴殿杰. 铸钢用水玻璃型砂创新技术与装备[J]. 金属加工（热加工）, 2016 (9): 24-26.

[8] 熊鹰, 吴长松. 我国铸造旧砂再生技术的进展及其应用[C]. //2010 中国铸造活动周论文集. 沈阳: 中国机械工程学会铸造分会, 2010.

第2章 原 砂

2.1 概述

在砂型铸造中,原砂是混合料中的骨料和主要成分,所占的质量分数依所用黏结剂的不同,在80%~99%之间波动。原砂和黏结剂一起形成砂型或砂芯的强度,同时抵抗金属液对砂型或砂芯的侵蚀,所以原砂一般也是耐火材料。颗粒细小的原砂还可以作为涂料的耐火材料。砂型铸造中所用的原砂种类很多,但以硅砂使用最多。

2.2 硅砂

铸造用硅砂是以石英为主要矿物成分,粒径为0.02~3.35mm的耐火颗粒物,按其开采和加工方法不同,分为人工硅砂与水洗砂、擦洗砂及精选砂等天然硅砂。硅砂是构成砂型或砂芯的基本成分,广泛应用于铸钢、铸铁和铸造非铁合金,是铸造生产中用量最大的原材料。

2.2.1 性状和用途

硅砂主要的化学成分是 SiO_2。自然界中,硅的氧化物多为结晶形,也有的以无定形状态存在,其中石英是最重要的晶体形硅的氧化物。铸造生产所用的硅砂主要由粒径为0.053~3.35mm的小石英颗粒所组成。纯净的硅砂多为白色,含铁的氧化物时常成淡黄或浅红色。

石英的密度为 $2.65g/cm^3$,莫氏硬度7级,是一种透明、浅色或无色的晶体,其结构为硅氧四面体,其化学成分为二氧化硅。由于硅砂主要由石英矿物所组成,因此地质探矿方面常称其为石英砂,并根据其成分和用途分为玻璃砂、铸造砂以及过滤砂。经过精选加工的高品位天然硅砂还可用于电工、玻璃等方面。

2.2.2 来源和分类

我国铸造生产中所用硅砂根据其来源和加工方式不同可以分为天然硅砂和人工硅砂两大类。

天然硅砂是由火成岩经过风化或变质作用,逐渐剥裂、细化,坚硬的石英颗粒与其他部分分离,然后再经水流或风力搬运沉积形成砂矿。这些砂矿按其成矿条件和特点,可以分为河砂、湖砂、海砂、风积砂等几种。海砂和湖砂还可以再细分为海(湖)滩砂、沉积砂、堆积砂等。

天然硅砂是铸造行业最重要、最具基础性的造型材料。2018年我国铸件总量达到了4935万t,硅砂用量约为2000万t。我国著名的铸造用硅砂基地北方是内蒙古通辽市、河北围场县和辽宁彰武县,南方是福建东山县、漳浦县和江西都昌县。

北方的硅砂属于风积砂,地质的蕴藏量很大,资源丰富,能满足我国铸造行业生产的长期需要,但硅砂中 SiO_2 的质量分数较低,一般在85%~94%,粒形较圆,只适合于铸铁件和铸铝件的生产。我国南方的湖砂和河砂也很丰富,例如江西都阳湖的湖砂也大量用来生产铸铁件和铸铝件,但质量较北方硅砂差,粒形偏多角和尖角。

南方的福建、广东、海南盛产海砂,例如福建漳州市的东山县、漳浦县的海砂十分丰富,SiO_2 的质量分数较高,一般在96%~98%,粒形较圆,适合于铸钢件的生产。

1. 北方硅砂生产基地

(1) 通辽市大林型砂有限公司 该公司前身是我国第一家采用机械化规模生产铸造硅砂的国有企业——大林型砂厂,设计年生产能力8.7万t。经过三次技术改造后,该公司目前拥有两条擦洗砂生产线、三条硅砂烘干线、两条焙烧砂生产线、三条覆膜砂生产线。机械化、自动化程度明显提高,硅砂年生产能力可达70万t,2011年产量40万t,该公司拥有铁路专用线两条,可实现双站台整列装车。2010年,该公司被中国铸造协会授予首届"全国铸造行业排头兵企业""中国铸造用砂产业基地"称号。

(2) 重庆长江造型材料(集团)科左后旗有限公司 该公司是一家新建的集硅砂采选、深加工、销售为一体的专业化高新技术企业,总投资3000万元,有擦洗砂、烘干、焙烧、覆膜砂生产线各两条。年采砂能力50万t,焙烧砂8万t,覆膜砂16万t。该公司具有很大的发展空间和潜力。2012年,该公司被中国铸造协会授予"中国铸造用砂产业基地"称号。

上述两公司地处科尔沁砂矿腹地,砂矿西起赤峰,东到科左后旗甘旗卡镇,延到辽宁彰武县,号称"800里砂地",硅砂储量达700亿t,居全国首位。通辽地区已探明硅砂储量550亿t,是我国最具潜力的硅砂基地,正因为拥有如此得天独厚的资源,所以随着改革开放后铸造业的高速发展,通辽地区大大小小的硅砂矿有40余家,年产量达500万t,占我国目前硅砂新砂用量的 1/4。

（3）承德北雁铸造材料公司　该公司是围场县发展最快、发展势头最强劲的硅砂生产企业。该公司成立于 1998 年，并下设"西峡北雁铸造材料有限公司"和"洛阳北雁铸造材料有限公司"，可年产硅砂 15 万 t，覆膜砂 5 万 t。主要产品为："北雁"牌擦洗砂系列、覆膜砂系列、焙烧砂系列等。总部现有一条擦洗砂生产线、两条覆膜砂生产线、两套烘干设备（20t/h×2）。近年来河北围场县个体砂矿大大小小已有 43 家，产量到 2011 年已达 200 多万 t。这些企业中有相当一部分虽规模较小，但生产管理比较规范。

（4）辽宁彰武县　辽宁彰武县的天然风积沙资源远景储量在 30 亿 t 以上，在东北地区乃至全国有着重要的地位。2016 年获得了中国铸造协会授予的"中国铸造用硅砂产业基地"称号。2017 年 8 月 19日，"中国硅砂交易中心"在彰武县成立。

2. 南方硅砂生产基地

（1）福建东山县、漳浦县　这两个县是福建省的硅砂生产基地。东山县梧龙硅砂矿位于福建南部海滨的东山岛，岛上拥有大量优质的天然古海沉积砂资源，已探明的储量有 2.7 亿 t。东山砂的特点是含硅量高，含泥量低，颗粒表面光洁，理化性能优良，是玻璃、铸造、电子、化工、建材等工业的良好原材料。东山县梧龙硅砂矿是福建省最早开发和经营天然硅砂的企业，该矿可年生产硅砂 30 万 t，拥有两条处于我国领先行列的采矿、选矿生产线，一个 5000t 级码头，一个硅砂专用装卸泊位。福建省益强硅砂科技有限公司的生产基地位于东山岛和漳浦县六鳌半岛。这里蕴藏着丰富的天然古海沉积砂，已取得开采权的硅砂储量为 2500 万 t，其硅砂品质可媲美东山硅砂。该公司拥有生产用厂房建筑面积 12800m²，拥有水洗、擦洗六条硅砂烘干、筛分、包装生产流水线，年生产能力 50 万 t。

由于福建的海峡西岸经济区建设的快速发展，原来福建省的著名硅砂生产基地长乐市、平潭县和晋江市都被列入硅砂禁采区，硅砂企业和产量已经大大减少。

（2）江西都昌县新世纪造型材料有限公司　该公司前身是江西省都昌县型砂厂，同江西省星子县型砂厂在 20 世纪 70 年代曾被原国家机械部定为南方工业化铸造用砂基地。现更名为新世纪造型材料有限公司，于 2012 年 6 月投产，年生产能力为水洗砂 50 万 t、擦洗砂 30 万 t，是江西省规模最大的硅砂生产基地。

人工硅砂是将硅石或硅砂岩经过采矿、清洗、粗碎、细碎、筛选等加工工序而制成的。硅石的二氧化硅含量很高，但岩石坚硬，破碎后所得砂粒大部为尖角形，而且粉尘较多。硅砂岩的结构较松散，比较容易破碎，胶结的砂粒经加工后仍然保持原来的形状，因此粒形较好。我国早期铸钢大多采用硅石加工制成的人造硅砂，现已大部分被天然硅砂和特种砂所代替。

2.2.3　石英的结构转变特性

常温下自然界的石英多为 β 石英，随着温度的变化和冷却速度的不同，石英可以多种同质异晶的形态存在，并相应产生不同的体积和密度的变化。石英各种变体的转变关系见图 2-1。石英各种变体的性质特点见表 2-1。

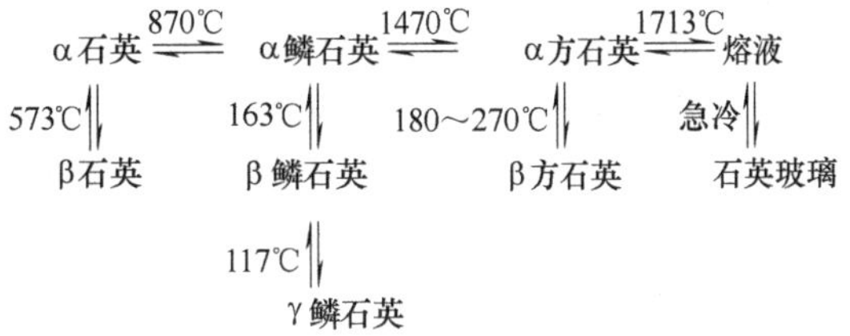

$$\alpha\text{石英}\xrightleftharpoons[]{870℃}\alpha\text{鳞石英}\xrightleftharpoons[]{1470℃}\alpha\text{方石英}\xrightleftharpoons[]{1713℃}\text{熔液}$$

$$573℃\updownarrow\qquad163℃\updownarrow\qquad180\sim270℃\updownarrow\qquad\text{急冷}\updownarrow$$

$$\beta\text{石英}\qquad\beta\text{鳞石英}\qquad\beta\text{方石英}\qquad\text{石英玻璃}$$

$$117℃\updownarrow$$

$$\gamma\text{鳞石英}$$

图 2-1　石英各种变体的转变关系

表 2-1　石英各种变体的性质特点

变体名称	密度/(g/cm³)	结晶变化	相变温度/℃	线膨胀率（%）	体积膨胀率（%）
β 石英	2.65	β 石英⇌α 石英	573	0.45	0.82
α 石英	2.52				
γ 鳞石英	2.31	γ 鳞石英⇌β 鳞石英	117	0.27	0.20
β 鳞石英	2.29	β 鳞石英⇌α 鳞石英	163	0.06	0.20
α 鳞石英	2.25	α 石英⇌α 鳞石英	870	5.10	16.10
		β 石英→α 鳞石英	870	5.55	16.82
β 方石英	2.27	β 方石英⇌α 方石英	230	1.05	2.80
α 方石英	2.22	α 鳞石英→α 方石英	1470	1.05	4.70
		β 石英→α 方石英	1470	6.60	21.52
石英玻璃	2.20	α 方石英→石英玻璃	1713	0	−0.90

石英同一结构各变体，如 α、β、γ 晶型之间的变化属位移转变，转变容易，为可逆变化。石英从 α 石英到 α 鳞石英、α 方石英的不同结构之间的变化属重建转变，转变较慢，需在一定条件下才可获得。当石英被加热到 573℃ 时，开始出现从 β 石英到 α 石英的转变，产生体积膨胀。虽然这时的膨胀量不大，但转变的速度快，所以容易引起铸件夹砂、结疤和脉纹等缺陷。870℃ 是石英结构的一个重要转变点，超过这一温度，石英转变为鳞石英，体积急剧膨胀，再冷却则易变为鳞石英的其他变体，体积变化较小。因此，一般认为经过多次浇注使用后的旧砂其高温热膨胀量比新砂小。

2.2.4　矿物组成和杂质成分的影响

硅砂中除石英外还含有长石、云母、铁的氧化物、碳酸盐以及黏土等矿物。这些矿物的存在降低了硅砂的耐火度，因此皆称为杂质矿物。长石和云母类矿物的化学式和一些性能见表 2-2。

表 2-2　长石和云母类矿物的化学式和一些性能

矿物名称	化学式	莫氏硬度/级	熔点/℃
钾长石	$K_2O \cdot Al_2O_3 \cdot 6SiO_2$	6	1170 ~ 1200
钠长石	$Na_2O \cdot Al_2O_3 \cdot 6SiO_2$	6 ~ 6.5	1100
钙长石	$CaO \cdot Al_2O_3 \cdot 2SiO_2$	6 ~ 6.5	1160 ~ 1250
白云母	$K_2O \cdot 3Al_2O_3 \cdot 6SiO_2 \cdot 2H_2O$	2 ~ 2.5	1270 ~ 1275
黑云母	$K_2O \cdot 6(Mg \cdot Fe)O \cdot Al_2O_3 \cdot 6SiO_2 \cdot 2H_2O$	2.5 ~ 3	1145 ~ 1150

工业上对硅砂的杂质一般只按其化学成分进行控制，但化学成分与矿物组成是不同的。砂中杂质的含量及杂质的存在形式和分布状况对硅砂的耐火度、酸耗值以及加工方法都有直接的影响。如果砂中的杂质矿物大部分存在于砂粒表面、细粉和泥类中，可以通过水洗、擦洗、水力分级等简易的选矿方法加以清除，降低砂的含泥量，提高硅砂的品位。

目前对铸造用硅砂的化学成分主要是控制二氧化硅含量，对杂质的含量不再做具体规定。

铝的氧化物是硅砂中主要的杂质成分，它主要存在于长石和云母之中，从 $SiO_2 - Al_2O_3$ 的二元系统图（见图 2-2）中可以看出，硅砂中含有质量分数为 5% 左右的氧化铝，其熔点由 1710℃ 下降至 1550℃，超过这一含量后熔点又逐渐上升。硅砂中氧化铝的含量正好处在这个对硅砂熔点影响最显著的区间，因此影响尤为突出。

硅砂中根据所含长石等杂质矿物种类的不同一般还含有 Na_2O、K_2O、CaO、MgO 等碱金属或碱土金属的氧化物。这些氧化物在不同砂中的含量不同，且其总量一般低于硅砂中氧化铝的含量，当其单独少量存在时对硅砂耐火度的影响比氧化铝小（见图 2-3）。目前铸造用硅砂对此类氧化物的含量已不再做具体的规定，但砂中的 CaO 如以碳酸盐或贝壳等形式出现，则其对硅砂酸耗值等性能的影响不应忽视。

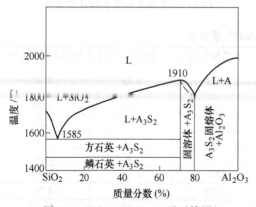

图 2-2　$SiO_2 - Al_2O_3$ 二元系统图

L—液态　A—Al_2O_3　A_3S_2—$3Al_2O_3 \cdot 2SiO_2$ 莫来石

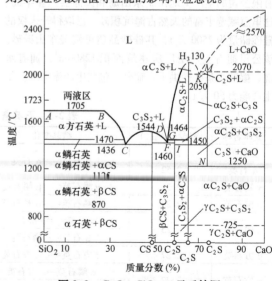

图 2-3　$CaO - SiO_2$ 二元系统图

L—液态　C_3S_2—$3CaO \cdot 2SiO_2$　C_3S—$3CaO \cdot SiO_2$
CS—$CaO \cdot SiO_2$　C_2S—$2CaO \cdot SiO_2$

硅砂中的铁杂质一般都以 Fe_2O_3 的形式和含量进行计算。少量的氧化铁对硅砂的耐火度影响不大，因此，铸造用硅砂对 Fe_2O_3 含量的要求不像玻璃用硅砂那么严格。

对硅砂中的杂质，不但要注意它的含量，而且要重视它的存在形式，尤其是与金属液接触后，这些杂质在高温状态下先行熔化，并与各种无机黏结剂中及金属液表面的氧化铁等氧化物形成复杂的多元复杂化合物。此类化合物熔点都较低，尤其是在氧化铁超过一定的数量后（见图 2-4），不但会严重侵蚀和熔化石英颗粒，而且会增大氧化渣和金属液渗入的通道，使铸件表面出现粘砂。

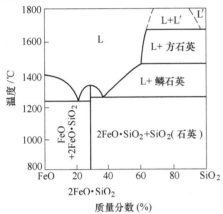

图 2-4 FeO – SiO₂ 二元系统图

二氧化硅含量高，硅砂的耐火度也较高，但砂的高温膨胀量也相应增大，而且价格较高。因此，生产中应根据铸造合金的种类合理选择硅砂的二氧化硅含量。

2.2.5 硅砂粒度控制和表示方法

硅砂原矿的粒度主要取决于基岩中石英颗粒的大小，而成品硅砂的粒度则与原砂的筛选分级工艺及铸造生产的实际需求有关。许多硅砂矿其原矿的粒度大部分集中在粒度相近的 5~6 个筛号上，经过分选一般可以获得粒度相对集中于三筛的 2 种或 3 种粒度的成品砂，更粗或更细一些的成品砂只有在大批量生产时才能获得。

硅砂的粒度是根据试验筛开孔尺寸来划分的，铸造用试验筛的筛号与筛孔尺寸的关系见表 2-3。铸造试验筛共有 6~270 共 11 个筛号，孔径从最大的 3.35mm 到最小的 0.053mm，20 号及以后各号筛前面 1 个筛号孔尺寸大约为后筛筛孔尺寸乘以 $\sqrt{2}$。如为三筛砂则以筛上砂粒余留量最多的峰值筛号的前后两个筛号表示硅砂的粒度组别，如 50/100 或 70/140。过去一般以筛网网丝平行方向上每25.4mm（1in）长度中筛孔的数量（也称目数）来表示砂的粗细，但新的国家标准不再使用，统一以"筛号"表示。

GB/T 9442—2010《铸造用硅砂》对原砂粒度主要用两种表示方法，即以主要粒度组成部分的三筛或四筛的首尾筛号表示法和平均细度范围表示法。

表 2-3 铸造用试验筛的筛号与筛孔尺寸的关系（GB/T 2684—2009）

筛号	6	12	20	30	40	50	70	100	140	200	270
筛孔尺寸/mm	3.350	1.700	0.850	0.600	0.425	0.300	0.212	0.150	0.106	0.075	0.053

铸造用硅砂（其他原砂同此）的粒度采用铸造用试验筛进行分析。计算出筛分后各筛上的停留量占砂样总量的质量分数，其中相邻三筛停留量质量分数不少于75%或四筛停留量不少于85%，即视此三筛或四筛为该砂的主要粒度组成，然后以其首尾筛号表示，如 30/50 或 30/70。

硅砂颗粒大小和分布状况对硅砂的烧结点、热导率以及混合料的透气性、强度等性能都有一定的影响。

根据筛孔尺寸，6~30 号筛的砂粒尺寸相差较大，外观即可看出差别，不宜采用三筛表示，除过去在人造硅砂和黏土砂的特定条件外，目前生产中已极少使用这种方法表示。30/50~70/140 号筛的几个硅砂颗粒尺寸间距在 0.3mm、0.2mm、0.15mm 和 0.1mm 之间，外观匀一，其中尤以 40/70 号筛、50/100 号筛和 70/140 号筛三组砂的用量较多，可分别

应用于大、中、小型铸件，它们在黏结剂加入量合适的情况下，混合料均可获得较高的强度。生产中主要还是根据铸件人小、表面粗糙度的要求和工艺类别确定所选用的硅砂的粒度。

除了硅砂粒度外，砂的粒度分布和组成对混合料的透气性和强度等性能也有一定的影响。近年来，随着树脂砂和自硬砂新技术的推广应用，中、细粒砂的应用范围有所扩大，对粒度的分布也倾向于适当分散，三筛集中率不宜过高。福建省机械科学研究院在混合料的粒度级配试验中曾以平潭中楼砂对"三筛集中"和根据较佳镶嵌原理组成的"双峰级配"，以及接近于标准砂的"五筛分布"等各种级配对混合料性能的影响进行了试验，其结果见表 2-4。试验结果表明，在原砂粒度分布方面三筛相对集中、五筛分布、合理镶嵌效果较好。

福建省机械科学研究院铸造用砂研究组试验表明：粒度适度分布，混合料的强度大约可提高10%（见表2-4）。另一个优点是，高温铁液浇注时，产生的热膨胀小，型芯内应力小，开裂倾向小，对防止产生脉纹缺陷有一定作用。从20世纪60年代起，第一汽车集团公司铸造公司一直以大林的五筛分布硅砂为主体，年用量在10万t以上，基本保证了型芯用砂的一致性，保证了型砂粒度组成不变格。

硅砂粒度除了用筛号（颗粒尺寸）表示和控制外，国际上还有以平均细度的表示和控制方法。两种方法都和筛号有一定的联系，但在应用中又都有其优点和不足之处。平均细度（也称AFS细度）可直接

反映原砂的平均颗粒尺寸，平均细度计算方法是先计算筛分后各筛上砂粒停留质量占砂样总质量的百分数，再乘以相应的砂粒细度因数，然后将各乘积数相加，用乘积总和除以各筛号停留砂粒质量百分数的总和，并将所得数值根据数值修约规则取整，其结果即为平均细度。平均细度的计算见本书第11章。GB/T 9442—2010《铸造用硅砂》，在筛号表示和控制的基础上要求同时注明硅砂的平均细度值范围。根据计算，各组硅砂平均细度的中值正好是该组硅砂前筛号的数字（如50/100号筛的硅砂，其平均细度的中值为50）。平均细度值低于中值则该组砂前部筛号上的粗砂较多；反之则后部筛号上的细砂较多。

表2-4　原砂粒度配方与树脂砂的工艺性能

序号	筛号及配比（质量分数，%）						混合料性能			
	40	50	70	100	140	其他筛号	紧实密度 /(g/cm^3)	平均细度	透气性	干拉强度 /MPa
1	—	30	50	20			1.661	51	135	1.87
2	—	5	60		20		1.656	55.5	128	1.85
3	5	30	50		10		1.696	52	132	1.97
4	10	20	40	15	10	5	1.72	52.5	116	2.10

2.2.6　硅砂的表面状态和颗粒形状

硅砂的表面状态及颗粒形状不但与基岩中石英颗粒晶体结构有关，而且与硅砂成矿的年代、特点及砂粒被杂质污染的程度有关。它对混合料的性能，尤其是强度有很大的影响。

利用电子显微镜高倍放大观察，可以看出硅砂中除了表面光整的砂粒外，还有一些表面不平或起伏的凹陷，有的砂粒还带有一些碎屑的鳞片（见图2-5），它们对混合料的强度都有一定的影响，特别是对采用有机化学黏结剂的混合料强度影响更大。

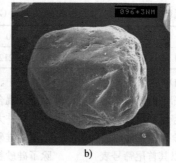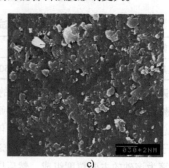

a)　　　　　　　　　　b)　　　　　　　　　　c)

图2-5　砂粒的表面状态

a) 光滑的表面　b) 有起伏凹陷的表面　c) 有鳞片碎屑的表面

硅砂表面越光整洁净，与黏结剂之间的物理、化学结合力越强，混合料的强度越高。尽管目前对原砂的表面状态尚无成熟的检测和评定方法，但国内外都已有不少关于原砂表面状态对混合料强度及对原砂进行擦洗或化学处理以提高树脂砂强度的报道。

硅砂的颗粒形状是根据砂粒的圆整度和表面棱角磨圆的程度来区分的，典型的原砂颗粒形状见图2-6。角形因数用来定量反映铸造用硅砂颗粒的几何

形状，是铸造用硅砂的实际比表面积与理论比表面积的比值。

GB/T 9442—2010《铸造用硅砂》的角形因数值对各种粒形进行大致的定量划分。但是在实际应用中大部分硅砂其颗粒形状都是混合型的，天然硅砂的角形因数都在1.20～1.45之间。目前所采用的硅砂角形因数测定方法中，砂粒实际比表面积的测定原理近似于过去的原砂透气性测定法，都是根据一定体积的

气体在一定压力下通过试样的时间来进行计算。因此，无论是硅砂的实际比表面积还是理论比表面积，其测试和计算的结果都只是一个近似的相对值，而且这个数值和试样的紧实密度有着明显的对应关系。

许多试验结果表明：颗粒较圆的砂粒，混合料的

流动性和紧实密度较高，砂粒间的接触点和黏结剂"连接桥"的截面积增大，对提高混合料的强度有利；砂粒排列越紧密，对提高混合料的强度越有利，但是砂粒在高温状态下的线膨胀量及膨胀应力也越大（见图 2-7）。

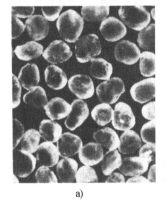  

a)　　　　　　　　　　　b)　　　　　　　　　　　c)

图 2-6　原砂颗粒形状

a）圆形砂　b）钝角形砂　c）尖角形砂

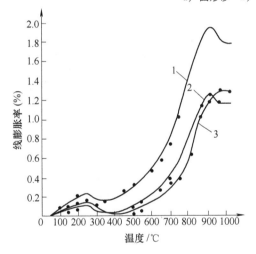

图 2-7　原砂成分、粒形与高温膨胀量关系曲线

1—$w(SiO_2)$ = 97%，角形因数 1.38

2—$w(SiO_2)$ = 97%，角形因数 1.2

3—$w(SiO_2)$ = 90%，角形因数 1.2

在肯定原砂粒形对混合料强度影响的同时还应该考虑到：①在配砂时各种材料的加入量是按质量比计算的，但打制试样和砂芯时却按体积进行控制，前后之间有个比例差，角形因数小、紧实密度大的原砂材料的实际消耗量稍高。②现用的各种树脂砂、自硬砂旧砂多已再生回用，旧砂表面所包覆的树脂膜在一定程度上改善了砂粒表面的状况和性能。因此，在选用原砂时，不但要进行新砂性能的比较，而且要对旧砂性能进行比较。

许多试验结果表明，在原砂含泥量相近的情况下，混合料的强度是硅砂化学成分、表面状态、颗粒形状和粒度分布等多项因素综合影响的结果。因此，在选定某种新的原砂时，除了注意分析原砂性能外，最好还是通过实际工艺试验来测定所要选用原砂的强度，以确定应选用原砂的种类。

铸造厂在选择砂矿时，可将拟选用的原砂与标准砂进行对比试验，测定在黏结剂加入量相同，但固化剂和硬化条件根据原砂特点适当调整的情况下的强度性能，取其最佳值进行各方面（包括原砂成分）的综合对比，以求取得最佳的技术经济效果。

2.2.7　硅砂的开采与加工

1. 我国天然硅砂产品开采加工工艺的发展历程

（1）水洗砂　20 世纪六七十年代，我国铸造业以黏土砂为主，水洗砂完全可以满足生产要求。

（2）擦洗砂　20 世纪 70 年代，我国引进了树脂砂生产工艺，由于水洗砂含泥量高，型（芯）强度上不去，阻碍了树脂自硬砂技术的推广。为了解决这一问题，1981 年由沈阳铸造研究所与大林型砂厂合作，成功研制出擦洗砂，使硅砂含泥量由水洗砂的 1% 降为 0.3%，树脂砂技术也由此得以迅速推广。

（3）焙烧砂　20 世纪 90 年代，我国汽车工业迅猛发展，而发动机的制造对硅砂提出了更高要求，即要求硅砂的膨胀率低，发气量小。济南铸锻研究所针对性地研制出满足上述要求的焙烧砂，即将原砂经过 870℃ 以上温度焙烧再使用。这对推动汽车发动机的国产化、提高发动机的制造水平发挥了重要作用。

2. 硅砂生产工艺

（1）水洗砂生产工艺　原砂→水洗脱泥→水力分级→烘干或晒干→入库。

（2）擦洗砂生产工艺　原砂→水洗脱泥→水力分级→擦洗脱泥→烘干或晒干→入库。

（3）焙烧砂生产工艺　原砂→水洗脱泥→水力分级→擦洗脱泥→高温焙烧→冷却→入库。

伴随着一次次铸造工艺改革，不仅生产工艺水平得到提高，也带动了生产设备的不断升级、改进。擦洗设备、焙烧设备从无到有，结构日臻完善，生产率不断提高。硅砂生产从半机械化，到目前实现了机械化和部分自动化，每条生产线的生产率由 20t/h，提高到了 35～40t/h，年生产能力可达 15 万～20 万 t（北方每年只有 6 个月生产期）。

3. 存在的问题与措施

目前天然硅砂生产存在的两个问题：一是无序开采破坏植被和生态环境；二是产生大量废水，每生产 1t 擦洗砂约需 10t 净水，洗后的废水一般排入水塘、河道、湖泊中，这不仅浪费了水资源，水中的泥沙还抬高了河床，每隔几年就需由政府出资清理河道。针对上述问题，近年各地政府加强了管理，硅砂开采企业做到了有序开采，并采取了强制性绿化、恢复植被措施，企业也普遍重视了废水的循环利用。

4. 水洗或擦洗

硅砂原矿中颗粒直径小于 0.020mm 的泥分以及砂粒表面的一些污染物一般都需要通过水洗或擦洗加以清除。

原矿是采用水洗还是需要擦洗，应该根据原矿的含泥量及砂粒表面杂质污染的情况来决定。如果原矿的含泥量（质量分数）低于 1%，砂粒表面洁净，一般经水力采矿和水洗，即可使硅砂的含泥量（质量分数）达到 0.3% 以下。如果原矿的含泥量（质量分数）在 2% 左右或更高，而砂粒表面的污染物又较多，则一般需要通过擦洗才能使硅砂的含泥量达到树脂砂和自硬砂用砂的要求。

擦洗机有单筒的和多筒的两种。单筒擦洗机一般可自行设计，其结构见图 2-8。其处理能力可根据筒的直径加以调节（见表 2-5）。生产中选用单筒还是多筒擦洗机，应根据原砂矿性能、加工产量及对成品砂的性能要求而定。

原砂经过擦洗后即可进入水力旋流器或经过螺旋输送器（见图 2-9）去除泥分和污水，并在以后的粒度分级中继续冲水进一步去除泥分。

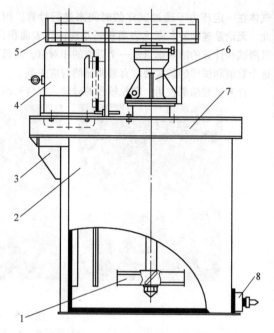

图 2-8　单筒擦洗机的结构

1—叶轮　2—筒体　3—加料入口　4—电动机
5—传动带护罩　6—轴承　7—机架　8—放砂口

表 2-5　单筒擦洗机的尺寸及性能

序号	(筒直径/mm)×(高/mm)	有效容积/L	叶轮转速/(r/min)	电动机功率/kW	处理能力/(t/h)
1	100×200	1.6	2500	0.1	—
2	150×240	4.2	1500	0.2	0.1
3	300×600	20.0	620	1.5	0.5
4	500×1000	125.0	420	3.5	3.5
5	750×1300	380.0	290	11.0	10.0
6	1200×1900	1500.0	220	19.0	40.0

5. 粒度分选

目前我国在硅砂粒度分选方面主要有水力分级和机械筛选分级两种。

（1）水力分级　将硅砂原矿通过水力采矿，用管道或自卸车送至厂内加工车间，矿浆经格栅除去树根、砾石，然后进行脱泥和水力分级。水力分级设备的结构见图 2-10。经除去杂物的原砂从设备（钢结构水箱或钢筋水泥结构的水槽）左上方加入水池，水流方向从左向右流动带动原砂前进。与此同时设备各水槽下方的水向上流动，其向上流动的速度可以通过调节水的流量控制。粗砂沉降速度比细砂快，最粗的砂粒先在最左边的水槽中下沉，最细的砂粒一直随水流方向向右流动，因此设备中的 5 个水槽内分别沉积下各种不同粒度的原砂，从左到右越来越细。之后，分别打开各个水槽下方的卸砂阀门就可以得到不同粒度组成的原砂。根据这个原理，也可以采用几个　钢制水桶串联成类似的原砂水力分级设备。

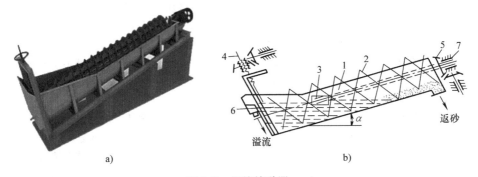

a) b)

图 2-9 螺旋输送器

a）外形 b）结构

1—水槽 2—螺旋 3—进料口 4—螺旋提升装置 5—螺旋传动装置 6—溢流堰 7—轴承

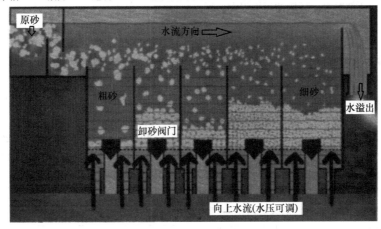

图 2-10 水力分级设备的结构

（2）机械筛选分级 机械筛选分级的工艺流程与水力分级有许多相似之处，其主要差别在于以机械筛代替了水力分级机，分出的硅砂粒度是先粗后细，筛选分级根据所用的筛砂机的形式和布置不同可分为几种类型。

1）高频振动筛选。利用高频振动，将通过初步脱泥的原砂矿浆在水流的携带和冲洗下进行粒度分级，同时进一步冲走砂中残留的泥分，并使砂水分离，最后获得不同粒度规格的成品砂。

高频振动筛已有定型产品，长沙矿冶研究院生产的 GPS2 系列双层高频振动筛，筛子振动频率为 2850 次/min，功率为 1.5～2.2kW，处理量可以达到 6～25t/（台·h）。

振动筛选生产率较高，过去一些大型的铸造硅砂加工厂采用这种方法。但振动筛的结构比较复杂，容易锈蚀，维修比较困难，工作时噪声大。

2）滚筒筛筛选。将经过擦洗或混合的矿浆送入滚筒筛，一边冲水一边先筛出细砂，再筛出中等粒度砂，然后筛出粗砂，最后将剩下的废料排出（见图 2-11）。

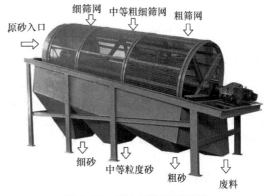

图 2-11 原砂筛分用滚筒筛

3）单筛分选。将脱泥和烘干后的干砂，利用平筛分别筛出 40 号、50 号、70 号、100 号、140 号等各筛号的砂粒，然后将各筛号砂按标准规定的比例混合并在机器中搅拌均匀，即可获得粒度分布比较精确的各种规格的成品硅砂。单筛分选砂的加工成本较高。

6. 硅砂的浮选

对于含硅量较低的硅砂，为了将砂的二氧化硅的质量分数提高到97%以上，满足铸钢用砂或玻璃用砂的需求，必须对硅砂进行浮选，以去除砂中云母、含铁矿物及长石等杂质矿物。

浮选方法有许多种，应该根据原矿特点及产品用途选用不同的选矿工艺，对于铸造用硅砂，浮选主要是去除砂中的长石。

浮选工艺对原矿粒度、矿浆的pH值，以及捕收剂、活化剂、抑制剂的种类和性能有一定的要求，工艺比较复杂，建厂投资比较大。

由于浮选工艺的药剂对水、环境的污染很大，所以这种工艺现在已经淘汰。

7. 其他加工方法

（1）表面磨削　为了改善砂粒表面状态，进一步清除砂粒表面的黏附物，减少它们对黏结剂附着及混合料紧实的不利影响，提高混合料的强度，除了一般的擦洗外，在一些特定的条件下，可以对某些原砂进行表面磨削处理。

沈阳铸造研究所曾利用旧式双回转体整形机对辽宁海城岩砂进行磨削处理，以去除砂粒表面残留的胶质碎屑，该机长2212mm，功率为8kW，生产率大约为2t/h。海城砂经2h的磨削后，角形因数从1.48降低至1.3左右，在树脂加入量为砂质量的1.5%时，工艺试验强度大约可以提高25%左右。

（2）化学和高温焙烧处理　砂粒表面经过化学处理后对混合料的硬化性能和强度产生了显著的影响。

华中科技大学在试验SO_2硬化树脂砂时，发现对硅砂进行净化和钝化处理后，加入砂中作氧化剂用的过氧化氢的分解速度大为减缓。

北京科技大学在进行酯硬化水玻璃砂的试验时，将原砂用复合表面活性剂进行清洗或将原砂在800℃加热1h进行表面高温改性处理，结果在达到同样强度的情况下，水玻璃的加入质量分数从3.0%降至1.7%或1.8%，效果显著。

济南铸锻机械研究所曾对硅砂在粉状物料链板式连续加热炉中，用870℃以上进行高温焙烧处理，经过处理后硅砂的发气量和高温膨胀率均明显降低，将焙烧处理后的硅砂用于配制低膨胀低发气覆膜砂，取得了良好的效果。

近年来，焙烧砂在缸体、缸盖生产中得到了广泛应用，收到良好效果。焙烧砂已经作为商品在市场销售，大林公司制定了企业标准（见表2-6）。焙烧砂与未经焙烧的擦洗砂相比有如下优点：

1）灼烧减量（质量分数）最大值由0.45%降为0.20%，降低50%以上。

2）酸耗值由小于5mL降为小于3mL。

3）含泥量（质量分数）最大值由0.3%降为0.2%或0.25%。

4）用焙烧砂生产的树脂砂强度大大提高。

5）高温膨胀率有所降低。

表2-6　大林焙烧砂技术标准

粒度/筛号	灼烧减量（质量分数,%）	含泥量（质量分数,%）	酸耗值/mL
40/70		≤0.20	
50/100	≤0.20	≤0.20	<3.0
70/140		≤0.25	

大林公司用焙烧砂与擦洗砂进行了强度对比试验。硅砂粒度为50/100号筛，树脂加入量（质量分数）为2%，所生产的覆膜砂的强度见表2-7。试验表明，常温抗拉强度提高了25%，热态抗拉强度上升了29%，常温抗弯强度上升了26%。

表2-7　大林焙烧砂与擦洗砂生产的覆膜砂强度对比　（单位：MPa）

原砂处理	常温抗拉强度	热态抗拉强度	常温抗弯强度
擦洗砂	3.52	1.81	6.85
焙烧砂	4.40	2.34	8.69

山东建筑大学材料科学与工程学院赵忠魁博士和孙清洲教授对硅砂高温焙烧与强度大幅提高的机理进行了研究，认为是高温焙烧对硅砂表面起了净化作用的结果。他们对焙烧前后的大林砂表面，用透射电子显微镜进行了观察，发现焙烧前砂粒表面分布着纳米尺寸大小不等的杂质相颗粒，这些颗粒以Na、K、Mg、Al、Fe等碱金属氧化物或中性氧化物存在；焙烧后的砂粒，砂的表面杂质相颗粒脱落，表面已呈平滑曲面，从而提高了硅砂表面的洁净度和表面活性，使黏结剂更易充分包覆在硅砂表面，砂粒间的结合牢度增强。

第一汽车集团公司铸造公司、东风汽车公司铸造一厂、潍坊柴油机集团公司铸造厂、重庆汽车公司铸造厂用焙烧砂生产缸体、缸盖合格率明显上升，粘砂、脉纹、气孔等缺陷明显下降。第一汽车集团公司铸造公司对比了擦洗砂与经过不同温度焙烧后的原砂混制的冷芯盒砂的线膨胀率（见表2-8），发现随焙烧温度的提高膨胀率降低。

表 2-8　冷芯盒砂的线膨胀率对比

编号	样品名称	树脂加入量(质量分数,%)	焙烧温度/℃	线膨胀率(%)
1	擦洗砂		20	1.30
2	焙烧砂	2.0	700	1.20
3			800	0.95
4			900	0.90
5			1000	0.80

8. 人造硅砂的加工

人造硅砂是由硅石或硅砂岩经破碎、筛选后制成,与天然硅砂相比,它增加了一个从岩石到砂粒的加工过程。

硅石从矿山开采运入加工厂后,先经过冲洗并挑拣出黏土等杂质矿物,然后用颚式破碎机将矿石破碎成小块,再用辊式破碎机或碾压机进一步压碎成砂粒,最后再进行粒度筛选分级。

用硅石加工的砂粒其粒度比较分散,而且含一定数量的细粉,为避免细尘对人体的危害,人工硅砂一般都采用湿筛工艺,而且要多道筛选,才能获得合乎铸造需要的各种规格的硅砂。

石灰石砂的加工大致与人造硅砂相同,但是在密封防尘条件较好的情况下,可以采用干法筛选。

2.2.8　铸造用硅砂的技术指标

GB/T 9442—2010《铸造用硅砂》规定,铸造用硅砂的分级情况以及牌号表示方法如下:

(1) 按二氧化硅含量分级　各级的化学成分见表 2-9。铸造用硅砂以二氧化硅的含量作为主要的验收依据。

表 2-9　二氧化硅含量

代号	SiO₂(质量分数,%)	杂质化学成分(质量分数,%)			
		Al_2O_3	Fe_2O_3	$CaO+MgO$	K_2O+Na_2O
98	≥98	<1.0	<0.20	<0.20	—
96	≥96	<3.0	<0.20	<0.30	<1.5
93	≥93	<4.0	<0.40	<0.50	<3.0
90	≥90	<6.0	<0.50	<0.80	<4.0
85	≥85	<8.0	<0.60	<1.0	<4.5
80	≥80	<10.0	<1.5	<2.0	<8.0

(2) 按含泥量分级　硅砂中颗粒直径小于 0.02mm 的质量所占的分数称为含泥量。硅砂按含泥量的分级见表 2-10。其中,水洗砂含泥量(质量分数)不大于 1.0%;擦洗砂含泥量(质量分数)不大于 0.3%;精选砂含泥量(质量分数)不大于 0.2%。硅砂含泥量的检测方法见第 11 章。

(3) 细粉含量　它是指铸造用硅砂中粒径大于

或等于 0.020mm,以及小于 0.075mm 颗粒的质量占砂样总质量的百分比。铸造用硅砂根据粒度组成,其细粉含量应参照表 2-11 的规定或由供需双方协议商定。

表 2-10　含泥量

代号	最大含泥量(质量分数,%)
0.2	0.2
0.3	0.3
0.5	0.5
1.0	1.0

表 2-11　铸造用硅砂粒度及其细粉含量

粒度(筛号)	细粉含量(质量分数,%)		
	擦洗砂	水洗砂	人工破碎砂
30/50	≤0.1	≤0.5	≤0.5
40/70	≤0.1	≤1.0	≤1.0
50/100	≤0.4	≤3.0	≤1.5
70/140	≤0.7	≤3.5	≤2.0
100/200	≤8.0	≤10.0	≤10.0

(4) 粒度　铸造用硅砂的粒度采用铸造试验筛进行分析,其筛号与筛孔的尺寸应符合表 2-3 的规定。粒度的表示方法可以用平均细度,也可用筛号。生产厂家在供货时应提供该牌号硅砂的粒度分布图表及平均细度值。铸造用硅砂的主要粒度组成部分三筛不小于 75%,四筛不小于 85%,五筛不小于 95%。

(5) 含水量　袋装烘干硅砂水的质量分数不大于 0.3%。

(6) 酸耗值　使用化学黏结剂时,铸造用硅砂的酸耗值不大于 5.0mL。

(7) 按颗粒形状分类　铸造用硅砂的颗粒形状根据角形因数分级,见表 2-12。

表 2-12　铸造用硅砂角形因数分级

形状	圆形	椭圆形	钝角形	方角形	尖角形
代号	○	○-□	□	□-△	△
角形因数	≤1.15	≤1.30	≤1.45	≤1.63	>1.63

(8) 牌号　铸造用硅砂的牌号表示方法如下:

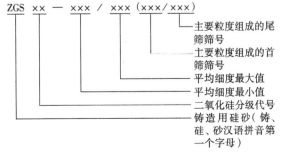

ZGS xx — xxx / xxx (xxx/xxx)

主要粒度组成的尾筛筛号
主要粒度组成的首筛筛号
平均细度最大值
平均细度最小值
二氧化硅分级代号
铸造用硅砂(铸、硅、砂汉语拼音第一个字母)

例　ZGS90—50/58（50/100），表示该牌号硅砂的最小二氧化硅含量为90%；粒度的平均细度最小值为50，最大值为58；主要粒度组成为三筛，其首筛筛号为50，尾筛筛号为100。

需方对货品有特殊要求时，供需双方可在订货协议中规定。

2.2.9　鉴定铸造黏结剂用标准砂的技术指标

各种铸造黏结剂都有一项重要的性能指标，即混合料的工艺试样强度。为了保证在产品质量检测和试验研究工作中，不同处理、不同时间所测试和试验的结果能够具有一致性和可比性，需要各地、各单位都采用同一矿点、按统一标准所生产的标准砂做配砂试验。同样，在选择新的原砂时，为准确掌握其性能，也可以同时采用标准砂做对比试验，以便对所选原砂的性能和特点做出正确的判断。

检定铸造黏结剂用的标准砂根据 GB/T 25138—2010《检定铸造黏结剂用标准砂》的规定，其性能应符合以下要求：

1）Si_2O 的质量分数不小于90%；Al_2O_3 的质量分数小于4.0%；Fe_2O_3 的质量分数小于0.30%；$CaO + MgO$ 的质量分数小于0.40%；$Na_2O + K_2O$ 的质量分数小于3.00%。

2）泥及水的质量分数不大于0.3%。

3）酸耗值不大于5.0mL。

4）角形因数不大于1.20。

5）粒度组成应符合表2-13的要求。

表 2-13　检定铸造黏结剂用标准砂的粒度组成

筛号	6～30	40	50	70	100	140	200	底盘
余留量（质量分数，%）	<2	<13	18～23	40～46	13～17	<8	<1.5	≤0.3

2.3　特种砂

除硅砂外的各种铸造用砂皆称为特种砂。与硅砂相比，特种砂大多具有耐火度高、导热性好、热膨胀小、抗熔渣侵蚀能力强等特点。但它们多数是经过特殊选矿或焙烧加工的产品，价格较高，资源比较短缺。因此，作为原砂，它们主要用于合金钢或容易粘砂的碳钢铸件（因为这类铸件凝固慢，清砂难，容易粘砂），以及用于要求铸型尺寸稳定，热应力小，有利于保证铸件尺寸精度和消除裂纹缺陷的部位。特种砂经过粉碎还可用作铸型的涂料或涂膏。

特种砂根据其化学性质，大致可以分为酸性和半酸性材料、碱性材料、中性材料等几类。在选用特种砂时应特别注意了解其抵抗所浇注的金属液及表面氧化渣润湿和侵蚀的能力。

2.3.1　锆砂、粉

1. 概述

锆砂、粉是一种以硅酸锆（$ZrSiO_4$）为主要成分的矿物，外观为无色的锥柱形细颗粒，常存在于海砂中，与硅砂、金红石、钛铁矿、独居石、磷钇矿等伴生。纯的锆砂是从海砂中经过重力选矿去除杂质、磁力选矿去除含铁杂质、电力选矿去除放射性物质等工艺精选出来的，其出品率仅为千分之几，所以锆砂价格较高。

锆砂、粉密度为 4.6g/cm³，莫氏硬度为 7～8 级，熔点为 2430℃。但它在 1540℃ 时开始分解为 ZrO_2 和 SiO_2。SiO_2 的熔点较低，因此锆砂、粉的烧结温度与熔化温度之间有一个较宽的温度区间，这是锆砂、粉的一个重要特点。锆砂、粉含有少量杂质（Fe_2O_3、CaO 等）时，其熔点将下降为 2200℃。锆砂、粉除有很高的耐火度外，还具有比硅砂高的导热性和小的热膨胀性。锆砂、粉在高温状态下表现为中性至弱酸性，与碱性渣反应缓慢，与熔融碱反应很快，与熔融的酸和氧化物（SiO_2）反应缓慢，适应性很广。

锆砂通常用做大型铸钢件厚壁处和各种合金钢件的面砂，锆砂、粉用于制作抗粘砂的涂料、涂膏。

2. 技术指标

JB/T 9223—2013《铸造用锆砂、粉》规定，铸造用锆砂、粉按其化学成分分为3个等级，见表2-14。铸造用锆砂、粉按其粒度组成分为4组，见表2-15。

铸造用锆砂中水的质量分数不大于0.2%，酸耗值不大于 5mL，总放射性比活度不大于 7 × $10^4Bq/kg$。

表 2-14　铸造用锆砂、粉按二氧化锆（铪）含量分级与各级的化学成分

分级代号	化学成分（质量分数，%）					
	（Zr, Hf）O_2	SiO_2	TiO_2	Fe_2O_3	Al_2O_3	P_2O_5
	≥		≤			
66	66.00	33.00	0.15	0.10	0.80	0.15
65	65.00	33.00	0.30	0.20	1.50	0.20
63	63.00	33.50	0.50	0.30	2.00	0.20

表 2-15　铸造用锆砂、粉按粒度组成分组

表 2-15　铸造用锆砂、粉按粒度组成分组

分组代号	主要粒度组成/mm	分组代号	主要粒度组成/mm
>270（粉）	<0.053	100/200（细砂）	0.150，0.106，0.075
140/270（特细砂）	0.106，0.075，0.053	70/140（中细砂）	0.212，0.150，0.106

2.3.2　镁砂

1. 镁砂的成分

镁砂的主要成分为 MgO，由天然菱镁矿石（$MgCO_3$）经高温煅烧而得的烧结块，再经破碎、筛选而成。菱镁矿石在 700~950℃下煅烧即逸出全部 CO_2，所得的 MgO 为软质多孔疏松易结块物质，也称苛性镁砂，不能用于铸造。铸造用的镁砂必须是经过 1550~1600℃煅烧的所谓烧死的镁砂，因经高温煅烧后使 MgO 结晶生成方镁石，颗粒致密坚硬，不会水化，高温使用时不再发生收缩。否则用作型、芯砂时铸件易产生气孔，用作涂料时涂层易产生龟裂。

镁砂的密度为 3.5g/cm^3 左右，纯镁砂的熔点为 2800℃，由于菱镁矿中常含有 Ca、Fe、Mn 等的同晶碳酸盐，因此镁砂中也常含有 CaO、Fe_2O_3、MnO 等杂质，故其熔点一般低于 2000℃。镁砂的热膨胀量小，没有因相变引起的体积突变。镁砂属碱性材料，抗碱性熔渣的能力强，抗酸性渣的能力稍差。

镁砂适用于做高锰钢铸件的型、芯砂的涂料、涂膏，对于铸造过程中热应力很大的型、芯也可以采用镁砂。

2. 技术指标

GB/T 2273—2007《烧结镁砂》规定了普通镁砂的技术指标，见表 2-16。

表 2-16　普通镁砂的技术指标

牌号	化学成分（质量分数,%）			灼烧减量（质量分数,%），≤	CaO/SiO_2（质量比）≥	颗粒体积密度/（g/cm^3）≥
	MgO ≥	SiO_2 ≤	CaO ≤			
MS-98A	98.0	0.3	—	0.3	3	3.40
MS-98B	97.7	0.4	—	0.3	2	3.35
MS-98C	97.5	0.4	1.6	0.3	2	3.30
MS-97A	97.0	0.6	1.6	0.3	—	3.20
MS-97B	97.0	0.8	1.6	0.3	—	3.33
MS-96	96.0	1.6	—	0.30	—	3.26
MS-95A	95.0	2.2	1.8	0.3	—	3.25
MS-94	93.0	3.0	1.8	0.3	—	3.18
MS-92	92.0	4.0	1.8	0.3	—	3.18
MS-90	90.0	4.8	2.8	0.30	—	3.18
MS-88	88.0	4.0	5.0	0.5	—	
MS-87	87.0	7.0	2.0	0.5	—	3.20
MS-84	84.0	9.0	2.0	0.5	—	3.20
MS-83	83.0	5.0	5.0	0.8	—	

2.3.3　橄榄石砂

1. 概述

橄榄石包括多种矿物，铸造用的橄榄石砂主要是镁橄榄石（Mg_2SiO_4）与铁橄榄石（Fe_2SiO_4）的固溶矿物（Mg,Fe）$_2SiO_4$。镁橄榄石的耐火度为 1910℃，橄榄石砂的耐火度为 1700~1800℃。随着固溶体中铁橄榄石含量的提高，也就是 w（FeO）的增加，其熔点下降。铸造用的高耐火度橄榄石砂的 w（FeO）≤10%。

橄榄石通常也含有它的热液作用蚀变的产物（含水镁硅酸盐）——蛇纹石 [$3Mg_6 \cdot (Si_4O_{10}) \cdot (OH)_8$]。橄榄石随着蛇纹石化程度的增加，即随蛇纹石含量的增加其熔点下降，灼烧减量和发气量增大。铸造用橄榄石砂蛇纹石的含量越少越好，一般质量分数不大于 20%。橄榄石砂可以通过淘洗、重力分选或高温煅烧来提高其质量。

橄榄石砂的密度为 3.2~3.6g/cm³，莫氏硬度为 6~7 级，热膨胀量比硅砂小，且均匀膨胀，无相变。橄榄石砂不含游离 SiO_2，故无硅尘危害，且不与铁和锰的氧化物反应，故具有较强的抗金属氧化物侵蚀的能力，是一种较好的造型材料。

橄榄石砂可用作中型铸钢件，特别是高锰钢铸件的面砂。V 法生产高锰钢铸件如炉箅、道岔等，国内外多采用橄榄石砂。

2. 技术指标

JB/T 6985—1993《铸造用镁橄榄石砂》规定，铸造用镁橄榄石砂、粉根据其化学成分和物理性能不同分为两级，见表 2-17；按粒度分为六组，见表 2-18。

表 2-17　铸造用镁橄榄石砂、粉按化学成分和物理性能分级

分级代号	化学成分（质量分数,%）				灼烧减量（质量分数,%）	含水量（质量分数,%）	含泥量（质量分数,%）	耐火度/℃
	MgO	SiO_2	Fe_2O_3	CaO				
一级	≥47	≤40	≤10	≤2	≤1.5	≤0.3	≤0.5	≥1690
二级	≥44	≤42	≤10	≤2	≤3.0	≤0.3	≤0.5	≥1690

表 2-18　铸造用镁橄榄石砂、粉按粒度分组

分组代号	筛孔尺寸/mm									
	0.85（20 号筛）	0.60（30 号筛）	0.425（40 号筛）	0.30（50 号筛）	0.212（70 号筛）	0.15（100 号筛）	0.106（140 号筛）	0.075（200 号筛）	0.053（270 号筛）	0.045（325 号筛）
30/50	≤15%		≥75%				≤10%			
40/70		≤15%		≥75%				≤10%		
50/100			≤15%		≥75%				≤10%	
70/140				≤15%		≥75%				≤10%
粉状 200			≤10%					≥90%		
粉状 325				≤10%						

2.3.4　铬铁矿砂

1. 概述

铬铁矿砂属铬尖晶石类，主要矿物成分为 $FeO \cdot Cr_2O_3$，产于盐基性岩或富镁的超基性岩或由它演变的蛇纹岩中，实际的矿物是由各种尖晶石的混晶组成。其化学式一般可以用 $(Mg, Fe)O \cdot (Cr, Al, Fe)_2O_3$ 表示。

铬铁矿砂的密度为 4~4.8g/cm³，莫氏硬度为 5.5~6 级，耐火度大于 1900℃，但含杂质时其耐火度将降低。铬铁矿中最有害的杂质是碳酸盐（$CaCO_3$、$MgCO_3$），它与高温金属液接触时分解出 CO_2，易使铸件表面产生气孔。因此，含有碳酸盐的铬铁矿应经 900~950℃ 高温焙烧，使其中的碳酸盐分解。铬铁矿砂有很好的抗碱性渣的作用，不与氧化铁等发生化学反应。铬铁矿砂的热导率比硅砂大好几倍，而且在金属液浇注的过程中铬铁矿本身发生固相烧结，从而有利于防止金属液的渗透。

铬铁矿砂主要用作大型铸钢件和各种合金钢铸件的型、芯面砂和抗粘砂涂料、涂膏。

2. 技术指标

JB/T 6984—2013《铸造用铬铁矿砂》规定了铸造用铬铁矿砂的化学成分，见表 2-19。

表 2-19　铸造用铬铁矿砂的化学成分（质量分数）　（%）

三氧化二铬（Cr_2O_3）	全铁（ΣFe）	二氧化硅（SiO_2）	氧化钙（CaO）
≥46	≤27	≤0.4	75.3

使用化学黏结剂时，铸造用铬铁矿砂的酸耗值不大于 5.0mL，铸造用铬铁矿砂的含水量（质量分数）不大于 0.2%，铸造用铬铁矿砂的含泥量（质量分数）不大于 0.3%。铸造用铬铁矿砂的主要粒度组成应符合表 2-20 的规定，其相邻三筛余留量之和不小于 75%，相邻四筛余留量之和不小于 85%。对铸造用铬铁矿砂的粒度组成有特殊要求的，由供需双方商定。对任一牌号的铬铁矿砂，供方应提供其平均细度及粒度分布图表。铸造用铬铁矿砂根据主要粒度组成，其细粉含量参照表 2-21 的规定，其他粒度组成的细粉含量由供需双方商定。

表 2-20　铸造用铬铁矿砂按主要粒度组成分组

分组代号	主要粒度组成/mm	分组代号	主要粒度组成/mm
30/50	0.600, 0.425, 0.300	50/100	0.300, 0.212, 0.150
40/70	0.425, 0.300, 0.212	70/140	0.212, 0.150, 0.106

表 2-21　铸造用铬铁矿砂细粉含量

粒度	30/50	40/70	50/100	70/140
细粉含量（质量分数,%）	≤0.5	≤0.5	≤0.5	≤1.0

2.3.5　熔融陶瓷砂（宝珠砂）

1. 概述

熔融陶瓷砂是用高氧化铝含量的铝矾土黏土矿物经过熔融生成的近似球形的人造铸造用砂，其矿物组成为莫来石相与少量刚玉相。1999 年洛阳凯林铸材有限公司开始生产电熔陶瓷砂，并于 2002 年 1 月申请了"宝珠砂"注册商标，因此熔融陶瓷砂也称宝珠砂。生产这种熔融陶瓷砂的公司还有三门峡强芯铸造材料有限公司、渑池县盛达宝珠砂有限公司等。

宝珠砂的生产工艺流程如下：

矿石（铝矾土矿）$\xrightarrow[\text{电压 } 90 \sim 125\text{V}]{\text{电弧炉}}$ 熔化 $\xrightarrow[\text{压力 } 0.3 \sim 0.8\text{MPa}]{\text{空压机}}$

急速冷却 $\xrightarrow[\text{按粒度要求}]{\text{筛分}}$ 铸造砂（宝珠砂）

铸钢用宝珠砂的化学成分见表 2-22。

宝珠砂的主要理化性能见表 2-23。

表 2-22　铸钢用宝珠砂的化学成分（质量分数）　　　（%）

Al_2O_3	SiO_2	TiO_2	Fe_2O_3	$K_2O + Na_2O$
≥75	12 ~ 25	≤4	≤3	≤1

表 2-23　宝珠砂的主要理化性能

主要成分（质量分数,%）	角形因数	堆密度/(g/cm^3)	莫氏硬度/级	耐火度/℃	热胀系数（20 ~ 600℃）/($10^{-6}/K$)	pH 值
$Al_2O_3 \geq 75$ $Fe_2O_3 \leq 3$	1.06	2.0	7.5	≥1800	7.2	7.0 ~ 8.0

2. 应用

宝珠砂因为比普通硅砂具有更高的耐火度和近似球形的粒形，因此可以在许多应用领域取代特种砂。例如：用于制造砂型生产铸钢件，制造复杂砂芯，可提高铸件的表面质量；在消失模铸造工艺中可用作填充砂、铸造涂料的耐火骨料；还可以作为砂型（砂芯）3D 打印用砂。宝珠砂在砂型铸造中还可以提高旧砂再生回用的比例，减少废砂排放和对环境的污染，减少铸造成本。因此，近年来宝珠砂的应用范围和数量越来越多。碱性酚醛树脂宝珠砂与标准硅砂的抗拉强度对比见表 2-24。酯硬化水玻璃宝珠砂与标准硅砂的抗拉强度对比见表 2-25。

表 2-24　碱性酚醛树脂宝珠砂与标准硅砂的抗拉强度对比

原砂	黏结剂		固化剂		可使用时间/min	抗拉强度/MPa		
	型号	加入量（质量分数,%）	型号	加入量（占黏结剂质量分数,%）		2h	4h	24h
宝珠砂 50/100	123	1.5	142	30	16	0.8	1.2	1.8
宝珠砂 40/70		1.5			17	0.8	1.1	1.7
标准硅砂		3.0			16	0.7	1.05	1.45

表 2-25　酯硬化水玻璃宝珠砂与标准硅砂的抗拉强度对比

原砂	黏结剂		固化剂		可使用时间/min	起模时间/min	抗拉强度/MPa			
	型号	加入量（质量分数）	型号	加入量（占黏结剂质量分数,%）			2h	4h	24h	72h
宝珠砂 50/100		2.5			22	70	0.2	0.6	1.1	2
宝珠砂 40/70	103	2.5	132	15	25	90	0.1	0.4	1.8	2
标准硅砂		3.0			22	55	0.25	1.0	1.1	

2.3.6　烧结陶瓷砂

1. 概述

山东金璞新材料有限公司生产的金刚烧结陶瓷砂以焦宝石（硬质黏土）矿物为原料，经过破碎、制粉、成分调配、造粒、烧结、分级和级配等工序获得的球形人造烧结陶瓷砂，其主要矿物相组成是莫来石。

金刚烧结陶瓷砂与河北盛火新材料科技有限公司生产的烧结陶瓷砂的主要化学成分见表 2-26，主要性能指标见表 2-27。

表 2-26　烧结陶瓷砂的主要化学成分

生产单位	牌号	主要化学成分（质量分数,%）				
		Al_2O_3	SiO_2	Fe_2O_3	TiO_2	其他
山东金璞新材料有限公司	CPS-1	≥45.0	≤52.0	<3.0	<1.5	<2.5
	CPS-2	≥50.0	≤47.0	<1.5	<1.5	<2.0
河北盛火新材料科技有限公司	凯斯特陶粒 3#CC-3	≥53.0	≤34.0	<3.5	<3	<2.5

表 2-27　烧结陶瓷砂的主要性能指标

生产单位	牌号	含泥量（质量分数,%）	耐火度/℃	角形因数	耗酸值/mL	热胀因数（室温~1200℃）/(10^{-6}/K)	热导率（1100℃）/[W/(m·K)]
山东金璞新材料有限公司	CPS-1	≤0.15	1750	≤1.15	≤3.5	4.5~6.5	0.257
	CPS-2		>1780				0.335
河北盛火新材料科技有限公司	凯斯特陶粒 3#CC-3	—	≥1800	≤1.10	≤2	4.5~6.5	—

2. 应用

金刚烧结陶瓷砂以覆膜砂工艺和自硬树脂砂工艺在铸钢件生产中得到了应用，也可以作为砂型（砂芯）3D打印用砂和铸造涂料的耐火骨料。表 2-28 为某企业实测不同黏结剂加入量时由 50/100 粒度的金刚烧结陶瓷砂混制覆膜砂的常温抗拉强度。表 2-29 为在环境温度为 20℃，相对湿度为 62% 条件下，粒度为 30/50（AFS）、细度为 29.22 的金刚烧结陶瓷砂混制自硬树脂砂（无氮树脂）的 24h 抗拉强度。所生产铸件质量从几千克至几十吨，铸件的材质既有碳钢也有不锈钢等合金钢。金刚烧结陶瓷砂用于 3D 打印时，其砂型、砂芯的性能也比硅砂提高较多（见表 2-30）。

表 2-28　金刚烧结陶瓷砂混制覆膜砂的常温抗拉强度

树脂加入量（质量分数,%）	1.8	2.0	2.6
常温抗拉强度/MPa	3.5	3.9	5.5

表 2-29　金刚烧结陶瓷砂混制自硬树脂砂（无氮树脂）的 24h 抗拉强度

树脂（占砂子质量分数,%）	0.8	0.9	1.05
固化剂（占树脂质量分数,%）	38	38	38
常温抗拉强度/MPa	1.338	1.584	1.652
常温抗弯强度/MPa	2.524	2.993	3.228

表 2-30　金刚烧结陶瓷砂和硅砂 3D 打印的型砂性能

砂子种类	50/100 硅砂	50/100 金刚烧结陶瓷砂
树脂（占砂子质量分数,%）	2.0	1.7
常温抗拉强度/MPa	0.87	1.20
常温抗压强度/MPa	5.7	6.5

2.3.7　刚玉砂

1. 概述

刚玉是高纯度的 Al_2O_3，是高铝矾土经粉碎、洗涤后在电炉内于 2000~2400℃高温下熔炼而制得的，或以优质氧化铝粉经电熔再结晶而制。纯刚玉是白色菱面体形结晶（α-Al_2O_3），其 Al_2O_3 的质量分数高达 99%~99.5%。铸造用的刚玉砂有白刚玉和棕刚玉两种，其 Al_2O_3 的质量分数前者大于等于 97%，后者大于等于 92.5%。

刚玉的密度为 3.85~3.9g/cm³，莫氏硬度大于 9 级，熔点为 2000~2050℃，热导率大，高温时体积稳定且不易龟裂。刚玉在高温下一般呈碱性，有时也呈现中性，结构致密，抗酸和抗碱性强，在氧化剂、还原剂或各金属液作用下不发生变化。

刚玉适用于制作大型铸钢件，特别是合金钢铸件的型、芯面砂、涂膏和涂料。

2. 技术指标

GB/T 2479—2008《普通磨料　白刚玉》和 GB/T 2478—2008《普通磨料　棕刚玉》规定，刚玉的粒度和化学成分应分别符合表 2-31 与表 2-32 的要求。

表 2-31　普通磨料白刚玉砂的技术指标

牌号	粒度范围	化学成分（质量分数,%） Al_2O_3 ≥	化学成分（质量分数,%） Na_2O ≤
WA 和 WA-P	F4~F80 P12~P80	99.10	0.35
WA 和 WA-P	F90~F150 P100~P150	99.10	0.40
WA 和 WA-P	F180~F220 P180~P220	98.60	0.50
WA 和 WA-P	F230~F800 P240~P800	98.30	0.60
WA 和 WA-P	F1000~F1200 P1000~P1200	98.10	0.70
WA 和 WA-P	P1500~P2500	97.50	0.90
WA-B	F4~F80	99.00	0.50
WA-B	F90~F150	99.00	0.60
WA-B	F180~F220	98.50	0.60

表 2-32　普通磨料棕刚玉砂的技术指标

牌号	粒度范围	化学成分（质量分数,%） Al_2O_3	TiO_2	CaO	SiO_2	Fe_2O_3
A 和 A-P₁	F4~F80 P12~P80	95.00~97.50	1.70~3.40	≤0.42	≤1.00	≤0.30
A 和 A-P₁	F90~F150 P100~P150	94.50~97.00	1.70~3.40	≤0.42	≤1.00	≤0.30
A 和 A-P₁	F180~F220 P180~P220	94.00~97.00	1.70~3.60	≤0.45	≤1.00	≤0.30
A 和 A-P₁	F230~F800 （P240~P800）	≥93.50	1.70~3.80	≤0.45	≤1.20	≤0.30
A 和 A-P₁	F1000~F1200 （P1000~P1200）	≥93.00	≤4.00	≤0.50	≤1.40	≤0.30
A 和 A-P₁	P1500~P2500	≥92.50	≤4.20	≤0.55	≤1.60	≤0.30
A-B 和 A-P₂	F4~F80 P12~P80	≥94.00	1.50~3.80	≤0.45	≤1.20	—

（续）

牌号	粒度范围	化学成分（质量分数，%）				
		Al$_2$O$_3$	TiO$_2$	CaO	SiO$_2$	Fe$_2$O$_3$
A-B 和 A-P$_2$	F90 ~ F220 P100 ~ P220	≥93.00	1.50 ~ 4.00	≤0.50	≤1.40	
	F230 ~ F800 （P240 ~ P800）	≥92.50	≤4.20	≤0.60	≤1.60	
	F1000 ~ F1200 （P1000 ~ P1200）	≥92.50	≤4.20	≤0.60	≤1.80	
	P1500 ~ P2500	≥92.00	≤4.50	0.60	≤2.00	
A-S	16 ~ 220	≥93.00	—	—	—	—

2.3.8　碳质砂（石墨和焦炭）

1. 概述

碳质砂包括石墨、废石墨电极与废石墨坩埚碾碎成的颗粒，以及冲天炉打炉后未烧掉的焦炭碾碎成的颗粒。碳质砂为中性材料，化学活性低，在缺乏空气流中加热十分稳定，不为金属液及其氧化物所浸润；耐火度高，如天然鳞片石墨的熔点高达3000℃以上，一般工业用石墨约2100℃；热导率高，热容量大，热胀系数非常低。

碳质砂特别适合用于高温下易氧化的钛合金和各种非铁合金铸造用砂，也可以用于铁质金属铸造。鳞片石墨和无定形（土状）石墨还用于配制铸造用涂料。

2. 技术指标

由于打炉焦炭、废石墨电极和坩埚属铸造厂内部的废料综合利用，只要洁净无混杂即可使用，故下面仅着重介绍石墨。

石墨包括鳞片石墨和无定形（土状）石墨。鳞片石墨按固定碳含量高低分为高碳石墨［$w(C) = 94.0\%$ ~ 99.0%］、中碳石墨［$w(C) = 80.0\%$ ~ 93.0%］和低碳石墨［$w(C) = 50.0\%$ ~ 79.0%］。铸造业使用的多为中碳石墨和低碳石墨。铸造用的鳞片石墨按GB/T 3518—2008规定应符合表2-33技术指标。

铸造用无定形（土状）石墨粉按国家标准GB/T 3519—2008《微晶石墨》规定应符合表2-34的技术指标。铸造用无定形石墨粉一般没有含铁量要求。

表2-33　鳞片石墨的技术指标

牌号		固定碳（质量分数，%）≥	挥发分（质量分数，%）≤	水分（质量分数，%）≤	筛余量（质量分数，%）	主要用途
中碳石墨	LZ500 – 87	87.00	2.50	0.50	≥75.0	坩埚、耐火材料
	LZ300 – 87					
	LZ180 – 87					
	LZ150 – 87					
	LZ125 – 87					
	LZ100 – 87					
	LZ(–)150 – 87				≤20.0	铸造涂料
	LZ(–)125 – 87					
	LZ(–)100 – 87					
	LZ(–)75 – 87					
	LZ(–)45 – 87					
	LZ(–)38 – 87					

（续）

牌号	固定碳（质量分数,%）≥	挥发分（质量分数,%）≤	水分（质量分数,%）≤	筛余量（质量分数,%）	主要用途
中碳石墨 LZ500-86	86.00			≥75.0	耐火材料
LZ300-86					
LZ180-86					
LZ150-86					
LZ125-86					
LZ100-86					
LZ(-)150-86				≤20.0	铸造涂料
LZ(-)125-86					
LZ(-)100-86					
LZ(-)75-86		2.50	0.50		
LZ(-)45-86					
LZ500-85	85.00			≥75.0	坩埚、耐火材料
LZ300-85					
LZ180-85					
LZ150-85					
LZ125-85					
LZ100-85					
LZ(-)150-85				≤20.0	铸造材料
LZ(-)125-85					
LZ(-)100-85					
LZ(-)75-85					
LZ(-)45-85					
LZ500-83	83.00	3.00	1.00	≥75.0	耐火材料
LZ300-83					
LZ180-83					
LZ150-83					
LZ125-83					
LZ100-83					
LZ(-)150-83				≤20.0	铸造材料
LZ(-)125-83					
LZ(-)100-83					
LZ(-)75-83					
LZ(-)45-83					
LZ500-80	80.00	3.00		≥75.0	耐火材料
LZ300-80					
LZ180-80					
LZ150-80					
LZ125-80					
LZ100-80					
LZ(-)150-80				≤20.0	铸造材料
LZ(-)125-80					
LZ(-)100-80					
LZ(-)75-80					
LZ(-)45-80					
低碳石墨 LD(-)150-75	75.00	（无要求）	1.00	≤20.0	铸造涂料
LD(-)750-75					
LD(-)150-70	70.00				
LD(-)750-70					

（续）

牌号		固定碳(质量分数,%)≥	挥发分(质量分数,%)≤	水分(质量分数,%) ≤	筛余量(质量分数,%)	主要用途
低碳石墨	LD(－)150－65	65.00	（无要求）	1.00	≤20.0	铸造涂料
	LD(－)75－65					
	LD(－)150－60	60.00				
	LD(－)75－60					
	LD(－)150－55	55.00				
	LD(－)75－55					
	LD(－)150－50	50.0				
	LD(－)75－50					

注：牌号是由分类代号、粒度、固定碳依次排列组成。

表2-34　无定形石墨粉的技术指标

牌号	固定碳（质量分数,%）≥	挥发分（质量分数,%）≤	水分（质量分数,%）≤	筛余量（质量分数,%）≤	主要用途
W90－45	90	3.0	3.0	10	铸造涂料、耐火材料、染料、电极糊等原料
W90－75					
W88－45	88	3.2			
W88－75					
W85－45	85	3.4			
W85－75					
W83－45	83	3.6			
W83－75					
W80－45	80				
W80－75					
W80－150					
W78－45	78				
W78－75					
W78－150		4.0			
W75－45	75				
W75－75					
W75－150					
W70－45	70	4.2			
W70－75					
W70－150					
W65－45	65				
W65－75					
W65－150					
W60－45	60	4.5			
W60－75					
W60－150					
W55－45	55				
W55－75					
W55－150					
W50－45	50				
W50－75					
W50－150					

注：产品牌号是由石墨特性（"无"字汉语拼音第一个字母"W"）、固定碳含量（例如80）及细度（μm）3个部分依次排列组成。

2.3.9　石灰石砂

1. 石灰石砂的组成和类型

用以石灰石为主要成分的矿岩，经过机械破碎，除去细粉、筛选分级后制成的铸造用砂，称为石灰石砂。最常见的石灰石砂是白色或灰白色的多角形颗粒，杂质也会将石灰石砂染成浅黄、浅红、灰黑、黄褐等色。石灰石砂的主要化学成分是 $CaCO_3$，最容易鉴别的方法是石灰石砂遇盐酸发泡产生 CO_2。

市场上的石灰石砂，如果按原料的矿物成分划分，大致可分为石灰石类型、大理石类型和白云石类型 3 种。

2. 石灰石砂的高温特性

石灰石、白云石经过煅烧后，其耐火度都比石英高，这使得石灰石砂有可能代替硅砂用作铸钢型砂。但作造型材料的石灰石砂是未经煅烧的原矿，其主要组成碳酸盐在高温受热时会分解粉化并产生较多的 CO_2 及 CO 气体。这是石灰石砂的一个特点。

在受热状况下，石灰石砂在 700℃ 左右就开始分解，温度超过 900℃ 以后，热解作用急剧进行，直到完成。

3. 杂质与质量控制

（1）杂质的控制　石灰岩中除方解石、白云石等主要矿物外，还会有黏土、石英、云母以及铁的氧化物等杂质矿物，有时还会有碳质存在。这些矿物在石灰石砂中都是有害杂质。

在长期生产实践中，经大量砂样检测结果表明，石灰石砂中 Fe_2O_3 的质量分数一般在 1.0% 以下，Al_2O_3 的质量分数小于 1.5%。这些化学物质的存在没有明显的不良作用。

MgO、SiO_2 含量过高将使铸件表面粗糙出现毛刺和粘砂。MgO 含量过高还会使石灰石砂在较低温度（795℃）即分解出大量气体，易使铸件产生气孔类缺陷。SiO_2 有化合态（硅酸盐）和游离态两种。劳动卫生学要求空气中游离态 SiO_2 的质量分数应控制在 2% 以下。但石灰石砂含有适量的 SiO_2 能降低型砂高温残留强度，使浇注后残留砂块松脆，有利于减轻清砂劳动强度。

（2）耐碾性　石灰石莫氏硬度为 3 级，比石英低得多，所以石灰石砂在混砂过程中容易粉碎、细化，从而引起型砂工艺性能恶化，甚至影响铸件质量。这是石灰石砂的一个缺点。

由于石灰石砂的耐碾性完全不能和硅砂或其他硬质砂相比，所以成品原砂中往往含有较多细粉，影响型砂的工艺性能。

4. 石灰石砂应用中应注意的问题

石灰石砂可以用于黏土砂型和水玻璃砂型。1970 年，石灰石砂工艺在我国戚墅堰机车车辆厂问世，用来生产铸钢件，所以称"七 0 砂"，它应用的明显效果是改善铸钢用水玻璃砂浇注后的溃散性，同时能有效地防止硅肺病的发生；并且石灰石砂资源丰富，价格低廉，它的应用产生了较大的经济效益和社会效益。但是，石灰石砂工艺也有自身的弱点，在生产厚大铸钢件时容易产生缩沉、蚯裂、麻坑、气孔的缺陷。由于石灰石砂型在浇注后的高温作用下会分解出 CO 和 CO_2 气体，容易造成车间生产操作人员的中毒，所以需要特别加强工作环境的通风。由于以上种种缺点，目前应用石灰石砂的企业越来越少，石灰石砂工艺逐渐被硅砂、特种砂（包括熔融陶瓷砂与烧结陶瓷砂）和树脂自硬砂工艺所取代。

2.4　原砂技术指标汇总

根据本章前面各段所述，现将各种原砂的密度、莫氏硬度、耐火度、热导率、线胀系数及高温稳定性等主要技术指标汇总于表 2-35。各种原砂的线膨胀率比较见图 2-12。

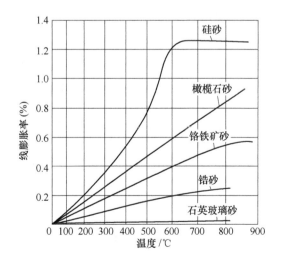

图 2-12　各种原砂的线膨胀率比较

表 2-35　各种原砂和矿物的技术指标

原砂类别	密度/(g/cm³)	莫氏硬度/级	耐火度/℃	热导率		线胀系数		高温稳定性				
				温度/℃	热导率/[W/(m·K)]	温度/℃	线胀系数/(10⁻⁵/K)	还原性气氛	碳	金属	酸性渣	碱性渣
硅砂	2.65	7	1713	1200	1.59	20~580	0.8	劣	劣	劣	良	劣
						20~1000	1.6					
						20~1480	4.55					
石灰石砂	≈2.8	3	≈2300(700~900℃开始分解)	1200	7.117	20~1200	1.36	劣	劣	可	劣	
锆砂	4.0~4.7	7~8	2430(1500℃开始分解)	1200	2.09~3.30	20~1200	0.55	可	可	良	良	可
镁砂	3.35~3.58	6~7	2000	1200	2.554~5.86	20~1400	1.4	劣	良	可	可	良
刚玉砂	3.8~3.9	9	2000~2500	1200	2.38~5.275	20~1580	0.8	良	可	良	良	可
耐火熟料	2.4~2.45	5~6	1750	1200	2.68~3.433	20~1320	0.45			良	良	可
石墨	2.01~2.58	1	2100~3000	1000	43.96	0~1000	1.14	可	良	良	良	良
铬铁矿砂	4~4.8	5.5~6	1900			100~1100	0.82		可	可		良
橄榄石砂	3.2~3.6	6~7	1700~1800	1000	1.67				可			良
熔融陶瓷砂(宝珠砂)	3.4(堆密度1.95~2.05)	7.5	≥1800	1200	5.27	20~600	0.72					
金刚烧结陶瓷砂	3.0(堆密度1.40~1.60)	7.3	≥1780	1100	2.57~3.35	20~1200	0.45~0.65					

参 考 文 献

[1] 黄天佑, 熊鹰. 黏土湿型砂及其质量控制 [M]. 2版. 北京: 机械工业出版社, 2016.

[2] 王文清. 铸造工艺学 [M]. 北京: 机械工业出版社, 1998.

[3] 金文正. 型砂化学 [M]. 上海: 上海科学技术出版社, 1985.

[4] 李传栻. 造型材料新论 [M]. 北京: 机械工业出版社, 1992.

[5] 胡彭生. 型砂 [M]. 2版. 上海: 上海科学技术出版社, 1994.

[6] 于震宗. 原砂的颗粒组成 [J]. 造型材料, 1984 (3): 15 – 17.

[7] 朱玉龙, 蔡振升, 黄艳军. 原砂处理对酯硬化水玻璃砂强度的影响 [J]. 机械工人, 1997 (4): 7 – 8.

[8] 福建省机械研究所. 福建海砂的性能与应用 [J]. 造型材料, 1984 (3): 31 – 38.

[9] 郭安娜, 等. 自硬砂的原砂选择标准及广东、海南石英砂初探 [J]. 造型材料, 1990 (1): 14 – 19.

[10] 陈允南. 关于原砂酸耗值的初探 [J]. 造型材料, 1995 (3): 3 – 9.

[11] 福建省机械科学研究院. 工艺试验专用原砂选择与粒度级配的研究 [J]. 造型材料, 1995 (4): 10 – 21.

[12] 王鸿藻. 耐火材料原料 [M]. 北京: 冶金工业出版社, 1985.

[13] 富田坚二. 非金属选矿法 [M]. 王少儒, 等译. 北京: 中国建筑工业出版社, 1982.

[14] 吕德志, 等. 硅砂整形及在生产中的应用 [J].

造型材料，1992（4）：10 – 15.

[15] 张才元. 原砂焙烧与改变硅砂性能的研究 [J]. 中国铸造装备与技术，1999（1）：21 – 25.

[16] 张志询. 石灰石原砂的质量控制 [J]. 铸造，1986（7）：29 – 31.

[17] 谢明师. 国内外铸造用特种砂及其应用概况 [C]. 沈阳：中国铸造材料总公司，1996.

[18] 胡清，等. 树脂砂型（芯）中金属渗透发生的机理及其防止 [J]. 铸造，1986（4）：27 – 30.

[19] 厉恩平. 钛铁矿渣相组成的研究. 铸造 [J]，1988（10）：13 – 17.

[20] 林彬荫，吴清. 耐火矿物原料 [M]. 北京：冶金工业出版社，1989.

[21] 刘鸿勋. 铸造用砂的性能对缸体和缸盖铸件质量的影响 [J]. 现代铸铁，2010（增刊 2）：59 – 66.

[22] 谢方文. 铸造用砂的选择及砂资源的再利用 [J]. 现代铸铁，2008，(3)：88 – 92.

[23] 于震宗. 树脂砂芯引起的飞翅缺陷 [J]. 现代铸铁，2009，(3)：63 – 69.

[24] 张才元. 焙烧石英砂及其应用 [J]. 铸造技术，2004，(6)：422 – 423.

[25] 赵忠魁，孙清洲，张普庆，等. 高温焙烧表面净化对型砂强度的影响 [J]. 铸造，2008，(11)：1208 – 1209.

[26] 赵洪杰. 焙烧砂的应用前景分析 [J]. 造型材料，2005，(4)：6 – 8.

[27] 张晓丽，徐素峰，匡圆. 宝珠砂在高锰钢铸件上的使用 [J]. 铸造设备与工艺，2012（1）：34 – 36.

[28] 丁富才，耿国芳，伍启华，等. 宝珠砂在防止砂芯断芯中的应用 [J]. 铸造，2016（5）：466 – 469.

[29] 孙清洲，毕耕锋，王晋槐. 金刚烧结陶瓷砂及其应用 [J]. 铸造技术，2017（8）：16 – 19.

[30] 周毅，田玉明，柴跃生，等. 镁铝尖晶石质球形陶瓷铸造砂的制备与性能研究 [J]. 铸造设备与工艺，2015（4）：19 – 21.

[31] 赵洪仁. 焙烧砂的应用前景分析 [J]. 铸造工程（造型材料），2005（4）：6 – 8.

[32] 荆海鸥，孙清洲，张普庆. 高温焙烧对石英砂热膨胀性能的影响 [J]. 热加工工艺，2005（10）：8 – 9.

第3章　湿型黏土砂

3.1　概述

黏土砂型主要由原砂、黏土（湿型砂为膨润土，干砂型以普通黏土为主）、附加物（煤粉、淀粉等）和水组成。

造型过程中，型砂在外力作用下成型并达到一定的紧实度而成为砂型。图3-1是紧实后的黏土湿型砂结构。它是由原砂和黏结剂（必要时还加入一些附加物）组成的一种具有一定强度的微孔－多孔隙体系，或者叫毛细管多孔隙体系。湿型中原砂是骨干材料，占型砂总量的85%～90%；黏结剂起黏结砂粒的作用，以黏结膜形式包覆砂粒，使型砂具有必要的强度和韧性；附加物是为了改善型砂所需要的性能而加入的物质。

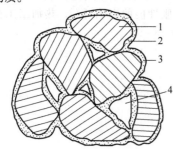

图3-1　黏土湿型砂结构
1—原砂砂粒　2、3—水、黏土及其他附加物
4—微孔（孔隙）

通常使用的原砂为硅砂，用硅砂作为型（芯）砂的主要骨干材料，不只是因为其来源广，供应有保障，更重要的是它能满足优质铸件生产的最基本的要求。一方面，它为砂型（芯）提供了必要的耐高温性，使金属液顺利充型，在铸型中冷却、凝固并得到所要求形状和性能的铸件；另一方面，原砂砂粒为砂型（芯）提供众多孔隙，保证型、芯具有一定透气性，在浇注过程中，型腔内受热急剧膨胀的气体和铸件本身产生的大量气体能顺利逸出。但孔隙大小要适当，孔隙过大将恶化铸件的表面品质，不仅增大表面粗糙度值，降低铸件尺寸精度，甚至引起铸件严重粘砂。

黏土砂型根据在合箱和浇注时的状态不同可分为湿砂型（湿型）、干砂型（干型）和表面烘干砂型（表干型）。三者之间的主要差别在于：湿型是造好的砂型不经烘干，直接浇入高温金属液；干砂型应在合箱和浇注前将整个砂型送入窑中烘干；表面烘干砂型只在浇注前对型腔表层用适当方法烘干一定深度（一般5～10mm，大件20mm以上）。

湿型砂按造型时的情况可分为面砂、背砂和单一砂。面砂是指特殊配制的在造型时铺覆在模样表面上构成型腔表面层的型砂。背砂是在模样上覆盖面砂背后，填充砂箱用的型砂。在砂型浇注时，面砂直接与高温金属液接触，它对铸件品质有重要影响。一般中小件造型时，往往不分面砂与背砂而只用一种型砂，称为单一砂。使用单一砂能够简化型砂的管理和造型的操作过程，提高造型生产率。但是，如对铸件品质要求较高，单一砂的性能不能满足要求时，可以使用面砂。

目前，湿型砂造型是使用最广泛的、最方便的造型方法，占所有砂型使用量的60%～70%，但是这种方法还不适合轮廓尺寸很大或壁很厚的铸件。表干型与干型相比较，可节省烘炉，节约燃料和电能，缩短生产周期，所以曾在中型和较大型铸铁件的生产中推广过。

干型主要用于大型铸铁件和某些铸钢件，为了防止烘干时铸型开裂，一般以普通黏土为主，有需要时加入少量膨润土。干型主要靠涂料保证铸件表面品质。其型砂和砂型的品质比较容易控制，但是砂型生产周期长，需要专门的烘干设备，铸件尺寸精度较差，因此近年来的干型、包括表面烘干的黏土砂型已大部分被化学黏结的自硬砂型所取代。

3.2　膨润土

3.2.1　组成和结构

铸造用膨润土主要由蒙脱石矿物所组成。蒙脱石是一种 SiO_2 与 Al_2O_3 的摩尔比值在4左右，并含有少量碱金属和碱土金属的水化硅酸铝，其化学式为 $Al_2O_3 \cdot 4SiO_2 \cdot H_2O \cdot nH_2O$。

蒙脱石的结晶结构为三层型，它由两层 Si—O 四面体中间夹一层 Al—（O·OH）八面体所构成的单位晶片所组成。所有四面体的尖端都朝向中央的八面体，四面体中的氧与八面体中的氧结合为公共原子层（见图3-2）。因为这个原子层均为氧面，仅靠较弱的范德华引力连接，容易破碎成极细的颗粒，遇水后，水分子及其他离子容易进入相邻单位晶层之间，引起蒙脱石晶格沿 c 轴方向膨胀，由 0.96nm 膨胀到 2.14nm。因此，蒙脱石具有较大的吸水膨胀性、胶体分散性、吸附性、离子交换性和湿态黏结性能等。

晶体结构以及晶格膨胀的特点使蒙脱石比高岭石具有更高的湿强度，其强度受颗粒大小的影响较小。

蒙脱石加热至 100～200℃ 即失去大部分结晶层间所吸附的水分；500～700℃ 失去结构水，基本结束脱水作用；加热到 800℃ 以上晶格破坏，矿物转变为无定形物质；再加热到 1100～1200℃ 即开始出现高温新相。

根据以上几方面的特点，膨润土一般主要用作黏土砂湿型的黏结剂。

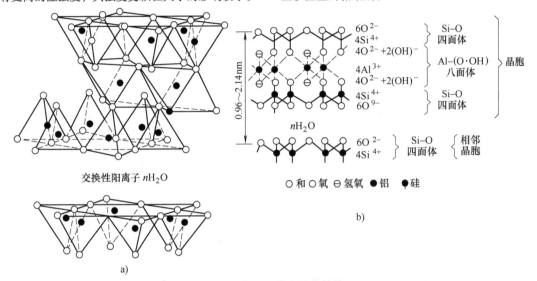

交换性阳离子 nH_2O

○ 和 ○ 氧　⊖ 氢氧　● 铝　● 硅

a）　b）

图 3-2　蒙脱石结晶层的结构
a）立体图　b）简化表示

3.2.2　分类、分级及牌号

1. 分类

膨润土分类的依据是蒙脱石的阳离子交换量和交换性阳离子含量。苏联曾根据蒙脱石中可交换阳离子占离子交换总量的质量分数来对膨润土进行分类，采用该分类法可将铸造用膨润土分为钠膨润土、钙膨润土、钠钙膨润土和钙钠膨润土四类。而欧美国家则根据蒙脱石的碱性系数 $[(\sum Na^+ + \sum K^+)/(\sum Ca_2^+ + \sum Mg_2^+)]$，将膨润土分为钠膨润土和钙膨润土。我国铸造用膨润土的分类参照了欧美国家的分类法，见表 3-1。我国膨润土矿藏遍及全国，有些钙膨润土矿不但质量极其优秀，而且储量丰富。但钠膨润土产地不多，质量也不够上乘。人工用碳酸钠处理钙膨润土能够形成性能上接近天然钠膨润土的钠化膨润土（或称人工活化钠膨润土），可以改善膨润土的热湿态黏结力和热稳定性。

目前我国湿型铸造工厂所用膨润土绝大部分是人工钠化膨润土。为避免与天然钠膨润土混淆，JB/T 9227—2013 中增加了人工钠化膨润土的表示方法。

2. 分级

铸造用膨润土按工艺试样的湿压强度值分为四级，见表 3-2。

表 3-1　铸造用膨润土的分类（JB/T 9227—2013）

代号	$(\sum Na^+ + \sum K^+)/(\sum Ca_2^+ + \sum Mg_2^+)$	类别
Na	≥1	钠膨润土
Ca	<1	钙膨润土

注：钠膨润土分为天然钠膨润土和人工钠化膨润土。人工钠化膨润土以代号前加 R 表示。

表 3-2　铸造用膨润土的湿压强度分级
（JB/T 9227—2013）

等级代号	11	9	7	5
湿压强度/kPa	>110	>90～110	>70～90	50～70

铸造用膨润土按工艺试样的热湿拉强度值分为四级，见表 3-3。

表 3-3　铸造用膨润土的热湿拉强度分级
（JB/T 9227—2013）

等级代号	35	25	15	5
热湿拉强度/kPa	>3.5	>2.5～3.5	>1.5～2.5	0.5～1.5

3. 牌号

铸造用膨润土牌号表示方法如下：

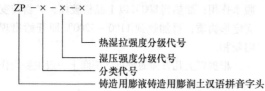

示例1：ZP – RNa – 11 – 35 表示铸造用人工钠化膨润土，湿压强度 > 10kPa，热湿拉强度 > 3.5kPa。

示例2：ZP – Ca – 9.5 表示铸造用膨润土为钙膨润土，湿压强度 > 90 ~ 110kPa，热湿拉强度 0.5 ~ 1.5kPa。

4. 技术要求

铸造用膨润土工艺试样的湿压强值和热湿拉强度值应符合表3-2和表3-3的规定；铸造用膨润土的吸蓝量应不小于25g/100g 土；膨润土含水量（质量分数）应不大于13.0%，冬季允许不大于15.0%；铸造用膨润土干筛过0.075mm筛的比例应不小于90%。需另对铸造用膨润土膨润值、复用性及其他 JB/T 9227—2013 中未列的技术指标有特殊要求时，供需双方可在订货协议中另行规定。

3.2.3 膨润土质量的评定

1. 膨润土的湿态黏结力

在湿型砂中，膨润土的主要作用是将松散的砂粒黏结在一起，使砂型具有适当的强度、硬度、韧性。如果铸造厂所使用的膨润土黏结力差，为了使湿型砂具有所要求的性能就必须加入较多的膨润土。这不仅使生产成本提高，而且增加了型砂的含水量，还会引起铸件产生气孔缺陷。影响膨润土湿态黏结力的因素有多种，其中主要是受膨润土纯度的影响，此外，膨润土磨粉的粗细、分散程度高低、蒙脱石晶体的晶粒大小等因素也有很大影响。铸造型砂实验室最常用的检测膨润土湿态黏结力方法有两种：型砂工艺试样湿强度法和吸蓝量法，现分述如下：

（1）型砂工艺试样湿强度法　膨润土能使砂型具有强度，因此检测湿型砂试样湿态抗压强度成为判断膨润土湿态黏结力的最直接方法。其具体试验步骤见第11章。

（2）膨润土的吸蓝量法　膨润土的纯度（即蒙脱石含量）与其黏结力有极为密切的关系，一般情况下，膨润土的纯度越高，其黏结力也越大。在专门的研究单位中可以用 X 射线衍射等方法比较准确地测定出膨润土中蒙脱石含量。然而这不但需要特殊的仪器设备，而且也要专门的检测技术。在铸造厂的型砂实验室中可以采用测定膨润土的吸蓝量的办法大体

推算出其纯度。

膨润土中的蒙脱石比其他黏土矿物和膨润土中的石英等杂质吸附亚甲基蓝（$C_{16}H_{18}N_3SCl \cdot 3H_2O$，相对分子质量为373.88）或其他色素的能力要强烈得多，因此用吸蓝量可以检验膨润土的纯净程度，也可以用来检验型砂中有效膨润土含量。其测定方法分有比色法和滴定法两种。比色法的原理是称取一定质量的试样与过量的亚甲基蓝溶液混合，使其充分吸附，然后用比色计测出残余液中剩余亚甲基蓝量，即可计算出试样的吸蓝量。此法由于操作较复杂，还需要使用比色计等仪器，目前使用者不多。滴定法不需要特殊仪器设备，操作又较简单，更适合铸造厂的型砂实验室使用。

用吸蓝量仅仅能够大致推算膨润土的湿态黏结力大小。为了更准确地检测出膨润土的湿态黏结力，最好直接采用测定工艺试样湿态强度的方法。

2. 膨润土的热湿态黏结力

在金属液浇入湿型中之后，型砂由于受高温烘烤，石英在573℃发生相变而急剧膨胀；同时砂型表面水分向内迁移产生水分凝聚区，使膨润土的黏结力下降。由于经受不住石英膨胀所产生的横向剪切力和向外凸出的拉力，砂型表面开裂而造成铸件表面夹砂、结疤、鼠尾等缺陷。这时膨润土应当具有的黏结力是一种热态（100℃左右）和过湿态（含水量大约为通常型砂含水量的2 ~ 3倍）下的热湿态黏结力。铸造厂评价膨润土热湿态黏结力的方法可以有以下两种：

（1）热湿拉强度　不论是天然的或是人工活化的膨润土，其所含交换性钠、钾离子越多，型砂的热湿拉强度就越高，抗夹砂能力就越强。此外，膨润土的纯度也影响其热湿拉强度。热湿拉强度的具体试验方法见第11章。

在实际铸造生产中并不是都要求使用钠基膨润土或者达到极限程度的活化膨润土配制型砂。因为使用这样膨润土在混砂时会产生团块，而且型砂的流动性、落砂性较差。国外的汽车铸件通常选用钠基和钙基两种膨润土混合的膨润土或不完全活化膨润土，这样不但可以避免上述缺点，还可以降低生产成本，而且对于防止夹砂类缺陷已经足够。

当铸造厂的型砂实验室不配有热湿拉强度测试仪，可以采用3倍于通常型砂水分含量下的常温抗拉强度试验来大致估算出膨润土的热湿拉强度。

（2）膨润土的膨胀性能　膨润土在水中的膨胀性能与膨润土吸附阳离子的种类和数量密切相关，各种交换性阳离子的含量可采用原子吸收光谱分析技术来精确测定。在铸造厂的型砂实验室中，可以利用测量膨润土

在水中的膨胀量估算出膨润土中钠、钾离子含量及这两种离子在总阳离子交换量中所占比例。试验时将膨润土在水中均匀分散成悬浮液，静置一定时间后，观察在容器的底部形成沉淀物的多少，通常以膨润值、胶质价或膨胀倍数表示，具体试验方法见第 11 章。

3. 膨润土的复用性

膨润土的复用性又称为膨润土的热稳定性或耐用性，是指在砂型中经高温金属液加热的膨润土再次加入水分后，仍然具有黏结力、能够反复配制型砂的性能。不同膨润土的晶体结构破坏的温度和速度有很大差别。如果铸造厂所选用的膨润土复用性差，旧砂回用时必须补充加入较多的新膨润土，这样一方面提高了铸件生产成本，同时又使被烧损的死黏土积累速度加快，型砂含水量增多。

铸造厂检验膨润土复用性的方法有以下两种：

（1）工艺试样法　将烘干后的膨润土在 200℃、300℃、400℃、500℃、600℃几种温度下焙烧后，各称取 100g，与 2000g 标准砂按紧实率 45% ±2% 加水混砂，测定工艺试样的湿压强度。绘出湿压强度和膨润土焙烧温度的关系曲线，由黏结力的下降趋势判断膨润土的复用性能好坏。例如，从图 3-3 可以看出，钠膨润土比钙膨润土具有较好的耐热复用性。

（2）吸蓝量法　将烘干后膨润土约 0.5g 盛在磁舟内，置入管式炉中先缓慢加热，然后分别在 200℃、300℃、400℃ 保温焙烧 1h。冷却后称取 0.2g，测定其吸蓝量，并绘出焙烧温度与吸蓝量变化曲线。由吸蓝量的下降趋势即可判断膨润土的复用性。

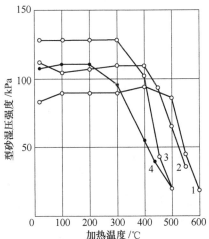

图 3-3　湿压强度和膨润土焙烧温度关系曲线

1、2—钠膨润土　3、4—钙膨润土

注：型砂配比（质量比）：标准砂 95，膨润土 5，
加水量按型砂紧实率 45% ±1% 控制。

3.2.4　膨润土的人工钠化

有些湿型铸造生产要求型砂具有较高的抗夹砂能力和较高的复用性能。这就希望使用钠基膨润土或含有一定数量钠离子的钠钙基膨润土。我国天然钙基膨润土资源丰富，而且开采供应方便，相比之下，天然钠基膨润土的资源较少。为了适合铸造厂对钠基膨润土的需要，可用碳酸钠对钙基膨润土进行处理，使原来所含的钙离子部分或绝大部分被钠离子置换，称为膨润土的钠化处理或活化处理。这一过程的化学反应机理简单示意如下：

$$Ca^{2+} 蒙脱石 + Na_2CO_3 \rightarrow Na^+ 蒙脱石 + CaCO_3$$

活化膨润土时的碳酸钠加入量通常为膨润土质量的 3% ~5%。膨润土的钠化反应能否充分进行的关键在于钠化的工艺。我国有些铸造厂是混砂时向砂和膨润土中加入粉状碳酸钠或其水溶液。这种工艺处理后的钠离子不能充分地被蒙脱石晶体吸收和与钙离子相互置换，不但需要多加碳酸钠，而且还可能引起铸件表面粘砂缺陷。较好的活化工艺有湿法和干法两种。

1）湿法工艺是将膨润土和水配成泥浆后加入碳酸钠，经强力搅拌而成。这种方法适用于配制铸型涂料。如果用于湿型砂，应经过脱水、干燥、破碎、磨粉等复杂工序，所以难以在铸造厂应用，只能在膨润土加工厂进行。

2）干法工艺是由膨润土加工厂将开采出的膨润土破碎成小颗粒，与碳酸钠混合成具有一定湿度的混合料，有时还要添加少量增效助剂，加入挤压机（如轮碾机、双螺旋挤压机、对辊挤压机等）中反复挤压，然后存放数日，从而完成钠化反应过程，再经低温烘干、破碎制粉，即可得钠化膨润土产品。挤压是膨润土钠化工艺的关键，因为强力挤压作用可使钙基膨润土的团块产生相对运动而分散，增加与钠离子的接触，而使交换速度加快。挤压摩擦可产生大量的热，加快了离子运动速度和运动范围。在较大的机械力作用下，蒙脱石彼此连接的化学键遭到破坏，也有利于吸附带有相反电荷的钠离子。这些方法都有助于钠化反应的充分进行。

3.2.5　膨润土的选用

铸造厂应当根据本厂生产铸件的特点确定使用膨润土的质量级别。如果所生产的湿型铸件比较重要，要应用湿态黏结力较高或蒙脱石含量较高的优质膨润土。这样可以减少膨润土的加入量，降低型砂的含泥量，减少型砂的吸水物质。其结果是型砂的含水量低，铸件不易生成气孔类缺陷。

如果所生产的铸件具有较大的平面，或者砂型的表面在浇注时受金属液的高温烘烤而又不能立即被金属液覆盖，就要求型砂具有足够高的热湿态黏结强度，否则铸件会产生夹砂类缺陷。为了防止铸件产生夹砂类缺陷和提高膨润土的复用性，应当使用活化膨润土，或者用钠基与钙基混合膨润土。膨润土的活化程度或钠、钙基膨润土的混合比例，应根据铸件的结构特点，以及生产中造型和浇注的具体条件而定。

3.3　煤粉及其他辅助材料

辅助材料指制造砂型、砂芯过程中所用的各种材料中除了原砂、黏结剂（如黏土、树脂、水玻璃等）、水之外的材料。水玻璃砂工艺所用的辅助材料，如各种溃散剂、固化剂，参见水玻璃砂的有关章节；与树脂砂工艺有关的各种附加物参见有机黏结剂砂型的有关章节；与涂料有关的各种辅助材料参见第7章。

3.3.1　煤粉及其复合添加剂

1. 概述

湿型用煤粉是以烟煤为原料经粉碎制成的产品，外观为黑色或黑褐色细粉。煤粉的作用是利用煤在高温的分解及分解后包覆在砂粒表面的碳膜以防止铸铁件产生粘砂和夹砂，同时也起到提高型砂溃散性的作用，因此煤粉中挥发物的含量是质量分级的主要依据。煤的挥发物包括气体和液体两部分，因此在控制湿型用煤粉的质量方面，除了挥发物的含量外，对煤粉的胶质层厚度及焦渣特性也应加以控制。

目前普遍认为适合湿型砂应用的优质煤粉在浇注过程中的作用如下：

1）在铁液的高温作用下，煤粉产生大量还原性气体，防止铁液被氧化，并可使铁液表面的氧化铁还原，减少金属氧化物和型砂进行化学反应的可能性。型腔中还原性气体主要来自煤粉热解生成的挥发分，也包括碳与型砂中水分在高温下反应生成的氢气。

2）煤粉受热后开始软化，具有可塑性。如果由开始软化至固化之间温度范围比较宽和时间比较长，则可缓冲石英颗粒在该温度区间受热而形成的膨胀应力，从而可以减少因砂剂受热膨胀而产生的铸件夹砂缺陷。

3）煤粉受热后产生气、液、固三相的胶质体，胶质体的体积膨胀可部分地堵塞砂型表面砂粒间的孔隙，使铁液不易渗入。GB/T 212—2008《煤的工业分析方法》将煤的"焦渣特征"分为 8 级，能够区分煤粉受热时是否生成起黏结作用的液相，以及是否发生膨胀。

4）煤粉在受热时产生的碳氢化物（主要为芳烃类）的挥发分在 650～1000℃ 高温下，于还原性气氛中发生气相热解，而在金属液和铸型的界面上析出一层带有光泽的微细结晶碳，称为光亮碳或光泽碳。这层光亮碳使砂型不受铁液润湿和难以向砂粒孔隙中渗透，从而得到表面光洁的铸件。

2. 湿型用煤粉的质量要求

（1）光亮碳　富碳材料在高温热分解时形成的沉积碳膜。光亮碳的测定可用专用仪器在实验室测得。

（2）挥发分　煤粉的挥发分高低取决于原煤的品种和煤粉中杂质含量的多少。煤粉应具有足够的挥发分，这是在铸型内形成还原性气氛以及产生光亮碳的必要条件。通常认为挥发分质量分数不应少于25%，但并非越高越好，重要的是煤粉应有良好的形成胶质体和分解沉积出光亮碳的能力。长焰煤和气煤的挥发分较高，一般都大于38%，这两种煤粉受热分解后形成大量不稳定的低沸点胶质体，这些物质又受热分解成气态产物逸出。胶质体形成的温度间隔小，滞留时间短，而且不利于在砂型表面形成光亮碳层。因此长焰煤和气煤可用来生产煤气，而不适合用作湿型砂的抗粘砂材料。单从挥发分的数值难以判断煤粉的质量好坏。例如，有的煤粉用高挥发分和含大量矸石的原煤加工制成，挥发分的测定结果可能在30%以上，但是这种煤粉不适用于湿型砂。

（3）焦渣特征　焦渣特征反映煤在干馏过程中软化、熔融形成胶质体，并固化黏结成焦的特性。测定煤粉发气性后，不锈钢舟中残留物的状态与测定煤粉挥发分后瓷舟中的残留物焦渣特征非常相似。因为两者的试验条件都是煤粉在干馏条件下熔融、析气、固化的结果，所以用发气性测定仪也能够完成焦渣特征的测定。

（4）浇注阶梯铸铁试块　用所要评价的煤粉配制成专门的型砂来造型和浇注标准阶梯试块（见图3-4），比较试块表面状况可以直接说明煤粉的质量。

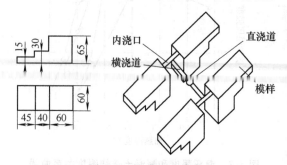

图 3-4　标准阶梯试块

3. 技术指标

JB/T 9222—2008《湿型铸造用煤粉》规定，湿型用煤粉质量分为 3 级（见表 3-4）。各性能测试方法见第 11 章。

表 3-4　湿型用煤粉的技术指标

牌号	SMF - Ⅰ	SMF - Ⅱ	SKF - Ⅲ
光亮碳（质量分数,%）	≥12	≥10	≥7
挥发物（质量分数,%）	≥30	≥30	≥25
硫（质量分数,%）	≤0.6	≤0.8	≤1.0
焦渣特性	4～6 级		
灰分（质量分数,%）	≤7		
水分（质量分数,%）	≤4		
粒度	100% 通过 100 号筛，95% 通过 140 号筛		

4. 煤粉的代用品

煤粉代用品是指在湿型砂中可以完全替代或部分替代煤粉的材料。在混砂时与煤粉共同加入，相互配合使用。作为湿型铸造的煤粉代用品种类繁多，分类介绍如下：

（1）油类　主要是石油炼制过程中的油状产品或副产品，这些产品的光亮碳形成能力约为 40%。如果油类的黏度不高，可以在混砂时直接加入。例如，用废全损耗系统用油代替部分煤粉，面砂中加入煤粉的质量分数为 2%～3%，废全损耗系统用油的质量分数为 0.6%～1%，使铸件的表面粘砂有所改善，提高起模性，气孔类缺陷下降。但是废全损耗系统用油的来源有限，不适合大量生产中应用，常用渣油代替。

（2）合成树脂及聚合物　可以是粉状的聚苯乙烯、聚丙烯酰胺、聚乙烯、聚丙烯、聚酯等。其中常以聚苯乙烯作为煤粉代用品。聚苯乙烯的光亮碳形成能力高达 80%～85%，挥发分接近 100%，平均粒度为 0.15mm，型砂中加入量仅为煤粉质量的 1/9～1/6。由煤粉更换成聚苯乙烯粉以后，型砂的需水量可降低 20%，透气性提高，气孔缺陷减少。型砂紧实流动性提高，砂型紧实度增加，铸件尺寸更精确。车间空气中 CO 含量降低，浇注时产生的苯乙烯单体含量未超过允许含量。用煤粉时，车间粉尘中煤粉残留物约为 50%，而聚苯乙烯不存在这种残留物，对环境和工作场地的污染最小。但是，在各种煤粉代用品中聚苯乙烯的价格最贵。

（3）植物类产品　植物类产品有粉状淀粉（普通淀粉、淀粉和面粉）、植物树脂、植物纤维粉等材料。虽然淀粉并不形成光亮碳，但能有效地防止铸件粘砂。例如，在手工造型的湿型砂中加入质量分数为 1% 的面粉可以大大改善铸铁件表面质量。我国有两家静压造型的铸造工厂，按照日本汽车铸造工厂的技术，在灰铸铁型砂中不加煤粉，改为加入 α 淀粉

（也称预糊化淀粉）。其中一家工厂的型砂中泥的质量分数降为 8%～9%，紧实率为 35%～40% 时，型砂中水的质量分数只有 2.4%～2.7%，透气性高达 200～240；另一家工厂型砂中泥的质量分数降为 7%～11%，型砂中水的质量分数为 2.7%～3.2%，透气率为 160～200。由于型砂中不加煤粉就可以减少型砂的有效膨润土含量，并使含水量降低。不加煤粉还可以使型砂的流动性好，起模容易，对环境污染少。但在较大规模铸造生产中，使用淀粉完全替代煤粉会使铸件生产成本提高。因此，只在混制面砂时加入淀粉，也可以按一定比例同时加入淀粉和煤粉，以降低淀粉的消耗。

市场上还有多种"抗粘砂添加剂""光亮剂""湿型覆膜剂"等商品销售。但出于商业考虑，都不曾明确说明产品的有效成分，也给不出与铸件质量有关的检验指标（如光亮碳形成能力、焦渣特征、灰分、挥发分等）。建议铸造厂在选用任何煤粉代用品之前，应该持慎重态度，一定先进行试验，例如用同样铁液 1 次浇出 4 块阶梯试块进行比较，或是先用该产品小规模使用一段时间（例如半年），再根据铸件质量和型砂性能的变化决定是否继续长期扩大应用这种产品。

5. 复合添加剂

（1）增效煤粉（也称合成煤粉、高光亮碳煤粉、高效煤粉）　从 20 世纪 70 年代起，欧洲煤粉供应厂商考虑到天然煤粉的不足，研制成增效煤粉供应铸造厂使用。采用的商品名称为"合成煤粉"，实际上是煤粉中掺有一定比例的沥青的混合物。典型的配方（质量分数）是煤粉 80%～60%，沥青 20%～40%。其中沥青过去曾用煤焦油沥青，现已改用特制的石油沥青。增效煤粉的两种成分可以取长补短，与天然煤粉相比，增效煤粉的挥发分和光亮碳形成能力较强，软化区间加宽，灰分和硫分降低，加入量下降，浇注时烟气减少。增效煤粉的光亮碳形成能力为 12%～20%，在型砂中的加入量大约为天然煤粉的一半。

（2）膨润土-有机物复合添加剂　在机械化大批量生产的铸造厂中，各造型线的铸件种类单一，而且都有各自的砂处理工部，混砂时各种原材料的配比也是固定的。因此，供应厂商可以将各种附加物（包括煤粉、膨润土、淀粉和其他材料）按比例预先混合后向铸造厂销售。这样可以简化材料的储存，又可防止煤粉自燃。用户在混砂加料时，只加入一种物料，使生产控制更加方便。

将膨润土与有机物进行混配制成砂型的复合添加剂在美国和欧洲的铸造企业已广泛应用。美国每年的这种添加剂的用量多达 80 万 t，占膨润土市场的较大

份额。混配的有机物多达十来种，一般由两种膨润土和两三种的有机物混配而成。表3-5是美国唯科国际公司（Volclay）常用的有机物和添加剂的配方。图3-5所示为这种混配系统。

表3-5　常用的有机物和添加剂的配方

添加剂类型	名　称	加　入　量
碳质材料	煤粉	1）按型砂的挥发物（VCM）质量分数控制在2.0%~3.0% 2）按型砂的灼烧减量（LOI）质量分数控制在3.0%~4.5%
	沥青和沥青石	煤粉质量的1/4
	碱性褐煤	煤粉质量的1/5
纤维素	玉米芯粉、木粉、花生壳粉	膨润土质量的1.0%~3.5%
谷物、淀粉、糊精和葡萄糖	谷物	
	淀粉或糊精	膨润土质量的0.5%~0.8%
	葡萄糖	

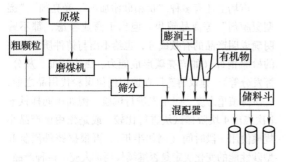

图3-5　膨润土-有机物复合添加剂的混配系统

（3）代煤粉材料　山东旭光得瑞高新材料股份有限公司开发出了一种代煤粉材料（XSL粉），主要含多种淀粉和纤维素材料，不含煤粉。将该代煤粉材料添入含有机芯砂（例如酚醛树脂覆膜砂）较多的湿型黏土砂的砂系统中，可以改善型砂性能，又可减少煤粉等材料造成对环境的污染。

（4）低排放添加剂　近年来科莱恩公司发明了一种湿型砂用低排放添加剂（环保型添加剂）。先用分散剂对石墨粉进行预处理，使其能被水浸润，再与膨润土一起加入混砂机中，石墨粉能与水、膨润土均匀混合并包覆在砂粒表面。由于石墨在缺乏氧气的砂型中，在高温下不燃烧，几乎没有有害物质产生，又能抵抗铁液浇注入砂型时的高温和阻止铁液渗入砂型，所以可以起到煤粉的防止粘砂作用，同时还可以起到增加型砂流动性的作用，有利于砂型的紧实。铸造企业在使用这种石墨添加剂时也可以添加部分煤粉一起混合使用。这种材料最早开始在欧洲的一些铸造企业使用，我国近年也有少数铸造企业使用，效果良好。

（5）混配土　科莱恩公司和唯科公司近年来为我国的许多大量流水线生产的铸铁件生产厂提供混配土材料，取得了很好的效果。混配土是指在膨润土中加入煤粉、碱性褐煤、α淀粉、天然沥青、纤维素等

物质形成的混合物，用以替代目前使用的单一煤粉和单一膨润土。这种做法可以一方面起到防止煤粉单独存放时的自燃，降低火灾发生的风险；同时因为煤粉与膨润土等材料先经过预混，使混砂机的混砂时间缩短，混碾的效果更好。为了方便加料时的计算，一般混配土中膨润土固定为50%，含碳材料合计为50%。当然这种比例可以根据生产的铸件的材质和大小适当调整。在铸造企业中根据型砂性能的变化只在混砂时再加入少量的膨润土就可以了，不必再添加煤粉。表3-6是我国某铸造企业的混配土和加煤粉的型砂配比，表3-7是型砂性能控制指标。

表3-6　混配土和加煤粉的型砂配比（质量比）

型砂类别	旧砂	膨润土	煤粉	混配土
混配土砂	100	0.3~0.5	—	0.2~0.3
煤粉砂	100	0.5~0.8	0.3~0.8	—

表3-7　型砂性能控制指标

型砂类别	紧实率（%）	水分（质量分数,%）	湿压强度/kPa	透气性	含泥量（质量分数,%）
混配土砂	35~42	3.2~3.8	150~220	140~160	10~12
煤粉砂	36~43	3.3~4.0	150~220	120~140	11~13

（6）无碳湿型黏土砂　上海东华大学的朱世根教授发明了一种不加煤粉和其他碳质材料的无碳湿型黏土砂，这是黏土湿型砂材料的一种突破。这种型砂外观呈黄色，全部由无机、无毒的材料组成，浇注过程中不会产生有毒气体，是一种真正环保的型砂。这种型砂的主要组成是硅砂、黏土和其他矿物材料，在金属液浇注入砂型中时，砂型与金属液接触的表面能形成一种熔融物质，阻止金属液渗入砂型，并且冷却后会产生一层易剥离的烧结壳，剥离后表面不粘砂，铸件质量好。这种无碳湿型黏土砂已在浙江、山东的

多家生产小型铸铁零件的企业应用，可用于手工造型、一般机器造型、挤压造型和高压造型等各种造型工艺。

6. 煤粉及复合添加剂的选购

煤粉是我国铸铁厂湿型应用最为普遍的附加物。应用的关键是煤粉的质量，用量要恰当。长期使用劣质煤粉不但不能防止粘砂和改善铸件光洁程度，而且还会给铸造生产带来灾难性后果。劣质煤粉使型砂的性能变脆，湿压强度虽高而湿剪强度和湿拉强度降低，起模性能变差，型砂含泥量提高，含水量居高不下，透气性下降。由于煤粉的质量低劣，不得不增大加入量，又导致不得不多加膨润土，使型砂的含水量增加，从而使铸件气孔、砂孔缺陷猛增。因此，对于生产要求表面光洁、无气孔和砂孔缺陷的重要铸件，一定要选用质量好的煤粉或增效煤粉。

煤粉的适宜加入量取决于多种因素，如铸件壁厚、浇注温度、浇注速度、铁液压头、造型方法、型砂透气性、砂型硬度、铸件清理方法等，必须根据实际使用效果调整煤粉的加入量。

3.3.2　重油和渣油

重油也称燃料油，有石油工业产物和煤焦油工业产物两种。铸造中常用的是石油工业在提取汽油、煤油和柴油后的塔底油。重油仍可进一步减压分馏，所得塔底油为渣油。重油和适当稀释的渣油可用作铸造型砂的添加材料，对防止铸件粘砂有良好作用。

重油的光亮碳析出量（质量分数）可达20%左右，为煤粉的 1～6 倍。湿型砂中加入适量的重油不但可以减少煤粉的加入量，还可减少型砂中水的加入量，使型砂具有更好的造型性能。

重油或渣油的黏度过大时可用柴油适当稀释，渣油除稀释后做抗粘砂材料外还可做砂芯黏结剂。重油（渣油）乳状液的配方及性能见表3-8。

表 3-8　重油（渣油）乳状液的配方及性能

序号	配方（质量分数，%）					性能	
	重油	膨润土[①]	碳酸钠（占膨润土质量）	水	表面活性剂	光亮碳（质量分数，%）	密度/(g/cm³)
1	50～53	5～6	3	41～45	适量	20～21	—
2	33	20	3	47	适量	14～15	—
3	20(渣油)	10	5	70	—	—	1.044
4	40(渣油)	20	5	40	皂粉5(占膨润土质量)	—	1.091

① 为钙基膨润土，若用钠基膨润土可以不加碳酸钠。

3.3.3　淀粉类材料

1. 概述

淀粉外观为白色或灰白色的颗粒或粉状材料，主要取自玉米、马铃薯、甘薯、木薯等农作物。淀粉经过处理可以获得多种产品，如α淀粉、糊精、糖浆、氢化淀粉水解液（山梨醇）等。淀粉类材料作为黏结剂在前面已有介绍，此处只介绍淀粉作为添加剂材料的应用。作为添加剂，它可提高油砂的湿强度而不降低干强度，提高水玻璃砂的溃散性和湿型砂的韧性。一般作为添加材料的淀粉都是经过处理的。例如，在油砂中加入占原砂质量分数0.5%的α淀粉可使芯砂的湿压强度提高1倍；在湿型砂中加入占原砂质量分数0.5%的α淀粉可使型砂韧性得到显著改善。α淀粉及糊精等的性状及制取方法在前面黏结剂部分已进行过介绍，下面对淀粉水解加氢的产物——山梨醇的制法及性状做简单介绍。

淀粉在酸作用下加热水解，或在酶作用下水解生成葡萄糖，在氢化催化剂存在的条件下进行加氢反应，使水解物中的葡萄糖共聚物变为在碱性介质中不活泼的六元醇的衍生物，而后再经离子交换去除重金

属盐得到己六醇（山梨醇），也称α山梨糖醇。

山梨醇的纯品为白色或无色、无臭结晶粉末，溶于水、甘油、丙二醇，微溶于甲醇、乙醇、醋酸，几乎不溶于其他有机溶剂，可燃、无毒。密度为 1.489g/cm³，熔点为 93～97.5℃（水合物）、110～112℃（无水物）。山梨醇质量分数为50%的水溶液呈黏稠状透明液体，有旋光性。

表 3-9　山梨醇的技术指标

性能	指标
外观	白色或无色粉状结晶
比旋光度$(\alpha)_D^{20}/(°)$	−1.5～2.2
水溶解试验	合格
灼烧残渣（质量分数，%）≤	0.5
硫酸盐（以 SO_4 计，质量分数，%）≤	0.05
还原糖（质量分数，%）≤	0.3
干燥失重（质量分数，%）≤	3.5
氯化物（以 Cl 计，质量分数，%）≤	0.02
重金属（以 Pb 计，质量分数，%）≤	0.005

山梨醇（氢化淀粉水解液）是一种不与水玻璃起化学反应的稳定的碳水化合物，能与水玻璃形成互溶体，具有较高的黏结能力，可减少水玻璃砂中的水玻璃加入量，并使水玻璃砂具有较好的工艺强度和溃散性，不像蔗糖制品那样易吸湿，使砂芯存放性也大为改善。国外一些改性水玻璃商品，如英国福士科公司的 Solosil-433 就是这类产品。

2. 技术指标

淀粉的技术指标见黏结剂部分。山梨醇的技术指标可参考表3-9。

3.4　湿型黏土砂的特点

湿型黏土砂是以膨润土做黏结剂的一种不经烘干的型砂。

湿型砂的基本特点是砂型不需烘干，不经固化，具有一定的湿强度，虽然强度较低但是退让性较好，而且便于落砂。因为砂型不需烘干，所以造型效率高，生产周期短，材料成本低，便于组织流水生产。但是因为砂型不经烘干，所以在浇注时，砂型表面就出现了水分的汽化和迁移，使铸件容易产生气孔、夹砂以及砂眼、胀砂、粘砂等缺陷。

为了充分发挥湿型优点，提高铸件质量，在生产过程中必须保持型砂性能稳定、砂型紧实均匀及铸造工艺合理。因此，湿型工艺的发展一直是和造型机械及造型工艺的发展紧密相连的。目前湿型机械化造型已从普通的机器造型发展到高密度机器造型，造型的生产率、砂型的紧实度、铸件的尺寸精度不断提高，铸件表面粗糙度值则不断降低。各种造型方法的技术参数、铸件的尺寸精度和表面粗糙度见表3-10。

表3-10　各种造型方法的技术参数、铸件的尺寸精度和表面粗糙度

造型方法		压实比压/MPa	砂型平均密度/(g/cm^3)	铸件公称尺寸/mm				铸件表面粗糙度 Ra/μm
				>7~63	>63~100	>100~160	>160~250	
				尺寸公差等级 DCTG				
低压造型（如普通机器造型）		0.13~0.4	1.2~1.3	8~9	8~9	8~9	9~10	50~400
中压造型（如微震压实）		0.4~0.7	1.4~1.5	7~9	7~9	7~9	8~10	50~400
高压造型	射压造型	>0.7	1.5~1.6	6~7	6~7	6~7	7~8	6.3~50
	多触头高压造型	>0.7	1.5~1.6	5~6	6~7	6~7	7~8	6.3~50
冲击造型	气流冲击造型	>0.7	1.5~1.6	提高了砂型的尺寸精度，铸件的尺寸精度低于高压造型				6.3~50
	动力冲击造型	>0.7	1.5~1.6	提高了砂型的尺寸精度，铸件的尺寸精度相当或略优于高压造型				6.3~50

一般来说，压实比压大于0.7MPa的称为高压造型。高压造型的砂型密度可达 1.5~1.6g/cm^3，硬度在90以上（用B型硬度计测量），故也称高密度造型。高密度造型包括多触头高压造型、无箱挤压造型、气冲造型及静压造型等。这几种造型法所用湿型砂的性能和配比比较接近。

湿型砂主要应用于生产中小型铸件，特别是应用于大批量机械化造型生产汽车、拖拉机、柴油机、轻纺机械等铸件。采用湿型（不刷涂料时）也可生产质量达几百千克的铸铁件。

3.5　湿型黏土砂各种材料的选用

1. 原砂

选用原砂时，首先要根据所浇注的合金种类确定原砂的二氧化硅含量，其次根据混合料种类确定原砂泥分的含量及其他性能，还要根据铸件大小确定原砂粒度。湿型砂所用原砂一般较细，粒度主要有50/100号筛、70/140号筛和100/200号筛，如采用水洗砂，泥分的质量分数最好在1%以下。高密度造型的湿型砂，为减少砂型受热时的膨胀，避免引起夹砂，原砂的 SiO$_2$ 含量不必过高，粒形不必很圆，可以采用多角形原砂，粒度不宜过于集中，一般采用三筛砂或四筛砂，必要时将两种粒度的原砂混合使用，以达到合适的粒度要求。

2. 膨润土

选用膨润土时，首先应考虑的是膨润土的纯度，即其中的有效蒙脱石含量。为防止铸件夹砂，最好采用热湿拉强度较高的膨润土，如天然的或人工活化的钠基膨润上。也可以采用部分活化的钠基膨润土，或是将钠基膨润土与钙基膨润土按一定比例混合后加入，以达到型砂对热湿拉强度的要求。

3. 煤粉和重油

煤粉可根据实际情况合理选用。在选用时，首先检测煤粉的挥发分，有条件时还可增加检测煤粉的焦渣特征和光亮碳含量。为保持较好的造型性能，可将煤粉与重油或渣油配合使用。国外一些铸造厂还常常加入一种膨润土、煤粉及其他高挥发分的碳质材料的混合附加物。

4. 淀粉

为提高型砂韧性、减少型砂回弹现象并使型砂水分保持在一定范围，高密度造型的型砂中一般还加入

少量 α 淀粉或糊精。淀粉类附加物对型砂性能的影响见表 3-11。由表 3-11 可见，α 淀粉与糊精的使用效果有明显差异。糊精能显著提高型砂的表面强度、热湿拉强度和韧性，但使湿压强度和流动性剧烈下降。α 淀粉虽然对型砂的表面强度、热湿拉强度和韧性的提高程度不如糊精，但对湿压强度和流动性影响不大。

表 3-11　淀粉类附加物对型砂性能的影响

材料名称	湿压强度	流动性	透气性	破碎指数	表面强度		热湿拉强度		抗激热性能		顶出力
					钠基膨润土	钙基膨润土	钠基膨润土	钙基膨润土	钠基膨润土	钙基膨润土	
β 淀粉	↔	↔	↔	↔	↔	↔	↔	↑			
α 淀粉	↓	↔	↑	↑	↑	↑↑	↑	↑↑	↑↑	↑↑	↓↓
糊精	↓↓	↓↓	↑↑	↑↑	↑↑	↑↑	—	↑↑			

注：水平箭头表示基本不变，箭头向上或向下表示提高或降低，双箭头表示显著提高或降低。

5. 氧化铁粉

氧化铁粉能降低型砂的烧结点，在浇注时使型腔表面玻璃化，减轻铸件表面粘砂和球墨铸铁件的皮下气孔缺陷。氧化铁粉仅在正确使用时才有好的效果，加入的质量分数一般不超过 3%。

3.6　湿型黏土砂的配比和性能

在拟定型砂配比之前，必须首先根据浇注的合金种类、铸件特征和要求、造型方法和工艺及清理方法等因素确定型砂应具有的性能范围，然后再根据各种原材料的品种和规格、砂处理方法、设备、砂铁比及各项材料烧损比例等因素拟定型砂的配比。一个新的型砂系统通常在开始使用前，先参考类似工厂中比较成功的型砂系统的经验，再结合本厂的具体情况，初步拟定出型砂的技术指标和配比，进行实验室配砂，并调整配比，使性能符合指标要求；然后进行小批混制，造型浇注，对型砂的技术指标及配比进行反复修改，直到试验合格才可投入正式生产。一个车间的型砂技术指标和配比要经过长期生产验证才能最终确定。

3.6.1　配比

铸铁件用的湿型砂配比工厂习惯将旧砂和新砂之和作为 100%（质量分数），膨润土、煤粉和其他附加物在 100% 之外。之所以这样，是因为在实际生产中每碾旧砂与新砂的加入量基本保持不变，而黏土、煤粉等附加物的加入量需要根据型砂性能的要求和变化随时调整，如果将旧砂、新砂、各种附加物、水一起算作 100%，则一旦调整其中的某一种材料的加入量，那么各种材料的质量百分数就必须重新计算，而且新、旧砂的质量分数会出现小数点以后的数字，计算和控制都十分麻烦。在型砂配比中，旧砂加入量一般为 80%~95%，新砂加入量为 5%~20%（生产砂

芯多的铸件时，因大量芯砂进入旧砂系统，新砂加入量减为 0%~5%），活性膨润土含量为 6%~10%，有效煤粉含量为 2%~7%，如有需要还可以加入 0.5%~1.0% 的 α 淀粉，以改善型砂性能。

在铸钢件用的湿型砂中，新砂所占比例较大，膨润土加入量也相应增多。为提高型砂性能，常加入少量有机水溶性黏结剂（例如糊精、α 淀粉）等附加物。

为了保证铸造非铁合金（铜合金、铝合金、镁合金）铸件表面光洁、美观和尺寸精确，原砂粒度一般较细，以满足铸件表面粗糙度的要求，型砂含水量较低，以减少型砂的发气量和提高流动性。铜合金铸件的湿型砂中常加入少量废全损耗系统用油以提高铸件的表面品质。在铸造镁合金的湿型砂中，还需加入保护剂，如硫黄粉、硼酸等，以防止镁液氧化。

膨润土和煤粉的加入量必须根据所生产的铸件不同和铸件品质情况具体确定。如果在同一个型砂系统中的造型线上生产几种铸件的砂铁比不同、芯砂流入量不同和工艺参数不同，则回用旧砂中的活性膨润土含量、有效煤粉含量都不相同。若始终按照固定批料配方所规定的膨润土和煤粉补加量进行加料和混砂，即使型砂紧实率符合要求，也会造成型砂性能波动和铸件废品率增高。为此，生产多种铸件的型砂系统应当根据每天的生产计划来改变膨润土和煤粉的加入量。

一些铸铁件、铸钢件、非铁合金铸件湿型砂的配比和性能及用途见表 3-12~表 3-14。需要说明的是，这些配方分别是根据各个的具体条件制订的，包括原材料来源及性能、造型方法、铸件材质及大小、壁厚、生产习惯、检测仪器等许多因素；各表中型砂性能的取样大多是来自混砂机旁，而不是造型处；各表中的数值仅供相关工厂参考。

表 3-12　铸铁件湿型砂的配比和性能及用途

工厂代号	旧砂	新砂粒度(筛号)	新砂加入量	配比(质量比) 膨润土	煤粉	碳酸钠(以膨润土为基)	其他	含水量(质量分数,%)	紧实率(%)	透气性	湿压强度/kPa	热湿拉强度/kPa	含泥量(质量分数,%)	其他(质量分数,%)	用途
1	96	70/140	4	1.32	1.24	水液 3~4	—	3.6~4.4	32~46	>100	130~170	—	10~15	有效煤粉 6~8 有效膨润土 7~9	高压造型单一砂,铸造灰铸铁缸体、缸盖
	96	70/140	4	1.35~1.8	0.75~1.1	水液 3	—	3.8~4.3	34~42	>100	120~150	—	<15	有效煤粉 4~6 有效膨润土 6~8	高压造型单一砂铸造灰铸铁进气管
	96	70/140	4	1.35~1.8	0.75~1.1	水液 3	—	3.6~4.0	32~40	>100	120~150	—	<15	有效煤粉 4~6 有效膨润土 7.5~9	高压造型单一砂铸造球墨铸铁曲轴
	96	70/140	4	1.35~1.8	0.75~1.1	水液 3	—	3.5~4.0	32~42	>100	120~150	—	<14	有效煤粉 4~6 有效膨润土 7~9	高压造型单一砂铸造蠕墨铸铁排气管、变速箱
	96	70/150	4	1.35~1.8	0.75~1.1	水液 3	—	3.5~4.4	36~44	>100	120~150	—	<14	有效煤粉 4~6 有效膨润土 7~9	射压造型单一砂铸造灰铸铁小件
	95.2	50/100	3	1.0	0.8	水液 3	—	5.0~6.0	35~45	>120	110~140	—	10~13.5	有效膨润土 8~10	高压造型单一砂铸造球墨铸铁后桥
	93~95	50/100	3~5	1.0~1.5	0.3~0.5	水液 3	—	4.6~5.3	34~45	>100	120~150	—			射压造型单一砂,铸造球墨铸铁、可锻铸铁小件
	95.2	50/100	3	1.0	1.8	水液 3	—	5.0~6.0	40~50	≥100	110~140	—	<14.5	有效煤粉 2.5~4 有效膨润土 7~10	随形高压造型,铸造球墨铸铁后桥、底盘
	95	50/100	5	1.0~2.0	0.3~0.7	水液 3	—	3.8~4.6	37~43	≥100	130~160	—	<15	有效煤粉 3~5 有效膨润土 8~10	气冲造型单一砂,铸造球墨铸铁后桥、底盘、支架

序号														备注	应用
2	93.8	—	4.4	1.1	1.74	—	—	4.0~4.8	—	>70	65~90	—	—	—	震压造型单一件，铸造灰铸铁中小件
	93.8	—	4.4	1.1	1.74	—	—	4.0~4.7	—	>70	75~100	—	—	—	高压造型单一砂，铸造可锻铸铁件
	88.1	—	7.9	2.5	1.6	—	—	3.8~4.6	—	>70	100~120	—	—	—	高压造型单一砂，铸造灰铸铁缸体
3	90	70/140	10	2	2	干粉5	—	4.3~5.3	—	>70	>90	—	<14	—	高压造型单一砂，铸造灰铸铁中小件
	95	70/140	5	1~3	1~1.5	干粉4~5	—	3~4	38~40	>90	100~130	—	—	—	震击造型单一砂，铸造灰铸铁缸体
	90	70/140	10	2~4	3~5	干粉4~5	—	4.5~5.2	~45	>90	90~120	—	—	—	震击造型，铸造球墨铸铁曲轴
4	50	50/100	50	3	4~6	干粉4	渣油液1	4.8~5.8	45~58	25~55	>90	2~3.2	—	湿拉强度10~16kPa	震击造型面砂，铸造灰铸铁缸盖、后桥
	100	—	—	2~3	3~4	干粉3.5	—	3.5~4.3	35~43	80~120	160~200	—	—	湿拉强度18kPa 破碎指数75~85	高压造型单一砂，铸造灰铸铁缸体、缸盖
5	50	50/100	50	5~6	8~10	适量	渣油液1.5	4.8~5.0	40~55	>90	90~150	>1.7	16	有效膨润土8~12	震击造型面砂，铸造灰铸铁缸体

（续）

工厂代号	旧砂	新砂粒度（筛号）	新砂加入量	配比（质量比）				性能							用途
				膨润土	煤粉	碳酸钠（以膨润土为基）	其他	含水量（质量分数，%）	紧实率（%）	透气性	湿压强度/kPa	热湿拉强度/kPa	含泥量（质量分数，%）	其他（质量分数，%）	
6	50	70/140	50	~4.5	5~6.5	4	渣油液1.2~1.4	5.0~6.0	—	69~90	80~100	2.0~2.5	<12	—	震击造型面砂，铸造铸铁缸体
	50	70/140	50	~4.5	5~6.5	4	柴油0.5~1	5.0~6.0	—	90~130	80~100	2.0~2.5	<12	—	震击造型面砂，铸造铸铁飞轮
	80~90	70/140	5~15	0.5~1.0	1~1.25	—	—	4.3~4.8	—	>80	80~100	1.5~2.0	10~12	—	小线单一砂，铸造灰铸铁小件
	60	30/50	40	7~8		4	黏土2~3 木屑0.5~1	6.5~7.5	—	>150	70~90	—	10~15	—	手工造型，铸造灰铸铁大件
7	93~95	70/140	5~7	8~1.2	0.3~0.5	干粉5	—	3.2~3.8	35~40	120~180	120~150	>2.0	<16	—	高压造型单一砂，铸造灰铸铁缸体，缸盖
	72	70/140	28	4	3~4	干粉5	—	4.5~6.0	—	>80	80~120	—	—	—	震压造型单一砂，铸造灰铸铁小件
8	50	70/140	50	6~6.5	7.5~8	干粉4	—	4.7~5.3	—	≥45	98	—	—	—	震击造型面砂，铸造灰铸铁缸体
	80	50/100	20	1		—	—	3.8~4.4	—	≥80	56	—	—	—	震击造型背砂，铸造灰铸铁缸体
9	95	70/140	5	0.3~0.5	0.4	4	—	3.5~4.2	—	80~120	75~90	2.5	—	—	机器造型活化砂，铸造机床铸件
	95	70/140	5	0.3~0.5	0.4	—	—	3.5~4.2	—	80~120	70~90	2.0	—	—	机器造型单一砂，铸造机床铸件

表 3-13　铸钢件湿型砂的配比和性能及用途

序号	配比（质量比）							性　能				用途
	旧砂	新砂		膨润土	碳酸钠	糊精	其他	含水量（质量分数,%）	透气性	湿压强度/kPa	紧实率（%）	
		粒度（筛号）	加入量									
1	—	—	100	7	—	0.6	α 淀粉 0.8	3.2~3.5	230~250	>50	55	高压造型面砂
2	100	—	—	0.2	—	—	α 淀粉 0.8	2.8	>150	≥40	45	高压造型背砂
3	—	—	100	11~14	0.2~0.4	—	纸浆废液 0.6~1.2,重油 2	4.8~5.8	>80	55~70	—	机器造型面砂
4	50	70/140	50	3	0.4	—	—	4~4.7	≥100	≥50	—	机器造型单一砂
5	—	100/200	100	9~11	0.2	0.2~0.4	—	3.8~4.3	100~200	56~77	—	小型铸钢件
6	—	70/140	100	7.5	—	—	—	3.5~4.0	>100	50~75	—	<100kg 碳钢件
7	—	70/140	100	4.5	—	—	煤粉 2~4	3.0~4.0	>80	50~70	—	<100kg 耐热钢件

表 3-14　非铁合金铸件湿型砂的配比和性能及用途

序号	配比（质量比）								性　能			用途
	旧砂	新砂		红砂	黏土	膨润土	氟化物	其他	含水量（质量分数,%）	透气性	湿压强度/kPa	
		粒度（筛号）	加入量									
1	70~90	70/140	10~30	—	8~12	—	—	重油 1.0~1.5	4.5~5.5	≥30	30~60	铜合金铸件
2	30	100/200	47	18	—	5	—	含泥量① 9%~14%	4~5	>40	80~100	
3	70~85	100/200	10~20	5~10	—	2~3	—	含泥量 <12%	4~5	>40	>50	铜、铝合金铸件
4	80~85	70/140	15~20	5	—	0.5	—	—	6.5~7.5	100~200	50	铝合金铸件
5	75	70/140	15	50	—	—	—	—	3.8~4.0	>100	120	
		100/200	5									
6	—	70/140	33	—	—	—	—	—	3.5~5.0	60~100	100~130	
		100/200	17									
7	—	50/100 或 100/200	100	—	—	—	6~8	—	适量	≥40	>40	
8	85~90	50/100 或 100/200	10~15	—	0~1.5	—	1~3	硫黄 0~3	适量	≥35	>50	镁合金铸件
9	90~95	50/100 或 100/200	5~10	—	0~1.5	—	0.35~0.5	尿素防腐剂 0.59~0.98	适量	≥35	>50	

① 所有配比中泥的质量分数总和。

3.6.2 型砂性能及其对铸件质量的影响

1. 含水量

黏土湿型砂的含水量是指在 105～110℃ 烘干能去除的水分含量，以试样烘干后失去的质量与原试样质量的比（%）表示。检测方法一般采用烘干称重法。红外线快速干燥仪器及检测方法见本书第11章 11.2.1 节的相关内容。

从减少铸件气孔缺陷的角度出发，要求最适宜干湿状态下型砂的含水量较低。高强度型砂的强度高所需有效膨润土含量多，使型砂含水量提高。如果型砂中含有大量灰分、所购入煤粉和膨润土的品质低劣而需要增大水的加入量；混砂机的加料顺序不当，碾压作用不强，刮砂板磨损，混砂时间太短，以致型砂中存在多量不起黏结作用的小黏土团块。这些都会增加型砂处于最适宜的干湿状态下的含水量。高密度造型工厂的型砂水的质量分数大多在 2.8%～3.5% 之间。凡是生产含有大量树脂砂芯铸件（如发动机铸件）的型砂含水大多偏于下限。这是由于大量树脂砂芯溃散后混入型砂使含泥量下降和型砂吸水量降低。

有人用型砂的紧实率（%）和含水量（%）的比值来衡量一种型砂的含水量是否处于合适的状态，认为对于各种不同的型砂，这个比值是 10～12 是合适的。如果这个比值小于 10 表明该型砂的含泥量偏多，型砂韧性差；这个比值大于 12 则表明型砂含泥量偏少，型砂性能对含水量敏感性增大，而且透气性可能也偏高，易造成铸件的粘砂缺陷。

2. 紧实率

黏土砂的紧实率（也称可紧实性）是指湿态的型（芯）砂在一定紧实力的作用下其体积变化的百分比，用试样紧实前后高度变化的百分数来表示，是专门用来表示型砂干湿程度的一个性能。具体测试方法见第11章 11.2.1 节的相关内容。

为了简化试验过程，如果铸造车间的型砂相当松散，也可不使用投砂器，而直接将松散的型砂填入试样筒中。由于此方法简便，整个试验过程可在混砂机旁进行，以便及时了解型（芯）砂的干湿程度，并对含水量立即进行控制，对新旧砂的配比及时进行合理调整。

湿型砂不可太干，否则膨润土未被充分润湿，起模困难，砂型易碎，表面的耐磨强度低，铸件容易生成砂眼和冲蚀缺陷。型砂也不可太湿，否则易使铸件产生针孔、气孔、呛火、水爆炸、夹砂、粘砂等缺陷；而且型砂太黏、型砂在砂斗中搭桥，造型流动性降低，砂型的型腔表面松实不均；还可能导致造型紧实距离过大和造型机压头陷入砂箱边缘以内而损伤模

样；还可能造成砂型底面吃砂量过小。

表明型砂干湿状态的参数有两种：紧实率和含水量。造型实践证明，对于一种铸件的造型工艺（如用高压造型生产发动机气缸体铸件），具有良好造型性能的型砂紧实率总是在某个数值左右（如 40%±2%），离开这个值太多，则型砂要么太湿，要么太干，可能造成砂型或铸件的一些缺陷。如果在相同的型砂紧实率下，型砂的实际含水量偏高，则反映型砂中的细颗粒成分（包括黏土、煤粉、粉尘等）偏多；反之，型砂的含水量偏低，则反映型砂中的细颗粒成分偏少（见图3-6）。混砂时可以通过增加或减少水的加入量来控制型砂的紧实率。

型砂紧实率和含水量的控制应以造型处取样为准。从混砂机运送到造型机时紧实率和含水量下降幅度因气候温度和湿度状况、运输距离、型砂温度等因素而异。如果只根据混砂机处取样检测结果控制型砂的湿度，就要增加少许水以补偿紧实率和含水量的损失。

过去一般认为，手工造型和震压式机器造型最适宜干湿状态下的紧实率为 45%～50%；高压造型和气冲造型时为 40%～45%；挤压造型要求流动性好，紧实率为 35%～40%。近年来，各国铸造工厂的型砂紧实率有降低趋势，这是因为高密度造型设备的起模精度提高，而且砂型各部位硬度均匀分布的要求使型砂的流动性成为更重要的因素。工厂的控制原则大多是只要不影响起模，就尽量降低紧实率。

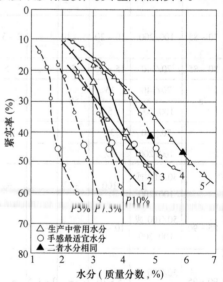

图 3-6 含水量对型砂紧实率的影响

P5%—硅砂 +5% 钙膨润土　P7.5%—硅砂 +
7.5% 钙膨润土　P10%—硅砂 +10% 钙膨润土
1～5—5 种生产用型砂

3. 型砂的湿态强度

湿型砂必须具备一定强度以承受各种外力的作用。如果型砂湿态强度不足，在起模、搬运砂型、下芯、合箱等过程中，砂型有可能破损和塌落；浇注时砂型可能承受不住金属液的冲刷和冲击，而造成砂眼缺陷甚至跑火（漏铁液）；铁液浇注后石墨析出会造成型壁移动而导致铸件出现疏松和胀砂缺陷。生产较大铸件的高密度砂型所用砂箱没有箱带，高强度型砂可以避免塌箱、胀箱和漏箱；无箱造型的砂型在造型后缺少砂箱支撑也需要具有一定的型砂强度；垂直挤压造型时顶出的砂型要推动其他造好砂型向前移动，更对型砂强度提出较高要求。但是，强度也不宜过高，因为高强度的型砂需要加入更多的膨润土，不但影响型砂的含水量和透气性能，还会使铸件生产成本增加，而且给混砂、紧实和落砂等工序带来困难。工厂型砂实验室中，可能测定的湿型砂湿态强度有图3-7所示的 5 种——抗压强度、抗剪强度（竖剪和横剪）、抗拉强度和劈裂强度。其中最常测定的是型砂的湿态抗压强度。具体测试方法见第 11 章 11.2.1 节的相关内容。

（1）湿态抗压强度（湿压强度）　GB/T 2684—2009 规定用混制好的型砂混合料，在 SAC 型锤击式制样机上冲击 3 次，制成 $\phi 50mm \times 50mm$ 的圆柱形标准试样，从试样筒中顶出后，即可测定湿压强度。

一般而言，欧洲铸造行业对铸铁用高密度造型型砂的湿压强度值要求较高。德国 BMD 公司和瑞士 GF 公司气冲型砂以及德国 HWS 公司要求湿压强度在 180 ~ 220kPa 范围内；丹麦 DISA 公司推荐挤压型砂的湿压强度为 180 ~ 250kPa；日本铸造工厂对型砂湿压强度的要求偏低，东久公司推荐无箱射压型砂的湿压强度只是 110 ~ 140kPa。有人认为欧洲铸造工厂的型砂湿压强度比美、日两国工厂高的原因之一是由于欧洲铸铁用原砂 SiO_2 的质量分数高达 99% 左右，型砂中必须加入大量膨润土才能避免铸件产生夹砂、结疤缺陷，以致型砂强度偏高。我国工厂的高密度造型的型砂湿压强度大多接近美国和日本工厂。对于铸铁件而言，除个别铸造厂以外，高密度造型的型砂湿压强度大多在 120 ~ 200kPa 范围内，比较集中在 140 ~ 180kPa。湿压强度控制值较低的原因之一是所使用的振动落砂机破碎效果不好；否则，强度过高的大砂块破碎不掉而会留在铸件中。

铸钢件用湿型砂需要防止铸件生成热裂缺陷，因而所用型砂的湿压强度通常比铸铁用砂低些，以使型砂具有适宜的退让性。德国 Knorr-Bremse 公司用气冲造型，每箱铸钢件质量为 250kg，湿压强度为 180kPa；美国 CICERO 车辆厂生产摇枕和侧架型砂湿压强度为 90 ~ 105kPa；日本小松公司的多触头型砂湿压强度为 100 ~ 120kPa；我国齐齐哈尔机车车辆厂气冲型砂的湿压强度工艺规定为大于或等于 70kPa，韶关铸锻厂静压造型的型砂湿压强度为 70 ~ 80kPa。

（2）湿态抗拉强度（湿拉强度）　从材料力学角度来看，抗压强度只是在一定程度上代表型砂中膨润土膏的黏结力，同时又反映受压应力时砂粒之间的摩擦阻力，因而不能用湿压强度值直接说明型砂的黏结强度的好坏，而抗拉强度就无此缺点。型砂湿拉强度的测试可使用我国生产的型砂热湿拉强度仪进行。湿型黏土砂的抗拉强度测试见图3-8。

（3）湿态劈裂强度　由于测定型砂的湿态抗拉强度需要专门仪器，对于大多数铸造厂而言，可采用测定型砂湿态劈裂强度的试验得出近似抗拉强度的劈裂强度值。试验时将圆柱形标准试样横放，使它在直径方向受压应力，但是，劈裂强度数值分散性稍大，测试塑性较高的型砂时读数不够准确，因此应用不普遍。DISA 公司推荐的型砂湿态劈裂强度是 30 ~ 34kPa。

DISA 公司还给出了用劈裂强度估算抗拉强度的近似公式：

$$湿态劈裂强度 = \frac{抗拉强度}{65} \qquad (3-1)$$

我国有些工厂实测高密度造型型砂的湿态劈裂强度都在 30 ~ 50kPa 之间。

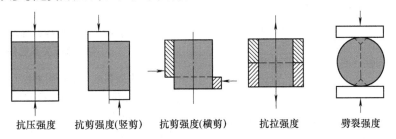

抗压强度　　抗剪强度(竖剪)　　抗剪强度(横剪)　　抗拉强度　　劈裂强度

图 3-7　型砂各种湿态强度测定方法

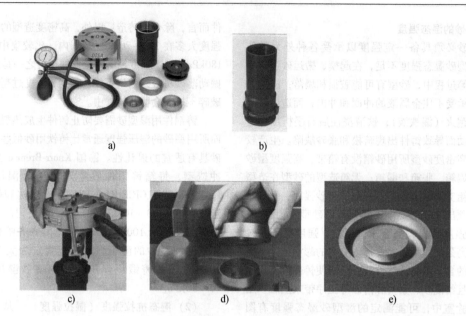

图3-8　湿型黏土砂的抗拉强度测试

a）主机及测试样筒、测试环　b）用于实验室的测试样筒　c）在实验室测试抗拉强度
d）将测试环摆放在模板上　e）砂型上的抗拉强度测试环

（4）湿态抗剪强度（湿剪强度）　湿剪强度比湿压强度更能表明型砂的黏结力，而且容易测定。将普通的标准试样放置在强度试验机的两块具有半面凸台的压头之间，沿中心轴方向施加剪切力，即可测定出抗剪强度（见本书第11章相关内容）。

清华大学研制的湿态抗剪强度测试仪器采用的是沿砂样直径方向剪切的方法，使用特制的试样筒，在专门试验机上进行测试，剪切断裂平面与试样轴线垂直。这种仪器可以同时测出抗剪强度和剪切断裂时的变形量（见本书第11章相关内容）。通常生产用湿型砂所测得的径向抗剪强度为30～60kPa，变形量多在0.40～0.70mm范围内。试验结果表明，在型砂中加入糊精、重油等附加物或提高紧实率都可以使剪切变形量大为提高。

型砂抗剪强度变形极限测定仪可以用同一个试样同时测定出型砂抗剪强度和变形极限两个性能值，比单独测定型砂抗剪强度和破碎指数能更有效地反映型砂的综合性能，特别是型砂的韧性及起模性。

该仪器用于黏土湿型砂性能的检测，可精确反映型砂的抗剪强度及韧性（脆性）。工厂可根据测试结果调整型砂配方，防止砂型起模开裂、掉砂等缺陷的产生。

湿型黏土砂经过紧实后的砂样抗剪强度以及在此剪切力作用下丧失聚合力前所能变形的程度（变形极限）是衡量湿型砂性能的两个重要指标。某一种型砂A可能具有高的抗剪强度 $S_{(A)}$ 和低的抗变形能力 $V_{g(A)}$（见图3-9中曲线A）；另一种型砂C可能具有低的抗剪强度 $S_{(C)}$ 和高的抗变形能力 $V_{g(C)}$（见图3-9中曲线C）。这两种型砂的性能都不够理想。性能良好的型砂B应该具有合适的抗剪强度 $S_{(B)}$ 以及合适的抗变形能力 $V_{g(B)}$（见图3-9中曲线B）。

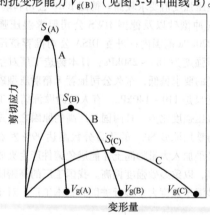

**图3-9　3种型砂的抗剪强度和
变形极限关系曲线**

（5）表面强度（表面耐磨性）　湿砂型应当具有足够高的表面强度，能够经受起模、清吹、下芯、浇注金属液等过程的摩擦作用，否则型腔表面砂粒受外力作用下容易脱落，可能造成铸件的表面粗糙、砂眼、粘砂等缺陷。在有些铸造工厂中，从起模到合箱

之间砂型敞开放置较长时间，以致铸型表面水分不断蒸发，即出现风干现象，可能导致表面耐磨性急剧下降。间隔时间长，天气干燥，型砂温度较高时，风干现象尤其严重。日本较多使用的方法是将标准试样放在6号筛上，在振摆式筛砂机上振动60s，把振摆前、后试样质量的比率称为表面安定度（SSI）。例如，东久公司推荐水平分型无箱射压线的型砂试样湿态即时表面安定度大于88%。该公司调查6家铸造厂的表面安定度都在88.9%~91.0%范围内。土芳公司调查8家静压和气冲线表面安定度在77.6%~86.6%范围内，平均为82.5%。在湿砂型喷涂表面稳定剂或醇基涂料和在型砂中加入淀粉材料都能提高表面耐磨性。为了避免表面安定度试验的试样在筛上出现不规则的颠簸翻滚，而使掉落砂量波动，清华大学研制出的型砂表面强度测试仪（见图3-10）使用钢丝针布对试样表面刷磨，称量1min的磨下量即可代表湿型砂试样的表面耐磨性。用内蒙古精选砂100%，天然钠基膨润土或钙基膨润土8%，α淀粉量0~1%配制型砂，紧实率按45%控制。不加α淀粉的钠基膨润土空白试样，即时磨损量约为8g，风干2h后磨损量即已增加到40g以上。加入α淀粉1%的钠基膨润土试样即时磨损量降为0.37g，风干2h后磨损量仅为2g左右。钙基膨润土试样即时磨损量高达16g，加入α淀粉后即时磨损量降为1.8g。

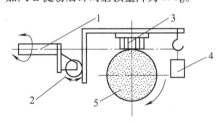

图3-10 型砂表面强度测试仪

1、2—可旋转小轴　3—针布刷　4—荷重砝码　5—试样

美国Dietert公司推荐利用测定型砂表面耐磨性的圆筒筛，将两个圆柱标准试样并列放置其中，转动1min后称量掉落的砂量，用于代表型砂表面耐磨性。仪器主要组成部分为1个直径为180mm、孔径为9.4mm的筛网圆筒，圆筒的轴心与水平成向上7°夹角，见第11章中图11-84。将两个经三锤紧实后的标准试样放入筛网圆筒中，圆筒以58r/min的速度旋转。由于两个试样之间，以及砂样与筛网之间的摩擦，一些砂粒会脱离试样从筛孔中掉下。筛网圆筒经过30s后停止旋转，然后称量掉下的型砂质量，计算占两个砂样全部质量的百分数，就是这种型砂的表面强度。

4. 透气性

黏土湿型砂的透气性是指紧实后的砂样允许气体通过的能力。砂型的排气能力除了靠冒口和排气孔来提高以外，更要靠型砂的透气性。砂型的透气性不可过低以免浇注过程中发生呛火和铸件产生气孔缺陷。但是绝不可理解为型砂的透气性能越高越好。因为透气性过高表明砂粒间孔隙较大，金属液易于渗透入砂粒间孔隙中造成铸件表面粗糙，还可能发生机械粘砂。因此湿型用面砂和单一砂的透气性是否好，指的是透气性是否在一个适当的范围内。型砂工艺规程应当规定透气性的下限和上限。对湿型砂透气性的要求需根据浇注金属的种类和温度、铸件的大小和厚薄、造型方法、是否分面砂与背砂、型砂的发气量大小、有无排气孔和排气冒口、是否上涂料和是否表面烘干等因素而异。用单一砂生产中小铸件时，型砂透气性能的选择必须兼顾防止气孔与防止表面粗糙或机械粘砂两个方面。高密度造型的砂型排气较为困难，要求型砂的透气性比较高；中密度机器造型（如震压造型、震击造型等）的型砂的透气性要稍低些。

高密度造型型砂的单一砂透气性大多在100~140之间。如果型砂透气性在160以上或更高，除非在砂型表面喷涂料，否则会造成铸件表面粗糙甚至有局部机械粘砂。

工厂一般使用的是快速法测定型砂的透气性，其仪器测试原理及方法见本书第11章11.2.1节中的相关内容。

5. 型砂含泥量

型砂含泥量的定义与原砂的含泥量相同，指的都是颗粒直径小于0.020mm组分的质量分数。测试方法也基本相同，所不同的是型砂试样必须事先烘干，然后称量20g进行测试。型砂和旧砂的含泥量由两部分组成：①活性组分，包括活性的膨润土和有效的煤粉。②惰性组分，即灰分，包括失效的膨润土和煤粉、混砂时加入的膨润土和煤粉所带入的杂质，以及所加入新砂的含泥量。不同铸造工厂湿型砂中灰分的数量相差很多，有的工厂可能不到1%，也有的型砂中灰分达到10%以上。

在使用单一砂的砂系统中，型砂与旧砂的含泥量是不同的。一般单一型砂比旧砂的泥分含量多0.5%~1.5%，个别工厂中可能相差1.5%~3.0%。我国很多工厂只控制旧砂含泥量，其原因是旧砂含泥量比型砂少，测试比较方便。但是旧砂和型砂含泥量的测定都需要1天时间，最好经常直接测定型砂的含泥量。

个别铸造厂的型砂和旧砂含泥量过高的原因可能

是所使用的原砂、膨润土和煤粉品质不良，旧砂缺乏有效地除尘处理造成的。含泥量过高会导致型砂透气性下降，含水量上升，铸件气孔缺陷增多。如果是由于灰分增多而形成的含泥量过高，除了强烈使透气性降低和含水量升高以外，还会引起型砂韧性变差，造型时起模困难，砂型棱角易碎，吊砂易断，铸件砂眼废品率提高。还有些发动机铸造工厂的型砂出现含泥量过低现象，这是旧砂中混入大量溃碎树脂砂芯造成的，不仅型砂透气性受影响，而且导致处于最适宜紧实率时的型砂含水量太低。型砂性能对水的影响相当敏感，型砂含水量变化 0.2%，强度等性能就会显著波动，使得混砂难以准确控制。因而国外有的工厂需要向型砂中加入适量 α 淀粉来降低型砂对含水量的敏感性。一些国外生产铸铁件工厂型砂含泥量的情况举例如下：美国的汽车制造厂型砂含泥量大多较低，例如，John Deere 生产球墨铸铁的高压造型型砂含泥量为 7.5% ~ 8.8%；International Harvester 生产拖拉机缸体的型砂含泥量为 9% ~ 10%；GMC 生产雪佛兰缸体型砂 9% ~ 11%。德国 Meinheim 的 John Deere 工厂的 3 种型砂泥分的质量分数控制指标分别为 10.0% ~ 12.5%、11.0% ~ 13.0% 和 11.0% ~ 13.5%；Luitpold 铸造厂生产大众气缸体用型砂为 12.0% ~ 13.5%。日本三菱汽车的 SPO 线型砂管理标准规定含泥量为 12% ~ 14%；五十铃汽车厂型砂含泥量为 9.6%。丹麦 DISA 公司推荐一般挤压造型机用型砂含泥量为 11% ~ 13%，较大的 2070 型造型机用型砂的含泥量为 12% ~ 14%。

高密度造型铸铁用型砂（含煤粉）含泥量一般应为 10% ~ 13%，旧砂含泥量为 8% ~ 11%。如果含泥量过高，应当加强各种原材料的选用和检验，改善旧砂除尘装置的工作效果；如果含泥量过低，就应该将除尘系统的排出物部分地返回旧砂系统中。

6. 型砂粒度

型砂粒度直接影响透气性和铸件表面粗糙度。原砂的粒度并不能代表型砂粒度，因为在铸造过程中部分砂粒可能破碎成细粉，另一部分可能烧结成粗粒。而且粒度较粗的砂芯溃碎后也会混入旧砂。经过多次铸造过程的积累，型砂的粗细逐渐改变。

型砂粒度是将测定过含泥量的型砂用筛分法测定得到的。美国 B&P 公司要求射压型砂粒度为 AFS 细度 60 ~ 90（大体相当 50/140 ~ 100/200 筛）。Buhr 调查加拿大铸造厂铸件品质较好的型砂粒度为 50 ~ 65（大体相当 50/140 ~ 140/50 筛），四筛分布。德国 IKO 公司调查多家铸铁件工厂的型砂粒度平均值为德国标准的中值粒径 0.25mm（大约相当 50/100 号

筛）；BMD 公司推荐气冲型砂为 0.22 ~ 0.28mm（大约相当 50/100 ~ 100/50 号筛）。另一德国活塞环厂要求 0.13mm（折合 AFS 细度 110，大约相当 100/200 号筛）；DISA 公司推荐挤压型砂为 0.15 ~ 0.28mm（折合 AFS 细度 104 ~ 60，大约相当 100/200 ~ 100/50 号筛）。日本土芳公司调查高密度造型型砂粒度为 JIS 标准 104.7 ~ 115.1（大约相当 50/140 ~ 70/140 号筛）；新东公司要求射压型砂粒度目标值为 AFS 细度 50 ~ 60（大约相当 50/100 ~ 50/140 号筛）；川崎三菱汽车作业标准为 58 ± 2（大约相当 50/140 ~ 140/50 号筛）；大发工厂要求为 48 ~ 53（大约相当 50/100 号筛）。前面列举的数据中有些国外工厂的粒度偏粗，为 50/100 号筛。其原因是型砂中混入了大量溃散砂芯造成的，并非故意使用较粗型砂。美国 Minnesota 一家灰铸铁铸造厂由于大量溃散砂芯（原砂为 50/100 号筛）混入型砂中后使型砂透气性上升，铸件表面粗糙。解决办法是混砂时加入质量分数为 5% 的 100 和 140 两号筛细砂，使型砂粒度成为 50/140 号筛的四筛分布。这不仅使铸件表面质量得到改善，而且混碾效率也提高了。

型砂的粒度与原砂的粒度不可混为一谈，应当定期认真检测。高密度造型最理想的型砂粒度是 50/140 号筛或 140/50 号筛的四筛分布。作为对比，一般机器造型和手工造型可能多用 70/140 号筛。停留量 10% 算作一筛。希望单筛上不超过 40%，相邻两筛的差值小于 15%。

7. 活性膨润土量

型砂中的膨润土在浇注高温金属后一部分被"烧死"（晶体结构破坏）变成"死黏土"，而还有一部分仍然保持活性，经吸水和混碾后仍具有黏结力，这部分膨润土称为活性膨润土（也称有效膨润土）。活性膨润土含量的测定原理是膨润土中含蒙脱石矿物能吸附亚甲基蓝等染料，而粉尘、砂粒、"死黏土"等无黏结作用物料则不吸附或极少吸附亚甲基蓝染料的。

一般湿型铸造生产中，都是根据型砂的湿压强度高低补加膨润土。如果型砂中灰分含量多而含有效膨润土量不足，也仍会显得湿压强度较高。这种型砂的性能变脆，起模性变坏，透气性下降，同样紧实率下的含水量提高。铸件容易产生夹砂、冲砂、砂眼、气孔等缺陷。因此，有必要测试出型砂中实际含有的活性膨润土量。

测试型砂中活性膨润土的方法是先称取预先经干燥的膨润土 0.1g、0.2g、0.3g、0.4g，分别与原砂 4.9g、4.8g、4.7g、4.6g（相当于型砂中含膨润土

2.0%、4.0%、6.0%、8.0%）混合。测出每一份试料的亚甲基蓝溶液滴定量，以试料中膨润土量和滴定量分别为横、纵坐标，绘出标准曲线。根据5.0g型砂或旧砂的吸蓝量就可由标准曲线查出活性膨润土量。

型砂烘干后极易偏析，有些富含膨润土的细粉可能沉积在烘干盘的底部而被忽略，所以测定时应均质取样。由于如今铸造厂的型砂强度提高，型砂中的膨润土含量增多，原来标准规定的称取型砂量5.00g测得的亚甲基蓝滴定量太多（超过滴定管50mL的容量），给检测操作带来不便，所以建议工厂在实际测试时型砂称取量改为2.50g，最后将测得的结果乘以2计算出5.00g型砂的理论干态吸蓝量（mL）。

铸造生产的型砂中最适宜的活性膨润土含量不仅取决于对型砂湿态强度的要求如何，所用膨润土的品质和黏结力高低如何，也还受型砂中的膨润土是否混合均匀的影响。因此，国内外各厂型砂的有效膨润土含量都有相当大的差异。例如，DISA公司要求使用2013型挤压造型机的型砂有效膨润土质量分数大于7%，2070型须大于8%；德国Luitpold铸造厂为9%~10%。

我国各地生产的膨润土品质差异极大，如果选用优质膨润土，高密度造型的型砂活性膨润土量降低到6%~7%的范围内也能满足对强度和韧性的要求。劣质膨润土型砂活性膨润土量也许能达到10%~14%。因此，计算出的活性膨润土量并不反映型砂的黏结强度，不如改用吸蓝量（mL）直接代表型砂可用的黏结能力。

8. 型砂的有效煤粉含量

为了防止铸铁件的机械粘砂，大多向湿型砂中加入煤粉附加物，每次混砂时需补加少量煤粉。从落砂清理后铸件表面的光洁程度和色泽可以大致判断型砂所含煤粉是否足够。如果不知道旧砂中有效煤粉数量有多少，也不知道型砂中应当含有多少有效煤粉，就不能计算出煤粉的补加量。

国外至今仍靠测定型砂或旧砂的灼烧减量（通常简写为LOI，美国又称为可燃物总量）和挥发分、含碳量，固定碳量等参数作为推测有效煤粉量的参考。例如，日本土芳公司调查8家采用静压和气冲造型的型砂灼烧减量在1.98%~4.46%之间，平均为3.29%；GF公司建议生产后桥球墨铸铁件灼烧减量为4.7%；Levelink认为通常型砂的灼烧减量为4%~6%。各国规定的灼烧减量和挥发分测试规范有很大差别，同时各厂的铸件的厚薄大小不同，清理方法不同，对铸件表面的光洁程度要求不同，因而各厂的数

值有很明显差异，灼烧减量一般控制在3%~5%（质量分数）之间。我国一些外资铸造厂采用测量型砂灼烧减量来大体估计型砂的抗粘砂能力。这种方法虽然得不出型砂或旧砂中的有效煤粉含量的具体数值，而且做一次试验的时间需要3h左右，但所需的仪器设备在工厂的化学分析试验室都有，因此也不失为一种可以采用的方法。

以上几种测试方法的操作都比较麻烦和费时间，而且得不出确切的有效煤粉含量数值。煤粉的防粘砂作用主要靠的是煤粉的挥发分而不是固定碳或灼烧减量。因而可以通过测定型砂或旧砂中挥发分的发气量计算出有效煤粉的质量分数。

测定型砂和旧砂发气量时称量经烘干的试样1.0g。为了计算有效煤粉量，需要先测定出0.10g煤粉的发气量，相当于含有效煤粉量10%时的发气量，由此只需要7min就可以计算出型砂和旧砂的实际有效煤粉含量。所得数据适合所用煤粉品种不变的工厂内部控制型砂品质时使用。如果采用不同品种煤粉或不同工厂之间进行比较，最好直接使用发气量代表型砂的抗粘砂性能。

铸铁件型砂中应有的有效煤粉量因铸件大小和厚薄、浇注温度、面砂或单一砂、造型方法、砂型紧实程度、抛丸清理效果等因素而异。更重要的是因煤粉品质不同而异。例如，应用普通煤粉的高密度造型的型砂中有效煤粉量多为5%~7%，而使用高效煤粉时只要3%~4%即可。考虑到有些型砂中还含有重油、淀粉等材料或混有溃散芯砂，也都起抗粘砂作用和发生气体。因此，可以用型砂和旧砂的发气量代表型砂总的抗粘砂能力。高密度造型用型砂发气量大体在14~24mL，如天津某厂静压线型砂发气量实测为16mL，无箱射压线型砂发气量小于15mL。

9. 热湿拉强度

用湿型砂浇注较厚大的平板类铸件时，最容易产生夹砂类缺陷（包括起皮、沟痕、结疤、鼠尾）。国内外很多铸造工厂都用热湿拉强度来检验型砂的抗夹砂性能。热湿拉强度系指湿砂型在液态金属高温作用下，发生水分迁移，在砂型水分凝聚区的抗拉强度，以kPa为单位（JB/T 9227—2013《铸造用膨润土》）。

研究工作表明，影响型砂热湿拉强度的最主要因素是膨润土所吸附阳离子的种类，其次是型砂中膨润土含量以及膨润土的纯度（蒙脱石含量）。钠基膨润土或钠化膨润土的热湿拉强度比钙基膨润土高几倍。然而碳酸钠不可过量，超过极限钠化量后热湿拉强度反而下降，而且还可能会产生抗热粘砂缺陷。我国通常钙基膨润土的极限钠化量是4%~5%。

在实际生产中，对型砂热湿拉强度值的要求应根据生产条件而定。国外湿型大型铸钢件型砂大多用单纯的天然钠膨润土或充分钠化的优质钙膨润土。然而铸铁型砂对膨润土的钠化程度比铸钢型砂低，因为型砂中加入煤粉也起防止夹砂缺陷作用。例如，美国汽车铸铁件工厂所采用的是将怀俄明天然钠基膨润土和美国南部钙基膨润土掺和应用，比例按 2:1；生产小铸铁件所用膨润土按 1:1 比例掺和，相当于将钙基膨润土的碳酸钠加入量分别为极限钠化量的 67% 和 50% 左右。他们认为型砂的抗夹砂能力已够，而且不用纯粹钠基膨润土有利于混砂、造型和落砂。在欧洲，普通铸件高密度造型用型砂的热湿拉强度大约要求为 1.5～2.5kPa，对于较敏感的铸件可能要求大于 2.5kPa。例如，德国 Luitpold 铸造厂生产大众汽缸体型砂的热湿拉强度为 2.7～3.0kPa；Benz 公司的 Esslingen 铸造厂用 BMD 无箱射压造型机生产制动鼓的型砂热湿拉强度为 2.8kPa。瑞士 Hofmann 实测 5 家使用气冲造型机铸造厂的型砂热湿强度分别为 2.6kPa、3.0kPa、3.7kPa、2.8kPa 和 1.35kPa。丹麦 DISA 公司推荐挤压造型用型砂的热湿拉强度应大于 2.0kPa。美国和日本的铸造工厂也开始重视型砂的热湿拉强度检测。

在我国，虽然铸铁生产所用原砂的 SiO_2 含量不高，型砂中还加入了煤粉、淀粉类材料，生成的热压应力较低，对于形状简单或没有水平放置平面的小件、薄壁件，可放宽热湿拉强度的要求。例如，第二汽车集团气冲造型线生产东风载货汽车后桥型砂的热湿拉强度为 1.6～1.8kPa；第一汽车集团公司第二铸造厂气冲线型砂的热湿拉强度为 2.0～3.0kPa。但是，还应考虑到钠基膨润土和钠化膨润土的热稳定性高和不易烧损等特点。因此，除生产轻、薄小件以外，都应当采用适当钠化的膨润土和对型砂热湿拉强度适度要求。

热湿拉强度可采用热湿拉强度试验仪测定（见本书第 11 章 11.2.1 节的相关内容）。

10. 热压应力

Patterson 和 Boenisch 认为型砂产生夹砂类缺陷的倾向可以大致用下式表示：

$$夹砂倾向 = \frac{热压应力}{热湿拉强度} \qquad (3-2)$$

清华大学的试验结果表明，原砂的 SiO_2 质量分数、型砂的紧实程度、含水量以及一些型砂附加物都对热压应力值有显著影响。例如，原砂的 $w(SiO_2) = 75\%$ 的型砂热压应力为 0.26MPa；而其他条件不变，$w(SiO_2) = 95\%$ 时，型砂热压应力高达 0.47MPa。又

例如，型砂的含水量为 1.9% 时热压应力为 0.24MPa；将同样型砂的含水量增至 2.5% 时，热压应力升高为 0.33MPa。型砂中加入煤粉、渣油、沥青、木粉和糊精等附加物都使型砂的热压应力降低。

11. 韧性、破碎指数和起模性

型（芯）砂的韧性系指在造型、起模、制芯、脱芯时型、芯砂能发生塑性变形而不损坏的能力，一般可以用型砂的破碎指数、剪切变形量来表示。型砂不可太脆，应当具有一定的韧性，否则在起模、下芯、合型和搬运时砂型的棱角和吊砂受到冲击和振动时容易碰脱或掉落。但型砂韧性也不应太高，以免其流动性下降而影响砂型的紧实程度。型砂的韧性与湿强度是两种不同的特性。材料力学认为强度代表将物体破坏所需施加的力大小，而韧性反映的是将物体破坏所需做的功大小。它包含了强度和变形量两种参数。

（1）强度与变形量　清华大学研制出的 SJB 型剪切强度及变形量仪器（见本书第 11 章中图 11-55）能够方便地从仪器的显示仪表上同时读出抗剪强度与变形量。将测定得出的抗剪强度－应变曲线所覆盖的面积，用来评价一种型砂的强度与韧性。

（2）破碎指数　英国铸铁研究所测定型砂韧性的办法是将圆柱形标准试样，自 6ft（1828.8mm）高处自由落下到 φ50mm 的铁砧上，然后溅落到铁砧周围的 φ300mm 每英寸 2 孔的筛网上。大砂块停留在筛网上面越多表明韧性越好。这种试验仪器的结构比较高大。20 世纪 60 年代末，美国 Dietert 等人又研制出落球式破碎指数测定仪。试验时，将湿态标准抗压试样放在破碎指数试验仪的铁砧上，用直径为 50mm、质量为 510g 的硬质钢球自距铁砧上表面 1m 高处自由落下，直接打在标准试样上。试样破碎后，大块型砂留在筛孔尺寸为 10mm 的筛上，碎的通过筛网落入盘内，然后称量筛网上大块砂质量。大块砂质量与原试样质量的比值作为型（芯）砂的破碎指数。

型（芯）砂的破碎指数越大，表示它的韧性越好。测定破碎指数时数值较分散，重现性差。

以上这种仪器结构存在以下两个缺点：

1）所用孔径 10mm 筛网似嫌精露，在合埋范围内变动膨润土量、紧实率等参数时，破碎指数的数值展开宽度小，表明其测试灵敏度差。

2）钢球落下后并不停置在铁砧上，它将从较高的砧座上滚落到筛网上，使一部分本来停留在网上的砂块受振击和碾压而通过筛网，从而影响测试结果。

该仪器制造厂为防止钢球滚落，将具有 3 根直立细钢丝的钢环套在铁砧上，用来防止落在铁砧上的钢

球滚动。几家国内铸造厂高密度造型的型砂破碎指数大多集中在 75%～85% 范围内。如果模样外形比较简单，破碎指数还可更低些，以便提高型砂流动性。

（3）起模性　型砂的起模性是一个极其复杂的综合特性，指的是起模时砂型的棱角、边缘和砂台不破碎的性能。模样的材质、起模斜度、表面粗糙度、清洁度、与型砂的温度差异、脱模剂有无和种类、是否形成真空、砂型紧实松紧程度等因素都直接影响起模难易。有几种型砂性能也是影响起模难易的关键，包括型砂抗拉强度、抗剪强度、韧性、变形量和试样顶出阻力。起模时型砂受到剪应力和拉应力的作用，所以型砂的抗剪强度和抗拉强度对起模性能有密切关系。紧实程度越高，型砂的破碎指数随之提高，砂型就越难起模。尤其要注意型砂变形量和顶出阻力对起模性影响。

手工造型起模前在围绕模样的砂型边缘上刷水，虽然使局部的砂型各种强度剧烈下降，但能够大大改善起模性能。刷水的作用主要是提高了砂型棱角和吊砂型砂的变形能力，起模时受模样水平方向振动和碰撞能够退让变形，就能避免砂型棱角破损。有些造型机在起模时开动振动器也是利用适量的变形量，以保证起模顺利。除了使型砂干湿程度合适以外，加入 α 淀粉、糊精、重油等附加物都会使变形量显著提高。因此，型砂破碎前的变形量也是表达型砂起模性能的重要参数。

（4）顶出阻力　瑞士 Hofmann 在液压式强度仪上安装一个附加装置，对试验筒中圆柱形标准试样的一端施加压力，测定出使试样在筒中受顶推作用开始移动所需的力，称为顶出阻力。顶出阻力可以认为是起模时砂型与模样之间的摩擦阻力和黏附力的综合表现。试验结果表明，型砂中加入煤粉、淀粉，试样筒表面涂有硅油，都能降低顶出阻力。

清华大学使用自制的顶出力测定装置（见图3-11）对型砂成分与试样顶出力关系的研究结果见表3-15。所用型砂配比（质量比）为大林标准砂100% 和天然钠基膨润土 3%～15%，紧实率 30%～60%，试样冲击 1～12 次，糊精、α 淀粉、重油加入量 0～1%。研究结果表明，型砂的膨润土含量对试样顶出阻力影响不大，而提高紧实率和减少试样冲击次数都能降低试样的顶出阻力（见表3-15）。值得注意的是，提高紧实率不仅增大型砂变形能力，而且还能降低型砂与模样间的摩擦力，二者都有利于起模。研究结果还表明，型砂中加入糊精或 α 淀粉 1% 可使型砂对模样的摩擦阻力减为 1/3～1/2，对起模尤其有利。因此，在考虑型砂起模性时应重视摩擦阻力的作用。

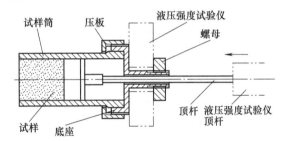

图 3-11　型砂顶出阻力测定装置

表 3-15　型砂成分与试样顶出力关系

w（膨润土）（%）	8		3	15	8				8			
紧实率（%）	30	60	45		45		35		48			
试样冲击次数/次	3		3		1	12	1	12	3			
附加物	—		—		—				无	糊精	α 淀粉	重油
试样顶出力/N	375	125	135	154	79	201	175	635	187	58	77	165

12. 型砂流动性

型砂在外力作用下质点可以自由地越过模样的边角，以通过狭窄缝隙和孔洞的性能称为流动性。具有良好流动性的型砂能保证高密度砂型的硬度分布均匀，棱角、凸台清晰无疏松，铸件表面光洁和无局部机械粘砂。湿型砂的流动性除了受紧实率影响外，原砂的颗粒形状对型砂也有明显影响。如果湿型砂的膨润土含量和紧实率不变，用圆形内蒙古砂混制型砂的标准试样质量，比用多角形新会砂质量大约增加

10g。有的铸造厂发现用内蒙古砂替代福建砂后不但型砂流动性提高，而且含水量也有下降。型砂经过松砂处理可以减少团块和提高可紧实性。提高型砂的膨润土量或加入糊精能够提高型砂韧性，但这些都使型砂流动性和可紧实性下降。型砂的充填紧实方法种类繁多。例如，射砂压实、吸砂压实、震击压实、微振压实、气流冲击、动力冲击和单纯压实等造型方法所要求的流动性都各不相同。

另外，在外力的作用下型砂的颗粒彼此紧密靠近

的性能称为可紧实性。实际上型砂的流动性和可紧实性虽然测试方法不同，但两者的关系密切。流动性好的型砂大多可紧实性也好。

型砂流动性的测试方法见本书第11章11.2.1节的相关内容。

13. 砂型硬度

砂型（芯）的硬度主要反映其紧实度和型砂强度。硬度高的砂型不易变形，也不容易渗入高温金属液。生产高精度薄壁铸件时要求砂型具有较高的硬度。此外，硬度高的砂型不容易产生铸件粘砂缺陷。国产砂型硬度计仪器型号及检测方法见本书第11章11.2.1节的相关内容。

3.7　型砂性能检测频率和检测结果整理分析

在高密度造型工厂中，型砂的紧实率发生变化会显著地影响型砂的大部分湿态性能。日常的检测项目不应只限于湿压强度、含水量、紧实率和透气性4项。这4项性能是极为必要的，但是远不够充分，不能形成对型砂品质的全面了解，不足以对型砂性能进行综合分析，也不能将型砂性能与铸件表面缺陷的产生原因联系起来。

取样地点除了从混砂机卸料口或出砂带式输送机以外，还应当经常从造型机砂斗下取样检验。各种型砂性能指标都应当以造型时所取砂样为准，检验其是否符合造型过程和其后砂型运输和浇注等工序的实际需要。但是从混砂机处取样一般都比较方便，而且能够立即校核每批型砂的性能是否偏离期望值，如果发现有轻度超差，可及时进行调整。由混砂机出口或卸砂带式输送机上取样所测得的数值与造型机处的数值

总是有一定的差别，湿态强度和透气性会有所上升，含水量、紧实率和温度有所下降，即使是同一条送砂系统，此差值也会因砂温、环境温度和湿度等各种因素而不同，所以必须经常对比混砂机处取样和造型机处取样的性能差值。

3.7.1　型砂性能检测频率

在黏土湿型砂的诸多性能中，有些性能的小幅波动立即会引起其他性能的波动，也会立即造成铸件的缺陷，甚至产生大量废品。例如，型砂紧实率的变化，马上会引起型砂造型性能的变化，以及型砂的含水量、湿压强度、透气性的变化，进而使铸件产生砂眼、气孔、粘砂等缺陷。因此，在机械化、大量流水生产的黏土湿型砂造型的车间里，必须随时（甚至每碾）监测控制型砂的紧实率和受紧实率显著影响的其他性能，如湿压强度、透气性和含水量。新砂、膨润土、煤粉等材料的品质和加入量，以及铸件厚薄、砂芯多少、砂铁比大小、浇注温度高低等条件在一定范围内改变时，对型砂的某些性能，如含泥量、热湿拉强度、型砂粒度、发气量等的影响往往要在几小时以后或几天以后才能逐渐地显示出来，对这些型砂性能可适当地加长其检测周期。必须对所有型砂性能进行分类，给出各自的检测频率。

在没有混砂自动控制加水装置的机器造型工厂中，型砂性能的检测可按表3-16分为几类。

如果一条生产线的铸件特征基本相似，具有效果良好的旧砂冷却装置，混砂机装有型砂湿度控制装置，每班只从造型机取样两次，检验紧实率、含水量、湿压强度、透气性、韧性和流动性。另外，每班一次检验有效膨润土量、有效煤粉量、热湿拉强度。

表 3-16　型砂性能检测项目、取样地点与频率

项目类别	型砂性能检测项目名称	取样地点	取样频率
随时性检测	紧实率、含水量、透气性、湿强度（抗压或抗剪）、韧性（变形极限或破碎指数）	混砂机卸料口或出砂带式输送机上	每0.5~2h 1次
		造型机砂斗下	每4~5h 1次
日常性检测	有效膨润土量、有效煤粉量、热湿拉强度	造型机砂斗下	每日1次
定期性检测	含泥量、颗粒组成、团块量	造型机砂斗下	每周1次
不定期检测	砂温、膨润土利用率（混砂效率）、激热开裂时间、流动性	造型机砂斗下	需要时

3.7.2　检测结果的整理

在长时间使用中，型砂性能可能显示出具有倾向性变化，虽然这些变化不致立即引起铸件质量问题，但也应密切注意，以便及时采取必要措施，调整型砂

配方和混砂工艺，使型砂性能稳定地保持在要求范围内。因此，应当将每日的型砂性能测定结果计算成平均值，在专门的坐标纸上逐日绘成变化曲线（见图3-12），并用虚线标明各项性能目标值的下限和上

限，或应用 SPC（统计工艺控制）软件处理这些数据，显示或打印出性能变化曲线、图表。根据这些图表、曲线，可以一目了然地察觉所有性能变化是否有

异常，分析产生的原因，从而帮助技术人员找出出现铸件缺陷的原因，及时提出改进措施，以免发生大量废品的情况。

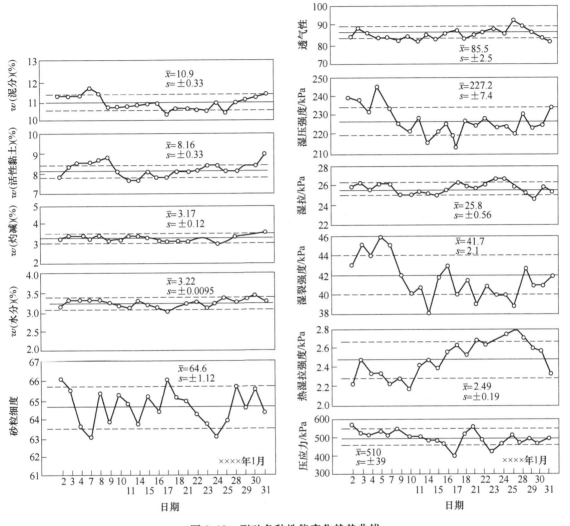

图 3-12　型砂各种性能变化趋势曲线

3.8　各种湿型砂对性能的基本要求

湿型砂一般由新砂、旧砂、膨润土、附加物及适量的水所组成。拟定型砂配比之前，首先必须根据浇注的合金种类、铸件特征和要求、造型方法和工艺及清理方法等因素确定型砂应具有的性能范围及控制目标值，然后根据各种原材料的品种和规格、砂处理方法、设备、砂铁比及各项材料烧损比例等因素拟定型砂配比。

一个新的型砂系统通常在开始使用前，先参考类似工厂中比较成功的型砂系统的经验，再结合本厂的具体情况，初步拟定型砂的技术指标和配比，在实验

室进行配砂试验及调整配比，使性能符合指标要求；然后进行小批混制，造型、浇注；其后，要根据造型、浇注情况对型砂的技术指标及配比进行反复修改，直到试验合格才可投入正式生产。也就是说，型砂技术指标和配比要经过长期生产验证才能确定。

各种造型方法的铸铁件、铸钢件用的湿型砂的性能、组分及控制目标（参考值）见表 3-17、表 3-18，非铁合金铸件用的湿型砂的性能、组分及控制目标见表 3-19。表中所列数据除型砂含泥量外，都是从造型机取样所测得的。需要说明的是，这 3 个表中的数字不是推荐值和标准值，只是有些国内外铸件质量较好工厂的经验数值，仅供读者参考。

表3-17 铸铁件各种造型方法用的湿型砂的性能、组分及控制目标（参考值）

型砂性能、组分	手工造型	震压造型	高压、气冲、静压造型	射压造型	
				有箱造型	无箱造型
湿压强度/kPa	60~75	75~100	120~180	90~120	120~180
湿拉强度/kPa	—	—	>11.0	>15.0	>20.0
湿劈裂强度/kPa	—	—	>17.0	>23.0	>31.0
紧实率（%）	50~60	45~55	32~40	30~38	
含水量（质量分数,%）	5.0~5.5	4.5~5.5	3.0~3.8	2.8~3.5	
透气性	60~80	70~90	100~140	90~120	
含泥量（质量分数,%）	13~15			12~13	
活性膨润土含量（质量分数,%）	5~6	6~7	6~9		
发气量/（mL/g）	—	20~26	16~22		
灼烧减量（质量分数,%）	3.5~5.0				

表3-18 铸钢件各种造型方法用的湿型砂的性能、组分及控制目标（参考值）

型砂性能、组分	手工造型	震压造型	高压造型
湿压强度/kPa	65~80	70~90	80~120
湿拉强度/kPa	—	—	>11.0
湿劈裂强度/kPa	—	—	>17.0
紧实率（%）	50~60	45~55	34~40
含水量（质量分数,%）	4.5~5.5	4.0~5.0	3.0~3.5
透气性	60~80	70~90	90~140
含泥量（质量分数,%）	10~12	10~12	10~13
活性膨润土含量（质量分数,%）	5~7	6~8	6~8

表3-19 非铁合金铸件用的湿型砂的性能、组分及控制目标（参考值）

型砂性能、组分	铜合金用	铝合金用
原砂粒度	0.212~0.106mm（70/140号筛）	0.150~0.075mm（100/200号筛）
湿压强度/kPa	30~60	30~50
含水量（质量分数,%）	4.5~5.5	4.0~5.0
透气性	30~60	20~50
含泥量（质量分数,%）	8~12	8~10

仅只测定型砂的含水量、透气性、湿压强度和紧实率是不够的。如果对型砂性能进行更全面的检测，综合分析所测得数值之间的内在联系，就能得出对型砂质量的准确评价，找出型砂存在问题，以及这些性能如何影响铸件的质量，从而可以找出应当采取的补救措施。

型砂的性能与铸件质量的关系表见表3-20。在调整型砂配方时，应使每次调整幅度不要太大，一般补加量不超出各组分质量分数的10%~15%。因为膨润土、煤粉、新砂加入量在一定范围内改变时，往往在几小时或几天后才显示出来。

表3-20 型砂性能与铸件质量关系

含水量	紧实率	湿压强度	透气性	破碎指数	活性膨润土含量	发气量（有效煤粉含量）	热湿拉强度	含泥量	型砂粒度	激热开裂时间	型砂硬度	砂型硬度	浇注温度	浇注时间	其他	铸件产生的缺陷
高	高		低				高		细			高	低			气孔
高	高		低						细			高	低	长		浇不到、冷隔
		低		低	低						高	低				砂眼

（续）

含水量	紧实率	湿压强度	透气性	破碎指数	活性膨润土含量	发气量（有效煤粉含量）	热湿拉强度	含泥量	型砂粒度	激热开裂时间	型砂硬度	砂型硬度	浇注温度	浇注时间	其他	铸件产生的缺陷
	低			低	低						高	低		短		冲砂、掉砂
高	高	低			低	低	低	高		短		高		长	原砂 SiO_2 含量高	鼠尾、夹砂结疤
			高			低		低	粗			低	高	短		机械粘砂（铸铁）
			高					低	粗			低	高	短		机械粘砂（铸钢）
			高										高		原砂 SiO_2 含量低	化学粘砂（铸钢）
			高			低	低	低	粗			低	高	短		铸件表面粗糙
	低			低	低						高	低				塌箱
高	高											高				黏附模样
高	高	低											低	短		胀砂、尺寸超差
	高		高	高	低			高				高			溃散性差	落砂困难
	高			高								高				热裂

3.9　砂处理系统

一般黏土砂处理系统所要完成的任务如下：

1) 通过多道磁选去除混入旧砂中的残铁。

2) 能将旧砂中粗杂物（芯块、砂团等）去除。目前大多数铸造工厂使用的滚筒破碎筛能起到过筛、破碎团块和冷却旧砂的作用。

3) 能将进入混砂机之前的高于 50℃的热旧砂冷却到 50℃以下。

4) 混砂机应能使原砂、水分和辅料三者间有效混合，使砂粒表面覆盖均匀的黏土层，从而使型砂有充分的水分浸透且具有高的强度和韧性，保证获得刚度好的铸型。

5) 可以通过混砂过程的在线检测，控制型砂的紧实率和强度等关键质量指标来实现型砂质量的自动控制。

6) 能够根据不同造型需要，方便地改变型砂中各种加入物料配比，以满足不同型砂的工艺要求。

7) 型砂混制和旧砂运输过程产生的粉尘少。混砂机要有良好的密封和除尘设备，旧砂和型砂的带式输送机上应加罩，特别是两条带式输送机转运处应有吸尘口。

8) 有足够且高效的通风除尘设备，减少粉尘在型砂中的积累以及对环境的污染。

9) 使用高生产率造型自动线的大量流水生产铸造车间的砂处理，应尽量采用自动化集中控制。

图 3-13 是一个为黏土砂射压造型机配套的砂处理系统。系统中采用转子混砂机，新砂与旧砂的定量采用电子称量斗，粉料的定量采用螺旋给料时间定量。图 3-14 是一个典型的黏土湿型砂处理系统的立面示意图（德国 Eirich 公司）。它主要包括过筛、砂冷却、各种材料定量加入、混砂以及型砂性能的在线检测等几个部分。旧砂经磁选后用斗式提升机送入多角筛，然后进入双盘冷却器进行喷水鼓风冷却，接着再用斗式提升机送入混砂机上方的旧砂储斗。为使各种材料的定量准确，旧砂的定量与新砂、黏土、煤粉等分别采用两套电子秤称量系统称量。添加的新砂也可在旧砂的回砂带式输送机上均匀加入。图 3-15 是另一个砂处理系统的例子，与上一个例子所不同的是将新砂、膨润土、煤粉等附加物按型砂配方加入到旧砂带式输送机上，然后进入搅拌预混机（双盘冷却器）加少量水进行预混，再送入大容量的存储斗中进行较长时间的储存。这样做的好处是水分可以被旧砂表面包覆的活性黏土膜充分吸收，即所谓的"回性"，以便在混砂时使活性黏土转化为起黏结作用的有效黏土，也可以起到缩短混砂时间的作用。不过这种做法由于旧砂的水分较多，往往造成储存斗的搭棚现象，另外，"回性"的作用也不明显，所以采用的工厂很少。不过还是有少数工厂在混砂机前加预混装置，目的是为了减少混砂机混砂时间，以满足造型线对混砂量的需要。如果在选择混砂机时经过认真计算和选型，保证混砂机真正能达到标定的混砂能力和型砂质量，就完全没有必要增加预混的设备和工序。

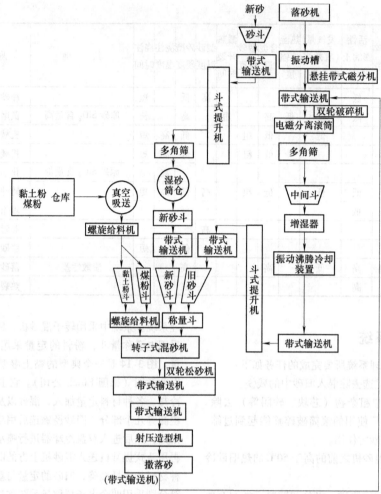

图 3-13　黏土砂射压造型机配套的砂处理系统

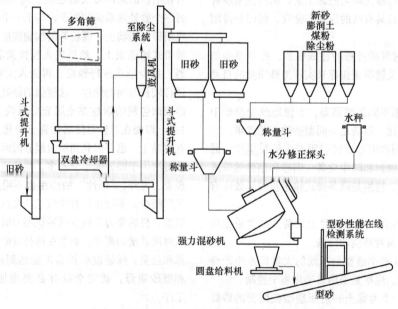

图 3-14　典型的黏土湿型砂处理系统（Eirich 公司）

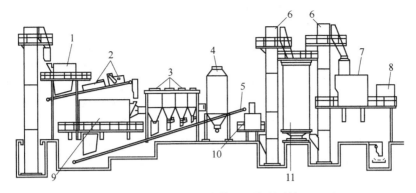

图 3-15　带预混的黏土砂处理系统

1—多角筛　2—砂温测量　3—附加物料斗　4—除尘器　5—带式输送机　6—斗式提升机
7—混砂机　8—电控柜　9—振动沸腾冷却床　10—搅拌预混机（双盘）　11—中间储存斗

3.10　混砂机及混砂工艺

3.10.1　混砂机

制备黏土湿型砂的最重要设备是混砂机。黏土砂混砂机的种类主要有碾轮式混砂机、摆轮式混砂机、转子混砂机等。

1. 碾轮式混砂机

碾轮式混砂机（见图 3-16）主要通过既自转又公转的碾轮和刮板对型砂进行碾压、搅拌、混合和搓揉。这是一种使用历史最为悠久的混砂设备。近年来为了减轻滚轮质量，采用了弹簧加压；为了加强搅拌作用，轮缘侧面加装了松砂棒；为了减少刮板磨损，采用了镶嵌硬质合金或陶瓷片；并且采取了在底盘和围圈铺设石板等措施。这类混砂机虽然机构简单，但型砂混碾时间较长，效率较低。这就是在铸造行业中出现了多种其他结构的混砂机的原因。

图 3-16　碾轮式混砂机

目前碾轮式混砂机在我国应用仍然较多，但大多混砂作用不够充分，存在以下主要问题：

1）传统的混砂加料方法是首先向混砂机中加入旧砂、新砂和粉料，干混 2min 后再开始加入水分。

20 世纪 50 年代，英国 Parkes 认为在干混过程中膨润土和煤粉会偏析聚集到混砂机围圈和底盘的夹角处，当加水后此处的膨润土和煤粉遇水形成黏土团，就要花更长的混砂时间才能将黏土团碾开分布到砂粒表面。因此，他主张混砂时加入回用砂和新砂后应先加入适量的水，混均匀后再加入膨润土和煤粉，最后补加水达到所要求的型砂湿度。我国也有一些人做过对比试验，结果表明，先湿混的方法比先干混的型砂强度提高较快，随混砂时间的延长两者有接近的趋势，为达到所要求的湿态强度，先湿混的混碾时间比先干混缩短 1/3 ～ 2/5。因此，如今很多混砂机都采用先向干砂中加所需加水量的 75% 左右进行湿混，加水停止后必须碾混 1min 左右，然后才能加入粉料，其后即可边混边补加水至紧实率或含水量都达到要求为止，并以足够的混砂时间，达到型砂的综合性能要求。

2）我国很多铸造工厂所用碾轮混砂机的混砂时间严重不足，主要原因是原设计的技术指标是按照过去低密度造型、低强度型砂制订的。过去砂型的压实比压不足 300 ～ 400kPa，型砂的湿压强度不高于 70 ～ 100kPa，膨润土的品质有限，活性膨润土含量不高；如今高密度造型用型砂的湿压强度一般都超过 140kPa，有的甚至达到 200kPa 以上，而且砂芯混入量增多都需长些的混碾时间。原有的设计手册上规定的混砂机生产率已不适用，设计时，对混砂机生产厂商提供产品的生产率只能按一半考虑。此外，高密度造型每箱需砂量比低密度造型大约多 1/10，原来设计的供砂量不能满足生产要求。为此，国内很多工厂所能采取的救急措施是缩短混砂周期。我国铸造工厂常用的碾轮混砂机型号为 S1116、S1118、S1120 和 S1122。根据产品目录给出的数据，除以生产率（t/h）每批加料量（kg）可计算得出每批型砂的混砂周期时间分别为 2.60～2.70min/批。混砂周期时间严重不足，以致型砂性能逐渐恶化。

国外有些铸造工厂使用碾轮混砂机的混砂周期比较充分。例如，日本某著名汽车公司铸造厂的自动控制碾轮混砂机有显示屏表示出每 15s 检测出的紧实率，开始混砂后第 112s 时紧实率为 22%，直到 289s 达到紧实率 40%，含水量为 3.9%，砂温 30℃以后开始卸料，估计其总混砂周期是 6min。另一家汽车零件铸造厂的碾轮混砂机的混砂周期也为 6min。日本其他铸造工厂的技术人员也表示，碾轮混砂机的周期不应少于 6min，否则混不出高质量的型砂。

为了提高生产率，美国 Simpson 公司又生产出"8"字形双碾盘连续碾轮混砂机（见图 3-17），可以节省加料和卸料所耗费的时间。但是混砂实际花费时间仍然遵循间歇式碾轮混砂机的技术要求，并未将节省下来的时间用于混砂工作，以致型砂的平均混砂时间仍然不足。连续混砂机必然有部分型砂走捷径，即"晚进早出"，混砂时间远低于平均混砂时间，混砂均匀程度也值得怀疑。其缺点是，机器外形比较庞大，结构也较复杂。以前我国个别工厂也使用过这类混砂机，现大多已改换其他混砂效率更高的混砂机。

图 3-17 双碾盘连续碾轮混砂机

2. 摆轮式混砂机

摆轮式混砂机与碾轮式混砂机的结构最大区别是，该机具有 2 个或 3 个水平方向摆动的碾轮（见图 3-18），碾轮的轮缘和围圈的内层包覆着橡胶衬套。随主轴旋转的刮砂板将型砂抛起到碾轮的碾压轨迹下，摆轮靠离心力使型砂碾压混合。摆轮式混砂机是一种高速混砂机，混砂周期为 2min 左右。我国原来仿制的 SZ124 型摆轮混砂机的每批加料量太少（只有 0.6t），结构陈旧，缺少良好的配套装置，所以各厂所用的这类混砂机已趋于淘汰。最新引进的摆轮式混砂机则为三摆轮大容量、结构较新和具有全套鼓风机、排气闸板阀、型砂湿度控制、粉料回收膨胀箱等装置。国外最大型摆轮式混砂机每批混砂量可达 2.5～3.0t。美国 B&P 公司的摆轮式混砂机（见图 3-19），一般情况下混砂周期只需 90s，严格条件下也只要 105～110s。这种混砂机加料顺序较为特别，在加入干砂以前先向混砂机中加入质量分数为 75% 的水，让混砂机被水润湿，随即加砂。在混砂机中挂一层砂，可以减少刮板和底盘的磨损。混砂周期时间顺序为：0～5s 内加入质量分数 75% 的水，5～10s 清洗，10～15s 加入砂，15～18s 加入膨润土和煤粉，25～80s 混碾并吹风，在 50s 时根据型砂的湿度加入其余的水，混 80～90s 后卸砂。该混砂机的鼓风机自底盘中心向型砂鼓风降温，加入粉料时用闸板关闭暂停吹风。加入粉料时排风管道也用闸板暂时堵住风管，以减少粉料损失。围圈侧面有膨胀管容纳飞扬料，粉料在其中沉淀后可自行流回混砂机。德国 Webac 公司给出的摆轮混砂机的混砂周期为 85s，也是先加水，但水量按照称量斗中砂的湿度而定，一次加入。

3. 转子式混砂机

20 世纪 70 年代初，德国 Eirich 公司首先将在其他行业（如玻璃行业）使用的转子式原料混合机械引入铸造行业作为黏土砂混砂机。由于所混制的型砂质量和效率都很高，因而受到广大铸造工作者的欢迎，发展迅速。转子混砂机利用安装在转子上的高速旋转叶片对逆向流动的砂流施以强烈的冲击力，使砂粒间彼此碰撞、混合，也使砂层间产生速度差，引起砂粒间相对运动，互相搓擦。此时被高速旋转的叶片破碎并分散开的黏土团粒迅速涂抹、包覆在砂粒表面，使砂粒表面形成黏土浆膜。

图 3-18 摆轮式混砂机

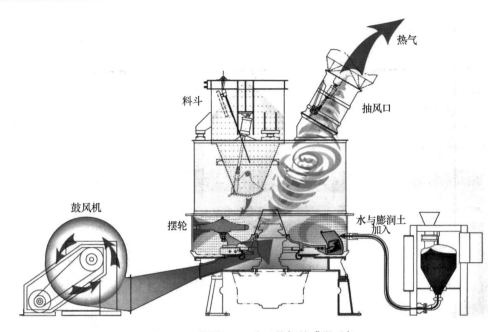

料斗

热气

抽风口

鼓风机

摆轮

水与膨润土
加入

图 3-19　美国 B&P 公司的摆轮式混砂机

德国 Eirich 公司生产一种单转子倾斜底盘转子式混砂机（生产率 ≤60m³/h，底盘倾斜角度为 25°）（见图 3-20）。另外，还生产一种容量较大的双转子水平旋转底盘（生产率 ≥60m³/h）混砂机。倾斜底盘混砂机的刮砂板将型砂完全刮起，在底盘旋转到顶点附近时，此处的型砂受重力影响向下滑落，此时恰好遭遇到线速度约 16m/s 的高速旋转的转子叶片冲击，而使型砂揉搓混合均匀。转子式混砂机加水程序与碾轮混砂机先加入大部分水进行湿混的办法完全不同，而是将回用砂、旧砂、膨润土和煤粉加入混砂机后先干混、待干材料混合均匀后，由混砂机中的检测探头测出干材料含水量和温度，然后计算机确定应加水量，加水后进行湿混。其防止粉料偏析而致混砂时间加长的主要措施是，靠与混砂机围圈和底盘密切靠近的刮砂板将该处材料完全刮起。由于底盘倾斜，转子叶片长度较大和下端靠近底盘，转子又正好与被刮砂板刮落的砂流和受重力掉落的砂流相遇，几乎所有型砂都能受到转子打击搅拌，能使型砂获得较多能量，而且 Eirich 公司规定的混砂周期较长（140s），能够防止型砂中出现小团块。这种混砂机每小时混砂 26 批。

丹麦 DISA 公司生产的 SAM 系列高速转子式混砂机（见图 3-21）为底盘和围圈不动、转子固定的混砂机，靠底面中心位置刮板的转动将混合料送到转子周围进行高速分散、混合，具有精确的配方称重，自动测温和水分控制；采用特殊的辅料加入方法和强力的混碾作用保证较短的混砂周期和高生产率；水分径

向射向混合料使砂团不结块；密封防尘，无灰分损失，不污染环境；结构坚固，不需要防振地基。

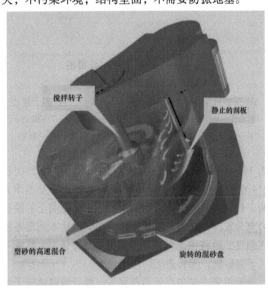

搅拌转子

静止的刮板

型砂的高速混合

旋转的混砂盘

**图 3-20　德国 Eirich 公司的倾斜底盘
转子式混砂机**

国内外还有几种形式的转子混砂机产品，如 KW 公司的 MW 系列转子式混砂机，以及国产 S14 系列转子式混砂机（见图 3-22）等。它们都是采用静止底盘，靠中央装置以持续旋转的大直径转子（刮砂板）将底盘上的砂料堆起，使部分砂料遭遇高速旋转的转子叶片的打击而混合均匀。KW 公司规定的混砂周期

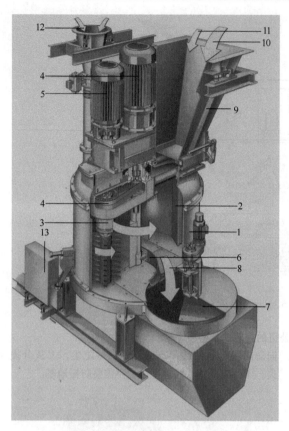

**图 3-21　丹麦 DISA 公司的
SAM 系列高速转子式混砂机**

1—混砂机外壳　2—侧壁刮板　3—转子　4—转子驱动
电动机　5—减速器驱动电动机　6—底刮板　7—卸砂门
8—混好的砂　9—旧砂称量斗　10—旧砂　11—新砂
12—附加物　13—SMC 型砂性能在线检测仪

为 135s，DISA 公司规定的混砂周期为 90s，我国
S1420 和 S1425 规定的混砂周期为 120s。研究工作表
明，厂家推荐的周期时间偏少，无法使膨润土的黏结
力充分发挥，同样紧实率条件下的型砂达不到湿态抗
压强度的最佳值。此外，我国还有 S13、S16 等系列
转子混砂机，但铸造工厂使用较少。

　　近年来法迪尔克公司开发了一种变频调速转子混
砂机（见图 3-23）。从加料、干混、加水后的开始阶
段和后续混碾阶段，直到卸砂的整个过程中，根据型
砂黏结力的不同，该混砂机转子转动的速度是不同
的。这样既可以取得最佳的混碾效果，也可以达到节
约能源的目的。图 3-24 是这种变频调速转子混砂机
在各个不同阶段的转子速度变化。这种变频调速转子
混砂机可以取得更佳的混砂效果且大大减少了膨润土
的消耗量，提高了型砂的流动性和可紧实性，大大降
低了电能的消耗。

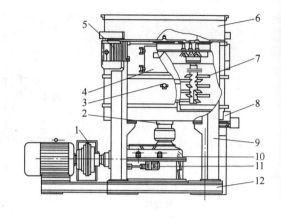

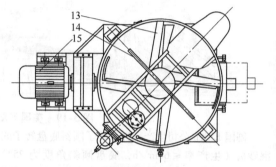

**图 3-22　国产 S14 系列转子式混砂机的结构
（底盘不动，固定转子）**

1—液力偶合器　2—立柱　3—取样门　4—清理门
5—驱动转子电动机　6—上罩　7—转子机构
8—卸料门　9—机体　10—减速器　11—润
滑系统　12—底板　13—刮板装置
14—加水装置　15—主电动机

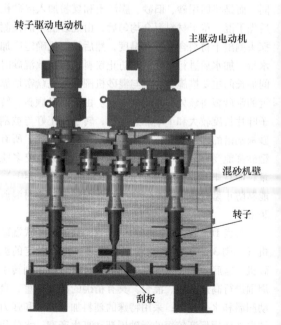

图 3-23　变频调速转子混砂机

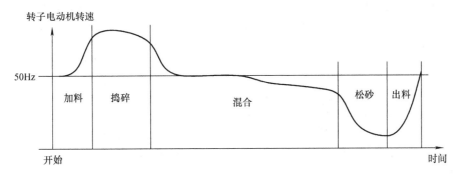

图 3-24　变频调速转子混砂机在各个不同阶段的转子速度变化

3.10.2　混砂工艺

混砂工艺包括定量加料、加料顺序、混碾时间、型砂性能检测等。

1. 加料的定量与控制方法

间歇式混砂机所加入的各种材料称为批料。铸铁件湿型砂批料的最主要组成是旧砂，另外还补充加入水、新砂、膨润土、煤粉和其他附加物。影响各种材料加入量的因素为铸件的结构特征、所要求的型砂性能要求、材料的品质以及型砂的控制水平等。例如，用单一砂生产中等大小铸铁件，所选用材料均为优质的，批料加入量见表 3-21。

各种混合料组分的准确定量是取得型砂混制良好效果的前提。因此，砂处理系统必须具备可靠、完善的定量加料系统。加入的旧砂、新砂、煤粉和黏土等原辅料所占的比例，以及加水量的多少，都直接影响型砂的质量。不同的工艺要求，都有不同的组分配比。反过来说，改变加入原辅料的组分配比就可以得到工艺上所要求的型砂质量。因此，混砂机原辅材料准确的定量加入对型砂质量是至关重要的。

目前铸造厂混砂定量加料的方式主要有两种。

（1）时间定量法　首先确定所需型砂性能要求的各种物料的配比，计算出各组分的加入量，根据所使用的定量给料机的给料情况，测出各种批料达到要求加入量所需的时间。混砂时，按照所测的加料时间依次将旧砂、新砂、黏土和煤粉加进中间料斗或直接入混砂机内。若先将批料加入中间料斗，然后再加入混砂机，则由于混砂中可提前将下一批料先加进中间料斗，当前一碾型砂排空后即可打开中间料斗闸门将全部批料加入混砂机内，比直接加入混砂机节约时间，有利于提高混砂机的生产率。这种加料流程见图 3-25。

表 3-21　混砂机批料加入量

类型	配比（质量比）				
	旧砂	新砂（和溃散芯砂）	膨润土（优质）	煤粉（优质）	其他
机器造型	90~95	5~10	0.8~1.2	0.3~0.5	如有需要，局部面砂加入扫地面粉或 α 淀粉
手工造型	90~95	5~10	0.6~0.9	0.2~0.4	

图 3-25　加料流程

旧砂和新砂的给料多采用惯性振动给料机、圆盘给料机或带式给料机，而粉状的黏土和煤粉则采用密封性好的螺旋给料机。

时间定量法有如下特点：

1）设备简单，投资少。

2）受人为因素和设备状况影响大，准确性差。

3）定量给料机前的料斗必须经常保持有足够的物料，才能保证给料均衡。

此种加料方式多用于中小型铸造车间和对型砂质量要求不是很严格的场合。

（2）质量定量法　质量定量法与时间定量法加料程序相同，只是在中间料斗下安装一套质量传感器，各种批料加入按质量控制，而与加料时间无直接关系。由于煤粉和黏土等辅料加入比例小，加入量少，为了提高准确性，往往给它们再配一个称量范围小的称量斗，以提高称料精度。

随着计算机控制技术和型砂检测技术的发展，人们还可以使用变频器改变黏土给料机（螺旋给料机）电动机的转速而改变黏土的加入量，从而调整型砂的湿压强度。

进口的混砂机均采用质量定量法，国内制造的混砂机也开始应用。

型砂在循环过程中，由于各种因素的影响，成分会发生变化。例如，膨润土、煤粉会由于铁液的高温而烧损，芯砂会混入砂处理系统，除尘器随时吸除粉尘，新砂的补加等。在各种成分加入量的控制中，膨润土的添加量对型砂性能的变化最为敏感。目前在大多数铸造厂中，型砂各组分的添加量一般是根据车间型砂实验室的性能测试结果来进行调整。由于反映型砂组分的性能检测周期长，操作者不能及时地监视到物料的变化，或者即使得到反馈信息，也只能调节以后的型砂组分，属于事后控制。

根据预防性控制理论，要做好砂处理系统的型砂组分的加入量控制，首先必须对铸造厂的生产纲领、砂铁比、芯砂混入比、膨润土煤粉烧损等因素进行分析，建立与所浇注的铸件种类有关的物料添加量关系式。一些先进的造型机在更换模板后，计算机软件系统就可以根据铸件的不同及时地调节各种型砂组分的补加量，真正达到预防性控制的效果。

国外一些先进铸造厂的砂处理系统已经将型砂组分的定量控制、在线性能检测、混砂机和砂冷却装置等各种设备，通过计算机连接组成闭环的集成控制系统。

2. 原砂的加入

为了降低型砂泥分，需要在混砂时加入原砂来加以稀释。原砂加入混砂机前不必专门加以烘干，一般原砂进厂后在砂库存放几天后就可以使用。稳定型砂泥分含量所需的原砂加入量是可以大致估算出来的。

例如，某铸造工厂的单一型砂要求含泥量15%，只有少量砂芯，落砂时溃散砂芯混入旧砂量可不计。砂处理系统中没有除尘装置。混砂所加原砂的含泥量为3%，含水量为2%。为了弥补砂粒损失，原砂的加入量为10%。混砂时由扣除水分的原砂带进型砂的泥分为

$$3\% \times (100 - 2)\% \times 10\% = 0.294\%$$

加入的膨润土质量较差，吸蓝量只有25mL，含水量10%，混砂加入量3%才能使型砂强度达到要求。混砂时由扣除水分的膨润土进入型砂的泥分为

$$(100 - 10)\% \times 3\% = 2.7\%$$

煤粉质量相当差，挥发分只有25%，灰分20%，含水量5%，为了防止铸件表面粘砂，混砂批料中加入煤粉2%，混砂时由扣除水分的煤粉带入型砂中的泥分为

$$(100 - 5)\% \times 2\% = 1.9\%$$

3种材料新带入泥分量合计：0.294% + 2.7% + 1.9% = 4.894%。

要使新带入的泥分在混好型砂中也达到含泥量15%的水平，需加入不含水、不含泥分的原砂量为

$$X = \frac{4.894}{15} \times 100\% = 32.63\%$$

折合含泥、含水的原砂：32.63%/(1 − 0.02 − 0.03) = 34.35%

需要稳定型砂含泥量的原砂加入量已经远远超过实际加原砂量的10%，结果是型砂中的含泥量越来越高和失去控制。由此造成型砂的各种性能越来越差，铸件废品率逐渐增高。

在上述情况下，要想型砂含泥量不会增多，很多工厂采取的办法有分别采用面砂和背砂，混制面砂的批料多加原砂（可能高达50%或更多）。个别工厂如某汽车件铸钢厂，每月将所用单一砂完全扔掉，然后用全原砂重新混砂。这必然增多废砂量，而且造成型砂性能剧烈波动和难以控制。

又例如，某一使用单一砂挤压造型生产中小铸件的工厂，无砂芯、无型砂沸腾冷却装置。型砂要求含泥量保持在13%。混砂批料中，加入优质膨润土0.6%，其含水量10%；煤粉也是优质的（含水量5%），加入量0.2%。原砂为经简单擦洗的内蒙古砂，含水量为2%，含泥量0.5%，加入量为6%，以用来补足砂粒损失。混砂时新加入膨润土和煤粉带入型砂的泥分如下：

原砂扣除含水量2%，含泥量0.5%，加入量6%，带入型砂泥分为

$$0.5\% \times (100 - 2)\% \times 6\% = 0.0294\%$$

膨润土扣除含水量10%，混砂加入量0.6%，带入型砂泥分为

$$(100 - 10)\% \times 0.6\% = 0.54\%$$

煤粉扣除含水量5%，混砂加入量0.2%，带入型砂中泥分为

$$(100 - 5)\% \times 0.2\% = 0.19\%$$

三者合计带入泥分：0.0294% + 0.54% + 0.19% = 0.7594%。

为了使新增泥分达到同样的型砂含泥量13%，

需要用不含水、不含泥分的原砂量为

$$X = \frac{0.7594}{13} \times 100\% = 5.842\%$$

折合含泥、含水的原砂：$5.842\%/(1 - 0.02 - 0.005) = 5.991\%$

由计算得知，并未超过加入的原砂量 6%，型砂的含泥量能够保持为稳定状态，不会越来越高。一般具有运行良好的旧砂除尘系统，可能从旧砂中再去除泥分 0.5% ~1%。

3. 芯砂的混入问题

如今铸造工厂大量应用树脂作为砂芯黏结剂，使砂芯的强度大大提高，改善了落砂性能，但同时溃散和破碎的砂芯进入旧砂中的数量也大为增加。新型落砂机的效率提高，也增大了芯砂的混入量。这对于生产具有大量砂芯的发动机铸件的工厂情况最为显著。第一汽车集团公司第二铸造厂 3 种气缸体铸件在落砂时砂芯溃散流入旧砂中按 80% 计算，占旧砂量分别为 1.96%、3.25% 和 4.4%。德国 KHD 铸造厂生产曲轴箱、气缸盖等铸件，使用冷芯盒砂芯和壳芯，第一种铸件在落砂时有 90% 的砂芯流入旧砂中，占旧砂量的 6.7%；另一种铸件有 70% 的砂芯流入旧砂中，占旧砂量的 16.0%。混入的砂芯可以部分或全部代替新砂，用来弥补砂的损失，并可冲淡回用砂中增多的粉尘、失效膨润土和煤粉的含量。此外，树脂芯砂的混入还可以减少铸铁湿型砂的煤粉加入量。

但是，芯砂的混入有可能给型砂性能带来某些负面影响。有些铸造厂使用高压造型或气冲造型方法，所用的型砂粒度比一般的震压造型方法所用型砂粗，与芯砂的粒度基本相近，都是 100/50 号筛或 50/140 号筛。因此，在这种情况下芯砂流入旧砂系统就不会使型砂变粗。但是有些震压造型铸造工厂所用湿型砂的粒度是 70/140 号筛，而树脂芯砂原砂粒度是 50/100 号筛，在这样的情况下芯砂混入过多就会使整个湿型旧砂的粒度变粗，从而引起型砂透气性居高不下。为了保持型砂的粒度不致变粗，除了必须将除尘系统的微粒全部回到旧砂中以外，混砂时有时还需要加入细新砂来纠正。例如，美国一灰铁铸造工厂由于旧砂中掺入了大量溃散的树脂砂芯（AFS 细度 52 ~55，大致相当于 50/100 号筛），使型砂透气性过高，湿压强度降低，铸件表面粗糙。采取的措施是，混砂时加入 5% 集中在 100 号筛和 140 号筛的两筛分布细砂，型砂的粒度变成 50/140 号筛的四筛分布，使铸件表面品质提高，还使混碾效率得到提高。

国外还有一些研究文章认为，芯砂黏结剂的凝聚物会使湿型砂的大部分性能受到不同程度的损害。例如，掺入了大量芯砂的湿型砂韧性下降，发散，湿态强度和热湿拉强度降低。未烧损的芯头流入旧砂对型砂以上性能的伤害作用更为显著，所以应避免芯头大量混入旧砂。未硬化的冷芯盒芯砂作用也很强烈，硬化后酚醛树脂壳芯砂的危害较小，热芯盒芯砂的作用介于两者之间。但是也有人的研究表明，酯硬化酚醛树脂和酚醛/异氰酸酯树脂的溃碎砂芯对湿型砂性能和铸件质量都无不利影响。有研究结果表明，热芯盒砂和冷芯盒砂对湿型砂性能只有轻微影响，稍微延长混碾时间和增多膨润土加入量就能够抵消混入芯砂的不良影响。

减少芯砂混入量的方法是在落砂时，将带有砂芯的铸件先从砂箱中吊出，移到另外的落砂机上进行振动落砂，然后在单独的砂斗内储存，再根据要求在混砂时加入砂系统。德国一些大批量生产的汽车零件铸造厂采用分别落砂的办法，当铸件冷却后敞开上砂箱，取出带有砂芯的铸件单独落砂，所得砂子主要是已被烧枯的芯砂和少量附着的型砂，可以用擦磨方法进行再生处理，然后与不超过 20% 的新砂混合用来制芯。留在砂箱中的砂子只含少量芯砂，这些旧砂经落砂、磁选、破碎、过筛和冷却处理后就可用于制备湿型砂。这样做的优点是不但大大地减少新砂消耗量和废砂丢弃量，而且可以减少溃碎芯砂对型砂性能的不利影响。我国江苏某合资铸造厂生产气缸体，已采用砂芯分别落砂的办法，振动落出的溃碎芯砂经热法再生后即可用于混制冷芯盒芯砂，估计新砂用量只需原来的 50%。虽然目前采用这种砂芯单独落砂的方法的铸造工厂数量较少，但对于多砂芯的铸件铸造厂是个发展方向。

4. 水分的加入

传统的定量加水也采用时间定量法，但它受管道水的流速和压力影响大，很不准确，往往还要由混砂工用"手捏"砂团的方法以决定是否调整加水量，受混砂工的技术素质影响极大，因此型砂的含水量波动很大。

当前，准确的定量加水方式有"水称量"法（德国 Eirich 混砂机使用）和"脉冲计数"法（丹麦 DISA 公司混砂机使用）。因为在型砂组分一定的条件下，一定范围内的型砂紧实率与型砂含水量成正比，它体现了型砂中水分和黏土的共同影响，更好地反映造型性能。因此，可以通过检测型砂紧实率来控制加水量。实际加水量则由 PLC 自动计算出。加水量的多少，首先由与混砂机配套的型砂性能检测控制仪（如 Eirich 公司的 AT1、DISA 公司的 SMC 等）检测出旧砂的紧实率。也可用湿度探头（如 Eirich 公司的

FK-PLC 水分修正系统）检测旧砂中的水分和温度，通过 PLC 控制水的加入量。

德国 Eirich 公司的"水称量"法就是将需要加入的水先通过电磁水阀加到带称重的水斗内，然后再加入混砂机中。丹麦 DISA 公司的"脉冲计数"法则是采用 1 个可以按流过的水量发出相应脉冲数的涡流流量传感器，当脉冲数达到设定值或控制系统的计算值时，电磁水阀关闭。

长期以来，我国型砂混制时的水分控制通常是混砂工用"手捏"凭经验判断，或是在实验室进行紧实率、水分含量的测量，然后根据工艺要求对混制的型砂进行控制。前种方法人为误差大，特别是缺乏经验的混砂工难以掌握；而后一种方法由于性能测试需要时间，不能直接对正在混制的型砂进行控制，因此存在滞后性。目前国内外已陆续开发出多种型砂水分在线自动控制系统，以便直接进行水分控制。

要控制型砂的水分，首先必须测量型砂和旧砂中的水分，然后根据需要向型砂中加入适量的水。在线检测时，型砂水分的检测方法的原理通常有电阻法、电容法、微波法、成形性控制法、紧实率法等。

（1）电阻法 电阻法测量水分时是将插在混砂机里砂中的测试棒作为一极，以混砂机的底板和侧壁作为另一极，然后在电路上加上电压，测量两极之间的电压。当型砂所含水分少时，其电阻值大；所含水分多时电阻值小。根据这个原理，可以测得电阻值随水分变化的情况（见图 3-26）。这个电阻值的变化可以通过电路转换成电压的变化，计算机里的信号采集卡将这个电压信号与事先储存在计算机里的型砂电压 - 水分关系曲线进行对比，就可以得到型砂的水分含量值。

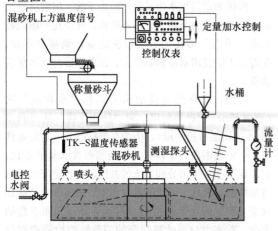

图 3-26 电阻法测量型砂水分的原理

采用电阻法测量型砂水分时，所测得的电压值与型砂实际含水量的对应关系会因型砂中组分的变化而变化。例如，型砂中的灰分含量、黏土含量、原砂比例的变化，甚至砂温、环境湿度的变化都会造成电压与水分对应关系的变化。由于采用了计算机，可以根据实验室试验和混砂机旁的实际测试结果，对电压 - 水分关系曲线进行修正，使测量结果尽可能接近实际。采用电阻法得到的混砂机中的型砂水分值被输入计算机，与计算机里设定的型砂水分值进行比较，决定是否向混砂机中加水和加多少水。如果需要加水，则通过计算机向电控水阀发出信号进行加水，使型砂的含水量达到工艺要求。

（2）电容法 电容法测量型砂水分一般在混砂机上方的旧砂斗里进行。将探头作为一极插入砂中，砂斗壁作为另一极，由这两极组成一个电容，型砂作为电容两极间的介质。根据介质对电容量的影响，即型砂含水量越低电容量越大，可以根据事先测得的电容 - 水分关系曲线，计算出旧砂的含水量，然后根据混砂性能的要求向混砂机里补加水（见图 3-27）。

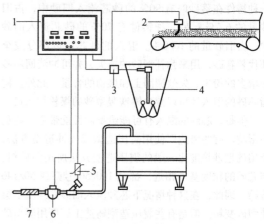

图 3-27 电容法测量型砂水分的原理
1—控制箱 2—温度传感器 3—测试信号
转换器 4—湿度测试探头 5—流量计
6—电磁阀 7—过滤器

与电阻法相同，旧砂中的组分的变化也对电容 - 水分关系曲线产生影响，也必须根据实验室和混砂机旁的实测结果对电容 - 水分关系曲线进行修正。

（3）缝隙法 这是一种安装在混砂机上的、自动取样、检验并反馈的自动装置。在型砂混碾周期内，连续地取样，检验它的过筛性，从而自动控制加水量。

该方法检测的是松散型砂透过宽、窄缝隙的能力。试验证明，这种能力与含水量密切相关。当型砂含水量小时，它能容易从一个较窄的缝隙漏下；当含水量增加时，型砂之间的黏结力大，它只能从一个较宽的缝隙漏下；当型砂的水分再继续增加，型砂就连较宽的缝隙也漏不下去了。

缝隙法型砂湿度控制仪见图 3-28。测量装置是一个 3 层的电磁振动筛。中间一层有两个缝隙，第 1 个缝隙窄些，第 2 个缝隙宽些，下层是收集槽。在收集槽侧面有两个孔，一侧装有两个光源，另一侧装两个光敏管，起检测作用。

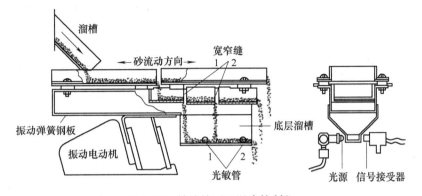

图 3-28　缝隙法型砂湿度控制仪

混砂过程的开始阶段，从混砂机出来的比较干燥的型砂经取样螺旋进入顶层，再落到中间层，到达第 1 个缝隙位置，并通过该缝隙落入收集槽。当收集槽中的型砂堆积到一定高度时，两个光源都被遮断。此时与光敏管连接的放大器和继电器动作，打开混砂机内的综合给水装置的两个电磁水阀，向混砂机内急速加水。

随着水分的增加，型砂的黏结力相应增加，它跨越第 1 个较窄的缝隙，到达第 2 个较宽的缝隙，并通过该缝隙落入收集槽。此时，装在第 1 个缝隙下的光敏管便接收到光线，经过带继电器的放大器的作用，关闭粗加水的电磁水阀。

当型砂接近于适用条件时，便开始跨越第 2 个较宽的缝隙，直到型砂性能完全符合规定要求时，所有取样型砂不再通过宽缝，全部从中层排出。此时，宽缝隙下的光敏管便接收到光线，关断精加水电磁水阀。

（4）紧实率法　在型砂组分基本不变的情况下，型砂的含水量与紧实率呈线性关系。紧实率的测试方法简单、可靠，所以许多国内外型砂性能在线检测仪器都把紧实率作为检测的首选项目。砂处理系统的计算机根据型砂紧实率数值，以及工艺设定值向混砂机内添加水分，直至紧实率达到符合混砂工艺要求的范围。与其他的型砂水分在线检测控制方法比较，目前紧实率法应用最多。

5. 加料顺序

（1）第一种加料顺序　许多中小铸造厂使用碾轮式混砂机，习惯先将干料（旧砂、新砂、膨润土和煤粉等）一起加入混砂机干混一段时间，再加水湿混后出碾。主要存在三大问题：

1）混干料时粉尘飞扬，污染环境且有害于工人的健康。

2）设置在混砂机上的除尘装置吸走一定量膨润土和煤粉。

3）需要较长的混砂时间。在混匀的干料中加水，即使加得很分散，也是一滴一滴地落在干料中。因为黏土（膨润土）是亲水的，加上水滴表面张力的作用，在水滴附近的黏土很快就聚集到水滴上，形成较大的黏土球。将这些黏土球压碎并涂布在砂粒表面上是比较困难的，需要的能量比较大。

（2）第二种加料顺序　如果先加砂和大部分水（总加水量的 70%～80%）混匀，然后加粉状黏土、煤粉，因水已分散，没有较大的水滴，加入黏土后仅形成大量较小的黏土球粒。压开这些小黏土球粒比较容易，需要的能量也较小。也就是说，用同样的混砂设备，获得相同品质的型砂，所需的混碾时间较短。另外，在加入旧砂后进行预加水，还可使旧砂表面所包覆的干附加物先吸收一些水分，使这种活性黏土充分发挥作用，产生黏结力，成为"有效黏土"。因此，这种加料顺序的混碾效果会更好，同时也可以减少附加物的添加量。

上述两种加料顺序对混砂效果影响的试验结果见图 3-29。由图看出，曲线 1 和曲线 2 的差别是明显的。试验条件是，型砂配方（质量比）为木里图砂 100，黑山膨润土 5，水 3；混砂设备是试验室用混砂机。

由图 3-29 可以看到，为使型砂有合理的强度，第一种加料顺序，即用先加干料后加水的混砂工艺，需混 17min；第二种加料顺序，即用先加砂和水后加干黏土的工艺，只需混 13min。

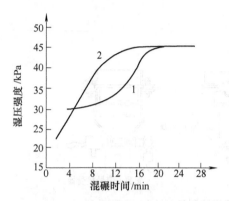

**图 3-29　两种加料顺序对混砂效果
影响的试验结果**

1—第一种加料顺序　2—第二种加料顺序

应当指出的是，对于高速搅拌型混砂机，虽然对水分和添加物的分散均匀有利，但因为吸收水分迟缓，即使用高速使水分分散，至膨润土黏结力的发挥仍需要时间，所以采用这种形式的混砂，必须留意混砂前旧砂的含水量，一般希望控制在 1.5% ~ 1.8% 之间（大约相当于紧实率为 18% ~ 22%）。含水量过

高（例如大于 2.0%）会造成挂砂斗的问题；过低（例如小于 1.5%，美国维科公司 clausen 给出的数据是 1.25%）则使包覆在砂粒表面的黏土吸水缓慢，难以在混碾时恢复、发挥黏结作用。图 3-30 是旧砂含水量不同对混砂效果的影响，从图中可以看出，含水量高的旧砂所需要的混碾时间短，并且混制的型砂性能波动小，质量稳定。

也可采用在旧砂带式输送机上喷水的办法，使旧砂的干黏土膜预先吸水。正确的加料顺序见图 3-31。

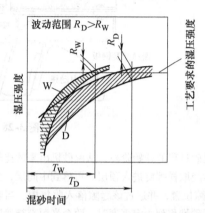

图 3-30　旧砂含水量不同对混砂效果的影响

W—湿的旧砂　D—干的旧砂　T_W—湿旧砂的混碾时间
T_D—干旧砂的混碾时间　R_W—湿旧砂混制后的
强度范围　R_D—干旧砂混制后的强度范围

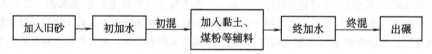

图 3-31　混砂的加料顺序

还有些铸造厂为了使型砂达到更高的质量要求，采用预备混砂工艺，即事先在旧砂中加入若干水分及黏结剂，让型砂均匀地混合，甚至之后再放入调匀斗中储存，让型砂熟化。让旧砂预先添加了水分，并在混碾前多停留一些时间，不仅能缩短混砂时间，也可缩小混制后型砂湿压强度的波动范围，混砂效果更好，但这种混砂加料顺序会造成砂斗挂砂问题。图 3-32 为型砂预混对湿压强度的影响。

6. 混碾时间

要获得好的混碾效果，必须保证混砂机有足够的混碾时间，国内工厂常用的碾轮式混砂机大多混碾时间不足。混碾时间不够，黏土和其他附加物不能很好地包覆在砂粒表面，黏结桥的宽度不够，型砂的强度和韧性低。

混砂时间应根据混砂机的类型和型砂中新砂与旧

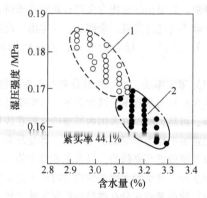

图 3-32　型砂预混对湿压强度的影响

1—经预混　2—未经预混

砂比例、黏土的含量决定。黏土的含量高，混砂时间则长。各种混砂机混砂时间可参考表 3-22。

表 3-22　各种混砂机混砂时间

（单位：min）

混砂机种类	面砂	背砂	单一砂
碾轮式混砂机	10 ~ 12	3	6
离心式摆轮式混砂机	2 ~ 3	1	2
Eirich 转子式混砂机	3	1 ~ 2	140s
国产 S14 系列转子式混砂机	6	3	4 ~ 5

7. 松砂

经混砂机混碾出来的型砂，往往有许多团块，如果直接用它来造型，会影响砂型表面的致密程度。为了提高型砂的流动性和可塑性等工艺性能，须经松砂处理。

（1）松砂设备的分类和选择　松砂设备的结构形式有多种，但其基本原理都是利用高速回转的叶片或棒条切割砂流，打破砂团或是把型砂向筛面高速抛掷使砂团松散。通常使用的松砂机有 3 种：双轮松砂破碎机、带式移动松砂机、垂直松砂机。DISA（中国）有限公司推出了 VAR 型垂直松砂机。松砂机的特点及使用场合见表 3-23。

（2）双轮松砂破碎机（见图 3-33）　双轮松砂破碎机的工作原理是，该机装在带式输送机胶带上方，当两个松砂轮以等速同向高速旋转，处在带式输送机上的型砂以比松砂轮小得多的速度同向均匀连续给料，型砂则先后被两个松砂轮上的松砂棱条切割松散并抛向罩壳前端悬挂的一组链条上，型砂再一次被松散，而后撒落在带式输送机胶带上被运走。

（3）带式移动松砂机（见图 3-34）　带式移动松砂机工作原理是，进到料槽中的型砂被与水平成 45° 倾角的快速运动的梳形带携带通过弹性挡板而被松散，并抛向前方的筛子，型砂通过筛子后，完成了松砂过程。

（4）垂直式松砂机　VAR 系列垂直式松砂机（见图 3-35）是 DISA 公司在原 BMD 专利产品 SIK 系列基础上的改进型产品。该设备工作原理是，松砂盘在电动机的驱动下高速旋转，利用离心力将型砂抛向四周均布的松砂棒上，将砂团击碎，从而达到松散型砂目的。

表 3-23　松砂机的特点及使用场合

序号	设备名称	特　点	使用场合
1	双轮松砂破碎机	1）结构比较简单，外形尺寸小，松砂效果好 2）松砂轮上的松砂棱条可以设计成多种形式，不同结构形式的松砂轮可以组合在一起满足工艺要求 3）可垂直安装在带式输送机的上方，减少安装高度，占地面积少 4）松砂轮上的棱条磨损严重，一般需堆焊耐磨合金	适用于采用带式输送机运送黏土砂的出砂系统。在含水量低的高压造型线给砂系统上使用效果更佳 本机也可作为砂块破碎机，用于高比压造型线的砂处理系统上
2	带式移动松砂机	1）松砂效果好 2）体积小，使用方便 3）生产率低 4）角钢磨损严重，但维修方便 5）筛网易破损	常用于手工地面造型的铸造车间
3	垂直式松砂机	1）松砂效果好，性能稳定 2）布置形式灵活，不受给料或受料设备方向、位置的影响 3）结构紧凑，维修量少 4）由于机体衬板及粘砂棒外套采用耐磨防粘砂材料，解决了粘砂问题 5）噪声低	是高密度造型机（气流冲击造型、射压造型、静压造型等）的配套设备，也适用于手工造型的场合

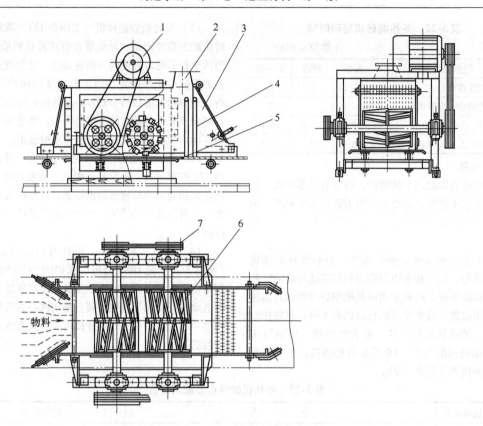

图 3-33　S35 系列双轮松砂破碎机

1—电动机　2—通风口　3—罩壳　4—链条组　5—弹性托板　6—松砂轮　7—带轮

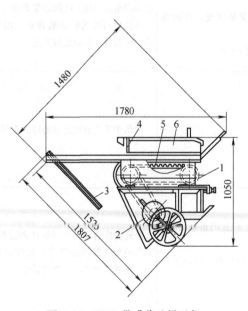

图 3-34　S388 带式移动松砂机

1—滚筒　2—电动机　3—筛网　4—挡板
5—梳形带　6—料槽

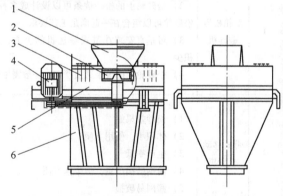

图 3-35　VAR 系列垂直式松砂机

1—进料斗　2—松砂盘　3—松砂棒
4—驱动部分　5—机体　6—卸料斗

3.11　型砂性能的在线检测与控制

在黏土湿型砂系统中，除了含水量、紧实率之外，型砂的其他性能也应尽量进行在线检测，及时了解型砂性能的变化，以便及时调整型砂组分和性能，使型砂性能一直保持在最佳状态。而只依靠在实验室里定时测定型砂性能的做法，不能及时、准确地反映型砂的实际性能，更无法实现生产过程中对型砂质量的及时控制和对铸件缺陷的预防。

近年来，国外的型砂性能在线检测技术发展很快，并已在许多铸造厂成功地得到应用，有效地提高了铸件的质量。目前，德国、瑞士、日本、美国等多家公司向市场推出了多种型砂性能在线检测仪器。

丹麦 DISA 公司近年开发的 SMC 型砂性能在线检测仪（见图 3-36），由螺旋取样器从混砂机的侧孔取样并送入加砂漏斗中，然后仪器自动测试型砂的紧实率和抗压强度。这种仪器带有与计算机进行数据通信的接口，可用计算机进行数据存储和处理。

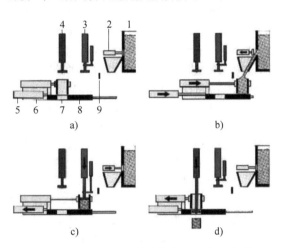

图 3-36　SMC 型砂性能在线检测仪的工作程序

a）初始位置　b）向试样筒加砂　c）测紧实率
d）测型砂湿强度并推出试样

1—混砂机　2—螺旋取样器　3—紧实率测试气缸
4—强度测试气缸　5、6—砂样移位气缸
7—样筒　8—底座板　9—砂样刮平板

混砂机内型砂由螺旋取样器取出经松散后进入样筒（见图 3-36b），通过光栅测量到样筒砂满信号后，由下面一个换位气缸将样筒底座板移至图 3-36c 所示位置，与此同时样筒上口经砂样刮平板将多余砂刮去，随后紧实率测试气缸测试型砂紧实率。气缸复位后由上面一个换位气缸将样筒移至图 3-36d 所示位置，强度测试气缸前的强度测试探针在同一试样上进行强度测试，同时将试样由底座板上开孔处推出，经另一小型松砂机松砂后废弃。换位气缸复位后进行下一个循环。SMC 型砂性能在线控制仪的循环周期可根据需要自行设定，一般设定在 20 ~ 40s 内。

SMC 型砂性能在线检测仪的基本工作原理是，通过测定紧实率与输入可编程序控制器（PLC）的给定紧实率的比较计算出加水量，通过电子加水系统调整加水量。同样，通过测定强度与给定强度的比较调整辅料的加入量。由于型砂的紧实率、强度、含水量

三者密切相关，紧实率和强度在首次设定时，必须将测量结果通过型砂实验室的手工测量进行比较调整后确认。紧实率上下值的波动量约为 ±2%，强度上下值的波动量约为 ±2kPa。图 3-37 是 SMC 型砂性能在线检测仪（带计算机）和混砂机。

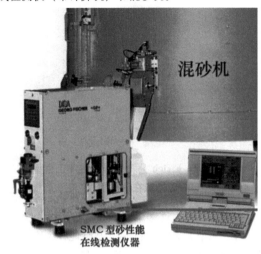

**图 3-37　SMC 型砂性能在线
检测仪（带计算机）和混砂机**

图 3-38 是美国 Hartley 公司的型砂性能在线检测仪。使用时，将该检测仪安装在输送混制好的型砂带式输送机上，可检测型砂的紧实率、强度和含水量。图 3-39 是德国 Eirich 公司的转盘式 4 工位型砂性能在线检测仪。使用时，将该检测仪安装在输送型砂的带式输送机上方，可检测型砂的紧实率、抗压强度、抗剪强度。

图 3-38　Hartley 公司型砂性能在线检测仪

图 3-39　Eirich 公司的转盘式 4 工位型砂性能在线检测仪

近年来，国内许多单位（如清华大学、沈阳工业大学、东南大学）都进行过型砂性能在线检测技术方面的探讨和研究，有些已有产品供应，同时也有些铸造厂从国外引进了湿型砂性能在线检测仪。

型砂性能在线检测仪除用可编程序控制器（PLC）来实现自动运行外，目前一般都直接与计算机连接，实现数据的自动采集、存储、处理和传输，而且还与砂处理系统的其他控制部分连接，配以 SPC（统计过程控制）和专家系统软件，实现整个砂处理系统的智能化控制。图 3-40 是德国 Eirich 公司用于砂处理系统自动化控制的"爱立许自动化理念"组成框图。这不但可以提高铸件质量，也可提高铸造厂的管理水平。可以预料，型砂性能在线检测仪将得到推广和应用。德国的 Eirich 公司、MichenfelderElektrotechnik 公司和 Sesor Control 公司等近年来开发了于砂处理系统从含水量、温度、质量检测到各种型砂性能在线检测、定量加料等一系列硬件和软件产品，这为实现砂处理系统的智能化集成控制提供了很好的软件、硬件条件。图 3-41 是德国 Sesor Control 公司在砂处理各部位应用传感器、检测仪器、执行器件，实现砂处理系统计算机集成控制的硬件组成示意图。

型砂在循环过程中，由于各种因素的影响，组分会发生变化。例如，膨润土、煤粉会由于铁液的高温而烧损，芯砂会混入砂处理系统，除尘器随时吸除粉尘，新砂的补加等。在各种成分加入量的控制中，膨润土的添加量对型砂性能的变化最为敏感。目前在大多数铸造厂中，型砂各组分的添加量一般是根据车间型砂实验室的性能测试结果进行调整的。由于反映型砂组分的性能检测周期长，操作者不能及时地监视到物料的变化，或者即使得到反馈信息，也只能调节以后的型砂组分，属于"事后"控制。

根据"预防性控制"理论，要做好砂处理系统的型砂组分的加入量控制，首先必须对铸造厂的生产纲领、砂铁比、芯砂混入比、膨润土煤粉烧损等因素进行分析，建立与所浇注的铸件种类有关的物料添加量关系式。一些先进的造型机在更换模板后，计算机软件系统就可以根据铸件的不同及时地调节各种型砂组分的补加量，达到预防性控制的目的。

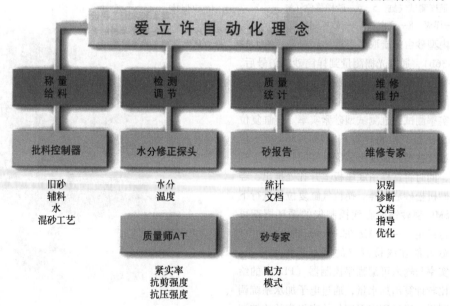

图 3-40　德国 Eirich 公司的"爱立许自动化理念"组成框图

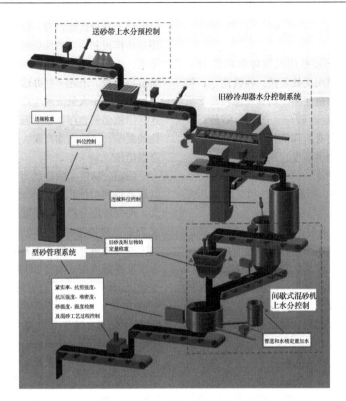

图 3-41 砂处理系统计算机集成控制的硬件组成示意图

国外一些先进铸造厂的砂处理系统已经将型砂组分的定量控制、在线性能检测、混砂机和砂冷却装置等各种设备通过计算机连接组成闭环的集成控制系统。

3.12 湿型砂循环使用中的问题

黏土湿型砂在浇注后经过落砂、破碎、磁选、过筛、冷却和除尘后，大部分（90%～95%）旧砂又回到混砂机上方砂斗，然后再补充一定量的新材料（原砂、膨润土、煤粉、水等）进行混制达到所要求的型砂性能，就可以输送到造型机上方砂斗以供造型（见图 3-42）。

一般铸件在铸造过程都需要砂芯，特别是发动机气缸体、气缸盖之类的铸件，砂芯所占的比例很高，甚至接近或超过型砂的用量。这些砂芯落砂会进入旧砂循环系统，必须将破碎不了的砂芯块筛出扔掉。另外，砂芯和砂型上的涂料落砂后也一起进入旧砂循环系统。在大量流水生产的铸造厂，旧砂在一天里要反复使用多次（例如 3～6 次），每浇注一次金属液，铸件在砂型中凝固、冷却，将金属的热量传给了型砂和芯砂，使型砂温度不断升高；同时型砂和芯砂中的黏结剂、附加物等材料灼烧后形成的粉尘也会使型砂性能变坏。因此，必须随时注意旧砂循环使用过程中

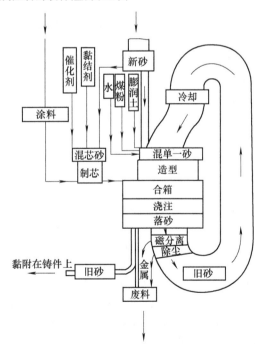

图 3-42 铸铁湿型单一砂循环过程

出现的问题，采取恰当的措施，使砂系统一直处于良好的状态。

旧砂循环系统中经常出现的主要问题有热砂、粉

尘积累和废砂排放等问题。

3.12.1　热砂问题

刚从落砂栅下来的旧砂平均温度可能高达 75 ~ 90℃，甚至更高。循环使用次数频繁，砂铁比小，铸件在砂型中停留时间长，浇注温度高和气温较高都会使旧砂温度提高。虽然经过筛分、运输、储放、混砂、松砂等工序后砂温会有所降低，但是在连续生产的铸造工厂仍然经常为型砂温度过高而困扰。

热型砂的不良影响如下：

1）随着砂温的提高，标准试样的质量和湿压强度等性能都会下降。

2）型砂水分很容易蒸发，混砂机出口处型砂的紧实率和含水量与造型机所用型砂有明显变化。

3）热砂蒸发出来的水蒸气凝结在冷的运输带、砂斗和模板表面上，而使其黏附一层型砂。黏附在输送带上的浮砂会掉落地面而污染作业环境，黏附在砂斗内壁的砂会越聚越厚，黏附在模板上的型砂会造成起模困难。

4）砂型表面的热砂容易脱水变干，使砂型棱角易碎，不耐金属液冲刷，容易造成冲蚀和砂眼缺陷。

5）热砂的水蒸气凝结在冷铁和砂芯上，使铸件产生气孔缺陷。

6）由于旧砂温度高，含水量少，运输过程中粉尘会随着空气流和烟气向外散发，影响环境卫生。

一般造型时型砂高于室温 10 ~ 15℃，或是砂温达到 50℃ 以上，即认为存在"热砂"问题。降低旧砂温度的措施有许多，其中包括：

1）加大砂铁比，以减少型砂受热强度。有人测定一个灰铸铁铸造工厂的砂铁比（质量比）为 10∶1、7∶1 和 5∶1 时，落砂机下的平均旧砂温度分别为 51.6℃、60.0℃ 和 121.6℃，即砂铁比较大时砂温较低。

2）加大砂系统的总砂量和减少循环次数，以减少热量积累。有人提出每天的旧砂循环次数不应超过 3 次，每班循环次数最好不超过 2 次。回用旧砂库或旧砂斗的储放量应足够大，砂斗壁不挂砂，其可利用容积能供 1 ~ 3h 以上混砂使用，无冷却装置时容积大小则应能供 3 ~ 5h 以上混砂使用。由多个旧砂库同时供砂可使旧砂均匀化，而且使先进入的砂首先放出混砂，这样可降低砂温。

3）依靠落砂机、六角筛砂机、带式运输机和斗式提升机等设备的通风自然蒸发降温。

4）向过筛后的输送带上的旧砂喷水，利用两个带式运输机的接头处的吸风罩通风，使旧砂水分蒸发吸热降温。

以上各种措施都有一定的效果，必要时还可以采用加热模板和注意喷涂脱模剂等方法来改善起模。对于中、小规模的铸铁工厂和浇注温度较低的非铁合金铸造厂而言，上述一些办法可能已经足够应付热砂问题。但是对于大量流水生产的铸造工厂，即使采用了这些措施仍然会存在型砂温度过高的问题。在潮湿炎热的夏季，问题更加严重，这就要采取更有效的旧砂降温措施。

目前公认解决热砂的有效措施是增湿通风冷却。其原理是利用回用砂中水分蒸发吸热来降低砂的温度。根据理论分析，每蒸发 1% 水分可以使砂降低温度 25℃。浇铸落砂后的旧砂含水量通常较低，不够蒸发冷却之用。一般需根据旧砂的砂量、砂温和实际含水量进行增湿。对于旧砂含泥量小于 10% 和型砂含水量 3.0% ~ 3.5% 之间的铸造工厂而言，加水量可能在 2% 左右，使旧砂中含水量增至 3.5% ~ 4.0%。在充分搅拌混合均匀后，在专门的设备中，使砂松散和翻腾，使砂与空气在良好接触的条件下强制通风，并且保持足够长的吹风时间，使旧砂中水分蒸发而降温。冷却处理后，要求旧砂含水量最好降至 1.5% ~ 1.8%，但残留水分不应少于 1.25%。如果旧砂过分干燥，所含有的膨润土较难再度吸水和恢复黏结力，从而延长了吸水混碾时间。冷却处理后旧砂的含水量也不可大于 2.0%，以保证旧砂不挂砂斗和流动通畅。有些铸造厂的型砂含泥量和最适宜含水量较高，前面所列举的数值需要适量提高。

冷却湿型旧砂的设备有很多种。例如，有的工厂使用冷却提升机，既能提升旧砂，又能使砂冷却，但是热砂与鼓风的热交换时间大约只有 4s，冷却效果不够好。还有的工厂用吸送方法冷却旧砂，同时还能将过筛和磁选后的旧砂输送到回用砂斗中，砂的降温效果良好。然而由于砂中含有水分和团块，吸送的生产率相当低，而消耗电能高。目前应用这两种冷却设备的铸造工厂很少。最近德国 Eirich 公司研制出一种真空混砂机，国内已有个别工厂应用。其操作步骤是，先将旧砂和附加物送入特制的混砂机中进行预混，用传感器测定混合物的含水量和温度后加水。然后封闭混砂机的门和阀，边混砂边抽真空，使砂中水分沸腾而降温。最后关闭真空，在大气压中继续混合完成混砂过程。据报道，在真空混砂机中能将温度为 86℃ 的旧砂冷却到 40℃。该机整套系统包括有真空泵、冷却塔、换热器等设备，比较复杂。

国内常见的湿型砂系统冷却设备有以下 4 种：

1）双盘搅拌冷却器（见图 3-43）。双盘搅拌冷却器在机器搅拌过程中，根据旧砂的砂量、温度和含水量加水，并且向被搅拌叶片不断翻腾的松散旧砂中鼓风，促使水分蒸发吸热。目前国产的双盘搅拌冷却器的鼓风量不足，排风管道容易堵塞；主轴转速低，不能有力抛射；而且缺乏增湿装置与它配套，使用效果一般都较差。有个别铸造工厂将原有的双盘搅拌冷却器进行改造，添加了微机控制加水增湿装置，使冷却效果明显提高。

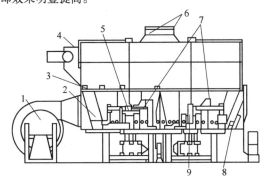

图 3-43　美国 Simpson 公司的双盘搅拌冷却器
1—鼓风机　2—进风口　3—加水管　4—进砂口
5、9—带有搅拌叶片的十字头　6—温度传感器
7—水分传感器　8—卸砂门

2）滚筒冷却机（见图 3-44）。旧砂增湿搅拌均

匀后进入冷却滚筒中。筒的内壁装有多条轴向的导向挡板，使砂从滚筒的最高点向下撒落，并延长停留时间，同时还能破碎砂团。通过向滚筒内加水并鼓风，使砂粒表面与冷风接触以促使水分蒸发降温。滚筒的出口段为筛网，可以筛除混入旧砂内的团块。有的滚筒外面安装有恒温电热器，以防滚筒内壁挂砂。这种冷却设备的结构较为简单，维修工作少。

3）振动沸腾冷却机（见图 3-45）。旧砂增湿和搅拌均匀后进入冷却机的振动槽中，振动槽的底板钻有很多小孔（约 $\phi 3mm$）或缝隙。从底板下层的送风室鼓风，使厚度均匀的旧砂层处于沸腾状态。槽的振动作用使旧砂边沸腾边向前运动。由于砂粒与鼓风接触较好、接触时间较长（约 $30 \sim 60s$），冷却效果良好。目前我国有的铸造设备工厂生产的振动沸腾冷却机缺少增湿设备与它配套，而且冷却机本身的构造也有待改进。

为了确保型砂温度在要求范围内，有的铸造工厂串联安装两种旧砂冷却装置，采取双重降温。例如，有的铸造厂采用沸腾冷却机加滚筒冷却机；也有的工厂在落砂滚筒冷却机后面的带式输送机上再次测温、测湿和用计算机控制补加水，经搅拌和通风使砂中水分蒸发冷却。

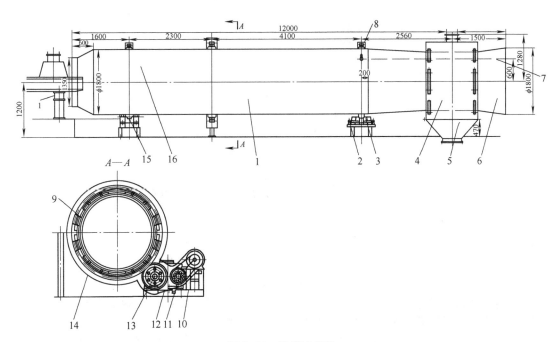

图 3-44　滚筒冷却机
1—筒体　2—支座　3—挡棍　4—落砂段　5—除尘罩　6—出料口　7—喷淋装置　8—罩子　9—大齿轮
10—底座　11—带轮　12—小罩　13—小齿轮　14—大齿轮罩　15—滚轮　16—叶片

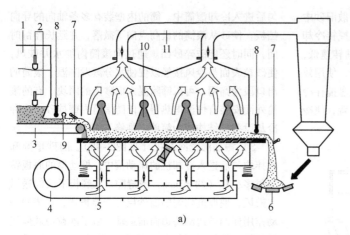

图 3-45　振动沸腾冷却机

a）结构原理图　b）设备外形

1—料斗最高砂位　2—料位计　3—带式输送机　4—鼓风机　5—带缝隙的床面　6—带式输送机支承辊

7—旧砂湿度传感器　8—旧砂温度传感器　9—砂量控制器　10—水喷头　11—抽风管道

4）带有真空混砂机的砂处理系统（见图 3-46）。德国 Eirich 公司所开发的一种真空式转子混砂机，利用水分在真空条件下更容易蒸发的原理，使得在混砂时同时起到型砂降温的作用，因而可以在砂处理系统中省去另外的增湿降温设备（如双盘冷却器、沸腾冷却床等），使砂处理系统简单，节省砂处理系统所占用的面积和空间。但是由于这种混砂机的结构复杂，价格很贵，目前世界上使用的还不多。

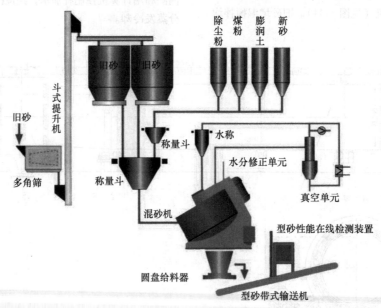

图 3-46　带有真空混砂机的砂处理系统

3.12.2　粉尘的积累问题

型砂中的粉尘是指停留在 200 号筛、270 号筛、底盘上的砂粒，以及测试含泥量时颗粒直径小于 0.020mm 的泥分。型砂粉尘的主要来源有以下几个途径：

1）砂型浇注后，膨润土在 600℃ 左右失去结晶水，成为失去黏结力的死黏土。

2）型砂中的煤粉在高温下燃烧、分解，剩下的煤渣颗粒。

3）原砂、膨润土、煤粉带入的泥分。

4）原砂在受激热膨胀、收缩而破碎变细。

试验表明，200 号筛以下的微粒量过多时，型砂的需水量增加，湿压强度、韧性、透气性等下降，从而造成铸件砂眼、气孔等废品的增加。然而，微粒量过少，型砂的透气性可能过高，容易造成铸件的机械粘砂，同时也会使得型砂性能对水分的变化过于敏感。因此，型砂中微粉以适量为好。高密度造型的型砂中希望保持有 3% ~5% 的微粒。

粉尘含量的控制，先要减少悬浮粉尘。显然，旧砂再生系统排气管道的清扫很重要。特别要注意振动落砂之后的洒水冷却、砂团分离、松砂等工序及带式输送机转接处发生的粉尘随着水蒸气而散发，并附着或凝结在管道壁上，使管道的有效排气量明显减少。

黏附于砂粒上的死黏土，不可能直接用除尘机去除。避免砂粒上死黏土的包覆层过多或过少的方法有：①保持膨润土和新砂（包括溃散砂芯）加入量的平衡。②混制型砂时加入足够的新砂（包括溃散

芯砂）。③保证足够混砂时间以充分混砂。上述最重要的是混制型砂中始终含有足够的新砂；其次是避免膨润土过量加入。对于高密度砂型，活性膨润土最好控制在 6% ~8%。混砂时新砂的加入量为 4% 时，新加膨润土量不应超过 1%。

失效的死黏土和失效煤粉还会以多孔覆膜形式烧结在砂粒表面，且在反复循环使用中会多次覆膜（见图 3-47），越来越厚。当这种惰性膜占砂总量的 4% ~5% 时，能缓和砂型热膨胀、减轻夹砂倾向。但过量（ >8% ）时，会使铸型尺寸稳定性降低、铸件表面粗糙或粘砂以及气孔缺陷增加。图 3-48 是旧砂经过回用再生后砂粒各组分的变化。

图 3-47　旧砂表面的烧结层

a) 烧结层形成过程　b) 型砂表面烧结层切片后显微镜观察照片

1—新砂颗粒　2—轻微的烧结层　3—过厚的烧结层

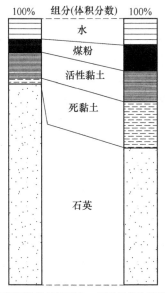

**图 3-48　旧砂经过回用再生后
砂粒各组分的变化**

a) 石英含量高的黏土湿型砂，可能引起铸件的膨胀缺陷
（型砂经 2 次回用再生）

b) 石英含量低的黏土湿型砂，几乎不产生铸件的
膨胀缺陷（型砂经多次回用再生）

失效成分的增加以及油砂、树脂砂等几种旧砂的混入，挥发分（如由酸性黏结剂、催化剂及煤粉等引起）在型砂中的凝聚，会引起膨润土的反钠化现象，使湿型砂的热湿拉强度和抗夹砂能力等性能显著下降。为使型砂性能保持在原定水平，须在每次浇注后不断加入新的材料并排出相应数量的旧砂，使型砂性能与成分之间取得平衡。

目前在旧砂性能控制方面，可以通过测定旧砂中的总含泥量、活性膨润土及煤粉的含量，求出需要增加的膨润土、煤粉及新砂的数量。也可以通过测定型砂性能如试样质量、紧实率以及热湿拉强度的变化，了解失效成分的增减，及时调整膨润土及煤粉等附加物的加入量并相应提高新砂的加入比例。

降低旧砂中粉尘含量的办法主要是靠通风除尘，以及依靠用新砂和溃碎的芯砂冲淡旧砂中的灰分。旧砂在各种处理和运输环节的通风过程中，尤其是在冷却机通风过程中，一定量的粉尘将随风而去。粉尘的排除量取决于旧砂中粉尘含量、旧砂湿度、鼓风强度、排尘口的风速等因素。排出粉尘的泥分中包含有失效的膨润土和煤粉。但是同时在粉尘中也含有未失效的膨润土和煤粉，其质量分数可能占 30% ~40%。此外，还可能有相当多的微细砂粒也会随粉尘排出，

这将使湿型砂的透气性过分提高，铸件表面变得粗糙。为了减少微粒的损失，铸造工厂应当控制各种设备的通风除尘的风速不要过分猛烈，使排尘口的风速大约为 10~12m/s。在一些湿型砂铸造工厂中，旧砂处理所用各种设备的通风除尘管道和除尘器最易堵塞。因此，设计和安装通风除尘系统时，除了提高排风管道中风速，加强气流的冲刷力和防止粉尘和微粒在除尘管中沉淀以外，还要采取管外壁电热，以防水分凝聚在管道内壁而黏附粉尘。必须确保粉尘不易沉淀和堵塞，管壁不易黏附粉尘，即使稍有沉淀也能很方便地清理干净。很多铸造工厂为了充分利用粉尘中的有效膨润土和煤粉，并且减少微粒的损失，将除尘系统中旋风除尘器的沉淀物全部或大部分返回旧砂中。为了避免型砂透气性过高和型砂对水分过分敏感，有的工厂也部分回用布袋除尘器中的沉积物。另外，还应注意到从混砂机除尘系统分离出的粉尘很可能含有大量正在加入的膨润土和煤粉，粉尘中有效粉料含量可能高达 50% 以上，远高于从旧砂处理和运输设备抽出粉尘中的有效粉料含量。因此，当加入膨润土和煤粉时应当暂时遮闭除尘管道，混砂机上面还应装有膨胀箱，使进入箱内的粉料可以靠重力自动流回砂中。

在我国经常看到，设备较为简陋的中、小型铸造工厂中，根本没有旧砂除尘系统。很多大型铸造工厂中，虽然安装有旧砂除尘系统，但管道早已堵塞不通而不起作用。这些工厂的湿型砂中灰分逐渐积累，型砂含泥量大多在 16% 以上。型砂含水量也许会达到 5.5%~6.5% 或更高。铸件上气孔等缺陷造成的废品率必然相当高，因而不得不在混砂时大量掺入新砂来冲淡灰分，同时大量排掉废砂。从环境保护、节约资源、提高铸件质量和降低生产成本等观点来看，有条件的铸造工厂应当装备有完善的旧砂除尘系统，并且保证除尘系统的畅通和运作良好。

3.12.3　废砂的排放问题

湿型铸造生产中，废砂的组成物可以分为两部分。

1) 未通过落砂栅和筛砂机的芯头、砂团和砂块，附着在铸件上的砂子，除尘设备排出的粉尘，各种垃圾等是废砂的主要部分。

2) 为了补充损失掉的砂粒部分，也为了冲淡型砂中的灰分含量，必须向砂系统中掺入新砂。溃散芯砂的混入也起到这样的作用。但是混入的芯砂过多，而铸造工厂的型砂系统容量有限，或者掺入的新砂过多，为了平衡总砂量也须经常排出一些旧砂。

国外的一些工业化国家中，很多铸造工厂近处堆积废砂的废料场地都已堆满，必须花费大量运输费用将废砂运送到远处。此外，不少国家的环保条例越来越严格，为了保护水源，对固体废弃物的成分有专门限制，废料场不但收费而且需上税。结果是扔掉 1t 废砂比买进 1t 新砂还贵得多。我国的环保法规也越来越严格，对于远离大型城市的中小铸造厂可能暂时还没有遇到抛弃废砂的困难，而大型铸造厂和离城市较近的铸造厂，大多已经感到废砂堆放场地不足的问题，也面临必须支付高额费用和无处可扔的问题，因此也需要研究如何减少废砂的生成和排放的问题。

黏土湿型砂铸造工厂的废砂排出量各不相同，有的工厂砂系统每循环一次排出废砂占总砂量不足 10%，而有的工厂竟然高达 30%。其原因在于具体生产条件不同，影响废砂量的因素也不相同，如，各种原材料的品质、砂处理设备性能及使用状况等。

为了大体估计黏土湿型砂铸造工厂的废砂排出量，以下用假设条件举例计算加入冲淡新砂量。

1) 某采用挤压造型工艺的铸造厂，砂系统总砂量 30t，铸件无砂芯，无除尘装置，碾轮混砂机混砂周期 5min。原砂为内蒙古水洗砂，含泥量 0.5%；采用优质膨润土，含水量 10%，灼烧减量 5.0%，混砂时的加入量为 0.7%；采用的高质量煤粉，含水量 4%，灰分 10%，混砂时加入量 0.3%；型砂含泥量 13%。假定混砂时加入的膨润土和煤粉除了受热蒸发和挥发部分以外，残留部分在旧砂中增多了旧砂灰分含量，需要用新砂冲淡，维持型砂含泥量不变。

① 砂系统每一循环中膨润土带入灰分约略估算：膨润土加入量 30000kg × 0.7% = 210kg，折合烘干膨润土 210kg × 90% = 189kg，去掉灼烧减量部分，则入旧砂灰分 189kg × 95% = 180kg。

② 煤粉带入灰分约略估算：煤粉加入量 30000kg × 0.3% = 90kg，折合烘干煤粉 90kg × 96% = 86kg，所含灰分进入旧砂量 86kg × 10% = 8.6kg。

③ 每一循环中膨润土和煤粉使旧砂灰分增多 180kg + 8.6kg = 188.6kg，相当于使旧砂中含泥量增加 (188.6kg/30000kg) × 100% = 0.63%。

④ 为了使型砂含泥量维持在 13%，需要加入新砂量 (x) 的约略估算：因新砂含灰分（泥分）0.5%，新增多灰分总量为 188.6kg + 0.005x，为使新增灰分也占新加入材料量的 13%，计算式为：$[(188.6kg + 0.005x)/x] × 100\% = 13\%$，$(0.13 - 0.005)x = 188.6kg$，$x = 1508.8kg$。从而得出新砂冲淡加入量 1.508t，为保持砂系统总量不变，排出废砂同样为 1.508t，占 30t 总砂量的 0.5% 左右。

⑤ 实际生产中，根据型砂的含泥量和灰分量是

否符合工艺规定，也能估计出需要的新砂冲淡量。

如果同一铸造工厂所用原材料较差，例如，新砂含泥量5%，混砂时膨润土（灼烧减量5.0%）补加量2.5%，煤粉（灰分25.0%）加入量2.0%，则采用同样方法计算得出新砂冲淡量和废砂排出量为9.79t，占总砂量的32.6%。由此可见，采用优质原材料可显著减少废砂排放量。

2）生产具有砂芯的铸造工厂冲淡灰分需要加入新砂（和混入芯砂）量的计算与前面类似。但是各厂生产铸件种类不同，整个砂处理过程中粉尘排出量、随铸件带走砂粒量、排掉砂头量、混入芯砂量都不相同，都需要测定。汽车发动机铸造工厂的废砂组成物中芯头占了明显比例，旧砂中混入芯砂量也相当多。例如，第一汽车公司第二铸造厂3种气缸体铸件落砂时排掉芯头约占砂芯质量20%，砂芯溃散流入旧砂中按80%计算，占旧砂量0.49% ~ 1.1%。对于具有大量砂芯的工厂而言，混砂时混入的芯砂较多，甚至可以不需加入原砂。这类多砂芯工厂要想减少废砂排出量，原材料品质的影响仍然是决定排废量的关键因素。

除了冲淡灰分引起排出废砂以外，废砂组成物中的砂团多少取决于砂处理设备的破碎能力，烧结砂块多少取决于原砂的二氧化硅含量、铸件厚度和浇注温度，除尘系统排出的粉尘和微细砂粒多少取决于除尘设备。

3.13 黏土旧砂的再生

从节约资源，减少危害环境和降低生产成本考虑，湿型铸造工厂应当尽量减少原砂消耗量和废砂丢弃量。

湿砂型铸造工厂在混制型砂和芯砂时，需要加入原砂、膨润土、煤粉和淀粉等材料，从而不可避免地需要扔掉一定量的废砂。换句话说，向砂系统加入多少东西，就需要排出多少东西。在各国，废砂对环境和人们的生活带来很大影响，已逐渐形成公害。

湿型铸造工厂的废砂中有一部分是运输、造型散落的砂子，落砂和过筛排出的砂块和砂芯头，铸件清理时分离出的砂子，除尘系统排出的粉尘和掺有杂物的垃圾。这些废料需要扔掉或另寻利用途径，并且也应当尽量减少这些废料的生成量。此外，多砂芯铸造工厂和那些需要加入大量新砂来降低型砂泥分的工厂，废砂的主要组成物是旧砂。铸造工厂应当尽量减少旧砂的丢弃量，如果能将旧砂经过再生处理达到或接近原砂的品质，就可以大幅度地减少废砂排除量，同时也减少原砂的购买量，对降低铸件生产成本和环境保护都有极为显著的效果。对于远离砂源的铸造

厂，因为能省去高额的运输费，最好将旧砂经再生处理后充分利用。

对湿型旧砂进行再生处理有两种不同的目的和办法，即旧砂再生后用于混制湿型砂和旧砂再生后混制芯砂。

3.13.1 旧砂再生后用于湿型砂

在无砂芯和少砂芯铸造工厂中，混制湿型砂时加入原砂的目的是补充砂粒损失（包括铸件黏附型砂，落砂和过筛去除的砂块、砂粒破碎形成的粉尘，以及被清扫的垃圾等损失），另一目的是需要保持型砂含泥量稳定，也为了冲淡型砂中灰分。

如果能够通过旧砂再生，不但将旧砂中的粉尘含量大大降低，同时还可以让旧砂表面包覆的各种失效物质，如死黏土、煤渣等大部分得到去除，那么就可以减少混砂时新砂、黏土的加入量，甚至完全不加新砂。这样就可以达到最终减少旧砂丢弃量的目的。

从20世纪50年代起，国外就开始关心对湿型旧砂进行再生处理，将一部分湿型旧砂的泥分降低，掺入型砂中来避免型砂含泥量过高和减少稀释泥分所需新砂量。水洗方法能够有效地洗掉砂粒上的泥分，但设备占地面积大、耗水量多、污水和污泥难以处理和清除而极少采用。通常认为适合应用的再生设备为气流冲击法。例如，美国Simpson公司的竖吹气流冲击式旧砂再生机（见图3-49），旧砂顺加速管迅速上升打向冲击罩，将砂粒上包覆的黏土膜部分地去除。某铸造厂使用结果是，去泥率为30%左右，配制单一型砂时的配比为再生砂20%，旧砂80%，铸造厂的新砂只用于配制芯砂。注意，再生处理前需要使旧砂干燥，否则再生脱泥效果差。我国已开发出横吹气流冲击式旧砂再生机（见图3-50），比竖吹再生装置功率小，占地面积小，对旧砂干燥程度的要求不是很严格，去泥率可达40% ~ 60%，目前已有多家工厂采用。

国内外有很多铸造工厂选用优质混砂原材料，靠良好的除尘设备，加入稳定总砂量的新砂只能保证型砂泥分限制在允许范围内，在混制湿型砂时，不需要再生湿型旧砂来代替新砂。假如砂系统中有沸腾冷却装置，即使膨润土、煤粉加入量稍多些也不会使型砂含泥量超过规定。如果生产中还有少量带有树脂砂芯铸件，则新砂加入量还可以相应降低。总之，对这些铸造工厂不必考虑采用专门的再生机处理旧砂。

3.13.2 旧砂再生后用于制芯

一些多砂芯的铸造工厂更加关心的是溃散砂芯流入旧砂中，其量已经超过补足砂粒损失和平衡泥分的需要。以汽车发动机铸造工厂为例，需用大量新砂制

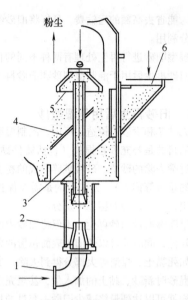

图 3-49　竖吹气流冲击式旧砂再生机的原理
1—空气进入　2—喷嘴　3—加速管
4—导向板　5—冲击罩　6—加砂口

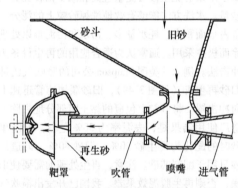

图 3-50　横吹气流冲击式旧
砂再生机的原理

作树脂砂芯,使旧砂超过砂系统的容纳量。为了保持型砂系统中砂量平衡,只扔掉芯头、清理和清扫的废砂以及除尘细粉是不够的,还必须排除掉大致等量的旧砂成为废砂。最方便扔掉的是高密度造型落砂时不易破碎的砂块,但这些砂块远离铁液烘烤,是未经烧损的质量最好的旧砂。

据文献报道,美国通用汽车公司在北美的铸造工厂每年购入新砂 65 万 t。原来所用的西密歇根沙丘已经枯竭,就近的废砂堆积场已满,必须将废砂运至远处抛弃,而且政府的法规使丢弃废砂的费用大大增高。德国 KHD 铸造厂生产曲轴箱和气缸盖等铸件,使用冷芯盒砂芯和壳芯。以其中两种铸件为例,第一种在落砂时有 90% 的砂芯流入旧砂,占砂箱中旧砂量的 6.7%;另一种有 70% 的砂芯流入旧砂中,占

旧砂量的 16.0%。Mettmann 铸造厂中 8 种铸件的芯砂流入量占相应砂型中旧砂量的 0.14% ~ 4.25%。

我国第一汽车公司第二铸造厂 3 种气缸体铸件落砂时,一部分芯头被筛除掉,大约有砂芯质量的 80% 溃散流入旧砂中,砂箱中旧砂量分别为 1.96%、3.25% 和 4.4%。每生产 5 万 t 气缸体铸件就要消耗掉 5.5 万 t 砂芯。除少量芯头直接作为废砂丢掉外,绝大部分混入旧砂中。芯头逐渐积累到使砂库容纳不下,必须随时排掉一些旧砂成为废砂。其他汽车发动机铸造工厂也遇到类似问题。

近年来,国内外一些多砂芯铸造工厂认为解决上述困难的办法是,将湿型旧砂再生处理后代替原砂用于制芯。树脂自硬砂旧砂再生技术已经成熟,通过擦磨和冲击再生都能将旧砂上包覆的树脂膜清除到允许范围。但是多砂芯湿砂型铸造工厂的旧砂中不仅含有相当多的膨润土,也还含有树脂黏结剂以及一些其他有机物质。这些砂粒的包覆物与大多数砂芯黏结剂不相容,因此需要采用专门的再生方法除掉。

3.13.3　焙烧 - 机械再生法

美国 Sheppard 铸造厂是一家生产灰铸铁、球墨铸铁和蠕墨铸铁变速箱、阀门、转向节铸件的中等规模工厂。湿型砂中含怀俄明膨润土(质量分数)8% ~ 10%,煤粉含量(质量分数)5%。该厂 1989 年建成了旧砂焙烧 - 机械再生系统(见图 3-51),旧砂先经振动破碎机、带式磁选机、677℃和 816℃两级间接加热旋转滚筒焙烧炉,焙烧时间约 40min,然后依次由气流擦磨管、分选器剥除表面黏土膜。该厂以前用 New Jersey 原砂制冷芯盒砂芯,改用 100% 再生砂代替原砂后,冷芯盒砂黏结剂质量分数为 1.25% 时的及时抗拉强度为用原砂的 120%;混砂后停放 1h 的型砂的湿态抗拉强度能达到不停放用原砂的 80%。再生砂中掺入质量分数 25% 原砂的强度还能改善。用再生砂制作酚醛树脂热芯盒砂芯,其抗拉强度为用原砂的 120% ~ 140%。再生砂用来制作呋喃自硬砂芯,1h 型砂抗拉强度为用原砂的 86%,掺入 25% 原砂后有所改善。再生砂还用于制作脲烷树脂自硬砂芯,所用弱催化剂的质量分数 0.8%,24h 型砂抗拉强度为用原砂的 94%。1994 年,美国通用汽车公司在 Saginaw 的可锻铸造厂建成一套湿型旧砂焙烧 - 机械再生系统,其中包括回转破碎、磁选、760℃沸腾焙烧等装置,用以去除黏结剂、冷却、擦磨和除去粉尘。该系统的再生砂适用于各种黏结剂砂芯。北美通用汽车公司的各铸造厂预计采用再生砂制芯后可以减少原砂用量 75% 以上。很多铸造工厂将再生砂用于制作壳芯都取得成功,强度都超过用原砂

所制壳芯。其原因是，再生砂经过擦磨处理使砂粒变得圆整光滑，又去除了微细颗粒，在加热砂粒覆膜时，酚醛树脂黏度较高，不会向砂粒表面残留的黏土层渗透和起不良反应。

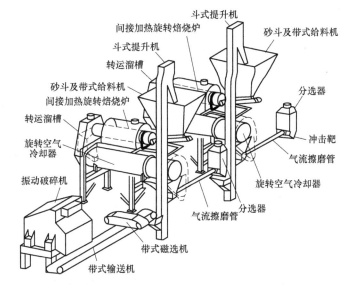

图 3-51　Sheppard 铸造厂的旧砂焙烧 – 机械再生系统

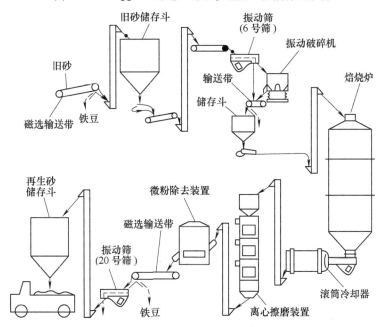

图 3-52　湿型砂热法再生系统的流程

图 3-52 是日本一个铸造厂的湿型砂热法再生系统的流程。旧砂经过筛、破碎和磁选去除铁豆后，被送入焙烧炉。旧砂从焙烧炉出来后进行冷却，然后进入一套（3 个串联）离心擦磨装置。最后又经过除尘和过筛，就可以输送至制芯或造型车间使用。

日本钢管接头株式会社开发出了一种节约再生成本的新型二次焙烧炉，见图 3-53。焙烧温度达 600 ~ 700℃。焙烧炉采用砂粒分散装置和逆流式热交换器，将炉顶加入的砂分散而均匀地投入，砂的流动层与高温焙烧砂能密切地混合，温度上升速度快，可燃物燃烧更加充分。另外，当焙烧砂进入逆流式热交换器还可继续燃烧（后期焙烧），即在焙烧砂慢慢地往下流动时，由于上部和下部（焙烧砂抽出口）的压力差，产生朝向下部的高温气流，使得未充分燃烧的砂在此

铸造手册 第4卷 造型材料 第4版

充分燃烧。由于该新型焙烧炉显著改善了焙烧条件，所以可用 600~680℃ 的最佳焙烧温度进行焙烧。这样不仅大大节省了能源和降低了再生成本，还扩大了焙烧再生法的适用范围。

黏土旧砂经过高温焙烧和机械擦磨处理后，再生砂的性能可以与新砂相同，有些性能甚至得到了改善。例如，再生砂用于覆膜砂的型砂抗弯强度，比用新砂时要高，见图 3-54。这是因为经过再生砂粒的粒形变得更圆，微粉也被大部分去除等的原因。另外，由于经过焙烧，覆膜砂的热膨胀量也比用新砂时小（见图 3-55），这可防止砂型热变形而引起的脉纹缺陷。

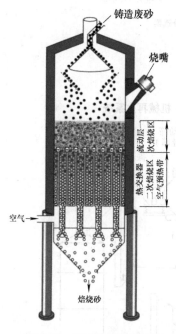

图 3-53 二次焙烧炉的原理

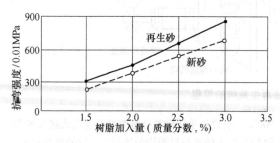

图 3-54 用再生砂和新砂的覆膜砂的抗弯强度对比

但是欧洲和日本有些工厂发现使用焙烧-机械法再生砂制作冷芯盒、热芯盒砂芯的效果并不像北美工厂那样成功。旧砂焙烧温度过高、时间过长会将膨润土烧结在砂粒上成为坚硬烧结层，随后的擦磨处理难

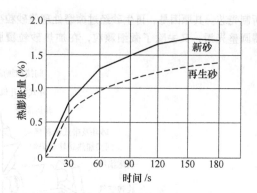

图 3-55 用再生砂和用原砂的覆膜砂的热膨胀量对比

以完全去掉。采用焙烧-机械法再生砂制冷芯盒砂芯的可使用时间短，强度不够高，树脂量需增加 2~3 倍，或者需掺加 50% 新砂。热芯盒砂芯需加促进剂才能改善强度。

在焙烧-机械再生法过程中，加热温度在 500℃ 以下时，树脂黏结剂再生砂的灼烧减量受到加热温度和保温时间的影响。加热温度越高，保温时间越长，其灼烧减量越低。当加热温度在 500℃ 以上时，其灼烧减量基本上不受保温时间的影响，加热温度成为影响再生砂灼烧减量的主要因素。再生砂灼烧减量的减少降低了再生砂用于造型、制芯过程中砂型、砂芯的发气量。此外，砂粒在受热过程中其晶体结构会发生同素异构转变。当受热温度超过 573℃ 时，其晶体结构将发生 $\alpha-\beta$ 相转变，产生 0.82% 的相变膨胀，$\alpha-\beta$ 相转变为可逆转变。当温度超过 870℃ 时，其晶体结构将发 $\alpha-\beta$ 鳞石英相转变，为非可逆转变。因此，提高再生温度，使其达到或超过硅砂的非可逆转变温度，就可以降低硅砂的热膨胀性。

但是，当加热温度超过 600℃，黏土开始失去晶格水，黏土的晶体结构被破坏，成为死黏土膜依附在砂粒表面，形成难以去除的鲕化层，温度越高，鲕化现象越严重，鲕化率越高。而鲕化率的高低直接影响再生砂用于制芯的性能。因此，在确定焙烧-机械再生法温度时，既要考虑砂粒表面有机物的充分燃烧和去除，又要考虑依附在砂粒表面黏土膜的支性问题。选择合适的焙烧温度，并且使焙烧炉中的旧砂温度尽可能都在设定的范围内，才能满足再生砂用于制芯的要求。

尽管在美国采用焙烧-机械再生法处理黏土混合砂用于制芯取得了成功，但在欧洲、日本及我国部分铸造企业采用同样设备及工艺生产的焙烧再生砂不能用于树脂造芯。究其原因，主要是再生砂的酸耗值严重偏高。在我国一汽铸造有限公司也曾经采用焙烧 - 机械再生法的再生砂，其酸耗值 >20mL，远远高于芯砂制芯过程中低于 6mL 的酸耗值指标。调查研究发现，我国、日本和欧洲铸造工厂的湿型砂黏结剂主要为钙基膨润上中加入了 3.5% ~ 4.0%（质量分数）的 Na_2CO_3 的人工钠化膨润土。Na_2CO_3 是一种高温熔剂，会减低膨润土熔点，高温焙烧使得膨润土牢固地包覆在砂粒表面，机械再生中不易剥落，而且砂粒外残留黏土膜中的 Na_2CO_3 和被交换出来的 $CaCO_3$ 受热反应生成 Na_2O 和 CaO，遇到水会生成 $NaOH$ 和 $Ca(OH)_2$，具有极强的碱性，不利于冷、热芯盒的硬化。因此，美国汽车零件铸造工厂中一般铸件混砂所用的黏土为钙基膨润土和天然钠基膨润土混合使用，如生产气缸体和缸盖的黏土为 2/3 天然钠基膨润土和 1/3 钙基膨润土。按照美国铸钢学会规定，天然钠基膨润土的碳酸盐的质量分数不超过 0.7%，旧砂焙烧后的表面残留膨润土不会呈现明显碱性，不影响混制冷、热芯盒砂芯的固化。

近年来我国的重庆长江造型材料（集团）股份有限公司、北京仁创科技集团公司、金莹铸造材料（苏州工业园区）有限公司、柳州市柳晶科技有限公司等为铸造企业提供焙烧 - 机械再生法废旧砂再生设备。国外的公司有德国的 FAT，意大利 IMF、FATA等。黏土砂与含有有机黏结剂的废旧砂经过高温焙烧和机械擦磨、除尘后，再生砂的酸耗值 <5mL，完全可以替代原砂用于冷芯盒和其他制芯工艺。重庆造型材料（集团）股份有限公司、柳州市柳晶科技有限公司等还在一些铸造企业集聚区建立了若干废旧砂集中处理、再生基地，如在四川成都、云南昆明、江苏金坛等地建立废砂再生基地，同时可为周边的许多铸造企业服务。这符合节能、减排和绿色铸造的可持续发展的理念。

3.13.4　烘干 - 机械再生法

有些铸造工厂不采取旧砂高温焙烧再生方法，只将旧砂烘干或低温焙烧，然后进行机械再生。常用的再生方法有以下几种：

（1）气流冲击法　靠气流带动旧砂在管子中高速运动，砂粒受到擦磨，并向靶板冲击，使砂粒包覆膜脱离。其原理与图 3-51 所示的气流擦磨管和冲击靶类似，但不经高温焙烧。

（2）离心冲击法　靠高速旋转的离心力使砂粒向靶环冲击，其装置见图 3-56。如果砂粒运动速度过低，则冲击力不足，包覆的膜不易脱落；速度过高则砂粒容易破碎，影响回收率。

（3）离心擦磨法。利用离心力使砂粒彼此间挤压擦磨使表面覆盖膜脱落。此法的优点是，砂粒破碎少，表面被覆物剥离效率高，有粒形改良效果，管理容易，磨损部件少，保养容易，但能源消耗高。其原理见图 3-57。国外将离心冲击法和离心擦磨法的再生机统称为旋转再生机，大多采取多段组合串联形式，典型的再生系统见图 3-58。日本有多篇资料介绍不焙烧法和低温焙烧法的使用情况。再生砂不但可用于制覆膜砂，而且可用于混制冷芯盒等树脂芯砂。例如，日本钢管继手公司月产可锻铸铁和球墨铸铁件约 2000t，使用壳芯约 400t。该公司将湿型旧砂沸腾加热到 400℃后，使用旋转再生机擦磨处理，覆膜砂抗弯强度比用新砂高 20%。自动车铸物公司每月生产铸件约 3900t，使用砂约 750t，其中冷芯盒砂芯占 70%，壳芯占 22%，白硬砂芯占 8%。所用再生机为离心力擦磨和离心力冲击多段组合式，处理速度为 3t/h，处理段数为 18 段，要求再生砂酸耗值小于 10mL，含泥量小于 1.0%，含水量小于 0.1%。冷芯盒砂树脂量为 0.9% ~ 0.7%，抗压强度大于 $30kg/cm^2$，可使用时间 60min。

（4）旋转砂轮擦磨法　旧砂落在高速旋转的砂轮上，将砂粒的包覆物擦磨掉。

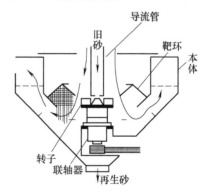

图 3-56　离心冲击再生装置

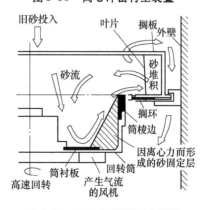

图 3-57　离心擦磨法再生原理

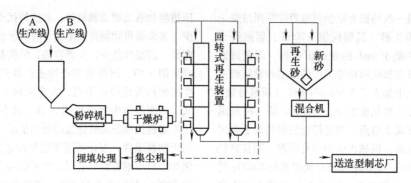

图 3-58　典型的再生系统

日立金属公司真岗工场用旋转再生机处理湿型旧砂后又加上砂轮擦磨，使再生砂含泥量为 0.35%，灼减量为 0.51%，酸耗值为 10mL，pH 值为 8.25。用于冷芯盒的再生砂配合比可达到 80%。

荷兰的 De Globe 铸造厂是一家多砂芯铸造厂，每吨铁液需用 424kg 砂芯，超出砂系统容许的溢流砂量大约 2% ~ 5%。使用砂轮擦磨再生机（见图 3-59），旧砂先进行沸腾床烘干，使含水量从 2% 左右降到 0.2% 左右，再去除铁粒和过筛后经砂轮再生处理。再生机内有一只沿水平轴旋转的磨轮，外圈有慢速旋转的叶轮不断将砂送到磨轮，使砂粒上的坚硬膨润土剥离。再生砂每日生产达 60t。供冷芯盒用再生砂的灼烧减量为 0.4% ~ 0.5%，活性膨润土为 0.5% ~ 0.7%，泥分为 0.1% ~ 0.3%，电导率为 50 ~ 100μS/cm，pH 值为 9 ~ 10。多角筛分离的砂芯团块也破碎回用。冷芯盒芯砂配比中再生砂占 78%，砂

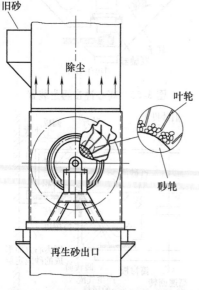

图 3-59　De Globe 铸造厂的砂轮擦磨再生机

芯团块破碎砂占 12%，再加 10% 新原砂以补充砂粒损失。芯砂的树脂加入量只增多 15%。

3.13.5　分别落砂 - 机械再生法

德国有些人提出大批量生产汽车件等产品的铸造厂可以采用分别落砂的办法，即铸件冷却后敞开上箱，取出带有砂芯的铸件单独落砂，所得砂子主要是已被烧枯的溃散砂芯和少量附着型砂，可以用擦磨方法进行再生处理。然后与不超过 20% 的新原砂混合用来制芯，不必增加树脂加入量即可得到同样砂芯强度。留在砂箱中的砂子只含少量砂芯，经破碎、过筛、磁选后就可用于制备湿型砂。这样可以减少溃碎砂芯对型砂性能的不利影响。分别落砂的优点是大大地减少新砂消耗量和废砂丢弃量，但是要求对车间的布置和设备安装进行调整。这种改变对于新建工厂是容易的，但对现有的铸造厂可能需要克服一些困难。目前采用这种砂芯单独落砂方法的铸造厂数量虽然较少，对于多砂芯铸造厂可能是个发展方向。

3.13.6　湿法再生

广西兰科资源再生利用有限公司近几年开发了一套采用湿法处理的黏土砂、芯砂混合的废旧砂再生设备系统，经过处理的再生砂用于广西玉林柴油机股份公司铸造厂的生产中，可代替原砂用于各种制芯工艺。

湿法再生过程主要经过废旧砂预处理（破碎—磁选—过筛）→加水浸泡→擦洗→砂、泥分离→再生砂烘干等主要工序。具体工艺流程见图 3-60。湿法再生工艺先将黏土废旧砂用水浸泡，然后擦洗，这样可以使得砂粒上包覆的、还没有烧结在砂粒表面的膨润土、煤粉溶于水中，不像在焙烧 - 机械再生法中经过 600 ~ 700℃ 的高温后煤粉被烧掉、活性膨润土变成死黏土。这部分分散在水中的活性膨润土和煤粉可以经过烘干和破碎再利用于黏土砂造型。不过，包覆在芯砂表面、固化了的树脂膜如果是非水溶性的，就只能靠擦磨工序完成。如果后续工序中没有高温

（500℃以上）燃烧过程，就会还有一些树脂和煤粉残渣仍然留在砂粒表面，无法去除干净，影响再生效果。

湿法再生系统工艺过程比焙烧-机械再生法流程复杂，还要注意解决好水和泥分的循环利用问题。国外目前未见采用湿法再生黏土砂、芯砂混合的废旧砂的铸造企业。

3.13.7　再生硅砂的质量标准

铸造用再生硅砂的质量应符合 GB/T 26659—2011《铸造用再生硅砂》要求。

1）铸造用再生硅砂按二氧化硅含量分级见表 3-24。

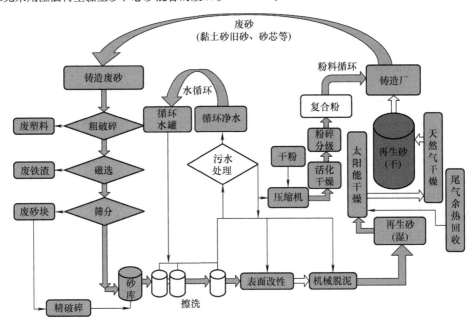

图 3-60　黏土砂、芯砂混合的废旧砂湿法再生工艺流程

表 3-24　铸造用再生硅砂按二氧化硅含量分级

分级代号	最小二氧化硅含量（质量分数,%）
98	98
96	96
93	93
90	90
85	85
80	80

2）铸造用再生硅砂按含泥量分级见表 3-25。

表 3-25　铸造用再生硅砂按含泥量分级

分级代号	最大含泥量（质量分数,%）
0.2	0.2
0.3	0.3
0.5	0.5
1.0	1.0

3）铸造用再生硅砂按酸耗值分级见表 3-26。

表 3-26　铸造用再生硅砂按酸耗值分级

分级代号	最大酸耗值/（mL/50g）
03	3
05	5
10	10

4）铸造用再生硅砂按角形因数分级见表 3-27。

表 3-27　铸造用再生硅砂按角形因数分级

形状	分级代号	角形因数　≤
圆形	○	1.15
椭圆形	○-□	1.30
钝角形	□	1.45

5）铸造用再生硅砂按灼烧减量分级见表 3-28。

表 3-28　铸造用再生硅砂按灼烧减量分级

分级	灼烧减量（质量分数,%）≤
1	0.10
2	0.20
3	0.30
4	0.40

3. 13. 8 废砂和粉尘的再利用

（1）建筑材料 柳州市柳晶科技有限公司利用铸造废弃物、废灰、淤泥等通过造粒、高温烧制成不同规格的颗粒，如可分别代替石子、砂子的陶粒和陶砂，然后制备出具有微米级空隙的透水产品，如透水地砖等。采用这种材料可以使建筑材料容重降低20%~30%，抗震性提高20%，从而减轻建筑材料自重，也提高保温效果等。我国重庆长江造型材料（集团）有限公司、广西兰科资源再生利用有限公司等也在铸造企业废弃物的利用工作中不断取得可喜的成果。

（2）粉尘的再利用 湿型黏土砂铸造时，在混砂及铸件落砂等过程中会产生许多粉尘，这些粉尘一般都采用布袋除尘器加以收集，然后当作废弃物排放掉。一条年产1万t铸铁件的湿型黏土砂的混砂、造型、落砂工位一天收集的粉尘大约20t。近年来，我国一些企业采用热法再生设备处理黏土砂旧砂（其中往往还混有不少废芯砂），在这个过程中也产生了一些粉尘。例如重庆长江造型材料（集团）有限公司在某汽车铸造企业的一套5t/h的旧砂焙烧法再生系统，旧砂进入焙烧炉之前加料口除尘器收集的粉尘一天就有12t之多。在焙烧之后冷却器上方的除尘器收集的粉尘也不少。

因为以上这些粉尘中还有许多有用的材料，例如煤粉、膨润土等总量占到粉尘的60%~70%，所以必须把这些粉尘送回到黏土砂造型系统中再利用，实在不能再回到黏土砂系统的、经过高温（700~800℃）焙烧后的粉尘，也要另外寻找出路，用于其他用途。总之，应设法使黏土砂铸造系统的粉尘都能得到再利用，做到零排放，以实现绿色铸造。国内外一些铸造企业过去也一直将黏土砂铸造流水线上的粉尘按一定比例加入砂处理系统中。只要加入量适当，而且随时根据型砂性能和铸件质量的情况对加入量加以调整，不但没有害处，还有好处，即除了节约铸造成本以外，还可以起到改善铸件表面质量的作用。

但是，从铸造车间收集的粉尘的成分变化可能随时间不同、粉尘收集点不同和铸造车间不同变化很大，如果不加预先处理，加入砂处理系统中后就可能造成型砂性能的波动，从而造成铸件质量的波动。

利用铸造车间粉尘配制黏土湿型砂复合添加剂的关键点是：①要保证所收集粉尘的均匀性。②配制前必须进行粉尘成分的检测。③计算确定添加成分的种类与数量。④制定复合添加剂的出厂质量标准。⑤建立生产这种复合添加剂的布局，在一些铸造园区集中回收。

利用黏土砂铸造系统的粉尘配制复合添加剂的流程见图3-61。

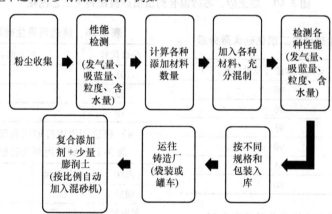

图3-61 利用黏土砂铸造系统的粉尘配制复合添加剂的流程

参 考 文 献

[1] 黄天佑，熊鹰. 黏土湿型砂及其质量控制 [M]. 2版. 北京：机械工业出版社，2016.

[2] 王文清. 铸造工艺学 [M]. 北京：机械工业出版社，1998.

[3] 金文正. 型砂化学 [M]. 上海：上海科学技术出版社，1985.

[4] 李传栻. 造型材料新论 [M]. 北京：机械工业出版社，1992.

[5] 于震宗，等. 湿型用淀粉类附加物试验方法的研究 [J]. 造型材料，1988（2）：11-16.

[6] 胡彭生. 型砂 [M]. 上海：上海科技出版社，1994.

[7] 财团法人素形材センター. 鋳型の生産技術 [M]. 东京都；社团法人　素形材センター：1994.

[8] 日本铸物协会. 新版铸型造型法 [M]. 东京都：社团法人　铸造技术普及协会，1988.

[9] ECKART F，WERNER T. Formstoffe und Formverfahren [M]. Stuttgart：Deutscher Verlag fuer Grundstoffindustrie，1993.

[10] BINDERNAGEL I. Formstoffe und Foemverfahren in der Giessereitechnik [M]. Duesserdorf：Giesserei-Verlag，1983.

[11] FRANZ H. Tongebundene Formsande [M]. Duesseldorf：Giesserei-Verlag，1975.

[12] 于震宗. 关于型砂质量的一些问题 [J]. 铸造技术，1981，(4)：6-10.

[13] 张友松. 变性淀粉生产与应用手册 [M]. 北京：中国轻工业出版社，1999.

[14] 金仲信. α淀粉在高密度造型中的作用 [J]. 中国铸造装备与技术，2005 (3)：41-43.

[15] 孙宝歧，吴一善，梁志标，等. 非金属矿深加工 [M]. 北京：冶金工业出版社，1995.

[16] 虞继舜. 煤化学 [M]. 北京：冶金工业出版社，2000.

[17] 朱小龙，等. 高效煤粉在我厂高压造型线上的应用 [J]. 铸造工程（造型材料），2001 (4)：9-10.

[18] AMERICAN FOUNDRY SOCIETION. Mold and Core Test Handbook [M]. 3rd ed Illinois：American Foundry Societion，2001.

[19] 金仲信. 高密度造型型砂的管理 [J]. 铸造，2002 (5)：316-319.

[20] 金仲信. 对湿型砂的一些新认识 [J]. 中国铸造装备与技术，2002 (1)：12-15.

[21] 吴浚郊，陈浩. 型砂系统质量控制的新进展 [J]. 铸造，1999 (12)：44-48.

[22] 赵书诚. 型砂质量存在问题及改进措施 [J]. 中国铸造装备与技术，2000 (1)：34-38.

[23] 刘树藩. 湿型砂再生（上）、（下）[J]. 铸造设备研究，1997 (6)：36-43，1998 (2)：1-6.

[24] 于震宗. 湿型铸铁件生产中一些与型砂有关的问题解答（六）——与混砂工艺和技术有关的问题 [J]. 现代铸铁，2006，(1)：96-99.

[25] 于震宗，黄天佑，殷锡鹏. 湿型砂用膨润土检测技术的评述 [J]，现代铸铁，2003 (5)：45-48.

[26] 谢祖锡，向青春，汤彬，等. 湿型砂检测的概况及新发展 [J]. 铸造设备研究，2000 (1)：5-8.

[27] 于震宗. 湿型铸铁件生产中一些与型砂有关的问题解答（五）——与型砂性能检验方法有关的问题 [J]. 现代铸铁，2005，(6)：50-52.

[28] 于震宗. 中小铸造工厂适用的有效煤粉含量测定方法 [J]. 现代铸铁，2006，(2)：80-83.

[29] 阪口康司. Ⅶ. 生型造型技術の進展 [J]. 铸造工学，2000 (12)：790-793.

[30] 金仲信. 湿型砂品质的控制要点 [J]. 机械工人（热加工），2004 (4)：69-70.

[31] 金仲信. 关于热砂对型砂品质的影响 [J]. 铸造技术，2003 (2)：129-130.

[32] 于震宗. 吸蓝量试验方法的探讨 [J]. 铸造，2001 (4)：218-221.

[33] 黄天佑，陈忠兴，阮殿波，等. 智能化气动型砂多功能测试仪的研制 [J]. 机械工人（热加工），1997 (4)：17-19.

[34] 陈全芳，于震宗，黄天佑，等. 型砂质量管理专家系统 MSES 的研究应用 [J]. 机械工程学报，1994 (1)：7-12.

[35] 黄天佑，刘立东，胡永沂，等. ISO 9000 标准系列与型砂性能在线检测 [J]. 铸造，1996 (6)：42-45.

[36] 松川安次. 永野茂文. わが社の生型再生设备 [J]. JACT NEWS，1995 (5)：1-4.

[37] 黑川豊，等. 鉄铸物に発生する焼付き欠陥の観察 [J]. 铸造工学，2002 (5)：229-304.

[38] 郭景纯，李时荣. 旧砂再生技术的发展状况与展望 [J]. 中国铸造设备与技术，1985 (4)：3-6.

[39] KUCHASCZYK J M，LEIDEL D S. Combined Cooling，Reclamation，and Particulation for Improved Green Sand Performance [J]. Transaction AFS，1988，96：13-20.

[40] LESSITER M J. Putting Sand Reclamation to the Test at General Motors [J]. Modern Casting，1994 (8)：32-34.

[41] 吴景峰，等. 铸造废弃物资源化再利用的探讨 [J]. 铸造，2006 (12)：1294-1298.

[42] 霍卯田，等. 黏土旧砂再生后用于制芯的工艺试验 [J]. 铸造工程，2006 (2)：14-16.

[43] BOENISCH D. Regenerierung bentonithaltigen Giessereialtsande-Leitlinien seiner wirtschaftlichen und reststoffreduzierten Prozessfuehrung [J]. Giesserei 1990, 77 (19): 602-609.

[44] SAGMEISTER H, NECHTELBERGER. Sand-wirtschaft und Erforgdernisse des Umweltschutzes-Verringerung der Abfallmenge und Entsorgung von Giessereialtsanden in Oesterrich [J]. Giesserei-Rundschau, 1989, 36 (7/8): 15 - 19.

[45] IYER H L, WARD W. Bonding Properties of Core Process Binders on Recaimed Spent Sands Contai-ning Bentonite [J]. Transaction AFS, 100, 1992: 743 - 752.

[46] 小野村佳夫, 等. 生型砂の无焙烧再生システム によるコールドボックス法への适用 [J]. JACT News, 1985 (4): 27 - 37.

[47] 今泉诚. 再生砂が中子强度に及ぼす影响につ いて [J]. JACT News, 1992 (4): 50 - 51.

[48] 东野崇. 铸钢用铸物砂の再生处理技术の确立 とその适用 [J]. 铸物, 1990, 62 (9): 756 - 760.

[49] GIELISSEN H. Greensand Reclamation-a Decade of Experience [J]. Foundry Trade Journal, 2002 (2): 7 - 11.

[50] PISTOL G, HUEBLER J. Alternative Verfahren zum Trennen von Guss und Formstoff [J]. Giesserei, 1995, 82 (21): 781 - 786.

[51] 陈浩, 等. 型砂物料补加量的控制 [J]. 中国铸造装备与技术, 1999 (3): 24 - 28.

[52] ERNST W, OHLMES H, SCHOOF M. Vorbeugen-de Rezeptesteuerung durch Formstoffbilanzierung am Beispiel einer Gussgiesserei [J]. Giesserei, 1996, 83 (12): 11 - 16.

[53] WOJTAS H J, ROSENTAL M. Optimierung eines Sandsystems und Einfurung einer vorbeugende Formstoffsteuerung [J]. Giesserei, 1996, 83

(10): 14 - 19, (11): 25 - 29.

[54] CLARK S E. Evgaluation of Reclaimed Green Sand for Use in Various Core Processes [J]. Transaction AFS, 1994: 1 - 12.

[55] WIJK J V, GIELISSEN H. Einfluss der Regeneri-erung tongebundener Formstoffe auf den Verfahr-ensablauf bei der Gussherstellung [J]. Giesserei, 1995, 82 (21): 776 - 780.

[56] BOENISCH D. Der Neusandverbrauch im Nass-gussverfahren-Ursachen, Folgen, Minderungspoten-tials [J]. Giesserei, 1996, 83 (11): 17 - 22.

[57] STEPHAN H. Guss— und Gefuegefehler [M]. Berlin: hiele & Schoen, 2003.

[58] 陈国桢, 肖柯则, 姜不居. 铸件缺陷和对策手册 [M]. 北京: 机械工业出版社, 1996.

[59] 于震宗. 湿型旧砂再生处理的评述 [J]. 铸造工程, 2007 (3): 1 - 7.

[60] 朱世根, 陶李洋, 骆祎岚, 等. 铸造用云溪环保湿型砂的应用研究 [J]. 铸造设备与工艺, 2015 (5): 34 - 37.

[61] 朱世根, 陶李洋, 骆祎岗, 等. 云溪环保湿砂铸造性能的研究 [J]. 机械工程学报, 2016 (6): 92 - 98.

[62] 相士强, 孙清洲. 铸元素在含大量覆膜砂芯砂的粘土砂中的应用 [J]. 铸造, 2018 (8): 744 - 746.

[63] 樊自田, 刘富初, 龚小龙, 等. 铸造旧砂再生新方法、新进展及新期待 [J]. 中国铸造装备与技术, 2018 (7): 5 - 10.

[64] 万仁芳, 熊鹰, 吴长松, 等. 湿型砂旧砂热法再生技术及再生砂性能 [J]. 铸造设备与工艺, 2016 (10): 30 - 33, 43.

[65] 黄亦飞, 祁洪高. 湿型旧砂再生砂在冷芯盒制芯中的应用 [J]. 现代铸铁, 2015 (3): 81 - 85.

第4章 水玻璃砂

4.1 概述

水玻璃砂是以适当比例的原砂和水玻璃（有时配有其他辅助材料）的混合物，用于铸造造型的一种型砂。水玻璃砂诞生至今已有70多年历史。70多年来水玻璃砂的工艺技术不断改进、创新、发展。有人按水玻璃砂硬化剂的改进将其划分为三代：第一代为气态硬化剂（CO_2）；第二代为固态硬化剂（如硅铁粉、赤泥等）；第三代为液态硬化剂（有机酯）。每一代的进步不仅体现在工艺技术简化方面，更体现在工艺性能的改善方面。尤其以有机酯为硬化剂的第三代水玻璃砂大幅度降低了型砂中水玻璃加入量，使砂型溃散性得以根本改善，为水玻璃砂在铸造生产中进一步扩大应用范围注入了新的生命力。随着有机酯水玻璃自硬砂旧砂湿法再生技术开发成功，有机酯水玻璃自硬砂工艺已趋于完善，在保证铸件质量、降低生产成本、资源循环利用、生态环境友好等方面都具有显著优势。

4.2 水玻璃

4.2.1 水玻璃的特点

水玻璃别名泡花碱，是硅酸钠、硅酸钾、硅酸锂和硅酸季铵盐在水中以离子、分子和硅酸胶粒并存的分散体系。它们处在特定的模数和含量范围内，分别称为钠水玻璃、钾水玻璃、锂水玻璃和季铵盐水玻璃。在本手册中除特别指明外，水玻璃一般指钠水玻璃。其化学通式为 $Na_2O \cdot mSiO_2 \cdot nH_2O$。$SiO_2$ 与 Na_2O 的摩尔数比值称为模数，用 M 表示。

$$M = \frac{SiO_2\ 摩尔数}{Na_2O\ 摩尔数} = \frac{SiO_2\ 质量分数}{Na_2O\ 质量分数} \times 1.033$$

(4-1)

铸造中使用的水玻璃的模数通常为 $2 < M < 4$。水玻璃的 SiO_2 与 Na_2O 的质量比称为硅碱比，但西方某些国家习惯上也将钠水玻璃的硅碱比称为模数。

钾水玻璃、锂水玻璃和季铵盐水玻璃由于原材料供应和价格等方面的原因，过去很少用于铸造生产。现代研究表明，这些非钠水玻璃用作型砂黏结剂，相对于钠水玻璃，在抗吸湿、抗侵蚀、抗烧结以及控制硬化反应等方面具有优势，可用于钠水玻璃的改性，正逐步得到应用。

纯净的水玻璃是无色透明的黏稠液体，当含有铁、锰、铝、钙的氧化物时，则带有黄绿、青灰和乳白等各种颜色。

水玻璃可以用物理的和化学—物理相结合的方法进行硬化，可以适应造型、制芯工艺的多样性，生产应用的广泛性是水玻璃的最大优点和特点。在型砂工艺方面，既有适应大规模机械化流水线的自硬砂工艺、冷芯盒射芯工艺、精密铸造工艺，也有适应各种规模的、手工操作的 CO_2 吹气硬化工艺，甚至可用于特殊的、不用模样的三维快速直接成型造型工艺；在产品方面，可应用于钢、铁、各种非铁合金，大大小小各类铸件。它已成功应用于从以克计质量的精铸小件到质量达400t的特大型铸钢件的生产。

硅酸钠熔点较低，在高温下软化，使砂型在高温下具有较好的退让性，能减少铸件的热裂缺陷。但由于水玻璃在高温下熔融并能促进硅砂烧结，因此最初的 CO_2 吹气硬化的水玻璃型砂，由于水玻璃加入量偏高，浇注后型砂的残留强度高，溃散性差。20世纪中后期开发的有机酯水玻璃自硬砂、真空置换硬化（VRH）法和微波烘干法等工艺，使得型砂中水玻璃加入量大幅度降低，型砂的溃散性得到显著改善。之后，有机酯水玻璃自硬砂旧砂的再生经过干法、热法、湿法等几个阶段的改进，也趋于完善。

与许多有机黏结剂相比，水玻璃有两大优势：①对环境友好，对人体无害。它在混砂、造型、浇注、旧砂再生等生产环节都没有产生对人体有害的气体，可以做到清洁化、无害化生产。②资源丰富，价格低廉。

水玻璃模数和其质量分数的关系见图4-1。

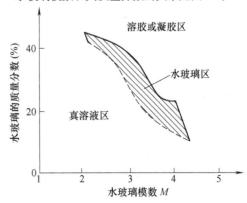

图4-1 水玻璃模数和其质量分数的关系

4.2.2　水玻璃的硬化

水玻璃的硬化过程是由液体水玻璃向水玻璃凝胶（甚至脱水水玻璃凝胶）转化的过程。实现这个转化过程通常有两条途径：一条是纯物理转化过程；另一条是化学、物理转化过程。

1）纯物理转化过程（也称为"物理硬化"）是水玻璃不断失水浓缩的过程。随着这一过程的进行，水玻璃逐步转化成黏稠液体、胶状体、凝胶（甚至脱水成为水玻璃凝胶）。加热硬化水玻璃砂工艺就是纯物理转化过程。

2）化学、物理转化过程（也称为"化学硬化"）是水玻璃与硬化剂进行一定程度的化学反应过程。伴随着反应过程的进行，一方面，水玻璃的模数由低变高；另一方面，也伴随着一定的物理效应，如热效应、含水结晶物的吸水效应、CO_2的脱水效应等。这两个方面共同促成液体水玻璃向水玻璃凝胶转化（见图4-2）。吹CO_2硬化水玻璃砂工艺，有机酯水玻璃自硬砂工艺等，都属于这一类型。

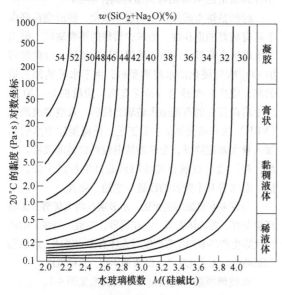

图4-2　水玻璃模数（硅碱比）和其质量分数及黏度的关系

图4-2所示是水玻璃模数（硅碱比）和其质量分数及黏度的关系。图中每条曲线左边的数字是该曲线所代表的水玻璃的质量分数。从图中可以看出，水玻璃的黏度对应一个模数—质量分数相结合的临界值，超过临界值的水玻璃便开始凝聚胶化，黏度急剧升高而失去流动性，并趋向硬化。凝胶进一步脱水，则强度进一步提高。

正是由于水玻璃所具有的这种硬化特性，铸造工

作者以水玻璃为黏结剂开发出多种多样的型砂工艺，适应各式各样的造型方法，满足不同类型、不同规格、不同批量的铸件的生产需要。

4.2.3　水玻璃的黏结强度

水玻璃的黏结强度与水玻璃的模数、浓度和硬化方法密切相关。实践证明，不同的硬化工艺，不同的气候条件下，为了达到最佳的强度性能，对水玻璃的模数和浓度都有特定的要求。

硬化方法对水玻璃的黏结强度有显著影响。例如，水玻璃型砂烘干硬化的强度是CO_2硬化强度的10倍以上；有机酯硬化法和VRH法比吹CO_2硬化法，其水玻璃的比强度（每加入占原砂质量分数1%的水玻璃所具有的黏结强度）提高2～3倍。

虽然水玻璃烘干法黏结强度最高，但它的吸湿性太强，而CO_2和有机酯硬化的水玻璃砂的抗吸湿性均有不同程度的提高。

4.2.4　水玻璃的制法和规格

1. 水玻璃的制法

水玻璃的工业制法分干法（固相法）和湿法（液相法）两种。

1）干法生产水玻璃是将硅石和纯碱（Na_2CO_3）按一定比例混合后，在反射炉中加热到1400℃左右，生成熔融状硅酸钠，即

$$mSiO_2 + Na_2CO_3 \rightleftharpoons Na_2O \cdot mSiO_2 + CO_2 \uparrow$$
$$(4-2)$$

硅酸钠经过水淬或冷却后粉碎成块状，然后将碎块在热压釜内溶解，吸滤和浓缩后，所得的产品即为水玻璃。固相法能制取高模数（$M = 3.3 \sim 3.7$）的水玻璃。

2）湿法生产是将质量分数为30%的烧碱（NaOH）溶液和硅砂，在0.4～0.7MPa的热压釜内加热到160℃左右，经真空吸滤和蒸发浓缩，即可制得成品。湿法一般只能制得$M < 3$的水玻璃。

$$mSiO_2 + 2NaOH \rightleftharpoons Na_2O \cdot mSiO_2 + H_2O \quad (4-3)$$

也有用无水芒硝（Na_2SO_4）、石英和焦炭混合加热来制取熔融硅酸钠。此法严重污染环境，产品质量差，应予淘汰。

2. 水玻璃的规格

工业液体硅酸钠国家标准技术指标见表4-1。工业固体硅酸钠国家标准技术指标见表4-2。工业硅酸钾钠化工行业标准技术指标见表4-3。钾水玻璃青岛泡花碱厂企业标准技术指标见表4-4。锂水玻璃部分产品的企业标准技术指标见表4-5。铸造用水玻璃行业标准技术指标见表4-6。

表4-1 工业液体硅酸钠国家标准技术指标（GB/T 4209—2008）

技术指标		液1			液2			液3			液4		
		优等品	一等品	合格品	优等品	一等品	合格品	优等品	一等品	合格品	优等品	一等品	合格品
$w(Fe)$（%）	≤	0.02	0.05	—	0.02	0.05	—	0.02	0.05	—	0.02	0.05	—
w（水不溶物）（%）	≤	0.10	0.40	0.50	0.10	0.40	0.50	0.20	0.60	0.80	0.20	0.80	1.00
密度(20℃)/（g/cm³）		1.336~1.362			1.368~1.394			1.436~1.465			1.526~1.559		
$w(Na_2O)$（%）	≥	7.5			8.2			10.2			12.8		
$w(SiO_2)$（%）	≥	25.0			26.0			25.7			29.2		
模数 M		3.41~3.60			3.10~3.40			2.60~2.90			2.20~2.50		

表4-2 工业固体硅酸钠国家标准技术指标（GB/T 4209—2008）

技术指标		固1			固2			固3	
		优等品	一等品	合格品	优等品	一等品	合格品	一等品	合格品
w（可溶固体）（%）	≥	99.0	98.0	95.0	99.0	98.0	95.0	98.0	95.0
$w(Fe)$（%）	≤	0.02	0.12	—	0.02	0.12	—	0.10	—
$w(Al_2O_3)$（%）	≤	0.30	—	—	0.25	—	—	—	—
模数 M		3.41~3.60			3.10~3.40			2.20~2.50	

表4-3 工业硅酸钾钠化工行业标准技术指标（HG/T 2830—2009）

技术指标		钾钠水玻璃类别							
		Ⅰ类（钾钠比1:1）		Ⅱ类（钾钠比2:1）		Ⅲ类（钾钠比4:1）			
						1型		2型	
		一等品	合格品	一等品	合格品	一等品	合格品	一等品	合格品
密度(20℃)/（g/cm³）		1.408~1.436		1.436~1.465		1.394~1.422		1.465~1.495	
$w(K_2O)$（%）	≥	5.50		8.50		10.0		10.5	
$w(Na_2O)$（%）	≥	5.50		4.20		2.50		2.50	
$w(SiO_2)$（%）	≥	24.0		25.0		24.0		29.0	
模数 M		2.50~2.70		2.50~2.70		2.50~2.70		2.80~3.30	
$w(S)$（%）	≤	0.03	0.05	0.03	0.05	0.03	0.05	0.03	0.05
$w(P)$（%）	≤	0.03	0.05	0.03	0.05	0.03	0.05	0.03	0.05
w（水不溶物）（%）	≤	0.1	0.2	0.1	0.3	0.1	0.2	0.1	0.3
黏度/mPa·s(20℃)	≥	—	—	—	—	—	—	1500	

表4-4 钾水玻璃青岛泡花碱厂企业标准技术指标

技术指标		QPY-401	QPY-402	QPY-403	QPY-404
波美度(20℃)/°Be′		35.0~37.0	40.0~42.0	43.0~45.0	48.0~50.0
密度(20℃)/（kg/mL）		1.318~1.343	1.381~1.408	1.422~1.450	1.495~1.528
$w(K_2O)$（%）	≥	9.00	12.00	13.00	16.50
$w(SiO_2)$（%）	≥	22.00	24.50	24.00	29.00
模数 M		3.50~3.70	3.00~3.30	2.80~3.00	2.60~2.80
$w(S)$（%）	≤	0.050	0.050	0.050	0.050
黏度(20℃)/mPa·s	≥	150	—	—	—

表 4-5　锂水玻璃部分产品的企业标准技术指标

技术指标	我国某企业	杜邦 48 型	杜邦 85 型
$w(SiO_2)(\%)$	20 ± 1.0	20	20
$w(LiO_2)(\%)$	2.1 ± 0.1	2.1	1.2
模数 M	4.8 ± 0.1	4.8	8.5
密度(298K)/(g/cm³)	1.18 ± 0.01	1.17	1.17
pH 值	11.5 ± 0.5	11	$10.6 \sim 10.8$
稳定性	>12 个月	>12 个月	—

表 4-6　铸造用水玻璃行业标准技术指标
(JB/T 8835—2013)

技术指标	ZS – 2.8	ZS – 2.4	ZS – 2.0
模数 M	$2.5 \sim 2.8$	$2.1 \sim 2.4$	$1.7 \sim 2.0$
密度(20℃)/(g/cm³)	$1.42 \sim 1.50$	$1.46 \sim 1.56$	$1.39 \sim 1.50$
黏度(20℃)/mPa·s ≤	800	1000	600
$w(Fe)(\%)$ ≤		0.05	
$w(水不溶物)(\%)$ ≤		0.5	

注: ZS – 2.0 为改性水玻璃。

4.2.5　水玻璃模数和浓度的调整

水玻璃模数和浓度对水玻璃黏结剂的硬化性能、黏结强度和溃散性能都有重要影响。因此，实际生产中根据环境的变化，可适当调整水玻璃的模数和浓度来改变型砂的工艺性能，以适应生产操作的要求。

1. 水玻璃模数的调整

调整水玻璃模数就是调整水玻璃溶液中 SiO_2 和 Na_2O 摩尔比值。可以通过计算调整水玻璃中 Na_2O 的质量分数来调整水玻璃的模数。

要求降低水玻璃模数时，往水玻璃中加入 Na_2O 水溶液（质量分数为 $10\% \sim 20\%$）；要求升高水玻璃模数时，往水玻璃中加入 NH_4Cl 水溶液（质量分数为 10%）或无定形 SiO_2；也可以按比例将高、低模数的水玻璃混合获得一种中间模数的水玻璃。

研究发现，溶解在水玻璃中的盐类杂质有加速其老化从而降低其黏结强度的危害。因而，在调高水玻璃模数时，往水玻璃中加入无定形 SiO_2 比加入 NH_4Cl 水溶液好。

用 Na_2O、NH_4Cl 及无定形 SiO_2 调整水玻璃模数的计算式为

$$x = 1.033 \times \frac{B}{M} - C \tag{4-4}$$

$$y = 1.73 \times \left(C - \frac{1.033B}{M}\right) \tag{4-5}$$

$$z = \frac{MC}{1.033} - B \tag{4-6}$$

式中　x——每 100g 水玻璃应加入的 Na_2O（g）；

y——每 100g 水玻璃应加入的 NH_4Cl（g）；

z——每 100g 水玻璃应加入的无定形 SiO_2（g）；

M——要求达到的模数；

B——原水玻璃中 SiO_2 的质量分数（%）；

C——原水玻璃中 Na_2O 的质量分数（%）。

混合高低模数水玻璃调整模数的计算式为

$$M = \frac{B_dD + B_hH}{C_dD + C_hH} \tag{4-7}$$

式中　M——混合后的水玻璃模数；

B_d——原低模数水玻璃中 SiO_2 的质量分数（%）；

C_d——原低模数水玻璃中 Na_2O 的质量分数（%）；

B_h——原高模数水玻璃中 SiO_2 的质量分数（%）；

C_h——原高模数水玻璃中 Na_2O 的质量分数（%）；

D——原低模数水玻璃加入量（kg）；

H——原高模数水玻璃加入量（kg）。

2. 水玻璃浓度的调整

水玻璃浓度是指它的水溶液中含有 $Na_2O \cdot mSiO_2$ 的质量分数。调整水玻璃浓度只需通过加热脱水或增水即能实现。

水玻璃密度和浓度之间虽然并不存在严格的线性关系，但是习惯上还是用密度来反映水玻璃的浓度。在铸造行业更习惯于用波美度 B_e（°Be′）来表示。20℃ 的水玻璃波美度与密度 ρ（单位为 g/cm³）的换算式为

$$\rho = \frac{144.3}{144.3 - B_e} \tag{4-8}$$

其中

$$B_e = \frac{144.3 - 144.3}{\rho} \tag{4-9}$$

水玻璃模数、密度（波美度）与 SiO_2、Na_2O 的质量分数的关系见图 4-3。

根据图 4-3 只要知道水玻璃 4 个参数中任何两个，

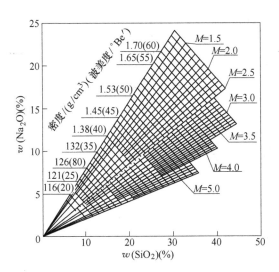

图 4-3　水玻璃模数、密度（波美度）与 SiO₂、Na₂O 的质量分数的关系（20℃时）

就可以求出另外两个参数。例如，已知水玻璃模数为 3，波美度为 45°Be′，则从图中即可查出：Na₂O 的质量分数为 10.4%，SiO₂ 的质量分数为 31%，并由此算出水玻璃中水的质量分数为 58.6%。如果从该水玻璃中去水浓缩后波美度变为 50°Be′，则从图中即可查出：SiO₂ 的质量分数为 35%，Na₂O 的质量分数为 11.4%，并由此算出水玻璃中水的质量分数为 53.6%，即该水玻璃中去水浓缩后，模数不变，但 SiO₂ 的质量分数上升为 35%，Na₂O 的质量分数上升为 11.4%。

4.2.6　水玻璃的老化和物理改性

1. 水玻璃的老化

水玻璃的老化是指水玻璃在存放过程中水玻璃中的硅酸逐步聚合成胶粒的过程。其表现为水玻璃黏度和黏结强度显著下降，凝聚胶化速度加快。水玻璃老化过程是水玻璃内部能量缓慢释放的过程。水玻璃的老化对其物理性能和型砂强度的影响见表 4-7。

表 4-7　水玻璃的老化对其物理性能和型砂强度的影响

存放天数/d	水玻璃 $M=2.89$，$\rho=1.44g/cm^3$						水玻璃 $M=2.44$，$\rho=1.41g/cm^3$					
	M	ρ	η	σ	K	τ	M	ρ	η	σ	K	τ
0	2.89	1.44	10.8	76	1.89	1.40	2.44	1.412	9.6	78.2	2.03	1.33
7	2.85	1.425	9.6	96.1	1.81	0.96	2.42	1.415	9.4	85.1	1.95	1.28
30	2.87	1.43	9.1	111	1.75	0.9	2.48	1.414	9.3	127.0	1.62	1.24
60	2.90	1.45	8.6	183	1.63	0.66	2.41	1.413	8.9	138.5	1.51	1.22
90	2.86	1.43	7.6	195	1.49	0.62	2.44	1.403	7.9	138.7	1.42	1.18

注：M—模数；ρ—密度（g/cm³）；η—黏度（20℃，6#黏度杯流尽的秒数）；σ—表面张力（mN/m）；K—凝胶值（1mL 水玻璃形成凝胶时所需盐酸的毫升数）；τ—干拉强度（MPa）（型砂质量比为：原砂 100，水玻璃 4，制成"8"字形标样，200℃烘干 0.5h）。

硅酸的聚合过程可简示如下：

$$\begin{array}{c} \text{OH} \qquad\qquad \text{OH} \\ | \qquad\qquad\quad | \\ \text{HO—Si—ONa} \longleftarrow \text{HO—Si—O+2Na} \\ | \qquad\qquad\quad | \\ \text{OH} \qquad\qquad \text{OH} \\[4pt] \text{OH} \qquad\qquad \text{OH} \\ | \qquad\qquad\quad | \\ \text{HO—Si—OH+O—Si—OH} \Longleftrightarrow \\ | \qquad\qquad\quad | \\ \text{OH} \qquad\qquad \text{OH} \\[4pt] \text{OH} \qquad\quad \text{OH} \\ | \qquad\qquad | \\ \text{HO—Si—O—Si—OH+OH} \\ | \qquad\qquad | \\ \text{OH} \qquad\quad \text{OH} \end{array}$$

以此类推，硅酸的聚合过程不断进行下去。若以"·"代表一个硅酸单元，则完整的聚合过程见图 4-4。

这一聚合过程持续进行，直至生成立方八硅酸及其缩聚物胶粒。

在硅酸缩聚的同时，被排斥出来的钠离子进攻另一聚硅酸的分子链，使后者解聚。

在水玻璃存放过程中，缩聚和解聚同时进行着，聚硅酸盐的相对分子质量发生了歧化，这就是水玻璃的老化过程。老化过程进行到最终，理论上达到聚硅酸胶粒和正硅酸钠的平衡体系。但随着老化过程的推移其速度越来越慢，不可能达到上述平衡体系。

水玻璃的老化对水玻璃的使用性状有很大害处。它使水玻璃砂混合料的可使用时间缩短 20% ~30%，迫使型砂配比中水玻璃加入量增加，导致型砂的溃散性和旧砂的回用性恶化。因此铸造生产中应尽可能使用新鲜水玻璃，对已经老化的水玻璃应通过物理改性后再使用。

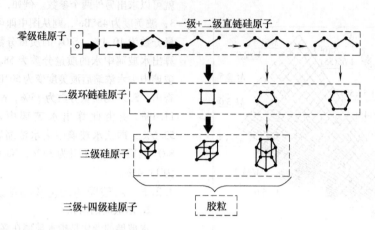

一级+二级直链硅原子

零级硅原子

二级环链硅原子

三级硅原子

三级+四级硅原子　　胶粒

图 4-4　硅酸的聚合过程

必须指出的是，水玻璃中的盐（NaCl、Na_2SO_4、Na_2CO_3 等）的存在对水玻璃的稳定性有很不利的影响。这些电解质的存在，使硅酸胶粒的 ζ 电位下降，胶体稳定性降低，加速水玻璃的老化。几种盐的浓度对模数 $M=3$，原始黏度分别为 1Pa·s、2Pa·s 和 4Pa·s 的水玻璃黏度的影响见图 4-5。

2. 水玻璃的物理改性

既然水玻璃的老化是由于水玻璃的自动释放出能量，那么消除水玻璃的老化就必须向老化的水玻璃体系中输入能量。输入能量的方法很多，如磁场处理、超声振荡、回流加热、热压釜加热等。表 4-8 显示了几种水玻璃样品存放过程中逐渐老化和通过几种不同的物理改性方法消除老化的情况。

超声处理的方法是将装有水玻璃的容器置于超声波清洗器的洗槽内，槽内放有 40mm 深的水，超声频率为 13.5~18Hz。开动超声波清洗器，振动一段时间，对水玻璃进行改性。

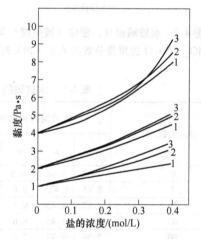

图 4-5　盐的浓度对模数 $M=3$，原始黏度分别为 1Pa·s、2Pa·s 和 4Pa·s 的水玻璃黏度的影响

1—NaCl　2—Na_2SO_4　3—Na_2CO_3

表 4-8　水玻璃试样老化和改性组成变化情况

状　态		模数 M							
		1.8	2.5	3.0	3.5	1.8	2.5	3.0	3.5
		正硅酸（质量分数,%）				高聚硅酸（质量分数,%）			
老化	存放 1d	31.2	22.0	13.0	8.4	14.2	26.0	39.2	51.0
	存放 60d	21.7	17.3	14.5	12.5	17.3	37.5	44.0	55.0
	存放 120d	17.2	15.8	14.8	14	33.5	42.9	47.3	55.0
物理改性	热压釜加热	30.8	21.5	14.2	8.8	15.0	26.7	39.7	51.2
	磁场处理	31.8	21.5	14.2	8.6	15.0	26.7	39.4	51.2
	超声振荡	31.8	21.8	14.1	8.5	14.5	26.3	39.3	51.2
	回流加热	31.0	21.8	14.0	8.5	14.4	26.2	39.3	51.2

磁场处理最适用于中模数水玻璃（$M = 2.35 \sim 2.6$）。磁场处理必须在最佳的磁感应强度（$0.5 \sim 0.65T$）及最佳流速（$0.954 \sim 1.212\text{m/s}$）下进行，这时效果最佳。处理方法可用永磁磁场，也可用电磁场在输送管道上进行处理，必要时经过多次循环。

经物理改性的水玻璃，可将因老化而损失的 $20\% \sim 30\%$ 黏结强度恢复过来，使水玻璃型砂中的水玻璃加入量相应降低。物理改性水玻璃只是使已经老化的水玻璃回复到新鲜水玻璃的状态，如不及时使用，仍旧会随存放时间的延长逐渐老化。表4-9是改性水玻璃砂与未改性水玻璃砂强度对比。

表4-9 改性水玻璃砂与未改性水玻璃砂强度对比

改性时间/min	强度平均值/MPa	强度相对增长率
5	3.886	$\dfrac{3.886 - 2.948}{2.948} \times 100\% = 31.8\%$
未改性	2.948	
10	3.970	$\dfrac{3.970 - 2.936}{2.936} \times 100\% = 37.2\%$
未改性	2.930	
15	4.026	$\dfrac{4.026 - 2.927}{2.927} \times 100\% = 37.5\%$
未改性	2.927	

注：1. 表中未改性为存放3个月的老化水玻璃。
2. 水玻璃改性方法为超声波改性。

表4-9中数据说明，对已老化水玻璃进行物理改性，可以充分调动水玻璃的黏结潜力，从而减少型砂中水玻璃加入量。用于生产最适用的物理改性方法是磁场处理。磁场处理的试验装置见图4-6，磁感应强度由整流器调整电磁铁的电流强度来控制。用CT3-3A型特斯拉计测定磁感应强度，并由单位时间内流经一定断面积增强管的水玻璃总量计算而得。设计控制系统是为了实现间隙式加料的循环操作，同时可以对水玻璃加入量进行定时定量控制。

4.2.7 助黏剂

为了提高水玻璃砂的强度，同时又能改善水玻璃砂的溃散性，有时需要向水玻璃中加入助黏剂。例如，福士科公司的 Solosil-433 水玻璃中加入质量分数为30%的氢化水解淀粉液，以及少量的促进剂和树脂。表4-10是 Solosil-433 水玻璃型砂与普通水玻璃型砂 CO_2 硬化后抗压强度和残留强度对比。从表4-10数据可以看出，添加助黏剂的水玻璃黏结强度高，溃散性好。又例如，济南铸锻机械研究所开发成功的 RC 系列改性水玻璃，可明显抑制残留强度第二峰值。RC 系列水玻璃砂与普通水玻璃砂残留强度对比见图4-7。

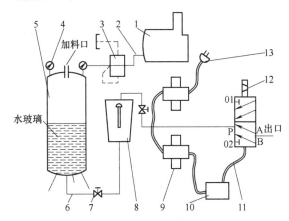

图4-6 磁场处理的试验装置
1—空气压缩机 2—输气管 3—减压阀
4—压力计 5—密封容器 6—增强管
7—阀 8—转子流量计 9—电磁铁
10—电路控制板 11—导线 12—电磁铁 13—电源插头

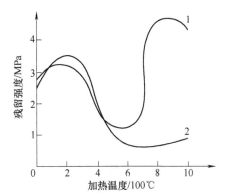

图4-7 RC 系列水玻璃砂与普通水玻璃砂残留强度对比
1—普通水玻璃砂 [配比（质量比）：砂100，水玻璃6] 2—RC 系列水玻璃砂 [配比（质量比）：砂100，水玻璃3.5，水1]

表4-10 两种型砂 CO_2 硬化后抗压强度和残留强度对比 （单位：MPa）

试样状态	常温抗压强度						800℃烘干20min后残留强度（抗压）
型砂中黏结剂加入量（质量分数，%）	实时	存放1d	存放2d	存放3d	存放7d	存放15d	
5（普通水玻璃）	0.255	0.108	0.18	0.12	0.124	0.088	0.643
4.5（Solosil-433 水玻璃）	0.242	0.358	0.406	0.369	0.380	0.206	0.097

4.2.8　水玻璃的化学改性剂

水玻璃的化学改性是往水玻璃中添加一种或数种其他物质，借以阻缓水玻璃的老化，减少因老化而损失的黏结强度。改性剂与助黏剂的主要区别在于：作为改性剂的添加剂是微量的，如聚丙烯酰胺只要添加质量分数为 0.2% 的量，而作为助黏结剂的添加量可以是水玻璃质量的百分之几至百分之几十。其区别在于添加物的分子结构是否与硅酸分子链相匹配。适宜用于水玻璃化学改性剂的化合物必须满足下述 4 项要求：①具有与硅羟基形成氢键的能力。②具有一定的表面活性。③在可溶范围内，活性随聚合度而增高。④分子折叠后可将每平方纳米内 8 ~ 10 个硅羟基覆盖住。

这些改性剂加入水玻璃中使硬化后的水玻璃胶粒细化或直接起增强作用，并有利于改善溃散性。因此，改性剂在水玻璃黏结剂中能起以下作用：

（1）屏蔽作用（阻缓老化）　即在水玻璃固化时限制凝胶胶粒的长大，这可以通过在凝胶胶粒表面形成高分子保护层来达到。高分子改性剂靠氢键或静电引力吸附在胶粒表面改变其表面位能和溶剂化能力，使水玻璃固化时获得细小的凝胶胶粒，从而提高水玻璃的黏结强度。当然这种起屏蔽作用的高分子最好其本身也能被 CO_2 气体硬化或引起胶凝，但改性剂不能用醋酸或有机酯，因为加入它们会使水玻璃胶凝。

（2）黏结桥作用　即在水玻璃分子结构中引入改性剂以增加分子结构中的极性官能团密度和极性官能团活性。当改性水玻璃分子结构中含有高密度和高活性极性官能团时，吹 CO_2 之后，能形成更多的黏结桥，获得高的黏结强度。

（3）改善出砂性作用　为使改性水玻璃在高温时有适当的高温强度和冷却后有低的残留强度，要求改性剂能在高温时与水玻璃中的氧化钠等形成较高熔点（或形成冷却时收缩量大、易产生裂纹）的化合物。同时要求具有这种作用的改性剂（改性助剂）在常温时也能促进水玻璃胶凝，有利于提高或至少不会削弱常温黏结强度。

因此，水玻璃的化学改性既能提高型砂的常温强度，又能降低其残留强度，使型砂有好的综合性能。水玻璃的化学改性，花费不多但增强效果显著，还可以减少水玻璃的加入量，具有较大的经济效益。

水玻璃的化学改性剂（如聚丙烯酰胺）阻缓老化的有效期，对低模数水玻璃约 2 个月，对高模数水玻璃约 1 个月。

表 4-11 是 CO_2 吹气硬化丙烯酸改性水玻璃砂与普通 CO_2 吹气硬化水玻璃砂的性能对比。从表中数据可以看出，改性水玻璃砂强度提高非常明显，而且溃散性得到很大改善。

表 4-11　CO_2 吹气硬化丙烯酸改性水玻璃砂与普通 CO_2 吹气硬化水玻璃砂的性能对比

水玻璃种类	加入量（质量分数，%）	抗压强度/MPa		
		即时	24h	800℃
改性水玻璃	3.5	0.58	3.55	0.13
	6.0	0.38	6.05	0.43
普通水玻璃	3.5	0.41	1.37	3.25
	6.0	0.20	2.63	6.44

4.2.9　水玻璃的复合改性

将钠水玻璃、钾水玻璃、锂水玻璃和季铵水玻璃两种或两种以上混合起来称为复合水玻璃。在铸造中，主要往钠水玻璃中加入钾水玻璃或（和）锂水玻璃。复合水玻璃的优点如下：

1）钾水玻璃的抗老化性能比较好，所以复合水玻璃的保存性能好。

2）K^+、Li^+ 对硅砂的侵蚀性较弱，有助于改善水玻璃砂的溃散性。

3）钾水玻璃具有较强的吸湿性，但当它以质量分数为 30% 左右加入钠水玻璃中，抗吸湿性比两个单独成分都好。由此可见，复合水玻璃不是简单的机械混合，而是发生了水玻璃凝胶结构的变化。

4）钾水玻璃的硬化速度比较快，在钠水玻璃中加入适量钾水玻璃后在冬季低温下可促使 CO_2 硬化完全。

5）硅酸锂不溶于水，锂水玻璃失水后也不溶于水。因此使用钠锂复合水玻璃，或往混合料中添加质量分数为 1% 的 LiOH 的溶液，有助于改善抗吸湿性和溃散性。

一种以钾钠水玻璃为基的复合改性水玻璃黏结剂的性能见表 4-12。表中数据显示型砂强度峰值右移，砂型保存性改善。

表 4-12　以钾钠水玻璃为基的复合改性水玻璃黏结剂的性能

黏结剂类别			抗压强度/MPa				
K_2O 与 Na_2O 质量比	模数（质量分数，%）	聚丙烯酰胺加入量（质量分数，%）	即时	24h	48h	200℃	1000℃
4:2	0.122	3.0	1.6	1.75	1.7	2.3	0.63
	0.165	3.0	1.7	1.9	1.63	2.1	0.55
	0.198	3.0	1.5	1.7	1.6	2.0	0.51

注：黏结剂模数 $M = 2.5 ~ 2.7$，波美度为 $45 ~ 55°Be'$。

根据我国铸造工作者研究结果，在硅酸盐水溶液中，黏结力由大到小的顺序是 Na > K > Al；抗烧结性能的顺序是 Al > K > Na；碱金属离子的胶粒凝聚能力的顺序是 $Al^+ > Na^+ > K^+$。由于这些特性使钾水玻璃容易包覆在砂粒表面，因而硬化速度快，黏结膜较薄，容易产生断裂，导致残留强度降低，因此钾水玻璃砂溃散性较好。3 种水玻璃砂的溃散情况见表 4-13。

表 4-13 3 种水玻璃砂的溃散情况

水玻璃种类	锤击此数/次		型砂散落情况	结果
	尖冲头	平冲头		
钠水玻璃	3	46	中心大块，周围小块	差
钾水玻璃	1	7	粉状	好
三元复合水玻璃	1	11	小块与粉状	较好

4.2.10 水玻璃砂溃散剂

往水玻璃中或在混砂时往混合料中加入少量用来改善水玻璃砂溃散性的化学物质，统称为溃散剂。水玻璃砂溃散剂根据其作用机理分为两大类：①溃散剂本身具有黏结力，它的加入可取代部分水玻璃，同时又能减轻水玻璃砂的高温烧结作用，改善水玻璃砂的溃散性。②溃散剂能在高温下分解、汽化或体积发生突变，破坏了水玻璃黏结膜的连续性。还有些溃散剂兼有以上两类溃散剂的功能。溃散剂的种类很多，归纳起来大致有以下几类：

1）多糖类，如蔗糖、葡萄糖、糊精、淀粉等。

2）树脂类，如呋喃树脂、水溶性酚醛树脂、酮醛树脂、有机酯等。

3）油类，如渣油、沥青、动物油、植物油等。

4）纤维素类，如聚醋酸乙烯、羧甲基纤维素、烃丙基甲纤维素等。

5）碳质类，如煤粉、石墨粉等。

6）无机物类，如氧化铁、氧化铝、氧化镁、碳酸钙等粉类。但这些无机物会消耗掉一部分水玻璃。

7）矿石类，如氟化钙、氟化铝等。这些氟化物在高温下生成 SiF_4 而溢出。

8）其他材料，如腐殖酸钠等。

水玻璃砂溃散性差是由于水玻璃砂中钠离子在高温下对二氧化硅的侵蚀、烧结而造成的。因此，减少型砂中水玻璃加入量，是改善水玻璃砂溃散性最重要的措施。从这个意义上说，大多数化学改性剂和助黏剂在水玻璃砂中均有一定的助溃散作用。

根据上述原理，国内外已开发出多种用于 CO_2 硬化工艺的改性水玻璃及其型砂工艺。例如，新型 RC 系改性水玻璃砂工艺、K220 系列易溃散改性水玻璃、强力 2000 多重变性水玻璃、有机改性硅酸复盐水玻璃，以及用于有机酯水玻璃自硬砂改善硬透性和溃散性的 HWG 系列改性水玻璃等；国外有 Solosil-433 改性水玻璃等。

4.2.11 水玻璃硬化剂——有机酯

水玻璃砂的硬化剂有气体（如 CO_2）、固体（如硅铁粉、β 硅酸二钙、氟硅酸钠等）和液体（如丙烯碳酸酯、多元醇乙酸酯等）。固体硬化剂因加入量等原因使用者逐渐减少。目前最常用的是气态 CO_2 和液态有机酯。

有机酯是水玻璃砂最常用的液态硬化剂。有机酯在水玻璃的碱性介质中水解成醇和酸，水解生成的酸中和水玻璃中部分 Na_2O 组分，使水玻璃模数升高。同时，反应生成的醇吸收溶剂化水，反应生成的有机酸钠盐（如醋酸钠）吸收结晶水，使型砂体系中的水玻璃浓度升高。根据 4.2.2 节水玻璃硬化机理可知，水玻璃的黏度随着其模数和浓度的升高而增大，当达到一定的临界值后便失去流动性而硬化。有机酯的种类很多，国内用于水玻璃砂硬化剂的有下列几种：

（1）丙三醇乙酸酯类 丙三醇乙酸酯又称甘油醋酸酯，其化学分子式与物理性能见表 4-14。

表 4-14 丙三醇乙酸酯类的化学分子式与物理性能

名称	分子式	熔点/℃	沸点/℃	在水中溶解度（质量分数,%）
丙三醇三乙酸酯	CH₂OCOCH₃ | CHOCOCH₃ | CH₂OCOCH₃	-77 ~ 78	258 ~ 359	7.17（15℃时）
丙三醇二乙酸酯	CH₂OCOCH₃ | CHOCOCH₃ | CH₂OH	-49	130（1333Pa）	极大
丙三醇单乙酸酯	CH₂OCOCH₃ | CH₂OH | CH₂OH	—	188（21732Pa）	极大

有机酯的硬化反应速度，通常取决于它在水中的溶解度和水解速度。这 3 种有机酯中丙三醇单乙酸酯水解生成酸的比例太少，一般不采用。丙三醇二乙酸

酯是硬化反应极快的酯，丙三醇三乙酸酯是硬化反应极慢的酯，这两种酯按不同比例混合，可以自成体系。由丙三醇二乙酸酯和丙三醇三乙酸酯搭配组成的硬化反应快、中、慢酯见表4-15。

（2）乙二醇和二乙二醇醋酸酯类　乙二醇和二乙二醇醋酸酯类的化学分子式与物理性能见表4-16。

表4-15　丙三醇二乙酸酯和丙三醇三乙酸酯搭配组成的硬化反应快、中、慢酯

名称	丙三醇二乙酸酯（质量分数,%）	丙三醇三乙酸酯（质量分数,%）
慢酯	20	80
中酯	60	40
快酯	80	20

表4-16　乙二醇和二乙二醇醋酸酯类的化学分子式与物理性能

名　称	分　子　式	熔点/℃	沸点/℃	在水中溶解度（质量分数,%）
乙二醇二乙酸酯	$CH_2COOCH_3CH_2COCH_3$	-31	190.5	14.2
乙二醇单乙酸酯	$CH_3COOCH_2CH_2OH$	—	360	极大
二乙二醇二乙酸酯	$CH_3COOCH_2CH_2OCH_2OCOOH_3$	17~19	250	极大
二乙二醇单乙酸酯	$CH_3COOCH_2OCH_2CH_2$	—	—	极大

（3）丙烯碳酸酯　丙烯碳酸酯是一种无色、无臭的液体，能溶于水，是一种硬化反应速度极快的酯，其化学分子式为

$$\begin{array}{c} CH_3-CH-CH_2 \\ \quad | \qquad | \\ \quad O \qquad O \\ \quad \backslash \quad / \\ \quad C=O \end{array}$$

表4-17　不同温度下MDT系列有机酯的配比（质量比）

有机酯名称	适用温度/℃							
	0	5	10	15	20	25	30	35
MDT-901（慢酯）	—	—	20	40	60	80	100	50
MDT-902（快酯）	90	100	80	60	40	20		
MDT-903（极慢）	—	—						50
MDT-Q（极快）	10							

表4-18　铸造用有机酯技术指标

型号	密度（20℃）/(g/cm³)	黏度（20℃）/mPa·s	游离酸（质量分数,%）	酯含量（质量分数,%）	适用条件
MDT—901	1.15~1.23	≤1000	≤0.5	≥97	夏天及大件
MDT—902	1.15~1.23	≤1000	≤0.5	≥97	气温20℃~35℃
MDT—903	1.15~1.23	≤1000	≤0.5	≥97	冬天

商品有机酯有许多不同牌号，以区别不同的硬化速度，一般都是用这些酯按不同的比例配制而成。例如，市场供应的MDT系列有机酯在不同温度下的配比见表4-17。

对用于铸造生产的有机酯至今尚未制定统一的产品质量标准。表4-18是宜兴市合兴化工有限公司的铸造用有机酯技术指标。

4.3　水玻璃改性技术的发展

经过数十年的发展，水玻璃砂材料、工艺水平虽然取得了很大的进步，但水玻璃砂的问题并没有彻底解决。水玻璃砂的抗湿性问题、干法再生砂循环使用后溃散性快速恶化问题、酯硬化水玻璃砂厚大砂型的硬透性问题等，都有待于水玻璃改性及相关技术的继续发展。

4.3.1　水玻璃砂抗湿性的系统研究

水玻璃受环境湿度的影响明显，稳定性较差，厚大砂型砂芯的硬透性差。由于水玻璃砂的硬化过程是脱水的过程，过高湿度环境对脱水硬化过程显然是不利的。水玻璃砂的硬化过程又是一个脱水、吸水的可逆过程，脱水硬化后，水玻璃砂在高湿的环境下又会吸水而导致型砂强度的下降。

水玻璃砂的抗湿性应包括两个方面，即湿环境下的硬化性能和硬化后湿环境下的保存性（即不返潮）。由于目前所采用的硬化方式或硬（固）化剂（CO_2、有机酯等）使水玻璃硬化后都或多或少地存在一定的自由水，因此使水玻璃黏结剂膜中不产生游离的自由水且硬化后的水玻璃黏结剂膜不具有吸水性，是新型硬化方式和硬（固）化剂研究开发的目标，应从硬化机理和硬化方式，特别是硬化剂研究中寻求解决方法，目标是使硬化过程后的黏结剂膜尽量

不伴随或少伴随自由水的产生，而是产生结晶水或其他物质。另外，须解决如何屏蔽环境水的入侵，如在硬化的水玻璃砂型表面形成一层较牢固的憎水膜，或在水玻璃砂型表面刷防水型涂料等。

总之，水玻璃砂的抗湿性研究是一个系统工程，它将涉及新型改性水玻璃、配套的硬化方式和硬化剂、防湿涂料等试验研究。

4.3.2 适合水玻璃砂干法再生的改性水玻璃研究

再生砂与新砂的区别在于再生砂粒上残留一层黏结剂膜，该残留黏结剂膜的存在使得再生砂的性能与新砂相比有较大的区别。实践和研究结果表明，水玻璃再生砂上的残留黏结剂对其再黏结强度和可使用时间有很大的影响，如干法再生砂、新砂使用相同种类的水玻璃时，水玻璃干法再生砂的再黏结强度低，可使用时间很短（硬化速度快），溃散性变差；当干法再生砂采用低模数改性水玻璃时，普通干法再生水玻璃砂的再黏结强度、可使用时间能够满足生产要求，但随着循环次数的增加，干法再生砂的溃散性有恶化的趋势。

不同的改性水玻璃黏结剂对水玻璃旧砂粒上的残留黏结剂膜的性能、结构有很大影响。如果能开发一种新型改性水玻璃黏结剂，使水玻璃旧砂受热后，在残留黏结剂膜上产生大量的"气泡状"结构，将会大大提高水玻璃旧砂的再生性，大大增加干法再生水玻璃旧砂的脱膜率，从而解决再生砂循环使用后，因残留黏结剂累积而产生的型砂溃散性劣化问题。

4.3.3 酯硬化水玻璃砂厚大砂型（芯）的硬透性及抗蠕变研究

由于水玻璃砂的硬化过程伴随着水分的迁移和挥发，而厚大的酯硬化水玻璃砂型（芯）中央的水分不易挥发，因此使该处型砂的硬化速度较慢。此时，虽然感觉到型（芯）的外表面已经完全硬化，可以实施脱模工序，但由于型（芯）的自重大及其中心未硬透，会产生蠕变、断裂，且在断裂部的中心位置未硬透、聚积有一定的水汽，往往导致水玻璃砂型（芯）报废。试验研究产生蠕变、断裂临界条件，研究开发硬透性好、抗蠕变性强的改性水玻璃及其硬化剂，对用酯硬化水玻璃砂工艺生产中、大型铸件具有重要意义。

4.3.4 高效实用的纳米材料改性水玻璃

近年来，随着纳米材料在各个工业领域的研究与应用，开发纳米级的水玻璃粉末改性剂是完全可能的。纳米材料是指材料两相显微结构中至少有一相的

一维尺度达到纳米级别的材料，纳米粒子相是由数目很少的原子或分子组成的聚集体，粒子直径小于100nm。纳米材料自身具有量子尺寸效应、小尺寸效应、表面和界面效应及宏观量子隧道效应，物质的很多性能将发生质变。有学者初步研究表明，采用纳米粉末材料改性水玻璃，具有改性剂加入量少、成本低、效果好等优点，可获得强度较高、溃散性很好、抗湿性提高的水玻璃砂型（芯），干法再生砂循环使用后其溃散性恶化的问题也得到了较大改善，有望在一定程度上解决水玻璃旧砂的落砂清理及再生回用难题。

4.4 以水玻璃为黏结剂的型砂和芯砂

早在1947年，CO_2 吹气硬化水玻璃砂工艺开发成功后就受到重视。水玻璃砂 CO_2 吹气硬化法有气硬法造型、制芯的各种优点。但传统的 CO_2 吹气硬化法，由于型砂中水玻璃加入量过多，导致溃散性差、旧砂再生困难等问题。因机理研究的滞后，存在问题在相当长的时间内未能解决，使其应用受到限制。20世纪后期以来，广大铸造工作者对水玻璃和水玻璃型砂工艺，从理论和实践两个方面进行了广泛和深入的研究，对水玻璃的固化机理有了新的认识，对于如何解决传统的 CO_2 水玻璃砂溃散性差、旧砂再生困难等问题有了正确的方向。同时，研制出多种具有特定功能的改性水玻璃，并开发出多种适应不同生产要求的水玻璃型砂工艺，其溃散性问题和旧砂再生问题基本得到了解决。

随着现代社会科学技术的迅速发展，以及人们对环保的认知程度大幅度提高，在铸造生产中采用绿色、清洁的生产技术已逐渐成为广大铸造工作者的共识。在以水玻璃为黏结剂的型砂和芯砂领域，根据现在已经开发成功的新材料（如改性水玻璃、有机酯硬化剂等）、新工艺（如有机酯水玻璃自硬砂工艺、真空置换硬化法水玻璃砂工艺、CO_2 硬化改性水玻璃砂工艺、旧砂热法再生工艺、旧砂湿法再生工艺等）、新技术（如定量吹 CO_2 技术、旧砂湿法再生污水处理技术等）实际应用效果来看，以水玻璃为黏结剂的型砂和芯砂工艺已经基本做到无害化、低成本和资源循环应用，成为绿色清洁、可持续发展的铸造生产技术。其依据是：①以水玻璃为黏结剂的型砂和芯砂的原材料主要为硅砂、水玻璃、硬化剂（CO_2、有机酯等），其中大多为无毒、无味的无机物，有机酯对人体无害，易降解，对生态环境没有危害。②新开发的以水玻璃为黏结剂的型砂和芯砂在铸造生产的各个环节都不产生有毒、有害气体，其溃散性也得到

较大改善。③以水玻璃为黏结剂的型砂和芯砂的旧砂再生问题在技术上已经有较好的解决办法（热法和湿法），关键是要坚持设备资金的必要投入。目前有机酯水玻璃自硬砂旧砂的湿法再生在一些企业收得率最高可达95%左右，其污水可以净化处理、循环使用。再则，水玻璃资源丰富，价格低廉。以水玻璃为黏结剂的型砂和芯砂高温退让性好，有利于提高铸件内在质量。水玻璃在增强和溃散方面的进一步改性，将进一步扩大这种优势。

根据硬化方式及所采用的硬化剂的不同，水玻璃型砂工艺的分类见图4-8。目前应用最多的水玻璃型砂工艺是CO_2吹气硬化水玻璃砂和有机酯水玻璃自硬砂。

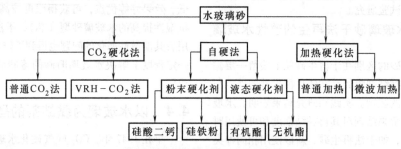

图4-8　水玻璃型砂工艺的分类

4.4.1　CO_2吹气硬化水玻璃砂

CO_2吹气硬化水玻璃砂工艺在铸造造型生产应用方面具有许多优点：①工艺操作简便，技术和操作很容易掌握，造型、制芯操作简便，生产率高。②对生产设施没有特殊要求，如混砂可采用传统混砂设备，其他工序也不需增添专用设备。③适应性强，各种传统的砂型铸造生产方式均可应用，各种规模的产量，各种规格的产品均能适应。④原材料来源广，价格低，无公害。它的主要缺点是溃散性差，铸件清理难，旧砂再生难。

1. CO_2吹气硬化水玻璃砂的原理

CO_2吹气硬化水玻璃砂的原理参见4.2.2节水玻璃的硬化。水玻璃砂CO_2吹气硬化是气、液两相反应，是化学反应和物理效应共同作用的结果。CO_2气体在表面包裹水玻璃的砂粒之间通过时，一方面部分溶于水玻璃并与水波璃发生化学反应，使其模数升高；另一方面，CO_2是一种干燥性很强的气体，其露点约为 -30℃，当它通过水玻璃砂型时，带走水玻璃中的部分水分，使其浓缩。这两种作用都促使水玻璃凝胶化。由于是表面接触式两相反应，决定了其反应的不均匀性和控制的不稳定性。CO_2吹气硬化时型砂粒表面的水玻璃膜见图4-9。如图4-9所示，大部分的反应只发生在水玻璃膜的表层（图4-9中的$A \sim B$间），越往深层（图4-9中从A向E）反应越少，往往造成水玻璃膜表层CO_2过吹，而内层水玻璃反应不完全或完全不反应，很难做到反应适度。这种反应模式也是传统CO_2吹气硬化水玻璃砂水玻璃加入量高而型砂强度低的重要原因之一。水玻璃膜内模数与相对于厚度的关系见图4-10。

水玻璃与CO_2的化学反应可用下式表示：

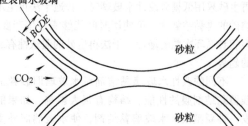

图4-9　型砂砂粒表面的水玻璃膜

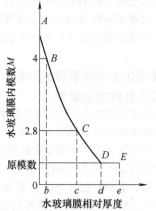

图4-10　CO_2硬化后水玻璃膜内模数
与相对厚度的关系

注：图中A、B、C、D的模数分别是
>4.0、4.0、2.8和水玻璃原有模数。

$$Na_2O \cdot mSiO_2 \cdot nH_2O + xCO_2$$
$$= (1-x)Na_2O \cdot mSiO_2 \cdot nH_2O$$
$$+ xNa_2CO_3 \tag{4-10}$$

反应后水玻璃模数 $M = m/(1-x)$。

或　$Na_2O \cdot mSiO_2 \cdot nH_2O + 2xCO_2$
$$= (1-2x)Na_2O \cdot mSiO_2 \cdot nH_2O + 2xNa_2CO_3 \qquad (4\text{-}11)$$

反应后水玻璃模数 $M = m/(1-2x)$。

式（4-11）为不良副反应（CO_2 过吹，导致砂型强度低），x 值约为 $0.3 \sim 0.4$，反应后水玻璃模数提高。同时因 CO_2 的露点为 $-30℃$，是一种干燥剂，有脱水作用。

传统的水玻璃 CO_2 吹气硬化法，水玻璃的黏结作用不能完善发挥，型砂中不得不增加水玻璃的用量，导致其易烧结，溃散性差，旧砂再生困难。水玻璃加入量对型砂残留强度的影响见图 4-11。残留强度越高，溃散性越差，旧砂再生越困难。降低 CO_2 吹气硬化水玻璃砂残留强度的重要措施之一就是挖掘水玻璃的黏结潜力，降低型砂中水玻璃加入量。实现这一目的的技术有预热 CO_2、脉冲吹 CO_2、定量吹 CO_2、稀释 CO_2、真空吹 CO_2 等，或综合应用这些技术。另一个重要措施是应用改性水玻璃。

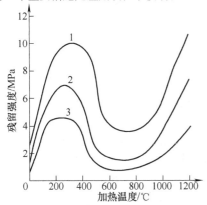

图 4-11　水玻璃加入量对型砂残留强度的影响

1—水玻璃加入量为原砂质量的 4.5%
2—水玻璃加入量为原砂质量的 3.5%
3—水玻璃加入量为原砂质量的 2.5%

综上所述，采用改性水玻璃，结合科学的吹 CO_2 技术，可降低水玻璃加入量，改善溃散性。CO_2 吹气硬化水玻璃砂工艺将重新被广泛应用。

2. CO_2 吹气硬化水玻璃砂的配比及混砂工艺

（1）传统工艺配比　许多中小企业应用的传统 CO_2 吹气硬化水玻璃砂的配比及性能见表 4-19，供参考。

这些早期开发的 CO_2 吹气硬化水玻璃砂大多数都要求有一定的湿强度，以适应先起模后硬化的工艺要求，因而不得不加一定量的粉状材料，采用碾轮式混砂机碾压混合，导致水玻璃加入量居高不下，型砂易烧结，溃散性差，旧砂再生困难。因此，改变造型操作习惯也是用好 CO_2 吹气硬化水玻璃砂的重要条件。要求型砂有一定的湿强度是以前应用黏土砂的操作习惯。因此，对于当时新开发的 CO_2 吹气硬化水玻璃砂也提出具有湿强度的要求。

现在有些工厂在原来基础上做了一点改进，不再加膨润土一类的粉状料，但使用的原砂粉尘含量高、粒形差、水玻璃加入量仍较多，不能解决溃散性差的难题。

（2）新型 CO_2 吹气硬化水玻璃砂工艺

1）RC 系改性水玻璃砂。该工艺采用 RC 系列双组分硅铝复合水玻璃。RC 复合物是以可溶性铝酸钠为基础，再加适量第 3 组分的固体粉末，在 Na-Si 系水玻璃中引入 RC 相组成 Na-(RC)-Si 水玻璃型砂。两种配方（均为质量分数）的工艺为：①砂（新砂 10% + 旧砂 90%）+ 水（1%）+ 复合物 RC（1%）$\xrightarrow{预混2min}$ + 水玻璃（3% ~ 4%）$\xrightarrow{混砂2min}$ 卸砂。该工艺适用于间隙式混砂机。②水玻璃（100%）+ 复合物 RC（25%）+ 水（25%）$\xrightarrow{搅拌均匀}$ 将此混合液比照常规水玻璃加入砂中使用。

表 4-19　传统 CO_2 吹气硬化水玻璃砂的配比及性能

序号	配比（质量比）							性能			用途
	新砂		水玻璃	$w(NaOH)$ =15% ~ 20% 溶液	重油	膨润土或高岭土	$w(水)$（%）	湿透气性	湿压强度 /kPa	硬化后抗压强度 /MPa	
	粒度（筛号）	加入量									
1	—	100	8 ~ 9	0.7	—	4 ~ 5	4 ~ 5	>100	25 ~ 30	>1.5	大型铸钢件型（芯）面砂
2	40/70	100	6.5 ~ 7.5	—	—	—	4.5 ~ 5.6	>300	5 ~ 15	—	铸钢件型（芯）砂
3	—	100	7	0.75 ~ 1.0	0.5 ~ 1.0	3	0.75 ~ 1.0	200	17 ~ 23	>1.0	
4	50/100	100	4 ~ 4.5	LK-2 溃散剂 3	水 0.4 ~ 0.5	—	<3.5	>150	—	>1.0	
5	40/70	100	易溃散水玻璃 5	水 1 ~ 1.5	—	溃散剂 1.0	—	—	5.5	>1.3	
6	40/70	100	Znm-2 改性水玻璃 7	—	—	—	3.5 ~ 4.2	>2450	7	>1.3	

（续）

序号	配比（质量比）						性能			用途
	新砂		水玻璃	$w(NaOH)$ =15% ~ 20%溶液	重油	膨润土或 高岭土	$w(水)$ （%）	湿透 气性	湿压强度 /kPa	硬化后抗 压强度 /MPa	
	粒度 （筛号）	加入量									
7	再生砂	30 70	8	—	—	1 ~ 2	3.8 ~ 4.4	100	8 ~ 12	>3.0	铸钢件型砂
8	新砂 50/100	50	4.5 ~ 5.5	—	—	1 ~ 2	4 ~ 6	>80	25 ~ 40		小于1t铸铁 件型砂
	旧砂	50									
9	新砂 50/100	50	5.5 ~ 6.5	—	煤粉 2 ~ 4	1 ~ 2	4 ~ 6	>80	25 ~ 40		
	旧砂	50									
10	新砂 40/70	60	5 ~ 6	—	—	2 ~ 4	46 ~	>100	30 ~ 50		1 ~ 5t铸铁 件型砂
	旧砂	40									
11	新砂 40/70	60	5.5 ~ 6.5	—	木屑 1.0 ~ 1.5	2 ~ 3	4 ~ 6	>100	30 ~ 50		1 ~ 5t铸铁 件芯砂
	旧砂	40									

采用 RC 系改性水玻璃砂工艺，型砂中水玻璃加入量占原砂质量的 3.5% 时，CO_2 吹气硬化后 24h 终抗压强度可达到 2.5MPa。

由于 RC 为高熔点材料，对硅砂的侵蚀性弱，残留强度第二峰值被抑低和推迟，浇注后具有较好的溃散性（参见图 4-7）。

2）强力 2000 多重变性水玻璃砂。强力 2000 多重变性水玻璃是以钠钾或钠钾锂水玻璃为基础，通过物理和化学改性，添加有机—无机黏结剂，再经多重变性处理，其黏结强度比普通水玻璃提高 70% 左右，因而水玻璃加入量可以降低。该产品自成系列，有 21 个品种可供选用。CO_2 吹气硬化的强力 2000 多重变性水玻璃砂与普通钠水玻璃砂的配比、性能对比见表 4-20。

表 4-20 CO_2 吹气硬化的强力 2000 多重变性水玻璃砂与普通钠水玻璃砂的配比、性能对比

序号	质 量 比		吹 CO_2 时间 /s	抗压强度/MPa				
				即时	1h	2h	3h	1000℃,20min
1	福建水洗海砂 100	市售水玻璃[1]6	75	0.5	0.85	1.28	1.67	1.7
2	福建水洗海砂 100	强力 2000[2]3	45	0.4	1.34	1.81	2.4	0.86 ~ 0.92[3]

[1] 市售水玻璃中硅酸钠的质量分数为 42%，模数为 2.3。

[2] 强力 2000 多重变性（春秋季适用）水玻璃中硅酸钠的质量分数为 42%，模数为 2.3。

[3] 1000℃残留强度似乎偏高，但试样呈脆性，冲击即溃。

3）CO_2 吹气硬化有机改性硅酸复盐水玻璃砂。有机改性硅酸复盐水玻璃是以钾钠水玻璃为基的有机改性水玻璃黏结剂。它以非钠水玻璃部分取代钠水玻璃，使型砂残留强度第二峰值后移，加入具有较好黏结性的有机物起助黏作用。CO_2 吹气硬化有机改性硅酸复盐水玻璃砂的配比和性能见表 4-21。

4）K200 系列易溃散改性水玻璃砂。K200 系列易溃散改性水玻璃是以水玻璃为主体的多元复合液体黏结剂，主要特点为：①黏结强度与普通水玻璃相同，

表 4-21 CO_2 吹气硬化有机改性硅酸复盐水玻璃砂的配比和性能

序号	配比（质量比）		24h抗拉强度 /MPa	对原砂的要求
	原砂	水玻璃		
1	100	3 ~ 3.5	0.3 ~ 0.5	$w(泥) \leqslant 0.4\%$，$w(水)$ $\leqslant 0.5\%$，角形因数 $\leqslant 1.25$
2	100	3.3 ~ 3.8	0.3 ~ 0.5	$w(泥) \leqslant 0.8\%$，$w(水)$ $\leqslant 0.5\%$，角形因数 $\leqslant 1.35$

残留强度低，平均小于 0.5MPa，溃散性好，一般内腔结构简单件可实现振动落砂。②该产品为单一液体，克服了传统溃散剂液固分离，不易操作的缺点。③Na$_2$O 含量低，有利于旧砂再生回用。④该产品可解决 VRH 法表面强度低的问题，工艺实用性、适应性强，溃散性好，对普通硬化造型法也同样有效。若与 VRH 法配套使用，更能发挥其优越性。

K200 系列易溃散改性水玻璃砂的主要性能指标见表 4-22。

表 4-22　K200 系列易溃散改性水玻璃砂的主要性能指标

	加入量（质量分数，%）（原砂 100%）		终强度/MPa	残留强度/MPa	适用场合
	硬化方法	K200 水玻璃			
K200 -Ⅰ	普通法	5 ~ 7	>1.5	<0.8	铸钢小件一般铸铁件
	VRH 法	3 ~ 4			
K200 -Ⅱ	普通法	4 ~ 5	>2.0	<0.5	一般铸钢件铸铁小件
	VRH 法	2 ~ 3			
K200 -Ⅲ	普通法	3 ~ 4	>2.0	<0.3	铸钢小件非铁件
	VRH 法	1.5 ~ 2.5			

5）CO_2 吹气硬化 Solosil - 433 改性水玻璃砂。Solisil - 433 是 Foseco 公司生产的改性水玻璃的商品名，它与普通水玻璃砂对比试验的数据见表 4-11。

CO_2 吹气硬化水玻璃砂除在材料（黏结剂）方面做了许多有益的改进外，在吹气工艺方面也做了许多有益的改进。

6）脉冲 CO_2 吹气工艺。脉冲 CO_2 吹气工艺采用间隔吹气的方式，有利于在 CO_2 水玻璃砂中扩散，防止 CO_2 过吹，更好地发挥 CO_2 的硬化潜力和水玻璃的黏结潜力。水玻璃砂脉冲吹气和连续吹气硬化的抗压强度对比表 4-23。

表 4-23　水玻璃砂脉冲吹气和连续吹气硬化的抗压强度对比

吹气方式	抗压强度/MPa			
	10min	24h	48h	800℃
间隔 5s,总时间 20s	1.346	6.208	5.977	2.103
间隔 5s,总时间 40s	1.621	3.824	4.397	2.705
连续 20s	1.891	3.283	1.730	2.155
连续 40s	2.455	0.951	0.632	2.014

表 4-23 中，CO_2 吹气流量为 2.5m^3/h，水玻璃模数 $M = 2.8$，水玻璃加入量 4%（质量分数）。从表中数据可以看出，脉冲 CO_2 吹气工艺可以较大地提高型砂的 24h 硬化强度，并使其存放强度大幅度提高。

7）加热 CO_2 吹气工艺。采用瓶装 CO_2 气体硬化水玻璃砂时，从瓶中流出的 CO_2 气体温度均小于 5℃。当 CO_2 气体从 15℃升高到 60℃时，CO_2 的消耗降低，水玻璃砂的抗压强度提高，见图 4-12 和图 4-13。

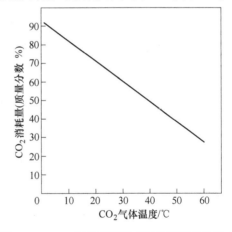

图 4-12　CO_2 气体的温度对气体消耗量的影响

8）真空 CO_2 吹气硬化工艺。该工艺也称真空置换硬化（VRH）法，该方法已形成一套完整的工艺体系，将在本节后面的 6 中介绍。

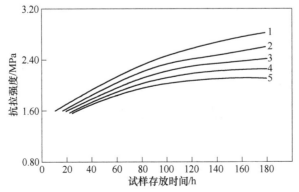

图 4-13　CO_2 气体的温度对钠水玻璃砂（水玻璃的质量分数为 4%）抗拉强度的影响

1—吹 CO_2 温度：60℃；时间：2.5s　2—吹 CO_2 温度：50℃；时间：3.0s　3—吹 CO_2 温度：40℃，时间：3.5s　4—吹 CO_2 温度：30℃，时间：4.5s　5—吹 CO_2 温度：20℃，时间：3.0s

以上这些工艺可以组合应用，效果会更好。如采用改性水玻璃配制型砂，用脉冲法吹加热后的 CO_2 气硬化等。

3. 造型制芯要求

1）砂型（芯）要春实，尤其对于先吹 CO_2 硬化后起模的砂型（芯）。如果砂型（芯）的紧实度低，则浇注后易产生冲砂和机械粘砂等缺陷。

2）对于先起模后硬化的砂型（芯），硬化前要用细钢钎多扎气眼，利于 CO_2 渗透，以提高硬化强度，也有助于浇注时排除气体，减少铸件气孔缺陷。

3）对于 CO_2 吹气硬化前需要吊运的砂芯必须用结构适当的芯骨；对于 CO_2 吹气硬化后吊运的砂芯，芯骨可以简化或不用。

4）对于尺寸较大、铸件收缩阻力较大的砂芯，春砂时要外紧内松，或在砂芯内部放受热收缩的材料，增加退让性。

5）对于排气困难的、大部分被金属液包围的复杂砂芯，应设排气道。砂芯排气道应与砂型排气道相通，使砂芯内产生的气体顺利排出型外。

6）在铸件热量集中、砂型（芯）散热条件差的部位采用耐高温的型砂，如铬铁矿砂和锆砂。

7）为提高铸件表面质量，砂型（芯）硬化后，可在砂型（芯）表面涂适当厚度的涂料。

8）制造好的砂型（芯）要及时合箱浇注，避免受潮变质。

4. CO_2 吹气硬化的方法

传统的吹 CO_2 的方法有以下几种：

1）在砂型或砂芯上扎一些 $\phi 6 \sim \phi 10mm$ 的吹气孔，将吹气管插入并吹 CO_2，硬化后起模，见图 4-14。

2）在砂型（芯）上盖罩吹 CO_2，见图 4-15。

3）通过模样上的吹气孔吹 CO_2，见图 4-16。

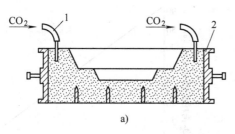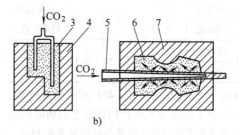

图 4-14　插管法吹 CO_2

a）硬化砂型　b）硬化砂芯

1—胶皮管　2—砂箱　3、6—砂芯　4、7—芯盒　5—吹气管

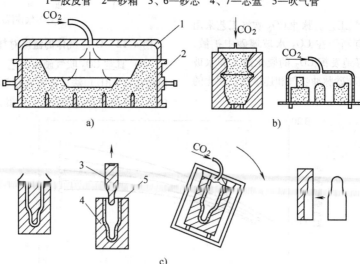

图 4-15　盖罩法吹 CO_2

a）砂型硬化　b）砂芯硬化　c）空心砂芯硬化

1—吹气罩　2—砂箱　3—掏空块　4—芯盒　5—砂芯

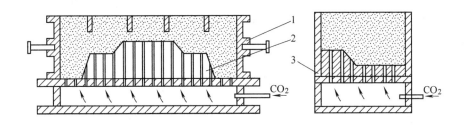

图 4-16 通过模样上吹气孔吹 CO₂

1—砂箱 2—模样 3—芯盒

20 世纪末以来,在传统的吹 CO₂ 硬化方法的基础上又有如下改进:

1) CO₂ 预热后再吹入砂型(芯),增加 CO₂ 的扩散能力和反应活性,提高硬化效果。

2) 将 CO₂ 用空气或氮气稀释,改善硬化效果,节省 CO₂。

3) 间断或脉冲吹 CO₂。

4) 定压、定时、定量吹 CO₂(用于定型产品)。

5) 用测定水玻璃吹 CO₂ 时的电位变化控制吹气时间,能避免欠吹或过吹,减少 CO₂ 消耗。

6) 采用 VRH 法(见本节后面 6 中的内容)。

CO₂ 的压力、流量和吹 CO₂ 的时间等工艺参数对水玻璃砂强度的影响见图 4-17(型砂配比及吹 CO₂ 工艺见表 4-24)。从图 4-17 可以看到,当初强度达到 $0.4 \sim 0.5$ MPa 时,应停止吹 CO₂,砂型(芯)在储放中强度明显升高。若吹 CO₂ $10 \sim 15$ s,起模强度达到 0.8 MPa 时,储放后强度仅为 0.8 MPa 左右;若吹 CO₂ 20 s 以上,已明显过吹,砂型(芯)储放中强度反而下降。

表 4-24 试验用型砂配比及吹 CO₂ 工艺

图 4-17 中曲线编号	型砂配比(质量比)			吹 CO₂ 工艺	
	新砂 (40/70 号筛)	水玻璃 ($\rho = 1.24$g/cm³)	水	压力 /MPa	流量 /(m³/h)
1	100	(普通的 $M = 2.25$) 5	1	0.2	1.0
2	100	(改性的 $M = 2.74$) 5	1	0.2	1.0
3	100	(改性的 $M = 2.74$) 5	1	0.15	0.5

5. CO₂ 吹气硬化水玻璃砂生产线

CO₂ 吹气硬化水玻璃砂工艺不但适应单件、小批量产品手工操作为主的生产方式,也能适应大批大量产品的大规模生产。图 4-18 是国内常见的 CO₂ 吹气硬化水玻璃砂铸造生产线流程。图 4-19 是国外某工程有限公司设计的 CO₂ 吹气硬化水玻璃砂铸造生产线。它由两条生产线组成,一条直线型和一条曲线

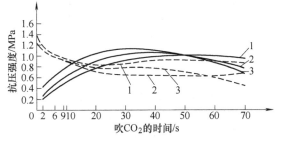

图 4-17 吹 CO₂ 的时间等工艺参数对水玻璃砂强度的影响

注:1. 图中曲线编号所对应的型砂配比见表 4-24。

2. 实线为初强度,虚线为终强度。

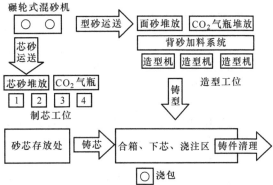

图 4-18 CO₂ 吹气硬化水玻璃砂铸造生产线流程

型。两条造型线共用一台连续式混砂机（出砂量为 74kg/min）。直线型造型线主要用于质量超过 100kg 的型芯。曲线型造型线主要用于批量较大的型芯。该生产线的特点是一个半循环系统，芯盒和砂箱在斜坡滚道上靠重力推进，结构简单，生产率高，易于操作。

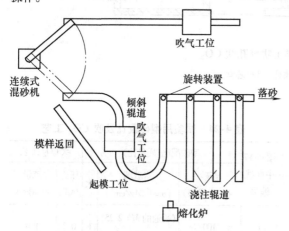

图 4-19　国外某工程有限公司设计的 CO_2 吹气硬化水玻璃砂铸造生产线

6. 真空置换硬化（VRH）法

（1）VRH 法的主要工作原理　真空置换硬化（VRH）法是 20 世纪末开发成功并已经应用于生产的先进水玻璃砂工艺之一。其主要工作原理见图 4-20：①把造好的砂型（芯）连同砂箱或芯盒一起放入真空室 5 中。②启动真空泵 9，使真空室达到预定的真空度。③关闭三通阀 7 及真空泵 9，打开 CO_2 的气阀 4，使定量的 CO_2 气体充入真空室。④关闭阀 4 使水玻璃黏结剂与 CO_2 气体反应一段时间。⑤开启三通阀 7，使真空室与大气连通，完成砂型（芯）的整个硬化过程。该工艺的两个技术关键是：

1）真空室的真空度要达到或接近水的饱和蒸汽压，使砂型（芯）中的水分迅速蒸发。使砂型（芯）的脱水率达到 20% ～30%（质量分数），甚至达到 50%，有利于水玻璃黏结剂的物理硬化。

2）真空使得真空室中砂型（芯）内部砂粒间的空气得以排除，使得 CO_2 气体非常容易地加入砂型（芯）的毛细孔中，与水玻璃进行均匀有效的化学反应，因而得到的水玻璃凝胶胶粒细小，强度高。

（2）VRH 法工艺的主要特点

1）水玻璃加入量少。当型砂中水玻璃占原砂质量的 2.5% ～3.5% 时，抽真空后吹 CO_2 2min 后的砂型强度可达 1～2MPa，可以立即进行浇注。

2）能显著改善砂型（芯）的溃散性。尽管 VRH

法型砂比树脂砂的溃散性差些，但溃散性及旧砂再生性能比普通 CO_2 吹气硬化水玻璃砂有明显改善，可采用干法再生，再生回收率可达 90% 以上。

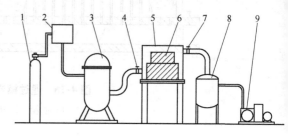

图 4-20　VRH 法的主要工作原理
1—液体 CO_2 瓶　2—汽化器　3—CO_2 储气罐
4—阀　5—真空室　6—芯盒　7—三通阀
8—水粉尘分离器　9—真空泵

3）能提高铸件质量。VRH 法实行先硬化后起模的工序，而且由于水玻璃加入量少，砂型（芯）在高温下变形减少，有利于提高铸件尺寸精度。同时硬化后的砂型（芯）水分含量低，铸件的气孔、针孔等缺陷相应减少。

4）能降低造型材料费用，提高经济效益。

5）缺点是设备投资大，固定尺寸的真空室不能适应过大或过小的砂箱或芯盒。

由于水玻璃加入量减少、CO_2 消耗量降低、旧砂回用率提高、降低新砂耗量等因素，VRH 法与普通 CO_2 硬化水玻璃砂相比，每吨铸件可节约型砂费用 15% ～20%。

（3）VRH 法的主要工序及相关要求

1）抽真空。将紧实的砂箱或芯盒置于真空室内抽真空，要求真空度至少在 4kPa 以下，最好在 2.6kPa 以下，但低于 1kPa 时型砂强度反而下降。因此，每个真空室必须配置一台真空泵，真空泵的排气量必须与真空室的容量相匹配，计算公式如下：

$$V_p = 2.3 \frac{V_i}{t} \lg (P_1/P_2) \qquad (4\text{-}12)$$

式中　V_p——真空泵排气量（m^3/min）；

　　　V_i——真空室容积（m^3）；

　　　P_1——大气压（Pa）；

　　　P_2——真空箱预期达到的真空度（Pa）；

　　　t——达到预期真空度的时间（min）。

抽真空应强力迅速，宜在数分钟内达到所需真空度，此时型砂处于过冷状态。若抽真空的速度不够快，水分缓慢释出，水蒸气压力抵消部分真空度，使真空度难以达到规定要求。

2）往真空室导入 CO_2。VRH 法水玻璃砂型（芯）吹 CO_2 是在真空室内进行的，因为 CO_2 在真空的砂型（芯）里运动没有障碍，扩散迅速，与水玻璃反应快而均匀，所以，CO_2 耗量减少。CO_2 通气压力，视真空室剩余空间的大小而增减，一般在 40kPa 左右。

3）打开真空室。导入 CO_2 一定时间后（夏季 1~2min，冬季 2~3min）即可打开真空室导入空气，然后砂型（芯）即可浇注。

（4）典型工艺配比

1）日本某公司的生产工艺及配比（质量分数）如下：

面砂：原砂 97%，水玻璃 3%。

背砂：再生砂 98%，水玻璃 2%。

该公司 VRH 法造型的标准真空度为 2.7kPa 以下，CO_2 气体导入压力为 40kPa，吹气时间为 30~60s，放入空气到常压后打开真空室。起模时砂型抗压强度为 0.5~1MPa，44h 后达到 2.0MPa，造型 4h 后砂型（芯）表面安定性在 90% 以上。由于型砂中水玻璃加入量少，改善了型砂的溃散性，旧砂回用率达到 92%。

2）国内某厂工艺配比。该厂采用 VRH 法铸造高锰钢辙叉，以镁橄榄石砂为原砂，型砂配比（质量比）为：原砂：水玻璃 = 100 : (3.5~3.7)。

原砂为镁橄榄石砂，粒度为 50~100 号筛，水≤0.5%（质量分数），堆密度≥1.5g/cm³。

水玻璃模数 $M = 2.1~2.3$，波美度为 48~50°Be′（密度为 1.5~1.53g/cm³）。

砂型抗压强度达到 1.5MPa。

砂型振动落砂时间为 4~5min，砂芯出砂率达 85% 以上。采用干法再生，旧砂回用率达 97%。但再生砂存在一定量残碱，而影响旧砂溃散性。

如果旧砂采用湿法再生，工艺效果会更好。

（5）VRH 法工艺改进 将 VRH 法与复合改性水玻璃或 CO_2 的预热、稀释、脉冲吹气工艺结合起来，黏结强度将得到进一步提高。

1）VRH 法与脉冲吹气工艺结合试验结果如下：

试验配比（质量比）为原砂：水玻璃 = 100 : 2。

原砂为大林砂，粒度为 50~100 号筛。

水玻璃为铸造用水玻璃，模数 $M = 2.3~2.5$。

混砂工艺：原砂 + 水玻璃 $\xrightarrow{\text{混碾 1~2min}}$ 卸砂。

图 4-21 是 VRH 脉冲装置。表 4-25 是脉冲 VRH 法与普通 VRH 法的型砂抗压强度比较。

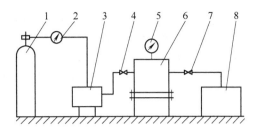

图 4-21 VRH 脉冲装置

1—CO_2 气瓶 2—流量计 3—脉冲装置 4、7—阀门
5—真空计 6—真空室 8—真空泵

表 4-25 脉冲 VRH 法与普通 VRH 法的
型砂抗压强度比较

（单位：MPa）

方法	通 CO_2 的压力			
	0.02	0.04	0.060	0.080
普通 VRH 法	0.133	0.299	0.230	0.180
脉冲 VRH 法	0.150	0.270	0.330	0.450

注：真空室的真空度为 0.098MPa。

2）加热 VRH 法（HRH）。加热 VRH 法主要是将真空室的温度提高，使得在抽真空时真空室内的砂型不会过冷，同时在加热状态下 CO_2 的反应速率也得到很大提高，可以较大地提高型砂强度。

型砂配方为（质量分数）：原砂 100%（大林标准砂，粒度为 50/100 号筛）；水玻璃加入量为 2.5%。3 种制芯工艺试验强度对比见表 4-26。

从表 4-26 中数据可以看出，在水玻璃加入量相同的情况下，用 HRH 法制芯的即时抗拉强度比热芯盒和 VRH 法都高许多，而且硬化时间可以缩短。

表 4-26 3 种制芯工艺试验强度对比

硬化方法	加热温度/℃	硬化时间/min	即时抗拉强度/MPa
热芯盒	200	2	1.21
VRH	室温	3	1.11
		2	1.10
HRH	100	3	1.79
		2.5	1.42
		2	1.36
		1.5	1.12
		1	1.02

（6）VRH 法造型生产线 VRH 法多用于批量生产，图 4-22 是国内某工厂年产 1500t 锰钢辙叉铸件的 VRH 法造型生产线。造型生产线上生产的代表性

产品参数为毛质量 1.25t，外形尺寸 5922mm × 481mm×176mm。造型线两班制生产，设计生产率为 4 型/h。上、下型分别在两条线上进行，真空硬化室尺寸为 9000mm×2000mm×900mm。造型线采用直线

开放式布置，全线分 5 个工位，分别完成型板准备、加砂、紧实、真空硬化、起模等工序。翻箱、修型、上涂料在紧靠造型线的车间场地上进行。真空硬化室为贯通式结构，有效容积为 15m³。

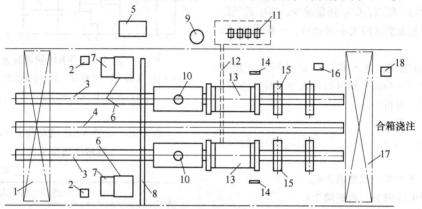

图 4-22　某工厂年产 1500t 锰钢辙叉铸件的 VRH 法造型生产线

1、17—桥式起重机　2—水玻璃罐　3—机动辊道　4—模板返回机动辊道　5—除尘器　6—连续式混砂机　7—保温砂斗
8—新、旧气力输送管　9—CO₂ 气罐　10—砂型紧实机　11—真空泵　12—抽真空管道　13—真空硬化箱
14—总控制盘　15—起模机　16—液压站　18—翻箱机

7. CO_2 吹气硬化水玻璃型砂对原材料的要求

CO_2 吹气硬化水玻璃型砂对原材料的要求，像其他型砂一样要有利于减少混合料中水玻璃加入量，又能保证型砂有足够的使用强度。

（1）CO_2 吹气硬化水玻璃型砂对原砂的要求　CO_2 吹气硬化水玻璃砂对原砂的适应性很强，不论是中性砂、酸性砂或碱性砂均能适用，如硅砂、锆砂、铬铁矿砂、镁砂、橄榄石砂、石灰石砂、刚玉砂等。

表 4-27　5 种不同性状的原砂技术参数

序号	砂源	粒形	角形因数	比表面积/(cm²/g)	含泥量（质量分数,%）
a	大林标准砂	○	—	1.2	0.3
b	水洗郑庵砂	□	1.36	1.35	0.4
c	郑庵砂	○—□		1.36	1.1
d	水洗新会砂	▽	1.64	1.42	0.6
e	新会砂	▽—□			2.05

注：序号 a～e 见图 4-23。

水玻璃 CO_2 吹气硬化砂除了对原砂中水的质量分数可以放宽到 0.5% ，对酸耗值没有特别要求以外，对原砂的其他性状如 SiO_2 含量、粒形、比表面

积、含泥量等与树脂自硬砂应有同样严格的要求，因为这些参数直接影响型砂中水玻璃加入量乃至型砂的使用强度和残留强度。表 4-27 列出了 5 种不同性状的原砂技术参数。图 4-23 显示了这些原砂采用 VRH 法工艺硬化后的抗压强度对比。数据充分说明，提高原砂质量是降低水玻璃加入量的重要途径之一。

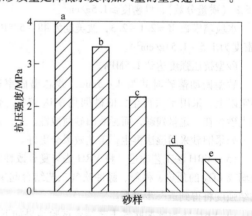

图 4-23　5 种不同性状的原砂采用 VRH 法工艺硬化后的抗压强度

注：a～e 原砂的砂源和性状见表 4-27。

（2）CO_2 吹气硬化水玻璃型砂对水玻璃的要求　铸造用水玻璃除了应符合 JB/T 8835—2013 外，还应注意以下几点要求：

1）尽可能使用新鲜水的玻璃，避免采用老化的

水玻璃。

2）尽可能使用抗老化能力强的水玻璃，如钠钾复合水玻璃，以方便生产管理。

3）尽可能使用已经开发应用成功的改性水玻璃。

4）在使用强度和型砂保存性许可的条件下使用较高模数的水玻璃。

5）在混砂工序之前增加水玻璃物理改性的措施。例如，在输送管道上增添磁化处理装置等。

（3）CO_2 吹气硬化水玻璃型砂对其他辅助材料的要求　应以有助于降低水玻璃加入量为原则，尽可能不用粉状料。

8. CO_2 吹气硬化水玻璃型砂可能产生的缺陷及防止措施

CO_2 吹气硬化水玻璃型砂可能产生的缺陷及防止措施见表 4-28。

表 4-28　CO_2 吹气硬化水玻璃型砂可能产生的缺陷及防止措施

序号	产生问题	产生原因	防止措施
1	可使用时间太短	1）原砂烘干后没有冷却到室温 2）水玻璃的模数及密度过高 3）混砂时间过长 4）卸砂后型砂保存不当	1）烘干的原砂应冷却到室温后使用 2）夏季应用低模数水玻璃 3）混砂时间应尽量短，均匀即可 4）混砂时加水 0.5% ~1%（质量分数） 5）出碾后型砂应在容器中保存，并用湿麻袋或塑料膜盖好
2	吹不硬（常在冬季、温度低于10℃时发生）	1）型砂出碾后水的质量分数过高 2）水玻璃的模数和密度低 3）室温及砂温过低	1）控制好型砂中水玻璃加入量 2）选用模数和密度较高的水玻璃 3）将原砂烘干后使用 4）冬季原砂预热到30℃左右 5）在混砂时加入硫酸亚铁 [w（$FeSO_4$）≈0.5%] 6）适当提高水玻璃的模数和密度 7）加热 CO_2 8）采用钾、钠复合水玻璃
3	粘模	1）型砂中含水量过高 2）模样表面涂层不适合	1）原砂应烘干后使用 2）水玻璃的密度应合适 3）模样表面涂耐碱的保护漆，如过氯乙烯漆、外用磁漆，聚氯酯漆 4）在模样表面涂脱模剂
4	表面稳定性差（表面粉化）	1）水玻璃的密度低 2）原砂的含水量过高 3）吹 CO_2 时间过长 4）水玻璃加入量太少	1）选用模数和密度合适的水玻璃 2）将含水量过高的原砂烘干后使用 3）控制吹 CO_2 的压力和流量 4）适当增加水玻璃加入量
5	铸件气孔	1）型砂的残留水分过高 2）砂型的排气孔扎得太少或太浅	1）采用经烘干的原砂 2）尽量降低水玻璃加入量 3）多扎排气孔或采取其他有利于排气的措施 4）必要时将砂型（芯）烘干
6	铸件粘砂	1）砂型表面没有舂实 2）原砂粒度太粗 3）涂料质量不好和涂刷操作不当 4）钢液浇注温度太高	1）选用粒度较细的原砂 2）砂型（芯）要舂实 3）采用优质涂料或涂膏并注意涂刷质量 4）厚壁铸钢件采用铬铁矿砂或锆砂做面砂并刷涂料 5）控制好钢液浇注温度（中温浇注）

（续）

序号	产生问题	产生原因	防止措施
7	出砂困难	1）水玻璃加入量过高 2）原砂 SiO_2 含量偏低，微粉含量和泥含量偏高	1）采用符合要求的原砂 2）尽量降低水玻璃加入量 3）采用溃散性好的改性水玻璃 4）加入合适的溃散剂 5）采用石灰石砂做原砂 6）采用铬铁矿砂、锆砂配制面砂 7）采用优质涂料或涂膏

4.4.2　水玻璃自硬砂

水玻璃砂在混砂时加入硬化剂，在室温下能够自硬且砂型（芯）在硬化后起模，称为自硬砂。水玻璃自硬砂走过了两个发展阶段：①以粉状固体材料为硬化剂的阶段（有人称其为第二代水玻璃砂），如 β 硅酸二钙（赤泥、炉渣或合成 β 硅酸二钙）、硅铁粉、氟硅酸钠等。使用这些粉状材料，使水玻璃加入量居高不下，导致型砂溃散性变差，现在已很少应用。②以液体材料为硬化剂的阶段（有人称其为第三代水玻璃砂）。

有机酯水玻璃自硬砂以液体材料为硬化剂，相对于粉状硬化剂，水玻璃加入量降低了 1/2 ~ 2/3，比强度提高了 1 倍以上，1000℃残留强度降低了 90% 左右。表 4-29 是有机酯水玻璃自硬砂与固体硬化剂水玻璃自硬砂配比及性能对比。图 4-24 是混合料的配比（质量比）为：原砂（福建水洗海砂）100、有机酯 0.28、水玻璃 2.8 时的有机酯水玻璃自硬砂不同温度下的残留强度。

表 4-29　有机酯水玻璃自硬砂与固体硬化剂水玻璃自硬砂配比及性能对比

序号	配比（质量比）				性能	
	原砂	水玻璃	硬化剂	其他	终强度/MPa	1000℃残留强度(抗压强度)/MPa
1	100	7	赤泥 4 ~ 5	—	> 0.9	—
2	100	6 ~ 7	电炉渣 5 ~ 7	水 1 ~ 2	0.4 ~ 0.7	—
3	100	5 ~ 6	硅铁粉 1 ~ 2	$w(NaOH) = 10\%$ 溶液 0.5 ~ 1.0	—	—
4	100	2.5 ~ 2.8	有机酯 0.22 ~ 0.34	—	≈ 2	≈ 0.2

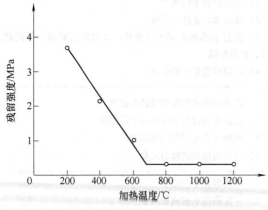

图 4-24　有机酯水玻璃自硬砂不同温度下的残留强度

1. 以粉末状固体材料为硬化剂的自硬砂

（1）硅铁粉自硬砂　用硅铁粉作为水玻璃砂硬化剂，是由日本人 Nishyama 于 1964 年发明的，又称为 N 法。基本配方：（质量比）为：原砂 100 + 硅铁粉 1 ~ 2 + 水玻璃 5 ~ 6；工艺为：混合均匀，填砂、紧实后 19 ~ 20min 后，即可翻箱起模。硅铁粉与水玻璃的硬化反应化学方程式如下：

$$Na_2O \cdot mSiO_2 \cdot nH_2O + xSi$$
$$= Na_2O \cdot (m + x)\ SiO_2 \cdot (n - 2x)\ H_2O$$
$$+ 2xH_2 + Q \qquad (4-13)$$

反应为失水、发热反应。反应结果是，水玻璃模数提高，型砂因此而硬化。由于硬化反应产生大量氢气，很不安全，现已很少使用。

（2）硅酸二钙水玻璃自硬砂　粉末状硅酸二钙（$2CaO \cdot SiO_2$）是一种吸湿性很强的材料，在存放过程中很容易吸湿结块，结块后的硅酸二钙硬化反应效果很差。它的硬化作用主要是吸收水玻璃的水分使其失水胶凝。

几种实际应用过的固体粉末硬化剂自硬砂的配方见表 4-30。

2. 有机酯水玻璃自硬砂的硬化机理

有机酯水玻璃自硬砂的硬化可分解为以下 3 个环节：

（1）有机酯水解产生有机酸　有机酯在碱性水溶液中产生水解反应，生成有机酸和醇。这个阶段时

表4-30 几种实际应用过的固体粉末硬化剂自硬砂的配方（质量比）

序号	新砂	再生砂	水玻璃	硅铁粉	硅酸二钙	铬铁矿渣	氟硅酸钠	适用范围
1	100	—	5～6	1～2				铸钢件
2	20	80	5	—		1～2		铸铁件面砂
3	100		5～6		2			中型铸钢件
4	100		6				2.2	大、中型铸铁件
5	100		6				1.5	大、中型铸钢件

间的长短取决于有机酯与水玻璃的互溶性和水解反应速度，它决定了型砂可使用时间的长短。其化学反应通式如下：

$$xRCOOR' + xH_2O \longrightarrow xRCOOH + x R'OH$$
(4-14)

（2）有机酸和水玻璃反应　该反应使水玻璃模数升高。其化学反应通式如下：

$$Na_2O \cdot mSiO_2 \cdot nH_2O + xRCCOH$$
$$\rightleftharpoons \left(1-\frac{x}{2}\right)Na_2O \cdot mSiO_2 \cdot \left(n+\frac{x}{2}\right)H_2O$$
$$+ xRCCONa$$
(4-15)

以上两步反应总的反应式为

$$xRCOOR' + Na_2O \cdot mSiO_2 \cdot nH_2O + x H_2O$$
$$\rightleftharpoons (1-x/2) Na_2O \cdot mSiO_2 \cdot (n+x/2)$$
$$H_2O + xRCCONa + xROH$$
(4-16)

（3）水玻璃失水　分析上面化学反应式可得出：①该反应是吸水反应，反应消耗了水玻璃溶液中的部分水分（$x/2$mol）。②反应产物中的有机盐和醇要吸收结晶水和溶剂化水，如1mol结晶醋酸钠一般含6mol结晶水。

根据4.2.2节介绍的水玻璃硬化理论，水玻璃模数升高和失水正是促使其凝胶化的两大因素。因此，只要有机酯和水玻璃的反应能使水玻璃的模数和浓度升高到临界值以上，有机酯水玻璃自硬砂就会硬化。

有机酯的加入量不但与水玻璃的加入量有关，还与水玻璃的模数、浓度及有机酯的种类有关。硬化剂加入量过多，会使反应过度，砂型强度下降；硬化剂加入量不足，硬化反应不充分，砂型在存放过程中会产生蠕变甚至坍塌。通常认为的有机酯加入量是水玻璃加入量的1/10，这只能说是在特定条件下的一个配方，在实际生产中应该根据所用水玻璃的模数、浓度、有机酯的种类及其纯度等因素制订型砂工艺配比。

3. 有机酯的选择

根据水玻璃硬化反应的速度，将有机酯分为快酯、中酯和慢酯（参见4.2.11 水玻璃硬化剂——有机酯）。生产过程中，根据造型操作对型砂可使用时间的要求选择有机酯的种类。可使用时间过短（硬化反应过快），造型来不及操作，影响铸件质量；可使用时间过长（硬化反应过慢），影响生产率。一般根据以下几种情况适当选择有机酯：

1）根据季节（气温）变化选择有机酯。温度是大多数化学反应的条件之一，温度高，反应快；温度低，反应慢。有机酯与水玻璃之间的反应也是这样。一般情况下，夏季选择慢酯，冬季选择快酯，春秋季节选择中酯。

2）根据水玻璃模数选择有机酯。水玻璃模数也是影响有机酯水玻璃自硬砂硬化反应速度的重要因数之一，模数高，硬化反应速度快；模数低，硬化反应速度慢。一般情况下，高模数水玻璃与慢酯搭配；低模数水玻璃与快酯搭配。

3）根据再生砂状况选择有机酯。热法再生砂由于残留较多的高模数水玻璃膜，影响硬化反应速度，应选择慢酯；湿法再生砂质量较好，配方与新砂相似。

4）根据造型工艺对型砂可使用时间的要求和各影响因素的变化情况，快、中、慢酯按不同比例搭配使用。

4. 有机酯水玻璃自硬砂的工艺特点

根据以上论述可知，有机酯水玻璃自硬砂工艺不但与原材料、温度（包括气温和砂温）相关，而且这些因素相互影响。因此，要用好有机酯水玻璃自硬砂，应该在认识这些影响因素的基础上，协调好这些因素的相互关系，制订出合理的型砂工艺。因为有机酯水玻璃自硬砂的硬化反应是有机酯和水玻璃两种物质之间的化学反应，反应必须达到一定的程度，砂型（芯）才能硬化透，否则砂型（芯）尤其是大型的砂型（芯）在存放过程中会产生蠕变甚至坍塌。

（1）水玻璃模数的影响　水玻璃模数对有机酯水玻璃自硬砂的硬化速度和强度的影响见表4-31。

表4-31中数据说明，水玻璃模数越高，硬化反应速度越快。表中数据为试验数据。这些试验数据只

说明水玻璃模数对硬化反应速度的影响,对于其中的低模数水玻璃配方,可能硬化反应不到位,而对于高模数水玻璃配方可能过反应。

(2) 有机酯种类的影响 有机酯种类很多,与水玻璃的硬化反应速度不一,通常粗分为快、中、慢酯。实际生产中还可以根据工艺需要,进一步调配细分。表 4-32 是有机酯生产供应商推荐的硬化剂调配方案。

表 4-31 水玻璃模数对有机酯水玻璃自硬砂的硬化速度和强度的影响

序号	水玻璃模数 M	初期抗压强度/MPa					24h 终强度 /MPa	备 注
		30min	45min	60min	90min	120min		
1	2.31	—	—	0.013	0.17	0.42	2.07	
2	2.42	0.01	0.04	0.11	0.29	0.53	2.18	
3	2.53	0.02	0.06	0.28	0.5	0.69	2.28	砂 100 + 硬化剂 0.4 + 水玻璃 0.5(质量比,室温 17℃)
4	2.68	0.04	0.08	0.42	0.78	0.89	2.09	
5	2.98	0.17	0.49	0.59	0.91	0.97	2.16	
6	3.24	—	—	—	—	0.08	0.66	

表 4-32 硬化剂调配方案

硬化剂种类	硬化速度(使用温度)							
	最快 (0℃)	特快 (5℃)	快 (10℃)	中偏快 (15℃)	中 (20℃)	中偏慢 (25℃)	慢 (30℃)	极慢 (35℃)
	配比(质量比)							
800	—	—	—	—	—	—	20	40
901	—	—	30	50	80	100	80	60
903	90	100	70	50	20	—	—	—
Q	10	—	—	—	—	—	—	—

(3) 原砂的影响 原砂影响有机酯水玻璃自硬砂的因素包括原砂含水量、原砂粉尘含量、原砂(主要指再生砂)残留高模数水玻璃膜含量。

1) 原砂含水量影响水玻璃脱水胶凝时间,从而影响型砂硬化速度。含水量超过一定量后,型砂便不能硬化。一般规定原砂含水量不超过 0.5% (质量分数)。

2) 原砂中的粉尘会大量消耗水玻璃黏结剂,大幅度降低型砂强度。为了使型砂达到可使用强度,又不得不增加水玻璃加入量,恶化型砂溃散性。因此,要求原砂微粉含量(质量分数)小于 1%。

3) 再生砂残留高模数水玻璃膜严重影响型砂工艺性能,首先是影响型砂可使用时间,尤其在高温季节,用残留高模数水玻璃膜含量高的再生砂作为原砂,用普通水玻璃配制型砂,基本没有可使用时间。这样不得不使用超低模数改性水玻璃和极慢有机酯,既增加型砂成本,又提高型砂残留强度。

(4) 环境温度和湿度的影响 温度是大多数化学反应的重要条件之一,它可提高反应物的活性,改变其硬化反应速度,对于有机酯和水玻璃的反应也是如此。环境温度高,硬化反应速度快;温度低,硬化反应速度慢。至于环境湿度的影响,根据水玻璃硬化机理可知,失水是水玻璃硬化的重要条件之一,湿度的高低直接与水玻璃失水快慢相关,因此也与硬化速度相关。更重要的是,以水玻璃为黏结剂的型砂,都有一定的吸湿性,湿度高会增加砂型表面含水量,影响铸件质量。表 4-33 是不同温度、湿度下有机酯水玻璃自硬砂抗压强度(硬化反应速度的体现)。

有机酯、水玻璃种类的选择以及比例的确定要根据温度变化,依据"硬化剂与水玻璃匹配选择随温度变化关联图"确定(见图 4-25)。图 4-25 中不同波美度水玻璃是市场采购的两种普通高、低模数水玻璃按不同比例混合而成;不同品种有机酯可以混合使用,如 901 ~ 902 的区间为 901 与 902 的不同比例混合物;有机酯加入量占水玻璃量的比例根据所用水玻璃浓度确定。

表 4-33　不同温度、湿度下有机酯水玻璃自硬砂抗压强度

型砂配方(质量比)			环境条件		抗压强度/MPa		
水玻璃黏结剂	硬化剂	原砂	温度/℃	湿度(%)	1h	6h	24h
3.0	0.3 快酯	100 (岳阳砂)	15	87	0.26	1.13	1.78
3.0	0.3 快酯		8	85	0.8	0.69	1.45
3.0	0.3 中酯	100 (都昌砂)	16	87	0.64	1.89	2.52
3.0	0.3 中酯		16	85	0.56	1.52	1.81
3.0	0.3 中酯	100 (海城砂)	8	85	0.07	0.72	1.45
3.0	0.3 中酯		18	93	0.61	1.62	1.88
3.0	0.3 慢酯		28	92	0.68	1.72	1.83

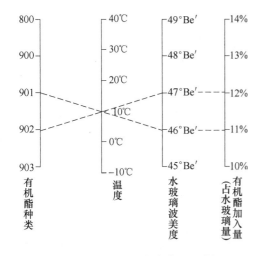

图 4-25　硬化剂与水玻璃匹配选择随温度变化关联图

从图 4-25 可以看出,在水玻璃加入量基本不变的前提下,根据温度(包括气温和砂温)的变化,选用匹配规格的有机酯和水玻璃以控制型砂硬化反应速度。选用的方法是,以温度为支点的杠杆所对应(如图 4-25 所示,在一定范围内)的有机酯和水玻璃。有机酯的加入量随水玻璃浓度(与一定的模数相对应)的变化而变化,即随着所使用水玻璃浓度的提高有机酯的加入比例增加。该工艺型砂可使用时间约 6min,30min 左右即可翻箱起模。

5. 生产中应用的几种典型工艺

(1) 自硬砂配方　中小铸件及机械化流水线生产的有机酯水玻璃自硬砂配方(质量比)为:原砂(100) + 有机酯(水玻璃的 10 ~ 14) + 水玻璃(原砂的 2.6)。

(2) 上海重型机器厂用于生产特大型铸钢件的有机酯自硬砂工艺　上海重型机器厂铸钢分厂是生产特大型铸钢件的大型企业,生产的最大铸钢件净质量达 426t。产品以单件为主,生产方式为有机酯水玻璃自硬砂手工造型,要求型砂的耐火度特别高,可使用时间特别长。为了适应这种产品和生产方式的特殊性,型砂分为面砂和背砂,面砂的原砂采用铬铁矿砂;背砂的原砂以硅砂再生砂为主,硬化剂采用极慢酯,黏结剂采用低模数水玻璃。其工艺配方为

1) 面砂:原砂(铬铁矿砂 100%) + 有机酯(MDT800,水玻璃质量的 14% ~ 15%) + 水玻璃(M = 2.1 ~ 2.2,原砂质量的 1.7%)

2) 背砂:原砂(硅砂再生砂为主,100%) + 有机酯(MDT800,水玻璃质量的 15% ~ 16%) + 水玻璃(M = 2.1 ~ 2.2,原砂质量的 2.8%)

型砂的可使用时间长达 40min 左右。

(3) 有机酯水玻璃自硬砂无箱造型生产线型砂工艺　苏州一家专业生产阀门的企业,用有机酯水玻璃自硬砂无箱造型生产线生产铸钢阀门毛坯。生产线型砂的原砂全部采用再生砂,黏结剂采用 HWG 系列改性水玻璃,加入量为原砂质量的 2.6%。外模砂块尺寸为 1200mm × 1200mm × (800 ~ 1000)mm。生产节奏为 30min 自动翻箱起模,90min 合箱浇注,设计年产阀门铸件 12000t。

(4) 特种砂工艺　一般情况下,与硅砂密度、粒度相近的特种砂(如石灰石砂)可参照硅砂的配方。以锆砂和铬铁矿砂为原砂的有机酯水玻璃自硬砂的配方及强度性能见表 4-34。

表 4-34　锆砂和铬铁矿砂为原砂的有机酯水玻璃自硬砂的配方及强度性能

配比(质量比)				初期强度/MPa					终强度/MPa	环境条件	
锆砂	铬铁矿砂	有机酯[1]	水玻璃模数 M = 2.3	32min	45min	1h	1.6h	3h		温度/℃	相对湿度(%)
100	—	0.2	1.5	0.11	0.16	0.20	0.58	0.86	4.27	7.5	64
—	100	0.2	1.7	0.02	0.07	0.18	0.33	0.77	4.10	7.5	64

[1]　3 份 MDT - 902,1 份 MDT - Q 调节酯。

6. 有机酯水玻璃自硬砂的混砂工艺

有机酯水玻璃自硬砂的混砂工艺一般为

$$原砂 + 有机酯 \xrightarrow{混匀} + 水玻璃 \xrightarrow{混匀} 卸砂$$

需要说明的是，必须将有机酯和原砂先混匀，不可颠倒次序或同时加入有机酯和水玻璃，否则会导致型砂硬化强度下降。原因是有机酯的加入量相对较少，不容易混合均匀。有机酯混合不均匀，型砂硬化反应也不会均匀，可能局部过反应而其他部分反应不够。使用不同设备的混砂工艺如下：

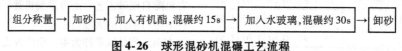

图 4-26　球形混砂机混碾工艺流程

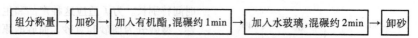

图 4-27　普通碾轮式混砂机混碾工艺流程

普通碾轮式混砂机不适合混碾有机酯水玻璃自硬砂，因为其混碾时间长，缩短了型砂可使用时间，降低型砂的终强度。配制的型砂必须在可使用时间内全部用光，否则剩余型砂将全部报废。

（3）连续式混砂机　最适应自硬砂工艺的混砂设备是连续式混砂机，尤其对于大型铸件和大批量生产更显出它的优势：①边混碾，边填砂，边紧实，从而可延长可使用时间，提高生产率。②需要多少型砂就混碾多少型砂不会造成浪费。③原材料定量和加料程序由计算机自动控制，操作简便。

7. 造型工艺特点

采用有机酯水玻璃自硬砂造型具有如下特点：

1）型砂流动性好，容易紧实，便于实现机械化操作。

2）型砂透气性好，浇注时排气通畅。

3）型砂不粘模（木模表面不可涂刷能在有机酯中溶解的油漆），造型时模具表面不必涂脱模剂。

4）砂型硬化后起模，尺寸稳定，可提高铸件尺寸精度。但对模具结构、质量要求较高，需要有一定的起模斜度。

（1）球形混砂机混碾　混砂量较少时适合采用球形混砂机。球形混砂机具有混碾速度快、时间短、效率高的优点，一般十几秒至几十秒内即可混制完毕。这种设备混砂时产生的热量可加快型砂硬化速度，适应造型操作时间短的小型件。其混碾工艺流程见图4-26。

（2）普通碾轮式混砂机　普通碾轮式混砂机混碾工艺流程见图4-27。

5）型砂硬化后强度高，有利于吊砂造型，减少砂芯，也有利于简化芯骨。

6）新配制的型砂具有黏附性，能较好地黏附在已硬化的砂型（芯）上。这一性能有助于修型。当砂型（芯）局部损坏时，只要清除浮砂，开一些沟槽或钉几枚圆钉，覆上新配制的型砂，压实、修整成型或待其硬化后修磨成型。

7）为改善铸件表面质量砂型（芯）应刷涂料。涂料以快干涂料为好。如刷水基涂料，必须等到砂型（芯）硬化后再涂刷，并即时烘干。

8）砂型（芯）可储存，不会发生像 CO_2 吹气硬化的砂型（芯）反碱（过吹、起白霜）现象。

9）型砂含水量低，但砂型（芯）有一定的吸湿性，气候干燥时，硬化后可直接合箱浇注。如气候潮湿，应经干燥（火焰表干或热风干燥）后浇注，以免铸件产生气孔缺陷。

8. 使用中可能出现的缺陷及防止措施

有机酯水玻璃自硬砂使用中可能出现的缺陷及防止措施见表4-35。

表 4-35　有机酯水玻璃自硬砂使用中可能出现的缺陷及防止措施

序号	缺陷状况	产生原因	防止措施
1	可使用时间太短(常在夏季，气温高时或使用再生砂时发生)，砂型强度低，表面发酥	1）水玻璃模数太高 2）所用有机酯不合适 3）混砂时间过长(一般间隙式混砂机) 4）生产组织和混砂设备不配套 5）原砂温度过高 6）再生砂表面残留高模数水玻璃膜过多	1）采用较低模数的水玻璃 2）采用硬化速度慢的有机酯 3）缩短混砂时间 4）调整生产组织，在可使用时间内完成造型操作 5）不使用温度过高的原砂 6）采用适应干法和热法再生砂的超低模数改性水玻璃 7）提高再生砂质量，用旧砂湿法取代干法、热法再生，减少再生砂表面残留高模数水玻璃膜

（续）

序号	缺陷状况	产 生 原 因	防 止 措 施
2	砂型硬化太慢（常在冬季，气温低时发生）	1）水玻璃模数太低 2）所用有机酯不合适 3）气温及原材料温度太低	1）采用较高模数的水玻璃 2）采用硬化速度快的有机酯 3）预热原砂及水玻璃 4）创造气温较高的小环境
3	砂型（芯）产生蠕变、塌落	1）型砂配比不合适，硬化反应不到位 2）原砂含水量过高 3）设备定量系统失控，原材料定量不准，如水玻璃加多了或有机酯加少了 4）水玻璃、有机酯质量失控，如水玻璃模数偏低，有机酯酯含量偏低	1）调整配比增加有机酯量或提高水玻璃模数 2）增加对原材料的检测、监控，不用不合格的原材料 3）加强对混砂机定量系统的检测、监控，保证原材料定量准确 4）注意小试样强度性能的假象（受空气中 CO_2 和风干的影响） 5）选用硬透性好的改性水玻璃
4	粘模	1）模样表面涂料不适合 2）起模时砂型（芯）强度太低	1）模样表面刷不会被有机酯重溶的油漆，如树脂漆 2）待砂型（芯）硬化到适当强度再起模
5	铸件冲砂、夹砂	1）浇注系统设置不当 2）砂型（芯）强度太低 3）浇道及砂型中有浮砂	1）设置浇注系统时不使金属液直冲砂型（芯），中、小件在直浇道底部垫耐火砖片，中、大件浇注系统全部用成形耐火砖构成 2）调整型砂配比，提高砂型（芯）强度 3）在可使用时间内完成砂型（芯）紧实操作 4）加强现场操作管理，提高砂型（芯）紧实度 5）合型时吹净浇道和型腔中的浮砂
6	铸件表面粘砂	1）涂料质量差，涂层薄 2）砂型紧实度低 3）砂型强度低，表面发酥 4）造型材料耐火度低 5）钢液浇注温度过高	1）采用优质涂料，涂刷到规定厚度 2）提高砂型春实度，要在可使用时间内完成砂型紧实操作 3）加强配砂和造型工序的质量控制 4）在铸件热节大、散热条件差的部位采用特种砂，如锆砂、铬铁矿砂 5）控制钢液浇注温度（中温浇注）
7	铸件气孔	1）原砂含水量高 2）型砂混合不均匀，局部含水量高 3）砂型吸湿	1）加强原材料质量检测，严禁使用湿原砂 2）加强设备维修管理，确保运转正常 3）选用混砂功能好的设备 4）采取防砂型（芯）吸湿措施，采用热风烘干或火焰表干工艺
8	残留强度偏高	1）水玻璃加入量偏高 2）原砂质量不好，粉尘含量高 3）再生砂残留高模数水玻璃膜多，使用超低模数水玻璃	1）不盲目追求过高的型砂强度而增加水玻璃加入量 2）采用优质原砂，减少水玻璃加入量 3）改进旧砂再生工艺，提高再生砂质量，如采用湿法再生工艺 4）尽可能采用模数较高的水玻璃 5）使用提高溃散性的改性水玻璃

9. 有机酯水玻璃自硬砂造型生产线

由于有机酯水玻璃自硬砂配制工艺简便，型砂工艺性能好，使得生产系统的组成较为简单。一般造型生产线由混砂机、振动台、辊道输送机等组成，需要时再配备翻转起模机和合箱机。

图 4-28 是采用球形混砂机组成的有机酯水玻璃自硬砂造型生产线。型砂由球形混砂机 2 混制后，经回转带式给料机 3 送至造型升降工作台 4 的砂箱内造型，砂箱填满、紧实、刮平后推至辊道 5 上进行硬化，硬化后用桥式起重机起模并将砂箱运至合箱浇注

处进行下芯与合箱。模板经电动平车6转运到辊道7，进行清理，并用桥式起重机将空砂箱放上再送至机动辊道8和电动平车9上，运至造型升降台处继续造型。该生产线的特点是设备结构简单，数量少，用于生产5t以下的铸件。

图4-29是采用连续式混砂机组成的有机酯水玻璃自硬砂造型生产线。它适用于中、大型铸件和批量生产的铸件。该生产线以连续式混砂机为主体，配备振动紧实台、翻转起模机及机动或手动辊道组成的机械化程度较高的生产线。现在，类似的生产线已经实现无砂箱造型。

图4-29是采用连续式混砂机组成的有机酯水玻

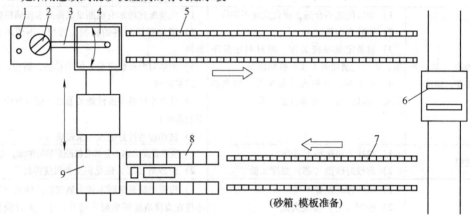

（砂箱、模板准备）

图4-28　采用球形混砂机组成的有机酯水玻璃自硬砂造型生产线

1—水玻璃和有机酯容器　2—球形混砂机　3—回转带式给料机　4—升降工作台
5、7—辊道　6、9—电动平车　8—机动辊道

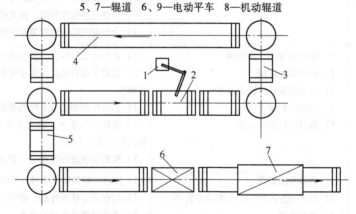

图4-29　采用连续式混砂机组成的有机酯水玻璃自硬砂造型生产线

1—连续式混砂机　2—振动紧实台　3—转台　4—辊道　5—翻转起模机　6—涂料机　7—烘炉

图4-30是封闭式有机酯水玻璃自硬砂制芯生产线。它由斗式提升机、连续式混砂机、振动紧实台、辊道、加热罩等组成。原砂由斗式提升机送进砂斗，经连续式混砂机混制的芯砂加入芯盒后振动紧实，紧实、刮平后的芯盒在环形辊道上停留5~15min后拆开芯盒，在气温较低的天气（如冬天），可经加热罩加热（以加快砂芯硬化速度）后拆开芯盒。

4.4.3　有机酯水玻璃砂冷芯盒工艺

有机酯水玻璃砂冷芯盒用改性水玻璃做黏结剂，水玻璃加入量占硅砂质量的2.5%~3.0%，吹甲酸甲酯气雾硬化。甲酸甲酯用专用气体发生器处理，制

芯强度高，即时抗拉强度可达0.2~0.5MPa，终强度可达0.6~1.0MPa，制芯速度快，和常规冷芯盒相当。

4.4.4　烘干硬化水玻璃砂

烘干硬化水玻璃砂工艺起源于19世纪中叶，是最古老的水玻璃型砂工艺，当时采用炉窑烘干。因有如下缺点，此工艺未能得到广泛应用：

1）生产率低，能耗大，劳动强度大，型（芯）的尺寸精度不高。

2）在当时的普通加热条件下，型（芯）表层通常先受热失水硬化，结成硬壳，使热空气不易深入型

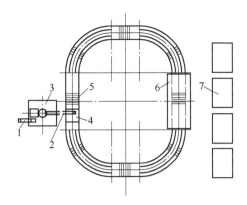

图 4-30 封闭式有机酯水玻璃自硬砂制芯生产线

1—斗式提升机 2—连续式混砂机 3—砂斗
4—振动紧实台 5—辊道 6—加热罩 7—砂芯架

（芯）内部，型（芯）内部的水蒸气不易扩散出来，故厚大砂型（芯）内部烘不透，而其表层又易受过度烘烤。

3）加热硬化的砂型（芯）具有很强的吸湿性，吸湿后砂型（芯）膨胀变形，甚至崩塌，给生产组织管理带来很多麻烦。

烘干硬化水玻璃砂的硬化机理是水玻璃失水胶凝。其过程是，通过加热去除水玻璃中的水分，使水玻璃逐步从稀溶液转化为黏稠液体—膏状体—凝胶—失水凝胶。加热到 $180 \sim 200℃$ 的失水水玻璃凝胶比硅溶胶生成的硅酸凝胶更致密，具有较高的黏结强度。其强度比 CO_2 吹气硬化砂高 10 倍左右。烘干硬化水玻璃砂的水玻璃加入量可降低到 $2\% \sim 3\%$，因而溃散性有显著改善。加热硬化水玻璃砂除传统的窑炉加热外，现已发展了在芯盒内吹热风硬化、热芯盒内电加热硬化、微波加热硬化等新的制芯工艺。这些新的制芯工艺主要适用于制中小砂芯。

1. 烘干硬化水玻璃砂的特点

烘干硬化水玻璃砂最大优点是强度高，水分低，铸件不易产生砂眼、气孔缺陷。图 4-31 表示烘干硬化水玻璃砂 [水玻璃加入量为 3.5%（质量分数），水玻璃模数 $M = 2.5$] 在不同加热温度下的抗压强度。从图中可看出，在 $120 \sim 200℃$ 的加热条件下烘干硬化水玻璃砂的抗压强度高达 6MPa。

烘干硬化水玻璃砂的最大缺点是砂型（芯）吸湿性太强，可能因吸湿而完全失去强度。但这一缺点也具有两重性，如对于某些特定产品，砂型（芯）烘干后，在可控条件下浇注，浇注后在潮湿环境下能自溃，旧砂再次加水后加以利用，可实现良性循环。图 4-32 是微波烘干硬化水玻璃砂试样的抗拉强度与存放时间和湿度的关系。

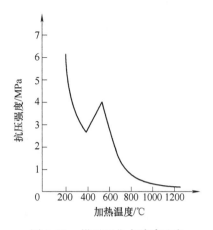

图 4-31 烘干硬化水玻璃砂在不同温度下的抗压强度

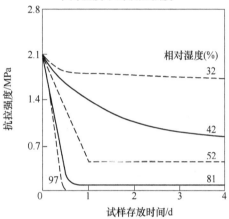

图 4-32 微波烘干硬化水玻璃砂试样抗拉强度与存放时间和湿度关系

注：水玻璃模数 $M = 2.88$，水固比 = 1:34（质量比）。

此外，烘干硬化水玻璃砂在没有胶凝前的初期，强度很低，不能起模、搬运。模样需要随炉加热硬化后起模，需要加热设备，硬化时间相对较长。传统烘干硬化水玻璃砂工艺与传统 CO_2 吹气硬化工艺一样，采用加粉状料，可混制具有湿强度的型砂。其产生的负面效应也与传统 CO_2 吹气硬化工艺相似。

2. 热气流烘干法

热气流烘干法是普通加热硬化水玻璃型砂的改进形式。采用热气流加热水玻璃砂型（芯），有利于砂型（芯）内部水蒸气的迁出，可加快水玻璃砂的硬化速度，水玻璃砂硬化的均匀性也大为增加。其工艺效果取决于热气流的温度、流速、压力及加热时间等（见图 4-33）。

3. 过热蒸汽硬化法

过热蒸汽硬化法是将粉末状固体水玻璃混合在砂中吹入芯盒，然后导入过热蒸汽，短时间内即可

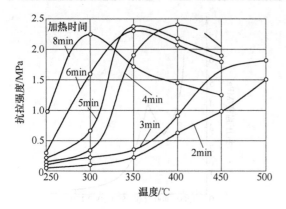

图 4-33　加热温度和时间对水玻璃型
砂硬化（抗拉强度）的影响

注：试验条件：石灰石砂，水玻璃加入量为 7.5%
（质量分数），模数为 2.4，波美度为 51°Be′，
电热鼓风烘箱烘干。

硬化。

4. 微波烘干法

微波烘干法是一项正在开发中的新工艺。它利用微波加热快而均匀的特点，充分发挥水玻璃脱水硬化黏结强度高的优势，使型砂中水玻璃加入量降低到最低限度。

微波由振荡频率为 $1000 \sim 300000 MHz$ 的振荡电场产生，它是一种波长为 $1 \sim 300 nm$ 的电磁波。当砂型（芯）放置在微波场中时，其中的水分子等将随电磁场的变化而变化。由于分子的振动落后于磁场的变化，所以会产生分子间的摩擦，相互摩擦而发热，使砂型（芯）的温度升高。与传导性质的加热相比，微波加热可以使物体的更大部分得到加热，且由于微波能透入砂型（芯）的内部，由内向外逐步加热，有利于水分从砂型（芯）的内部向外迁移挥发，因而水玻璃型砂的硬化速度快。

为了解决通常情况下烘干硬化水玻璃砂的吸湿性问题，可采取以下几种措施：①采用改性水玻璃，如钠 - 锂复合水玻璃。②烘干硬化加化学硬化，如在烘干硬化后期通一定量的 CO_2，或在型砂中加入少量慢酯。③加入少量 Li_2CO_3。图 4-34 是 Li_2CO_3 改性水玻璃和未改性的钠水玻璃采用不同硬化方法 24h 后试样强度随湿度变化情况。

以下是部分铸造工作者对微波烘干工艺的研究结论：

1）在一定范围内，微波烘干水玻璃砂的强度与水玻璃加入量成正比。图 4-35 是模数 $M = 2$ 的粉状硅酸钠配制成质量分数为 33.4% 的水溶液按不同加入量配制成型砂，试样经微波烘 30min 后测定的抗压强度。

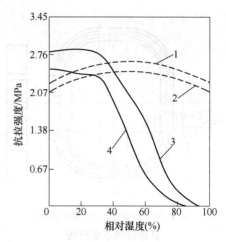

图 4-34　Li_2CO_3 改性水玻璃和未改性钠水玻璃
试样强度随湿度变化情况

1—水玻璃 3.4%（质量分数），Li_2CO_3 0.25%（质量分数），
热空气硬化　2—水玻璃 3.4%（质量分数），Li_2CO_3 0.25%
（质量分数），微波硬化　3—水玻璃 3.4%（质量分数），
无添加物，热空气硬化　4—水玻璃 3.4%（质量分数），
无添加物，微波硬化

注：图中实线为未改性水玻璃，虚线为 Li_2CO_3 改性水玻璃。

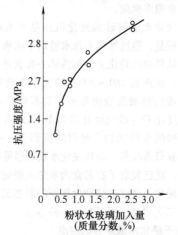

图 4-35　型砂抗压强度与模数 $M = 2$
粉状水玻璃加入量的关系

2）在临界功率以上时微波烘干硬化速度与微波炉功率成正比。所谓临界功率是指在此功率以下微波烘干硬化速度非常缓慢，高过临界功率才能达到实用烘干硬化速度。

3）微波烘干达到水玻璃砂的抗拉强度与水玻璃水固比和水玻璃模数的关系见图 4-36。

从图 4-36 可以看到，模数 $M = 2.0$ 的强度最低，这与它胶凝化能力较低有关。$M = 3.2$ 的强度比 $M = 2.4$ 低的原因是它的 Na^+ 含量较低。

4）微波烘干硬化不能使用金属模，因为金属能反射微波；也不能使用木模，因为木模在微波下会脱

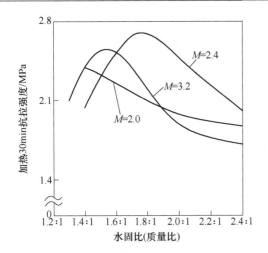

图 4-36 型砂抗拉强度与水玻璃水固比和水玻璃模数的关系

水变形。目前使用较多的是环氧强化橡胶模或合成高分子模。

4.5 水玻璃旧砂再生

从水玻璃型砂诞生之日起，水玻璃旧砂的再生问题就是困扰铸造工作者的一道难题。早期，由于型砂中水玻璃加入量多，浇注后残留强度高，旧砂块破碎困难，破碎后砂粒破损严重，再生砂收得率低，再生砂成本高，加之当时人们对环保问题认识不足，环保管理制度不严，企业宁可多用新砂，倒掉旧砂，也不搞旧砂再生。

随着人们环保意识提高，环保管理制度加强，水玻璃旧砂再生问题得到重视。广大铸造工作者经过长期努力，深入研究水玻璃基础理论，找出问题症结所在；开发新型水玻璃型砂工艺，降低型砂水玻璃加入量，改善水玻璃型砂溃散性；比较各种旧砂再生工艺、设备，终于走出了水玻璃旧砂再生难的困境。

4.5.1 砂块破碎

传统 CO_2 吹气硬化水玻璃砂旧砂再生遇到的第一个问题就是砂块破碎问题。由于其水玻璃加入量多，浇注后砂型残留强度高，有些型砂浇注后的残留强度高达 10MPa 左右，尤其是生产大型铸钢件浇注后的型砂，在长时间高温作用下，硅砂和水玻璃烧结成整体，几乎不能破碎，勉强破碎也只能是大块变小块，很难得到接近原砂的粒度。

与传统 CO_2 吹气硬化水玻璃砂工艺相比，20 世纪后期开发的新型水玻璃砂工艺，水玻璃加入量显著降低，型砂溃散性明显改善，砂块破碎问题随之解决，为旧砂的再生打开了通道。表 4-36 介绍 5 种 20 世纪后期开发的新型水玻璃砂的残留强度。

表 4-36 5 种 20 世纪后期开发的新型水玻璃砂的残留强度

序号	型 砂 种 类	1000℃残留强度(抗压)/MPa
1	CO_2 吹气硬化 RC 系改性水玻璃砂	≈1
2	CO_2 吹气硬化强力 2000 多重改性水玻璃砂	0.86～0.92,呈脆性,溃散功很小
3	CO_2 吹气硬化 Solosil 改性水玻璃砂	0.097～0.26[①]
4	有机酯水玻璃自硬砂	≈0.2
5	普通 CO_2 吹气硬化水玻璃砂	≈2

① 为 800℃加热 20min 时的残留强度。

从型砂溃散性数据可以看出，CO_2 吹气硬化改性水玻璃砂的残留强度降低很多，溃散性有了很大改善。但对于受热影响较小的部分，砂型仍保留较高的残留强度，接近浇注前的型砂终强度，它所形成的砂块不同于烧结块，一经破碎即成砂粒，供后续再生处理。可以说，有价值的水玻璃旧砂再生是建立在新型水玻璃型砂工艺基础上的。目前，在应用较多、规模较大的有机酯水玻璃自硬砂生产线上，浇注后落砂的砂块主要采用振动破碎机破碎，效果很好。一些小型铸造企业浇注后落砂的砂块用锤式破碎机破碎效果也不错。

4.5.2 旧砂表面水玻璃膜的去除

水玻璃砂旧砂表面的高模数水玻璃膜（通过 Na_2O 含量测定）是恶化其使用性能的决定性因素。例如，使 CO_2 吹气硬化水玻璃砂型砂保存性降低，使自硬砂失去型砂可使用时间，恶化型砂的溃散性和抗烧结性等。因此，去除旧砂表面高模数水玻璃膜是水玻璃旧砂再生的关键。

旧砂表面的高模数水玻璃膜具有如下特性：

1）具有吸湿性，可溶于水。

2）吸湿后的高模数水玻璃膜具有韧性，不易破裂。

3）带有高模数水玻璃的粉尘吸湿后有很强的黏附性，不易与附着物分离。

长期以来水玻璃旧砂再生的研究，主要是围绕着如何更有效地去除旧砂表面残留水玻璃膜课题展开的。

4.5.3 水玻璃旧砂干法再生

20 世纪后期各种新型水玻璃砂工艺诞生，水玻璃旧砂再生不但有了可能，而且在实际生产中成了许多企业求生存，谋发展的迫切需要。水玻璃旧砂干法再生首先在一些工厂得到应用。所谓干法再生，就是在不加水、不加热的条件下，依靠机械动力或空气动力使砂粒与设备之间或砂粒与砂粒之间发生碰撞和摩擦，使砂粒表面的黏结剂膜产生破裂、剥离，从而达

到旧砂再生的效果。

在干法再生过程中，风选除尘是必需的环节，该环节能及时去除从砂粒表面剥离下来的残留黏结剂膜。水玻璃旧砂干法再生系统的流程见图4-37。

图4-37 水玻璃旧砂干法再生系统的流程

可用于水玻璃旧砂干法再生的设备有立式逆流摩擦式再生机、机械离心冲击式再生机、卧式离心搅拌摩擦再生机、气流冲击式再生机等。

1. 立式逆流摩擦式再生机

立式逆流摩擦式再生机的结构原理见图4-38。顺时针旋转的筒体和逆时针旋转的转子带起两股逆向运动的砂流，两股砂流相互冲击、摩擦，同时又与转子和筒体冲击、摩擦，冲击、摩擦产生的水玻璃膜和细粉从再生机顶部抽走，从而达到脱膜再生的目的。该机为间歇式再生机，每一桶旧砂的再生时间可以任意调节，一般为5~8min。其生产率、再生砂质量、再生砂收得率等，都与设定的再生时间相关联。

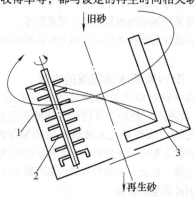

图4-38 立式逆流摩擦式再生机的结构原理
1—筒体（顺时针旋转） 2—转子（逆时针旋转，轴心位置固定） 3—固定刮板

以立式逆流摩擦式再生机为中心组成的旧砂干法再生系统见图4-39。从振动落砂机下来的水玻璃旧砂经初步破碎和磁选后，由带式输送机1和斗式提升机2送入旧砂斗3中，再经振动破碎（筛砂）机13、斗式提升机5送入旧砂斗6中准备再生。每次再生的旧砂量由星形给料机7定量给料，经立式逆流摩擦式再生机8再生后的水玻璃再生砂，再经带式输送机9和斗式提升机10送入再生砂斗11备用。

该再生系统没有设置旧砂的加热干燥设备，系统

的再生脱膜率为10%~25%。这样的再生砂不能用作面砂的原砂。随着再生砂复用次数的增加，再生砂质量会不断恶化。

2. 机械离心冲击式再生机

机械离心冲击式再生机结构原理见本书第3章3.13.4节。旧砂通过高速旋转的转子获得很高的离心速度，砂粒冲击在周围的硬质圈围上，达到去除水玻璃膜的作用。

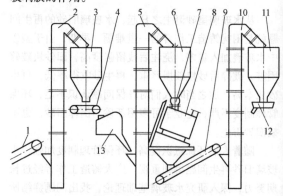

图4-39 以立式逆流摩擦式再生机为
中心组成的旧砂干法再生系统
1、9—带式输送机 2、5、10—斗式提升机
3、6—旧砂斗 4—带式给料机 7—星形给
料机 8—立式逆流摩擦式再生机 11—再生砂斗
12—振动给料机 13—振动破碎（筛砂）机

以机械离心冲击式再生机为中心组成的水玻璃砂旧砂再生生产线见图4-40。其工艺流程如下：浇注后的砂型经落砂机2落砂，旧砂由带式输送机1送入斗式提升机3提升并卸入旧砂斗4中储存。当进行再生时，首先由电磁振动给料机5将旧砂（主要是砂块）送入破碎机6中，破碎后的旧砂经斗式提升机7提升，在卸料处通过磁选机8除去铁磁性物质（如铁豆、飞边、毛刺等），再经筛砂机9除去砂中杂物，过筛的旧砂存于回用砂斗10中，再经斗式提升机11送入二槽斗12中，并控制下料闸门将旧砂适量加入

再生机 13 中进行再生。合格的再生砂经斗式提升机 14 送入风选装置 15 中，风选后的再生砂进入砂温调节器 16 中，使再生砂的温度接近室温，最后由斗式提升机 18 提升至储砂斗 19 中备用。

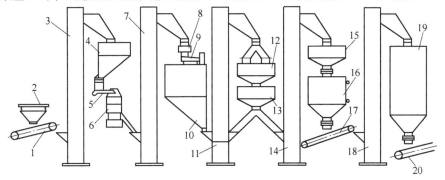

图 4-40　以机械离心冲击式再生机为中心组成的水玻璃砂旧砂再生生产线
1、17、20—带式输送机　2—落砂机　3、7、11、14、18—斗式提升机　4—旧砂斗
5—电磁振动给料机　6—破碎机　8—磁选机　9—筛砂机　10—回用砂斗　12—二槽斗
13—再生机　15—风选装置　16—砂温调节器　19—储砂斗

3. 卧式机械搅拌摩擦再生机

图 4-41 是德国 GFA 公司卧式搅拌摩擦再生机的结构原理。水平放置的砂槽中有两个带叶片的长轴，旧砂被由槽底的孔洞吹入的压缩空气吹起而沸腾，同时被反向运动的叶片带动而互相摩擦，达到擦去水玻璃膜的目的。

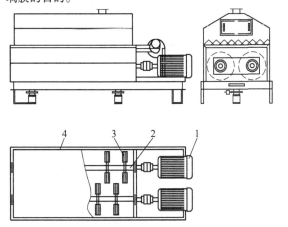

图 4-41　德国 GFA 公司卧式搅拌摩擦再生机的结构原理

1—驱动电动机　2—轴　3—叶片　4—砂槽

水玻璃旧砂干法再生系统的优点是，设备的结构和系统布置较简单，投资较少，二次污染较易解决。缺点是，残留水玻璃膜去除率低，再生砂不能用作面砂。生产过程中必须投入大量新砂，同时废弃（排放）大量旧砂。

这类水玻璃旧砂干法再生系统再生效果差的原因在于，它们的再生功能与水玻璃旧砂的特性不相适应。这些系统再生装置的主要功能都是冲击和摩擦，而含有结晶水的旧砂水玻璃膜是韧性的，它耐冲击、耐摩擦。虽然可以增加冲击力和延长摩擦时间来提高水玻璃膜去除率，但这会使砂粒严重破碎和粉化，降低再生砂收得率，同样不能使资源得到充分利用。加之，粉化的水玻璃膜具有很强的吸湿性，吸湿的粉化水玻璃膜又具有很强的黏附性，很难与再生砂分离。

4.5.4　水玻璃旧砂热法再生

水玻璃旧砂热法再生，是在水玻璃旧砂干法再生基础上针对干法再生存在问题所进行的改进：①水玻璃旧砂粉尘吸湿后黏附在砂粒表面不易分离，通过烘干可以解决水玻璃旧砂再生过程中的除尘问题。②含水的水玻璃凝胶膜具有韧性，这样的韧性膜靠冲击和摩擦难以去除。经研究发现，加热干燥（脱水）后的水玻璃膜是脆性的，可以通过冲击和摩擦从砂粒表面剥落下来。水玻璃旧砂热法再生系统的流程见图4-42。

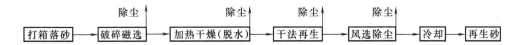

图 4-42　水玻璃旧砂热法再生系统的流程

对比图 4-37 所示的水玻璃旧砂干法再生系统的流程和图 4-42 所示的水玻璃旧砂热法再生系统的流程,可以看出水玻璃旧砂热法再生系统比干法再生系统多出两个环节,即加热干燥 (脱水) 和冷却。

试验结果证明,水玻璃旧砂热法再生时旧砂的加热温度对再生砂质量有明显影响。当旧砂加热到 100 ~ 200℃ 时,再生砂的去膜率可以达到 15% ~ 25% ,比普通干法再生效果稍有提高。这可能是对再生处理过程中脱落的粉尘去除得更干净的缘故。要完全去除残留水玻璃膜中的水分,使残留水玻璃膜由韧性转变为脆性,需要将旧砂加热到 320 ~ 350℃ ,再经强力擦洗 (砂与砂或砂与设备) ,再生砂脱膜率可达 30% ~ 40% ,用于配制型砂的强度和可使用时间都有所提高。但这样的再生砂仍不能单独用于配制型砂。在水玻璃旧砂热法再生砂的应用方面,一些企业 (造型采用有机酯水玻璃自硬砂生产线,旧砂采用热法再生) 提供的相关数据是,再生砂收得率为 80% 左右,造型生产线上型砂配方 (质量分数) 中 70% 为再生砂,加 30% 新砂,并且必须使用超低模数改性水玻璃 (尤其在夏季) ,再生砂具有较强的吸湿性。很显然,这些数据并不理想,因为有 20% 的旧砂被磨成粉末后排放,原砂的循环利用比例不算高,废弃物的排放量不算少,再生砂的性能也不算好。尽管如此,热法再生砂保证了有机酯水玻璃自硬砂生产线的正常运转,扩大了有机酯水玻璃自硬砂在铸造生产中的应用。

热法再生砂质量不尽人意的根本原因依然是残留水玻璃量过高,导致这一结果的主要原因是原砂不规则的表面结构造成的。砂粒表面不都是平整光洁的,它通常带有起伏的凹陷。一般情况下,凹陷中的残留水玻璃膜相对较厚,而且较难剥离,因为残留在砂粒凹陷中的水玻璃膜冲击不到、磨不着,这是以冲击和摩擦为主要过程的再生设备无法解决的难题。从这个意义上讲,以摩擦去膜为主的再生设备,摩擦也应适可而止,多磨无益。

热法再生的另一个问题是,再生设备系统投资大,再生砂生产成本高。虽然,热法再生系统比干法再生系统只增加了"加热"和"冷却"两个环节,但

这两个环节在增加投资和提高能耗方面确实是关键。

(1) 加热　一套生产率为 10t/h 的水玻璃旧砂再生系统,它每小时要将 12.5t 左右的旧砂加热到 300℃ 以上,需要增添大型的加热炉和为之配套的输送、除尘系统,此外还要消耗大量能源。

(2) 冷却　将 300℃ 以上的热砂 (虽然经过擦洗、除尘,温度有所下降) 冷却到 40℃ 以下的可使用温度,需要分步进行,先是沸腾冷却,再是水管冷却器冷却,最后辅以风力输送管道冷却。其中水管冷却器的冷却水又要通过冷却塔冷却。

(3) 强力摩擦　将砂粒表层摩擦出占砂质量约 20% 的粉尘 (约 2.5t/h) ,并从再生砂中分离必须有功率强大的除尘器。所有这些都要消耗大量电能。

4.5.5　水玻璃旧砂湿法再生

水玻璃旧砂可以湿法再生的依据是,旧砂残留水玻璃膜具有吸湿性,可溶于水。水玻璃旧砂湿法再生工艺国内外都有应用。20 世纪六七十年代,我国不少铸造企业结合水爆清砂和水力清砂对旧砂进行湿法再生。但由于当时应用的是 CO_2 气体硬化型砂工艺,旧砂表面水玻璃膜因过反应而难溶 (或不溶) 于水,再生砂质量不好,加上没有解决好污水处理问题而逐步被放弃,如今仅有少数工厂仍在使用。水玻璃旧砂湿法再生系统流程见图 4-43。

1. 国外较完整的湿法再生系统

图 4-44 是瑞士 FDC 公司结合水力清砂工艺开发出的一种处理水玻璃旧砂的湿法再生系统。它将磁选、破碎设备和水力旋流器与搅拌器串联在一起,系统具有落砂、除芯铸件预处理、旧砂湿法再生回收、水力清砂用水 5 个功能,砂子回收率达 90% ,水回收率达 80% 。它是一个较完整、紧凑的湿法再生系统,但该系统组成庞大,造价高,在我国没有得到采用。

2. 国内开发的水玻璃旧砂湿法再生技术

(1) 旋流式湿法再生机　图 4-45 是旋流式湿法再生机 (也称水力旋流器) 的结构原理。其工作原理是,砂水混合物 (砂的质量分数为 10% ~ 15%) 以一定的压力和速度从进浆管 4 切向流入旋流式湿法再生机筒体内,沿圆筒体 5 及圆锥体 2 内壁形成高速旋流,砂粒在离心力作用下因密度大而趋向器壁。与

图 4-43　水玻璃旧砂湿法再生系统流程

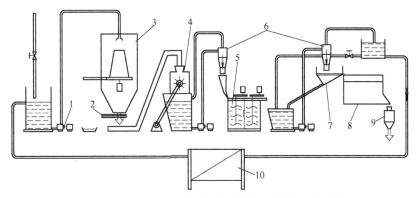

图 4-44　瑞士 FDC 公司的水玻璃旧砂湿法再生系统

1—供水设备（高压泵）　2—磁选分离　3—水力清砂室　4—破碎机　5—搅拌再生机
6—水力旋流器　7—振动给料机　8—烘干冷却设备　9—气力压送装置　10—澄清装置

此同时，砂粒与器壁、砂粒与砂粒之间产生强烈的摩擦作用，去除砂粒表面的泥分和黏结剂膜。泥分及微粒随旋转上升水流从处于中心部位的溢流管 3 中溢出，砂粒则沿壁螺旋下沉，呈浓缩砂浆（砂的质量分数为 79% ~ 80%）状态从排砂口 1 排出，泥浆则从排泥管口 7 排出。

（2）水力清砂—湿法再生系统（见图 4-46）　水力清砂与旋流式湿法再生机相结合的水玻璃旧砂湿法再生系统，主要由水池、高压泵及喷水枪、旧砂湿法再生系统、湿砂干燥系统等组成。其工艺流程见图 4-47。该系统结构庞大，能耗高，没有解决污水处理问题（污水靠自然沉淀，不能去除水玻璃溶胶，pH 值高），影响再生砂质量。

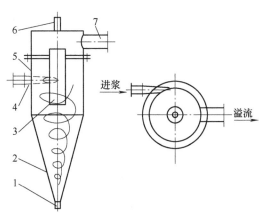

图 4-45　旋流式湿法再生机（也称水力旋流器）**的结构原理**

1—排砂口　2—圆锥体　3—溢流管　4—进浆管
5—圆筒体　6—透气管　7—排泥管口

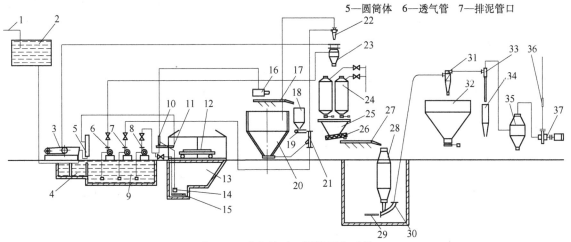

图 4-46　水力清砂—湿法再生系统

1—管道　2—清水箱　3—高压泵　4—沉淀池　5—稳压器　6~8—离心泵　9—沉淀池（清水区）　10—水力提升器　11—喷枪
12—回转台车　13—清砂池　14—吸笼　15—搅拌装置　16—稳流槽　17—振动筛　18—废料桶　19—带式输送机　20—中间池
21—水力提升器　22—水力旋流器　23—水力分离器　24—脱水罐　25—储砂斗　26—螺旋给料机　27—振动给料机　28—预热炉
29—煤气烧嘴　30—喉管　31—旋风分离器　32—再生砂库　33—DF 除尘器　34—储灰桶　35—水激式除尘器　36—消声器　37—风机

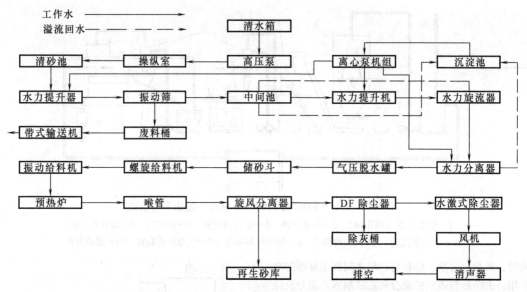

图4-47　水力清砂—湿法再生系统的工艺流程

（3）强擦洗湿法再生及污水处理系统　强擦洗湿法再生及污水处理系统是我国自行研制开发的一种新型水玻璃旧砂湿法再生工艺，其工艺流程见图4-48。该系统主要由旧砂破碎设备、湿法再生设备、砂水分离及脱水设备、污水处理设备、湿砂烘干设备等组成。它具有如下优点：

1）采用强擦洗湿法再生设备，水玻璃膜脱除率高。两级强擦洗使水玻璃膜的脱除率达85%~95%，单级湿法再生水玻璃膜的脱除率达70%~80%。

2）湿法再生砂的质量好，可以代替新砂用作面砂或单一砂使用。

3）湿法再生的耗水量小，每吨再生砂耗水2~3t，污水经处理后可循环使用或达标排放。

单级湿法再生设备的布置见图4-49。它由湿法再生机、砂水分离机、湿砂脱水机3台设备（也可由湿法再生机、砂水分离机两台设备组成，采用其他设备去除湿砂中的水分）组成。该再生系统的工作过程是，经破碎和磁选后的水玻璃旧砂与清水按一定的比例（砂水质量比为1:1~1:1.5）混合，并以一定的流量连续进入再生机体内再生；经一定的时间再生后（再生时间的长短，取决于砂水混合物的流量和再生机的容积），砂水混合物从湿法再生机内卸出，进入砂水分离机中进行砂水分离；来自砂水分离机的湿砂再经湿砂脱水设备初步脱水后，进入下一级湿法再生后被直接送入湿砂池存放等待烘干使用。

该湿法再生系统中污水处理器的工作原理见图4-50。该处理器根据混凝化学及流体力学的有关原理，将沉淀、过滤、澄清、污泥浓缩4道工序集中于一个金属罐体内进行。全套工艺流程短，处理净化效率高，占地面积小，操作简便，运行费用较低。实践证明，该污水处理器对水玻璃砂的污水具有良好的处理净化效果，可实现用水的闭路循环。

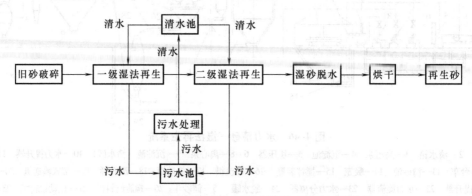

图4-48　强擦洗湿法再生及污水处理系统的工艺流程

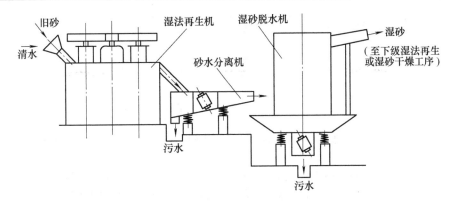

图4-49 单级湿法再生设备的布置

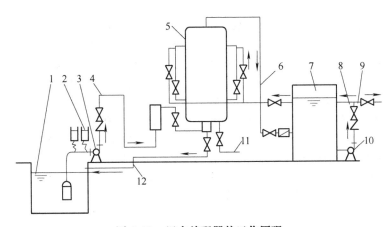

图4-50 污水处理器的工作原理

1—污水池 2—加药系统 3—污水泵 4—进水管 5—处理器 6—出水管 7—清水池
8—反冲进水管 9—回用水管 10—清水泵 11—排泥口 12—反冲排水

（4）以溶解除膜为主的有机酯水玻璃自硬砂旧砂湿法再生系统 以溶解除膜为主的有机酯水玻璃自硬砂旧砂湿法再生系统，是在生产实践中开发应用并取得显著成效的低投入、高效益、功能较为完善的旧砂湿法再生系统。该旧砂湿法再生系统由砂处理和水处理两个分系统组成。

砂处理分系统的工艺流程为：

落砂磁选（磁选通过栅格的散砂和砂块中的铁磁性物体）→湿式破碎（砂块、散砂和清水一起进入湿式破碎机，一边破碎，一边擦洗）→浸泡沥水（砂、水一同进入带沥水功能的浸泡池，一边浸泡，一边沥水）→烘干入库（烘干的再生砂经过筛、磁选后送入冷却砂库备用）。

水处理分系统的工艺流程为：

（从浸泡池沥出的污水自流进入）污水池→（污水通过污水泵从污水池送入）污水处理池（加药絮凝，矾花下沉，上层分出清水层）→

┌（上层清水流入）清水池→（清水通过
│ 清水泵送进）湿式破碎机
└（池底絮凝沉淀物通过隔膜泵送入）
压滤机(压滤成渣饼排放)

其综合工艺流程见图4-51。

该系统的实际效果如下：

1）再生砂质量好，长期检测残留 Na_2O 的质量分数保持在0.2%左右，可应用于单一砂生产。

2）再生砂收得率高（约95%）。

3）再生砂生产成本低。与上述各种旧砂再生处理系统相比，该系统所用机械设备数量最少，最简单，因而设备投资省，能源、动力消耗少（烘干再生砂温度控制在80℃左右），设备维修管理费用低。

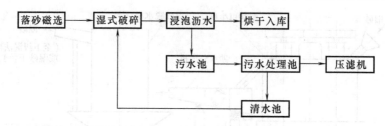

图 4-51　以溶解除膜为主的有机酯水玻璃自硬砂旧砂湿法再生系统的综合工艺流程

4）水处理效果好，可做到循环使用。污水浑浊不透明，pH 值为 10 ~ 11，经处理后的清水透明度高于普通地表水，pH 值为 8 左右，可循环应用，也可达标排放。

5）絮凝剂也是利用废渣、废液生产的产品，价格低廉。

6）旧砂再生处理过程中噪声低，扬尘少，环境友好。

（5）水玻璃旧砂湿法再生的污水处理　水玻璃旧砂湿法再生工艺成败关键在于污水处理效果。如果处理后的水质量不好，处理后的水不清澈（悬浮物多）、pH 值高，它必然影响旧砂表面残留水玻璃膜的溶解，降低水玻璃膜的去除率，从而降低再生砂质量。这样的水达不到排放标准，这样的生产线也拿不到环保生产许可证。

污水处理只要认真做，并不难。早在我国自来水普及之前，人们用明矾絮凝、沉淀处理浑浊河水为饮用水的方法，这就是最基本的污水处理方法——絮凝。

有机酯水玻璃自硬砂旧砂湿法再生的污水中，主要含有溶解的水玻璃和悬浮的固体微粒。污水中溶解有水玻璃是污水 pH 值高的主要原因，同时溶解于污水中的水玻璃具有悬浮剂的功能，使悬浮于污水中的固体微粒很难从污水中沉淀分离。

絮凝是处理有机酯水玻璃自硬砂旧砂湿法再生污水的简便有效的方法，通过在污水中加入适当的絮凝剂使溶解于污水中的水玻璃溶胶和悬浮于污水中的固体微粒形成絮团，从污水中分离出来，使污水变清水。

处理有机酯水玻璃自硬砂旧砂湿法再生的污水，絮凝过程是必不可少的，因为水玻璃不能自动从污水中析出，也不能通过过滤的方法从污水中分离出来，但是经过加入适当的絮凝剂，通过絮凝剂的络合、卷扫作用，结合成固体絮团，从水中分离出来，便可以通过过滤的方法从水中去除。

处理旧砂湿法再生污水的絮凝剂可以使用资源再生的产品，如聚氯化铁、聚硫酸亚铁等。

在这套旧砂湿法再生系统的基本原理和实践经验

的基础上，无锡锡南铸造机械厂经过进一步优化结构设计，成功开发了比热法再生设备投资少、效果好的有机酯水玻璃自硬砂旧砂湿法再生设备，已在一些铸造企业应用。

（6）烘干砂的冷却　湿砂需要烘干，烘干的砂往往温度过高，不能直接用于配制型砂，需要冷却。目前常用的方法是：经制冷机制冷的水，流经埋在热砂中多根管道，在热砂和冷水管之间进行热交换，使热砂冷却。该方法存在的问题：在高温季节，空气潮湿，冷水管表面容易结露，使砂受潮，导致压送管道堵塞；再者冷水管和热砂之间接触面有限，热交换不充分，效率低，能耗高。下面介绍一种冷却砂库，见图 4-52。该冷却砂库造价低，高效，低耗，功能可靠。

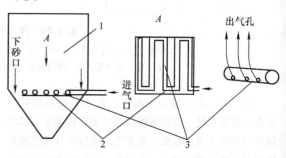

图 4-52　冷却砂库
1—砂斗　2—隔板　3—通气管

如图 4-52 所示，在砂斗 1 中添加隔板 2，在隔板 2 上安装通气管 3，在通气管的下侧开有出气孔（使气出得来，砂进不去），进气口连接鼓风机或者空压机的出风口。这样，冷风（相对于热砂）从进气口经过管道由出气孔进入砂斗内的热砂中。由于隔板的阻隔冷风变成热气流向上扩散，砂、气之间进行充分的热交换，使热砂冷却。在隔板的四周均布下砂口。由于各下砂口先后受上面砂压的控制，哪里压力大哪里优先下，从而保证砂斗里上砂面均衡下降。

4.5.6　水玻璃旧砂热湿法干法联合再生

水玻璃旧砂热湿法干法联合再生法，是将湿法再生和干法再生两种方法组合在一起，互相取长补短，即以湿法脱膜,以干法除粉尘。为加速水玻璃膜的溶解,提高脱膜效果,以热水为溶液,再生砂收得率可达90%,其残留 Na_2O 达到0.1%,可取代新砂。其工艺流程及生产线布置见图4-53和图4-54。

4.5.7 水玻璃旧砂的化学再生

水玻璃旧砂化学再生,是铸造工作者在对水玻璃型砂工艺的深入研究过程中,对于水玻璃旧砂认识的

升华,水玻璃旧砂化学再生的提出,是在对水玻璃旧砂实际状况真正认识基础上的理性思维。虽然水玻璃旧砂化学再生没有形成独立的生产工艺,但是这种理性的思维在解决干法和热法再生砂的应用方面已经产生效果。用超低模数改性水玻璃抵消干法、热法再生砂残留水玻璃膜的不良影响,在某种意义上就是对这类再生砂的二次再生。

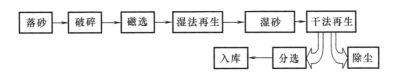

图 4-53 水玻璃旧砂热湿法干法联合再生法的工艺流程

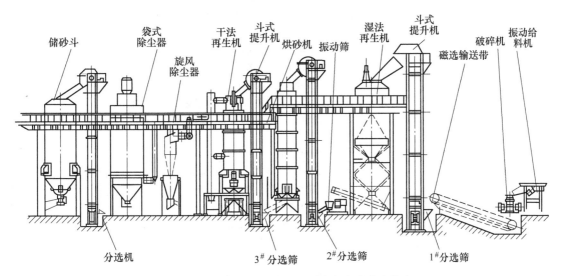

图 4-54 水玻璃旧砂热湿法干法联合再生法生产线布置

4.5.8 水玻璃旧砂再生方法的选择

我国是一个铸造大国,幅员广大,企业众多,环境条件各异,水玻璃型砂的生产工艺、管理方式各有特色,然而减少废砂排放,降低生产成本的目标是共同的。因此,根据各自的生产管理方式,合理应用水玻璃旧砂是值得探讨的问题。

1. 基本状况分析

对水玻璃砂旧砂和各种再生砂的基本状况分析见表4-37。

2. 各种砂的合理使用

新砂与再生砂、面砂与背砂合理搭配,物尽其用。

(1)面砂、背砂分开的双砂制 这种形式在 CO_2 吹气硬化水玻璃砂工艺中采用较多。采用双砂制的好处是原材料可以分档次使用,用于面砂和背砂的

原砂可以拉开档次。面砂尽可能选用优质原砂,以保证型砂工艺性能和铸件质量。主要起填充和支承作用的背砂,只要具备适当的强度和透气性、含水量不太高就可以了。因为背砂与型腔之间面砂层,承受的温度不是最高,抗烧结不是最重要的,对铸件质量也不会产生不利影响。对于这样的型砂配制,面砂应该用新砂或湿法再生砂,背砂可用干法再生砂或旧砂。为了避免高温使背砂烧结,面砂层要适当厚一些。为了控制用砂平衡,减少废砂排放,部分旧砂应采用湿法再生,以满足面砂用砂量,减少新砂投入。

(2)单一砂 即不分面砂与背砂,自硬砂造型生产线上应用较多。采用单一砂制的好处是管理简便,生产率高,但它对原砂的质量要求较高,要全部满足面砂对原砂的质量要求,旧砂处理最好采用湿法再生。

表 4-37　对水玻璃砂旧砂和各种再生砂的基本状况分析

旧砂及再生方法	脱膜率（质量分数,%）	应 用 性 能
旧砂（破碎、磁选、除尘）	≈0	（1）用于 CO_2 吹气硬化水玻璃砂 1）型砂保存性下降,高温季节甚至丧失型砂保存性 2）型砂 CO_2 吹气硬化强度下降 3）用于面砂降低型砂抗烧结性能,型砂溃散性恶化 4）可采取措施用于背砂 （2）用于有机酯水玻璃自硬砂 1）高温季节,型砂丧失可使用时间和硬化强度 2）低温季节采取措施勉强用于背砂。（采用超低模数水玻璃、极慢酯）但恶化型砂溃散性 3）型砂吸湿性强
干法再生	5~25	（1）用于 CO_2 吹气硬化水玻璃砂面砂 1）型砂保存性下降,高温季节问题更加严重 2）型砂 CO_2 吹气硬化强度下降 3）用于面砂降低型砂抗烧结性能,型砂溃散性显著下降 4）可采取措施用于背砂 （2）用于有机酯水玻璃自硬砂 1）严重降低型砂可使用时间、硬化强度和溃散性 2）采取措施可用于背砂（采用超低模数水玻璃、极慢酯）,但恶化型砂溃散性 3）型砂吸湿性强
热法再生	20~40	（1）用于 CO_2 吹气硬化水玻璃砂面砂 1）型砂保存性下降,高温季节问题相对严重 2）型砂 CO_2 吹气硬化强度相对下降 3）用于面砂降低型砂抗烧结性能,型砂溃散性下降 4）可采取措施用于面砂（加入一定比例新砂） （2）用于有机酯水玻璃自硬砂 1）降低型砂可使用时间、硬化强度和溃散性 2）采取措施可用单一砂生产［加入一定比例新砂（约30%）,采用超低模改性水玻璃、慢酯］,但降低型砂溃散性 3）型砂吸湿性强
湿法再生	80~95	（1）用于 CO_2 吹气硬化水玻璃砂面砂　各方面影响不明显,可代替新砂使用 （2）用于有机酯水玻璃自硬砂　各方面影响不明显,可代替新砂使用

4.5.9　水玻璃旧砂再生新方法和新进展

在传统水玻璃旧砂再生方法的基础上,近些年来国内外也陆续提出了一些新方法和新进展,尤其是湿法再生水玻璃旧砂具有脱膜率高、旧砂回用率高、再生砂质量好等优势,目前被认为是最有效的水玻璃旧砂再生方法,但其存在耗水量大、污水处理困难的问题。近年来,少耗水量的湿法再生水玻璃旧砂工艺成为研究的热点。

1. 水玻璃砂旧砂湿法碾磨再生的方法

该方法的原理是采用碾磨湿法再生水玻璃旧砂,利用螺旋洗砂机水洗碾磨后的旧砂,使砂水分离,最后振动脱水或离心脱水。先将铸造厂落砂后的水玻璃砂旧砂经磁选去掉含铁杂质,磁选后的旧砂进入石碾机碾压使砂块破碎成砂粒,同时加入占旧砂质量10%~20%的自来水,使旧砂湿润;然后调整出料口高度,保持石碾内砂层的厚度为300~700mm,旧砂在石碾内碾压使砂层翻滚,砂粒之间相互摩擦,使砂粒表面水玻璃膜去掉,连续加料,连续出料,使再生砂中的碳酸钠、醋酸钠总量小于0.1%（质量分数）;最后将碾磨后的旧砂用螺旋洗砂机水洗,使砂水分离,并将湿砂进行振动脱水或离心脱水,使湿砂含水量小于5%（质量分数）,加热烘干后得再生砂。

2. 热水或者高温水蒸气湿法再生水玻璃旧砂

采用高温水擦洗或水蒸气蒸淋水玻璃旧砂，然后把再生砂中溶有黏结剂的污水排出，烘干后得到再生砂，以期达到再生效率高、用水量少的目的。对溶有黏结剂的污水进行加热蒸发浓缩，从而回收水玻璃。该方法是热、湿法再生水玻璃旧砂，再生时需要耐高温的再生装置，对设备要求高且再生成本昂贵。

3. 微波加热、超声波处理和化学再生水玻璃旧砂

微波加热和化学再生水玻璃旧砂是将破碎后的水玻璃旧砂和氢氧化钠溶液分别依次加入微波反应釜中，搅拌混合均匀；利用微波将微波反应釜升温至 $100 \sim 200 \text{℃}$，恒温 $5 \sim 90 \text{min}$；将反应后的水玻璃砂和碱液过滤分离，水玻璃砂经洗涤后烘干，得到再生砂。超声波处理和化学再生水玻璃旧砂的方法是将水玻璃旧砂放入配制好的氢氧化钠溶液中，浸泡后将水玻璃旧砂分离；将水玻璃砂放置在清水或质量分数为 $0 \sim 20\%$ 的碱液中，使用频率为 $20 \sim 200 \text{kHz}$ 的超声波处理 $5 \sim 60 \text{min}$；处理后的水玻璃砂与废液过滤分离，得到水玻璃砂和含有废渣的废液，水玻璃砂经洗涤后烘干，得到脱膜率不低于95%的再生砂。以上方法的不足之处是，在再生过程中需要添加强碱液、专用的微波和超声设备，对设备要求高，再生成本较高。

4. 加蒸馏水进行搅动的水玻璃旧砂再生方法

该方法的过程是，旧砂经破碎、除尘后，加入适量蒸馏水搅动一段时间，再加入一定量的新水玻璃后混砂回用。结果表明，在保证再生砂使用性能的条件

下，此再生过程可连续进行 $3 \sim 5$ 次。该方法的原理是利用水玻璃的吸湿性，加入蒸馏水使砂粒表面失水的水玻璃吸水而恢复部分黏结性能，因而只需要再加入较少的新水玻璃即可完成造型。此方法过程简单，成本低，旧砂可全部回用而不引起环境问题。该方法的不足之处在于，再生过程的各个具体参数应随再生次数调整，且再生次数有限。

5. 冰冻 – 机械干法再生水玻璃旧砂

旧砂经 -40℃ 左右的冰冻 – 机械干法再生的再生砂溃散性很好。与不经加热处理的普通机械干法再生砂相比，-40℃ 冰冻 – 机械干法再生砂的黏结强度提高约90%，可使用时间增长了 $60\% \sim 75\%$，残留强度降低20%，溃散性较好。该方法对再生设备要求较高。

6. 超声波湿法再生水玻璃旧砂

超声波湿法再生水玻璃旧砂的工艺流程见图4-55。超声波可通过机械效应、空化效应和热效应促进硅酸钠溶解，提高再生砂的脱膜率；超声波功率、再生时间、耗水量和再生次数都可以提高再生砂的脱膜率；基于少耗水量湿法再生水玻璃旧砂的目标和高脱膜率的要求，可选取的优化工艺参数：超声功率为800W，再生时间为10min，每次再生的砂水质量比为 $1:0.3$，湿法再生 3 次（即 1t 旧砂再生总耗水量为 $0.9t$），此时再生砂的脱膜率为90.58%。加水量和超声波再生次数对脱膜率的影响见表4-38。该再生方法应经多次少水量再生才可使脱膜率达到90%以上。

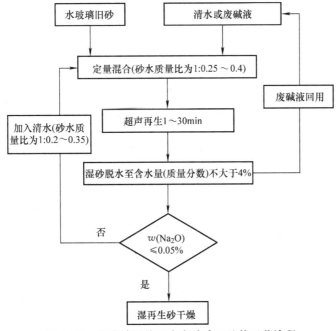

图4-55　超声波湿法再生水玻璃旧砂的工艺流程

表4-38　加水量和超声波再生次数对脱膜率的影响（%）

每次加水量（占砂质量,%）	超声波再生次数			
	1	2	3	4
	脱膜率（%）			
30	72.17 (0.3)	85.04 (0.6)	90.57 (0.9)	93.43 (1.2)
40	75.36 (0.4)	87.23 (0.8)	92.34 (1.2)	94.89 (1.6)
50	77.37 (0.5)	88.69 (1)	93.8 (1.5)	95.99 (2)

注：括号内数据为总耗水量（t）。

7. 滚筒式旧砂湿法再生

滚筒式旧砂湿法再生所用一体化设备包括旧砂滚筒湿法再生及脱水机构、加砂加水及排水机构、支撑及倾转机构和驱动机构，其工艺流程图如图4-56。采用低速再生、高速离心脱水的工艺可很好地实现水玻璃旧砂的湿法再生和脱水。在700r/min条件下离心脱水90s，再生砂含水量（质量分数）达4.25%，降低了再生砂干燥能耗。再生砂的脱膜率随着再生转速的增大先增大后减小，随着再生时间的增加而增大，随着耗水量的增大而增大。较优的再生工艺参数如下：一次耗水量为30%，再生时间为15min，再生转速为84r/min，脱水时间为90s，湿法再生3次（即1t旧砂再生总耗水量为0.9t），此时再生砂表面比较光滑，没有残留黏结剂膜，再生脱膜率可达90.04%。耗水量和滚筒再生次数对脱膜率的影响见表4-39。该方法实现了再生和脱水一体化，经多次湿法再生可使脱膜率达到90%以上。

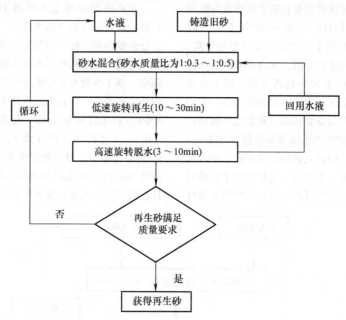

图4-56　滚筒式旧砂湿法再生的工艺流程

表4-39　耗水量和滚筒再生次数对脱膜率的影响

每次加水量（占砂质量,%）	滚筒再生次数		
	1	2	3
	脱膜率（%）		
30	72.41 (0.3)	85.56 (0.6)	90.04 (0.9)
40	76.73 (0.4)	86.84 (0.8)	91.21 (1.2)
50	79.40 (0.5)	88.12 (1.0)	92.97 (1.5)

注：括号内数据为总耗水量（t）。

8. 水玻璃旧砂湿法再生的碱性污水回收方法

该方法的步骤为：将旧砂和水按一定比例加入再生处理池中进行湿法再生；再生湿砂从池中取出脱水，再多次淋洗、脱水；脱除的高浓度污水经过滤返回到池中做下一批旧砂再生用水，直到池中污水碱度超过2mol/L，抽出池内高浓度碱性污水，经过滤做碱性原料回收；之后将低浓度污水经过滤加入池中弥补抽掉的高浓度污水继续再生旧砂，重复上述再生过程；若多次淋洗、脱水后再生砂中$w(Na_2O)$含量高于0.05%，则应进行强擦洗再生。

参 考 文 献

[1] 樊自田，朱以松，董选普. 水玻璃砂工艺原理及应用技术 [M]. 2 版. 北京：机械工业出版社，2016.

[2] 朱纯熙，卢晨，季敦生. 水玻璃砂基础理论 [M]. 上海：上海交通大学出版社，2008.

[3] 董选普，陆浔，樊自田，等. 新型改性水玻璃型砂中原砂对其溃散性改进的作用机理 [J]. 华中科技大学学报，2003 (6)：16 – 19.

[4] 郭景纯，等. 水玻璃砂干法再生设备的开发研究 [J]. 中国铸机，1990 (5)：3 – 5.

[5] 樊自田，黄乃瑜，刘洪水. 水玻璃旧砂的干法回用及湿法再生 [J]. 中国制造技术与装备，2002 (3)：8 – 12.

[6] 蒋宗宇，汪京心. CO_2 – 联合硬化水玻璃砂试验研究 [J]. 铸造设备研究，1997 (1)：29 – 34.

[7] 张国荣，孙颢. 水玻璃砂复合硬化工艺的试验研究 [J]. 机车车辆工艺，2000 (2) 19 – 22.

[8] 樊自田，等. 新型水玻璃旧砂湿法再生系统设备 [J]. 铸造，1999 (7)：49 – 52.

[9] 张俊法，关红宇. 新型水玻璃自硬砂工艺及材料 [J]. 铸造技术，2001 (5) 17 – 20.

[10] 王鹏，朱纯熙，等. 水玻璃的老化及其化学改性 [J]. 硅酸盐通讯，1992 (4)：4 – 10.

[11] 上海市机电设计院. 铸造车间机械化—湿法清砂设备 [M]. 北京：机械工业出版社，1978.

[12] 周本省，等. 工艺水处理技术 [M]. 北京：化学工业出版社，1991.

[13] 铸造设备选用手册编委会. 铸造设备选用手册. [M]. 北京：机械工业出版社，2001.

[14] 李传拭. 造型材料新论 [M]. 北京：机械工业出版社，1992.

[15] 王兴琳，宫克强. 水玻璃的磁场处理 [J]. 铸造，1990 (6)：18 – 22.

[16] 王兴琳，宫克强. 水玻璃砂真空硬化工艺研究 [J]. 中国铸机，1990 (4)：14 – 16.

[17] 顾国涛. MDT 有机酯水玻璃自硬砂的性能研讨及其应用 [J]. 造型材料，1993 (1)：23 – 2.

[18] 金大洲，刘兆洲. VRH 法在铸钢生产中的应用 [J]. 铸造，1992 (12)：30 – 32.

[19] 王兴琳，等. 水玻璃改性的新途径——采用改性高模数水玻璃 [J]. 铸造，1993 (2) 15 – 19.

[20] 魏兵，连炜，李江平，等. 水玻璃旧砂热湿法干法联合再生工艺及装备 [C] //2008 中国铸造活动周论文集. 沈阳：中国机械工程学会铸造分会，2008.

[21] 杨湘杰，李东南，危仁杰. 水玻璃磁化改性对水玻璃砂性能的影响 [J]. 铸造，1997 (5)：20 – 23.

[22] 黄永寿，等. Al_2O_3 在改善水玻璃砂溃散性中的作用 [J]. 铸造，1993 (12)：37 – 38.

[23] 魏青松，黄乃瑜，董选普，等. PLC 在水玻璃砂 CO_2 吹气控制系统中的应用 [J]. 铸造，2002 (6)：375 – 377.

[24] 王红宇，杨立新，邹晓峰. 旧砂湿法再生技术在水玻璃有机酯自硬砂工艺中的应用 [C] // 2010 中国制造活动周论文集. 沈阳：中国机械工程学会铸造分会，2010.

[25] 夏川，张富贵，韩克军. 脉冲式二氧化碳吹气硬化工艺的应用 [J]. 铸造，1999 (6)：43 – 44.

[26] 许进. 铸造用水玻璃及其改性机制 [M]. 武汉：华中科技大学出版社，2009.

[27] 余明伟，金广明，汪解民. 一种水玻璃砂旧砂碾磨再生的方法：201210022530. 7 [P]. 2013 – 08 – 14.

[28] 卢记军，谭远友，闻向东，等. 水玻璃旧砂再生和再生处理液浓缩的联合处理方法：201210541058. 8 [P]. 2013 – 03 – 20.

[29] 张福丽，常云峰. 一种利用微波高效再生水玻璃旧砂的方法：201410632442. 8 [P]. 2015 – 03 – 11.

[30] 张福丽，常云峰. 采用超声技术再生水玻璃旧砂的方法：201410632362. 2 [P]. 2015 – 03 – 11.

[31] STACHOWICZ M, GRANAT K. Research on reclamation and activation of moulding sands containing water – glass hardened with microwaves [J]. Archives of Foundry Engineering, 2014, 14 (2)：105 – 110.

[32] WANG H F, FAN Z T, YU S Q, et al. Wet Reclaiming Sodium Silicate in Used Foundry Sand and Biological Treatment of its Waste Water by Nitzschia palae [J]. China Foundry, 2012, 9 (1)：34 – 38.

[33] 余少强，樊自田，汪华方. 硅藻处理水玻璃旧

砂湿法再生污水的影响因素及效果 [J]. 铸造. 2012 (4)：412 – 417.

[34] 樊自田，王黎迟，刘富初，等. 一种超声波湿法再生水玻璃旧砂的方法：201710238547. 9 [P]. 2017 – 04 – 13.

[35] WANG L C, JIANG W M, LIU F C, et al. Investiga – tion of parameters and mechanism of ltrasound – assisted wet reclamation of waste sodium silicate sands [J]. International Journal of Cast Metals Research, 2018, 31 (3)：169 – 176.

[36] 樊自田，龚小龙，刘富初，等. 一种滚筒式旧砂湿法再生与脱水一体化设备及其使用方法：201710400641. X [P]. 2017 – OS – 31.

[37] 樊自田，龚小龙，王黎迟，等. 一种水玻璃旧砂湿法再生的碱性污水回收方法：201710652097. 8 [P]. 2017 – 08 – 02.

[38] 樊自田，王继娜，汪华方，等. 水玻璃黏结剂改性技术的现状及发展趋势. 现代铸铁，2007：(4)：76 – 80.

第5章　树脂黏结剂型（芯）砂

5.1　概述

由于水玻璃砂溃散性未能得到及时和令人满意的解决，自20世纪60年代开始，人工合成树脂黏结剂引入铸造行业，并得到各国重视。铸造用树脂黏结剂砂按其所用黏结剂化学结构可分为呋喃树脂砂、酚醛树脂砂、酚尿烷树脂砂、多元醇尿烷树脂砂、醇酸油尿烷树脂砂、环氧树脂砂、丙烯酸（盐）树脂砂、环氧丙烯基聚氨酯树脂砂和聚乙烯醇树脂砂等；按其造型及制芯工艺又可分为酸（酯或胺）自硬冷芯盒法、热（温）芯盒法、壳法、气硬冷芯盒法和烘干法等。

5.1.1　树脂黏结剂砂的特点

近20年来，树脂自硬砂、覆膜砂、热芯盒及冷芯盒等在材料、工艺和设备等方面都获得迅速发展。这是因为树脂砂与普通黏土砂、水玻璃砂相比具有很多优点，并能创出更多的经济及社会效益。

1）树脂砂成形性好，先硬化后起模，砂型与砂芯轮廓清晰，强度高，浇注时型壁位移小，铸件尺寸精度高（由此可节约金属6%左右，节约机加工工时达30%~50%）。

2）铸件表面质量显著提高，其表面粗糙度 Ra 可达25~50μm（铸钢件为25~50μm，铸铁件约25μm），废品少。

3）造型、制芯工艺简化，节约劳动力50%以上，更主要的是树脂砂的溃散性好，不需要专用的清理设备，减少清理铸件的繁重体力劳动。

4）减少能源消耗，就设备和工艺方面，可节约能源60%以上。

5）大多数树脂砂可以而且容易再生，旧砂可回用，其质量分数为80%，甚至90%以上，减少新砂耗量，大多情况下，铁砂比仅为1:（2~3）。

6）可以减少厂房和设备的投资，改善工作条件，降低铸件综合成本。

由于树脂砂的应用，很大程度上改变了铸造生产（特别是单件小批量生产）车间和制芯车间的面貌，尽管树脂砂给铸造生产带来了有害气体污染，但在可预见的相当长一段时间内，它仍然是一种高效造型、制芯工艺。国内外采用树脂自硬砂已铸造了单件几十吨或几百吨质量的铸件。世界各国汽车铸造厂都已采用树脂砂制芯，砂芯最薄处达2mm，铸件最薄可达3.5mm。

我国20世纪50年代中期研究过覆膜砂，60年代开始应用热芯盒，70年代末、80年代初研究开发呋喃树脂自硬砂的成套工艺技术，但广泛采用树脂砂还是改革开放以来，随着铸件出口的要求和确定机械、汽车作为支柱产业的近20年。

5.1.2　自硬冷芯盒法

自硬（No Bake）这一名称起源于1950年初瑞士人发明的油氧自硬，即采用干性油，如亚麻油、桐油等加入金属干燥剂（如环烷酸钴和环烷酸铝等）及氧化剂（如高锰酸钾或过硼酸钠等）配制而成。采用这一工艺，砂芯在室温下存放数小时可硬化到具有起模所需的强度。当时叫室温硬化（Air Set）、自硬（Self Set）、冷硬（Cold Set）等，但未达到真正的自硬，即不烘（No Bake）。因为制成的型（芯），在浇注前还需烘干数小时达到完全硬化。

自硬砂是铸造行业采用化学黏结剂以后出现的术语，其含义为：①在混砂过程中，除加入黏结剂外，还加有能使黏结剂硬化的固（硬）化剂。②用这种型砂造型、制芯后，不再给铸型或型芯以任何旨在使其硬化的处理（如烘干或吹硬化气等），铸型或型芯即可自行硬化。20世纪50年代末至60年代初起，逐步发展了不用烘炉的真正自硬法，即酸固化（催化）的呋喃树脂或酚醛树脂自硬法，以及1965年开发的自硬油尿烷法，1970年推出的酚尿烷自硬法，1984年出现的酚醛酯自硬法等。因此自硬砂的概念，适用于一切用化学方法硬化的型砂，包括自硬油砂、水玻璃砂、水泥砂、磷酸铝黏结砂和树脂砂等。

作为自硬冷芯盒黏结剂砂，呋喃树脂砂在我国是应用最早、目前也是应用最广的一种人工合成黏结剂砂。原机械工业部于1991年起，将呋喃树脂砂列为重点推广项目。经过20多年的研究开发，呋喃树脂的质量大幅度提高，型砂中树脂加入量一般为0.7%~1.0%，芯砂中的加入量一般为0.9%~1.1%，呋喃树脂中游离醛的含量也由过去的0.8%~1.0%降至现在的0.3%以下，有的厂已降至0.1%以下。呋喃树脂自硬砂无论生产工艺和铸件表面质量都达到国际水平。

为了克服部分薄壁铸钢件使用呋喃树脂自硬砂出现裂纹的缺陷，近10多年来，酚尿烷树脂砂，特别是碱性酚醛树脂砂也逐步在铸造生产中应用，取得了较好的效果。

自硬冷芯盒法研究开发的重点是：①进一步提高树脂砂的综合性能指标，如使树脂加入量进一步较低，铁砂比控制在 (1:2)~(1:3)，废品率降至2%以下。②充分发挥多种自硬树脂砂的优势和特点，形成酸硬化呋喃、酯硬化碱性酚醛和胺硬化酚脲烷等多种自硬砂竞相发展的局面。③开发出少污染和无污染的新的树脂品种，使铸造过程挥发的苯、甲苯等有毒气体大幅度下降，甚至完全消除。④树脂的性能将向加快固化速度、降低黏度、增加抗吸湿性、提高常温强度和高温强韧性的方向发展。树脂砂的品种将会更加多样化、系列化，以适应于不同原砂、不同环境条件、不同合金材质、不同形状铸件的特殊要求。⑤为满足铸件"轻量化"的需求，开发专门用于铝、镁合金的分解温度低、易溃散的树脂。

今后的一段时间内，自硬冷芯盒法在机床、造船、通用机械和重型机械等中、大件单件小批铸件的生产中，仍将广泛采用。

5.1.3　热（温）芯盒法

热芯盒法一般是指用呋喃树脂作黏结剂的芯砂在预热到 200~250℃ 的芯盒内成型、硬化到有起模强度后取出，依靠砂芯的余热和硬化反应放出的热量使砂芯内部继续硬化的制芯方法。热芯盒法一般适用于断面厚度小于50mm的砂芯。

热芯盒法在国外约在 20 世纪 50 年代中后期用于生产，国内约在 60 年代初开始在大量生产的汽车、拖拉机铸件上应用。20 世纪 70 年代热芯盒用的黏结剂主要是呋喃 I 型（糠醇脲醛树脂）和呋喃 II 型（糠醇酚醛树脂）。

对于呋喃 I 型树脂，采用含氮量高（质量分数 >5%~13.5%）的脲醛呋喃树脂，用氯化铵水溶液作固化剂。此法的优点是，树脂价廉，硬化强度高，在芯盒内的硬化时间短等。缺点是，树脂的黏度高冬季不易定量，硬化过程中产生甲醛气体对人体眼睛和黏膜有刺激，分解温度低，发气速度大，不适于做细薄砂芯，球墨铸铁件或铸钢件易产生皮下气孔等。

对于呋喃 II 型树脂，采用糠醇改性的碱性水溶液甲阶酚醛树脂，两者质量比为1:1，用苯磺酸的饱和水溶液作固化剂。因树脂和固化剂都不含氮或只含微量氮，可用于球墨铸铁和铸钢件的生产。

热芯盒法制芯的优点是，生产率高，砂芯在硬化后取出尺寸精度高，能减少制芯、清砂的劳动量，能代替桐油制造较复杂的砂芯。缺点是，黏结剂品种较

少，制芯过程中产生甲醛或苯酚的刺激性气体以及砂芯存放过程中易吸湿等。

温芯盒法常指芯盒温度低于175℃时使树脂和固化剂体系硬化的制芯方法。采用一种低氮呋喃树脂（糖醇的质量分数约为70%，氮的质量分数为0.5%~4%），用氯化铜水溶液或醇溶液作固化剂，这种固化剂在常温非常稳定，80~120℃开始分解，150℃以上完全分解。

温芯盒法的优点是，甲醛气味显著减少，没有苯酚气味，芯砂的流动性好，砂芯变形小，存放性好，发气量低；芯盒温度较低，降低能耗等。其缺点是，高活性的树脂及固化剂品种很少。目前国内温芯盒法制芯工艺几乎没有应用。

热芯盒工艺目前主要在汽车、柴油发动机等铸件的制芯工序中应用。但由于热芯盒法用树脂及配套的固化剂品种很少，其用量逐渐下降，并逐步由壳法和冷芯盒法所取代。

热芯盒树脂砂中常加入一定量的氧化铁粉，其目的是防止铸件粘砂和产生气孔类缺陷。此外，氧化铁粉一般用作小型铸钢件的型砂附加物，可提高型砂导率，减少型砂孔隙，提高型砂高温塑性，防止铸件产生夹砂、粘砂、脉纹（树脂砂）等缺陷。

氧化铁粉是用矿石或轧钢屑经破碎加工而成的粉状材料。用赤铁矿或亚铁盐经氧化（湿法）或高温焙烧（干法）加工制得的氧化铁粉为红色，主要成分为 Fe_2O_3；用轧钢屑加工而成的氧化铁粉为黑色，主要成分为 Fe_3O_4，铸造常用氧化铁红。选用氧化铁粉时除了应注意氧化物的形式外，还应注意其酸碱性，以便正确使用。

5.1.4　壳法

在国外，壳法工艺多用于生产精密铸件，尤其在日本、韩国、东欧国家等铸造工业中的应用，得到了快速发展。比如，日本汽车铸件的砂芯 90%~95% 均为壳芯。用覆膜砂既可制作铸型，又可制作砂芯（实体芯和壳芯），覆膜砂的型或芯既可以互相配合使用，又可以与其他砂型（芯）配合使用；覆膜砂不仅可以用于金属型重力铸造或低压铸造，也可以用于铁型覆砂铸造，还可用于热法离心铸造；不仅可以用于生产钢铁铸件，还可以用于生产非铁合金铸件等。

我国于 20 世纪 50 年代末开始研究应用覆膜砂及壳型（芯）工艺。20 世纪 90 年代以来，覆膜砂的应用得到更迅速的发展，覆膜砂开始作为商品推向市场。产品种类不断增多，并已形成系列化。随着原材料、制造设备和制造工艺的不断改进，覆膜砂的质量

不断得到提高，生产成本下降。目前，我国铸造用覆膜砂年产量已达 250 万 t 以上。

目前，汽车、拖拉机、内燃机、摩托车和液压阀及其他大批量生产高精度铸件的行业，已大量采用壳法工艺，且应用水平迅速提高。特别是壳型工艺和铁型覆砂工艺近些年发展很快，已在曲轴、凸轮轴、复杂壳体铸件、集装箱箱角、摩托车缸体等典型铸件上应用。覆膜砂壳芯已广泛地用于气道芯、缸体水套芯、排气管及进气管芯，以及液压件的砂芯。离心铸造生产铸钢和铸铁管已用覆膜砂代替涂料，效果很好。随着我国汽车工业的快速发展和机械产品外贸出口需要及铸件进入国际市场，对铸件质量的要求越来越高，覆膜砂的应用将会得到飞速增长。

壳法研究开发的重点是：①开发取代硅砂和锆砂的覆膜砂用原砂，多品种且价格低廉、气味低的覆膜砂用树脂以及各种添加物，制成具有特殊性能的系列壳型（芯）覆膜砂，以适应不同覆膜砂性能的要求。②开发新型无氮且固化速度快的固化剂。③研究壳法覆膜砂与铸（钢）件表面缺陷的生成机理及防止措施。④为提高铸件的尺寸精度，开展高渗透性薄层涂料或无涂料化工艺的研究。⑤由壳法工艺部分取代熔模精密铸造工艺的研究等。

可以说，在今后相当长的一段时期内，壳法仍会保持较大的市场规模。

5.1.5　冷芯盒法

冷芯盒法原先专指三乙胺法。现在用来泛指借助于气体或气雾催化或硬化，在室温下瞬时成型的树脂砂制芯工艺。该工艺的共同特点是：芯砂可使用时间较长，起模时间短，生产率高，适合于大批量型芯的生产；芯盒不需加热，降低了能量消耗，改善了劳动环境；铸件尺寸精度高；芯盒材料可以是木材、金属或塑料。冷芯盒法大致可分为三乙胺法（酚尿烷/胺法）；SO₂ 法，其中包括呋喃-SO₂ 法、环氧树脂-SO₂法、酚醛树脂-SO₂ 法，以及自由基法（FRC）等；此外还有各种低毒气体硬化法等。

SO₂ 法由于存在腐蚀设备、容器等问题，目前国内已很少采用。三乙胺法，国内曾自行研究过，自1989 年常州有机化工厂引进美国阿什兰化学公司专有技术生产酚醛型聚氨酯黏结剂以来，国内先后有其他厂家生产此类黏结剂，多家汽车、柴油机等铸造厂已陆续采用。目前该工艺已成为国内制芯的一种主要工艺在生产中应用。

冷芯盒法研究重点是：①为减少对环境的污染，开发和改进树脂品种，改进吹气工艺和尾气净化装置，使三乙胺的排放量控制在工业卫生排放标准范围内。②进一步提高树脂砂的抗吸湿性。③大力发展碱酚醛树脂砂、甲酸甲酯固化酚醛树脂砂等各类新的低毒、无毒冷芯盒气硬制芯工艺等。

从节约能源、改善工作条件和提高砂芯精度出发，冷芯盒法工艺的应用会呈快速上升的趋势，它将逐渐取代热法，特别是取代热芯盒法。

本章以造型及制芯工艺为主线，主要介绍自硬冷芯盒法、壳法、热（温）芯盒法和气硬冷芯盒法等。

5.2　自硬树脂砂

5.2.1　自硬树脂砂的特点

将原砂（或再生砂）、液态树脂及液态催化剂混合均匀后，填充到芯盒（或砂箱）中，稍加紧实即于室温下在芯盒（或砂箱）内硬化成铸型或铸芯，称为自硬冷芯盒法造型（芯），简称自硬法造型（芯）。自硬法主要可分为酸催化的呋喃树脂和酚醛树脂砂自硬法、尿烷系树脂砂自硬法和酚醛 – 酯自硬法。这类方法从 20 世纪 50 年代末起陆续问世以来，即引起了铸造界的重视，发展很快。其优点是：

1）提高了铸件的尺寸精度，改善了表面粗糙度。

2）型（芯）砂的硬化无须烘干，可节省能源，还可以采用价廉的木质或塑料芯盒和模板。

3）型砂易紧实，易溃散，铸件清理容易，旧砂可再生回用，大大减轻了制芯、造型、落砂、清理等环节的劳动强度，容易实现机械化或自动化。

4）砂中树脂的质量分数仅为 0.8% ~ 2.0%，原材料综合成本低。

自硬法的缺点是：对原砂的质量要求高；起模时间为数分钟至数十分钟，其生产率低于热芯盒法和壳法；工艺过程受环境的温度、湿度的影响大；混砂造型时有刺激性的气味等。

由于自硬法具有上述许多独特的优点，故目前不仅用于制芯，也用于造型，特别适用于单件和小批量生产，可生产铸铁、铸钢及非铁合金铸件。有些工厂已用它完全取代黏土干砂型、水泥砂型，部分取代水玻璃砂型等。

5.2.2　自硬呋喃树脂砂

1. 自硬呋喃树脂

（1）呋喃树脂的应用现状及展望　呋喃树脂是指以糠醇或糠醛为主要原料配以甲醛、苯酚、丙酮或尿素等生产出的一类树脂，也可以说是对脲醛树脂、酚醛树脂或脲酚醛树脂用糠醇进行改性以后，得到的一系列新的化合物的总称。呋喃树脂结构含有"呋喃环" 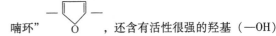，还含有活性很强的羟基（—OH）

和羟甲基（CH_2OH）及氢键（—H），以短链线性化合结构存在，是低聚合度的缩聚树脂。在酸的催化作用下，经链状化合物发生（—H）+（—OH）= H_2O 的脱水反应，交联成三维的大分子有机化合体。

铸造呋喃树脂的应用始于 1958 年，我国 20 世纪 70 年代初进行开发研制工作，80 年代初开始生产应用。我国呋喃树脂从研究、试生产到生产应用可概括为：由高氮含量向低氮含量，高游离甲醛含量向低游离甲醛含量（目前有的树脂供应商还提出了无醛树脂），高水分含量向低水分含量，高黏度向低黏度，高加入量向低加入量以及由低糠醇含量向高糠醇含量，低强度向高强度，低质量向高质量的发展过程。自硬呋喃树脂发展至今，已突破了树脂中游离甲醛过高，恶化铸造车间作业环境的技术难点；解决了脲醛改性呋喃树脂沉淀析出，以及树脂物化性能指标提高而又使树脂砂型（芯）性能降低的技术难题。目前树脂黏结剂产品质量达到或接近工业发达国家同类产品水平，质量稳定，品种齐全，技术指标先进，完全可以满足铸造生产的需要。

未来对呋喃树脂的研究将集中在以下方面：

1）进一步减低树脂中的气味（即降低游离酚和游离醛含量）。

2）开发新型无氮树脂、新型酮醛改性呋喃树脂和酚醛改性自硬呋喃树脂等。

3）改进合成工艺，提高呋喃树脂的反应活性以减少酸性固化剂的用量。

4）寻找糠醇或糠醛的部分替代品，以降低树脂生产成本。

5）寻找呋喃树脂及其原料的合适溶剂，降低树脂黏度，减少树脂加入量。

（2）呋喃树脂的种类　呋喃树脂的组成、性能及使用范围见表 5-1。其中以脲醛改性呋喃树脂应用量最大，各种呋喃树脂由于其组分不同，性能也各异。

表 5-1　呋喃树脂组成、性能及使用范围

序号	名称	表示方法	主要组成	性　　能	使用范围
1	脲醛改性呋喃树脂	UF/FA	羟甲基脲与糠醇的缩聚物	强度高，韧性好，毒性小，价格便宜，应用范围广；含氮量高时，铸钢件等会产生气孔缺陷	铸钢、铸铁、铸造非铁合金
2	酚醛改性呋喃树脂	PF/FA	甲阶酚醛树脂与糠醇的缩聚物或共聚物	优点：无氮，高温性能好和抗粘砂能力强等；缺点：储存性差，黏度大，硬透性不好，型砂脆性大和常温强度低等	铸钢
3	酮酚醛改性呋喃树脂	KPF/FA	含酮醛的甲阶酚醛树脂与糠醇的缩聚物或共聚物	基本特点与酚醛改性呋喃树脂相似；增加了酮醛缩聚物，可保证树脂中游离甲醛的质量分数控制在 0.4% 以下	铸钢
4	脲酚醛改性呋喃树脂	UPF/FA	羟甲基脲、甲阶酚醛树脂与糠醇的缩聚物或共聚物	兼有 PF/FA 和 UF/FA 树脂的优点	铸钢、铸铁、铸造非铁合金
5	脲酚酮醛改性呋喃树脂	UPKF/FA	羟甲基脲、甲阶酚醛树脂、酮醛缩聚物与糠醇的缩聚物或共聚物	兼有 PF/FA 和 UF/FA 树脂的优点	铸钢、铸铁、铸造非铁合金
6	甲醛改性呋喃树脂	F/FA	甲醛与糠醇缩聚物	不含酚和氮，气味小，其糠醇含量（质量分数）在 90% 以上，储存稳定性好，其树脂砂常温及高温强度高；但其价格较高	铸钢
7	高呋喃树脂	FA	糠醇自聚物或少量增强剂	糠醇含量（质量分数）达95%以上，不含氮和酚。由于单纯的高呋喃树脂脆性较大，型砂性能不理想，实际上几乎不单独使用，常加入少量的附加物改善其性能	铸钢

（3）呋喃树脂的性能指标　呋喃树脂的性能优劣一般以其物化性能指标表示，物化性能指标一般包括含氮量、糠醇含量、游离甲醛含量、含水量、黏度和密度等。而含氮量、糠醇含量、游离甲醛含量和黏度是评价树脂质量优劣和选用树脂的重要技术指标。

JB/T 7526—2008《铸造用自硬呋喃树脂》分别按照含氮量、试样常温抗拉强度、游离甲醛、黏度和密度等给出的性能指标见表 5-2～表 5-5。

表 5-2　自硬呋喃树脂按含氮量分类

分类代号	含氮量（质量分数，%）
W（无氮）	≤0.5
D（低氮）	>0.5～2.0
Z（中氮）	>2.0～5.0
G（高氮）	>5.0～10.0

表 5-3　自硬呋喃树脂按试样常温抗拉强度分级

等级代号	试样常温抗拉强度/MPa			
	W	D	Z	G
1（一级）	≥1.2	≥1.5	≥1.8	≥1.4
2（二级）	≥1.0	≥1.3	≥1.5	≥1.2

表 5-4　自硬呋喃树脂按游离甲醛含量分级

等级代号	游离甲醛含量（质量分数，%）
01（一级）	≤0.1
03（二级）	≤0.3

表 5-5　呋喃树脂其他有关的性能指标

性能指标	含氮量分类			
	W	D	Z	G
黏度（20℃）/mPa·s	≤60			≤150
密度（20℃）/（g/cm³）	1.10～1.25			

注：铸造用自硬呋喃树脂的游离苯酚含量（质量分数）可作为抽检性能指标：对于含氮的呋喃树脂小于或等于 0.1%，而对于无氮呋喃树脂小于或等于 0.3%。

铸造用自硬呋喃树脂的牌号表示方法如下：

ZF-×-×-×
├─游离甲醛含量分级代号
├─含氮量最高值
├─按含氮量的分类代号
└─铸造用自硬呋喃树脂的汉语拼音字头

例如，铸造用自硬呋喃树脂含氮量（质量分数）为 3.5%，游离甲醛含量（质量分数）为 0.08%，可表示为 ZF-Z-3.5-01

根据呋喃树脂的组成及其在高温下与金属液的反应特点，可将其用途进一步细分为用于铸钢件、球墨铸铁件、灰铸铁件和非铁合金铸件生产的呋喃树脂，其中适合于铸钢件生产的还有热塑性呋喃树脂等。表 5-6～表 5-10 列出了济南圣泉公司和苏州兴业公司生产的呋喃树脂的性能指标。

表 5-6　铸钢件用呋喃树脂

型号	外观	黏度（20℃）/mPa·s ≤	密度（20℃）/（g/cm³）	含氮量（质量分数，%）	游离甲醛含量（质量分数，%）	保质期/d
SQG100	棕色液体	20		1.0		360
SH301	棕色液体	35		0.5		360
SH302	棕色液体	30～70		2.0		60
XY90-00	棕色液体	20	1.10～1.20	≤0.5	≤0.3	180
XY90-10	棕色液体	20	1.10～1.20	≤1.0	≤0.3	180
XY90-15	棕色液体	20	1.10～1.20	≤1.5	≤0.3	180
XY90-20	棕色液体	20	1.10～1.20	≤2.0	≤0.3	180

表 5-7　球墨铸铁件用呋喃树脂

型号	外观	黏度（20℃）/mPa·s ≤	密度（20℃）/（g/cm³）	含氮量（质量分数，%）	游离甲醛含量（质量分数，%）	保质期/d
QG300	棕色液体	25		3.0		360
SH263	棕色液体	80		3.0		180
SH283	棕色液体	25		3.0		360
SH303	棕色液体	15		3.0		360

（续）

型号	外观	黏度（20℃）/mPa·s ≤	密度（20℃）/（g/cm³）	含氮量（质量分数,%）	游离甲醛含量（质量分数,%）	保质期/d
SH325	棕色液体	50		3.5		90
SFE-300 木香树脂	褐色液体	80		3.0		180
XY86-A		40	1.12~1.18	3.0	≤0.3	180
XY86-30		30	1.10~1.20	3.0	≤0.3	180
XY86-35		30	1.10~1.20	3.5	≤0.3	180
XY86-40		40	1.10~1.20	4.0	≤0.3	180

表5-8　灰铸铁件用呋喃树脂

型号	外观	黏度（20℃）/mPa·s ≤	密度（20℃）/（g/cm³）	含氮量（质量分数,%）	游离甲醛含量（质量分数,%）	保质期/d
SQG-450	棕色液体	60		4.5		360
SQG-550	棕色液体	50		5.5		360
SH286	棕色液体	50		5.5		360
SH306	棕色液体	30		5.5		360
SH326	棕色液体	65		5.5		360
XY86-45		50	1.10~1.20	4.5	≤0.3	180
XY86-50		40	1.10~1.20	5.0	≤0.4	180
XY86-55		40	1.10~1.20	5.5	≤0.4	180
XY86-60		40	1.10~1.20	6.0	≤0.5	180

注：XY86系列也可用于非铁合金铸件。

表5-9　非铁合金铸件用呋喃树脂

型号	外观	黏度（20℃）/mPa·s ≤m	密度（20℃）/（g/cm³）	含氮量（质量分数,%）	游离甲醛含量（质量分数,%）	保质期/d
SH308	棕色液体	100		7.5		180
SQG-700	棕色液体	75		7.5		180
XY75-1		400	1.20~1.30	7.0	≤0.5	180

表5-10　热塑性呋喃树脂

型号	外观	密度（20℃）/（g/cm³）	黏度（20℃）/mPa·s ≤
XY-RS100	棕褐色液体	1.10~1.20	50
XY-RS200	棕褐色液体	1.10~1.20	50

注：热塑性呋喃树脂比常规自硬呋喃树脂高温退让性好，具有二次硬化的特点。

近年来，为适应环保要求，国内相关树脂生产企业在原有自硬呋喃树脂的基础上，研发出了生态呋喃树脂或芳香（木香）或木质素改性呋喃树脂。

木质素作为自然界中储量丰富的一种天然多酚类高分子聚合物，由于其结构中存在较多的醛基和羟基，其中羟基以醇羟基和酚羟基两种形式存在。在与尿素和甲醛合成脲醛树脂的反应中，木质素既可以提供醛基，又可以提供羟基，从而可降低甲醛用量。合成过程中通过控制小分子物质含量以及高分子材料结构单元间的连接键和端基活性等措施，降低了混砂过程中甲醛、NO_x、SO_2、VOCs 等有害气体的排放量。

该类呋喃树脂的特点是，游离甲醛比现有呋喃树脂标准的含量大大降低，甚至为现有标准的1/10；它摒除了刺激性气味，而具有芳香气味；强度高；固化速度更加易控。该类呋喃树脂适用于铸钢件、铸铁件和非铁合金铸件的制芯或铸型的生产。这类呋喃树脂本质上应属低游离甲醛呋喃树脂，其性能指标见表5-11。

表 5-11　低游离甲醛呋喃树脂

型号	黏度（20℃）/ mPa·s ≤	密度（20℃）/ （g/cm³）	游离甲醛含量 （质量分数，%） ≤	含氮量（质量 分数，%） ≤	保质期/月	应用领域
XYX90-1	30	1.15~1.18	0.03	1	6	铸钢件、大型球墨铸铁件
XYX95-1	30	1.12~1.18	0.03	1.5	6	大型合金铸钢件
XYX90-2	30	1.15~1.18	0.03	2	6	各种铸铁件
XYX86-A	40	1.15~1.18	0.03	3	6	流水线、球墨铸铁件
XYX85-4	40	1.15~1.20	0.03	4	6	各种铸铁件
XY90-00HB	80	1.15~1.20	0.1	0.5	2	大型合金铸钢
XY90-20HB	30	1.15~1.30	0.1	2	3	各种铸铁件
XY86-30HB	40	1.10~1.20	0.1	3	3	流水线、球墨铸铁件
XY86-40HB	40	1.10~1.20	0.2	4	3	各种铸铁件
XY86-50HB	40	1.10~1.20	0.2	5	3	非铁合金铸件
SFE-300 木香树脂	80			3	6	球墨铸铁件

（4）呋喃树脂的选用　呋喃树脂各组分所占的比例均可在相当大的范围内变动。具体选用时，应综合考虑以下各种因素：

1）成本。各组分中，糠醇的价格最高，苯酚次之，尿素最便宜。树脂中，尿素含量越多，则成本越低；糠醇量越高，则成本越高。

2）含氮量。呋喃树脂的主要四组分中，除尿素外，均不含氮。尿素中氮的质量分数为 46.6%，树脂的含氮量全部由尿素带入。因此，如要求树脂含氮量低，则其价格较高。事实上，即使用于制造高合金钢铸件，也无追求树脂完全无氮的必要。

3）树脂砂的硬透能力。就硬化性能而言，脲醛的活性最强，糠醇次之，酚醛最弱。但脲醛或酚醛树脂中加入糠醇改性，则树脂砂的硬透能力都会有所改善。共聚树脂中，脲醛和糠醇越多，则树脂砂的硬化性能越好。

4）树脂砂的强度。脲醛和糠醇的黏结强度基本相同，均高于酚醛。故树脂中酚醛含量越高，则树脂砂的强度越低。

5）树脂砂的脆性。按降低树脂砂的脆性来评定，大体上可认为脲醛最好，糠醇略低于脲醛，酚醛最差。

6）树脂砂对使用条件的适应性。使用条件（如环境温度及原砂质量）略有变化时，脲醛树脂的适应性比酚醛好。增加树脂中的糠醇量，适应性一般均可改善。

脲醛酚醛呋喃树脂主要应用于生产铸钢件、球墨铸铁件及合金铸铁件。其树脂中氮的质量分数小于 3%，树脂砂常温抗拉强度大于 2.0MPa。树脂理化参数指标均符合国家标准。

2. 自硬呋喃树脂用固化剂

呋喃树脂在合成阶段只是得到具有一定聚合程度的树脂预聚物，而在树脂应用中的固化阶段，得到具有较高强度的多维交联的固体产物，才是最后完成缩聚反应的全过程。这一固化阶段的完成，必须引入具有很高浓度和很强的酸性介质。而对酸在树脂砂硬化过程中的作用则论述各异，未有定论。一些人称酸为固化剂、硬化剂、交联剂，而另一些学者则提出酸起催化作用，称之为催化剂、活化剂等。在本书中，用于自硬呋喃、自硬酚醛等树脂固化的酸、酯等统称为固化剂。

实践证明，一种高黏结能力的呋喃树脂，必须要有相应的固化剂及其加入量才能充分发挥其黏结效率，从而使呋喃树脂砂具有较好的工艺性能和力学性能。

呋喃树脂用固化剂的种类和物化性能对型砂的所有工艺指标以及对造型（芯）生产率，砂芯、砂型和铸件质量均有显著的影响，固化剂对型砂的重要性并不次于树脂，而且从控制硬化过程的观点看，还有决定意义。

呋喃树脂在固化剂作用下的硬化是一个纯催化自硬过程，固化剂不产生化学消耗，而是机械地包含在聚合物的结构中。从呋喃系、酚醛系树脂自硬砂用酸性固化剂看，与热芯盒法制芯用固化剂的主要差别是不用潜伏型固化剂，而是采用活性固化剂。固化剂本身就是强酸或中强酸，一般采用芳基磺酸、无机酸，以及它们的复合物。常用的无机酸为磷酸、硫酸单酯、硫酸乙酯；芳基磺酸对甲苯磺酸（PTSA）、苯磺酸（BSA）、二甲苯磺酸、苯酚磺酸、萘磺酸、对氯苯磺酸等。

（1）磷酸　工业磷酸（分子式：H_3PO_4，相对分子质量：97.99）的技术指标及要求见表5-12。磷酸是生产上常用的酸固化剂，但多用于高氮呋喃树脂。这是因为低氮高糠醇树脂，采用磷酸作固化剂时，硬化速度过慢，起模时间过长。而高氮低糠醇树脂，使用磷酸作固化剂仍可获得必要的硬化速度。而且，高氮低糠醇树脂采用磷酸作催化剂可获得很好的终强度，而低氮高糠醇用磷酸作固化剂终强度较低。造成这种结果的原因主要是由于磷酸与糠醇互溶性差，而与水的亲和力大，使得树脂和催化剂中所含水分以及树脂在缩聚反应中生成的水，不易扩散排出，而以磷酸为核心成长为水滴，残存于树脂膜中，破坏了树脂膜的致密性，故强度低。而高氮树脂与水的互溶性好，各种水分不易以磷酸为核心集中为水滴，树脂膜结构好，故强度高。

采用磷酸作固化剂时，砂芯（型）有好的表安性，热强度高，铸钢件也不易热裂。存在的问题是，砂芯浇注后形成的磷酸盐残存于旧砂中，随着旧砂回用次数的增加而逐渐增多，将引起硬化速度加快，铸型强度降低，并使铸件容易产生气孔。

表5-12　工业磷酸的技术指标及要求（GB/T 2091—2008）

规　格		85%			75%		
等级		优等品	一等品	合格品	优等品	一等品	合格品
$w(H_3PO_4)(\%)$	≥	85.0			75.0		
$w(Cl)(\%)$	≤	0.0005					
$w(SO_4)(\%)$	≤	0.003	0.005	0.01	0.003	0.005	0.01
$w(Fe)(\%)$	≤	0.002	0.002	0.005	0.002	0.002	0.005
$w(As)(\%)$	≤	0.0001	0.005	0.01	0.0001	0.005	0.01
重金属（以Pb计，质量分数,%）	≤	0.001	0.001	0.05	0.001	0.001	0.05
外观		无色透明或略带浅黄色、稠状液体					
包装		20L塑料桶，200L塑料桶					

（2）硫酸酯　硫酸酯有硫酸单酯和硫酸乙酯等，在生产中使用较多的是硫酸乙酯。

硫酸乙酯固化剂是硫酸和乙醇按一定比例调配而成的，其合成反应是，将乙醇和浓硫酸先混合，再加入少量甲苯，其中浓硫酸、乙醇与甲苯质量比为1:1:0.14左右，然后在100℃以内的温度下反应2～4h，最后在30～40℃下冷却而得到产品。

表5-13为砂型强度、总酸度和游离酸含量的比较。由表5-13可知，在总酸度基本保持一致的前提下，游离酸含量越低，砂型的抗拉强度总体越高；在固化剂总酸度保持一致的前提下，固化剂的酯化率越高越有利于砂型强度的提高。

表5-13　型砂强度、总酸度和游离酸含量的比较

试验号	型砂抗拉强度/MPa			总酸度（质量分数,%）	游离酸含量（质量分数,%）	酯化率（质量分数,%）
	2h	12h	24h			
1	1.20	1.20	1.30	26.51	11.90	55.11
2	0.85	0.85	0.90	26.24	12.47	52.48
3	1.03	0.87	0.90	26.06	17.23	33.88
4	0.95	0.88	0.90	26.71	16.08	39.80
5	1.00	1.00	1.00	26.27	16.63	36.70
6	0.90	1.20	1.00	26.54	12.06	54.56
7	1.10	1.05	1.05	26.03	16.91	35.03
8	1.00	1.12	1.05	26.42	19.27	27.06
9	0.97	0.95	0.95	26.36	16.96	35.66

硫酸乙酯固化剂的优点是，制备方便，货源广，价格便宜；它能加速硬化速度，缩短起模时间，同时对防止砂芯长期存放过程中软化有利。但20世纪七八十年代，在铸造行业有一种误解，认为用硫酸乙酯

作自硬呋喃树脂固化剂时，硬化和脱水速度快，树脂膜易产生应力和裂纹，残存树脂膜中的硫酸酯对树脂膜有腐蚀作用，砂型（芯）终强度低；浇注过程中，将产生 SO_2 气体，不仅污染环境，而且易引起钢液增硫，导致脆性；并使球墨铸铁球化不良等。当时使用的厂家较少。然而，近些年由于市场竞争加剧，降低铸造成本的迫切要求使人们对成本低廉的硫酸乙酯固化剂又重新重视起来。目前市场上根据不同季节所上市的呋喃树脂用固化剂，有的就是由硫酸乙酯与磺酸类固化剂以不同比例调配而成的。实践证明，硫酸乙酯固化剂完全可以应用于生产，在某些场合，其性能与磺酸类固化剂相比也不逊色。

（3）磺酸类固化剂　合成磺酸类固化剂是将甲苯和（或）二甲苯和浓硫酸或发烟硫酸、三氧化硫及氯磺酸等的一种或两种发生磺化反应生成对甲苯磺酸和（或）二甲苯磺酸。通过改变苯类及其配比、溶剂的种类和控制固化剂的主要技术指标，制成不同固化速度的磺酸固化剂，以适应不同季节的生产条件。

磺酸类固化剂的物化性能指标包括密度、黏度、总酸度、游离酸含量等。一般采用固化剂的总酸度来衡量固化剂的活性。总酸度是指固化剂中质子含量的多少，由于磺酸中磺酸基为—SO_3H，一般以 H_2SO_4 含量作为总酸度计算。不同季节对固化剂酸度的要求是不一样的。夏季由于气温高有利于树脂砂固化，因此达到工艺要求所需的固化剂酸度相对较低；冬季由于气候寒冷，不利于砂型固化反应的进行，因此需要高活性的固化剂；春秋两季居中。

在总酸度基本保持一致的前提下，游离酸含量越低，砂型的抗拉强度越高；固化剂的磺化率越高越有利于砂型强度的提高（见表5-14）。

采用芳基磺酸作固化剂可得到与相应的无机酸同样的硬化速度，但终强度较高。而且在浇注过程中，易被铸件的高温所破坏，酸的残存率比无机酸低，对再生砂有利。从芳基磺酸固化树脂产生的强度看，苯磺酸的强度最高。在苯磺酸的结构中，如果在苯环的自由（活性）位置引入取代基，如—CH_3（甲苯磺酸）、—OH（苯酚磺酸）、Cl（对氯苯磺酸）等，则由于电子密度重新分布和 SO_3H^- 基中氢键加强，使酸的强度降低。也就是随取代基增多，会使树脂硬化速度减慢。

另外，用芳基磺酸作固化剂，混砂时，常散发难闻气味；在浇注过程中用甲苯磺酸作固化剂时会产生少量 SO_2 和 H_2S，也会使球墨铸铁件、蠕墨铸铁铸件出现异常表层组织和使钢件增硫。溶解或稀释酸固化剂的溶剂常为水或甲醇、乙醇等。

表 5-15 列出了国家标准中铸造自硬呋喃树脂用磺酸固化剂的技术指标。

表 5-14　型砂强度、总酸度和游离酸含量的比较

试验号	型砂抗拉强度/MPa			总酸度（质量分数，%）	游离酸含量（质量分数，%）	磺化率（质量分数，%）
	2h	12h	24h			
1	0.32	0.77	0.89	26.67	17.88	32.96
2	0.30	0.75	0.88	26.78	17.25	35.59
3	0.31	0.75	0.80	26.77	17.09	36.16
4	0.18	0.63	0.65	26.85	20.75	22.72
5	0.15	0.51	0.68	26.81	19.95	25.59
6	0.20	0.54	0.71	26.80	19.76	26.27
7	0	0.59	0.75	26.72	20.93	21.67
8	0	0.49	0.61	26.76	21.03	21.41
9	0	0.52	0.69	26.73	21.02	21.36

表 5-15　铸造自硬呋喃树脂用磺酸固化剂的技术指标（GB/T 21872—2008）

牌号	GG01	GS02	GS03	GS04	GC07	GC08	GC09
密度/（g/cm³）	—	1.20~1.30	1.20~1.30	1.20~1.30	1.20~1.40	1.20~1.40	1.20~1.40
黏度（20℃）/mPa·s	—	10~30	10~30	10~30	150~180	170~200	60~80
总酸度（以 H_2SO_4 计，质量分数，%）	23.0~28.0	22.0~24.0	24.0~26.0	18.0~20.0	25.0~27.0	29.0~31.0	24.5~27.5
游离硫酸含量（质量分数，%）	≤7.0	4.0~6.0	7.0~10.0	0.0~1.5	2.5~4.5	4.5~7.5	2.5~4.5
水不溶物含量（质量分数，%）	≤0.1	—	—	—	—	—	—

表5-16、表5-17列出了济南圣泉公司和苏州兴业公司生产的自硬呋喃树脂用磺酸系列固化剂和低硫固化剂的技术指标。

表5-16　磺酸系列固化剂的技术指标

型号		总酸度（质量分数，%）	游离酸含量（质量分数,%）	密度（20℃）/（g/cm³）	黏度（20℃）/mPa·s ≤	适用范围	保质期/d
SQ - B		6.0~8.0	0.0~2.0	—	—	一般与 SQ - A 配合使用	360
GS - 05		14.0~16.0	≤1.5	—	—	>35℃高温砂	360
GS - 04		18.0~20.0	0.0~1.5	—	—	夏季25~35℃	360
GS - 03		24.0~26.0	7.0~10.0	—	—	春秋季15~25℃	360
GC - 09		24.5~27.5	2.5~4.5	—	—	冬季10~15℃	360
GC - 10		27.5~31.5	≤15.0	—	—	冬季5~10℃	360
SQ - A		32.5~35.0	9.0~12.0	—	—	冬季5~10℃，与SQ - B配合使用	360
GC - 12		42.0~46.0	≤23.0	—	—	冬季-5~5℃	360
XY - GG01		26.0~28.0	1.0~5.0	—	—	25~35℃	—
XY - GS02	A 型	22.0~24.0	4.0~7.0	1.20~1.30	30	15~25℃	—
	B 型	24.0~29.0	23.0	1.20~1.30	30		—
XY - GS03	A 型	24.0~26.0	7.0~10.0	1.20~1.30	30	15~25	—
	B 型	32.0~37.0	≤28.0	1.20~1.30	30		—
XY - GS04	A 型	18.0~20.0	≤2.5	1.20~1.30	30	20~30	—
	B 型	22.0~27.0	≤13.0	1.20~1.30	30		—
XY - GS05	A 型	15.0~18.0	≤2.0	1.10~1.30	30	25~35	—
	B 型	18.0~23.0	≤12.0	1.10~1.30	30		—
XY - GC08	A 型	29.0~31.0	4.5~8.5	1.20~1.40	80	-5~15	—
	B 型	42.0~46.0	≤36.0	1.20~1.40	30		—
XY - GC09	A 型	24.5~27.5	2.5~5.5	1.20~1.40	70	0~15	—
	B 型	37.0~42.0	≤32.0	1.20~1.40	30		—
XY - X	A 型	30.0~34.0	≤13.0	1.20~1.40	50	XY 树脂砂智能配比仪专用	—
	B 型	44.0~46.0	≤43.0	1.20~1.40	30		—
XY - Y	A 型	7.0~9.0	≤2.0	0.90~1.10	10		—
	B 型	13.0~15.0	≤9.0	1.10~1.30	10		—

表5-17　低硫固化剂的技术指标

型号	总酸度（质量分数,%）	黏度（20℃）/mPa·s ≤	硫含量（质量分数,%）	密度（20℃）/（g/cm³）	适用范围	保质期/d
SQD - B	16.5~19.5	10.0	4.0	—	一般与 SQD - A 配合使用	360
SQD - 04	31.5~36.5	20.0	7.0	—	夏季25~35℃	360
SQD - 03	35.5~39.5	25.0	7.5	—	春秋季15~25℃	360
SQD - 09	35.5~40.5	40.0	10.0	—	冬季10~15℃	360
SQD - A	43.5~48.0	45.0	14.0	—	冬季5~10℃，与SQD - B配合使用	360

（续）

型号	总酸度（质量分数,%）	黏度（20℃）/mPa·s ≤	硫含量（质量分数,%）	密度（20℃）/（g/cm³）	适用范围	保质期/d
G-51-11	45.5～49.5	50.0	10.0	—	冬季 10～15℃，与 SQD-B 配合使用	360
XYGD-05	28～32	20	≤6	1.20～1.40	25～35	—
XYGD-04	31～35	25	≤8	1.25～1.45	20～30	—
XYGD-03	36～40	35	≤9	1.30～1.50	15～25	—
XYGD-09	40～44	40	≤11	1.35～1.55	0～15	—
XYGD-08	43～47	45	≤12	1.40～1.60	-5～15	—
XYGD-TM	20～22	15	≤3.5	1.05～1.25	XY 树脂砂智能配比仪专用	
XYGD-12	45～49	50	≤13.5	1.45～1.65		

（4）固化剂的性能　自硬呋喃树脂砂用固化剂应满足下列要求：①对给定的工艺过程应保证要求的硬化速度。②液体或配成液体的固化剂应有较低的黏度。③在长期储存和温度在 0～40℃时，性能不改变。④含最少量的固体杂质，不形成沉淀物。⑤在冬季的运输条件下，在冷冻和随后的溶化之间具有可逆性。

从固化效果来看，强酸使树脂砂硬化速度快，但终强度较低；弱酸硬化速度慢，但树脂砂终强度较高。几种不同的酸的酸性强弱次序是：硫酸单酯＞苯磺酸＞对甲苯磺酸＞磷酸。它们与芯砂抗拉强度、起模时间的关系见图 5-1。

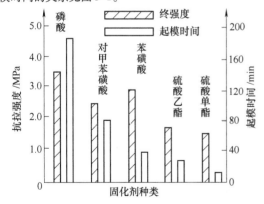

图 5-1　固化剂种类与树脂砂抗拉强度、起模时间的关系

注：树脂中氮的质量分数 7%，环境温度 24℃，相对湿度 70%。

从图 5-1 可以看出，在相同浓度、相同用量及相同条件下，使用不同的酸固化剂，树脂砂的硬化特性不同，硬化速度的次序是：硫酸单酯＞硫酸乙酯＞对甲苯磺酸＞苯磺酸＞磷酸。其树脂砂终强度则相反：

硫酸单酯＜硫酸乙酯＜对甲苯磺酸＜苯磺酸＜磷酸。

3. 呋喃树脂砂的硬化机理及硬化特征

（1）硬化机理　自硬呋喃树脂砂硬化过程实际上是低分子交联成体形网状高分子的过程。

试验结果和分析表明，酸在呋喃树脂的硬化过程中并未参与交联反应，而是作为催化剂，起催化作用，即在酸作用下，主要发生两种类型的反应：羟基与羟基或活性氢原子之间的失水缩聚，以及呋喃环破裂然后进一步加成聚合的反应。

1）呋喃树脂首先发生缩聚反应（反应 A 和 B 实质上都是分子间的扩链反应）：

$$A \quad \text{〇}-CH_2OH^+ + \text{〇}-CH_2OH \xrightarrow[-H_2O]{H^+} \text{〇}-CH_2-\text{〇}-CH_2OH$$

$$B \quad \text{〇}-CH_1OH^+ + CH_2OH \xrightarrow[-H_2O]{H^+} \text{〇}-CH_1-O-CH_2$$

$$\xrightarrow[-HCHO]{H^+} \text{〇}-CH_2$$

2）呋喃环开环以非氧化破裂：

$$R-\text{〇}-R' \xrightarrow[H_2O]{H^+} R-CH-CH=CH-CO-R'$$
$$\hspace{5.5cm} |$$
$$\hspace{5.5cm} OH$$

失水缩聚反应进行的程度对砂芯的终强度有一定影响，但砂芯的固化速度和强度建立的快慢主要决定于呋喃环破裂和加成反应的速度。

（2）硬化特征　试验研究发现，呋喃树脂硬化过程可以分为两个阶段，即混砂结束后强度缓慢上升的"初期固化"阶段和随后强度快速上升的"后期固化"阶段（见图 5-2）。两个阶段强度发展速度不同的原因在于：树脂黏结剂分子是线性结构，呈无规线团状态，分子中大部分活性基团如活性羟甲基、活性氢原子等往往被包裹在内部，与另外树脂分子的活性基团相隔离；加入酸后，在酸的作用下，树脂分子首先伸展成一定程度的有序排列，故此时表现为强度增长极其缓慢，但这种有序排列却为随后各分子间活性基团互相交联反应，提供了极其有利的条件，故当预固化期结束以后，交联反应迅速进行，强度显著增长。因而初期固化过程中的一些影响因素，如液态树脂分子的聚合度、固化剂的浓度和加入量、温度和湿度的控制等对于后来强度的大小有较大的影响，较长的初期固化阶段往往对应着较高的终强度。因此那些能够延长初期固化阶段的方法，诸如密闭试样、适当降低酸加入量等，对于获得较高的终强度都是有利的。在后期固化阶段，情况则大不一样，这时固化速度越快，强度越高。例如，在后期固化阶段敞开试样就很有利。

4. 自硬呋喃树脂砂的硬化工艺

可使用时间及起模时间是表征树脂自硬砂硬化速度的重要参数。为控制好硬化速度，应掌握好其可使用时间及起模时间。

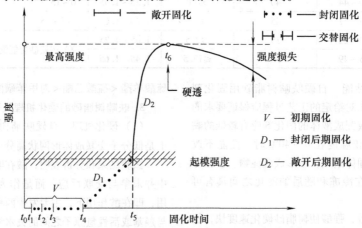

图 5-2　自硬呋喃树脂砂强度随时间的变化曲线

t_0—反应开始　t_1—混砂终了　t_2—工作时间　t_3—可使用间结束
t_4—后期固化开始　t_5—起模时间　t_6—硬透时间

（1）可使用时间　可使用时间 t_K，即从络合反应开始的时刻到不断进行反应的树脂黏结力降低到一定数值所经过的时间间隔。

对自硬树脂砂的可使用时间的快速检测和控制，各工业发达国家虽然已研究多年，方法繁多，但至今仍缺乏标准方法。一般把终强度只剩下 80% 的试样制作时间称为型砂的可使用时间（见图 5-3），或者型芯砂抗压强度增长到 0.07MPa 时所经历的这段时间定为可使用时间。可使用时间约为预固化时间的 1/3。

树脂砂从混制时起即开始了树脂的固化反应。如果将混制好的型砂放置一段时间后再造型，则会将已经聚合起来的部分树脂链重新破断，使得终强度恶化。在生产现场，观察到混好的型砂由黄变绿，开始发黏，即认为超过了可使用时间。

超过可使用时间的型砂，其流动性恶化，充型能力变差，给造型（芯）带来困难甚至无法制作。影响型砂可使用时间的因素主要有砂温、固化剂、气温与空气湿度等。砂温越高，固化剂酸性越强或加入量

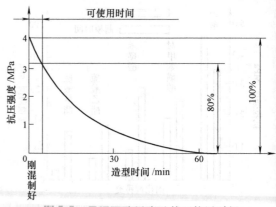

图 5-3　自硬呋喃树脂砂的可使用时间

越多，气温越高，空气湿度越低，则可使用时间越短。呋喃树脂自硬砂的可使用时间一般在 1~10min 内变动。

（2）起模时间　起模时间 t_1，其定义为，制出充分硬化到在起芯或起模时砂芯（型）不会变形所需的时间间隔。

树脂砂造型（芯）后，必须等型（芯）砂建立

起一定强度后才可起模，以免起模时型（芯）破损或起模后型（芯）继续变形。

对于起模时间的测定，常用封闭抗拉试样的强度达到某个值作为起模时间终点。美国定为 0.14MPa，国内有的试验研究表明，当工艺试样强度达 0.05MPa 之时，已能满足一般砂芯起模要求，大于 0.3MPa 时，嫌过硬。但国内外大多将型（芯）砂抗拉强度达 0.14MPa（或抗压强度 0.4MPa）作为可起模强度。将达到起模强度所需的硬化时间称为可起模时间，起模时间一般为 15～45min。

（3）影响可使用时间和起模时间的主要因素
可使用时间与起模时间的比值是表示某一黏结系统的硬化特性，其比值越大，表示硬化特性越佳。从有利于生产着眼，人们总希望混好的砂的可使用时间长，而起模时间短，但生产中可使用时间对起模时间之比最理想的还只能达到 0.8，一般为 0.35～0.6。

影响可使用时间、起模时间的因素繁多，试验表明，所采用原砂、树脂、固化剂的类型和质量、混砂工艺、环境温度和湿度，均对可使时间和起模时间有明显的影响。

1）砂温和环境温度对固化剂加入量的影响。由于树脂砂硬化过程是放热反应，周围环境温度可直接影响到硬化反应速度。在规定的起模时间内，当环境温度较低时，固化剂的加入量很高。随环境温度升高，固化剂的加入量随之降低。当环境温度较高时，会引起表面硬化太快导致铸型或型芯表面脆化，硬化不均匀。由此可以看到，固化剂的加入量与环境温度在 0～20℃ 时成反比关系，但当砂温稳定在 20℃ 以上时，砂温可以弥补环境温度给硬化速度带来的不利影响。

2）实际生产控制措施。自硬呋喃树脂砂的可使用时间、起模时间除受环境湿度变化的影响大。为适应不同的环境湿度条件，生产中主要采取的措施见表 5-18。

此外，自硬砂中水分高，会抑制缩聚反应的进行，延长起模时间，因此必须对原砂、树脂和催化剂带入的水分以及射砂时压缩空气带入的水分严加控制。制订工艺时还应考虑到影响水分蒸发的因素，如环境温度、相对湿度和型（芯）的断面厚度等。

为缩短起模时间，原砂尽量干燥，含水量（质量分数）控制在 0.2% 以下。原砂含水量高不仅降低树脂砂的强度，而且延长起模时间，降低生产率。当原砂的含水量从 0% 增加到 0.9%，则树脂砂的强度降低 55%，见表 5-19。

表 5-18　不同的环境湿度条件下的生产控制措施

措　施	具体工艺或参数
变换固化剂的种类可在较大范围内调整硬化速度	低温度、高湿度条件下，应选用固化活性强、总酸度值大的固化剂，反之亦然。夏季固化剂总酸度为 18%～20%，春秋季固化剂总酸度为 23%～26%，冬季固化剂总酸度为 27%～31%
改变固化剂的加入量可在小范围内调整固化速度	固化剂加入量增加，硬化速度加快，而起模时间和可使用时间相应缩短。固化剂的加入量范围为 30%～70%（占树脂的质量分数）
低温高湿条件下，采用高浓度、高活性的固化剂或控制砂温来控制固化速度	1）采用二甲苯磺酸替代对甲苯磺酸，使起模时间比用对甲苯磺酸缩短近 1 倍 2）通过砂温（20～30℃）调节来提高固化速度
加入硅烷可提高树脂砂硬化后的抗湿性	硅烷加入量占树脂质量的 0.2～0.4%，可提高树脂砂强度 1 倍左右

表 5-19　原砂含水量的影响

原砂含水量（质量分数，%）	0	0.3	0.6	0.9
抗拉强度（24h）/MPa	0.85	0.73	0.57	0.38

注：文昌砂 100，呋喃树脂 1.5%，固化剂 50%（占树脂的质量分数）；气温 22℃，相对湿度 74%。

5. 自硬呋喃树脂砂的强度

自硬树脂砂有初强度和终强度之分，此外还有经时强度。所谓初强度是指树脂砂起模后的强度，经时强度是指树脂砂经过若干小时后的强度，而终强度是指树脂砂在 24h 时的强度值。应保证型（芯）在搬运、下芯、合型、浇注时有足够的强度而不致损坏，这与型（芯）本身的大小、形状和工艺操作的需要有关。一般型砂强度为 0.6～0.8MPa，砂芯强度为 0.8～1.0MPa，复杂砂芯强度为 1.6～2.0MPa；非铁合金铸件砂芯强度应适当降低。

自硬树脂砂的强度是其重要的乃至关键的一个性能指标，影响强度的因素很多，主要因素如下：

（1）树脂加入量与树脂砂强度的关系　在自硬呋喃树脂砂铸造工艺的生产实际中，随着树脂加入量增加，树脂的强度增加，但树脂加入量与抗拉强度成非正比关系（见表 5-20）。

表5-20　树脂加入量与抗拉强度的关系

加入量（占原砂质量分数,%）	0.8	0.9	1.0	1.2	1.5	1.8	2.0
抗拉强度（1h）/MPa	0.72	0.76	0.99	1.10	1.36	1.45	1.65
抗拉强度（6h）/MPa	1.37	1.63	1.85	1.93	2.65	2.73	3.12
抗拉强度（24h）/MPa	1.68	1.90	2.17	2.42	2.78	3.14	3.34

注：使用标准砂，树脂和固化剂均为某树脂厂生产，其中固化剂加入量占树脂质量分数的45%；环境温度为27.5℃，相对湿度为63%。

在树脂砂强度的研究中，要考虑树脂加入量与黏结效率的关系问题。所谓黏结效率，是指在单位树脂百分含量条件下，树脂砂体系中原砂与树脂膜之间的黏附力、树脂膜本身的内聚力以及黏结桥本身分布状况三者共同作用下，所呈现出的树脂砂的抗拉强度或抗弯强度值大小，即单位树脂加入量时的树脂砂的强度，也称树脂砂的比强度。

对某树脂不同加入量时树脂砂24h的终强度和每1%的树脂含量时的比强度（MPa/1%）的测定结果见图5-4。

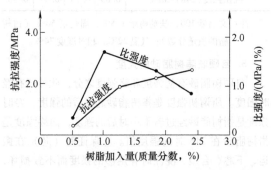

图5-4　树脂加入量与抗拉强度、比强度的关系

注：试验用砂为内蒙古产4S 75/150/（〇-□）巴胡塔砂，并采用国内某公司生产的QCF90-2型树脂、QCF-2型固化剂。

从图5-4可以看出，树脂砂的抗拉强度随树脂加入量的增加而增加。树脂加入量较低时，增加树脂加入量，则树脂砂抗拉强度提高较快（对应于黏结剂添加量—型砂抗拉强度曲线上斜率较大），而当树脂含量较高时，抗拉强度增长趋缓（对应曲线上斜率较小）。树脂砂的比强度随着树脂加入量的增加而呈现出单峰变化趋势。其树脂砂最大比强度为

1.57MPa/1%，对应的树脂加入量为0.95%，即在树脂加入量低于0.95%时，比强度随树脂加入量的增加而增加，超过0.95%的加入量时，比强度则呈下降趋势。当树脂加入量增加到2.5%时，比强度降低约40%。

这说明树脂加入量太高时，树脂黏结效率很低。决不要追求过高的终强度，否则会增加树脂的加入量，增加生产成本，增加气孔缺陷倾向，同时也给旧砂再生处理增加麻烦。因此，应采取措施，降低树脂加入量，从而提高树脂的黏结效率。

（2）温度、湿度和固化剂对强度的影响　呋喃树脂砂的硬化过程是属于缩聚反应，在反应过程中要放出水分来。因此，缩聚水的排除及时与否，对树脂砂的黏结强度有很大的影响。环境湿度大，就阻碍了反应水的逸出，影响了固化反应的进行，初期强度就低，也降低了呋喃树脂砂的终强度（见图5-5）。

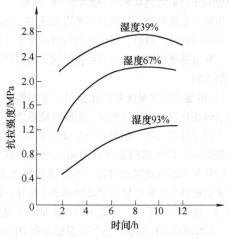

图5-5　不同湿度条件下用磷酸固化剂时呋喃树脂砂[w(N) = 10.9%]的强度-时间曲线（气温20℃）

表5-21是树脂加入量为1.0%时，不同固化剂加入量对应的抗拉强度及起模时间（同温同湿对比）。从表5-17中可知，固化剂对抗拉强度有不同程度的影响，但抗拉强度并不随固化剂加入量的增加而增加，而是在某一固化剂加入量，抗拉强度出现一个最大值。当固化剂加入量为60%时，初强度达到最大值；固化剂加入量为55%时，终强度达到最大值，该固化剂加入量55%视为最优加入量。起模时间随固化剂加入量增加而缩短。

表5-22～表5-25分别列出了两种磺酸类固化剂（A和B）的性能指标，以及在气温低于10℃的条件下对自硬呋喃树脂砂的1h初强度和24h终强度的影响。

表 5-21　不同固化剂加入量对应的抗拉强度及起模时间

固化剂（质量分数,%）	抗拉强度（1h）/MPa	抗拉强度（24h）/MPa	起模时间/min
65	1.13	1.74	8
60	1.20	1.81	12
55	1.15	1.96	19
50	1.02	2.02	22
45	0.89	1.85	28
40	0.67	1.70	34
35	0.33	1.55	41
30	0.12	1.51	78

注：使用国内某树脂厂生产的树脂及固化剂。

表 5-22　A 固化剂的性能指标

外观	总酸度（质量分数,%）	游离硫酸含量（质量分数,%）	磺化率（质量分数,%）	密度/（g/cm³）
淡黄色	35.6	25.6	28.1	1.28

表 5-23　A 固化剂对自硬呋喃树脂砂的固化性能

固化剂加入量（占树脂质量分数,%）	环境条件		强度/MPa	
	温度/℃	相对湿度（%）	1h	24h
50	7~8	89~90	0.16	0.50
40	4~7	73~76	0.42	0.70
50	2~4	75~82	0.43	0.65
50	5~8	65~70	0.35	0.70
40	5~10	60~65	0.56	1.00
50	5~10	60~65	0.40	0.75
50	4~6	74~78	0.25	0.70
50	4~6	68~75	0.35	0.85

注：1. 原砂：40/70 号筛平潭砂，呋喃树脂加入量为原砂的 1.2%（质量分数）。

　　2. 在低相对湿度时，且温度稍高时，可在 10min 左右起模，一般 15~20min 可起模。

表 5-24　B 固化剂的性能指标

外观	总酸度（质量分数,%）	游离硫酸含量（质量分数,%）	磺化率（质量分数,%）	密度/（g/cm³）
淡黄色	28.8	15.0	47.9	1.23

表 5-25　B 固化剂对自硬呋喃树脂砂的固化性能

固化剂加入量（占树脂质量分数,%）	环境条件		强度/MPa	
	温度/℃	相对湿度（%）	1h	24h
50	7~8	89~90	0.27	1.0
50	4~7	73~76	0.39	0.8
50	2~4	75~82	0.22	0.95
40	4~7	73~76	0.35	1.15
50	5~8	65~70	0.70	1.25
40	5~10	60~65	0.54	1.50
50	5~10	60~65	0.48	0.85
50	4~6	68~75	0.27	0.90
50	4~6	74~78	0.41	1.0

注：1. 原砂：40/70 号筛平潭砂，呋喃树脂加入量为原砂的 1.2%（质量分数）。

　　2. 在气温稍高和湿度较低时，一般在 5~10min 可起模，大多在 10~15min 可起模，个别在 15~20min 左右能顺利起模。

从表 5-22~表 5-25 可看出，固化剂的性能对呋喃树脂砂强度的影响很大。

1）随温度的升高和湿度的降低，其初强度和终强度较高。

2）温度相近或即使温度升高时，其湿度大者，树脂砂的初强度和终强度均低。

3）在相同条件下，40% 的固化剂加入量比 50% 的树脂砂强度要高些。

4）总的来看，用 A 固化剂时型砂的起模时间短些，初强度要高于用 B 固化剂，但终强度要比用 B 固化剂低得多。

在无机酸中，用硫酸单酯作固化剂制得的工艺试样，具有比硫酸和硫酸乙酯好的综合性能。硫酸硬化速度虽快，但强度较低，硫酸乙酯强度高，但硬化速度太慢，而硫酸单酯则在强度较高的同时硬化速度也较快（见表 5-26）。

表 5-26　几种无机酸硬化下的呋喃树脂砂抗拉强度及硬化速度

固化剂种类	抗拉强度/MPa		硬化速度/min	备　注
	3h	24h		
硫酸（质量分数为 60%）	1.85	2.37	2.5	环境温度为 13.5℃，相对湿度为 73%；配比（质量比）：大林标准砂 100，树脂 3 ［KH550 0.3%（占树脂质量分数）］，固化剂 1
硫酸乙酯	2.65	2.76	8.5	
硫酸单酯	2.38	2.67	4	

（3）树脂膜厚度与树脂砂强度的关系　随着树脂加入量的增加，包覆在砂粒表面的树脂膜厚度就会增加，树脂膜也会更加完整。但随着树脂加入量的增加，会出现树脂砂抗拉强度增加不多，而且比强度还会降低的现象。

试验研究表明，树脂膜的最佳厚度在 0.1mm 左右。膜厚 < 0.1mm 时，强度较低；膜厚 > 0.1mm 时，随着膜厚的增加，其抗拉强度则逐步降低（见图 5-6）。

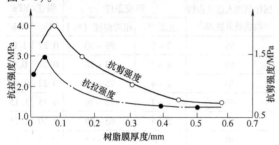

图 5-6　树脂膜厚度与树脂砂强度的关系

（4）树脂性能对树脂砂强度的影响

1）含水量的影响。树脂中含水量对树脂砂抗拉强度的影响见图 5-7。从图 5-7 中可看出，随着树脂中含水量的增加，自硬树脂砂的终强度显著降低。树脂中含水量多，固化速度很慢，起模时间延长。

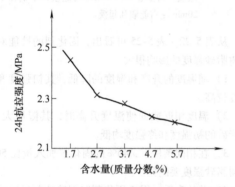

图 5-7　树脂中含水量对树脂砂抗拉强度的影响

2）游离甲醛含量的影响。树脂中游离甲醛含量的多少是衡量某一种树脂能否在生产中应用的重要标准之一。两种环境条件下树脂中游离甲醛含量对树脂砂抗拉强度的影响见图 5-8。从图 5-8 中可看出，树脂中含有少量的游离甲醛，有助于提高树脂砂的初强度，并能稍提高终强度。特别是在高湿度的情况下，反应进行很慢，树脂砂初强度很低，而树脂中含有的少量游离甲醛，则伸固化反应加快，初强度提高，起模时间缩短。

但是，树脂中超标的游离甲醛对环境的污染和对人体的危害毕竟是很大的，在树脂的生产中应尽量减少游离甲醛的含量。

3）含氮量的影响。用国内某公司生产的含氮量（质量分数）分别为 0%、3%、6% 的 QCF90 - 0、QCF90 - 2、QCF90 - 4 树脂，测定了其 2h 后的初强度和 24h 后的终强度，见图 5-9。

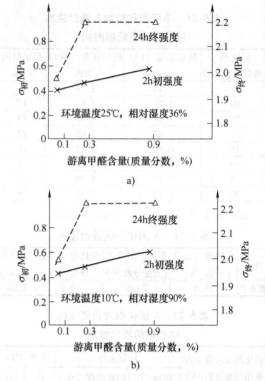

图 5-8　两种环境条件下树脂中游离甲醛含量对树脂砂抗拉强度的影响

a）高温低湿度　b）低温高湿度

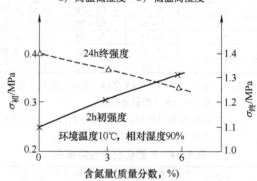

图 5-9　树脂中含氮量对树脂砂抗拉强度的影响

从图 5-9 中可看出，随着树脂中含氮量的提高树脂砂的初强度有所提高，而终强度有所下降。树脂中含氮量越多，则分子中胺基越多，在树脂固化反应初期桥联作用会越强，从而提高了树脂砂的初强度。但是树脂中含氮量增多，则相对呋喃环含量降低，而树脂砂的终强度主要取决于呋喃环上 C＝C 双键的聚合偶联。因此，含氮量越高，则呋喃环聚合偶联作用越差，树脂砂终强度就会有所降低。

含氮量的高低，还影响到树脂的成本及铸件的质量。含氮量高，树脂成本低，但发气量大，对铸钢件等会产生皮下气孔等缺陷。

（5）原砂性能对呋喃树脂砂强度的影响

1）原砂粒度的影响。在实验室条件下用手工筛分出单号砂，试验了砂子粒度对树脂砂强度的影响，见图 5-10。从图 5-10 中可看出，1#砂的强度峰值在30 号筛处，而 2#砂的强度在 70 号筛处，分别向粗细两方面逐渐降低。其中，1#砂砂粒变细，强度显著下降，而 2#砂砂粒增粗，强度显著下降。

以江西某地产 30/50 号筛和 40/70 号筛砂为基础，搭配成不同粒度分布的原砂，测定了其对自硬呋喃砂强度的影响，见表 5-27。从表 5-27 中可看出，30/50 号筛 +40/70 号筛各半搭配的原砂，其树脂砂强度最高。试验中还发现，对试样而言，不同粒度分布的原砂，其树脂砂的充填密实度不一样，即 $\phi50mm \times 50mm$ 试样（三个试样的平均值）的质量不一样。高的密实度和树脂有效地流到各接触点之间二者相结合，就可使型芯获得较高的强度。

2）原砂粒形的影响。通常认为圆粒砂最理想。这是因为圆粒砂的表面积小，消耗黏结剂少，易紧实，强度高，随着粒形由圆形向角形转化，角形因数增高，紧实度变差，强度将有所降低。

国内有关研究者以数理统计方法为手段，以我国各主要砂源的原砂为试验对象，通过大量试验及对试验数据进行回归分析，探讨体现原砂物理性能的分散度 N、平均粒径 D_r、角形因数 ζ_0 和相对疏松度 P 等主要物理参数与树脂砂强度的具体关系。

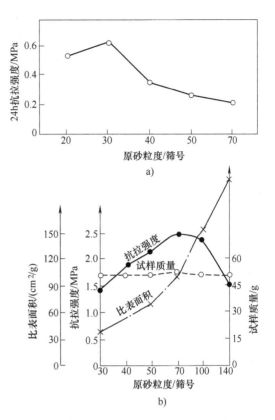

图 5-10　单号砂与树脂砂强度的关系

a）1#砂（F705 - 1 呋喃树脂占原砂质量分数为 2%）

b）2#砂（氮的质量分数≤7.5% 的呋喃树脂占原砂质量分数为 1.5%，磷酸占原砂质量分数为 0.45%）

表 5-27　原砂粒度分布对自硬呋喃树脂砂强度的影响

序号	筛　号							$\phi50mm \times 50mm$ 试样的质量/g	24h 抗拉强度 /MPa	备　注
	20	30	40	50	70	100	140			
	粒度分布（质量分数,%）									
1	6	56	28	10	—	—	—	157.3	1.38	全部为 30/50 号筛
2	3	28	54	12	3	—	—	158.6	1.63	30/50 号筛和 40/70 号筛各一半
3	—	0.2	80	14	5	0.4	—	156.8	1.19	全部为 40/70 号筛
4	5.8	36.3	41.2	11	3.7	1.7	0.2	157.3	1.39	30/50 号筛 60%，40/70 号筛 30%，20/40 号筛 +50/100 号筛 10%

注：F705 - 1 树脂加入量为 1.5%（质量分数）。

表 5-28 列出了国内有关产地原砂的粒度分布。原砂的主要物理参数与树脂砂抗拉强度的关系见表 5-29。

3）原砂中微粉（200 号筛以下的细砂）量的影响。选用含微粉量极少的江西产原砂 30/50 号筛和 40/70 号筛各半搭配的砂作原砂，呋喃树脂加入量为 1.8%（质量分数），固化剂 0.4%，采用外加微粉的办法，其结果见图 5-11。从图 5-11 中可看出，当外加微粉的质量分数由 0 增至 2% 时，试样烘干后的抗拉强度从 1.73MPa 降至 1.39MPa 左右。造成强度下降的原因是由于原砂中微粉含量的增加使原砂总比表面积急剧增大，在一定的树脂加入量的情况下，使有效黏结剂量减少，砂粒之间的树脂"缩颈"变小，继续增加微粉，甚至造成有的砂粒表面树脂膜不连续，有的黏结点没有树脂而使强度急剧下降。

表 5-28 国内有关产地原砂的粒度分布

序号	产地	筛 号								
		24	28	45	55	75	100	150	200	260
		粒度分布（质量分数,%）								
1	大林		0.26	3.32	20.03	55.30	15.04	5.58	0.48	
2	大郑线门达		0.99	10	17.95	38.94	19.76	10.96	1.43	
3	彭泽			1.28	1.47	90.02	7.21			
4	通辽		1.43	10.70	15.42	36.45	20.05	14.33	1.62	
5	通辽白市			3.76	13.85	62.86	15.3	4.1		
6	木里图	0.69	7.5	42.32	24.93	19.55	3.68	1.36		
7	伊胡塔			0.58	2.81	26.96	26.47	37.23	5.89	0.44
8	湖南望城	5.04	7.08	28.58	23.66	30.06	4.69	0.73		
9	郑奄			0.08	0.92	88.88	10.06			
10	湖口	2.22	3.28	16.04	26.05	48.42	4.03			
11	福建平漳	0.55	0.52	3.57	8.72	49.54	30.8	6.82		
12	广东斗门	9.31	18.12	40.37	15.86	12.96	2.31	1.0	0.46	
13	广东新会	6.68	25.12	48.57	14.7	4.93	0.3			
14	巴胡塔	0.21	0.93	12.01	26.37	51.92	7.40	1.20		
15	阜宁	0.1	0.29	3.08	10.21	67.38	16.71	2.12	0.34	
16	福建晋江	2.66	6.31	32.78	21.13	25.54	9.62	2.0		

4）原砂含水量的影响。图 5-12 是对原砂含水量对树脂砂抗拉强度的影响。原砂中含水量越高，硬化性能越差，24h 树脂砂强度也低。这是由于水分的存在，它稀释了附在砂粒表面的酸催化剂的浓度，同时，湿润在砂粒表面上的水分，将会降低黏结剂对砂粒表面的附着力。对于含水量超过规定值的原砂必须重新进行干燥后才能使用。大多生产实践表明，硅砂中含水量在 0.3%（占原砂质量分数）以下。

6. 自硬呋喃树脂砂的其他主要工艺性能

自硬呋喃树脂砂的其他主要工艺参数包括表面安定性、发气量、透气性、高温强度和溃散性等。

（1）表面安定性 树脂砂型（芯）应能承受住搬运时的磨损、浇注时金属液的冲刷和烘烤而不至于引起冲砂、砂眼及机械粘砂等缺陷，因此要求表面安定性大于等于 85% ~ 90%。为了保证树脂砂的表面安定性，要特别注意不可使用超过可使用时间的型（芯）砂，注意型（芯）砂的紧实，同时，表面安定性与涂料质量的好坏、涂敷和烘干工艺也有很大的关系。

（2）发气量和透气性 树脂砂的透气性比黏土砂、水玻璃砂均高，其发气量也大，因此要特别注意集中排气措施，否则，容易增加气孔缺陷。一般树脂砂发气量控制在 10 ~ 11mL/g，透气性在 400 左右较为恰当。型（芯）砂（包括回用旧砂）的发气量与其灼烧减量成正比，因此对旧砂的灼烧减量应控制。

表 5-29 原砂的主要物理参数与树脂砂抗拉强度的关系

序号	产地	分散度	粒径/mm	角形因素	相对疏松度	抗拉强度/0.1MPa
1	大林	1.76	0.245	1.22	0	19.1
2	大郑线门达	3.34	0.229	1.30	0.288	20.93
3	彭泽	0.345	0.252	1.52	0.525	10.3
4	通辽	3.78	0.221	1.30	-0.098	26.5
5	通辽白市	1.42	0.245	1.27	-0.072	19.8
6	木里图	2.71	0.370	1.19	0.17	15.8
7	伊胡塔	2.51	0.159	1.30	-0.043	17.3
8	湖南望城	3.85	0.351	1.58	0.164	13
9	郑奄	0.27	0.247	1.26	0.265	16.8

（续）

序号	产地	分散度	粒径/mm	角形因素	相对疏松度	抗拉强度/0.1MPa
10	湖口	2.57	0.312	1.47	0.878	13.8
11	福建平漳	2.13	0.222	1.57	0.097	16.5
12	广东斗门	4.84	0.431	1.59	0.70	13.9
13	广东新会	2.21	0.517	1.66	1.128	7.6
14	巴胡塔	1.81	0.286	1.37	0.05	21.1
15	阜宁	1.25	0.244	1.51	0.59	14.2
16	福建晋江	3.34	0.335	1.38	-0.047	17.1

注：FFD-121 自硬树脂加入质量分数为 0.3% 的硅烷，树脂加入量为 2%（占原砂质量分数），固化剂为 75%（质量分数）对甲苯磺酸溶液，加入量为黏结剂量的 15%，另加 1.6 倍于固化剂量的水。

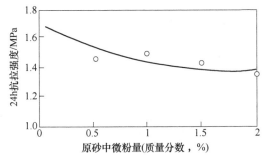

图 5-11　原砂中微粉量对树脂砂抗拉强度的影响

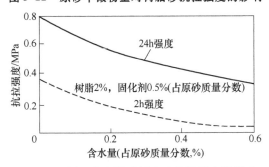

图 5-12　原砂含水量对树脂砂抗拉强度的影响

表 5-30 列出了 4 种不同含氮量的呋喃树脂砂的发气特性。4 种呋喃树脂砂随着树脂中含氮量的增加而发气量略有增加，但总的来看，其发气量相差不太大。另外，发气速度在 300~600℃ 内比较小。此外，还可看出，随树脂中含氮量的增加，其发气速度也增加，树脂加入量与发气速度的关系，低温（300℃）时，3 种加入量的发气速度几乎相等，但在 600~900℃ 内，随树脂加入量的增加，其发气速度稍有增大。普遍规律是，随温度的上升，发气速度明显增大。

（3）高温强度、热变形量和溃散性　呋喃树脂中糠醇含量越多，型（芯）砂的高温强度也越高。一般铸钢件用树脂要求糠醇的质量分数在 90% 以上，铸铁件用树脂糠醇的质量分数为 75%~85%，非铁合金铸件用树脂糠醇的质量分数小于 60%。

虽然树脂砂在 500℃ 左右的残留强度几乎为零。但由于树脂砂导热性差，实际浇注后只有紧靠金属液的很薄砂层能达到 500℃，而离铸件表面较远的砂层受到的热作用较小，残留强度仍然很高。

表 5-30　4 种不同含氮量的呋喃树脂砂的发气特性

树脂种类		1#（氮的质量分数为 10.9%）		2#（氮的质量分数为 7.5%）		3#（氮的质量分数为 5.4%）		4#（氮的质量分数为 1.8%）	
树脂加入量（占原砂质量分数,%）		1.0	1.5	1.0	1.5	1.0	1.5	1.0	1.5
300℃	总发气量/(mL/g)	8.8	11.0	7.8	9.9	—	9.7	—	9.2
	达到总发气量的时间/s	41	43	43	43	—	44	—	46
	发气速度/[mL/(g·s)]	0.21	0.26	0.18	0.23	—	0.22	—	0.20
600℃	总发气量/(mL/g)	11.8	15.3	11.7	14.9	—	13.0	—	11.9
	达到总发气量的时间/s	23	22	20	20	—	26	—	29
	发气速度/[mL/(g·s)]	0.50	0.70	0.57	0.75	—	0.50	—	0.41
900℃	总发气量/(mL/g)	13.9	18.0	13.2	17.1	—	15.9	—	14.8
	达到总发气量的时间/s	16	15	16	17	—	18	—	18
	发气速度/[mL/(g·s)]	0.89	1.20	0.81	1.00	—	0.88	—	0.82

注：1#，2# 和 3# 所用催化剂为 85% 磷酸，加入量 40%（占树脂质量分数），4# 所用催化剂为 65% 对甲苯磺酸，加入量 30%（占树脂质量分数），1#~2# 树脂加入量为 1.5%（占原砂质量分数）。

采用高温应力应变测定仪测量呋喃树脂砂和水玻璃砂长条试样，在1300℃的受热变形曲线见图5-13。从 0 ~ t_1，由于树脂焦化和石英遇热相变膨胀，试样向上弯曲，t_1 以后，树脂膜完全烧掉后试样才向下变形。这与水玻璃砂试样一接触到1300℃高温迅速向下弯曲的早期明显塑性变形呈鲜明的对比。对于薄壁框形铸钢件，由于冷却凝固快，在比 t_1 更短的时间，已形成热强度很低的薄薄的凝固层，当它继续冷却收缩时遇到树脂砂芯膨胀的阻碍，将产生较大的应力。这正是呋喃树脂砂热裂倾向明显高于水玻璃砂的重要原因。

7. 自硬呋喃树脂砂铸件缺陷及防止措施

使用自硬呋喃树脂砂铸型（芯），其铸件的主要缺陷有机械粘砂、脉纹（脉状凸起、毛刺、飞翅）、气孔和热裂等。其产生原因及防止措施见表5-31。

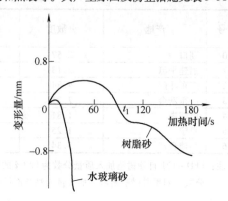

图 5-13　长条试样在 1300℃时的受热变形曲线

表 5-31　自硬呋喃树脂砂铸件缺陷的产生原因及防止措施

缺陷名称	产 生 原 因	防 止 措 施
机械粘砂	500℃左右树脂热分解，树脂膜被烧蚀，砂粒间空隙增大并失去黏结力，液态金属渗入而形成机械粘砂 1）原砂粒度过粗或分布过于集中 2）型（芯）砂流动性较差或使用超过可使用时间的型（芯）砂，从而使型（芯）砂紧实度不够，表面稳定性差 3）涂料耐火度不够，或涂层太薄或施涂不当等 4）金属液浇注温度过高，静压力太大等	1）采用细砂或粒度分布在4~5个筛号的原砂 2）提高型（芯）砂的流动性 3）施涂具有适度耐火度或烧结性的，并具有一定涂层渗透深度耐火涂料及降低浇注温度 4）提高树脂耐热性，如增加糠醇含量或在树脂砂中添加附加物（如氧化铁、硼砂等）以提高热强度 5）采用高温下烧结、软化的原砂，如铬铁矿砂等
脉纹（脉状凸起、毛刺、飞翅）	在金属液激热下，石英受热相变膨胀。与此同时，缩聚型呋喃树脂受热后其黏结桥会突然收缩而脆性破裂。在膨胀收缩应力作用下导致表层龟裂，金属液从裂缝渗入砂层，在铸件上形成毛刺状凸起，称为脉纹	1）采用热膨胀小或粒度较分散的硅砂旧砂或锆砂或铬铁矿砂等特种砂 2）在型（芯）砂中加氧化铁粉 3）降低浇注温度 4）刷激冷涂料等
气孔	因树脂砂发气量大，气体不能及时排出而形成侵入性气孔；树脂中含氮的化合物形成针孔（皮下气孔）	1）选用发气量小或含氮量低的树脂 2）加强铸型和砂芯中的排气 3）在型（芯）砂中加氧化铁粉或者涂敷气密性涂料 4）严格规范树脂砂工艺、涂料施涂工艺等的操作，以消除或减少气体的产生
热裂	1）树脂砂冷却速度慢，浇注金属液后形成一层坚固的结焦残碳层的骨架，或树脂黏结剂不能被烧透，型（芯）容让性差，铸件（特别是薄壁铸钢件）收缩受阻而形成 2）树脂砂中的硫渗入金属液中	在型砂中添加各种有效的附加物，以及优化浇注系统方案，以减轻或消除其缺陷的发生程度

5.2.3　自硬酚醛树脂砂

1. 甲阶酚醛树脂

（1）甲阶酚醛树脂的合成　甲阶酚醛树脂的反应原料主要是酚类化合物和醛类化合物。常用的酚类化合物包括苯酚、甲酚、二甲酚、双酚A以及烷基苯酚，或者是芳烷基苯酚，但较常用的是苯酚。醛类化合物主要包括甲醛、多聚甲醛、三聚甲醛、乙醛、三聚乙醛和糠醛等。其中甲醛有个二官能度，也是较

常用的醛类物质。用于甲阶酚醛树脂合成的催化剂主要有 Ba（OH）$_2$、Mg（OH）$_2$、Ca（OH）$_2$、NaOH、KOH、LiOH、三乙胺和醋酸锌等。

合成甲阶酚醛树脂的必要条件是 pH 值大于7，并且甲醛/苯酚（F/P）的摩尔比大于1。苯酚和甲醛发生缩聚反应，可分为3个阶段，即甲阶段、乙阶段和丙阶段。在甲阶段，得到的是线型、支链少的树脂，有可溶的特性，故称为甲阶酚醛树脂。酸硬化或

酯硬化的酚醛树脂，含有较多的活性羟甲基官能团（—CH₂OH），硬化时活性羟甲基官能团反应，直至形成三维的交联结构。

（2）甲阶酚醛树脂的硬化　甲阶酚醛树脂在酸性硬化剂的作用下，羟甲基和少量亚甲醚（—CH₂OCH₂—）与易反应的苯酚环作用，发生缩合反应而成为三维交联结构，并释放水分。

目前应用于铸造工业的酚醛树脂黏结剂多属热固性酚醛树脂。热固性酚醛树脂的热固化机理是缩合反应，羟甲基与氢脱水反应，或者羟甲基之间反应进行次甲基酯化，然后脱甲醛，形成次甲基键，成为三维网状结构；一阶树脂酸固化时的主要反应是固化剂的质子作用于甲阶酚醛的羟甲基，生成甲基碳离子，并与其他的甲阶酚醛树脂迅速反应固化，在树脂分子间形成次甲基键。

反应释放的水会稀释酸性硬化剂而使硬化过程减慢，故必须使酸有一定的浓度，以保证合理的硬化速度和厚铸型硬透的能力。

甲阶酚醛树脂也可用于热芯盒法，此时，甲醛对苯酚的摩尔比，比酸硬化的甲阶酚醛树脂还要高一些。在有氨盐作催化剂的条件下加热，可以得到坚硬的交联结构。

（3）甲阶酚醛树脂的优缺点

1）甲阶酚醛树脂的优点。甲阶酚醛树脂的价格一般比呋喃树脂低，此种树脂完全无氮，不会产生针孔缺陷；型砂的高温强度比用呋喃树脂者高；造型、制芯时游离甲醛气味较轻，适用于制造碳钢或合金钢铸件。

2）甲阶酚醛树脂的缺点。最主要的缺点是储存稳定性不佳。由于含有较多的活性羟甲基官能团，在室温下会自行缩合而变稠，并有水分分离出来。在一般情况下，储存期为 3 个月左右，如储存温度不超过20℃，则可以更长一些。

甲阶酚醛树脂的另一缺点是在低温下硬化反应缓慢。例如，用甲苯磺酸或苯磺酸的水溶液作硬化剂，在环境温度低于 15℃时，型砂的硬化即明显减慢，在 10℃以下，经 2～3h 仍不能具有起模所需的强度。解决这个问题可以有两种办法：①采用砂温控制器，保证原砂温度在 25℃左右。②改用总酸度高的有机酸（如二甲苯磺酸）作硬化剂，并用醇代替水作溶剂。

实践证明，硅酸乙酯是改善甲阶酚醛树脂砂性能的较理想的附加剂。采用优选的工艺，能够较好地改善甲阶酚醛树脂砂的固化特性，使其强度提高20%～30%，可使用时间与起模时间的比值由原来的 0.5 以下提高到 0.6 左右。

甲阶酚醛树脂砂加入硅酸乙酯的作用机理是，由于硅酸乙酯水解消耗了树脂固化时脱出的水，提高了树脂膜的质量；另外，硅酸乙酯的不完全水解产物（C₂H₅O）₃SiOH 起到了类似硅烷的作用，使其附着强度又大大提高。

（4）酸硬化甲阶酚醛树脂的主要技术指标　酸硬化酚醛树脂在国外糠醇资源贫乏的国家和地区较为常用，以降低生产成本。该树脂的黏度、强度、再生性及环保等要比纯呋喃树脂差些。在我国，由于糠醇资源丰富，加上作为石油副产品的苯酚价格一直较高，有时高过糠醇，因而在某种程度上采用呋喃从价格上更合算。通常在铸铁和非铁合金铸件生产时很少使用，只是在铸钢件生产时采用，其应用量不大。表5-32为酸硬化甲阶酚醛树脂的主要技术指标及适用范围。

表 5-32　酸硬化甲阶酚醛树脂的主要技术指标及适用范围

主要技术指标							适用范围
外观	黏度 /mPa·s	游离甲醛含量（质量分数,%）	游离酚含量（质量分数,%）	密度 /(g/cm³)	含水量（质量分数,%）	pH 值	
红棕色半透明液体	≤150	≤0.2	≤5	1.18～1.20	14～19	4.5～6.7	铸钢件、球墨铸铁件

2. 甲阶酚醛树脂砂用固化剂

在自硬砂中，呋喃树脂在弱酸（如磷酸）的作用下，即可催化硬化，而酚醛树脂则不同，磷酸根本无法催化硬化酚醛树脂。酚醛树脂的活性低于呋喃树脂，作为酚醛树脂的固化剂，必须是强酸（如硫酸、盐酸、有机磺酸类等），而需酸量（在达到同等硬化程度时）是呋喃树脂的 2 倍。

目前，较为理想的固化剂是有机磺酸类，常用的有苯磺酸、对甲苯磺酸、二甲苯磺酸、酚磺酸以及它们的混合物。试验表明，酚醛树脂加入量相同，温度、湿度相等的条件下，用对甲苯磺酸作固化剂，所制的型芯强度高，硬化性能好；用磺酸催化的酚醛树脂砂，硬化后的强度最高；用磷酸作固化剂，其断口松散，树脂膜有许多孔洞。这是因为磷酸属无机物，酚醛属有机物，二者互溶性差，即键长、键能、键角等不"近似"造成的。

3. 酸自硬甲阶酚醛树脂砂工艺

酸自硬酚醛树砂的特点是：①气味小，改善了工人的劳动环境。②不含氮，避免了氮气孔的危害。③高温强度高，适于大型铸件的生产。

酸自硬甲阶酚醛树脂砂使用工艺见表5-33。

FFD-301酚醛树脂砂工艺性能见图5-14。国内外几种固化剂对自硬酚醛树脂砂强度的影响见表5-34。

表5-33　酸自硬甲阶酚醛树脂砂使用工艺

配方	混砂工艺	选用条件
树脂加入量 2.0% ~ 2.5%（占砂质量分数）　固化剂加入量为40% ~ 60%（占树脂质量分数）	用连续式或间歇式混砂机先将砂和催化剂混匀，然后再加入树脂混匀。混砂时间一般为1~2min，混匀后立即出砂使用	当温度在20℃以上，相对湿度≤75%时，可选用GSO3固化剂；当温度低于20℃，相对湿度≥80%时，可选用GC09固化剂；当温度低于8℃时，建议适当提高砂温，以免影响固化速度和强度

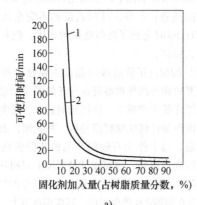

a)

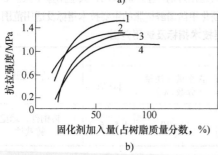

b)

图5-14　FFD-301酚醛树脂砂工艺性能

a）FFD-301树脂砂可使用时间与固化剂加入量的关系
（PTSA75%水溶液，环境温度27~28℃，
相对湿度50%~70%）
1—先加固化剂　2—先加树脂
b）FFD-301树脂砂的强度特性（环境温度
27~28℃，相对湿度50%~70%）
1—树脂2.5%，先加固化剂　2—树脂2.5%，先加树脂
3—树脂2.0%，先加固化剂　4—树脂2.0%，先加树脂

表5-34　几种固化剂对自硬酚醛树脂砂强度的影响

名称	固化剂及其性能		24h 抗拉强度/MPa
	总酸度（质量分数,%）	游离酸度（质量分数,%）	
1#	20 ~ 22	0.5	1.45
2#	19 ~ 21	0.5	1.32
3#（美国产）	19.1	0.7	1.33
4#	19.0	1.0	1.05
5#（美国产）	24.0	3.4	0.85
6#	25.4	7.0	0.37
7#	36.5	12.0	0.28

5.2.4　自硬碱性酚醛树脂砂

1. 概述

酯硬化酚醛树脂（ECP）根据硬化剂的状态不同，国外对其有不同的称谓。液体自硬型称α-硬化法，气体硬化型称β-硬化法。

（1）国外应用　酯硬化碱性酚醛树脂砂是英国Borden公司于1980年开发的。在1982的英国铸钢研究和贸易协会年会上Baiiey和P. H. Lemon介绍了这种方法；1984年I. P. Quist等人取得美国专利；1987年英国Borden公司就α-硬化法在日本申请了专利；同年还在日本成立了群荣ボデン（Borden）公司，致力于α-硬化法的推广。

α-硬化法适用性比较强，特别适合用于生产高低合金钢铸件、结构较为复杂的铸钢件，也更适用于生产高质量的铸钢件产品，如不锈钢叶轮、轴箱体类机车件、石油机械件，以及低碳钢、合金钢高压阀门件等。

（2）国内应用　从2002年起，碱性酚醛树脂砂陆续在数家铸造企业的大型铸钢件的生产中得到推广应用，并已成功地生产出汽轮机缸体、不锈钢上冠下环、16m³电铲履带板、主动轮、4m³电铲齿尖、轧钢机架等重要铸件。例如，某厂2007年用该工艺生产了一套金安桥水电机组用的大型不锈钢上冠，钢液总重210t；2008年又浇注了一件超低碳特大型不锈钢铸件——三峡转轮体上冠，钢液总重310t；2008年该厂为某铝业公司生产一件4300mm粗轧机架铸件，钢液总重达440t。

在铸铁生产方面，针对自硬呋喃树脂砂生产球墨铸铁曲轴表层石墨化异化的问题，某柴油机公司采用自硬碱性酚醛树脂砂造型，生产了6160、6200、WD615三个系列柴油机大断面球墨铸铁曲轴。

在非铁合金铸件的生产方面，国内某电机厂有限责任公司，采用碱性酚醛树脂砂生产大型铸铜件屏蔽环（1350~1505kg）、铸铝件导风环（最大铸造尺寸可达φ3.4m，重400kg）、铸铜件齿压板和压指板（最大铸造尺寸可达φ2m，重300kg）等非铁合金铸件。其经济效益显著，如废品率可降低40%；铸件质量提高，缺陷修复的质量成本可降低50%；提高了铸件的尺寸和形状精度，减少铸件"肥大"现象，减少机加工余量，降低毛坯质量等。

随着我国碱性酚醛树脂工艺相关原辅材料，以及设备制造水平的不断提高，该工艺必将被越来越多的铸造厂家应用，将在提高我国铸件整体制造水平方面发挥重要作用。

（3）酯硬化碱性酚醛树脂砂的特点　酯硬化碱性酚醛树脂砂与酸固化呋喃树脂砂、酸固化酚醛树脂砂等相比，其优缺点见表 5-35。

表 5-35　酯硬化碱性酚醛树脂砂的优缺点

优　点	缺　点
1）体系中只含有 C、H、O，无 S、P、N，不会产生铸钢件渗硫、渗磷和球墨铸铁的球化不良现象，可减少针孔等铸造缺陷	1）酯硬化碱性酚醛树脂砂的常温强度较低，导致型（芯）砂中树脂加入量较多，且表面安定性较差
2）高温下的热塑性阶段和二次硬化特性缓解了砂子受热膨胀而产生的应力，且型（芯）在较长时间内不被破坏，从而既可防止铸件产生热裂和毛刺，又可避免砂芯在高温作用下，由于强度过低，过早溃散而产生的冲砂、夹渣等缺陷	2）固化速度（起模时间）虽比呋喃树脂砂、水玻璃砂稍快，但其生产率还是低于酚脲烷树脂砂，潜力还未充分发挥出来
3）树脂本身的高碱性，使其适用橄榄石砂、铬铁矿砂等，尤其适合于生产箱体、壳体等薄壁铸件	3）酯硬化碱性酚醛树脂砂的导热性比其他任何种树脂砂还差 4）酯硬化碱性树脂旧砂再生回用还存在一定难度

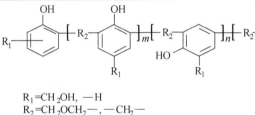

R₁=CH₂OH，—H
R₂=CH₂OCH₂—，—CH₂—
m、n、i 为整数，$m+n+i \geqslant 0$

其结构中具有大量羟甲基，且部分苯环以甲醚桥相连，其树脂砂具有较高的即时强度与终强度。酚醛树脂的相对分子质量一般在 800～2000 之间。

（2）碱性酚醛树脂的改性　最初碱性酚醛树脂存在的主要问题是：①碱性大，黏度大，随着存放期的延长，黏度会越来越大，这将影响定量泵的加料与混砂效果，且树脂砂的流动性差，强度低，导致树脂加入量多，成本偏高。②由于碱性酚醛树脂的二次硬化后失去了塑性；又因树脂加入量多，浇注后酚醛树脂受热焦化而可能形成坚硬的碳化骨架而使之热强度大、退让性差，箱形、薄壁铸钢件易产生热裂。③再生性能不好。

进入 20 世纪 90 年代，改性的树脂以降低黏度、提高黏结强度、提高旧砂回用率为主。其主要措施是：①对碱性酚醛树脂的相对分子质量进行合理的级配，以提高树脂的黏结强度。②用多元酚对其进行共聚改性，提高黏结强度、韧性和抗湿性等。其改性效

2. 碱性酚醛树脂

（1）碱性酚醛树脂的合成　酯硬化碱性酚醛树脂砂用树脂是以苯酚和甲醛为主要原料，在碱性条件下（NaOH、KOH、LiOH 作为催化剂）缩聚而成的甲阶水溶性酚醛树脂。一种碱性甲阶酚醛树脂合成工艺流程见图 5-15。

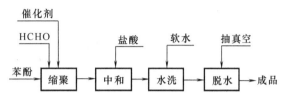

图 5-15　碱性甲阶酚醛树脂合成工艺流程

在碱性催化剂的作用下，甲醛对苯酚过量时，可合成热固性酚醛树脂，甲阶热固性酚醛树脂基本上是各种酚醇及其低聚物的混合物。苯酚和甲醛的反应不仅仅与介质的 pH 值有关，还与催化剂的种类和用量、甲醛和苯酚的摩尔比及反应时间有关。

碱性酚醛树脂的外观为棕红色液体，黏度为 50～280mPa·s，pH 值 >12，固含量为 41%～50%（质量分数）。pH=14 时碱性酚醛树脂的结构如下：

果分别见表 5-36 和表 5-37。

表 5-36　不同相对分子质量分布的树脂黏度与其 24h 强度的关系

技 术 参 数	树脂中大相对分子质量所占的质量分数（%）				
	0	15	20	25	35
24h 抗拉强度/MPa	1.2	1.4	1.8	1.6	1.2
黏度（25℃）/mPa·s	130	160	200	300	500

表 5-37　添加多元酚和相对分子质量级配对碱性树脂强度与相对分子质量黏度的影响

苯酚与多元酚摩尔比		0	1:0.1	1:0.2	1:0.3	1:0.4	1:0.5
强度/MPa	相对分子质量级配前	1.2	1.3	1.5	1.4	1.2	1.0
	相对分子质量级配后	1.4	1.5	1.8	1.7	1.5	1.2
相对分子质量级配后树脂黏度（25℃）/mPa·s		130	150	180	240	400	600

20世纪90年代初,日本、美国、英国纷纷开始研究润湿特性好的新型酯硬化酚醛树脂溶液。新型黏结剂比普通型黏结剂存放性好,终强度高出30%左右,可使用时间特性、热变形特性、再生砂回用性等均优于普通酚醛树脂砂。

据有关资料介绍,树脂溶液的润湿特性与其相对分子质量有关,相对分子质量小,润湿特性好,但是其与酯的反应性差,硬化特性不足;与此相反,相对分子质量相对较大,含固量较低,碱性弱的树脂溶液具有良好的反应特性、润湿特性。但是含固量低的树脂,其最终强度低,且含水量高又影响反复再生特性。

美国 Ashland 化学有限公司研制成一种名为Alkaphen300的新型ECP树脂,并申请了专利;英国Foseco公司的Fentec系列产品RS800CB的性能也与Ashland公司的专利产品相似。这类树脂中高、低相对分子质量并存,树脂黏度降到100mP·s,含固量中等、碱性中低,树脂反应特性好,终强度高。不同类型碱性酚醛树脂再生砂特性见表5-38。

美国 West Homestead 工程与机器有限公司 Park分部与 Borden 公司合作,于1993年研制一种新型酯硬化碱性酚醛树脂黏结剂,商品牌号为ECP-2。这种树脂含有钠,不含钾。用其制作的铸型热传导速度比普通钾基ECP树脂快,有利于提高铸件的表面品质和内在品质。

(3) 适用于再生的新型碱性酚醛树脂　对于普通碱性酚醛树脂而言,随其再生砂的灼烧减量(LOI值)增大,砂型强度下降。因此,与新砂相比,再生砂的强度要比新砂低20%以上。要达到相同的强度,在再生砂中树脂的添加量就要增多。为此,国外近年开发了适用于再生砂的新型碱性酚醛树脂。

对其新砂和再生砂砂型的断口扫描分析表明,造成这种强度的下降,被认为是由黏结剂中的碱残留在砂的表面,从而造成砂的界面和树脂间的黏结力下降所引起的。新砂树脂砂断裂为内聚断裂,而再生砂断裂为附着断裂。

表5-38　不同类型碱性酚醛树脂再生砂特性

种　类		A(中、高相对分子质量,高含固量,高碱性)	B(低相对分子质量,高含固量,高碱性)	C(高相对分子质量,低含固量,低碱性)	D(高、低相对分子质量,中等含固量,中低碱性)
抗压强度/MPa	1h	0.760	0.413	0.965	1.089
	2h	0.882	0.627	1.054	1.330
	4h	1.040	0.801	1.040	1.709
	24h	1.578	2.474	1.137	2.221

图5-16是碱性酚醛树脂的灼烧减量与黏结强度及树脂加入量的关系。

从图5-16a可以看到,新型树脂砂虽然随着灼烧减量的提高,型砂强度有下降的趋势,但与普通树脂比较,强度仍较高,尤其是在高灼烧减量范围。

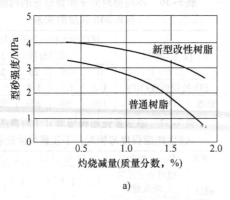

a)

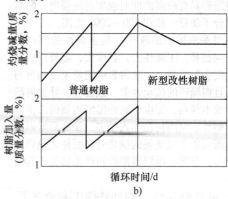

b)

图5-16　碱性酚醛树脂的灼烧减量与黏结强度及树脂加入量的关系

a) 两种树脂使用时的灼烧减量与型砂强度(抗压强度)的关系

b) 两种树脂使用时的灼烧减量与树脂加入量的关系

与使用普通树脂相比，使用再生砂的型砂强度得到了提高，实现了"树脂添加量减少→灼烧减量降低→强度提高"这一良性循环，所以还可期望进一步减少树脂加入量。尽管新开发的树脂的加入量比普通树脂减少 20%，但可获得与普通树脂同等以上的型砂强度。

此外，高灼烧减量下型砂强度的提高，还有助于型砂操作的稳定性。例如，使用普通树脂时，尽管随着灼烧减量的上升而使树脂的加入量增加，但还是得不到实用强度，因此需定期报废再生砂而改换新砂。然而，使用新开发的树脂后，则无以上不稳定现象，也就是说，在高砂型强度下也取得作业的稳定性，从而提高了生产率（见图 5-16b）。

3. 酯类固化剂

（1）酯的种类及合成　碱性酚醛树脂砂用固化剂一般为多元醇的有机酯，是低分子内酯、醋酸甘油酯、低分子碳酸酯等液态酯类，或这些酯组成的混合物。常用的酯固化剂有甲酸甲酯、丁丙酯、乙二醇乙二醋酸酯、甘油三醋酸酯、丙甘醇双醋酸酯、丁二醇双醋酸酯等。甲酸甲酯的硬化速度最快，丁二醇双醋酸酯的硬化速度最慢，由前向后硬化速度依次递减。在国内甘油醋酸酯多为三醋酸甘油酯、二醋酸甘油酯的混合物，应用较普遍，其用量为树脂质量的 20% ~ 30%。

醋酸甘油酯和乙二醇醋酸酯化合成方法主要是甘油（或乙二醇）与醋酸酯化法。其原理为多元醇与醋酸在催化剂存在下，进行酯化脱水，生成醋酸甘油酯或乙二醇醋酸酯。其反应式为（以醋酸甘油酯为例）：

$$
\begin{array}{l}
CH_2-OH \\
| \\
CHOH \\
| \\
CH_2OH
\end{array}
+3CH_3COOH \underset{\text{催化剂}}{\rightleftharpoons}
\begin{array}{l}
CH_2-OOCCH_3 \\
| \\
CHOOCCH_3 \\
| \\
CH_2OOCCH_3
\end{array}
+3H_2O
$$

该反应是一可逆平衡反应，酯化时使用过量的醋酸和催化剂，并使用脱水剂使生成的水不断离开反应系统，可使酯化反应向生成醋酸酯的方向移动。

在酯硬化酚醛树脂砂体系中，有机酯是参与化学反应的固化剂，它使树脂交联硬化，硬化速度的快慢取决于有机酯的活度，活度大，活化分子多，化学反应速度快。为了满足造型与制芯的需要，往往需要快、慢多种酯来调节固化速度，以保证有合适的可使用时间与起模时间。

（2）新型酯固化剂的开发　20 世纪 80 年代，世界各国的铸造工作者都集中力量研制新型碱性酚醛树

脂水溶液，而对酯固化剂研究不多。使用普通固化剂，靠改变酯的种类无法大幅度的调节硬化速度。因此，随着新型黏结剂的研制成功，国内有关研究者开始了对新型固化剂的研究；并且提出不同的树脂采用不同硬化速度的固化剂，以达到最佳的使用强度。新型固化剂的性能与普通固化剂相比，具有较好的储存稳定性及硬化特性。

新型酯固化剂对再生砂强度的影响见表 5-39。

表 5-39　新型酯固化剂对再生砂强度的影响

时间 /h	新型树脂—普通酯	新型树脂—新型酯
	抗压强度/MPa	
1	1.089	1.275
2	1.330	1.550
4	1.709	1.915
24	2.221	2.170

注：以上所有试样均为 100% 再生砂，1.5% 树脂/25% 酯（占树脂质量分数）。

根据 JB/T 11739—2013《铸造用自硬碱性酚醛树脂》，铸造用自硬碱性酚醛树脂按试样常温抗拉强度和游离甲醛的分级应分别符合表 5-40 和表 5-41 的规定，铸造用自硬碱性酚醛树脂其他有关的技术指标应符合表 5-42 的规定。

表 5-40　铸造用自硬碱性酚醛树脂常温抗拉强度分级

名　　称	1（一级）	2（二级）
试样常温抗拉强度/MPa	≥0.8	≥0.5

表 5-41　铸造用自硬碱性酚醛树脂游离甲醛分级

名　　称	01（一级）	03（二级）
游离甲醛（质量分数,%）	≤0.1	≤0.3

表 5-42　铸造用自硬碱性酚醛树脂其他有关的技术指标

项　目	指　标
外观	棕红色液体
pH 值	≥12
密度（25℃）/(g/cm³)	1.20 ~ 1.30
黏度（25℃）/mPa · s	≤150

表 5-43 和表 5-44 分别为英国 Borde 公司生产的 TPA 系列碱性酚醛树脂和 TH 系列固化剂的主要技术指标。

表 5-45 为济南圣泉公司生产的酯硬化碱性酚醛树脂和固化剂的型号系列及其用途。

表 5-43　TPA 系列碱性酚醛树脂的主要技术指标

型　　号	TPA – 12	TPA – 14	TPA – 15	TPA – 16
外观	暗褐色液体			
含氮量（质量分数,%）	0	0	0.2	0
黏度（25℃）/mPa·s	130 ~ 280	140 ~ 290	130 ~ 280	110 ~ 260
游离醛含量（质量分数,%）	≤0.2			
游离酚含量（质量分数,%）	≤0.1			
密度（25℃）/(g/cm³)	1.21 ~ 1.24			1.24 ~ 1.27
保存期（25℃）/d	150	180	150	120
特点	反应性强，适于在寒冷地区使用	稳定性好	溃散性好，适于非铁合金生产	退让性好，适于易热裂铸件的生产

表 5-44　TH 系列固化剂的主要技术指标

型号	外观	密度(25℃)/(g/cm³)	黏度（25℃）/mP·s	起模时间（20℃）/min
TH – 5	无色	1.19 ~ 1.22	2 ~ 7	3
TH – 6	红色	1.15 ~ 1.18	1 ~ 6	5
TH – 7	黑色	1.13 ~ 1.16	1 ~ 6	9
TH – 8	绿色	1.11 ~ 1.14	1 ~ 6	15
TH – 9	黄色	1.09 ~ 1.12	1 ~ 6	25
TH – 11	无色	1.10 ~ 1.13	20 ~ 40	70

注：起模时间是用 TPA – 12 型树脂测定的。

表 5-45　碱性酚醛树脂和固化剂的型号系列及其用途

树脂		
型号系列	用途	保质期/d
JF – 103 系列	大、中型铸钢及球墨铸铁件，可使用时间长	90（25℃）
JF – 200 系列	大、中型铸钢及球墨铸铁件，固化速度快	60（25℃）
固化剂		
HQC 系列	快、中、慢固化剂配合使用，可调节固化时间	360（25℃）
ZQ 系列	中、小型铸件用固化剂，固化速度快	360（25℃）

表 5-46 为苏州兴业公司生产的再生砂用酯固化碱性酚醛树脂。该树脂用有机酯固化，呈高碱性，由酚醛树脂、碱和水组成，用于铸钢、铸铁及非铁合金铸件的生产。其特点是：①优化再生砂使用性能，应用再生砂强度明显增高，可减少树脂加入量，提高再生砂回用率；②在高温浇注时具有塑性和二次硬化特性，可减少铸钢件和球墨铸铁件产生的热裂、脉纹等缺陷；③游离甲醛含量低，溶剂为水，作业过程中产生的有害及刺激性气体少，作业环境大为改善；④不易□□、□、□□表面□□产生增硫、磷等缺陷。

苏州兴业公司生产的有机酯固化剂见表 5-47。

表 5-46　再生砂用酯固化碱性酚醛树脂

型号	外观	密度（20℃）/(g/cm³)	黏度（20℃）/mPa·s ≤	游离甲醛（质量分数,%） ≤
XY – 201	棕红色透明液体	1.20 ~ 1.30	150	0.1

表5-47　有机酯固化剂

型号	密度（20℃）/（g/cm³）	黏度（20℃）/mPa·s ≤	酸度（质量分数，%）≤	20℃脱模时间/min
XYG1 GT240	1.05~1.20	30	0.2	240
XYG1 GT90	1.05~1.20	30	0.2	90
XYG2 GT60	1.05~1.20	30	0.2	60
XYG3 GT30	1.05~1.20	30	0.2	30
XYG4 GT20	1.05~1.20	30	0.2	20
XYG5 GT10	1.05~1.20	30	0.2	10
XYG6 GT5	1.05~1.20	30	0.2	5

4. 添加剂

为了使酯硬化酚醛树脂砂有较好的铸造工艺性能，近年来，人们不但对新型黏结剂、新型固化剂进行了研究，同时还在添加剂的研究方面取得较大进展。

在黏结剂中添加有机硅烷或表面活性剂，能够使树脂砂强度提高1~2倍。在新型固化剂中添加高活性附加剂可改变酯硬化酚醛树脂砂的反应特性，提高初始强度，终强度也较高。酯硬化酚醛树脂砂的再黏结强度取决于残留碱量和树脂砂所经历的浇注次数。每次浇注后，黏结膜的热辐射程度增加，保留在砂粒表面的黏结膜特性对型砂的再黏结是至关重要的。为了使这层残留膜对砂粒具有最大的物理和化学附着力，提高再生砂的黏结强度，英国Borden公司研制了一种提高附着力的添加剂Alpha beta Max500。这种添加剂为液体，其用量为砂子质量的0.1%~0.3%，旧砂回用率由70%提高到85%以上。

5. 自硬碱性酚醛树脂砂的硬化机理及硬化特性

（1）硬化机理　碱性酚醛树脂的链状线型结构分子酚核羟基对位上，存在着羟甲基，它仍可以与另一个线型分子上活泼的氢原子反应，使树脂形成体形结构而固化。其反应式如下：

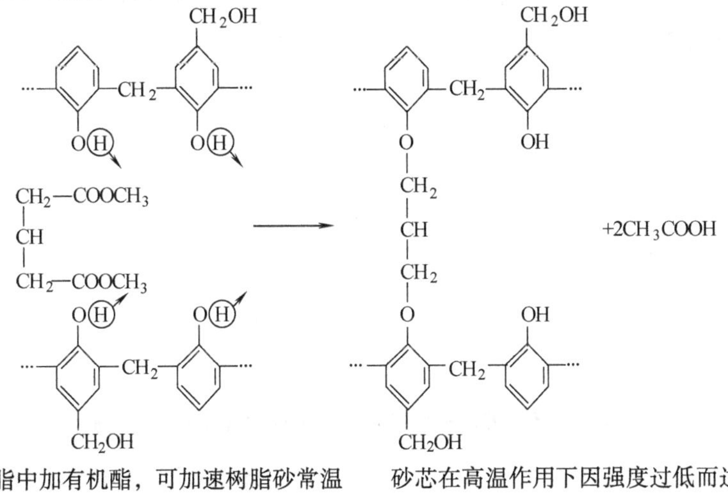

在甲阶酚醛树脂中加有机酯，可加速树脂砂常温下的固化速度，并有很高强度，不同酯有不同促进率。有机酯用作固化剂，既有吸水使碱性酚醛树脂以物理方式硬化的作用，又有化学硬化的作用。

（2）硬化工艺特性

1）热塑性。在室温下有机酯能使大部分酚醛树脂发生交联反应，砂型（芯）在浇注时的热作用下，树脂进一步聚合交联（称之为二次硬化现象），使树脂砂能保持一定的热塑性，然后再转变成刚性。树脂的这一变化过程缓解了砂型（芯）由于砂子受热膨胀所产生的应力，从而使铸件的热裂和毛刺缺陷等大为降低。同时砂型在较长时间内不被破坏，又可避免砂芯在高温作用下因强度过低而过早溃散所产生的冲砂、夹渣等缺陷。

图5-17是英国波顿公司的不同树脂砂热塑性探针测试结果。试验表明，只有酯硬化酚醛树脂（未加热）具有热塑性（试验检测的试样是硬化的树脂而不是硬化的树脂砂）。

2）硬化速度。硬化速度决定可使用时间和起模时间。与其他树脂砂不同，固化剂的用量及环境温度不能明显改变酯硬化酚醛树脂砂的硬化速度。在生产实际中，不是靠调整固化剂的加入量来改变可使用时间和起模时间，而是根据生产特点选择不同规格的固化剂。这一特点对稳定型砂质量十分有益。这种工艺

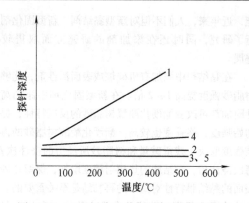

图5-17　不同树脂砂热塑性探针测试结果

1—酯硬化酚醛树脂（未加热）　2—酯硬化酚醛树脂（已加热）
3—自硬呋喃树脂　4—酚脲烷树脂　5—自硬酚醛树脂

特点是基于固化剂是反应参加物而不是催化剂。

目前国内外有关黏结剂生产厂家均提供多种规格的固化剂，起模时间分别从数分钟到数十分钟不等，一般铸造用户可根据生产特点选择相应的规格即可。

3）固透性。树脂砂的固透性是指砂型（芯）内外硬化差别的程度。其试验方法采用表面硬度计，每隔一定时间测量芯盒中砂芯上、下表面的硬度，以硬度差衡量固透性的好坏。表5-48是用固化速度不同的两种有机酯固化剂测量的结果。从表5-48中可看

出，两种固化剂下的树脂砂芯的上、下表面硬度基本一样，说明砂型（芯）内外同时硬化，该砂的固透性好。这有利于提高造型、制芯速度，容易掌握起模时间。

表5-48　酯硬化酚醛树脂砂的固透性

硬化时间/min		5	10	13	15	19	22	25
固化剂 Rb	上表面	69.5	83.5	87	>90			
	下表面	69	83	87	>90			
固化剂 Ra	上表面	0	47	—	76	82	88	>90
	下表面	0	46	—	74.5	81	88	>90

酯硬化酚醛树脂砂体系中只含有碳、氢、氧，不含硫、磷、氮，高温浇注时，不会释放出 SO_2 等有害气体，铸件表面不会因渗硫、磷而影响铸件质量，没有因氮而产生的气孔缺陷。

4）黏结强度。酯硬化酚醛树脂砂的抗拉强度随硬化时间变化曲线见图5-18。硬化时间从理论上说应从混砂过程中树脂与固化剂接触时刻算起，而在实际生产中，则通常自型砂从混砂机卸出时刻计算。从图5-18中可看出，碱性酚醛树脂砂是一种典型的"渐硬型"自硬砂。反应过程需经历数十分钟至十几小时才能完全。通常将24h的试样强度值称为终强度。

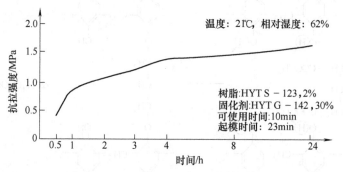

图5-18　酯硬化酚醛树脂砂的抗拉强度随硬化时间变化曲线

表5-49列出了几种自硬树脂砂的主要工艺参数。

表5-49　几种自硬树脂砂的主要工艺参数

工艺方法		酯硬化酚醛	自硬呋喃	自硬酚醛	自硬酚脲烷	自硬油脲烷
可使时间/min		11	4	9	4	6
起模时间/min		20	16	32	7	15
抗拉强度 /MPa	1h	0.42	0.7	0.28	0.7	0.14
	2h	0.77	1.33	0.7	1.33	0.42
	4h	1.26	1.60	1.40	1.72	0.56
	24h	1.60	1.82	1.47	1.75	1.68

注：树脂加入量为1.5%（占原砂质量分数）。

6. 自硬碱性酚醛树脂砂的硬化工艺参数

酯硬化碱性酚醛树脂砂硬化性能的影响因素有：原砂的种类、砂温、含水量、碱性树脂和固化剂的种类及加入量、环境条件（温度、湿度）。其中，硬化终强度主要影响因素有：原砂状态、砂温、树脂加入量和固化剂的种类及加入量；型砂的硬化速度主要影响因素有：砂温、含水量、固化剂的种类、环境温度（湿度）。

（1）原砂的影响　碱性酚醛树脂自硬砂和其他树脂自硬砂一样，对原砂的粒形、粒度分布、表面状况、粉尘含量等有较高的要求。使用不同的原砂，在其他相同的条件下，自硬砂的常温抗拉强度有较大的

差别，见表 5-50 和图 5-19。从表 5-50 和图 5-19 中可看出，碱性酚醛树脂自硬砂对原砂的适用性好，这对开发使用碱性原砂（镁橄榄石砂）、铬铁矿砂有重要意义。不同的原砂，其树脂加入量要求有较大的差别，一般硅砂的树脂加入量（质量分数）为 1.5% ~ 3.5%，铬铁矿砂的树脂加入量为 1.0% ~1.5%。

表 5-50　不同原砂的碱性酚醛树脂砂抗拉强度

原砂	标准砂	海城砂	东山砂	南非铬铁矿砂	商南镁橄榄石砂
抗拉强度/MPa	1.42	1.01	1.25	2.58	0.65

注：1. 树脂 2%（占原砂质量分数），WJ - 2 酯 30%（占树脂质量分数）。

　　2. 环境温度 21℃，相对湿度 73%。

　　3. 树脂中加入 1.0% 硅烷（占树脂质量分数）。

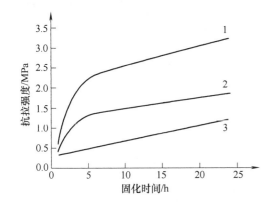

图 5-19　不同原砂对树脂砂抗拉强度的影响

1—南非铬铁矿砂　2—标准砂　3—辽宁海城砂

表 5-51 和表 5-52 是国内有关厂家在使用不同原砂时的树脂砂配方及其强度性能。

表 5-53 列出了在使用强度相当的情况下，各种原砂（50/100 号筛）的树脂加入量。

表 5-51　不同原砂的树脂砂配方

原　砂	硅砂		铬铁矿砂		锆砂	镁橄榄石砂
	大林	人造砂	南非	国产		
树脂加入量（质量分数,%）	1.5 ~ 2.0	2.0 ~ 3.0	1.0 ~ 1.5	1.5 ~ 2.5	1.0 ~ 1.5	2.5 ~ 3.5
固化剂加入量（占树脂的质量分数,%）			30			20 ~ 25

注：原砂以 100% 计。

表 5-52　不同原砂的碱性酚醛树脂砂的抗拉强度

原砂	标准砂	海城砂	铬铁矿砂			镁橄榄石砂	
			南非	新疆	商南	商南	西峡
抗拉强度/MPa	1.58	0.90	2.70	0.90	1.18	0.82	0.62

注：树脂 2%（占原砂质量分数），固化剂 30%（占树脂质量分数）；气温 25℃，相对湿度 75%。

表 5-53　各种原砂的树脂加入量

原砂种类	大林水洗砂	湘潭砂	铬铁矿砂	橄榄石砂
树脂加入量（质量分数,%）	2.0	3.0	2.5	3.5
固化剂加入量（质量分数,%）	20	25	20	30
24h 抗压强度/MPa	3.62	3.09	3.15	3.9

（2）树脂加入量的影响　酯硬化酚醛树脂系高碱性，对原砂的适应性好，它不仅适用于普通硅砂及耗酸值低的硅砂、锆砂，同时也适用于耗酸值高的海砂、铬铁矿砂和镁橄榄石砂等。但与其他树脂自硬砂一样，对原砂的粒形、粒度分布、表面状况、粉尘含量等也有较高的要求。不同原砂的树脂用量有所不同。

在原砂一定的条件下，树脂加入量与强度的关系见表 5-54 和图 5-20。从表 5-54 和图 5-20 可看出，树脂的用量增加，强度呈上升趋势，但到一定加入量，其强度增加缓慢。树脂用量增加，不仅会增加生产成本，而且会使树脂砂中的残留碱量及砂粒表面碳质涂覆层增加，影响回用砂的质量与强度，影响旧砂再生率。为了降低生产成本，提高再生砂的质量，在强度满足生产需要的情况下，树脂用量应尽量减少；另外，因该砂具有高温二次硬化特性，有足够的高温强度，生产应用时不必要强调过高的使用强度。因此，对钢铁铸件，树脂用量（质量分数）控制在 1.8% ~2.5%，非铁合金铸件为 1.0% ~1.5% 为宜。

表 5-54　树脂加入量与强度的关系

树脂加入量（质量分数,%）	1.8	2.0	2.2	2.5	3.0
24h 抗压强度/MPa	2.25	3.38	3.46	3.61	4.34

注：1. 温度 25 ~30℃，相对湿度 70%。

　　2. 大林水洗砂 50/100 号筛；固化剂 20%（占树脂质量分数）。

（3）固化剂种类及加入量的影响　碱性酚醛树脂自硬砂的硬化反应是由树脂中的酚氧负离子与酯类固化剂发生的双分子亲核取代反应，在反应过程中，酯类固化剂作为交联桥使树脂交联硬化。

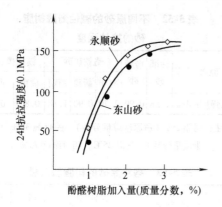

指　标	东山砂	永顺砂
含泥量（质量分数,%）	0.40	0.30
细粉（质量分数,%）	0.15	0.02
SiO_2（质量分数,%）	97.0	96.0
AFS 细度	59.43	41.98

图 5-20　树脂加入量与抗拉强度关系曲线

在室温条件下（25℃），将 1，42 丁内酯、$\varepsilon-2$ 己内酯、三乙酸甘油酯、二乙酸甘油酯、单乙酸甘油酯按比例分别加入到强碱性甲阶酚醛树脂溶液中。它们的加入量对甲阶酚醛树脂凝胶时间的影响见图 5-21。从图 5-21 可看出，对于同一种有机酯来说，随着加入量的增多，体系的凝胶时间逐渐缩短，加入量达到一定值后，凝胶时间不再变化。

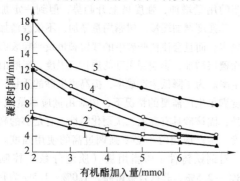

图 5-21　不同的有机酯及其加入量对碱性甲阶酚醛树脂凝胶时间的影响

1—1，42 丁内酯　2—$\varepsilon-2$ 己内酯
3—三乙酸甘油酯　4—二乙酸甘油酯
5—单乙酸甘油酯

型砂的硬化速度受环境温度、湿度和固化剂种类的影响较大。固化剂种类的影响见图 5-22。采用不同的固化剂时，自硬砂可使用时间可以在较大范围内调整，保证满足生产的不同要求。温度变化时，自硬砂的硬化特性也相应发生变化。用 WJ-2 酯作固化剂，自硬砂硬化特性随温度变化曲线见图 5-23。

从图 5-23 可看出，温度低，自硬砂的硬化速度慢，初始强度低，自硬砂的可使用时间、可起模时间长；温度升高，硬化速度加快，初始强度高，自硬砂的可使用时间和起模时间缩短。

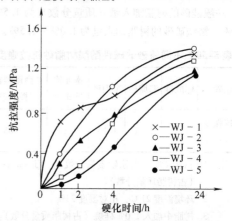

图 5-22　使用 WJ 系列固化剂的碱性酚醛树脂自硬砂硬化曲线
注：标准砂，树脂加入量 2.0%，固化剂 30%（占树脂质量分数）；温度 21℃，相对湿度 73%。

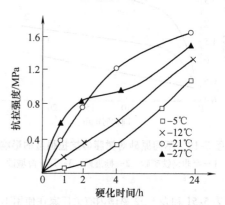

图 5-23　自硬砂硬化特性随温度变化曲线
注：标准砂，树脂加入量 2.0%，固化剂 30%（占树脂质量分数）。

图 5-24 示出了 3 种自硬砂的抗吸湿性对比。从图 5-24 中可看出，碱性酚醛树脂砂抗吸湿性低于呋喃树脂砂，但好于酯硬化水玻璃砂。

试验中，测定了碱性酚醛树脂自硬砂试样强度随存放时间的变化，见表 5-55。在试验条件（温度为 12~17℃，相对湿度为 51%~73%）下，试样存放 15d 后，仍具有较高的强度。

把硬化 24h 后的抗拉试样，放置于下部盛水的干燥器中，放置不同时间后测其抗拉强度，以此来衡量碱性酚醛树脂砂的抗吸湿性，见表 5-56。由表 5-56 可见，碱性酚醛树脂砂的抗吸湿性较好。

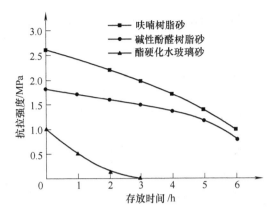

图 5-24　3 种自硬砂的抗吸湿性对比

**表 5-55　碱性酚醛树脂砂存放时间
与强度的关系**

存放时间/d	1	2	5	10	15
抗拉强度/MPa	1.24	1.30	1.26	1.19	1.17

**表 5-56　在高湿环境下碱性酚醛
树脂砂的抗吸湿性**

存放时间/d	0	1	2	3	5
抗拉强度/MPa	1.24	1.25	1.12	1.05	1.0

型砂可使用时间用"24h 强度比较法"，而起模时间，则以树脂砂试样抗拉强度达 0.14MPa 的时间为准。测定结果见图 5-25。从图 5-25 中可找出快、慢固化剂在不同配比情况下的可使用时间及起模时间。结果表明，该树脂砂的固化速度受季节变化（环境温度变化）的影响较小。

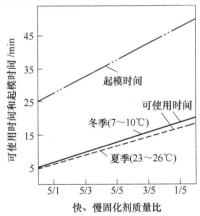

图 5-25　可使用时间与快、慢固化剂配比的关系
注：永顺砂，AFS 细度 41.98，树脂加入量 2.0%，
　　固化剂 30%（占树脂质量分数）。

不同种类的固化剂与强度的关系见表 5-57。由表 5-49 可见，Rc 有机酯硬化速度较快，可用于环境温度较低的冬季；Rb 硬化速度适中，适合于春、秋季节；Ra 硬化速度较慢，适合于环境温度较高的夏季。也可将快、慢两种酯掺和使用，以满足造型、制芯的要求。

表 5-57　不同种类的固化剂与强度的关系

固化剂种类		Rc	Rb	Ra
抗压强度	40min	2.1	0.63	0.28
/MPa	24h	3.26	3.61	3.25

注：1. 温度 25~30℃，相对湿度 70%。
　　2. 大林水洗砂 50/100 号筛；树脂 2.5%，固化剂
　　　 20%（占树脂质量分数）。

固化剂加入量有一定的范围，过低，树脂砂不能完全固化；过高，造成浪费，且终强度降低。图 5-26 是固化剂加入量与强度的关系。

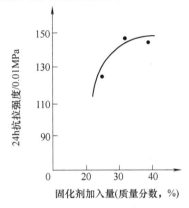

图 5-26　固化剂加入量与强度的关系
注：永顺砂，AFS 细度 41.98，树脂加入量 2.0%。

（4）偶联剂的影响　试验时，在树脂中加入 KH-550 硅烷偶联剂，碱性酚醛树脂砂硬化 24h 的试样抗拉强度和表面稳定性均明显提高，见图 5-27。从图 5-27 中可看出，硅烷的合适加入量为树脂量的

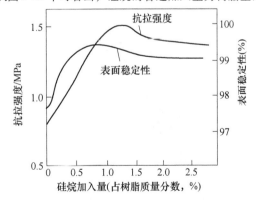

**图 5-27　硅烷加入量对碱性树脂砂抗拉
强度及表面稳定性的影响**
注：标准砂，树脂加入量 2.0%，固化剂 30%
（占树脂质量分数）；温度 21℃，相对湿度 73%。

1.0%左右，同时，要注意硅烷应在混砂之前先与树脂混合均匀，且最好是现混现用。

7. 自硬碱性酚醛树脂砂的高温性能

（1）热应力和热膨胀率　图 5-28～图 5-30 分别为碱性酚醛树脂砂与呋喃树脂砂等其他自硬砂的热应力和热膨胀率的比较。从图 5-28～图 5-30 中可看出，碱性酚醛树脂砂相对于酸硬化的呋喃树脂砂而言，具有低的热应力和热膨胀率，因而具有好的容让性，可减少铸件（特别是合金钢铸件）的热裂倾向。因此，采用碱性酚醛树脂砂生产阀门、泵类，可有效地防止铸件热裂。

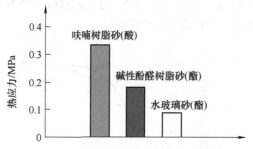

图 5-28　几种自硬砂在 850℃下热应力的比较

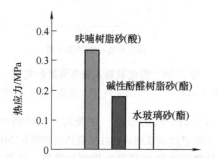

图 5-29　几种自硬砂在 1000℃下自由膨胀量的比较

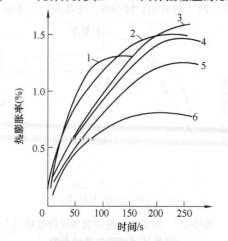

图 5-30　几种自硬砂的热膨胀率
1—酯硬化水玻璃　2—酸硬化呋喃　3—自硬酚脲烷
4—酸硬化酚醛　5—碱性酚醛　6—醇酸脲烷

（2）高温强度和残留强度　碱性酚醛树脂中含有多个羟甲基，常温下没有完全交联，高温下继续充分交联，使砂型（芯）温度升高时有一强度上升的过程。这样增强了砂型（芯）耐金属液的冲刷能力。表 5-58 列出几种树脂自硬砂在 1200℃下保温 2min 后测得的抗压强度。由表 5-58 可见，碱性酚醛树脂具有较高的高温强度，可防止砂型破坏引起的冲砂等缺陷。

表 5-58　几种树脂自硬砂的高温抗压强度

自硬砂种类	呋喃—酸	酚醛—酸	酚醛脲烷	碱性酚醛—酯
抗压强度/MPa	0.233	0.288	0.233	0.291

自硬碱性酚醛树脂砂的高温强度和残留强度见图 5-31。从图 5-31 中看出，400℃以后的型砂残留强度就很低了，这说明自硬碱性酚醛树脂砂的溃散性极好。

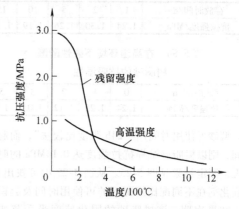

图 5-31　自硬碱性酚醛树脂砂的高温强度和残留强度
注：标准砂，树脂加入量 2.0%，固化剂 30%（占树脂质量分数）。

（3）发气性　自硬碱性酚醛树脂砂发气量比自硬呋喃树脂砂低（见图 5-32），且发气速度缓慢，铸件凝固时，不容易产生气孔类缺陷。

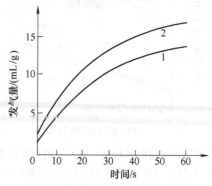

图 5-32　两种树脂砂高温发气量的比较
1—自硬碱性酚醛树脂砂［树脂加入量 2%（占原砂质量分数）］　2—自硬呋喃树脂砂［树脂加入量 1.2%（占原砂质量分数）］

5.2.5　自硬酚脲烷树脂砂

1. 概述

自硬酚脲烷树脂砂是 1968 年由美国 Ashland 化学公司开发的。由于该黏结剂采用了一种专利的聚苯醚酚醛（PEP）树脂，故这种工艺简称 PEP SET 法。该法于 1970 年由美国铸造协会年会介绍给各国的铸造行业。此工艺在美国以及德国、日本等工业发达国家的汽车、拖拉机铸造行业有广泛的应用和发展。其中，乔·梯尔铸造厂使用自硬酚脲烷树脂砂工艺来制造形状复杂且要求很高的缸体、缸盖、水套砂芯等，其铸件的综合废品率一直在 10% 以内；在彼兹铸造厂，还采用木模或金属模为模样的自硬酚脲烷树脂砂砂型来生产大批量铸件；福特和克莱斯勒等公司都相继采用此工艺。

常州有机化工厂于 1985 年引进自硬酚脲烷树脂砂生产技术并投入生产，供应国内市场。随后国内相关发动机、柴油机及汽车铸造厂家也先后引进了自硬酚脲烷树脂砂制芯设备和技术，应用于康明斯汽车发动机缸体和缸盖，以及斯太尔 WD615 柴油机机体砂型的生产中。在铸钢方面，国内数家铸造厂将自硬酚脲烷树脂砂用于造型、制芯，生产不锈钢泵体等，铸件尺寸精度高，表面质量好。锆砂自硬酚脲烷树脂砂用于复杂铝合金型的造型，具有型腔轮廓清晰、反应速度很快、起模时不易粘砂、表面质量好等优点。

自硬酚脲烷树脂砂已在自硬树脂砂工艺中占有了一席之地，使用范围在逐渐扩大。

2. 自硬酚脲烷树脂砂用黏结剂

自硬酚脲烷树脂砂用苯醚型酚醛树脂（组分Ⅰ）和聚异氰酸酯（组分Ⅱ）作黏结剂，用液体叔胺作催化剂（组分Ⅲ）。由于黏结剂的黏度较大，必须用高沸点的苯类混合溶剂来稀释以达到黏度低、可泵性和包覆性好的目的。

（1）组分Ⅰ——苯醚型酚醛树脂　苯醚型酚醛树脂是将一定比例的苯酚、甲醛、催化剂及改性剂的混合物，在一定条件反应得到的一种酚醛树脂。

其合成反应如下：

苯醚型酚醛树脂的结构如下：

式中，$m+n \geq 2$，$m/n \geq 1$，X 为 H 或—CH_2OH（羟甲基），X/H 摩尔比至少为 1，即要求苯醚键（—CH_2—O—CH_2—）应多于或至少等于亚甲基桥（—CH_2—）联结，且"—CH_2OH—"不应多于"H"，以减少支链的产生。组分Ⅰ要求含水量少于 1%，以减少对树脂砂强度的影响。因此，组分Ⅰ应是含水量低或无水且用有机溶剂溶解的苯醚型酚醛树脂。

（2）组分Ⅱ——聚异氰酸酯　聚异氰酸酯是脂肪族或芳香族的聚异氰酸酯，其中异氰酸酯基团最好是 2~5 个；也可以是聚异氰酸酯的混合物；还可采用过量的聚异氰酸酯和多元醇反应生成聚异氰酸酯的预聚物，如甲苯二氰酸酯和乙二醇的反应产物。合适的脂肪族聚异氰酸酯有 1，6-己基二异氰酸酯、4，4'-二环已基甲烷二异氰酸酯；合适的芳香烃聚异氰酸酯，如 2，4-和 2，6-甲烷二异氰酸酯（TDI）、二苯基甲烷二异氰酸酯（MDI）及其二甲基衍生物，还有多亚甲基多苯基异氰酸酯（PAPI）。对于组分Ⅱ的聚异氰酸酯，我国多选择 PAPI，而国外选择 MDI。

我国和日本的 PAPI 产品规格分别见表 5-59 和表 5-60。PAPI 的相关特性及用途见表 5-61。

表 5-59　我国的 PAPI 产品规格

项　　目	PAPI 27	PAPI 135/135C	MR	C–MDI
官能度	2.7	2.7	—	—
NCO 含量（质量分数,%）	31.4	31	30.0~32.0	≥31.0
异氰酸酯当量	134	135.5	—	—
平均相对分子质量	340	340	—	—

(续)

项 目	PAPI 27	PAPI 135/135C	MR	C – MDI
酸度（以 HCl 计）/(mg/kg)	170	100	≤0.2%	≤0.1%
黏度（25℃）/mPa·s	150~220	150~220	100~200	≤100
密度（25℃）/(g/cm³)	1.23	1.23	1.23~1.24	1.20~1.24
凝固点/℃	—	—	<10	<20
备注	相对分子质量窄分布，高活性	高活性	棕色液体	棕色液体或土黄色结晶

表 5-60 日本聚氨酯工业公司的 PAPI 产品规格

品 种	NCO 含量（质量分数,%）	酸量(HCl 计)（质量分数,%）≤	黏度(25℃)/mPa·s	特 性
Millionate MR – 100	30.0~32.0	0.1	100~250	反应活性较高
Millionate MR – 200	30.0~31.5	0.1	100~250	典型反应活性
Millionate MR – 300	30.0~31.5	0.1	120~300	典型反应活性
Millionate MR – 400	29.0~31.0	0.1	400~700	高官能度

表 5-61 PAPI 的相关特性及用途

物化性质	特 性	用 途
常温下为褐色或深棕色的中低黏度液体。溶于苯、甲苯、氯苯、丙酮等溶剂，能与含羟基和其他活泼氢基团的化合物反应。不溶于水，可与水反应，生成二氧化碳气体	分子中含有多个刚性苯环，并且具有较高的平均官能度，制得的聚氨酯产品较硬。固化速度比低官能度的 MDI 和 TDI 快	1) 用于制备聚氨酯泡沫塑料系列的原材料 2) 合成木材（仿木）的家具配件、装饰条、画框、工艺品等的原材料 3) 胶黏剂的组分 4) 铸造自硬砂树脂黏结剂系统的组分Ⅱ等

（3）催化剂 催化剂可催化加快聚氨酯黏结剂组分Ⅰ与组分Ⅱ之间的反应，使其在要求时间内硬化，并能达到一定强度。聚异氰酸酯与多元醇反应，一般碱性物质和有机金属化合物均能作为催化剂。据文献介绍，要求其 pH 值为 4~11，pH 值不同，碱性强弱不同。但铸造工艺不同，使用的催化剂类型不同。

所用催化剂为具有较高沸点的有机碱性物质，主要是含氮的杂环化合物，每个环中至少含有 1 个氮原子的杂环化合物，其中包括碳原子数为 1~4 的烷基吡啶、喹啉或喹啉衍生物、芳基吡啶（苯丙吡啶）、哒嗪、甲苯并咪唑、叔胺（N，N – 二甲基苯基胺、三苯基胺）、醇胺（N，N – 二甲基乙醇胺、三乙醇胺），以及不同的有机金属化合物均可单独作为催化剂或与上述提到的催化剂混合，如环烷酸钴、辛酸钴、二月桂酸丁钴、辛酸锡、环烷酸铅等。不同催化剂有不同的 pH 值，其催化效果及其使用量也不同。

目前国内较常用的自硬催化剂为苯丙吡啶和 N，N – 二甲基乙醇胺等。

（4）酚脲烷树脂黏结剂的溶剂选择 组分Ⅰ和组分Ⅱ都用高沸点的酯或酮稀释以达到低黏度，这样可使它们具有良好的可泵性和便于以 1 层薄膜包覆砂粒，而且能提高树脂砂的流动性和充型性能，并使催化剂作用更有效。

溶剂尽管不参加酚醛树脂与聚异氰酸酯之间的反应，但它会影响该反应。酚醛树脂与聚异氰酸酯的极性差异，限制了溶剂的选择。选择的溶剂应适合于两组份，使聚氨酯黏结剂组分Ⅰ与组分Ⅱ具有较低的黏度并使树脂砂具有较高的强度，同时也还应考虑其气味或毒性。首先，溶剂不能是含有与聚异氰酸酯发生反应的活泼官能团的溶剂，如含羧基、羟基的有机溶剂不能作为该类溶剂；其次，该溶剂还应具有较高的沸点，否则，砂型存放过程中溶剂的挥发会严重影响车间空气质量及树脂砂型（芯）的性能。

酚脲烷树脂黏结剂的溶剂分为极性溶剂与非极性溶剂。非极性溶剂是脂肪族溶剂（如液体石蜡、煤油）和高芳烃溶剂（如甲苯、二甲苯、乙苯混合物），沸点在 138~232℃；极性溶剂主要是有机单酯（长链酯，如脂肪酸甲酯）、二元酸酯或其他多元酯。其中二元酸酯极性较强，如邻苯二甲酸二丁酯、丙二酸二乙基酯、丁二酸二甲酯、己二酸二甲基酯、戊二酸二甲基酯。目前市场使用的 DBE 就是丁二酸二甲酯、己二酸二甲基酯、戊二酸二甲基酯的混合物。另外，极性溶剂还有糠醛和糠醇、醋酸纤维素溶剂、双丙酮醇、异佛尔酮（$C_9H_{14}O$）和其他环酮也是较好的极性溶剂。但异佛乐酮和其他环酮有难闻的气味。除上述溶剂外，磷酸酯（磷酸三乙酯、三丁酯、三苯酯、磷酸三邻甲酚酯等）和（或）碳酸酯（碳酸丙烯酯、碳酸二甲酯、碳酸二乙酯等）也可用作极性溶剂或弱极性溶剂。

1）组分I溶剂选择。组分I溶剂应具有的条件是，能使酚醛树脂溶解，并具有较低黏度，同时能保证组分I与组分II混合时不至于析出酚醛树脂等。溶剂的种类与性能在很大程度上关系着酚脲烷树脂黏结剂的性能，因此该溶剂的选择较为关键。酚脲烷树脂黏结剂组分I的溶剂组成可分为非极性溶剂和极性溶剂两大类，而极性溶剂又分为弱极性和强极性两部分。

2）组分II溶剂选择。铸造用聚氨酯黏结剂的组份II主要由聚异氰酸酯组成，由于聚异氰酸酯本身是液体，可单独使用，也可利用非极性溶剂稀释后使用，这样可降低其黏度和组分II的成本。一般非极性溶剂加入比例为20% ~ 50%。

（5）自硬酚脲烷树脂黏结剂的牌号及性能指标 根据 GB/T 24413—2009《铸造用酚脲烷树脂》，铸造用酚脲烷自硬树脂根据使用条件的不同，分为普通型和高强度型两类（见表5-62）。

表5-62　铸造用酚脲烷自硬树脂按使用条件的分类

类　　型	产 品 代 号	
	组分 I	组分 II
普通型	PUZ-P（I）	PUZ-P（II）
高强度型	PUZ-G（I）	PUZ-G（II）

铸造用酚脲烷自硬树脂的牌号表示方法如下：

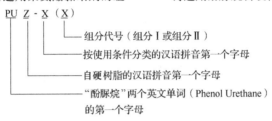

PU Z - X（X）
— 组分代号（组分 I 或组分 II）
— 按使用条件分类的汉语拼音第一个字母
— 自硬树脂的汉语拼音第一个字母
— "酚脲烷"两个英文单词（Phenol Urethane）
的第一个字母

例如，普通型铸造用酚脲烷自硬树脂组分 I，可表示为：PUZ-P（I）。

铸造用酚脲烷自硬树脂的理化性能和工艺性能指标分别见表5-63和表5-64。

表5-63　铸造用酚脲烷自硬树脂的理化性能指标

型号		PUZ-P（I）	PUZ-G（I）	PUZ-P（II）	PUZ-G（II）
外观		淡黄色至棕红色液体		深棕红色液体	
密度（20℃）/（g/cm³）		1.00 ~ 1.10		1.05 ~ 1.15	
黏度（20℃）/mPa·s		≤300		≤50	
游离甲醛含量（质量分数，%）	一级	≤0.3			
	二级	≤0.5			
异氰酸根含量（质量分数，%）				20.5 ~ 23.5	

表5-64　铸造用酚脲烷自硬树脂的工艺性能指标

型号	PUZ-P（I+II）	PUZ-G（I+II）
24h 抗拉强度/MPa	≥1.8	≥2.0
发气量/（mL/g）	≤13.5	

注：发气量为根据用户要求的检验项目。

表5-65和表5-66分别为常州有机化工厂生产的酚脲烷自硬树脂及固化剂的主要技术指标。

表5-65　酚脲烷自硬树脂的主要技术指标

树脂型号	外　观	密度（20℃）/（g/cm³）	黏度（20℃）/mPa·s	闪点/℃	抗拉强度/MPa
CP I 1600	琥珀色液体	1.05 ~ 1.15	≤450	≥45	1h: 1.0 2h: 1.4 24h: >1.6
CP II 2600	棕色液体	1.05 ~ 1.15	≤250	≥46	—
CP I 5140	棕褐色液体	0.95	≤220	≥47	—
CP II 5240	棕褐色液体	1.09	≤220	≥52	—

表 5-66　酚脲烷自硬树脂用固化剂技术指标

型　号	外　观	密度/（g/cm³）	黏度（20℃）/mPa·s	加入量（占组分Ⅰ的质量分数,%）
CP3400	黄色液体	0.883		2.0 ~ 8.0
CP3500	绿色液体	0.904	≤20	1.0 ~ 4.0
CP3595	淡黄色液体	1.030		0.4 ~ 1.0

　　表 5-67 列出了济南圣泉公司生产的酚脲烷自硬树脂及其配套的催化剂。表 5-68 列出了苏州兴业公司生产的酚脲烷自硬树脂及其配套的催化剂；该公司的环境友好型酚脲烷自硬树脂与传统同类型的树脂相比，其主要特点是，在混砂、制芯和浇注时有害物质的释放量小（见表 5-69）。

表 5-67　酚脲烷自硬树脂及其配套的催化剂 I

酚脲烷自硬树脂		
型号	应用领域	典型特点
NP – 101H/NP – 102H	铸钢、铸铁	综合性能好
NP – 101HR/NP – 102HR	高砂温	可使用时间长
NP – 301L/NP – 302L	非铁合金	易溃散，低气味
催化剂		
型号	应用领域	适用温度/℃
NP – 103A	铸钢、铸铁	≤15
NP – 103	铸钢、铸铁	15 ~ 25
NP – 103E	铸钢、铸铁	≥25
NP – 303	非铁合金	≤20

表 5-68　酚脲烷自硬树脂及其配套的催化剂 Ⅱ

酚脲烷自硬树脂			
型号	外观	密度（20℃）/（g/cm³）	黏度/mPa·s	保质期/d
XLⅠ – 1610	淡黄色至棕色液体	1.05 ~ 1.15	≤250	180
XLⅡ – 2610	褐色液体	1.05 ~ 1.20	≤50	180
催化剂			
XC – 3595			
XC – 3550	草色 – 橘黄色	0.90 ~ 1.08	固化速度由快至慢	360
XC – 3500			
XC – 3400			

表 5-69　环境友好型酚脲烷自硬树脂与传统酚脲烷树脂的有害物质含量对比

有害物质	环境友好型酚脲烷自硬树脂	传统酚脲烷树脂	测试方法
游离酚（质量分数,%）	2.90	5.30	GB/T 30773
游离醛（质量分数,%）	检测不出	＞0.1	GB/T 14074
萘（质量分数,%）	0.24	2.68	GB/T 9722

3. 自硬酚脲烷树脂砂的硬化机理及特性

（1）自硬酚脲烷树脂砂的硬化机理　先将反应性组分Ⅰ（酚醛树脂）溶解于溶剂中，形成低黏度的树脂溶液，然后与同样溶解于溶剂中的组分Ⅱ（聚异氰酸酯）混合。酚醛树脂含有活性基团——羟基（OH），聚异氰酸酯含有活性基团——异氰根（NCO）。当两种树脂混合后，在液态胺催化剂存在的条件下迅速发生加成聚合反应，生成固态的氨基甲酸乙酯（脲烷树脂），使原来的线型结构交联形成网状结构，从而粘住砂粒。

　　聚异氰酸酯分子中的异氰酸根的两个双键 R—N＝C＝O，其化学性质异常活泼，易被亲核试剂（如酚醛树脂分子上的羟基）所攻击，使氢原子转移到氮原子上去，并使 OR′与碳原子相连。这种氢原子的转移反应就是形成聚氨酯树脂的硬化过程。这种交联反应不产生小分子的副产物。组分 I 中酚醛树脂的结构不同于自硬用热固性酚醛树脂，后者富含羟甲基，结构支化，一般水的质量分数都在 10% 以上，而组分 I 含有少于 1%（质量分数）的水，组分 II 和催化剂中是无水的。

（2）自硬酚脲烷树脂砂黏结剂体系的硬化特性

1）自硬酚脲烷树脂砂黏结剂体系由于采用了特定的叔胺催化剂，因此混砂初期不发生化学反应，要待一小段时间后才开始硬化。它的流动性一直很好，可以用射芯机高速制芯。一旦硬化反应开始，强度增长很快，砂型内外的硬化反应几乎是瞬间完成，故可在很短的硬化时间内起模。其可使用时间和起模时间之比为（0.75 ~ 0.85）:1。而酸催化呋喃树脂和油脲烷自硬树脂都是与砂一混合就开始硬化（见图 5-33）。这说明自硬酚脲烷树脂砂具有更高的生产率和芯盒周转率。硬化后的砂型（芯）可立即浇注金属液。

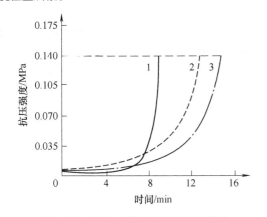

图 5-33　三种自硬树脂砂的硬化特性
1—酚脲烷树脂砂　2—呋喃树脂砂　3—油脲烷树脂砂

2）在硬化反应过程中不产生小分子副产物，型砂在敞开或封闭条件下的固化曲线几乎重叠，其硬透性很好。而酸催化呋喃树脂会产生有害的可能延缓硬化的副产品——水，油自硬树脂则需要暴露在空气中进一步氧化才能完全硬化。

4. 自硬酚脲烷树脂砂的配方和混砂工艺

就自硬酚脲烷树脂的配方而言，两种组分的总加入量为砂质量的 1.0% ~ 1.6%（苏州兴业公司推荐的加入量）。催化剂用于调整树脂砂的硬化速度，通常采用比三乙胺法所用三乙胺的碱性弱得多的芳香族胺。例如，苯基丙基吡啶（液体），其加入量为组分

I 质量的 1% ~ 5%。

亚什兰（常州）公司推荐的酚脲烷树脂砂典型的配方为：树脂总量为原砂质量的 1.25%，其中组分 I -1600 与组分 II -2670 的比为 55/45，组分 I -1600 中含有占一定比例的催化剂 3500 及 3550。

在确定的条件下，通过调节组分 I 与组分 II 的加入比例，可使树脂砂的强度及硬化速度产生一定的变化，如 50/50、55/45 和 60/40，通常倾向于向组分 I 偏移以得到优化的性能，同时树脂砂中的含氮量也可降低。

自硬酚脲烷树脂砂的混制，通常适合采用连续式的混砂机。在螺旋连续式混砂机中，组分 I -1600（含催化剂）通常先加入砂流，组分 II -2670 紧随其后。在搅拌机中，两种树脂间加入的位置视混砂机的尺寸及混砂效率，可有 20 ~ 40cm 的距离。

催化剂的加入速度应当特别注意。最有效的方法是直接将催化剂加入组分 I -1600 树脂流中。催化剂的管路系统应当正好在组分 I -1600 进入砂子时那一点的上方。催化剂直接进入树脂流以保证进入时这两种成分能够事先部分混合。

如果整批混好的砂能够在相当短的工作时间内用完，那么也可以使用常规的间隙式混砂机。如果采用常规间隙式混砂机，则加砂后先加组分 I -1600 树脂及催化剂，混合 2min，再加组分 II -2670 树脂混合 2min，出料。

组分 I -1600 及催化剂与组分 II -2670 树脂的同时加入并不影响其性能，但分开加入是实践中最好的方法，特别是在泥分及杂质含量多的砂中，先加入组分 II -2670 会得到较好的结果。

5. 自硬酚脲烷树脂砂工艺对原砂的要求

自硬酚脲烷树脂砂工艺对原砂要求很严。对于铸铁件，原砂粒度最好在 AFS50 ~ 80 之间，AFS 数越高，树脂需要量越大，且使得型砂流动性越低。

原砂含水量（质量分数）最好小于 0.10%，含水量大于 0.25% 时，型（芯）质量显著恶化。这是因为聚异氰酸酯遇水会生成脲和缩二脲，消耗了与树脂交联的异氰酸根，从而大大降低砂芯强度；同时消耗了黏结剂中的异氰酸根，减少了黏结剂的有效作用，从而降低黏结质量，影响硬化速度。

再生砂所含微粉中有很大一部分是砂再生时剥落的树脂膜。它会大大恶化型砂性能，使铸件产生气孔、粘砂等缺陷的可能性大幅度增加，因此应尽可能通过除尘系统将其去除。细粉含量（质量分数）应低于 0.3%，含在砂中的主要杂质成分（如细粉以及极细砂粒量）达 0.3% 时，最好用水洗砂。氧化物含

量越低越好，通常可用范围在0.3%以内。

砂温高会使树脂内溶剂蒸发，并使两组分开始反应，缩短型砂存放时间，还可能形成易碎的砂芯表面；而砂温低于10℃时，则型砂性能大大降低，硬化程度非常缓慢。自硬酚脲烷树脂砂的理想砂温控制在15～30℃比较适宜。砂温过高，会促使黏结剂提前反应，缩短芯砂的可使用时间，不易操作；若砂温过低，导致黏结剂黏度增加，包覆砂粒的能力变差，不易混制均匀。

原砂的碱性过分或酸性过分都会影响型砂的硬化反应以及砂芯的性质。酸性不纯物过多会减缓硬化速度，而碱性不纯物过多则会加快硬化速度。

酚脲烷树脂系统整个显碱性，因此与呋喃树脂相比，酚脲烷树脂砂所用原砂的酸耗值可以略大一些，在≤6mL的范围内均可。

6. 自硬酚脲烷树脂砂的强度特性

在自硬酚脲烷树脂砂的工艺性能中，强度是最重要的性能之一。树脂加入量（Ⅰ-1600与Ⅱ-2600按50∶50配入）对型砂强度的影响见图5-34。由图5-34可见，对于同一种原砂，随着树脂加入量的增加，型砂强度呈增大的趋势。

图5-35所示的曲线表明，双组分比例为50/50时，其强度达峰值。生产中，一般推荐50/50配比，也可使用55/45配比。这是因为组分Ⅱ中含有氮元素，在相同树脂加入量时，组分Ⅱ含量最高的配比产生气孔缺陷的可能性大，且组分Ⅱ价格高于组分Ⅰ的价格。

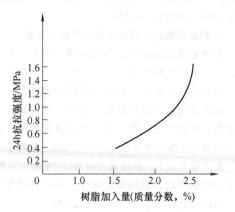

图5-34　树脂加入量对型砂强度的影响

另外，硅烷对强度有影响。一般随着硅烷加入量的增加，强度呈上升趋势；添加0.2%（占组分Ⅰ的质量分数）的硅烷树脂，砂的强度从0.96MPa增加至1.27MPa，强度增加率达32%；若继续增加硅烷

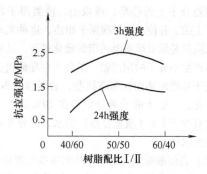

图5-35　树脂双组分配比对芯砂强度的影响

用量，则强度上升趋于缓慢。因此，在满足强度要求的前提下，应尽量减少硅烷的加入量，以降低成本。

硅烷的增强作用主要在于其分子结构中既含有能与砂粒表面相结合的基团，又有与树脂中化学键相结合的基团，从而把砂粒与树脂偶联起来。用扫描电子显微镜观察树脂砂砂粒黏结面的破裂情况，发现硅烷的加入改变了黏附方式，由一般黏附联结变成了分子链联结，使树脂膜能较紧密地与砂粒表面黏附在一起，增强了联结力，因此在拉断时树脂膜从附着断裂居多的复合断裂变成了内聚断裂。

7. 催化剂种类及加入量与自硬酚脲烷树脂砂工艺性能的关系

自硬酚脲烷树脂砂根据所用催化剂种类及用量的变化，其起模时间可在较大范围内调节，见图5-36。

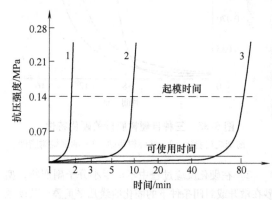

图5-36　催化剂种类对自硬酚脲烷树脂砂强度的影响

1—快速催化剂　2—标准催化剂　3—慢速催化剂

表5-70列出了催化剂加入量对硬化速度和强度的影响。结果表明，催化剂只能部分地调节硬化速度。若生产中要大幅度地改变硬化速度、调节生产节拍，则应考虑更换催化剂的类型。因为催化剂能使硬化反应趋于完全，所以在一定范围内可以提高树脂砂的强度。

表 5-70 催化剂加入量对硬化速度和强度的影响（环境温度 26℃）

催化剂加入量 （质量分数,%）	可使用时间 /min	起模时间 /min	抗拉强度 /MPa
0	7	13	1.18
1.5	5	11	1.30

树脂砂的可使用时间标志着从混砂到造型制芯这一段时间里树脂砂允许存放的时间，在这一段时间里树脂砂的各种工艺性能均不产生明显的变化。对水洗硅砂，在20℃时，催化剂加入量与可使用时间及起模时间的关系见表5-71。

表 5-71 催化剂加入量与可使用时间及起模时间的关系

	催化剂种类				可使用时间/min	起模时间/min
	3595	3550	3550	3400		
加入量（占组分 I 的质量分数,%）	1.000	2.50	4.0	8.0	1	1.5
	0.700	1.75	2.8	5.6	4	5.5
	0.575	1.45	2.3	4.6	6	8

起模时间随环境条件（温度和湿度）而定，一般用铁钉做扎型试验，当只能扎到20mm深时才可起模取芯。

砂芯略加修整即可施涂醇基涂料，随后点火燃烧达到干燥的目的，同时也可促进树脂砂加快自硬速度。涂料对抗铁液冲刷有好处，并可降低铸件的表面粗糙度值。

8. 环境温度对自硬酚脲烷树脂砂工艺性能的影响

自硬酚脲烷树脂砂工艺性能对环境温度很敏感，尤其是对组分 I-1600，当温度低于 15℃ 时，温度每下降 1℃，黏度就会增加很多，这样，低温时 I-1600 就无法维持稳定流量。但环境温度太高时，催化剂加入量不易控制，最终导致可使用时间和起模时间不易掌握，也影响树脂砂的强度性能。在一天之内，当环境温度差超过 10℃ 时，就应随时调整催化剂加入量，以保证较为稳定的可使用时间和起模时间。

为环境温度对硬化速度的影响见图5-37。从图5-37 可看到，环境温度为 16℃ 时的起模时间为20min，而26℃时的起模时间则缩短到11min，即温度每上升或下降8.3℃，树脂砂的硬化速度就会分别加倍或减半。自硬酚脲烷树脂砂的理想砂温是24℃左右。温度过高，则由于可使用时间过短，来不及造型制芯就已经硬化；温度过低，则树脂黏度高，在混砂过程中均匀性差，芯砂流动性降低，而且黏结剂间的交联反应缩短并降低，使得起模时间长，影响型芯的生产率。

9. 环境湿度对自硬酚脲烷树脂砂工艺性能的影响

自硬酚脲烷树脂砂不仅对原砂中的水分比较敏感，而且对空气中的水分（即环境湿度）也比较敏感。在制芯过程中以及把制出的砂芯置于高湿度空气中存放时，吸湿现象比较严重。

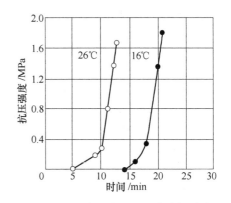

图 5-37 环境温度对硬化速度的影响

注：树脂1.5%（组分比50/50），催化剂1.5%（占组分 I 的质量分数）；相对湿度40% ~ 50%。

环境湿度对硬化特性的影响见图5-38。从图5-38中可看出，当湿度较小时，随着硬化时间的延长，强度先是迅速增加，然后基本保持不变，终强度略高于初强度；当湿度较大时，强度先是提高，然后逐渐下降，终强度低于初强度，并大大低于湿度较小时的终强度。

由图 5-39 也可看出，试样强度随环境相对湿度的上升而急剧下降。

究其原因，这是因为环境湿度大时，一是由于空气中的水分子与异氰酸反应消耗一部分—NCO 基团，同时生成缩二脲等发泡体，而它的强度低于黏结剂两组分的反应产物氨基甲酸乙酯的强度，使树脂本身强度削弱；二是空气中水分子极性强，体积小，对砂粒的吸附力强，因此水分子透过树脂膜侵入到砂粒界面，起到解吸附作用，使树脂膜对砂粒界面的吸附作用削弱，从而形成弱界面层，在外力作用下，树脂接触点便从砂粒界面脱开。

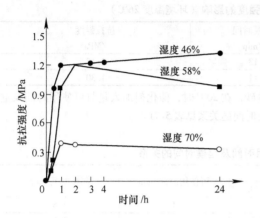

图 5-38　环境湿度对硬化特性的影响
注：树脂 1.5%，催化剂 1.5%
（占组分 I 质量分数），组分比 1:1。

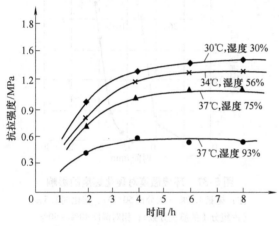

图 5-39　环境湿度对抗拉强度的影响
注：树脂 2%，组分比 1:0.7。

用扫描电子显微镜观察证实，高湿度条件下固化的树脂膜断口平滑，呈附着破裂，说明树脂膜和砂粒间的附着力较小；低湿度时为复合断裂。另外，湿度越大，硬化速度越慢，这是因为组分 II 的—NCO 与水的反应速度大于与树脂的交联速度。

实践证明，硅烷可提高树脂砂的抗湿性。

综上所述，自硬酚脲烷树脂砂最佳的制芯工艺参数为：原砂砂温 20～27℃，原砂含水量（质量分数）0.2%，原砂含泥量（质量分数）0.3%，树脂加入量（质量分数）1.5%～2.0%，树脂配比组分 I/组分 II 为 50/50～55/45，催化剂加入量 1.5%～1.8%（占组分 I 质量分数）；砂芯（型）在相对湿度为 60% 以内存放为宜。

10. 自硬酚脲烷树脂砂的高温性能

（1）发气性　同其他有机黏结剂一样，自硬酚脲烷树脂砂在浇注后，受高温金属的热作用会产生大量气体，并且随着树脂加入量的增加，发气量也增大。

（2）残留强度　将试样放入预先加热到规定温度的电阻炉中，保温 20min 后取出，待其冷却到室温后测定高温残留强度，试验结果见表 5-72。由表 5-72 可看出，在 100℃ 以内的低温烘烤，对自硬酚脲烷树脂砂的强度没有太大的影响，但随着温度升高，树脂黏结膜分解加快，500℃ 时强度已完全丧失。国内某柴油机厂的实践已经证明，自硬酚脲烷树脂砂的溃散性良好，利于大型复杂铝铸件的落砂清理。

表 5-72　自硬酚脲烷树脂砂的残留强度

温度/℃	室温	100	200	300	400	500
残留强度/MPa	1.16	1.16	0.73	0.63	0.15	0

（3）高温强度　几种自硬砂的热稳定性曲线见图 5-40。从该图中可以看出，自硬酚脲烷树脂砂的热稳定性曲线几乎和自硬水玻璃砂一样，试样从受热开始即呈现良好的退让性，没有出现因硅砂膨胀而引起的负变形，试样在高温下持续时间也较短；而自硬呋喃树脂砂从加热开始便产生负变形，最大负变形达 0.4mm，这将对铸件的收缩产生较大的阻碍作用。实际生产中正是如此，用自硬水玻璃砂生产铸钢件很少产生裂纹，而用自硬呋喃树脂砂生产相同的铸钢件，尽管在工艺上采取很多措施，但仍不能完全消除裂纹。由此看来，用自硬酚脲烷树脂砂来生产铸钢件对防止铸件裂纹的产生是有利的。

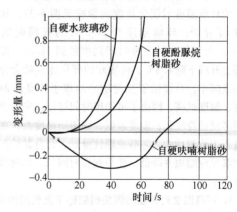

图 5-40　几种自硬砂的热稳定性曲线

11. 胺硬化酚脲烷树脂自硬砂的优缺点

胺硬化酚脲烷树脂自硬砂的优缺点见表 5-73。

表 5-73　胺硬化酚脲烷树脂自硬砂的优缺点

优　　点	缺　　点
1）硬透性好，固化速度快，起模 1h 后即可浇注 2）可使用时间与起模时间之比可达 75% 以上，方便生产操作 3）不含 S、P，发气量小，可降低气孔缺陷，避免表面组织恶化 4）溃散性好，减少裂纹缺陷 5）适应性广，可生产铸钢件、铸铁件、非铁合金铸件	1）固化过程受型砂中水分和环境湿度影响较大 2）在浇注过程中，芳香族溶剂从表层向里层迁移，形成一个低强度凝结区带，使型（芯）砂软化，热强度低，从而引起铸件的冲砂、飞边和变形等缺陷 3）所用溶剂及胺类固化剂有毒，在混砂、制芯、造型和浇注场地存在明显气味，且浇注时有烟气 4）氮的质量分数较高（4%～5%），铸钢件易产生气孔，铸件表面有光亮碳缺陷等

12. 胺硬化酚脲烷树脂自硬砂的常见缺陷

胺硬化酚脲烷树脂自硬砂型（芯）的常见缺陷及防止措施见表 5-74。

表 5-74　胺硬化酚脲烷树脂自硬砂型（芯）的常见缺陷及防止措施

缺陷名称	产生原因	防止措施
型（芯）砂硬化不良	1）各组分定量不正确，固化剂加入量太低 2）水分超过限度 3）砂温、芯盒温度太低	1）对各组分加入量进行校对，确认三个泵处于正常工作状况 2）检查原砂水分并严格控制在规定范围内 3）应提高砂温和芯盒温度
型（芯）砂可使用时间短	砂温高，固化剂过量，温砂时间过长	确定主要原因后采取相应对策
型（芯）易破碎，废损大	树脂加入量太少，固化剂用量过大，砂温太高或砂中粉尘太多	应采取相应对策
气孔	组分 II 含有氰酸基，氮的质量分数达 6.0%～7.6%，是氮气孔的来源	1）应尽量降低树脂加入量，降低组分 II 的比例，将组分 I:组分 II 调整到 55:45，或 60:40 2）混合料中加入氧化铁（质量分数：铸铁件 0.25%～2.0%，铸钢件 2%～3%）
表面光亮碳缺陷	黏结剂分解放出碳氢化合物，再分解为碳沉积在铸件表面形成"皱纹""折叠"缺陷	解决措施是提高浇注温度，缩短浇注时间，加强排气，加入氧化铁，采用溢流冒口排除沉积物
脉纹、粘砂	组分 II 过多，浇注温度过高，浇注速度过快，型（芯）紧实不充分	采用相应对策并加入质量分数为 1%～3% 的氧化铁粉

5.2.6　自硬树脂砂的混制

1. 自硬树脂砂混制过程的特点

自硬树脂砂中的树脂、固化剂均为液态，较易润湿砂粒表面，只要充分混匀即可，并不需要强有力的碾压和搓研作用。这也是自硬树脂砂包括其他液态黏结剂砂混砂机在结构上与黏土砂混砂机的不同之处。

自硬树脂砂在混砂过程中，因为树脂一旦与固化剂相接触，硬化反应便立即开始，树脂砂黏性便不断增加，所以如果在混砂机内停留时间过长，不但不利于混合均匀，而且会浪费可使用时间，还会使树脂砂黏附在混砂机机体及其结构上。因此，对自硬树脂砂混砂机的主要要求是混匀速度要"快"，并尽量具备"自清洗"作用。为此，自硬树脂砂混砂机所采用的是叶片式混砂机，而且要求快速混合。为了防止混碾过程中由于砂温影响存放期，有的还在混砂机外壳通水冷却降温。

2. S20 系列球（碗）形树脂砂混砂机

S20 系列球（碗）形树脂砂混砂机是目前在国内被广泛使用的一种间歇式混砂机。其结构及砂流混合模式见图 5-41。混砂时，先起动主轴 4 带动牛角形搅拌叶片 3 旋转，再从上面加料口按要求依次加入各种物料。物料加入后立即被高速旋转的搅拌叶片搅拌并随之一起转动。在离心力、机盆内壁的约束力和搅拌叶片的推动力的作用下，物料沿机盆内壁螺旋上升。当物料脱离搅拌叶片而被抛出并进入反射叶片后，就会改变其流向，最后呈几束分散的砂帘从反射叶片斜向抛下来。在下落途中，各砂帘交叉碰撞，使物料中各成分进一步进行混合。当落到盆底后，立即再一次被搅拌叶片搅拌并带起，使物料在混砂容器内不停地进行三维循环运动，从而达到均匀和覆膜的目的。

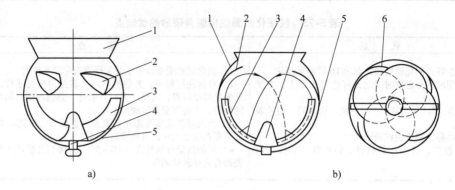

图 5-41　球（碗）形混砂机的结构及砂流混合模式

a）球（碗）形混砂机的结构　b）砂流混合模式

1—上半球机体　2、6—反射叶片　3—牛角形搅拌叶片　4—主轴　5—下半球体

这种机型不仅为间歇混制自硬树脂砂所广泛使用，也十分适用于冷芯盒砂和热芯盒砂的混制，是目前混制各种树脂砂应用最广泛的间歇式芯砂混砂机。

图 5-42 示出了国内普遍采用的 S202 碗形间歇式混砂机。表 5-75 列出了青岛双星铸机公司生产的 S20 系列混砂机的主要技术参数。

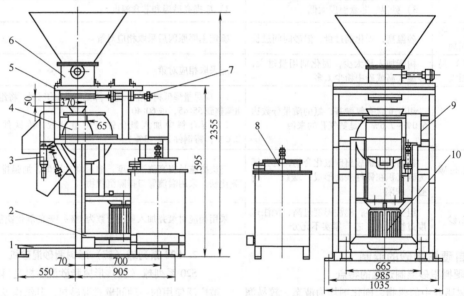

图 5-42　S202 碗形间歇式混砂机

1—小车轨道　2—小车　3—卸砂气缸　4—混砂机体　5—机架　6—砂斗
7—进砂闸门气缸　8—液料系统　9—安全罩　10—电动机

表 5-75　S20 系列混砂机的主要技术参数

型　号	S201	S202	S204	S206	S210
生产率/（t/h）	1	2	4	6	10
混砂器容量/kg	10	30	50	100	200
混砂时间/s	10	10	15	20	30
混砂周期/s	20~30	30~40	40~50	55~65	60~70
叶片形状			弧形		
叶片转速/（r/min）	320	270	210	136	120
功率/kW	3	5.5	7.5	10	18.5
重量/t	0.42	2.5	3.2	4	5.3
外形尺寸（长×宽×高）/m	1×0.5×1.2	1.5×1.1×2.4	1.9×1.3×2.7	2.1×1.3×2.9	2.6×1.5×3

3. 搅笼式自硬树脂砂连续混砂机

连续混砂机一般以搅笼式结构居多，常用的定型产品有 S24、S25 和 S28 等系列。该类混砂机是将物料连续均匀地送入内装有不连续的螺旋叶片转轴的搅笼一端加料口，物料被叶片边搅拌、边混合、边推进至搅笼末端的出口（见图 5-43）。这类混砂机从结构上分为单搅笼式和双搅笼式，从安装形式上分为固定式和移动式，从搅轴转速上分为低速（100r/min 左右）和高速（500~1200r/min）。

（1）S24 系列固定式单臂树脂砂连续混砂机 该机型又可分为单臂单搅笼和单臂双搅笼两种类型。

（2）S25 系列树脂砂双臂连续混砂机 树脂砂双臂固定式连续混砂机系单砂单混机种。双臂连续混砂机由一级输送搅笼和二级混砂搅笼组成，输送搅笼采用低速输送，混砂搅笼采用高速混制。有的混砂搅笼采用全打开式，混砂叶片上嵌有特耐磨硬质合金，以提高其寿命。

江阴远大机械制造有限公司生产的 S24、S25 系列混砂机的主要参数见表 5-76。

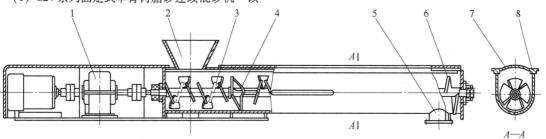

图 5-43 混砂搅笼

1—传动装置 2—加料口 3—推进叶片 4—搅拌叶片 5—出料口 6—反向叶片 7、8—槽体

表 5-76 S24、S25 系列混砂机的主要参数

型　号	生产率/(t/h)	回转半径/mm	电气容量/kW	机器重量/kg
S2405	3~5	1300	6.5	≈3000
S2410	5~10	1300	7.5	≈3500
S2510	5~10	3500	8.5	≈4500
S2520	15~20	4500	14.6	≈6000
S2530	25~30	4500	22.5	8800

（3）S28 系列移动双臂双搅笼连续混砂机 其二级混砂器也为卧式搅笼。卸砂口移动覆盖的有限范围是一个长条形面积，适宜制作大砂型（芯）和用于多个工位造型或制芯。表 5-77 列出了青岛兆通铸造机械有限公司生产的 S28 系列移动双臂双搅笼连续混砂机的主要参数。

表 5-77 S28 系列移动双臂双搅笼连续混砂机的主要参数

机 器 型 号	S2810	S2815	S2820
生产率/(t/h)	10	15	20
行车行走速度/(m/min)	8	8	8
行车轨距/m	2	2	2
设备总功率/kW	11.5	16.1	26.1
外形尺寸（长×宽×高)/mm	7400×2250×5800	7600×2250×5800	7800×2250×5800

作为连续式混砂机，还有固定式连续混砂机和可移动式连续混砂机之分。

4. 混砂机的保养与维护

混砂机集混砂与送砂为一体，其重要性显而易见。由于现在混砂机二级搅笼一般均为高速，所以刀头与管壁在砂子的摩擦下磨损严重，使用时间越长，间隙越大，其混砂均匀度越差，这也影响了砂子的强度，而更换刀头和管壁后，重新装配时的刀头角度及与管壁的间隙调整也尤为重要。就砂子强度而言，要求间隙尽量小，且刀头与管子径向的夹角尽量小，但与此同时也加剧了磨损。为了保证有足够的搅拌距离，树脂进口在固化剂搅拌均匀的前提下，应尽量远离出砂口，但这个距离的调节又是以一定的转速及刀头夹角和间隙为依据的，因此在生产中对混砂机的跟踪检查和调整是保证型砂强度的重要途径之一。随着磨损的增加，其混砂、送砂能力会减弱，因此应相应调整砂流量及树脂进口位置等。

5. 自硬树脂砂混砂工艺

自硬树脂砂的混砂工艺基本上可分为单砂单混、双砂三混、单砂双混三种方法。其中以单砂双混的混制工艺应用最多，效果也最好。

（1）单砂单混法 即将各种物料同时定量地加

入混砂机中进行一次性的搅拌，如前述的高速单搅笼式混砂机的混制工艺。在混拌过程中，各组分可同时进行对流、剪切和扩散混合作用，以达到混合均匀的效果。间歇式混砂机也有采用这种工艺的，但对于不具备"自清洗"能力的混砂机，黏附现象较为严重。

（2）双砂三混法　如双搅笼式连续混砂机的混制工艺。这种方法由于树脂与固化剂在二级混砂器中才相互接触，且混搅时间较短，故可减轻混砂结构的粘砂现象，并能充分利用混合料的可使用时间。但双搅笼式混砂机结构复杂、能耗大，且在预混拌时树脂和固化剂已分别润湿包覆在各自的砂粒表面上，在进行二次混拌时就不易实现对流混合，主要靠扩散和剪切混合，混砂效率低，混砂质量差。

（3）单砂双混法　即砂子加入混砂机后，在混拌中先加入固化剂，后加入树脂，再经混匀后卸砂。间歇式混砂机多采用这种方法。单搅笼连续混砂机也有用这种工艺的，即将固化剂和树脂的加料位置分别设置在搅笼前端的砂进口处和搅笼中间的某一部位处。试验表明，先加固化剂混匀后再加树脂混制的自硬树脂砂在不同的存放时间内进行造型制芯，其终强度均高于先加树脂后加固化剂混制的自硬砂，且随着存放时间的延长，其终强度下降得也较慢。

5.2.7　自硬树脂砂的再生

1. 树脂砂再生

所谓树脂砂再生，理论上是指使砂子恢复到原来的形态。再生处理是一个综合处理过程，目的是使旧砂通过再生处理后达到一定的使用要求。

再生砂的使用是循环往复的，每次加入适量的新砂就可满足生产需要。一般首次使用的新砂经再生后的灼烧减量较低，经重复使用后，灼烧减量值会随回用次数的增加而增加，但其增长率依次下降，增加到

某一数值后即达到饱和状态，一般经 6 ~ 10 次后即达到稳定值。此时再生砂的循环处于平衡状态，再生砂的粒度分布、微粉含量、灼烧减量在某一范围内波动，再生砂质量基本稳定。

再生砂和新砂相比有着更优良的铸造工艺性能，其对改善型砂性能和提高铸件质量起到了重要作用。主要表现在：① 急热膨胀性小，热稳定性好，在铸件对砂子的热作用下，再生砂将产生较小的热膨胀。② 粒度均匀，再生砂的粒度分布接近于新砂，均匀性略有提高。③ 经过再生使砂粒棱角减少，砂粒形状得到了改善。

旧砂再生不仅可提高树脂砂性能，有利于提高铸件质量，而且还可大大减少昂贵新砂的用量，并可节省昂贵的树脂及固化剂，因而可大大降低树脂砂成本。此外，旧砂再生最大限度地减轻了因排放废砂等造成的环境污染。

近些年来，随着国内外自硬树脂砂的发展，其再生技术也随之迅速发展，并已成为自硬树脂砂工艺不可分割的一个组成部分。

2. 自硬树脂砂再生的方法

自硬树脂砂再生的方法可概括为物理和化学两个方面。化学方法主要是采用加热的方法，把可燃的有机惰性膜燃烧掉，或者靠溶剂以化学反应的方法将惰性膜溶解掉；而物理的方法则是靠机械力、风力或水力的方法将惰性膜去除掉，从而达到再生的目的。根据再生原理和实际应用情况，旧砂再生可分为湿法、干法、热法和联合再生法等。其中，干法再生属于部分再生方法，而热法、湿法再生等属于完全再生方法。

有的学者认为，砂再生方式分为以日本太洋铸机公司为代表的硬再生式、以德国 FAT 公司为代表的"破碎机+撞击再生机"软再生式以及二者的混合式等。表 5-78 列出了几种再生方法的优缺点。

表 5-78　几种再生方法的优缺点

再生方法	基本过程及作用	优　　点	缺　　点
湿法再生	水冲洗、搓擦、搅拌。去除泥分及砂粒表面的黏结剂膜，溶解部分水溶性的化学黏结剂	可以去除部分粉尘和微粒；较好地去除残留黏结物；减少砂的破碎损失，提高回收率，再生效果好；改善车间劳动条件	砂子需要干燥，污水处理装置比较庞大，基建投资和运转费用高；黏结剂补充量大，应用较少
干法再生	利用机械力（冲击式和擦磨式）脱去旧砂砂粒表面上树脂膜的再生方法 冲击式又有离心式、气流式、振动式和逆流式等 再生方式有"破碎机 + 离心再生机"式硬再生和"破碎机 + 撞击再生机"软再生式	应用较为广泛，适用于所有型（芯）砂的再生	砂粒破碎率高；就某种工艺而言，再生效果有所不同，脆性树脂膜的呋喃树脂砂再生效果较好，碱性酚醛树脂砂再生效果不甚理想
热法再生	利用加热将砂粒表面的有机黏结剂和有机杂质燃烧掉，达到再生的目的。热法再生可分为机械回转式、沸腾床式和热法与机械合一式三种类型	再生砂的发气量少、热稳定性好，可以恢复到原来粒度的分布状况，且可以完全回用	能耗高，设备费用大
联合再生	将几种再生方法组成联合再生系统，如湿法与热法联合、热法与干法联合、干法与干法联合等	可提高旧砂再生回用率，使再生砂具有良好的综合性能和质量	设备组成较复杂、庞大，能耗和费用高

3. 自硬呋喃树脂砂干法再生设备及再生效果

典型的干法再生机见图 5-44。砂子由上部供料管供料到再生室转盘上，高速旋转的转子将砂子沿切线抛向耐磨环，由于在抛出过程中，砂子之间有一定搓擦作用，故砂抛向耐磨环经过三次撞击，可以去掉树脂砂中残留的黏结剂和固化剂。国产该类干法再生机的主要参数是：外形尺寸为 $\phi1800mm \times 1230mm$；电动机功率为 22kW，转速为 1500r/min，运转方向为逆时针；生产能力为 30t/h；叶轮直径为 380mm。

旧砂在反复使用过程中由于高温作用、机械破碎和涂料粉尘的影响，旧砂中细粉量（150 号筛以下的细砂）增高。砂子再生次数越多，砂粒越细。

表 5-79 列出了新砂、旧砂及再生砂的灼烧减量和发气量。从表 5-79 可看出，再生砂虽比新砂灼烧减量高 2～3 倍，但其值低于有关资料推荐铸铁再生砂灼烧减量要控制在 2.5% 以下的要求，且发气量也满足一般铸造厂的再生砂质量要求。

再生砂的 pH 值测试结果见表 5-80。从表 5-80 可看出，旧砂经再生后呈酸性，即一些酸性成分仍留在砂粒表面上，这表明再生砂的耗酸量较低。根据有关资料推荐的树脂砂再生砂 pH 值 <5，显然再生砂是合格的。另外，经测试，再生砂抗拉强度为 0.8～1.2MPa，所以再生砂是能满足工艺要求的。

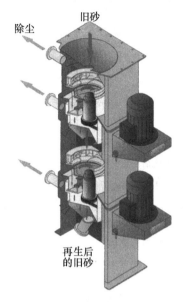

图 5-44　干法再生机

表 5-79　新砂、旧砂及再生砂的灼烧减量和发气量

砂　种	新　砂	旧　砂	再生次数			试验条件
			1 次	2 次	3 次	
灼烧减量（质量分数,%）	0.33	1.60	1.27	1.03	1.07	1000℃，1h
发气量/（mL/g）	4.0	14.0	9.0	9.0	9.0	250℃，1min
	6.0	20.0	17.0	16.0	16.0	1000℃，1min

表 5-80　再生砂的 pH 值测试结果

砂种	旧砂	再生次数		
		1 次	2 次	3 次
pH 值	3.63	3.76	3.50	3.61

4. 自硬酚脲烷树脂砂干法再生设备及工艺流程

国内某柴油机厂年产 1 万台 WD615 斯太尔柴油发动机缸体等毛坯铸件，砂型、砂芯全部采用自硬酚脲烷树脂砂工艺，砂再生设备选用美国 DF 公司的机械离心式旧砂再生装置（见图 5-45）。

该再生设备包括振动破碎机、粉尘收集装置、提升机、砂再生机、沸腾冷却分选器、储砂斗及冷却水循环系统。其工作过程如下：

1）从振动落砂机清理出的大块树脂旧砂经振动破碎机破碎和筛分，颗粒要求小于 2mm。

2）机械离心机旋转锤产生的机械离心力给砂块以动能，让其相互摩擦、碰撞，使砂粒表面坚固的树脂膜部分脱落，其灼烧减量（质量分数）控制在 2.0%～3.5%。

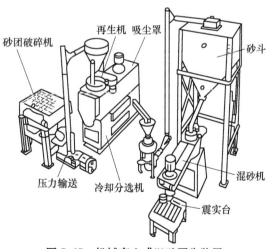

图 5-45　机械离心式旧砂再生装置

3）冷却和分选工艺在沸腾冷却器内进行。

5. 国内外酯硬化碱性酚醛树脂砂旧砂干法再生状况

酯硬化碱性酚醛树脂砂含有大量的碱性物质

（主要是钾），在铸造过程中，钾与石英砂形成硅酸钾，覆盖于砂粒表面，此外钾还与树脂的分解产物 O_2、CO 和 CO_2 等作用生成碳酸钾。这些无机化合物的存在降低了再生砂的强度。

在干摩擦再生时，再生时间与灼烧减量、钾含量的变化情况见图5-46。由图5-46可看出，经过多次浇注循环的再生砂表现出与一次浇注循环的再生砂非常类似的变化，而多次浇注循环再生砂由于残余有机物质的多次积累，其初始和最终的灼烧减量值、钾含量值均高于一次循环再生砂。

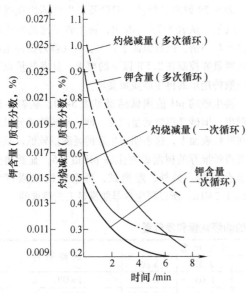

图 5-46　干摩擦再生时间与灼烧减量、钾含量的变化

表5-81列出了经过多次浇注循环，在气流冲击再生机中再生的砂，在加入不同比例的新砂时，其抗拉强度的变化情况。酯硬化碱性酚醛树脂再生砂的抗拉强度与浇注循环次数密切相关，加入新砂可提高酯硬化碱性酚醛树脂再生砂的抗拉强度。

表5-81　酯硬化酚醛树脂新砂加入比例与抗拉强度的关系

再生砂（质量分数，%）	新砂（质量分数，%）	抗拉强度/10^5 Pa		
		2h	4h	24h
100	0	<2.07	<2.07	<2.07
80	20	2.35	3.52	4.14
65	35	4.00	4.90	6.42
50	50	4.21	5.87	7.59
0	100		7.59	10.90

注：树脂加入量1.5%（占原砂质量分数），固化剂加入量23%（占树脂质量分数），砂温为25℃。新砂为水洗后干燥的硅砂，AFS细度为38。

上述结果表明，酯硬化酚醛树脂砂可以用现有的干法再生工艺进行再生，且能降低再生砂的灼烧减量和钾含量，但酯硬化碱性酚醛树脂再生砂的抗拉强度显著地低于所用的新砂。

国内采用一般的干法机械再生，砂通过落砂机进行振动和离心两次脱膜再生，沸腾冷却，再通过除尘，将砂中破碎的细砂、粉尘及树脂抽走。正常的砂，经两级或多级再生来提高脱膜率。再生砂中未脱掉的树脂部分，特别是附着在较细砂粒上面较难脱去的膜，随残留树脂逐步积累。当灼烧减量大于正常要求时，生产中可采取加大新砂加入量来调剂。其再生砂的灼烧减量均较高，而且新砂加入量（质量分数）很大，达到了30%，甚至40%，有的甚至通过多加入新砂来降低灼烧减量。

（1）四级离心再生　国内某公司铸钢车间采用了一种砂粒的相对运动速度达到40~60m/s的机械撞击和搓擦的四级离心再生机，其转速在2000r/min左右。其旧砂多级离心再生设备的组成见图5-47所示。

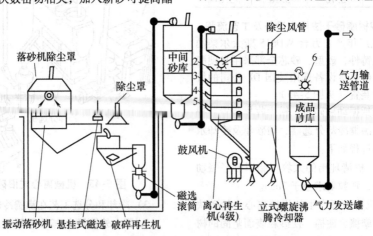

图 5-47　旧砂多级离心再生设备的组成

再生试验的主要结果如下：

1）旧砂的灼烧减量。随着转速的提高，灼烧减量下降。灼烧减量在 1.2% ~ 1.6% 之间变化。

2）旧砂再生之后的粒度分布。其中一组再生砂的检测数据如下：灼烧减量为 1.4%，270 号筛以下细砂的含量（质量分数）为 0.42%。再生处理后的粒度趋于细化。

总的来看，采用四级再生工艺再生酯硬化碱性酚醛树脂旧砂基本可行，但也要考虑该类设备多级机械再生故障率高、能耗高的问题。

（2）高压擦磨式旧砂干法再生　干法再生酯硬化碱性酚醛树脂旧砂的另一例子是日本新东公司开发的高压擦磨式旧砂干法再生装置（见图5-48），其原理是依靠再生机机体和两个高速旋转的偏心滚轮间产生的对旧砂的强力挤压和砂粒碰撞、摩擦作用来达到再生的目的。其中，为获得最佳再生砂质量，可根据再生处理工艺及处理量来选择电动机；压实滚轮由中体陶瓷制成；压实滚轮用加压调压气缸可根据再生砂的性状调整到合适的压力；在沉降室，细筛号的砂具有高的回收率。

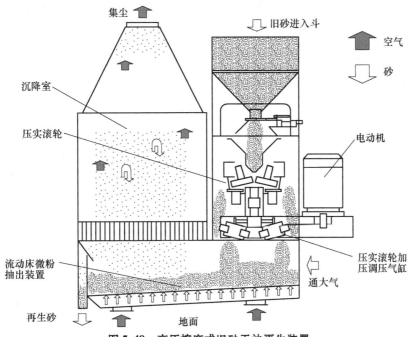

图 5-48　高压擦磨式旧砂干法再生装置

采用高压擦磨式干法再生工艺对酯硬化碱性酚醛树脂再生旧砂性能的影响见表5-82。由表 5-82 可知，采用高压擦磨干法再生工艺仅能除去少部分树脂膜，脱膜率一般为 20% ~ 30%。若将旧砂低温加热（320 ~ 350℃），则脱膜率可提高到 35% 左右。总之，

由于干法再生脱膜率低，再生砂的黏结强度明显低于新砂，但可通过添加新砂来提高再生砂黏结强度。尽管如此，由于干法再生系统有结构简单、能耗少、成本低、易实现等优点，故在一般铸造生产中仍得到广泛应用。

表 5-82　干法再生工艺对酯硬化碱性酚醛树脂再生旧砂性能的影响

性　　能	新　砂	干法再生砂	再生砂添加新砂量（质量分数,%）		
			20	30	40
1h 抗压强度/MPa	0.85	0.90	0.88	0.90	0.92
24h 抗压强度/MPa	4.50	3.20	3.60	3.80	4.45

6. 国外自硬呋喃树脂砂的热法再生工艺

国外有关铸造厂家认为，采用干法再生自硬呋喃树脂砂，再生砂的使用受砂粒表面残余树脂和固化剂积累的限制。这些积累可以利用测定再生砂的灼烧减量、酸耗值、残余硫、残余氮及粉尘等特性来衡量。

如果这些特性产生变化，将会引起铸件缺陷和环境污染问题。例如，经计算得出，用 100% 干法再生砂造型，其 SO_2 排出量为用新砂造型的 4 倍。

热法再生是通过焙烧炉将旧砂加热到一定高温，使砂粒表面达到树脂膜的燃烧温度，残留树脂膜经分

解或燃烧而被去除的一种工艺方法。热法再生自硬呋喃树脂砂的设备一般采用回转窑或沸腾炉来去掉旧砂表面的残余有机物,把旧砂恢复到最初的状态。这是一种完全再生方法。

采用热法再生自硬呋喃树脂砂在我国应用很少,现介绍几例国外应用情况。

(1) 燃气热法再生装置再生自硬树脂砂　英国Richard工程公司生产的PX2500G型燃气热再生装置的供砂机构可以容纳24h用砂量,它可将散粒化的旧砂均匀地送进并通过再生炉。再生炉内是一个多区域流化床,每一区域有一组燃烧器,以及它们各自的温度控制系统。流化床能保证砂粒很好地混合,避免冷点和不完全再生部位。砂粒在流化床上运行一段时间,以保证树脂被完全烧掉,离开再生炉的热砂进入一个间接换热器,由换热器将砂的热量传递给流化床用空气并使空气温度达到480℃,这样可以节约再生装置的能量消耗。然后砂进入一冷却分级器,冷却器是一个水冷管式换热器,在管上带有散热片。通过冷却器将砂冷却至室温,然后进入分级器,用高速空气流吹走粉尘。再生装置是自行管理的,每周工作5天,每天24h连续工作。采用燃气热法再生装置来再生呋喃树脂自硬砂,可将100%再生砂用于造型和制芯工序,这样就可以节约新砂购置费用,并极大地减少废砂抛弃量。

某铸造厂生产碳钢、低合金钢和不锈钢铸件,如泵体、叶轮、阀及汽轮机零件等,采用英国Richerds

工程公司的PX2500G型燃气热法再生装置,生产率为25t/h。

(2) 用电阻热法再生自硬树脂砂　美国铸造废砂每年达720万t。随废砂场数量减少,处理费用不断增加。美国目前的3100个铸造厂几乎都要进行旧砂再生,以遵守1984年的危险废物法案。

某铸钢厂是生产碳钢、低合金钢、不锈钢等铸件的专业厂,其铸件主要用于泵、压缩机、涡轮机,甚至核设施等。铸型主要用湿型砂和自硬呋喃、酚醛树脂砂,每年耗新砂6000t,并产生同样数量的废砂处理。该厂安装了美国第一个间接辐射电热砂再生装置。再生系统生产率为1t/h,完全自动化再生。该电阻热再生系统与天然气热法再生相比,具有不需空气,砂粒不受污染,以更低的温度再生化学黏结剂砂,热冲击小,砂粒破碎小,设备容易实现自动化,并能与总厂协调用电等优点。

7. 酯硬化碱性酚醛树脂砂的热法再生

(1) 再生温度　酯硬化碱性酚醛树脂砂的热法再生根据要去除的有机物种类,可分为高温热法再生(800～900℃)和低温热法再生(320～350℃)两种。不同加热温度对酯硬化碱性酚醛树脂旧砂再生性能的影响见表5-83。由表5-83可看出,再生砂抗压强度随加热温度升高呈增长趋势。当加热温度达800℃以上时,再生砂强度稍高于新砂,说明高温加热可有效去除旧砂砂粒表面的树脂膜、残留酯和钾,明显改善再生砂的抗压强度。

表5-83　不同加热温度对酯硬化碱性酚醛树脂旧砂再生性能(抗压强度)的影响

性　能	室　温	200℃	400℃	600℃	800℃	新　砂
1h 抗压强度/MPa	0.20	0.28	0.65	0.80	0.92	0.85
24h 抗压强度/MPa	1.00	1.050	3.20	4.15	4.75	4.50

研究表明,酯硬化碱性酚醛树脂高温黏附强度高,脱膜要比呋喃树脂困难一些,因而其灼烧减量稍高。

图5-49所示为在间接加热的转窑中,一次浇注循环砂的加热温度与灼烧减量、钾含量的关系。从图5-49中可看出,随加热温度的升高,灼烧减量、钾含量均大幅下降。国外A.D.Busby等研究出一种新型热法再生设备滚筒式焙烧炉,其再生效果比干法摩擦再生法好得多,它能使再生砂的性能接近新砂,钾含量大为减少。除此之外,把炉温控制在700℃以上,可保证良好的燃烧效率,且炉内排出物少,不需要后燃室。这种新的再生工艺叫No-vatherm法。

(2) 新型热法再生及效果　再生砂的再黏结强度取决于残碱量和树脂砂经历的浇注次数。每次浇注之后,型砂的黏结膜热辐射程度都相应增加。保留在

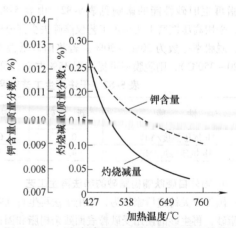

图5-49　一次浇注循环砂的加热温度与灼烧减量、钾含量的关系

型砂表面的黏结膜特性对型砂的再黏结强度是至关重要的。为了使残留树脂黏结膜对型砂具有最大的物理附着和化学附着作用，提高再生砂的再黏结强度，英国 Borden 公司在普通热法的基础上，研制成功了一种提高附着力的添加剂 Alpha beta Max500，并将其称之为新型热法。这种热法用添加剂为液体，加入量为型砂质量的 0.1% ~ 0.3%。使用效果表明，再生砂的回用率由 70% 提高到 85% ~ 90%。当型砂的再生砂用量较高时，这种添加剂尤其能够明显地提高型芯和铸型的强度。例如，当型砂的再生砂与新砂比为85:15 时，加入 0.1% 的 Max500，其型砂强度可以提高到再生砂与新砂比为 70:30 的水平，节省 15% 的新砂。该工艺已经获得英国专利。

图 5-50 示出了这种新工艺的再生效果。由图 5-50可看出，新型热法再生砂的 2h 抗拉强度比新砂提高了 17%，比干法摩擦再生砂提高了 200%，比普通热法再生砂提高了 170%。新型热法再生砂 24h 抗拉强度与新砂相等，至少是干法摩擦再生砂的 2 倍。

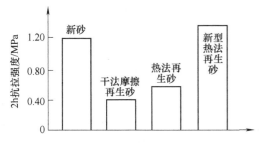

图 5-50　碱性酚醛树脂新砂与几种再生砂的 2h 抗拉强度

8. 酯硬化碱性酚醛树脂砂的湿法再生

湿法再生是利用存在于树脂膜中的有机酯和氢氧化钾具有可溶于水的特点，将其通过水洗使之去除的一种再生方法。湿法再生工艺对酯硬化碱性酚醛树脂再生砂性能的影响见表 5-84。由表 5-84 可见，黏附于旧砂表面上的残留酯和钾都可通过水处理而被除去，即该法具有较好的再生效果，再生砂的质量接近新砂水平。

表 5-84　湿法再生工艺对酯硬化碱性酚醛树脂再生砂性能的影响

硅砂种类	1h 抗压强度/MPa	24h 抗压强度/MPa
新砂	0.85	4.50
再生砂	0.80	4.60

注：树脂占原砂的质量分数为 2%，固化剂占树脂的质量分数为 25%。

湿法再生方法虽然能够改进再生砂的品质，但含碱的废水处理费用很高。在英国，每吨废水处理的费用高达 80 英镑。该国地方当局正在启用新的废水排放准则，规定可滤取的酚含量低于 1mg/kg 水，浸出水的 pH 值为 6~9。美国一些州也在实行与之类似的严格限制。湿法再生方法由于能源消耗大、占地面积多，且有污水处理和设备一次性投资较大等问题，故此法应用较少。

9. 酯硬化碱性酚醛树脂砂的化学再生及复合再生

化学再生是向碱性酚醛树脂旧砂中加入某种能与其中的残留钾进行化学反应、形成不溶于水的物质，从而去除残留钾的一种方法。在国外，采用这种化学再生法已取得较好效果。

美国某公司采用加入一种 SY 附加物法对酯硬化碱性酚醛树脂旧砂进行化学再生的试验结果见表 5-85。由该表可看出，添加附加物的化学再生工艺基本上可消除酯硬化碱性酚醛树脂旧砂中残留钾对再生砂性能的影响。从表中数据还可看出，由于加入附加物并不能除去树脂膜中的残留酯，故经过化学再生的再生砂强度仍低于新砂。同时，在采用化学再生法时，不可采用强酸性附加物，因它能严重腐蚀设备，并对人体健康造成危害。

表 5-85　SY 附加物加入量对旧砂再生性能的影响

加入量（%）	1h 抗压强度/MPa	24h 抗压强度/MPa
0	0.70	3.20
0.5	0.90	4.20
1.0	0.75	3.82
新砂	0.80	4.80

20 世纪 80 年代中期以来，将两种或两种以上方法组合在一起对酯硬化碱性酚醛树脂旧砂进行再生的工艺在国外得到广泛应用。组合式再生法是根据各种旧砂再生法的特点，综合各单项再生工艺的优点并加以组合而产生的一种新型旧砂再生工艺。它可在一机内连续完成多项再生过程，达到旧砂再生的目的，所以这种再生系统更简单紧凑，再生旧砂的质量更好。

"化学法 + 低温加热法 + 高压擦磨式干法" 组合式碱性酚醛树脂旧砂再生工艺是：首先往树脂旧砂中加入一定量的附加物，进行混合，使之与钾反应，转变为不溶性物，从树脂膜中除去；接着进行低温加热（320 ~ 350℃），使旧砂粒上的树脂膜脱水、脆化、干裂和将有机酯分解除去；最后，再经较强烈的机械擦磨和除尘处理，制得性能较好的树脂再生砂。

图 5-51 为国内某单位提出的一种 "化学法 + 低温加热法 + 高压擦磨式干法" 的组合式旧砂再生工艺流程。该方法采用沸腾床式低温加热装置，加热温

度为 320 ~ 350℃。其结果见表 5-86。由该表可见，采用组合式旧砂再生工艺，可使残留钾含量（质量分数）降到 0.12% 以下，残留有机酯的含量基本为微量。因此，采用这种再生工艺对酯硬化碱性酚醛树脂旧砂进行再生，具有较好的再生效果，再生砂质量可达新砂的质量水平，并可用作铸钢件型、芯砂的面砂。

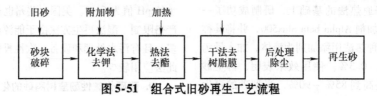

图 5-51　组合式旧砂再生工艺流程

表 5-86　采用几种再生工艺对酯硬化碱性酚醛树脂旧砂进行再生处理后的性能

性　能	新　砂	干　法	热　法	组　合　法
附加物	—	—	—	SY 附加物
灼烧减量（质量分数，%）	0.2	1.4	0.20	0.15
残留钾（质量分数，%）	0.01	0.25	0.10	0.12
1h 抗压强度/MPa	0.85	0.90	0.92	0.90
24h 抗压强度/MPa	4.50	3.20	4.75	4.70

采用这种组合式再生工艺可大大改善酯硬化碱性酚醛树脂旧砂再生效果，对再生酯硬化碱性酚醛树脂旧砂十分有效。它不但比单一采用任何一种再生工艺简单，节能、脱膜效果好，而且再生砂的质量基本上可达到甚至超过新砂水平。

10. 自硬树脂再生砂性能指标

（1）自硬呋喃树脂再生砂性能及应控制的指标

1）再生砂试样在不同放置时间下的强度及其终强度明显比新砂高，特别是 1 ~ 2h 强度，对多角形、粗糙的新砂来说则更显著。这是由于再生时砂粒相互摩擦，棱角部分被磨掉，砂粒变得圆整，粉尘被抽走，黏结剂在砂粒凹部及缝隙中填充，砂粒表面变得平滑，粒度分布趋于均匀，总比表面积大大减小的缘故。另外，新砂的耗酸量高，故硬化速度慢，而其经再生后，耗酸量降低，硬化速度也高，且型砂的黏结强度随回用次数增加而提高。

2）再生砂的表面稳定性基本保持不变，而新砂在使用时表面稳定性是较差的，但其开始回用再生时会有显著提高，而后保持稳定。由于再生砂砂粒圆整，树脂加入量减少，所以型砂透气性也提高了。

3）在树脂加入量相同时，再生砂的灼烧减量及发气量均高于新砂，但生产上使用时，由于树脂加入量减少，还加入部分新砂，故其发气量与灼烧减量也相应降低，而且在旧砂不断再生循环的情况下，旧砂灼烧减量基本可保持在一定限度内不再增高，趋于稳定。

4）再生砂的热稳定性好，热膨胀小，化学性能稳定，耗酸量低，故树脂砂的性能易控制。这有利于提高铸件质量，减少脉纹、机械粘砂等铸造缺陷。

自硬呋喃树脂再生砂的再生效果主要以灼烧减量去除率来衡量，以便达到要求的质量指标。在有机自硬砂中，部分残留黏结剂薄薄地覆盖在砂粒上，有利于再混制新黏结剂附着，能使强度提高，故过于强调去除率不一定恰当，也会使砂粒破碎率增高。但过多的残留树脂势必增加发气量。

自硬呋喃树脂再生砂质量控制指标见表 5-87。

表 5-87　自硬呋喃树脂再生砂质量控制指标

灼烧减量（质量分数，%）	含水量（质量分数，%）	细粉（150 号筛以下）（质量分数，%）	含氮量（质量分数，%）	酸耗值/mL	pH 值
铸钢 < 1.5，铸铁 < 3.0，铸铜 < 2.5，铸铝 < 4 ~ 5	< 2.0	< 1.0	铸钢 < 0.03，铸铁 < 0.1	< 1 ~ 2	< 5 ~ 6

（2）自硬酚脲烷树脂再生砂的灼烧减量　国内某铸造企业对经再生设备系统处理后的再生砂取样筛分，将筛分出的不同目数的再生砂进行灼烧减量测定，同时对经除尘系统抽出的 200 号筛以上的细粉进行灼烧减量检测，结果见表 5-88。由该表可看出，砂粒越细，比表面积越大，残留树脂膜越多，灼烧减量越大。被除尘系统抽出的细粉，主要是经机械摩擦后砂粒表面剥离的树脂膜细粉、炭分，其次是石英灰分，所以该细粉灼烧减量极大。

表 5-88　不同筛号再生砂灼烧减量检测结果

筛　　号	20~30	40	50	70	100	140	200	200 以上	总计
筛盘中的比例（质量分数，%）	13.80	30.42	31.06	21.74	2.30	0.60	0.08	—	100
灼烧减量（质量分数，%）	1.78	1.86	2.51	3.52	5.86	7.91	8.51	43.05	—
占总灼烧减量的质量分数（%）	0.245	0.567	0.780	0.765	0.135	0.047	0.068	—	≈2.6

注：占总灼烧减量的质量分数 = 筛盘中的比例 × 灼烧减量。

灼烧减量与发气量成正比关系。灼烧减量高，型砂发气量大，铸件易产生气孔缺陷。减小灼烧减量的途径：一是尽量采用粗砂（比表面积小，再生处理后残留树脂膜少），铸铁车间常选用 40/70 号筛的新砂；二是调节好除尘系统，使 200 号筛以上的细粉全部去除。

在铸造工艺设计时，应采用较小的砂铁比，推荐最好采用 (2~3):1 的砂铁比，特殊情况下也以不超过 5:1 为宜。为实现较小的砂铁比，可将砂芯做成空心，外形在离开型腔 50~100mm 处也可设法掏空。其次，在浇注时应做好铸型引火工作，在高温作用下使砂型挥发出的可燃气体充分燃烧。

生产中，当再生处理后的旧砂灼烧减量（质量分数）>2% 时，应适当添加新砂以降低灼烧减量至规定范围，如国内某厂再生砂灼烧减量（质量分数）常为 1.7%~2.9%，新砂添加量（质量分数）为 5%~10%。

(3) 自硬酚脲烷树脂再生砂的其他工艺参数

1) 含泥量（质量分数，后同）应不大于 0.4%。生产中当含泥量超过 0.4% 时，可增大抽风除尘量以使之在规定范围内。有条件的工厂可使砂子经砂温调节器后再使用（砂温调节器具有使砂子沸腾除尘的功能）。

2) 含水量（质量分数，后同）应不大于 0.25%。水分是自硬酚脲烷树脂砂最为敏感的因素。水分高会严重降低砂芯强度，此外，水与聚异氰酸酯反应生成的脲衍生物受热分解，放出氮气，导致气孔缺陷，故生产中应加强砂子烘干和检测。当含水量大于 0.25% 时，为保证砂芯强度，可调节两种树脂比例，即增大第 Ⅱ 组分的量，通常调至组分 Ⅰ:组分 Ⅱ = 50:50，以发挥出树脂砂的最好强度特性。但若铸件气孔缺陷敏感时，应采用砂子再度烘干的办法。有条件的工厂可使砂子经砂温调节器后再用。砂温调节器由电加热、冷水机组、热电偶和计算机系统组成，其可使砂温恒定在规定范围。同时，砂温调节器还有使砂粒沸腾输送、抽风除尘的功能。砂子经砂温调节器后品质变好。

3) 酸耗值（ADV）在 0~5mL 之间最好，酸耗值 = 5~20mL 为可使用范围。酸耗值高的砂子会加速固化速度，缩短树脂砂存放时间，对制芯操作不利。此外，酸耗值高，砂芯较脆、易碎，表面有砂颗粒。对反复使用的自硬酚脲烷树脂再生砂，因该树脂与催化剂均呈微弱碱性，砂子反复使用有使酸耗值增高的趋势；另外，原砂中碱性杂质（CaO、MgO 等）的存在也是增大酸耗值的因素之一。

生产中，防止酸耗值过高的措施是：① 选择不含碱性杂质的原砂。② 选用比表面积小的粗砂（铸铁件通常为 40/70 号筛），这样树脂与催化剂用量相对较少，同时调节再生机除尘系统，使 200 号筛以上的细粉（相当部分是树脂膜）排除。③ 当酸耗值较高时，适当添加新砂以降低酸耗值。

4) 含氮量。新砂的树脂加入量（质量分数，后同）为 1.8%~2.2%，再生砂树脂加入量通常为 1.1%~1.4%，在保证砂芯强度的前提下，应尽量取下限。另外，组分 Ⅰ:组分 Ⅱ = 50:50 为正常比例，强度特性最好。当气孔缺陷较敏感时，在树脂总量不变的情况下可调节组分 Ⅰ:组分 Ⅱ 为 55:45，或 60:40，即第 Ⅰ 组分增多，第 Ⅱ 组分减少（该组分含氮的质量分数约 7%），使再生砂中的含氮量（质量分数）在 0.03%~0.1% 以内。此时砂芯强度略为下降，但通常不影响生产使用，且对防止气孔缺陷有重要作用。

(4) 酯硬化碱性酚醛树脂砂再生的难点　酯硬化碱性酚醛树脂旧砂与呋喃树脂砂和酚脲烷树脂砂相比，被认为是一种再生回用难度较大的自硬树脂砂旧砂，且至今尚未找到一种性价比高的再生方法。其主要原因是：

1) 酯硬化碱性酚醛树脂旧砂砂粒表面上的树

脂膜在常温下具有一定韧性（特别是其中含水量 >
1.0% 时），很难用干法机械再生获得较理想的再生
效果。

2）除此之外，酯硬化碱性酚醛树脂膜中还残
留有一定量的固化剂——有机酯和少量钾（钾在
360℃左右熔化，1320℃汽化）。这些物质均随旧砂
使用次数的增加而逐渐积累，导致再生砂可使用时
间缩短，黏结强度下降，型砂工艺性能恶化，抗吸
湿能力降低。实际生产经验表明，钾这种无机物很
难用一般高温（800～900℃）热法再生工艺将其全
部除去。

（5）酯硬化碱性酚醛树脂再生砂主要指标

1）灼烧减量。实践表明，采用不同再生工艺和
设备，均可使酯硬化酚醛树脂再生砂的灼烧减量降
低，同时钾含量也会降低。

一般认为，砂粒上的钾化合物是在金属与铸型
相互作用时形成的，而且在再生过程中多半以粉尘
形式被除尘系统排走，从除尘器取出样品中的高钾
含量就证实了这一观点。

关于酯硬化碱性酚醛树脂再生砂的灼烧减量，
也因黏结剂种类、铸件材质、铸件大小不同而异。
总体来看，灼烧减量表征了酯硬化碱性酚醛树脂再
生砂中残余挥发物的数量，同其他自硬树脂砂一样，
也是一个评价再生工艺及再生设备性能的重要指标。

2）抗拉强度。酯硬化酚醛树脂自硬砂再生后
的抗拉强度显著地低于所使用新砂的抗拉强度。过
去认为，降低再生砂中钾含量可改善其抗拉强度性
能，但国外的研究工作表明并非如此。同时值得注
意的是，在钾含量基本相同的情况下，经过一次浇
注循环的再生砂比经过几次循环的再生砂的抗拉强
度要高得多。这表明，钾含量并不是确定再生砂
黏结性能的一个有意义的判断指标。

再生砂中的杂质才是造成其抗拉强度下降的主要
原因。这些杂质（包括钾在内）是水溶性的，这也证
明了为何湿法搓擦再生能恢复再生砂抗拉强度的原因。
试验研究表明，与再生砂抗拉强度相关的诸多问题都
与砂粒的表面现象有关，比如钾盐的特点是低熔点，
因此含钾杂质在每次浇注循环均很快地分布在砂粒
上。含钾杂质的本质，以及它如何影响再生砂的再黏
结性能，需要进一步研究。

总之，因为酯硬化碱性酚醛树脂再生砂的再黏结强度
较低，故应定期检测其抗拉强度，这样可以有效地控
制再生过程。增加再生砂抗拉强度的有效方法就是加
入新砂。

5.3　覆膜砂

5.3.1　覆膜砂的发展历程及特点

在造型、制芯前，将砂粒表面上已覆有一层固态
树脂膜的型砂、芯砂称为覆膜砂，也称壳型（芯）
砂。覆膜砂最早是一种热固性树脂砂，由德国克朗宁
（Croning）博士于 1944 年发明。其工艺过程是将粉
状的热固性酚醛树脂与原砂机械混合，加热而固化。
现已发展成用热塑性酚醛树脂加潜伏性固化剂（如
乌洛托品）与润滑剂（如硬脂酸钙），通过一定的覆
膜工艺配制成覆膜砂。覆膜砂受热时，包覆在砂粒表
面的树脂熔融，在乌洛托品分解出的亚甲基作用下，
熔融的树脂由线性结构迅速转变成不熔的体型结构，
从而使覆膜砂固化成型。覆膜砂除一般的干态颗粒状
外，还有湿态和黏稠状的覆膜砂。
国外改善覆膜砂性能的发展历程见表 5-89。

在我国，壳法工艺的应用比国外晚几年，20 世
纪 50 年代中期开始壳法的试验研究，其发展历程见
表 5-90。

与其他树脂砂相比，覆膜砂具有以下特点：

1）具有适宜的强度性能，对于高强度的壳芯
砂、中强度的热芯盒砂、低强度的非铁合金用砂均能
满足要求。

2）流动性优良，砂芯成型性好、轮廓清晰，能
够制造最复杂的砂芯，如缸盖、机体等水套砂芯。

3）砂芯表面质量好，致密无疏松，即使少施或
不施涂料，也能获得较好的铸件表面质量。铸件尺
寸精度可达 DCTG7～DCTG8 级，表面粗糙度值 Ra
达 6.3～12.5μm。

4）溃散性好，有利于铸件清理，提高产品性能。

5）砂芯不易吸潮，长时间存放强度不易下降，
有利于储存、运输及使用。

6）覆膜砂可作为商品供应，使用单位具有较大
的选择余地。

此外，从环保的角度来看，壳法工艺也具有以下
优势：

1）壳法的废砂最少。其原因在于：①覆膜砂存
放期长，不存在因超过可使用时间而导致不能使用的
型芯砂的废弃。②壳型芯存放期长，不存在因壳型芯
的损坏而导致不能使用的型芯的废弃。③中空的壳型
芯与实芯相比，砂铁比低，再生及废砂少。

2）游离苯酚是黏结剂热分解或再组合生成的产物。
壳法的砂铁比低（0.3:1 或 1:1），多为中空型（芯），
浇注时，壳型的充填密度高，热传导率高，黏结剂完全
燃烧，因而其检测的游离苯酚含量最低（见表 5-91）。

表 5-89　国外改善覆膜砂性能的发展历程

覆膜砂性能	措　　施	效　　果
提高抗拉强度	调节树脂的相对分子质量；加添加剂	覆膜砂中树脂加入量减少 20%~30%
提高硬化速度	树脂合成方法的改进；添加促硬剂	制壳型（芯）时间缩短 20%~40%
降低壳型（芯）模样温度	树脂合成方法及分子结合方式的改进	模样温度降低约 25℃
提高壳型（芯）砂的溃散性（铝合金）	在树脂合成中引入易热分解的物质；在覆膜砂中添加溃散剂	减少铝合金铸件的热处理（烧砂）及落砂费用
降低覆膜砂热膨胀性	在树脂合成中加入塑性分子物质；在覆膜砂中添加增塑剂；使用特种砂	壳型（芯）裂纹减少，铸件脉纹缺陷降低，尺寸精度提高
减少臭气污染	使用热固性树脂；降低树脂中游离苯酚含量	操作环境改善；气孔缺陷减少
提高壳型（芯）抗脱壳性	调节树脂的相对分子质量；添加控制树脂流动性的添加剂	大型异型管生产用覆膜砂成为可能
提高翻转法制壳时的中空性	调节树脂的相对分子质量；在覆膜砂中添加防粘连材料	薄壁件生产率提高；落砂性改善
壳型（芯）的无涂料化	添加耐热剂和润滑剂；优化覆膜砂砂粒级配	省去施涂工序，铸件表面光洁

表 5-90　壳法工艺在我国的发展历程

年　　代	事　　项
1956 年 9 月	原第一机械工业部机械制造与工艺科学研究院和清华大学等单位正式成立壳型铸造研究小组，开始壳型铸造工艺全面试验研究
1957 年	《铸造》杂志特别出版了一期壳型铸造专辑（第 1 期），介绍有关试验工作
1958 年	北京农业机械厂将农业收割机械上的链环、链轮和轴承盖等零件（材质为可锻铸铁）投入生产试验，取得了良好的效果
20 世纪 60 年代初	无专用树脂，工艺和设备不完善，曾一度停用该工艺
20 世纪 60 年代中后期	壳法工艺使用 665 型酚醛树脂作覆膜砂黏结剂；进口美国 Fordath 公司的 2000 型壳法覆膜砂混砂装置；制订了一套热法覆膜砂混砂工艺及壳法生产工艺
20 世纪 70 年代初	北京内燃机厂、原第一、二汽车制造厂先后采用壳法生产发动机铸件砂芯。但树脂质量差，无法完全满足铸造生产的需要
20 世纪 80 年代初	榆次液件厂开始与华中理工大学合作，对壳法用覆膜砂展开了系统深入的研究，使液压铸件的质量上了一个新台阶，达到了当时的国际先进水平。随后上海液压件厂等也引进了壳型线
在 20 世纪 80 年代及 90 年代中期	引进国外树脂生产技术，以及自主开发；覆膜砂生产由铸造厂自行混制转向专业厂生产；采用较先进覆膜设备及工艺
20 世纪 90 年代中后期至今	稳定发展期。已形成酚醛树脂及其附加添加剂、原砂、再生砂及混砂设备的覆膜砂产业链，生产场点达 100 余家，年产量达 120 万~200 万 t 以上，覆膜砂品种已初步形成系列

表 5-91　废砂（浇注后）中的苯酚量

黏结剂的种类	自硬酚醛	壳法	壳法	壳法	酚醛尿烷	呋喃苯酚	湿型
废砂（砂型或砂芯）	砂型及砂芯	砂型	砂型	砂芯	砂型及砂芯	砂型及砂芯	砂型
铸件材质	灰铸铁	铸钢	灰铸铁	铸钢	铸钢	灰铸铁	铸钢
苯酚量（质量分数，10^{-4}%）	0.03~0.10	0.01	0.01	0.03~0.09	0.73	0.10	0.26

覆膜砂工艺也有其不足之处，如与热芯盒工艺相比，其硬化时间长，硬化温度高，制芯效率低；热塑酚醛树脂中游离苯酚含量高，制芯车间气味大，操作环境恶化等。

5.3.2　覆膜砂用原材料

覆膜砂一般由热塑性酚醛树脂、固化剂、原砂、润滑剂和特殊添加剂等组成。

1. 热塑性酚醛树脂

（1）热塑性酚醛树脂的结构　生产覆膜砂通常采用热塑性固态（片状、短杆状、粉状、颗粒状等形状）酚醛树脂作黏结剂。热塑性酚醛树脂又称线形酚醛树脂或二阶酚醛树脂或 Novolac 树脂。它是在酸性介质中，由过量的苯酚与甲醛反应制得。在合成过程中，树脂分子结构既可形成邻位键合型，也可形成对位或邻、对位混合键合型。

所合成的不同酚核联结形式结构的二羟基二苯甲烷与乌洛托品的反应速度，根据 Bender 等人所测结果见表 5-92。为提高硬化速度，通常希望在合成中增加酚核间邻—邻′的联结数量。

表 5-92　二羟基二苯甲烷与乌洛托品的反应速度

酚核位置	熔点/℃	硬化速度/s（乌洛托品占树脂质量分数15%）
邻—邻′	118.5～119.5	60
邻—对′	119～120	240
对—对′	162～163	175

20 世纪 80 年代，西方发达国家在传统酚醛树脂的合成基础上，根据传统型热塑性酚醛树脂的特点对树脂进行改性，通过改变催化剂的种类，有效地控制树脂合成反应的进程和分子结构，合成出了性能稳定、适合于壳法铸造的相对高邻位的覆膜砂专用热塑性酚醛树脂。

（2）热塑性酚醛树脂的种类及性能指标　覆膜砂用酚醛树脂的主要性能有强度、软化点、聚合速度、黏度、流动性和游离酚含量等。

壳法覆膜砂用热塑性酚醛树脂按其对覆膜砂性能的影响，可分为高强度型、快硬型、低膨胀型、易溃散型、低气味型、耐热型、激光选择性烧结型等类型，有的还提出了抗脱壳型酚醛树脂等。各种热塑性酚醛树脂的优缺点见表 5-93。

表 5-93　各种热塑性酚醛树脂的优缺点

树脂类型	优　点	缺　点
高强韧型	常温强度高，低温固化交联好	高温强度低，充填性差，抗脱壳性差
快固型	高温强度高，缩短生产周期	起模性较差，充填性较差
抗脱壳型	抗脱壳性好，充填性良好，高温强度较高	常温强度较低，硬透性差
低膨胀型	抗裂纹性好	高温强度较低，固化性差
易溃散型	轻合金用溃散性好	比普通覆膜砂其他性能低
低臭型	防气孔缺陷好，散发臭气少	常温强度低，高温强度低，硬透性差
双混覆膜用液态树脂	抗脱壳性好，成型性好	充填性差，起模性差

表 5-94～表 5-97 为日本用于壳法覆膜砂的几种热塑性酚醛树脂的相关性能指标（其中硬化速度是在乌洛托品占树脂质量分数的 15%、硬化温度为 150℃ 的条件下测定的）。一般日本热塑性酚醛树脂的游离酚含量（质量分数）为 1%～2%。

表 5-94　高强度型热塑性酚醛树脂

项　目	PR-50827K	PR-50827B	PR-51964B
软化点/℃	78	70	78
硬化速度/s	130	125	110
流动性/mm	110	110	90

表 5-95　抗脱壳型热塑性酚醛树脂

项　目	PR-51649B	PR-51618B	PR-51494B	PR-51363B	PR-51926B
软化点/℃	72	74	78	82	75
硬化速度/s	50	50	50	55	35
流动性/mm	70	60	45	40	40

表 5-96　快硬型热塑性酚醛树脂

项　目	PR-51934B	PR-51894	PR-51787B
软化点/℃	75	72	70
硬化速度/s	55	40	40
流动性/mm	65	60	45

表 5-97　低膨胀型热塑性酚醛树脂

项　目	PR-51436	PR-50247	PR-51751	PR-51825	PR-51959
软化点/℃	78	90	72	75	75
硬化速度/s	30	65	55	45	50
流动性/mm	35	65	50	40	50
树脂改性种类	氧化松香改性		特殊改性		
用途	铸型的壳型或壳芯	叠箱造型，实体壳芯	实体壳芯	铸型的壳型或壳芯	实体壳芯

（3）覆膜砂用酚醛树脂的性能　覆膜砂用酚醛树脂的主要性能有强度、软化点、聚合速度、黏度、流动性、游离酚含量。采用不同摩尔比配料、催化剂、添加剂，以及采用不同的合成工艺，可制成性能不同的覆膜砂用酚醛树脂，以满足不同的使用要求。酚醛的树脂的性能受其微观结构的影响，如连接苯环的化学键的数量、位置和类型，树脂相对分子质量的大小和分布等。当树脂不能满足其某些特定的使用要求时，必须对其结构进行改性。

根据 JB/T 8834—2013《铸造覆膜砂用酚醛树脂》的规定，其分类、分级和牌号以及相关技术要求如下：

1）铸造覆膜砂用酚醛树脂按聚合时间分类见表5-98。

表 5-98　铸造覆膜砂用酚醛树脂按聚合时间分类

分类代号	聚合时间/s
F（快速）	≤35
M（中速）	>35～75
S（慢速）	>75～115

2）铸造覆膜砂用酚醛树脂按游离酚含量分级见表5-99。

表 5-99　铸造覆膜砂用酚醛树脂按游离酚含量分级

分级代号	游离酚含量（质量分数,%）
Ⅰ	≤3.5
Ⅱ	>3.5～5.0

3）铸造覆膜砂用酚醛树脂的牌号表示方法如下：

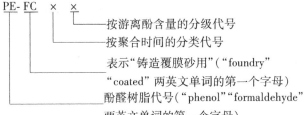

示例：聚合时间为 40s，游离酚含量为 1.0%（质量分数）的铸造覆膜砂用酚醛树脂，可表示为：PF-FCMⅠ。

4）铸造覆膜砂用酚醛树脂的性能指标应符合表5-100 的规定。

5）需方对铸造覆膜砂用酚醛树脂的强度等性能有特殊要求时，供需双方可在订货协议中另行规定。

国内生产覆膜砂用酚醛树脂的主要厂商有济南圣泉海沃斯化有工限公司、山东化工厂、济南潜力化工实业总公司、苏州陆慕化工厂、青岛合力化工厂和北京朝阳化工厂等。

表 5-101 列出了部分国内外热塑性酚醛树脂的性能。

表 5-100　铸造覆膜砂用酚醛树脂的性能指标

性能指标	按聚合时间分类		
	F	M	S
外观	条状、粒状或片状的黄色至棕红色透明固体		
软化点/℃	82～105		
流动度/mm	30～90	30～90	90～130

表 5-101　部分国内外热塑性酚醛树脂的性能

型号	软化点/℃	聚合速度（150℃）/s	流动性/mm	游离酚（质量分数,%）	应用
英国某树脂	78	36	92	1.39	—
德国某树脂	85	31	80	2.02	—
日本某树脂	71	50	—	1.1	—
PF-1350	85～93	28～30	45～70	≤1.5	快聚速，中强度

（续）

型号	软化点/℃	聚合速度（150℃）/s	流动性/mm	游离酚（质量分数,%）	应用
PFR – 1350	85 ~ 95	28 ~ 30	45 ~ 70	≤1.5	快聚速，高强度
PF – 1350 – 3	95 ~ 105	25 ~ 35	25 ~ 55	≤1.5	快聚速，高软化点
PF – 1352	93 ~ 100	25 ~ 35	30 ~ 45	3 ~ 4.5	快聚速，抗剥壳
PF – 1901	90 ~ 95	50 ~ 70	≥45	≤2.0	中软化点，高强度
PF – 1903	83 ~ 88	75 ~ 100	≥100	≤2.0	低软化点，高强度
PFR – 1909	90 ~ 95	30 ~ 45	30 ~ 60	≤1.5	中软化点，快聚速，高强度

2. 固化剂及树脂的固化过程

为了使热塑性酚醛树脂在制造壳型、壳芯过程中由线型转变成体型结构，必须补充酚醛树脂分子间连接苯酚的次甲基—CH_2—，通常为加入硬化剂（含有—CH_2—基团或析出甲醛的物质）并加热。常用的硬化剂为六次甲基四胺（乌洛托品）[$(CH_2)_6N_4$]，它是甲醛和氨的反应产物，结构式见图 5-52a。其加入量一般占树脂质量的 10% ~ 15%，并按乌洛托品∶水 = 1∶1 ~ 1.5（质量比）配成水溶液加入，部分乌洛托品分解并作为亚甲基桥（—CH_2—）的给予体和酚醛树脂的活性部分交联，形成不溶的体型结构（见图 5-52b）。另外，乌洛托品也提供氮原子键。有人认

为，在加热硬化过程中，有 66% ~ 77%（质量分数）的氮结合进入树脂硬化产物中，其原因是乌洛托品失去一个氮原子后，其他三个氮原子便与树脂链结合起来构成图 5-52c 所示的结构；也有人认为，会形成图 5-52d 所示的仲胺链，但在反应过程中，大部分氮成为氨排放到大气中。由于乌洛托品含 40% 的氮，给酚醛树脂黏结剂带来许多的氮，因而使壳型浇注铸钢件易产生皮下气孔。

乌洛托品外观为白色结晶粉末或无色晶体，密度为 1.27g/cm^3（25℃），约在 263℃ 升华，并部分分解，能溶于水、乙醇氯仿，可燃，火焰无色。乌洛托品的性能指标见表 5-102。

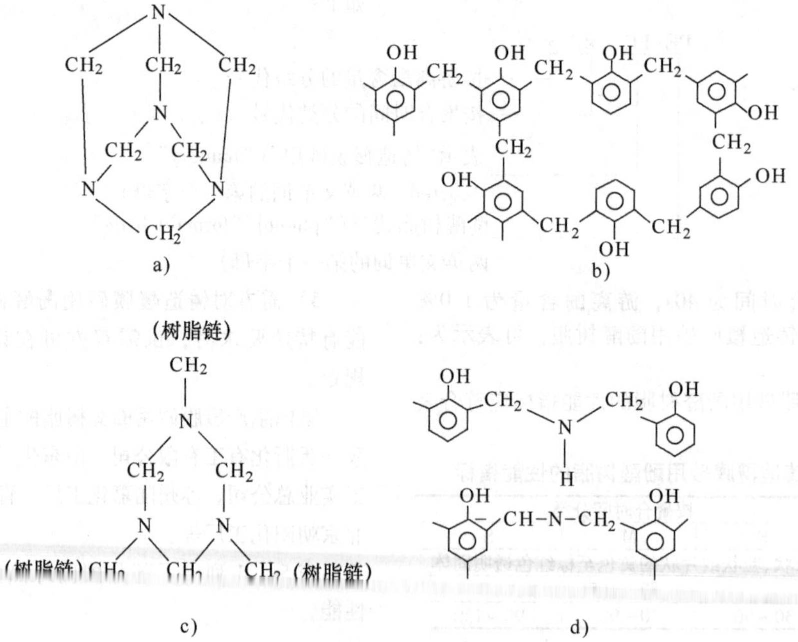

图 5-52　酚醛树脂同乌洛托品的反应
a) 乌洛托品的结构式　b) 典型的亚甲基交联结构　c) 氮键合方式之一　d) 氮的另一种键合方式

表 5-102　乌洛托品的性能指标

级别	外　观	纯度（质量分数,%）	干燥失重（质量分数,%）	灰分（质量分数,%）
一级	白色结晶	≥99	≤0.5	≤0.03
二级	白色或微色调剂晶	≥98	≤1.0	≤0.08

覆膜砂在模具或芯盒内的硬化方式为：酚醛树脂 + 乌洛托品 + 热硬。当覆膜砂受模温作用时，树脂膜引起 3 个阶段的化学反应和物理转移，见图 5-53。

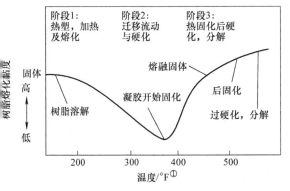

图 5-53　酚醛树脂从热塑性向热固性的转变曲线

$$① \ 1℉ = \frac{5}{9}K。$$

阶段 1：热塑性树脂开始熔融，树脂膜的黏度下降，混在凝胶化的树脂中的乌洛托品开始分解出甲醛。

阶段 2：在热塑性的 B 阶段的树脂，放出少量的副产物——水。此时，由乌洛托品放出的甲醛与酚醛反应缩合，向热固性的 C 阶段进行。黏结剂流过砂粒间，使砂粒间形成架桥。

阶段 3：随着酚醛消耗掉由乌洛托品放出的甲醛，酚醛树脂逐渐硬化，从而完成由可熔可溶的热塑性树脂向热固性树脂的转换。

热塑性酚醛树脂中，如果加入的乌洛托品量过少，则带入的氮少，但由于残存的未交联成体型结构的酚醛树脂较多，型、芯在浇注金属热的作用下，未成体型结构的树脂会重新软化或熔化（使抗开裂能力增强），增大型、芯变形量；乌洛托品加入量过多，型、芯的线胀系数增大，变形量小，较易开裂，

且由于乌洛托品含 40% 的氮，易促使壳型浇注铸钢件产生皮下气孔。

5.3.3　覆膜砂的生产

1. 原材料的选用

覆膜砂一般由耐火骨料、黏结剂、固化剂、润滑剂和特殊添加剂等组成。

（1）骨料　骨料是构成覆膜砂的主体。对骨料的要求是：耐火度高，挥发物少，颗粒较圆整及自身强度高等。一般选用天然擦洗硅砂，这主要是由于其储量丰富，价格便宜，能满足铸造要求。只有特殊要求的铸钢件或铸铁件才采用锆砂或铬铁矿砂。

关于壳法用硅砂的粒度，国外（英国）的经验指出，壳型覆膜砂用原砂的平均细度通常为 90 ~ 110，而壳芯用原砂的平均细度在 40 ~ 80 之间，壳法用原砂应具有的理想性能为：①要细，但颗粒级配很窄（不像一般要求的分散在 4 ~ 5 筛以上），并且要求极细的细粉占的百分率极少，而且这样的粒级应始终如一。某课题组曾对从国外进口用于铸钢件的覆膜砂做过检测，结果表明：该硅砂在 150 号筛上的达 71%，其余主要在 100 和 200 号筛上，50 号筛及以上的不足 1%，270 号筛及底盘的砂也只 1.1%。说明其颗粒级配很窄，但用该覆膜砂生产的铸钢件质量却非常好。②SiO$_2$ 含量应高，以保证有足够的耐火度。③砂粒为圆形，表面无杂质，以确保树脂黏结剂加入量最少。

沉积在英国京斯林城（Kings Lynn）的硅砂对满足上述理想要求很接近。因为该地出产的硅砂是一种粒级很窄，大多数在两筛上的细砂，并且 SiO$_2$ 含量很高，其 SiO$_2$ 的质量分数为 98.2%，泥的质量分数为 0.1%，耗酸值为 0.7。对这种砂进行专门处理（砂粒在受控条件下进行摩擦）以后，具有很好的颗粒表面，很干净且粒级一致。表 5-103 是京斯林城 100 砂（KL100sand）的颗粒组成。

表 5-103　京斯林城 100 砂的颗粒组成

筛孔尺寸/mm	0.500	0.355	0.250	0.180	0.125	0.090	0.063	底盘	平均细度	粒度
相当筛号	30	44	60	83	120	166	240	底盘	103	120/140
筛上停留量（质量分数，%）	0.2	1.0	1.8	7.4	40.0	44.8	4.5	0.3		

美国铸造学会推荐的该国壳法用部分原砂见表 5-104。该表列出的是从其中挑选出来的其平均细度近似英国京斯林城及我国某些覆膜砂厂所用原砂的平均细度。这些原砂基本符合英国提出的壳法用原砂的理想性能，但是在粒形方面既有圆形，也有次角形。

随着对铸件质量要求的日趋严格，如薄壁轻量化、现状复杂化、尺寸精度提高等，所要求的铸型特

性也日趋严格。例如，缸体水套的水路砂芯以及液压阀砂芯等，其形状复杂、薄壁，硅砂原砂的覆膜砂壳芯出现折断问题，铸件产生脉纹、粘砂、气孔以及浇注后出砂困难等问题，为防止上述铸造缺陷，对覆膜砂用原砂提出了更高的要求：①砂粒表面须洁净；②粒形应圆整；③具有低膨胀系数；④耐热性好；⑤硬度较高，旧砂复用性好；⑥价格相对低廉等。

表 5-104　美国铸造学会推荐的该国壳法用部分原砂

序号	下列筛号下筛上停留量（质量分数,%）								AFS 平均细度
	40	50	70	100	140	200	270	底盘	
1	—	0.7	8.8	43.1	35.3	10.6	0.9	0.6	87.1
	产地：新泽西州；粒形：次角形；SiO_2 含量：99%；含泥量：0.0%~0.5%；颜色：暗黄色								
2	—	0.72	13.88	50.8	23.8	9.44	1.92	0.44	83
	产地：密歇根州多斯科拉郡瓦萨；粒形：次角形；SiO_2 含量：93%；含泥量：1.5%~2%；颜色：黄褐色								
3	—		21.0	45.0	23.0	7.0	4.0	—	83
	—	0.04	28.2	44.8	9.44	1.92	0.44		100
	产地：伊利诺伊州拉塞郡渥太华；粒形：圆形；SiO_2 含量：98%；含泥量：0.0%~0.5%；颜色：白色								
4	0.28	3.74	26.3	39.04	23.08	5.09	1.85	0.62	78
	0.2	1.0	6.2	35.2	43.8	7.8	1.0	1.2	91
	产地：俄亥俄州格加湖；粒形：次角形；SiO_2 含量：99.5%；含泥量：无；颜色：白色								
5	—	0.04	28.7	45.2	18.8	5.0	0.34		109
	产地：佐治亚州西华尼和欧克乐起；粒形：次角形；SiO_2 含量：97%；含泥量：1.0%~1.5%；颜色：半透明的								

锆砂能满足上述低膨胀系数和高耐热性的要求，但是由于锆砂的价格高，来源有限，且密度大等，因而在使用中受到限制。因此，寻找能部分取代硅砂和锆砂的原砂，是壳法覆膜砂研究的重点之一。目前国内外开发的三种原砂值得关注。

1）顽辉石砂。顽辉石砂是熔炼铁镍合金的副产物——熔融状态的炉渣用空气吹散，冷却后成为细小的球状颗粒（粒径在 0.5mm 以下），然后再在槽式磨矿机内加水研磨而得到的一种非常适于作铸造原砂的球形砂。日本商品名称是太阳珠砂。因为开发顽辉石砂是利用废弃物，故成品砂的价格只略高于硅砂。

太阳珠砂的主要化学成分见表 5-105。

表 5-105　太阳珠砂的主要化学成分

化学成分	SiO	MgO	Al_2O_3	Fe_2O_3	CaO
质量分数（%）	50~55	27~36	1.5~2.5	8~16	0.5~5

太阳珠砂的粒形形貌见图 5-54。

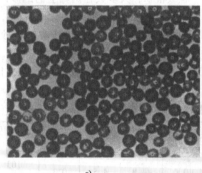 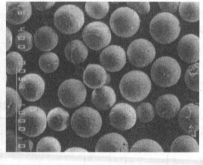

a)　　　　　　　　　　　　　　b)

图 5-54　太阳珠砂的粒形形貌

a）光学显微镜照片　b）电子显微镜照片

2）球形陶瓷砂。球形陶瓷砂是一种以 Al_2O_3 – SiO_2 为主要矿物成分，粒径为 0.02~3.35mm 的耐火颗粒物。其加工方法为使用高铝矿石（铝矾土）经电弧炉高温熔炼，再经高压空气喷制冷却工艺，从而得到球形颗粒物。其商品名称为宝珠砂。

根据 JB/T 13043—2017《铸造用球形陶瓷砂》，铸造用球形陶瓷砂按 Al_2O_3 含量分级和各级的化学成分见表 5-106。

表 5-106　铸造用球形陶瓷砂按 Al₂O₃ 含量分级和各级的化学成分

分级代号	Al₂O₃（质量分数,%）	SiO₂（质量分数,%）	化学成分（质量分数,%）			耐火度/℃
			Fe₂O₃	TiO₂	K₂O + Na₂O	
Ⅰ	>78	>12	<1	<1.9	<0.3	>1900
Ⅱ	>75	>13	<1.9	<2	<0.35	>1800
Ⅲ	>70	>16	<3	<3	<0.37	>1700
Ⅳ	>65	>16	<3	<3	<0.37	>1600

铸造用球形陶瓷砂按粒度组成分级见表 5-107。

表 5-107　铸造用球形陶瓷砂按粒度组成分级

分级代号	平均细度	粒度组成（%）									细粉含量（底盘）（质量分数,%）
		20目	30目	40目	50目	70目	100目	140目	200目	270目	
350	25~35	5~10	20~35	35~45	10~20	0~5					≤0.3
450	35~45		0~10	25~45	25~45	10~25	0~5				≤0.3
550	45~55			5~10	25~40	25~45	15~25	0~5			≤1
650	60~70				10~25	20~40	20~40	15~25	5~8		≤5
750	75~85				5~10	20~30	20~40	20~30	5~10		≤5
950	90~100					5~10	20~40	25~40	10~20	0~5	≤5
1000	100~110						0~5	25~40	25~40	15~25	5~10	≤10

铸造用球形陶瓷砂的牌号表示如下：

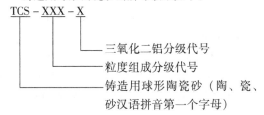

TCS - XXX - X

　　　　　　三氧化二铝分级代号
　　　　粒度组成分级代号
　铸造用球形陶瓷砂（陶、瓷、砂汉语拼音第一个字母）

示例：TCS - 035 - Ⅰ 表示铸造用球形陶瓷砂的粒度组成代号为 035，Al₂O₃ 含量 >78%。

铸造用球形陶瓷砂的技术要求是：①外观为球形的棕褐色或灰褐色颗粒。②化学成分各组分含量应符合表 5-107 的规定。③平均细度及粒度组成对于任一牌号的陶瓷砂，生产厂家都需提供其平均细度及粒度分布图表，陶瓷砂的主要粒度组成部分五筛不小于 90%，粒度组成应符合表 5-107 的规定。④袋装含水量不大于 0.1%。⑤酸耗值不大于 3.0mL/g。细粉含量应符合表 5-107 的规定。⑥角形因数和圆形度，应符合表 5-108 的规定。⑦1200℃平均线胀系数应符合表 5-109 的规定。

表 5-108　角形因数和圆形度

检验项目	检验指标	备注
角形因数	≤1.1	仲裁
圆形度	≥0.9	推荐

表 5-109　平均线胀系数

产品等级	1200℃平均线胀系数/10⁻⁶℃⁻¹
1	≤6
2	≤8

国产球形陶瓷砂的主要技术指标见表 5-110。

表 5-110　国产球形陶瓷砂的主要技术指标

颜　色	棕、黑色
粒形	球形（角形因数≤1.1）
筛号	20/30, 30/40, 40/70, 50/100, 70/140
堆密度/（g/cm³）	1.95~2.05
成分（质量分数,%）	α-Al₂O₃≥80, SiO₂≤15, TiO₂≤1.5
耐火度/℃	>1790
pH 值	7.6
热导率（1200℃）/[W/(m·K)]	5.27
线胀系数（20~1000℃）/10⁻⁶℃⁻¹	6

3）炭粒砂。这里所说的炭粒砂，是指由煅烧液态石油焦制得的球形砂，不包括由破碎石墨电极块制得的尖角形石墨颗粒。炭粒砂的典型化学成分（质量分数）为：炭93.7%，挥发分1.5%，灰分1.5%，氮0.5%，硫5.5%。

顽辉石砂、莫来石陶粒砂和炭粒砂的共同特点为：①热膨胀少，可以和锆砂媲美，用其配制型砂，铸件不会产生膨胀缺陷。②颗粒为球形，型砂的流动性好，易于舂实，而且透气性好。③表面清洁。④无硅粉尘危害。⑤颗粒不易破碎，回用率高于硅砂。

另外，炭粒砂还具有以下特点：①用以配制的型砂、芯砂的起模性能很好，即使模样上有深的凹部也易于脱出。②不为金属液所润湿，也不与金属氧化物作用，可消除粘砂缺陷。③莫来石陶粒砂比硅砂耐火度高等。

目前，顽辉石砂的不足之处是其导热性比硅砂还低，使得覆膜砂在制壳型（芯）时固化速度慢，壳层薄，且其密度比硅砂高15%。而炭粒砂与莫来石陶粒砂的价格比硅砂高很多，目前国产"宝珠砂"已在国内覆膜砂厂作为非石英质原砂而广泛使用。

（2）黏结剂及固化剂　目前国内外普遍采用酚醛类树脂作为黏结剂。酚醛类树脂有固体和液体、热固性和热塑性之分。生产覆膜砂通常采用热塑性固态（片状、短杆状、粉状、颗粒状等形状）酚醛树脂，有时添加一部分热固性的液态酚醛树脂，以提高固化速度。

热塑性酚醛树脂由于在树脂合成中甲醛用量不足，大分子呈线型结构，分子内留有未反应的活性点，当加入固化剂后，使甲醛得以补充，导致缩聚反应继续进行，直至完全交联。当前覆膜砂最普遍使用的固化剂是乌洛托品，其加入量为树脂质量的10%~15%。为了提高生产率，促进酚醛树脂快速固化，可添加一些促进乌洛托品高温迅速分解的促进剂。

乌洛托品的固化机理一般认为是乌洛托品中一个氮原子上连接的三个化学键相继打开，并与三个二阶树脂的分子链反应生成体型结构分子，同时释放出NH₃。酚醛树脂的固化剂除了乌洛托品外，工业上应用的还有多聚甲醛、三羟甲基苯酚、多羟甲基三聚氰胺和唑啉类化合物等，但在文献中未曾看到覆膜砂中使用这些固化剂。

（3）润滑剂　酚醛树脂覆膜砂的润滑剂通常为硬脂酸钙，它对覆膜砂的流动性、结块性、发气量、强度和热韧度都有影响。硬脂酸钙虽然在硅砂中加入非常少（质量分数为0.1%），但对壳型覆膜砂的实用特性却非常大，主要表现在：①防止覆膜砂结块，可提高覆膜砂的黏结温度。②改善制壳型（芯）时的充填性，使壳型（芯）的密度增大，最终使壳型（芯）抗弯强度提高。③改善抗脱壳性。④改善起模性。

硬脂酸钙外观为白色细微粉末，密度为1.08g/cm³，熔点120℃以上，不溶于水，微溶于热的乙醇，遇强酸分解为硬脂酸和相应的钙盐，在空气中具有吸水性，无毒。根据HG/T 2424—2012《硬脂酸钙》的规定，其相关质量指标见表5-111。覆膜砂用硬脂酸钙一般使用一级品。

表5-111　硬脂酸钙的质量指标

指标名称		一级品	合格品
含钙量（质量分数，%）		6.3~6.8	6.0~7.5
游离酸（质量分数，%）	≤	0.5	1.0
水分（质量分数，%）	≤	3	5
熔点/℃		140	120
细度（200号筛通过，质量分数，%）	≥	99	98
机械杂质（0.1~0.6mm颗粒，质量分数，%）	≤	6	12

（4）附加物　附加物的主要作用是改善覆膜砂的性能。目前采用的附加物主要有：耐高温添加剂（如含碳材料或其他惰性材料）、易溃散添加剂（如二氧化锰、重铬酸钾、高锰酸钾、己内酰胺等）、增强增韧添加剂（如超短玻璃纤维材料、有机硅烷偶联剂等）以及防粘砂添加剂、解决铸件缺陷（如抗橘皮等）的添加剂和抗老化添加剂等。

1）氧化铁。硅砂的导热性能相对低，但可以通过加入氧化铁来提高（磁铁矿或赤铁矿）。颗粒状氧化铁加入的质量分数为5%~8%，粉状氧化铁加入的质量分数为0.5%~2%。通过添加氧化铁，可以提高砂的导热性能，加快熔融金属的冷却速度，并且使壳型（芯）的热量分布均匀。热量分布越均匀，出现裂纹的概率就越小。氧化铁不但可以作为一种冷却剂，而且可以作为一种高温黏结剂。用于铸钢件的所有覆膜砂和用于铸铁件的一些壳芯砂均添加有氧化铁。对于铸钢件，它可以预防橘皮缺陷的产生；而对于铸铁件，氧化铁可以预防壳芯上细小裂纹的产生。

2）黏土。黏土是用于铸钢覆膜砂的另一种材料，它可以预防铸件所产生的表面缺陷。黏土是一种比氧化铁更高效的高温黏结剂和冷却剂，但因其是一种非常细的粉，所以它会导致覆膜砂强度大幅度降低，因而应控制其加入量。

3）溃散剂。溃散剂为硝酸钠的水溶液。硝酸钠是一种氧化剂，也就是说它在加热过程中可以释放氧。在铝合金铸造中，浇注温度为 700～800℃，这样的温度不足以把作为黏结剂的树脂完全燃烧掉。通常铸件需要在炉子中加热几个小时才能把树脂完全燃

烧掉，但加入溃散剂后则可以缩短加热时间，或者在许多情况下，用溃散剂就可以通过提供充足的氧而不用加热。溃散剂遇到活性非常高的树脂时趋向于降低强度，所以最好用低活性、高强度的树脂。

4）其他添加剂。其他添加剂有增塑、偶联剂及其他酸类等。

2. 覆膜砂配方及混制工艺

覆膜砂主要包含质量分数为 95%～99% 的砂子和质量分数为 1%～5% 的树脂。覆膜砂的配比因技术水平及性能要求的不同而异。其基本配比见表 5-112。

表 5-112 覆膜砂的基本配比

成分	原砂	树脂黏结剂	固化剂	润滑剂	添加剂
配比（质量比）	100	1.0～3.0	10～15（占树脂质量分数）	5～7（占树脂质量分数）	0.1～5.0
说明	硅砂及其他原砂	目前多为固态热塑性酚醛树脂和一部分液态热固性酚醛树脂	多为乌洛托品水溶液（40%～50%）	多为硬脂酸钙，还有其他蜡状材料	各种功能性助剂

覆膜砂的混制工艺主要有冷法覆膜、温法覆膜和热法覆膜三种，其中最常用的是热法覆膜，因为该法

具有树脂用量少、生产率高等特点。覆膜砂的生产方法见表 5-113。

表 5-113 覆膜砂的生产方法

方法名称	使用树脂的形态	制造方法
热法	液态树脂	将硅砂及液态树脂等在常温下放入混砂机中，吹 150℃ 的热风，使乙醇挥发而得到覆膜砂
冷法（1）	液态树脂	将硅砂及液态树脂等在常温下放入混砂机中，吹常温的空气，使乙醇挥发而得到覆膜砂
冷法（2）	粉末状树脂	将硅砂及含有乌洛托品的粉状树脂、煤油等在常温下放入混砂机中，煤油挥发而得到覆膜砂
半干热法（温法）	液态树脂	将硅砂及液态树脂等在常温下放入混砂机中，吹 80～120℃ 的热风，使乙醇挥发而得到覆膜砂
干热法（热法）	固态树脂和/或辅助添加的液态树脂	用加热装置将硅砂加热至 130～160℃，在硅砂的热使固态树脂熔融的同时，加入硬化剂，得到覆膜砂

热法覆膜工艺（以叶片式混砂机为例）基本工艺参数见表 5-114。覆膜工艺流程为：砂加热→加树

脂→加表面活性剂和部分硬脂酸钙→加固化剂和部分硬脂酸钙→冷却→出砂。

表 5-114 热法覆膜工艺基本工艺参数

工艺次序	项目内容	技术要求
1	原砂加热、砂温/℃	140～160
2	加树脂混碾时间/s	45～50
3	砂温降至 105～110℃ 时，加乌洛托品混碾时间/s	10
4	加硬脂酸钙混碾时间/s	45～50
5	砂温降至 70℃ 以下时，卸砂—冷却—破碎时间/s	10
6	筛分	

混砂过程和覆膜条件是影响覆膜砂质量的关键因素。覆膜砂生产过程分为三个阶段。第一阶段，将树脂加入到热砂中，由于热砂的热作用而使树脂升温、软化，并逐步包覆砂粒。当树脂被热砂加热到具有良好的流动性和覆膜性以后，树脂与砂粒混合均匀，即

开始覆膜第二阶段。第二阶段为降温阶段，始于树脂获得足够的热量，达到软化温度以上并进行覆膜后，砂与树脂混合料开始降温，树脂黏度不断增加，直到加固化剂时为止。第二阶段的延续时间较短，团块黏度增大。团块的黏度越大，混合料温度越接近树脂的

软化点。第三阶段，混合料温度降到 110 ~ 120℃时，树脂完成覆膜过程，开始加固化剂水溶液。由于冷的固化剂的加入和固化剂中水分的蒸发，混合料温度急剧下降，混合料很快黏结成固体团块，并在混砂机中快速搅拌的冲击作用下，混合料团块被逐步击碎分散，形成松散的、表面包覆了树脂膜的成品覆膜砂。为了保证覆膜砂的品质，必须控制好各阶段的温度和混碾时间，控制好固化剂加入时间。

3. 覆膜砂生产用专用设备

覆膜砂的质量不但取决于工艺配方和原材料，也与采用的设备有重要关系。覆膜砂生产的主要设备是型砂加热器和混砂机。国内外加热器的种类很多，加热方式可分为直接加热式、间接加热式；热源有电加热、液化气或煤气加热、油加热、煤加热和焦炭加热

等。制砂设备应因地制宜选用，选用的标准是：无污染，均匀、高效加热原砂。在国内使用的设备有大混砂量的行星转子设备（200 ~ 250kg/锅）、中混砂量的行星转子设备、摆轮式设备（120 ~ 160kg/锅），以及以 Webac 为代表的欧洲进口设备等。最常用的混砂机主要有叶片式和高速摆轮式。具有充分搅拌和一定冷却破碎功能的混砂机，最适于覆膜砂生产。目前国内已有多种型号的自动化或半自动化热法覆膜砂生产线问世。

5.3.4 覆膜砂的标准与分类

1. 覆膜砂的标准

JB/T 8583—2008《铸造用覆膜砂》规定了覆膜砂的分级和牌号表示方法，铸造用覆膜砂按常温抗弯强度和灼烧减量分级分别见表 5-115 和表 5-116。

表 5-115　铸造用覆膜砂按常温抗弯强度分级

代　　号	10	8	7	6	5	4	3
常温抗弯强度/MPa	≥10	≥8	≥7	≥6	≥5	≥4	≥3

表 5-116　铸造用覆膜砂按灼烧减量分级

代　　号	15	20	25	30	35	40	45
灼烧减量（质量分数,%）	≤1.5	≤2.0	≤2.5	≤3.0	≤3.5	≤4.0	≤4.5

铸造用覆膜砂必测的性能指标有：常温抗弯强度、热态抗弯强度、灼烧减量、粒度和熔点。其中，常温抗弯强度和灼烧减量应分别符合表 5-115 和表 5-116的规定，熔点为 96 ~ 105℃，热态抗弯强度为1.5 ~ 5.0MPa，粒度分组按GB/T 9442—2010的规定执行。对于选测性能指标，常温抗拉强度、热态抗拉强度、发气量和流动性以及一些特殊性能指标（如热变形、溃散性、硬化速度等）有特殊要求时，供需双方可在订货协议中商定。

2. 覆膜砂的分类

随着覆膜砂应用范围的不断扩展，不同铸造工

艺、不同材质要求以及不同结构的铸件对覆膜砂提出了不同的性能要求。自 20 世纪 90 年代以来，国内开发了不同性能的覆膜砂，按其性能特点来划分，可将国内市场上的覆膜砂分为干态和湿态两大类。其中，干态类包括普通类、耐高温类、高强度低发气类、易溃散类、离心铸造类等，湿态覆膜砂包括机械类和手工类两种。除上述覆膜砂外，国内外还有低气味（低氨）、无氮或低氮、激冷等类型的覆膜砂。

覆膜砂种类、特征及其应用见表 5-117。

表 5-117　覆膜砂种类、特征及其应用

覆膜砂种类	主 要 特 征	应　　用
普通覆膜砂	由硅砂、热塑性酚醛树脂、乌洛托品和硬脂酸钙组成，不加有关添加剂，常温抗拉强度为 1.0 ~ 1.1MPa（树脂质量分数为1%）	适用于一些要求不高、结构较简单的铸铁件生产
高强度低发气覆膜砂	加入有关特性的添加剂和采用新的配制工艺，其抗拉强度要比普通覆膜砂高30%以上，发气速度比普通覆膜砂要慢 3s 以上	小型、复杂、精密的多缸发动机的水冷缸盖、阀体类的铸钢件和铸铁件的砂型（芯）
耐高温覆膜砂	其高温强度大，耐热时间长，高温变形小，如普通覆膜砂在 1000℃下的抗压强度 < 0.2MPa，耐热时间 <90s，而耐高温覆膜砂在该温度下的抗压强度 >0.8MPa，耐热时间 >150s	复杂薄壁精密的铸铁件（如汽车发动机缸体、缸盖等）以及高要求的铸钢件（如集装箱箱角和火车制动缓冲器壳体等）的砂芯
耐高温、低膨胀、低发气覆膜砂	其高温抗压强度 >0.8MPa，耐热时间 >150s，热膨胀率 <0.6%，发气量 ≤15mL/g，冷拉强度 >3.5MPa，冷弯强度 >7.0MPa	
易溃散覆膜砂	针对非铁合金铸件不易清砂而开发的一种覆膜砂，在具有较好强度的同时具有优异的低温溃散性	进气歧管、缸盖水套砂芯、增压蜗轮壳体等

（续）

覆膜砂种类	主要特征	应用
湿态覆膜砂	在室温下为湿态，并且长时间存放不会自然干燥，一般存放期大于 1 年	湿态手工类覆膜砂用于手工制芯；湿态机械类覆膜砂用于直接代替热芯盒砂，用射芯机制芯，射头不用改装
离心铸造覆膜砂	覆膜砂的密度较大，发气量较低且发气速度慢	该覆膜砂适用于热模法离心铸造工艺，可用它代替涂料生产离心铸管等
低氨覆膜砂	每 1% 灼烧减量对应的氨气量 $\leqslant 400 \times 10^{-4}\%$ 的覆膜砂，根据其氨气量（$10^{-4}\%/1\%$ 灼烧减量）分为 3 级：$\leqslant 250$、$>250 \sim 350$、$>350 \sim 400$	制型（芯）及浇注过程中气味低的场所

5.3.5 覆膜砂型（芯）的制造

覆膜砂型（芯）制造的基本流程分为 5 个阶段：吹砂或翻转→结壳→排砂→硬化→取芯（型）。

1）翻转或吹砂，即将覆膜砂倾倒于壳型模样上或将其吹入芯盒内而制造壳型或壳芯。

2）结壳。通过调节加热温度和保持时间来控制壳层厚度。

3）排砂。将模样和芯盒翻转，使未反应的覆膜砂从被加热的壳型表面落下，收集后供再次使用。为使未熔融的覆膜砂更容易去除，如有必要，可采取前后摇动的机械方法来进行。

4）在加热状态下保持。为使壳层厚度更均匀，在一定的时间下使之与加热壳型表面接触，进一步硬化。

5）顶出壳型、壳芯。将硬化的壳型和壳芯从模样和芯盒中取出。

1. 壳型的制造

翻斗法是最常用于制造壳型的方法，此外还有摇动式翻斗法、隔膜加压法等。表 5-118 为部分国产壳型机的型号、规格。

表 5-118　部分国产壳型机的型号、规格

名称	型号	壳型尺寸/mm	压缩空气压力/MPa	电热功率/kW	生产率/(片/h)	净重/t	外形尺寸（长×宽×高）/mm
翻斗壳型机	Z935	600×500×200		20	12	2.3	2220×1450×2105
	Z95	最大模板：400×400×（225+225）最大开合模行程：300	0.6				3000×1800×2650
	Z954	最大模具尺寸 400×360×（170+180）	0.6				3200×1650×2600
	Z955	500×400×（170+170）	0.6				3300×1750×2800
	Z956	600×400×（170+190）	0.6				3000×2800×3300
	Z957	700×520×（180+200）	0.6				3150×2900×3350
	Z958	850×800×（225+225）	0.6				4140×2175×3730
壳型合型机	Z935-1					0.8	660×960×2330

2. 壳芯的制造

目前根据取芯机构的特点，可有各种壳芯制造方法。根据壳芯的复杂程度，有翻转法、垂直落下法、吹砂法和离心法等。

K87 型壳芯机是常用的壳芯生产设备，它由加砂装置、吹砂装置、芯盒开闭机构、翻转机构、顶芯机构和机架等组成。K89 翻转式壳芯机适合芯盒尺寸在 850mm×900mm×（200～400）mm 范围内垂直分型的覆膜砂壳芯的生产，尤其适用于发动机缸体芯的生产。其主要参数见表 5-119。

表 5-119　K89A 翻转式壳芯机的主要参数

项　目	参　数
芯盒最大尺寸/mm	850×900×（200～400）
生产周期/s	30（设备纯循环时间）+硬化时间
电加热（也可煤气加热）功率/kW	60
翻转电动机功率/kW	3
射砂筒容积/L	60
外形尺寸（长×宽×高）/mm	2200×2090×2280
设备重量/kg	4700

表5-120列举了壳芯机制芯工艺参数实例。

表5-120 壳芯机制芯工艺参数实例

芯名	壳厚 /mm	芯重 /kg	芯盒温度 /℃	射砂压力 /MPa	制芯时间/s			
					射砂	结壳	摇摆	硬化
前轮毂	7~10	1.2~1.3	270~300	0.2~0.3	3~5	20~30	5~10	20~25
后轮毂	7~10	2.2~3.0	270~300	0.2~0.3	3~5	20~30	5~10	20~30
进气管	7	≈2	230~260	0.2~0.3	3~5	10~15	10	40~55
排气管	7	≈2.4	260~280	0.2~0.4	3~6	15~30	10	45~60
曲轴箱	12~15	6~8	270~300	0.2~0.35	3~5	60~65	5~10	80~100

3. 实体芯的制造

从理论上讲,覆膜砂几乎可以生产所有类型,尤其是高精度铸件的实体芯。采用湿态覆膜砂时,可直接利用热芯盒设备和工装制芯,而无须对原有设备和工装做任何改变。采用干态覆膜砂时,由于其流动性好,须对芯盒的排气方式、射嘴及芯盒密封进行特殊处理。可利用安息角原理(覆膜砂的安息角约为30°),解决射砂后排气时覆膜砂进入射腔和不射砂时覆膜砂自动下落等问题。

下面以GSR2热芯盒射芯机为例,介绍其制作实体芯的有关工艺参数(见表5-121)。

表5-121 GSR2热芯盒射芯机工艺参数

压缩空气压力/MPa	射砂压力/MPa	射砂时间/s	固化温度/℃	固化时间/min
≥0.50	0.3~0.5	1~3	235~275	1.5~3

砂芯结构不同,射芯工艺差别较大。此外,固化温度指的是模具的固化温度,有些模具的加热管装在加热板上,这样显示的固化温度和模具的实际固化温度是有差异的。

目前,采用干态覆膜砂热芯盒制芯工艺的厂家较多。表5-122列举了几个厂家的覆膜砂热芯盒工艺参数实例。

4. 覆膜砂预热及其装置

所谓覆膜砂预热,即在覆膜砂造型前,采用预热装置来加热覆膜砂。利用加热装置可使覆膜砂温度均匀,且能去除覆膜砂中的水分。表5-123为覆膜砂的预热效果。

表5-122 覆膜砂热芯盒工艺参数实例

砂芯名称	单重 /kg	每盒芯数	总重 /kg	加热功率 /kW	芯盒温度/℃		固化时间/s	射砂压力/MPa	射砂时间/s	应用铸件
					上(左)模	下(右)模				
缸筒1#	2.5	1	2.5	39.6	220	240	150	0.4~0.5	4~6	微型汽车发动机 367Q 机体
枕头芯	1.9	3	5.7	39.6	220	240	150	0.4~0.5	4~6	
侧芯1#	5.6	1	5.6	39.6	230	250	170	0.5~0.6	4~6	
水套芯	0.85	1	0.85	6.6	200	200	90	0.3~0.4	2~3	微型汽车发动机 367Q 机体
机关舱小芯	0.25	1	0.50	6	200	200	90	0.3~0.4	2~3	
外膜小芯	0.16	1	0.48	6	200	200	90	0.3~0.4	2~3	
水套芯(整体)	8.0	1	8.0	33.3	280~300	280~300	90	0.3~0.35	4~6	4102柴油机机体
水套芯(上半)	3.2	1	3.2	15	250~270	250~270	150	0.4~0.5	4~6	6105柴油机缸盖
水套芯(下半)	2.4	1	2.4	15	250~270	250~270	90	0.4~0.5	4~6	

表5-123 覆膜砂的预热效果

对覆膜砂性能的影响		对制型(芯)性能的影响	
覆膜砂温度的上升 (室温→60℃)	固化性提高	造型周期缩短	生产率提高
		模样温度可降低	尺寸精度提高,操作环境改善
水分降低(减少约50%)	流动性提高	充填性提高	壳型的实体强度提高,制造复杂壳芯成为可能
		中空性(率)提高	可制造出均一的壳型厚度,壳芯的轻量化成为可能

5.3.6 覆膜砂型(芯)及铸件缺陷

壳型(芯)铸造生产中产生的缺陷可分为两类:

第一类为壳型、壳芯生产中出现的缺陷,主要有脱壳或夹层、壳型(芯)破损(起模时强度低、部分或完全破裂）、充填不良、表面疏松、壳芯（型）变形和翘曲等；第二类为在浇注时出现的缺陷，主要有粘砂（机械粘砂和化学粘砂）、膨胀类的脉纹、裂纹及变形、孔洞类的气孔、皮下气孔等。表 5-124 ~ 表 5-129 列举了其中常见缺陷的主要原因及对策。

表 5-124　影响脱壳的主要原因及对策

原　因	对　策	备　注
覆膜砂抗脱壳性差	选用相对分子质量较高的树脂，软化点高，熔化温度范围小，可减少脱壳现象；反之，则增加脱壳现象	在覆膜砂配方及其工艺中，除了选定的树脂性能外，原砂的质量也直接影响覆膜砂的抗脱壳性能
	增加树脂加入量	
	乌洛托品加入量达 15%（占树脂质量分数）	
	软化层过厚时，通过提高树脂固化速度来解决	
	采用两阶段覆膜法（即先加固态树脂，然后再加占固态树脂质量分数 5%~20% 的液态树脂进行混制覆膜的方法）	
	为达到均匀壳厚，应避免多余的结壳层	
	使用细粒、粒形圆整的原砂	
	硬脂酸钙加入量太高将增加脱壳倾向，应使其加入量适中	
壳型、壳芯制造方法不当	模样温度不均匀导致壳层厚度不均匀，应将模样温度调整至均匀一致	由于模样即覆膜砂温度的变化，导致壳型（芯）壳层厚度的变化，进而出现脱壳缺陷，而充填不良也导致脱壳缺陷
	吹砂压力太低，吹砂时间太短，导致壳型（芯）不密实；吹砂时间太长，压力太高，使芯盒表面激冷	
	模样表面污染，应清扫干净	
	壳型（芯）不密实，导热性差，为增加充填性，应提高吹砂压力	
	应对翻转时间进行调整，避免时间过长	
	减少模样翻转时的冲击	
	应对振动进行调整，避免过于强烈	
	覆膜砂吸湿，应防湿储存	

表 5-125　穿芯产生的原因及防止措施

类　型	原　因	防止措施
壳型（芯）热强度太低	树脂强度低，固化剂加入量少	选用高强度覆膜砂
结壳太薄	模样温度低或结壳时间短	提高模样温度或延长结壳时间
产生严重脱壳，局部壳层薄	覆膜砂、制芯工艺等的选用不合理	所有防脱壳的措施
壳芯局部产生裂纹	硅砂纯度高，粒度集中，热膨胀大	降低石英含量或采用非石英质原砂
	壳型（芯）在热态时储存不当	采用正确的堆放方式
	脱模时粘模而引起变形	采用正确的芯盒工装设计
	脱模顶杆位置不当或需用顶杆的部位未用顶杆	采用优质脱模剂等
壳型（芯）硬化不足或过烧	模样温度及制芯工艺不合理	制订正确的制芯工艺

表 5-126　壳型（芯）破损的原因及对策

原　因	对　策	备　注
壳型（芯）强度低（由覆膜砂所导致）	使用速硬树脂	快速硬化与硬透性是矛盾的，应在两者之间加以平衡
	增加热态和常温强度	
	增加树脂及乌洛托品加入量	
	壳层薄，应改善内部硬化特性（硬透性）	
壳型（芯）强度低（由于造型、制芯的原因）	烧结时间短，应加以延长	要对造型、制芯的充填及取出等工序进行检查，应重视造型、制芯工艺
	模样温度低，应提高其模样温度	
	充填不足，应采取相应措施	
	模样温度不均匀，导致烧结层变化，使模样温度一定	
	顶杆顶出壳型（芯）时要平稳	
	取出型（芯）时应轻拿轻放	

（续）

原　因	对　策	备　注
起模不当导致的破损（由覆膜砂的原因）	增加硬脂酸钙加入量，以提高覆膜砂的熔点	采用相对分子质量高、高软化点的树脂，通过硬化特性的调整来进行判断
	应去除覆膜砂中的微粉	
	如果硬化过快，会导致壳型（芯）与模样粘连，应调整硬化特性	
	覆膜砂配制时采用单混法	
起模不当导致的破损（由造型制芯原因引起）	模样污染导致粘模，应清扫	覆膜砂及脱模剂的残渣往往附在模样上，导致污染问题
	涂脱模剂	
	调整起模斜度	

表 5-127　充填不良的主要原因及对策

原　因	对　策	备　注
覆膜砂的充填性、流动性差	使用相对分子质量高的树脂，以提高覆膜砂的熔点	应避免将相对分子质量高和低的树脂掺合在一起 高熔点的覆膜砂稍微提高硬化速度 原砂的选定是重要的
	增加硬脂酸钙加入量，以提高覆膜砂的熔点	
	降低树脂加入量，以降低黏度	
	降低硬化速度	
	使用安息角低的原砂	
	去除原砂中的微粉	
	使用单一的粗粒原砂	
因造型、制芯条件导致充填不良	提高吹砂压力	保持造型、制芯条件的最优化以及对其设备的维护管理是重要的
	吹砂时间延长	
	调整吹砂位置	
	降低模样温度	
	清扫排气孔	
	清扫喷嘴上的结垢	
	防止模样缝隙漏砂	
	防止吹砂头堵塞	
	对吹入的空气除湿	

表 5-128　铸件膨胀类缺陷产生的原因及对策

类　型	对　策	备　注
脉纹，裂纹，变形	增加树脂加入量，采用高强度、低膨胀性的树脂	采用冶金渣砂是最经济且有效的途径 防止膨胀类缺陷的措施主要是低膨胀和耐高温 为解决由漂芯引起的变形，应改变芯座的结构
	采用低膨胀的硅砂（再生砂或低纯度的砂）	
	采用低膨胀性的特种砂	
	采用导热性高的特种砂	
	采用耐热性好的树脂	
	添加氧化铁	
	壳型（芯）从内到外硬透	
	防止壳型（芯）分层	
	防止造型、制芯时壳型（芯）出现裂纹	
	浇注压头增加的话，应防止由漂芯引起的变形	

表 5-129　防止覆膜砂铸件气孔产生的对策

类　型	对　　策	备　　注
气孔	降低树脂加入量	降低铸型气体背压 减低发气量,提高通气性 由机械卷入的气体所导致的气孔,通常为球状的大空洞
	降低乌洛托品加入量	
	增加通气性	
	使用灼烧减量低、微粉含量少的原砂	
	延长烧结时间	
	使用耐热性高的树脂	
	减少溃散剂的加入量	
	使用导热性高的特种砂	
皮下气孔	降低乌洛托品加入量,以减少 N_2	N_2、H_2 等气体溶解、扩散在金属液中,当金属凝固时析出,形成气泡,从而形成微细的皮下气孔(当在枝晶间析出时,为裂纹状)
	采用非乌洛托品系树脂	
	降低树脂加入量	
	增加通气性	
	添加氧化铁	
	延长烧结时间	
	氧化性气体易与 C 反应产生气体,应降低气体含量,并促进其还原性	
	减少溃散剂的加入量	
	采用导热性高的特种砂	

5.3.7　覆膜砂热法再生与质量控制

目前，国产的机械冲击式、振动摩擦式和气流冲击式等十法再生装置，基本可以满足像呋喃树脂自硬砂等表面树脂膜呈脆性的树脂旧砂的再生回用要求，而热法再生主要用于像覆膜砂等不能用干法再生的树脂旧砂。热法再生的基本工艺是，利用旧砂预处理和沸腾式热法再生炉设备，首先对旧砂进行振动破碎和磁分离，然后在沸腾式再生炉中焙烧，出砂后再经保温、冷却及筛分。利用覆膜再生砂不仅能降低生产成本，减少旧砂排放对环境造成的污染，而且能稳定铸件的质量，降低铸件的废品率。

近几年，我国开发出了沸腾式覆膜砂热法再生成套装置，它能有效地节约能源，充分利用余热，安全可靠，燃料消耗指标基本能达到国外同类产品的水平，设备售价同比也大幅度降低。沸腾式树脂旧砂热法再生系统工艺流程是：落砂→磁选→破碎→筛分→磁选→热法再生→去除微粉→冷却→储存。

沸腾燃烧热法再生装置的主要技术指标见表 5-130。

表 5-130　沸腾燃烧热法再生装置的主要技术指标

项　目	技术指标	项　目	技术指标
生产率/(t/h)	1~1.5	再生砂出炉温度/℃	600~620
每吨砂燃料消耗（柴油）/kg	≤17	再生砂温度/℃	≤40
每吨砂电力消耗/kW·h	≤12	炉子尾气温度/℃	≤100

再生砂和新砂的性能指标比较见表 5-131。

表 5-131　再生砂和新砂性能指标的比较

项　目	再生砂（3~6 次热再生）	新　砂
粒形	□—△，其中△ 约占 10%	平潭砂 ZGS90-40/70 (45)，□—△，其中△ 约占 30%
粒度（四筛集中度）（%）	85	80
堆密度/(g/cm³)	1.687	1.677
发气量/(mL/g)	0.087	0.23
灼烧减量（质量分数,%）	≤0.2	—
线膨胀率（1000℃）（%）	0.55（再生覆膜砂）	1.15（新砂覆膜砂）

从表 5-131 可看出，旧砂再生后，其粒形比新砂更趋圆整；再生砂与新砂相比，粒度集中度增加；角

形因数与砂子的堆密度成反比，堆密度大则角形因数小。从该表还可看出，再生砂和新砂相比，堆密度略

有增大，其角形因数降低，砂子的粒形得到了改善，砂粒更趋圆整；再生砂的发气量低于新砂，其灼烧减量很低，线膨胀率比新砂降低约50%。

取新砂制成的覆膜砂、再生砂制成的覆膜砂以及新砂和再生砂混合制成的覆膜砂，分别制成标准试样，测试其热拉强度、冷拉强度及发气量，实测结果见表5-132。从该表可看出，100%再生覆膜砂的强度比新砂提高了约30%，发气量降低了30%以上。

表5-132　不同比例再生砂含量覆膜砂的性能

再生砂含量（质量分数,%）	0	50	70	100
热拉强度/MPa	1.20	1.30	1.50	1.80
冷拉强度/MPa	2.90	3.30	3.70	3.80
发气量/(mL/g)	17.0	14.6	13.5	11.5

5.4　热（温）芯盒砂

5.4.1　热（温）芯盒砂的特点

所谓热芯盒法和温芯盒法制芯，是用液态热固性树脂黏结剂和固化剂配制成的芯砂，吹射入加热到一定温度的芯盒内（对于热芯盒为180~250℃，对于温芯盒为低于175℃），贴近芯盒表面的砂芯受热，其黏结剂在很短时间即可缩聚而硬化。只要砂芯的表层有数毫米结成硬壳即可自芯盒取出，中心部分的砂芯利用余热和硬化反应放出的热量可自行硬化。

热芯盒法在20世纪60年代后陆续在欧美等国被逐步开发，并在汽车、拖拉机及柴油机等行业广泛应用。但由于热芯盒砂用树脂、固化剂的品种不多，近年其应用逐年下降。

热芯盒法与壳芯（型）法相比，其特点、混砂工艺及应用范围见表5-133。温芯盒法制芯则出现在20世纪70年代中后期，至今应用不多。

表5-133　热芯盒法工艺的特点、混砂工艺及应用范围

特点	混砂工艺	应用范围
1）制芯快（从几秒至数十秒），固化快，生产率高	树脂加入量一般为1.0%~2.5%（占砂的质量分数），固化剂加入量一般为15%~30%（占树脂的质量分数）。用间歇式混砂机，先将砂与固化剂混1min，再加入树脂混1~2min，混匀后出砂制芯	适用于各种铸钢、铸铁及非铁合金铸件用砂芯
2）制芯用黏结剂成本低		
3）黏结剂黏度低，且混砂，树脂砂流动性好		
4）芯砂的混砂设备简单，投资少		
5）释放的烟气较多，使操作者感到不适		

5.4.2　热（温）芯盒用黏结剂

1. 热芯盒用树脂

热芯盒用树脂有呋喃树脂和酚醛树脂，大多数是以脲醛、酚醛和糠醇改性为基础的一些化合物，根据所使用的铸造合金及砂芯的不同以及市场供应情况进行树脂的选择。常用的呋喃树脂有：

（1）脲呋喃（UF/FA）树脂　脲呋喃树脂是用糠醇改性的液态脲醛树脂，是应用最广泛的一类树脂。热芯盒法用脲呋喃树脂中含氮的质量分数，用于非铁合金铸件时高达15%以上；国内一般铸铁件常用的呋喃-Ⅰ型树脂中氮的质量分数高达15.5%，国外常用的为9%~14%。有些质量要求高的或较复杂的一些铸铁或非铁合金铸件，要求树脂中氮的质量分数为5%~8%，甚至更低。这时常采用脲酚呋喃树脂或采用酚脲醛树脂。

（2）酚呋喃（PF/FA）树脂　该树脂是用糠醇改性的液态酚醛树脂，由苯酚、甲醛和糠醇3种单体缩合而成。在酚呋喃树脂中，增加糠醇含量可提高砂芯强度，降低脆性，改善硬透性，延长树脂储存期，扩大适应性，但成本将有所提高。此类树脂不含氮，或含极少量的氮，主要用于制造铸钢件和球墨铸铁件，硬透性较脲呋喃树脂稍差。我国的呋喃-Ⅱ型热芯盒树脂属于这类树脂中的一个品种。

（3）脲-酚呋喃共聚物（UF/PF/FA）　该树脂由糠醇、苯酚、尿素和甲醛缩聚而成。由于加入了脲醛，从而改善了酚呋喃树脂的硬化性能。此类树脂中氮的质量分数在1.0%左右的，常用作铸铁、铸钢件用砂芯的芯砂黏结剂；含氮量高的这类树脂主要用于铸铁件，也可用于非铁合金铸件。

热芯盒法用的酚醛树脂，对断面细薄的小型砂芯，常直接使用上述壳型采用的由热塑性酚醛树脂加乌洛托品配制的覆膜砂制成实体砂芯。为降低酚醛树脂成本，减少砂芯脆性，可采用由脲醛改性的以酚醛为基础的酚脲树脂（PP/UF），常用的为氮的质量分数达7%左右的酚脲醛树脂。

各种树脂的性能，主要取决于树脂中尿素、苯酚、糠醇等的含量，同时也取决于树脂的合成工艺。树脂原料对热芯盒树脂砂工艺性能的影响见表5-134。

表5-134 树脂原料对热芯盒树脂砂工艺性能的影响

序号	工艺性能	增加糠醇	增加苯酚	增加尿素
1	黏结强度	增加	减少	增加
2	脆性	（加到酚醛中）减少 （加到脲醛中）增加	增加	减少
3	硬化速度	增加	降低	增加
4	硬透性	提高	降低	（加到糠醇中）降低
5	保存期	增加	增加	（加到糠醇中）减少
6	含氮量	减少	—	增加
7	发气量	减少	（加到糠醇中）增加	（加到糠醇中）增加
8	游离甲醛	减少	减少	—
9	起芯、浇注时砂变形量	—	—	增加
10	砂芯吸湿性	减少	减少	增加
11	砂芯膨胀量	—	增大	减少
12	砂芯溃散性	变差	变差	改善
13	铸件表面粗糙度	改善	改善	恶化
14	铸件飞边	（加到脲醛中）增加	（加到脲醛中）增加	减少
15	机械粘砂	减少	减少	增加
16	铸件气孔	减少	减少	增加
17	成本	增加	增加	降低

根据 JB/T 3828—2013《铸造用热芯盒树脂》的规定，铸造用热芯盒树脂按含氮量分级见表5-135，按游离甲醛含量分级见表5-136。

表5-135 含氮量分级

分级代号	含氮量（质量分数，%）
W（无氮）	≤0.5
D（低氮）	>0.5~5.0
Z（中氮）	>5.0~7.5
G（高氮）	>7.5~12.0

表5-136 游离甲醛含量分级

分级代号	游离甲醛（质量分数，%）
I	≤0.6
II	>0.6~1.8

铸造用热芯盒树脂的牌号表示方法如下：

示例：铸造用热芯盒树脂中氮的质量分数为8.5%，游离甲醛的质量分数为0.45%，可表示为：ZR-G-I。

铸造用热芯盒树脂其他有关的性能指标应符合表5-137的规定。

表5-137 铸造用热芯盒树脂其他有关的性能指标

性能指标		按含氮量分级			
		W（无氮）	D（低氮）	Z（中氮）	G（高氮）
外观		棕黄色至深棕色透明或半透明黏性液体			
黏度（20℃）/mPa·s ≤		500	200	600	900
抗拉强度/MPa ≥	热态	0.2	0.4	0.4	0.2
	常温	1.5	2.5	2.5	2.5
抗弯强度/MPa ≥	热态	0.5	1.0	1.0	0.5
	常温	4.0	6.0	6.0	6.0

表5-138列出了苏州兴业公司的热芯盒树脂性能。其中 XYR-I、XYR-II 是中、低氮热芯盒酚醛树脂，特点是型砂强度高，成本仅为覆膜砂的40%~60%；XYR3~XYR7 是呋喃热芯盒树脂，其特点是固化速度快，强度高，树脂加入量少等。

表5-138　热芯盒树脂性能指标

型号	外观	黏度(20℃)/mPa·s ≤	游离甲醛含量(质量分数,%) ≤	含氮量(质量分数,%)	配套固化剂	适用范围	保质期/d
XYR-Ⅰ	棕色液体	500	3.0	6.5~7.5	XYRC-Ⅰ	一般铸铁件、非铁合金铸件	≤60
XYR-Ⅱ	棕色液体	400	3.0	4.0~4.5	XYRC-Ⅱ	复杂铸铁件	≤60
XYR-3	棕色液体	1500	3.0	13	XYRC-3	一般铸铁件、非铁合金铸件	360
XYR-4	棕色液体	700	4.0	7.5	XYRC-4	复杂铸铁件	360
XYR-5	棕色液体	120	1.5	4.6	XYRC-5	大批量生产	360
XYR-6	棕色液体	1500	3.0	0	XYRC-6	铸钢件	360
XYR-7	棕色液体	50	1.5	3.5	XYRC-7	复杂铸铁件	360

2. 热芯盒树脂用固化剂

热芯盒使用的固化剂在室温下处于潜伏状态，一般采用在常温下呈中性或弱酸性的盐（这有利于混合好的树脂砂的存放，即可使用时间长），而在加热时激活成强酸，促使树脂迅速硬化。生产中常用的固化剂有氯化铵、硝酸铵、磷酸铵水溶液，也可采用对甲苯磺酸铜盐，甚至对甲苯磺酸铵盐。

国内对呋喃Ⅰ型树脂（高氮树脂）砂最常用的固化剂是氯化铵和尿素的水溶液，其配比（质量比）为氯化铵:尿素:水 = 1:3:3。氯化铵是酸性盐，在水中离解，加热时因水解产物分解，酸性增强。固化剂的配制为：首先将水加热到 60~70℃，然后加入尿素，再加入氯化铵，当它们溶解吸热而温度下降时，再将溶液加热，并继续搅拌，直到全部溶解成透明的液体。其密度为 1.15~1.18g/cm³，pH 值为 6.0~6.4，用量一般为树脂质量的 20% 左右。

对于中氮树脂，固化剂一般为铜盐（硝酸铜、硫酸铜等）水溶液；对于低氮树脂或无氮树脂，固化剂一般为铜盐和磺酸盐的混合物。固化剂的结构对热芯盒树脂的工艺性能和使用性能影响很大。

3. 温芯盒树脂及固化剂

热芯盒由于加热温度高，致使劳动条件差和模样变形大，能耗高，为此，国外已开发出固化温度在180℃以下的温芯盒工艺。我国也做过这方面的研究，但目前还没能成熟的产品。温芯盒树脂是一种高糠醇含量、低水分，且结构活性基团比较活泼的呋喃树脂，以磺酸盐和铜盐为复合固化剂。表5-139 和表5-140 为国外温芯盒用树脂及配套的固化剂的性能指标。温芯盒树脂的合成原理和硬化机理与热芯盒树脂类似。

4. 添加剂

有时为改变热芯盒砂的某些性能要加入一些添加剂，常用的几种添加剂见表5-141。

表5-139　温芯盒树脂的性能指标

序号	含氮量(质量分数,%) ≤	黏度/mPa·s ≤	密度/(g/cm³)	保存期/月	应用范围
1	5.6	1.17	70	3	灰铸铁
2	1.0	1.16	20	3	灰铸铁及球墨铸铁

表5-140　温芯盒树脂配套固化剂的性能指标

序号	密度/(g/cm³)	黏度/mPa·s ≤	pH 值	适用范围
1	1.25	25	6~7	高氮树脂
2	1.26	20	4~6	低氮树脂

表5-141　热芯盒砂常用添加剂

名称	主要作用
氧化铁粉（Fe_2O_3）	减少气孔，减少渗碳，改善砂芯导热性能
硼砂	减少气孔，但易增加吸湿性
硅烷	增加树脂与砂粒的黏结强度
氯化亚铁	温度低时可加快硬化速度，但加入量过多会使树脂砂流动性变差
尿素	消除游离甲醛的刺激气味，在常温下中和氯化铵的酸性

5.4.3　热芯盒工艺

1. 热芯盒树脂砂配比及混制工艺

原砂粒度一般采用 50/100 号筛的中粗砂，泥分的质量分数在 1% 以下，粒形最好为圆形或椭圆形。pH 值希望为中性或偏酸性，这是因为热芯盒树脂砂一般为酸固化树脂，原砂为中性或偏酸性有利于树脂砂的固化。

原砂应充分干燥，因为砂中的水分在加热时逸出会破坏树脂膜而影响黏结强度，同时也影响固化速度。砂温最好为 15 ~ 30℃。

热芯盒树脂砂典型配比见表 5-142。

表 5-142　热芯盒树脂砂典型配比

序号	原砂	配比（质量比）				氧化铁粉	水	抗拉强度 /MPa	混砂时间/min		用途
		树脂		固化剂					干混	湿混	
		型号	用量	类型	占树脂量						
1	100	呋喃Ⅰ型	2.5	氯化铵尿素水溶液	5	0.25	0.15 ~ 0.30	>2.8	1	2	小芯
2	100	呋喃Ⅰ型	2.3	氯化铵尿素水溶液	5	0.25	0.15 ~ 0.30	>2.5	1	2	中芯
3	100	呋喃Ⅱ型	3.0	苯磺酸水溶液	>6	—	—	>2.5	1	1	弯管芯
4	100	ZNR - 1 型中氮树脂	2.5 ~ 3.0	氯化铵尿素水溶液	20	0.15 ~ 0.20	—	>2.0	1	2	缸筒芯
5	100	FO3 型低氮树脂	2.7 ~ 3.0	对甲苯磺酸水溶液	15	硅烷 KH-550 占树脂重 0.5	—	>2.0	1	2	缸体水套芯
6	100	呋喃Ⅰ型	2.5	氯化铵尿素水溶液	20	0.25	乙醇 0 ~ 0.5	—	1.5 ~ 2	2.5 ~ 3.5	小芯
7	100	DR - 2 型低成本树脂	2.5	氯化铵尿素水溶液	20	0.15 ~ 0.20	—	>2.5	1	2	中小芯
8	100	GS23 - 1 型高强度树脂	1.5	铜盐水溶液	27	0.05	—	>3.5	1	2	水套、制动片芯等

由于热芯盒树脂砂所用树脂及大部分固化剂均为液体，混砂时只要使固化剂及树脂能均匀地黏附在砂粒上即可，因此各类混砂机均可使用。混砂程序一般是先将砂子与干料混匀，再加固化剂混匀，最后加树脂，混匀后卸砂。混制热芯盒树脂砂的工艺实例如下：

$$砂 + 氧化铁粉 \xrightarrow[20 ~ 30s]{干混} 固化剂 \xrightarrow[40 ~ 50s]{湿混} 树脂$$

$$\xrightarrow[80 ~ 90s]{湿混} 卸砂$$

2. 制芯工艺

热芯盒树脂砂既可用于造型，也可用于制芯，从成本考虑主要还是用于制芯。制芯设备有不同类型，如单工位、双工位、四工位射芯机。可根据砂芯大小及生产需要选用不同的制芯设备。热芯盒树脂砂制芯工艺参数见表 5-143。

表 5-143　热芯盒树脂砂制芯工艺参数

芯盒温度/℃	射砂时间/s	硬化时间/s	射砂压力/MPa
200 ~ 260	0.5 ~ 1	30 ~ 120	0.3 ~ 0.6

热芯盒法制芯时要求芯砂在热芯盒内快速硬化成型。对热芯盒砂的要求为：①流动性好，可射制出形状复杂、紧实度均一的砂芯。②硬化速度快，硬化温度范围宽，硬化强度高，以提高制芯生产率和使砂芯具有高的尺寸精度。③可使用时间长，以利于生产管理和减少废砂。

5.4.4　热芯盒法存在的主要问题及解决途径

1）在使用过程中产生有刺激性的烟气，芯砂中游离甲醛含量高，在固化剂中加入尿素虽有所改善，但仍很严重。解决此问题的关键途径是开发低游离甲醛含量的树脂。目前在国内市场上的热芯盒用树脂游离甲醛的质量分数有的已低于 1.0%，甚至已低于 0.5%。

2）用于生产铸钢件、部分球墨铸铁件和复杂薄壁的铸铁件时易产生皮下气孔和针孔。在原砂中加入 0.3% ~ 1.0%（质量分数）的氧化铁可防止在铸件上产生皮下气孔。加入硼酸也可起到同样效果，但砂芯吸湿性也增加。

3）用呋喃树脂砂浇注铸钢件，例如 Cr 的质量分数为 13% 的铸钢件，由于呋喃树脂热分解产物为 CO、CO_2 及 CH_4 和少量 H_2，从而发生渗碳作用。如果在呋喃树脂砂中添加氧化铁，由于高温下 Fe_2O_3 被还原，析出氧使渗碳气体氧化，从而可使渗碳作用减弱。

4) 树脂砂可使用时间有限。解决的途径是开发潜伏性更好的高放热激活固化剂。

5.4.5　温芯盒法制芯

温芯盒法常指芯盒温度低于175℃的制芯方法，最理想的芯盒温度是低于100℃，如50~70℃。

用热芯盒法制芯，砂芯在芯盒中时间长，表面发酥，常引起铸件质量问题。采用温芯盒法，由于芯盒温度低，砂芯表面不会过烧，可使砂芯表面光洁和具有较高强度，防止热芯盒法常出现的某些砂芯表面过烧、某些断面硬化不足的现象。另外在节能和劳动卫生方面也有很大改善。例如，将芯盒温度从传统热芯盒法的260℃降到160℃，在实际生产中就可节能20%~30%。同时温度低，工作场所散发出的有害物质，烟气也会减少。

实施温芯盒法，目前主要的方法是：①开发能够在较低温度下产生高活性强酸的新型潜伏性固化剂。②开发高活性的新型树脂。③开发新型的硬化工艺。

表5-144为国外开发的部分温芯盒工艺，目前在生产中应用并不多。

表5-144　国外开发的部分温芯盒工艺

工　艺	呋喃、酚醛改性树脂温芯盒法	辅以真空的温芯盒法	聚丙烯酸铵-氧化锌法	CO₂热硬化法	温芯盒壳型法
黏结剂	糠醇型呋喃树脂或酚醛改性树脂	呋喃或热固性酚醛树脂	聚丙烯酸的铵盐	特种热塑性酚醛树脂（溶解于钡、钙或氢氧化物的碱溶液内）	热固性酚醛树脂的水溶液
固化剂	氯化铜的水溶液或乙醇溶液	酸	氧化锌粉或金属盐	六亚甲基四胺和CO₂气体	芳基磺酸
芯盒温度/℃	150	（抽真空，接着通空气）（非常温）	100~150		芯盒温度低于普通壳法，树脂在100℃以上发生交联

5.5　气硬冷芯盒砂

5.5.1　气硬冷芯盒砂的分类及特点

气硬冷芯盒工艺是一种节能、高效的造型及制芯工艺。它于20世纪60年代末开发，70年代后期获得大量推广应用，有逐步取代热芯盒的趋势。气硬冷芯盒法原先专指三乙胺法，现在用来泛指借助于气体或气雾催化或硬化，在室温下瞬时成型的树脂砂制芯工艺。气硬冷芯盒法的分类及特点见表5-145。

气硬冷芯盒树脂的主要性能指标和适用范围见表5-146。

表5-145　气硬冷芯盒法的分类及特点

分　类	特　点
1) 三乙胺法（酚脲烷/胺法） 2) 呋喃/SO₂法、环氧树脂/SO₂法、酚醛树脂/SO₂法、自由基法（FRC）等 3) 低毒气体硬化法，主要指酚醛树脂/酯法 4) 无毒气体硬化法，包括聚丙烯酸钠/CO₂法、酚醛树脂/CO₂法和呋喃树脂/压缩空气法等	芯砂可使时间较长，起模时间短，生产率高，适合于大批量型芯的生产；芯盒不需加热，降低了能量消耗，改善了劳动环境；铸件尺寸精度高；芯盒材料可以是木材、金属或塑料

表5-146　气硬冷芯盒树脂的主要性能指标和适用范围

树脂类型	硬化气伟	主要技术指标				适用范围
		含氮量（质量分数,%）	黏度/mPa·s ≤	游离酚含量（质量分数,%）	游离醛含量（质量分数,%）	
酚脲烷树脂	TEA（三乙胺）	1.5~2.8	450	≤5	≤0.5	大批量，复杂型芯
呋喃树脂	SO₂	2~5	1000	0	1	大批量，复杂型芯
环氧树脂	SO₂	—	1000	≤1	0	大批量，简单型芯
酚醛树脂	CO₂	≤0.5	1000	≤1	≤0.5	中批量，简单型芯
酚醛树脂	甲酸甲酯	≤0.5	1000	≤1	≤0.5	大批量，中等复杂型芯
丙烯酸树脂	CO₂	≤0.5	2000	—	—	小批量，简单型芯
聚乙烯醇树脂	CO₂	≤0.5	2000	—	—	小批量，简单型芯

5.5.2　胺法冷芯盒砂

1. 胺法冷芯盒工艺应用现状

胺法冷芯盒工艺（PUCB），是最早的有机黏结剂冷芯盒工艺，于 1968 年在克里夫兰举行的 AFS Cast Expo 会上公布于众。

最先采用 PUCB 工艺的是德国的奔驰公司，1969 年就投入生产应用，随后，该技术很快在欧洲得到推广。1970 年，加拿大的 Holmes 铸造厂采用该工艺生产汽车零件。美国直到 20 世纪 70 年代中期受"能源危机"影响，才开始采用 PUCB 工艺。PUCB 工艺应用初期，存在的问题比较多：整套设备结构复杂，成本高；对原材料要求苛刻；砂芯的存放性差；热性能不足，树脂粘模等。这些因素在一定程度上制约了冷芯盒工艺的推广和应用。为此，国外近年从设备、材料等诸多方面对其不断进行研究完善，使该技术取得了飞速发展。比如，开发高强度的新型三乙胺冷芯盒法用黏结剂；进行抗吸湿性的研究；开发采用植物油作溶剂的环保型树脂；开发多种制芯设备及其外围设备等。

目前，胺法冷芯盒工艺在国外的市场份额逐年增加，在所有冷芯盒工艺中其比率达 85% 以上。例如，奔驰、福特、雪铁龙等大型汽车厂均广泛采用这种工艺，占其制芯总量的 90% 以上。在英美等国，应用胺法冷芯盒工艺已超过 44%，德国已达 57%。

在国内，20 世纪 70 年代末，开始自行研究三乙胺冷芯盒法。到 80 年代中期，汽车和化工行业分别从美国等引进冷芯盒法设备及树脂制造技术。目前，三乙胺冷芯盒法用户遍及国内的汽车、拖拉机、内燃机、机车车辆、飞机等行业。冷芯盒制芯技术的开发是铸造工业领域的一次大飞跃，为铸造生产提供了具有良好强度性能和优异尺寸精度的高效制芯方法，为铸造业的柔性发展奠定了基础。

三乙胺冷芯盒法的优缺点见表 5-147。

表 5-147　三乙胺冷芯盒法的优缺点

优　点	缺　点	应用效果
型（芯）砂再生性好，溃散性好，流动性好，型芯尺寸精确、稳定。浇注钢铁铸件时，容易落砂，发气量低，型芯硬化速度快，可操作性能好，型芯强度高等	异氰酸酯遇水易分解，硬化后型芯有吸湿倾向，存放性能较差；另外，控制空气中三乙胺的浓度很困难，并易造成三乙胺浪费；同时，还存在一定的铸造缺陷，即由黏结剂中的氮引起的针孔，由聚集在铸件表面的碳引起的光亮碳，以及由铸型（芯）的开裂而引起的毛刺或脉纹等	制造的砂芯质量从 0.3kg 到 60kg。砂芯壁厚从 3mm 到 170mm。 三乙胺冷芯盒法与其他热固法工艺相比，具有能耗少，生产率高，铸件尺寸精度高等优点，其能耗约为壳芯的 1/7，热芯的 1/5，而劳动生产率为热固法的 1.5 倍

2. 黏结剂

（1）双组分黏结剂　胺法冷芯盒砂用黏结剂包括两部分，组分 Ⅰ 为酚醛树脂，组分 Ⅱ 为聚异氰酸酯。催化剂为叔胺，有三乙胺（TEA）、二甲基乙胺（DMEA）、异丙基乙胺和二甲胺（TMA）。因为三乙胺价格便宜，其应用较普遍，所以胺法冷芯盒工艺又称三乙胺冷芯盒法（简称三乙胺法）。三乙胺冷芯盒法用干燥的压缩空气、二氧化碳或氮气作为液胺的载体气体，稀释到 5% 左右。这三种气体中，因为空气中含有大量的氧气，若混合到空气中，胺的浓度较大时易爆炸，而二氧化碳在使用中常有降温冷冻现象，因此以用氮气为宜。制芯工艺的一般过程为：将混好的树脂芯砂吹入芯盒，然后向芯盒中吹入催化剂气雾（压力为 0.14 ~ 0.2MPa），使砂芯硬化成形。尾气通过洗涤塔加以吸收。其硬化反应为

液态组分 Ⅰ + 液态组分 Ⅱ ——→ 固态黏结剂

酚醛树脂 + 聚异氰酸酯 $\xrightarrow{\text{叔胺催化剂}}$ 脲烷

即在催化剂的作用下，组分 Ⅰ 中酚醛树脂的羟基与组分 Ⅱ 中异氰酸基反应形成固态的脲烷树脂。

在该工艺中，酚醛树脂是在醛与酚的摩尔比大于或等于 2 的条件下合成的含水较少或不含水的热固型树脂，其结构要求为苯醚型，即苯醚键要多于或至少等于亚甲基桥连接。同时，还有羟甲基和氢原子、羟基、醛基或卤素衍生的酚羟基，这样的酚醛树脂与异氰酸酯在室温反应的产物具有良好的强度性能。组分 Ⅰ 中含有少于 1% 的水，组分 Ⅱ 和催化剂是无水的。

脲烷反应也不产生水和其他副产物。

组分Ⅱ为4，4′-二苯基甲烷二异氰酸酯（MDI）或多次甲基多苯基多异氰酸酯（PAPI）等，该黏结剂中含有质量分数为3%~4%的氮（来自聚异氰酸酯）。组分Ⅰ和组分Ⅱ都用高沸点的酯或酮稀释以达到低浓度，这样可使它们具有良好的可泵性，并便于以一层薄膜包覆砂粒，而且能提高树脂砂的流动性和充型性能，并使催化剂作用更有效。

（2）铸造用酚脲烷冷芯盒法树脂的牌号和分类、技术要求　酚脲烷/胺法工艺用酚脲烷树脂黏结剂与自硬酚脲烷树脂相似。GB/T 24413—2009《铸造用酚脲烷树脂》规定了铸造用酚脲烷树脂的分类和牌号、技术要求、试验方法、检验规则、标志、包装、运输和贮存方式。

1）铸造用酚脲烷冷芯盒法树脂的牌号表示方法如下：

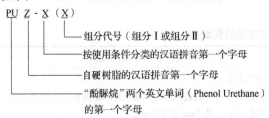

例如，普通型铸造用酚脲烷冷芯盒法树脂组分Ⅰ，可表示为PUL-P(Ⅰ)。

2）铸造用酚脲烷冷芯盒法树脂按使用条件分类见表5-148。

表5-148　铸造用酚脲烷冷芯盒法树脂
按使用条件分类

类型	产品代号	
	组分Ⅰ	组分Ⅱ
普通型	PUL-P（Ⅰ）	PUL-P（Ⅱ）
抗湿型	PUL-K（Ⅰ）	PUL-K（Ⅱ）
高强度型	PUL-G（Ⅰ）	PUL-G（Ⅱ）

3）铸造用酚脲烷冷芯盒法树脂的理化性能和工艺性能指标分别见表5-149和表5-150。

（3）铸造用三乙胺冷芯盒法树脂　JB/T 11738—2013《铸造用三乙胺冷芯盒法树脂》规定了铸造用三乙胺冷芯盒法树脂的术语和定义、分类和牌号、技术要求、试验方法和检验规则，以及包装、标志、运输和贮存方式。该标准适用于铸造用三乙胺冷芯盒法制芯（型）用树脂。

表5-149　铸造用酚脲烷冷芯盒法树脂的理化性能指标

牌号	PUL-P（Ⅰ）	PUL-K（Ⅰ）	PUL-G（Ⅰ）	PUL-P（Ⅱ）	PUL-K（Ⅱ）	PUL-G（Ⅱ）
外观	淡黄色至棕红色液体			深棕红色液体		
密度(20℃)/(g/cm³)	1.00~1.10			1.05~1.15		
黏度（20℃)/mPa·s ≤	300			60		
游离甲醛含量（质量分数，%，）≤ 一级	0.3					
二级	0.5					
异氰酸根含量（质量分数，%）	—			22.8~25.8		

表5-150　铸造用酚脲烷冷芯盒法树脂的工艺性能指标

牌号	PUL-P（Ⅰ+Ⅱ）	PUL-K（Ⅰ+Ⅱ）	PUL-G（Ⅰ+Ⅱ）
即时抗拉强度/MPa ≥	0.8	1.0	1.2
24h 高干抗拉强度/MPa ≥	2.0	2.2	2.2
24h 高湿抗拉强度/MPa ≥	0.8	1.2	1.0
发气量/(mL/g) ≤	13.5		
抗压强度/MPa ≥	—		

注：1. 高干条件：干燥器内温度控制在（20±2）℃，放入新的或经烘干的硅胶。

　　2. 高湿条件：干燥器内放入水或其他试剂，使其在控制温度（20±2）℃条件下，相对湿度达90%以上。

　　3. 发气量为根据用户要求的检验项目，抗压强度为根据用户要求的检验项目。

1）铸造用三乙胺冷芯盒法树脂的牌号表示方法　　如下：

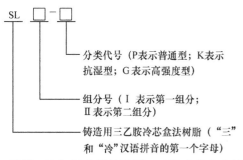

分类代号（P表示普通型；K表示
抗湿型；G表示高强度型）

组分号（Ⅰ表示第一组分；
Ⅱ表示第二组分）

铸造用三乙胺冷芯盒法树脂（"三"
和"冷"汉语拼音的第一个字母）

示例：SLⅠ-K 表示铸造用三乙胺冷芯盒法树脂组分Ⅰ抗湿型树脂。

2）铸造用三乙胺冷芯盒法树脂按使用条件分类见表5-151。

表 5-151　铸造用三乙胺冷芯盒法树脂按使用条件分类

类型	分类代号	
	组分Ⅰ	组分Ⅱ
普通型	SLⅠ-P	SLⅡ-P
抗湿型	SLⅠ-K	SLⅡ-K
高强度型	SLⅠ-G	SLⅡ-G

3）铸造用三乙胺冷芯盒法树脂的理化性能指标见表5-152。

表 5-152　铸造用三乙胺冷芯盒法树脂的理化性能指标

牌号	SLⅠ-P		SLⅠ-K		SLⅠ-G		SLⅡ-P	SLⅡ-K	SLⅡ-G
	优级品	合格品	优级品	合格品	优级品	合格品			
外观	淡黄色至棕红色透明液体						褐色液体		
密度（25℃）/（g/cm³）	1.05 ~ 1.15						1.05 ~ 1.20		
黏度（25℃）/mPa·s	≤210						20 ~ 75		
游离甲醛含量（质量分数,%）	≤0.3	≤0.5	≤0.3	≤0.5	≤0.3	≤0.5	—		
异氰酸根含量（质量分数,%）	—						22.0 ~ 28.0		
水分（质量分数,%）	≤0.8						—		

4）铸造用三乙胺冷芯盒法树脂的混合料试样常温性能指标见表5-153。

表 5-153　铸造用三乙胺冷芯盒法树脂的混合料试样常温性能指标

牌号		SLⅠ-P + SLⅡ-P	SLⅠ-K + SLⅡ-K	SLⅠ-G + SLⅡ-G
常温抗拉强度/MPa	瞬时	≥0.8	≥1.0	≥1.2
	24h 常湿	≥1.6	≥1.8	≥2.0
	24h 高干	≥2.0	≥2.2	≥2.2
	24h 高湿	≥1.0	≥1.3	≥1.2
发气量/（mL/g）		根据用户要求协商确定		
常温抗弯强度/MPa		根据用户要求协商确定		

注：1. 24h 常湿：室温 20℃ ±2℃；相对湿度（60±5）% 的试验条件。
　　2. 24h 高干：玻璃干燥器下层放入新的或经烘干的变色硅胶，温度控制在20℃±2℃，相对湿度≤40%的试验条件。
　　3. 24h 高湿：玻璃干燥器下层放入水，水面与隔板不得接触，温度控制在20℃±2℃，相对湿度≥95%的试验条件。

（4）国内胺法冷芯盒砂用黏结剂和催化剂的性能指标　表5-154是济南圣泉公司和苏州兴业公司生产的三乙胺冷芯盒树脂的性能指标。树脂加入量通常为1% ~ 1.6%（质量分数，其中铸铝件用树脂为0.6% ~ 1.6%），组分Ⅰ和组分Ⅱ的加入比例通常在（50 ~ 55）:（50 ~ 45）之间变化。

表 5-154　三乙胺冷芯盒树脂的性能指标

双组分	应用领域	典型特点
GP - 201GT/GP - 202GT	制芯中心专用	脱模性好
GP - 201GTY/GP - 202GTY	制芯中心专用	芯砂流动性好
GP - 201SC/GP - 202SC	刹车盘专用	芯砂流动性好
GP - 201ZL/GP - 202ZL	铸铝专用	低发烟、高溃散

（续）

型号	外观	密度(20℃)/(g/cm³)	黏度/mPa·s	保质期/d
GP－201	淡黄色溶液	1.05～1.15	≤300	180
GP－202	淡黄色溶液	1.08～1.18	≤100	180
环境友好型（无芳烃类物质，气味小；耗砂少，固化效率高）				
XLⅠ－395HJ	淡黄色至棕色液体	1.05～1.15	≤250	180
XLⅡ－395HJ	淡黄色至棕色液体	1.05～1.20	≤100	180
第二代环保型（黏结强度高，抗吸湿性好；游离甲醛低，苯类气体下降；脱模性好等）				
XLⅠ－318M, XLⅠ－395, XLⅠ－398	淡黄色至棕色液体	1.05～1.15	≤250	180（10～30℃）
XLⅡ－618M, XLⅡ－695, XLⅡ－698	淡黄色至棕色液体	1.05～1.15	≤100	180（10～30℃）
铸铝件用（黏结强度高，树脂加入量大大减少；树脂黏度低，易于混砂和充型；作业环境好）				
XLⅠ－395G	淡黄色至棕色液体	1.05～1.15	≤100	180
XLⅡ－395G	褐色液体	1.05～1.20	≤80	180

表5-155是苏州兴业公司生产的冷芯盒树脂用环保催化剂。该催化剂是一种用于冷芯盒的绿色、高效胺类催化剂。与三乙胺相比，其特点是：催化效率更高，大大减少吹胺量和吹胺时间；气味不明显，且不易吸附于衣物上。

3. 混砂工艺

三乙胺气硬冷芯盒用原砂应根据铸件的合金种类选用。硅砂、锆砂、铬铁矿砂等均可使用，但应用最多的仍然是硅砂。硅砂的技术条件要求见表5-156。

表 5-155　冷芯盒树脂用环保催化剂

型号	外观	密度/(g/cm³)	沸点/℃	保质期/月	加入量（占芯砂质量分数,%)
XYGH－8	无色至黄色液体	0.77～0.79	64～66	24	0.05～0.3

表 5-156　硅砂的技术条件要求

项目	最佳范围	允许范围
平均细度	50～60	40～80
粒形	圆形	—
酸耗值/mL	尽可能低	0～10
杂质（质量分数,%)	无	泥分0～0.3
	—	氧化铁0～0.3
砂温/℃	21～26	10～40
含水量（质量分数,%)	0～0.1	<0.25

（1）混合料配比（质量比）　树脂的两种组分一般取5:5，铸铜件常采用6:4，以降低含氮量。总加入量视原砂、黏结剂、固化剂的质量及砂芯的要求而定，一般加入量为原砂质量分数的1.5%左右，铸铝件可以取1.0%，还可用有机溶剂（如乙苯）稀释黏结剂，通过降低浓度来减少树脂用量。

（2）混制工艺　各种类型的混砂机都可以使用，但混砂机及定量装置要充分干燥，定量要准确，混砂程序类同于热芯盒砂。混砂中应尽量避免揉搓过度，以免砂温上升而影响芯砂的可使用时间和流动性。树脂的两个组分可以同时加入砂中，也可以分别加入。混拌以树脂能均匀黏附在砂粒上为宜，混砂时间为2min左右。

4. 制芯工艺及应用

（1）制芯过程　制芯工艺的一般过程为：将混好的树脂吹入芯盒，然后向芯盒中吹入催化剂气雾（压力为0.14～0.2MPa），使砂芯硬化成形。尾气通过洗涤塔加以吸收。其工艺流程见图5-55。

（2）三乙胺冷芯盒芯砂在柴油机缸体生产中的应用　原砂性能指标见表5-157。

树脂黏结剂中，组分Ⅰ和组分Ⅱ的理化性能指标见表5-158。芯砂原材料配比见表5-159。

混砂工艺为：新砂（＋抗脉纹剂）＋树脂（组分Ⅰ＋组分Ⅱ）$\xrightarrow{混合15～20s}$放砂。

制芯工艺参数和树脂砂强度性能分别见表5-160和表5-161。

（3）三乙胺冷芯盒芯砂及铸件的缺陷和防止措施　三乙胺冷芯盒芯砂及铸件的缺陷和防止措施见表5-162。

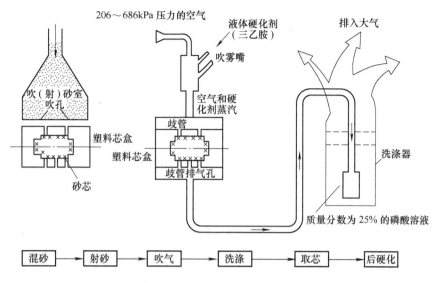

图 5-55 三乙胺法制芯工艺流程

表 5-157 原砂性能指标 （续）

检 测 项 目	性 能 指 标		检 测 项 目	性 能 指 标
粒度（三筛制）（质量分数,%）	50 号筛 + 70 号筛 + 100 号筛	≥80%	二氧化硅含量（质量分数,%）	92 ~ 95
	200 号筛 + 260 号筛	≤2%	碱性化合物含量（质量分数,%）	$Fe_2O_3 + MgO + CaO ≤ 1.5$
	50 号筛	20% ~ 25%	耗酸值/mL	≤8（pH 值为 3 时）
	70 号筛	35% ~ 40%		
	100 号筛	10% ~ 15%		

表 5-158 树脂黏结剂的理化性能指标

粒形指数	≤1.35	树 脂	组 分 I	组 分 II
含泥量（质量分数,%）	≤0.2	外观	黄色透明液体	深褐色透明液体
含水量（质量分数,%）	≤2	黏度(25℃)/mPa·s	450	200
		密度(25℃)/(g/cm³)	1.05 ± 0.05	1.10 ± 0.05

表 5-159 芯砂原材料配比

芯 砂 名 称	加入量（质量份）			树脂比例（质量分数,%）	
	新砂（50/100 号筛）	抗脉纹剂	树脂总量	组 分 I	组 分 II
普通芯砂	100	—	1.6 ~ 2.2	55 ~ 60	40 ~ 45
抗脉纹冷芯砂	100	2.5 ~ 10	2.5 ~ 3.5	55 ~ 60	40 ~ 45

表 5-160 制芯工艺参数

射砂时间/s	射砂压力/MPa	三乙胺量/mL	净化时间/s	净化压力/MPa
3 ~ 5	0.3 ~ 0.6	35 ~ 60	10	0.3 ~ 0.5

表 5-161 树脂砂强度性能 （单位：MPa）

初 强 度	95%RH（相对湿度），24h 后强度	浸水 15min 后强度	终 强 度
≥0.6	≥0.3	≥0.2	≥1.3

表5-162　三乙胺冷芯盒芯砂及铸件的缺陷和防止措施

缺　陷	产 生 原 因	防 止 措 施
砂芯强度低	1）树脂强度低 2）树脂加入量少 3）原砂干燥不充分，载送三乙胺的氮气及冲洗残留三乙胺用的压缩空气含水 4）砂芯存放时间长及存放场地环境湿度大	1）采用质量好的树脂 2）增加树脂加入量 3）原砂及其他材料应充分干燥 4）缩短存放时间及改变存放条件
铸件表面有光亮炭或皱皮	树脂在浇注时受热分解产生碳化氢，碳化氢进一步分解生成碳与氢，碳沉积在铸件表面，造成铸件缺陷	1）降低树脂加入量 2）提高浇注温度，缩短浇注时间 3）改善砂芯的排气条件 4）芯砂中加入适量的氧化铁粉
铸件气孔	树脂加入量过高，特别是组分Ⅱ加入量高	1）减少树脂加入量 2）在芯砂中加入占原砂质量分数0.25%的氧化铁粉
铸件表面粘砂	原因与热芯盒砂相同	解决方法与热芯盒砂相同

5.5.3　SO₂硬化冷芯盒砂

SO₂法是继三乙胺法之后开发的一种新型吹气冷芯盒制芯和造型方法，用于铸造生产始于1978年，后来又开发了一些新型SO₂法。该法目前在国内应用较少。

1. 呋喃树脂-SO₂法

呋喃树脂-SO₂法于1971年由法国Sapic公司取得专利权，称Sapic法，欧洲大陆称hardox法，英国称So-Fast法，美国称Insta-Draw法，直到1978年才开始用于生产。它是基于酸催化呋喃树脂硬化的原理而研制成的一种新型的制芯方法。它不像自硬法常用的在砂中直接加入酸固化剂，而是只加入含过氧化物的活化剂。当吹SO₂气体通过芯砂时就与过氧化物释放出来的新生态氧反应生成SO₃，SO₃溶于黏结剂的水分之中生成硫酸，催化树脂迅速发生放热缩聚反应，导致砂芯瞬时硬化。其制芯工艺过程类似于三乙胺法。

（1）SO₂硬化呋喃树脂　该树脂是由糠醇在特殊催化剂条件下缩聚得到的高相对分子质量的呋喃树脂（含水量低，无氮或中氮）。它与过氧化物混合并在 CO_2 气体的固化剂下发生交联固化。它的优点是抗湿性好。由于SO₂制芯时，吹SO₂后树脂瞬时硬化，树脂膜收缩，在砂-树脂膜界面上产生了较大的附加应力，致使界面上的某些点上集中了比平均应力高得多的应力，这种应力集中点将首先使黏结键断裂，从而出现裂缝，使砂芯强度降低。为解决这一问题，常采取加入能起偶联增强作用的硅烷。硅烷在砂-树脂界面上可形成柔性过渡层，局部消除界面的应力集中，起增强作用；同时硅烷也有可能拉紧界面上树脂黏结

剂的结构，形成模量递减的拘束层，有利于均匀传递应力，因而提高了强度。硅烷可以在生产树脂时直接加入，也可以在混砂时加入，加入量为树脂质量的0.4% ~ 1.0%。

（2）SO₂气体　SO₂法所用SO₂气体为工业纯，是一种无色、有刺激气味、不易燃的气体，在温度为25℃、压力为240kPa时，就会液化，通常用0.2t、0.5t或1t的钢瓶盛装供应。使用时，靠氮气或干燥空气从钢瓶中将SO₂气体带出。通常每硬化1t砂芯，约消耗4kg左右的SO₂气体。

（3）含过氧化物的活化剂　采用的含过氧化物的活化剂有无机和有机两大类。无机的主要采用过氧化氢（其质量分数是35%，国外为50%），加入量为树脂质量的25% ~ 50%。由于砂中含有多种重金属元素，加速过氧化氢的分解，使其迅速失效，可使用时间太短。当前，可以采取对过氧化氢改性或对砂子进行钝化处理，以确保树脂砂的可使用时间达3h左右。有机活化剂通常使用的过氧化物为过氧化丁酮（MEKP）、过氧化叔丁基（BHP）等，加入量为树脂质量的40% ~ 60%，芯砂可使用时间可达8h以上。尽管有机活化剂比无机的贵，但适于复杂砂芯，应用广泛。

表5-163为苏州兴业公司生产的低浓度SO₂冷芯盒树脂的性能指标。树脂加入总量1.2% ~ 2.0%（占原砂的质量分数），两个组分树脂加入比例50:50。推荐加入前可先将两组分树脂在同一容器中混合均匀，再加入混砂机。如果使用低速混砂机，混制时间为3~5min；如果使用高速混砂机，混制时间可缩短至45~90s。

表 5-163　SO₂ 冷芯盒树脂的性能指标

型号	外观	密度(20℃)/(g/cm³)	黏度/mPa·s	保质期/d
XYL I –200、400	无色透明至淡黄色液体	1.10~1.20	≤350	180（10~30℃）
XYL II –210、410	无色透明至淡黄色液体	1.10~1.20	≤650	180（10~30℃）

注：XYL I –200、XYL II –210 用于铜合金、镁合金、铝合金等非合金铸件的生产；XYL I –400、XYL II –410 用于铸铁件、铸钢件的生产。

SO_2 载体推荐使用露点为 –40~ –20℃ 的干燥压缩空气。如果使用制芯机制芯（型），推荐射砂压力 ≤0.3MPa，吹气与净化时间之比为 1:10。

（4）SO_2 法制芯工艺　SO_2 法型砂可用任何一种混砂机混制。混砂时加料顺序是先加砂和树脂，再加活化剂。树脂占砂质量的 0.9%~1.5%。

SO_2 法制芯和造型可以采用吹射、震实、机械振动和手工紧实。由于芯（型）砂流动性好，采用吹射法时用较低的压力（304~412kPa）就可紧实。紧实的砂芯吹入 SO_2 气体，用空气净吹后即可起模。SO_2 气体从砂芯或砂型中清除出来，被抽入洗涤塔，塔中的洗涤液通常是质量分数为 5%~10% 的氢氧化钠溶液，塔内装有聚丙烯填料或淌球。1kg SO_2 要用约 4kg NaOH，并生成 8kg 的硫酸盐和亚硫酸盐。

我国已成功地将 SO_2 法用于泵类、液压件、汽油机及柴油机等铸铁件、铸钢件及非铁合金铸件的生产，但目前此法应用不多。

SO_2 法主要优缺点见表 5-164。

表 5-164　SO_2 法主要优缺点

优　点	缺　点
1）砂芯热强度高，铸件的尺寸精度和表面质量均高于三乙胺法 2）出砂性优良，对铝镁合金铸件也极易出砂 3）树脂砂有效期特别长，混好的砂不接触 SO_2 气体，决不会硬化 4）发气量是有机黏结剂中最低的，约为三乙胺法的 1/2，浇注时烟雾气味小 5）强度发展快，起模后 1h 内强度可达终强度的 85%~95% 6）生产率高，劳动强度小 7）节约能源	1）树脂中游离糠醇汽化，易使砂芯表面结垢 2）SO_2 的腐蚀性很强，低碳钢芯盒用于砂芯大量生产时，锈蚀是一个严重问题，同时，设备要有防蚀措施 3）SO_2 气体有毒、难闻，在空气中允许的体积分数极限不得超过 2×10^{-4}%（时间加权平均值）或 5×10^{-4}%（短期接触极限），SO_2 泄漏，将引起严重环境问题 4）过氧化物为强氧化剂，易燃烧，要妥善保管 5）粘模问题没有很好的解决办法

2. 其他 SO_2 法

其他 SO_2 法的特点及工艺见表 5-165。

表 5-165　其他 SO_2 法的特点及工艺

工艺名称	自由基法	环氧树脂 – SO_2 法
黏结剂	由 3 部分组成：含有碳碳双键的不饱和树脂、有机过氧化物引发剂（用来引发自由基聚合）和用来提高抗拉强度及延长型芯保存时间的乙烯基硅烷增强剂	属两组分黏结剂。组分 A 是由改性环氧树脂和有机过氧化物（一般是过氧化氢异丙苯）组合而成的；组分 B 部分是加有丙烯酸改性剂用来改善反应活性和硬化速度的环氧树脂
固化剂	氮稀释的 SO_2 气体	SO_2 气体
基本工艺	典型的黏结剂配方（质量分数）是：95% 的树脂、3% 的增强剂和 2% 的过氧化氢引发剂。黏结剂的加入量通常为原砂质量的 0.9%~1.8%。活化气体由 10% 的 SO_2 和惰性载体气体组成	典型的黏结剂加入量为原砂质量的 0.8%~1.5%。A、B 两部分之比推荐为 60:40。通常同时将这两部分加入原砂中
特点及效果	1）所用黏结剂比三乙胺法用的 Isocure 类树脂硬化速度快，因而在自动化制芯机上能有更高的生产率 2）所制砂芯具有良好的热稳定性和落砂性，可用于生产气缸盖和涡轮机增压器铸件，并能满足生产精密薄壁件的要求。这种黏结剂用于铝合金铸件及铸钢件时，披缝与毛刺缺陷大为减少 该工艺的不足之处是需要良好的脱模剂	该工艺有效地弥补了由呋喃树脂 – SO_2 法引起的大多数缺陷。具有良好的可使用性，对芯盒无粘模现象，十分适用于大批量生产 这种工艺在国外用来替代呋喃树脂 – SO_2 法，在国内的应用尚未见报道

5.5.4 低毒、无毒气硬冷芯盒砂

采用三乙胺、SO_2 冷芯盒法尽管有很多优点，但均会将有毒气体带入铸造车间，加重环境污染，当前人们迫切要求开发无毒、无污染的新工艺和新材料。

表5-166为20世纪90年代及以前国内外开发的几种低毒、无毒气硬冷芯盒工艺及特点。其中酚醛-酯冷芯盒法所用甲酸甲酯的物理化学性能指标见表5-167。

表5-166　国内外开发的几种低毒、无毒气硬冷芯盒工艺及特点

工艺名称	酚醛-酯冷芯盒法	聚丙烯酸钠-CO_2法（Polidox 黏结剂系统）	酚醛树脂-CO_2法（Ecolotec2000 的 CO_2 硬化树脂砂）	压缩空气法（Syncor 法）
黏结剂系统	采用水溶性碱性甲阶酚醛树脂和挥发性酯（甲酸甲酯）气雾体通过芯砂混合物，使之硬化	聚丙烯酸钠树脂加入粉状氢氧化钙固化剂，吹 CO_2 硬化。黏结剂加入量占砂质量的 2.5%～3.5%，粉状硬化剂加入量占砂质量的 1.2%～1.5%。硬化铸型、型芯一般约需占砂质量1%的 CO_2	Ecolotec2000 是一种水溶性酚的树脂，是将合成的液态酚醛树脂用 KOH 处理成碱性溶液，再溶入硼酸盐、锡酸盐或铝酸盐。吹 CO_2 时，它能够硬化的机制是因为吹 CO_2 增加了黏结剂溶液中氢离子浓度，氢离子首先与酚醛负离子结合形成酚醛分子，酚醛分子再以硼酸负离子为联结桥而交联硬化或无机盐使酚醛分子络合而胶凝。黏结剂加入量占砂质量的 3%～3.5%	用质量分数为 1%～10% 的溶解在有机溶剂（例如石油烃）中的聚苯乙烯作黏结剂，制成砂芯后，向芯盒中吹入 300～600kPa 压力的压缩空气，从而使溶剂挥发而达到硬化 35kg 的砂芯，在室温下用压力 152kPa 的空气 90s 硬化，抗拉强度可达 2.6MPa，且能根据所生产铸件的技术要求加以控制
特点	1）不含硫、磷、氮等元素，可用于钢和其他合金的铸造 2）型芯具有良好的高温退让性和较小的激热膨胀量，可减少铸件飞边（毛翅）、热裂 3）树脂具有碱性，对原砂的适应性广 4）甲酸甲酯属低毒产品，在混砂、制芯、造型、浇注过程中，刺激性气味小，对环境污染少 5）型芯发气量低 不足之处是生产率没有 SO_2 法高；甲酸甲酯易燃，需小心存放	吹气后不到 20s 的抗压强度达 0.8～1.0MPa。型芯溃散性好。热膨胀量明显低于酚醛和呋喃树脂砂，热塑性小于三乙胺树脂砂或水玻璃砂。铸件不易产生毛刺缺陷 该法可代替油砂、钠水玻璃-CO_2 法以及其他冷芯盒、热芯盒法制芯。适用于各种铸铁（灰铸铁、可锻铸铁和球墨铸铁）和非铁合金铸件的型芯	1）制芯工艺及设备简单 2）黏结剂中无易燃成分，吹气时间短，不存在过吹问题 3）铸件表面光洁，不产生夹砂缺陷，也没有冷裂、热裂和表面增碳现象。浇注后铸型有良好的溃散性 但该树脂砂的强度低，黏结剂加入量偏高	该工艺的显著特点是无毒，设备简单，工艺性能较好，不需要清洗。但是，作为一种新工艺，它也有不足，主要是：①吹气时间长，一般为 60s，因此，生产率受到限制。②强度较低，对于厚大型芯，需要芯骨等

表5-167　甲酸甲酯的物理化学性能指标　　　　　（续）

项　目	性能指标	项　目	性能指标
密度/(g/cm^3)	0.974	甲酸甲酯含量（质量分数,%）　≥	97.00
相对分子质量	60.05	含水量（质量分数,%）　≤	0.020
沸点/℃	31.75	蒸发残渣（质量分数,%）　≤	0.020
比热容/[J/(kg·K)]	0.909		
饱和蒸汽压(16℃)/kPa	53.32		

表5-168为苏州兴业公司和济南圣泉公司生产的

CO_2 硬化碱性酚醛树脂的性能指标。苏州兴业公司推荐的树脂加入量为 2.0% ~ 3.0%（占原砂的质量分数），射砂压力为 0.35 ~ 0.5MPa，吹 CO_2 流量控制在 8 ~ 30L/min，吹气时间为 5s 至数分数。

表 5-168　CO_2 硬化碱性酚醛树脂的性能指标

型号	外观	密度(20℃)/(g/cm³)	黏度(20℃)/mPa·s ≤	游离甲醛, ≤%	用途	保质期/d
XY – 680	棕红色透明液体	1.25 ~ 1.35	300	0.1		
SQJ610					各种铸钢件、球墨铸铁件及非铁合金铸件，硅砂等各种原砂	90（25℃）
SQJ690					各种铸钢件、球墨铸铁件及非铁合金铸件，铬铁矿砂等各种原砂	90（25℃）

5.6　铸造砂型 3D 打印增材制造技术

铸造砂型 3D 打印增材制造技术，是基于 3D 打印的无模化铸型制造技术。选用铸造砂型 3D 打印增材制造技术体系、工艺及装备，变革传统铸造模样成型砂型工艺，将 3D 打印与产品的数字化三维设计相集成，直接依据计算机图形生成待设计零件的砂芯，再根据型芯结构进行装配组装。该技术可极大地缩短产品研发周期，大幅度降低砂铁比，减少型砂、树脂黏结剂等资源用量，减少废砂及粉尘排放，改善现场环境，实现清洁铸造，同时可提高设计效率和铸件质量，降低加工成本。通过采用铸造砂型 3D 打印增材制造技术，快速、准确地测量需打印的原型产品，进而验证三维 CAD 设计的零件与原设计零件的吻合度，改进产品设计中的不足，使产品更加完善。还有，建立模型存档机制，加强设计过程的可控性及追溯性。采用此项技术，可减少传统铸造需要制作的模样工序，简化铸造过程，实现短流程铸造，如图 5-56 所示。图 5-56 中，不带底纹部分为传统工艺路线，带底纹部分为铸造砂型增材制造铸造工艺路线。

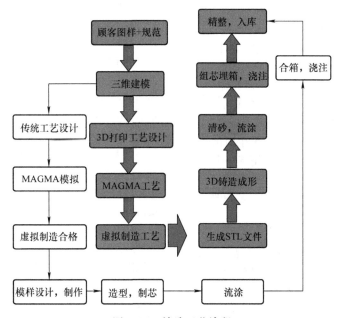

图 5-56　铸造工艺流程

下面简要介绍近几年在我国应用比较成熟的覆膜砂选区激光烧结工艺和基于微滴喷射成型的呋喃树脂

砂型无模铸型制造技术。

5.6.1　覆膜砂选区激光烧结工艺

1. 概述

选区激光烧结（selected laser sintering, SLS）是根据由 CAD 三维模型切片分层所获得的数据或层面信息，采用激光有选择地烧结固体粉末材料（塑料、蜡、陶瓷、金属等），并使烧结成型的固化层逐渐增长，生成所需形状的构件。用覆膜砂作为烧结材料，直接烧结铸造用砂型（芯）的实验研究工作开始于 1997 年初的德国，华中科技大学（原华中理工大学）也同期展开了这项研究工作。

覆膜砂的选区激光烧结过程实际上是一个热传导的过程。激光照射在砂粒表层上引发树脂受热熔融并与添加剂发生固化反应，激光照射的时间极短，能量基本被树脂表层吸收。随着材料内部深度的增加，激光热量的传导也会发生递减，激光束照射下的已烧结覆膜砂受热升温后，会对未烧结的砂粒进行直接热传导与间接热传导。

直接受热包括激光直接照射下的砂粒对激光能量的吸收、反射与投射，三者的能量之和就是激光输出的能量，总体能量保持守恒。一般激光器的能量直接照射在砂粒表层，砂粒吸收的激光能量主要由吸收系数和反射系数决定。间接受热是指在激光烧结过程中，被砂粒表层瞬间吸收的激光能量在极短时间内转化为热能并向砂粒内层传递。

2. 烧结过程与原理

首先，在计算机中先将三维模型制作好，利用切片软件将模型进行离散—堆积切片处理，处理后的切片信息被保存为成型机可识别的格式导入成型机，成型机根据处理好的分层结果开始逐层激光烧结。其次，对铺砂平台进行预热，当加热到 60℃ 左右开始铺砂，每铺一层激光器就会用高热能量对砂面进行烧结一次，使覆膜砂中的树脂与固化剂发生固化反应，从而固化定型。每烧结完一层，平台下降一个高度，继续进行下一层的铺粉烧结，依次循环直至砂型（芯）制件制作完成。激光烧结的工艺原理见图 5-57。

3. 覆膜砂的固化原理

覆膜砂被激光加热，固化剂乌洛托品（六亚甲基四胺）与树脂中的残留水分发生反应，形成甲醛和氨气。生成的甲醛与线型酚醛树脂分子进一步反应，使树脂由线型结构转变为分子结构较大的体型结构，氨气呈碱性，将推动反应顺利进行。

固化反应的步骤为：首先，甲醛分子与酚醛树脂分子链上若干苯酚羟基反应，在其对位处生成羟甲

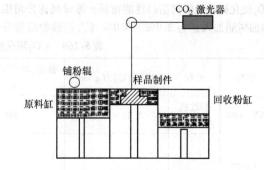

图 5-57　激光烧结的工艺原理

基；然后，生成的羟甲基再与其他酚醛树脂分子的苯酚核对位或邻位上的活性氢原子缩合，生成亚甲基键（—CH$_2$—），使酚醛树脂使由热塑性变为热固性而固化。

覆膜砂在激光作用下受热固化与铸造生产中壳型（芯）的加热固化不同。当激光束扫描覆膜砂表面时，表面的覆膜砂吸收的光能向热能的转换是瞬间发生的。在这个瞬间，热能仅仅局限于覆膜砂表面的激光照射区，通过随后的热传导，热能由高温区流向低温区。因此，在表面与内层之间形成了一个温度梯度。

试验结果表明，覆膜砂在激光束扫描照射下硬化的强度值（以下简称初强度）较低，其原因是：①光束照射加热的时间很短（可以认为是瞬间加热）。②覆膜砂的热导率较小。③光束照射加热的最高温度不允许太高（当最高温度大于 300℃，树脂将受热而炭化）。

为了提高砂层的整体受热温度（即提高初强度值），而又使最高温度不大于 300℃，应采用较低扫描功率和扫描速度进行扫描烧结。另外，在激光束扫描照射前，对覆膜砂进行预加热处理（预加热温度应低于覆膜砂的软化点温度），可以提高砂型（芯）的烧结强度；加入某些导热添加剂，对酚醛树脂黏结剂进行改性（以提高其导热性），或适当增加覆膜砂中黏结剂的加入量等都可提高烧结砂型（芯）的强度值。

4. 后处理

激光烧结后砂型（芯）的固化硬度往往还不是很理想，其中还包含有未反应的树脂与乌洛托品，即需要再进一步加热固化，这就是再加热后处理过程。一般后处理过程都是使用烘烤炉直接对砂型（芯）进行加热处理。为了不使砂型（芯）因过热而炭化，后处理要控制一定的加热速度，而且温度一般设定在 250℃ 左右，且保温时间对砂型力学性能影响更大。

较为优化的保温处理工艺为：保温温度250℃，保温时间300min。

激光束扫描加热和覆膜砂受热硬化的特点，使得在激光束照射后的覆膜砂可分成：硬化黏结区、软化黏结区和未黏结区3部分。在铸型中，硬化黏结区、软化黏结区所占比例越大，铸型的烧结强度越高。由于对烧结的砂型（芯）进行再加热保温处理后，其中的软化黏结区和未黏结区受热而固化，使得砂型（芯）的强度提高（再加热对硬化黏结区没有影响），所以砂型（芯）中软化黏结区和未黏结区所占的比例越大，砂型（芯）经再加热后强度值提高越大。因此，激光扫描后的试样的初强度值大小往往是与砂型（芯）再加热后强度值的大小相矛盾的（前者的强度值上升要以后者的强度值下降为代价，或者相反），不能同时使两者的数值都达到很高。

5. SLS 技术用覆膜砂

SLS技术用覆膜砂与传统铸造用砂相同，均采用热塑性或热固性树脂（如酚醛树脂）包覆硅砂、宝珠砂、锆砂或其他特种原砂等方法制得。

近年来也陆续出现了一些针对3D打印覆膜砂配方及其工艺的专利。例如，某专利发明涉及的一种用于铸造领域的3D打印覆膜砂，其成分（质量分数）为：腰果壳5%～8%，三聚氰胺甲醛树脂1%～2%，腰果壳液改性酚醛树脂1%～5%，乌洛托品0.6%～0.8%，偶联剂0.15%～0.4%，分散剂0.15%～0.2%，原砂（陶粒砂、高铝矾土砂、锆砂和铬铁矿砂的两种或多种的混合料）余量。该覆膜砂具有强度高、耐高温、低发气量及低膨胀率等特点。

另一专利公开的3D打印覆膜砂成分（质量比）为：基体材料95～99.5，覆膜材料0.5～5份，黏结剂1～5。其中，基体材料为硅砂、镁橄榄石砂、莫来石陶粒、铬铁矿砂、耐火黏土、锆砂、玻璃珠等的一种或多种组合，覆膜材料为硅酸盐、氟氯酸盐、无水硫铝酸盐、石膏中的一种或多种组合，黏结剂为各种酯类、PVA、PVC、PVP等的一种或多种的复合。其液体材料成分（质量比）为：覆膜砂材料80～89，蒸馏水0.5～5，溶剂0.05～0.5，纳米级粉体材料1～8，以及表面活性剂、分散剂、调节剂等微量。

其覆膜砂材料的成型方法为：在3D打印的铺砂装置中铺一层覆膜砂材料，3D打印机的打印头向覆膜砂材料选择性地喷射液体材料，重复上述步骤至少一次，结束打印，砂型（芯）硬化后抽出干砂，形成砂芯。

国内学者对3D打印用宝珠砂覆膜砂和普通铸造覆膜砂分别进行了热抗拉强度、热抗弯强度、发气量和灼烧减量等性能测试，通过测试结果并结合两种覆膜砂的微观形貌、成分、用途以及工艺等，分析了二者的性能差异。结果表明，3D打印用覆膜砂的强度优于普通铸造用覆膜砂，但3D打印用覆膜砂的发气量和灼烧减量明显较高。原砂的角形因数对强度有很大影响，角形因数越小强度越高。相同粒度分布的原砂，其中细砂的含量越多，其强度也越高。

6. 覆膜砂的激光烧结工艺

覆膜砂的激光烧结工艺直接影响砂型的成型精度与力学性能。研究发现，对砂型力学性能影响较大的工艺参数依次为激光强度、扫描速度、铺粉厚度和预热温度。如在实验室条件下，得出较为优化的烧结工艺为：激光功率18W，预热温度70℃，扫描速度1400mm/s，铺粉厚度0.2mm。对覆膜砂的选区激光烧结成型精度的试验研究表明，影响烧结成型件精度的主要因素包括数据处理的误差、设备的机械误差、烧结工艺和材料本身特性，其中在烧结工艺的影响方面，激光功率与扫描速度对砂型的成型尺寸精度的影响较大。

图5-58示出了一个管型件的三维图、铸件实体及选区激光烧结砂型。

7. 覆膜砂区激光烧结设备

国内有关覆膜砂区激光烧结设备的生产厂家较多。表5-169列出了国内某公司的砂型（芯）3D打印机Easy3DP-Ⅵ的技术参数。表5-170列出了国内另一家公司向市场推出的基于粉末烧结的HRPS系列快速成型设备的技术参数。

8. 覆膜砂 SLS 工艺的特点

相比以往的砂型（芯）制造技术，覆膜砂SLS成形技术具有以下优势：①不需要烦琐的制模工序便可以制造出砂型（芯），覆膜砂SLS成形技术能由砂型（芯）的三维数据直接打印出砂型（芯）实体，简化了砂型（芯）生产工艺，缩短了研发周期以及成本。②精度高，尺寸误差小，利用覆膜砂SLS成形技术制造出的砂型（芯）尺寸精度可以达到DCTG6～8、表面粗糙度值Ra可以达到3.2～6.3μm，这主要是由于覆膜砂SLS成形设备振镜的高精度、激光小直径光斑决定的。③可以制造任意复杂形状砂型（芯）。

因此，利用选区激光烧结技术整体成型复杂的覆膜砂型（芯），在高性能大型复杂薄壁铸件快速精密成型方面具有优越性，对于提升制造业、航空航天、汽车工业和其他领域的快速响应制造能力具有巨大的应用价值和广阔前景。

9. 覆膜砂的激光烧结工艺尚需进一步探讨的问题

国内外诸多学者、企业对覆膜砂SLS成型技术进

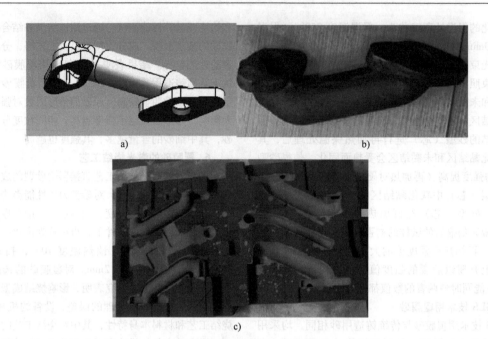

图 5-58　管型件的铸造实例

a) 管型件的三维设计图　b) 管型件的铸件实体　c) 管型件的选区激光烧结砂型

表 5-169　砂型（芯）3D 打印机 Easy3DP - Ⅵ 的技术参数　　　　　　　　　　（续）

成型材料	覆膜砂
成型空间（长×宽×高）/mm	1500×1000×600（可定制）
分层厚度/mm	0.1~0.5（可调）
成型速度/（s/层）	30~70
制件精度/mm	±0.2（长≤200mm）或 ±0.1%（长>200mm）

成型材料	覆膜砂
型砂发气量/（L/g）	<25（850℃）
铸件尺寸精度	达到或优于 DCTG8~9
型砂抗拉强度/MPa	0.8~1.5
铸件表面粗糙度值 Ra/μm	≤12.5
喷头数量/个	1~5，单个喷头喷孔数量为 1440

表 5-170　HRPS 系列快速成型设备的技术参数

型号	HRPS - Ⅱ	HRPS - Ⅳ	HRPS - Ⅴ	HRPS - Ⅵ	HRPS - Ⅶ	HRPS - Ⅷ
成型空间（长×宽×高）/mm	320×320×450	500×500×400	1000×1000×600	1200×1200×600	1400×700×500	1400×1400×500
外形尺寸（长×宽×高）/mm	1610×1020×2050	1930×1220×2050	2150×2170×3100	2350×2390×3400	2520×1790×2780	2390×2600×2960
分层厚度/mm	0.08~0.3					
制件精度/mm	±0.2（长≤200）或 ±0.1%（长>200）					
送粉方式	三缸式下送粉	上（下）送粉	自动上料、上送粉			
电源	三相四线（50Hz、380V、40A）		三相四线（50Hz、380V、60A）			
成型材料	HB 系列粉末材料（尼龙、覆膜砂、PP、PS、陶瓷等高分子材料）					
可靠性	可实现无人看管下工作					

行了深层次的研究，并且将其应用到铸钢、铸铁以及铝合金等非铁合金的铸造中，如研制出了可以打印覆膜砂的 SLS 设备，并且将其应用到一些精密铸件（如发动机缸体缸盖、发动机进气歧管、发动机排气管、变速器壳体等）的铸造中；还对不同激光功率、激光直径、粉末配比、扫描速度、搭接速度等工艺参

数条件下所成型型砂的抗拉强度、发气量、灼烧减量、溃散性等各项性能都做了不同研究。

尽管如此，覆膜砂的激光烧结工艺还存在一些问题需要进一步探讨。首先是覆膜砂的质量，包括覆膜砂配方、组分及其生产工艺的控制等，这是砂型（芯）能够成型的基础。其次是激光烧结时工艺参数对砂型（芯）强度问题的研究，不同的工艺参数组合直接影响到砂型（芯）成型时的强度，虽然国内外相关科技工作者对此做了研究，但工艺参数的探讨仍需持续进行。最后即后处理过程中砂型（芯）的发气量和溃散性问题，发气量的大小影响到了砂型（芯）的尺寸偏差和强度大小，而且刚烧结成型的砂型（芯）强度不高，在加热保温后处理的过程中容易出现因树脂黏结强度不够而导致溃散，对砂型（芯）的发气量和溃散性加以控制也是现在覆膜砂激光烧结在铸造领域中应用的一个难点。

虽然覆膜砂 SLS 成型技术与传统的砂型（芯）制造技术相比具有很大的优越性，但是由于目前覆膜砂 SLS 成型设备都是采用激光器对覆膜砂进行烧结，导致了成型砂型（芯）的体积小，成本高，速度慢等。

5.6.2 基于微滴喷射成型的呋喃树脂砂型无模铸型制造技术

1. 概述

基于微滴喷射成形的砂型无模铸型制造技术（patternless casting manufacturing，PCM）是将计算机三维设计、增材制造技术中的微滴喷射成形技术、传统的砂型铸造工艺三种技术相结合而形成的一种当前较为先进的铸型制造技术。其所包含的工艺主要分为以下三个部分：

1）铸件的三维数据处理。将正常的铸件三维模型数据进行反向建模处理得出铸型模型三维数据，然后用切片软件对铸型模型数据进行处理，转换为打印设备能够识别的数据，该数据包含每一层打印时对应的黏结剂喷射量、反应时间、喷射路径等信息。

2）将处理好的三维数据导入到微滴喷射快速成型设备中，直接打印出砂型（芯），之后对砂型（芯）进行装配组箱、施涂涂料、预热等处理。

3）对处理好的型箱进行浇注，待金属液冷却凝固之后得到最终的铸件产品。

其主要工艺流程如图5-59所示。

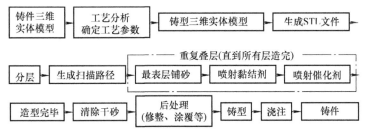

图 5-59　无模铸型制造技术的主要工艺流程

相对其他基于增材制造技术的铸造技术而言，无模铸型制造技术具有以下优势：

1）成本低。首先，不同于覆膜砂选区激光烧结成型技术和光固化成型技术，基于微滴喷射成型的无模铸型制造技术并没有采用激光作为主要能源对砂子进行黏结，而是采用化学反应的方式将型砂黏结。其次，微滴喷射成型所用型砂的价格比光敏树脂和覆膜砂都要便宜许多。因此，无论是从设备成本还是从材料成本来算，基于微滴喷射成型的无模铸型制造技术的成本都要低于其他基于增材制造技术的成本。

2）可成型超大尺寸砂型（芯）。微滴喷射成型技术没有采用激光烧结的方式，不受激光扫描角度的影响，所以容易成型出 4～5m 长或宽的超大型砂型（芯）。

3）原材料散发的毒性较小。微滴喷射成型技术采用的黏结剂和固化剂是铸造生产中使用的自硬树脂，设备工作条件是常温，其产生的有毒、难闻气体低于覆膜砂成型过程。

4）砂型（芯）无收缩变形。砂型（芯）是常温固化成型，成型过程无热应力，所以不会产生收缩变形。

2. 微滴喷射砂型打印的关键技术

目前，影响微滴喷射砂型打印的关键技术主要有以下几方面。

（1）打印设备装置　主要包括型砂输送装置、工作平台的升降装置、铺砂装置和喷头装置等核心部件。

1）微滴喷射砂型打印设备对工作环境要求不高，只要求型砂的输送装置能将型砂送入铺砂装置中即可。

2）工作平台的升降装置的精度决定了砂型打印的分层厚度。在其他工艺条件一致的情况下，工作平台的升降精度越高，所打印的砂型表面质量越好；反之，砂型表面质量越差。

3) 铺砂装置的作用是将砂子均匀地铺撒在工作平台上，目前主要采用的铺砂方式有机械推动铺砂和压缩气体喷砂两种。广东峰华卓立科技股份有限公司（简称广东峰华卓立公司）的微滴喷射砂型打印设备采用的是机械推动方式进行铺砂，此方式成本较低，控制简单，但是有时出现铺砂过程中铺砂杆会刮擦破坏已成型的砂型等问题。宁夏共享集团股份有限公司（简称宁夏共享集团公司）采用压缩气体喷砂的铺砂方式，该方式避免了铺砂杆对砂型刮擦的问题，但是装置复杂，对下砂口尺寸精度要求高，增加了成本。

4) 喷头装置直接控制着黏结剂的流量，是微滴喷射砂型打印设备中要求最高的装置之一。国内学者将离散式喷头应用于微滴喷射砂型打印设备当中，对黏结剂流体行为了进行理论分析，给出喷头至型砂表面的较优距离为 1 ~ 2mm，同时也分析了喷射过程中出现的滞后现象。他们还研究了在一定流体压力和振动频率条件下不同喷头大小对不同分层厚度的影响，最终确定了在流体压力为 0.055MPa、振动频率为 100Hz 的条件下，0.1mm 的喷头适用于 0.3 ~ 0.6mm 的分层厚度；而在流体压力为 0.055MPa、振动频率为 100Hz 条件下，0.25mm 的喷头适用于 0.8 ~ 1.0mm 的分层厚度。

5) 控制软件。控制软件直接控制着设备中铺粉装置、喷头装置等协调运行。控制软件的核心功能是对打印参数进行设定的切片功能，此外控制软件功能还应包括模型文件导入、布图、设备监控等。

表 5-171 为宁夏共享集团公司 ILead 与 IDream 系列的铸造砂型 3D 打印系统及其技术参数。表 5-172 为广东峰华卓立公司的 PCM 系列第四代砂型 3D 打印机主要技术参数。

表 5-171　ILead 与 IDream 系列的铸造砂型 3D 打印系统及其技术参数

型号	ILead – 1800	IDream – 2215	IDream – 2515
铸型的最大成型尺寸（长×宽×高）/mm	1800×1150×650	2200×1500×700（双工作箱）	2500×1500×700（双工作箱）
打印效率/(L/h)	90 ~ 170	280 ~ 350	280 ~ 500
打印层厚/mm	0.26 ~ 0.50	0.3 ~ 0.5	0.28 ~ 0.5
打印精度/mm	±0.35	±0.35	±0.35
设备主机尺寸（长×宽×高）/mm	4400×3250×2780		
设备外观尺寸（长×宽×高）/mm	6900×4000×3560	7870×4470×5170	8250×4470×5170
设备重量/t	10	28	30
型砂材料	硅砂、人造砂等新砂及热法再生砂	硅砂、人造砂等新砂及热法再生砂	硅砂、人造砂等新砂及热法再生砂
打印分辨率/dpi	400		
打印头数量	9组，共9216个喷孔		
液体材料	呋喃树脂、酚醛树脂	呋喃树脂、酚醛树脂	呋喃树脂、酚醛树脂
打印文件格式	STL	STL	STL

表 5-172　PCM 系列第四代砂型 3D 打印机主要技术参数

机型	PCM2200	PCM1800	PCM1500	PCM800
最大打印尺寸（长×宽×高）/mm	2200×1000×800	1800×1000×700	1500×1000×700	800×750×500
标配喷头数量/个	4			
分层厚度/mm	0.2 ~ 0.5 可调			
砂型尺寸精度/mm	±0.3			
打印速度/(s/层)	24	22	20	22
成型效率/(L/h)	165	147	135	49
打印分辨率/dpi	300×400×400			
抗拉强度/MPa	0.8 ~ 2.0（与原砂种类有关）			
发气量（850℃）/(mL/g)	≤18（呋喃树脂砂）			
打印用原砂	硅砂、人造陶瓷砂等			

宁夏共享集团公司的工业级双砂箱铸造砂型 3D 打印设备见图 5-60，由该设备 3D 打印的呋喃树脂砂铸型见图 5-61。

图 5-60　工业级双砂箱铸造砂型 3D 打印设备

图 5-61　3D 打印的呋喃树脂砂铸型

注：分层厚度为 0.42mm/层，硅砂粒度为 70/140 号筛。

（2）黏结剂　微滴喷射砂型打印是利用黏结剂与固化剂在常温条件下发生快速固化反应，从而对型砂进行黏结而制得砂型的。目前微滴喷射砂型打印的黏结剂多采用铸造用自硬呋喃（酚醛）树脂。

在 3D 打印铸造型芯用呋喃树脂及配套材料的研发方面，济南圣泉公司采用高活性组分和分子链端基改性对呋喃树脂材料进行改性制备。通过精确控制糠醇反应预聚物的相对分子质量，降低树脂成品黏度，利用活性组分提高树脂成品的固化速度，并结合 3D 打印工艺要求，制备出了固化快、加入量低、强度高、黏度低的呋喃树脂及配套材料，从而保证了 3D 打印砂型良好的性能（抗压强度 ≥ 6MPa，抗拉强度 ≥ 1.5MPa，发气量 ≤ 12mL/g 等）。该公司突破了砂型 3D 打印专用黏结剂制备工艺的技术瓶颈，兼顾 3D 打印及铸造性能要求，实现了砂型 3D 打印专用黏结剂的自主开发，满足了 3D 打印要求和尺寸精度要求。该公司研制的呋喃树脂黏结剂及配套材料在 3D 打印设备上应用，稳定性强、砂型（芯）质量和精度满足要求，实现了进口替代，经济效益与社会效益显著。

苏州兴业公司生产的 3D 打印用黏结剂（呋喃树脂体系）由呋喃树脂和固化剂组成（见表 5-173）。其特点是：①树脂与压电喷头适配性好，不损伤喷头。②喷射时液滴连续性好，流挂少，不堵塞喷头，设备工作效率高。③固化剂与原砂混合性好，混合料流动性好，易于铺砂。④强度高，发气量低。

表 5-173　3D 打印用呋喃树脂黏结剂的技术指标

型号	外观	密度（20℃）/（g/cm³）	黏度（20℃）/mPa·s　≤	特点	加入量（占砂的质量分数，%）
呋喃树脂					
DR40	棕色液体	1.12 ~ 1.15	5 ~ 15	适配性好	1.2 ~ 2.0
DR90	棕色液体	1.14 ~ 1.17	8 ~ 18	强度高	
磺酸固化剂					
DG10	棕色液体	1.22 ~ 1.25	10 ~ 50	固化速度适中	0.2 ~ 0.6
DG20	棕色液体	1.26 ~ 1.32	5 ~ 300	固化速度较快	

（3）打印工艺　国内相关学者对影响砂型（芯）强度、表面质量、尺寸精度、发气量等性能的因素做了大量的研究，他们从树脂砂颗粒尺寸、催化剂渗透、黏结剂用量、轮廓路径以及喷射系统对应的喷射方式等许多方面进行了深入研究，不断优化无模铸型铸造工艺。但是，对于不同的型砂、不同材质的铸件，所用的砂型打印工艺都有些区别，所以必须对不同铸造工艺、不同材质铸件、不同型砂对应的砂型打印工艺进行研究，确定不同条件下的打印工艺，形成一套标准，这样才能推动微滴喷射砂型打印在铸造领域中的应用。

例如，某专利公开的用于 3D 打印的颗粒材料，其颗粒材料包括硅砂、镁砂、铬铁矿砂、宝珠砂和镁橄榄石砂之中的任意一种。颗粒材料的粒径范围为

0.05～0.6mm，在其粒径范围内包括粒度由小至大的第一粒度至第五粒度，并且第一粒度和第五粒度分别为粒径范围的最小粒度和最大粒度。颗粒材料的粒度按以下质量比配制：第一粒度的含量在5%以下，第二粒度的含量在2%～20%之间，第三粒度的含量在15%～60%之间，第四粒度的含量在20%～50%之间，第五粒度的含量在15%以下。这样能使3D打印的砂型（芯）具有良好的镶嵌性和空隙互补性，满足了低黏度液体的渗透，从而能有效地提高3D打印的砂型（芯）的强度。

3. 基于微滴喷射成型砂型无模铸型制造技术的经济和环保效益

例如，柴油发动机的气缸盖铸件是铸造产品中难度较大的铸件之一。该铸件的内腔复杂，壁厚较薄，内腔质量要求高，清理工具很难清理到位，另外，该铸件需要进行水压或气压试验，废品率一般在30%左右。传统铸造工艺是将砂芯拆分成30多块，由技术熟练的工人进行下芯、合箱、浇注。而3D打印工艺则是将上、下水腔等多个复杂砂芯整合成1个砂芯，而且不用考虑砂芯的分模、取模等因素，只需要考虑清砂、涂料以及水分是否易于烘干等问题，大大简化了设计工作，克服了现有铸造技术中气缸盖砂芯数量多、装配累计误差大的问题，同时也降低了对操作人员的技能要求。

采用3D打印工艺替代传统工艺试制生产了中速柴油发动机气缸盖铸件，表5-174为3D打印工艺和传统铸造工艺对比结果。由该表可看出，采用3D打印工艺，铸件废品率降至5%，砂铁比降低了约55%，改善了铸造现场作业环境，从而实现了将3D成型技术与传统砂型铸造技术相融合的快速铸造技术，开创了全新的绿色铸造工艺新模式。

表 5-174　3D 打印工艺和传统工艺对比结果

内容	3D打印工艺	传统工艺
工艺设计周期/天	10	30
工艺流程/个	4	7
砂芯数量/个	4	34
毛净重比	1.02	1.05
砂铁比	2	4.5
综合废品率（%）	5	30
铸造车间粉尘/(mg/m^3)	0	1.35
污染治理方式	源头治理	末端治理

5.7　减少树脂砂铸造车间有机挥发性废气排放的途径

目前，减少树脂砂铸造车间有机挥发性废气排放的途径主要是使用低排放的树脂黏结剂，如木质素改性呋喃树脂或芳香型呋喃树脂、邦尼酚醛树脂。另外，采取净化方法，以减少铸造车间废气的排放等。

5.7.1　木质素改性呋喃树脂

木质素作为自然界中储量丰富的一种天然多酚类高分子聚合物。其结构中存在较多的醛基和羟基，其中羟基以醇羟基和酚羟基两种形式存在。在与尿素和甲醛合成脲醛树脂的反应中，木质素既可以提供醛基又可以提供羟基，从而降低甲醛用量。合成过程中通过控制小分子物质含量以及高分子材料结构单元间的连接键和端基活性等措施，降低了混砂过程中甲醛、NO_x、SO_2、VOCs 等有害气体的排放量。

表5-175列出了两种呋喃树脂的理化性能。表5-176列出了两种呋喃树脂砂1h和24h的抗拉强度。从表5-176可看出，木质素改性呋喃树脂砂的1h初强度低于传统呋喃树脂1h强度，强度差值超过20%；但两类树脂砂的24h终强度差距减小。木质素改性呋喃树脂砂1h和24h的抗拉强度随固化剂含量的增加强度波动小，在低固化剂含量下即可达到较高的强度，从而降低了固化剂的用量，减少了硫化物排放，这有益于车间环境改善。

表 5-175　两种呋喃树脂的理化性能

名称	密度/(g/cm^3)	黏度/$mPa \cdot s$	游离甲醛含量（质量分数，%）	含氮量（质量分数，%）	pH 值	含水量（质量分数，%）
木质素改性呋喃树脂	1.18	40	0.08	0.06	6.0	1.50
传统呋喃树脂	1.17	27	0.1	0.03	6.5	1.50

表 5-176　两种呋喃树脂砂 1h 和 24h 的抗拉强度

树脂加入量（占砂质量分数，%）	1h 抗拉强度/MPa			24h 抗拉强度/MPa		
	木质素改性呋喃树脂砂	传统呋喃树脂砂	强度差（%）	木质素改性呋喃树脂砂	传统呋喃树脂砂	强度差（%）
1.1	0.244	0.312	−22	0.328	0.351	−6.5
1.2	0.296	0.337	−12	0.373	0.462	−19

（续）

树脂加入量（占砂质量分数,%）	1h 抗拉强度/MPa			24h 抗拉强度/MPa		
	木质素改性呋喃树脂砂	传统呋喃树脂砂	强度差（%）	木质素改性呋喃树脂砂	传统呋喃树脂砂	强度差（%）
1.3	0.305	0.389	−22	0.409	0.463	−11
1.4	0.356	0.374	−4.8	0.477	0.516	−7.6
1.5	0.371	0.459	−19	0.608	0.586	+3.7

注：固化剂含量为占树脂的质量分数为35%。

表5-177 为现场混合砂过程中有害气体检测结果。木质素改性呋喃树脂在固化过程中甲醛释放量比普通呋喃树脂降低30% ~ 50%，其他有害气体也相应降低，混砂造型时刺激性气味变小，固化后型砂有淡淡木香味。

表 5-177　现场混合砂过程中有害气体检测结果

树脂种类	污染物名称（车间混砂区域）	实测值/（mg/m³）
普通呋喃树脂	甲醛	0.2049
	二氧化硫	0.0261
	氮氧化物	0.0531
SQM − 305A（木质素改性呋喃树脂）	甲醛	0.1232
	二氧化硫	0.0216
	氮氧化物	0.0443

5.7.2　邦尼树脂

邦尼树脂是近年来邦尼公司推向市场的新型环保铸造黏结剂，用植物与农作物的下脚料的可再生资源代替从石油中提炼出甲醛与苯酚的不可再生资源，合成的一种改性甲阶酚醛树脂。据有关文献介绍，邦尼树脂既具有碱性酚醛树脂的二次硬化特性，又保持了呋喃树脂的强度、溃散性、使用适应性及较好再生性。目前该树脂已经在国内数十家铸钢企业使用，产品涉及电力、船舶、冶金、矿山、工程机械等行业各类材质、结构及无损检测等级的铸钢件，单件重量从几十千克到100t以上。表5-178 为邦尼树脂的理化性能。

邦尼树脂在使用过程中的基本工艺特性如下：

1）树脂的加入量低（占原砂质量的0.9% ~ 1.0%），硬化速度调节灵活。

表 5-178　邦尼树脂的理化性能

外观	密度(20℃)/（g/cm³）	黏度(20℃)/mPa·s≤	游离甲醛含量（质量分数,%）	游离苯酚含量（质量分数,%）	含氮量（质量分数,%）	含水量（质量分数,%）	pH 值	保质期/d
深棕色液体	1.10 ~ 1.20	50	0	0	<2.0	<2.0	7.0 ~ 7.5	180

2）二次硬化。受热后具有与碱性酚醛树脂一致的二次硬化性能。

3）旧砂回收率高。旧砂回收率一般都在90%以上，用普通的机械再生，即可。

4）可采用单一砂工艺，不需要面背砂工艺方案。

5）环保无毒，树脂中甲醛与苯酚含量为零，浇注后刺激气味小。

6）综合成本低于碱性酚醛树脂及酯硬化水玻璃砂。

邦尼树脂砂与其他树脂砂的抗拉强度对比见图5-62。从该图可看出，邦尼树脂砂的抗拉强度仅次于呋喃树脂砂，而高于碱性酚醛树脂砂和水玻璃砂。

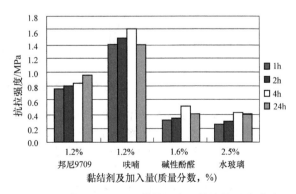

图 5-62　邦尼树脂砂与其他树脂砂的性能对比试验

注：采用东山砂，温度30℃，湿度62%。

5.7.3　铸造生产中废气净化应用进展

1. 铸造生产有机废气处理的方法

对于铸造生产中的有机废气，目前尚未有成熟的净化方法，大多借鉴石油、化工等行业有机废气的净化方法（见表5-179）。

表5-179　石油、化工等行业有机废气的净化方法

净化方法	适用范围	特点
吸附法	适用于大风量、温度低于50℃、低浓度的挥发性有机化合物	吸附组分广，成本高
吸收法	适用各种浓度、温度低于100℃、低浓度的挥发性有机化合物	效率高，形成二次污染
冷凝法	适用于温度低于100℃，低浓度的挥发性有机化合物	处理组分单一
燃烧法	适用于小风量、高浓度、高热值的挥发性有机化合物	燃烧不充分，产生有毒的挥发性有机化合物中间产物
生物法	适用于大风量、中低浓度、可生物降解挥发性有机化合物	运行条件严格
低温等离子法	适用于处理风量大、浓度低、组分复杂的挥发性有机化合物	工艺简单，运行管理方便
光催化法	适用低浓度恶臭气体的处理	不能净化大分子挥发性有机化合物

铸造生产有机废气处理的方法如下：

（1）吸附＋燃烧法　将吸附法和燃烧法结合，通过吸附法将低浓度有机废气中的有机物去除，实现有机废气的治理；通过燃烧法将解附所获得的高浓度有机气体燃烧掉，从而可防止有机物的二次污染。

（2）吸附＋冷凝法　通过吸附法将低浓度有机废气中的有机物去除，实现有机废气的治理；通过冷凝法使解附所获得的高浓度有机气体冷凝下来，实现有机废气治理和有机物的回收。

（3）吸收法　在铸造车间已有用磷酸吸收法治理含三乙胺有机废气的实例，但要解决好吸收液体的二次污染问题。

（4）脉冲电晕法　采用脉冲电晕法治理铸造车间产生的含三乙胺有机废气正处于实验室研究阶段，应加快工业化试验研究。

2. 低温等离子体净化铸造废气

（1）流程　低温等离子体净化铸造废气的流程见图5-63。

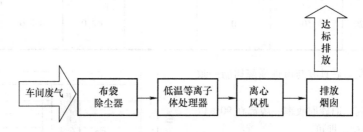

图5-63　低温等离子体净化铸造废气的流程

（2）原理　低温等离子体净化铸造废气的原理见图5-64。利用交变高压电场进行气体放电，产生低温等离子体，净化废气中的挥发性有机化合物。净化过程主要分为四步：电子雪崩、发光流柱与微放电、高能电子及自由基的形成以及挥发性有机化合物的降解。

3. 喷淋洗涤＋UV光解法净化铸造废气

（1）原理　喷淋洗涤是以水或其他酸性碱性液体为吸收剂，利用废气成分易溶于水或与吸收液发生化学反应的原理，通过洗涤吸收装置，使废气中的有害成分被液体吸收，从而达到净化废气的目的。UV光解是利用高能UV（紫外线）光束将废气分子的化学键打断，同时产生大量羟基自由基等活性基团，可将废气成分氧化分解，废气得以净化。

（2）流程　喷淋洗涤＋UV光解法净化铸造废气的流程见图5-65。废气先经喷淋塔1水洗后，将易溶于水的甲醛和氨吸收，之后进入喷淋塔 2，通过在循环液中添加一定量的碱液或酸液，将废气成分吸收。经喷淋洗涤净化后的气体进入 UV 光解装置，将有机废气进一步净化后，产生二氧化碳和水，经排气筒达标排放。喷淋塔所用喷淋液循环使用，一定时间后排入污水处理系统。

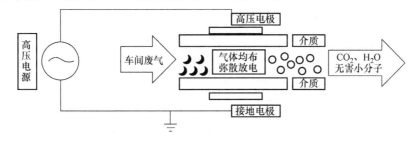

图 5-64　低温等离子体净化铸造废气的原理

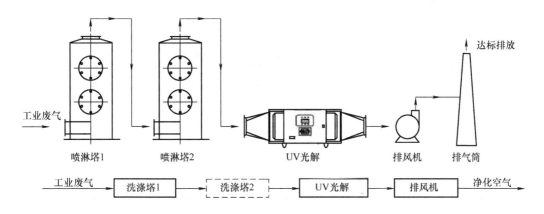

图 5-65　喷淋洗涤 + UV 光解法净化铸造废气的流程

4. 净化剂净化铸造废气

（1）特点　净化剂是济南圣泉公司生产的用于铸造车间有机废气净化的一种产品。它能迅速吸附各种有害气体分子并与其发生聚合、取代、置换等化学反应。该产品中性，无毒，无可燃性，无腐蚀性，无二次污染。

该净化剂专门用于浇注废气处理，使废气达标排放。其特点是快速高效。净化灵经稀释后均匀喷洒或雾化，与废气分子接触，吸引废气分子，产生化学反应，从而消除废气，而且使用安全。其性能指标及特点见表 5-180。

表 5-180　净化剂的性能指标及特点

外观	pH 值	熔点/℃	沸点/℃	用途	适用环境
无色及淡白色液体	6.5 ~ 7.5	0	98	去除硫化氢、氨、二氧化硫、乙硫醇、胺氧化物、甲醛等	铸造浇注区域

（2）应用效果　经对浇注区喷雾净化剂前后的甲醛、二氧化硫和胺氧化物的检测结果表明，其降低有害污染物的效果明显，见表 5-181 ~ 表 5-183。

表 5-181　浇注区行车上部污染物数据

温度/℃	湿度（%）	气压/kPa	时间	污染物名称	实测浓度/（mg/m³）
17.1	61.7	102.5	使用前	甲醛	0.3678
				二氧化硫	5.1016
				胺氧化物	0.0995

（续）

温度/℃	湿度（%）	气压/kPa	时间	污染物名称	实测浓度/（mg/m³）
22.8	70.8	101.8	使用后	甲醛	0.0447
				二氧化硫	0.2386
				胺氧化物	0.0143

表5-182　浇注区行车下部污染物数据

温度/℃	湿度（%）	气压/kPa	时间	污染物名称	实测浓度/（mg/m³）
17.1	61.7	102.5	使用前	甲醛	0.5209
				二氧化硫	2.6119
				胺氧化物	
24.1	61.3	101.8	使用后	甲醛	0.0519
				二氧化硫	0.2100
				胺氧化物	0.0067

表5-183　行车与铸件中间污染物数据

污染物名称	使用前浓度/（mg/m³）	使用后浓度/（mg/m³）	降低率（%）	平均降低率（%）
甲醛	上部1.4622	上部0.073	95.0	94.54
	中部0.4226	中部0.025	94.08	
二氧化硫	上部5.1421	上部0.1286	97.5	97.3
	中部2.9936	中部0.0868	97.1	
胺氧化物	上部0.1922	上部0.0156	91.88	91.29
	中部0.128	中部0.0119	90.7	

参 考 文 献

［1］李远才，董选普. 铸造造型材料实用手册［M］. 2版. 北京：机械工业出版社，2015.

［2］张昕，白培康，李玉新. 覆膜砂激光烧结在铸造领域的应用［J］. 铸造技术，2016，37（3）：501-503.

［3］张昕. 覆膜砂选区激光烧结工艺参数研究［D］. 太原：中北大学，2016.

［4］樊自田. 黄乃瑜，李焰，等. 选择性烧结覆膜砂铸型（芯）的试验研究［J］. 南昌大学学报（工科版），2000，22（3）：24-29.

［5］付龙，原晓雷. 绿色铸造模式的探索与实践［J］. 现代铸铁，2018（5）：22-27.

［6］郗志刚，刘军，梁满杰，等. 基于无模铸型制造技术的复杂铸件快速制造［J］. 铸造技术，2007，28（8）：1030-1033.

［7］臧加伦，孙玉成，李闯，等. 国内铸造快速成型技术与应用［J］. 中国铸造装备与技术，2015（4）：1-5.

［8］覃可智. 基于PCM工艺的导轮低压铸造及3D打印用呋喃树脂改性研究［D］. 南宁：广西大学，2018.

［9］MARIUSZ H, SYLWIA Ż K, ANGELIKA K, et al. Emission of BTEX and PAHs from molding sands with furan cold setting resins containing different contents of free furfuryl alcohol during production of cast iron［J］. CHINA FOUNDRY, 2015, 12（6）：446-450.

［10］ZHANG H F, ZHAO H Q, ZHENG K, et al. Diminishing hazardous air pollutant emissions from pyrolysis of furan no-bake binders using methanesulfonic acid as the bindercatalyst. Journal of Thermal Analysis & Calorimetry, 2014, 116（4）：373-381.

［11］ACHARYA S G, VADHER J A, KANJARIYA P V. Identification and Quantification of Gases Releasing From Furan No Bake Binder. ARCHIVES of FOUND RY ENGINEERING, 2016, 16（3）：5-10.

[12] 韩明志. 邦尼树脂旧砂实现短流程再生的认识 [J]. 铸造设备与工艺, 2015 (4): 52 - 54, 66.

[13] 刘小龙. 废砂再生与废气净化新技术 [J]. 铸造设备与工艺, 2016 (6): 8 - 11.

[14] 李兴文. 高端球铁件绿色铸造方案 [J]. 中国铸造装备与技术, 2018, 53 (1): 61 - 65.

[15] 卜文娟, 阮复昌. 木质素改性酚醛树脂的研究进展 [J]. 粘接, 2011 (2): 76 - 78.

[16] 董鹏, 朱正锋, 封雪平, 等. 木质素改性呋喃树脂性能研究 [J]. 铸造, 2016, 65 (6): 512 - 515.

[17] 唐盛来, 王海江, 邹晓峰. 邦尼树脂砂生产铸钢件的应用案例 [J]. 金属加工（热加工）, 2014 (9): 46 - 48.

[18] 闫敬光, 孙清洲, 张普庆, 等. 铸造车间有机废气处理展望 [J]. 铸造, 2014, 63 (6): 565 - 570.

[19] 戴旭, 朱文英. 绿色铸造芳香呋喃树脂的研究和应用 [C] //铸件质量控制及检测技术委员会第十一届学术年会暨天津市第十届铸造学术年会论文集, 2016.

[20] 吉祖明, 马西林, 朱文英, 等. 少无污染铸造用黏结剂的研制及应用 [C] // 2018 湖北省铸造年会暨铸造学术会议论文集, 2018.

第6章 其他有机和无机黏结剂砂

6.1 油砂

油砂是以植物油类或矿物油类作为黏结剂的型（芯）砂。油砂具有很高的干强度与很好的溃散性。油类黏结剂具有很好的流动性，在树脂砂工艺尚未普及的年代，曾是制造复杂砂芯的主要黏结剂之一。

油类黏结剂按其来源可分为植物油和矿物油两类。

6.1.1 植物油砂

1. 概述

植物油类黏结剂可使芯砂获得较高的干强度，而且在高温作用下油会燃烧。当铸件开始凝固时油砂的热强度即丧失，冷却后的残留强度也极低，因而退让性与溃散性十分优越。与此同时，油在燃烧时会产生CO、H_2等还原性气气氛并析出光亮碳，因而能有效地防止铸件粘砂的缺陷，使铸件内表面光洁。此外，在生产上常要求型（芯）能储存较长时间而不吸水变质，而油砂不易返潮。因此，在20世纪80年代前后植物油砂是制造复杂砂芯的主要有机黏结剂砂。但

由于油砂制芯工艺属模样外加热硬化，需占用大量的场地及模样，生产率低，加之油砂法制芯需要非常熟练的工人，要消耗大量的热能，资源有限（其他工业更需要）等缺点，随着自硬树脂砂和吹气硬化冷芯盒法的发展，壳芯、热芯盒法制芯的应用，油砂法除目前少数工厂的砂芯仍在采用油砂法制芯以外，大多被其他黏结剂和制芯工艺所取代。

2. 植物油的种类及结构

（1）植物油的种类　植物油习惯按其碘值分为干性油、半干性油和不干性油（见表6-1）。这种分类不能完全反映各种油脂性能上的差别，所以从工业应用的角度，又按其所含油酸的种类，分为轭合酸类、亚麻酸油类、油酸－亚油酸油类、芥酸油类等。

铸造生产中常用的植物油有桐油、亚麻籽油，还有米糠油（改性）、塔油等。除此以外，还有居于半干性油的大豆油、棉籽油、菜籽油。另外，一些野生的植物油和植物油的加工残渣也都曾经在铸造生产中得到应用。几种植物油的油酸含量和性能见表6-2。

表6-1　植物油黏结剂的种类

干 性 油	半干性油			不干性油
	棉花油组	菜籽油组	蓖麻油组	
亚麻籽油、桐油、大豆油、芥子油	葵花籽油、棉籽油、芝麻油、玉蜀黍油	菜籽油、芥子油	蓖麻油	橄榄油、花生油、茶油

表6-2　几种植物油的油酸含量和性能

项　目		轭合酸油类	亚麻酸油类		油酸－亚油酸类		芥酸油类
		桐油	亚麻籽油	大豆油	棉籽油	米糠油	菜籽油
油酸含量（质量分数,%）	桐酸	77	—	—			芥酸45
	亚麻酸	—	49	8.0			8
	油酸	8.8	2.3	25	23	39.2	16
	亚油酸	10.5	18	52	48	35.1	12
	其他	3.7	30.7	15	29	25.7	64
性能	不饱和酸含量（质量分数,%）	95	90	86	—	90	90
	不皂化物含量（质量分数,%）	<0.75	<1.6	<1.5	<1.5	4.6	—
	酸值/(mgKOH/g)	<7	<4	—		73	90
	碘值（韦氏法）	163	>177	120~140	106~113	99	100

（2）植物油的结构　植物油是油脂的一种。凡油脂都是由3个脂肪酸（R_1—COOH）分子和一个丙

三醇［甘油，$C_3H_5(OH)_3$］分子构成的。其生成可以表示如下：

$$R_1—COOH \quad CH_2—OH \qquad CH_2—O—\overset{\displaystyle O}{\overset{\|}{C}}—R_1$$
$$R_2—COOH + CH—OH_4 \rightarrow CH—O—\overset{\displaystyle O}{\overset{\|}{C}}—R_2 + 3H_2C$$
$$R_3—COOH \quad CH_2—OH \qquad CH_2—O—\overset{\displaystyle O}{\overset{\|}{C}}—R_3$$

　　脂肪酸　　　甘油　　　　　　　油

结构式中，R_1、R_2、R_3 代表 3 个脂肪酸的烃基，它们可以相同（即某一种脂肪酸甘油酯），也可以不同（即混合脂肪甘油酯）。因为甘油的成分是固定的，所以各种油的特性主要决定于脂肪酸的特性。

脂肪酸分为饱和脂肪酸和不饱和脂肪酸两种。饱和脂肪酸中含有饱和的烃基，即烃基之间碳原子都是以单键相连，其结构比较稳定，熔点也较高，不易与其他元素发生化学反应；不饱和脂肪酸中含有不饱和烃基，即烃基之间有一个或几个碳原子是以双键相连，在一定的条件下，双键很容易被打开，所以化学活泼性较强，容易发生氧化聚合反应。铸造生产上用的植物油主要都是由不饱和脂肪酸构成的混合甘油酯。

3. 植物油的硬化机理

（1）植物油的硬化过程　植物油黏结剂的硬化为氧化、聚合的过程，脂肪酸的分子在双键处通过"氧桥"不断聚合、加大，最后形成体型结构的高分子化合物。为加速油类黏结剂的硬化过程，预先在植物油中加入少量催化剂（主要是铅、锰、钴、铁、钙、锌与松香、环烷酸或脂肪酸形成的皂类），增加氧的吸收速度，促进聚合作用，加速油类的硬化。植物油类黏结剂的硬化过程大致如下：

1）预热阶段。油中的水分和易挥发物质在加热初期开始挥发。

2）氧化阶段。植物油中不饱和烃基中碳原子之间的双键在加热时被打开，空气中的氧进入双键部分与碳原子结合成过氧化物。其氧化过程可以简单表示为：

$$·····—CH{=}CH—····· + O_2 \xrightarrow{\text{加热}} ·····—\underset{\underset{O—O}{\displaystyle |}}{C}H—CH—·····$$

过氧化物

3）聚合阶段。生成的过氧化物很不稳定，容易与含有双键的其他分子发生聚合：

$$·····—\underset{\underset{O—O}{\displaystyle |}}{C}H—CH—···· + ····—CH{=}CH—CH_2—CH{=}CH—····$$

$$\rightarrow ····—\underset{\underset{CH}{\displaystyle |}}{\underset{\underset{O}{\displaystyle |}}{C}}H—\underset{\underset{O}{\displaystyle |}}{C}H—CH_2—CH{=}CH—····$$

如果生成物中还有双键，则在氧化作用下又转变为过氧化物，然后又与其他含有双键的分子继续进行聚合。经过不断重复地进行氧化和聚合，就使油从低分子化合物逐渐转变成网状的高分子化合物，即由液态逐步变稠，最后变成坚韧的固体。

（2）植物油的硬化条件　从以上的分析可以看出，植物油硬化反应应具备以下几个条件：

1）加热是使反应迅速进行的必要条件。但加热的温度不宜过高，否则植物油将燃烧和分解。

2）植物油分子中必须含有双键，且双键越多，氧化聚合反应越迅速和越完全。

3）硬化过程中必须充足地供应氧气。由于在硬化过程中，氧起到"架桥"的作用，所以供氧越充分，硬化反应的速度越快，硬化后强度也越高。

干性油含不饱和脂肪酸，其加热硬化机理至今还不十分清楚，一般认为是氧化聚合的结果。在加热过程中，不饱和双键不稳定，易与氧化合，形成过氧化物。生成的过氧化物不稳定，易与含有双键的其他油分子通过"氧桥"进行聚合。随着氧化、聚合反应不断地、重复地进行，分子逐步增大（靠聚合反应），液态油膜变为溶胶。随着分散介质的逐渐消失，溶胶转变为凝胶，最后成为坚韧的黏结剂膜，从而使砂芯具有高的干强度。

4. 桐油

（1）桐油的性质　桐油是从桐油松果实中得到的一种淡色的油状液体。桐油是重要的工业原料，尤其在油漆生产中应用广泛。桐油也是铸造生产中一种重要的油类黏结剂，主要用于制造各种形状复杂的砂芯。我国是主要的桐油生产国，主要在湖北、四川、贵州、云南等南方省份。因此，桐油也曾是我国铸造生产中应用最广泛的一种油类黏结剂。

桐油中主要含有桐油酸，桐油酸是一种含 18 个碳原子和 3 个共轭双键的脂肪酸（9、11、13 - 十八碳三烯酸）。由于双键的轭合位置使桐油更容易氧化聚合，具有更好的干燥性能。但是，轭合脂肪酸并不定量地吸收卤素，吸收量主要取决于轭合酸的多少。

新鲜的桐油在存放过程中会产油脂的异构化，桐油从 α 型转化为 β 型，会出现沉淀、结晶，甚至凝胶。将桐油在 200℃ 左右加热，可以防止异构化的发生。

（2）技术指标　根据 LY/T 2865—2017《桐油》的规定，桐油按其酸值、水分及挥发物、杂质的含量分为 3 个等级，见表 6-3。各级桐油中均不得含有痴油、矿物油、松香及其他类油脂。

表6-3　桐油的性能指标（LY/T 2865—2017）

等级	优等品	一等品	二等品
外观	黄色透明液体		
色泽（加德纳色度）　≤	8	10	12
气味	具有桐油固有的正常气味、无异味		
透明度（20℃，24h）	透明	透明	允许微油
水分及挥发物含量（质量分数，%）　≤	0.10	0.15	0.20
不溶性杂质含量（质量分数，%）　≤	0.10	0.15	0.20
密度/(g/cm³)	0.9350 ~ 0.9395		
酸值（KOH）/(mg/g)　≤	3	5	7
碘值（Ⅰ）/(g/100g)	163 ~ 175		
折光指数（20℃）　≤	1.5185 ~ 1.5225		
皂化值（KOH）(mg/g)	190 ~ 199		
黏度(20℃)/(mPa·s)	200 ~ 350		
总桐酸含量（质量分数，%）　≥	80	80	70

5. 亚麻籽油

（1）亚麻籽油的性质　亚麻籽油是一种深琥珀色、具有强烈特殊气味的油类。亚麻籽油中的主要成分是亚麻酸。亚麻酸是一种含有18个碳原子和3个隔离双键的脂肪酸（9、12、15 – 十八碳三烯酸）。亚麻籽油的质量主要根据它的不饱和度即碘值而定，因此碘值在评价亚麻籽油的质量方面具有重要的意义。

亚麻籽油根据其用途分为工业用亚麻籽油和食用亚麻籽油两类。工业用亚麻籽油广泛应用于油漆工业。在铸造生产中亚麻籽油也是一种主要的油类黏结剂，但由于它的产量较少，因此应用范围不如桐油那么广。亚麻籽油所配制的油砂工艺性能与桐油砂十分接近，但亚麻籽油的密度和黏度都比桐油小，所配制的油砂流动性较好，更适合于在大批量流水生产条件下使用。

（2）技术指标

1）根据GB/T 8235—2019《亚麻籽油》的规定，工业用亚麻籽油和食用亚麻籽油中均不得混有其他油脂。压榨成品的亚麻籽油的性能指标见表6-4。

2）根据GB/T 8235—2019的规定和铸造生产的

实际需要，亚麻籽油的性能指标应符合表6-5的要求。

表6-4　压榨成品的亚麻籽油的性能指标

等级	1级	2级
色泽	浅黄色至黄色	浅黄色至棕红色
气味、滋味	具有亚麻籽油固有的气味和滋味、无异味	
透明度（20℃）	透明	允许微油
水分及挥发物含量（质量分数，%）　≤	0.20	
不溶性杂质含量（质量分数，%）　≤	0.05	
酸值（以KOH计）/(mg/g)　≤	1.0	3.0

注：溶剂残留量小于10mg/kg时，视为未检出。

表6-5　亚麻籽油的性能指标

密度/(g/cm³)	碘值（以Ⅰ计）/(g/100g)	皂化值（以KOH计）/(mg/g)	工艺试样干拉强度/MPa
0.9276 ~ 0.9382	165 ~ 208	188 ~ 195	≥2.0

6. 米糠油

米糠油是从米糠中榨取的一种油类。未经加工精制的米糠油一般称为毛米糠油。毛米糠油中游离脂肪酸、蜡质和不皂化物的含量较高，而且在储放（25℃）过程中酸值会不断上升。

根据GB19112—2003《米糠油》的规定，米糠原油的性能指标见表6-6。

表6-6　米糠原油的性能指标

气味、滋味	具有米糠原油固有的气味和滋味，无异味
水分及挥发物含量（质量分数，%）　≤	0.20
不溶性杂质含量（质量分数，%）　≤	0.20
酸值/(mgKOH/g)　≤	4.0
过氧化值/(mmol/kg)　≤	7.5
溶剂残留量/(mg/kg)　≤	100

压榨成品米糠油、浸出成品米糠油的性能指标见表6-7。

表 6-7　压榨成品米糠油、浸出成品米糠油的性能指标

等级		1 级	2 级	3 级	4 级
色泽（比色槽 25.4mm）　≤		—	—	黄 35，红 3.0	黄 35，红 6.0
色泽（比色槽 133.4mm）≤		黄 30，红 3.0	黄 35，红 5.0	—	—
气味、滋味		无气味、口感好	气味、口感良好	具有米糠油固有的气味和滋味，无异味	具有米糠固有的气味和滋味，无异味
透明度		澄清、透明	澄清、透明	—	—
水分及挥发物含量（质量分数,%）　　　　　≤		0.05	0.05	0.10	0.20
不溶性杂质含量（质量分数,%）　　　　　≤		0.05	0.05	0.05	0.05
酸值/（mgKOH/g）　≤		0.20	0.30	1.0	3.0
过氧化值/（mmol/kg）　≤		5.0	5.0	7.5	7.5
加热试验（280℃）		—	—	无析出物，罗维朋比色：黄，色值不变，红色值增加小于 0.4	微量析出物，罗维朋比色：黄色值不变，红色值增加小于 0.4，蓝色值增加小于 0.5
含皂量（质量分数,%）　≤		—	—	0.03	0.03
烟点/℃　　　　　　　≥		215	205	—	—
冷冻试验（0℃储藏 5.5h）		澄清、透明	—	—	—
溶剂残留量/（mg/kg）	浸出油	不得检出	不得检出	≤50	≤50
	压榨油	不得检出	不得检出	不得检出	不得检出

毛米糠油是一种半干性油，特别是由于大量糠蜡和游离脂肪酸、不皂化物的存在，进一步降低了它的干燥性能。因此，毛米糠油不宜直接用作铸造用黏结剂。作为铸造黏结剂的米糠油是一种改性或精炼米糠油。其精炼工序是：①脱蜡。毛米糠油脱蜡最简单的技术是在沉淀罐中把油缓慢冷却，然后过滤或离心分离回收蜡糊。②脱酸。常用浓度为 10~20 波美度的氢氧化钠的理论碱量及质量分数为 0.5%~2% 的超量碱在剧烈搅拌下加入油中，停止搅拌后皂沉淀下来，用离心机分离皂脚或油脚，并进行脱色、脱臭和冬化等过程。

精炼米糠油是一种棕黄色的油状液体，如黏度过大，可用溶剂油或煤油稀释。改性米糠油属于中档的植物油黏结剂，可用于制作各种形状复杂的砂芯。

各级精炼米糠油中均不得混有其他食用油和非食用油。精炼米糠油的性能指标见表 6-8。

精炼米糠油必须具有下列特征：①折光指数（20℃）为 1.4700~1.4750。②密度（20℃）为 0.9129~0.9269 g/cm³。

表 6-8　精炼米糠油的性能指标

等级	1 级	2 级
色泽（比色槽计 25.4mm）≤	黄 35，红 3.0	黄 3.5，红 6.0
气味、滋味	具有食用精炼米糠油的固有气味和滋味，无异味	
酸值/（mgKOH/g）　≤	1.0	4.0
水分及挥发物含量（质量分数,%）≤	0.10	0.20
不溶性杂质含量（质量分数,%）≤	0.10	0.20
加热试验（280℃）	油色不得变深，无析出物	油色允许变深，但不得变黑，无析出物
含皂量（质量分数,%）≤	0.03	
不皂化物含量（质量分数,%）≤	3.50	4.5

7. 植物油砂

铸造中使用较多的植物油黏结剂是桐油、亚麻籽油、渣油、改性米糠油等。

（1）特点　植物油属于有机憎水类黏结剂，在性能上与黏土、水玻璃等无机黏结剂有很大的区别。

1）湿强度。油砂的湿强度很低（3~5kPa），为此在应用时通常在桐油砂中再加入糊精或膨润土等黏结剂来提高湿强度。

2）流动性。由于植物油的表面张力小，仅为 4×10^{-2}N/m，约为水（7.25×10^{-2}N/m）的1/2，当砂粒相互移动时，油在砂粒间能起到润滑作用，摩擦阻力很小，所以油砂的流动性好。这对制造形状复杂的砂芯操作时很方便，不需要很大的压力就可以使砂芯各部分均得到很好的填充和紧实，保证了砂芯几何形状和轮廓的清晰，提高了铸件的精确度，并保持内腔光洁。加入黏土和糊精等附加黏结剂后油砂的流动性有所降低。

3）干强度。植物油砂烘干后在砂粒周围形成坚韧的固体薄膜，干强度很高，一般比强度可达0.8~1.0MPa/1%。

（2）原砂及附加物　油砂用原砂的要求虽不如树脂砂那样严格，但还是应该选用粒形圆、杂质少、含泥量低、表面干净的原砂，甚至选用水洗砂，以减少用油量。砂子的粒度一般选用40/70号筛、50/100号筛、70/140号筛3种。粒度较细，铸件表面质量较好；粒度较粗，砂芯透气性较好。对于质量要求较高的铸件，常常在砂芯表面刷上涂料。

油砂中常常加入糊精、纸浆废液、淀粉、膨润土等辅助黏结剂。加黏土可提高湿强度，但同时使干强度降低较多，一般加入量小于原砂质量的2%。糊精在提高湿强度的同时也能保持干强度，但增加了型砂的发气量，一般加入量为原砂质量的1%~2%。纸浆废液的作用与糊精相似。加入过多容易使砂芯吸湿变质。

田菁胶可取代部分植物油，加入时应用少量柴油加以稀释。若制造要求很高的砂芯，通常不加任何附加物。

油砂中的黏土、糊精等水溶性附加物需要加水润湿，烘干时水分还可使温度上升比较缓慢，砂芯易于烘透。但水分在烘干时的蒸发破坏了油膜的连续性，使干强度降低，因此油砂中的水的加入量应严格控制。加入量为原砂质量的0.1%~0.2%的氧化铅、硝酸铵、环烷酸盐等固化剂能缩短砂芯的烘干时间。

（3）配方及性能　植物油的加入量应根据实际需要确定。随着用油量的增加，芯砂强度增高，但透气性下降，发气量增大，退让性和溃散性变差，成本也增高。对于较复杂的砂芯，用油量一般，为原砂质量的2%~3%；非铁合金铸件砂芯的用油量为原砂质量的0.3%~0.6%。注意，不必为了追求高强度而增加用油量。

配制植物油砂的一般原则是先干混后湿混，水及水溶性附加物应在加油之前加入。黏土、糊精等粉状附加物在干混过程中可得到较充分的分散，再被水润湿，就能均匀地包覆在砂粒表面。然而，先加油后加水对掌握油砂的湿强度比较有保证，因此有的工厂采用先加油后加水的工艺。混砂时间不宜过长，否则芯砂会因发热使水分蒸发，性能变差。

比较常见的植物油砂混制工艺有：

1）砂子 + 粉状附加物 $\xrightarrow{1 \sim 3min}$ 加水和液态附加物 $\xrightarrow{1 \sim 3min}$ 加油 $\xrightarrow{4 \sim 10min}$ 卸砂。

2）砂子 + 水 $\xrightarrow{2min}$ 加粉状附加物 $\xrightarrow{4 \sim 5min}$ 加油 $\xrightarrow{2min}$ 加其他附加物 $\xrightarrow{2min}$ 卸砂。

植物油砂的配比见表6-9，其性能及使用范围见表6-10。

表6-9　植物油砂的配比（质量比）

原砂	桐油	亚麻籽油	改性米糠油	膨润土	糊精	纸浆废液	其　　他
	2~2.5	—	—	2	1		—
	0.5	—	—	—	—	3	—
100	—	2.5	—	—	—	—	200号溶剂油0.25
	—	—	1.6~1.8	1~1.3	0.5	—	—
	3	—	—	4.5	1		山芋粉0.4，糠浆2
	2.5	—	—	0.5	—		—

表 6-10　植物油砂的性能及使用范围

铸　　件		性　　能			使用范围
	含水量（质量分数,%）	透气性	湿压强度/kPa	干拉强度/MPa	
铸铁件	3.2～3.8	>100（湿态）	14～18	1.3～1.7	柴油机 V 形砂芯
	1.5	>90（干态）	7～14	0.9～1.5	内燃机排气管砂芯
	—	80（湿态）	3.5～4.5	3.0～3.3	气缸体水套砂芯
	<2	>146	20.5	1.1～1.5	发动机缸体砂芯
铸钢件	7～9	>80（湿态）	15～20	—	纺织机圆盘件砂芯
非铁合金铸件	2.9～4	100～200	20	—	汽轮机夹层砂芯

（4）制芯　植物油砂可采用手工制芯，也可采用机器制芯，一般采用手工制芯较多。芯砂在空气中存放容易干结硬化，夏季还可能产生酸败。因此，芯砂不宜久存，应当班用完。在使用过程中砂芯应当保存在密闭容器中或用湿麻袋覆盖。

油砂芯因为湿强度低，硬化之前容易变形，所以在托芯板上应铺砂作为依托，或者使用成形托芯板。在烘干硬化之前应尽量减少砂芯振动。

（5）烘干硬化　烘干硬化过程中应控制烘烤时间和烘烤温度。温度过高，油分子发生分解，砂芯会发酥或烧枯。温度过低，氧化聚合反应不完全，砂芯强度不足。一般烘烤温度为 200～220℃，在此温度下的保持 1～2h。若砂芯在冷炉中随炉升温，在 200～220℃ 保持的时间可适当缩短，但整个烘烤时间延长。

若是断面均匀的薄而小的砂芯，可采用高温短时间的烘干工艺；若是较大且厚薄不均的砂芯，则可采用低温较长时间的烘干工艺。如砂芯用原砂的粒度较粗，因其透气性较好，烘干时间也可适当缩短。

（6）可能产生的缺陷和防止措施

1）砂芯变形。砂芯变形的原因是湿强度过低，可适当加入黏土、糊精、纸浆废液等辅助黏结剂。

2）砂芯过烧或夹生。砂芯过烧或夹生的原因是烘烤工艺控制不当。烘干适当的砂芯表面呈棕黄色或棕色，带有光泽。砂芯呈黄色或淡黄色，是烘烤不足，应提高烘烤温度或延长烘烤时间；砂芯呈暗棕色或暗黑色表面酥松，是烘烤过度，应降低烘烤温度或缩短烘烤时间。

3）砂芯发气量大。砂芯发气量大的原因是植物油或糊精等附加物加入量过多，应适当减少。若遇到不能减少黏结剂以造成强度不足等问题，应采用选择较好的原砂、合理开设砂芯排气道等措施来解决排气问题。

6.1.2　塔油砂

1. 塔油

塔油（或塔尔油）即松油，也称为松浆油或纸浆油，是一种深褐色的油状液体，是松木类造纸过程中的副产品。木材里的脂肪酸、松香酸等与碱化合形成皂，浮于黑液表面，称为浮皂和皂化物。将浮皂收集和初步脱水后送往塔油加工车间，对浮皂进行酸中和、清洗、静置，便可获得粗制塔油。

塔油黏结剂中主要含有脂肪酸（油酸、亚油酸、亚麻酸和少量的饱和酸）、松香酸（环状结构）及不皂化物。粗蒸塔油中脂肪酸的质量分数约为 50%，松香酸的质量分数约为 35%，不皂化物的质量分数约为 15%。黏结剂中稀释剂的质量分数一般在 20% 左右。

经对福建几大造纸厂所生产粗制塔油的分析得出，脂肪酸的质量分数为 35%～50%，松香酸的质量分数为 40%～55%，不皂化物为 5%～10%。塔油中脂肪酸和松香酸的比例因原料（如树木种类、砍伐季节、树龄）和加工工艺不同而在一定范围内波动。粗蒸塔油必须加入甘油进行脂化，以提高其黏度，才可用作铸造黏结剂。

塔油黏结剂的性能介于桐油、合脂之间，由于松香酸的存在，油脂稠而不黏，芯砂不易粘模。同时由于松香酸含碳量较高，高温发气量较低，析出的光亮碳较多，所以铸件内表面较光洁，便于清砂，但随着松香酸含量增多，油膜的脆性也较大。

塔油可代替桐油用于制造复杂程度较高的砂芯。

塔油黏结剂的性能指标应符合表 6-11 的要求。

表 6-11　塔油黏结剂的性能指标

黏度（流杯 ϕ4mm, 25℃）/s	酸值 /（mgKOH/g）	工艺试样干拉强度/MPa
80～150	<40	≥2.0

2. 塔油黏结剂的基本工艺性能

塔油中起黏结作用的主要成分是脂肪酸和松香酸（脂化后为甘油松香酸）。脂肪酸为链状结构，其硬化特性与植物油同，主要靠双键间的氧化聚合。松香酸为环状结构，其硬化过程，接近于树脂，主要依靠官能团之间的连接。因此，塔油砂硬化后具有强度高、表面强度好的特点。

（1）塔油砂烘干温度和干拉强度　塔油配制的砂芯最合适的烘干温度在210～230℃之间。当烘干温度为220℃时，塔油砂的强度与桐油砂相近；当烘干温度超过240℃时，强度开始下降。干拉强度与烘干时间有一定的关系，在低于最适宜的烘干温度烘干时，时间越长强度越高；反之，干拉强度随烘干时间的延长而不断下降。

塔油砂在不同烘干温度下的干拉强度及其与桐油砂、合脂砂比较结果见图6-1。由图6-1可看出，在砂芯的适用烘干温度区内（210～240℃），塔油砂的强度与桐油砂相近，高于合脂砂。

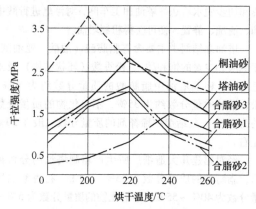

图6-1　烘干温度与干拉强度的关系

（2）塔油砂的吸湿性　为了比较各种黏结剂的吸湿性，国内某单位在室温为11～19℃、相对湿度为86%～93%的条件下，每隔一定时间测其芯砂干拉强度的变化，结果见图6-2。从图6-2可看出，各种芯砂试样在高湿度的条件下存放时，强度下降值最多在40%左右。由此可知，塔油是一种憎水的不可逆反应的有机黏结剂，因此塔油砂的吸湿性及吸收水分后强度降低是比较小的。

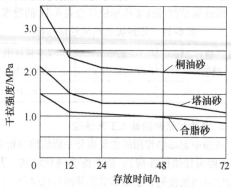

图6-2　存放时间与芯砂干拉强度的关系

（3）塔油砂的发气量　油类芯砂的发气量不仅与黏结剂的种类、加入量有关，而且还与烘干温度及时间有一定的关系。在同样温度下（220℃）烘干的塔油砂、桐油砂、合脂砂试样1g，在管状高温炉内加热到1000℃测定其发气量，结果（见图6-3）表明，塔油砂的发气量略低于桐油砂，与合脂砂相近。几种黏结剂的发气速度也都很接近。

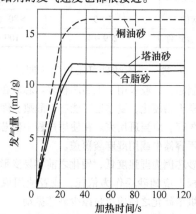

图6-3　加热时间与发气量的关系

（4）塔油砂的湿强度和造型性能　塔油具有合适的黏度与表面张力。塔油砂的流动性及不粘模性优于合脂砂。如果塔油的黏度及塔油砂的配方调配得当，那么塔油砂的不粘模性可超过桐油砂。

塔油砂的流动性和不粘模性与附加黏结剂有密切的关系。塔油砂也和其他油砂一样，湿强度比较低，因此在手工制芯时，一般都要在芯砂中加入第二种或第三种（也称附加物）黏结剂，以使芯砂在保持良好的干强度的同时具有必要的湿强度。

（5）塔油砂的退让性和溃散性　塔油和其他有机黏结剂一样，它们所配制的芯砂都具有良好的溃散性。塔油在400℃以后就迅速分解，在700℃以后完全分解失去强度。塔油砂与合脂砂在不同温度下加热15min后，其高温性能见表6-12。

表6-12　塔油砂的高温性能

芯砂种类	抗压强度/MPa			
	400℃	500℃	600℃	700℃
塔油砂	>0.9	>0.9	0.42	溃散
合脂砂	>0.9	>0.9	0.04	溃散

3. 塔油黏结剂在铸造生产中的应用

（1）原砂的性能　原砂的粒度、粒形、化学成分及表面状况对黏结剂加入量及芯砂干强度有很大的影响。

在塔油加入量占原砂的质量分数为3%，不加其他黏结剂和附加物的条件下，不同原砂的塔油砂性能见表 6-13。从表 6-13 可看出，原砂为深沪海砂与标准砂时芯砂强度比较接近。

表 6-13　不同原砂的塔油砂性能

原砂名称	原砂牌号	集中度(质量分数,%)	干拉强度/MPa	与标准砂强度之比
标准砂	4S55/100(○)	81	2.35	1
江田砂	4S30/50(□-△)	85	1.95	0.78
深沪海砂	3S55/100(□)	85	1.9	0.86

（2）塔油黏度的控制　脂化处理后塔油的黏度较大，因此用作铸造黏结剂时必须用溶剂适当稀释。

塔油的黏度大于桐油，与 HM-1 号合脂相近。塔油黏结剂的黏度应控制在 80~150s（φ4mm 涂杯）之间。黏度与温度关系以及塔油/溶剂稀释比例的关系见图 6-4。

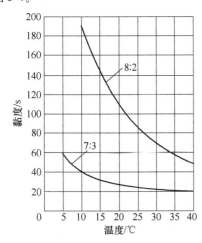

黏度/s
温度/℃

图 6-4　黏度与温度以及塔油/溶剂稀释比例的关系

（3）附加物的选择及其对芯砂性能的影响　调整芯砂配方的关键是调整芯砂的湿压强度，在保证干拉强度的前提下，获得良好的造型性能。为了提高油类芯砂的湿强度，一般都要往芯砂中加入附加物。各种附加物对塔油芯砂（塔油加入量占原砂的质量分数为 3%）性能的影响见表 6-14。

表 6-14　各种附加物对塔油芯砂性能的影响

芯砂配比〔占原砂（标准砂）的质量分数,%〕				试样工艺性能		
水	膨润土	糖浆	糊精	湿透气性	湿压强度/MPa	干拉强度/MPa
—	—	—	—	146	0.005	2.60
1	—	—	—	163	0.006	1.60
2	—	—	—	173	0.006	1.46
0.6	1	—	—	122	0.007	1.95
1.2	2	—	—	134	0.01	1.16
—	—	1	—	151	0.006	2.05
—	—	2	—	163	0.009	2.27
0.6	—	—	1	151	0.008	2.10
1.2	—	—	2	167	0.01	2.70

（4）芯砂配比与工艺操作过程的控制　塔油芯砂的配制、制芯以及砂芯烘干、铸件落砂等工艺操作基本上和桐油砂、合脂砂一样。塔油芯砂配比及性能见表 6-15。

表 6-15　塔油芯砂配比及性能

砂芯名称		芯砂配比（质量比）					
		粗砂（28/55 号筛）	中砂（55/100 号筛）	细砂（100/200 号筛）	黏土	桐油	合脂
汽车发动机机体夹层水道砂芯	桐油砂	100	—	—	—	2.5~3	—
	塔油砂	100	—	—	—	—	—
汽车发动机缸盖砂芯	桐油砂	100	—	—	1~1.5	1.3	2
	塔油砂	100	—	—	—	—	—
汽车发动机机体底座砂芯	桐油砂	20	—	80	—	3.2	—
	塔油砂	20	—	80	—	—	—
解放牌汽车化油器下本体砂芯	桐油砂	—	100②	—	—	3.0	—
	塔油砂	—	100②	—	—	—	—
缝纫机机头砂芯	合脂砂	—	100	—	2~2.5	—	4~4.5
	塔油砂	—	100	—	—	—	—

（续）

砂芯名称		芯砂配比（质量比）			芯砂性能		
		糖浆	塔油	糊精	湿透气性	湿压强度/MPa	干拉强度/MPa
汽车发动机机体夹层水道砂芯	桐油砂	—	—	2.5	≥250	0.008	1.0 ~ 1.2
	塔油砂		4.0	1.6①	≥300	0.008	>1.2
汽车发动机缸盖砂芯	桐油砂	—	—		≥400	0.006 ~ 0.008	1.1 ~ 1.2
	塔油砂		4.0	0.5②	≥400	0.006 ~ 0.008	>1.2
汽车发动机机体底座砂芯	桐油砂	—	—	3.0①	80 ~ 100	0.009 ~ 0.01	1.1 ~ 1.2
	塔油砂		4.5	2.0①	≥100	0.009 ~ 0.01	>1.4
解放牌汽车化油器下本体砂芯	桐油砂	—	—	—	≥100	0.006 ~ 0.008	≥1.2
	塔油砂	1.5	3.5		≥100	0.006 ~ 0.008	≥1.5
缝纫机机头砂芯	合脂砂	—	—		≥200	0.008 ~ 0.01	0.4 ~ 0.6
	塔油砂	2.5	2 ~ 2.5		≥200	0.008 ~ 0.01	0.6 ~ 0.8

注：干拉强度值皆根据各厂仪器实测。

① 面粉糊。

② 原砂为深沪海砂，其他为江田砂。

采用塔油芯砂制作砂芯时应注意以下几点：

1）配砂时先加入干料稍经混合，然后加入水溶性有机黏结剂，最后加入塔油。混砂时间不宜过长，辗轮不要压得太紧，轮子与底盘间隙调至轮子能够转动即可。过分的辗压会破坏各种黏结剂均匀和合理的分布，使黏结剂被挤压，积聚在混砂机的底盘上，造成强度的下降。

2）砂芯薄弱部位，如气缸盖砂芯中部细薄处，芯骨（钢丝）可适当加粗或增加1根钢丝，也可在薄弱部刷一些经过稀释的桐油或塔油，以进行加固。

3）塔油砂芯的烘干温度要比桐油砂芯高10 ~ 20℃。视砂芯大小不同，一些较厚大的砂芯保温时间应稍长一些。

4）砂芯尽量烘干、烘透，并在浇注时注意引燃，以使气体充分燃烧，否则砂芯会因硬化不足容易断裂，或是在浇注过程中形成炭烟。

5）塔油砂芯虽然强度、硬度较好，但黏结剂薄膜弹性不如桐油油膜，因此砂芯稍脆。

总之，塔油砂芯具有较好的强度和硬度，砂芯能够保持清晰的棱角；其砂芯在浇铸过程中，在砂芯和铸件的界面有一层光亮的碳膜，因此铸件内腔表面光洁度好，容易清砂；可以用塔油黏结剂代替桐油、合脂等制作Ⅱ、Ⅲ级或部分Ⅰ级砂芯。

6.1.3 合脂砂

1. 概述

桐油等干性植物油都是重要的工业原料，其增产速度远远不能满足我国工业发展的需要，因此研究和寻找植物油类黏结剂的代用品是我国铸造技术人员一直在进行的工作。曾先后研究和使用过石油沥青类乳浊液、页岩残油、石油渣油等矿物油黏结剂来代替植物油。从1961年起，我国开始对制皂过程中的副产品——合成脂肪酸蒸馏残渣（简称合脂）进行研究，创造了合脂黏结剂，在制型芯应用中获得了较好的效果。由于合脂砂的烘干工艺和不少性能都和植物油砂比较接近，且当时合脂的供应还比较充足，价格便宜，所以在全国各地迅速得到了推广，以此来代替植物油制作Ⅱ、Ⅲ级砂芯。后因合脂砂具有的流动性差、黏附芯盒和易蠕变等缺点，逐步被人工合成树脂砂所取代。虽然目前国内其黏结剂仍有生产供应，但相比人工合成树脂砂，其应用较少。

合脂是从炼油厂原料脱蜡过程中得到石蜡，制皂工业再将石蜡制取合成脂肪酸时所得的副产品，是一种深褐色的油状液体。合脂的组成很复杂，很难精确分离，可以粗略地认为它含有3种主要成分。

1）稀碱液可溶成分，主要是高碳脂肪酸和羟基酸。

2）稀碱液不溶但可皂化的成分，即羟基酸的内脂和交脂。

3）稀碱液不溶又不可皂化的成分，主要含有中性氧化物和未氧化的蜡。

合脂黏结剂因为不是纯物质，所以其硬化机理目前尚未完全弄清楚。其硬化过程十分复杂，既有不饱和脂肪酸的氧化聚合反应，也有羟基酸的缩聚反应。这些反应使合脂的相对分子质量增大，使黏结剂膜从液态转变成溶胶、凝胶，最后变成坚韧的具有弹性的薄膜，使砂芯具有相当高的强度。

2. 合脂黏结剂

合脂分为软蜡合脂和硬蜡合脂。用熔点较低（30~44℃）的石蜡生产的合脂称软蜡合脂，含羟基酸较多，呈黑褐色，黏度大，硬化强度高；用熔点较高（>52℃）的石蜡生产的合脂称为硬蜡合脂，含羟基酸较少，呈浅褐色，黏度小，硬化强度低。用作铸造黏结剂时应尽量采用软蜡合脂。

合脂在常温下为膏状，气温低时会结成固体，使用时必须加以稀释。常用的稀释剂是煤油，煤油加入量一般为合脂质量的44%~50%。夏天或对流动性要求不高的时候可降为33%~42%。在大批量生产中，为了缩短砂芯烘干时间，有时也用溶剂油作稀释剂。稀释的方法是将合脂加热到80~100℃熔融，然后加入煤油并充分搅拌，直到无沉淀、不分层为止。

3. 合脂砂的配方及性能

（1）原砂　使用粒度适中、粒形较圆、泥分较少的原砂可节约黏结剂和减少黏结剂加入过多带来的副作用。对于复杂砂芯，应按照植物油砂对原砂的要求选择原砂，但对于大多数较复杂或中等复杂的砂芯

来说，对原砂的要求可适当降低。

有的工厂通过加入天然黏土砂来改善合脂砂的湿强度，如加入占原砂质量15%的红砂提高湿强度的效果比加入膨润土还好。常加入的红砂粒度为100/200号筛，含泥量（质量分数）为8%~15%。

（2）附加物　合脂砂的湿强度比油砂还低，为提高湿强度，一般是加入膨润土、糊精或纸浆废液等，它们在合脂砂中的作用与在油砂中的作用相似。一般附加物在合脂砂中的加入量：膨润土为原砂质量的1%~2%，糊精为原砂质量的1.0%~1.5%，纸浆废液为原砂质量的3%左右。

随着芯砂中糊精或膨润土的加入，芯砂中还应加入占原砂质量2%~3%的水。合脂黏度大，芯砂流动性差，因此必要时可加入占原砂质量0.5%~1%的植物油。

（3）混制　合脂在芯砂中的加入量为原砂质量的2.5%~4.5%。合脂砂的混制工艺与植物油砂基本相同，而总的混砂时间较长一些，这是因为合脂黏度较大的缘故。

（4）合脂砂的配比和性能　合脂砂的配比和性能见表6-16。

表 6-16　合脂砂的配比和性能

铸件	配比（质量比）						性能				使用范围
	原砂	合脂	亚麻籽油	膨润土	糊精	工业油	山芋粉	含水量（质量分数,%）	湿透气性	湿压强度/kPa	干拉强度/MPa	
铸铁件	100	3.2~3.4	—	1.5	1.5	—	—	3~3.4	>110	13~14	1.3~1.7	柴油机小砂芯
		2	—	2	1	1.8	1	1.5~2.5	60~80	7~10	1.2	纺织机械简单砂芯
		1.5	0.5	（红砂 2.5）	（糖浆 0.6）	—	—	1~1.5	>110	3.5~5.5	1.1~1.4	气缸盖砂芯
铸钢件		4~4.5	—	—	1.2~1.4	—	—	2~3	≥150	12~16	>1.2	特殊要求砂芯
非铁合金铸件		2.5~3	—	—	2.5	—	—					消防器材砂芯

4. 制芯及烘干硬化

合脂砂用手工制芯、机器制芯均可，机器制芯较多。应注意的是，合脂芯砂流动性较差易使砂芯填不满或出现疏松、空洞和烘烤过程中产生蠕变。

芯砂在保存期间容易失水干燥，保存芯砂最好用密闭容器或用湿麻袋覆盖。

合脂砂的烘干温度范围比植物油砂宽，为200~240℃，烘干时间为2~3h，若用溶剂油作合脂的稀释剂，烘烤时间可适当缩短。大小砂芯同炉烘烤时，大砂芯应靠近炉壁温度较高处。

因为合脂的缩合硬化反应不需要氧气，因此烘干时不必考虑供氧问题，应尽快地把从砂芯中逸出的溶剂挥发物顺利排出炉外，保证烘干效果，防止炉气爆炸。

5. 应用

（1）HM-2合脂黏结剂砂　国内某油脂厂生产的HM-2合脂黏结剂（性能见表6-17），可在生产中直接与原砂配用，不加任何其他附加物，其效果良好。例如，生产EQ140汽车减速器壳、几种后桥壳和130汽车桥底、桥盖等铸件，有效地解决了铸件粘

砂、气孔和气缩等铸造缺陷，且铸件表面粗糙度值　　较低。

表 6-17　HM-2 合脂黏结剂性能

外　观	酸值 / (mgKOH/g)	含脂量 (质量分数,%)	黏度 (流杯 φ4mm, 25℃)/s	工艺试样干 拉强度/MPa	湿透气性
深褐色或褐色均匀液体	>20	>92	100	1.4~1.5	>120

注：芯砂配比（质量比）为原砂 100，合脂黏结剂 4~4.5，水适量；混碾 7~10min；砂芯烘干温度为 200~220℃，烘干时间为 3.5~4.5h。

（2）HQ 强化剂　HQ 强化剂主要是由经过改性处理的树脂组成的无毒粉末，能很好地与稀释后的合脂溶合。将其添加到合脂砂中不需改变合脂砂的混砂、制芯、烘干等工艺，应用简单、方便。

国内某发动机厂采用合脂砂制作 S1100 柴油机气缸盖、机体等铸件的砂芯。原用配方（质量分数）为合脂 4%，膨润土、糊精、水各 2%，砂芯在 220℃烘烤 1.5h，干拉强度为 1MPa。使用中发现砂芯易损坏，发气性大，铸件气孔废品率在 15% 以上。改用配方（质量分数）为合脂 2.5%，HQ 强化剂 12.5%（占合脂质量分数），膨润土、水各 1.5%，糊精 2.0%，在 220℃烘烤 1h，其干拉强度达 1.47MPa。配方改变后，合脂砂的粘模性、流动性都得到了显著改善，缩短烘烤时间，砂芯损坏现象显著减少，消除了因砂芯发气而报废的现象，减轻了砂芯烘烤过程中烟雾的产生，改善了车间的环境。

HQ 强化剂无毒，保存性好，对合脂砂具有显著增加干强度及加速其硬化的作用。添加 HQ 强化剂，可减少合脂砂中合脂的加入量，在很大程度上改善合脂砂的性能。

（3）双脂砂的应用　KD100 黏结剂是一种水基淀粉类芯砂黏结剂，有很多优点，但 KD100 芯砂容易风干，易粘模，限制了 KD100 黏结剂的使用。为了发挥合脂和 KD100 黏结剂的优点，把合脂和 KD100 黏结剂放在一起使用，配制了 KD100+合脂芯砂（以下简称"双脂砂"）。

在批量生产中，采用 5114 混砂机混制芯砂，配比（质量比）及混制工艺如下：新砂 100 + 糊精 0.3~0.6 + 膨润土 0.3~0.6（混 1 min）+ 水 0.3~0.6（混 1 min）+ KD100 1.5~1.8（混 3min）+ 合脂 1.5~1.8（混 5 min）后出砂。砂芯从烘干到浇注几乎无油烟和刺激性气味，由气孔导致的铸件废品率明显降低。

生产实际应用表明，双脂砂大大减少了合脂及辅料的加入量，与合脂砂相比有以下优点：①成本低。②流动性好，便于制芯紧实，提高了砂芯的表面质量。③蠕变小，大砂芯尺寸容易保证。④发气量小，发气速度快，发气量比合脂砂低 5mL/g 左右。⑤溃散性好，减轻了清理劳动强度。⑥改善环境，油烟刺激性气味大大减少。

（4）合脂砂在热芯盒法中的应用　生产中经过多次试验，发现把合脂砂与呋喃Ⅰ型树脂砂以一定比例混匀后，可以用热芯盒法射制成芯，称为双脂砂芯。这种双脂砂芯，采用两次烘干：第 1 次烘干，显示出了呋喃Ⅰ型树脂的优点，固化快，品质好；第 2 次烘干后，合脂砂的优点突出表现出来，抗潮性提高，存放期长。

双脂砂芯采用两次烘干的硬化机理为：呋喃Ⅰ型树脂是用糠醇改性的尿醛树脂，其分子结构中含有羟基与活泼氢原子以及呋喃环上不饱和键，在 200~240℃下，历经 2min，由于固化剂的硬化作用，羟基与活泼氢原子可以进一步失水缩合，双键又可以聚合，在短时间使线型分子交联成体型结构。受其影响，合脂砂在热芯盒内第 1 次烘干中虽未硬化，但在湿态放置下和在电加热芯子炉内第 2 次烘干过程中不再出现蠕变现象，提高了尺寸稳定性。合脂是一种憎水有机黏结剂，其硬化温度虽与呋喃Ⅰ型树脂相近，但两者硬化机理却迥然不同。第 2 次烘干时，在 190~210℃下，历经 120min，合脂的硬化机理是，合脂中不饱和脂肪酸发生氧化聚合反应，而更主要的是，合脂中含量较多的羧基与羧基发生酯化反应，缩聚成高分子化合物。缩聚后生成的网状聚合物，形成坚韧的薄膜，把砂子黏结在一起。受其影响，双脂砂芯比呋喃Ⅰ型树脂砂芯吸湿性减弱，抗潮性增强，存放期变长，铸件不易产生气孔。

6. 合脂砂的缺陷及防止措施

（1）芯砂流动性较差　有时在砂芯的拐角和深凹处形成蜂窝状空洞，复杂砂芯尤为突出。常采用的解决措施有：适当降低合脂黏度，严格控制合脂加入量，加入占原砂质量 0.5% 左右的植物油，选用粒度较圆、分布较均匀的原砂。

（2）黏附芯盒　常采用的解决措施有：适当减低合脂黏度，严格控制合脂加入量。尽量不加或少加水及含水附加物（如纸浆废液），芯盒表面擦拭少量某油、柴油或撒少许石松子粉，采用内表面光洁的金属芯盒等。

（3）蠕变　蠕变是指制好的砂芯在湿态下逐渐变形的现象，发生在制芯后的放置阶段和烘干阶段，在烘干过程表现得特别突出。发生的原因是芯砂的流动性差，湿强度低。在制芯阶段采取的措施是：加入糊精等附加物，以提高强度和风干能力；安放芯骨或采用成形烘干器或砂垛，加强砂芯的支撑；制芯时尽量舂紧或采用机器制芯，增加砂芯滑移的阻力。在烘干阶段采取的措施是，高温入炉，急速加热，使砂芯表面迅速硬化。

6.1.4　渣油砂

1. 渣油

我国早在 1958 年和 1960 年便先后对页岩残油和渣油进行研究，但在应用中遇到不少困难，此后中断。后来根据生产上的迫切需要，国内相关单位通过反复探索，终于找到了有效的途径，研制了 S61 型和 S76 型渣油黏结剂。通过一些工厂的试用，证实新黏结剂不仅完全可以代替桐油和亚麻籽油制作包括 I 级砂芯在内的各种类型的砂芯，而且还使铸件质量明显提高，废品率减少，成本降低。

渣油是炼油厂原油蒸馏加工过程中蒸馏塔底部所剩留的残渣。原油蒸馏工艺有常压蒸馏、减压蒸馏等几种，不同的原油、不同的蒸馏工艺对渣油的性能都有一定的影响。用作铸造黏结剂的渣油一般为减压渣油，渣油经过进一步氧化加工而制成石油沥青。渣油是石油分馏过程的中间产物。渣油组成及其性质见表 6-18。

表 6-18　渣油的组成及其性质

组成	油质	质胶	沥青质	其他
性质	系蒸馏石油时未馏出的相对分子质量较高的碳氢化合物，有烷烃和极少量的开链烃。其相对分子质量为 300～500，密度小于 1g/cm³。通常将其中 –20℃下呈固态者称蜡，呈液态者称油。油蜡溶液呈黄色或浅黄色，为流质或黏稠液	也称中性胶质（质量分数为 20%～25%），系含有芳香烃和环烷烃的高分子化合物。相对其分子质量为 600～800，密度接近于 1g/cm³。为深褐色的半固体物质，碳氢比值较高，带有光泽，富有延性和胶黏性	与胶质相似，主要由芳香环、环烷环为单元结构组成的混合物。其芳香环和环烷环为稠环（多为 3 环以上）。其碳氢比值比胶质更高，相对分子质量更大，达 1000～6000 或更高，密度大于 1g/cm³（1.10～1.15g/cm³）。为暗黑色的固体物质，呈脆性	碳氢质和半焦油质（质量分数小于 1%）

渣油的硬化实质上是小分子向大分子转化的过程，其转化顺序为：油质→胶质→沥青质→碳青质→半油焦质。渣油砂的硬化过程大致是这样的：在一定温度下烘干时，砂粒周围裹附着的渣油内分子活动剧烈，一小部分油质可能随稀释剂（裂化柴油）挥发，大部分油质则进行脱氢聚合成为胶质。其中氧促进着脱氢聚合的进行。胶质在受热时不稳定，随着油质减少时，它也进一步脱氢、聚合，生成沥青质。当进一步提高烘干温度和延长烘干时间时，沥青质又向碳青质和半油焦质转化。

从胶体化学的角度来看，在油质挥发和相对分子质量逐步增大的转化过程中，渣油就从溶胶转成凝胶，以致形成半固体和固体的韧性连续膜，使砂芯获得强度。

渣油可有效地代替包括植物油在内的其他油类黏结剂，而成本低廉，可制作汽车、机械、液压件等的各类合金铸件的 II 级、III 级的砂芯。

2. 渣油黏结剂

1976 年前后上海工业大学在有关工厂和研究所的密切配合下，通过反复试验，对渣油进行特殊改性处理，研制成功了新型的改性渣油黏结剂，即 S76 型渣油黏结剂。S76 型渣油黏结剂不仅可有效地替代桐油等高级植物油制作包括 I 级砂芯在内的各级复杂砂芯，而且其多数性能优于桐油，尤其重要的是用 S76 渣油砂芯浇注的各种材质的铸件，在内外质量上均超过了桐油芯子所浇注的铸件，而成本则显著降低。

S76 型渣油黏结剂的配制程序如下：渣油从减压蒸馏装置流出时温度在 400℃ 左右，待渣油冷却至 100～150℃ 时，趁热加入裂化柴油和香料进行稀释。待稀释后的渣油液冷却至 50℃ 以下后加入环烷酸铁。加裂化柴油和环烷酸铁时均须搅拌均匀。S76 型渣油黏结剂的成分与性能指标见表 6-19。

表 6-19　S76 型渣油黏结剂的成分与性能指标

成分（质量比）			黏度（流杯 φ6mm，30℃）/s	工艺试样干拉强度/MPa
渣油液	环烷酸铁（催化剂）	紫罗兰香料		
100	12	0.3	9～25	≥2.0

注：渣油液中减压渣油与裂化柴油的质量比为 10:5。
　　工艺试样配比（质量比）为大林砂 100，S76 型渣油黏结剂 6.5。混砂时间为 5min。

3. 稀释剂

渣油在常温下极为黏稠，呈膏状，难以在混砂时加入，若采用加热熔化则十分麻烦，而且芯砂的流动性很差，为此，须采用稀释剂稀释。试验表明，对于渣油来说，裂化柴油是较好的稀释剂，除此之外，还有煤油等。

1）随着渣油与裂化柴油的稀释比增大，黏度减小，湿压强度下降，渣油砂的流动性则逐步提高，但稀释比至10:7.5以后，流动性不再有何变化。图6-5所示是渣油稀释比与黏度及流动性的关系。图中圆柱试样质量可大致反映流动性大小。

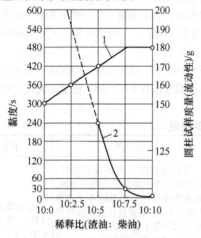

图 6-5　渣油稀释比与黏度及流动性的关系
1—试样质量　2—黏度

2）在稀释比至10:7.5以前，渣油的干拉强度随稀释比提高而增加（见图6-6）。这是由于稀释比提高时，渣油的黏度下降，有利于渣油在混砂过程中更均匀地裹覆砂粒之故。加入的柴油过多之后，则由于柴油的大量挥发又过多地影响了渣油薄膜的完整性，因而导致强度下降。

3）未稀释的渣油在烘烤过程中使砂芯蠕变严重，其原因在于渣油的黏度太高，配砂时不易均匀造成局部油膜过厚，在加热时黏度突然大幅度下降芯砂颗粒间由于自身重力而产生相对滑动。随着稀释比的增加，蠕变逐渐减弱。当稀释比达10:5左右时蠕变现象消失。

在满足使用性能的前提下应尽量减少稀释剂加入量，以使成本较低，选取10:5的稀释比为宜。

4. 催化剂

要使渣油砂制成能用的砂芯，烘干是一个十分重要的因素。渣油与桐油不同，桐油是干性油，在常温下也会逐渐干燥硬化，其烘干温度范围比较宽，而渣油则要达到一定温度和时间后才开始硬化。不加催化剂的渣油砂烘干工艺曲线如图6-7所示。由图6-7可见，渣油砂的烘干温度范围较窄，而且适宜温度较高，烘干时间也较长。为了使渣油黏结剂的烘干工艺接近桐油，以便于在生产中应用，就必须寻求合适的催化剂。

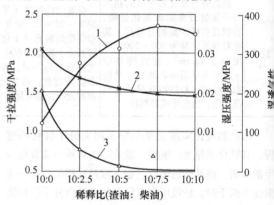

图 6-6　渣油稀释比对渣油砂性能的影响
1—干拉强度　2—湿透气性　3—湿压强度

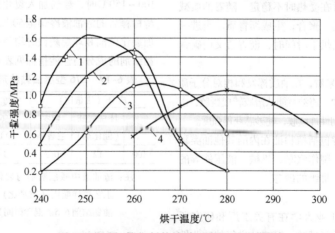

图 6-7　不加催化剂的渣油砂烘干工艺曲线

注：配比（质量比）为阜宁砂（70/140号筛）100，糊精2.5，水1.5，渣油液6。湿透气性为148，湿压强度为0.033MPa。曲线1烘干时间为90min，曲线2烘干时间为75min，曲线3烘干时间为60min，曲线4烘干时间为45min。

作为催化剂，无机盐如 $FeCl_3$、$AlCl_3$ 等，均具有促进硬化的作用，但使硬化强度有所降低。在有机盐中，环烷酸钡（代号 G1）、环烷酸锌（代号 G2）和环烷酸铁（代号 G3）等环烷酸盐有明显的硬化作用。其中，环烷酸铁（G3）的作用效果最好。

图 6-8 所示为几种有机盐对渣油砂的硬化效果。

如图 6-9 所示，当 G3 加入量增加后，不仅使起始硬化温度逐步降低，而且使烘烤温度也向上推移。通过实际应用，对于一般情况，选用 G3 加入量为渣油质量的 12%。

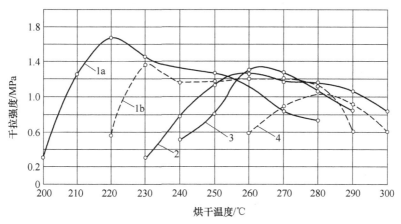

图 6-8　几种环烷酸盐对渣油砂的硬化效果

注：曲线 1a、1b 为两次试验结果，配比（质量比）为阜宁砂 100，膨润土 3，糊精 1，水 2.2，渣油 6；环烷酸铁 12%（占油的质量分数）。曲线 2 配比（质量比）为阜宁砂 100，糊精 2.5，水 1.5，渣油 6；环烷酸锌 25%（占油的质量分数）。曲线 3 配比为环烷酸钡 25%（占油的质量分数），其他组成同曲线 2。曲线 4 配比为不加催化剂，其他组成同曲线 2。

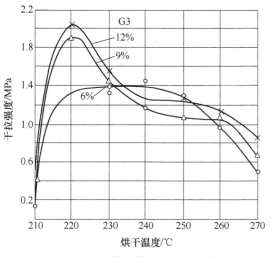

图 6-9　G3 加入量对渣油硬化强度的影响

注：配方（质量比）为阜宁砂（70/140 号筛）100，糊精 2.5，水 1.5，渣油液 6；G3 加入量 6% ~ 12%（占渣油的质量分数）。湿透气性为 146 ~ 148，湿压强度为 0.024 ~ 0.027MP。

5. 渣油砂的配制

一般芯砂中改性渣油的加入量为原砂质量的 3% ~ 4%，非铁合金铸件砂芯的加入量可适当减少。

（1）原砂　改性渣油砂对原砂的要求与合脂砂对原砂的要求基本相同。

（2）附加物　渣油砂中常加入为原砂质量 2% 左右的膨润土，糊精则可少加或不加。膨润土的最佳加入量是膨润土与糊精质量比为 2:1 ~ 3:1。在相同附加物的条件下，渣油砂的湿压强度比桐油砂和合脂砂高。附加物的加入，不仅提高了渣油砂的湿强度，而且扩大了砂芯烘干的温度范围，改善了烘干后砂芯的质量。

水分随粉状附加物的加入而加入，适宜的水分加入量是膨润土质量的 1/2，或膨润土加上糊精质量的 1/3。

（3）混制工艺　渣油砂混制工艺如下：

$$原砂 + 粉状附加物 \xrightarrow{2min} 加水和液状附加物$$
$$\xrightarrow{10 \sim 15min} 加渣油 \xrightarrow{2 \sim 5min} 卸砂$$

（4）渣油砂的配比和性能　渣油砂的配比和性能见表 6-20。

6. 制芯及烘干硬化

渣油砂的流动性、湿强度等工艺性能都比较好，可用手工制芯，也可用机器制芯。此外，渣油砂还有如下特点：

1）芯砂的保存时间可长达 2 ~ 3 周，无附加物的芯砂甚至可以长期放置。

2) 制好的砂芯在入炉烘干之前也可长期放置而不变形、不松散。

3) 不黏附芯盒，可连续制作而不需擦拭芯盒。

4) 抗吸湿性好，成品砂芯长期放置后再使用不

需要回烧。

存在的问题是，对于制芯时，手与芯砂长期接触后会发黄，但用废柴油洗手后不会留下痕迹，对皮肤无伤害。

表 6-20　渣油砂的配比和性能

配比（质量比）				性　能				使用范围
原砂	渣油	膨润土	糊精	含水量（质量分数,%）	湿透气性	湿压强度/kPa	抗拉强度/MPa	
100	S61　6.5	—	2.5	1.6 ~ 1.8	≈120	19	1.0 ~ 1.6	柴油机缸盖砂芯
	S76 4.6 ~ 4.8	3	1.5	≈4	100 ~ 150	15 ~ 30	1.3	纺织机械砂芯
	S76　6.0	5	2	3.5 ~ 4.5	>100	20 ~ 30	抗剪强度 0.70	浮筒锚链架铸钢件砂芯

渣油砂比较适宜的烘干硬化工艺是：烘干温度 230 ~ 250℃，烘干时间 1 ~ 2h。对于薄壁小芯，取烘干温度的下限。如大小砂芯同炉烘干，薄小砂芯应放在低温处。在烘干厚大砂芯时，要特别注意炉气循环。托芯板应开有通风孔。在炉内高温区，砂芯的摆放不应过密，避免发气量过大而造成温度自动升高。烘干前期烟气较大，应及时排出，并注意工作场地的空气流通。

烘干适度的渣油砂芯应呈亮黑色或褐色，表面坚硬，棱角清晰。呈暗黑色，则烘干过度；呈黄褐色，则烘干不足；如出现局部花斑，则烘干过度且发生了局部燃烧。

6.1.5　乳化沥青砂

1. 乳化沥青

(1) 性质　根据来源不同，沥青可分为煤沥青、木沥青和石油沥青。煤沥青是提炼煤焦油的副产品，有毒；木沥青是木材干馏的副产品，货源少。它们都不适合用作铸造黏结剂。石油沥青是减压渣油再经氧化得到的产物，根据其氧化程度的不同，产物的软化点也不同。铸造中常用软化点为 45 ~ 60℃ 的石油沥青。采用较多的方法是用纸浆废液、黏土或煤粉作乳化剂，将它配成乳状液，称乳化沥青。

与渣油相似，石油沥青的成分为沥青质、油质和胶质。石油沥青在加热时熔化，冷却后又凝固。但此过程并非完全可逆，因为它在高温时伴随有氧化聚合反应。

石油沥青来源充足，成本低，高温下分解出气体和光亮碳，有防粘砂的作用。沥青砂高温强度和出砂性好，但干强度较低，适合于制作中大型铸件、Ⅲ级以下的砂芯。

石油沥青应达到渣油所规定的技术指标。

(2) 组成及工艺特点　乳化沥青的配比（质量比）：沥青:纸浆度液:黏土或煤粉:水 = 5:2:2:1。乳化的具体过程：先将纸浆废液、黏土或煤粉搅拌均匀配成悬浊液，加热到 60℃ 左右，然后将加热到 120℃ 左右的沥青徐徐倒入其中，不间断地搅拌 15 ~ 20min，便可得到均匀的黑色乳化沥青，最后再用水稀释使之不发生聚沉。

乳化沥青砂中也常加入膨润土来提高湿强度。

2. 混砂及芯砂烘干

混砂时，先将原砂和干态附加物干混均匀，再将已用水稀释的乳化沥青加入，然后混碾 15min，即可卸砂。也可采用以下混砂工艺：

原砂 + 干态附加物 $\xrightarrow{2min}$ 加水和液态附加物 $\xrightarrow{10min}$ 加乳化沥青 $\xrightarrow{5min}$ 卸砂

乳化沥青砂的适宜的烘干温度为 250 ~ 270℃，烘干时间为 1 ~ 2h，中大砂芯可适当延长时间。

乳化沥青砂芯在浇注时发出的烟雾较多，应注意工作现场的空气流通。

3. 乳化沥青砂的配比和性能

乳化沥青砂的配比和性能见表 6-21。

表 6-21　乳化沥青砂的配比和性能

配比（质量比）						性　能		使用范围
新砂	旧砂	黏土	木屑	乳化沥青	水	透气性	湿压强度/kPa	
40	60	—	10	3	5	150	21	机床件中小砂芯
		2		2		134	30	机床件大砂芯

6.2 水溶性高分子黏结剂砂

目前国内外铸造生产所用的有机类型（芯）砂主要是人工合成树脂砂和油砂。由于呋喃树脂砂和酚醛树脂砂中含有苯酚、甲醛等有臭味、有毒、有刺激性的气体，因此在造型、制芯和浇注等工段如果没有良好的通风设施，将会严重污染车间和周围环境，形成公害。植物油砂则因价格高，来源有限，发气量大，湿强度极低，需要烘烤，从而限制了它的广泛使用。鉴于这种状况，开发和寻求无公害或少公害的铸造黏结剂成了目前亟待解决的重要课题。其中，水溶性高分子类的黏结剂受到了国内外一些铸造工作者的重视。20世纪80年代以来，通过研究开发，已出现了聚乙烯醇自硬砂、复交砂和淀粉砂等新型的型砂。这类型砂除了有机类黏结剂共有的特点以外，还具有一些独特的优点，而其本身均无毒、无公害（或少公害）。经过实际生产应用，已体现出它们的优越性。

6.2.1 聚乙烯醇砂

1. 概述

聚乙烯醇（polyviny alcohol，简称PVA）是一种无毒的水溶性高分子化合物。东南大学于1976年开始研制和开发了这种水溶性树脂作为铸造黏结剂。聚乙烯醇在铸铁、铸钢和非铁合金铸件的生产中，作为黏结剂，用来制造各种砂型和砂芯，不烘自硬，节省了能源，减少了混砂、造型、制芯、浇注和清砂工段的劳动条件等。

2. 聚乙烯醇黏结剂

聚乙烯醇是一种无味、无臭、无毒的白色或微黄色粉末或絮状物，通常是通过在聚醋酸乙烯酯的甲醇溶液中加氢氧化钠碱化处理而制得的。其分子结构式为

$$-[CH_2-CH]_n-$$
$$\quad\quad\quad | $$
$$\quad\quad\quad OH$$

聚乙烯醇是一种非电解质的表面活性剂，可作为乳化剂、保护胶体、织物的上浆料，可制成坚韧、柔软的塑料制品。

聚乙烯醇作为铸造黏结剂，兼有无机和有机黏结剂的特点：

1）溶于冷水，随着水温的升高，其溶解速度加快，但溶解度降低。

2）成膜性好，黏结力强。

3）有多种化学反应方式，便于采用多种化学硬化方法。

4）在较低温度（200℃）下开始分解，使型（芯）砂具有极好的退让性和溃散性。

5）不为霉菌所破坏，储存性好。

聚乙烯醇是一种水溶性树脂，它可单独或与其他黏结剂配合使用来配制芯砂。

不同牌号的聚乙烯醇，有不同的性能，有的溶于水，有的仅能溶胀，这取决于它的醇解程度。铸造中常用的聚乙烯醇的产品牌号是PVA17-88，其性能指标见表6-22。

表6-22 PVA17-88黏结剂的性能指标

等级	优等品	一等品	合格品
溶解度（摩尔分数，%）	87.0～89.0	86.0～90.0	86.0～90.0
黏度/(mPa/s)	20.5～24.5	20.0～26.0	20.0～26.0
乙酸钠含量（质量分数，%） ≤	1.0	1.5	1.5
挥发分（质量分数，%） ≤	5.0	8.0	10.0
灰分（质量分数，%） ≤	0.4	0.7	1.0
pH值	5～7	5～7	5～7

注：黏度是在20℃条件下，将聚乙烯醇配成质量分数为10%的水溶液而测定的。

3. 聚乙烯醇型（芯）砂简介

聚乙烯醇在型（芯）砂中的加入量（聚乙烯醇的固体质量分数）约为1%，以质量分数为15%～18%的水溶液加入为宜。型砂抗压强度可达1.2～1.4MPa。根据硬化方式的不同，聚乙烯醇型（芯）砂可分为3种：

1）聚乙烯醇烘干砂，烘干温度为170℃。

2）聚乙烯醇-水泥自硬砂，水泥既是硬化剂又是增强剂。

3）CO_2气硬聚乙烯醇砂，其中须加$Ca(OH)_2$作硬化剂。

4. 聚乙烯醇-水泥自硬砂

聚乙烯醇-水泥自硬砂是一种将有机黏结剂和无机黏结剂混合应用的自硬砂。它综合了有机黏结剂和无机黏结剂的优点，在某种程度上，克服了无机黏结剂单独使用时溃散性差，出砂困难，有机黏结剂单独使用时发气量大和产生有害气体的缺点。这种自硬砂中，水泥既是黏结剂又是硬化剂和增强剂。即时强度主要是靠水泥水化时吸收聚乙烯醇溶液中的水分、脱水变稠所致。这种自硬砂可代替部分桐油砂、合脂砂等，可用于铸铁件、铸钢件和非铁合金铸件等。

（1）聚乙烯醇－水泥自硬砂的配制工艺　配比（质量比）：原砂（粒度70/140号筛）100，聚乙烯醇（PVA17－88）固体含量1，硅酸盐水泥3～5，水4.0～5.7。

混制工艺如下：

$$原砂 + 水泥 \xrightarrow{\text{干混 3min}} 加聚乙烯醇溶液$$

$$\xrightarrow{\text{湿混 2min}} 卸砂$$

在温度为20～30℃、相对湿度为70%～80%的条件下，放置24h后的抗压强度大于1MPa。

（2）聚乙烯醇－水泥自硬砂性能的影响因素

1）聚乙烯醇浓度的影响。聚乙烯醇使用前应配制成溶液。配制工艺如下：将粉粒状聚乙烯醇加入定量的净水中搅拌，然后停放24h，以使其充分溶胀，停放后将溶液在60～70℃的水浴锅中加热，并缓慢搅拌，使聚乙烯醇完全溶解，变成通明的溶液为止，最后冷却到室温后即可使用。配制的浓度影响自硬砂的强度，从试验得知，达到最高强度的溶液的质量分数为15%。

2）聚乙烯醇加入量的影响。适宜的聚乙烯醇加入定量为原砂质量的0.8%～1.0%（折算固体）。随着聚乙烯醇加入量的减少，自硬砂强度明显下降。

3）水泥加入量的影响。水泥加入量不宜过多，否则会引起型（芯）砂中水分和细粉的增加。试验结果表明，初强度随着水泥加入量的增多而提高，当要求起模早或砂芯形状复杂时，水泥加入量为原砂质量的3%～5%。

4）促硬剂的影响。为进一步提高聚乙烯醇－水泥自硬砂的强度，尤其是早期强度，可加入适量的三乙醇胺促硬剂，例如：

①三乙醇胺。其加入量占水泥质量的1%～1.5%。因为三乙醇胺为强碱性，既能与聚乙烯醇进行凝胶反应，促进聚乙烯醇脱水，又可作为水泥的高效速凝剂，强烈加速水泥水化。

②Ca（OH）$_2$—CO$_2$。Ca（OH）$_2$的适宜加入量为水泥质量的2%～2.5%，吹CO$_2$ 40s左右。这是由于PVA主要靠脱水成膜，CO$_2$与Ca（OH）$_2$反应生成CaCO$_3$沉淀物，并产生反应热，促使包覆在砂粒表面的聚乙烯醇成膜，强烈脱水而建立初强度。

5）气温和湿度的影响。聚乙烯醇－水泥自硬砂初期强度的形成主要靠聚乙烯醇脱水和水泥的水化，所以气温与湿度对硬化速度和强度有较显著的影响，一般随着气温的升高，芯砂强度增长较快。在冬天应采用加入适量的促硬剂，以保证及时硬化。

5. 改性聚乙烯醇砂

1）用甲醛（HCHO）和尿素［CO（NH$_2$）$_2$］对聚乙烯醇黏结剂进行复合缩聚改性，可改善其化学结构及物理性能，提高黏结效果。

其机理是，分子结构中形成了缩醛基团或酯化及尿醛结构等，为线状分子的进一步支化和交联提供了多样化的接点，有利于硬化时形成网状大分子结构，提高黏结力。同时，多样化基团的引入，削弱了分子中羟基的氢键作用，使黏度降低、表面张力及接触角变小，使黏结剂能够较好地润湿和包覆砂粒，从而提高黏结剂对砂粒的附着力。

2）用甲醛对聚乙烯醇进行改性处理，生成新的黏结剂聚乙烯醇缩甲醛，然后再用交联硬化剂对其进一步改性得到改性聚乙烯醇。

聚乙烯醇改性后，其内聚强度增大，黏结强度大幅度提高。在高湿度下长时间放置后，改性后的黏结强度远高于未改性的，其试样的破坏形式也由附着破裂转变成复合破裂。这种黏结剂砂的破坏形式直接影响着黏结强度。对水溶性有机高分子黏结剂而言，在高温下改善黏结剂与砂粒间的附着力尤为重要。

6.2.2　JD复交砂

1. 概述

复交砂是一种新型的水溶性高分子黏结剂砂，它是以复合交联型高分子黏结剂（简称复交黏结剂）配制的型（芯）混合砂。复交砂具有三不（不燃、不爆、不腐蚀）、三无（无毒、无臭、无公害）等特点，能改善环境卫生及劳动条件，保护工人健康。由于比强度高，发气量少，烘干温度区域宽，抗吸湿性和溃散性好，所以复交砂能取代油砂、合脂砂，用于铝合金铸件、铜合金铸件及一定壁厚的铸铁件、铸钢件复杂内腔的制芯。用其生产的铸件清理容易，尺寸精度高，综合生产成本低。与油类黏结剂砂相比，复交砂烘干温度低，烘干时间短，能显著节约能源。

聚丙烯酸类高分子黏结剂具有无毒、无臭、无公害的特性，将其作为型（芯）砂黏结剂，早在20世纪50年代就有专利介绍，但由于其存在粘模性和吸湿性两大问题，不能用于复杂铸件的制芯，因而未能推广应用。1980年上海交通大学突破了这两项技术问题，发明了复交黏结剂（JD－1型），1987年又改进开发了JD－2型复交黏结剂。

2. JD复交黏结剂

（1）性质　JD复交黏结剂的特点是在加热过程中发生复合交联，烘干硬化后能转变成水不溶性而具有良好的抗吸湿性。其转化原理是由于这种类型的黏结剂，在一定条件下（如温度、pH值等）在其内部形成的阳离子（如酰胺基，酰亚胺基）高分子电解质与阴离子（如羧基、羧酸胺基）高分子电解质，在等电点附近失去溶解性而沉淀析出，从而完成了不溶解的转化，具有水不活性，产生黏结强度。这种不活性沉淀物称为离子复合物，所以这类黏结剂称为复交黏结剂，由复交黏结剂配成的芯砂称复交芯砂。

JD-1型为二液型，由聚丙烯酸铵和聚丙烯酰胺匹配而成，存放时两者分开，使用时同时加入型（芯）砂。JD-2是JD-1型改进而成的一液型黏结剂，是丙烯酸、丙烯酸铵和二丙烯酰亚胺的共聚物。

（2）性能指标 JD复交黏结剂的性能指标见表6-23。用它混制的JD-1型复交芯砂工艺及性能见表6-24。

表6-23 JD复交黏结剂的性能指标

黏结剂型号		性 状	固体含量（质量分数，%）	黏度/Pa·s	聚合物含量（质量分数，%）	密度/(g/cm³)
JD-1	聚丙烯酸铵	无色或浅黄绿色黏稠液体	15~16	0.12~0.20	>98	
	聚丙烯酰胺		13~14			
JD-2		深褐色黏稠液体	28~30			>1.078

表6-24 JD-1复交芯砂工艺及性能

芯砂配比（质量比）及工艺	干拉强度/MPa	湿压强度/kPa	湿透气性	发气量（850℃）/(mL/g)
标准砂100，黏结剂5，钙基膨润土1；干混2min，湿混2min；烘干温度为180℃，烘干时间为60min	≥1.8	≥7	≥120	8~10

3. JD-2型复交芯砂

（1）JD-2型复合交联型黏结剂的特点 JD-2型是一液型复交黏结剂，是含有酰胺基（—COONH₂）、酰亚胺基（—CONHCO—）和羧基（COOH）、羧酸胺基（—COONH₄）的共聚物的水溶液。前两种基团是阳离子性基团，后两种基团是阴离子性基团，因此在烘干硬化时，这两类基团间也能形成离子复合物，转变成水不解性化合物。将阳离子性基团与阴离子性基团共聚于同一分子链中，因此原为二液型黏结剂（如JD-1型）便可能简化为一液型黏结剂（JD-2型）。

（2）JD-2型复交芯砂配比、性能及混制工艺

1）JD-2型复交芯砂的配比及性能 见表6-25。

表6-25 JD-2型复交芯砂的配比及性能

配比（质量比）						性 能			
原 砂	膨润土	拒水剂	JD-2黏结剂	10号轻柴油	水	透气性	湿压强度/MPa	干拉强度/MPa	发气量（850℃）/(mL/g)
100（50/100筛号）	1.0	0.13	3.8	—	—	140	0.02	2.9	<12
100（70/140筛号）	15	0.15	4.5	适量	—	150	0.011	1.8	—
100（50/100筛号）	0.2~0.3	0.12~0.15	4~4.5	—	适量	—	0.007~0.013	0.9~1.4	7.4~11.5

2）混制工艺如下：

原砂 + 膨润土 + 拒水剂 $\xrightarrow{\text{干混 3min}}$ 加黏结剂 $\xrightarrow{\text{湿混 4~5min}}$ 卸砂

（3）JD-2型复交芯砂工艺参数对芯砂性能的影响

1）黏结剂加入量的影响。复交芯砂的干拉强度随黏结剂的加入量增加而增高，但湿压强度和湿透气性则随之下降。一般黏结剂的加入量占原砂质量的

3.5%~4.5%为宜。

2）膨润土加入量的影响。随着膨润土加入量的增加，湿压强度增高，但干拉强度下降。

3）烘干温度对吸湿性影响。烘干温度对抗吸湿性的影响并不明显，随着烘干温度的提高，吸湿性略有降低，强度也略有下降。适宜的烘干温度为180℃左右。

（4）JD-2型复交芯砂的工艺性能 JD-2型复交芯砂的工艺性能特点如下：

1）无臭、无毒，烘干硬化和受热分解时，不析出有害气体，没有公害。

2）黏结剂强度高，比强度可达2.6MPa/1%。

3）具有极好的溃散性和退让性，清砂容易。

4）发气量低（850℃时，发气量小于12mL/g）。

5）烘干温度低（180℃），烘干时间较短。

6）芯砂流动性好，可采用射砂制芯。

7）浇注过程中，能形成碳膜和气膜，所以铸件表面光洁。

JD-2型复交型黏结剂是含羧基的高分子化合物，它对Ca^{2+}、Mg^{2+}等多价离子比较敏感，易生成不溶性沉淀物，所以要求原砂不含有Ca^{2+}、Mg^{2+}等多价金属离子，否则黏结强度明显降低。为防止干扰，JD-2型黏结剂内可加少量络合剂进行改性。

为提高抗吸湿性，使用JD-2型黏结剂时，还同时要在这种芯砂内附加拒水剂。拒水剂是一种略有热固性的、软化点高于120℃的高分子粉末，它在烘干硬化过程中均匀地包覆在砂粒表面，形成一层有机高分子薄膜，因此烘干的芯砂对水的润湿性显著降低，抗吸湿性大大提高。

6.3　磷酸盐黏结剂型（芯）砂

6.3.1　磷酸盐黏结剂

1. 磷酸盐的种类

磷酸盐是以分子式$MO \cdot mPO \cdot nHO$表示的化合物。其中M以碱金属为主，常用的有钙、镁、锌、铝、铜、铁、锰等。由于其金属的种类不同，磷酸盐的性质也各异，其强度、抗水性和黏附性也各异。

磷酸盐黏结剂主要分为两大类：

1）正磷酸盐黏结剂，即含一个磷原子化合物黏结剂，如磷酸二氢铝［$Al(H_2PO_4)_3$］、磷酸一氢铝［$Al_2(HPO_4)_3$］。

2）缩聚磷酸盐黏结剂，即含两个磷原子以上的磷酸盐化合物，如三聚磷酸钠（NaP_3O_{10}）、六偏磷酸钠［$(NaPO_3)_6$］等。

正磷酸盐黏结剂又可根据其化合物名称命名，主要有下列几种：铝磷酸黏结剂、锆磷酸黏结剂、锌磷酸黏结剂、铬磷酸黏结剂和复合磷酸盐黏结剂等。

适合用作耐火材料黏结剂的缩聚磷酸盐主要有焦磷酸钠（$Na_4P_2O_7$）、三聚磷酸钠、六偏磷酸钠、超聚磷酸钠（$Na_2P_4O_{11}$）等。

2. 铸造用磷酸盐黏结剂

有正磷酸盐、镁铝磷酸盐、磷酸铝、铝铬磷酸盐、镁铝硼磷酸盐和镁铝钙磷酸盐等。通常选用铝磷酸盐黏结剂作为改性基体，它属于正磷酸盐黏结剂中

的一种，在加热的条件下，氢氧化铝与磷酸之间发生剧烈的酸碱中和反应，从而得到均匀稳定的$Al(H_2PO_4)_3 - Al_2(HPO_4)_3 - AlPO_4$分散体系。

铝磷酸盐黏结剂采用氢氧化铝与磷酸之间发生酸碱中和反应而制得，其化学反应过程比较复杂，其化学反应式如下：

$$Al(OH)_3 + 3H_3PO_4 = Al(H_2PO_4)_3 + 3H_2O$$
$$2Al(OH)_3 + 3H_3PO_4 = Al_2(HPO_4)_3 + 6H_2O$$
$$Al(OH)_3 + H_3PO_4 = AlPO_4 + 3H_2O$$

以上三个主要反应式中，$Al(OH)_3$与H_3PO_4的摩尔比分别为1:3、2:3、1:1。

中和度的定义是参与酸碱中和反应的碱性物质与酸性物质的摩尔比。这里所讨论的铝磷酸盐黏结剂的中和度是指参与酸碱中和反应的氢氧化铝与磷酸的摩尔比。将其换算成相应氧化物的摩尔比后，即得中和度N_m表达式为

$$N_m = \frac{n(Al_2O_3)}{n(P_2O_5)} \times 100\%$$

在合成铝磷酸盐黏结剂的过程中发现，当其中和度大于33.3%时，制得的铝磷酸盐黏结剂不够稳定，外观呈乳白色溶液，在放置的过程中不仅会析出大量絮状物，而且黏结强度也不高；只有当其中和度小于33.3%时，制得的$Al(H_2PO_4)_3 - Al_2(HPO_4)_3 - AlPO_4$分散体系才会比较稳定，随着中和度的不断降低，其分散体系的稳定性不断提高。为了使$Al(H_2PO_4)_3 - Al_2(HPO_4)_3 - AlPO_4$分散体系成为均匀相溶液，制得稳定性良好的黏结剂，应使其中和度小于33.3%。

6.3.2　磷酸盐黏结剂用固化剂及固化机理

磷酸盐黏结剂用固化剂的种类繁多，任何碱金属氧化物或含碱金属氧化物的材料都可用作固化剂。国内外已采用的固化剂有铁的氧化物（氧化铁粉、铁精矿粉）、镁的氧化物（电熔镁砂粉、重烧冶金镁砂粉）、铬镁矿砂和铬镁铁矿砂、矾土水泥、碱性炉渣、炼钢废料等。

磷酸盐能作为型（芯）砂的黏结剂的重要条件是它能够聚合成大分子显示出黏结性能，并具有在一定条件下硬化的能力。其黏结作用表现在两方面：一是黏结剂呈网状凝胶时利用自身有一定弹性和强度的胶膜包覆在砂粒表面，使其具有一定强度；二是黏结剂与砂粒表面发生界面反应，这种界面反应当砂粒表面或混合料中含有碱金属氧化物时，磷酸盐黏结剂会与之发生化学反应，形成化学键黏结形式，从而实现化学自硬。

磷酸盐黏结材料也可通过加热的方法物理硬化

即在加热烘干的过程中脱去黏结剂中所包含的水分，使磷酸盐溶胶过饱和而不断析出黏结产物，以至成为坚硬的固体凝胶。加热烘干脱水硬化形成的网状结构比自硬时形成的网状结构具有更高的黏结强度。

固化剂的作用：一是使磷酸盐黏结系统能在常温下固化；二是调节硬化速度，以满足工艺要求。其硬化机理大致如下：

1）在磷酸盐 - 固化剂系统中，磷酸根与固化剂中金属离子反应，促使溶液更快过饱和并不断以较快的速度析出磷酸凝胶，使黏结体系发生硬结和硬化。金属阳离子的碱性越强，促凝效果也越强。

2）固化剂的加入使 $Me_2O - H_3PO_4$ 的体系改变，由非结晶质向结晶质转变，即按照凝胶→片状晶体→片状晶体连生的形式生成 $Me_2O - HPO_4 \cdot H_2O$，由此而产生黏结性能。

3）金属氧化物能与磷酸盐溶胶相互作用，使磷酸与氧化物表面产生氢键，形成黏结体系。

4）固化剂的成分中，只有碱金属阳离子含量合适才能得到适宜的反应速度，达到促凝硬化的目的。

铬刚玉磷酸盐黏结剂砂抗压强度与固化时间的关系如图 6-10 所示。从图 6-10 中可看出，MgO 固化剂的硬化速度比 $MgCO_3$ 粉状固化剂快很多。

当使用磷酸盐水溶液作黏结剂时，一般加入氧化镁与其他碱土金属氧化物、氢氧化物或其盐类的混合物，也添加少量多元羧酸或多元醇来提高黏结性能。

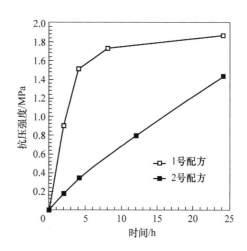

图 6-10　铬刚玉磷酸盐黏结剂砂抗压强度与固化时间的关系

注：1 号配方（质量比）：铬刚玉砂 100，磷酸盐黏结剂 5，MgO 固化剂 10；2 号配方（质量比）：铬刚玉砂 100，磷酸盐黏结剂 5，$MgCO_3$ 粉状固化剂

除自硬法外，磷酸盐的气硬法（吹氯化铵硬化）和热硬法（加热温度 150 ~ 200℃）也在开发完善之中。

6.3.3　磷酸盐黏结剂型（芯）砂配方

磷酸盐为黏结剂的型（芯）砂的配方和性能见表 6-26。

表 6-26　磷酸盐为黏结剂的型（芯）砂的配方和性能

配方（质量分数，%）			可使用时间 /min	抗压强度 (24h)/MPa	硬化方式	适用范围
硅砂	黏结剂	固化剂				
96.5 ~ 96.9	正磷酸 2.0 ~ 2.2	电熔镁砂 1.1 ~ 1.3	35 ~ 40	5.0 ~ 6.0	自硬	壁厚 300 ~ 600mm 大型铸钢件
95.2 ~ 96.3	正磷酸 2.5 ~ 3.2	重烧镁砂 1.2 ~ 1.6	14 ~ 16	3.0 ~ 3.2	自硬	壁厚 80 ~ 150mm 中型铸钢件
87 ~ 89	正磷酸 5 ~ 6	镁铝铁矿 6 ~ 7	10 ~ 12	2.7 ~ 3.0	自硬	壁厚 50 ~ 120mm 大型铸铁件
85.5 ~ 96.3	镁铝磷酸盐水溶液 2.0 ~ 8.0	炼钢废料 1.7 ~ 6.5	10 ~ 25	抗拉强度 1.36 ~ 1.5	自硬	—
88 ~ 94	钙镁铝磷酸盐水溶液 4.0 ~ 7.0	炼钢废料 2.0 ~ 5.0	18 ~ 26	2.64 ~ 3.2	自硬	—
96	铝铬磷酸盐水溶液 4	—		抗拉强度 1.35	烘干温度 160 ~ 180℃	—

6.3.4　磷酸盐黏结剂型（芯）砂的特点及问题

一些外文文献将磷酸盐黏结剂称为 inorganic resin binder，因此又被称为无机树脂。其型砂高温强度高，高温变形小，残留强度低，出砂性及溃散性好，硬化方便，可用于灰铸铁件、球墨铸铁件和铸钢件。

生产实践表明，在生产大型碳钢和合金钢铸件时采用磷酸盐自硬砂，可以减轻 10% ~ 15% 的造型制芯工作量，减少 1/2 ~ 2/3 的铸件清理工作量，而且可提高铸件的尺寸精度。

相对水玻璃黏结剂和有机树脂来说，磷酸盐黏结剂的优点如下：

1）在耐高温性能和易溃散性能方面比，磷酸盐黏结剂水玻璃要好，达到了与有机树脂相当的水平。由于采用磷酸盐黏结剂制备的自硬砂砂型、芯在浇注以后，残留强度值比较低，因此，其旧砂可以在常温下采用干法再生，有利于旧砂的再生和回用，节约资源。

2）磷酸盐黏结剂在合成阶段没有废气、废水和废渣等公害产生，在铸造生产中的各个阶段，也无刺激性气体和烟雾产生，绿色环保无污染。因此，其环保性要优于有机树脂。

磷酸盐黏结剂砂的主要问题如下：

1）磷酸盐黏结剂砂在湿度较大的环境中易吸水而发生潮解，使砂型（芯）强度大大降低，发生蠕变，表安性变差，发气性增加，使自硬砂砂型、芯尺寸稳定性降低，造成铸件报废。不同中和度的磷酸盐黏结剂的抗吸湿性能和硬化工艺也各不相同。

2）对磷酸盐黏结剂的机理认识不清楚，对磷酸盐黏结膜的表面结构形态的认识也不够深入，因此对黏结剂各组分如何配比、合成工艺如何优化、黏结能力如何进一步提高等缺乏必要的理论指导。

3）对影响磷酸盐自硬砂工艺和热硬化工艺性能的因素缺乏系统深入的研究。应着力研究如何提高其硬化速度，使其适应工业化生产需要等。

4）磷酸盐黏结剂成本较高。在相同情况下，采用磷酸盐黏结剂的砂型比强度比有机树脂要低，这意味着必须加入更多的磷酸盐黏结剂才能获得与有机树脂相同的强度，使得磷酸盐黏结剂的砂型成本较高。

6.3.5 磷酸盐黏结剂砂的研究应用状况

1. 抗吸湿性方面

磷酸根因具有较大电负性氧离子而容易吸附水中的氢离子，导致网状结构的节点断开而丧失黏结强度。

国外专利提出在铝硼磷酸盐黏结剂中加入多元醇、有机酸或酮的互变体，可以增加砂型（芯）硬化后的存放时间。这些附加物在化学上的特点是含有"—C—C—"的通式基团，这种基团的参与后可缓解吸湿。

国内所做的主要工作如下：

1）采用熔点为160~170℃的粒状有机高分子材料，可提高其抗吸湿性，同时使其干强度有所提高。例如在型砂中添加聚乙烯醇（PVA），提高磷酸盐黏结剂砂的抗吸湿性。聚乙烯醇带有活性—OH基，在弱酸性条件下与磷酸发生酯化反应去除了—OH基，

降低了铝磷酸盐黏结剂的吸湿性，从而提高了铝磷酸盐黏结剂的抗吸湿性。二者之间发生反应后形成网状结构，又能提高铝磷酸盐黏结剂的黏结能力。

2）在传统的铝磷酸盐黏结剂中加入含镁改性剂和含硼改性剂，以改善其抗吸湿性；或开发硼－铝－镁复合磷酸盐黏结剂，以提高常温抗压强度，并使其具有一定的抗吸湿性。

3）增加反应速度低、活性低的固化剂加入量，可增强磷酸盐的抗吸湿性。以碱性炉渣、氧化铁粉等为固化剂的磷酸盐自硬砂，具有较高的强度及较好的抗吸湿性能，或借助碱土金属氧化物降低氧离子电负性差异，形成复杂的磷酸复盐，提高其抗吸湿性。

2. 提高黏结剂砂强度

1）美国阿施兰德化学公司发明了一种硼铝磷酸盐黏结剂，研究了其在铸造生产中的应用，并相继取得了多项发明专利。以铝磷酸盐黏结剂作为基体，通过加入硼酸引进硼离子，经过改性后的铝磷酸盐黏结剂相对未改性的铝磷酸盐黏结剂来说，其稳定性和黏结强度均得到了大幅度提高。该黏结剂采用的配方为：P 与 B + Al 的质量比为（2.8~3.2）:1，B 为 Al 质量的 10%~25%，含水量为 20%~40%（质量分数）。黏结剂在 104~120℃的温度范围内合成，保温时间为 2~3h。采用碱土金属氧化物作为固化剂，加入量为占黏结剂质量的 10%~35%，以氧化镁作为固化剂制得的自硬砂性能较佳，其抗拉强度可达 1.2MPa。

2）国内学者研究发现，氯化镁（$MgCl_2 \cdot 6H_2O$）可以改善高中和度磷酸盐黏结剂的稳定性，对低中和度磷酸盐黏结剂稳定性的影响不明显。氯化镁改性磷酸盐黏结剂加入量为 4%（占原砂质量分数），固化剂加入量为 20%（占黏结剂质量分数）时，能够得到抗拉强度为 1.24MPa 的自硬砂，比没有改性的磷酸盐自硬砂，抗拉强度提高了 29% 以上。

3）以酸式磷酸盐作黏结剂，选用炼钢碱性渣作促凝剂，硼酸作增强剂，制作而成的硅酸二钙磷酸自硬砂工艺性能优良，具有良好的干强度和溃散性能。

4）通过向铝磷酸盐黏结剂中分别加入硼酸和碳酸镁等改性剂，不仅使铝磷酸盐自硬砂的抗吸湿性得到了显著提高，也大大改善了铝磷酸盐黏结剂的存放稳定性。适量的含硼改性剂能有效地提高铝磷酸盐自硬砂的室温抗压强度和铝磷酸盐黏结剂的存放稳定性，但是对抗吸湿性影响不大。

3. 改善硬化工艺

1）英国对铝磷酸盐自硬砂用固化剂进行了深入

研究，分别对不同种类以及不同比表面积的 MgO 固化剂对自硬砂性能的影响进行了研究，探讨了不同种类的 MgO 固化剂对磷酸盐自硬砂硬化时间的影响。研究结果是：新生沉淀 MgO 的化学活性过高，自硬砂硬化速度过快，型砂可使用时间过短，因此不能用作铝磷酸盐自硬砂的固化剂。只能选用化学活性较低的烧结镁砂或电熔镁砂，而且其表面积最好小于 $4m^2/g$；同时作为固化剂的 MgO，其有效质量分数应该大于 90％。

2）通过向铝磷酸盐黏结剂中加入柠檬酸改性剂对其进行改性。研究结果表明：改性后的铝磷酸盐黏结剂不仅具有良好的稳定性，而且磷酸盐自硬砂的残留强度值趋近于零，具有良好的溃散性；铝磷酸盐黏结剂中加入柠檬酸改性剂后显著提高了型砂的抗拉强度，同时在一定程度上延长了型砂的可使用时间。

4. 近年来国内在铸铁生产中的研究状况

目前，汽车铸铁件制芯主要有三种工艺：呋喃热芯盒、覆膜砂壳芯和三乙胺冷芯盒制芯工艺。存在的主要问题有：

1）在制芯和浇注过程中，苯、甲苯、二甲苯、酚、胺等有毒、有害气体大量排出，污染作业场地，危害工人的身体健康。尤其是冷芯盒制芯的三乙胺废气的污染问题更是非常严重，且难以解决。

2）发气量较大。

3）冷芯还存在着表面热强度低、脉纹倾向大等问题。

4）热芯和壳芯存在着芯盒温度高、易变形、砂芯尺寸精度差等问题。

国内研究者试验了向磷酸盐黏结剂中添加含有 Mg^{2+}、B^{3} 等离子的改性剂、预置固化剂，将其用于铸铁的实际生产中。所得到的几点结论如下：

1）自制改性剂、预置固化剂复合加入时可以显著提高复合磷酸盐热硬砂的干强度和其在流动空气（湿度小于 60％）中的抗吸湿性。代号为 P8M 15（即在 150g 铝磷酸盐黏结剂中加入改性剂 8g、预置固化剂 15g）的复合磷酸盐黏结剂热硬型（芯）在较高湿度环境中也具有较好的抗吸湿性，存放稳定性可达 9 个月。

2）采用 P8M 15 复合磷酸盐黏结剂混制的无机芯砂，具有一定的抗拉强度、流动性和较低的发气量，采用适当的射芯机，可进行射芯生产。

3）采用 P8M 15 复合磷酸盐黏结剂砂芯铸孔内无粘砂。砂芯可以涂醇基涂料，其热硬型芯具有良好的高温溃散性。

4）磷酸盐热硬砂的黏结剂加入量较大，将清

理、加热、固化剂等因素综合考虑，磷酸盐热硬砂芯的综合成本低于三乙胺冷芯砂。

5）该体系砂的主要缺点是抗吸湿性较差。这导致该砂很难采用水基涂料，难以在气温高、湿度高（如气温为 30℃，湿度为 85％）的环境下保存。

6.4　水泥型（芯）砂

6.4.1　水泥型（芯）砂的优缺点

以水泥为黏结剂的型（芯）砂，其硬化主要是由于水泥遇水后起水化反应生成各种水化物所致。对早强水泥来说，就是由于在矿物组成中含有快凝成分（如氟铝酸钙，该组分遇水后在 1h 内与水反应完毕，迅速生成数量较多的水化硫铝酸钙针状晶体和铝胶），产生一定的强度，接着其他组分在大量的硫酸钙的作用下也很快进行水化反应，水化物迅速成长，获得快硬的效果。

水泥型（芯）砂的优缺点见表 6-27。

表 6-27　水泥型（芯）砂的优缺点

优　点	缺　点
1）水泥砂硬化后强度高，可浇注大型铸件 2）水泥砂流动性好，型砂易紧实，工人劳动强度小 3）水泥砂导热性好［热导率为 $1.48W/(m\cdot K)$，而黏土砂的热导率为 $0.84W/(m\cdot K)$］，铸件冷却快，金相组织致密 4）水泥价格便宜，来源广	1）湿压强度低，仅 $0.01\sim0.02MPa$ 2）硬化速度慢，普通水泥砂的硬化时间一般需 $24\sim40h$，乃至更长时间；在气温低于 5℃ 时，不易硬化 3）水泥砂混碾后应及时造型、制芯，否则超过 4h 后其强度下降较多 4）水泥砂出砂性差，回用也较黏土砂困难 5）普通水泥砂不易烘干，易返潮，需要长时间的烘烤或热模浇注，否则易在铸件上产生夹渣和气孔缺陷 6）配制型砂的粒度要粗，否则采用细砂型（芯）表面会产生掉砂缺陷

6.4.2　水泥型（芯）砂配方

单独使用水泥作黏结剂制成的混合料保存性差，湿态强度低，砂型硬化时间长，浇注后出砂困难。为改善这些性能，需在混合料中加入各种添加剂。例如：若天气炎热或制造大的砂型，需要延长水泥砂的使用时间，则在其中加入缓凝剂；若天气寒冷（12℃ 以下）或需要缩短生产周期，则在水泥砂中加入促硬剂；若希望增加湿态强度，或希望改善出砂性，则加入适量的相应添加剂。添加剂种类很多，其作用都是

改变水泥砂的性能。

促硬剂和缓凝剂一般均采用盐类。同一种盐类，由于加入量不同，其对水泥砂的影响也不同。常用的促硬剂为氯化钙（CaCl）、氢氧化钙[Ca(OH)$_2$]，加入量为水泥质量的 0.5% ~ 1.0% 时效果最好。若加入量超过1%，则水泥和促硬剂烧结在一起，致使打箱困难，铸件难清理。效果比较好的缓凝剂为硼酸、酒石酸。一般来说，弱碱性物质均有促硬作用，而弱酸性物质均有缓凝作用。促硬剂和缓凝剂的加入量一般都在占水泥质量的 0.5% 左右为宜。

黏土、糊精、糖浆、纸浆废液等添加剂都具有增加混态强度、改善保存性和出砂性的能力。

几种水泥自硬砂的配方及性能见表 6-28。国内外水泥砂配方、性能及混制工艺见表 6-29。

表 6-28　几种水泥自硬砂的配方和性能

型砂名称	配方（质量比）						性能		
	原砂	硅酸盐水泥	早强水泥	膨润土	附加物	水	抗压强度(24h)/MPa	卸砂时水的质量分数(%)	残留水的质量分数(%)
硅酸盐水泥自硬砂	100	10 ~ 12	—	3 ~ 4	糖浆 0.5 ~ 1.0	8 ~ 12	≥0.8	6 ~ 8	<4
糖浆水泥砂	100	8 ~ 10			糖浆 4，硼酸 0.08	8 ~ 10	≥0.9	6 ~ 8	<4
早强水泥自硬砂	100	—	8 ~ 10	0.5 ~ 1	硼酸 0.02 ~ 0.05，NNO 0.1 ~ 0.2	9 ~ 11	>1.0	5 ~ 6	<4

表 6-29　国内外水泥砂配方、性能及混制工艺

国别及序号		配方（质量比）									湿压强度/MPa	自硬强度/MPa	透气性	适用范围	混制工艺
		新砂	旧砂	水泥	膨润土	煤粉	纸浆	促硬剂	缓凝剂	其他	水					
中国	1	70	30	10 ~ 14	2 ~ 2.5	1 ~ 3	0.2 ~ 0.3				10 ~ 11.5	0.03 ~ 0.04	0.7(30h)	>70	中小型铸铁件	砂 + 水泥 + 煤粉 + 膨润土，干混 3 ~ 4min，加纸浆液混 15min，加水 3 ~ 5min，出砂
	2	100	—	12 ~ 14	3 ~ 4	1 ~ 3	0.2 ~ 0.3				10 ~ 11.5	0.03 ~ 0.04	1.0(30h)	>70	大中型铸铁件	
	3	87 ~ 88		12 ~ 13							7 ~ 8	0.01 ~ 0.02	>1.0	>300	大中型铸钢件	砂 + 水泥，干混 2 ~ 4min，加水 3 ~ 5min，出砂
	4	85 ~ 88		12 ~ 15							6 ~ 7	> 0.015	>1.0	>80	大型铸钢件	
日本	1	100	—	10	木素 0.5 ~ 1.4	糖浆 3	0.3 ~ 0.4			发泡剂 0.2	5					速硬水泥，2h 即可硬化
	2	100	—	10												
	3	100	—	10												
俄罗斯	1	98	—	12							4 ~ 5		≥ 0.13		中小型铜螺旋桨铸件	
	2	85 ~ 88	—	12 ~ 15							5 ~ 6		≥ 0.15			

6.4.3　影响水泥砂性能的因素

1. 水泥含量

水泥含量对水泥砂强度和透气性的影响见图 6-11a。水泥含量增加，强度急剧上升，透气性下降。

根据不同合金铸件及其尺寸的不同，水泥砂中水泥的质量分数在 8% ~ 15% 之间变化。水泥的质量分数少于 8%，水泥砂强度低，易产生砂眼、掉砂等缺陷；水泥的质量分数高于 15% 时，强度上升，透气性急剧下降。强度过高，使浇注后铸件打箱困难，同时也增加了旧砂再生的工作量。

2. 水分

水分是发挥水泥黏结效果的重要物质。如果水分过少，则水泥不能完全硬化；相反，如果水分过多，就要延长硬化时间，且使透气性下降。水含量对水泥砂强度和透气性的影响见图 6-11b。因此，确定适当的水和水泥比是非常重要的。根据生产经验，水泥砂中水的总含量（包括加入的水和原砂带入的水）与水泥的质量比在 0.65:1 左右比较适宜。

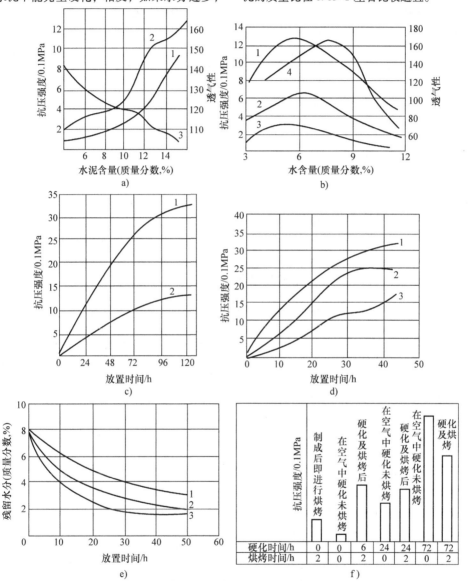

图 6-11　影响水泥砂性能的因素

a）水泥含量对水泥砂强度和透气性的影响
1—在空气中硬化 18h 的强度　2—在空气中硬化 24h 的强度　3—新鲜型砂试样的透气性

b）水含量对水泥砂强度和透气性的影响
1—在空气中硬化 24h 的强度　2—在空气中硬化 18h 的强度　3—在空气中硬化 24h 的透气性　4—在空气中硬化 18h 的透气性

c）水泥砂硬化速度与周围环境温度的关系
1—环境温度为 20℃　2—环境温度为 10℃

d）自然硬化时间对水泥砂强度的影响
1—24～28℃　2—12～23℃　3—5～8.5℃

e）自然硬化时间对型砂残留水分的影响
1—10℃以下　2—15℃　3—28℃

f）不同自然硬化时间及干燥时间对水泥砂强度的影响

3. 周围环境的温度

周围环境的温度对水泥砂的硬化速度有很大影响，见图 6-11c。由图 6-11c 可看出，在 10℃ 时水泥砂的硬化过程很迟缓，同时砂型表面强度很低。实际上水泥砂在车间温度为 5～8℃ 时就不能使用了。

4. 自然硬化时间

自然硬化时间对强度和残留水分有很大影响，见图 6-11d、e。在适宜的温度下，硬化的最初 20h 内，强度急剧增加，残留水分迅速下降；20h 以后，则强度变化较缓。

为了缩短水泥硬化时间及得到不含残留水分的砂型表面层，砂型应进行表面干燥。当自然硬化的时间

不同时，人工干燥对水泥砂强度的影响也不同。从图 6-11f 可看出，在正常温度下，自然硬化 6h 后进行人工干燥，能显著地提高水泥砂的强度。如果自然硬化已完成，再进行人工干燥，则仅能达到消除砂型表面剩余水分的目的。

5. 表面干燥工艺

水泥砂型经过 2～3 昼夜的自然硬化后，水分可消失 70% 以上。但为了消除残留水分及砂型表面的吸附水，应进行表面干燥。

砂型干燥温度对其表面强度影响很大。随着干燥温度的升高，表面强度下降。表干温度以 250～300℃ 为宜。图 6-12 所示为船用铸铜螺旋桨铸型干燥工艺。

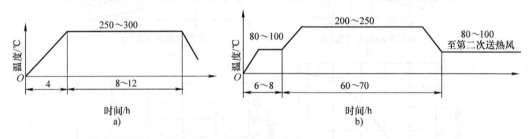

图 6-12　螺旋桨铸型干燥工艺

a) 中、小型螺旋桨铸型干燥工艺：进烘炉
b) 大型螺旋桨铸型干燥工艺：表面热风干燥（干燥层厚度 30mm）

6.4.4　水泥砂造型工艺特点

水泥砂性能与黏土砂性能有很大差别，因此在造型工艺上也有其独自的特点。

1) 水泥砂的导热性好，因而冒口中的金属液比普通黏土砂型冒口中的金属液冷却得快，铸件补缩效果差，冒口尺寸和浇注系统尺寸必须相应放大。为了节省金属，常用黏土砂代替水泥砂制作冒口砂型，浇注系统常用耐火砖制作。

2) 水泥砂的发气量大，故要求多设通气孔道和通气冒口，以便及时把产生的水汽排出。

3) 水泥砂耐热性差，铸型表面应施涂涂料，这样可以使表面强度提高。

4) 水泥砂型起模后，硬化过程还在继续进行，

因此除了必要的修正外，应尽可能不要触动砂型，尤其不要触动浇注系统，以免使砂型强度下降。

5) 水泥砂的回用性是决定其能否稳定投产，能否降低成本的关键问题之一。根据国内外的经验，若用质量分数为 60% 的旧砂代替新砂，则其透气性、强度仍能符合技术要求；若旧砂的质量分数超过 60%，则透气性明显下降。

6.4.5　双快水泥砂

双快水泥砂是一种快凝、快硬、强度增长以小时计算的自硬砂。用于铸造的双快水泥为 17 号和 9 号两种。双快水泥含有快凝组分氟铝酸钙（$11CaO \cdot 7Al_2O_3 \cdot CaF_2$）。

国内双快水泥砂配方见表 6-30。

表 6-30　国内双快水泥砂配方

序号	配方（质量比）				抗压强度/MPa			
	新砂	双快水泥	水	减水早强剂	1h	2h	4h	24h
1	100	6～8	6～8	0～0.25	0.1～0.26	0.6～0.86	—	1.2
2	100	9～10	10～12	0～0.25	0.275	0.47～0.9	—	7.9
3	100	8	6	—	—	0.43	0.76	7.9

双快水泥砂早期、初期和后期强度都比普通硅酸盐水泥砂高。气温对双快水泥砂的影响不大，从低温（5℃）到高温（30℃），在广泛的温度范围内，双快水

泥砂都有适当的凝胶时间和良好的强度。双快水泥砂可制造各种类型的砂型（从几千克到几十吨的铸件）。用加入适当的缓凝剂的方法，可调节型砂的存放时间

而不降低强度。双快水泥砂的溃散性比普通水泥砂和赤泥水玻璃自硬砂好。使用过的双快水泥砂可用湿法或干法再生，配砂时可用100%的再生旧砂，而双快水泥的加入量可适当减少。双快水泥砂比赤泥水玻璃砂成本约低40%。

6.5　石灰石型（芯）砂

6.5.1　石灰石型（芯）砂原材料的选用及型（芯）砂配比

石灰石砂最初是代替人造砂作为铸造用砂的，当时多用于铸钢生产。这种型砂的溃散性良好，落砂清理容易，能获得表面光洁的铸钢件，并能消除职业性硅肺病的危害。但由于其有诸多缺点，目前该型砂工艺已被中华人民共和国工业和信息化部列为淘汰的落后工艺。

应用最普遍的是石灰石原砂与水玻璃为主的配制型（芯）砂，其次是石灰石原砂与黏土配制的干型砂或湿型砂。因为石灰石原砂主要成分是$CaCO_3$，酸耗值高，所以无法配制酸硬化的呋喃树脂砂；而用乌洛托品作为固化剂的覆膜砂、三乙胺冷芯盒树脂砂均已得到生产应用。一些以石灰石为原砂配制的不同类型的型（芯）砂的配方及性能见表6-31。

表 6-31　石灰石型（芯）砂配方及性能

配方（质量比）						混 制 工 艺	湿压强度/kPa	干拉强度/MPa	用　途
石灰石砂	水玻璃	黏土	膨润土	石墨	水				
100	6~7	—	—	—	3~4	混制石灰石水玻璃型（芯）砂时，应先加干料，混匀后再加湿料混碾。一般加料顺序为：石灰石原砂和黏土、石墨等粉状物料→碳酸钠或促硬剂→水玻璃和水→柴油 混碾时间是干混2min，湿混5~8min即可出砂。其他石灰石黏结剂砂也参照此混砂工艺	5~15	>0.9	射挤压造型（芯）CO_2硬化
100	6~8	3~5	—	—	3.5~4.5		10~20	>0.7	机械（振实）造型起模后硬化
100	6~8.5	1~3	1~3	—	4~5.5		10~30	>0.5	手工造型
100	—	6~8	0~3	—	4~6		40~80	—	手工造型、湿型
100	—	4~6	4~6	—	6~7.5		40~70	>0.15	手工造型、干型
100	10	—	—	6	4.2~5.8		5~12	0.4~1.4	抗蛀裂石墨砂
100	8~9	—	镁砂粉7	2	5~5.5		10~30	干剪>0.35	抗厚大件缩沉，镁-碳质复合砂

6.5.2　石灰石型（芯）砂易产生的铸件缺陷及防止措施

石灰石砂由于自身特性，在生产中易使铸（钢）件产生缩沉、蛀裂、气孔以及麻坑等缺陷。石灰石砂铸钢件缺陷的原因及其防止措施见表6-32。

表 6-32　石灰石砂铸钢件缺陷的原因及其防止措施

缺　陷	原　因	防　止　措　施
缩沉（铸件鼓胀）	水玻璃石灰石砂浇注铸钢件的冷却过程可分为快速冷却和缓慢冷却两个阶段。先快（$CaCO_3$分解吸热）后慢（铸件表面的铁及其氧化物的氧化放热）的冷凝过程，以及碳酸钙热解和氧化铁渣蚀CaO型壁，导致型壁位移，型腔扩大，这就是石灰石砂型的缩沉现象。与此同时，型壁与铸钢件表面形成空间，刚凝固的铸件表层受内部钢液压力而向外"鼓胀"	氧化气氛强、铸件热塑变周期长及周围型壁移动是石灰石砂型铸件容易产生缩沉的原因。阻抑缩沉的对策是减少氧化、抑制氧化铁的渣蚀和强化冷却。为防止大型厚壁件的缩沉，可采用抗缩沉的镁-碳质复合石灰石砂

（续）

缺陷	原因	防止措施
蚓裂和内裂纹（蚓裂是指铸件表面形成蚓蚓状凸起和在该相应部位伴生下潜伏内裂纹的一种特殊缺陷）	型砂热解、砂型受热不均以及温度梯度使各层体积胀缩不一，从而导致型壁开裂；烧结物入侵，并在与钢液相互作用过程中形成蚓凸，富集晶界含 Ca、Si 的多元夹杂物或串珠状孔洞构成裂纹源，成为应力集中区；线收缩应力、热应力、缩沉和鼓胀应力以及孔洞内气体压力等同向应力叠加，导致内裂纹的形成而呈现石灰石砂特有的蚓裂缺陷	蚓裂须在应力集中区和足够大的应力下形成，凡能消减这两个条件的因素均有利于阻抑蚓裂产生。防蚓裂的措施有：①局部采用导热性较高的型砂，促使该处快凝，早建强度；②防止型壁出现裂纹；③减弱氧化气氛，尤其要避免不均匀二次氧化；④防止型壁材料、夹杂物和气体侵入钢液；⑤使钢液里夹杂物和气泡及时排除；⑥尽量减小铸件冷凝过程中可能产生的应力；⑦防止缩沉，改善铸件中的应力状态，减少或避免应力叠加
砂气孔	石灰石砂粒被卷入高温钢液，随即受热分解，转变成石灰和气体而形成砂气孔，其特征是气孔中有白色的石灰夹杂物	1）型砂需有足够的紧实率2）合型前必须将型腔残砂清除干净3）浇注系统设计必须保证钢液流动平稳，以免发生冲砂现象4）铸件形状复杂的砂型，最好设置集渣（砂）槽
表层细长气孔	其主要特征是细长而不等径，口小而内腔大（如"卡腰"），气孔的长轴基本垂直于铸件表面，孔口常露出，孔的内表面覆盖着相对较厚的氧化层，孔口段发现颗粒状的含 Ca、Si 等多元氧化夹杂物，孔壁表层明显脱碳。细长气孔的形状随形于它周围晶粒的形态。这种气孔更易在中薄壁厚的石灰石砂铸钢件上出现，基本上属侵入性气孔	1）严格控制原砂质量，面砂粒度要适当，不宜偏粗；砂型壁面要光洁、致密，使气孔不易形成；同时提高和控制背砂透气性，改善通气条件2）型砂中添加碳质材料（如石墨），延缓 $CaCO_3$ 热解，加快钢液冷却，减弱氧化和改变型壁形成气孔的条件3）加入可挥发烃类物质，如加入质量分数为 0.5% 的柴油等。高温下急剧吸热、挥发分解，使钢液快速冷却；挥发烟雾起热屏障作用，能减缓石灰石砂热解速率；烃类物质呈还原性，能减弱氧化4）刷涂料。增大界面热阻，阻挡 CO_2 进入钢液，阻隔渣蚀，使气泡难在型壁界面形成长大5）控制钢液终脱氧的残铝量（质量分数为 0.08%~0.15%），低温、快浇、稳流
麻坑	麻坑是位于铸件表面的一种冠状圆形凹坑，往往在刷涂一般的镁砂粉涂料的水玻璃石灰石砂型中，浇注壁厚较大的铸钢件时引起。铸件表面的非均匀氧化是造成麻坑的决定因素；反之，不刷涂料时的较均匀氧化，一般就不形成麻坑。如果型砂中粗颗粒较多，在与粗砂中相应的铸件表面，由于局部过氧化，有时也会产生麻坑	1）提高涂料层的高温致密性2）改良面砂，不刷涂料3）设计多孔、弥散的弱氧化性涂料层，如使用添加石墨的镁质黏土族砂粉涂料可达到这种要求，其中石墨烧损后，在涂料的氧化铁中构成弥散的贯穿长孔4）不刷涂料的砂型，要防止型砂中混入粗颗粒原砂

6.6　新型硅酸盐系黏结剂的应用

自 20 世纪 60 年代起，各种树脂黏结剂砂工艺迅猛发展。树脂黏结剂砂具有黏结剂用量少、型砂强度高、落砂性能好，以及旧砂易于再生回用等优点。与树脂黏结剂砂的诸多优点相比，水玻璃黏结剂砂显现出了浇注后落砂困难、铸件表面质量较差、旧砂再生没有完全解决等问题。从 20 世纪 60 年代后期开始，水玻璃黏结剂砂的应用迅速减少，有被树脂黏结剂砂替代的趋势。此后几年，由于树脂的价格昂贵，而且有作业条件和环保方面的问题，水玻璃黏结剂砂在上述问题改善的基础上又受到了关注。1980 年，美国第 84 届铸造师年会上，就有了"水玻璃再次回到铸造行业"的提法。

铸造行业所用的硅酸钠系黏结剂，主要是水玻璃。水玻璃是多种硅酸钠的水溶液，其分子结构复杂，到目前为止，对其实际组成仍然不很清楚。近年来，很多研究工作在硅酸钠的基础上加入各种改性剂，以改善其性能。对于这些改进型黏结剂，将其称为水玻璃不太合适，只好笼统地称为硅酸盐系黏结剂。

6.6.1　新型硅酸盐系黏结剂在国外的应用

近 10 多年来，德国对硅酸盐类黏结剂进行了全面、系统的研究开发工作，力度非常大，由许多知名的企业分工合作。其目的是用其新型硅酸盐黏结剂来取代人工合成树脂黏结剂。

1) ASK 化学有限公司和欧区爱化工公司等世界知名的黏结剂生产厂商，从事硅酸盐系黏结剂及有关改性剂方面的研究、开发工作。

2) Laempe&Mossner 公司，研制适于用硅酸盐系黏结剂、大批量自动化制芯的设备。

3) 某矿业研究院铸造研究所负责旧砂再生、回用方面的研究。

4) BMW 公司、大众汽车公司和戴姆勒公司位于 Mettingen 的轻合金铸造厂等生产企业从事工艺试验和生产应用。

德国铸造学会（VDC）在 2002 年 11 月召开的会议上，就着重讨论了如何使无机黏结剂的应用有新突破的问题。ASK 化学有限公司和欧区爱化工公司介绍了其研制的新型无机黏结剂。

2003 年，德国举办的 GIFA 展览会上，ASK 化学有限公司展出了以硅酸盐为基础的 INOTEC 黏结剂，欧区爱化工公司展出了 Cordis 系列黏结剂。

对近年有关新型硅酸盐系黏结剂技术的应用，应注意以下几个条件：

1) 铸型或砂芯不能经受太高温度的作用，不能使硅酸盐黏结膜失去其中的结构水，尤其要避免其在高温作用下与砂粒熔合。因此，目前，新型硅酸盐黏结剂只能用于生产铝合金铸件或某些浇注温度更低的合金铸件。

2) 铸型、芯砂制成后，新型硅酸盐黏结剂只能借助于脱除自由水使之硬化，目前欧洲还只是用于制芯。采用的硬化方法是在制芯后吹 200℃ 以下的热空气使之脱水硬化。而且，应该避免任何材料与硅酸盐发生反应，落砂得到的旧砂中应不含任何反应产物。

3) 传统硅酸盐系黏结剂在铸铁、铸钢方面的应用，落砂和砂再生、回用的问题仍然存在，这是需要进一步进行探讨、研究的课题。

6.6.2　新型硅酸盐系黏结剂在我国的应用

1. 温芯盒用无机黏结剂

就我国新型硅酸盐系黏结剂研究应用状况而言，沈阳汇亚通铸造材料有限责任公司开发出一种温芯盒用无机黏结剂及配套增强剂。该无机黏结剂是一种精制复合硅酸盐水溶液。单一低相对分子质量硅酸盐，活性碱金属离子多，易于与增强剂中活性硅醇反应，增加连接桥，力学性能好，但是活性碱金属离子多，抗吸湿性很差，砂芯硬化后在湿度大的环境中强度很快损失；单一高相对分子质量硅酸盐，活性碱金属离子少，抗吸湿性好，但力学性能偏低；用适当比例的低相对分子质量硅酸盐与适当比例的高相对分子质量硅酸盐做成复合硅酸盐水溶液，再加入适量有机改性剂、无机改性剂和表面活性剂，组成一种性能优良的无机黏结剂。该无机黏结剂兼有力学性能高、抗吸湿性好等特性。

配套增强剂是一种高活性无机材料粉末，颗粒细，活性高，有害杂质少，常温下相对稳定，随着温度升高化学活性增强，与黏结剂中的胶粒反应，可使无机黏结剂的黏结膜强韧性增加。

采用该公司的温芯盒用无机黏结剂及配套增强剂分别进行了生产试用。

1) 某汽车厂有色铸造分厂，采用制气道芯，设备采用德国兰佩无机黏结剂制芯机，原砂为大林水洗砂（粒度为 70/140 号筛），无机黏结剂加入量为 2.2%（占原砂质量分数），增强剂加入量为 50%（占无机黏结剂质量分数），模样温度为 100℃，吹气温度为 140℃，吹气时间为 20~25s，成功浇注了一批合格铸件。

2) 某汽车配件厂，采用苏州明志科技有限公司的无机黏结剂砂专用射芯机，原砂采用大林水洗砂（粒度为 50/100 号筛）无机黏结剂加入量为 2.2%~2.5%（占原砂质量分数），增强剂加入量为 40%（占无机黏结剂质量分数），模样温度为 120~140℃，吹气温度为 120℃，吹气时间为 60~100s，成功浇注了一批铝合金、铁合金铸件，砂芯溃散性良好。在浇注时，无机黏结剂的发气量是有机树脂黏结剂的 5% 左右。

2. 国产无机黏结剂用于铝合金铸件生产

(1) 国产硅酸盐无机黏结剂

随着国外新型无机黏结剂砂在汽车铝合金铸件制芯工艺的成功应用，国内各大铸造材料厂家及研究机构也陆续研制了各种新型以改性水玻璃为基的无机聚合物黏结剂材料并进行了生产试验验证。

这种以改性水玻璃为基的无机聚合物黏结剂型砂，主要由改性水玻璃、固化剂、交联剂和流变助剂等组成。这种新型无机聚合物黏结剂型砂的主要特点是，强度、硬化速度、流动性、抗吸湿性和溃散性都比普通水玻璃砂明显改善。这主要是水玻璃硬化方式的改变、加入量的减少和添加各种流变助剂共同作用的效果。

1) 流动性。选取阴离子表面活性剂改性的无机黏结剂砂可将芯砂流动性提高 20% ~ 30%，而阳离子表面活性剂与无机黏结剂发生化学反应，不能共存。同时加入 2500 目的玻璃微珠可将黏结剂砂的流动性提高 50% 以上。

2) 硬化速度和即时强度。选取高活性促进剂提高芯砂性能，使用经过活化的非晶态改性硅灰，其 SiO_2 的质量分数达到 97.6%。其粒度细小、比表面积大以及材料晶体形式都更有利于提高无机黏结剂砂的各项性能指标。无机黏结剂砂添加改性硅灰后，其即时强度、冷却后强度以及抗湿强度，均优于普通硅灰，并具有较好的抗吸湿性（见表 6-33）。

表 6-33　高活性促进剂提高无机黏结剂砂的性能

黏结剂加入量（质量分数，%）	硅灰种类	流动性/g	即时强度/MPa	冷却后强度/MPa	8h 抗湿强度/MPa	强度下降率（%）
2.0	普通硅灰	3.38	0.98	1.62	1.08	33.3
	改性硅灰	3.55	1.52	2.53	1.88	25.7

3) 抗吸湿性。纳米氧化硅、纳米氧化锌加入量（质量分数）分别为 3.0%、2.0% 时，在 30℃、相对湿度 80% 的环境下，芯砂强度下降率为 18%。

4) 优化制芯工艺参数。吹气时间为 90s，吹气压力为 0.5MPa，热空气温度为 190℃ 时，在 30℃、相对湿度 80% 的环境下，强芯砂下降率为 16%。

(2) 制作汽车阀体芯

1) 采用苏州明志科技有限公司的 D30 制芯机、50/100 号筛再生砂，无机黏结剂（液体）、粉料促进剂加入量（质量分数）分别为 2.5%、2%，每碾混砂量为 200kg。混砂顺序先加入液体料混碾 30s，再收入粉料 30s 后，送入制芯机砂仓同时取样检测芯砂性能，结果见表 6-34。

表 6-34　黏结剂砂性能

初抗拉强度/MPa	24h 抗拉强度/MPa	24h 发气量/（mL/g）	芯砂流动性/g	抗弯强度/MPa
0.65	0.9	1.6	4.6	3.03

2) 制芯时，吹气前芯砂在芯盒内保持时间为 40s，吹气时间为 25s，热空气温度设定为 150℃，射

砂压力为 0.4MPa，吹气压力为 0.4MPa。

3) 铝液浇注温度为 700℃，浇注时间为 8 ~ 10s。

(3) 制作汽车铝合金缸盖水套芯

1) 采用 50/100 号筛砂，每碾混砂量 200kg 制芯，取现场混砂机混好的芯砂在实验室进行性能检测。

2) 制芯过程，模样温度为 150℃，热空气温度为 130 ~ 140℃，吹气时间为 20s，射砂压力为 0.4MPa，吹气压力为 0.4MPa。

3) 共浇注 20 件，全部落砂后，表面及内腔光滑无粘砂，20 件在后序未发现废品。

(4) 应用结论　使用自行开发的无机黏结剂砂制芯时无射嘴堵塞现象。相对于国外黏结剂，制得的砂芯强度偏高，发气量较小，但是铸件落砂性较差。与国外无机黏结剂砂相比，国内无机黏结剂砂仍旧存在一定的差距，即芯砂的溃散性较差。

3. 硅酸盐无机湿态覆膜砂

重庆长江造型材料（集团）股份有限公司开发了一种硅酸盐无机湿态覆膜砂，硅酸盐无机湿态覆膜砂用黏结剂的技术指标见表 6-35。硅酸盐无机湿态覆膜砂的技术指标见表 6-36。

表 6-35　硅酸盐无机湿态覆膜砂用黏结剂的技术指标

外观	密度/（g/cm³）	条件黏度/s	保质期/d
无色或淡黄色液体	1.1 ~ 1.4	≤75	>60

表 6-36　硅酸盐无机湿态覆膜砂的技术指标

无机黏结剂加入量（质量分数，%）	1.8 ~ 3.0
固化促进剂加入量（占黏结剂的质量分数，%）	40
发气量（850℃）/（mL/g）	≤8
含水量（质量分数，%）	0.8 ~ 1.5
制芯固化温度/℃	140 ~ 200
流动性/g	6 ~ 9
芯砂强度/MPa	即时抗拉强度≥0.6，常温抗拉强度≥1.2

无机湿态覆膜砂的优点如下：

1) 无砂芯存放过程中不会变质产生有害的物质。

2) 无机黏结剂来源广泛。

3) 无机黏结剂没有溶剂挥发问题。

4) 无机湿态覆膜砂的无机黏结剂在浇注时，没有有害气体产生。

5) 可以用于铸铝件制芯、浇注规模化生产。

无机湿态覆膜砂存在的问题如下：

1) 通常由于脱水将砂型芯黏结在一起。水分的蒸发速度一般都很慢，尤其厚大芯件制芯，须通过吹入干燥热风来提高无机湿态覆膜砂的硬化速度。

2) 型砂强度相较低。

3) 存放和适用期相对较短。其使用性能对气候具有很高的敏感性，必须采用低温密封状态保存，以适当延长其可使用时间。

使用该应无机湿态覆膜砂应注意的问题是：无机湿态覆膜砂流动性相对较差，其应用是一个系统工程。除了覆膜砂混制砂工程外，对于铸造企业的所有应用技术工程，包括无机湿态砂的仓储环节、制芯工艺与机构环节、型（芯）盒模样系统环节、型芯存放与流转环节、组芯与浇注环节、废砂归集与再生环节均需要系统性地进行调整或改造。

热芯盒树脂覆膜砂制砂机经过合理的改造后，可以满足无机湿态覆膜砂的制芯，但前提条件是芯盒系统须同时进行优化调整。将模样进排气通道与射嘴进行调整加大和适当优化，如模样温度应控制在 150～170℃，固化时间根据砂芯的大小和形状，一般比热芯盒覆膜砂固化时间缩短 20%～40%，射砂压力控制在 0.35～0.6MPa，射砂时间范围是 2～5s。

4. 无机黏结剂温芯盒工艺

国内某公司开发了一种温芯盒工艺用无机黏结剂，对无机黏结剂型砂（湿砂）在壳型铸造工艺中的应用进行了验证。其试验方案是：将陶瓷砂和无机黏结剂在混砂机中进行混制，混制后放入 874 壳型机砂仓，模样温度为 160～180℃，进行压力射砂，将制取的砂芯进行组簇叠箱后浇注。

该黏结剂的混砂参数和芯砂性能参数分别见表6-37 和表6-38，壳型机射砂参数见表6-39。

表 6-37　混砂参数（1000g 原砂）

材料	加入量/g	加入顺序	A 混砂时间/s	B 混砂时间/s
TCS－450（陶瓷砂）	1000	1	30	90
促硬剂	11	2		
无机黏结剂	22	3		

注：A 混砂是陶瓷砂和促硬剂先混制 30s；B 混砂是加入黏结剂后再混制 90s。

表 6-38　芯砂性能参数

热态抗拉强度/MPa	常温抗拉强度/MPa	流动性/g	发气量/(mL/g)	常态可使用时间/h	密封可使用时间/h
0.85	4.82	15.5	5	≥3	≥24

表 6-39　壳型机射砂参数

射砂压力/MPa	模样温度/℃	硬化时间/s
0.3～0.4	160～180	80～100

试验结论：

1) 无机黏结剂温芯盒工艺，可以替代覆膜砂及湿态覆膜砂工艺用于壳型铸造工艺。

2) 无机黏结剂温芯盒工艺，可改善现场工作环境，制备壳型及浇注过程无烟、无毒、无味，属于环境友好型工艺。

3) 试验用的是 874 壳型制芯机，该制芯机适用于干态覆膜砂，在干态覆膜砂时，其流动性好，其射嘴尺寸和模样设计的排气较小。但对于湿态无机黏结剂砂），其芯砂流动性低于干态覆膜砂，因而其砂芯根部有局部疏松问题，在远离射砂嘴位置有少许不够紧实，须后期对模样进行局部修改，以达到制出合格砂芯的要求。

参 考 文 献

[1] 昆明工学院. 造型材料 [M]. 昆明：云南人民出版社，1980.

[2] 胡彭生. 型砂 [M]. 2 版. 上海：上海科学技术文献出版社，1994.

[3] 刘沛塘，宋强. 对乳化渣油黏结剂的探讨 [J]. 铸造技术，1992(2)：22-24.

[4] 常安国，史玉芳，刘丛，等. 改性聚乙烯醇黏结剂的研究 [J]. 铸造，1989(11)：16-20.

[5] 郑玉婴，吴章宏，王灿耀，等. 高强度铸造用植物油沥青黏结剂 [J]. 铸造技术，2005，26(10)：883-885.

[6] 王敏毅，黄颖. 合脂和改性浮油沥青黏结剂的性能研究 [J]. 福建化工，2000(2)：7-8.

[7] 耿玉华. 合脂砂在热芯盒法中的应用 [J]. 铸造技术，2000(1)：25-26.

[8] 赵东方，庞国星. 聚合物水溶渣油砂黏结剂的研究 [J]. 热加工工艺，1993(3)：45-47.

[9] 孙奎洲. 绿色铸造黏结剂——聚乙烯醇（PVA）的研究 [J]. 江苏技术师范学院学报，2002(4)：88-92.

[10] 刘沛塘，宋强. 乳化渣油黏结剂 [J]. 佳木斯工学院学报，1991，9 (1)：40-45.

[11] 黄德东，薛祥军，石永华，等. 水溶性树脂 + 合脂油混合芯砂的应用 [J]. 中国铸造装备与技术，2005 (2)：23-24.

[12] 李宗田，董桂霞，郝世源. 提高渣油黏结剂性能的途径 [J]. 铸造设备研究，1997 (4)：49-50.

[13] 赵晶波，石玉虎，陈胜难. 油渣代替合脂油芯的试验和应用 [J]. 机械工程师，1995 (2)：41-43.

[14] 徐那平. 渣油黏结剂的试验研究 [J]. 甘肃工业大学学报，1989，15 (4)：46-53.

[15] 卓俭明，李宗田，郝世源. 渣油黏结剂开发与在铸造生产中的应用 [J]. 铸造，1998 (9)：31-35.

[16] 周吉瑞，杨更须，王彦林. 铸造黏合剂的制备及应用 [J]. 河南化工，2002 (8)：22-23.

[17] 魏书林. HMZ 合脂黏结剂与铸件质量 [J]. 现代铸铁，1990 (2)：37.

[18] 宋长运. KD100 + 合脂油芯砂的应用 [J]. 铸造技术，2006 (1)：98-99.

[19] 黄德东，薛祥军，石永华，等. 水溶性树脂 + 合脂油混合芯砂的应用 [J]. 中国铸造装备与技术，2005 (2)：43-44.

[20] 肖泽辉. HQ 强化剂在合脂砂中的应用 [J]. 热加工工艺，1998 (6)：49-50.

[21] 胡彭生. S76 型渣油黏结剂 [J]. 上海机械，1980 (2)：26-29.

[22] 胡彭生. S76 型渣油黏结剂代替桐油制芯 [J].

上海机械，1980 (3)：25-30.

[23] 朱纯熙，邹忠桂，温文鹏，等. JD-1 型铸造用复合交联型高分子黏结剂的研究 [J]. 上海交通大学学报，1980 (3)：107-120.

[24] 晓阳. JD-2 型复交砂 [J]. 技术经济信息，1988 (9)：12-13.

[25] 虞培新，梅广生，张锦兵，等. JD-2 型复交黏结剂试验与应用 [J]. 现代铸铁，1989 (2)：27-29.

[26] 包平，黄有信. 用 JD-2 型复交砂生产涡轮泵轮铸件 [J]. 铸造，1986 (6)：28-29.

[27] 赵绪德. 用 JD-2 型复交砂生产空压机件. 铸造 [J]，1990，(11)：32-33.

[28] 黄建波. 磷酸盐无机黏结剂及其应用研究 [D]. 武汉：湖北工业大学，2014.

[29] 罗维松. 行业标准《有色合金铸造用无机黏结剂覆膜湿态砂》解读 [J]. 铸造，2017，66 (6)，896-897.

[30] 吴景峰，边庆月，王成刚. 一种铸铁用无机黏结剂及制芯方法研究 [J]. 铸造，2013，62 (9)，890-894.

[31] 金广明，魏甲，尹德英，等. 无机黏结剂替代有机树脂的研究 [C] // 2015 中国铸造活动周论文集. 沈阳：中国机械工程学会铸造分会，2015.

[32] 李传栻. 无机盐类黏结剂的应用和发展 [J]. 金属加工（热加工），2014 (9)：12-15.

第7章 铸造涂料

7.1 概述

铸造涂料又称铸型（芯）涂料，它是涂覆于铸型（芯）表面的一薄层耐火涂层（从零点几毫米至数毫米）。铸造涂料在涂覆于砂型、砂芯表面之前是一种胶体状态的物理悬浮分散体系。这种物理悬浮分散体系通常包括耐火粉料、载体、悬浮剂、黏结剂、增稠剂和助剂等。其中，耐火粉料是涂料的基础，它借助悬浮剂在涂料内悬浮，并被均匀地涂覆于铸型（芯）的工作表面上，载体挥发后，黏结剂使粉料干结成致密涂层，以保护工作表面。因此，在铸造生产中广泛应用涂料，并且随着铸型种类和铸造合金种类的发展，其用途日益广泛。

采用合理的施涂方法来减少铸件的清理工作量，改善它的表面质量，在铸造生产中无疑是最方便、灵活，且较经济可靠的一种措施。据概略地估算，铸件清理成本约占铸件生产总成本的30%，而涂覆涂料后可使铸件的清理成本降低至15%左右，扣除约5%的涂料及其涂覆成本，那么涂覆涂料后可使铸件的清理成本降低10%。更重要的是，由于施涂涂料，改善了铸件表面质量，提高了铸件档次，铸件价格有所提高，故经济效益更为明显。

7.1.1 铸造涂料的分类和性能

铸造涂料从不同角度可有许多种分类方法。

1）根据不同铸造合金材料可分为：铸钢用涂料、铸铁用涂料、铸铜用涂料、铸铝用涂料、铸镁用涂料等。

2）根据不同铸型材料可分为：黏土砂湿型用涂料、黏土砂干型用涂料、水玻璃砂型用涂料、树脂砂型用涂料等。再进一步细分，可将树脂砂型用涂料分为自硬树脂砂型用涂料、覆膜砂壳型（芯）用涂料、冷芯盒和热芯盒用涂料等。

3）根据耐火粉料不同又可分为：石墨粉涂料、石英粉涂料、镁砂粉涂料、锆石粉涂料等。JB/T 9226—2008《砂型铸造用涂料》按耐火粉料不同将涂料分为9类，见表7-1。

表7-1 按不同耐火粉料分类的涂料

代号	SM	HS	SY	LF	GY	GS	MS	MG	GK
耐火粉料	石墨粉	滑石粉	石英粉	铝矾土粉	刚玉粉	锆石粉	镁砂粉	镁橄榄石粉	铬铁矿粉

4）根据液体载体不同可分为：水基涂料、有机溶剂快干涂料、水基自干涂料、有机溶剂自干涂料等。

5）根据涂料外观及物理性能不同可分为：黑色涂料、白色涂料、浅色涂料、膏状涂料、粉状涂料、粒状涂料、高触变性涂料等。

6）根据铸造工艺方法不同可分为：砂型用涂料、金属型用涂料、离心铸造用涂料、实型铸造用涂料、V法造型用涂料、压铸用涂料、熔模铸造用涂料等。除砂型铸造用涂料外，其余可统称为特种铸造用涂料。

根据 JB/T 9226—2008《砂型铸造涂料》的规定，水基浆状涂料和有机溶剂浆状涂料的性能指标见表7-2 和表7-3。水基和有机溶剂膏状涂料和粉（粒）状涂料的各种性能指标须按供需双方在协议中规定的比例，分别用水和用有机溶剂稀释并调成浆状涂料后测定。

表7-2 水基浆状涂料的性能指标

牌号	SJ－SM	SJ－HS	SJ－SY	SJ－LF	SJ－GY	SJ－GS	SJ－MS	SJ－MG	SJ－GK
涂料密度/(g/cm³)	1.10～1.60	1.10～1.45	1.30～1.70	1.30～1.70	1.60～2.20	1.60～2.20	1.50～1.80	1.50～1.80	1.60～2.00
涂料条件黏度（φ6mm 流杯）/s	5.5～12	5.5～12	5.5～12	5.5～12	5.5～12	5.5～12	5.5～12	5.5～12	5.5～12
放置6h涂料悬浮率（%）	≥96	≥96	≥96	≥96	≥96	≥96	≥96	≥96	≥96
放置24h涂料悬浮率（%）	≥93	≥93	≥93	≥93	≥93	≥93	≥93	≥93	≥93

（续）

牌号	SJ – SM	SJ – HS	SJ – SY	SJ – LF	SJ – GY	SJ – GS	SJ – MS	SJ – MG	SJ – GK
发气量/(mL/g)	<35	<40	<20	<20	<20	<20	<20	<20	<20
涂层耐磨性(64r)/g	<0.5	<0.5	<0.5	<0.5	<0.5	<0.5	<0.5	<0.5	<0.5
涂覆、烘干、冷却后涂层外观	无裂纹、无肉眼可见针孔的均匀涂层								
高温曝热裂纹等级/级	I ~ II								

表 7-3　有机溶剂浆状涂料的性能指标

牌号	YJ – SM	YJ – HS	YJ – SY	YJ – LF	YJ – GY	YJ – GS	YJ – MS	YJ – MG	YJ – GK
涂料密度/(g/cm³)	1.10 ~ 1.60	1.10 ~ 1.45	1.30 ~ 1.70	1.30 ~ 1.70	1.60 ~ 2.20	1.60 ~ 2.20	1.50 ~ 1.80	1.50 ~ 1.80	1.60 ~ 2.00
涂料条件黏度(ϕ6mm 流杯)/s	5.5 ~ 12	5.5 ~ 12	5.5 ~ 12	5.5 ~ 12	5.5 ~ 12	5.5 ~ 12	5.5 ~ 12	5.5 ~ 12	5.5 ~ 12
放置2h涂料悬浮率(%)	≥95	≥95	≥95	≥95	≥95	≥95	≥95	≥95	≥95
放置24h涂料悬浮率(%)	≥90	≥90	≥90	≥90	≥90	≥90	≥90	≥90	≥90
发气量/(mL/g)	<35	<40	<20	<20	<20	<20	<20	<20	<20
涂层耐磨性(64r)/g	<0.5	<0.5	<0.5	<0.5	<0.5	<0.5	<0.5	<0.5	<0.5
涂覆、烘干、冷却后涂层外观	无裂纹、无起泡和肉眼可见的针孔的均匀涂层								
高温曝热裂纹等级/级	I ~ II								

7.1.2　铸造涂料的功能和作用

铸造涂料的功能和作用见表 7-4。

表 7-4　铸造涂料的功能和作用

功　　能	为防止铸造缺陷所起的作用
在金属液与涂层界面不发生化学反应（$2FeO + SiO_2 = Fe_2SiO_4$）	防化学粘砂
涂层在高温下不剥离	防铸件夹涂料
耐火度高，涂层有适度的渗透	防机械粘砂
热分解的气体量少，含氮量低	防气孔类（侵入性气孔和皮下气孔）缺陷
能吸收、屏蔽来自呋喃树脂砂铸型的含硫、碳等气体	防球墨铸铁的球墨变异、铸件夹杂（渣）、特殊钢渗硫裂纹、不锈钢增碳缺陷等
涂层光滑、致密，热稳定性好	降低铸件表面粗糙度
加固铸型（芯），涂层强度高	减少铸件冲砂缺陷
具有绝热、导温、润滑、熔变和化学冷铁等功能	保护金属型并控制铸件的凝固过程
强化金属—涂料—铸型（芯）间的相互作用	改善铸件表面性能和内部质量

7.1.3　铸造涂料的发展方向

未来铸造技术的发展趋势是近净形和绿色集约化铸造，铸造涂料的发展也必须顺应铸造技术总的发展趋势，在铸件精化、提高铸件品质、节约资源、保护环境等方面充分发挥铸造涂料的作用。铸造涂料今后还将继续吸收其他学科的新成果而不断革新，涂料的研制者和生产者应密切注意各种新材料、新工艺为我所用的可能性。

当前乃至今后很长时期，用于各种砂型（芯）的涂料仍是涂料的主体，湿型砂、树脂砂和水玻璃砂在造型、制芯工艺中占有绝对的地位（其比例大约为 5:3:2）。铸型（芯）涂料发展应解决的主要问题见表 7-5。

表 7-5　铸型（芯）涂料发展应解决的主要问题

项　目	应解决的难题
醇基涂料	污染和成本问题
水基涂料	提高快干性
减少运输成本及提高安全性	发展粒状或粉状铸型涂料
黑色涂料防污染	发展白色或浅色涂料
取代锆石粉等贵重粉料	开发新型及复合耐火骨料以提高涂料的抗粘砂性能

7.2　铸造涂料的主要组分及选用

如前所述，涂料主要由耐火粉料、载体、黏结剂、悬浮剂和助剂等组成。

耐火粉料是涂料的主要组分，也是最终在金属—铸型界面上起作用的骨干材料，它在涂料中所占的比例是最高的（45%～80%），因而也称为耐火骨料。耐火粉料的性质决定了涂料的性质，故涂料应按铸件的材质、大小及其壁厚选用，以求用最低的费用取得理想的效果。

载体是涂料的重要组分，对于液状涂料来讲，载体是水或其他溶剂。过去，常将载体称作溶剂，这是不确切的，因为涂料并非溶液而是悬浮液或胶态分散体。载体的主要作用是运载耐火骨料及其黏结剂、悬浮剂等，以便于将其涂覆于铸型或砂芯表面。完成运载任务之后，一般要将载体完全脱除，涂料实际上起作用时基本上不含载体。以水作载体时，其脱除方式是烘干或晾干；以醇类作载体时，点火将其烧掉；以氯代烃作载体时，则让其自行挥发。因而，有时也按所用的载体将涂料区分为水基涂料、醇基涂料（也称快干涂料）和氯代烃基涂料（也称自干涂料）。这对于按铸造厂的生产条件来选用涂料是比较方便的。

除耐火粉料和载体外，涂料中还含有一些为保障涂料性能所必需的其他材料。

为使耐火粉料颗粒能黏结成为牢固的涂料层，并能有效地附着于铸型或砂芯的表面上，涂料中应有适当的黏结剂。可用于涂料的黏结剂品种及类型很多，而且在不断发展。黏结剂应根据涂料的载体的种类来选用。一般来说，用于水基涂料的应是能溶于水或亲水的，用于醇基或氯代烃基涂料的应能溶于相应的载体或是亲液的。

为使涂料具有良好的悬浮稳定性，以便于现场施涂，涂料中应加有悬浮剂。

为改善和控制涂料的某些特定性能，常在涂料中加入助剂，如流变助剂、消泡剂、润湿剂、分散剂、防腐剂、烧结剂、助燃剂等。

7.2.1　耐火粉料

1. 耐火粉料应具有的基本性能

耐火粉料的物理、化学性能对涂料效果有决定性的影响，特别是对涂层的耐火度和热化学稳定性影响很大。耐火粉料是涂料中的主要组分，其质量如何及选用是否得当对涂料的使用效果影响极大。同时，选用耐火粉料时还应在工业卫生及经济等方面做较全面的分析。耐火粉料的性能对涂料性能的影响见表 7-6。

表 7-6　耐火粉料的性能对涂料性能的影响

项　目	对涂料性能的影响
1）粉料的粒度和粒形	悬浮性、强度、涂层开裂性、透气性等
2）密度	悬浮性、密度等
3）耐火度	抗粘砂性等
4）热膨胀系数	抗开裂性和粘砂性等
5）在浇注温度下与型砂及铸造金属的化学反应性（高温下化学稳定性）	抗化学粘砂性
6）热导率	绝热性和导热性等
7）原材料的来源及价格	成本及性能稳定性
8）发气量	防气孔性能
9）环保性	对人体健康有无危害、对环境污染程度

2. 选用耐火粉料应注意的问题

（1）关于耐火性能 提到耐火性能时，通常包括两方面的内容：一是耐火粉料的熔点或软化点，即其耐受高温的能力，也就是耐火度；二是它的高温化学稳定性，即其在高温下耐受其他氧化物侵蚀的能力。

对于铸造用的涂料，耐火粉料在高温下是否易于烧结有着特别重要的意义。耐火粉料的烧结性与其耐火度、高温化学稳定性、颗粒的细度等因素有关。

既然是耐火粉料，如果不做具体分析，很容易使人误认为耐火性能越高越好。正因为如此，对耐火粉料耐火度和高温化学稳定性规定过高的要求，从而不惜代价地追求用高级耐火材料，这在铸造用户中比较普遍。其实这种观点是片面的，同时也是不正确的。

涂料通常在金属液和铸型界面上起作用，形成金属—涂料—铸型的界面，如铸钢的浇注温度一般不超过1650℃，铸铁则不超过1450℃，其他合金的浇注温度更低。如果考虑铸型对金属的冷却作用和界面上的温度落差，涂料层受热后能达到的温度将比上述数值还要低一些。对于这样的温度条件，就耐火度而言，一般耐火材料都能满足要求，实无过分苛求的必要。

至于耐火粉料的高温化学稳定性，也绝不是越稳定越好。在常用于涂料的一些耐火粉料中，石英粉的高温化学稳定性是相当差的。它在 FeO 的作用下，会生成熔点为1200℃左右的铁橄榄石，乃至熔点更低的共熔体。同时，在用砂型铸造钢铁铸件的情况下，浇注时型内气氛是氧化性的，界面上不可避免地会有 FeO 存在。但是，不少铸钢厂仍采用石英粉涂料，效果也很好。实际上，因涂料中骨耐火粉高温化学稳定性不佳而出问题的情况是少见的。

浇注金属液以后，由于高温的作用，涂料层中在常温下起作用的黏结剂因热解而失效。这时，涂料层强度的建立，主要依靠耐火粉料颗粒的烧结。如果耐火粉料的高温化学稳定性太好，不能烧结，则涂料层就可能剥落而使铸件上产生夹涂料（类似于夹砂）缺陷。

如果在金属—涂料—铸型界面上的涂料层易于烧结，金属液注入后很快就形成致密的烧结隔离层，则对改善铸件的表面质量和减少清理铸件的劳动量都是非常有利的。

因此，作为涂料的耐火粉料，其烧结性往往比耐火度和高温化学稳定性更为重要。采用耐火度和高温化学稳定性都很高的材料作耐火粉料时，一般都应有意加入黏土、氧化铁，甚至助熔剂、矿化剂等，以改善其烧结性。

（2）关于颗粒尺寸 耐火粉料颗粒尺寸及粒度分布状况对涂料性能的影响迄今仍缺乏系统的研究。

一般来说，耐火粉料的颗粒越细，则涂料的悬浮稳定性越好，涂料层的烧结性也会较好。另一方面，耐火粉料越细，则所需的黏结剂越多，涂料层也较易于开裂，要使涂料层中的耐火粉料颗粒排列致密，最好能使较细的颗粒镶嵌于较粗的颗粒之间。因而，粒度的分布宜分散而不宜集中。

特别应提到的是，表示粉料粒度的目数与表示砂子粒度的目数，含义是大不相同的。例如：200目砂子，是指能通过170号筛、不能通过200号筛的砂子；200目粉料，则是100%能通过200号筛的粉料，至于其细到何种程度，粒度分布如何，则需进一步筛分或分析才能确定。目数含义不同的原因是粉料难以用筛分方法分级，用风选法分级只能保证细到某一粒度以下。因此，控制粉料的粒度分布是困难的。

生产经验表明，用于一般砂型（芯）的涂料，耐火粉料的粒度以200目、270目、320目三种配合使用为好。由于不同加工单位提供的同一目数的粉料的实际细度可以有很大的差别，故不能推荐具体的配比。

采用聚苯乙烯消失模铸造工艺时，因大量的气体要通过涂料层逸出，涂料层的透气能力特别重要。在此情况下，耐火粉料应较粗些，而且以粒度集中均匀为好。

表7-7列出了不同铸件材质常用的耐火粉料，可供参考。

表7-7 不同铸件材质常用的耐火粉料

铸件材质		锆砂粉	白刚玉粉	棕刚玉粉	镁橄榄石粉	镁砂粉	熟铝矾土粉	石英粉	鳞片石墨	土状石墨	滑石粉	白垩粉
铸钢	耐热钢不锈钢	√	√	√	—	—	○	—	—	—	—	—
	高锰钢	○	—	—	√	√	—	—	—	—	—	—
	碳钢	√	○	√	—	—	√	√	√	√	—	—
铸铁	灰铸铁	○	—	—	—	—	○	○	√	√	—	—
	球墨铸铁	○	—	—	—	—	○	√	√	√	—	—
	可锻铸铁	○	—	—	—	—	○	√	√	√	—	—
铜合金		○	—	—	—	—	—	—	—	—	√	√
铝合金		○	—	—	—	—	—	—	—	—	√	√
镁合金		—	—	√	√	—	—	—	—	○	—	—

注："√"为常用；"○"不常用；"—"为不用。

7.2.2 载体

1. 载体的主要类型

载体是耐火粉料的分散介质，同时也是除耐火粉料外的其他组分的溶剂，而且还是施涂铸型时的稀释剂或载液。水和有机溶剂是两种最常用的载体，以水为载体的涂料称为水基涂料。最常用的有机溶剂为醇类，以各种醇类为载体的涂料称为醇基涂料，此外还有氯代烃类涂料。这些组分通常在涂层干燥过程中被除去。去除的方法可分为：烘干法、燃烧法和自干法。通常根据砂型（芯）所用的黏结剂种类、车间干燥设备、操作环境以及生产率来选择载体。铸造涂料用载体的性能见表7-8。

沸点是表示在1atm（101325Pa）下液体开始沸腾的温度。此温度越低，液体越易汽化，燃烧时火焰扩展较快。

闪点是液体表面上的蒸气和空气的混合物与火接触，开始产生蓝色火焰的闪光时的温度，它说明燃气着火爆炸的难易程度，即闪点低，易爆燃。

蒸发数是以乙醚为基准，比较各种载液的蒸发率。蒸发数高的异丙醇，作为可燃涂料载体来说，燃烧最为缓慢。

表7-8 铸造涂料用载体的性能

名 称	分 子 式	沸点/℃	密度/(g/cm³)	大气中允许最高体积分数(10⁻⁴%)	闪点/℃	蒸发数
水	H_2O	100	1.0	不限	—	—
乙醇（95%）	C_2H_5OH	78.32	0.7893	1000（或1880mg/m³）	16~14	8.30
甲醇	CH_3OH	64.51	0.79	200（50mg/m³）	16~12	6.30
异丙醇	$(CH_3)_2CHOH$	80~82.4	0.79	400（或1020mg/m³）	12	10.50
正丁醇	$CH_3(CH_2)_2CH_2OH$	115~117	0.80	100	28	2.50
石油醚	—	80~110，30~60，60~90，90~120	0.70~0.72	500（300）	20	3.30
二氯甲烷	CH_2Cl_2	39~41	1.33~1.37	500	—	1.80
三氯甲烷	$CHCl_3$	61.2	1.49	50	—	0.56
三氯乙烯	C_2HCl_3	74~78	1.33	100	—	—
四氯化碳	CCl_4	76~77	1.595	—	—	—
二甲苯	$C_6H_4(CH_3)_2$	138.35	0.86	100mg/m³	25	8.60
乙酸异戊酯	$C_7H_{14}O_2$（冰醋酸700：异戊醇750）	142	0.8719	100（525mg/m³）	25~27	8.97
丙酮	C_3H_6O	56	0.79	400mg/m³	-17.8~-10.0	6.952
乙醚	$C_4H_{10}O$	34.6	0.71	500mg/m³	-45	6.215
汽油	戊、己、庚、辛烷	95~190		300		
溶剂石脑油	甲苯、二甲苯异构体、乙苯、异丙基苯等组成	120~160，120~180，140~200	0.85~0.95	二级易燃品	25~38	—

表7-8中有闪点的诸载体配成的涂料可在引燃后迅猛燃烧，称为闪燃涂料，俗称快干涂料。快干涂料点火太晚，不再燃烧时就成了风干涂料。所有涂料在形成涂层时都要经受不同程度的空气干燥，它们的关系可表示如下：

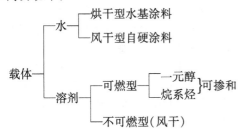

2. 水

在载体中，水是最便宜、最常用的。以水为载体的涂料，除了成本低外，水基涂料还有如下优点：

1）容易使耐火粉料悬浮，只要加入少量悬浮剂即可获得满意的悬浮性，而悬浮剂大多为发气量高的物质，因此水基涂料的最终发气量小。

2）可使涂料较易获得良好的触变性，因而涂料涂刷性、渗入深度、流平性都较好。涂料层的质量比较高，铸件的表面质量容易得到保证。

3）安全可靠、无毒无味。水基涂料通常都需要烘干，用它涂覆黏土干型砂比较方便。随着各种自硬型砂型的发展，各种自干型水基涂料的开发也受到重视。因此，只要生产条件容许，选择涂料载体时首先要考虑选择水。

水作载体时要注意水中所含的杂质和水的 pH 值。水是一种很好的溶剂，因为天然的水中溶解了许多物质，包括钙、镁、钠、铁、锰、硅、磷等的盐类或化合物。通常把含有一定量的钙、镁类杂质的水称为硬水。水的软硬程度是用"硬度"来衡量的，1L 水中含有 10mg 氧化钙称为 1 度。铸造涂料用水的硬度还没有统一规定，但是水中钙、镁盐类过多就会破坏涂料中胶体或其他悬浮体的稳定性，导致涂料性能变坏。因此，涂料用水要求水的硬度不能过高，可将水进行蒸馏或加入化学改性剂来使之"软化"。通常各地的自来水可满足要求，不必再进行处理。

水的 pH 值代表其氢离子浓度的负对数，它表示载液的酸碱性。如果 pH 值高，则表示碱性强。pH 值低表示酸性强，常导致涂料有聚沉现象发生。

3. 快干和自干涂料用有机溶剂

水基涂料中水的缺点是完成运载任务之后难以脱除，一般都须烘干。即使是高固体含量的水基涂料，晾干也需数小时之久。显然，对于流水生产而无烘干设施的生产条件，以水为载体的涂料就很不适宜。因此，应寻求能快干或自干的涂料有机溶剂。

有机溶剂种类很多。选择溶剂要考虑其沸点、闪点、着火点以及燃烧热、蒸发速度、黏度、环保容许浓度等，价格和来源也是需要考虑的因素。通常醇基涂料中，广泛采用工业乙醇和甲醇作载体，为了提高涂料的点燃性，有时还添加适量的甲苯、二甲苯等溶剂。

最后应当指出，醇基涂料通过点火干燥后其干燥工序即可完成，与水基涂料相比，具有施涂工时少的特点，故在自硬树脂砂及大型铸件的生产中占有较大的份额。但醇基或溶剂型载体对涂层来说实际上是有害的组成，其挥发或蒸发掉的溶剂分子在涂膜中留下无数细小的空洞，损害了涂层的强度，而且为了除去载体，要消耗许多能量，并造成环境污染。因此，从改善操作环境、提高生产安全等方面考虑，未来的发展方向仍是以水基涂料为主。

表 7-9 为水基和醇基涂料性能的比较。

表 7-9 水基和醇基涂料性能的比较

涂料种类	操作环境	防火性	干燥时间	防粘砂	刷涂	流涂
水基	好	好	长	好	好	一般
醇基	差	差	短	很好	一般	好

7.2.3 悬浮剂

1. 悬浮剂的定义

悬浮剂通常是指具有使固体物分散并使之悬浮在载体中的能力的物质。好的涂料悬浮剂不仅具有使耐火粉料悬浮的能力，而且应具有流变学特性，特别是触变性，即既容易形成一定的组织结构，也容易为机械力所拆散。铸造涂料用悬浮剂的悬浮原理是通过自身在载体中的扩散力、吸附力、载荷力等，使高密度的耐火粉料在不同的载体中具有一定的悬浮性、连续性。因此，涂料中必须使用悬浮剂才能使耐火粉料悬浮在载体中并保持均匀的弥散状态。

在涂料工艺的术语中，悬浮剂又称防沉剂、流变剂等。在讨论涂料的流变性时的一个主要参数就是涂料的黏度。涂料的黏度与其组分有很大的关系，所以国外有关文献中，将耐火粉料和载液以外的组分统称为黏度调整剂。

在悬浮剂的称呼上，人们通常习惯将能单独添加而起悬浮作用的黏土类无机物称为悬浮剂，而将与黏土类的无机材料配合加入，起辅助悬浮作用并赋予涂料一定的流变性或触变性的天然或人工合成的高分子聚合物称为增稠剂。事实上，两者所起的作用是一致的，所以将其分别称为无机悬浮剂和有机悬浮剂，或干脆统称为悬浮剂是合适的。另外，黏结剂和悬浮稳定剂在涂料中所起的作用是难以截然分开的，能作为黏结剂的材料一般都能起悬浮稳定剂的作用。如果在涂料中，某种材料起悬浮作用是主要的，起黏结作用是次要的，而另一种材料起黏结作用是主要的，起悬浮作用是次要的，那么仍沿用习惯，将其分别归入悬浮剂和黏结剂的类别。

在无机悬浮剂中，应用最为广泛的是膨润土，近年来凹凸棒土、累脱石等黏土类悬浮剂也逐步在涂料生产中应用。在有机悬浮剂中，羧甲基纤维素钠（CMC）、聚乙烯醇缩丁醛（PVB）分别在水基和醇基涂料应用较为广泛，此外还有海藻酸钠、聚丙烯酰胺和黄原胶等。本节仅介绍几种黏土类悬浮剂。

2. 膨润土

膨润土是以蒙脱石为主要矿物的黏土，其颗粒质点很小（可以小于 0.1μm），被水湿润后水分不仅吸附在其颗粒表面，还要进入它的晶层之间形成胶体质点，载液变为胶体溶液，膨润土质点在胶体溶液中形成空间网状结构，使膨润土浆具有屈服值，耐火粉料颗粒质点不易下沉。膨润土按吸附阳离子的不同分为钙膨润土、钠膨润土、锂膨润土及有机膨润土等。在水基涂料中所用的主要是钠膨润土和锂膨润土，锂膨润土还可用于醇基涂料作悬浮剂。膨润土在铸造涂料中，其结构特点是在水中能形成立体网状结构。其结构形成能力的顺序是：锂膨润土 > 钠膨润土 > 钙膨润土。

锂基膨润土由天然钙基膨润土经离子交换处理后而得。表7-10是国内某膨润土公司生产的锂基膨润土的技术指标。

表7-10　锂基膨润土的技术指标

膨胀倍/(mL/g)	胶质价/(mL/15g)	吸蓝量/(g/100g)	粒度（过0.075mm筛）（%）	水分（质量分数,%）	pH值
≥95	≥500	≥32	≥99	10～13	8～9.5

锂膨润土用水溶胀后加入醇基涂料分散，即有良好的悬浮稳定作用。锂膨润土比有机膨润土便宜得多，又不需用苯类溶剂引发处理，这是十分可取的。其缺点是：锂膨润土吸水而形成的胶料在醇中的稳定性较差，用其制成涂料即使悬浮稳定性很好，但在储存过程中胶料易脱水而失效，从而使涂料降低黏度、耐火粉料聚结下沉并形成坚硬的大块，而且在运输过程中的振动作用下，脱水尤为迅速。这样的沉淀物很难用一般搅拌方法再将其分散，此时，涂料实际上已不能使用。

有机膨润土是采用优质钠基膨润土，经提纯、变型和有机活化精制而成的。有机膨润土是醇基涂料配方中较好的悬浮剂。它在乙醇中可以溶胀，使涂料黏度增加并有一定触变性。一般用量（质量分数）为1%~2%，用它配制的涂料渗入砂型或砂芯中少，容易建立起涂层厚度，而且涂刷性好，点燃性好于用锂膨润土配制的涂料，涂层表面较光洁、刷痕少。

浙江华特新材料有限公司生产的BP-188B水性膨润土增稠流变剂和BP-186B有机膨润土的技术指标分别见表7-11和表7-12。

表7-11　BP-188B水性膨润土增稠流变剂的技术指标

外观	105℃挥发分（质量分数,%）	粒度（过0.045mm筛）（%）	3%水溶液胶体黏度/mPa·s	pH值（2%水溶液）
白色粉末	≤10.0	≥98	≥2500	8.5～10.5
特点与应用	为天然硅铝酸盐类增稠流变剂，主要成分是亲水的高纯特殊改性蒙脱石；应用于各类乳胶漆、水性漆、水基涂料、水性油墨、纳米材料等			

表7-12　BP-186B有机膨润土的技术指标

外观	挥发分（105℃，2h）（质量分数,%）	粒度（过200号筛）（%）	密度（25℃）/(g/cm³)	堆积密度/(kg/m³)	灼烧减量（850～900℃）（%）
白色、可流动状粉末	≤3.5	≥95	1.7	460	≤40
特点与应用	为改进的新型有机膨润土，具有通用性强的特点，在广泛的溶剂系统中都有良好的触变表现和理想的分散性能，其胶体无色或浅色；应用于工业漆、防腐漆、铸造涂料、厚浆涂料、油墨、密封胶、粉末涂料等				

测定膨润土成胶或凝胶能力可采用膨胀倍数法或膨胀值测定法等。不同膨润土形成网状结构的能力差异很大，但至今国内外尚无公认的评价涂料用膨润土的质量指标，所以在膨润土的选用上存在很大的盲目性。有关文献报道了借鉴泥浆动切力指标的测定方法，该方法设计了适合评价涂料用膨润土指标和检测的方法。

3. 凹凸棒土

凹凸棒石又名坡缕石，是一种层链状结构的含水富镁铝硅酸盐黏土矿物。凹凸棒黏土是指以凹凸棒土为主要矿物成分的一种稀少的天然非金属黏土矿物，在矿物学上隶属于海泡石族。我国江苏、安徽、山东、辽宁等地已探明许多凹凸棒土矿点，产量以江苏盱眙居首位，现已探明其储量高达2.72亿t，远景储量达5亿t，占我国凹凸棒石储量的70%，占全球凹凸棒石黏土总储量的近50%，为世界优质矿藏。

凹凸棒土理想化学式可表示为(Mg, Al, Fe)₅Si₈O₂₀(HO)₂(OH₂)₄·4H₂O，其集合体为土状、致密块体构造，颜色为白色、灰白色、青灰、微黄或浅绿，有弱丝绢或油脂光泽。该种土质细腻，有油脂滑感，密度约1.6g/cm³，性脆（莫氏硬度2～3级），潮湿时呈黏性和可塑性，干燥收缩小，且不产生龟裂，吸水性强，可达到150%以上。其晶体呈棒状、纤维状，长0.5～5μm，宽0.05～0.15μm，层内贯穿孔道，表面凹凸相间布满沟槽，具有较大的比表面积，部分的阳离子、水分子和一定大小的有机分子均可直接被吸附进孔道中。此外，它的电化学性能稳定，不易被电解质所絮凝。凹凸棒土由于具有较大的比表面积，使其具有较强的吸附作用。其在相当低的浓度下可以形成高黏度的悬浮液，其流变性能决定了它可用作胶体泥浆、悬浮剂、触变剂及黏结剂。

凹凸棒土可作为铸造用水基、醇基涂料悬浮剂。它的吸水速度快，但在水中不像蒙脱石那样能吸水膨胀，必须加力搅拌才能使土粒分散，分散后其针状晶体束拆散而形成杂乱的网格，网格束缚液体，使体系的黏度增加。

表7-13为安徽某公司生产的胶体级高黏凹凸棒土粉的技术指标。

表7-13　胶体级高黏凹凸棒土粉的技术指标

产品型号	GEL-1	GEL-2	GEL-3
分散黏度/mPa·s	≥3000	≥2500	≥2200
湿筛余量（200号筛）（%）	≤5	≤5	≤5
水分（质量分数,%）	≤15	≤15	≤15
pH值	8~10	8~10	8~10
松散密度/（g/cm³）	0.54~0.6	0.54~0.6	0.54~0.6
摇变指数	3.5~7.5	3.5~7.5	3.5~7.5

凹凸棒土的商品名称又称为硅酸镁铝。硅酸镁悬浮剂分国产和进口两类，后者的价格较高。目前硅酸镁铝悬浮剂在国内铸造涂料行业中应用较广。

表7-14为某进口硅酸镁铝悬浮剂的技术指标。

4. 累托石

累托石是国内外罕见的特种非金属矿产，它是二八面体云母和二八面体蒙脱石（1:1）规则间层的矿物，根据其阳离子含量可分为钾累托石、钠累托石和钙累托石三种。累托石为鳞片、纤维状晶体，粒度一般小于2μm，莫氏硬度小于1级，质地松软有滑感，塑性指数为89，具有良好的胶体性能。

累托石矿物的典型化学组成见表7-15。

研究结果表明，与传统的膨润土悬浮剂相比，累脱石黏土无论是水浆还是醇浆均易稠化，在相同加入量的条件下两者涂料的悬浮性相当，但载液量增加，其涂料含固量和密度稍有下降；从流变性来看，累脱石水浆的屈服值较低，由其配制的涂料抗流淌性较差；膨润土加入量过多，悬浮性虽好，但高温下涂层易开裂，加入量过少，涂料的悬浮性较差。累脱石黏土的最大优点是使涂料的高温抗裂性变好。

表7-14　硅酸镁铝悬浮剂的技术指标

pH值（5%水溶液）	水溶物（质量分数,%）	酸溶物（质量分数,%）	分散黏度（5%固含量）/mPa·S	湿筛余量（325号筛）（%）	水分（105℃,质量分数,%）	灼烧失量（600℃,质量分数,%）	重金属含量（以pb计,质量分数,%）	细菌总数/（cfu/g）
7~9.5	<1	<1	2000~4500	0.01	<15%	<18%	<10⁻³	<1000

表7-15　累托石矿物的典型化学组成（质量分数）　（%）

SiO₂	Al₂O₃	TFe₂O₃	CaO	MgO	TiO₂	K₂O	Na₂O	MnO	P₂O₅	灼烧减量
44.3	35.6	1.50	4.05	(0.35)	2.46	1.12	1.24	0.009	0.41	8.23

目前在铸造涂料用无机悬浮剂主要有钠基、锂基膨润土（由钙基膨润土经人工活化改性得），还有凹凸棒土及累托石。

7.2.4　黏结剂

为使耐火粉料颗粒黏结成具有一定强度的涂料层，并牢固地附着于铸型或型芯的表面上，涂料中应有适当的黏结剂。对于涂料的强度，应有较全面的看法，只考虑脱除载体以后的涂料层在常温下的强度是不够的。涂料层所处的工况条件十分苛刻。其常温强度应能耐受铸型或型芯搬运时的振动和意外的轻微碰撞、下芯合型时的摩擦、吹净型腔时压缩空气气流的冲击及浇注时从常温骤热到金属液的温度，且要能耐受金属液流的冲击。从常温加热到金属浇注温度时，在一段温度范围内如果不具有足够的强度，涂料层就可能损坏。因此，简单地用一种黏结剂是不能满足要求的，必须将几种在不同温度范围内起作用的黏结剂配合使用。

涂料性能对黏结剂的要求见表7-16。

表7-16　涂料性能对黏结剂的要求

性　　能	要　　求
溶解性	黏结剂应能很好地溶解或均匀分散于载体之中，否则会影响其黏结效能
黏结强度	在室温、干燥和浇注温度下，黏结剂在粉料颗粒间以及涂层与其底材料之间有牢固的结合能力
化学热稳定性	黏结剂在浇注温度下形成的化合物应不与浇注合金发生化学作用
黏度	黏结剂应具有适当的黏度，并兼有悬浮剂的作用，以省去或减少悬浮剂的使用
来源及价格	来源丰富易得，价格便宜

此外，黏结剂在涂料配方中的加入量虽不高，但若与粉料的化学性质不合，则会影响涂层在高温下的

化学稳定性。黏结剂按其在浇注温度下形成的化合物（主要是烧尽物或氧化物）可分为酸性黏结剂（如水玻璃、硅溶胶及硅酸乙酯）、中性黏结剂（是指天然的或合成的有机物和铝、铬、铁等金属盐类）、碱性黏结剂（主要指镁、钙等金属的盐类）。

适于用作涂料的黏结剂品种较多，可分为无机的黏结剂和有机的黏结剂两大类。前者又可称为高温黏结剂，后者可称为中、低温黏结剂。每种黏结剂中又可分为亲水型和疏水型两种。可用于涂料的黏结剂及相应的种类表示如下：

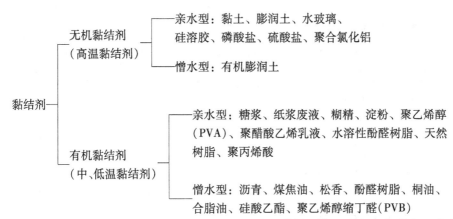

7.3　铸造涂料的配制、施涂和干燥

涂料从配制到形成涂层的全过程主要包括配制、施涂和干燥或固化三个部分。涂料在涂覆阶段使操作者感到满意，同时在形成涂层以后所浇注的铸件经检验表面质量合格，方能称为好涂料。制备一种好的涂料，不仅对其组成选择应适当，而且必须经过适当制备，使它具备稳定的性能。制备涂料的技术和设备都影响涂料的质量。

7.3.1　涂料的配制

通常涂料的配制应包括以下几个工序：

1）原材料的称量。将耐火粉料、有机和无机黏结剂等称量于一容器中，然后输送到混练机中。

2）混练。对输送来的原料加适量溶剂进行混练，促进黏土的膨润，赋予涂料黏性。

3）搅拌、分散。由混练机排出的半成品再加以溶剂（载体）进行搅拌，使涂料分散、均匀化，同时将涂料浓度调整至合适的值。

4）装桶（罐）。将调整好黏度（浓度）的涂料用自动或半自动装桶机定量装桶（罐）。

在铸造现场使用的涂料通常呈下述三种形式：浆状物、膏状物和粉（粒）状物。对铸造厂家而言，其自配自用涂料均为浆状的。近年来，国内外部分企业也提倡使用现成的浆状涂料。这种涂料按照用途及涂覆方法分类出售，并标明固体物含量、密度和粉料类型，使用时无须做任何成分调整，开桶（罐）后经搅拌即可应用，因而使用方便。这对保证涂料原有性能十分有利。

膏状或粉（粒）状涂料在使用前还应经过一系列处理，包括加入载液使粉末分散，膏状物或粉末的破碎和湿润，稀释到所需黏度，并使之絮凝建立必要的悬浮或沉降稳定性等。上述过程在涂料制备部门要经过各种工序及检验，使用部门为保持涂料性能恒定，也要经常进行检验。

常用涂料的制备方法有碾压、球磨、搅拌和胶磨等。几种涂料制备方法的工作原理及优缺点见表7-17。

表7-17　几种涂料制备方法的工作原理及优缺点

制备方法	工作原理或基本过程	优　缺　点
碾压	使湿点水分（溶剂）[①]渗入到粉料中去以造成均匀分散：用具有湿润能力的载液对粉料表面气体（空气）或其他杂质（水）等吸附物进行取代；机械破碎和分离复合粒；将已被湿润的粉料粒子推入载体之中使之悬浮	碾压的优点是操作简便，控制粉料的细度方便，如以硅砂为原料，经过一段时间碾压后，硅砂便成为石英粉，然后再开始涂料配制工作 缺点是耗电大，效率低
球磨	当磨桶旋转时，由粉料、水溶液、研磨体及桶壁间所产生的摩擦、撞击等作用，使粉料得到粉碎，涂料各组元混合均匀。一般醇基涂料可用球磨机进行分散以提高涂料质量	球磨机混制涂料能使涂料达到良好的熟化效果，填料粒子可得到较好细化；因为球磨机是在密闭状态下工作的，溶剂挥发损失少 缺点是球磨机操作时噪声大，停机费事，上料、出料不方便

（续）

制备方法	工作原理或基本过程	优　缺　点
搅拌	搅拌对于涂料中的块状物和集聚物有分离作用，载液在强力作用下对粉状固体有一定湿润作用，同时使涂料各组元发生混合作用。对于性能要求不高的水基涂料和大部分溶剂基涂料，可直接通过搅拌制备涂料	搅拌对填料粒子的熟化效果较差，细化填料的作用很弱，但其产量高，机器磨损小
胶磨	胶体磨的磨体由高速转动的截顶锥形动磨片和静磨片组成，两者间隙可调节到很小值，磨片上有斜齿槽，斜齿槽系特别设计，对高黏度物料具有非常好的分散、研磨作用。物料在通过磨片间隙时受到很大的水压剪切力作用，这个剪切力使物料被撕裂，磨片上开槽，不仅可提供更大的剪切力，而且由于形成剧烈的湍流，有利于物料分散、均匀化	胶体磨易在高速强力剪切、摩擦和高频振动湍流下使物料粉碎、均化；与碾压、球磨相比，胶体磨对涂料有很高的粉磨及均匀化作用；胶体磨对物料，尤其是呈层状结构的物料有较强减薄和表面活化的加工特性，使石墨涂料中石墨粒子有更高的结构形成能力，从而使涂料具有高悬浮性的特点；有利于涂料综合性能的改善 缺点是胶体磨磨齿磨损大，涂料在胶体磨内循环次数多时涂料易发热
胶磨与搅拌	配制水基涂料的基本过程是：水（1/3）+分散悬浮剂→胶体磨循环研磨 3~5min→转入搅拌机→+耐火粉料+水（2/3）→搅拌5~10min→+复合黏结剂+附加剂→搅拌 10~20min→齿轮泵抽入胶体磨，胶体磨循环研磨 3~12min→出料→包装	在生产中，胶体磨与搅拌器配合使用可使涂料性能更佳

① 湿点水分（溶剂）即达到湿点时的最低水（溶剂）量。

7.3.2　涂料的施涂

涂料的施涂方法主要有刷涂、浸涂、流涂和喷涂等。施涂方法的比较见表 7-18。

表 7-18　施涂方法的比较

施涂方法	特　点	适用铸型（芯）	施涂工具或装置
刷涂	最传统也是最可靠的施涂方法。操作效率低，对工人的操作熟练程度要求高；铸型形状不限，涂料消耗少	砂型、砂芯	毛刷
浸涂	操作效率很高，初始阶段所需涂料多；仅适合特定的铸型（芯）；与刷涂相比，所耗涂料多（因渗透层深），其涂料浓度比刷涂低，但无刷痕；可实现浸涂自动化	砂芯	浸涂槽、夹持型（芯）机械手（机器人）
流涂	操作效率高，无刷痕，可实现流涂自动化；与刷涂相比，所耗涂料多（因渗透层深），其涂料浓度比刷涂低，对铸型（芯）形状有一定的限制	砂型、砂芯	流涂机
喷涂	操作效率较高，可实现喷涂自动化；与刷涂相比，其浓度稍低；喷嘴的维护麻烦；涂料飞溅较多	主要为铸型及特定形状的砂芯	有气或无气喷涂机

7.3.3　涂料的干燥

涂料的干燥主要是指水基涂料形成涂层以后除去涂层中水分的过程。干燥涂层常用的介质是含水分未达饱和程度的空气。不借助空气介质干燥的方法还有红外线干燥、微波干燥等。至于溶剂基涂料，由于其达到燃点会汽化燃烧，通过燃烧发热便可使涂层固化并使水分蒸发。这种方式习惯上称为点燃干燥。

1. 水基涂料的几种干燥方式的比较

国外大多数人认为，今后的发展方向是水基涂料，但水基涂料的干燥工艺是一个重要的课题。通常的干燥工艺是热风干燥。近年有人提出用微波干燥和远红外干燥工艺来取代热风干燥。表 7-19 是水基涂料三种干燥工艺综合效果的对比。从干燥效率或干燥速度来看，微波干燥最好，但初始成本和运行成本高，且为局部加热，会导致该部分成为脆弱部，使型（芯）破坏，特别是对于使用粗砂的呋喃树脂砂型（芯），因微波的诱电率高，此问题更为严重。因此，微波干燥工艺大多用于诱电率低的冷芯盒砂芯。热风干燥的初始成本和运行成本虽低，但干燥费时，且工作环境温度高。而远红外干燥虽热效率低于微波干燥，初始成本高于热风干燥，但综合考虑，却是一种较好的干燥工艺。

表 7-19　水基涂料三种干燥工艺综合效果的对比

项　目	远红外干燥	微波干燥	热风干燥
热效率（快速干燥）	较快	快	慢
初始成本	较低	高	低
运行成本	低	高	低
热触发	较好	好	差
砂型（芯）温度控制	好	差（局部加热）	差（高温）
设备占地	较小	较小	大
环保	好	好	差

2. 醇基涂料的点燃干燥

醇基涂料的优点是点燃快干，但一个不可忽视的问题是干燥后常常在涂层表面留下大小参差不齐的气泡，（见图 7-1），浇注时金属液容易冲破气泡表层薄膜渗入涂层或砂型中，引起铸件表面粗糙或粘砂。

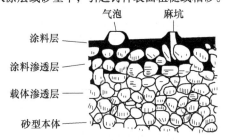

图 7-1　点燃气泡形成示意图

乙醇和异丙醇基涂料都有起泡现象，而甲醇和正丁醇没有。这可从高聚物表面膜和气体排除的剧烈程度两方面来解释。甲醇燃烧和蒸发都比较快，在表面膜还未正式定形时气体已基本排出；正丁醇燃烧慢，蒸发也比较慢，气体通过表面膜时能有序缓慢逸出，故两者都不易产生气泡。因此，有人在乙醇载体中加入少量的甲醇或正丁醇，以克服乙醇载体涂料的气泡问题。

乙醇的蒸发和燃烧速度不利于气体迅速或平稳有序地从涂层中排除，是涂层点燃起泡的另一重要原因。从提高载体浓度、破坏表面膜连续性、调节涂层燃烧速度等方面选择合适的附加物，是提高醇基涂料抗点燃起泡性简便而有效的措施。

7.4　几种典型的砂型（芯）涂料

常用的砂型（芯）有湿型、干型、表面干型和各种化学硬化砂型（芯）。

7.4.1　树脂砂型（芯）涂料

1. 树脂砂与金属的相互作用

对树脂砂铸件粘砂层进行热磁与 X 射线光谱分析表明，树脂砂的粘砂以机械粘砂为主，即金属或其氧化物渗入型砂颗粒间的空隙。它的形成主要与树脂砂的热稳定性即黏结剂的热解有关。在高温下树脂热解，高温强度降低，砂粒间联结桥被破坏，在高温金属液静压力作用下砂粒可发生移动，导致孔隙扩大，由金属液渗入砂型（芯）微孔而形成粘砂。

随着树脂砂型（芯）的使用，对铸造涂料的要求日益提高。铸型（芯）涂层的质量问题，轻则损失型腔与砂芯尺寸精度，重则引起铸件缺陷，使废品数量增加。

2. 壳型（芯）用涂料

覆膜砂壳芯已广泛地用于气道芯、缸体水套芯、排气管及进气管芯，以及液压件的砂芯。其涂料大多为水基，施涂工艺主要由喷涂和浸涂等。壳型（芯）水基涂料的特点是：

（1）强润湿性　因壳型（芯）表面疏水性强，采用具有润湿性强的涂料是必要的。如果润湿性弱的耐火粉料在铸型表面及其砂粒间不能充分附着，此时将砂芯立即浸入涂料的话，涂料的泡痕将残留于砂芯表面，特别是当将温度达 200℃ 时的砂芯浸入涂料时，会引起涂料的突然沸腾，会使泡痕留下来，所以应尽量避免。

（2）防粘砂性　壳型（芯）强度高，形状复杂，往往被金属液包围。为落砂方便，防止粘砂，在耐火粉料的选择上应考虑较高的耐火度或适宜的烧结性。

（3）高的铸件尺寸精度和低的表面粗糙度　作为壳型（芯）铸件，尺寸精度和表面质量均要求较高，涂料的抗滴淌性和抗堆积性，十分重要。要求能覆盖住砂芯表面的凹凸部位。在浸涂条件下分散性与附着性良好，铸件表面不残留涂料。

水基涂料在树脂砂壳型（芯）中的应用，关键要解决好涂料对壳型（芯）的渗透，以及提高涂料对壳型（芯）的附着力。开发这种特殊涂料，可通过对耐火粉料的种类、粒度及其分布、水分散系的流动特征、分散剂及黏结剂的组合等进行调配，以达到其应具有的性能。

3. 三乙胺冷芯盒砂芯用涂料

（1）防止水基涂料对砂芯强度的弱化　三乙胺冷芯盒砂芯也采用水基浸涂涂料。由于三乙胺硬化的双组分酚醛脲烷树脂中的组分Ⅱ聚异氰酸酯有遇水分解的特点，浸涂水基涂料会弱化砂芯，使强度下降。为此，选用合适的黏结剂及添加剂的种类，控制其加入量是降低水基涂料弱化冷芯盒砂芯和减少水基涂料的水溶液对三乙胺冷芯盒砂芯强度影响的关键措施。

（2）抗脉纹涂料　脉纹是由熔融金属的热引起砂粒膨胀的一种缺陷，由结晶 SiO_2 在 573℃ 附近（β-α 相变）的激烈膨胀产生应力，应力使脆性的有机树脂黏结剂膜龟裂，在此处金属液流过而产生的金属毛刺，大多出现在铸件的沟槽等处。一般此缺陷铸铁件居多。脉纹是结疤、鼠尾等铸铁件几种不同类型的膨胀缺陷的一种。在使用有机黏结剂砂，特别是酚醛尿烷冷芯盒树脂砂（PUCB）和壳型砂生产铸铁件时，此缺陷尤为敏感和严重。

一般认为，采用涂料来防止脉纹，关键是抑制铸型（芯）的龟裂及强化其隔热作用以达到防脉纹的目的。

1）浇注时涂料的耐火粉料被玻璃化。

2）浇注时涂料的组分与铸型（芯）的 SiO_2 成分反应，形成熔融烧结层。

在涂料耐火粉料的选择上，可选用具有一定绝热性的粉料，以减少热的影响，同时提高涂料的高温强度；配方中可添加热解铁氧体和一定量糊精等。此外在施涂涂料的同时，与型砂添加物相配合，可获得好的抗脉纹效果。

一汽集团铸造公司针对汽车发动机缸体铸件存在的脉纹缺陷，采用的防脉纹产生的措施有：采用宝珠砂和铬铁矿砂等非石英质原砂，添加防脉纹剂，在芯砂中加 Fe_2O_3 粉附加物，采用一款 451XL 型防脉纹涂料（含硅酸铝、氧化铁、石墨等耐火粉料）等。通过实际生产进行了验证，结果发现，采用宝珠砂和铬铁矿砂、添加防脉纹剂和使用防脉纹涂料均有较好的防脉纹效果，但使用防脉纹涂料是解决脉纹缺陷最为经济有效的措施。

玉柴公司生产柴油发动机气缸体气缸盖铸件时，使用三乙胺冷芯盒芯砂，由于产品结构原因，在局部易产生烧结和脉纹缺陷。经过大量试验结果表明，使用一种新型涂料，即 854 型水基浸涂涂料（含硅酸铝、云母、石墨等耐火粉料），可减少铸件烧结和脉纹缺陷，减少了高成本砂、树脂和抗脉纹剂的用量，社会效益和经济效益明显。854 型水基浸涂涂料的使用效果见表 7-20。

表 7-20　854 型水基浸涂涂料的使用效果

砂芯用砂（质量分数）	涂料种类	使用效果	
		砂芯种类	缺陷情况
铬铁矿砂（树脂加入量 1.2%）	普通涂料	干式气缸体水套砂芯	内腔局部有烧结和脉纹缺陷
	854 型涂料		无烧结和脉纹缺陷
铬铁矿复合砂（树脂加入量 2.0%）	普通涂料	气缸盖主体砂芯	内腔有 9 处烧结
	854 型涂料		内腔无大块烧结，只有两处轻微脉纹，水道畅通
再生回收砂（树脂加入量 2.6%，抗脉纹剂 6%）	普通涂料	气缸体水道、顶杆室芯	不添加抗脉纹剂 100% 有脉纹；添加抗脉纹剂 20%～30% 有脉纹和烧结
再生回收砂（树脂加入量 2.4%）	854 型涂料		内腔无烧结和脉纹缺陷

东风汽车公司铸造一厂针对汽车缸体缸盖生产中存在的脉纹缺陷，分析了产生的原因及影响因素，提出了芯砂膨胀热应力、砂芯表面强度和铁液流动性是制订各种防脉纹措施的出发点和基本依据。他们采用一种防脉纹涂料 RHEOTEC XL 进行试验与生产，通过对砂芯表面温度场分析，认为涂料绝热保温性是防止脉纹缺陷的根本原因。

图 7-2 是浇注后砂芯表面温度随时间的变化曲线。从图 7-2 可见，RHEOTEC XL 涂料比普通涂料达到硅英相由 β—α 石英相变膨胀的温度（573℃）推迟约 25s，这意味铸件表面有更充足时间形成凝壳，同时也意味砂芯黏结剂分解过程推迟，使砂芯有更长时间保持较高强度，从而大大减轻铸件出现脉纹的倾向。另外，RHEOTEC XL 涂料的良好保温性使高温

铁液对砂芯表面热冲击作用有较大减轻。由于升温速度较低，石英相变膨胀速度更缓慢，同时砂芯内不同层面温差更小，这些都利于减小砂芯表层热应力，有效阻止脉纹缺陷产生。

图 7-3 是涂料对砂芯表面温度的影响。由图 7-3 见，不同涂料对砂芯表面温度有很大影响。由于 RHEOTEC XL 涂料有良好保温性，其砂芯表面温度明显低于其他涂料，更重要的是，这种情况下砂芯表面处于固相线以上温度的时间远短于其他涂料。低于固相线温度，铁液就会凝固，因而不会产生脉纹；反之，砂芯表面处于固相线以上时间越长，温度越高，发生铁液渗入而形成脉纹的危险或倾向越大。这是 RHEOTEC XL 涂料能防脉纹缺陷的另一重要因素。

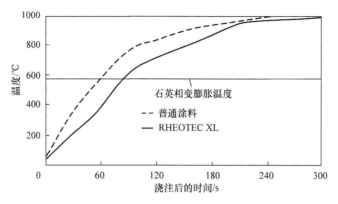

图 7-2　浇注后砂芯表面温度随时间的变化曲线

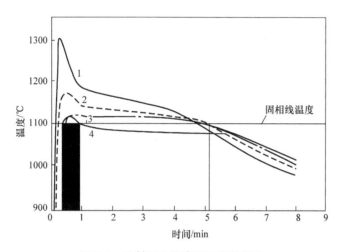

图 7-3　涂料对砂芯表面温度的影响

1—无涂料　2—涂料 A　3—涂料 B　4—RHEOTEC XL

4. 自硬树脂砂型（芯）用涂料

（1）防氮气孔、防渗硫和防增碳涂料的烧结性　呋喃树脂或酚尿烷树脂因含氮，铸件表面必然会增氮，有可能形成气孔。另外，自硬树脂砂型（芯）铸造时的热分解产物碳、硫还会对低碳不锈钢产生渗硫、渗碳缺陷，硫会导致球墨铸铁件表层的石墨变异。因此，选择合适的耐火粉料的涂料，不仅要达到防粘砂的效果，同时也要防止有机黏结剂砂铸钢件产生皮下气孔以及低碳不锈钢铸件增碳和增硫。这就要求涂料层不仅能烧结和剥离，而且要更致密，能作为屏蔽层以阻挡来自砂型（芯）一侧界面的气氛与钢液反应，防止氮、氢、硫、碳等气相或固相扩散进入钢液，从而避免铸件产生皮下气孔和增碳、硫缺陷。

通常，由于涂料层的孔隙很小，涂料层能在金属液与砂型（芯）之间建立一个隔离层，可以起到防止机械粘砂的作用。另外，通常选择涂料时，耐火粉料在浇注温度下烧结，能形成足够高的机械强度和致

密性，能承受住金属液的冲刷和渗入。因此，设计涂料配方时，要遵循"一要烧结，二要剥离"的原则。

涂料层烧结的条件是：①选用具有烧结能力的耐火粉料。②选用能与金属氧化物反应的耐火粉料。③在涂料内加入能析出无定形二氧化硅或者氧化铝的黏结剂和助烧结剂。④往高耐火度粉料中掺入组成相近的低耐火度材料。⑤将多种耐火材料混合使用，使其中氧化物的成分恰好成为低熔化合物或低熔共熔物。⑥往涂料中加入熔剂或助熔剂。⑦往涂料中加入高芳香环含量的树脂（如酚醛树脂、呋喃树脂等）、沥青焦油等易结焦的有机物等。

图 7-4 示出了 3 种涂层的烧结状态。其中图 a 所示的烧结性最好，图 b 所示为过烧结，图 c 所示为基本未烧结。

至于剥离，如果烧结层与金属之间存在着低强度隔离层，在铸件冷却时烧结层与铸件的收缩率不同，隔离层在切应力作用下破裂，烧结层便自动剥落下

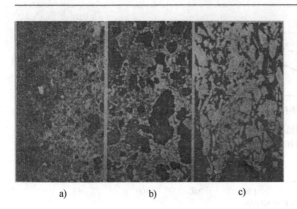

图 7-4　3 种涂层的烧结状态

a）烧结点：1495℃，烧结层致密

b）烧结点：1385℃，过烧、孔洞多

c）烧结点：1620℃，基本未烧结

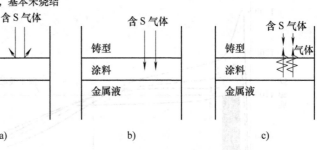

图 7-5　涂料减轻或消除渗硫的原理

a）阻挡效果　b）吸收效果　c）屏蔽效果

来；或者烧结层含有较多玻璃相，它与铸件收缩率相差甚大，在铸件冷却时层内产生很大的应力，当应力大于某一值时，也会自动剥落下来。

（2）球墨铸铁件防渗硫

利用涂料来减轻或消除渗硫的措施是，铸造时热分解的含硫气体不与铁液接触，可起到以下效果（见图 7-5）：

1）阻挡效果。涂层与铸型表层形成烧结层，阻挡来自铸型的含硫气体。

2）吸收效果。涂料组分（与硫亲和力强的组分）与含硫气体相互反应，吸收之。

3）屏蔽效果。涂料组分放出气体隔开含硫气体与铁液的接触。

图 7-6 为采用不同涂料时的球墨铸铁件表层石墨的形状。施涂常规防粘砂涂料几乎没有防渗硫效果，其片状石墨层厚最大达 1.8mm（见图 7-6a）；防渗硫一般的涂料，其片状石墨层层厚也达 0.25mm 左右（见图 7-6b）；而防渗硫性能优越的涂料几乎不使石墨球异化（见图 7-6c）。

（3）铸钢件防渗硫　对于铸钢件而言，在浇注过程中，作为树脂固化剂的有机磺酸受热分解而产生的 SO_2 气体向钢液中扩散，导致铸钢件表层的含硫量显著增多，特别是这些硫化物呈片状分布于晶界上，降低了铸钢件的力学性能，使其在热节处经常出现龟状热裂的铸造缺陷。

为此，配制具有烧结型和反应型涂料（见图 7-7），可减少其渗硫缺陷的发生。其中烧结型涂料作用有：①由于锆英粉具有高的耐火度和优越的烧结性能，采用锆英粉为耐火粉料的涂料可有效地减少自硬呋喃树脂砂铸钢件表层的渗硫量。②以硅酸镁铬铁矿粉与矿化助剂组成的烧结型涂料，因其烧结层致密，也具有防渗硫效果。

表 7-21 为几种自硬树脂砂用涂料配方。表 7-21 中，1 号为常规的防粘砂配方。2～4 号是采用碱性炉渣、碳酸钙（$CaCO_3$）配方，让其受热后分解出 CaO。一方面它有可能同树脂砂中甲苯磺酸分解生成的 SO_2 反应形成 $CaSCO_4$；另一方面它又同 S 反应形成 CaS，因而能防止球墨铸铁件表层形成异常组织。5～6 配方则是让涂料受热烧结或熔融成密闭的一层，成为能阻隔树脂砂产生的 SO_2 等气体侵入金属液的一道屏障，进而减少球墨铸铁件表层的异常组织产生。

表 7-21　几种自硬树脂砂用涂料配方

（质量比）

编号	石墨粉	碳酸钙粉	碱性炉渣粉	长石粉	滑石粉	悬浮剂	增稠剂
1	100	—	—	—	—	4	0.3
2	—	100	—	—	—	3.5	0.3
3	—	50	50	—	—	3.5	0.3
4	—	—	100	—	—	3.5	0.3
5	—	—	—	100	—	3.5	0.3
6	—	—	—	50	50	3.5	0.3

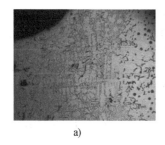 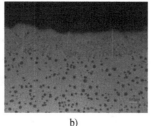 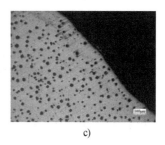

a)　　　　　　　　　　　b)　　　　　　　　　　　c)

图7-6　采用不同涂料时的球墨铸铁件表层石墨的形状

a）常规防粘砂涂料　b）防渗硫性能一般的涂料　c）防渗硫性能优越的涂料

树脂砂型	涂层	钢液
气体SO₂ →	× ×	— — — — — — — — — — — — — — —

树脂砂型	涂层	钢液
气体SO₂ →	○ ○ ○ ○ ○ ○ ○ ○ ○ "XS" ○ ○ ○ ○ ○ ○ ○ ○	— — — — — — — — — — — — — — —

a)　　　　　　　　　　　　　　　　　　　b)

图7-7　两种不同的防渗硫的方法

a）烧结型　b）反应型

注："XS"为固体硫化物。

反应型涂料，是在涂料中添加了能与SO₂气体起化学反应，并能生成固体硫化物而沉积在涂料中的一些称为反应剂的碱性材料。这类涂料具有很强的吸附和捕捉SO₂气体的作用，使浇注后涂层中含硫量降低，具有防渗硫能力。

（4）涂料的施涂

1）自硬脲烷系树脂砂用涂料。酚醛尿烷树脂砂在非水溶剂中进行硬化，如果没有硬化完全的铸型（芯）刷水基涂料，水与异氰酸盐基间立即反应形成胺，型（芯）表层强度因剩留未作用的组分Ⅰ而降低。这种情况在用低密度醇基涂料时也存在，大量乙醇渗入砂型（芯）中，点火后得到的铸型（芯）表面都会出现发酥现象。因此，对于醇基涂料最好采用高密度的涂料，且涂覆要均匀，并在室温下自然风干，效果较好。

对于水基涂料，起模后铸型（芯）强度继续上升，待其强度上升变缓时刷涂料为好，并且要求立即转入热风炉内烘干（<150℃）。

2）自硬碱性酚醛酯砂用涂料。自硬碱性酚醛酯砂特点是，有机酯固化剂直接参与树脂的硬化反应，在室温下，有机酯仅能使大部分碱性酚醛树脂进行交联反应，故具有一定的塑性，在浇注时的热作用下，未交联的树脂继续进行缩聚反应，一般称此现象为二次硬化。因此，施涂涂料时应考虑到这种特性。只有在铸型（芯）表面确信已经硬化才能刷、喷或浸涂。硬化率通常由所使用的酯的种类决定，丁内酯、丙碳最快，依次为二甘酯、三甘酯等，最慢为己二酸甲酯，采用不同的酯或混合酯来获得不同的硬化速度。根据砂温，调节酯的混合比以获得合适的起模时间和上涂料时间。

为保证酯硬化树脂砂型表层充分硬化，应进行加热硬化。根据铸型（芯）的大小采用合适的表面烘干方法，大件可采用喷灯，但应注意勿使型（芯）表面过热或熏黑，小件可采用热风炉。这可使型（芯）表层刷水基涂料前已经完全硬化，同时可保证涂层以及影响区水分充分干燥。

由于涂料中常用载体对室温硬化过程的干扰，加热促进硬化并使干燥涂层可增加涂料的效果。由于硬化速度受酯的皂化率影响，如果醇基涂料大量渗入铸型（芯），在随后的燃烧过程不能完全排除，则残余醇类势必影响皂化率及进一步硬化。因此，该自硬砂采用醇基涂料时应防止涂层燃烧不完全。

在涂料流变性能允许的条件下，增加填料配比质量，减弱其渗透性能，载体流入铸型（芯）少，随后建立涂层点火燃烧或干燥的效果更好。涂层在浇注时的烧结作用，会使其致密，透气性低，可屏蔽来自树脂砂（芯）的有害气体对金属的侵蚀。耐火粉料烧结与耐火粉料的细度、种类以及附加物添加量等因素有关，应根据浇注温度高低试验确定。

3）自硬呋喃树脂砂用涂料。硬化后的呋喃树脂砂表面可使用水基、醇基和氯化溶剂基涂料，用刷、喷或流涂的方式涂覆涂层。但是醇基涂料特别是甲醇基快干涂料，严重削弱过早起模的铸型（芯）的表层强度，所以必须在硬化过程完毕后上涂料。

由于呋喃树脂砂的可使用时间短、起模时间长和硬透性差等缺点，人们不容易掌握铸型起模后该等多少时间上涂料，有关文献报道最短为 0.5h，最长为 4h。在影响因素固定的条件下，最佳上涂料时间可以通过试验确定。由于影响因素多，通常是变更固化剂用量以适应环境温度变化，将相应的可使用时间、起模时间与上涂料时间做成图表以安排生产。

涂料中载体对自硬砂强度的影响，醇类比水的作用强烈，特别是当刷涂料后点火不及时时，作用更为显著。其综合效果是，水基涂料比醇基涂料使铸件更为光洁。

7.4.2　湿砂型涂料

铸铁件湿型砂中普遍采用煤粉砂，煤粉的加入降低了型砂的透气性，也恶化了劳动条件。近年来，为了进一步提高铸件的表面质量，很多湿型砂生产线配备了喷涂工位，一般采用醇基或水基涂料。因此，开发能够取代煤粉的湿型砂涂料也是涂料研究的一个方向。

1. 湿型用水基涂料

选用水作载体，是因为它可以与湿型型壁很好地连接。使用水基涂料时，在合箱浇注前不必烘干，并且经济、方便。典型的水基涂料的应用实例是：最大尺寸600mm，壁厚4.5～6mm，质量小于20kg的薄壁板类铸铁件，在湿型造型后，在其表层喷涂一薄层由石墨、纤维素、聚乙烯醇、白乳胶、膨润土等组成的水基涂料，表面强度高，即使表面风干也不变形、不膨胀、易干。涂料的密度一般控制在 1.3g/cm³ 左右时，涂层均匀。喷涂后的铸型经浇注表明，具有良好的防粘砂能力，能明显提高铸件表面质量，表面粗糙度 Ra 达 6.3μm，废品率降至 10% 以下。同时，可减少型砂中煤粉的加入量，由原来 8% 减至 4% 左右。小于3kg的薄壁小件甚至可不加煤粉，清砂十分容易。该涂料可使型腔表面强度提高，因而可消除冲砂现象，同时型砂中膨润土的加入量可减少，降低型砂水分，从而提高型砂的透气性，降低砂的成本。

2. 湿型用醇基涂料

湿型砂铸造时如采用水基涂料，大多情况下仍需要进行表面烘干，否则极易降低砂型表面强度，也使铸件容易产生气孔缺陷，并将增加生产工序，生产率低，不易实现批量生产。另外，湿型砂表面强度低刷涂涂料时容易带砂，操作不便，涂层不光洁。

醇基涂料具有干燥快（点燃干燥或自然挥发干燥）、生产率高、适用范围广等特点，所以湿型砂宜喷涂醇基快干涂料。由于湿型砂粒度细，透气性差发气量大，所以要求醇基涂料的渗透性和抗裂性好发气量小。喷涂工艺要求涂料的粒度细，黏度低，悬浮性和抗流淌性好。

（1）喷涂工艺　湿型砂醇基涂料喷涂时，要控制喷嘴直径和压缩空气压力。喷嘴直径小于4mm时容易发生堵塞，且喷涂速度慢，溶剂大量散入空气中，使劳动条件恶化，点燃困难。压缩空气压力以 0.13～0.14MPa 为宜。压力过高，涂料易在砂型表面反弹，涂层易出波纹；压力太低，则喷嘴容易堵塞涂料雾化不良。

（2）涂层厚度　醇基涂料的涂层厚度应根据铸件材质和壁厚等因素确定。对于铸铁件，涂层厚度控制在 0.15mm 以下即可；对于铸钢件，涂层厚度控制在 0.14～0.18mm 之间较宜；铸件壁厚越大，涂层厚度应越大，每次喷涂涂层约为 0.11～0.13mm。涂料一般只需喷涂 1 次，对较大铸件或易粘砂部位（热节处）也可喷涂 2 次，但需等第 1 层稍干或点燃干燥并适当冷却后再喷涂第 2 次。在保证涂料抗粘砂性能的前提下，涂层厚度应尽量降低，以节约涂料并提高涂层抗裂性。

（3）干燥方法　对于薄小铸铁件，喷涂涂料后不干燥而立即直接浇注，铸件也不会产生粘砂和气孔。黏土湿型砂铸造醇基涂料可以自然风干。因湿型砂水分高，故如需点燃干燥，应在喷涂后立即进行以免溶剂过分渗透和挥发。若喷涂后因间隔时间长而导致点火不着或燃烧不充分时，可在涂层上喷洒少量乙醇助燃。喷涂大的砂型（芯）时，可采用局部喷涂后局部干燥的方法。如用煤气喷灯或氧乙炔火焰等辅助进行表面干燥，则不可将火焰集中在局部区域以免涂层开裂和部分黏结剂过烧。

对湿型砂施涂时，过去倾向于用醇基喷涂，从操作环境及涂层质量来看，不尽如人意。因此，国外推荐用静电粉末喷涂。耐火粉料由静电作用，直接附着于铸型，它不含溶剂，当然也不需干燥，而且像喷涂液态涂料那样，铸型的角落也可附上涂料。施涂此涂料可利用专用的喷涂设备，因利用摩擦静电作用较安全，且可自动化。这种静电粉末涂料对改善诸如发动机缸体、缸盖外观质量起到了很大作用。粉末的主要骨料为铝质、硅质、锆质耐火粉料，辅料中，可添加适量的氧化铁等。

7.4.3　水玻璃砂型（芯）涂料

1. 水玻璃砂型（芯）的特点及对涂料的要求

一般水基涂料可适用树脂砂型（芯），但不一定适用于水玻璃砂型（芯），特别是水玻璃砂型（芯）烘干硬化以后，如再上水基涂料，涂料层干燥的同时立即出现裂纹。这是因为加热硬化水玻璃砂是脱水过程，在硬化的砂型或砂芯中，砂粒周围有脱水的硅酸钠薄膜将砂粒黏结在一起，使砂型或砂芯具有强度。如在砂型（芯）上覆盖涂料，硅酸钠强烈吸收涂料中的水，凝胶转化变成溶胶，在其周围溶合许多水分子形成一层水化膜，体积膨大，砂型（芯）表层再变胶液化。再度胶液化的硅酸钠与涂料层脱水收缩的尺寸变化方向刚好相反，相互干扰阻碍，当涂料层尚未建立起强度时，易被再度胶液化的硅酸钠撑开，使涂层产生裂纹。

在未脱水的水玻璃砂型（芯）上，用 CO_2 吹硬的砂型（芯）不宜上水基涂料，其机理与烘干型水玻璃砂相似。

实践证明，水基的糖浆涂料刷在水玻璃砂型（芯）上形成的涂层，裂纹倾向较少。这是由于糖与水玻璃无化学反应，硅凝胶因糖而回溶迟缓，铸型或砂芯面层膨胀力较小，减少了涂层裂纹。

2. 铸钢件水玻璃砂醇基涂料

水玻璃砂型（芯）醇基涂料配方，与通常的其他砂型（芯）涂料无很大差别，其施涂方法也基本相同。

铸钢件水玻璃砂快干涂料中黏结剂的加入量（质量分数）不宜过多也不宜过少，一般控制在 2% ~ 5% 的范围内。黏结剂过少，涂层强度不够；黏结剂过多，发气量太大，容易产生气孔，不易点燃。

以锆石粉为耐火粉料，添加 2% ~ 5%（质量分数，下同）的锂基膨润土或 1.5% 的有机膨润土，2% ~ 4% 的酚醛树脂，同时添加 0.1% ~ 1% 助剂二氧化钛的醇基涂料，在常温下涂刷在水玻璃砂型（芯）上，燃烧性能好，表面强度也高，也可自然干燥，一般在 30 ~ 60min 就有较好的强度。涂料助剂二氧化钛可增加涂料塑性，易于涂覆，增加渗透性，也增白。该类涂料可应用于各种牌号碳钢、合金钢和不锈钢铸件。

3. 水玻璃砂加固涂料

水玻璃砂型（芯）的溃散性不好，解决这问题的最好方法是减少水玻璃用量。为弥补因水玻璃量少，铸型或砂芯表面强度不够产生的其他问题，除了选用改性水玻璃外，还可在水玻璃砂型（芯）上涂刷涂料，可以有效提高其表面强度。

水玻璃砂的抗吸湿性不好，特别是低模数水玻璃砂，其问题比较突出。砂型（芯）吸湿后强度大大降低，表面容易脱落，铸件易形成粘砂、气孔、砂眼等缺陷。因此，很多厂家采用醇基涂料来防止砂型（芯）由于吸湿而导致的铸造缺陷。

为改善上述状况，可在砂型表面喷一层加固涂料。

（1）自硬加固涂料　自硬加固涂料是一种强化效果好，且可自硬的树脂液，其配比为（质量比）：对位二恶烷（溶剂）100，多聚甲醛4，间苯二酚7，浓盐酸（固化剂）0.8。在酸的作用下，多聚甲醛析出甲醛与溶解在溶剂中的酸类在室温下缩合，从而加固（砂）型（芯）表面。砂型（芯）上喷涂的糖浆水液，其用途也属同一性质，但糖浆的吸湿性倾向大。

自硬加固性涂料大多不含耐火粉料，在砂型（芯）表面不形成涂层。它渗入砂型（芯）表层，加强砂粒间黏结力，提高砂型（芯）表面强度和整体强度，凡可以自硬的、快干的黏结剂砂都可使用。

（2）快干加固涂料　快干加固涂料的配方（质量分数，%）：酚醛树脂（黏结剂）8 ~ 10，乌洛托品（固化剂）2 ~ 3，松香（光亮剂）2 ~ 3，糊精（悬浮剂）2 ~ 3，按此比例溶于乙醇（溶剂）配制而成。

采用树脂黏结剂强度高，涂料刷后向砂层表面渗透，大大提高了砂型（芯）表面强度和硬度，而且由于有机物燃烧，产生了还原气氛并改善了型砂溃散性。松香受热则产生易燃蒸汽，燃烧时产生大量黑烟。乙醇具有溶剂和加热双重作用，点燃乙醇或烘烤（用喷灯或放入烘箱中）目的是产生热量使乌洛托品分解成氨和亚甲基，从而使树脂硬化。

加固涂料使用刷涂、喷涂、浸涂均可。刷涂料后立即用火点燃。喷涂时乙醇挥发，不易点燃，故要用喷灯烘烤，烘烤干燥不宜过烧，烤至黄色为止。浸涂时将砂型（芯）放入加固涂料中，浸泡 10 ~ 20min 至无气泡析出时取出，在空气中干操 2h 以上，然后在 150℃ 下烘烤 20 ~ 40min（或用喷灯烘烤），待砂型（芯）转变为黄色即可。

经测试，施涂加固型涂料试样的强度是不施涂加固型涂料试样强度的 2 倍以上。

7.5　铸造涂料常见缺陷及其防止措施

在砂型或砂芯表面施涂涂料以形成涂层，其目的是改善和提高铸件表面质量，但如果涂料或涂层本身存在某些缺陷，会引起铸件缺陷，甚至产生废品。因此，正确掌握影响涂层的质量因素和缺陷产生的原因，才能采取有效的工艺措施，发挥涂层作用，保证铸件质量。

涂料缺陷通常分为制备与储存过程中出现的缺陷、工艺性能缺陷和工作性能缺陷以及因涂料原因引起的铸件缺陷等。

7.5.1 涂料在制备与储存过程中出现的缺陷及其防止措施

涂料在制备与储存过程中出现的缺陷及其防止措施见表7-22。

7.5.2 涂料工艺性能缺陷及其防止措施

涂料工艺性能缺陷及其防止措施见表7-23。

表 7-22　涂料在制备与储存过程中出现的缺陷及其防止措施

缺　陷	原　因	防　止　措　施
涂料起泡	1）因搅拌而卷入空气，泡沫细小分散且持续不灭 2）使用膨润土悬浮剂，且加入量过高（质量分数约为5%）时，往往使泡沫细小分散，不易聚集上浮 3）天然的或合成的有机高分子化合物水溶液具有电解质性质，使得泡沫带电，同性相斥可使泡沫稳定性增高 4）离子型表面活性剂使其泡沫带电更显著，促成涂料起泡 5）水基涂料中由于生物递解或细菌的破坏作用产生	1）控制搅拌转速 2）使用不易起泡的悬浮剂或减少其添加量 3）控制高分子材料、表面活性剂组分的加入量 4）涂料加防腐剂或防霉剂
涂料离浆	离浆现象是由无机的黏土粒子在体系内所发生的粒子吸引力场、分子引力和粒子间的相互作用所引起的。造成离浆的根本原因在于悬浮体系的不稳定性	控制涂料的悬浮剂和黏结剂组分，提高粉液比和粉料的分散性等
涂料黏度变化	指涂料在储存过程中，涂料浆明显变稀或变稠。对醇基涂料而言，主要是因载体挥发而变稠，对水基涂料则既要防止黏度降低（变稀）也要防止黏度增加（变稠）。水基涂料黏度降低是由于锈蚀、涂料储存地点温度过高或过低、储存时间过长、配制工艺不当等造成的	1）应加盖密闭储存 2）应定时检测和监控涂料的 pH 值，以观察涂料黏度的波动
涂料稀释不良	涂料供应商以粉（粒）状涂料或浓缩涂膏供应用户时，铸造用户稀释不当	供应现成的浆状涂料，省去稀释工序，使用方便，不易变质

表 7-23　涂料工艺性能缺陷及其防止措施

缺　陷	原　因	防　止　措　施
涂料涂覆性差	常见于水基涂料。主要与砂型（或砂芯）润湿性差有关，最常发生在树脂砂型（芯）的刷涂和浸涂涂料的过程中，刷子拖过，涂料在型面上滚动，不能建立均匀涂层，或浸涂后的砂芯表面涂层呈花斑状	1）加入表面活性剂，利用表面活性剂分子的不对称性，其非极性基一端同非极性的分型剂的残留膜面能很好地吸附 2）模板或芯盒喷分型剂要均匀，每次喷分型剂后使用次数应尽可能多一些
涂料覆盖性差	1）涂料悬浮性差，粉料种类及粒度级配不当，渗透性过高等 2）可导致黏度降低的多种原因均有可能使涂料覆盖力降低	1）科学配方，提高涂料综合性能 2）控制涂料黏度
涂层刷痕太深	1）涂料表面张力小，流平性差。醇类溶剂的表面张力低于水，所以醇基涂料涂层一般刷痕较深 2）水基涂料缺乏触变性 3）涂覆涂料时的环境温度过低 4）刷子不符合要求 5）溶剂选择不当 6）涂料太稠等	1）对于水基涂料，提高其触变性 2）对于醇基涂料，正确选择溶剂 3）正确选择毛刷 4）提高涂料温度 5）稀释涂料至合适浓度等

（续）

缺　陷	原　　　因	防　止　措　施
涂层破水	在型（芯）垂直面上涂层被水沟分割，水沟内涂层被冲走，涂层的连续性被破坏，形成缺陷；在水平面涂层上，这种缺陷表现为低凹处积水。常见于膨润土含量较高的涂料；有离浆缺陷的涂料，所形成的涂层可能产生破水缺陷；刚刷好的涂料层，水从涂料中析出，必然会使型（芯）表面残存的某类物质在涂料中集聚，产生收缩脱水。最常见于自硬树脂砂型或砂芯的表面涂层中	一切防止涂料离浆的措施均有利于防止涂料破水的产生，如在涂料配方中，提高粉料含量及其分散度，降低黏结剂、悬浮剂用量，添加微量的表面活性剂，以及在树脂自硬砂中控制固化剂用量等均可减少这种缺陷
涂料堆积	1）涂料屈服值过高、黏度过大而造成涂料流平性差，涂料层厚度不均匀，出现涂料堆积 　　2）涂覆涂料的方法不适当，也会使涂层不均匀，发生堆积现象	1）应控制粉料粒度分布和细粉含量，以细粉含量适量、粒度较分散为好 　　2）规范涂覆工艺等

7.5.3　流涂工艺常见缺陷及其防止措施

流涂工艺常见缺陷及其防止措施见表 7-24。

表 7-24　流涂工艺常见缺陷及其防止措施

缺　陷	原　　　因	防　止　措　施
涂料堆积	1）涂料在涂覆流淌时流动性差，涂料流不下来而造成大面积的堆积 　　2）涂料在流动流淌阶段产生滴痕等，在砂型翻转后，沿其相应的型面流动而造成大面积的堆积，若流到砂型的沟槽处，则堆积在沟槽，使砂型轮廓不清 　　3）涂料流量小，涂料流不下来而堆积	1）在涂覆阶段，应降低涂料的黏度和屈服值，增加涂料的流动性 　　2）在流平、流淌阶段，应合理控制，不产生滴痕 　　3）要合理控制砂型的置放角度和流涂机的流量等
流淌过度	涂料的流淌过度出现在涂覆流淌阶段和流平流淌阶段。这是由于涂料黏度太低，流淌过后涂挂性差，未形成足够的涂层厚度所致	1）应适当地提高涂料的黏度 　　2）应合理地调整涂料的触变性
裸型	1）流涂时操作不当，导致某些难涂覆的沟槽等处未施涂上涂料 　　2）在涂覆流淌时，涂料黏度太低，涂挂性差，造成流淌过度，涂层太薄，砂粒裸露 　　3）在流平流淌阶段，涂料的触变性太强，结构恢复慢，涂料过度流淌，而使向上棱角处砂粒裸露 　　4）砂型（芯）用原砂粒度偏粗，涂料黏度过低，易引起砂粒裸露	1）合理调整砂型倾斜角度、流涂操作工艺，以保证砂型各处均能涂覆上涂料 　　2）合理调整流涂涂料的黏度和触变性
滴痕	滴痕的形成是在涂料流到砂型的向下棱角处不再流动，在棱角下端形成凸包状悬挂物	应控制流涂涂料的流动性和触变性
冲击痕——流涂机进行流涂时，其液流走过的路线由于涂料液的冲击而出现不平的痕迹，使涂层表面出现液流状凸凹不平	1）涂料流出压力过高，流涂杆头距型腔表面太近 　　2）涂料黏度大，流动性差，涂层太厚	1）减少施涂压力，加大流涂杆头和型距离，使流涂料流呈抛物线状流涂 　　2）流涂杆头采用扇形 　　3）降低涂料黏度，提高其流动性

（续）

缺　陷	原　因	防　止　措　施
波纹痕——流涂时在型腔表面出现的类似波纹的纹理，主要发生在大平面的砂型上	1）涂料黏度大，流动性差，触变性太小，流平性差 2）剪切稀释性强，一旦停止剪切，黏度恢复快，也易产生波纹痕 3）施涂时间长，涂料流量小，且流动不稳定	1）流涂时采用大流量，从上到下一次流完，勿长时间重复施涂 2）提高涂料流动性和流平性 3）合理调整涂料的触变性和剪切稀释性 4）采用扇形浇涂杆头
叠层——在型腔表面施涂时，从上到下或从左到右两次或多次施涂而产生的涂层相叠纹理	砂型有一定温度，涂料黏度大，流平性差，流涂流量小，多次流涂等	1）根据砂型温度的高低，调整涂料的黏度，提高其流动性、流平性 2）增加流涂机流量，采用扇形流涂杆头，从上到下迅速一次流完，避免多次重复流涂
砂型棱角不清晰	1）涂料黏度大，流动性差 2）涂料触变性强，结构恢复滞后，棱角处涂料易流动，堆积于其侧面，使砂型棱角不清晰	降低涂料黏度，控制涂料触变性等
涂层上下厚度差别大	1）在涂覆流淌时，涂料的流动性不好，涂层过厚，触变性过强，都易造成涂层厚度差别 2）砂型倾斜角度、温度、流涂机的工作状态不佳直接影响涂层均一性	应提高涂料的流动性，合理调整施涂工艺，有效地控制流涂时各个不同倾斜角度的厚度差别，以使各个壁面的涂层厚度都满足要求
溅滴	1）涂料流平性差 2）流涂出口压力过大或操作不当	应提高涂料的流平性，降低流涂出口压力并保持正确的施涂工艺

7.5.4　涂料工作性能缺陷及其防止措施

涂料工作性能缺陷及其防止措施见表7-25。

表7-25　涂料工作性能缺陷及其防止措施

缺　陷	原　因	防　止　措　施
涂层强度低	1）因涂料悬浮剂与黏结剂不匹配，导致黏结剂没有发挥作用 2）涂层中黏结剂用量较少 3）加热干燥易使黏结剂因温度过高或过低而产生过烘或烘烤不足的问题，也使涂层强度降低	1）优化涂料配方，控制涂料的pH值 2）涂料烘干温度控制适当等
涂层疏松	1）涂层夹气和涂层气孔 2）涂层分层	1）应防止过度搅拌或搅拌装置结构及使用的不合理性 2）控制涂层厚度和干燥速率等
针孔	1）搅拌不当而卷入气泡 2）涂料组分之间发生了化学反应而生成气泡 3）配制涂料工艺不当，耐火粉料未被充分湿润，其表面吸附的气体在涂料中可能集聚形成泡沫 4）浸涂时，砂芯以较高速度沉入涂料槽内，气流从粗糙的砂芯表面流过，通常吸附了较多气体等	一切防止涂料产生气泡的措施均有利于防止涂层针孔的产生

（续）

缺 陷	原 因	防止措施
起泡——涂层干燥后呈现出很多大小不一的凸起气泡。这种缺陷常见于用汽油为溶剂和用聚乙烯醇缩丁醛（PVB）为悬浮剂配制的涂料。有时用氧乙炔焰干燥的水基涂料也会出现这种缺陷	1）形成气泡的表面是极薄的涂料层，干燥速度过大，大量水分在干固涂层底部蒸发，造成起泡 2）燃烧过快（汽油为引燃涂料载液时）或涂料中易成膜物（PVB等）太多，妨碍涂层中的溶剂挥发而导致起泡缺陷（往往在涂覆第二层涂料，点火燃烧时出现起泡或涂层之间分离等缺陷）	1）应控制涂层干燥速度和引燃型涂料中可燃溶剂燃烧速度（汽油燃烧速度高） 2）在涂覆涂料工艺和涂层强度允许的条件下，减薄涂层厚度或改变涂料组成物，降低有机高分子聚合物的用量
收缩裂纹——涂层在干燥过程中出现	当涂层内部或壳层底部溶剂（水）干燥脱水收缩时，表面壳层阻碍这种收缩，因而发生裂纹。涂层越厚，这种收缩应力越大，产生裂纹的可能性越大	1）要求涂料组分中黏土（膨润土）或其他细粉含量要低，以防较剧烈的脱水收缩 2）涂料的固体物含量高，干燥性较好，产生收缩裂纹的可能性低 3）涂料黏度应适当地降低（黏度能影响其渗透性，涂料渗入砂型后减小其脱水收缩量） 4）为防止涂层开裂，涂层应尽可能薄
涂层剥落——剥落是涂层在干燥后成片从型（芯）表面剥离，剥离面大多出现在涂层与型（芯）表面之间。有时剥离面也可能发生在强度较低的型（芯）内，这时剥离面黏附砂粒	1）涂料对砂型（芯）基体的渗透深度浅、黏附性差而造成剥落 2）涂料黏度过高或密度过大也会造成涂层剥落 3）干燥时间或干燥速率也影响涂层剥落，当涂层干燥快，使得涂层与型（芯）之间已存在热膨胀性差别在强热下更为显著时，在外力作用下容易开裂剥离	1）凡降低涂层收缩的一切措施均有利于防止涂层剥落 2）涂层对砂型（芯）的渗透应适当 3）涂层强度应与砂型（芯）基体强度相匹配，避免对基体强度有损害的涂料载液，密度和黏度都需调配适当 4）采用正确的烘干工艺等

7.5.5 因涂覆不当造成的铸件缺陷及其防止措施

因涂覆不当造成的铸件缺陷及其防止措施见表7-26。

表7-26 因涂覆不当造成的铸件缺陷及其防止措施

缺 陷	原 因	防止措施
起皮和夹灰——因涂覆不当引起的两种表面缺陷，已列入国际铸造缺陷图谱	浸涂时建立起的涂层最容易发生剥落现象，而形成起皮。如果涂料层在合箱前已与型壁脱落，砂型（芯）与涂层间存在气隙，则在浇注过程中，由于重力和高温下涂层膨胀较大等原因，将扩大气隙，在表面形成夹灰缺陷	一切防止涂层脱落的措施均有利于防止这类缺陷的产生
气孔	可分为侵入性气孔和皮下气孔。铸件气孔率往往因型（芯）采用涂料而增高。涂料中有机黏结剂（树脂）和悬浮剂（淀粉、糖浆和纤维素等）含量过高，水分未烘干或烘干涂层在浇注前返潮，发气量过大，发气速度过快，背砂透气性不好，都会使气体侵入铸件表面或内部而形成侵入性气孔 涂料中组分受热分解、涂料层未烘干、水蒸气与金属反应析出 H_2、CO 等，还会使铸件形成皮下气孔	应注意涂料配方与其工艺。防止铸件造成气孔的方法是保证涂层烘干，涂层应预热后合箱。在金属型情况下，应严格控制金属型的温度，以保证余热可以彻底干燥涂层。在砂型情况下，型（芯）本身的通气性和涂层厚度要统一起来考虑，涂层厚对型（芯）的通气性要求高

（续）

缺　陷	原　因	防　止　措　施
飞边	涂层在浇注过程中开裂，金属液则会从裂纹处渗入，从而在铸件表面就会形成飞边[型（芯）本身紧实度不均匀，涂层在金属压力下，因热抗弯强度低而开裂]	提高型（芯）砂紧实率。使用特殊涂料（这种涂料在铸铁浇注温度下涂层完全熔融）
粘砂——铸件部分或整个表面生成的一种很难清除的低熔点物（在铸件厚壁及转角处等过热部位，低熔点物更多，粘砂层更厚）。有时虽未产生粘砂，但在铸件表面黏附上一层难以清除的耐火粉料粉末及产生粘灰	1）涂料耐冲蚀性差，浇注中被冲掉而未能发挥其应有的隔离或屏蔽作用 2）涂料耐火粉料耐火度不够 3）涂层或砂型（芯）与高温液体金属接触时发生相互化学作用	1）提高涂料耐火粉料的耐火度，或采用高耐火度和化学惰性的粉料 2）采用适度烧结的涂料，以形成易剥离粘砂层，防止产生粘砂和粘灰 3）使用能析出光亮碳层的涂料，以减弱金属液对涂层的润湿能力
铸件表面不平	1）由于涂层受热，分解析出的挥发性碳过多，表层光亮碳多，碳与金属液不润湿会在铸件表面产生云状斑纹，影响铸件表面平整度 2）涂料喷涂时，淌流根部成滴使涂层局部增厚明显也使铸件表面不平	1）控制涂料配方中的挥发性碳量 2）优化喷涂工艺
铸件缺肉和冷隔——金属型铸件中常出现	1）涂料的保温作用不充分 2）涂料层不够厚，涂料保温效果差 3）涂料没有全部喷刷到位，致使金属液在金属型中流动距离大为缩短，造成铸件缺陷或冷隔 4）涂料流淌严重，在铸型底部堆积也造成缺肉	1）优化涂料配方，提高涂料触变性 2）提高涂层的保温性 3）优化喷涂工艺 4）提高涂层厚度
铸件形状和尺寸不符	在金属型中，每次刷涂料时，旧涂料未清除干净，造成涂料层过厚，影响了铸件的形状和尺寸	规范涂覆工艺
铸件性能不合格	金属型铸造气缸套，涂层厚度对铸件冷却速度有较大影响。对于灰铸铁来说，白口或碳化物多都会使铸件性能不合格	规范涂覆工艺

参 考 文 献

[1] 李远才. 铸造涂料及应用[M]. 北京：机械工业山版社，2013.

[2] 张继峰. 铸件脉纹缺陷的成因分析及防止措施[J]. 现代铸铁，2015，（6）：82-84.

[3] 贾万军，梁成振. 新型水基涂料在发动机气缸体气缸盖上的应用[J]. 铸造设备与工艺，2018，（2）：23-26，52.

[4] 朱小龙，周楚清，李永胜. 脉纹缺陷防止及防脉纹专用涂料的应用[J]. 铸造，2005，（10）：1027-1028，1033.

第8章 过滤网

8.1 概述

随着科技的发展和工业生产要求的提高，人们对铸件质量的要求日益严格，一些高端铸件不仅要求有合格的化学成分、金相组织、力学性能，而且要求具备优越的内在质量和外在质量。然而采用传统的铸造工艺和技术往往不能满足这些要求，其主要原因在于合金中大量的非金属夹杂物导致了各种铸造缺陷的发生。在铸造生产中，由非金属夹杂物等铸造缺陷导致的铸件废品一般高达废品总数的 50%~60%。非金属夹杂物的来源比较多。例如，当炉料不清洁时，会含有大量夹杂物，炉料中的水分会在熔炼过程中形成夹杂物；浇注系统设计不当、浇注系统及铸型强度不足、浇注工艺不合适造成砂型、砂芯的掉砂而形成夹杂；在孕育、脱硫、球化、合金化处理时，若工艺不当会造成夹杂物进入铸型；金属液与空气接触形成氧化夹杂。因此，为减少非金属夹杂物，人们不但应对配制合金的原材料进行严格控制，同时也必须在铸造工艺上采取有效措施净化金属液。过滤净化技术就是在这种情况下发展起来的。

8.1.1 过滤网的发展历史

过滤技术应用于铸造生产已有几十年的历史，但最初仅仅是用钢丝网、带孔的钢板、多孔泥芯等简单的过滤网插入浇注系统中来滤除大块非金属夹杂物。从 20 世纪 60 年代初起，陆续出现了硅酸铝纤维质、玻璃纤维、高硅氧玻璃纤维质等两维结构的过滤网，并在生产中得到应用，取得了一定效果。但是，这些过滤网只能通过机械筛分作用滤除金属液中的大块夹杂物和极少数小块夹杂物。硅酸铝纤维过滤网由于耐火度和强度均较低，只能用于非铁合金和小型铸铁件的过滤，难以长时间地承受高温金属液的冲击；过滤铸钢等高温合金液可采用钼丝质和氮化硼纤维质过滤网，但因其价格昂贵，应用受到限制，现在应用较多的是高硅氧玻璃纤维过滤。20 世纪 70 年代初，美国最先研制成功的烧结型多孔陶瓷过滤网，解决了耐火颗粒过滤网易漏粒和使用不便的问题，但和 20 世纪 80 年代初美国最先研制成功的直孔型蜂窝陶瓷过滤网一样，孔隙率仍较小，一般小于 50%，金属液过流率相对较低。自从 1978 年铝合金用泡沫陶瓷过滤网首次研究成功以来，泡沫陶瓷过滤技术得到了迅速发展。泡沫陶瓷过滤网所具有的独特的三维连通曲孔网状骨架结构使其具有高达 80%~85% 的开口孔隙率，过滤效率高达 95%，而双层纤维过滤网仅为 60%，从而显著降低铸件废品率和焊补率。此外，还能简化浇注系统，改善金相组织，从而提高铸件成品率和生产率，改善铸件内部质量、力学性能以及机械加工性能。因此，泡沫陶瓷过滤网具有很好的应用前景。

21 世纪以来，科技的发展和高质量铸件对过滤净化技术的要求进一步促进了耐火纤维过滤网、多孔陶瓷过滤网、泡沫陶瓷过滤网、蜂窝陶瓷过滤网的发展。同时，为满足各种金属的过滤净化技术要求，已开发出锆质、碳质、MgO 质、硅胶质等高性能过滤网。另外，还开发出组合化使用的过滤网，如过滤网与冒口套的组合、过滤网与铸型内球化及孕育的组合、不同孔径过滤网的组合、直孔与泡沫过滤网的组合等。

在发达国家，各种材质、各种工艺、各种大小的铸件已普遍采用过滤网，大大提高了铸件的质量和成品率。随着我国铸造技术和铸件质量的不断提高，人们对过滤技术认识的不断深入，过滤网已被越来越多的人所认同。目前，我国的泡沫陶瓷从科研到生产已基本形成体系，初具规模，并在铝合金、铜合金、铸钢以及铸铁等领域已获得大规模的应用，取得了巨大的经济效益。过滤网主要生产厂家有英国福士科公司、济南圣泉公司等。

随着过滤技术的进一步应用推广，过滤网的应用更加精细、灵活、方便、科学、精准，多层过滤技术、功能型高通过率、高精度过滤以及过滤网的组合应用将不断完善和扩展。

8.1.2 过滤机理及其功效

金属液不论流过纤维过滤网、直孔过滤网还是泡沫陶瓷过滤网，其流动形式都是一样的，即金属液在经过过滤网时有一个减速阶段；直到金属液重新建立起适当的压头时，才快速进入滤网，此时的金属液流速有一个波动，然后才恢复正常的流动；由于渣子的堵塞，金属液流速逐渐减慢直到完全被渣子堵塞。金属液流经过滤网时的流动曲线见图 8-1。

1. 过滤网的过滤机理

（1）整流机理　在浇注系统中放置泡沫陶瓷过

滤网后，金属液流阻力增大，金属液在浇注系统中改变流动状态，液流能够沿浇铸系统缓慢地流入铸型型腔内，从而不易产生涡流，使金属液从紊流转变为层流，充型平稳，减少二次氧化夹渣，利于夹杂物上浮，发挥浇注系统挡渣功能。

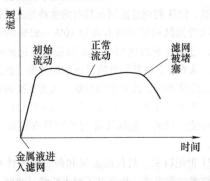

图8-1　金属液流经过滤网时的流动曲线

（2）机械过滤　金属液中存在着大量的氧化物夹杂物、熔渣等其他大块杂质，通过选用合适孔径的泡沫陶瓷过滤网可以运用机械的方法将大于过滤网孔径尺寸的夹杂物过滤掉。

（3）滤饼过滤　机械过滤时，许多大于过滤网网孔尺寸的夹杂物被挡在过滤网入口处。随着被挡夹杂物数量的增多，在过滤网入口处表面形成了由大夹杂物组成的滤饼。滤饼使液流变细，这样小于过滤网网孔尺寸的夹杂物也被部分的捕获在"滤饼"上。有些不能上浮的渣子可以被过滤网挡住，而被挡住的渣子本身又产生了过滤功能，即双向过滤。

（4）深床过滤　深床过滤时，金属液中的夹杂物沉积于过滤介质床层内部，当夹杂物随流体在床层内的曲折孔道中流过时，附着在孔道壁上。

（5）吸附机理　过滤网拥有很大的比表面积，金属液流通过过滤网被分割成细小的液流单元增大了金属液与过滤介质的接触面积。金属液中的有害元素及氧化物与过滤网表面发生复杂的物理化学反应，而被吸附在过滤网表面，这样夹杂物在过滤网架上逐层黏附。

过滤网的5种过滤机理见图8-2。

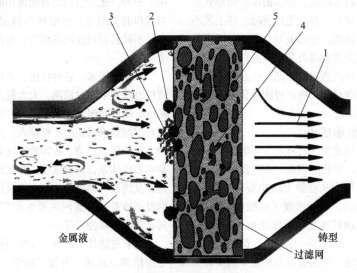

图8-2　过滤网的5种过滤机理
1—整流　2—机械过滤　3—滤饼过滤
4—深床过滤　5—吸附

2. 过滤网的功效

（1）降低废品率　过滤网的使用可使铸件杂质类缺陷减少50%以上，见图8-3a。

（2）改善铸件材质性能　消除杂质，减少了杂质对铸件合金组织和性能的不利影响。例如，对于铁素体球墨铸铁，在使用过滤网后其塑性提高10%以上，见图8-3b。

（3）提高铸件的机械加工性能　减少了非金属夹杂物，从而延长了刀具使用寿命，见图8-3c。

（4）提高铸件成品率　使用过滤网可以简化浇注系统，因而可在模板上多安放铸件；过滤网与冒口组合可进行直接浇注工艺；过滤网的使用减少了废品率。因此，过滤网的使用能极大提高了铸件成品率。使用过滤网后，球墨铸铁的铸件成品率可提高10%以上，见图8-3d。

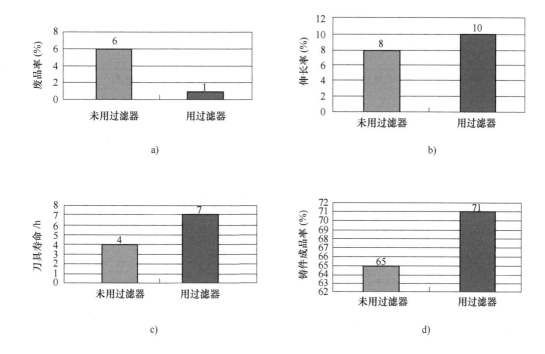

图 8-3 过滤网的效能

a) 杂质类废品率降低 b) 铁素体球墨铸铁塑性提高 c) 铸件加工性能对比 d) 球墨铸铁的铸件成品率变化

(5) 提高劳动生产率 废品率的降低、机械加工性能的改善、铸件成品率的提升等大大提高了劳动生产率。

(6) 提高铸件的表面质量 由于过滤掉了杂质，减少了二次氧化，从而提高了铸件的表面质量。

(7) 降低综合成本 据文献报道，采用过滤网后，每 1 元的过滤网成本投入能够节约 3 元以上的综合成本。

8.1.3 过滤网的种类及综合性能对比

1. 过滤网的种类

过滤网按空间形状可分为二维结构和三维结构过滤网两大类。二维结构过滤网又可分为陶瓷纤维、玻璃纤维、金属丝、金属薄片过滤网。三维结构的过滤网按孔径大小又有粗孔、细孔之分，按材质又有耐火材料、陶瓷过滤网之分。按应用范围分，过滤网又分为铸铁用、铸钢用、铸铝用过滤网。

1) 不锈钢过滤网。一般采用的材质为 304、304L、316、316L（ASTM 牌号）等，采用平纹编织和斜纹编织。该过滤网主要用于铸铝行业（低压和金属型工艺），生产简单、不污染铝液。

2) 纤维过滤网。由耐高温纤维与树脂制成，可将大于网孔的夹杂物滤掉，效果一般，价格便宜，制

作简单，使用方便。但是，其使用温度较低，而且刚度和抗铁液冲击性也低，易被铁液冲坏而失效。

3) 蜂窝直孔陶瓷过滤网。由陶瓷材料冲压或挤出成形，过滤效果好于纤维过滤网。机械强度虽然较高，但其孔隙率只有 30% ~ 40%，约为泡沫陶瓷的一半，这使金属液过滤率较低。

4) 泡沫陶瓷过滤网。自问世以来，先用于非铁合金，随后在铸铁、铸钢等领域广泛使用。其制作工艺为：以泡沫塑料为骨架，涂上陶瓷浆料，经高温烧制而成。该过滤网有多种过滤机制起作用，过滤效果好，但价格略高。对不同的铸造合金，根据使用温度的高低，所用陶瓷材料也不同。由于泡沫陶瓷过滤网具有三维立体网状结构，因此其具有如下作用：①有效去除金属液中的大块夹杂物。②可吸附金属液中细小夹杂物，改善组织结构。③有效降低金属液中的气体及有害元素的含量。

2. 过滤网综合性能的对比

泡沫陶瓷过滤网、直孔过滤网、纤维过滤网的应用效果和综合技术经济性对比，见表 8-1 和表 8-2。经对比可见，泡沫陶瓷过滤网在整流、机械过滤、滤饼过滤、吸附等方面的作用最为明显；直孔过滤网和纤维过滤网过滤效果一般。综合技术经济性比较：泡

沫陶瓷过滤网的结构复杂，强度高，规格全，具有较高的孔隙率，使用效果最好；直孔过滤网具有较高的强度，使用效果次之；纤维过滤网结构简单，使用便捷，强度及过滤效果远不及前两种。因此，泡沫陶瓷过滤网已成为过滤网的主流品种。

表 8-1　几类过滤网的应用效果对比

类　型	机械过滤	滤饼过滤	深床过滤	整流	吸附
泡沫陶瓷过滤网	＊＊＊＊＊	＊＊＊＊＊	＊＊＊＊＊	＊＊＊＊＊	＊＊＊＊＊
（蜂窝）直孔过滤网（细）	＊＊＊＊	＊＊＊＊	＊＊＊＊	＊＊＊	＊＊＊
直孔过滤网（粗）	＊＊＊	＊＊	＊＊	＊＊	＊＊
纤维过滤网	＊＊	＊＊	×	×	＊

注：根据不同的过滤机理，×表示无此作用；＊表示有此作用，＊越多表明此作用越明显。

表 8-2　几类过滤网的综合技术经济性比较

对比项目	纤维过滤网	直孔过滤网（挤出式/冲压式）	泡沫陶瓷过滤网
结构特点	简单	较简单	三维立体网状
刚性及强度	高	较高	较高
孔眼	规格较少	规格多	规格多
孔隙率（%）	40 ~ 60	20 ~ 60	70 ~ 90
可放置状态	水平	水平、垂直	水平、垂直
在浇铸系统中可放置结构	简单	较复杂	较复杂
过滤效果	较好	一般	好
过滤网价格	低	较高	高
综合技术经济性	较好	一般	好

8.2　纤维过滤网

纤维过滤网是由多种材质的纤维网格布，通过浸渍树脂等黏结定形材料而制成的过滤网，见图8-4。

纤维过滤网的作用主要是阻挡宏观夹杂物进入型腔，并稍有吸附细小夹杂物的作用。其主要特点是价格低廉，使用方便。

图 8-4　纤维过滤网

8.2.1　纤维过滤网的品种

铸造用纤维过滤网根据使用范围不同，可分钢液、铁液、铝液用纤维过滤网；根据形状不同可分为片状、圆形、球形、帽式、筒状过滤网等；根据使用的材质不同，可分为无碱网布、中碱网布、高硅氧网布过滤网等。无碱网布采用铝硼硅酸盐玻璃成分，其碱金属氧化物的含量（质量分数，下同）小于0.8%。中碱网布采用钠鲈硅酸盐玻璃成分，其碱金属氧化物的含量为（12 + 0.4)%。高硅氧网布是用高硅氧玻璃纤维机织网格布，经一系列后处理而制得，具有耐高温、拉伸强度高、吸附性能好等优良特性，广泛用于制作铸造过滤网片、铸造过滤异形网。高硅氧玻璃纤维网布的产品标准为二氧化硅含量大于或等于96%。铸铝用纤维过滤网一般选用无碱或低碱网布；铸铁、铸钢用纤维过滤网一般选用高硅氧玻璃纤维网布。

8.2.2 纤维过滤网的主要规格及性能

　　纤维过滤网网厚：0.35mm、0.5mm、0.8mm；空隙率：50% ~ 60%；常规网孔尺寸：1.0mm × 1.0mm、1.5mm × 1.5mm、2.0mm × 2.0mm、2.5mm × 2.5mm，也有少量厂家生产及使用 0.8mm × 0.8mm、1.2mm × 1.2 mm 网孔。表 8-3 为各种过滤网的性能参数。

表 8-3　各种过滤网的性能参数

过滤网种类	工作温度 /℃	软化点 /℃	持续工作时间 /s	室温抗拉力 /（N/4 根）	发气量 /（mL/g）
钢液过滤网	1560 ~ 1620	1680	≥4	≥160	≤60
铁液过滤网	1380 ~ 1450	1600	≥10	≥80	≤60
铝液过滤网	700 ~ 850	900	≥20	≥60	≤30

8.2.3 适用范围及应注意的问题

　　钢液纤维过滤网适用于中小型铸钢件过滤，如济南圣泉公司生产的 BXF - 3 型纤维过滤网。铁液纤维过滤网适用于灰铁铸件、球墨铸铁和铸铜过滤，如济南圣泉公司生产的 BXF - 1 型纤维过滤网。铝液纤维过滤网适用于铝合金铸件过滤，如济南圣泉公司生产的 BXF - 2 型纤维过滤网。

　　纤维过滤网可用剪刀裁成任意规格，置于浇口杯下与横浇道搭接处、横断面与内浇道搭接面上合箱压紧。一般来说，安放位置越靠近内浇道，过滤净化效果越好。放过滤网处浇铸系统的断面积，一般为不放过滤网处浇铸系统断面积的 2 ~ 4 倍。另外，对于铸钢用纤维过滤网浇铸时间尽量控制在 20s 以内，推荐使用 7 ~ 15s。

8.3 直孔陶瓷过滤网

　　直孔陶瓷过滤网与泡沫陶瓷过滤网、陶瓷纤维过滤网是三大铸造用过滤网。相对于其他两种过滤网来讲，直孔陶瓷过滤网具有外形平整、尺寸精度高、常温强度高、使用方便等优点。

8.3.1 品种规格及主要性能参数

　　直孔陶瓷过滤网外形有方形、圆形及其他形状，孔有圆孔、方孔、三角孔等。根据制备工艺的不同，目前主要有 3 种形式：挤压式、注射式和干压式。其中挤压式直孔陶瓷过滤网是由蜂窝陶瓷演化而来。最初蜂窝陶瓷是用于热载体或作催化剂载体用，后来铸造过滤技术的发展给了其另一应用领域，也是最早使用的陶瓷过滤网。注射式直孔陶瓷过滤网目前只有国外生产。干压式直孔陶瓷过滤网是最新型的一种过滤网，但由于其设备复杂、技术难度较大而发展较慢。这 3 种过滤网相比较，干压式直孔陶瓷过滤网具有外观平整度好、尺寸精度高、常温强度高等优点而越来越受到铸造厂家的重视，特别是用于自动化生产线。

　　根据过滤网的耐火材质分，有高铝质、堇青石 - 莫来石质等直孔陶瓷过滤网，主要用于非铁合金铸件和铸铁件；对于铸钢件，则常采用氧化锆基、氧化铝基或刚玉 - 莫来石基耐火材料，并加有氧化钙、氧化钇、尖晶石或其他陶瓷材料，以改善直孔过滤网的耐热冲击性能。

　　不同的生产厂家产品的规格型号可能有所不同，尺寸公差的控制也可能不同。下面分别介绍 3 类常用的直孔陶瓷过滤网（干压直孔型、挤压蜂窝型、挤压大孔型）。

1. 干压直孔型

　　目前济南圣泉公司生产的干压直孔型陶瓷过滤网（见图 8-5）以方形产品为主，孔形全部为圆孔。该过滤网主要应用于铸铁或铸铝，其使用温度依浇注时间与浇注量而定。其规格尺寸及主要性能参数见表 8-4 和表 8-5。

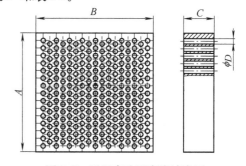

图 8-5　干压直孔型陶瓷过滤网

2. 挤压蜂窝型

　　常见挤压蜂窝型陶瓷过滤网，材质可为堇青石、莫来石、堇青石 - 莫来石、莫来石 - 氧化锆等。孔的形状有圆形、方形、三角形等。

　　（1）挤压圆孔陶瓷过滤网　图 8-6 为挤压圆孔陶瓷过滤网。其规格尺寸见表 8-6。堇青石、莫来石质过滤片最高使用温度分别为 1350℃、1500℃。

表 8-4　干压直孔型陶瓷过滤网的规格尺寸

规　格	尺寸/mm			孔径/mm	开孔率（%）	流速/（kg/s）			最大浇注量/kg		
	长	宽	厚			灰铸铁	球墨铸铁	铸铝	灰铸铁	球墨铸铁	铸铝
166×100×20（3.30）	166	100	20	φ3.30	45.47	49	24	17	664	332	237
150×150×22（3.80）	150	150	22	φ3.80	47.41	66	33	24	900	450	321
133×133×22（3.80）	133	133	22	φ3.80	56.39	52	26	19	708	354	253
100×100×22（2.81）	100	100	20	φ2.81	41.65	29	15	11	400	200	143
100×75×20（2.17）	100	75	20	φ2.17	41.89	22	11	8	300	150	107
100×60×20（2.31）	100	60	20	φ2.31	41.19	18	9	6	240	120	86
100×50×22（2.17）	100	50	22	φ2.17	37.70	15	7	5	200	100	71
82×82×20（2.31）	82	82	20	φ2.31	44.29	20	10	7	269	134	96
82×82×20（2.5）	82	82	20	φ2.50	42.69	20	10	7	269	134	96
82×82×20（2.81）	82	82	20	φ2.81	41.39	20	10	7	269	134	96
75×75×22（2.17）	75	75	22	φ2.17	41.66	17	8	6	225	113	80
75×75×22（2.50）	75	75	22	φ2.50	41.91	17	8	6	225	113	80
75×50×20（2.17）	75	50	20	φ2.17	36.87	11	6	4	150	75	54
66×66×15（2.31）	66	66	15	φ2.31	40.20	13	6	5	174	87	62
66×66×15（1.70）	66	66	15	φ1.70	35.00	13	6	5	174	87	62
55×55×15（2.17）	55	55	15	φ2.17	44.85	9	4	3	121	61	43
55×55×15（2.31）	55	55	15	φ2.31	50.82	9	4	3	121	61	43
55×50×15（2.31）	50	50	15	φ2.31	41.39	7	4	3	100	50	36
40×40×12.5（2.17）	40	40	12.5	φ2.17	43.20	5	2	2	64	32	23
φ60×12.5（2.17）	φ60		12.5	φ2.17	40.7	8	4	3	113	57	40
φ50×12.5（2.31）	φ50		12.5	φ2.31	42.5	6	3	2	79	39	28
φ50×12.5（1.70）	φ50		12.5	φ1.70	36.2	6	*	*	79	*	*

表 8-5　干压直孔型陶瓷过滤网的主要性能参数

型号	密度/（g/cm³）	开孔率（%）	抗压强度/MPa	耐火度/℃
CHF-2	1.0~1.3	36~56	≥20	1750

图 8-6　挤压圆孔陶瓷过滤网

表 8-6　挤压圆孔陶瓷过滤网的规格尺寸（以晶锐瓷业的产品为例）

尺寸 (长/mm) × (宽/mm)	厚 /mm	孔径 /mm	开孔率 (%)	孔数	过滤面积 /mm²	流速/（kg/s）		最大浇注量/kg	
						灰铸铁	球墨铸铁	灰铸铁	球墨铸铁
37 × 37	12.5	φ2.3	62	161	1073	3 ~ 4	1 ~ 3	25 ~ 50	14 ~ 30
38 × 38	12.5	φ1.5	51	328	1140	2 ~ 3	0.5 ~ 1	15 ~ 30	10 ~ 20
40 × 40	12.5	φ1.5	56	407	1280	2 ~ 3	1 ~ 2	25 ~ 50	10 ~ 20
	15	φ2.3	56	172	1280	2 ~ 4	1 ~ 3	25 ~ 50	10 ~ 20
43 × 43	10	φ2.3	60	216	1505	3 ~ 4	1 ~ 3	25 ~ 50	16 ~ 44
50 × 50	13	φ2.3	61	294	2000	5 ~ 9	2 ~ 4	80 ~ 130	16 ~ 44
55 × 55	12.5	φ1.5	56	790	2475	4 ~ 6	2 ~ 3	65 ~ 110	25 ~ 70
		φ2.0	54	429	2475	4 ~ 6	2 ~ 4	65 ~ 110	13 ~ 36
		φ2.3	61	367	2475	6 ~ 10	3 ~ 5	105 ~ 180	27 ~ 75
66 × 66	12.5	φ1.5	56	1137	3564	7 ~ 13	2 ~ 5	130 ~ 230	30 ~ 90
		φ1.8	55	768	3564	5 ~ 9	2 ~ 6	100 ~ 175	15 ~ 45
		φ2.3	62	537	3564	9 ~ 16	4 ~ 6	159 ~ 270	20 ~ 60
75 × 75	22	φ2.5	58	562	4725	10 ~ 18	5 ~ 8	150 ~ 260	40 ~ 95
	12.5	φ1.8	55	900	4725	9 ~ 16	4 ~ 7	130 ~ 240	50 ~ 120
75 × 50	20	φ1.4	56	920	2790	5 ~ 7	3 ~ 4	70 ~ 120	45 ~ 100
		φ2.3	60	465	2790	7 ~ 13	2 ~ 6	120 ~ 220	30 ~ 80
81 × 81	12.7	φ1.5	55	1777	5740	9 ~ 14	3 ~ 6	145 ~ 275	30 ~ 85
		φ1.8	59	1202	5740	8 ~ 13	3 ~ 7	140 ~ 250	30 ~ 90
		φ2.5	61	710	8090	16 ~ 27	6 ~ 13	220 ~ 380	50 ~ 120
98.3 × 98.3	21.5	φ2.5	57	940	8090	24 ~ 40	8 ~ 20	300 ~ 510	50 ~ 130
		φ3.8	53	448	15030	30 ~ 65	10 ~ 25	300 ~ 510	70 ~ 185
133 × 133	21.5	φ2.5	56	1732	15030	30 ~ 55	12 ~ 30	650 ~ 1150	150 ~ 400
		φ3.8	66	880	15030	190 ~ 130	30 ~ 65	1400 ~ 2200	600 ~ 1100
		φ5	63	494	15030	30 ~ 200	50 ~ 100	2600 ~ 4000	1100 ~ 2000
150 × 150	21.5	φ3.5		1165					
φ50	10	φ2.3	±60						
φ90	20	φ2.3	±60						
φ100	20	φ2.5	±60						

（2）挤压方孔陶瓷过滤网　图 8-7 为挤压方孔陶瓷过滤网。其规格尺寸见表 8-7。

图 8-7　挤压方孔陶瓷过滤网

表 8-7　挤压方孔陶瓷过滤网的规格尺寸

外形尺寸 (长/mm) × (宽/mm) × (厚/mm)	方孔边长 /mm	壁厚 /mm	传热面积 /(m²/m³)	开孔率 (%)
40 × 40 × 12	1.3	0.45	1580	51.3
40 × 40 × 12	1.92	0.6	1190	57
50 × 50 × 12	1.3	0.45	1580	51.3
50 × 50 × 12	1.92	0.6	1190	57
55 × 55 × 12	1.3	0.45	1580	51.3
55 × 55 × 12	1.92	0.6	1190	57

（续）

外形尺寸 （长/mm）× （宽/mm）× （厚/mm）	方孔 边长 /mm	壁厚 /mm	传热面积 /(m²/m³)	开孔率 （%）
66×66×12	1.3	0.45	1580	51.3
66×66×12	1.92	0.6	1190	57

（3）挤压三角孔陶瓷过滤网　图8-8为挤压三角孔陶瓷过滤网。其规格尺寸见表8-8。表8-9为挤压方孔、三角孔陶瓷过滤网的性能指标。

图8-8　挤压三角孔陶瓷过滤网

表8-8　挤压三角孔陶瓷过滤网的规格尺寸

（以济南圣泉公司的产品为例）

外形尺寸 （长/mm）× （宽/mm）× （高/mm）	三角孔 边长 /mm	壁厚 /mm	传热面积 /(m²/m³)	开孔率 （%）
40×40×12	2	0.45	1395	40
50×50×12	2	0.45	1395	40
66×66×12	3	0.7	1186	52
75×75×12	3	0.7	1186	52
82×82×13	3	0.7	1186	52
100×100×15	3	0.7	1186	52

表8-9　挤压方孔、三角孔陶瓷过滤网的性能指标

项　目	指　标
最高工作温度 /℃	1550
密度/（g/cm³）	0.7～1.8
抗压强度 /MPa	>15
抗热冲击（1100℃）/次	>6
$w(SiO_2)$（%）	38～42
$w(Al_2O_3)$（%）	53～57
$w(Fe_2O_3)$（%）	<1.5
$w(TiO_2)$（%）	<1.5

3. 挤压大孔型

图8-9为挤压大孔型过滤网。其规格尺寸见表8-10。

图8-9　挤压大孔型过滤网

表8-10　挤压大孔型过滤网的规格尺寸

（以创导奥福产品为例）

外形尺寸 （直径/mm）× （厚/mm）	孔径 /mm	孔数 /个	传热面积 /(m²/m³)	开孔率 （%）
φ44×9.5	φ6	10	124	18.6
φ57×9.5	φ8	12	118	23.4

8.3.2　适用范围及应注意的问题

目前，直孔陶瓷过滤网在铸铁与铸铝行业已有批量化的应用，相对来说较为成熟。在铸钢应用上，则由于产品的性能所限，特别是高温强度还不能较好地满足使用要求，还没有批量化的应用。但随着材料科学及制备技术的发展，相信在不久的将来，用于铸钢的直孔陶瓷过滤网也会广泛使用。

一般来说，在使用直孔陶瓷过滤网过程中应注意：

1）在初次使用直孔陶瓷过滤网时，一定要在生产厂家技术服务人员的指导下进行试用，针对不同的铸件确定合适的规格型号。有的铸件可能要用到不止一个过滤网时，则还要确定单铸件过滤网的使用数量。

2）由于过滤网的阻流作用，再加上部分网孔逐渐被堵塞，要求过滤网断面积要大于正常浇道断面，一般是正常浇道断面的2～5倍。

8.4　泡沫陶瓷过滤网

泡沫陶瓷过滤网是采用聚氨酯泡沫海绵为载体，将其浸入到由耐火陶瓷粉料、黏结剂、烧结助剂、悬浮剂等制成的料浆中，然后挤掉多余浆料，使陶瓷浆料均匀涂覆于泡沫海绵载体骨架，从而形成坯体，再把坯体烘干并经高温烧结而成的一种新型高温过滤材料。

泡沫陶瓷的发展始于 20 世纪 60 年代，它的孔隙率高达 70% ~ 90%，具有三维立体网络骨架和相互贯通气孔结构。与传统的过滤网，如直孔陶瓷过滤网、玻璃纤维布相比，不仅操作简单，节约能源，而且过滤效果好。对很多要求高的铸件，使用泡沫陶瓷过滤网后带来的经济效益（铸件成品率的提高、加工费用的节省、索赔的减少等）远远超过过滤网本身带来的铸件成本增加。据报道，采用泡沫陶瓷过滤网，可使产品的合格率提高到 99%。当采用泡沫陶瓷过滤网净化汽车用曲轴铸件金属液时，铸件质量有很大提高，仅机械加工废品率就从 35% 降低到 0.3%。在连续铸钢中，采用泡沫陶瓷过滤，能使不锈钢中非金属夹杂物的含量大约减少 20%。

8.4.1 品种规格及适用范围

泡沫陶瓷过滤网的种类很多，不同材质的过滤网用于不同金属液的过滤。按过滤材质一般可分为：铸钢用泡沫陶瓷过滤网、铸铁用泡沫陶瓷过滤网、铸铜用泡沫陶瓷过滤网、铝合金用泡沫陶瓷过滤网、镁合金用泡沫陶瓷过滤网等。其中过滤钢液的主要有氧化锆质、碳质过滤网；铸铁、铸铜用主要是以碳化硅为材质的过滤网；铝合金主要采用刚玉、堇青石质的过滤网。根据过滤网的孔径（ppi，每英寸孔数）区分，铸造用过滤网的孔径尺寸标准为 10ppi、15ppi、20ppi 和 30ppi。孔径越小，过滤效果越好，但流动阻力也越大。

1. 氧化锆质泡沫陶瓷过滤网

氧化锆质泡沫陶瓷过滤网一般以高纯的氧化锆为基本原料，可以耐 1750℃ 以上的高温，具有非常高的强度和极好的抗高热力冲击能力，并且质地稳定，不易破损掉渣，高温下不与任何金属液发生反应。因此，氧化锆质泡沫陶瓷过滤网适用于所有钢种，包括碳钢、不锈钢以及钴基、镍基等高温合金。另外，该类过滤网在精铸工艺中同样有着很好的应用优势。

表 8-11 为济南圣泉公司生产的 FCF - 1Z 氧化锆质泡沫陶瓷过滤网的规格尺寸，表 8-12 为福士科公司生产的氧化锆质泡沫陶瓷过滤网的主要规格尺寸。

表 8-11　济南圣泉公司生产的 FCF - 1Z 氧化锆质泡沫陶瓷过滤网的规格尺寸

型号	直径（边长）/cm²	厚度/mm	孔径/ppi	过滤能力/（kg/cm²）
FCF-1Z	40 ~ 75	15 ~ 25	10 ~ 30	不锈钢：1.0 ~ 4.0 碳素钢：1.0 ~ 2.7
	80 ~ 120	20 ~ 25	10 ~ 20	
	125 ~ 150	25 ~ 35	10 ~ 15	
	175 ~ 200	30 ~ 35	10	
	225 ~ 300	35 ~ 40	10	

表 8-12　福士科公司生产的氧化锆质泡沫陶瓷过滤网的规格尺寸

规格尺寸/mm（ppi）	断面积/cm²	过滤能力/（kg/cm²）
50 × 50 × 15（15）	25	不锈钢：1.9 ~ 4.0 碳素钢：1.4 ~ 2.7
φ50 × 20（10）	19.6	
φ60 × 20（10）	28.3	
φ70 × 15（10）	44.2	
φ70 × 25（10）	44.2	
φ90 × 25（10）	63.6	

该类型陶瓷过滤网的缺点是，以高纯部分稳定或全稳定氧化锆粉体为主要原料，成本较高，同时由于氧化锆发生晶型转变，在一定温度下引起体积变化，废品率高，故难以生产规格超过 200mm 的大型过滤网。

近几年，随着科技的进步，有些厂家（如圣泉公司）已经可以生产尺寸在 250 ~ 300mm 的锆质泡沫陶瓷过滤网，并且已在大型铸件上推广应用。

2. 含碳泡沫陶瓷过滤网

碳的化学性质不活泼，常温下稳定，在 3652 ~ 4857℃ 下升华，沸点为 4827℃，热导率很高，线胀系数小，抗热冲击性强，不为大多数金属液所润湿。因此，碳质材料在耐火材料行业上有着广泛的应用。

含碳泡沫陶瓷过滤网的主要成分是碳质材料及无机耐高温原料，在高温无氧气氛下烧结。此类过滤网国外在 2003 年推出目前已得到市场的认可。表 8-13 为福士科公司生产的 Stelex pro 含碳泡沫陶瓷过滤网的规格尺寸。近几年济南圣泉公司也推出了含碳硅胶泡沫陶瓷过滤网，其规格尺寸见表 8-14。

表 8-13　福士科公司生产的 Stelex pro 含碳泡沫陶瓷过滤网的规格尺寸

规格尺寸/mm（ppi）	断面积/cm²	过滤能力/（kg/cm²）
50 × 50 × 20（10）	25	不锈钢：1.9 ~ 4.0 碳素钢：1.4 ~ 2.7
75 × 75 × 25（10）	56.3	
100 × 100 × 25（10）	100	
150 × 150 × 30（10）	225	
200D × 35（10）	314	

与国外产品相比，国产含碳硅胶过滤网具有以下特点：

1) 含碳硅胶过滤网的强度比一般碳质过滤网高。

2) 由于过滤网在烧结时对无氧气氛的敏感性大大降低，生产过程更容易，机械强度高，过滤网质量更加稳定，废品率低。

表 8-14　济南圣泉公司生产的含碳硅胶泡沫陶瓷过滤网的规格尺寸

规格尺寸/mm(ppi)		过滤能力 /(kg/cm²)
方　形	圆　形	
50×50×10(10)	φ50×22(10)	
55×55×25(10)	φ50×25(10)	
75×75×22(10)	φ60×25(10)	
75×75×25(10)	φ70×25(10)	
80×80×25(10)	φ75×25(10)	灰铸铁:6.0,
90×90×25(10)	φ80×25(10)	球墨铸铁:4.0,
100×100×25(10)	φ90×25(10)	碳钢:1.2~2.5
125×125×30(10)	φ100×25(10)	
150×150×30(10)	φ125×30(10)	
175×175×30(10)	φ150×30(10)	
200×200×35(10)	φ200×35(10)	

3）过滤网在存储过程中性能更加稳定，因为硅胶过滤网更具惰性，在存储过程中不容易吸收水分而使性能变得敏感。

该材质过滤网蓄热系数非常低，质量轻，有利于金属液的快速流动，从而消除了金属液在过滤过程中凝固的风险。与锆质过滤网最大制作尺寸为200mm相比，含碳陶瓷过滤网可以制作成300mm的产品，用于过滤更多的金属液，并且原料成本相对较低，有较大的成本优势。

目前，此类产品主要用于铸钢件、大型铸铁件以及铸铝件，但是不适用于浇注前预热过滤网的场合（如精密铸造）以及碳的质量分数低于0.15%的合金钢。

含碳泡沫陶瓷过滤网除了广泛应用于钢液的过滤净化外，在铝液的过滤净化方面的应用也越来越广泛。主要基于该过滤网与目前氧化铝质过滤器相比具有如下优点：

1）密度小，蓄热系数小，可以让过滤器快速启动，铝液顺畅通过避免铝液出现冷凝的风险。

2）由于密度小，起重庙时漂浮在铝液上面，有利于除渣。

3）产品硬度低，在机加工时，不损害刀具。

3. 碳化硅质泡沫陶瓷过滤网

碳化硅（SiC）材料由于具有优良的高温性能、高的热导率、良好的抗热震性能和化学稳定性而成为用于过滤高温铁液的首选材料。碳化硅质泡沫陶瓷过滤网的主要成分是碳化硅及其他无机耐高温原料，耐火度高，使用温度可达到1500℃，主要用于球墨铸铁、灰铸铁及铸铜件的过滤，是当今用量最大的一种过滤网。碳化硅质泡沫陶瓷过滤网的常用规格尺寸及过滤能力见表8-15。

表 8-15　碳化硅质泡沫陶瓷过滤网的常用规格尺寸及过滤能力

规格尺寸/mm	最大过滤能力/kg		金属液正常流速 /(kg/s)	
	球墨铸铁	灰铸铁	球墨铸铁	灰铸铁
30×50×22	30	60	3	4
40×40×22	32	64	3	4
50×50×22	50	100	4	6
75×50×22	75	150	6	9
100×50×22	100	200	8	12
75×75×22	110	220	9	14
100×75×22	150	300	12	18
100×100×22	200	400	16	24
150×100×22	300	600	24	36
150×150×22	450	900	36	54
φ40×11	20	40	2	3
φ50×22	35	70	3	4.5
φ60×22	50	100	4.2	6.5
φ70×22	75	150	5.5	8.8
φ80×22	100	200	7.2	11
φ90×22	120	240	9	14
φ100×22	140	280	11	17
φ150×22	350	700	25	38

4. 氧化铝质泡沫陶瓷过滤网

氧化铝质泡沫陶瓷过滤网主要用于铝液的过滤，可有效去除铝液中的大块夹杂物，吸附微小夹杂物粒子，提高铸件的表面质量和性能，改善显微组织，提高铸件成品率。其在铝型材、铝箔、铝合金等生产领域广泛应用。

铸铝用泡沫陶瓷过滤网主要以刚玉、堇青石等为主要耐火原料，使用温度一般低于1150℃。铸铝用泡沫陶瓷过滤网有小型过滤网及过滤板之分。铸铝用小型过滤网规格一般在200mm以下，有圆形和方形，直径（边长）40~200mm，厚度10~30mm，孔径10~30ppi。对于过滤板，其规格尺寸及过滤量见表8-16。

过滤板的使用方法：

1）清洁过滤箱。

2）轻轻把过滤板放入过滤箱内，并用手压紧滤板周围的密封衬垫，以防铝液旁流。

3）均匀预热过滤箱和过滤板，使之接近铝液温度。预热以去除水分，并有利于初始的瞬间过滤。预热可采用电或燃气加热，正常情况下，预热时间约

15～30min。

表 8-16　过滤板的规格尺寸及过滤量

规格尺寸 /mm（ppi）	流量 /（kg/min）	过滤量 /t	孔径选择
178×178×50（7）	25～50	4.2	1）重力铸造： 10～25ppi
254×254×50（10）	45～100	7.0	
305×305×50（12）	90～170	14.0	2）半连续铸造： 30～60ppi
381×381×50（15）	130～280	23.0	
432×432×50（17）	180～370	35.0	3）高品质铝材或 板材：50～60ppi
508×508×50（20）	270～520	44.0	
584×584×50（23）	360～700	58.0	4）连铸连轧：50～ 60ppi

4）浇注时注意观察铝液压头的变化，正常起始压头是 100～150mm。当铝液开始通过时压头会降至 75～100mm 以下，随后压头会慢慢增加。

5）正常过滤过程中，避免敲击、振动过滤板。同时应使流槽充满铝液，避免铝液太大的扰动。

6）过滤结束后，及时取出过滤板，清洁过滤箱。

5. 氧化镁质过滤网

镁和镁合金的过滤对于泡沫陶瓷过滤网的要求十分严格，这是由于生成自由能低于氧化镁的氧化物，如氧化硅会与镁合金液迅速反应而形成有害夹杂物，因此适用于铝合金、铸铁等含硅元素的泡沫陶瓷都不能用于镁合金液过滤。氧化镁对于镁合金有很好的高温化学稳定性，适用于镁合金液的过滤。表 8-17 为氧化镁质过滤网的常用规格尺寸及过滤量。

**表 8-17　氧化镁质过滤网的常用
规格尺寸及过滤量**

规格尺寸/mm	过滤量/kg
50×50×22	50
60×60×22	75
75×75×22	120
80×80×22	130
100×100×22	200
120×120×22	220
150×150×25	300
$\phi50×22$	40
$\phi60×22$	60
$\phi70×22$	80
$\phi75×22$	95
$\phi90×22$	120
$\phi100×22$	150
$\phi150×25$	230

近几年，为满足部分铸造厂对成本的要求，出现了诸如莫来石质泡沫陶瓷过滤网，开始在市场上进行推广。

选用泡沫陶瓷过滤网时一定要考虑铸件材质、浇注温度、浇注压头高度、浇注量、浇注时间、过滤网在浇注系统中放置位置、合理的过滤量等几个方面。要依据铸件的质量要求和金属液中夹杂物的数量来确定过滤网的孔径，并依据浇注速度和浇注质量来确定过滤网的尺寸。为保证过滤网的过滤效果，过滤网的安放位置以及浇注系统的设计也应遵循一定规范。

8.4.2　主要性能及参数

1. 泡沫陶瓷过滤网应具备的性能

1）具有足够的常温和高温机械强度，使其能承受运输过程中的振动、挤压和使用过程中高温金属液的冲击。

2）具有合适的耐火度和较低的热膨胀系数，使其在高温金属液的长时间作用下不软化变形和开裂。

3）具有优良的高温化学稳定性，使其不受高温金属液的侵蚀，避免污染金属液。

4）具有合适的孔径、良好的透过金属液能力和过滤非金属夹杂物能力。

5）具有足够的尺寸精度，便于安装使用。

2. 常用泡沫陶瓷过滤网的技术性能指标

泡沫陶瓷过滤网的技术性能指标包括外观、尺寸偏差、物理性能。

（1）外观　要求产品无大裂纹、缺边、掉角、凹坑等。裂纹直接影响产品在高温及常温的性能，进而影响铸件质量。缺边、掉角等会影响产品的使用效果。过滤网（板）的外观要求与质量指标见表 8-18和表 8-19。

表 8-18　泡沫陶瓷过滤网的外观要求
（GB/T 25139—2010）

最大轮廓 尺寸/mm	凹坑 /mm	缺边、掉角 深度/mm	裂纹
≤60	长、宽<4，深<2	≤5	不允许 出现
>60～100	长、宽<4，深<2	≤6	
>100	长、宽<5，深<3	≤8	

表 8-19　泡沫陶瓷过滤板的质量指标

项　目	质量指标
掉渣率	须小于其质量分数的 0.12%
缺边掉角	允许有深度不大于 5mm 的缺边掉角
裂纹	上下面不允许超过 2mm
堵孔	上下表面（除 8mm 边缘外）无大于面积15% 的堵孔，且无大于表面积 5% 的连续堵孔
声音	清脆

（2）尺寸偏差　每一种铸件均有不同的过滤网放置模样或过滤网座，过滤网放置于模样内或过滤网座上，尺寸既不能大也不能小，过小则金属液从旁路通过，起不到过滤效果；过大则放不到模样内或过滤网座上。泡沫陶瓷过滤网的尺寸偏差见表 8-20 和表 8-21，泡沫陶瓷过滤板尺寸偏差指标见表 8-22。

表 8-20　泡沫陶瓷过滤网的厚度偏差
（GB/T 25139—2010）

（单位：mm）

型　　号	厚度偏差		
	一　级	二　级	三　级
过滤网	-1.0 ~ 0	-1.5 ~ 0	-2.0 ~ 0

表 8-21　泡沫陶瓷过滤网的边长或直径
偏差（GB/T 25139—2010）

（单位：mm）

型号	边长或直径偏差（最大边 ≤100）			边长或直径偏差（最大边 >100）		
	一级	二级	三级	一级	二级	三级
过滤网	-1.0 ~0	-1.5 ~0	-2.0 ~0	-1.5 ~0	-2.0 ~0	-2.5 ~0

（3）孔隙率、密度　孔隙率对于泡沫陶瓷是一项重要指标。孔隙率的大小直接涉及充型速度，是浇注系统设计的依据。同时密度也反映孔隙率的大小以及产品质量的均匀状况。

表 8-22　泡沫陶瓷过滤板的尺寸
偏差指标　（单位：mm）

项　　目		偏差范围
尺寸允许偏差	尺寸 ≥400	±3
	400 > 尺寸 ≥200	±3
	尺寸 ≤200	±3
	斜角	±3°
变形	对角线偏差	≤3
	最大弯曲度	≤3

（4）常温抗压强度　常温抗压强度是过滤网重要的常规指标，直接影响产品在运输和使用过程中质量，因此产品的抗压强度应满足运输搬运的要求。

（5）抗热震性　抗热震性表明产品耐急冷和急热的承受能力。过滤网承受着室温到 1000℃ 以上的温度骤变，因此确定该项高温指标极其重要。

GB/T 25139—2010《铸造用泡沫陶瓷过滤网》规定，泡沫陶瓷过滤网的技术性能指标见表 8-23。

常用泡沫陶瓷过滤网的技术性能指标见表 8-24。

表 8-23　泡沫陶瓷过滤网的技术性能指标

型号	密度/(g/cm³)	孔隙率（%）	常温抗压强度/MPa	抗热震性（1100℃）/次	高温抗弯强度/MPa
PTW – G	0.40 ~ 0.85	≥76.0	≥1.2	≥2	≥0.4（1400℃）
PTW – T	0.36 ~ 0.50	≥80.0	≥1.0	≥2	≥0.6（1400℃）
PTW – L	0.30 ~ 0.50	≥80.0	≥0.8	≥2	≥0.4（1200℃）

表 8-24　常用泡沫陶瓷过滤网的技术性能指标

分类		主要材质	常温耐压强度/MPa	孔隙率（%）	密度/(g/cm³)	抗热震性（1100℃）/次	使用温度/℃
铸钢用过滤网	氧化锆质过滤网	氧化锆	≥1.2	80 ~ 90	0.70 ~ 0.85	≥2	≤1750
	含碳过滤网	氧化铝 - 碳质	≥1.0	80 ~ 90	0.10 ~ 0.65	—	≤1700
铸铁、铜用过滤网		碳化硅、氧化铝	≥1.2	80 ~ 90	0.36 ~ 0.55	≥2	≤1500
铝合金用过滤网		氧化铝、堇青石	≥1.2	80 ~ 90	0.36 ~ 0.45	≥2	≤1150
		石墨质	≥0.8	80 ~ 90	0.26 ~ 0.35	—	≤1150

8.5　过滤网的应用及设计

由于具有三维立体结构的泡沫陶瓷过滤网和直孔过滤网应用越来越广泛，本节主要涉及这两种结构过滤网的应用及设计。

8.5.1　过滤网的选择

在选用过滤网时，要依据铸件的材质和金属液中夹杂物的数量来确定过滤网的种类和孔径；依据浇注速度、浇注质量、浇注温度和浇注系统的布置来确定过滤网的材质、尺寸和片数。

1. 过滤网类型的选择

目前过滤网的种类依其耐火骨料以及骨架结构等分为很多种。各种过滤网的具体适用范围见表8-25。

表8-25　各种过滤网的具体适用范围

铸件材质	玻璃纤维	氧化铝质泡沫陶瓷	冲压和挤压直孔	碳化硅泡沫陶瓷	碳质泡沫陶瓷	锆质泡沫陶瓷
铸铝	效果差	优先选择	不推荐使用	不推荐使用	推荐使用	不推荐使用
铸铜	效果差	不适用	良好	优先选择	可用但成本高	不推荐使用
铸铁	效果差，小铸件	不适用	良好	优先选择	大型铸件	大型铸件
铸钢	效果差	不适用	不推荐使用	不适用	良好	优先选择

泡沫陶瓷过滤网和直孔过滤网过滤效果好，尽量选用这两种类型，对要求不高的小件可以选用纤维过滤网。

2. 过滤网的孔径选择

过滤网孔径选择一般与金属液的流动性、夹杂物数量、铸件质量要求等因素有关，孔径越小，过滤效果越好，但流动阻力越大，需要更大的过滤面积。

（1）泡沫陶瓷过滤网　灰铸铁一般选用30ppi、20ppi、15ppi、10ppi；球墨铸铁一般选用10ppi或15ppi；铸钢选用6ppi、10ppi、15ppi；铸铝一般选用20ppi、30ppi、40ppi；铸铜一般选用20ppi、15ppi。

（2）直孔过滤网　孔径一般在1~4mm范围内，铸件质量越大，选的孔径越大。

8.5.2　过滤网安放位置的选择

原则上过滤网可以安放在浇注系统的任何位置，越靠近铸件，过滤效果越好，所以过滤网最好放在内浇口位置，次之选择放在横浇道中。如果空间不够可放于浇口杯或直浇道底部，但这时过滤网直接承受金属液的直接冲击，被冲破的风险最大。尽量避免金属液直接冲击过滤网，若直接冲击过滤网时浇注高度最好不要超过300mm，同时可考虑适当倾斜安放过滤网，以分解正面冲击力。图8-10是过滤网的几种放置位置。

8.5.3　过滤网的尺寸及片数确定

为了减小过滤网对金属液流速的影响，过滤网的过流面积应远大于浇注系统的控流面积。过滤网不应成为浇注系统的控流断面。因此，推荐过滤网的面积至少4~6倍于控流面积。过滤网的有效过滤面积可通过下式计算：

$$S = G/R \qquad (8\text{-}1)$$

式中　S——过滤面积（cm^2）；

　　　G——需过滤的金属液的总量（kg）；

　　　R——过滤网的单位面积过滤能力（kg/cm^2）。

单位面积过滤能力一般取中下限值，以保证过滤网有一定的安全系数。根据浇注系统的布置情况把过滤面积转换成过滤网的尺寸。

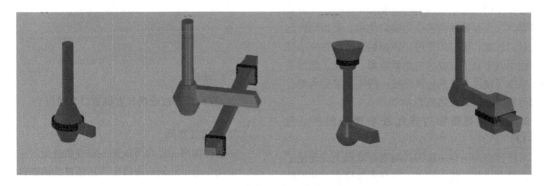

图 8-10　过滤网的几种放置位置

高温下过滤网能承受的金属液冲刷的时间是有限的，通常对过滤网单位面积过滤的金属液量加以限制。每平方厘米最大过滤量为：铸钢1.4~4.0kg，球墨铸铁1.0~2.0kg，灰铸铁2.0~4.0kg。

过滤网厚度越大，过滤网的强度越好，过滤网的深层过滤效率也越高，但其使用成本也越高。一般情况下，泡沫陶瓷过滤网的外形尺寸小于60mm，厚度为10~15mm；外形尺寸大于60mm，厚度为15~40mm。直孔过滤网厚度的外形尺寸小于60mm，厚度为10~15mm；外形尺寸大于60mm，厚度15~25mm。

过滤网的片数一般根据浇注系统情况而确定，但是不建议连续平放3片以上过滤网，最大尺寸尽量不超过150mm×150mm，尽量分散放置在内浇口。

8.5.4 过滤节的设计

过滤网须放在一定的过滤网座上，才能使过滤网安放方便和牢固可靠。过滤网座的设计要达到3个基本要求：①在过滤过程中固定、支撑过滤网。②过滤网能顺利安放。③保证金属液全部通过过滤网。

常见结构中，在铁液流入面，过滤网座与铸型要留有3~5mm的支撑宽度，铁液流出面，过滤网要留有大于5mm的支撑宽度，过滤网座四周留有1~1.5mm的间隙及集砂槽，以收集掉落砂子。同时为防止合箱时压坏过滤网，其上表面应低于分型面0.5~1mm。过滤网水平和垂直放置时过滤节的结构见图8-11。

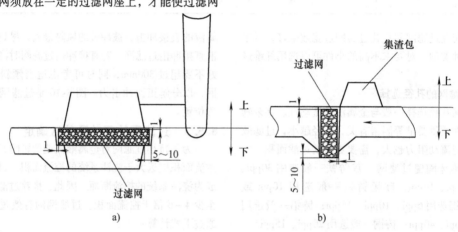

图8-11 过滤网水平和垂直放置时过滤节的结构

a）水平放置 b）垂直放置

如果过滤网尺寸超过100mm×100mm，过滤网座支撑宽度应该在10mm以上。黏土砂时留圆角，树脂砂可不留圆角以加大支撑面。

8.5.5 过滤网的组合使用

1. 过滤网与冒口套组合

将过滤网固定于冒口套内（见图8-12），并将该冒口套直接连接铸件型腔作为浇口使用，可以同时起到浇口、过滤、冒口的作用。该类组合常用在中小件上，使用时省去了过滤网的放置步骤，简化了浇注系统，减少了浇注系统的金属回收。济南圣泉公司的过滤网与冒口套组合规格见表8-26。

2. 过滤网与铸型内球化及孕育的组合（见图8-13）

可将铸型内孕育块黏结在陶瓷过滤网上，简化了铸型内孕育工艺，便于操作，孕育效果稳定，并可防止未熔孕育剂和夹杂物进入型腔。另外，采用铸型内球化或铸型内孕育时，过滤网应放在反应室后面，过滤网应尽可能地靠近内浇道，防止未熔解的球化剂和孕育剂进入型腔，这样可大大提高铸件质量和铸件成品率。

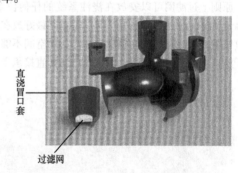

图8-12 过滤网与直浇冒口套的组合

3. 多层过滤网

多层过滤网的组合可以进一步提高过滤效果。例如，采用3层过滤网组合以生产高质量的铸钢件，见图8-14。

另外，还开发出以上下为直孔过滤网、中间为泡沫陶瓷过滤网3层复合的特殊复合过滤网，见图8-15。根据需要也可采用直孔过滤网与泡沫陶瓷过滤网的 2 层复合。不同种类过滤网的复合能很好地　提高其综合过滤效果。

表 8-26　过滤网与冒口套组合规格

冒口规格	模数 /cm	过滤网 D/mm	ϕD_u /mm	ϕN /mm	ϕD_o /mm	ϕd_o /mm	h /mm	H /mm
FP300 – 100/150	2.71	75	79	48	132	101	50	150
FP300 – 120/150	3.2	90	98	60	157	121	50	150
FP300 – 140/210	3.68	115	140	98	182	140	63	210
FP300 – 150/190	3.71	100	120	70	192	147	68	192
FP300 – 175/220	4.33	110	132	87	222	175	90	222
FP300 – 200/250	4.93	125	150	100	250	200	100	250

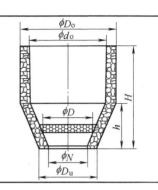

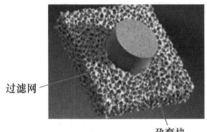

图 8-13　过滤网和铸型内球化及孕育组合

4. 复合孔径陶瓷过滤网

通过在烧结之前利用不同孔径的过滤网进行组合，或者在同一过滤网上形成不同的孔径，制备复合过滤网。这种复合孔径过滤网可以克服单一孔径过滤网的缺点，能够更有效地去除金属液中各种夹杂物，提高铸件质量。使用 $\phi 300mm \times 45mm$ 复合过滤网可过滤 3t 球墨铸铁、4.5t 灰铸铁、2.8t 铸钢的金属液。

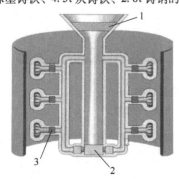

图 8-14　3 层过滤网组合
1—浇口杯处过滤网　2—横浇道处
过滤网　3—内浇口处过滤网

随着高质量铸件对合金净化技术要求的不断提高，各种过滤技术之间，以及与其他铸造工艺的组合

使用，已成为过滤网使用和发展的一个重要方向，组合应用将不断完善和扩展。

图 8-15　复合过滤网

8.5.6　高通过率泡沫陶瓷过滤网

由于高纯度铸件及生产率提高的需要，对过滤网的流速提出了新的要求，即需要在不影响过滤效果的情况下流速更快、过滤效果不变的过滤网，因此超细孔、高孔隙率泡沫陶瓷过滤网得以开发应用。孔隙率提高，孔径减小，例如，可以用 20ppi 产品代替 15ppi，30ppi 产品代替 20ppi，从而获得更好的过滤效果。

济南圣泉公司开发的 FCF – 1ZH 氧化锆质高通过率过滤网，在碳钢、低合金钢铸件及大型铸铁件的应用表明，流速可以提高 10% 左右，可以有效缓解因金属液黏度大导致的充型时间缓慢、易阻流的问题。

图 8-16 为高通过率泡沫陶瓷过滤网及配套过滤节在泵阀类铸件的组合应用。

a)　　　　　　　　　　　b)

图 8-16　高通过率泡沫陶瓷过滤网及配套过滤节在泵阀类铸件的组合应用
a）高通过率泡沫陶瓷过滤网及过滤节　b）过滤节的安放

济南圣泉公司还开发了应用于铁液、铜液过滤的 FCF 系列高通过率泡沫陶瓷过滤网，并且在市场上推广应用。

8.5.7　嵌入式复合过滤网

泡沫陶瓷过滤网在中小型铸铁上应用已非常普遍。在大型铸铁件上，由于需要设计更多、更大规格的过滤网，对过滤网质量要求特别是过滤网产品的强度、浇注能力等安全系数提出了更高的要求。为了进一步提高过滤器产品的安全系数，济南圣泉公司开发了嵌入式复合过滤网。嵌入式复合过滤网由两部分组成：底座和泡沫陶瓷过滤网。底座起到支撑作用以防止泡沫陶瓷过滤网被冲碎，同时底座尺寸精度高，防止铁液侧流；内嵌的泡沫陶瓷过滤网用于过滤挡渣。

图 8-17 为嵌入式复合过滤网的应用案例。铸件材质为球墨铸铁，浇注质量为 15t，浇注温度为 1360℃，浇注时间为 140s。使用嵌入式复合过滤网 EDF-2 150mm×150mm×40mm 10 片，单片过滤量为 1.5t，从而减少过滤网数量，节约了铁液，减小了砂铁比，降低了生产成本。

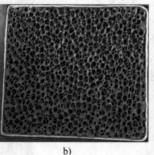

a)　　　　　　　　b)　　　　　　　　c)

图 8-17　嵌入式复合过滤网的应用案例
a）底座　b）底座与过滤网组合　c）浇注系统的布置

8.5.8　高精度泡沫陶瓷过滤网

随之机械化、智能化的发展，过滤网从传统的手工放置、人工浇注，逐步被机械手、流水线的生产方式所替代的，对泡沫陶瓷过滤网的尺寸精度、孔径均匀性要求进一步提高，尺寸偏差范围由原来的 -1.5~0.5mm 提高的 ±0.5mm，甚至要求更高，浇注时间需要与自动化的节拍相适应。图 8-18 为迪砂公司的自动下过滤网装置。

图 8-18　自动下过滤网装置

8.5.9 模拟软件在过滤网使用中的应用

随着模拟软件的普及应用，通过模拟软件可以观察过滤后金属液的流动变化、充型状态、温度场及压力场的变化，甚至可以模拟追踪气泡、夹渣物的位置，能够对过滤器的使用、设计起到参考作用。随着模拟软件的发展，模拟软件对过滤网厚度、孔径及尺寸对铸件的过滤效果的影响等的模拟也提出了要求，也必将会日趋完善。图 8-19 为软件模拟的充型时泡沫陶瓷过滤网前后金属液温度和流动的变化。

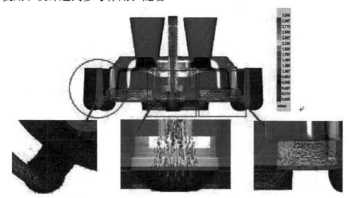

图 8-19　充型时泡沫陶瓷过滤网前后金属液温度和流动的变化

8.5.10 应用实例

实例 1　应用于球墨铸铁汽车后桥壳（见图 8-20）

黏土砂外型、树脂砂芯，一箱两件后桥壳，浇注质量为 400kg；使用 FCF – 2BA 过滤网，横浇道放置两片 100mm × 100mm × 22mm，10ppi；内浇口放置 4 片 75mm × 75mm × 22mm，10ppi；浇注温度为 1380℃。

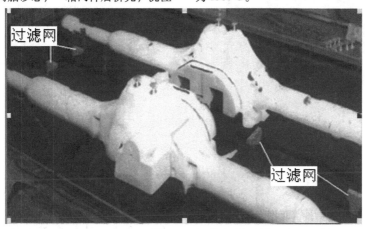

图 8-20　过滤网应用于汽车后桥壳铸造工艺

实例 2　应用于低压浇注铝轮毂（见图 8-21）

采用圆过滤网 $\phi50mm × 15mm$，20ppi，1 片，放于升液管上部与金属型搭接处；浇注温度为 740℃。

实例 3　应用灰铸铁制动盘（见图 8-22）

黏土砂造型线，覆膜砂芯，每型 3 件，浇注质量为 35kg，浇注温度为 1380 ~ 1400℃；使用圆直孔陶瓷过滤网，规格尺寸为 $\phi60mm × 15mm$，孔径为 2.18mm，放于直浇道下端。

实例 4　应用于风力发电机轮毂（见图 8-23）

1.5MW 风力发电机轮毂铸件，材质为 QT400 –

图 8-21　过滤网应用于低压浇注铝轮毂

18AL，质量为 9.5t；使用的过滤网为碳化硅质泡沫陶瓷过滤网，规格尺寸为 150mm × 150mm × 30mm，10ppi；过滤网平放在分型面的横浇道上，共 18 片，浇注温度为 1330℃。

图 8-22　过滤网应用于灰铸铁制动盘

图 8-23　过滤网应用于风力
发电机轮毂

实例 5　应用于大型铸钢件（见图 8-24）

树脂砂工艺，铸件材质为高锰钢，浇注质量 1.8t，浇注温度 1480℃；使用过滤网的规格为 φ200mm × 35mm，10ppi。应用过滤网后，铸件成品率由 52% 提高到了 61%，夹杂物明显减少。

实例 6　应用于四缸发动机缸体（见图 8-25）

铸件材质为 HT250，铸件质量为 38kg，浇注温度为 1400℃；黏土砂造型，冷芯盒制芯，每型 2 件；过滤网平放在缸体主体芯组上端（横浇道位置），共 2 片，过滤网规格型号为碳化硅质泡沫陶瓷过滤网，规格尺寸为 50mm × 50mm × 22mm，20ppi。

实例 7　应用于消失模工艺生产铸钢阀门

铸件质量为 600kg，浇注温度为 1620℃；使用硅

图 8-24　过滤网应用于大型铸钢件

a)

b)

图 8-25　过滤网应用于四缸发动机缸体
a）缸体铸件　b）缸体铸件砂芯

胶质过滤网，规格尺寸为 120mm × 120mm × 25mm，10ppi，3 片。硅胶质过滤网与消失模的组合见图 8-26。

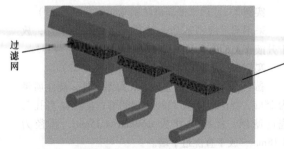

过滤网

图 8-26　硅胶质过滤网与
消失模的组合

实例8 应用于消失模负压造型

球墨铸铁总浇注质量为180kg，浇注温度为1400~1430℃，20s浇注完毕；使用济南圣泉公司FCF-2B泡沫陶瓷过滤网，规格尺寸为120mm×120mm×22mm，10ppi，放置于直浇道座，静压头约600mm。泡沫陶瓷过滤网与消失模的组合见图8-27。

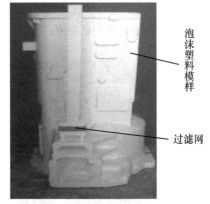

图 8-27　泡沫陶瓷过滤网与消失模的组合

实例9 应用于精密铸造生产小铸钢件（见图8-28）

每型铸件质量为5~10kg；过滤网为氧化锆质泡沫陶瓷过滤网，规格尺寸为φ60mm×20mm，10ppi，过滤网1片，安置在浇口杯中。

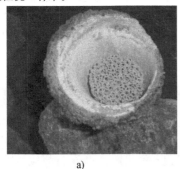
a)

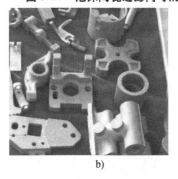
b)

图 8-28　过滤网应用于精密铸造生产小铸钢件
a）过滤网放在浇口杯中　b）精铸件

实例10 应用于精密铸件缸头

铸件为缸头，主要缺陷是夹杂和气孔。材质为ZG25CrNiMo，浇注温度为1550~1570℃，浇注质量为45~50kg，水玻璃砂制壳，壳型焙烧温度840℃，保温3h；采用圆台形（φ70~φ60mm）×22mm，

10ppi泡沫陶瓷（氧化锆质）过滤器。过滤器见图8-29a，浇注前过滤器的放置见图8-29b。过滤器随炉焙烧，浇注时未出现阻流现象，起到了过滤、整流的作用。使用后废品率大幅度降低，铸件表面光洁，表面质量提高。

a)

b)

图 8-29　过滤器应用于精密铸件缸头
a）过滤器　b）过滤器的放置

实例11 应用大型精密铸件阀体

铸件为阀体，硅溶胶制壳，材质为镍基合金，浇注质量为300kg，浇注温度为1540℃，浇注时间为12s；使用氧化锆质过滤器，规格尺寸为150mm×

150mm×30mm，10ppi，1片，放置在自制浇口杯中（见图8-30）。铸件经过X射线检测，气孔、夹渣缺陷大幅度减少，铸件表面光洁。

图8-30 过滤器放置在大型精密铸件阀体浇口杯中

实例12 应用于大型精密碳钢铸件

铸件材质为碳钢，浇注质量为2250kg，浇注温度为1570~1600℃，浇注时间为80s；使用过滤节与

过滤器的组合形式，氧化锆质过滤器的规格尺寸为φ200mm×35mm，10ppi，3片。模拟的浇注系统见图8-31a，浇铸后的铸件见图8-31b。

使用过滤器后，铸件渣孔缺陷得到改善，铸件表面光洁，提供了机械加工性能。

实例13 过滤器应用于锤头铸件

铸件材质为合金钢，浇注质量为300~600kg，浇注温度为1570~1580℃，浇注时间为30s；使用氧化锆质过滤器，规格尺寸为100mm×100mm×25mm，10ppi，2片；或碳质/锆质，2片，竖放于横浇道（见图8-32）。其优点：①有利于渣在横浇道上浮，避免影响浇注速度或堵塞过滤器。②钢液经过过滤器后流动相对平稳，防止二次氧化渣的产生。③采用2片过滤器竖放，降低钢液的冲击力。使用过滤器后渣气孔率明显降低。

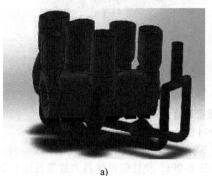

a)

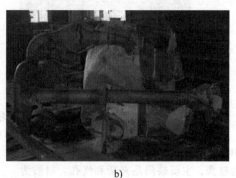

b)

图8-31 过滤节与过滤器组合应用于大型精密碳钢铸件

a）模拟的浇注系统 b）浇铸后的铸件

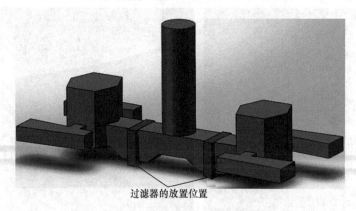

过滤器的放置位置

图8-32 过滤器应用于锤头铸件

8.6 浇注管

浇注管能够避免铸件冲砂、砂眼、夹砂等缺陷，对提高铸件质量和铸件成品率都具有很大的作用。它

的使用，使造型工艺简化，省去了浇口内刷涂料的工作难度。

浇注管有直管、弯管、三通等多种形式，具有内壁光滑、耐铁液、钢液冲刷性好，可锯性佳，耐火度高等特点。

3.6.1　浇注管材质

　　浇注管材质可为董青石、氧化铝、熔融石英、硅酸铝、钛酸铝、莫来石、锆莫来石、锆莫来石钛酸铝等。

　　某铸钢件用浇注管的成分配比见表 8-27。浇注管的技术指标应包括耐高温性、抗热震性、产品表面光洁不掉渣等。

表 8-27　某铸钢件用浇注管的成分配比（质量分数）　（%）

矾土粉 （$Al_2O_3 \geqslant$ 88%）	焦宝石粉	耐火熟料 （主要成分为 高岭土）	添加剂 （主要成分 为 Al_2O_3）	水
18~22	20~25	50~59	3	适量

3.6.2　常用浇注管的规格（以长安造型耐火材料厂产品为例）

1. 直浇道浇注管

　　直浇道浇注管见图 8-33。S 直管的规格见表 8-28。

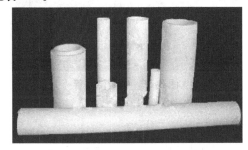

图 8-33　直浇道浇注管

表 8-28　S 直管的规格

规　格	内径/mm	长度/mm	壁厚/mm
S-20	20	300	4
S-25	25	300	4
S-30	30	300	5
S-35	35	300	5
S-40	40	300	5
S-45	45	300	5
S-50	50	300	6
S-55	55	300	6
S-60	60	300	7
S-65	65	300	7
S-70	70	300	7
S-75	75	300	7
S-80	80	300	8
S-85	85	300	8
S-90	90	300	8
S-95	95	300	8

（续）

规　格	内径/mm	长度/mm	壁厚/mm
S-100	100	300	9
S-110	110	300	9
S-120	120	300	10
S-130	130	300	10
S-140	140	300	10
S-150	150	300	10

2. 横浇道浇注管

　　横浇道用浇注管见图 8-34。其规格见表 8-29、表 8-30。

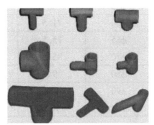

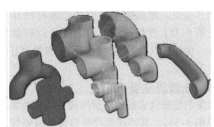

图 8-34　横浇道浇注管

表 8-29　T 型三通浇注管的规格

（单位：mm）

规格	内径	高度	长度	厚度
15	15	33	60	4
20	20	30	60	4
25	25	32.5	65	4
30	30	45	80	4
35	35	45	83	4.5
40	40	50	108	5.6
45	45	57	103	5.6
50	50	65	112	6
55	55	63	120	6.5
60	60	64	125	7.5
65	65	67.5	130	8
70	70	85	150	8
80	80	90	180	9
90	90	115	230	11
100	100	105	210	12

表 8-30　E 型弯浇注管的规格

（单位：mm）

规格	内径	高度	厚度
φ15	φ15	32.5	4
φ20	φ20	34.5	4
φ25	φ25	37.5	4
φ30	φ30	40	4
φ35	φ35	46.5	4.5
φ40	φ40	57	5.6
φ45	φ45	66	5.6
φ50	φ50	66	6
φ55	φ55	58	6.5
φ60	φ60	71.5	7.5
φ65	φ65	75.5	8
φ70	φ70	85.5	8
φ80	φ80	94	9
φ90	φ90	115	11
φ100	φ100	105	12

除直浇道、横浇道浇注管外，还有特异型浇注管，见图 8-35。使用时，它们之间可以根据需要相互组合、优化，以改善浇铸系统设计布置，且操作简单，使用方便。

8.6.3　纸质浇注管

由废旧纸张做成的铸造所用浇注管称为纸质浇注管（见图 8-36）。其不仅能代替传统的陶瓷管，还能

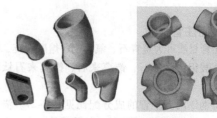

图 8-35　特异型浇注管

承受 1350℃ 高温以及铁液的流动冲击。该产品选用的主原材料（质量分数）为纸质纤维 60%，耐高温材料 38%，黏结材料 2%，经特殊的制造方法和工艺，制造成各种规格管状制品。在浇注铸件前安装浇注管时，可根据铁液流量、流向需要选择浇注管直径、变径、转弯、三通、四通，浇注所用管及管件全部采用插接的方法，浇注系统承接牢固不漏砂。该浇注管能够在缺氧状态下让 1300℃ 以上高温铁液顺畅通过，同时自行变质碳化形成烧结物——炭灰，解决了使用传统陶瓷浇注管诸多缺点，提高了铸件的合格率，增加了铸件的品质，减少了固体废料的处理，节约了回收铸造原料和回用砂利用成本。

图 8-36　纸质浇注管

参 考 文 献

[1] 唐玉林，李维镕，祝建勋. 圣泉铸工手册 [M]. 沈阳：东北大学出版社，1999.

[2] 冯胜山，陈巨乔. 泡沫陶瓷过滤网的研究现状和发展趋势 [J]. 耐火材料，2002，36（4）：235-239.

[3] 刘敬浩，杨淑金. 中国铸造学会精铸分会第十一届年会论文集 [C]. 武汉：中国铸造协会精密铸造分会，2009.

[4] 刘敬浩. 首届中国国际铸材料会议论文集 [C]. 北京：中国机械工程学会，2001.

[5] 全国工业陶瓷标准化技术委员会，JC/T 895—2001 泡沫陶瓷过滤网 [S]. 北京：中国标准出版社，2002.

[6] 济南圣泉集团. Q/JSQ014—2010 济南圣泉集团股份有限公司泡沫陶瓷过滤板检测标准 [S]. 济南：圣泉集团，2010.

[7] 全国铸造标准化技术委员会. GB/T 25139—2010 铸造用泡沫陶瓷过滤网 [S]. 北京：中国标准出版社，2011.

[8] 魏兵，唐一林，祝建勋，等. 铸造用金属液过滤网及其应用 [J]. 铸造技术，2008，29（8）：1127-1131.

[9] 王薇薇，张绍兴. 泡沫陶瓷过滤片的正确选择和使用 [J]. 铸造技术，1996，17（4）：7-10.

[10] 张允华，刘玉林，崔峰，等. 铸造生产中泡沫陶瓷过滤器的选用 [J]. 铸造，2007，56（9）：988-990.

[11] 张科峰，朱能山，祝建勋，等. 第八届中国铸造协会年会论文集 [C]. 北京：中国铸造协会，2008.

[12] 祝建勋. 2009 中国铸造活动周论文集 [C]. 沈阳：中国机械工业学会铸造分会，2009.

[13] JOHN R B. Feoseco Ferrous Foundryman's Handbook [M]. Woburn：Butterworth-Heinemann Linacre House，1999.

[14] 博韦尔公开有限公司. 强度更高的莫来石基铸铁过滤器：201380031484. X [P] 2017-03-29.

[15] 文瑾，碳化硅泡沫陶瓷的制备方法：201611042648. 0 [P] 2016-11-24.

第9章 冒口套及覆盖剂

9.1 概述

铸件生产过程中，金属液浇注到铸型后，冷却过程中发生收缩，如果收缩得不到补偿，凝固后将在铸件内部产生缩孔或缩松缺陷。这将会影响到铸件的致密性，降低力学性能，并造成废品。

为了获得健全的铸件，在实际生产中，铸造工作者在铸件最后凝固的部位设置冒口对铸件进行补缩。然而，采用由砂型或砂芯形成的普通冒口进行补缩时，冒口模数必须大于待补缩部位的模数，因此冒口的体积较大，金属液消耗量高且利用率低，金属液的补缩率仅达到 10% 左右。采用先进、高效的冒口套补缩铸件，可以大大提高金属液的利用率，降低生产成本，并且提高铸件质量。研究表明，铸件凝固后，普通砂型冒口补缩铸件的能力为 6%～10%，保温冒口补缩铸件的能力为 16%～20%，而发热保温冒口的铸件补缩能力提高至 30%～36%，高发热冒口的补缩能力可以达到 60%～70%。

9.1.1 冒口套的发展历史

国外对提高冒口补缩效率的研究已有 80～90 年的时间，国内在 20 世纪 50 年代末开始研究发热冒口。最初发热冒口大多采用炭作为发热剂，其发热效率低，并对铸件产生增碳副作用，很难应用在高品质铸钢及合金铸钢件上。后来开发出含铝热剂的高发热冒口，虽然提高了发热冒口的引燃速度和补缩效率，但是因为不具备保温功能，其散热比较快，对一些大型铸件来说并不是很合适。

20 世纪 60 年代，保温冒口开始在一些工厂里使用，70 年代，在欧美、日本得到了推广使用。国内自 20 世纪 70 年代开始研究保温冒口，并开发出了多种产品，进入 80 年代以后，保温冒口得到了广泛应用。早期的保温冒口主要是依靠纸浆、锯末、稻壳等材料起到保温作用，存在着冒口强度低、尺寸变形大、破损严重、保温效果有限等不足。后来，人们开发出了以漂珠等为保温材料的保温冒口，进一步提高了保温冒口的综合性能，并继续发展到现在。目前，使用效果较好的主要是漂珠型保温冒口套和纤维型保温冒口套。

为综合利用发热和保温双重作用，铸造工作者们又开发出了以膨胀珍珠岩、漂珠等为保温材料，并添加耐火骨料和发热剂的发热保温冒口套，大大提高了冒口套的补缩效率。目前，发热保温冒口套得到了广泛的应用，针对不同的用途已有多种系列的产品实现了商品化和产业化。现在的发热保温冒口套可采用类似于下芯的方式在造型后放入，有时在树脂砂造型过程中将冒口套安置在模板上，造型后就固定在砂型内。另外，随着发热保温冒口套技术的进一步发展，又出现了冒口盖、保温板、易割片等产品。易割片与发热保温冒口套配合使用可以简化冒口的去除和清理过程。

近年来，因为具有很好的"点"补缩效果，高发热量的发热冒口套在小型铸件上的应用优势逐渐得到了人们的认可，尤其是在只有有限冒口应用空间的情况下。发热冒口的骨料一般为硅砂，黏结剂采用水玻璃或树脂，所以冒口的强度高，可以在造型前将冒口放在模板上直接造型在砂型中。在模板上采用弹簧立柱或柱状定位杆，造型时将发热冒口套放置其上，解决了紧实过程中冒口与易割片压裂及冒口根部铸件表面质量不好的问题。

9.1.2 冒口套的种类

发热保温冒口套一般是按功能和冒口套的形状来分类的。

1. 按品种分类

按品种分类，冒口套可以分为三大类：保温冒口套、发热保温冒口套、发热冒口套。

（1）保温冒口套 保温冒口套是指主要由保温材料制备而成的冒口套，其作用原理是利用低热导率保温材料的隔热功能以减少冒口套内金属液的热损失，从而延长冒口套内金属液的凝固时间，提高其对铸件的补缩能力。该类冒口套的突出特点是具有很好的保温性能。

（2）发热保温冒口套 发热保温冒口套的作用原理是，冒口套中的发热材料在高温下反应放出热量，以加热冒口套中的金属液，同时冒口套中的保温材料又发挥其保温作用，以减少金属液的热量散失，两种作用同时发挥，进一步延长冒口中金属液的凝固时间，提高冒口套的补缩效率。该类冒口套的突出特点是合理地利用了发热和保温双重作用，进一步提高了金属液利用率和工艺出品率。

（3）发热冒口套 冒口套的发热和保温本身就

是一对矛盾，提高保温性能会使得发热保温冒口套断面外侧的发热材料难以有效发热，并且热量也难以传导到冒口；提高发热性能会导致保温性能降低。因此，为解决小型铸件特定部位的补缩，发热冒口套显现出了明显的优势。

发热冒口套一般是通过在硅砂、莫来石等耐火骨料中加入发热剂、助燃剂、引燃剂、黏结剂等制备而成的冒口套，其点燃迅速，发热量大，具有很好的补缩效果。因不含有保温材料，该类冒口套强度高，可以在造型前将冒口套放在模板的弹簧立柱或柱状定位杆上直接造型，适用于各种高压造型线。

2. 按形状分类

按形状分类，冒口套有直筒形、椭圆形、缩颈、斜颈等各种明（暗）冒口套。另外，还有发热保温板、带易割片的冒口套等。

9.1.3　冒口套的组成及主要性能

1. 基本组成

冒口套的组成主要包括发热材料、保温材料、耐火骨料和黏结剂。

（1）发热材料　发热材料一般包括发热剂、氧化剂和助熔剂。发热剂一般为铝热剂，通过氧化还原反应放出大量的热。氧化剂一般选用一些钾盐，如 $KMnO_4$、$KClO_3$、KNO_3 等，用以促进铝热反应，提高发热效率。助熔剂一般为碱金属、氟化物等，可以调整反应所需的温度、发热速度和发热时间。

（2）保温材料　保温材料一般选用热导率小的材料，常用的有漂珠、珍珠岩、膨胀蛭石、岩棉、硅酸铝纤维棉等。

（3）耐火骨料　对于冒口套，一般要添加耐火骨料用以提高冒口套在较高温度时的强度和耐火度。应用较多的耐火骨料有耐火黏土、高铝矾土、硅砂、矿渣棉、煤矸石等。

（4）黏结剂　冒口套使用的黏结剂主要有树脂类、水玻璃、淀粉、糊精等。

2. 主要性能指标

冒口套的主要性能指标包括发热特性、耐火度、抗弯强度、透气性、体积密度、含水量、尺寸精度等。

（1）发热性能　所有冒口套的配方设计都是为

了适时地产生热量，并减少冒口金属液的热量损失。冒口套的发热性能包括发热速度、发热持续时间、发热量等。发热性能主要是与发热材料（铝热剂、氧化剂和助熔剂）的效率有关。发热保温冒口套中如果发热材料配比和混制不当容易造成燃烧不完全或不反应，或部分发热材料燃烧放热过快、发热持续时间短达不到应有的效果。

（2）保温性能　冒口套的保温性能与冒口套材料有密切的关系，一般来说，孔隙大、密度小、热导率低的材料具有较好的保温性能。另外，冒口套的保温性能也和其形状、壁厚等有关。

（3）耐火度　较高的耐火度将保证冒口套与金属液充分接触后获得相对光滑的表面。如果冒口套的耐火性能差，高温状态下冒口套将会被烧蚀，金属液将会侵入冒口套内壁影响冒口的补缩效果。而导致发热保温冒口套耐火度差的原因是冒口套的材料组成无法抵抗金属液的热量和压力侵蚀。冒口套的耐火度主要是通过添加一些高熔点的物质来保证，如硅砂、Al_2O_3 等。

（4）抗弯强度　冒口套应具备足够的湿强度和干强度，避免在实际生产和应用时冒口尺寸变形大、破损严重等问题。发热保温冒口套的抗弯强度采用液压强度试验机测定，单位为 MPa。

（5）发气量和透气性　如果冒口套发气量大且透气性差，浇注时冒口内金属液会沸腾并大量飞溅。因此，应严格控制冒口的发气量和保证其透气性。发热保温冒口套的透气性一般采用直读式透气性测定仪测定。

（6）尺寸精度　冒口套必须具备一定的尺寸精度，否则会影响补缩冒口的设计以及达不到所设计冒口应具备的补缩效果。冒口套的尺寸精度包括内外径极限偏差、高度极限偏差、厚度极限偏差等，单位为mm。以漂珠冒口套和纤维冒口套的尺寸精度为例简单介绍，见表9-1和表9-2。

表9-1　漂珠冒口套的尺寸要求

尺寸要求	极限偏差值
内外径极限偏差/mm	±1.0
高度极限偏差/mm	±1.5

表9-2　纤维冒口套的尺寸要求

尺寸要求	产品规格（按内径尺寸分类）/mm			冒口盖	保温板	嵌入式冒口
	<$\phi150$	$\phi150 \sim \phi300$	>$\phi300$			
外径极限偏差/mm	±3	—	—	±4	—	±1
内径极限偏差/mm	—	±5	±10	—	—	—
厚度极限偏差/mm	—	—	—	±4	±7	—

另外，冒口套还应该具有低的含水量和合适的密度等要求。含水量是指保温冒口套材料所含游离水质量与原始质量之比，以百分数表示。

9.1.4　冒口套的效能

发热保温冒口与普通砂冒口相比，可保持或提高冒口中金属液的温度，从而延长了金属的液态保持时间，冒口的有效模数大大提高。

发热保温冒口套的效能主要体现在以下几个方面：

1）减少了冒口的质量，节约了金属和降低了能耗。采用发热保温冒口套，使所需要的冒口尺寸变小，冒口中金属液质量可下降 50% ~ 80%，减少了金属用量，同时降低了能耗，可以使占铸件生产成本 7% ~ 9% 的能耗降低为 52% 左右。

2）提高了工艺出品率。采用高效的发热保温冒口，可使铸件的工艺出品率从 40% 提高到 60% ~ 75%。

3）提高了生产率。使用发热保温冒口套后，每生产 1t 毛坯铸钢件，可以少熔炼 0.79t 钢液，提高电炉使用率近 80%。在不增加新电炉的投资情况下，可将现有的生产能力扩大 1.8 倍。

4）减少了切割冒口的工作量。发热保温冒口套的使用减小了冒口尺寸，使冒口更容易切割，冒口套与易割片配合使用后可进一步简化冒口的清理过程。

5）降低了冒口高度，节约了型砂。为考察发热保温冒口套在铸件补缩性能上的优越性，有研究者进行冒口效能对比试验，对比对象为普通砂型冒口、普通保温冒口套和发热保温冒口套。所对比的冒口尺寸规格相同，冒口壁厚均为 10mm，冒口内径为 120mm，内高为 125mm。试验条件为浇注温度为 1520℃的缸体铸钢件，浇注时间为 25s，总浇注量为 25kg，试验次数为 15 次，试验结果见表 9-3。结果表明，冒口的补缩效果依次按照普通砂型冒口、普通保温冒口、发热保温冒口明显递增。

表 9-3　冒口套效能对比

冒口类别	普通砂型冒口	普通保温冒口套	发热保温冒口套
冒口凝固时间（平均值）/s	90	112	175
补缩效率（平均值）（%）	12	25	42
冒口根部出现缩孔次数	13	9	0

9.2　冒口套用原材料

发热保温冒口套用的原材料主要由保温材料、发热材料、耐火骨料和黏结剂组成。发热保温冒口套中的发热材料在高温下反应放出热量，以及保温材料发挥保温效果，大大减少了冒口内金属液的热量散失，延缓了冒口内金属液的凝固时间，实现对铸件的高效补缩，确保获得组织致密的铸件。

9.2.1　保温材料

发热保温冒口套使用的保温材料一般是指热导率小于或等于 $0.2W/(m \cdot K)$ 的矿物质材料和有机纤维材料。常用的保温材料主要有漂珠、珍珠岩、膨胀蛭石、岩棉、硅酸铝纤维棉、纸浆纤维等。

1. 漂珠

漂珠是从热电厂的粉煤灰中浮选出的空心球，呈灰白色，粒度多为 20 ~ 250μm，比面积为 3000 ~ 3200cm²/g，真密度为 2.10 ~ 2.20g/cm³，堆密度为 250 ~ 400kg/m³，热导率为 $0.065W/(m \cdot K)$，是优良的保温材料。漂珠具有颗粒细、中空、质轻、高强、耐磨、耐高温、保温绝缘、绝缘阻燃等多种功能，是制作保温冒口的理想原料。

粉煤灰漂珠耐酸、耐碱，化学性质稳定。其化学成分主要为 SiO_2、Al_2O_3、Fe_2O_3、CaO、MgO 及 K_2O 等；矿物成分为玻璃相和晶质相，其中结晶成分主要为莫来石和石英等。不同煤源所产生的粉煤灰漂珠具有一定的差异，表 9-4 给出了不同地区较有代表性的几家热电厂所产漂珠的化学成分。

表 9-4　粉煤灰漂珠的化学成分（质量分数）　　　　　　　　（%）

产地	SiO₂	Al₂O₃	Fe₂O₃	CaO	MgO	K₂O	Na₂O	TiO₂	P₂O₅	灼烧减量
闸北	55.55	40.75	1.31	0.65	0.23	0.67	0.09	0.62	0.04	0.61
遵义	54.67	35.06	2.60	0.97	0.70	1.75	0.33	1.34	0.06	2.88
华蓥山	56.88	30.28	4.69	1.23	1.09	3.38	0.54	1.36	0.10	0.49
新庄	55.78	28.46	3.59	2.24	3.57			1.95		1.33
十里泉	59.70	29.85	3.91	1.30	1.20		0.24	0.89	0.12	0.46
贵阳	54.13	29.32	6.25	1.98	1.30	1.73	0.37	2.91	0.11	1.69
淮南	58.70	34.49	2.21	0.95		0.51	0.38	1.23		1.25

一般来讲，漂珠中的铝含量越高，铁含量越低，则其质量越好，通常要求 Al_2O_3 含量（质量分数，下同）大于 30% ，Fe_2O_3 含量小于 4% ，含碳量小于 3% ；反射率（白度）越高其质量越好。漂珠的耐火度主要取决于 Al_2O_3 的含量，Al_2O_3 含量在 25% ~ 30% 时的耐火度为 1610 ~ 1650℃，Al_2O_3 含量在 30% ~ 34% 时的耐火度为 1650 ~ 1690℃；Al_2O_3 含量在 35% ~ 40% 时的耐火度为 1690 ~ 1739℃。Fe_2O_3 等杂质影响漂珠的白度，杂质成分含量高则漂珠的灰色增加。最好的漂珠为银白色，漂珠呈白色偏黄是由于铁的氧化物含量偏高所致。

漂珠的粒度一般控制在 30 ~ 140 号筛之间，太粗会影响发热保温冒口套的强度和保温性能，太细会影响强度和透气性。

2. 膨胀珍珠岩

珍珠岩是一种火山喷发的酸性熔岩，经急速冷却而成的玻璃质岩石，因其具有珍珠裂隙结构而得名。珍珠岩矿包括珍珠岩、松脂岩和黑曜岩，三者的区别在于珍珠岩具有因冷凝作用形成的圆弧形裂纹，称为珍珠岩结构，含水量（质量分数，下同）为 2% ~ 6% ；松脂岩具有独特的松脂光泽，含水量为 6% ~ 10% ；黑曜岩具有玻璃光泽与贝壳状断口，含水量一般小于 2% 。

珍珠岩经 400 ~ 500℃ 预热，在 1180 ~ 1350℃ 高温条件下体积迅速膨胀（1300℃ 时膨胀 7 ~ 30 倍以上），形成富含闭口和开口气孔的膨胀珍珠岩。其密度为 40 ~ 200kg/m³，常温热导率为 0.028 ~ 0.048W/(m·K)，高温热导率为 0.058 ~ 0.175W/(m·K)，低温热导率 0.028 ~ 0.038W/(m·K)，最高使用温度为 800℃ 。

珍珠岩属于酸性耐热保温原料，一般化学成分见表 9-5。

表 9-5　珍珠岩的一般化学成分（质量分数）

（%）

SiO_2	Al_2O_3	Fe_2O_3	CaO	MgO	K_2O	Na_2O	H_2O
68 ~ 74	≈12	0.5 ~ 3.6	0.7 ~ 1.0	0.3	2 ~ 6	2 ~ 5	2.3 ~ 6.4

膨胀珍珠岩是珍珠岩焙烧后的产品，一般化学成分（质量分数）为：SiO_2 70.5% ，Al_2O_3 14.7% ，Fe_2O_3 3.4% ，CaO 1.5% ，MgO 0.2% 。矿物组成有石英、新生莫来石、微粒等。膨胀珍珠岩是一种具有微孔结构的硅质颗粒材料，具有密度小、热导率低、耐火度高、隔声性能好、空隙细微、化学性能稳定和无毒无味等特点，广泛用于建筑工业、助滤剂、填料、机械、冶金、水电等工业领域。

3. 膨胀蛭石

蛭石是由黑云母、金云母等矿物组成的层状硅酸盐矿物，呈薄片状结构，由两层层状的硅氧骨架，通过氢氧镁石层或氢氧铝石层结合而形成双层硅氧四面体，"双层"之间有水分子层。高温加热时"双层"间的水分变为水蒸气产生压力，使"双层"分离膨胀。蛭石在 150℃ 以下时，水蒸气由层间自由排出，但由于其压力不足，蛭石难以膨胀。温度高于 150℃，特别是在 850 ~ 1000℃ 时，因硅酸盐层间距减小，水蒸气排出受限，层间水蒸气压力增高，从而导致蛭石剧烈膨胀。

膨胀蛭石是由蛭石经煅烧膨胀而成的一种铁、镁质含水硅酸盐类矿物。表 9-6 列出了我国膨胀蛭石的主要技术指标。膨胀蛭石是层状结构，层间含有结晶水，导热系数低，是良好的隔热材料。质量良好的膨胀蛭石，最高使用温度可达 1100℃，它与膨胀珍珠岩的作用相似，是一种价格低廉的保温、隔热、吸声材料，其制品在建筑、冶金、农业、化工、电力等领域广泛应用。

表 9-6　膨胀蛭石的主要技术指标

级　别	一级	二级	三级
密度/(g/cm³)	0.1	0.2	0.3
允许工作温度/℃	1000	1000	1000
热导率/[W/(m·K)]	0.046 ~ 0.058	0.052 ~ 0.063	0.058 ~ 0.069
粒径/mm	2.5 ~ 20	2.5 ~ 20	2.5 ~ 20
颜色	金黄	深灰	暗黑

4. 岩棉

岩棉是以玄武岩、安山岩、白云石、矿渣和焦炭为主要原料，经高温熔融制成的人造无机纤维。它具有密度小、热导率低、吸声性能好、不燃、化学稳定性好等特点，是一种新型的保温、隔热、吸声材料。表 9-7 列出了岩棉的主要性能指标。

表 9-7　岩棉的主要性能指标

级　别	典型指标	GB/T 11835—2016《绝热用岩棉、矿渣棉及其制品》	备　注
纤维平均直径/μm	4 ~ 9	≤6.0	
渣球含量（质量分数，%）	4 ~ 1	≤7.0	颗粒直径 > 0.25mm

（续）

级　别	典型指标	GB/T 11835—2016《绝热用岩棉、矿渣棉及其制品》	备　注
酸度系数	≥1.5	—	$SiO_2 + Al_2O_3 + CaO + MgO$
密度/(kg/m³)	≤30	≤150	
热导率/[W/(m·K)]	0.026 ~ 0.035	≤0.044	

5. 硅酸铝纤维棉

硅酸铝纤维主要用高岭土、焦宝石、耐火黏土或硅砂与纯氧化铝作为原料，经高温熔融制成的人造无机纤维。密度为 80 ~ 128kg/m³，热导率为 0.034W/(m·K)。硅酸铝纤维的分类和成分见表9-8。

表9-8　硅酸铝纤维的分类和成分

分　类　号		1	2	3	4	5	6
分类温度/℃		<1200	1260	1400	1400	1550	1600
化学成分 （质量 分数,%）	SiO_2	53.9	53	45	55	15	5
	Al_2O_3	43.4	47	55	41	85	95
	Cr_2O_3	—	—	—	4	—	—
	TiO_2	1.7	—	—	—	—	—
	Fe_2O_3	0.8	—	—	—	—	—
	$K_2O + NaO_2$	0.2	—	—	—	—	—
矿物成分 （质量 分数,%）	莫来石	65	65	75	57	54	18
	方石英	35	35	25	43	—	—
	氧化铝	—	—	—	—	46	85
结构		非晶	非晶	非晶	非晶	多晶	多晶

根据纤维内部的化学成分及矿物成分的不同，硅酸铝纤维可以分为4类。表9-8中第1~第4类为硅酸铝纤维，分别称为标准（普通）硅酸铝纤维、高纯硅酸铝纤维、高纯含铝硅酸铝纤维和高纯含锆硅酸铝纤维。第1~第4类硅酸铝纤维主要用高岭土、耐火黏土或硅砂与纯氧化铝混合制成。制备硅酸铝纤维时，先将原料放入电炉内，在大约2000℃的温度下原料熔化，熔体在离心力的作用下或在连续气流作用下喷出并冷却，高黏度的 $Al_2O_3 - SiO_2$ 在离心力、强烈的空气流或蒸汽流的带动下，被吹成细丝，并在强烈的冷却作用下凝固成直径 1 ~ 10μm，长 5 ~ 25cm 的纤维，从而制得硅酸铝纤维。与此同时，会形成质量分数约为 30% ~ 65% 的不成纤维的粒状或不规则物料或渣料，直径超过 50 ~ 100μm。

硅酸铝纤维具有密度小、耐高温、热稳定性好、热导率低、比热容小、抗机械振动好、受热膨胀小、隔热性能好等优点，广泛用于冶金、电力、机械、化工的热能设备上的保温。值得注意的是，由于环保和节能的要求，发达国家已限制硅酸铝纤维的使用。

6. 纸浆和木质纤维

纸浆纤维是以植物纤维为原料，经不同加工方法制得的纤维状物质。根据所用纤维原料分为木浆、草浆、麻浆、苇浆、蔗浆、竹浆等。

木质纤维是天然木材经过化学处理得到的有机纤维。通过筛选、分裂、高温处理、漂白、化学处理、中和、筛分成不同长度和粗细度的纤维以适应不同应用材料的需要。木质纤维有多种品级（如纤维长度、密度、纯度不同），纤维长度为 10 ~ 2000μm。木质纤维的密度为 0.8 ~ 1.3g/cm³。木质纤维的纤维非常强劲，纤维表面也非常类似石棉，且完全无毒无害。木质纤维的饱和含水量（质量分数）为 10% ~ 12%，其正常含水量（质量分数）在 4% ~ 8% 之间，因此需将其存放于干燥的地方。木质纤维有很多优点，如强烈的增稠增强效果、良好的液体强制力与抗裂性、抗垂、低收缩等。

7. 炭化稻壳

炭化稻壳是指稻壳经过加热至其着火点温度以下，使其不充分燃烧而形成的木炭化物质。炭化稻壳的基本成分是碳和硅，稻壳细胞腔形成了多微孔的疏松结构，使其具有密度小、导热性低的特性。冒口中采用的炭化稻壳是高硅低碳的，一般要求碳的质量分数低于20%，颗粒或粉末均可。

9.2.2 发热材料

发热保温冒口套和发热冒口套的热量来源主要是通过金属铝的氧化过程（铝热反应）来实现的，因此发热材料一般由含铝材料、氧化剂和助熔剂组成。

1. 含铝材料

（1）雾化铝粉　铝为银灰色的金属，相对分子质量为26.98，相对密度为2.55，纯度99.5%铝的熔点为685℃，沸点为2065℃，熔化潜热为323kJ/g。铝有还原性，极易氧化，在氧化过程中放热。铝急剧氧化时放热量为15.5kJ/g。

雾化铝粉主要分为空气雾化法和氮气雾化法。雾化铝粉生产工艺是用压缩空气（氮气）通过喷嘴将熔融的铝液雾化成液滴，随后被大量的空气（氮气）冷却成为金属粉末，再经过机械振动筛或气动分级装置获得合适粒度的产品。氮气雾化法生产铝粉的优点：①氮气沸点低，会吸收大量的热量和动能，降低氧化爆炸危险系数。②隔绝氧气，防止发生氧化反应产生危险性气体。③操作简单，对生产安全性要求低。产品优点：①铝粉规则，由于液滴凝结速度快，可以快速结成球状，而不是不规则体。②铝粉硬度好，由于快速凝胶，铝粉更加致密，形成的铝粉具有更好的物理性能。

（2）铝灰　铝灰的成分非常复杂，它与废铝的污染物、使用的覆盖剂、造渣剂和精炼剂有直接关系，与废铝的合金成分、炉内气氛也有关系。铝灰的主要成分有金属铝、氧化铝、氧化硅、氧化镁、氯化物及氟化物等。

由于铝灰中含有一定量的金属铝，其也作为冒口发热材料中的金属铝的主要来源，一般冒口用的铝灰要求铝含量在20%以上。

2. 铝热剂

铝热剂的主体是由铝粉与氧化性较强的金属或非金属氧化物（如Fe_3O_4、Cr_2O_3、MnO_2等）所组成的混合物，它们之间在受到热或者机械力的引发后能够发生剧烈的氧化还原反应并放出大量的热，其反应通式为

$$2xAl + 3MO_x \rightarrow xAl_2O_3 + 3M + \Delta H$$

式中，M、MO_x分别为某种金属或非金属元素及其相对应的氧化物；ΔH为反应热。

铝热剂是一种多组分体系，具有许多优点：①能量密度高，具有足够的热效应，绝热火焰温度通常能达到2000~2800℃。②有效携氧量高，不需借助空气中的氧即能够发生剧烈的燃烧反应。③组分选择范围广、配方灵活，可以通过选择不同的组分或化学配方来满足不同的应用需要。④机械和热感度低，在±100℃的环境中具有足够的化学和物理安定性，并且当受到弱酸（碱）溶液的作用时仍能够保持稳定。⑤质量密度高，易成形，吸湿性弱，有利于长期储藏，对人体无害且原料丰富、价格低廉。

3. 氧化剂和助熔剂

氧化剂可以促进铝热反应提前进行，提高冒口的发热效率，氧化剂一般采用$KMnO_4$、$KClO_3$、KNO_3、$NaNO_3$等。助熔剂可以调整反应所需的温度、发热速度和发热时间，有的还与燃烧的产物反应，生成低熔点熔渣。助熔剂一般为碱金属、氟化物等。

9.2.3 耐火骨料

冒口套中的保温材料虽然有一定的耐火度，但难以抵挡高温金属液的静压力，还需要加入一定的耐火骨料，以形成网络结构，来提高抗金属液压力的能力。因此，为保证发热保温冒口套在较高温度时的强度，必须加入一定数量的耐火骨料，应用较多的有耐火黏土、高铝矾土、硅砂、矿渣棉、煤矸石等。

1. 耐火黏土

耐火黏土是工业名称，主要矿物为黏土矿物和铝的氢氧化物，如一水硬铝石、一水软铝石、三水铝石、珍珠陶土、高岭石、迪开石、水铝英石、埃洛石、伊利石、叶蜡石、蒙脱石等。耐火黏土中常见的非黏土矿物有石英、长石、云母，其次是铁、锰氧化物及氢氧化物、碳酸盐、硫酸盐、硫化物，以及其他氧化物和硅酸盐矿物。一般来说，黏土矿物多集中小于2μm粒级部分，非黏土矿物集中在大于2μm粒级部分。

耐火黏土的化学成分是影响其质量的重要因素之一。Al_2O_3为耐火黏土的主要有益组分，是衡量耐火黏土质量的主要因素，其含量越高，$w(Al_2O_3)/w(SiO_2)$的比值越大，黏土的耐火度就越高，烧结熔融范围也就越宽。我国根据现行耐火原料的化学成分技术指标，将耐火度大于1580℃的黏土和耐火度大于1770℃的铝土矿通称为耐火黏土。评价耐火黏土的一般性工业指标见表9-9。

2. 高铝矾土

高铝矾土是指煅烧后，氧化铝含量（质量分数）在48%以上，氧化铁含量较低的天然铝土矿。根据铝矾土的矿物组成，我国铝矾土可分为两个基本类型：一水铝矾土和三水铝矾土。我国绝大部分地区的铝矾土皆属于一水铝矾土。根据其中的含水铝硅酸盐

和杂质矿物的种类又可以分为水铝石 – 高岭石型（D – K 型）、水铝石 – 叶蜡石型（D – P 型）、勃姆石 – 高岭石型（B – K 型）、水铝石 – 伊利石型（D – I 型）、水铝石 – 高岭石 – 金红石型（D – K – R 型）5 类。其中 D – K 型、D – P 型、B – K 型铝矾土为矾土矿物的基本类型，质地良好，适于制造各种耐火材料。

铝矾土根据粒度分为铝矾土砂（粒度分布为 0.150 ~ 3.350mm）和铝矾土粉（粒度分布在 0.150mm 以下）。铝矾土砂、粉根据煅烧后的主晶相分类按表 9-10 规定。铝矾土砂、粉分别根据粒度组成和粒度特性参数分组，按表 9-11 和表 9-12 规定。

表 9-9　评价耐火黏土的一般性工业指标

矿石类型	矿石品级		主要化学成分(质量分数,%)			灼烧减量 (%)≤	耐火度/℃ ≥	可塑性指标	说　明
			Al_2O_3 ≥	Fe_2O_3 ≤	CaO ≤				
高铝黏土	特级		85	2.0	0.6	15	1770	—	化学成分以熟料计
	Ⅰ级		80	2.5	0.6	15	1770		
	Ⅱ级	甲	70	3.0	0.8	15	1770		
		乙	60	3.0	0.8	15	1770		
	Ⅲ级		50	2.5	0.8	15	1770		
硬质黏土	特级		44	1.2		15	1750	—	
	Ⅰ级		40	2.5		15	1730		
	Ⅱ级		35	3.0		15	1670		
	Ⅲ级		30	3.5		15	1630		
半软质黏土	Ⅰ级		35	2.0		16	1690	1 ~ 2.5	化学成分以生料计
	Ⅱ级		30	2.5		16	1670		
	Ⅲ级		25	3.5		16	1630		
软质黏土	Ⅰ级		30	2.0		18	1670	≥2.5	
	Ⅱ级		26	2.5		18	1610		
	Ⅲ级		22	3.5		18	1580		

表 9-10　铝矾土砂、粉根据煅烧后的主晶相分类（GB/T 12215—2019）

类　别	主晶相 (体积分数,%)	耐火度/℃
铝矾土熟料	刚玉 + 莫来石≥90	≥1770
铝矾土合成料	莫来石≥80	≥1790

表 9-11　铝矾土砂的分组规定（GB/T 12215—2019）

分组代号	粒度/mm		
	前筛	主筛	后筛
170	3.350	1.700	0.850
85	1.700	0.850	0.600
60	0.850	0.600	0.425
30	0.425	0.300	0.212
21	0.300	0.212	0.150
15	0.212	0.150	0.106

表 9-12　铝矾土粉的分组规定（GB/T 12215—2019）

分组代号	粒度/mm		
	主筛以上	主筛	主筛以下
9	0.053 ~ 0.075	0.045	0.045 以下
6	0.045 ~ 0.075	0.040	0.040 以下

铝矾土熟料根据其 Al_2O_3 和有害杂质的含量分为三级，见表 9-13。

铝矾土合成料规定为一个级别。其化学成分见表 9-14。

铝矾土砂的含粉量（质量分数）应不大于 0.3%；铝矾土砂的粒度采用试验筛进行分析，其主要粒度组成部分，三筛砂质量主次比例依次为：50% ±5%、30% ±5%、10% ±5%；铝矾土砂、粉的含水量（质量分数）应不大于 0.3%。

表9-13 铝矾土熟料分级规定 (GB/T 12215—2019)

分级代号	$Al_2O_3 \leqslant$	化学成分(质量分数,%)				
		有害杂质 $\leqslant$				
		Fe_2O_3	TiO_2	$CaO + MgO$	$K_2O + Na_2O$	灼烧减量
85	85	1.0	4.0	0.8	0.5	0.5
80	80	1.5	5.0	0.8	0.7	0.5
70	70	2.0	5.0	1.0	0.7	0.5

表9-14 铝矾土合成料化学成分 (GB/T 12215—2019)

化学成分 (质量分数,%)	Al_2O_3	SiO_2	Fe_2O_3	TiO_2	$CaO + MgO$	$K_2O + Na_2O$	灼烧减量
含量	66 ~ 70	24 ~ 28	≤1.5	≤4.0	≤0.5	≤0.5	≤0.5

耐火骨料加入,不仅会增加保温材料的密度,而且会降低其保温能力。因此,在保证高温强度及耐火度的前提下,尽量把耐火骨料的加入量控制在最低范围内。

3. 煅烧 α 氧化铝

煅烧 α 氧化铝是以工业氢氧化铝或工业氧化铝为原料,在适当的温度下煅烧成的晶型稳定的 α 型氧化铝产品;以煅烧 α 氧化铝为原料,经过球磨制成的氧化铝微粉。

在煅烧 α 氧化铝的晶格中,氧离子为六方紧密堆积,Al^{3+} 对称地分布在氧离子围成的八面体配位中心,晶格能很大,故熔点、沸点很高。α 型氧化铝不溶于水和酸,工业上也常称铝氧,是制作金属铝的基本原料,也用于制作各种耐火砖、耐火坩埚、耐火管、耐高温实验仪器,还可用作研磨剂、阻燃剂、填充料等。

4. 莫来石

莫来石是一系列由铝硅酸盐组成的矿物统称,是铝硅酸盐在高温下生成的矿物。人工加热铝硅酸盐时会形成莫来石。天然的莫来石晶体为细长的针状且呈放射簇状。莫来石矿被用来生产高温耐火材料。

莫来石是 $Al_2O_3 - SiO_2$ 二元系中常压下唯一稳定存在的二元化合物,化学式为 $3Al_2O_3 \cdot 2SiO_2$。天然莫来石非常少,通常用烧结法或电熔法等人工合成。

其密度为 $3.16g/cm^3$,莫氏硬度为 6 ~ 7 级,耐火度 1800℃时仍很稳定,1810℃分解为刚玉和液相。莫来石是一种优质的耐火材料,它具有膨胀均匀、热震稳定性极好、荷重软化点高、高温蠕变值小、硬度大、抗化学腐蚀性好等特点。

9.2.4 黏结剂

冒口黏结剂是指在冒口生产过程中,使散状冒口原材料胶结在一起并产生足够常温或高温强度的物质。按黏结剂的化学性质分,可分为有机黏结剂和无机黏结剂两大类。有机黏结剂有水溶性的(主要由碳、氢、氧构成)和非水溶性的(主要由碳、氢构成,相对分子质量较高)。无机黏结剂又有硅酸盐类、铝酸盐类、硫酸盐类、氯化物类和溶胶类等。采用有机树脂作黏结剂,如环氧树脂、呋喃树脂以及酚醛树脂等,都要配以相应的固化剂。另外,用树脂作黏结剂,不仅价格较贵,而且制作冒口套、干燥及浇注过程中都会产生游离酚,污染环境且影响工人身体健康,因此,在保证冒口有足够的强度下,尽量少用。采用无机水玻璃作黏结剂,水玻璃加入量(质量分数)超过15%,铝热剂就很难进行,所以控制其加入量不超过15%。另外,也有研究采用糊精、膨润土、矾土水泥等作为发热保温冒口套的黏结剂。

发热保温冒口套常用的酚醛树脂和水玻璃黏结剂的性能指标见表9-15、表9-16。

表9-15 发热保温冒口套用酚醛树脂黏结剂的性能指标

pH 值	黏度/mPa·s	密度(20℃)/(g/cm³)	抗拉强度/MPa	游离酚(质量分数,%)
7 ~ 8	300	1.20 ~ 1.25	≥1.7	≤5

表9-16　发热保温冒口套用水玻璃黏结剂的性能指标

模　数	黏度/mPa·s	密度(20℃)/(g/cm³)	抗拉强度/MPa
2.8	150~350	1.3~1.6	0.7~1.4

9.3　保温冒口套

保温冒口套顾名思义是由保温材料制备而成的冒口套，目的是利用低热导率保温材料的蓄热功能减少冒口内金属液的热损失，延长冒口套内金属液的凝固时间，提高冒口对铸件的补缩能力。

9.3.1　保温冒口套的组成

保温冒口套的主要组成一般包括保温材料、耐火骨料、黏结剂以及一些附加材料等。组成材料的选用应遵循来源广、无毒无害、不污染环境、不影响造型材料的回收等原则。各种常用原料见9.2节。

按规定配方，将各种原料与黏结剂混合，然后造型，最后烘干制备保温冒口套。某铸钢用保温冒口套的参考配方见表9-17。

表9-17　某铸钢用保温冒口套的参考配方

组成	微珠	辅助保温材料①	耐火骨料（纯度>98%的SiO₂）	麻纤维	耐火黏土	黏结剂②	水
含量（质量分数,%）	55~60	15~20	15~20	0.5~1	5~10	15~20	适量

① 辅助保温材料的成分（质量分数）：碳60%~65%，灰分35%~40%。
② 黏结剂可采用聚酯树脂、水玻璃及磷酸盐等。

9.3.2　保温冒口套的性能指标

1. 密度

决定保温冒口套保温性能的指标是热导率和密度。热导率的检测难度较大，所以通常都用密度来评定保温冒口套的保温性能。保温冒口套的密度越小，保温冒口套的保温效果越好，但密度太小会导致冒口套在高温下的体积收缩太大，从而影响其补缩效果。理想的保温冒口套的密度控制范围应在0.4~0.6g/cm³。

2. 耐火度

保温冒口套在高温下长时间受到金属液的各种作用，因此必须有足够的耐火度以抵抗金属液的侵蚀和保持良好的保温性能。对于不同材质的铸件的所用保温冒口套的，耐火度要求是不同的：铸钢件应大于1500℃，铸铁件应大于1300℃，铸铝件应大于800℃。

3. 强度

保温冒口套要求有足够的强度，才能确保在运输，特别是造型时不损坏。通常用抗弯强度来检测保温冒口套的强度。保温冒口套的抗弯强度对于不同类型的保温冒口套有所差别，一般控制在2.0~3.0MPa。

4. 含水量

保温冒口套的含水量是衡量其烘干程度和吸湿性的重要指标。含水量高会导致保温冒口套的保温性能变差和发气量增加，一般要求保温冒口套的含水量（质量分数）小于1%。

5. 透气性

保温冒口套特别是暗保温冒口套应有一定的透气性，以确保金属液快速充填冒口。常用型砂干透性指数来检测和评判保温冒口套的透气性，一般要求大于或等于50。

6. 尺寸精度

黏土砂机械造型线常使用嵌入式保温冒口套，因此对保温冒口套的尺寸精度提出了较高的要求。如果保温冒口套的尺寸精度不够，要么保温冒口套下不进去，要么放进去后会从铸型掉出来。嵌入式保温冒口套的尺寸精度主要控制外径，外径的极限偏差一般要求在±1.0mm。

保温冒口套的性能指标见表9-18。表9-19给出了常见几种类型保温冒口套的性能指标及应用特点，表9-20给出了两种商品化的保温冒口套的性能指标。

表9-18　保温冒口套的性能指标

项　目		性能指标	说　明
密度/(kg/m³)		≤800	
强度/MPa	干压	≥0.7	适用于复合纤维保温冒口套
	常温抗折	≥0.6	
热导率/[W/(m·K)]		≤0.28	
耐火度/℃		≥1500	
含水量（质量分数,%）		<1	
		≤0.5	适用于复合纤维保温冒口套

表 9-19　常见几种类型保温冒口套的性能指标及应用特点

冒口类别	密度/(g/cm³)	耐火度/℃	热导率/[W/(m·K)]	抗折强度/MPa	清砂性及环境污染	铸件成品率(%)	冒口套材料来源	产出/投入系数
粉煤灰漂珠型保温冒口套	0.44 ~ 0.65	1610 ~ 1710	0.082 ~ 0.110	1.5 ~ 2.5	冒口套呈块状脱落,清理方便无污染	70 ~ 75	固体废物再利用,材料来源广,成本低	20.96
纤维复合型保温冒口套	0.79 ~ 0.85	1650 ~ 1700	0.081 ~ 0.162	0.6 ~ 0.85	冒口套呈粉状脱落,粉尘大污染环境	70 ~ 75	材料来源较多	15.89
珍珠岩复合型保温冒口套	0.65 ~ 0.83	1360 ~ 1730	0.220 ~ 0.255	—	冒口套自动脱落,无污染	70 ~ 76	材料来源丰富,价格低	15.5
烟道灰型保温冒口套	0.60 ~ 0.80	1530 ~ 1630	0.213	—	易清理,粉尘大污染环境	71 ~ 75	材料来源广,价格低	16.7
碳化稻壳型保温冒口套	0.66 ~ 0.68	1510 ~ 1550	0.171	—	冒口套呈块状脱落,无污染	66 ~ 71	材料来源广,成本低	4
普通砂型冒口套	1.5 ~ 1.8	<400	0.812	0.2 ~ 0.5	粘砂,难清理,粉尘大污染环境	50 ~ 55	材料普遍,成本低	—

表 9-20　两种商品化的保温冒口套的性能指标

项　目	商品一	商品二
密度/(g/m³)	≤0.8	0.45 ~ 0.55
抗折强度/MPa	≥0.6	≥0.8(抗弯强度)
热导率/[W/(m·K)]	≤0.28	—
耐火度/℃	≥1500	—
含水量(质量分数,%)	≤1	≤1
透气性	—	≥50
内外径极限偏差/mm	—	±1

9.3.3　保温冒口套的规格尺寸

保温冒口套的规格尺寸较多,主要有圆柱形明(暗)保温冒口套、腰形柱状明(暗)保温冒口套、半圆柱形明保温冒口套、球形保温冒口套等。

FI200 系列保温暗冒口套见图 9-1。表 9-21 为 FI200 系列保温暗冒口套和 FI300 系列大尺寸直筒形保温明冒口套的规格尺寸。

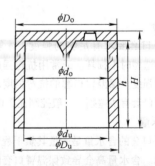

图 9-1　FI200 保温暗冒口套

表 9-21　FI200 系列保温暗冒口套和 FI300 系列大尺寸直筒形保温冒口套的规格尺寸

规　　格	模数/cm	ϕd_u/mm	ϕD_u/mm	ϕd_o/mm	ϕD_o/mm	h/mm	H/mm	冒口容积/cm³
FI200 – A40/70	0.75	41.5	62.5	35.5	59	63	71.5	70
FI200 – A60/90	1.05	57.5	50	52.5	76	50.5	91	150
FI200 – A120/150	2.00	118	154.5	112	148	130	150	1350
FT300 – M500×167	5.01	500	565	—	—	—	167	32770
FT300 – M550×184	5.51	550	620	—	—	—	184	43690
FT300 – M600×200	6.00	600	670	—	—	—	200	56520

9.3.4　保温冒口套的应用范围

保温冒口套可用于铸铁、铸钢、铸铝件的补缩，可镶嵌在模板上造型或在造型后嵌入砂型，目前在铸钢件上应用最广。保温冒口套适用于黏土砂机械造型线、自硬树脂砂造型、水玻璃砂造型等。保温冒口套对于铸铝件和大型铸钢件以及非糊状凝固的合金最合适。

目前在铸钢件上已经广泛采用保温冒口套代替砂型冒口用于生产。对于保温冒口套来说，由于其保温性能使得其内部金属液的凝固系数小于铸型内金属液的凝固系数，这给用模数法计算设计保温冒口带来了不便，为此引入保温冒口套的有效模数概念。它等于保温冒口套的几何模数与模数扩展系数的乘积，其涵盖了冒口套的保温作用，大于几何模数。因此，在计算设计保温冒口套时，应该查阅和选用相关保温冒口套的有效模数。

9.4　发热保温冒口套

发热保温冒口套依靠冒口套中发热材料的化学反应放热，提高冒口中金属液的温度，并使化学反应的持续时间尽可能贯穿于整个凝固过程，同时依靠保温材料的保温性能，使冒口中的热量不易散出，从而达到延长冒口凝固时间，提高补缩效率的目的。发热保温冒口套的发热材料在保温套内，不与铸型接触，这使发热反应放出的热量可以在保温的状态下向金属液传导，外泄相对减少。与保温冒口相比，发热保温冒口套的补缩效率得到了进一步的提高，是目前应用最为广泛的冒口套。

9.4.1　发热保温冒口套的组成

与保温冒口套相比，除含有保温材料和耐火骨料外，发热保温冒口套中多加入了发热材料。发热材料一般包括发热剂、氧化剂、助熔剂。

常采用铝热剂作为发热剂，主要是由铝粉与氧化性较强的金属或非金属氧化物所组成的混合物（如 Fe_3O_4、Fe_2O_3、MnO_2 等），它们之间在受到热后能够发生剧烈的氧化还原反应并放出大量的热，使冒口中的金属液温度提高。氧化剂一般采用一些钾盐（如 $KMnO_4$、$KClO_3$、KNO_3），其主要作用是促进铝热反应的提前进行，提高冒口的发热效率。助熔剂可以降低发热剂的反应温度、调节反应速度和时间，一般采用氟化物，如冰晶石（Na_3AlF_6）等。

某一发热保温冒口套的组成及推荐配比见表 9-22。按照配比混料，并加入适当黏结剂（如水玻璃），然后经成形、烘干后制得发热保温冒口套。

随着发热保温冒口套的发展，出现了一些先进的制造工艺。例如，日本专利特开平 6-198384（1994）所述的方法，采用尿烷系树脂黏结剂自硬法，不需加热可硬化，节能效果好，制品表面安定性好，强度高，使用十分方便。Ashland 专利 WIPO Patent WO/2001/015833A2 采用冷芯盒工艺制作发热保温冒口套，提高了制品的尺寸精度等。

表 9-22　某一发热保温冒口套的组成及推荐配比

组　　成	空心微珠	铝粉	氧化铁	硝酸钾	氯酸钾	氟铝酸钠	石墨粉	黏土
含量（质量分数,%）	45	17	8	4	1	4	16	5

9.4.2　发热保温冒口套的主要性能

发热保温冒口套的性能指标与保温冒口套差不多（如耐火度、密度、抗弯强度、发气量、透气性、含水量等），主要是多了发热性能。目前还没有成熟的方法用于评价发热保温冒口套的发热与保温特性。但可以用特定温度的金属液浇注到一定尺寸的发热保温冒口套中，观察发热保温冒口套的起燃时间和金属液的凝固时间来评估其发热保温性能。发热保温冒口套的密度相对于保温冒口套允许更大一些。

表 9-23 为两种商品化发热保温冒口套的性能指标。

表9-23　两种商品化发热保温冒口套的性能指标

项目	商品一	商品二
密度/(g/cm³)	0.40～1.5	0.55～0.75
含水量(质量分数,%) ≤	1.0	1.0
透气性 ≥	70	—
抗弯强度/MPa ≥	1.0	—
外径极限偏差/mm	±1.0	±3

发热保温冒口套中加入了一些氧化剂等材料,如一些无机氟盐(如 NaF、CaF_2),能有效增强发热材料的燃烧活性,提高放热反应速度,因而氟盐早期一直作为活性添加剂而广泛用于发热保温冒口套的制作。但是有研究发现,氟元素的聚集会对型砂产生污染,多次使用后会造成球墨铸铁件的"鱼眼"缺陷。而且,无机氟盐对环境也有污染。因此,发热保温冒口套产品正逐渐放弃无机氟盐的应用,并用一些其他活性添加剂代替,如用一些有机氟盐、氯盐(NaCl、LiCl、$MgCl_2$、$CaCl_2$)等。

9.4.3 发热保温冒口套的应用范围

发热保温冒口套有高的补缩效率,广泛地用于各种造型和各种材质的铸件。对于糊状凝固的合金和中小尺寸的冒口,发热保温冒口套更具优势。

9.4.4 发热保温冒口套的规格尺寸

目前常用的发热保温冒口套有多种规格,以下按照发热保温冒口套的形状分别介绍几种冒口套规格及主要参数(几何模数、有效模数、容积)。

1. 直筒形发热保温冒口套

直筒形发热保温冒口套又有明冒口套和暗冒口套之分。

(1)直筒形明发热保温冒口套　直筒形明发热保温冒口套见图9-2。其常见的规格尺寸见表9-24。

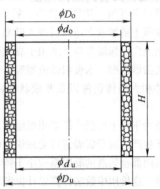

图9-2　直筒形明发热保温冒口套

表9-24　直筒形明发热保温冒口套的规格尺寸

规格		几何模数/cm	有效模数/cm	容积/cm³	ϕd_u/mm	ϕD_u/mm	ϕd_o/mm	ϕD_o/mm	H/mm
圣泉产品	FT100－M50×50	0.86	1.29	100	52	79	48	75	55
	FT100－M60×60	1.03	1.54	170	63	91	58	86	65
	FT100－M70×70	1.19	1.79	260	73	101	68	96	75
	FT100－M80×80	1.36	2.04	390	83	112	77	106	85
	FT100－M90×90	1.55	2.32	580	93	122	87	116	95
	FT100－M100×100	1.69	2.54	760	103	134	97	128	105
	FT100－M110×110	1.83	2.76	1030	115	147	110	142	113
	FT100－M120×120	2.03	3.04	1300	124	158	117	151	125
	FT100－M130×130	2.21	3.29	1680	135	169	130	164	133
	FT100－M140×140	2.36	3.54	2060	144	182	137	175	145
	FT100－M150×150	2.53	3.79	2520	154	199	146	191	155
	FT100－M160×160	2.69	4.04	3060	164	211	156	203	165
	FT100－M180×180	3.03	4.55	4360	184	234	176	226	185
	FT100－M200×200	3.36	5.04	5940	203	255	195	245	205
	FT100－M225×225	3.78	5.67	8430	230	282	220	272	230
	FT100－M250×250	4.19	6.29	11550	255	310	245	300	255
	FT100－M275×275	4.61	6.92	15340	281	341	269	329	280
	FT100－M300×300	5.03	7.54	19890	306	372	294	360	305
	FT300－M150×150	2.50	3.58	2649	150	195	150	195	150
	FT300－M180×180	3.00	4.29	4578	180	230	180	230	180
	FT300－M200×200	3.33	4.77	6280	200	250	200	250	200
	FT300－M225×225	3.75	5.36	8942	225	277	225	277	225
	FT300－M250×250	4.17	6.04	12266	250	305	250	305	250

（续）

规 格		几何模数 /cm	有效模数 /cm	容积/cm³	ϕd_u /mm	ϕD_u /mm	ϕd_o /mm	ϕD_o /mm	H /mm
圣泉产品	FT300 – M275 × 275	4.58	6.65	16326	275	330	275	330	275
	FT300 – M300 × 300	5.00	7.25	21195	300	366	300	366	200
	FT300 – M300 × 200	4.78	6.93	14130	300	366	300	366	300
	FT300 – M325 × 163	4.07	5.90	13510	325	385	325	385	163
	FT300 – M325 × 200	5.26	7.47	16583	325	385	325	385	200
	FT300 – M325 × 325	5.41	7.68	26948	325	385	325	385	325
	FT300 – M350 × 175	4.38	6.13	16820	350	415	350	415	175
	FT300 – M350 × 200	5.99	8.08	19233	350	415	350	415	200
	FT300 – M350 × 350	6.05	8.47	33657	350	415	350	415	350
	FT300 – M375 × 188	4.69	6.57	20750	375	440	375	440	188
	FT500 – M40 × 75	0.79	1.34	94	42	66	38	62	75
	FT500 – M50 × 75	0.94	1.59	145	52	78	48	74	75
	FT500 – M60 × 75	1.07	1.80	210	62	90	58	86	75
	FT500 – M70 × 100	1.30	2.18	380	73	103	67	97	100
	FT500 – M80 × 150	1.58	2.61	750	83	115	77	109	150
	FT500 – M90 × 150	1.73	2.85	950	93	127	87	121	150
	FT500 – M100 × 150	1.88	3.08	1170	103	139	97	133	150
	FT500 – M125 × 150	2.21	3.60	1840	128	166	122	160	150
	FM100 – M40 × 75	0.79	1.34	94	42	66	38	62	75
	FM100 – M50 × 75	0.94	1.59	147	52	78	48	74	75
	FM100 – M60 × 75	1.07	1.80	212	62	90	58	86	75
	FM100 – M70 × 100	1.30	2.18	385	73	103	67	97	100
	FM100 – M80 × 150	1.58	2.61	754	83	115	77	109	150
	FM100 – M90 × 150	1.73	2.85	954	93	127	87	121	150
	FM100 – M100 × 150	1.88	3.08	1178	103	139	97	133	150
	FM100 – M125 × 150	2.21	3.60	1841	128	166	122	160	150
	FM100 – M150 × 150	2.50	4.05	2651	153	193	147	187	150
福士科产品	Kalmin 300 150 × 150	2.50	3.58	2649	150	195	150	195	150
	Kalmin 300 180 × 180	3.00	4.29	4578	180	230	180	230	180
	Kalmin 300 200 × 200	3.33	4.77	6280	200	250	200	250	200
	Kalmin 300 225 × 225	3.75	5.36	8942	225	275	225	275	225
	Kalmin 300 250 × 250	4.17	6.04	12266	250	305	250	305	250
	Kalmin 300 275 × 275	4.58	6.65	16326	275	330	275	330	275
	Kalmin 300 300 × 300	5.00	7.25	21195	300	360	300	360	300
	Kalmin 300 325 × 163	4.07/5.42	5.90/7.85	13515/26948	325/385	385	325/385	385	163

（续）

规　格	几何模数 /cm	有效模数 /cm	容积/cm³	ϕd_u /mm	ϕD_u /mm	ϕd_o /mm	ϕD_o /mm	H /mm
Kalmin 300 350×175	4.38/5.83	6.13/8.17	16828/33657	350	415	350	415	175/350
Kalmin 300 375×188	4.69/6.25	6.57/8.75	20753/41396	375	440	375	440	188/375
Kalmin 300 400×200	5.00/6.67	7.00/9.33	25120/50240	400	465	400	465	200/400
Kalmin 300 450×150	4.50/6.43/7.50	6.21/8.87/10.35	23844/47689/71533	450	515	450	515	150/300/450
Kalmin 300 500×167	5.01/7.15/8.33	6.71/9.58/11.17	32774/65548/98125	500	565	500	565	167/334/500
Kalmin 300 550×184	5.51/7.87/9.17	7.28/10.39/12.1	43693/87386/130604	550	620	550	620	184/368/550
Kalmin 300 600×200	6.00/8.57/10.00	7.80/11.14/13.0	56520/113040/169560	600	670	600	670	200/400/600

（福士科产品）

（2）直筒形暗发热保温冒口套　直筒形暗发热 保温冒口套见图9-3。其常见的规格尺寸见表9-25。

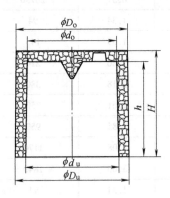

图9-3　直筒形暗发热保温冒口套

表9-25　直筒形暗发热保温冒口套的规格尺寸

规　格	几何模数 /cm	有效模数 /cm	容积 /cm³	ϕd_u /mm	ϕD_u /mm	ϕd_o /mm	ϕD_o /mm	h /mm	H /mm
FT500 – A30/90	0.70	1.15	68	30	45.5	28	44	82	90
FT500 – A40/70	0.75	1.20	70	41.5	62.5	35.5	59	63	71.5
FT500 – A50/80	0.95	1.50	130	52	73.5	48	70	70	80
FT500 – A60/90	1.07	1.72	180	57.5	80	52.5	76	78.5	91
FT500 – A70/100	1.25	2.00	300	69.5	94	65	89	87	99
FT500 – A80/110	1.40	2.25	420	79	102	71.5	99	96.5	108
FT500 – A80/140	1.44	2.38	480	77	107	71	94	125	140
FT500 – A90/120	1.55	2.50	580	89	115	81	110	104.5	120
FT500 – A100/130	1.75	2.80	800	97	127.5	91	119.5	118	133
FT500 – A100/220	1.95	3.15	1400	102	128	89	116	201.5	215
FT500 – A110/140	1.82	2.91	1000	107	136	101	130	123	140

（圣泉产品）

（续）

规　　格	几何模数 /cm	有效模数 /cm	容积 /cm^3	ϕd_u /mm	ϕD_u /mm	ϕd_o /mm	ϕD_o /mm	h /mm	H /mm
FM100 - A20/50	0.45	0.70	20	40	22	37.5	40	49	40
FM100 - A35/50	0.60	1.00	30	53	30.5	49	39.5	49.5	53
FM100 - A40/60	0.70	1.10	50	56	32	54	55	65	56
FM100 - A40/70	0.75	1.20	70	62.5	35.5	59	63	71.5	62.5
FM100 - A50/80	0.95	1.50	130	73.5	48	70	70	80	73.5
FM100 - A60/90	1.05	1.70	180	80	52.5	76	78.5	91	80
FM100 - A70/100	1.25	2.00	300	94	65	89.5	87	99	94
FM100 - A80/110	1.40	2.25	420	102	71.5	99	96.5	108	102
FM100 - A90/120	1.55	2.50	580	115	81	110	104.5	120	115
FM100 - A100/130	1.75	2.80	800	127.5	91	119.5	118	133	127.5
FM100 - A100/215	1.95	3.15	1400	128	89	116	201.5	215	128
FM100 - A110/140	1.90	3.10	1076	143.5	102	135	122	140	143.5
FM100 - A120/150	2.00	3.20	1350	154.5	112	148	130	150	154.5
FM100 - A130/170	2.29	3.73	2006	173	126	165	150	170	173
FM100 - A140/170	2.50	4.05	2140	182	131	173	149	170	182
FM100 - AH40/70	1.10	1.25	70	66	38	62	58	70	66
FM100 - AH40/70ND5	1.15	1.32	70	66	38	67.5	58	69	66
FM100 - AH50/80	1.40	1.54	130	78	48	74	67	80	78
FM100 - AH50/100	1.45	1.70	200	84	48	76	94	107	84
FM100 - AH100/90	1.53	2.40	570	140	99.3	133	70	86	140
FM100 - AH40/70ND3	1.12	1.25	70	66	38	62	58	70	66
FT100 - A50	0.86	1.37	100.0	52	79	48	75	55	68.5
FT100 - A60	1.03	1.64	169.2	63	91	58	86	65	79
FT100 - A70	1.19	1.91	266.7	73	101	68	96	75	89
FT100 - A80	1.36	2.18	393.6	83	112	77	106	85	99.5
FT100 - A90	1.55	2.48	580.8	93	122	87	116	95	109.5
FT100 - A120	2.03	3.24	1303.8	124	158	117	151	125	142
FT100 - A140	2.36	3.78	2059.0	144	182	137	175	145	164
FT100 - A150	2.53	4.10	2526.9	154	194	146	186	155	175
FT100 - A160	2.69	4.31	3060.3	164	204	156	196	165	185
FT100 - A180	3.03	4.85	4367.9	184	227	176	219	185	206.5
FT100 - A200	3.36	5.38	5942.3	205	253	195	243	205	229
FT100 - A225	3.78	6.04	8437.2	230	282	220	272	230	256
FT100 - A250	4.19	6.71	11548.7	255	310	245	300	255	282.5
FT100 - A275	4.61	7.38	15343.6	281	341	269	329	280	310
FT100 - A300	5.03	8.04	19891.0	306	372	294	360	305	338

圣泉产品

（续）

规　　格		几何模数 /cm	有效模数 /cm	容积 /cm³	ϕd_u /mm	ϕD_u /mm	ϕd_o /mm	ϕD_o /mm	h /mm	H /mm
福士科产品	Kalminexxp2/5k	0.45	0.70	20	24	40	22	37.5	40	49.50
	Kalminexxp3.5/5k	0.60	1.00	30	35	53	30.5	49	39.5	65.00
	Kalminexxp4/6k	0.70	1.10	50	38	56	32	54	55	71.50
	Kalminexxp4/7k	0.75	1.20	70	41.5	62.5	35.5	59	63	50.00
	Kalminexxp5/8k	0.95	1.50	130	52	73.5	48	70	70	91.00
	Kalminexxp6/9k	1.05	1.70	150	57.5	50	52.5	76	50.5	99.00
	Kalminexxp7/10k	1.25	2.00	300	69.5	94	65	89.5	87	108.00
	Kalminexxp8/11k	1.40	2.25	420	79	102	71.5	99	96.5	120.00
	Kalminexxp9/12k	1.55	2.50	550	89	115	81	110	104.5	133.00
	Kalminexxp10/13k	1.75	2.50	500	97	127.5	91	119.5	118	215.00
	Kalminexxp10/21.5	1.95	3.15	1400	102	128	89	116	201.5	150.00
	Kalminexxp12/15k	2.00	3.20	1350	118	154.5	112	148	130	49.50

2. 椭圆形发热保温冒口套

椭圆形发热保温冒口套见图9-4。其常见的规格 尺寸见表9-26。

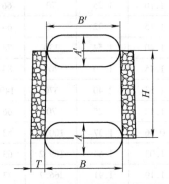

图9-4　椭圆形发热保温冒口套

表9-26　椭圆形发热保温冒口套的规格尺寸

圣泉产品规格	几何模数 /cm	有效模数 /cm	容积 /cm³	A/mm	B/mm	A'/mm	B'/mm	T/mm	H/mm
FT100 – T40/60/60	0.94	1.41	145	42	63	40	60	13	60
FT100 – T50/80/80	1.10	1.65	240	52	73	50	73	13.3	75
FT100 – T60/90/90	1.32	1.98	380	62	93	60	90	15	90
FT100 – T70/100/100	1.54	2.31	610	72	108	70	105	15	105
FT100 – T70/140/75	1.55	2.42	650	70	140	70	140	17.5	75
FT100 – T80/120/120	1.76	2.63	910	82	123	80	120	17	120
FT100 – T90/140/140	1.98	2.96	1290	92	138	90	135	17	135
FT100 – T100/150/150	2.20	3.29	1780	102	153	100	150	20	150

（续）

圣泉产品规格	几何模数/cm	有效模数/cm	容积/cm³	A/mm	B/mm	A'/mm	B'/mm	T/mm	H/mm
FT100 – T120/180/180	2.63	3.95	3070	122	183	120	180	20	180
FT100 – T140/210/210	3.07	4.61	4880	142	213	140	210	22	210
FT100 – T160/240/240	3.51	5.27	7280	162	243	160	240	22	240
FT100 – T180/270/270	3.95	5.93	10370	182	273	180	270	24	270
FT100 – T200/300/300	4.39	6.59	14230	202	303	200	300	26	300
FT100 – T220/330/330	4.82	7.24	18870	222	333	220	330	28	330
FT100 – T240/360/360	5.27	7.90	24590	242	363	240	360	30	360
FT300 – T80/160/150	2.0	3.1	1700	80	160	80	160	20	150
FT300 – T100/200/200	2.6	3.9	3510	100	200	100	200	20	200
FT300 – T100/150/150	2.23	3.33	1920	100	150	100	150	20	150
FT300 – T120/180/200	2.72	4.12	3720	120	180	120	180	20	200
FT300 – T120/240/200	2.98	4.37	5141	120	240	120	240	22	200
FT300 – T140/210/200	3.02	4.52	5020	140	210	140	210	22	200
FT300 – T140/210/210	3.07	4.61	5289	140	210	140	210	22	210
FT300 – T140/280/200	3.28	4.82	6997	140	280	140	280	24	200
FT300 – T160/240/200	3.31	5.01	6620	160	240	160	240	22	200
FT300 – T160/240/240	3.45	5.17	7895	160	240	160	240	22	240
FT300 – T160/320/200	4.02	6.03	9139	160	320	160	320	26	200
FT300 – T180/270/200	4.08	5.92	8327	180	270	180	270	22	200
FT300 – T180/270/270	4.25	6.16	11241	180	270	180	270	22	270
FT300 – T180/360/200	4.48	6.49	11567	180	360	180	360	28	200
FT300 – T200/300/200	3.82	5.51	10300	200	300	200	300	24	200
FT300 – T200/300/300	4.78	6.79	15420	200	300	200	300	24	300
FT300 – T200/400/200	4.80	6.81	14280	200	400	200	400	30	200
FT300 – T220/330/200	4.12	5.92	12500	220	330	220	330	26	200
FT300 – T250/375/200	4.42	6.41	16200	250	375	250	375	28	200
FT300 – T270/405/200	4.62	6.72	18900	270	405	270	405	30	200

3. 缩颈形发热保温冒口套　　　　　　　　尺寸见表9-27。

缩颈形发热保温冒口套见图9-5。其常见的规格

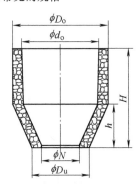

图9-5　缩颈形发热保温冒口套

表 9-27　缩颈形发热保温冒口套的规格尺寸

规格		几何模数 /cm	有效模数 /cm	容积 /cm³	ϕD_u /mm	ϕN /mm	ϕD_o /mm	ϕd_o /mm	h /mm	H/mm
圣泉产品	FT300 – S80	1.37	2.19	420	120	70	192	147	68	192
	FT300 – S100	1.87	2.71	930	132	87	222	175	90	222
	FT300 – S120	2.1	3.2	1380	150	100	250	200	100	250
	FT300 – S140	2.8	3.68	2700	160	110	278	225	110	278
	FT300 – S150	2.56	3.71	2780	180	124	310	252	120	310
	FT300 – S180	2.98	4.33	4440	210	150	360	300	140	360
	FT300 – S200	3.40	4.93	6540	240	175	410	355	155	410
	FT300 – S225	3.82	5.54	9320	252	200	460	408	140	140
	FT300 – S250	4.28	5.99	12960	280	220	560	500	180	180
	FT300 – S300	5.06	7.08	21310	120	70	192	147	68	192
	FT300 – S350	5.94	8.31	34190	132	87	222	175	90	222
	FT300 – S400	3.23	4.5	10600	150	100	250	200	100	250
	FT300 – S500	3.93	5.49	19260	160	110	278	225	110	278
	FT500 – S80	1.37	2.19	420	70	39	103	78	27	100
	FT500 – S100	1.87	2.71	930	79	48	132	101	50	150
	FT500 – S120	2.1	3.2	1380	98	60	157	121	50	150
	FT500 – S140	2.8	3.68	2700	140	98	182	140	63	210
	FT500 – S150	2.56	3.71	2780	120	70	192	147	68	192
福士科产品	Kalmin 300 RND 80	1.37	1.99	0.42	70	39	100	78	27	100
	Kalmin 300 RND 150	2.56	3.71	2.78	120	74	192	147	68	192
	Kalmin 300 RND 180	2.98	4.33	4.44	13	88	222	175	90	222
	Kalmin 300 RND 200	3.40	4.93	6.54	150	100	250	200	100	250
	Kalmin 300 RND 225	3.82	5.54	9.32	160	113	278	225	110	278
	Kalmin 300 RND 250	4.28	5.99	12.96	180	126	310	252	120	310
	Kalmin 300 RND 300	5.06	7.08	21.31	210	150	360	300	140	360
	Kalmin 300 RND 350	5.94	8.31	34.19	240	178	410	355	155	410

4. 斜颈形发热保温冒口套　　　　　　　　尺寸见表 9-28。

斜颈形发热保温冒口套见图 9-6。其常见的规格

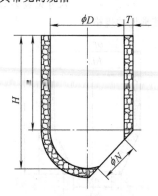

图 9-6　斜颈形发热保温冒口套

表 9-28　斜颈形发热保温冒口套的规格尺寸

规　　格		几何模数 /cm	有效模数 /cm	容积 /cm³	ϕD /mm	H /mm	h /mm	ϕN /mm	T_{min} /mm	T_{max} /mm
圣泉产品	FT300 - X180	3.46	4.67	6670	177.8	304.8	217.7	88.9	12.7	17.5
	FT300 - X200	3.83	5.17	8580	203.2	304.8	204.7	101.6	12.7	17.5
	FT300 - X225	4.15	5.60	10660	228.6	304.8	192	114.3	19.1	23.9
	FT300 - X250	4.46	6.02	12780	254	304.8	224.5	101.6	19.1	23.9
	FT300 - X300	5.04	6.80	18230	304.8	304.8	153.9	121.9	19.1	23.9
	FT300 - X350	5.5	7.43	24000	355.6	304.8	128.5	142.2	19.1	23.9
福士科产品	Kalmin 300 AND 180	3.46	4.67	6675	177.8	304.8	217.70	88.9	12.7	17.5
	Kalmin 300 AND 200	3.83	5.17	8588	203.2	304.8	204.70	101.6	12.7	17.5
	Kalmin 300 AND 225	4.15	5.60	10663	228.6	304.8	192.00	114.3	19.1	23.9
	Kalmin 300 AND 250	4.46	6.02	12787	254.0	304.8	224.50	101.6	19.1	23.9
	Kalmin 300 AND 300	5.04	6.80	18234	304.8	304.8	153.90	121.9	19.1	23.9
	Kalmin 300 AND 350	5.5	7.43	24002	355.6	304.8	128.50	142.2	19.1	23.9

5. 直浇冒口

直浇冒口是由保温或保温发热冒口与陶瓷过滤器组合而成的,可以直接代替浇口进行浇注,能起到发热保温补缩冒口的作用。直浇冒口可以节省浇冒口的金属用量,提高铸件成品率。直浇冒口常见的规格尺寸见表 9-29。

表 9-29　FPS 直浇冒口的规格尺寸

规格	模数 /cm	容积 /cm³	过滤器尺寸 D/mm	冒口尺寸						示意图
				ϕD_u/ mm	ϕN /mm	ϕD_o /mm	ϕd_o /mm	h /mm	H /mm	
FPS500 - S70/140	1.92	402	50	68	36	106	76	15	135	
FPS500 - S100/190	2.78	1213	75	95	57	152	108	20	192	
FPS500 - S120/190	3.01	1467	90	94	60	152	120	45	192	
FPS500 - S110/135	2.83	1016	100	115	60	160	110	35	135	
FPS100 - S150/220	3.67	2951	125	109	74	193	155	50	217	
FPS100 - S160/215	4.08	3762	150	165	100	210	160	40	215	
FPS100 - S200/220	4.51	5142	175	152	100	250	202	70	220	
FPS100 - S225/250	5.29	7909	200	160	110	278	225	60	250	

6. 发热保温板

发热保温板是由轻质发热保温材料制作而成的。其最大特点是可弯曲成一定弧度,并方便运输,具体使用时可根据冒口形状、尺寸自由拼接组合,使用方便,特别适用于大型铸铁、铸钢件。发热保温板的常见规格尺寸见表 9-30。

表 9-30 发热保温板的规格尺寸

规格	L/mm	B/mm	T/mm	示 意 图
FT400 – B950 × 200 × 30	950	200	30	
FT400 – B1100 × 200 × 30	1100	200	30	
FT400 – B1100 × 200 × 50	1100	200	50	
FT400 – B1100 × 300 × 30	1100	300	30	
FT400 – B1100 × 300 × 50	1100	300	50	
FT400 – B1520 × 450 × 30	1520	450	30	
FT400 – B1520 × 450 × 60	1520	450	60	

9.5 发热冒口套

9.5.1 发热冒口套的组成及主要性能

1. 组成

发热冒口套主要是由发热材料、耐火材料、黏结剂组成。发热材料包括发热剂、氧化助燃材料等，耐火材料可采用耐火黏土、高铝矾土、硅砂、锆砂、铬铁矿砂等，黏结剂可选用树脂和水玻璃等。

2. 主要性能

发热冒口套的发热性能是评价该类冒口套效率的重要指标。发热性能包括发热速度、发热量、发热持续时间。优质的发热冒口套应具备快速点燃发热、发热持续时间长、发热量高的优点，以实现其良好的"点"补缩效果。发热冒口套的发热特性检测同发热 – 保温冒口套。另外，发热冒口套不含保温材料，具有较高的强度，能满足在各种造型线上的使用。另外，发热冒口套还具备较高的耐火度以及合适的密度。

表 9-31 给出了某商品化发热冒口套的性能指标。

表 9-31 某商品化发热冒口套的性能指标

项目	性能指标
密度/(g/cm³)	1.00 ~ 1.50
含水量(质量分数,%)	≤1.0
透气性	≥100
抗弯强度/MPa	≥4.0
内外径极限偏差/mm	±1.0

9.5.2 发热冒口套的特点及应用范围

发热冒口套（见图 9-7）具有壁厚、体积小、冒口和铸件接触面积小的特点。因此这种冒口套非常适用于"点"补缩铸件上只有有限冒口套应用区域的部位。该类冒口套可采用特殊的定位销安放在模板上，随造型直接镶嵌在砂型当中，适用于各种高压造型线的使用。

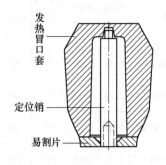

图 9-7 发热冒口套

发热冒口套大多都带有壳型易割片，在很多应用于球墨铸铁的情况时，冒口易割片上的小孔意味着在落砂阶段冒口就会从铸件上去掉，减少了清理工作量。因为易割片具有较小的孔，所以一般不推荐应用于铸钢。有些发热冒口套不附有易割片，但是在冒口套和铸件间有一个砂楔。这种冒口可通过弹簧承载的定位销固定，造型时，在压力作用下，冒口套被压下，同时紧实型砂。楔形发热定位芯能够防止在造型紧实时砂子进入冒口套，同时使用时能够加热冒口颈，见图 9-8。

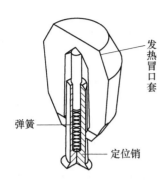

图 9-8 弹簧承载的定位销
固定发热冒口套

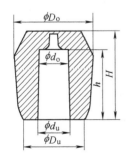

发热冒口套点燃迅速、放热值高、耐压，适用于铸钢件、球墨铸铁件和合金铸铁件的补缩。发热冒口套一般应用于中小铸件，尤其是小件的补缩。因为其具有低于 3% 的低体积收缩，球墨铸铁铸件尤其适合选用发热冒口套。模数选择合适的发热冒口套经常可以容纳比补缩需要多的合金液。应该注意的是，当发热冒口套用于球墨铸铁件时，发热冒口内铁液高含量的残留镁在高温下容易氧化，使得冒口和铸件界面处有出现球化不良的危险。为避免这种情况，残留镁含量（质量分数）应该不高于 0.045%，而且应该优化孕育实践和采用厚的易割片。

发热冒口套在球墨铸铁件上的应用见图 9-9。

图 9-9 发热冒口套在球墨铸铁件上的应用

9.5.3 发热冒口套的规格尺寸

发热冒口套的主要规格参数一般为模数、几何尺寸、容积。现有的发热冒口套有多种规格尺寸，以下介绍几种国内外常用发热冒口套的规格尺寸。

1. V 型发热冒口套

V 型发热冒口套见图 9-10。其常见的规格尺寸见表 9-32。

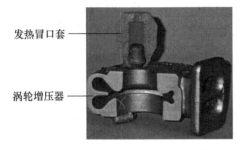

图 9-10 V 型发热冒口套

表 9-32 V 型发热冒口套规格

规格	模数 /cm	ϕd_u /mm	ϕD_u /mm	ϕd_o /mm	ϕD_o /mm	h /mm	H /mm	容积 /cm³
FE700－A40/110	1.90	40	78	38	100	110	140	130
V 8	0.75	16	30	13	50	50	60	8

（续）

规格	模数 /cm	ϕd_u /mm	ϕD_u /mm	ϕd_o /mm	ϕD_o /mm	h /mm	H /mm	容积 /cm³
V 16	0.85	21	38	19	56	50	62	16
V 28	0.95	25	40	20	59	70	82	28
V 22	1.2	21	40	18	68	70	85	22
V 36	1.3	25	54	23	76	81	96	36
V 38	1.3	25	42	23	76	85	100	38
V 41	1.3	27	54	24	70	85	105	41
V 45	1.3	25	46	23	56	100	114	45
V 56	1.4	32	60	28	87	80	97	56
V 81	1.4	40	60	37	86	70	80	81
V 82	1.5	36	70	32	83	95	112	82
V 88	1.7	36	60	32	88	97	108	88
V 121	1.9	40	66	35	104	110	135	121
V 159	2.2	50	82	40	115	103	120	159
V 238	2.2	60	90	50	126	100	125	238
V 191	2.2	50	90	40	133	120	140	191
V 267	2.7	65	100	60	120	89	115	267
V 276	2.8	58	100	48	136	120	140	276

（续）

规格	模数 /cm	ϕd_u /mm	ϕD_u /mm	ϕd_o /mm	ϕD_o /mm	h /mm	H /mm	容积 /cm³
V 339	3.2	65	98	55	133	122	145	339
V 240	3.3	45	78	37	140	180	206	240
V 415	3.4	60	110	50	143	175	200	415
V 590	3.6	80	110	75	142	125	150	590
V 770	4.2	80	110	75	170	165	205	770
V 780	4.2	80	128	75	170	165	205	780

（续）

规格	模数 /cm	ϕd_u /mm	ϕD_u /mm	ϕD_o /mm	h /mm	H /mm	容积 /cm³
VS 40	1.3	29	54	68	73	85	39
VS 56	1.4	32	60	87	85	97	53
VS 88	1.7	36	60	88	100	110	78
VS 95	1.8	45	82	94	80	95	95
VS 121	1.9	40	66	104	101	116	104
VS 124	1.9	40	82	104	115	130	109
VS 159	2.2	50	82	115	100	116	133
VS 238	2.2	60	90	126	100	113	206
VS 191	2.5	50	90	133	120	136	178
VS 339	3.2	65	98	133	120	145	283

2. VS 型发热冒口套

VS 型发热冒口套见图 9-11。其常见的规格尺寸见表 9-33。

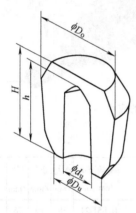

图 9-11　VS 型发热冒口套

表 9-33　VS 型发热冒口套规格

规格	模数 /cm	ϕd_u /mm	ϕD_u /mm	ϕD_o /mm	h /mm	H /mm	容积 /cm³
VS 16	0.85	21	38	56	50	62	14
VS 35	ca. 1.3	25	54	58	86	100	35
VS 36	1.3	25	54	76	85	96	34

3. 带金属易割片的发热冒口

该类冒口补缩性能优异，清理时冒口极易锤落，残疤小，冒口下方的砂型紧实良好，可避免冒口发热材料和铸件表面接触所产生的石墨变异。带金属易割片的发热冒口见图 9-12，规格见表 9-34。

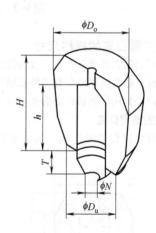

图 9-12　带金属易割片的发热冒口

表 9-34　带金属易割片发热冒口的规格尺寸

规格	模数 /cm	容积 /cm³	ϕD_u /mm	ϕD_o /mm	h /mm	H /mm	ϕN /mm	T /mm
L5 – 36/17	1.30	37	54	76	84	96	17	23
L5 – 56/19	1.40	56	60	87	84	97	19	20
L5 – 88/19	1.70	85	60	88	98	110	19	20
L5 – 121/19	1.90	105	66	104	98	116	19	20
L5 – 159/19	2.20	159	82	115	97	120	19	32
L5 – 191/19	2.50	195	90	133	116	140	19	32

（续）

规格	模数/cm	容积/cm³	ϕD_u/mm	ϕD_o/mm	h/mm	H/mm	ϕN/mm	T/mm
L5 - 267/21	2.80	261	99	120	97	115	21	33.5
L5 - 276/21	2.80	277	100	136	116	140	21	33.5
L5 - 283/21	3.00	321	99	115	116	140	21	33.5
L5 - 339/21	3.20	336	99	133	121	140	21	33.5
L5 - 590/30	3.40	519	110	142	127	150	30	35
L5 - 680/30	3.80	643	110	145	153	175	30	35
L5 - 770/30	4.20	772	110	205	180	205	30	35

4. 低氟或无氟冒口

含氟发热冒口燃烧后残渣中的氟化物混入潮模砂中，干扰了砂粒与砂粒之间强度的建立。当浇注铁液时，硅砂的膨胀造成砂型断裂形成环状隆起。铁液渗入进隆起的砂型中，出现环形"鱼眼"缺陷。低氟或无氟冒口能大幅降低返回废砂中的氟含量，从而减少铸件表面缺陷和石墨退化倾向。

9.6 发热保温覆盖剂

一般来说，冒口中金属液的热能损失主要以热传导、热对流和热辐射3种方式进行。热传导主要发生在冒口的侧面，由金属液经冒口向砂型内传热；热对流和热辐射主要发生在冒口顶面，以高温金属液辐射传热和表面金属液与空气产生对流传热方式进行。对于明冒口，传导散失的热量很小，辐射造成的热损失在总热损失中占的比例最大，对流散热次之；而且冒口越大，辐射热能损失占总热能损失的比例也越大。为了减缓冒口的散热速度，最常用而且最有效的手段是采用发热保温覆盖剂。

9.6.1 发热保温覆盖剂的作用

1. 作用

发热保温覆盖剂投放于金属液表面时，开始燃烧并放出大量热量，同时发热剂的体积快速膨胀，形成多孔、低密度的高保温层，隔绝冒口金属液与空气的接触，防止对流与辐射传热，减少热损失，致使冒口金属液有着较慢的凝固速度。随着铸件的凝固，冒口金属液不断补缩，发热保温覆盖剂不断下沉，以保证冒口金属液面上发热保温覆盖剂形成稳定的层状，起到很好的保温绝热的效果。发热保温覆盖剂的使用延长了冒口的凝固时间，提高了冒口的补缩能力，改善了冒口收缩形状，可防止冒口中产生二次缩孔，增大了冒口安全系数。

试验表明，在普通冒口上覆盖保温剂，可使冒口凝固时间延长1倍多；在保温冒口上覆盖保温剂，则可使凝固时间延长4倍多。由此可见，为了获得优良的冒口补缩状态，不但要考虑冒口侧面的保温，而且更应重视冒口顶面的覆盖保温。发热保温覆盖剂的主要功能是减小或杜绝冒口顶面辐射和对流的热能散失，其作用机理表现在保温和补偿两个方面。

（1）保温　覆盖剂中的保温材料在冒口金属液高温作用下，逐渐形成4个层次：熔融层、烧结层、过渡层、膨胀保温层，这就是所谓的4层结构。目前铸造用发热保温覆盖剂多属此种结构，这对提高冒口的保温能力是非常重要的，有效地阻止了对流、辐射，减缓了热传导，从而起到绝热保温的作用。

1）熔融层是覆盖剂与金属液接触后融化形成的，熔融层的厚度与金属液温度、熔渣的有效热导率、覆盖剂熔化温度和速度有关。熔融层的形成起两个作用：①能使保温层以比较纯净的低导热物质存在。②防止覆盖剂中含的碳渗入铸件中。

2）烧结层是覆盖剂在高温作用下玻璃化所致，它的厚度与覆盖剂的熔化速度有关，熔化速度越慢，烧结层厚度将越薄，甚至趋向于消失，这一层随着金属液冷却体积收缩下沉而下沉，覆盖层完全不开裂，保温性能好。

3）过渡层和膨胀保温层占整个覆盖层的65%以上，正是这两层使覆盖层具有一定黑度和表面粗糙度，阻挡了金属液的热辐射，减少了辐射热损失。

（2）补偿　覆盖剂中的发热材料所产生的热量能够补偿冒口中金属液的热量损失，维持金属液的温度不下降。

2. 发热保温覆盖剂的特性

（1）覆盖性　覆盖剂加入冒口后，能在金属液表面迅速地铺展开来，形成均匀的覆盖层，在与金属液表面接触处形成一层导热性差、黏度适当和熔点低的渣液，并能随金属液面下降而下降，不结成硬渣壳。

（2）保温绝热性　在渣液液面上，形成厚厚的固态多孔、轻质、粒状保温绝热层，既杜绝辐射热损失，又阻止对流热损失。

（3）缓慢发热性　覆盖剂中的发热材料能够在冒口凝固期间均匀缓慢地氧化发热，以弥补冒口热能的损失。

满足以上3个条件，冒口中金属液的凝固是从侧面开始，逐渐向中心推进，在推进过程中，冒口顶面处的金属液始终处于液态，直到凝固层推至中心为止。

9.6.2　发热保温覆盖剂的材料组成

发热保温覆盖剂的良好性能与其化学成分、原料的选择、原料间的组合方式以及配比等因素有关。也就是说，良好的物理及化学性质、合理的覆盖性及层状结构，是一种好的发热保温覆盖剂不可或缺的3个条件。

发热保温覆盖剂主要由发热材料、保温材料、触发剂和渣液形成材料4部分组成。

1. 发热材料

覆盖剂中的发热材料主要有铝粉、硅铁粉、烟道灰、木炭和稻壳等。在冒口中金属液的高温作用下，发热材料发生反应而放出大量的热量，使覆盖剂温度迅速升高，从而降低冒口表面金属液的热量损失，延缓冒口中金属液温度下降的时间。

2. 保温材料

覆盖剂中保温材料选用热导率和密度均较小的酸化石墨、膨胀珍珠岩、膨胀蛭石和粉煤灰等。其中，酸化石墨遇热迅速膨胀，较快较完整地铺展在金属液的表面，形成绝热层；珍珠岩和蛭石在金属液的高温作用下膨化，形成内部具有微细孔隙的玻璃态相，既减小密度，又降低辐射和热对流损失，而粉煤灰则具有促进覆盖剂的铺展性和形成液渣的作用。

3. 触发剂

从反应热力学角度来看，尽管覆盖剂中的发热材料在金属液的温度下能够发生铝热反应，但相对而言，覆盖剂中发热材料的含量要比保温材料的含量低得多，从动力学方面考虑，覆盖剂中发热材料的放热很难进行。为此，在覆盖剂中还添加了一种含氟的触发剂，以加快覆盖剂中放热反应的引燃时间，并保证反应顺利完全进行。

4. 渣液形成材料

渣液形成材料主要是中、低碳石墨。这类石墨除含碳外，还含有大量的 SiO_2、Al_2O_3、CaO、Fe_2O_3 等，外加少量萤石和碳酸钠以调整渣液的黏度和熔点。

9.6.3　发热保温覆盖剂的使用

发热保温覆盖剂使用前，应预先称量所需的加入量并放入袋中，待金属液浇注完毕后迅速添加到冒口中金属液表面。另外，有的发热保温覆盖剂在金属液上升到冒口指定高度时投入最佳，例如，金属液上升到冒口高度的1/3、1/2、3/4时等。具体取决于不同发热保温覆盖剂产品的特点。为了控制浇注高度，确保金属液不从冒口中溢出，建议在设计冒口时预留出发热保温覆盖剂的位置。如果发热保温覆盖剂在金属液面上分布不平坦均匀，应该耙平。覆盖剂投放后，不允许再点浇冒口。

发热保温覆盖剂在使用时，应该注意金属液的增碳问题，尤其是对于合金钢、不锈钢等。因有些发热保温覆盖剂含碳量大，造成了回炉料不能使用，这种情况下应该选用无碳冒口发热保温覆盖剂。

发热保温覆盖剂在冒口表面的投入量一般为冒口高度的10%或25mm厚，取两者中的大者。常用EA发热保温覆盖剂的参考加入量见表9-35。

表9-35　EA发热保温覆盖剂的参考加入量

冒口直径/mm	发热保温覆盖剂加入量/kg
60	0.04
80	0.07
100	0.12
125	0.18
150	0.28
175	0.35
200	0.5
250	0.95
300	1.3
350	2.0
400	2.8
450	3.9
500	5.1
600	7.5
700	11
800	16
900	20
1000	27

9.6.4　发热保温覆盖剂的性能指标

发热保温覆盖剂的主要性能指标包括发热性能、保温性能和耐火度等。

1. 发热性能

发热保温覆盖剂的配方设计都是为了适时地产生热量，并减少冒口上表面金属液的热量损失。覆盖剂的发热性能包括发热速度、发热持续时间、发热量等。发热性能主要是与发热材料（铝热剂、氧化剂和助熔剂）的效率有关。

2. 保温性能

发热保温覆盖剂的保温性能与其膨胀倍数密切相关。膨胀倍数是指覆盖剂遇热开始反应，体积增大的倍数。膨胀倍数越大，其保温层越厚，热导率越小，保温效果越好，一般覆盖剂的膨胀倍数不小于 2 倍。

3. 耐火度

较高的耐火度将保证发热保温覆盖剂与金属液充分接触后获得相对光滑的表面。如果覆盖剂的耐火度低，增加落砂时的清理难度，覆盖剂的耐火度一般与添加的造渣材料和铝热反应触发剂有关。

表 9-36 给出了某商品化发热保温覆盖剂的主要性能指标。

表 9-36 某商品化发热保温覆盖剂的主要性能指标

项 目	性能指标
堆密度/(g/cm³)	0.90 ~ 1.50
含水量（质量分数,%） ≤	1.0
膨胀时间 / s	150 ~ 250
膨胀倍数 / 倍	2 ~ 3

9.7 易割片

易割片是放在易割冒口根部形成缩颈的带有燕尾形状的砂芯。其厚度约为冒口直径的 1/10，缩颈直径为冒口直径的 1/3 ~ 1/2。易割片主要是用芯砂或耐火材料制成，现使用的易割片大多是以覆膜砂制成。

9.7.1 易割片的作用

冒口内的金属液通过易割片中心孔对铸件进行补缩，使冒口与铸件的接触面积大大缩小，同时由于易割片的燕尾状结构使冒口在凝固过程中根部形成具有最小断面的尖口，并产生应力集中，成为裂纹源，清理冒口时清理者用锤即可将冒口敲掉，免去了气割的工序，节约了氧气和乙炔。由于冒口根部具有特殊的燕尾形状，冒口敲掉后的断口平整，面积很小，不损伤铸件本体，使打磨工作量大为降低，这对不易用气割和电弧熔割的高合金钢（如高锰钢）铸件具有特别重要的意义。

9.7.2 易割片所用材料

易割片可以用覆膜砂制作，制作易割片的覆膜砂主要为高强度低发气类覆膜砂。原砂以硅砂为主，对于铸钢用，一般要求 SiO_2 含量（质量分数）大于 96%；对于铸铁用，一般要求 SiO_2 含量大于 92%。另外，原砂也可以是锆砂、宝珠砂、铬铁矿砂或几种砂的混合砂，主要用于大型的铸钢件。制作易割片的覆膜砂基本要求为 AFS 平均细度 60 ~ 70，抗弯强度大于或等于 3.0MPa。

目前，除常用的覆膜砂易割片外，还有陶瓷材质的易割片，可用于灰铸铁、球墨铸铁和非铁合金铸件。另外，也可以用一些耐火材料和黏结剂、树脂砂等自制易割片。一些自制易割片的参考配方和烘干温度见表 9-37。

表 9-37 自制易割片的参考配方和烘干温度

序号	配方（质量分数,%）			外加物（质量分数,%）			烘干温度/℃	时间/h（从入炉至出炉）
	耐火砖粉	白泥	耐火黏土	磷酸	水玻璃	水		
1	80 ~ 83.4	16.6 ~ 20	—	5.6 ~ 5.8	—	适量	300 ~ 400	3
2	96 ~ 97	3 ~ 4	—	—	9.6 ~ 9.7	适量	300	2 ~ 3
3	70	30				15	1350	48
4	50	15	35			11 ~ 13	1200	>30
5	40 ~ 50	25 ~ 30	25 ~ 30			14 ~ 18	1250 ~ 1300	>4

9.7.3 易割片的规格尺寸

常用易割片的形状见图 9-13。其规格尺寸见表 9-38。

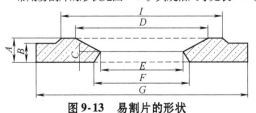

图 9-13 易割片的形状

表 9-38 易割片的规格尺寸

（单位：mm）

型 号	A	B	C	D	E	F	G	I
ECD40/25/55	13	9	5	32	25	31	65	41
ECD40/25/60	13	9	5	35	25	31	64	42
ECD50/30/80	13	9	5	45	30	36	75	51
ECD60/30/80	11	8	4	47.5	30	34.5	83.5	57.5
ECD70/35/90	13	9	5	56	35	40	95	69

（续）

型　　号	A	B	C	D	E	F	G	I
ECD80/40/100	13	10	5	70	40	45	102	79
ECD90/45/115	13	10	5	77	45	50	115	89
ECD100/50/125	14	11	6	82	50	56	128	102
ECD100/60/130	14	11	6	90	61	68	130	105
ECD110/55/140	14	11	6	98	55	61	144	108.5
ECD120/60/150	14	11	6	107	61	67	155	117
ECD130/65/170	14	12	6	112	65	87	175	136
ECD140/70/180	14	11	6	128	75	81	183	138.5

9.7.4　易割片的使用方法

商品化的易割冒口，都是将易割片黏结在对应的冒口套上配合使用，特别是用于造型线，嵌入式使用。对于用于树脂砂造型时，应注意防止填砂和紧实时损坏易割片。

自制易割片时，将均匀的混碾料在芯盒内成型，然后干燥或烘干硬化后使用。

9.8　冒口套的设计及应用

9.8.1　冒口套的选用

冒口套的选用，需要根据铸件特征、铸造生产条件进行。比如，铸件结构及技术要求特点、铸件材质、造型条件、砂型特征等进行严格的铸造工艺设计，选择最合适的发热保温冒口型号；在避免缩松、缩孔缺陷，确保铸件质量的同时，还要提高铸件成品率，实现冒口最大补缩率，以降低铸造生产成本。实践证明，同一功效的发热保温冒口在不同的铸造生产条件下其效果会有较大的差别。因此，在选用冒口套时，除了充分了解冒口套本身的性能外，还要正确掌握设计使用发热保温冒口套的各种工艺要求。

在选用冒口过程中，在工艺条件允许的情况下优先选用暗冒口。在尺寸接近的情况下暗冒口补缩效果更优良，节约金属液效果也更为明显。如果采用明冒口，最好配合发热保温覆盖剂使用，可以明显延长明冒口凝固时间，改善冒口收缩形状，增大冒口安全系数，提高冒口的补缩效果。

选用何种类型的冒口套（保温、发热保温、发热、缩颈、斜颈、带易割片的冒口套等）受很多因素影响。在实际的生产中，主要根据合金种类、铸件大小、造型工艺等来选用。

对于铸铁件（球墨铸铁）来讲，多选用发热保温或发热冒口，多选用带易割片的或者缩颈冒口套；对于铸钢件来讲，多选用发热保温冒口套和保温冒口套，特别是高锰钢等难切割铸件多采用带易割片的冒口套；对于非铁合金，多选用保温冒口套。大型铸件以保温冒口套为主，多用明冒口；中型铸件以发热保温冒口套为主；小型铸件以发热冒口套和发热保温冒口套为主，多采用易割冒口。高压造型多采用高强度发热冒口套；挤压线多用嵌入式冒口套。

9.8.2　冒口套的设计方法

1. 铸钢件冒口的设计与计算

冒口尺寸的计算是一个复杂的问题，这是因为影响冒口补缩效果的因素很多，如合金的铸造性能、浇注温度、浇注方法、铸件结构、热节形状、浇冒口系统安放位置及铸型的热物理性质等。

铸钢件发热保温冒口的设计方法是，先设计出普通冒口的大小和数量，然后根据普通冒口的模数套用相应发热保温冒口套的有效模数，并有一定的安全性，最后再用工艺出品率来校核或用凝固模拟软件校核。该方法也适用于白口铸铁、可锻铸铁、轻合金和铜合金等。

（1）普通冒口的尺寸计算　只要掌握简单几何体及其相交节点的模数计算方法，就可对任何复杂的铸件采用模数法计算出冒口尺寸。

1）简单几何体的模数计算见图9-14。

2）各种热节点的模数计算方法如下：

① 热节圆当量板或杆法。把热节部位视为以热节圆直径为厚度的板或杆件。其热节点模数的计算见表9-39。

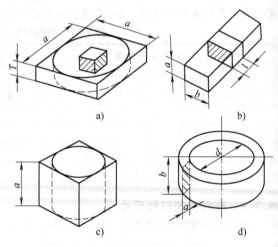

图9-14　简单几何体的模数计算

a）平板或圆板（$a \geqslant 5T$）$M = T/2$

b）矩形杆或方形杆 $M = ab/2（a+b）$

c）立方体及正圆柱体、球体 $M = a/6$

d）环形体、空心圆柱体（$d > 4a$，$b > 5a$）$M = a/2$

表9-39　热节点模数的计算

序号	特 点	简 图	模数计算式
1	板件相交		用1:1比例绘出相交节点的图形。板壁相交处圆角半径取壁厚的1/3即足够，$r = a/3$或$r = b/3$。考虑砂尖角对凝固时间的影响时，绘图时让热节圆的圆周线通过r之中心，量出热节圆半径R，$M = R = D_r/2$
2	杆件相交		用上述方法求出热节圆直径D_r，把热节处视为厚度为D_r之杆件，模数为 $$M = \frac{D_r b}{2(D_r + b)}$$
3	管与法兰相交	$D_r = 72$	用上法绘图，求出热节圆直径D_r，把法兰视为厚度为D_r的角形杆，再用扣除非散热面法计算热节模数 $$M = \frac{D_r b}{2(D_r + b) - c}$$

② 用"一倍厚度法"求热节模数。如图9-15所示，温度测定试验表明，离热节处一倍壁厚以外的温度，基本与壁体的温度相同，所以以图示的阴影作为计算热节点模数的依据。

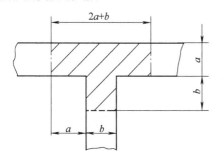

图9-15　用一倍厚度法求出T形热节点模数

$$M = b^2 + ab + 2a^2$$

3）普通冒口的尺寸确定。冒口尺寸的确定应遵守顺序凝固的基本条件。首先，冒口的凝固时间τ_r应大于或等于铸件被补缩部位的凝固时间τ_c。运用

Chworinov公式有$\tau_r = \left(\dfrac{M_r}{K_r}\right)^2$和$\tau_c = \left(\dfrac{M_c}{K_c}\right)^2$，于是得

$$\left(\frac{M_r}{K_r}\right)^2 \geqslant \left(\frac{M_c}{K_c}\right)^2 \tag{9-1}$$

式中　M_r、M_c——普通冒口模数和铸件模数；

　　　K_r、K_c——普通冒口、铸件的凝固系数。

对于普通冒口，$K_r = K_c$，因而上式可写成

$$M_r = f M_c \tag{9-2}$$

式中　f——冒口的安全系数，$f \geqslant 1$。

一般来说，$f = 1.2$，但是对于灰铸铁和球墨铸铁，因为凝固时存在石墨膨胀阶段，因此f要小。如果铸件模数已知，通过式（9-2）便可以计算所需普通冒口的模数。

（2）依据有效补缩距离和铸件的热节数量确定普通冒口的数量　很多情况下的铸件具有复杂的结构和外形，此时单个冒口往往不能满足补缩要求。在这种情况下往往需要将铸件分为多个部分，对每个厚大部位或热节部位分别设计相应的补缩冒口。冒口的设

计数量很大程度上取决于铸件的形状,不但要考虑到热节点数量,而且还必须综合考虑到有效补缩距离。

有效补缩距离一般包括两个部分(图9-16):冒口作用区 A 和末端作用区 E。当在两冒口之间的中间部位设置冷铁时,能够增加 X_1 的补缩距离;当在末端采用冷铁时,能够增加 X 的补缩距离。图9-16是铸钢补缩距离的计算依据,通过引入适的修正因子也可以应用于其他合金。

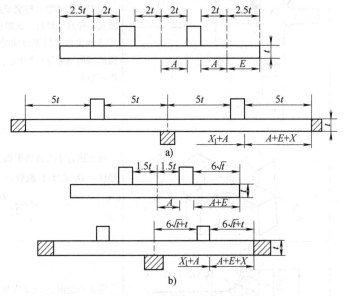

图 9-16　铸钢件的补缩距离

a)板件(宽厚比 >5:1)　b)杆件(宽厚比 <5:1)

实际情况当中,冒口的有效补缩距离与合金成分、铸件结构、造型材料、砂型硬度有关。下面介绍几种合金采用湿砂型(硬度为90,B型硬度计)时冒口有效补缩距离的计算。首先引入补缩距离因子 FD,根据合金的 FD,通过表9-40中的关系计算有效补缩距离。表9-41和表9-42为一些合金的 FD 值。

表 9-40　补缩距离因子与补缩距离的关系

板件(宽厚比 >5:1)	杆件(宽厚比 <5:1)
$A = 2tFD$	$A = 1.5tFD$
$E = 2.5tFD$	$E = (6\sqrt{t} - 1.5t)FD$
$X = 0.5tFD$	$X = tFD$
$X_1 = 3tFD$	$X_1 = (6\sqrt{t} - 0.5t)FD$

表 9-41　球墨铸铁和灰铸铁的补缩距离因子 FD

铸铁种类	碳当量(质量分数,%)	FD
球墨铸铁	4.1	6.0
	4.2	6.5
	4.4	7.0
	4.6	9.0

（续）

铸铁种类	碳当量(质量分数,%)	FD
灰铸铁	3.0	6.8
	3.4	7.7
	3.9	8.8
	4.3	10.0

表 9-42　常见非铁合金的补缩距离因子 FD

铸铁种类	合金成分(质量分数)	FD
铝合金	Al(99.99%)	2.50
	Al,Cu(4.5%)	1.50
	Al,Si(7%)	1.50
	Al,Si(12%)	2.50
铜合金	纯铜	1.00
	Cu,Ni(30%)	0.50
	黄铜	1.25
	铝青铜	1.25
	镍铝青铜	0.50
	锡青铜	0.75

（3）利用发热保温冒口的模数扩展系数计算（选择）相应的发热保温冒口套

1）发热保温冒口套尺寸的确定。考虑到发热保温冒口的发热和保温作用，在计算其尺寸时引入模数扩展系数 c，则普通冒口模数为

$$M_r = cM_{ei} \qquad (9\text{-}3)$$

式中　M_{ei}——发热保温冒口的几何模数；

cM_{ei}——发热保温冒口的有效模数。

根据计算的普通冒口模数 M_r，通过式（9-3）可计算冒口的几何模数 M_{ei}。不同的冒口有不同的 c 值，一般情况下：

保温冒口：$c = 1.1 \sim 1.15$。

发热保温冒口：$c = 1.28 \sim 1.55$。

发热冒口：$c = 1.50 \sim 1.65$。

各厂家的产品并不一样，模数扩展系数可能存在差别，所以应以产品说明书提供的模数扩展系数为准。另外，有些厂家的产品资料提供了有效模数、几何模数、产品规格等的对照表，可以直接查询并选择合适尺寸的发热保温冒口套，见表9-24～表9-29。

2）冒口颈尺寸的确定。对于顶冒口一般不需要进行冒口颈计算，如果可能，应选用易割片与冒口套配合使用。对于侧冒口，冒口颈的模数 M_N 按下列关系式确定：

$$M_c : M_N : M_r = 1.0 : 1.1 : 1.2 \qquad (9\text{-}4)$$

（4）铸件的工艺出品率校核　根据上面方法计算出冒口尺寸后，应用铸件的工艺出品率校核冒口尺寸是否合理。

$$\begin{array}{l}铸件工艺\\出品率\end{array} = \dfrac{铸件质量}{\begin{array}{c}铸件\\质量\end{array}+\begin{array}{c}冒口总\\质量\end{array}+\begin{array}{c}浇注系\\统质量\end{array}} \times 100\%$$

$$(9\text{-}5)$$

经过长期的生产统计，各种铸钢件的工艺出品率可在相关设计手册中查到。

计算出的铸件工艺出品率若大于经验数值，说明冒口可能偏小；反之，可能偏大。应用普通冒口时，应视不同情况加以调整。显然采用补缩效率高的冒口会获得高的工艺出品率。随着技术的进步和生产管理水平的提高，工艺出品率将会逐步提高。

2. 球墨铸铁件的冒口设计

球墨铸铁（还有灰铸铁、蠕墨铸铁）在凝固过程中有"奥氏体＋石墨"的共晶转变，析出石墨而发生体积膨胀，从而可部分地或全部抵消凝固前期所发生的体积收缩，即具有"自补缩的能力"。因此，给冒口设计提供了多种方法。球墨铸铁件冒口设计方法可分为两类：实用冒口设计法和通用冒口设计法。

实用冒口的种类及适用范围见图9-17。

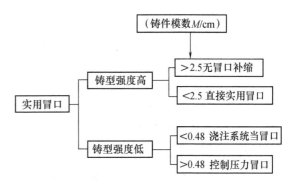

图 9-17　实用冒口的种类及适用范围

实用冒口的工艺出品率高，铸件质量好，成本低，它比通用冒口更实用。实用冒口设计是否成功，在很大程度上受铁液冶金质量的影响。图9-18所示的差别都是由于冶金质量引起的。高质量球墨铸铁的条件是：①要求液态收缩少（a_2 和 a_1 相比）。②产生较小的膨胀力（b_2 和 b_1 相比）。③具有较小的二次收缩，因而形成缩松的倾向小（c_2 与 c_1 相比）。④当需要时可设置较小的冒口。此外，图中体积变化模型的差别还受冷却和凝固速度的影响。

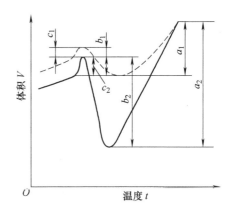

图 9-18　球墨铸铁（和灰铸铁）铸件体积变化的一般模型

a_2、a_1—液态收缩　b_2、b_1—膨胀　c_2、c_1—二次收缩

因此，在设计冒口时，如果能结合金属的凝固特性及其冶金质量和铸型的特性等方面来加以考虑，冒口所起的防止收缩缺陷的效果将会更好些。

通用冒口的主要优点是，可用于任何壁厚的球墨铸铁件和各种铸型，对铸型强度、刚度无特殊要求，只要浇注温度不过低即可，无严格限制。在铸型强度较低的湿砂型中（硬度低于85，B型硬度计）铸造

较厚的球墨铸铁件时，仍然建议用通用冒口。

根据球墨铸铁铸件凝固特性，发热保温冒口的设计原则是：①确保在铸件第一次收缩完成前冒口要对铸件进行液态补缩。②在铸件液态收缩结束或共晶膨胀开始时刻，冒口颈要及时凝固卡死，防止铸件液体反补到冒口中去。因此，针对球墨铸铁铸件的发热保温冒口不是冒口内金属液凝固时间越长越好，而是要发热时间提早，发热量不需太大，冒口颈尺寸设计合理，此时的球墨铸铁铸件致密度最好。

球墨铸铁和灰铸铁的发热保温冒口的设计步骤类似于上述铸钢的情况。但是，最大不同的是在计算普通冒口模数的时候要考虑到收缩时间并不等同于凝固时间。此时，引入收缩时间占总凝固时间的百分数 t_s。此时，普通冒口的模数按下式确定：

$$M_r = fM_c\sqrt{t_s} \tag{9-6}$$

t_s 可通过图9-19获得，其方法是，首先根据铸铁的碳（C）和硅加磷（Si + P）含量在图9-19中的1图中找到相应的点（如 A 点），然后通过该点做垂直延伸线到2图，并根据铸件模数找到交点（如 B 点），通过该点做水平延伸线到3图，并与铸铁在铸型内的温度线相交，交点即为铸件收缩时间占总凝固时间的百分数（如 D 点）。

相应地，对于球墨铸铁和灰铸铁，其冒口颈模数的确定也有所不同，按下式计算：

$$M_c : M_N : M_r = 1.0 : 1.1\sqrt{t_s} : 1.2\sqrt{t_s} \tag{9-7}$$

9.8.3　发热保温冒口套应用实例

实例1　在 ZG12Cr13 高压阀体上的应用

采油、采气井口装置用高压阀体，材质为 ZG12Cr13，技术要求不得有裂纹、缩孔和夹杂等缺陷，经70MPa水压试验不允许有渗漏现象，非加工表面要进行荧光粉检测，不允许有裂纹，加工面需进行湿磁粉检测，不允许有夹杂、气孔、裂纹。型芯为呋喃树脂砂。原工艺是在边法兰及阀座上部均设保温冒口，阀座部位常产生气缩孔而使铸件报废。将发热冒口用于该阀体，型芯仍采用呋喃树脂砂，在中法兰及边法兰顶部设置发热暗冒口，阀座底部采用冷铁激冷，尾部也用冷铁激冷（见图9-20），成功地生产了 ZG12Cr13 高压阀体。铸件经解剖和着色检查，组织致密，达到技术要求，工艺出品率达78%～80%，铸件成品率达96%以上。

实例2　在矿山机械高锰钢耐磨铸件上的应用

矿山机械耐磨铸件材质大多为高锰钢，如衬板锤头、轧白臂等，下面以锤头铸件为例简要说明。

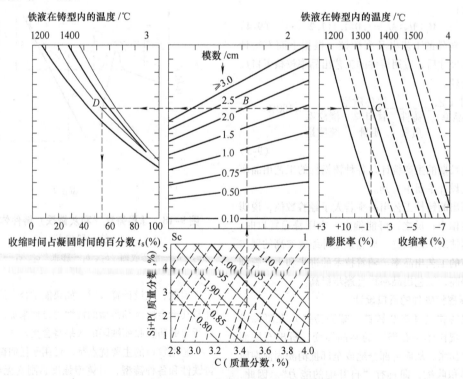

图9-19　灰铸铁、球墨铸铁收缩时间的确定

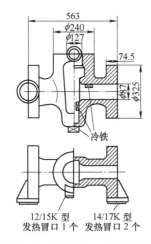

图9-20　阀体冒口、冷铁设置

某大型矿山机械公司所生产的锤头全部出口，对铸件质量要求比较高，不允许内部有缩孔等缺陷，也不允许焊补。根据铸件特征，选用FT300系列缩颈冒口，该系列冒口除了保温效果好、发热值高以及较高的补缩效率等优点外，其缩口部位（与铸件接触部位）为一个带有刃口的缩颈，可以起到易割片的作用。这样去除冒口时可以直接敲掉，而不必气割，减少了冒口气割时产生的局部热裂、组织粗大等问题，同时减轻了工人劳动强度，显著降低冒口清理费用。

使用效果见图9-21和表9-43。由结果可见，发热保温冒口的补缩效果很好，冒口根部组织致密，铸件成品率也较高。

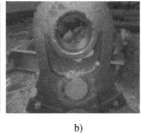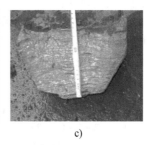

a)　　　　　　　　　　b)　　　　　　　　　　c)

图9-21　发热保温冒口在矿山机械锤头上的应用效果

a）选用冒口套　b）敲掉冒口的铸件　c）冒口纵向断面

表9-43　冒口补缩效果分析

锤头质量/kg	冒口体积密度/(g/cm³)	冒口质量/kg	安全高度/mm	冒口/铸件（质量比）	工艺出品率（%）	补缩效率（%）
205	0.51	38	105	0.25	76	25.5

实例3　在轿车涡轮壳（合金球墨铸铁）上的应用

某企业生产的用于高档轿车用的涡轮壳，此类铸件全部出口，对质量控制极为严格，不允许有缩松、缩孔等缺陷，同时对铸件金相组织也有严格要求，球化等级要求高，铸件表面包括冒口根部也不允许有集中性片状石墨出现。该铸件生产工艺为湿型砂高压造型线生产砂型，壳芯为覆膜砂造型机生产，发热保温冒口嵌入在造好的砂型里。

根据铸件材质（含一定量的Si、Mo合金成分）等要求，选用FM100-A50/80型发热保温冒口，其有发热效率高、起燃时间早、尺寸公差小、表面光

洁等特点。另外，还根据这类铸件设计合理的易割片与冒口配套，确保实现最佳的补缩效果。

图9-22和图9-23分别为铸件剖开后的缩松检验和冒口根部金相组织。由两图可见，铸件组织致密，铸件冒口根部组织也没有变异现象，满足质量要求，而且铸件成品率在98%以上。

图9-22　铸件剖开后的缩松检验

图9-23　冒口根部金相组织

实例4　在高铬铸铁件上的应用

高铬铸铁件在生产时遇到的很大问题就是冒口很难清理,主要是因为这种铸件在冒口气割时容易发生热裂。为此,采用发热保温冒口既提高了冒口的补缩效果,又可以有效减小冒口体积,冒口与铸件接触部位面积也显著减少。若同时配合采用易割片,可以方便地去除冒口。图9-24所示为高铬铸铁辊筒及敲掉的发热保温冒口。

图9-24　高铬铸铁辊筒及敲掉的
发热保温冒口

参 考 文 献

[1] 祝建勋,李金峰. 一种新型发热保温冒口套:
200620087543 [P]. 2007 - 08 - 29.

[2] 魏兵,唐一林,祝建勋,等. 发热保温冒口在铸件补缩工艺上的应用 [J]. 铸造技术, 2008, 29 (7): 971 - 974.

[3] 唐玉林,李维镕,祝建勋. 圣泉铸工手册 [M]. 沈阳:东北大学出版社, 1999.

[4] 余谨,王冬栋,毛琳,等. LYH型糊精黏结剂在发热保温冒口中的应用研究 [J]. 铸造技术, 2008, 29 (7): 873 - 876.

[5] 张林,关军胜,陈继志. 发热保温冒口性能的研究进展 [J]. 材料开发与应用, 2009 (4): 77 - 80.

[6] 寇风和,翟华英. 保温冒口的应用 [J]. 铸造, 1993, 12 (2): 1 - 3.

[7] 丑幸荣,雷萍. 常用保温冒口的试验与性能分析 [J]. 铸造, 2010, 59 (5): 513 - 515.

[8] 赵玉华,海杰. 铸钢用保温冒口机器应用研究 [J]. 沈阳航空工业学院学报. 2000, 17 (1): 34 - 37.

[9] BROWN J R. Foseco Ferrous Foundryman's Handbook [M]. Oxford: Butterworth - Heinemann, 2000.

[10] 侯英玮. 材料成型工艺 [M]. 北京:中国铁道出版社, 2002.

[11] 余谨,毛琳,李成业,王冬栋. 发热保温冒口套新型发热剂的研究 [J]. 铸造技术, 2009, 30 (9): 1102 - 1104.

[12] 河源,马敏团. 新型发热保温冒口的研制 [J]. 机械工人 (热加工), 2000 (12): 9 - 10.

[13] 王文清,李魁盛. 铸造工艺学 [M]. 北京:机械工业出版社, 2002.

[14] 陈洪涛,徐国强,张守全,等. 发热保温冒口在大型矿山机械球铁铸件上的应用 [J]. 铸造工艺, 2013 (4): 15 - 20.

[15] 王峰,陈凯,吴剑敏. 发热保温冒口在铁路机车轴箱体上的应用 [J]. 现代铸铁, 2013 (3): 72 - 77.

[16] 李金峰. 发热保温冒口在汽车铸件生产中的应用 [J]. 现代铸铁, 2011 (Z2): 36 - 40.

[17] 金永锡. 再论汽车球铁件的补缩工艺设计 [J]. 现代铸铁, 2011 (06): 24 - 32.

[18] 陈流,黄放. 基于AnyCasting的齿圈座铸钢件发热保温冒口设计 [J]. 铸造, 2013, 62 (3): 226 - 229.

[19] 黄正忠,黄晋,张友寿,等. 石英粉对纤维保温冒口材料性能影响的探讨 [J]. 热加工工艺, 2013, (19): 67 - 69.

[20] 刘赵铭,迟洋波. 新型保温冒口的研究 [J]. 铸造, 2014, 63 (10): 984 - 986.

第 10 章　其他辅助材料

10.1　脱模剂

脱模剂主要是在造型（制芯）过程中覆盖在模样（芯盒）工作表面，以减少或防止型砂（芯砂）对模样（芯盒）的黏附，降低起模力，以便顺利得到表面光洁、轮廓清晰的砂型或砂芯。脱模剂的主要作用是提高型（芯）质量和生产率，保护模板和芯盒。脱模剂应具有适当的附着强度，以便在起模时不轻易被磨光。脱模剂还应具有化学稳定性，以便在与不同化学成分树脂接触时不被溶解。脱模剂种类繁多，主要有蜡、硅氧烷、金属硬脂酸盐、聚乙烯醇、含氟低聚物、银粉、滑石粉及聚烯烃等的一种或者几种的混合物。传统的脱模剂是以粉状、喷雾剂、液体形式的溶剂型溶液或悬浮状乳液形式存在，使用前先把模样清理干净，然后以喷雾或涂刷等方式附着在模具表面。

脱模剂按不同的分类方式有多种类型。

1）脱模剂按使用方式不同有外脱模剂及内脱模剂之分。外脱模剂是直接涂覆在模样上；内脱模剂是加入树脂中，它与液态树脂相溶，但与固化树脂不相容，在一定温度条件下，从树脂基体渗出，在模样和制品之间形成一层隔离膜。内脱模剂主要是提高聚合物分子本身的润滑性，它要求与树脂聚合物有一定程度的亲和性或相溶性。外脱模剂是提高模样与聚合物之间的润滑性。

2）脱模剂按状态不同有薄膜型（主要有聚酯、聚乙烯、聚氯乙烯、玻璃纸、氟塑料薄膜）、溶液型（主要有烃类、醇类、羧酸及羧酸酯、羧酸的金属盐、酮、酰胺和卤代烃）、膏状及蜡状（包括硅酯、IK-50 耐热油膏、气缸油、汽油与沥青的溶液及蜡型）脱模剂。其中蜡状脱模剂是应用最广泛的一类脱模剂，价格便宜、使用方便、无毒、起模效果好，缺点是会使制品表面沾油污，影响表面上漆，漏涂时会使起模困难。对于形状复杂的大型制品，蜡状脱模剂常与溶液型脱模剂复合使用。

3）脱模剂按组合情况不同有单一型和复合型脱模剂（包括组分复合和使用方式上的复合）。

4）脱模剂按使用温度不同有常温型和高温型脱模剂，如常温蜡、高温蜡及硬脂酸盐类。

5）脱模剂按化学组成不同有无机脱模剂（如滑石粉、高岭土等）和有机脱模剂。

6）脱模剂按复用次数不同有一次性脱模剂和多次性（半永久性）脱模剂。

相对而言，外脱模剂使用范围更广一些，对脱模剂的质量要求更高一些。脱模剂的选择很重要，一般要求是：使用方便、干燥时间短；操作安全、无毒；均匀光滑，成膜性好；对模样无腐蚀，对树脂固化无影响；对树脂的黏附力低；配制容易、价格便宜。

下面根据造型（制芯）工艺以及适用范围的不同分别介绍几种铸造用脱模剂。

10.1.1　自硬树脂砂用脱模剂

自硬树脂砂造型需要硬起模，如果起模时间过早，模样的结构不合理或者选择的脱模剂效果欠佳，都很容易造成粘模，影响铸件的表面质量。

1. 液体石蜡脱模剂

液体石蜡是从原油分馏所得到的无色无味的混合物。它可以分成轻质矿物油与一般矿物油两种，轻质矿物油的密度及黏稠度较低。液体石蜡性状为无色透明油状液体，在日光下观察不显荧光，室温下无嗅无味，加热后略有石油臭味。液体石蜡的密度为0.86～0.905g/cm³（25℃），主要成分为 C16-C20 正构烷烃。在多孔模样表面上使用石蜡脱模剂可封住孔眼，起模可靠，但在使用时既费人力又费时。因为石蜡的涂层通常为一层厚膜，结膜很快，需要经常剥除，否则极易造成涂层堆积，影响铸件尺寸精度。

2. 聚二甲基硅氧烷（乳化硅油）脱模剂

硅油是一种不同聚合度链状结构的聚有机硅氧烷。最常用硅油的有机基团全部为甲基，称甲基硅油。有机基团也可以采用其他有机基团代替部分甲基团，以改进硅油的某种性能和适用各种不同的用途。常见的其他有机基团有氢、乙基、苯基、氯苯基、三氟丙基等。硅油一般是无色（或淡黄色）、无味、无毒不易挥发的液体。

硅油有许多特殊性能，如闪点高，挥发性小，表面张力小，对模样无腐蚀，无毒等。由于这些特性，硅油在脱模剂上应用范围较广，效果显著。硅氧烷或硅氧烷聚合物合成物的润滑性是其他任何类型的脱模剂不能相比的。根据黏度不同，硅油脱模剂分为喷雾状、涂刷状两种。当喷涂或刷涂在模样表面时可形成一层薄的或单分子层的膜，并可反复起模。一般情况下，涂刷硅油脱模剂一次可连续造型 5～10 次。但喷涂过量时，多余的部分易黏附在模具上，持久不干，无法填砂造型而影响工作效率。

3. 铝粉脱模剂

呈鳞片状的铝粉或铝粉浆因其色泽如银，故又称铝银粉或铝银浆，分浮型和非浮型两类。铝银浆用于脱模剂，主要是基于它具有良好的延展性及流平性，涂刷时可在模样表面形成连续不断的铝膜，阻断树脂与模具的直接接触，减少渗透性。片状的铝粉在模样表面层层重叠，极易造成堆积，要及时清理，以免影响铸件尺寸精度。为解决这一问题带来的不便，大多生产及使用脱模剂的厂家均采用溶剂进行稀释。

4. 滑石粉脱模剂

滑石粉又称水合硅酸镁超细粉，其分子结构为

滑石粉分子式为 $Mg_3[Si_4O_{10}](OH)_2$。滑石粉为白色，有些因含少量的杂质而呈现浅绿、浅黄、浅棕甚至浅红色。滑石粉之所以用作脱模剂，是由于它具有润滑性、抗粘、助流、绝缘性、熔点高、化学性不活泼、遮盖力良好、柔软、光泽好等优良的物理、化学特性。

5. 自硬树脂砂用复合脱模剂

事实上，现在大多数脱模剂都是多种原料按照一定配比复合而成的，使用单一原料生产脱模剂的很少。常用脱模剂的配比见表 10-1。

表 10-1　常用脱模剂的配比

原材料名称	配比加入量 （质量分数,%）	性能指标
聚二甲基硅氧烷	0.6	密度：0.78～ 0.85g/cm³ 外观：银白色悬浮液体 起模次数≥10 次
工业乙醇	68.7	
银粉浆	10.3	
滑石粉	0.8	
液体石蜡	11.2	
成膜物质	0.4	

表 10-2 为两种商品脱模剂的性能。

表 10-2　两种商品脱模剂的性能

型　号	性　能	使用方法
RA-02-4	外观：银灰色悬浮液体（铝粉、硅油复合）液体 密度：0.65～0.85g/cm³	用喷枪喷涂或用毛刷刷涂
RA-02-1	外观：淡黄色至浮白色液体（蜡、硅油复合） 密度：0.7～0.9g/cm³	用喷枪喷涂或用毛刷刷涂

6. 自硬树脂砂用脱模剂使用及注意事项

1）使用前要充分振荡、摇匀，直接使用原液即可。

2）用溶剂或毛刷将模样（芯盒）上的树脂及残渣清理干净。

3）用喷（刷）的方式将产品均匀地涂覆到模样、芯盒表面，不要堆积太厚，以防影响砂芯尺寸精度。

4）等涂面干燥后（5～15min）即可填砂造型，喷刷一次可重复使用多次（10～20 次）。干燥速度与脱模剂种类及环境条件有关。

5）该脱模剂为易燃品，易挥发，应存放于阴凉通风处，且密封保存。其蒸气与空气可形成爆炸性混合物，注意防火且远离火源、热源。

6）该脱模剂有麻醉和刺激作用、低毒，当皮肤沾上时，应立即用大量流动的清水冲洗。

7）使用时要穿戴好劳保用品，避免人体直接接触，工作现场注意通风。

10.1.2　冷芯盒用脱模剂

为防止起模困难、模样受损，胺法冷芯盒树脂砂工艺的模样和芯盒都要使用脱模剂。尤其是强度要求特别高或者树脂加入量较大时，冷芯盒脱模剂的作用更加明显。

由于环保要求的逐渐提高，对冷芯盒脱模剂的要求越来越高，不允许使用卤代烃类溶剂。卤代有机污染物主要包括全氟或部分氟代化合物（PFCs）、氯代有机物（COSs）和溴代有机物（BOCs）等，具有持久性强、难生物降解的特点。虽然有机卤代物常作为原材料、中间体、溶剂等应用于有机合成中，在人类生产和生活中应用较广泛，但是许多有机卤代物排放到环境中，对臭氧层、生态安全及人类健康会造成严重危害。

不含有卤代烃类溶剂（如 RA-21HB），不会对臭氧层、生态安全及人类健康造成严重危害，并且脱

模效果好。

1. 冷芯盒常用脱模剂

（1）油酸脱模剂　油酸学名为十八烯酸，别名红油，化学成分为脂肪酸混合物，分子式为 $C_{18}H_{34}O_2$，结构简式为 $CH_3(CH_2)_7CH=CH(CH_2)_7COOH$。油酸与其他脂肪酸一起，以甘油酯的形式存在于一切动植物油脂中。在动物脂肪中，油酸在脂肪酸中的含量（质量分数，下同）为 40% ~ 50%；在植物油中的变化较大，茶油中含量可高达 83%，花生油中含量达 54%，而椰子油中含量则只有 5% ~ 6%。纯油酸为无色油状液体，有动物油或植物油气味，久置空气中颜色逐渐变深，工业品为黄色到红色油状液体，有猪油气味。油酸的物理指标为：熔点 16.3℃，沸点 286℃（约 13kPa），密度 0.8935g/cm³（20℃），折射率 1.4582，闪点 372℃；易溶于乙醇、乙醚、氯仿等有机溶剂中，不溶于水；易燃，遇碱易皂化，凝固后生成白色柔钦固体。植物油酸是以植物油（棉籽油、豆油、菜籽油、花生油、混合油）为原料，经过水解、蒸馏、冷冻、分离所得到的液体部分再经蒸馏而得到的工业油酸。它是用于增塑剂、合成纤维、脱模剂、环氧树脂、矿业浮选、石油行业、乳化剂 S-80 等产品的主要原料。植物油酸和动物油酸的性能指标见表 10-3 和表 10-4。

表 10-3　植物油酸的性能指标

指　标	指　标　值
酸值/(mgKOH/g)	190 ~ 203
皂化值/(mgKOH/g)	190 ~ 205
碘值/[gI/(100g)]	100 ~ 140
含水量(质量分数,%)	<0.5

表 10-4　动物油酸的性能指标

指　标	指　标　值
外观	淡黄色透明油状液体
酸值/(mgKOH/g)	190 ~ 202
皂化值/(mgKOH/g)	195 ~ 205
碘值/[gI/(100g)]	80 ~ 100
凝固点/℃	4 ~ 16
含水量(质量分数,%)	0.5

（2）水乳型快干脱模剂　上述的脱模剂是用有机溶剂来稀释使用的产品，具有挥发速度快、起模效果好的显著特点，但是由于有机溶剂挥发后进入大气中，必然导致环境的污染，因此在不影响使用的前提下尽量减少污染。水乳型脱模剂就是在这种条件下产生的，它不含有机溶剂，不污染环境，具有快干、长

效的优点。为保证水与聚二甲基硅氧烷或者油酸的均匀混合，里面加入一定比例的乳化剂，采用高速乳化机预混后再稀释至合适黏度。乳化剂是多种深色芳香烃树脂的混合物，可改善不同极性和黏度的液体的均匀性，用于铸造生产的起模产品。

2. 冷芯盒脱模剂使用及注意事项

1）使用配套清洗剂或其他有机溶剂清洗模样（芯盒）表面，并用压缩空气吹净模样（芯盒）表面残液。

2）使用喷枪均匀喷涂，不用等待，可立即填砂造型、制芯。

3）根据铸件复杂程度不同，建议每隔一定时间按次数（如 15 ~ 20 次）涂刷一次脱模剂。

4）该脱模剂有毒，有刺激性气味，使用时应穿戴好劳保用品，避免人体直接接触，工作现场注意通风。

5）该脱模剂属挥发性液体，注意密封保存。

10.1.3　热芯盒、覆膜砂造型制芯用脱模剂

1. 纳米碳化硅脱模剂

纳米碳化硅粉体具有纯度高、粒径小、分布均匀、比表面积大、高表面活性、堆密度低的显著特点。以它为主体原料做成的热芯盒脱模剂具有极好的力学、热学、电学和化学性能，即具有高硬度、高耐磨性和良好的自润滑、高热导率、低热膨胀系数及高温强度大等特点。纳米 SiC 采用等离子弧气相合成的方法生产，颜色为灰绿色，纯度高达 99%，粒度小于 50nm。

采用纳米级 SiC 制成的热芯盒脱模剂，可在金属模样表面形成高致密度膜层，膜层表面具有耐磨和自润滑、耐高温的特点。覆盖能力强，模样表面均匀、平滑、细致，可大大降低起模阻力，有效降低起模时砂芯的变形；而且起模效果明显，喷涂一次可重复使用 10 ~ 20 次，在芯盒内腔上积垢量少，易清理，芯（型）的尺寸可得到保证。

2. 水乳状脱模剂

水乳状脱模剂主要是用水作载体（配制脱模剂用水应是纯水、离子交换水或蒸馏水，不得用自来水），加入水溶性硅油、脂肪酸及一定比例的偶联剂进行高速乳化混合而成的，是一种白色乳化状液体。适用于覆膜砂（壳型）或热芯盒树脂砂制芯时的金属模样与砂芯之间的脱模剂。

此种脱模剂的主要隔离作用是水溶性硅油及脂肪酸，原材料的性能直接影响产品的起模效果。脂肪酸在前面已经介绍过。水溶性硅油的性能指标要求见表 10-5。

表 10-5　水溶性硅油的性能指标

指　标	指　标　值
外观	浅黄色透明油状液体
离子特性	非离子型
密度(25℃)/(g/cm³)	1.00 ~ 1.05
黏度(25℃)/mPa·s	1500 ~ 5000
折光率	1.442 ~ 1.443
闪点(开口杯法)/℃	>218
浊点/℃	47
有效成分(质量分数,%)	≥99.5

（1）水乳状热芯盒脱模剂的特点

1）该脱模剂为乳化型，无毒、无害，不污染砂芯表面。

2）不易燃，不易爆，操作安全。

3）起模性能好，喷涂1次，可多次使用。

（2）水乳状热芯盒脱模剂性能指标　外观呈白色乳化状液体；密度为 0.90 ~ 0.95g/cm³；pH 值为 7 ~ 9.5。

（3）热芯盒脱模剂使用方法及注意事项

1）该脱模剂使用时无须稀释，直接采用喷涂方法喷于芯盒。

2）喷涂时，芯盒温度不得低于120℃。

3）在保质期内，若因放置时间长导致脱模剂略有分层时，使用时应搅拌均匀，性能不变。

4）该脱模剂应放置在室内阴凉处，防止暴晒或冻结（冬季要存放在5℃以上的环境中）。

10.1.4　黏土砂专用脱模剂

为改进铸件质量，提高铸件合格率，在湿型黏土砂造型（制芯）时，一般需要在模样表面喷涂脱模剂，用来防止砂芯与模样的黏结。脱模剂的隔离性取决于其表面性质，选用临界表面张力越小的物质作为脱模剂，其起模效果越好。

1. 黏土砂用脱模剂种类

（1）硅系脱模剂　聚甲基硅氧烷化合物、硅油、硅树脂，都是一种隔离性很好的脱模剂，对模样污染小，起模效果好，只需涂1次，可进行 5 ~ 10 次起模。脱模剂主要品种有甲基硅油或乳化硅油，即将黏度为 300 ~ 1000mPa·s 的 201 甲基硅油或乳化硅油溶于全损耗系统用油（或变压器油、工业白油、煤油等）中，配成5% ~ 20%的硅油溶液。

（2）油类复合脱模剂　此类脱模剂主要是由硬脂酸钙、硬质酸锌、液体石蜡、硅油、煤油、全损耗系统用油等多种原料复合而成，具有理想的高温润滑性、附着性、化学稳定性，以及起模容易、无腐蚀、

无毒害、无污染、提高成型质量、明显延长模样寿命等特点。

例如：圣泉 RA - 08 是一种油包水类复合脱模剂，主要由烃类化合物、表面活性剂、乳化剂组成，用乳化机高速剪切乳化而得。其性能指标见表 10-6。该脱模剂能显著降低潮膜砂、黏土砂制芯工艺的砂芯脱模阻力，具有理想的高温润滑性，并且脱模容易，化学性能稳定，无腐蚀，无毒害，无污染。

表 10-6　RA - 08 复合脱模剂的性能指标

型号	成　分	指　标
RA - 08	烃类化合物、表面活性剂、乳化剂	外观：乳白色液体；密度：0.80 ~ 0.90g/cm³

2. 黏土砂用脱模剂性状

以 RA - 03A 黏土砂用脱模剂为例，其性状见表10-7。

表 10-7　RA - 03A 黏土砂用脱模剂性状

型　号	成　分	性　状
RA - 03A	脂肪酸类、脂肪族系润滑油、石油系溶剂	外观：无色或淡黄色液体；密度(15℃)：0.7 ~ 0.85g/cm³

3. 黏土砂专用脱模剂使用方法及注意事项

1）在喷涂脱模剂之前，用有机溶剂或其他方式清理芯盒、模样表面，不得有铁锈、油污等杂质存在，否则会降低起模效果。

2）均匀地喷涂或刷涂脱模剂，脱模剂的浓度不能太高，涂层不要太厚，应间隔一定时间喷1次脱模剂。

3）根据铸件精度及模样的结构情况，选用适宜的脱模剂，效果更好。

4）脱模剂应在芯盒与芯砂之间形成隔离层，减少芯盒的粘砂、结垢倾向，极大降低起模阻力，消除起模时砂芯的变形、断裂，在砂芯上无残留，使砂芯外观质量提高，最好对铸铁模样有短期的防锈作用。

10.1.5　水玻璃砂专用脱模剂

1. 不含粉体的油性漆类脱模剂

不含粉体的油漆类脱模剂主要是由煤油+桐油+硝基磁漆或其他漆类配制，具有漆膜干燥快、平整光亮、硬度高、附着力好、耐候性较好等优点，缺点是涂层较厚时不易打磨。其性能指标见表 10-8。

表 10-8　硝基磁漆脱模剂的性能指标

指　标	指　标　值
光泽	高光、半光、哑光
遮盖力(以 20μm 干膜计,不含损耗)/(g/m²)	20 ~ 130
固体含量(质量分数,%)	30 ~ 40
干燥时间(23℃ ±2℃)/min	表干≤10,实干≤50

稀释剂为煤油与桐油所配制的脱模剂适宜于喷涂。下面分别介绍煤油与桐油的技术要求。煤油应该选用航空煤油,俗称"3 号喷气燃料",是由直馏馏分、加氢裂化和加氢精制等组分及必要的添加剂调和而成的一种透明液体,主要由不同馏分的烃类化合物组成。航空煤油之所以用于脱模剂上,是由它本身的物理性质决定的:密度适宜,热值高,燃烧性能好,能迅速、稳定、连续、完全燃烧,且燃烧区域小,积炭量少,不易结焦;低温流动性好,能满足寒冷低温地区对油品流动性的要求;热稳定性和抗氧化稳定性好;洁净度高,无机械杂质及水分等有害物质,硫含量低;对模样无腐蚀。航空煤油的性能指标见表 10-9。

表 10-9　航空煤油的性能指标（GB 6537—2018）

指　标	指　标　值
闪点/℃　≥	38
冰点/℃　≤	-40
密度(20℃)/(kg/m³)	260 ~ 315
终馏点温度/℃	730 ~ 770

桐油是将采摘的桐树果实经机械压榨、加工提炼制成的工业用植物油,整个过程为物理方法。桐油是一种天然的植物油,它具有迅速干燥、耐高温、耐腐蚀等特点,还具有良好的防水性。桐油的技术指标见表 10-10。

表 10-10　桐油的技术指标（LY/T 2865—2017）

指标	优等品	一等品	合格品
外观	黄色透明液体		
气味	具有桐油固有的正常气味,无异味		
透明度(20℃,24h)	透明	透明	允许微浊
密度(20℃)/(g/cm³)	0.9350 ~ 0.9395		
折光指数(20℃)	1.5185 ~ 1.5225		
碘值(Ⅰ)/(g/100g)	163 ~ 175		
皂化值(KOH)/(mg/g)	190 ~ 199		
酸价(KOH)/(mg/g)　≤	3	5	7
水分和挥发物(质量分数,%)　≤	0.10	0.15	0.20
不溶性杂质(质量分数,%)　≤	0.10	0.15	0.20

2. 含粉体的脱模剂

漆类脱模剂虽然具有一定的起模效果,但是易在模样表面形成一层坚硬的膜层,而且清理比较麻烦,为改善这一现象,铸造工作者开发了含有粉体的脱模剂(一般选用石墨粉、聚乙烯蜡、银粉等的一种或混合物)。这类产品与传统的产品相比,具有以下特点:使用效果更好,可以实现一次涂覆,多次连续起模,使得铸造生产率更高;附着力适当,膜层清理容易;可以实现模样与型砂(芯砂)的隔离,降低型砂(芯砂)在模样表面的黏附,改善砂型(砂芯)的表面质量,提高铸件的外观效果;润滑作用显著,可以最大限度地减小起模斜度,改善铸件外观,降低铸件单件质量,降低生产成本,润滑作用显著,延长模样(芯盒)使用寿命。

10.2　砂芯胶合剂

人类早在远古时代就开始用干枯的树脂粘贴物品;古代中国和巴比伦王国是用沥青或牛皮胶作黏结剂的;从中世纪开始到近代,欧洲已开始兴起使用骨胶,用牛奶制成的酪蛋白或阿拉伯树胶作黏结剂。进入 20 世纪,人类发明了应用高分子化学和石油化学制造的合成黏结剂,其种类繁多,黏结力强,产量也有了飞跃发展。与淀粉、阿拉伯树胶、甲醛相比,用环氧树脂或甲醛树脂等材料合成的化学高分子黏结剂的黏结力更强,而且具有耐水、耐热等特点。

在铸造行业中,胶合剂主要是用于砂芯之间的连接及砂芯损坏后的修补。胶合剂的种类很多,通常可做如下分类:

1. 按材料来源分

(1)天然胶合剂　它取自于自然界中的物质,包括淀粉、蛋白质、糊精、动物胶、虫胶、皮胶、松香等生物胶合剂,也包括沥青等矿物胶合剂。

(2)人工胶合剂　这是用人工制造的物质,包括水玻璃等无机胶合剂,以及合成树脂、合成橡胶等有机胶合剂。

2. 按使用特性分

(1)水溶型胶合剂　用水作溶剂的胶合剂,主要有淀粉、糊精、聚乙烯醇、羧甲纤维素等。

(2)热熔型胶合剂　通过加热使胶合剂熔化后使用,是一种固体胶合剂。一般热塑性树脂均可使用,如聚氨酯、聚苯乙烯、聚丙烯酯等。

(3)溶剂型胶合剂　不溶于水而溶于某种溶剂的胶合剂,如虫胶、丁基橡胶等。

(4)乳液型胶合剂　多在水中呈悬浮状,如醋酸乙烯树脂、丙烯酸树脂、氯化橡胶等。

（5）无溶剂液体胶合剂　在常温下呈黏稠液体状，如环氧树脂等。

以下介绍铸造生产中常用的几种胶合剂。

10.2.1　烘干型胶合剂

烘干型胶合剂是指通过加热（烘烤）后固化速度及强度均显著提高的一类胶合剂产品。它可以是无机的，也可以是有机的。

耐高温无机胶合剂是以硅酸钠、铝矾土、石英粉、莫来石粉等为原料，经混合调制而成的耐高温无机胶合剂。耐高温胶合剂具有附着力坚固、操作方便、高温速干性、强度高等特点。此类产品可自然硬化，但时间较长，达到完全硬化需24h左右，影响工作效率。为保证生产率，生产上一般采取加热方式促进其硬化，加热（烘烤）后硬化速度、强度显著提高。它主要用于热芯盒、覆膜砂型芯的胶合密封。

烘干型有机胶合剂的主成分一般为各类改性淀粉、热固性酚醛树脂等，均具有加热后固化速度提高的特性。以下介绍几种烘干型胶合剂及其性能指标。

1. 无机烘干型胶合剂

无机烘干型胶合剂是一种新型胶合剂。它既能常温固化又能通过加热（烘烤）等方式固化，具有成本低、结构简单、黏结强度高、发气量低等特点。

按化学成分来分，无机烘干型胶合剂有硅酸盐、磷酸盐、氧化物、硫酸盐和硼酸盐等的一种或几种与莫来石粉、高岭土粉等粉料混配而成。常见的无机胶合剂如水玻璃、黏土等已广泛用于建筑、模型、铸造等多方面。无机烘干型胶合剂的一推荐配方及性能指标见表10-11。

2. 有机烘干型胶合剂

有机烘干型胶合剂具有优良的化学稳定性、良好的黏结性能和较高的机械强度，广泛应用于化工、机械、铸造等领域。

有机烘干型胶合剂主要成分一般为各类改性淀粉、热固性树脂（如不饱和聚酯树脂、环氧树脂、酚醛树脂、乙烯基酯树脂）等，通常加入黏土、滑石粉等粉料来增加产品的黏度及干燥速度。有机烘干型胶合剂推荐配方及性能指标见表10-12。

表10-13为商品BA-02型烘干型胶合剂的性能指标及应用范围。

表10-11　无机烘干型胶合剂推荐配方及性能指标

配方（质量分数，%）						性能指标				
水玻璃	三聚磷酸钠	六偏磷酸钠	莫来石粉	黏土	外观	固体含量（质量分数，%）	常温表干时间/h	常温实干时间/h	抗拉强度（常温放置24h）/MPa	抗拉强度（150℃加热30min）/MPa
50~70	0~5	0~5	10~30	10~30	灰黑色或暗红色黏稠状的膏体	≥50	1	24	≥0.8	≥1.5

表10-12　有机烘干型胶合剂推荐配方及性能指标

配方（质量分数，%）					性能指标		
改性淀粉	酚醛树脂	黏土	铝矾土	外观	固体含量（质量分数，%）	抗拉强度（常温放置24h）/MPa	抗拉强度（150℃加热30min）/MPa
20~30	10~20	10~30	20~60	灰黑色或暗红色黏稠状的膏体	≥50	≥0.5	≥1.5

表10-13　BA-02型烘干型胶合剂的性能指标及应用范围

型号	外观	抗拉强度（180℃，10min）/MPa	黏度/mPa·s	应用范围
BA-02（A）	黄色至红棕色膏状物	≥1.1	4000~6000	热芯盒树脂砂、覆膜砂型芯的热态黏合与修补
BA-02（B）		≥0.8	5000~7000	

10.2.2　常温自硬快干型胶合剂

常温自硬快干型胶合剂具有常温速干性与强度高的显著特点，还具有非水解性、操作简易、工作效率高等特点，适用于树脂砂、水玻璃砂、油砂等型芯的黏合与修补。其中最典型的产品是聚醋酸乙烯乳胶胶合剂。聚醋酸乙烯乳胶是生产最早、产量最大的胶合剂品种，具有良好的起始黏结强度，可任意调节黏度，易与各种添加剂混溶，可配制性能多样的品种。

表 10-14～表 10-17 为 4 种配方及生产方法。

快干型胶合剂的性能指标包括黏度、抗拉强度、干燥速度等。以商品 BA-01 系列快干型胶合剂性能指标为例，见表 10-18。

表 10-14　配方 1 及生产方法

配方(质量分数,%)					生 产 方 法
甲醇	醋酸乙烯酯	邻苯二甲酸二丁酯	辛醇	过硫酸铵	在 66～69℃下进行乳液聚合，聚合时间为 2.5～3h。黏度达到要求放料
52.63	46.31	1.05	0.21	0.026～0.053	

表 10-15　配方 2 及生产方法

配方(质量分数,%)					生 产 方 法
甲醇	醋酸乙烯	油酸钠	NN 二甲基甲酰胺	水	于 65～75℃下进行聚合，聚合时间为 90～120min
9～20	28～30	0.03～0.15	0.15～0.45	30～60	

表 10-16　配方 3 及生产方法

配方(质量分数,%)								生 产 方 法
甲醇	聚乙烯醇	醋酸乙酯	醋酸乙烯	乳化剂 OP-10	水	氢氧化钠	甲酸	将聚乙烯醇，溶于水中升温至 90～95℃，用酸调 pH 值至 2～3，加入甲醛水溶液，保温 1h，降温至 40℃，用碱调 pH 值至 6～8。加入乳化剂、醋酸乙酯，于 50～60℃保温 1h。搅拌下滴加醋酸乙烯，回流 3～4h。加碱调节 pH 值至 6～8 得胶合剂
15～17	5.4～6	27～30	37.6～42.4	0.75～0.97	3～14.2	0.027～0.06	0.03	

表 10-17　配方 4 及生产方法

配方(质量分数,%)					生 产 方 法
聚乙烯醇 (≥99.8%)	醋酸乙烯	精制水	过硫酸铵	丙烯酸甲酯	在反应釜中，加入水，搅拌升温，同时加入聚乙烯醇，于 95℃溶解完全。降温至 50℃，加入总量 1/3 的醋酸乙烯、丙烯酸甲酯等单体，加入总量 1/5 的过硫酸铵，搅拌下升温，当温度升至 63℃，停止加热，反应开始，并自动升温至回流。在物料回流状态下，滴加剩余量的单体混合物和剩余的过硫酸铵(配成 5% 水溶液)，于 1.5～3h 内加完，然后再回流 2～3h，降温出料
2.7	34.5	62.1	0.07	0.7	

表 10-18　BA-01 系列快干型胶合剂性能指标

型　号	BA-01	BA-01-1	BA-01X	BA-01X-1
黏度/mPa·s	4000～5000	3800～5100	6000～8000	8000～10000
2h 抗拉强度/MPa ≥	0.85	0.95	1.05	1.10
干燥速度比较	BA-01X-1 > BA-01X > BA-01-1 > BA-01			

快干型胶合剂使用注意事项：

1) 该产品易燃、有刺激性，对环境有危害，生产及使用时操作人员必须穿戴劳保防护用品。

2）密闭存放于通风阴凉处，使用时应远离火源或热源，装卸、搬运时注意小心轻放，防止挤压。

10.2.3　常温自干型胶合剂

常温自干型胶合剂配方里面含有各种挥发性溶剂，溶剂可以是一种，也可以是复合的，主要根据溶剂的沸点及毒性来选用。为保证工作效率、保护大气环境，应尽量选用沸点低、毒性小的原材料。挥发速率与溶剂的沸点成反比，即沸点越高，挥发速率越慢，沸点越低挥发速率越快。在生产及使用中，可以根据生产工艺条件及生产率的要求选用不同挥发速率的胶合剂。自干型胶合剂的原理就是在自然条件下，溶剂自然挥发，剩余成分在被黏结表面形成一层坚固的膜，从而把两个分离的表面牢固地粘在一起。最常用的品种为聚乙烯醇缩丁醛/脲（酚）醛树脂类胶合剂和热塑性丙烯酸树脂胶合剂。应用较多的是聚乙烯醇缩丁醛/脲（酚）醛树脂类胶合剂。

1. 常温自干胶合剂的制备

（1）改性脲醛树脂胶的制备　脲醛树脂是甲醛与尿素在一定的条件下，经多步缩合反应而制得的。脲醛树脂胶为复合胶合剂的 A 组分。

（2）聚乙烯醇缩丁醛树脂胶的预配制　投入定量的乙醇及乙酸乙酯，搅拌均匀，然后在搅拌状态下投入计量好的 PVB 粉体及分散剂，高速搅拌 5~7h，直至 PVB 颗粒全部分散，无可见结团为止。其外观为半透明乳浊液体，PVB 的质量分数控制在 3%~7%，即为复合胶合剂的 B 组分。

（3）聚乙烯醇缩丁醛/脲（酚）醛树脂胶合剂的制备　把 AB 两种组分按照一定比例混合后，加入醇类或酯类溶剂稀释，然后加入石英粉、滑石粉、高岭土等粉体的一种或多种搅拌均匀即可。

常温自干胶合剂的控制指标一般为：黏度3500~7000mPa·s，固含量40%~65%，2h 抗拉强度大于或等于 0.6MPa。

2. 自干胶合剂使用注意事项

1）使用此类产品时，应均匀地涂抹在被黏附表面，粘好后短时间内不宜抖动砂型（芯），涂层不宜太厚，否则影响黏结效果。

2）该产品含有挥发性溶剂，产品易燃、有刺激性气味，对环境有危害，应特别注意对水体的污染。生产和使用时，要加强密闭和通风措施，减少有机溶剂的逸散和蒸发。有条件的情况下，尽量采用自动化和机械化操作，以减少操作人员直接接触的机会。应使用个人防护用品，如防毒口罩或防护手套。皮肤受污染时，应及时冲洗干净。勿用污染的手进食或吸

烟，勤洗手、洗澡与更衣。应定期进行健康检查，要及早发现中毒征象，进行相应的治疗和严密的动态观察。

3）物料要密闭存放于通风阴凉处，使用时应远离火源或热源，与酸碱及强氧化剂隔离存放，装卸、搬运时注意小心轻放，防止挤压。

10.2.4　热熔胶

热熔胶是一种可塑性的胶合剂，在一定温度范围内其物理状态随温度改变而改变，而化学特性不变，属于无毒无味的环保型化学产品，见图10-1。

图 10-1　热熔胶棒

热熔胶胶合过程是利用热熔胶机通过加热把热熔胶熔解为液体，再通过热熔胶机的热熔胶管和热熔胶枪，将熔融的热熔胶输送到被黏结物的表面，热熔胶冷却后即完成了胶合。

1. 热熔胶的组成

热熔胶是一种不需溶剂、不含水分、100% 的固体可熔性聚合物。它在常温下为固体，加热熔融到一定温度变为能流动且有一定黏性的液体。熔融后的 EVA 热熔胶，呈浅棕色或白色。EVA 热熔胶由基本树脂、增黏剂、黏度调节剂和抗氧剂等成分组成。

（1）基本树脂　热熔胶的基本树脂是乙烯和醋酸乙烯在高温高压下共聚而成的，即 EVA 树脂。这种树脂是制作热熔胶的主要成分，占其配料质量的50% 以上。基本树脂的比例、质量决定了热溶胶的基本性能，如胶的黏结能力、熔融温度及其助剂的选择。

（2）增黏剂　增黏剂是 EVA 热熔胶的主要助剂之一。如果仅用基本树脂熔融时在一定温度下具有的黏结力，当温度下降后，就失去黏结能力，无法达到黏结效果。加入增黏剂就可以提高胶体的流动性和对被粘物的润湿性，改善黏结性能，达到所需的黏结强度。

（3）黏度调节剂　黏度调节剂也是热熔胶的主要助剂之一。其作用是增加胶体的流动性、调节凝固速度，以达到快速黏结牢固的目的，否则热熔胶黏度过大，无法或不易流动，难以渗透到被黏结物的表

面，就不能将其黏结牢固。加入软化点低的黏度调节剂，就可以达到黏结时渗透好、粘得牢的目的。

（4）抗氧剂　加入适量的抗氧剂是为了防止 EVA 热熔胶的过早老化。因为胶体在熔融时温度偏高会氧化分解，加入抗氧剂可以保证在高温条件下，它的黏结性能不发生变化。

2. 热熔胶的选择

（1）胶的颜色要求　若被粘物本身对颜色没有特殊要求，推荐使用黄色热熔胶。一般来说，黄色热熔胶比白色黏结性能更好。

（2）被粘物的表面处理　热熔胶对被粘物的表面处理没有其他胶合剂那么严格，但被粘物的表面灰尘、油污也应做适当的处理，才能使热熔胶更好地发挥黏结作用。

（3）作业时间　作业快速是热熔胶的一大特点。热熔胶的作业时间一般在 15s 左右。

（4）温度　热熔胶对温度比较敏感，温度达到一定程度，热熔胶开始软化，低于一定温度，热熔胶会变脆，所以选择热熔胶必须充分考虑到产品所在环境温度的变化。

（5）黏性　热熔胶的黏性分早期黏性和后期黏性，只有早期黏性和后期黏性一致，才能使热熔胶与被粘物保持稳定。在热熔胶的生产过程中，应保证其具有抗氧性、抗卤性、抗酸碱性和增塑性。被粘物材质的不同，热熔胶所发挥的黏性也有所不同，所以应根据不同的材质选择不同的热熔胶。

3. 热熔胶技术要求

热熔胶的基本技术要求见表 10-19。

表 10-19　热熔胶的基本技术要求

软化点/℃	抗拉强度/MPa	断后伸长率(%)	黏度(180℃熔融)/Pa·s	热稳定性	脆性温度/℃
69 ~ 85	>3	>200	4.5 ~ 6.0	180℃,24h 黏度变化量 < 0.5Pa·s,外观无明显变化	<0

第一汽车制造公司铸造公司用于黏结砂芯的74 - EAH 热熔胶的技术指标见表 10-20。

表 10-20　74 - EAH 砂芯热熔胶的技术指标

型　　号	外观	软化点/℃	黏度(177℃)/Pa·s
74 - EAH	浅黄色	78 ~ 80	1.0 ~ 1.4

4. 热熔胶的使用注意事项

（1）加热温度　一般要把温度控制在 140 ~ 180℃。温度高时，胶稀了，流动性好了，渗透性上升了，但黏结强度却要下降；胶温过低时黏度上升，胶稠了，又影响流动性、湿润性和渗透性，同时也会降低胶的柔韧性和拉力等。

（2）使用环境温度和湿度　热熔胶是一种热熔性胶合剂，当其涂抹到基材后，在开放时间内会受环境温度和湿度的影响。一般情况下，操作车间温度应该保持在 10 ~ 30℃，湿度应保持 50% 左右。有些地区的企业在夏天环境温度较高时使用热熔胶，会出现气泡过多，不易固化和硬化冷却等现象；到冬天，即环境温度较低时，又出现开放时间和固化时间过短，粘不牢或粘不上等现象，这都与使用时的环境温度和湿度较大偏离标准范围有很大关系。

（3）措施　有条件的企业，最好在热熔胶的使用车间安装恒温湿设备，使温度湿度控制在标准范围

内，这是走向规范化生产的要求；没有条件的企业要努力创造条件，采取补救办法。例如，夏天的使用温度过高时，可在产品生产厂家建议的使用温度基础上，下调 5 ~ 10℃，使其固化速度加快；到了冬天使用的温度过低时，可在产品生产厂家建议的使用温度基础上，上调 5 ~ 10℃，使热熔胶的开放时间缓慢一些，从而达到技术要求。

5. 热熔胶胶枪

热熔胶胶枪用于涂胶，具有多种多样的喷嘴，可满足不同生产线的要求，见图 10-2。喷嘴的出胶方式有螺旋状、条状、点状、雾状、纤维状等多种形式。喷胶方式有机械式、气动式。

图 10-2　胶枪

（1）胶枪的主要参数　胶枪的主要参数包括用胶形状、喷胶方式、涂胶形式、加热功率、保温功

率、温度控制、使用电压等。以 TR502 胶枪为例简

单介绍胶枪的主要参数，见表 10-21。

表 10-21　TR502 胶枪的主要参数

型号	用胶形状	喷胶方式	涂胶形式	加热功率/W	保温功率/W	温度控制	使用电压/V
TR502	ϕ11.3mm 胶棒	机械式	点状/条状	500	40	PTC	120/230

（2）胶枪的使用及注意事项

1）热熔胶胶枪插上电源前，请先检查电源线是否完好无损，是否具备支架，已使用过的胶枪是否有倒胶等现象。

2）胶枪在使用前先预热 3～5min，胶枪在不用时应直立放置。

3）应保持热熔胶条表面干净，防止杂质堵住喷嘴。

4）胶枪在使用过程中若发现喷不出胶，应检查胶枪是否发热。

10.2.5　壳芯用快干胶粉

壳芯用快干胶粉是一种以聚合高聚物为主要载体，加入耐火粉料混合均匀的粉体胶。该快干胶粉具有粘接快速、强度高的特点。砂芯粘接后放置 10min，抗拉强度可高于 1.5MPa。

1. 壳芯用快干胶粉的组成

（1）黏结剂　壳芯用快干胶粉使用的黏结剂是酚醛树脂、聚醋酸乙烯酯、硅胶等黏结剂单独使用或两种以上混合复配而成，是一种强度高、固化快的黏结体系，并且可与多种有机和无机填料都能相容的物质。设计使用正确的黏结剂，可显著提高对砂芯的润湿度。

（2）耐火粉料　壳芯用快干胶粉中的耐火粉料是高岭土、石英粉、刚玉粉、铝矾土等耐火粉料的一种或多种。

2. 壳芯用快干胶粉的使用方法

胶粉与溶剂按质量比（2.5～3.5）：1 进行配制，搅拌均匀后使用。其中，溶剂可以单独的，也可以是混合的，可以是工业乙醇、异丙醇，也可以是水。其配比可根据客户自身需要调整。该快干胶粉用于覆膜砂或热芯盒壳芯的粘接，壳芯温度为 150～250℃。

3. 壳芯用快干胶粉的技术指标

壳芯用快干胶粉的技术指标见表 10-22。

表 10-22　壳芯用快干胶粉的技术指标

外观	热抗拉强度/MPa	冷抗拉强度/MPa
淡红色粉体	>1.0	>1.2

注：对覆膜砂试块进行粘接，经 180℃烘烤 15min 后测试热、冷抗拉强度。

4. 壳芯用快干胶粉的优点

壳芯用快干胶粉可以现用现配，解决了受保质期限制的问题；也解决了包装瓶难处理的问题，达到了绿色环保的目的；还解决了运输安全的问题。

10.2.6　黏结剂自动打胶设备

随着工业化的发展，黏结剂自动打胶设备的出现逐步取代了人工打胶。传统的黏结剂一般是袋装或是瓶装的，使用时，操作者将袋装或瓶装的黏结剂开封后，挤压涂抹在物体表面上。这样的使用方法存在以下问题：

1）黏结剂等流动性的胶体在开封后会在一定时间后自然干燥和结块，人工涂抹不能精确地控制黏结剂的流量等因素均会造成黏结剂的浪费。

2）人工涂抹黏结剂等流动性胶体时，不可避免地会接触到黏结剂，对人体有一定危害，工作环境差。

3）人工涂抹使黏结剂在物体表面上分布不均匀，黏结效果差，工作效率低。

新型的自动打胶设备可以用在黏结剂的大体量包装桶上，黏结剂盛放在相对密封的包装桶内，不与空气接触或只与少量不流通的空气接触，黏结剂可以长时间保存，不会自然结块。此设备能精确地控制黏结剂的流量，并且准确地涂抹在物体表面上，避免了黏结剂的浪费，也避免了操作者与黏结剂的接触，改善了工作环境，提高工作效率。自动打胶机见图 10-3。

图 10-3　自动打胶机

10.3　封箱泥条（膏）及密封圈

封箱膏、封箱泥条可用来密封铸型装配结合面，防止浇注时跑火和产生过大飞边，也可用来圈围型芯出气眼、排气孔，防止金属液流进气眼堵塞气道。封箱膏、封箱泥条是根据客户的使用习惯而做成的不同状态的产品，它们的作用相同，性能相近，都必须有很好的可塑性，浇注过程中能够阻挡金属液流过。封箱膏主要用于平模上，封箱泥条主要用于立模和封箱膏难以涂覆的复杂部位。

10.3.1　封箱泥条

封箱泥条是由各种油类、黏土类、矿物纤维类原料混配而成的，具有优良的可塑性，且粗细均匀，使上下型压力均匀，密封性能可靠，可有效地防止铸件飞边、跑火等缺陷，提高铸件尺寸精度，使用方便，可明显地节约工时。封箱泥条广泛应用于铸铁、铸钢和非铁合金铸件，适用于黏土砂、水玻璃砂、树脂砂等工艺（见图 10-4）。铸造厂可根据铸件大小及工艺要求选择适合要求的泥条规格：$\phi 4.5mm$、$\phi 6mm$、$\phi 8mm$、$\phi 10mm$、$\phi 12mm$、$\phi 16mm$ 等。

图 10-4　封箱泥条

1. 封箱泥条的典型配制工艺

1）各种油类的混合。把全损耗系统用油、液压油、沥青油或其他混合油脂按照比例投入混合容器内，搅拌均匀备用。

2）各种粉料的混合。把黏土或其他粉类原料与擅长适合的矿物纤维或植物纤维（木质纤维）与粉末 CMC 在搅拌机内混匀。

3）把第 1）步混合均匀的油类按照比例加入搅拌机内，与第 2）步粉料进行混合。搅拌时间不低于 15min。

4）把配置好的半成品放入挤压机中反复挤压多次，然后再通过特制模具出条。

2. 生产封箱泥条的原材料选用

（1）韧性和保质期　为保证泥条的韧性和保质期，植物油类应该选用各种碘值的混合油合理搭配。干性油大部分为不饱和的化合物，能在空气中氧化成固态的油膜。其反应为空气中的氧直接加合于不饱和分子的双键或三键上。常见的干性油有桐油、亚麻油等。用干性油制成的泥条，泥条强度高韧性差，保质期短。不干性油是指在空气中不能氧化干燥形成固态膜的油类，一般为黄色液体，碘值在 100 以下，主要成分为脂肪酸三甘油酯，如橄榄油等。用不干性油制成的泥条的强度低，韧性好，保质期长。半干性油是指氧化干燥性能界于干性油和不干性油之间的油类，干燥速度比干性油慢得多，在空气中氧化后仅局部固化，形成并非完全固态而有黏性的膜，碘值约为 130，如米糠油、葵花籽油等。干性油与半干性油之间无明确的划分界限，人们习惯上是用碘值来区分干性油、半干性油及不干性油的，见表 10-23。

表 10-23　干性油、半干性油、不干性油的质量标准

植物油	干性油	半干性油	不干性油
碘值/[gI/(100g)]	≥140	100~140	≤100

注：植物油的碘值是指 100g 油能吸收多少克碘的数值。

（2）人造矿物纤维、植物纤维（木质纤维）的选择　植物纤维较矿物纤维而言，具有明显的质量及环保优势，但价格稍高，生产及使用时可根据质量及价格情况进行选择。

1）木质纤维（MC）是天然木材经过化学处理得到的有机纤维。通过筛选、分裂、高温处理、漂白、化学处理、中和，形成不同长度和粗细度的纤维以适应不同应用材料的需要。由于处理温度达 260℃以上，木质纤维在通常条件下是化学上非常稳定的物质，不受一般的溶剂、酸、碱腐蚀。用天然原料生产的木质素纤维具有无毒、无味、无污染、无放射性的优良性能，属绿色环保产品，这是其他矿物质纤维所不具备的。木质纤维具有良好的韧性、分散性和化学稳定性，吸油、吸水能力强，并具有非常优秀的增稠抗裂性能。木质纤维的物理参数见表 10-24。

表 10-24　木质纤维的物理参数（JT/T 533—2004）

长度/mm	pH 值	含水量（质量分数,%）	灰分（质量分数,%）	吸油率	耐热能力
<6	7.0±1.0	<5	18±5	不小于纤维自身质量的 5 倍	230℃（短时间可达 280℃）

2）人造矿物纤维（不含石棉的矿物纤维）。矿物纤维是所有由矿物制成的无机非金属纤维的总称，包括人造矿物纤维和石棉纤维。人造矿物纤维又包括陶瓷纤维和玻璃纤维。以前总有些人只要一提到矿物纤维，就认为是石棉纤维，其实石棉纤维只是矿物纤维的一种，人造矿物纤维是不含有石棉成分的。人造矿物纤维的主要化学成分见表 10-25。

石棉纤维是由石棉矿物获取的纤维材料，常用作绝热材料的为蛇纹石类石棉。人造矿物纤维（MMMF）是岩石、矿渣（工业废渣）、玻璃、金属氧化物或瓷土制成的无机纤维的总称。

表 10-25　人造矿物纤维的主要化学成分（质量分数）　　（%）

SiO_2	Al_2O_3	Fe_2O_3	$CaO + MgO$	$Na_2O + K_2O$
40 ~ 60	15 ~ 25	3 ~ 7	25 ~ 30	0 ~ 6

3. 封箱泥条使用注意事项

1）该产品里面含有油污，生产及使用时应该穿戴劳保用品。

2）包装废弃后，易产生固体废弃物，可能对环境产生污染。

3）该产品长期堆放在高温环境中可能产生自燃或炭化，储存时应远离火源、热源，并注意通风。

10.3.2　封箱泥膏

封箱泥膏主要由羧甲基纤维素钠（CMC）、聚乙烯醇（PVA）、水玻璃、碳酸钠等原料与黏土、高铝矾土、高岭土、滑石粉等粉料混配而成，具有长期储存不分层、黏度高、常温可硬化，以及 150℃ 以下加热硬化性能更佳等显著特点。

1. 封箱泥膏推荐配方及其配制工艺

封箱泥膏的某一推荐配方见表 10-26。

表 10-26　封箱泥膏推荐配方（质量分数）（%）

成　分	含　量
2.5%羧甲基纤维素钠水溶液	20 ~ 30
5%聚乙烯醇水溶液	30 ~ 50

（续）

成　分	含　量
甘油	1 ~ 10
高岭土	30 ~ 50

封箱泥膏配制工艺如下：

1）羧甲基纤维素钠（CMC）水溶液的预配置。将 CMC 直接与水混合，配制成溶液后备用。在配置溶液时，先在带有搅拌装置的配料釜内加入一定量的蒸馏水，在开启搅拌装置的情况下，将 CMC 缓慢均匀地分散到配料釜内，转速为 60r/min，使 CMC 和水完全溶合。从 CMC 被投入到配料釜中与水混合开始，到 CMC 完全溶解，所需的时间为 10 ~ 15h。在溶化 CMC 时，要均匀撒放并不断搅拌，以防止 CMC 与水相遇时，发生结团、结块，解决降低 CMC 溶解量的问题，并提高 CMC 的溶解速度。一般来说，搅拌的时间要比 CMC 完全溶化所需的时间短得多。确定搅拌时间的依据是，当 CMC 在水中均匀分散、没有明显的大的团块状物体存在时，便可以停止搅拌，让 CMC 和水在静置的状态下相互渗透、相互溶合。确定 CMC 完全溶化所需时间的依据有这样几方面：

① CMC 和水完全溶合，二者之间不存在固—液分离现象。

② 混合糊胶呈均匀一致的状态，表面平整光滑。

③ 混合糊胶色泽接近无色透明，糊胶中没有颗粒状物体。

2）聚乙烯醇（PVA）水溶液的预配置。在配置 PVA 溶液时，先在带有搅拌装置的配料釜内加入一定量的蒸馏水，在开启搅拌装置的情况下，将 PVA 缓慢均匀地分散到配料釜内，转速为 90r/min，开启蒸汽阀，控制温度在 70 ~ 75℃，搅拌 2h，然后将水温升至回流，再搅拌 1h 左右，这样不容易产生气泡。

3）把第 1）步、第 2）步配好的半成品按照比例投入搅拌釜中，搅拌 30 ~ 45min。

4）加入定量甘油，搅拌 20 ~ 30min。

5）加入计量好的高岭土，搅拌 60 ~ 90min。

2. 封箱泥膏的主要检测指标

封箱泥膏的主要检测指标、应用范围、使用指南及注意事项见表 10-27。

表 10-27　封箱泥膏的主要检测指标、应用范围、使用指南及注意事项

产品型号	密度/(g/cm³)	黏度(20℃)/mPa·s	应用范围	使用指南	注意事项
MS-01	1.55 ~ 1.80(3 ~ 10月) 1.65 ~ 1.85(11 ~ 明年2月)	4000 ~ 9000	适用于铸铁、铸钢和非铁合金铸件；黏土砂、水玻璃砂、树脂砂等	挤出封箱泥，涂覆于下型面，合箱即可	1）密闭存放于通风阴凉处 2）在装卸、搬运时应注意小心轻放，防止挤压

10.3.3　密封圈（垫）

铸造用密封圈（垫）（见图 10-5）主要用于防止金属液钻入芯头间隙进而进入排气孔网，把排气道堵死，增加排气难度，使铸件产生侵入性气孔。密封圈应具备优良的耐压性、抗氧化性、抗热冲击性、高温强度等，以保证良好的封严效果。

密封圈的材质一般为硅酸铝耐火纤维以及其他耐火陶瓷纤维。硅酸铝耐火纤维的组成及性能指标见表 10-28。

密封圈可由硅酸铝纤维制品，如硅酸铝纤维毡、布、纸等，经过精确裁剪、冲眼、冲压等工艺加工而成指定形状和尺寸规格（见图 10-6）。

图 10-5　密封圈

某商品硅酸铝纤维纸的性能指标及规格见表 10-29。某商品硅酸铝纤维毡的化学成分、性能指标及规格见表 10-30。

表 10-28　硅酸铝耐火纤维的组成及性能指标

品　　种		标准纤维（STD）	高纯纤维（HP）	高铝纤维（HA）	含锆纤维（ZA）	95% 多晶氧化铝纤维（PCA）
连续使用温度/℃		≤1000	≤1100	≤1200	≤1350	≤1500
颜色		白	白	白	蓝/绿	白
纤维直径/μm		3～5	2～5	2～4	1.5～4	6～8
典型化学成分（质量比）	Al_2O_3	≥45	45～47	53～55	≥35	93～96
	$Al_2O_3 + SiO_2$	≥96	≥99	≥99	$+ZrO_2 ≥99$	99
	Fe_2O_3	≤1.2	≤0.2	≤0.2	≤0.2	99
	ZrO_2	—	—	—	15.6	—

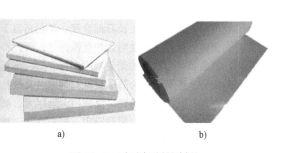

图 10-6　硅酸铝纤维制品

a）硅酸铝纤维毡　b）硅酸铝纤维纸

表 10-29　某商品硅酸铝纤维纸的性能指标及规格

指　　标	指　标　值
密度/(kg/m³)	≤230
抗拉强度/[g/(15mm)]	>1000
有机物含量（质量分数,%)	<10
连续使用温度/℃	800、1000、1200
产品规格尺寸/mm	(620/1000)×(2～5)（宽×厚）

表 10-30　某商品硅酸铝纤维毡的化学成分、性能指标及规格

产品名称		陶瓷纤维毡			
		KT-1000	KT-1100	KT-1200	KT-1350
工作温度/℃		<1000	<1100	<1200	<1350
化学成分（质量比）	Al_2O_3	>45	>48	>53	>35
	$Al_2O_3 + SiO_2$	>96	>99	>99	>83
	Fe_2O_3	<1.2	<0.2	<0.2	<0.2
密度/(kg/m³)		230	230	230	230
加热永久线变形率(24h)(%)		≤2(1000℃)	≤2(1100℃)	≤2(1200℃)	≤2(1350℃)
产品规格尺寸/mm		600×400,900×600;厚度:10～100			

10.4　铸造用透气绳

1. 铸造用通气绳的用途

在造型、浇注过程中，由于型砂中有机物的增加，使砂型（芯）在浇铸过程中产生大量气体，若排气道不畅通，很容易产生气孔、炝火等缺陷，造成铸件的报废。铸造用透气绳具有排气、引气、储气等功能，能有效地解决上述问题，提高铸造成品率。

2. 铸造用通气绳的规格

透气绳的材质通常为塑料，常见规格尺寸（mm）有 $\phi2$、$\phi4$、$\phi6$、$\phi8$、$\phi10$、$\phi12$、$\phi14$、$\phi18$、$\phi20$ 等。

3. 铸造用通气绳的使用方法

透气绳用法是，根据工艺要求选择相应粗细（多种规格）的透气绳一根或数根，造型、制芯时把透气绳埋入砂型（芯）之中，将其中一头从芯头引出即可。也可以把通气绳绕在砂型（芯）上引出砂型（芯），砂型（芯）越大越复杂，效果越明显。通气绳可在砂处理时过筛去除，不会污染再生砂。

10.5　防脉纹添加剂

脉纹是树脂砂铸件常见的铸造缺陷，多分布于铸件内表面的转角处和高温热节处，大多呈条状分布，严重时呈网状分布。脉纹缺陷影响铸件表面质量，增加铸件清理工作量，若铸件复杂内腔出现脉纹，因无法清理往往导致铸件报废。

脉纹是砂芯（型）表面开裂导致金属液渗入裂纹产生的。硅质砂粒在高温金属液的作用下产生热膨胀，在 573℃ 时由 α 石英转变成 β 石英，硅砂的体积膨胀加剧，使砂芯（型）产生热应力。当应力的作用大于砂芯（型）的高温黏结强度时，铸型表面开裂形成裂纹，金属液渗入其中，在铸件表面形成脉纹缺陷。当砂芯（型）在高温下维持强度和可塑性的能力越大，或砂芯（型）膨胀产生的热应力越小，在铸件上产生脉纹的倾向就越小。

10.5.1　脉纹缺陷预防的常用措施

1. 特种型砂的使用

采用热导率高、热膨胀量小的特种砂，或在硅砂中加入一定比例的特种砂，可减轻或防止产生脉纹缺陷。

2. 防脉纹添加剂及专用涂料的使用

硅砂中加入一定比例的防脉纹添加剂，金属液浇注过程中随温度升高时，由于添加剂的作用提高了砂芯（型）的塑性，缓解了硅砂的快速膨胀，同时能加强砂芯（型）表面的激冷作用，从而有效防止脉纹缺陷的产生。在高温金属液作用下，涂料在砂芯（型）表面形成的烧结层，能缓冲或抵消硅砂热膨胀产生的应力，而涂料中高导热性组分，能有助于金属液的快速凝固，也可起到较好的防脉纹作用。

具有防脉纹作用的材料有以下几种：

（1）低膨胀特种型砂　目前最常用的非硅质天然砂主要有锆英砂、铬铁矿砂及橄榄石砂等。锆英砂热膨胀系数很小，只有硅砂的 1/6 ~ 1/3，受热后所产生的热应力小，砂型（芯）不易开裂；铬铁矿砂在 1300℃ 时，砂粒之间发生烧结，其高温强度达到最大值，同时热膨胀量又小，砂型（芯）也不易开裂；橄榄石砂虽有一定的热膨胀值，但膨胀缓慢且均匀，不像硅砂有晶型转变而骤然膨胀的特性，同时其热导率也比硅砂高。

（2）氧化铁粉　现在使用的氧化铁粉包括氧化铁红（赤铁矿）、氧化铁黑（磁铁矿）和黄赭石。这些氧化铁中最普通的是氧化铁红，而黄赭石实际上是一种钛铁矿和高岭土的混合物。加入的氧化铁粉能附在硅砂表面，受热时反应生成铁橄榄石，在砂粒之间形成桥连接，随着温度升高，这些连接变形，增加了型砂的热塑性，从而阻止砂型（芯）开裂，达到减少脉纹缺陷的目的。但氧化铁使用过多会降低砂型（芯）的强度。

（3）含锂矿物　含锂矿物包括锂辉石、锂磷铝石、透锂长石、锂云母、锂霞石等。其中锂磷铝石、锂云母及市场上销售的透锂长石都含氟，氟在高温下会挥发，使铸件产生气孔缺陷，并腐蚀铸件，因此不宜采用。锂霞石在自然界的储量有限，目前国内市场无此产品销售。锂辉石作为防脉纹添加剂原料及抗粘砂涂料原料，在欧美等已得到广泛使用。近年来，澳大利亚锂辉石因其含量高、质量稳定、规格齐全，被国内众多铸造企业采用。锂辉石防脉纹机理主要由3部分组成：①在金属液浇注过程中，锂辉石的强助熔作用使硅砂砂粒表面键合在一起，提高砂芯（型）的热塑性，防止裂纹产生。②锂辉石加入涂料中有助于形成烧结型涂层。③高温时锂辉石由 α 相转变为 β 相，所形成的 β 相锂辉石热膨胀系数极低，甚至略呈负膨胀，可以缓解型（芯）砂的快速膨胀。

（4）含钛矿物　钛铁矿和金红石等含钛矿物加入硅质型（芯）砂或涂料中，能改变材料的热导率。当金属液在砂芯（型）表面形成激热区时，能将热量快速向砂芯（型）内部扩散转移，并加强砂芯（型）表面的激冷作用，使金属液尽快凝固，从而有效防止脉纹的产生。钛铁矿与锂辉石按一定的比例配合使用，可得到极佳的防脉纹效果。

（5）有机材料　煤粉、木屑、α-淀粉等材料在高温时会燃烧灰化，在砂型（芯）中形成许多空隙，来容纳高温时硅砂的膨胀，吸收热应力，阻止砂型（芯）表面产生裂纹。但有机材料燃烧时会产生气体，易使铸件产生气孔缺陷。

10.5.2　防脉纹添加剂的使用指南

1）根据铸件大小选用防脉纹添加剂的种类。在通常情况下，中小或复杂铸件及添加剂加入量较少时推荐使用有机添加剂，中大或复杂铸件及添加剂加入量较大时推荐使用 SQ 无机添加剂。

2）根据工艺条件，选用合适的加入量。在通常情况下，有机添加剂的加入量为原砂质量的 0.5% ~ 1.5%，无机添加剂的加入量为原砂质量的 3% ~ 10%。

3）混合料配制时，将原砂和防脉纹添加剂干混均匀后按原配制工艺进行操作即可。

10.5.3　防脉纹添加剂的检测指标

1. 有机防脉纹添加剂的检测指标（以某产品为例）

1）灼烧减量。检测条件为 1000℃ 烧至恒重。现象：放入马弗炉 4 ~ 5min，立即燃烧、火焰较高。120min 烧至恒重，灼烧减量为 85% ~ 97%。

2）发气量。发气量为 1000 ~ 1500mL/g。

3）添加剂对树脂强度的影响。例如，考查有机添加剂分别加入量（质量分数）为 1%、2%、3%、4%、5% 时对呋喃树脂（SQG - 550C，固化剂为 GS03，温度为 25.3℃，湿度为 70.5%，树脂加入量为 1.0%，固化剂为加入量 50%）抗拉强度的影响，见表 10-31 和图 10-7。

表 10-31　添加剂对呋喃树脂抗拉强度的影响

添加剂加入量 （质量分数，%）		1	2	3	4	5	无添加剂
抗拉强度 /MPa	1h	0.15	0.10	0.03	0.003	0.002	0.34
	2h	0.31	0.18	0.04	0.013	0.007	0.86
	4h	0.76	0.21	0.04	0.02	0.003	0.76
	6h	0.45	0.23	0.04	0.02	0.01	1.49
	24h	0.59	0.20	0.04	0.07	0.02	1.23

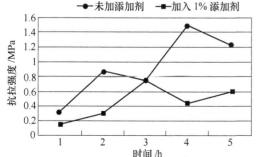

图 10-7　加入 1% 有机添加剂对呋喃树脂
抗拉强度的影响

4）堆密度为 0.8 ~ 1.0g/cm³。

2. 无机防脉纹添加剂的检测指标

无机防脉纹添加剂的性能特点是不增加发气量，对型砂强度影响小，可改善砂芯（型）塑性，显著缓解硅砂在高温下快速膨胀，加强砂芯（型）的表面激冷作用，减轻或消除脉纹缺陷。

无机添加剂的检测指标见表 10-32。

表 10-32　SQ - 1 无机添加剂的检测指标

外　　观	堆密度 /(g/cm³)	含水量(质量分数,%)	灼烧减量 (质量分数,%)	发气量 /(mL/g)
灰黑色粉体或小型颗粒状晶体	1.70 ~ 2.05	≤0.3	≤3	≤13

无机防脉纹添加剂对树脂抗拉强度的影响见图 10-8（以加入量为 5% 为例）。由图可见，无机防脉纹添加剂在合理的加入量范围内，对树脂强度影响较小。

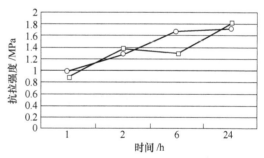

图 10-8　加入 5% 无机添加剂对树脂
抗拉强度的影响

10.6　修补膏

砂型（芯、壳）在固化起模后，表面或披缝处常有破损，砂芯局部有疏松等现象，此时可以使用快干型修补膏进行处理。快干型修补膏表面强度好，涂抹后光亮平整，能有效降低铸件表面粗糙度值，减少铸件表面缺陷。对破损砂芯修补后，能达到降低成本的目的。

1. 修补膏的组成以及性能要求

修补膏的主要成分包括黏结剂、溶剂醇、耐火材料、表面活性剂等。不同的修补膏的产品具有不同的外观和性质，一般为浅白色、黄色、灰黑色或红色膏状物。修补膏应该具备较强的黏附性、强度、高塑性、抗裂性、低发气量、无毒等性能要求。

2. 修补膏的使用及注意事项（以某两种商品为例）

某商品型芯胶合修补剂有 XB - A 型快干剂和 XB - B 型普通剂两种。

1）当用于两半砂芯的胶合或小砂芯的组合时，可直接使用。先在一半砂芯的接合面上施涂修补膏（中间少涂，周边多涂），再将另一半砂芯对齐并用力挤压，然后刮去挤出的修补膏。快干型修补膏自然干燥 2 ~ 4h（胶合抗拉强度≥1.3MPa）即可下芯浇注；普通型修补膏自然干燥 4 ~ 8h（胶合抗拉强度≥0.8MPa）方可下芯浇注，也可在小于或等于 200℃下加热以加速干燥。

2）当用于烘干或硬化后的砂型和砂芯表面未紧密处以及细裂纹的修补、下芯后间隙的填补、砂型的合箱密封时，也均可直接使用，但宜采用 XB - A 型修补膏，且将该修补膏与 1 ~ 10 倍重的耐火粉料（200 号筛的细石英粉、滑石粉或 150 号筛的细硅砂）和适量水混合均匀后使用。

3）当用于烘干硬化后的砂型和砂芯表面缺肉和掉角的修补、工艺孔的堵塞时，须将 XB - B 型修补膏与 1 ~ 10 倍重的原砂和适量水混合均匀后使用。修补时先将混合料捏成大致形状，再用力按在缺损处，然后用刮刀抹平。

4）产品保存期为 3 个月。XB - A 型快干修补膏存放时，需注意密封、防火防水；XB - B 型普通修补膏存放时，应注意密封、防晒、防冻。每次用后应盖严。如因存放过久而变得过稠，加适量工业乙醇（XB - A 型）或水（XB - B 型）充分搅拌均匀后仍可使用。

3. 绿色环保型修补膏（XB - C 型）

该产品为乳黄色膏体，产品光滑细腻，涂抹性能优良，而且环保，不含乳胶漆、甲醇、乙醇等易挥发的有机成分，气味小，有效降低了挥发气体对人体的伤害。用于硬化后的砂型和砂芯表面缺漏和掉角的修补、工艺孔的堵塞时，修补时先将混合料捏成大致形状，再用力按在缺损处，然后用刮刀抹平，放置 0.5 ~ 2h 即可自干。该修补膏可应用于热芯盒、冷芯盒砂芯。

XB - C 型修补膏存放时需注意密封、防火、防水、防冻，每次用后应盖严。保质期为 3 个月。

10.7　水玻璃砂专用溃散剂

水玻璃砂诞生至今已有 60 多年历史。60 多年来水玻璃砂的工艺技术不断改进、创新、发展。有人按水玻璃砂硬化剂的改进将其划分为三代：第一代为气态硬化剂（CO₂）；第二代为固态硬化剂（如硅铁粉、

赤泥等）；第三代为液态硬化剂（有机酯），酯硬化水玻璃，水玻璃的加入量低，溃散性能好。第一代气态硬化剂（CO_2）的水玻璃砂使用后有溃散性差、难清砂的缺陷，因此出现了水玻璃砂专用溃散剂。

1. 水玻璃砂专用溃散剂的特点（以某种商品为例）

KS - 02 溃散剂为粉状的水玻璃砂专用溃散剂，是一种纤维素类复合物。使用该溃散剂能大幅度地降低水玻璃的残余强度，有效地改善其溃散性能，是较理想的水玻璃砂溃散剂。其特点如下：

1）不改变原混砂工艺，适应任何混砂机。

2）加入该溃散剂不会降低水玻璃砂的初始强度。

3）浇注后具有良好的溃散性，能解决水玻璃砂清砂、粘砂困难问题。

4）发气量小，无毒无味，浇注时无烟。

2. 水玻璃砂专用溃散剂的使用方法

水玻璃砂专用溃散剂的使用方法简单，只需在原水玻璃砂工艺的基础之上，按量加入相应的溃散剂，搅拌均匀或混制均匀即可使用。需要注意的是，溃散剂最好在加入水玻璃之前加入，以便于溃散剂均匀地分散在砂粒表面，也可以减少干粉状的溃散剂从水玻璃中吸走水分，以避免缩短水玻璃砂的可使用时间。溃散剂与原砂混制均匀后即可加入水玻璃进行混制。

一般情况下，溃散剂的加入量是原砂质量的 1% ~ 2%，可根据生产酌情加减。

3. 水玻璃砂专用溃散剂的技术指标

加入水玻璃砂专用溃散剂前后的强度对比见表 10-33。

表 10-33　加入水玻璃砂专用溃散剂前后的强度对比

加入量（质量分数）	7% 水玻璃，未加溃散剂	7% 水玻璃，加入 1.5% 溃散剂
即时抗压强度/MPa	0.27	0.41
4h 抗压强度/MPa	1.00	2.15
高温残留抗压强度/MPa	5.30	3.75
强度降低率（%）	29.25	

注：用水玻璃砂造型柱形试块，通入 CO_2 固化后，检测即时抗压强度；4h 后检测室温抗压强度；1000℃马弗炉烘烤 30 ~ 45min，冷却至室温，检测高温残留抗压强度。

10.8　清洗剂

1. 清洗剂的分类

清洗剂包括无机清洗剂和有机清洗剂两大类。有机清洗剂就是用含碳、氢元素的化合物制成的清洗

剂，无机清洗剂就是用不含碳、氢元素的化合物制成的清洗剂。清洗剂的分类方法很多，一般根据溶剂来分类的，如水基清洗剂、溶剂基清洗剂等。

1）水基清洗剂是由弱碱性细微颗粒和表面活性剂（如烷基苯磺酸钠、脂肪醇硫酸钠），添加各种助剂合成的新型清洗剂产品。水基清洗剂采用天然界面活性磨粒为原料，配合多种活性剂及渗透剂等配制而成，能快速清除各类严重的顽固污垢，如灰垢、重油污垢、水泥垢、填缝剂垢、金属划痕、锈垢等。水基清洗剂在洗涤物体表面上的污垢时，能降低水溶液的表面张力，提高去污效果。

2）溶剂型清洗剂是由烃类溶剂、卤代烃溶剂、醇类溶剂、醚类溶剂、酮类溶剂、酯类溶剂的一种或多种溶剂和表面活性剂、润湿剂、渗透剂等助剂配制而成的，主要用于工业生产。助剂在体系中起着螯合、缓蚀、消泡、增溶、稳定、抗沉积等作用。

2. 清洗剂的特点

清洗剂应具有以下特点：

1）化学性能稳定，不易与被清洗物发生反应，不腐蚀被清洗物的界面。

2）表面张力和黏度小，渗透力强。

3）沸点低，干燥速度快，清洗效率高。

4）毒性低，使用安全、环保，可选用低毒环保的原材料生产。

5）应为非消耗臭氧层物质（ODS），并具有低的全球变暖潜能值（GWP 值）。

例如：圣泉公司生产的 QA - 01、QA - 05 清洗剂，其化学稳定性好，可以长期保存不变质；对不锈钢等金属界面不会发生腐蚀现象，低毒环保，使用安全；表面张力小，渗透力强，清洗能力强；沸点低，蒸发速度快，清洗过的工件可以自行干燥，不需要烘干。

3. 冷芯盒清洗剂

冷芯盒清洗剂是冷芯盒树脂砂工艺的配套产品，它适用于金属芯盒、混砂机及其他金属器具的清洗。冷芯盒清洗剂的使用方法简单，对于难清洗的金属表面，可用浸泡法；对于一般黏附在芯盒表面的，可采用擦洗法。洗净后可喷涂脱模剂。

（1）技术指标　冷芯盒清洗剂的技术指标见表 10-34。

表 10-34　冷芯盒清洗剂的技术指标

型号	QA - 01	QA - 01A/QA - 01 - 1	QA - 05
外观	无色透明液体	无色透明液体	淡黄色液体
密度/(g/mL)	0.93 ~ 1.0	0.90 ~ 0.95	0.90 ~ 1.0

（2）使用方法　用毛刷或喷枪，在模样的粘砂或污染部位、排气孔（塞）内，刷涂或喷涂一层清洗剂，经 15 ~ 30min，等树脂污垢溶化后，用棉纱擦净或用压缩空气吹干吹净。

（3）注意事项

1）该产品为低毒类产品，注意防护。

2）该产品可与硫酸、硝酸发生猛烈反应，甚至爆炸。使用与储存时应远离热源、火源及高温环境，禁止与强氧化剂、还原剂、卤代物等混存。

3）使用时穿戴好劳保用品，避免与人体直接接触。

（4）用途

1）对已固化的树脂层有迅速溶解的作用，能清洗芯盒、混砂机等表面的树脂层。

2）防止树脂和砂粒在排气孔的固化、堆积，保持排气孔畅通。

参 考 文 献

[1] 屈银虎，周延波. 树脂砂用 JD 快干型脱模剂及其应用 [J]. 热加工工艺，1999（5）：59.

[2] 徐文学，徐衍明. 一种高温黏结剂及其应用：93105134.7 [P]. 1993 - 12 - 1.

[3] 宋长运，黄德东，薛祥军，等. 水基砂芯修补膏 [J]. 中国铸造装备与技术，2006（2）：35.

[4] 章舟，应根鹏. 热熔型砂芯粘接剂 [J]. 现代铸铁，2008（5）：60 - 63.

[5] 朱筠，於有根，周联山. 树脂砂防铸件脉纹的技术浅析 [J]. 铸造工程（造型材料），2005（2）：1 - 4.

[6] 李焕臣，邱克强. 水玻璃砂 PVA - HS 型复合溃散剂的研究 [J]. 热加工工艺，1993（6）：44 - 45.

[7] 文家新，李应，冉青山. 水基脱模剂制备及性能检测的综合实训探索 [J]. 实验技术与科学，2015（10）：156 - 159.

[8] 文家新，刘克建，冉青山. 废机油水基脱模剂的制备及其性能研究 [J]. 精细与专用化学品，2014（8）：39 - 42.

[9] 李传栻. 无机盐类黏结剂的应用和发展 [J]. 金属加工（热加工），2014（9）：12 - 15.

第 11 章　造型材料测试方法

造型、制芯用原材料及其混合料的质量、型（芯）涂料的质量、冒口以及过滤网的质量，将直接关系到铸件的质量和铸造生产的经济效益。因此，对造型材料各种性能的试验和检测越来越受到重视。随着检测技术的发展，造型材料的检测试验方法和试验仪器也在不断地完善和改进，新的试验方法和仪器不断涌现。因此，本手册除尽可能搜集国家和有关行业颁布实施的试验方法之外，也收集了一些虽然不是标准的，但是为企业和科研单位普遍采用的测试方法，供读者参考。其中，标准方法后面均注明有标准号，其余未注明标准号的均为参考方法。

11.1　原材料的测试方法

11.1.1　取样规则

1. 原砂的取样方法（GB/T 2684—2009）

为检验原砂质量，首先应对其提取样品。同批铸造用砂宜选取平均样品。散装原砂的平均样品是在火车车厢、船舱、汽车、砂库及砂堆中，从离边缘和表面 200～300mm 的各个角及中心部位，用取样器选取；袋装原砂的平均样品由同一批量的 1% 袋中选取，但不得少于 3 袋，其总质量不得少于 5kg（同时根据检测项目的不同可做适量的增加）。如果根据外观观察，发现对某一部分原砂的质量有疑问时，应单独取样和检验，不选择结块（可以明显看出砂粒的聚集）的，并且要除去可见杂质。回用砂或再生砂的样品，可从相关设备出砂口或输送器上定期选取，其数量根据检验项目而定。混合料样品，按混制设备特点和工艺规定定期选取。例如，混合料由带输送器输送，可从输送器上定期取样 3 份混匀，其数量根据检验项目而定。所选取的样品必须注明名称、批号、产地和采样日期及采样人姓名。

除了供测定含水量的试样外，其他检验所用的试样须经 140～160℃ 烘干，然后将烘干的试样存放于干燥器中，以备检验用。

对有疑问的样品，检验后，剩余的样品应保存 3 个月，以备复查。

2. 黏土和膨润土的取样方法（JB/T 9227—2013）

每批产品的取样按随机取样法进行，取样数不得低于 $\sqrt{n/2}$（n 为交货产品的袋数），且每批取样数不

得少于 2 个样品。试验所需样品的质量，可根据试验的项目决定，但不得少于 1kg。采用"四分法"选取试样，即将样品堆聚成圆锥体，然后沿直径方向切成 4 个相等的部分，再去掉 2 个相对的部分，将剩下的 2 个部分混合后再按上述方法重复进行，最后获得试验所需的样品，再经研磨至全部通过 200 号筛。除测定含水量的试样外，进行其他试验的试样必须经过烘干。试样在 105～110℃ 下烘干 3h（试样厚度不大于15mm），然后将烘干的试样在干燥器内冷却、储存，以备进行试验。

对于选取的样品必须注明名称、产地和采样日期及采样人姓名。对仲裁试验的样品，应保存 3 个月，以备复查。

3. 水玻璃的取样方法（JB/T 8835—2013）

用直径 10mm 的玻璃管分别插入容器的上、中、下各部，抽取不少于 500mL 的混合试样，装入洁净、干燥、带盖的塑料瓶中，以供检验。对于选取的样品必须注明名称、产地和采样日期及采样人姓名。

4. 油脂类黏结剂取样方法

对每批黏结剂，采样桶数应不少于总桶数的 5%，最少不得少于 2 桶。从容器的上、中、下 3 处不同的部位分别取样品（如果从桶中取样，桶中的黏结剂应经充分搅拌后，可以一次取样），混合后作为检验试样。对于选取的样品必须注明名称、产地和采样日期及采样人姓名。

5. 覆膜砂酚醛树脂取样方法（JB/T 8834—2013）

从同一批量树脂中任选几袋取样，但不得少于 3 袋，从每袋中选的样品不少于 500g，混匀后供试验用。对于选取的试样必须注明名称、产地及取样日期。

6. 液体树脂取样方法（JB/T 7526—2008）

从桶中取样时，以桶数为单元数，单元数小于 512 时，取样单元数按表 11-1 的规定选取。取样时，采样管应使用玻璃制品，长度大于桶高的 2/3。被采样品应先摇匀，每桶采样量不少于 100g。供方取样时，也可直接从反应釜中取样，但要保证样品均匀。

表11-1　取样单元选取表

总体物料单元数	1～10	11～49	50～64	65～81	82～101	102～125	126～151	152～181	182～216	217～254	255～296	297～340	341～394	395～450	451～512
选取的最小单元数	全部	11	12	13	14	15	16	17	18	19	20	21	22	23	24

7. 纸浆废液取样方法

从容器的上、中、下3处分别取出3个样品，混合均匀后作为检验样品，数量：一槽车取1L，桶装取0.5L。每批取样不得少于3桶。

8. 煤粉的取样方法（JB/T 9222—2008）

铸造用煤粉的试样应从同一批量的1%袋中选取，但不得少于3袋，从每袋中取样不少于50g。试验时，用"四分法"提取所需质量的试样。

9. 磺酸类固化剂取样方法（GB/T 21872—2008）

按GB/T 6678进行采样。采样管应使用玻璃制品。将采样管插入桶或罐的上、中、下各部，抽取不少于1000mL的样品。将所取样品混匀，装入清洁干燥的2个磨口瓶内，粘贴上标签。标签的内容包括：产品名称、批号、采样日期及采样人姓名。一瓶由检验部门进行检验，另一瓶密封3个月以备复查。

11.1.2　原砂的性能测定

1. 堆密度

在自然紧密堆积状态下单位体积原砂的质量称为原砂的堆密度。

（1）主要仪器　天平（精度为0.01g）、量筒（100mL）、橡胶锤等。

（2）试验步骤　将烘干的原砂试样装入100mL量筒至刻线，用橡胶锤或其他工具轻敲量筒侧面和顶部，试样体积减小时再补加至刻线，继续敲击和加入试样直至其体积稳定在100mL刻线处。精确称取量筒中100mL试样的质量，其堆密度可按下式计算：

$$\rho_d = \frac{m}{100} \tag{11-1}$$

式中　ρ_d——堆密度（g/cm³）；

m——100mL原砂的质量（g）；

100——原砂的体积（mL或cm³）。

2. 密度 ρ_V

单位体积原砂所具有的质量称为原砂的密度。

（1）主要仪器　滴定管、天平（精度为0.01g）、量筒等。

（2）试验步骤　在量筒的100mL刻线以上，借助滴定管再划3mL刻线，每格1mL（也可用大于100mL的量筒）。用滴定管向空的量筒中加水，加水量应比100mL紧密堆积的原砂中的空隙体积多1mL，可由试验测得，也可估计（约40mL），但必须准确

记录所加水的毫升数。

将原砂试样缓慢加入到量筒中，保持料位低于水位，同时进行敲击和振动。当固体料位达到100mL并保持稳定时，水位应在100mL刻线以上几毫升，如3mL处。若水位不足100mL，应用滴定管补加；若水量过多，则应修正初次的加水量，重新试验。

从滴定管加入的总水量中，减去超过100mL刻线的水毫升数，即得占据100mL原砂中空隙的水量。用100mL减去此水量即为原砂实际所占的体积V。精确称取原砂、量筒和水的总质量，再减去量筒和水的质量，即得此种原砂的质量m。原砂的密度可按下式计算：

$$\rho_V = \frac{m}{V} \tag{11-2}$$

式中　ρ_V——原砂的密度（g/cm³）；

m——100mL原砂的质量（g）；

V——100mL原砂所占的实际体积（mL）。

3. 含水量（GB/T 2684—2009）

（1）主要仪器　天平（精度为0.01g）、红外线干燥器（见图11-1）、电烘箱等。

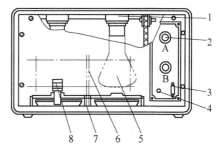

图11-1　双盘红外线烘干器结构简图
1—灯座　2—定时器旋钮　3—电源开关
4—指示灯　5—红外线灯泡　6—隔板
7—导向槽　8—盛砂盘

（2）试验步骤　含水量的测定有快速法和恒重法两种。

1）快速法。称取约20g原砂试样，精确到0.01g，放入盛砂盘中，均匀铺平，将盛砂盘置于红外线烘干器内，在110～170℃烘干6～10min，置于干燥器内，待冷却至室温时，进行称量。

2）恒重法。称取原砂试样50g±0.01g，置于玻

璃器皿内，在温度为 105～110℃ 的电烘箱内烘干至恒重（烘 30min 后，称其质量，然后每烘 15min，称量一次，直到相邻两次之间的差数不超过 0.02g 时，为恒重）。将此试样置于干燥器内，待冷却至室温时，进行称量。

含水量按下式计算：

$$w(\mathrm{H_2O}) = \frac{m_1 - m_2}{m_1} \times 100\% \qquad (11\text{-}3)$$

式中　$w(\mathrm{H_2O})$——含水量（质量分数）；

　　　m_1——烘干前试样的质量（g）；

　　　m_2——烘干后试样的质量（g）。

图 11-2 是一种红外线水分快速测定电子天平，可快速、自动测量型砂中原材料的含水量，加热温度为 50～200℃，含水量精度为 0.01%。

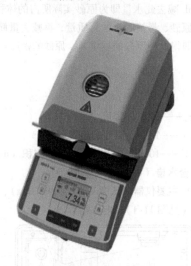

图 11-2　红外线水分快速测定电子天平

4. 含泥量（GB/T 2684—2009）

原砂中含有的直径小于 0.020mm 颗粒部分的质量分数称为原砂的含泥量。

（1）主要仪器与试剂　仪器为天平（精度为 0.01g）、电烘箱、600mL 专用洗砂杯（见图 11-3）、涡洗式洗砂机（搅拌叶片材质为硅橡胶，厚度为 5mm，直径为 21mm，见图 11-4）、双筒逆流法连续式含泥量测定仪（见图 11-5）、自动虹吸式洗砂机（见图 11-6）。

试剂为焦磷酸钠（分析纯，质量分数为 5% 的溶液）。

（2）试验步骤

1）标准方法（GB/T 2684—2009）。称取烘干的试样 50g±0.01g，放入容量为 600mL 的专用洗砂杯中，加入 390mL 蒸馏水和 10mL 的质量分数为 5% 的

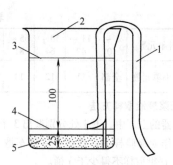

图 11-3　专用洗砂杯

1—虹吸管　2—洗砂杯　3—液面
4—标准液面高度　5—砂样

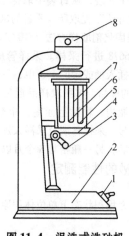

图 11-4　涡洗式洗砂机

1—电源开关　2—机体　3—定位扳手　4—托盘
5—阻流棒　6—搅拌轴　7—洗砂杯　8—电动机

图 11-5　双筒逆流法连续式含泥量测定仪

焦磷酸钠溶液，在电炉上加热后从杯底产生气泡能带动砂粒开始计时，煮沸约 4min，冷却至室温（测定旧砂含泥量时，如不需进行粒度测定，可称取试样 20g±0.01g）。将洗砂杯放置于洗砂机（见图 11-4）

图 11-6　自动虹吸式洗砂机

托盘上锁紧，搅拌 15min，取下洗砂杯，再加入清水至标准高度 125mm 处，并用玻璃棒搅拌约 30s 后，静置 10min，虹吸排水。第二次仍加入清水至标准高度 125mm 处，用玻璃棒搅拌约 30s 后，静置 10min，虹吸排水。第三次以后的操作与第二次相同，但每次仅静置 5min，虹吸排水（若测试结果要求非常精确时，可根据表 11-2 所列不同水温选择静置时间）。这样反复多次，直至洗砂杯中的水达到透明不再带有泥分为止。最后一次将洗砂杯中的清水排除后，将试样和剩余的水倒入直径为 100mm 左右的玻璃漏斗中过滤，将试样连同滤纸置于玻璃皿中，在电烘箱中烘干至恒重（温度为 105 ~ 110℃条件下烘 60min 后，称其质量，然后再烘 15min，称量一次，直到相邻两次之间的差不超过 0.01g 时，为恒重）。烘干后置于干燥器内，待冷却至室温时称量，称量后的试样置于干燥器内备用。

表 11-2　不同水温的静置时间

水温/℃	10	12	14	16	18	20	22	24
静置时间/s	340	330	315	300	290	280	270	255

原砂中含泥量按下式计算。

$$w(n) = \frac{m_1 - m_2}{m_1} \times 100\% \qquad (11\text{-}4)$$

式中　$w(n)$——含泥量（质量分数）；

　　　m_1——试验前试样质量（g）；

　　　m_2——试验后试样质量（g）。

2）连续式含泥量测定法（参考方法）。采用双筒逆流法连续式含泥量测定仪（见图 11-5）对原砂

进行连续冲洗，试验时不断地向洗砂瓶底部灌入净水，水流将连续冲洗洗砂瓶底部的砂样（测试原理见图 11-7）。调节水流上升速度等于泥分最大颗粒在静水中下沉速度，这样直径大于 0.020mm 的砂粒就在一定流速的流水中沉积，而直径小于 0.020mm 的泥分就不会下沉，由洗砂瓶上部和水一起排出。上述操作直至砂样上部的水透明为止。将盛砂盘放在洗砂瓶下部，放开止水夹，冲洗好的砂样随水流入盘中，静置 5min 后，将多余的水慢慢倒出。再将盛砂盘与砂样一同放入 140 ~ 160℃干燥箱中烘干至恒重。再将其置于干燥器中冷却到室温称试样质量。原砂的含泥量可按式（11-4）计算。

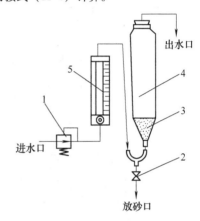

图 11-7　连续洗砂的测试原理
1—减压阀　2—止水夹　3—砂样　4—洗砂瓶
5—流量计

3）自动虹吸洗砂测定法（参考方法）。用自动虹吸式洗砂机（见图 11-6）不断重复加水→静置→虹吸→加水→再静置的操作，直至洗砂杯中砂样上部水清为止。将盛砂盘与砂样一同放入 140 ~ 160℃干燥箱中烘干至恒重，然后再将其置于干燥器中冷却到室温称试样质量。原砂的含泥量可按式（11-4）计算。

5. 粒度及其分布（GB/T 2684—2009）

原砂的粒度反映原砂的颗粒大小及分布状态。

（1）主要仪器　振摆式筛砂机（见图 11-8）或电磁微振式筛砂机（见图 11-9）、天平（精度为 0.01g）、铸造用试验筛（符合 JB/T 9156 要求）。

（2）试验步骤　测定粒度用的试样，除特别注明外，应选取测定过含泥量的烘干试样。将振摆式或电磁微振式筛砂机的定时器旋钮旋至筛分所需的时间位置（如采用电磁微振式筛砂机筛分时，同时要旋动振频和振幅旋钮，使振幅为 3mm）。将测定过含泥量的试样放在全套的铸造用试验筛最上面的筛子（筛号为 6）上，若采用未经测定含泥量的试样时，

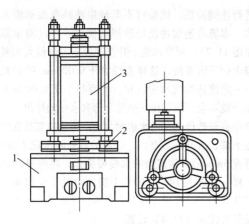

图 11-8　振摆式筛砂机
1—电动机及齿轮箱　2—振筛架　3—试验筛

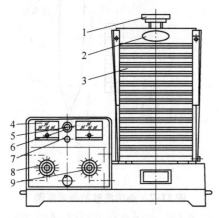

图 11-9　电磁微振式筛砂机
1—紧固旋钮　2—振幅指示牌　3—试验筛
4、5—电压表　6—指示灯　7—电源开关
8—定时器旋钮　9—调幅旋钮

称取试样 50g±0.01g。再将装有试样的全套筛子紧固在筛砂机上，进行筛分。筛分时间为 12~15min。当筛砂机自动停车时，松动紧固手柄，取下试验筛，依次将每一个筛子以及底盘上所遗留的砂子，分别倒在光滑的纸上，并用软毛刷仔细地从筛网的反面刷下夹在网孔中的砂子，称量每个筛子上的砂粒质量。

粒度组成按每个筛子上砂子质量占试样总质量的百分率进行计算。

将每个筛子及底盘上的砂子质量与式（11-4）中含泥量试验前后试样的质量差（$m_1 - m_2$）相加，其总质量不应超出 50g±1g，否则试验应重新进行。

（3）原砂粒度的表示方法　现行铸造用硅砂标准（GB/T 9442—2010）对原砂粒度主要有两种表示方法，即以主要粒度组成部分的三筛或四筛的首尾筛号表示法和平均细度表示法。

铸造用硅砂（其他原砂同此）的粒度采用铸造用试验筛进行分析。计算出筛分后各筛上的停留量占砂样总量的质量分数，其中相邻三筛停留量质量分数不少于 75% 或四筛停留量不少于 85%，即视此三筛或四筛为该砂的主要粒度组成，然后以其首尾筛号表示，如 30/50 或 30/70。

平均细度可直接反映原砂的平均颗粒尺寸，表 11-3 为砂粒细度因数表。硅砂的平均细度计算方法，是先计算筛分后各筛上砂粒停留质量占砂样总质量的百分数，再乘以表 11-3 所列相应的砂粒细度因数，然后将各乘积数相加，用乘积总和除以各筛号停留砂粒质量分数的总和，并将所得数值根据数值修约规则取整，其结果即为平均细度。平均细度按下式计算：

$$\eta = \frac{\sum P_n X_n}{\sum P_n} \tag{11-5}$$

式中　η——砂样的平均细度；
　　　P_n——任一筛号上停留砂粒质量占总量的百分数；
　　　X_n——细度因数；
　　　n——筛号。

表 11-3　铸造用试验筛型号、筛号、筛孔尺寸与细度因数

型号	SBS01	SBS02	SBS03	SBS04	SBS05	SBS06
筛号	6	12	20	30	40	50
筛孔尺寸/mm	3.350	1.700	0.850	0.600	0.425	0.300
细度因数	3	5	10	20	30	40
型号	SBS07	SBS08	SBS09	SBS10	SBS11	—
筛号	70	100	140	200	270	底盘
筛孔尺寸/mm	0.212	0.150	0.106	0.075	0.053	—
细度因数	50	70	100	140	200	300

以表 11-4 所列砂样为例，该砂样的平均细度可表示为：$\eta = 4663.4/98.88 = 47$。

表 11-4　铸造用硅砂的平均细度计算实例

试样质量：50g　泥分质量：0.56g　砂粒质量：49.44g

筛号	各筛上的停留量		细度因数	乘积
	g	质量分数（%）		
6	无	0.00	3	0
12	0.06	0.12	5	0.6
20	1.79	3.58	10	35.8
30	4.99	9.98	20	199.6
40	7.09	14.18	30	425.4

（续）

筛号	各筛上的停留量		细度因数	乘积
	g	质量分数（%）		
50	12.85	25.70	40	1028.0
70	15.57	31.14	50	1557.0
100	3.97	7.94	70	555.8
140	1.85	3.70	100	370.0
200	0.79	1.58	140	221.2
270	0.09	0.18	200	36.0
底盘	0.39	0.78	300	234.0
总和	49.44	98.88	—	4663.4

试样质量：50g，泥分质量：0.56g，砂粒质量：49.44g

6. 原砂的比表面积

单位质量的原砂所具有的表面积之和称为原砂的比表面积。

（1）主要仪器　天平（精度为0.01g）、原砂比表面积测定仪、铸造用试验筛、振摆式或电磁微振式筛砂机、秒表等。

（2）试验步骤

1）原砂的实际比表面积测定方法 A（GB/T 9442—2010）。首先称取除泥并烘干后的砂样50g ± 0.01g，然后将其倒入测定仪的试管中，并用小圆木棒轻轻敲打试管，直到砂子的体积不再减少为止，记录下砂子的体积 V（cm³），并测量出砂柱的高度 h（cm），然后将试管固定在试座上并密封。接下来打开电源开关，按下"复位"按钮后，再按下"吸气"按钮，使液面升至 M_1 处，测定仪的数码管自动清零，此时按下"试验"按钮，当液面下降至 M_2 时，数码管开始计时，液面下降至 M_3 时计时停止，记录下数码管计时时间。一次测试结束。连续测试5次，舍去记录时间的最大值和最小值，并计算平均时间 t。

原砂的实际比表面积 S_W（cm²/g）按下式计算：

$$S_W = \frac{1}{D}\sqrt{\frac{\varepsilon^3}{h}}K\sqrt{t} \qquad (11\text{-}6)$$

式中　D——砂柱体积质量（g/cm³），$D = 50g/V$；

ε——砂粒空隙率，$\varepsilon = 1 - D/(2.64 g/cm³)$；

h——砂柱高度（cm）；

K——仪器常数；

t——测量的平均时间（s）。

2）原砂的实际比表面积测定方法 B（参考方法）。使用如图11-10所示比表面积测定仪进行试验。通过换向阀，并借助橡胶球将煤油（密度为0.811g/cm³）吸到测量管顶部的刻线上，转换换向阀，记录煤油从顶部的刻线落到底部刻线所需的时间（s）。根据煤油下降的时间和玻璃管中砂粒的体积，从图

11-11所示煤油下降时间与实际比表面积关系图中即可查得砂粒的实际比表面积。

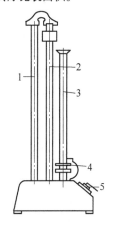

图 11-10　比表面积测定仪
1—玻璃管　2—测量管　3—带漏斗玻璃管
4—橡胶球　5—换向阀

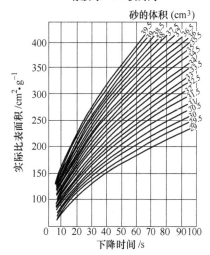

图 11-11　煤油下降时间与实际比表面积关系图

原砂的实际比表面积 S_W（cm²/g）可按下式计算：

$$S_W = 17.6244\sqrt{\varepsilon^3 t V} \qquad (11\text{-}7)$$

$$\varepsilon = (\rho_V - \rho_d)/\rho_V$$

式中　17.6244——仪器的特征常数（煤油密度为0.811g/cm³，室温下空气的动力黏度为 1.81×11^{-6}Pa·s时）；

ε——砂粒空隙率（%）；

ρ_d——原砂堆密度（g/cm³）；

ρ_V——原砂的密度（g/cm³）；

t——煤油下降的时间（s）；

V——试样的体积（cm³）。

当试验条件与上述要求不符时，可用不同尺寸的标准玻璃球对仪器常数予以准确标定。

3）原砂的理论比表面积测定方法（GB/T 9442—2010）。原砂的理论比表面积是在假定砂粒为球形且同一筛号的砂粒具有相同直径的条件下，通过筛分和计算得出的单位质量原砂所具有的表面积。

首先计算出筛分后各筛号上停留的砂粒质量占砂样总量的质量分数，再分别乘以表 11-5 所列相应筛号的表面积系数 k_1，然后将各筛号的乘积相加，则可算出该砂样的理论比表面积 S_T（cm^2/g）。

表 11-5　筛号与对应的比表面积系数

筛　号	6	12	20	30	40	50
表面积系数 k_1	—	9.00	17.83	31.35	410.35	62.70
筛　号	70	100	140	200	270	底盘
表面积系数 k_1	88.78	125.57	177.56	251.13	355.11	622.67

$$k_1 = 6/(D_i\rho) \tag{11-8}$$

式中　D_i——相邻两筛筛孔边长平均值（cm）；

ρ——铸造用硅砂密度，取 $\rho = 2.64 g/cm^3$。

$$S_T = \frac{\sum Q_i}{m} \tag{11-9}$$

式中　S_T——理论比表面积（cm^2/g）；

Q_i——第 i 筛上的停留砂粒质量与该筛号砂比表面积系数之积（cm^2）；

m——砂样的总质量（g）。

7. 颗粒表面形貌（含角形因数及形貌）（GB/T 9442—2010）

原砂的实际比表面积与理论比表面积之比称为原砂的角形因数。

（1）计算方法　根据前面测定的原砂理论比表面积和实际比表面积，角形因数 S 可按下式计算：

$$S = \frac{S_W}{S_T} \tag{11-10}$$

式中　S_W——原砂的实际比表面积（cm^2/g）；

S_T——原砂的理论比表面积（cm^2/g）。

（2）原砂粒形的表示方法　原砂的颗粒形状及分级代号与原砂角形因数之间的大致关系见表 11-6。

表 11-6　原砂颗粒形状与角形因数的关系

形　状	分级代号	角形因数
圆形	○	≤1.15
椭圆形	○-□	≤1.30
钝角形	□	≤1.45
方角形	□-△	≤1.63
尖角形	△	>1.63

8. 原砂的酸耗值（GB/T 2684—2009）

铸造用砂的酸耗值反映了铸造用砂中碱性物质的多少，用中和 50g 铸造用砂中的碱性物质所需浓度为 0.1mol/L 盐酸标准滴定溶液的毫升数来表示。

（1）主要仪器与试剂　仪器为磁力搅拌器、滴定管（50mL）、移液管（50mL）、烧杯（300mL）、表面皿（ϕ320mm）、锥形瓶（250mL）、中速滤纸。

试剂为盐酸标准滴定溶液 $[c_1(HCl) = 0.1mol/L]$、氢氧化钠标准滴定溶液 $[c_2(NaOH) = 0.1mol/L]$、溴百里香酚蓝指示液（1g/L）。

（2）试验步骤　称取 50g ± 0.01g 试样，置于 300mL 烧杯中，加入 50mL 蒸馏水（pH 值为 7），然后用移液管加入 50mL 浓度为 0.1mol/L 的盐酸标准滴定溶液，用表面皿将烧杯盖上，在磁力搅拌器上搅拌 5min，然后静置 1h。用中速滤纸把溶液滤入 250mL 锥形瓶中，并用蒸馏水洗涤砂样 5 次，每次 10mL。滤液中加入 3 ~ 4 滴溴百里香酚蓝指示液，用 0.1mol/L 的氢氧化钠标准滴定溶液滴定，并摇晃，直到蓝色保持 30s 为终点。酸耗值 A 按下式计算：

$$A = (50c_1 - c_2V) \times 10 \tag{11-11}$$

式中　V——消耗氢氧化钠标准滴定溶液的体积（mL）；

c_1——盐酸标准滴定溶液浓度（mol/L）；

c_2——氢氧化钠标准滴定溶液浓度（mol/L）；

50——加入盐酸标准滴定溶液的体积（mL）；

10——消耗 1mmol 的 NaOH 相当于 0.1mol/L 的 HCl 标准滴定溶液的毫升数（mL/mmol）。

9. pH 值

原砂的 pH 值表示原砂中能溶于水的碱性物质或酸性物质的多少。

（1）主要仪器与试剂　仪器为交流直读式酸度计、磁力搅拌器、涂有聚四氟乙烯的搅拌棒、200mL 烧杯。

以下为几种溶液试剂及其配制：

pH 值为 4.03 的标准缓冲溶液（25℃）：称取 11.21g 经 110℃ 烘干 2h 的苯二甲酸钾（优级纯），加水溶解后，注入 1000mL 容量瓶中，以煮沸并刚冷却的蒸馏水稀释至刻度，摇匀。

pH 值为 6.864 的标准缓冲溶液（25℃）：称取 3.39g 经 110℃ 烘干 2h 的磷酸二氢钾（优级纯）和 8.96g 磷酸二氢钠（优级纯），加水溶解后，注入 1000mL 容量瓶中，以煮沸并刚冷却的蒸馏水稀释至刻度，摇匀。

pH 值为 9.182 的标准缓冲溶液（25℃）：称取

3. 80g 硼砂（优级纯）加水溶解后，移入 1000mL 容量瓶中，以煮沸并刚冷却的蒸馏水稀释至刻度，摇匀。

（2）试验步骤　首先用标准缓冲溶液对所用的仪器进行标定；然后称取 25g 待测试样置于 200mL 烧杯中，加蒸馏水 100mL，用磁力搅拌器搅拌 5min。停止搅拌后，将酸度计的电极插入，测定烧杯上部液体的 pH 值，或在搅拌过程中进行测定，每 30s 取一个读数，直至读数不变。在操作中，每次读数后都应将电极浸入干净的蒸馏水中。

10. 原砂烧结点

原砂的烧结点表示原砂颗粒表面或砂粒间混杂物开始熔化的温度。

（1）测试方法之一（影像式烧结点测试仪法）影像式烧结点测试仪结构见图 11-12。用它可以测定原砂及其他材料的烧结点和耐火度。它的特点是加热温度可高达 1700℃。试验时，试验者在镜屏上可以清晰地看到所试验的试样在高温情况下发生的体积收缩、膨胀、钝化以及完全熔化的情况，并得知各种情况发生时的相应温度。

1）影像式烧结点测试仪的原理及结构。影像式烧结点测试仪主要由光源、钼丝高温炉、投影装置、温度控制器、制样器等组成，并应有附属的加氩气装置。

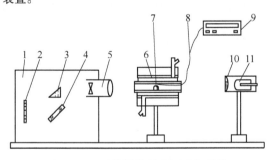

图 11-12　影像式烧结点测试仪结构
1—投影装置　2—投影屏　3—棱镜　4—平面反射镜
5—投影物镜　6—钼丝高温炉　7—试样　8—热电偶
9—温度控制器　10—聚光镜片　11—光源

试样在充有氩气的钼丝高温炉中加热，在不同高温的情况下，试样颗粒或颗粒之间会发生表面或内部的熔融现象，出现颗粒之间的黏结、体积的微小收缩或颗粒轮廓的变化，根据试样所发生的不同变化，可以确定试样的烧结点或耐火度。

2）烧结点试验步骤如下：

① 用特制的制样器将试料制成 ϕ8mm × 8mm 的圆柱形试样。制成的试样要求表面光洁，每次压缩的松紧程度一致，如测试原砂，可将原砂放在耐火的瓷舟中用目测法确定其烧结点。

② 钼丝高温炉升温时，先要接通氩气，前 10 多分钟将氩气流量计调至 40 刻度处，以后流量可减至 20 刻度处，电炉在升温或降温时都要接通氩气。

③ 升温时要接通钼丝高温炉两端的冷却水，根据炉温调节水流量，使水温保持在 50℃ 左右。

④ 升温前将制好的试样放在陶瓷片或铂片上，缓慢地推入炉膛中心。当用目测法测试烧结点时，只需将瓷舟在需要的温度下缓慢推入炉膛中心。

⑤ 试样推入炉腔后，打开光源，使光源中心全部照在试样上，在投影屏上清晰现出试样投影像即可。在投影屏上即可观察试样在高温下发生的各种变化。

3）试验结果的判断如下：

① 目测法。原砂在高温时，颗粒表面及内部的易熔成分熔融，使原砂颗粒之间发生黏结，冷却后砂粒不再分开，而且被烧结的部分表面光亮，此时的加热温度即是原砂的烧结点。

② 图像收缩法。在高温时，原砂颗粒间接触处发生体积（或局部）的微小收缩，当在投影屏上出现收缩时的温度，即可认为是该试样的烧结起始温度。

（2）测试方法之二（管式炉烧结法）

1）主要仪器。当烧结温度低于 1350℃ 时，用硅碳棒管式炉加热，试样置于普通瓷舟上；当烧结温度高于 1350℃ 时，用管式碳粒炉加热，试样置于石英舟或白金舟上。

2）试验步骤。取适量烘干的砂样置于瓷舟上（约占瓷舟容积的 1/2），将其缓缓推入已达预定温度的加热炉中（一般从 1000℃ 开始试验，也可根据经验估计），推入深度应以瓷舟只在前端 25mm 内受高温作用为宜。保温 5min 后，将瓷舟拉出，待冷却后用小针刺划试样表面，并用放大镜观察。如果砂粒彼此连接不能分开，表面光亮，则该试验温度即为原砂的烧结点；如果砂样尚未烧结，则应另换一个新瓷舟和砂样，并将试验温度提高 50℃，重复上述操作，直至砂样烧结为止。

11. 原砂耐火度

原砂耐受高温作用而不熔化的最高温度称为原砂的耐火度，用在规定试验条件下加热并比较试验锥与标准测温锥的弯倒状态，或通过热电偶直接测量试验锥弯倒时的温度来表示试验锥的耐火度。

（1）测试方法之一（GB/T 7322—2017）

1）主要仪器。立式管状炉或箱式炉（立式炉管内径不小于 80mm，安放插锥圆台的耐火支柱能够回转和上下调整；箱式炉，炉膛有效容积最少为长 100mm、宽 100mm、高 60mm；炉内温度均匀，整个锥台所占空间中最大温差不得超过 10℃）、标准测温锥、试样锥成形模具、标号为 WZ158～179 的标准锥等。

2）试样的制备。称取试样 10～15g，研磨至全部通过孔径为 0.212mm 的筛子。用钢钵磨碎试样，并用磁铁吸去其中的铁屑。成形时应保持试样及模具清洁，可用不影响耐火度的有机黏结剂调和，鉴定性试验必须用糊精作黏结剂。用模具将试样制成高度为 30mm、下边长为 8mm、上边长为 2mm 的截头三角锥。试验锥的几何形状、高度应与标准锥相同。标准测温锥应符合 GB/T 13794—2017 的规定，试验锥的形状见图 11-13，试验锥的成形模具见图 11-14。

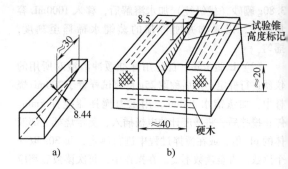

图 11-14 试验锥的成形模具

a）模具分开后的左半片 b）模具装配图

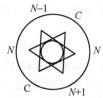

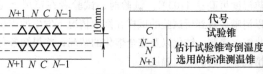

	代号
C	试验锥
$N-1$	估计试验锥弯倒温度
N	选用的标准测温锥
$N+1$	

图 11-15 原砂耐火度试验插锥圆台装置示意图

预留孔穴中，其深度为 2～3mm，并用高铝耐火泥固定。插锥时必须使标有号数的标准锥锥面和试验锥的成形面对准圆台中心，而与该面相对的锥棱向外倾斜，与垂线的夹角成 8°±1°（见图 11-16）。

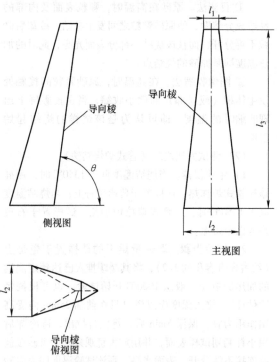

图 11-13 标准测温锥的形状

l_1—顶部锥台边长 l_2—底部锥台边长

l_3—锥的垂直高度 θ—导向棱与水平线的夹角

3）试验步骤。将试验锥与选定的标准锥一起安放在由高铝耐火材料制成的圆台上，见图 11-15。必须严格做到所有试验锥及标准锥与圆台的中心距一致，且相互间隔。标准锥中应包括相当于试验锥估计的耐火度号数及较试验锥高一号和低一号的标准锥。一次试用用试验锥与标准锥的总数不超过 6 个，锥的棱角距台边 5mm。将试验锥和标准锥安插在圆台的

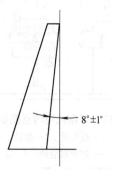

图 11-16 锥棱与垂线的夹角

在炉温不超过 1000℃ 时，把装有试验锥和标准锥的锥台置于耐火支柱上，并一起平稳地推入炉内均温带。起初应使其在炉内下部低温区充分预热，再推至中部高温区。约 1h 后，均匀地升温至比选用标准锥最低号低 100～200℃ 的温度，然后开始旋转圆台 1～3r/min，同时以 3～6℃/min 的速度继续升温，直至试验结束。

标准锥的选择原则如下：

标准锥　　　　圆形锥台　矩形锥台

① 估计或预测相当于
试样耐火度的标准
锥的个数 N　　　　　2　　　2

② 比①中低一号的
标准锥个数($N-1$)　1　　　1

③ 比①中高一号的
标准锥个数($N+1$)　1　　　2

当任一试验锥的尖端弯倒并接触到圆台时，均须立即观察标准锥的弯倒程度，至最后一个试验锥的尖端弯倒接触到圆台后，便停止试验。若试验锥与某一个标准锥同时弯倒，则此标准锥标定的温度即为试样的耐火度。若试验锥的弯倒程度介于两个相邻标号的标准锥之间，则用这两个标准锥的标定温度表示试样耐火度。例如，WZ169 ~ 171 表示试样的耐火度为 1690 ~ 1710℃。

如有下列现象之一，则应重新进行试验：①试验锥与标准锥不是对准外边倒下。②圆台四周呈现温度不均匀的颜色。③锥的弯倒不正常。④仅尖端熔化或下部比上部熔化更为强烈等。

（2）测试方法之二（SJY 型影像式烧结点仪法）　测试方法见上述（1）中所述。试验结果的判定方法如下：当试样熔融时，物体已不能保持原来的形状，因而在该温度下轮廓形状发生了很大的变化。原来呈矩形断面的圆柱形试样，因直角钝化，由矩形变成半球形。试样出现钝化使边角变圆时的温度即可确认为是其耐火度或熔融温度。

12. 灼烧减量（GB/T 2684—2009）

（1）装置　高温箱式电阻炉、瓷坩埚（或瓷舟）、分析天平（精度为 0.0001g）。

（2）试验步骤　称取约 1g 试样，精确到 0.0001g，置于已恒重（两次灼烧称量的差值小于或等于 0.0002g）的坩埚中，放入高温炉中，从低温开始逐渐升温至 950 ~ 1000℃，保温 1h，取出稍冷，立即放入干燥器中，冷却至室温，称重。重复灼烧（每次 15min），称重，直至恒重（两次灼烧称量的差值小于或等于 0.0002g，为恒重）。按下式计算试样中的灼烧减量 $w(G)$。

$$w(G) = \frac{m_1 - m_2}{m} \times 100\% \quad (11-12)$$

式中　$w(G)$——灼烧减量（质量分数）；

m_1——灼烧前试样和坩埚的质量（g）；

m_2——灼烧后试样和坩埚的质量（g）；

m——试样质量（g）。

实验室之间分析结果的允许差值应符合表 11-7

的规定。

表 11-7　不同灼烧减量条件下的允许差值

灼烧减量（质量分数,%）	允许差值（%）≤
≤0.50	0.07
>0.50 ~ 1.00	0.15
>1.00 ~ 5.00	0.20
>5.00	0.50

13. 发气量

1）国产记录式发气量测定仪见图 11-17。试验时先将发气量测定仪升温至 850℃，并保持恒温，再称取试样 1g ± 0.001g，置于瓷舟中（使用前，瓷舟经 1000℃灼烧 30min 后，置于干燥器中冷却到室温）。将瓷舟送入发气性测定仪的石英管红热部分，迅速用塞子将管口封闭。同时，发气性测定仪的记录部分开始工作，记录被测试样的发气量，经过 3min 可以从记录纸上直接读出试样的发气量。3 次平行测定结果的平均值作为该试样的测定结果。其中任何 1 个试验结果与平均值相差超出 10% 时，试验应重新进行。

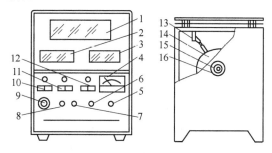

图 11-17　记录式发气量测定仪

1—记录仪　2—温度指示调节仪　3—晶闸管调压器 4—交流电压表　5—钥匙开关　6—电源指示灯 7—调零旋钮　8—调幅旋钮　9—定时选择旋钮 10—电磁阀开关　11—定时开关　12—炉供电 开关　13—热电偶　14—管式电炉　15—石 英管　16—尼龙套管

2）美国 Simpson 公司的 PGG 发气量测定仪见图 11-18，可用于原砂、煤粉、芯砂和型砂发气量的测定。试样装在石英管中，加热温度为 850℃。

11.1.3　原砂的化学成分分析

1. 二氧化硅的测定（GB/T 7143—2010）

（1）盐酸一次脱水重量——钼蓝吸光光度联用法

1）主要仪器与试剂。仪器为分析天平、单刻线移液管、电烘箱分光光度计、坩埚、高温箱式电阻炉。

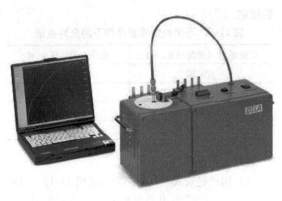

图 11-18　PGG 发气量测定仪

试剂为无水碳酸钠、盐酸、氢氟酸、乙醇（质量分数95%）、盐酸（1+1）$^\ominus$、盐酸（1+11）、盐酸（5+95）、硫酸（1+1）、硫氰酸钾溶液（质量分数为5%）、硝酸银溶液（质量分数为1%）、氟化钾溶液（质量分数为2%）、硼酸溶液（质量分数为2%）、氢氧化钾溶液（质量分数为20%，储存于塑料瓶中）、钼酸铵溶液（质量分数为5%）、抗坏血酸溶液（质量分数为2%）、对硝基苯酚指示剂乙醇溶液（5g/L）。

二氧化硅标准溶液（0.1mg/mL）：准确称取0.1000g 预先经1000℃灼烧 1h 的二氧化硅（基准试剂）于铂坩埚中，加 2g 无水碳酸钠，混合。先于低温加热，逐渐升高温度至1000℃，以得到透明熔体，冷却，置于塑料烧杯中；再用沸水浸取并用水冲洗坩埚，冷却至室温，移入 1000mL 容量瓶中；用水稀释至标线，摇匀，储存于塑料瓶中。此溶液每毫升相当于 0.1mg 二氧化硅。

2）试验步骤。称取 0.5g 试样（精确至0.0001g），置于铂坩埚中。加 1.5g 无水碳酸钠，与试样混匀，再加 0.5g 无水碳酸钠覆盖表面，置于高温箱式电阻炉中。从低温开始逐渐升温至 1000～1050℃，并在此温度下保持 15～20min。用包有铂金头的坩埚钳夹持铂坩埚，小心旋转，使熔融物均匀地贴附于铂坩埚的内壁，冷却。盖上表面皿，加 20mL 盐酸（1+1）溶解熔块，将铂坩埚置于水浴上，加热至碳酸盐完全分解，不再冒气泡，取下，用热水洗净表面皿。除去表面皿，再将铂坩埚置于水浴上蒸发至干，然后置于电烘箱内，于130℃干燥 1h，冷却。加 5mL 盐酸，放置 5min，加约 20mL 热水，搅拌使盐类溶解，加入适量滤纸浆搅拌。用中速定量滤纸过滤，滤液及洗涤液用 250mL 容量瓶承接。以热盐酸（5+95）洗涤铂坩埚壁及沉淀至无铁离子（用硫氰

酸钾溶液检查），继续用热水洗涤至无氯离子（用硝酸银溶液检查）。

将沉淀和滤纸一并移入铂坩埚，在沉淀上滴加 2滴硫酸，在电炉上低温烘干；然后移入高温炉中，逐渐升高温度，使滤纸充分灰化；最后于 1150～1200℃灼烧 1h，在干燥器中冷却至室温，称量，反复灼烧，直至恒重（两次灼烧称量的差值小于或等于 0.0002g，为恒重）。

将沉淀用水润湿，加 3 滴硫酸和 5～7mL 氢氟酸，在低温炉上蒸发至干，重复处理一次，继续加热至冒尽三氧化硫白烟为止。将坩埚在 1150～1200℃灼烧15min，在干燥器中冷却至室温，称量，反复灼烧，直至恒重（两次灼烧称量的差值≤0.002g，为恒重）。

将上述滤液用水稀释至标线，摇匀。移取 25mL于 100mL 塑料杯中，加 5mL 氟化钾溶液，摇匀，放置 10min。加 5mL 硼酸溶液，加 1 滴对硝基苯酚指示剂乙醇溶液，滴加氢氧化钾，至溶液变黄。加 8mL盐酸（1+11），转入 100mL 容量瓶中。加 8mL 乙醇溶液，5mL 钼酸铵溶液，摇匀，于 30～50℃的温水中放置 5～10min，冷却至室温。加 15mL 盐酸（1+1），用水稀释至近 90mL，加 5mL 抗坏血酸溶液，用水稀释至标线，摇匀。1h 后，以试剂空白溶液作参比，选用 0.5cm 比色皿，在波长 680～700nm 处测定溶液的吸光度。

3）工作曲线的绘制。在 7 个 100mL 容量瓶中，分别加入 8mL 盐酸（1+11）及 10mL 水，摇匀，依次移入 0.00mL、1.00mL、2.00mL、3.00mL、4.00mL、5.00mL、6.00mL 二氧化硅标准溶液，各加 8mL 乙醇溶液。以下操作按分析步骤进行，测定吸光度，绘制工作曲线。

4）试验结果的计算。二氧化硅含量按下式计算：

$$w(SiO_2) = \frac{(m_1 - m_2) + 10C_1}{m} \times 100\%$$

$$(11\text{-}13)$$

式中　$w(SiO_2)$——试样中二氧化硅含量（质量分数）；
　　　m_1——氢氟酸处理前沉淀与铂坩埚的质量（g）；
　　　m_2——氢氟酸处理后沉淀与铂坩埚的质量（g）；
　　　C_1——从工作曲线上查得二氧化硅的质量（g）；
　　　m——试样的质量（g）。

$\ominus$　盐酸（1+1）表示溶质（市售盐酸）与溶剂（水）的体积比为 1:1，其他类同。

实验室之间分析结果的绝对差值应不大于0.50%。

(2) 氢氟酸挥散法 本方法适用于硅砂试样中SiO_2质量分数为95%以上的测定。

1) 主要仪器与试剂。仪器为分析天平(精度为0.0001g)、铂坩埚(30~100mL)、高温箱式电阻炉;试剂为硝酸、氢氟酸。

2) 试验步骤。称取约1g试样,精确到0.0001g,置于已恒重(两次灼烧称量的差值小于或等于0.0002g)的铂坩埚中,放入高温炉中,从低温开始逐渐升温至950~1000℃,保温1h,取出稍冷,立即放入干燥器中,冷却至室温,称重。重复灼烧(每次15min),称重,直至恒重(两次灼烧称量的差值小于或等于0.0002g,为恒重)。

将灼烧后的试样,加数滴水润湿,加5mL硝酸及5~8mL氢氟酸,盖上坩埚盖并使其稍留有缝隙,在低温电炉上不沸腾的情况下,加热30min(此时试液应澄清),用少量水洗净坩埚盖,继续加热蒸发至干,取下,冷却;再加5mL硝酸,5mL氢氟酸,重新蒸发至干,然后沿坩埚壁加入5mL硝酸,再蒸发至干,同样用硝酸处理两次,最后升高温度至不再放出氧化氮为止。将铂坩埚移入高温箱式电阻炉内,初以低温,再于1000~1050℃灼烧30min,取出置于干燥器中,冷却至室温,称量。如此反复灼烧(每次灼烧15min)直至恒重,同时做空白试验。

3) 试验结果的计算。按下式计算试样中二氧化硅的含量:

$$w(SiO_2) = \frac{m_1 - m_2 + m_3}{m} \times 100\% \quad (11\text{-}14)$$

式中 $w(SiO_2)$——试样中二氧化硅含量(质量分数);

m_1——灼烧后试样与坩埚的质量(g);

m_2——氢氟酸处理后的残渣与坩埚的质量(g);

m_3——空白试验残渣的质量(g);

m——试样的质量(g)。

实验室之间分析结果的绝对差值应不大于0.50%。

2. 氧化铝的测定(GB/T 7143—2010)

(1) EDTA 络合滴定法 本方法适用于试样中氧化铝质量分数为1.00%以上的测定。

1) 主要仪器与试剂。仪器为分析天平(精度为0.0001g)、铂坩埚(30~100mL)、高温箱式电阻炉、容量瓶(250mL,A类)、单刻线移液管(5mL、10mL、15mL、50mL,A类)、分液漏斗(125mL,A类)、滴定管(50mL,分度值0.1mL,A类)。

试剂为氢氟酸、氟化钠、三氯甲烷、焦硫酸钾、盐酸(1+1)、硫酸(1+1)、氨水(1+1)。以下是几种溶液试剂及其配制:铜铁试剂溶液(质量分数为10%,用时现配,过滤后使用);乙酸-乙酸铵缓冲溶液(pH值为6.1,取300g乙酸铵溶于500mL水中,加15mL冰乙酸,用水稀释至1000mL,摇匀);乙二胺四乙酸二钠(EDTA)溶液(浓度为0.025mol/L,称取基准EDTA9.3060g,溶于500mL温水中,冷却后,移入1000mL容量瓶中,用水稀释至标线,摇匀);锌标准溶液(浓度为0.01000mol/L,称取金属锌(质量分数为99.95%以上)0.6538g,于250mL烧杯中,加入10mL盐酸,加热溶解,冷却后,转入1000mL容量瓶中,加2~3滴甲基橙指示剂,滴加氨水缓慢中和至溶液刚显黄色,再以盐酸调节溶液由黄色变红,并过量5~6滴,用水稀释至标线,摇匀);甲基橙指示剂(1g/L);二甲酚橙指示剂溶液(8g/L)。

2) 试验步骤。试验溶液的制备:称取1g试样(精确到0.0001g)置于铂坩埚中以少量水润湿。加1mL硫酸,加10mL氢氟酸在低温电炉上小心加热分解,蒸发至冒三氧化硫白烟,近干取下。冷却后再加入5mL氢氟酸,在低温电炉上继续蒸发至干,取下,放冷。加4~6g焦硫酸钾,置于高温箱式电阻炉中,从低温升起,至550~650℃熔融至透明状,取出,放冷。熔块在250mL烧杯中用热水浸出,加热溶解盐类,冷却后,转入250mL容量瓶中,以水稀释至标线,摇匀。此试样溶液(A)供测定氧化铝、氧化铁、氧化钛使用。

试样的测定:移取试液(A)50mL于分液漏斗中,加10mL盐酸和10mL铜铁试剂溶液及20mL三氯甲烷,充分振荡3min,静置分层后,弃去有机相。再用15mL三氯甲烷重复萃取两次,每次振荡1min,弃去有机相。移水相于250mL烧杯中,煮沸1min。稍冷却后,加入10~20mL EDTA溶液,其量应足以使溶液中铝离子完全络合,并过量5mL左右,滴加2滴甲基橙指示剂,用氨水中和至溶液刚呈现黄色。加10mL乙酸-乙酸铵缓冲溶液,摇匀,煮沸3min,取下,流水冷却至室温。加4~5滴二甲酚橙指示剂,用锌标准溶液滴定至溶液由黄色变为橙色为第一终点(不记读数)。加入1g氟化钠,并补加5mL乙酸-乙酸铵缓冲溶液,摇匀,煮沸3min,取下,流水冷却至室温。补加2~3滴二甲酚橙指示剂,再以锌标准溶液滴定至与第一终点颜色一致的橙红色,记录第二次滴定所消耗的锌标准溶液毫升数。

3）试验结果的计算。按下式计算试样中氧化铝的含量：

$$w(Al_2O_3) = \frac{V \times 5 \times 5.098 \times 10^{-4}}{m} \times 100\% \quad (11-15)$$

式中　$w(Al_2O_3)$——试样中氧化铝含量（质量分数）；

　　　V——第二次滴定消耗锌标准溶液的体积（mL）；

　　　m——试样的质量（g）；

　　　5.098×10^{-4}——与1mL锌标准溶液（0.01mol/L）相当的氧化铝的量（g/mL）。

实验室之间分析结果的允许差值应符合表11-8的规定。

表11-8　EDTA络合滴定法测定氧化铝含量的允许差值

氧化铝（质量分数,%）	允许差值（%）≤
>1.00~2.00	0.12
>2.00~5.00	0.15
>5.00	0.18

（2）铬天青S光度法　本方法适用于试样中氧化铝质量分数低于1.00%的测定。

1）主要仪器与试剂。仪器为分光光度计、单刻线移液管（5mL、10mL、20mL、25mL、50mL，A类）、容量瓶（50mL、200mL、250mL、1000mL，A类）。

试剂为氨水（1+5）、硝酸（1+40）、六次甲基四胺溶液（质量分数为30%）、氟化铵溶液（质量分数为0.5%，贮存于塑料瓶中）、甲基橙指示剂（1g/L）、过氧化氢（质量分数为3%）、铬天青S溶液[0.5g/L，用乙醇（1+1）配制]。

以下为几种溶液试剂及其配制：

锌-乙二胺四乙酸二钠（EDTA）溶液：称取0.1276g氧化锌于100mL烧杯中，加20mL水，6滴盐酸（1+1），加热溶解，另取0.558g EDTA于250mL烧杯中，加100mL水，5mL氨水（1+1）加热溶解，并将两溶液均匀混合。用氨水（1+1）及盐酸（1+1）调节pH值至5左右，转入1000mL容量瓶中，以水稀释至标线，摇匀。

氧化铝标准溶液：称取0.1058g金属铝（质量分数不小于99.95%）于塑料烧杯中，加50mL氢氧化钠溶液（质量分数为20%），在水浴上加热溶解，冷却后滴加盐酸（1+1）至呈酸性后，再过量20mL，水浴加热至溶液清亮，冷却，转入1000mL容量瓶中，以水稀释至标线，摇匀。此溶液每毫升相当于0.2mg氧化铝。移取上述溶液25.00mL于1000mL容量瓶中，加20mL盐酸（1+1），以水稀释至标线，摇匀。此溶液每毫升相当于0.005mg氧化铝。

2）试验步骤。移取试液（A）50mL于200mL容量瓶中，以水稀释至标线，摇匀。

根据试样中氧化铝的含量，按表11-9的规定，分别移取上述试液于两个50mL容量瓶中，一份作为显色溶液，另一份作为参比溶液。

显色溶液：加6滴过氧化氢，5mL锌-EDTA溶液，放置5min，加1滴甲基橙指示剂，用氨水中和部分酸后，小心滴加氨水至溶液刚显现黄色，立即滴加硝酸，至呈现红色，并过量5mL，摇匀，放置片刻后，加3mL铬天青S溶液，5mL六次甲基四胺溶液，以水稀释至标线，摇匀，放置20min。

参比溶液：操作按显色液同时进行，唯在加铬天青S溶液之前，加入5滴氟化铵溶液。

按表11-9选用适当的比色皿，在545nm波长处测定吸光度，从工作曲线上查出相应的氧化铝的质量。

工作曲线的绘制：根据试样中氧化铝含量，按表11-9的规定，移取试剂空白溶液6份于50mL容量瓶中，分别加入0.00mL、1.00mL、2.00mL、3.00mL、4.00mL、5.00mL氧化铝标准溶液（1mL相当于0.005mg氧化铝）。以下操作按上述"二氧化硅的测定"中的分析步骤进行，以未加氧化铝标准溶液的一份为参比，测定吸光度，绘制工作曲线。

表11-9　测定氧化铝含量移取的试样的量

氧化铝（质量分数,%）	0.01~0.05	>0.05~0.25	>0.25~1.00
分取试液体积/mL	20.00	10.00	2.00
比色皿厚度/cm	2	1	1

3）试验结果的计算。按下式计算试样中氧化铝的含量：

$$w(Al_2O_3) = \frac{5C \times 200/V}{m} \times 100\% \quad (11-16)$$

式中　$w(Al_2O_3)$——试样中氧化铝含量（质量分数）；

　　　C——从工作曲线上查得氧化铝的质量（g）；

　　　V——分取试液的体积（mL）；

　　　m——试样的质量（g）。

实验室之间分析结果的允许差值应符合表11-10的规定。

表 11-10　铬天青 S 光度法测定氧化铝含量的允许差值

氧化铝（质量分数,%）	允许差值（%）≤
≤0.050	0.010
>0.050~0.15	0.020
>0.15~0.50	0.040
>0.50~1.00	0.060

3. 氧化铁的测定（GB/T 7143—2010）

（1）磺基水杨酸分光光度法　本方法适用于试样中氧化铁质量分数为 0.050%~3.00% 的测定。

1）主要仪器与试剂。仪器为分光光度计、单刻线移液管（10mL、20mL，A 类）、容量瓶（100mL、1000mL，A 类）。

试剂为氨水（1+1）、磺基水杨酸溶液（质量分数 30%）。

氧化铁标准溶液：准确称取 0.1000g 预先经 400℃灼烧 30min，并于干燥器中冷却至室温的基准氧化铁于烧杯中，加 10mL 盐酸（1+1），加热溶解，冷却后移入 1000mL 容量瓶中，摇匀。此溶液每毫升相当于 0.1mg 氧化铁。

2）试验步骤。移取试液（A）10mL 于 100mL 容量瓶中，加 10mL 磺基水杨酸溶液，滴加氨水至呈稳定黄色后过量 3~5 滴，用水稀释至标线，摇匀，以试剂空白参比，选用 1cm 比色皿，在 430nm 处测定溶液的吸光度，从工作曲线上查得氧化铁的质量。

3）工作曲线的绘制。在 8 个 100mL 容量瓶中，分别移入 0.00mL、1.00mL、2.00mL、4.00mL、5.00mL、8.00mL、10.00mL、12.00mL 氧化铁标准溶液。以下操作按上述"二氧化硅的测定"中的分析步骤进行，测定吸光度，绘制工作曲线。

4）试验结果的计算。按下式计算试样中氧化铁的含量：

$$w(\mathrm{Fe_2O_3}) = \frac{C \times 25}{m} \times 100\% \qquad (11\text{-}17)$$

式中　$w(\mathrm{Fe_2O_3})$——试样中氧化铁含量（质量分数）；

　　　　C——从工作曲线上查得氧化铁的质量（g）；

　　　　m——试样的质量（g）。

实验室之间分析结果的允许差值应符合表 11-11 的规定。

（2）邻菲啰啉分光光度法　本方法适用于试样中氧化铁质量分数为 1.50% 以下的测定。

1）主要仪器与试剂。仪器为分光光度计、单刻线移液管（2mL、10mL、20mL、100mL，A 类）、容量瓶（100mL、1000mL，A 类）。

表 11-11　磺基水杨酸分光光度法测定氧化铁含量的允许差值

氧化铁（质量分数,%）	允许差值（%）≤
>0.50~1.00	0.10
>1.00~3.00	0.15

试剂为乙酸铵溶液（质量分数 20%）、抗坏血酸溶液（质量分数 5%、用时现配）。

以下为几种，溶液试剂及其配制：

邻菲啰啉溶液（1g/L）：称取 1g 邻菲啰啉，溶于 50mL 乙醇中，移入 1000mL 容量瓶中，以水稀释至标线，摇匀，于暗处保存。保存过程中，若溶液呈色则重新配制。

氧化铁标准溶液：准确移取氧化铁标准溶液 100mL 于 1000mL 容量瓶中，用水稀释至标线，摇匀。此溶液每毫升相当于 0.01mg 氧化铁。

2）试验步骤。根据试样中氧化铁含量，按表 11-12 规定，移取试液（A）于 100mL 容量瓶中，加入 2mL 抗坏血酸溶液，摇匀后加入 10mL 乙酸铵溶液和 10mL 邻菲啰啉溶液，用水稀释至标线，摇匀，放置 30min 后，以试剂空白溶液作参比，选用 1cm 比色皿，在波长 510nm 处测定溶液的吸光度，从工作曲线上查得氧化铁的质量。

表 11-12　测定氧化铁含量移取的试样的量

氧化铁（质量分数%）	分取试液体积/mL
≤0.10	25.00
>0.10~0.50	10.00
>0.50~1.50	5.00

3）工作曲线的绘制。移取氧化铁标准溶液 0.00mL、1.00mL、5.00mL、10.00mL、15.00mL、20.00mL、25.00mL、30.00mL，分别置于 8 个 100mL 容量瓶中。以下操作按试验步骤进行，测量吸光度，绘制工作曲线。

4）试验结果的计算。按下式计算试样中氧化铁的含量：

$$w(\mathrm{Fe_2O_3}) = \frac{C \times 250/V}{m} \times 100\% \qquad (11\text{-}18)$$

式中　$w(\mathrm{Fe_2O_3})$——试样中氧化铁含量（质量分数）；

　　　　C——从工作曲线上查得氧化铁的质量（g）；

　　　　V——分取试液的体积（mL）；

m——试样的质量（g）。

实验室之间分析结果的允许差值应符合表 11-13 的规定。

表 11-13　邻菲啰啉分光光度法测定氧化铁含量的允许差值

氧化铁（质量分数，%）	允许差值（%）≤
≤0.50	0.07
>0.50~1.00	0.10
>1.00~1.50	0.15

4. 氧化钛的测定

（1）二安替比林甲烷分光光度法（GB/T 7143—2010）　本方法适用于试样中氧化钛的质量分数为 0.50% 以下的测定。

1）主要仪器与试剂。仪器为分光光度计、单刻线移液管（5mL、10mL、20mL，A 类）、容量瓶（50mL、100mL、1000mL，A 类）。

试剂为抗坏血酸溶液（质量分数为 5%，用时现配）、盐酸（1+1）。

以下为几种溶液试剂及其配制：

二安替比林甲烷溶液（质量分数为 2%）：称取 2g 二安替比林甲烷，用 30mL 盐酸（1+5）溶解后，用水稀释至 100mL。

氧化钛标准溶液：准确称取 0.1000g 氧化钛（光谱纯，已在 950℃温度下灼烧 1h，并于干燥器中冷却至室温）于铂坩埚中，加约 3g 焦硫酸钾，先在电炉上熔融，再移至喷灯上熔至呈透明状态。放冷后，用硫酸（1+9）在 50℃以下加热溶解熔块，冷却后移入 1000mL 容量瓶中，以硫酸（1+9）稀释至标线，摇匀。此溶液每毫升相当于 0.1mg 氧化钛。

2）试验步骤。根据试样中氧化钛的含量，按表 11-14 规定的量移取试液（A）于 50mL 容量瓶中，加 8mL 盐酸，2mL 抗坏血酸，摇匀使铁还原完全，然后加入 10mL 二安替比林甲烷溶液，用水稀释至刻线，摇匀。放置 1h 后，以水作为参比液，选用 1cm 比色皿，在波长 420nm 处，测定吸光度，从工作曲线上查出相应氧化钛的质量。

表 11-14　测定氧化钛含量移取的试样的量

氧化钛（质量分数，%）	分取试液体积/mL
≤0.10	20.00
>0.10~0.20	10.00
>0.20~0.50	5.00

3）工作曲线的绘制。移取氧化钛标准溶液 0.00mL、1.00mL、2.00mL、4.00mL、6.00mL、

8.00mL、10.00mL，分别置于 7 个 50mL 容量瓶中，以下操作按试验步骤进行，测定吸光度，绘制工作曲线。

4）试验结果的计算。按下式计算试样中氧化钛的含量：

$$w(TiO_2) = \frac{C \times 250/V}{m} \times 100\% \quad (11-19)$$

式中　$w(TiO_2)$——试样中氧化钛含量（质量分数）；

　　　　C——从工作曲线上查得氧化钛的质量（g）；

　　　　V——分取试液的体积（mL）；

　　　　m——试样的质量（g）。

实验室之间分析结果的允许差值应符合表 11-15 的规定。

表 11-15　二安替比林甲烷分光光度法测定氧化钛含量的允许差值

氧化钛（质量分数，%）	允许差值（%）≤
≤0.10	0.020
>0.10~0.50	0.025

（2）过氧化氢分光光度法（参考方法）　本方法适用于试样中氧化钛质量分数为 0.50% 以上的测定。

1）主要仪器与试剂。仪器为分光光度计、单刻线移液管（5mL、10mL、20mL，A 类）、容量瓶（50mL、100mL、1000mL，A 类）。

试剂为磷酸、过氧化氢、盐酸、氧化钛标准溶液（0.1mg/mL）。

2）试验步骤。吸取试液（A）25.0mL 两份，分别置于 2 个 50mL 容量瓶中。其中一份加入 5mL 磷酸（1+1）和 5mL 过氧化氢（1+9），以水稀释至标线，摇匀，作为显色液；另一份加入 5mL 磷酸（1+1），以水稀释至标线，摇匀，作为参比液。在分光光度计上，选用 2cm 比色皿，在波长 410nm 处测量吸光度，从工作曲线上查得氧化钛的质量。

3）工作曲线的绘制。移取氧化钛标准溶液（1mL 相当于 0.1mg 氧化钛）0.00mL、2.00mL、4.00mL、6.00mL、8.00mL、10.00mL、12.00mL，分别置于 7 个 50mL 容量瓶中，各加入 5mL 磷酸（1+1）及 5mL 过氧化氢（1+9），以盐酸（1+9）稀释至标线，摇匀，作为显色液；另取一个 50mL 容量瓶，加入 5mL 磷酸（1+1），以盐酸（1+9）稀释至标线，摇匀，作为参比液。在分光光度计上，选用 2cm 比色皿，在波长 410nm 处测量吸光度，绘制工作曲线。

4）试验结果的计算。按下式计算试样中氧化钛的含量。

$$w(\text{TiO}_2) = \frac{C \times 250/25}{m} \times 100\% \quad (11\text{-}20)$$

式中　$w(\text{TiO}_2)$——试样中氧化钛含量（质量分数）；

　　　　C——从工作曲线上查得氧化钛的质量（g）；

　　　　m——试样质量（g）。

实验室之间分析结果的允许差值应符合表 11-16 的规定。

表 11-16　过氧化氢分光光度法测定氧化钛含量的允许差值

氧化钛（质量分数,%）	允许差值（%）≤
0.50 ~ 1.00	0.05
>1.00 ~2.00	0.10

5. 氧化钙、氧化镁、氧化钾和氧化钠含量的测定（GB/T 7143—2010）

（1）氧化钙的测定方法（EDTA 络合滴定法）本方法适用于试样中氧化钙的质量分数大于 0.10% 的测定。

1）仪器与试剂。仪器为分析天平（精度为 0.0001g）、铂皿、单刻线移液管（5mL、100mL，A 类）、容量瓶（250mL、1000mL，A 类）、滴定管（50mL，分度值为 0.1mL，A 类）。

试剂为氢氟酸、高氯酸（1 + 1）、盐酸（1 + 1）、三乙醇胺（1 + 2）、氢氧化钾溶液（质量分数为 30%，贮存于塑料瓶中）。

以下为几种溶液和指示剂及其配制：

乙二胺四乙酸二钠（EDTA）标准溶液 $\lfloor c(\text{EDTA}) = 0.005\text{mol/L}\rfloor$：称取 EDTA 1.86g 于 500mL 烧杯中。加水约 200mL，加热溶解，用水稀释至 1000mL。

氧化钙标准溶液（1mg/mL）：称取预先在 105 ~ 110℃烘干 2h，并于干燥器中冷却至室温的高纯碳酸钙 1.7848g 于 300mL 烧杯中。加水约 150mL，滴加 10mL 盐酸（1 + 1）使其溶解，加热煮沸数分钟，以驱尽二氧化碳。冷却后，用水稀释至 1000mL，摇匀。此溶液每毫升相当于 1mg 氧化钙。

钙黄绿素 – 百里香酚酞 – 吖啶混合指示剂：称取 0.2g 钙黄绿素、0.1g 百里香酚酞、0.4g 吖啶与烘干的硫酸钾 20g，混合研匀。

2）EDTA 标准溶液的标定。准确移取 10mL 氧化钙标准溶液于 300mL 烧杯中，加水约 150mL，滴加氢氧化钾至溶液 pH 值约为 12，再过量 10mL，加适

量的钙黄绿素 – 百里香酚酞 – 吖啶混合指示剂。在黑色背景衬托下，用 EDTA 标准溶液滴定至绿色荧光消失，并呈现紫红色为终点。EDTA 标准溶液对氧化钙、氧化镁的滴定度按下式计算：

$$T_{\text{CaO}} = \frac{m}{V} \quad (11\text{-}21)$$

$$T_{\text{MgO}} = \frac{m \times 40.30}{V \times 56.08} \quad (11\text{-}22)$$

式中　T_{CaO}——EDTA 标准溶液对氧化钙的滴定度（mg/mL）；

　　　　T_{MgO}——EDTA 标准溶液对氧化镁的滴定度（mg/mL）；

　　　　m——所取氧化钙量（mg）；

　　　　V——滴定时消耗 EDTA 标准溶液体积（mL）；

　　　　40.30——氧化镁相对分子质量。

　　　　56.08——氧化钙相对分子质量。

3）试验步骤。试验溶液的制备：称取 1g 试样（精确至 0.0001g），置于铂皿中，用水湿润，加 3mL 高氯酸和 10mL 氢氟酸，于低温电炉上蒸发至近干，再加 3mL 高氯酸和 5mL 氢氟酸，继续蒸发至冒尽高氯酸烟，取下放冷。加 20mL 盐酸，低温加热溶解盐类，冷却后，转入 250mL 容量瓶中，用水稀释至标线，摇匀。此溶液（B）供测定氧化钙、氧化镁、氧化钾、氧化钠使用。

试样的测定：移取试液（B）100mL（含氧化钙 1% 以上取 50mL）于 300mL 烧杯中，加 5mL 三乙醇胺，用水稀释至约 150mL，滴加氢氧化钾调节溶液 pH 值约为 12，再过量 10mL。加入适量钙黄绿素 – 百里香酚酞 – 吖啶混合指示剂，在黑色背景衬托下，用 EDTA 标准溶液滴定至绿色荧光消失，并呈现紫红色为终点。

4）试验结果的计算。按下式计算试样中氧化钙的含量：

$$w(\text{CaO}) = \frac{T_{\text{CaO}} V(250/V_1)}{m \times 1000} \times 100\% \quad (11\text{-}23)$$

式中　$w(\text{CaO})$——试样中氧化钙含量（质量分数）；

　　　　T_{CaO}——EDTA 标准溶液对氧化钙的滴定度（mg/mL）；

　　　　V——滴定氧化钙时，消耗 EDTA 标准溶液的体积（mL）；

　　　　V_1——分取试液的体积（mL）；

　　　　m——试样的质量（g）。

实验室之间分析结果的允许差值应符合表 11-17 的规定。

表 11-17　EDTA 络合滴定法测定氧化钙含量的允许差值

氧化钙（质量分数,%）	允许差值（%）≤
0.10 ~ 0.50	0.05
>0.50 ~ 0.80	0.08
>0.80 ~ 1.00	0.10
>1.00 ~ 2.00	0.15

（2）氧化镁的测定方法（EDTA 络合滴定法）本方法适用于试样中氧化镁的质量分数大于 0.10% 的测定。

1）仪器与试剂。仪器为单刻线移液管（5mL、10mL、100mL，A 类）、容量瓶（1000mL，A 类）、锥形瓶（300mL）、滴定管（50mL，分度值 0.1mL，A 类）

试剂为氨水（1+1）、三乙醇胺（1+2）、EDTA 标准溶液（0.005mol/L，称取 EDTA 1.86g 于 500mL 烧杯中，加水约 200mL，加热溶解，用水稀释至 1000mL）。

以下为几种溶液和指示剂及其配制：

氨水 – 氯化铵缓冲溶液（pH 值为 10）：称取 67.5g 氯化铵，溶于 200mL 水中，加入 570mL 氨水，用水稀释至 1000mL，摇匀。

酸性铬蓝 K – 萘酚绿 B 混合指示剂（1+2）：将混合指示剂与硝酸钾按（1+50）在玛瑙研钵中研细混匀，贮存于棕色广口瓶中。

2）试验步骤。吸取试样（B）100mL（氧化镁的质量分数在 1% 以上者吸取 50mL）置于 300mL 锥形瓶中，加入 5mL 三乙醇胺，用水稀释至 150mL，滴加氨水调节溶液 pH 值约为 10（用精密试纸检验）；再加 10mL 氨水 – 氯化铵缓冲溶液及适量酸性铬兰 K – 萘酚绿 B 混合指示剂，用 EDTA 标准溶液滴至试液由紫红色变为灰绿色即为终点。

3）试验结果的计算。按下式计算试样中氧化镁的含量：

$$w(\text{MgO}) = \frac{T_{\text{MgO}}(V_1 - V_2)(250/V_3)}{m \times 1000} \times 100\%$$

(11-24)

式中　$w(\text{MgO})$——试样中氧化镁含量（质量分数）；

　　　T_{MgO}——EDTA 标准溶液对氧化镁的滴定度（mg/mL）；

　　　V_1——滴定氧化钙时，消耗 EDTA 标准溶液的体积（mL）；

　　　V_2——滴定钙、镁含量时，消耗 EDTA 标准溶液的体积（mL）；

　　　V_3——分取试液的体积（mL）；

　　　m——试样的质量（g）。

实验室之间分析结果的允许差值应符合表 11-18 的规定。

表 11-18　EDTA 络合滴定法测定氧化镁含量的允许差值

氧化镁（质量分数,%）	允许差值（%）≤
0.10 ~ 0.50	0.05
>0.50 ~ 0.80	0.08
>0.80 ~ 1.00	0.10
>1.00 ~ 2.00	0.15

（3）氧化钾、氧化钠的测定方法（火焰光度法）

1）主要仪器与试剂。仪器为火焰光度计、单刻线移液管（10mL、20mL，A 类）、容量瓶（100mL、1000mL，A 类）。

试剂为盐酸（1+1）。

以下为几种溶液试剂及其配制：

氧化钠、氧化钾混合标准溶液 [(0.25mg Na₂O + 0.50mg K₂O)/mL]：准确称取预先在 105 ~ 110℃ 烘干 2h，并于干燥器中冷却至室温的氯化钠 0.9430g、氯化钾 1.5830g 于烧杯中，加水溶解，移入 1000mL 容量瓶中，用水稀释至标线，摇匀。此标准混合溶液为 (0.50mg Na₂O + 1.00mg K₂O)/mL，使用时用水稀释 1 倍。

氯化钠、氯化钾混合标准系列溶液的配制：按表 11-19 的规定，取上述混合标准溶液和盐酸溶液于 10 个 100mL 容量瓶中，用水稀释至标线，摇匀。

表 11-19　氯化钠、氯化钾混合标准系列溶液的配制

编号	加入盐酸（1+1）/mL	加入混合标准溶液/mL	氧化钠浓度/(μg/mL)	氧化钾浓度/(μg/mL)
1	1	1.00	2.5	5.0
2	1	2.00	5.0	10.0
3	1	3.00	7.5	15.0
4	1	4.00	10.0	20.0
5	1	5.00	12.5	25.0
6	1	6.00	15.0	30.0
7	1	7.00	17.5	35.0
8	1	8.00	20.0	40.0
9	1	9.00	22.5	45.0
10	1	10.00	25.0	50.0

2）试验步骤。将火焰光度计按仪器使用规程调

整到工作状态。使用钠滤光片（波长589nm）测定氧化钠，使用钾滤光片（波长767nm）测定氧化钾。

氧化钠和氧化钾含量（质量分数）分别在0.5%和1.0%以下者，用试液（B）直接在火焰光度计上测定；氧化钠和氧化钾含量（质量分数）分别在0.5%和1.0%以上者，分取试液（B）20mL于100mL容量瓶中，加入0.8mL盐酸，用水稀释至标线，摇匀后在火焰光度计上测定。

分别喷雾试样溶液和混合标准系列溶液，读取检流计读数，绘制工作曲线，从工作曲线查得试样溶液中氧化钾和氧化钠的浓度。

在制作工作曲线和进行分析试验的同时，应按相应的操作步骤和相同的试剂用量进行空白试验。所得试剂空白试样的检流计读数值应从混合标准系列溶液和试样溶液的数值中扣除。

3）分析结果的计算。按下式计算试样中氧化钠、氧化钾的含量：

$$w(X_2O) = \frac{CV_1 \times 10^{-6} \times (250/V_2)}{m} \times 100\%$$

$$(11-25)$$

式中　　$w(X_2O)$——试样中氧化钠（钾）含量（质量分数）；

C——从工作曲线上查得氧化钾或氧化钠的浓度（μg/mL）；

V_1——被测溶液的体积（mL）；

V_2——分取试液的体积（mL）；

m——试样的质量（g）。

实验室之间分析结果的允许差值应符合表11-20的规定。

表 11-20　火焰光度法测定氧化钾、氧化钠含量的允许差值

氧化钠 （质量分数,%）	允许差（%）	氧化钾 （质量分数,%）	允许差值 （%）
≤0.50	0.05	≤0.50	0.05
>0.50～1.00	0.10	>0.50～1.00	0.10
>1.00～2.00	0.15	>1.00～2.00	0.15
—	—	>2.00	0.20

（4）原子吸收分光光度法测定氧化铁、氧化钙、氧化镁、氧化钾、氧化钠含量

1）仪器与试剂。仪器为原子吸收分光光度计、容量瓶（100mL，A类）、单刻线移液管（5mL、10mL、25mL、100mL，A类）、铂坩埚（50～100mL）、分析天平（精度为0.0001g）。

试剂为去离子水（电阻率大于1.0MΩ·cm，本方法中均使用去离子水）、氢氟酸（优级纯）、高氯酸（优级纯）、盐酸（1+1）。

以下为几种溶液试剂及其配制：

氯化锶溶液（质量分数为20%）：称取优级纯结晶氯化锶（$SrCl_2 \cdot 6H_2O$）336g，溶于水并转入1000mL容量瓶中，用水稀释至标线，摇匀，贮存于塑料瓶中。

氧化钙标准溶液（1mg/mL）：准确称取经105～110℃烘干2h，并于干燥器中冷却至室温的碳酸钙1.7848g，置于300mL烧杯中，加水约150mL，盖上表面皿，缓慢加入30mL盐酸，使其溶解后，煮沸数分钟以驱尽溶液中的二氧化碳，冷却至室温，转入1000mL容量瓶中，用水稀释至标线，摇匀，贮存于干燥塑料瓶中。此溶液每毫升相当于1mg氧化钙。

氧化镁标准溶液（1mg/mL）：准确称取经900℃灼烧2h，并于干燥器中冷却至室温的氧化镁1.0000g，置于100mL烧杯中，加入20mL盐酸，加热溶解后，冷却至室温，转入1000mL容量瓶中，用水稀释至标线，摇匀，贮存于干燥塑料瓶中。此溶液每毫升相当于1mg氧化镁。

氧化铁标准溶液（1mg/mL）：准确称取经400℃灼烧30min，并于干燥器中冷却至室温的氧化铁1.0000g，置于200mL烧杯中，加入50mL盐酸，加热溶解后，冷却至室温，转入1000mL容量瓶中，以水稀释至标线，摇匀，贮存于干燥塑料瓶中。此溶液每毫升相当于1mg氧化铁。

氧化钾标准溶液（1mg/mL）：准确称取经110℃烘干2h，并于干燥器中冷却至室温的氯化钾1.5830g，置于150mL烧杯中，加水溶解后，转入1000mL容量瓶中，加入10mL盐酸用水稀释至标线，摇匀，贮存于干燥塑料瓶中。此溶液每毫升相当于1mg氧化钾。

氧化钠标准溶液（1mg/mL）：准确称取经110℃烘干2h，并于干燥器中冷却至室温的氯化钠1.8859g，置于150mL烧杯中，加水溶解后，置于1000mL容量瓶中，加入10mL盐酸用水稀释至标线，摇匀，贮存于干燥塑料瓶中。此溶液每毫升相当于1mg氧化钠。

混合标准溶液：将上述5种标准溶液各吸取50mL置于1000mL容量瓶中，加入10mL盐酸，用水稀释至标线，摇匀，备用。此混合标液中氧化铁、氧化钙、氧化镁、氧化钾、氧化钠的浓度均为50μg/mL。混合标准系列溶液的配制：用12个500mL容量瓶，按表11-21比例配成系列标准溶液。

表 11-21 混合标准系列溶液的配制

编号	加入盐酸/mL	加入混合标准溶液/mL	加入氯化锶溶液/mL	浓度/(μg/mL)
1	25	5.00	25.00	0.5
2	25	10.00	25.00	1.0
3	25	15.00	25.00	1.5
4	25	20.00	25.00	2.0
5	25	25.00	25.00	2.5
6	25	30.00	25.00	3.0
7	25	35.00	25.00	3.5
8	25	40.00	25.00	4.0
9	25	60.00	25.00	6.0
10	25	80.00	25.00	8.0
11	25	100.00	25.00	10.0
12	25	120.00	25.00	12.0

2）试验步骤。准确称取 0.1g 试样（精确到 0.0001g）置于铂坩埚中，用少量水润湿，加 1mL 高氯酸及 10mL 氢氟酸，在电热板上蒸发至近干，再加 1mL 高氯酸及 5mL 氢氟酸，继续蒸发至冒高氯酸烟 1~2min，赶尽氢氟酸，取下，放冷，加入 10mL 盐酸，水约 20mL，加热将残渣溶解，冷却至室温，转入 100mL 容量瓶中，移入 5mL 氯化锶溶液，用水稀释至标线，摇匀。

将原子吸收分光光度计按所用仪器之操作规程调整到适当的工作状态。使用各元素的空心阴极灯，以空气 - 乙炔火焰，按表 11-22 所列波长，选择适当的仪器参数：狭缝宽度、灯电流、燃烧器高度、火焰状态、放大增益、对数转换、曲线校直、标尺扩大、燃烧器与光轴的夹角等。

表 11-22 各元素的测定波长

元素	Fe	Ca	Mg	K	Na
测定波长/nm	248.3	422.7	285.2	766.5	589.0

空心阴极灯预热 30~40min 后，点燃空气 - 乙炔火焰。燃烧稳定后，用水喷雾调零，然后分别用标准系列溶液和试液进行喷测，读取相应的吸光度，同一份试液重复喷测两次，取平均值。由标准溶液的吸光度和其浓度，绘制工作曲线，由工作曲线查出被测试液浓度。

3）试验结果的计算。按下式计算试样中各种金属氧化物的含量：

$$w(M_xO_y) = \frac{c_x V \times 10^{-6}}{m} \times 100\% \quad (11\text{-}26)$$

式中 $w(M_xO_y)$ ——试样中各种金属氧化物含量

（质量分数）；

c_x ——从工作曲线上查得的金属氧化物浓度（μg/mL）；

V ——被测溶液的体积（mL）；

m ——试样的质量（g）。

6. 锆砂中氧化锆（铪）含量的测定（GB/T 4984—2007）

（1）苯羟乙酸重量法 锆砂试样用氢氟酸除去硅，加硫酸冒白烟赶尽氟后，用混合溶剂分解不溶物，酸浸取后，用氨水分离碱金属硫酸盐，沉淀用盐酸溶解，于盐酸介质中，加入苯羟乙酸（苦杏仁酸）使其生成难溶性的苯羟乙酸锆（铪）白色絮状沉淀，加热陈化后转变为白色结晶形沉淀。过滤后于 900℃灼烧成氧化物形式恒重。

1）主要试剂。氢氟酸（质量分数为 40%）、盐酸（密度为 1.19g/mL）、硫酸溶液（1 + 1）、盐酸溶液（1 + 1）、盐酸溶液（1 + 4）、甲基红乙醇溶液（1g/L）。

以下为几种试剂及其配制：

混合溶剂：将 2 份无水碳酸钠与 1 份无水硼砂研细混匀。

苯羟乙酸溶液（160g/L）：称取苯羟乙酸（苦杏仁酸）16g 于 300mL 烧杯中，加 20mL 盐酸（密度为 1.19g/cm³），用水稀释至 100mL。

苯羟乙酸洗涤液（10g/L）：称取苯羟乙酸（苦杏仁酸）1g 于 300mL 烧杯中，加 10mL 盐酸（密度为 1.19g/cm³），用水稀释至 100mL。

2）试验步骤。称取 0.2g 试料，精确至 0.0001g。分析时应称取 2 份试料进行平行测定，结果取其算术平均值，并随同试料做空白试验。

试料置于铂坩埚中，沿坩埚内壁加 3~5 滴水润湿试料，加 5mL 氢氟酸和 0.5mL 硫酸溶液，于低温电炉上蒸发近干，取下，稍冷，加 10mL 氢氟酸和 1mL 硫酸溶液，于低温电炉上继续蒸发近干，升高温度至冒尽三氧化硫白烟，加 4~5g 混合溶剂于 950~1050℃熔融至透明，继续熔融 15min。旋转坩埚使熔融物均匀地附着在坩埚内壁上，冷却。

用水冲洗坩埚外壁，放入预先盛有 70mL 盐酸溶液（1 + 4）的 300mL 烧杯中，加热待熔块溶解后洗出坩埚及盖。将溶液加热至 50~60℃，加 1 滴甲基红乙醇溶液，用氨水中和溶液呈黄色并过量 10 滴，加热煮沸 2~3min，取下。待沉淀沉降后，趁热用中速定量滤纸过滤，用热水洗涤烧杯及沉淀 8~10 次，将沉淀连同滤纸放回原烧杯中。加 40mL 盐酸（1 + 1），加热溶解并捣碎滤纸，加水至溶液体积约

100mL。将烧杯置于 80℃ 水浴中，边搅拌边缓慢加入 50mL 苯羟乙酸溶液，保温 30min，并不时搅拌。将烧杯从水浴中取出，放置 4h 后，用慢速定量滤纸过滤，用苯羟乙酸洗涤液洗涤烧杯及沉淀 10 次。沉淀和滤纸一并移入已恒重的坩埚中，烘干灰化，在 900℃ 高温炉中灼烧 30min，冷却，称量，重复灼烧（每次 15min），称量，直至恒量（两次灼烧称量的差值小于或等于 0.4mg，即为恒量）。

3）试验结果的计算。按下式计算试样中二氧化锆（铪）的含量：

$$w[Zr(Hf)O_2] = \frac{m_1 - m_2 - m_0}{m} \times 100\%$$

$$(11-27)$$

式中　$w[Zr(Hf)O_2]$——试样中二氧化锆（铪）的含量（质量分数）；

　　　m_1——沉淀与坩埚的质量（g）；

　　　m_2——空坩埚的质量（g）；

　　　m_0——随同试料所得的空白量（g）；

　　　m——试料的质量（g）。

（2）EDTA 络合滴定法

1）原理。试样用硼酸和碳酸钠混合熔剂熔融，用稀盐酸浸取。在酸性介质中，以二甲酚橙为指示剂，用 EDTA 标准溶液滴定氧化锆和氧化铪的含量。

2）主要试剂。混合熔剂：按质量比将 1 份硼酸与 1.8 份碳酸钠研细，混匀；盐酸（1 + 1）；二甲酚橙指示剂（0.2%）。

以下为几种溶液试剂及其配制：

氧化锆基准溶液（0.01mol/L）：称取 0.3081g 预先在 1000℃ ± 50℃ 灼烧 1h 并于干燥器中冷却至室温的氧化锆（质量分数为 99.99%），置于盛有 4g 混合熔剂的铂坩埚中，混匀；再覆盖 4g 混合熔剂，盖上坩埚盖并稍留缝隙，置于高温炉中，逐渐升温至 1000℃ ± 50℃，熔融至透明，取出；旋转坩埚使熔融物均匀附着于坩埚内壁，冷却；放入盛有 40mL 盐酸的烧杯中，加水至 150mL，加热浸出熔融物至溶液清亮，用水洗出坩埚及盖，移入 250mL 容量瓶中，用水稀释至刻度，摇匀。

EDTA 标准滴定溶液 [c(EDTA) = 0.01mol/L]：称取 3.6g 乙二胺四乙酸二钠（EDTA）于烧杯中，用水加热溶解，冷却，用水稀释到 1000mL，混匀。标定：移取 3 份 25.00mL 氧化锆基准溶液，分别置于 250mL 的烧杯中，加 20mL 盐酸，加水稀释至 150mL，加热煮沸，加 1 ~ 2 滴二甲酚橙指示剂，用 EDTA 标准滴定溶液滴定至溶液由紫红色变成亮黄色。如果返色，加热煮沸后再滴定，如此反复，一直滴定至稳定的亮黄色为终点。3 份氧化锆基准溶液所消耗 EDTA 标准滴定溶液毫升数的极差应不超过 0.10mL，取其平均值，否则，应重新标定。

EDTA 标准滴定溶液的浓度 c（EDTA）（mol/L）按下式计算：

$$c(EDTA) = \frac{V_1 \times c_1}{V_2}$$

$$(11-28)$$

式中　c_1——氧化锆基准溶液的浓度（mol/L）；

　　　V_1——移取氧化锆基准溶液的体积（mL）；

　　　V_2——所消耗的 EDTA 标准滴定溶液体积的平均值（mL）。

3）试验步骤。称取 0.2g 试料，精确到 0.1mg，将试样置于盛有 4g 混合熔剂的铂坩埚中，混匀，再覆盖 4g 混合熔剂，在 950 ~ 1050℃ 熔融至透明，取出，旋转坩埚，使熔融物均匀附着于坩埚内壁，冷却。

含磷试料的处理：将试样置于盛有 2g 无水碳酸钠的铂坩埚中，混匀，盖上坩埚盖并稍留缝隙，在 950 ~ 1050℃ 熔融 10 ~ 20min，取出，用水浸取，中速滤纸过滤，用水洗涤 5 ~ 6 次，将不熔残渣连同滤纸放回原坩埚中，低温灰化。

冲洗坩埚外壁，将坩埚放入预先盛有 40mL 盐酸的 300mL 烧杯中，加热使熔块溶解，冷却。移入 250mL 容量瓶中，用水稀释至刻度，摇匀。移取 25.00 ~ 50.00mL 试液于 300mL 的烧杯中，加 20mL 盐酸，稀释至 150mL。加热煮沸，加 2 ~ 3 滴二甲酚橙指示剂，用 EDTA 标准滴定溶液滴定至溶液由紫红色变为亮黄色。如果返色，加热煮沸后再滴定，如此反复，一直滴定至稳定的亮黄色为终点。

4）试验结果的计算。氧化锆（铪）的含量 $w[Zr(Hf)O_2]$（质量分数）按下式计算：

$$w[Zr(Hf)O_2] = \frac{M(V - V_0)c/1000}{m} \times 100\%$$

$$(11-29)$$

式中　V——滴定试液所消耗的 EDTA 标准滴定溶液的体积（mL）；

　　　V_0——滴定空白试液所消耗的 EDTA 标准滴定溶液的体积（mL）；

　　　c——EDTA 标准滴定溶液的浓度（mol/L）；

　　　M——氧化锆（铪）的平均摩尔质量（g/mol）（HfO$_2$ 的质量分数为 2% 时，M = 124.97g/mol）；

　　　m——分取试料的质量（g）。

7. 铬铁矿砂中三氧化二铬含量的测定

（1）主要试剂　过氧化钠、硫酸溶液（1 + 1）、磷酸溶液(1+1)、硝酸银溶液(质量分数为0.5%)、高锰酸钾溶液(质量分数为2%)、过硫酸铵溶液(质量分数为25%)、氯化钠溶液(质量分数为2.5%)。

以下为几种溶液试剂及其配制：

苯基邻氨基苯甲酸溶液含量(质量分数为0.2%)：称取苯基邻氨基苯甲酸0.2g，在100mL碳酸钠溶液(质量分数为0.2%)中加热溶解。

重铬酸钾标准溶液(0.1mol/L)：精确称取预先在130℃烘干的重铬酸钾(基准试剂)4.9028g，溶于少量水中，移入1000mL容量瓶内，用水稀释至刻度，摇匀。

硫酸亚铁铵标准溶液(0.1mol/L)：称取硫酸亚铁铵$[(NH_4)_2Fe(SO_4)_2 \cdot 6H_2O]$ 40g溶于100mL硫酸溶液(1+1)中，用水稀释至1000mL(如溶液浑浊应过滤)，贮于棕色磨口玻璃瓶中备用，使用前进行标定。

硫酸亚铁铵标准溶液(0.1mol/L)的标定：准确取重铬酸钾标准溶液(0.1mol/L)40mL，置于600mL烧杯中，加入硫酸溶液(1+1)30mL和磷酸溶液(1+1)10mL，用水稀释至约300mL，用硫酸亚铁铵标准溶液滴定至黄色减退但尚未完全消失时，加苯基邻氨基苯甲酸溶液4滴，继续滴定由紫红色变为亮绿色为终点。滴定结果按下式进行计算：

$$T_{Cr_2O_3} = \frac{40 \times 0.1 \times 0.02533}{V} \quad (11\text{-}30)$$

式中　$T_{Cr_2O_3}$——1mL硫酸亚铁铵标准溶液相当于三氧化二铬的克数(g/mL)；

　　　V——滴定所消耗硫酸亚铁铵标准溶液的体积(mL)；

　　　0.02533——硫酸亚铁铵与重铬酸钾的换算因数。

(2) 试验步骤　称取试样0.2g置于30mL刚玉坩埚中，加入过氧化钠2g，混匀后再覆盖1g，加盖。由低温逐渐升至700℃，摇动1次，再保持10min，冷后，置于600mL烧杯中，加水150mL，盖上表面皿，待激烈反应停止后，加热煮沸10min，取下稍放置，加硫酸溶液(1+1)40mL，加热至沸，用热水洗出坩埚及盖，加热水至约300mL。依次加入硝酸银溶液(质量分数为0.5%)10mL、高锰酸钾溶液(质量分数为2%)1~2滴、过硫酸铵溶液(质量分数为25%)10mL，搅匀，煮沸至小气泡不再发生。保持沸腾5min，然后加入氯化钾溶液(质量分数为2.5%)10mL，继续煮沸至紫红色完全消失，溶液呈稳定的橙黄色，迅速以流水冷却，冷后加入磷酸溶液(1+1)10mL，立即用硫酸亚铁铵标准溶液滴定至黄色减退，尚未完全消失时，加入苯基邻氨基苯甲酸溶液4

滴，继续滴定至由紫红色变为亮绿色时为终点。试样中三氧化二铬含量按下式进行计算：

$$w(Cr_2O_3) = \frac{VT_{Cr_2O_3}}{m} \times 100\% \quad (11\text{-}31)$$

式中　$w(Cr_2O_3)$——试样中三氧化二铬含量(质量分数)；

　　　V——滴定所消耗硫酸亚铁铵标准溶液的体积(mL)；

　　　m——试样质量(g)。

试验结果的允许误差：三氧化二铬质量分数大于或等于30%时，允许误差为0.30%；三氧化二铬质量分数小于30%时，允许误差为0.20%。

试验步骤附注：

1) 试样如果易被硫酸和磷酸的混合酸分解，可采用酸溶法。试验方法是，首先将试样置于500mL锥形瓶中，加入硫酸10mL和磷酸7mL，轻轻摇动使试样分散后，加热(300~360℃)溶解，并时时摇动，以防止试样黏附瓶底。待试样分解后，取下冷却，加水约200mL摇匀，加硝酸银10mL，以下同试验步骤。滴定时可不必再加磷酸。

2) 试样中钒的质量分数大于0.1%时，应采用高锰酸钾返滴定法，即用硫酸亚铁铵标准溶液滴定时，过量5~10mL，记取读数，再用高锰酸钾标准溶液(0.1mol/L)滴定此过量部分，并从计算中减去。

3) 试样中铬的含量为：$w(Cr) = 0.6842 w(Cr_2O_3)$。

8. 铬铁矿砂全铁含量的测定 (JB/T 6984—2013)

(1) 原理　试料用过氧化钠熔融，用水浸出熔块。用氨水沉淀氢氧化铁，分离沉淀，然后将沉淀溶解于盐酸中，蒸发溶液，用氯化亚锡将大部分三价铁还原成二价铁，以钨酸钠为指示剂，用三氯化钛将剩余三价铁还原成二价铁，以重铬酸钾氧化过量的三氯化钛。

(2) 主要试剂　分析中除另有说明外，仅使用认可的分析纯试剂和蒸馏水或与其纯度相当的水，应符合GB/T 6682的规定。

分析中所列热水或热溶液的温度为60~80℃。

过氧化钠(Na_2O_2)，干粉(注：过氧化钠应尽可能干燥，一旦结块就不能使用)。

盐酸(密度为1.19g/mL)、盐酸(1+2)、盐酸(1+9)、盐酸(1+100)，硫酸(密度为1.84g/mL)、硫酸(1+20)，磷酸(密度为1.70g/mL)，氨水(密度为0.91g/mL)，氯化铵溶液(300g/L)，过氧化氢溶液(30g/L)，二苯胺磺酸钠($C_{12}H_{10}O_3NSNa$)指示剂溶液(2g/L，贮存于棕色玻璃瓶中)。

硫磷混酸：边搅拌边将150mL磷酸注入约

500mL 水中，再加 150mL 浓硫酸，混匀，流水冷却，用水稀释至 1000mL。

氯化亚锡溶液（100g/L）：称取 10g 氯化亚锡（$SnCl_2 \cdot 2H_2O$）溶解于 30mL 浓盐酸中，加热溶解，冷却后用水稀释至 100mL，混匀。

重铬酸钾标准溶液 $[c(1/6K_2Cr_2O_7) = 0.060 mol/L]$：称取 2.942g 预先在 140~150℃ 干燥至恒重的重铬酸钾（基准），置于 300mL 烧杯中，以适量水溶解，冷却至 20℃ 后移至 1000mL 容量瓶中，用水稀释至刻度，混匀［注：应注意重铬酸钾溶液的环境温度。如果它与配制时的温度（20℃）相差 1℃ 以上，要做适当的容积校准：每相差 1℃，相当于 0.02%（例如：当滴定过程中环境温度比配制标准溶液过程的温度高时，滴定度应减小）］。

硫酸亚铁铵溶液（约 0.01mol/L），用时标定：称取 4g 硫酸亚铁铵 $[(NH_4)_2Fe(SO_4)_2 \cdot 6H_2O]$ 置于 250mL 烧杯中，加入 50mL 硫酸（1+20），微热溶解，冷却后移入 1000mL 容量瓶中，用硫酸（1+20）稀释至刻度，混匀。以二苯胺磺酸钠作为指示剂，用重铬酸钾标准溶液标定。

三氯化钛溶液（15g/L）：用 9 体积的盐酸（1+2）稀释 1 体积的三氯化钛（约 15% 的三氯化钛溶液），用时配制。

钨酸钠溶液（250g/L）：称取 25g 钨酸钠溶于适量水中（如浑浊需过滤），加 10mL 磷酸，用水稀释至 100mL，混匀。

（3）试验步骤　分析用样品以四分法缩分，最后得到约 20g 试样，研磨至全部通过 106μm（即 140 号筛）。预干燥试样的制备按 GB/T 24220 的规定，将试样在 105~110℃ 的温度下进行干燥。对同一预干燥试样，至少独立测定 2 次。

称取预干燥试样 0.20g，精确至 0.0001g。在测定试料的同时，测定试剂的空白值。在铁还原之前加入 1.0mL 硫酸亚铁铵溶液作为加入铁（Ⅱ）的校正试验，同时分析同类型标准样品做验证试验。将 5g 过氧化钠置于 30~50mL 刚玉坩埚中，与试料混匀，覆盖 1~2g 过氧化钠，在 500~600℃ 下加热，直到坩埚中的内容物完全熔化，随后在约 700℃ 下加热 5min，直到获得均匀的熔块。冷却坩埚，将坩埚置于 500mL 的烧杯中，加入 300mL 热水，盖上表面皿。剧烈反应停止后，加入 20mL 氯化铵溶液，然后煮沸 5min。取出坩埚，用热水冲洗。使残渣沉降数分钟，用双层中速滤纸过滤，用热水冲洗烧杯和滤纸上的残渣 3~4 次。用热盐酸（1+9）将残渣冲入原烧杯中。用热盐酸（1+9）冲洗滤纸 6~8 次，收集冲洗

液于同一烧杯中，在烧杯上方用热盐酸（1+9）冲洗坩埚，冲掉所有熔融物颗粒，然后再用热盐酸（1+9）冲洗 5~6 次。加热溶液至残渣溶解完全。用水稀释至 350~400mL，加入 1mL 过氧化氢，混匀。加入氨水直到氢氧化物沉淀产生，再过量加入 5mL 氨水。将烧杯中含有氢氧化物沉淀的溶液加热至微沸 2~3min，取下放置片刻，用中速滤纸过滤。用热氯化铵溶液洗涤烧杯及滤纸上的沉淀 5~6 次。用水将产生的沉淀冲洗到原产生沉淀的烧杯中。用 30~35mL 的热盐酸（1+9）洗涤滤纸，然后用热水洗涤 5~6 次，收集洗液于同一烧杯中。加热直至氢氧化铁沉淀溶解。

将溶液低温蒸发至 30~40mL，用盐酸（1+100）冲洗烧杯内壁和玻璃表面皿。在加热的情况下一边搅拌，一边滴加氯化亚锡溶液至溶液呈淡黄色（空白试验可不必用氯化亚锡溶液还原）加水至 150~200mL，加 2mL 钨酸钠溶液，滴加三氯化钛溶液至出现稳定蓝色。以重铬酸钾标准溶液滴定至无色（不记读数），加入 40mL 硫磷混酸，3~5 滴二苯胺磺酸钠指示剂，然后用重铬酸钾标准溶液滴定。当溶液由绿色变为蓝绿至最后一滴滴定使之变紫色时为终点。

（4）试验结果的计算　按下式计算全铁含量 w（$\sum Fe$）（质量分数）：

$$w(\sum Fe) = \frac{c[V_1 - (V_0 - V_2)] \times 55.85}{m \times 1000} \times K \times 100$$

(11-32)

式中　c——重铬酸钾标准溶液的浓度（mol/L）；

V_1——滴定试料所消耗的重铬酸钾标准溶液的体积（mL）；

m——试料的质量（g）；

V_0——滴定加入硫酸亚铁铵溶液校正的空白试验所消耗的重铬酸钾标准溶液的体积（mL）；

V_2——标定 1.0mL 硫酸亚铁铵溶液所消耗的重铬酸钾标准溶液的体积（mL）；

55.85——铁的摩尔质量（g/mol）；

K——以干态计时铁含量的换算因子。按 $K = 100/(100-A)$ 计算 K 值至小数后第三位，其中 A 为按照 GB/T 24220 规定测定的湿存水含量（质量分数），以百分数表示。

9. 铬铁矿砂硅含量的测定（GB/T 24227—2009）

（1）原理　试料用硝酸和高氯酸分解，或者用过氧化钠熔融，盐酸和高氯酸分解。用高氯酸脱水析出硅酸，过滤，灼烧残渣、称重。用氢氟酸和硫酸处

理残渣，再灼烧、称重。

（2）试剂　分析中除另有说明外，仅使用认可的分析纯试剂和蒸馏水或与其纯度相当的水，应符合 GB/T 6682 的规定。碳酸钠（无水或在 500℃预灼烧），过氧化钠（Na_2O_2）干粉，硫酸（密度为 1.84g/mL）、硫酸（1+1），高氯酸（密度为 1.67g/mL，注：吸入或接触皮肤有中毒的危险，应在远离明火的强力通风橱中操作，避免吸入酸雾和接触皮肤、眼睛和衣服），盐酸（密度为 1.19g/mL）、盐酸（1+4）、盐酸（1+9）、盐酸（1+100），氢氟酸（密度为 1.13g/mL），硝酸（密度为 1.40g/mL）。

（3）主要仪器　实验室常用设备仪器。单标线容量瓶和单标线移液管应分别符合 GB/T 12806 和 GB/T 12808 的规定。还有坩埚、铁或镍材质、镍棒，铂坩埚，马弗炉（能保持 1000 ~ 1100℃）。

（4）试验步骤　分析用实验室样品应按 GB/T 24243，ISO 6154 进行取样和制样，粒度应小于 100μm。将实验室样品充分混合，采用份样缩分法取样。按照 GB/T 24220 的规定，将试样在 105 ~ 110℃ 的温度下进行干燥。对同一预干燥试样，至少独立测定 2 次（独立一词是指再次及后续任何一次测定结果不受前面测定结果的影响。本分析方法中，此条件意味着同一操作者在不同的时间或不同操作者进行重复测定，包括采用适当的再校准）。预期硅的质量分数 0.50% ~ 2.50% 时称取预干燥试样 1.0g，预期硅的质量分数 2.50% ~ 15.00% 时称取预干燥试样 0.5g，精确至 0.0002g。

按照所有的分析步骤随同试料进行空白试验，同时分析同类型标准样品做验证试验。

将试料置于铁坩埚或镍坩埚中，加入 8 ~ 10g 过氧化钠，用镍棒混匀坩埚中内容物，覆盖 1 ~ 2g 过氧化钠，于 750 ~ 800℃温度下熔融，不时地通过摇动混合坩埚中的内容物。

冷却坩埚，将其置于 500mL 氟塑料烧杯中，用聚乙烯表面皿盖上烧杯，用 150 ~ 200mL 水浸出熔块。用热水冲洗表面皿和坩埚，从烧杯中取出坩埚，小心向烧杯中加入盐酸（浓），直至氢氧化铁溶解为止，将溶液转移到 600mL 玻璃烧杯中，加入 60mL 高氯酸，混匀。加热至冒高氯酸白色烟雾，继续加热保持该状态直至析出盐类。

冷却溶液，沿烧杯壁小心注入 30mL 盐酸（1+9），再加入 150 ~ 200mL 水，加热使盐类溶解。将沉淀收集于加有少量无灰滤纸纸浆的慢速滤纸上，用热盐酸（1+100）冲洗烧杯并用带胶头的玻璃棒扫清所有附着的硅酸颗粒，用热盐酸（1+100）冲洗残渣 10 ~ 12 次，再用热水冲洗 2 ~ 3 次。将滤液和洗液收集于 600mL 烧杯中。保存滤纸上的残渣。往滤液中加入 10mL 高氯酸，加热至冒高氯酸白色烟雾。继续加热，并保持该状态直至有盐类析出。冷却溶液，加入 40 ~ 50mL 热水，混匀，加热至盐类溶解，过滤残渣，然后按前述要求冲洗滤纸。将此处得到的残渣与硅酸主残渣合并，保留残渣和滤纸，按残渣处理规定继续操作。

酸浸分解法：将试料置于 250mL 烧杯中，用 5mL 水润湿，加入 50 ~ 70mL 高氯酸和 5mL 硝酸，盖上表面皿，加热至出现高氯酸的白色烟雾，继续加热使铬氧化（不能完全蒸干，因为加热高氯酸盐涉及安全问题）。移开表面皿，小心地沿烧杯壁滴加盐酸（浓）直至铬酰氯的棕色烟雾停止放出，铬被还原成三价，盖上表面皿，继续加热溶液使铬完全氧化。重复该操作蒸馏铬酰氯直至试料充分分解。重新盖上表面皿，继续加热至烧杯中的雾气透明，保持该状态直至大部分高氯酸被蒸发，但要避免蒸干（操作时，要避免吸入、吞入或接触铬酰氯，防止中毒，应在远离明火的强力通风橱内操作，避免吸入烟雾和接触皮肤、眼睛和衣服）。

待烧杯冷却后，加入 50mL 盐酸（1+4），搅拌，低温加热，溶解可溶性盐。加入约 50mL 热水搅拌，将沉淀收集于盛有少量无灰纸浆的中速滤纸上。用热盐酸（1+100）冲洗烧杯，并用带胶头的玻璃棒扫清所有附着的硅酸颗粒。用热盐酸（1+100）冲洗残渣，直至无铁盐为止，最后用热水冲洗 2 ~ 3 次，弃去滤液和清洗液。

将滤纸及残渣置于铂坩埚中，烘干，将滤纸灰化，在 750 ~ 800℃灼烧。待坩埚冷却，加 2 ~ 3g 碳酸钠，用样品勺混匀，在 900 ~ 1000℃熔融。

待坩埚冷却，再放入原烧杯里，盖上表面皿，加入 50mL 盐酸（1+4），低温加热使熔块溶解，用水冲洗坩埚，然后从烧杯内取出坩埚。加入 30mL 高氯酸，表面皿不完全覆盖烧杯情况下，加热直至出现浓的高氯酸白色烟雾。盖上烧杯，继续加热，直至烧杯内的雾气透明为止，保持该状态直至大部分高氯酸被蒸出，但要避免蒸干。待烧杯冷却，加入 50mL 盐酸（1+4）搅拌，低温加热，至可溶性盐类溶解，然后冲洗烧杯壁，用热水稀释至约 100mL。用盛有少量无灰滤纸浆的慢速滤纸过滤溶液，用带胶头的玻璃棒扫清所有附着的硅酸颗粒。用热盐酸（1+100）冲洗烧杯，并洗涤残渣 10 ~ 12 次，然后用热水洗涤 2 ~ 3 次，保留残渣和滤纸，按残渣的处理规定继续操作。

残渣的处理：将残渣和滤纸放入铂坩埚中，低温下干燥、灰化滤纸，然后在 1000～1100℃ 的马弗炉中灼烧至恒量。在干燥皿中冷却后，称量，标记为 m_1。用数滴硫酸（1+1）润湿残渣，加 3～5mL 氢氟酸，低温加热除去硅酸和硫酸。最后将坩埚在 1000～1100℃ 的马弗炉中灼烧 15min，在干燥器中冷却，称重，标记为 m_2，反复用硫酸和氢氟酸处理，直到得到恒重的残渣为止。

（5）试验结果的计算　按下式计算硅含量 w（Si）（质量分数，%）：

$$w(\text{Si}) = \frac{(m_1 - m_2) - (m'_1 - m'_2)}{m_0} \times 0.4675 \times 100 \times K$$

$$(11-33)$$

式中　m_0——试料的质量（g）；

m_1——硅及铂坩埚的质量（g）；

m_2——除去硅后杂质及铂坩埚的质量（g）；

m'_1——空白试验硅及铂坩埚的质量（g）；

m'_2——空白试验除去硅后杂质及铂坩埚的质量（g）；

K——以干态计算硅含量的换算因子。

按上式将试样中硅含量换算成二氧化硅含量 w（SiO$_2$）（质量分数，%）：

$$w(\text{SiO}_2) = 2.1393 w(\text{Si}) \qquad (11-34)$$

11.1.4　黏土和膨润土的性能测定

1. 含水量

黏土和膨润土的含水量一般以其试样中水的质量分数表示。

（1）主要仪器　天平（精度为 0.01g）、电烘箱、红外线烘干器等。

（2）试验步骤

1）标准方法（GB/T 2684—2009）。试验时，称取约 50g 试样，精确到 0.01g，置于玻璃皿内。在温度为 105～110℃ 的电烘箱中烘干至恒重（烘 30min 后，称其质量，然后每烘 15min，称量一次，直到相邻两次称量之间的差数不超过 0.02g，即为恒重），置于干燥器内，待冷却至室温时，进行称量。含水量按下式计算：

$$w(\text{H}_2\text{O}) = \frac{m_1 - m_2}{m_1} \times 100\% \qquad (11-35)$$

式中　w（H$_2$O）——含水量（质量分数）；

m_1——试样烘干前的质量（g）；

m_2——试样烘干后的质量（g）。

2）快速法。试验时，称取约 50g 试样，精确到 0.01g，放入盛砂盆中，均匀铺平，然后将盛砂盆放在红外线烘干器内，烘 6～10min，冷却后重新称重，

用式（11-35）计算含水量。

2. 过筛率（JB/T 9227—2013）

黏土和膨润土的粒度分别用通过 0.106mm 和 0.075mm 筛的试样的过筛率来表示。

（1）主要仪器　天平（精度为 0.01g）、铸造用试验筛等。

（2）试验步骤　称取烘干后的试样 20g，精确到 0.01g，放入相应的铸造试验筛内，一边使其水平运动，一边敲打筛框。若过筛性能不好，可用木块轻轻敲打筛框下端，给筛网以振动。如此反复操作，直到充分筛分后，用柔毛刷轻扫筛上余物，集中起来进行称量。其过筛率 η_g 可按下式计算：

$$\eta_g = \frac{m_1 - m_2}{m_1} \times 100\% \qquad (11-36)$$

式中　η_g——过筛率；

m_1——试样质量（g）；

m_2——过筛后筛上的停留量（g）。

对同一试样，两次平行试验结果的误差不能超过 2%，否则应重新进行试验。

3. 吸水率

黏土或膨润土吸收水分后增加的质量分数称为吸水率。

（1）吸水率测定仪法

1）主要仪器。吸水率测定仪（见图 11-19）、天平（精度为 0.01g）、铸造用试验筛、电烘箱等。

2）试验步骤。首先将毛细管中心与玻璃孔板调整到同一水平面上，见图 11-19。把加有红颜色的水注入漏斗中，同时打开三通阀，使过滤漏斗和毛细管中充满水。如果过滤漏斗中的水平面超过了玻璃孔板的平面，则应打开放水阀放出多余的水，并用滤纸轻轻吸附掉玻璃孔板上多余的水，然后，用磨口玻璃盖将过滤漏斗盖上，以防止水分蒸发。

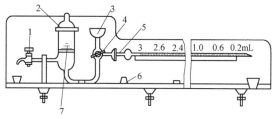

图 11-19　吸水率测定仪

1—放水阀　2—过滤漏斗　3—漏斗　4—三通阀

5—毛细管　6—试样漏斗　7—玻璃孔板

将待测试样过 0.212mm 筛并烘干至恒重，称取 0.1g±0.01g，通过试样漏斗，轻轻倒在玻璃孔板上并堆成圆锥状。在倒入试样的同时开动秒表，在

30s、45s、1min、2min、3min、4min、10min、20min、30min、60min 和 120min 时，读取毛细管中水位的刻度数。其吸水率按下式计算：

$$\eta_{H_2O} = \frac{\rho_{H_2O}(V_t - V_0)}{m} \times 100\% \qquad (11-37)$$

式中　η_{H_2O}——试样吸水率；

V_t——t 时刻毛细管内水位读数（mL）；

V_0——初始时毛细管内水位读数（mL）；

m——试样质量（g）；

ρ_{H_2O}——在试验温度下水的密度（g/cm³ 或 g/mL），20℃时 ρ_{H_2O} 取值为 1g/cm³。

两次试验测得的吸水率误差不得大于 10%，否则，应重新进行试验。一般以吸水率 – 时间曲线图形方式给出结果。

（2）多孔板法（GB/T 20973—2007）

1）原理。膨润土通过多孔细管吸水膨胀，质量随吸水程度提高而增加，测量一定时间段的吸水增重而计算出该时间段的吸水率。

2）仪器设备。多孔陶瓷板：250mm × 250mm × 60mm，孔径为 150 ~ 170μm（按 GB/T 1967 测定），显气孔率为 30% ~43%（按 GB/T 1966 测定）；玻璃容器：350mm × 350mm × 100mm；天平：精度为 0.01g；中速定量滤纸：φ125mm；温度计：0 ~ 150℃。

3）试验准备。把多孔陶瓷板放入玻璃容器中，用蒸馏水浸没，使多孔陶瓷板浸透。试验时始终保持使多孔陶瓷板上表面高出水面 6mm ± 1mm，并使玻璃容器和水温度稳定在 20℃ ± 2℃。

4）试验步骤。将滤纸两张放在蒸馏水中浸渍 30s，使其吸水饱和，然后放在多孔陶瓷板上平衡水分 60min 后，分别称量该滤纸。称取两份 2g ± 0.01g 已在 105℃ ± 3℃ 温度下烘干恒重的膨润土，分别均匀地撒在两张湿滤纸上，膨润土的散布直径约 9cm。将滤纸和膨润土对称放置在多孔陶瓷板上（注意不要重叠），盖上玻璃容器盖。静置 2h 后，用镊子和铲刀仔细取出湿滤纸和湿膨润土，在天平上称量。

膨润土的吸水率按下式计算：

$$\eta_{H_2O} = \frac{w - w_0 - m}{m} \times 100\% \qquad (11-38)$$

式中　η_{H_2O}——吸水率；

w——湿滤纸和湿膨润土质量（g）；

w_0——湿滤纸质量（g）；

m——干膨润土试样质量（g）。

允许差值：取平行测定结果的算术平均值为测定结果，两次平行测定的相对偏差不大于 3%。

4. 胶质价

黏土类矿物与水按一定比例混合后，搅匀后静止一定时间，将形成的凝胶层占整个混合物的体积百分数称为胶质价。

（1）主要仪器与试剂　仪器为天平（精度为 0.01g）、100mL 带塞量筒、秒表等。试剂为氧化镁（化学纯）的粉末。

（2）试验步骤　准确称取 15g ± 0.01g 试样倒入量筒中，加蒸馏水 90mL。将混合物摇晃 5min，加氧化镁 1g，再加蒸馏水至 100mL 刻度处，摇晃 1min，然后静置 24h 使其沉淀。读出沉淀物界面的刻度值，即为该试样的胶质价。

5. 亚甲基蓝吸附量（吸蓝量）

膨润土中蒙脱石具有吸附亚甲基蓝的能力，其吸附量称为吸蓝量，以 100g 试样吸附的亚甲基蓝的克数表示。

（1）标准方法（JB/T 9227—2013）

1）主要仪器和试剂。仪器为天平（精度为 0.01g）、电炉、滴定管。试剂为焦磷酸钠溶液（质量分数为 1.0%）、亚甲基蓝溶液（质量分数为 0.20%，化学试剂）。亚甲基蓝溶液的配制：称取亚甲基蓝 2.00g 溶解于 1000mL 蒸馏水中，即配制成质量分数为 0.2% 的亚甲基蓝溶液。

2）试验步骤。称取烘干的试样 0.20g ± 0.01g 置于锥形瓶中，加入 50mL 蒸馏水，使其预先润湿。然后，加入焦磷酸钠溶液 20mL，摇晃均匀后，再在电炉上加热煮沸 5min，在空气中冷却至室温，用滴定管滴入亚甲基蓝溶液。滴定时，第一次可加入预计的亚甲基蓝溶液量的 2/3 左右，以后每次滴加 1 ~ 2mL。检验终点的方法是，每次滴加亚甲基蓝溶液后，摇晃 30s，用玻璃棒蘸一滴试液在中速定量滤纸上，观察在中央深蓝色点的周围有无出现淡蓝色的晕环，若出现，继续滴加亚甲基蓝溶液。如此反复操作，当开始出现蓝色晕环时，将试液静置 1min 后，再用玻璃棒蘸一滴试液，若四周未出现淡蓝色的晕环，说明未到终点，应再滴加亚甲基蓝溶液，直到出现明显的淡蓝色晕环为试验终点。试样吸蓝量可按下式计算：

$$M_B = \frac{\rho_B V}{m} \times 100 \qquad (11-39)$$

式中　M_B——100g 膨润土试样的吸蓝量（g）；

ρ_B——亚甲基蓝溶液的浓度（g/mL）；

V——亚甲基蓝溶液的滴定量（mL）；

m——膨润土试样的质量（g）；

100——膨润土的质量（g）。

（2）参考方法　国内已研制生产了亚甲基蓝滴定的专用仪器——亚甲基蓝黏土测定仪，见图 11-20。该仪器包括试样分散处理装置和测定装置。试样采用超声分散方法，可在常温下快速进行试验。测定装置采用自动滴定管，配合机械搅拌。试样处理和机械搅拌均可采用定时器控制，使用方便。

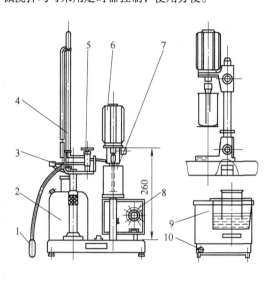

图 11-20　亚甲基蓝黏土测定仪
1—充气球　2—溶液瓶　3—放气阀　4—滴定管
5—三通阀　6—搅拌器电动机　7—烧杯
8—定时器　9—超声分散器　10—开关

该测定仪所用亚甲基蓝溶液的质量分数推荐为0.3%，膨润土试样质量 m 为 0.3g，代入式（11-39），得

$$M_B = \frac{0.3\% V}{0.3} \times 100 = V \qquad (11-40)$$

滴定终点亚甲基蓝毫升数在数值上等于 100g 膨润土吸蓝量（g）。因此在实际应用中，吸蓝量往往用滴定亚甲基蓝的毫升数值表示，单位为 g。

6. 灼烧减量

（1）主要仪器　分析天平（精度为 0.0001g）、高温炉、干燥器、铂坩埚。

（2）试验步骤　称取 1g 试样，精确至 0.0001g，置于已恒重的铂坩埚中，加盖（稍留缝隙）放入高温炉中，逐渐升温至 1000～1050℃，并在该温度下保持 1h。取出并放入干燥器中冷却至室温，称量。如此反复操作（每次灼烧 15min）直至恒重。按下式计算试样中的灼烧减量：

$$w(G) = \frac{m_1 - m_2}{m} \times 100\% \qquad (11-41)$$

式中　$w(G)$——灼烧减量（质量分数）；
　　　m_1——灼烧前试样和坩埚的质量（g）；
　　　m_2——灼烧后试样和坩埚的质量（g）；
　　　m——试样质量（g）。

同一试样各次试验结果的差值应不大于表 11-23所列允许差值。

表 11-23　灼烧减量的允许差值

灼烧减量（质量分数,%）	允许差值（%）
≤1.00	0.15
>1.00～5.00	0.20
>5.00～10.00	0.25
>10.00	0.30

7. 膨润值（JB/T 9227—2013）

膨润土与水充分混合后，加入一定量电解质盐类，所形成的凝胶体体积的毫升数，称为膨润值。膨润值的大小，可以用来判断膨润土的属性和热湿黏结力。

（1）主要仪器与试剂　仪器为天平（精度为 0.01g）、带磨口塞的量筒（100mL，直径为 25mm）、干燥箱（控制温度在 105～110℃）、5mL 移液管、干燥器。试剂为 1mol/L 氯化铵溶液（分析纯）、蒸馏水。

（2）试验步骤　膨润土粉经 105～110℃干燥 2h后放在干燥器中冷却备用。在带磨口塞的量筒（100mL）中先加入蒸馏水 50～60mL。称取烘干的膨润土粉 3g，加入到盛有蒸馏水的量筒中（钙膨润土可以一次加入，钠膨润土应分多次加入），用力摇动 5min，使膨润土在水中均匀分散。如有小团块，应延长摇动时间，直到团块消失为止。

加入浓度为 1mol/L 的 NH_4Cl 溶液 5mL，并加蒸馏水至 100mL 满刻度，摇动 1min 后，使之成均匀的悬浮液。静置 24h 后，读出沉淀物（凝胶体）界面刻度值，以 mL/3g 或 mL/2g 表示，即为该膨润土的膨润值。

测定优质钠膨润土时，试样质量可减为 1g。

8. 自由膨胀体积（膨胀指数）（GB/T 20973—2007）

将一定量的膨润土，一点一点地放入水中，膨润土一面自由吸水膨胀，一面下沉，静置一定时间后，以膨润土在水中所占的体积，作为自由膨胀体积或称为膨胀指数。

（1）试验仪器　具塞刻度量筒（100mL，内侧底部至 100mL 刻度值处高 180mm±15mm）、温度计（量程为 0～105℃）、天平（精度为 0.01g）。

（2）试验步骤　准确称取 2g±0.01g 已在 105℃

±3℃烘干2h的膨润土样品,将该样品分多次加入已有90mL蒸馏水的100mL刻度量筒内。每次加入量不超过0.1g,用30s左右时间缓慢加入,待前次加入的膨润土沉至量筒底部后再次添加,相邻两次加入的时间间隔不少于10min,直至试样完全加入到量筒中。全部添加完毕后,用蒸馏水仔细冲洗黏附在量筒内侧的粉粒使其落入水中,最后将量筒内的水位增加到100mL的标线处,用玻璃塞盖紧(2h后,如果发现量筒底部沉淀物中有夹杂的空气或水的分隔层,应将量筒45°角倾斜并缓慢旋转,直至沉淀物均匀)。静置24h后,记录沉淀物界面的量筒刻度值(沉淀物不包括低密度的胶溶或絮凝状物质),精确至0.5mL。记录试验开始时和结束时试验室的温度,精确到0.5℃。

允许误差:对同一试样的两次平行测量,平均值大于10时,其绝对误差不得大于2mL;平均值小于或等于10时,绝对误差不得大于1mL。

9. 膨胀容(膨胀倍数,DZG 93—06)

将膨润土试样置于盛有一定浓度盐酸的量筒中,混匀后放置沉降24h,试样形成的沉降物体积称为膨胀容或膨胀倍数,以mL/g为单位表示。

(1) 主要仪器和试剂　仪器为带磨口塞量筒(100mL,起始读数值为5mL,最小分度值为1mL,直径为25mm)。试剂为盐酸[浓度为1mol/L,即取83mL盐酸(密度为1.1g/mL),用水稀释至1000mL]。

(2) 试验步骤　称取试样1.00g±0.01g,置于已加入50mL水的带磨口塞量筒中,塞紧量筒塞,手握量筒上下摇动300次,使试样与水混匀。在光亮处观察,应无明显颗粒或团块。如有团块须继续摇动,直至团块消失为止。

打开量筒塞,加入25mL浓度为1mol/L的盐酸后,加水使量筒内的物料高度达到100mL刻度,塞紧量筒,上下摇动200次。然后,将量筒放在不受振动的台面上,静置24h,读取沉降物沉降界面的刻度值(精确至0.5mL),即为膨胀容或膨胀倍数。

校正试验,随同试样进行同类型标准试样的测试。

10. pH值

黏土和膨润土的pH值反映其含有能溶于水的碱性物质或酸性物质的多少。

(1) 主要仪器与试剂　仪器为pH计、电磁搅拌器、天平(精度为0.01g)、电烘箱、1000mL容量瓶。

以下为几种溶液试剂及其配制:

pH值为4.03的标准缓冲溶液(25℃):称取11.21g经110℃烘干的邻苯二甲酸氢钾(优级纯),加水溶解后,注入1000mL容量瓶中,以煮沸并刚冷却的蒸馏水稀释至刻度,摇匀。

pH值为6.864的标准缓冲溶液(25℃):称取3.39g经45℃烘干的磷酸二氢钾(优级纯)和8.96g磷酸二氢钠(优级纯),加水溶解后,注入1000mL容量瓶中,以煮沸并刚冷却的蒸馏水稀释至刻度,摇匀。

pH值为9.182的标准缓冲溶液(25℃):称取3.80g硼砂(优级纯)加水溶解后,移入1000mL容量瓶中,以煮沸并刚冷却的蒸馏水稀释至刻度,摇匀。

(2) 试验步骤　首先校正所用的pH计:将pH计的各选择开关调至适当位置,使仪器显示pH值为7;将玻璃电极和甘汞电极插入标准缓冲溶液中,按下读数开关,并调节"定位调节器",使仪器显示出该标准缓冲溶液的pH值;此时仪器已调好,"定位调节器"不能再动。

称取2g±0.1g试样置于30mL烧杯中,加入20mL刚煮沸并冷却的蒸馏水,放在磁力搅拌器上搅拌3min,使试样分散。将玻璃电极和甘汞电极插入悬浊液中,静置1min,按下读数开关,并反复几次,使读数稳定,该数即为试样的pH值。每测一个试样,要用水将玻璃电极洗干净,并用滤纸将电极上吸附的水吸干,再进行第二个试样的测试。每测5~6个试样后,应用标准缓冲溶液校正一次。

11. 膨润土复用性(JB/T 9227—2013)

膨润土受到不同温度加热后,黏结力会有不同程度的下降,甚至失去黏结力而变成"死黏土"。复用性好的膨润土受多次热作用后,黏结力下降比复用性差的膨润土要少,所以在选用膨润土时应注意其复用性好坏。其测定方法如下:

(1) 湿压强度法

1) 试验步骤。将箱式电炉升温至600℃并保温60min,称取200g膨润土试料置于瓷坩埚中并将其放入箱式电炉。当炉温达到设定温度时开始计时,保温60min取出,放入干燥器中冷却至室温。按GB/T 2684的规定测定焙烧后膨润土的湿压强度。

2) 试验结果的计算。按下式计算膨润土的复用性:

$$F_\sigma = \frac{\sigma_1}{\sigma} \times 100\% \qquad (11-42)$$

式中　F_σ——复用性;

σ_1——600℃焙烧膨润土的湿压强度(KPa);

σ——膨润土的湿压强度（kPa）。

（2）吸蓝量法

1）试验步骤。将箱式电炉升温至 550℃ 并保温 60min，称取 5g 膨润土试料置于瓷坩埚中并将其放入箱式电炉。当炉温达到设定温度时开始计时，保温 60 min 取出，放入干燥器中冷却至室温。按前述方法测定焙烧后膨润土的吸蓝量。

2）试验结果的计算。按下式计算膨润土的复用性：

$$F_B = \frac{M_{B_1}}{M_B} \times 100\% \qquad (11\text{-}43)$$

式中　F_B——复用性；

M_{B_1}——550℃ 焙烧膨润土的吸蓝量（g/100g）；

M_B——膨润土的吸蓝量（g/100g）。

12. 膨润土阳离子交换容量和交换性阳离子

膨润土具有良好的吸附和阳离子交换性能。进行膨润土阳离子交换容量和交换性阳离子的测试，是判断膨润土品位和划分膨润土属性的主要依据，是综合评价膨润土的重要指标。另外，有些用户对膨润土产品也提出了阳离子交换容量和交换性阳离子的数量要求。

（1）测定方法一（JB/T 9227—2013）

1）主要仪器与试剂。仪器为磁力搅拌器 681 型、离心机 SLJ - 1 型（0 ~ 8000r/min）、蒸馏装置（见图 11-21）、火焰光度计、原子吸收分光光度计。

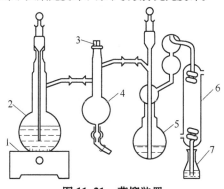

图 11-21　蒸馏装置
1—电炉　2—水蒸气发生器　3—带放气孔
的方头磨口玻璃瓶塞　4—缓冲瓶（400mL）
5—蒸馏瓶（1000mL）　6—冷凝器　7—吸收瓶

试剂为乙醇（体积分数为 95%）、硼酸溶液（质量分数为 0.6%）、氢氧化钠溶液（质量分数为 20%）、盐酸、盐酸（1 + 1）、三乙醇胺（1 + 2）、氯化锶溶液（质量分数为 20%）、邻苯二甲酸氢钾、酚酞（质量分数为 1%）乙醇溶液、氢氧化钾溶液（质量分数为 30%）。

以下为几种溶液试剂及其配制：

氯化铵（0.5mol/L）- 乙醇交换液（1 + 1）：称取 26.8g 氯化铵溶于 400mL 水中，加 500mL 乙醇（体积分数 95%），摇匀。用氨水（1 + 1）调节溶液 pH 值为 8.3，以水稀释至 1000mL。

盐酸（0.050mol/L）：移取 4.20mL 盐酸（优级纯）于 1000mL 容量瓶中，用水稀释至标线，摇匀。

氢氧化钠标准溶液（0.050mol/L）：称取 2.0g 氢氧化钠（优级纯），溶解于 1000mL 新煮沸并冷却的水中，以塑料瓶储存。

乙二胺四乙酸二钠（EDTA）标准溶液 [0.010mol（1/2EDTA）/L]：称取 1.8612g EDTA 于 500mL 烧杯中，加水约 200mL。加热溶解，用水稀释至 1000mL，摇匀。

钠标准溶液 [0.05mol（Na+）/L]：称取 1.4610g 预先经过 500 ~ 600℃ 灼烧 2h 的氯化钠于 150mL 烧杯中，加水溶解后，移入 500mL 容量瓶中，以水稀释至标线，摇匀，储存于干燥的塑料瓶中。

钾标准溶液 [0.020mol（K+）/L]：称取 0.7455g 预先经过 500 ~ 600℃ 灼烧 2h 的氯化钾于 150mL 烧杯中，加水溶解后，移入 500mL 容量瓶中，以水稀释至标线，摇匀，储存于干燥的塑料瓶中。

钙标准溶液 [0.100mol（1/2 Ca2+）/L]：称取 2.5020g 预先经过 105 ~ 110℃ 烘干 2h 的碳酸钙于 300mL 烧杯中，加水约 150mL，盖上表面皿。缓缓滴加 20mL 盐酸（1 + 1），微热使其溶解后，加热煮沸数分钟，以驱尽二氧化碳。冷却至室温，移入 500mL 容量瓶中，以水稀释至标线，摇匀，储存于干燥的塑料瓶中。

镁标准溶液 [0.040mol（1/2Mg2+）/L]：称取 0.4030g 预先经过 900℃ 灼烧 2h 的氧化镁，或 0.2430g 纯镁于 100mL 烧杯中，加入 10mL 盐酸（1 + 1），加热溶解。冷却至室温，移入 500mL 容量瓶中，以水稀释至标线，摇匀，储存于干燥的塑料瓶中。

混合标准溶液：按表 11-24 规定的量，吸取上述钠、钾、钙、镁标准溶液于 1000mL 容量瓶中，以水稀释至标线，摇匀。

甲基红 - 亚甲基蓝混合指示剂：取 100mL 甲基红乙醇溶液（质量分数为 0.03%）与 10mL 亚甲基蓝水溶液（质量分数为 0.15%）混合，摇匀。

钙黄绿素混合指示剂：称取 0.2g 钙黄绿素，0.1g 百里香酚酞，0.4g 吖啶与烘干的硫酸钾 20g，在玛瑙钵中研细混匀，储存于棕色广口瓶中。

酸性铬蓝 K - 萘酚绿 B（1 + 2）混合指示剂：称取 0.2g 酸性铬蓝 K，0.4g 萘酚绿 B，30g 硝酸钾在玛瑙钵中研细混匀，储存于棕色广口瓶中。

表 11-24　配制混合标准溶液吸取钠、钾、钙、镁标准溶液的量

元　素	Na	K	Ca	Mg
加入标准溶液浓度	$0.050\,mol\,(Na^+)/L$	$0.020\,mol\,(K^+)/L$	$0.100\,mol\left(\dfrac{1}{2}Ca^{2+}\right)/L$	$0.040\,mol\left(\dfrac{1}{2}Mg^{2+}\right)/L$
加入量/mL	20.0	20.0	50.0	10.0
混合标准溶液浓度	$0.0010\,mol\,(Na^+)/L$	$0.00040\,mol\,(K^+)/L$	$0.0050\,mol\left(\dfrac{1}{2}Ca^{2+}\right)/L$	$0.00040\,mol\left(\dfrac{1}{2}Mg^{2+}\right)/L$

氨水 – 氯化铵缓冲溶液（pH 值为 10.0）：称取 67.5g 氯化铵，溶于 200mL 水中，加入 570mL 氨水稀释至 1000mL，摇匀。

2）标准溶液的标定如下：

① 氢氧化钠标准溶液（0.050mol/L）的标定。称取 0.2000g 预先经过 110℃烘干 2h 的邻苯二甲酸氢钾于 150mL 烧杯中，加入 50mL 新煮沸并冷却的水，搅拌溶解，加两滴酚酞指示剂（质量分数为 1%），用氢氧化钠标准溶液滴定至溶液呈粉红色为终点。氢氧化钠标准溶液的浓度按下式计算：

$$c_{NaOH} = \frac{0.2000 \times 1000}{204.23V} \qquad (11\text{-}44)$$

式中　c_{NaOH}——氢氧化钠标准溶液的浓度（mol/L）；

　204.23——邻苯二甲酸氢钾的摩尔质量（g/mol）；

　　V——滴定时所消耗氢氧化钠标准溶液的体积（mL）。

② 盐酸标准溶液（0.050mol/L）的标定。吸取 20.0mL 盐酸标准溶液置于 100mL 烧杯中，加入一滴酚酞指示剂（质量分数为 1%），以氢氧化钠标准溶液滴定至溶液呈粉红色为终点。盐酸标准溶液的浓度按下式计算：

$$c_{HCl} = \frac{c_{NaOH}V}{20} \qquad (11\text{-}45)$$

式中　c_{HCl}——盐酸标准溶液的浓度（mol/L）；

　c_{NaOH}——氢氧化钠标准溶液的浓度（mol/L）；

　　V——滴定时所消耗氢氧化钠标准溶液的体积（mL）。

③ EDTA 标准溶液 [0.010mol(1/2EDTA)/L] 的标定。吸取 25.0mL 钙标准溶液 [0.100mol(1/2Ca²⁺)/L] 于 250mL 容量瓶中，用水稀释至标线，摇匀。再吸取此溶液 25.0mL 于 300mL 烧杯中，加水约 100mL，滴加氢氧化钾（质量分数为 30%）至溶液 pH 值约为 12，再过量 10mL。加适量的钙黄绿素混合指示剂，在黑色背景衬托下，用 EDTA 标准溶液滴定至绿色荧光消失，并呈现紫红色为终点。EDTA

标准溶液的浓度按下式计算：

$$c_{EDTA} = \frac{0.100 \times (1/10) \times 25}{V} \qquad (11\text{-}46)$$

式中　c_{EDTA}——EDTA 标准溶液的浓度 [mol(1/2 EDTA)/L]；

　　V——滴定时所消耗的 EDTA 标准溶液的体积（mL）。

3）试验步骤。称取 1g 试样于离心管中，精确至 0.0001g，加入 20mL 乙醇（1 + 1），放入磁力搅拌棒。在磁力搅拌器上搅拌 2 ~ 3min 后取下，将离心管成对放在药物天平上，添加乙醇（1 + 1）使其质量相等，然后成对放入离心机内，离心分离 5min（转速为 5000r/min）。取下离心管，弃去清液，在离心管内加 50mL 氯化铵（0.5mol/L）- 乙醇（1 + 1）交换液（先倒入少量交换液，用玻璃棒搅起沉积物，使其成糊状，用剩余的交换液冲洗玻璃棒后，全部倒入离心管）。在磁力搅拌器上搅拌 5 ~ 10min 后取下，在离心机内离心分离 5min（添加交换液使成对离心管等重，操作同前），清液收集于 100mL 容量瓶中。洗涤沉积物和离心管内壁两次，每次用 20mL 乙醇（体积分数为 95%）。第一次在离心管内加入乙醇后，在搅拌器上搅拌 2 ~ 3min（若搅不动，可用玻璃棒搅成糊状后再在搅拌器上搅拌），在离心机内离心分离 5min [添加乙醇（体积分数为 95%）使成对离心管等重，操作同前]。清液倒入已收集提取液的 100mL 容量瓶中。以水将容量瓶中溶液稀释至标线，摇匀，此溶液为试样溶液（C），供测定交换性阳离子用。第二次洗涤，搅拌并离心分离后弃去洗液（操作同前），沉积物用于测定阳离子交换容量。

① 阳离子交换容量的测定（蒸馏中和滴定法）。在盛有沉积物的离心管中，加入少量水，用玻璃棒搅起沉积物，移入蒸馏瓶中（见图 11-21）。用水冲洗离心管和玻璃棒，洗液并入蒸馏瓶中。加水稀释至约 50mL，加入 10mL 氢氧化钠溶液（质量分数为 20%），迅速盖上蒸馏瓶的瓶塞并通入水蒸气，进行蒸馏。蒸馏液用盛有 60mL 硼酸溶液（质量分数为

0.6%）的 200mL 烧杯收集，待蒸出的蒸馏液约 140mL 时停止蒸馏。在蒸馏液中加 8 滴甲基红－次甲基蓝混合指示剂，用盐酸标准溶液（0.05mol/L）滴定至稳定的红色为终点。

在进行试验的同时，应按同样的试验步骤，用相同量的试剂进行空白试验。空白试验所消耗的盐酸标准溶液体积，由试样滴定试验消耗的盐酸标准溶液体积中扣除。按下式计算试样中阳离子交换容量：

$$\sum E_X C = \frac{c_{HCl}(V_1 - V_2)}{m} \times 100 \qquad (11-47)$$

式中　$\sum E_X C$——100g 膨润土的阳离子交换容量（以 NH_4^+ 计，mmol）；

c_{HCl}——盐酸标准溶液浓度（mmol/mL）；

V_1——试样分析滴定时消耗盐酸标准溶液体积（mL）；

V_2——空白试验消耗盐酸标准溶液体积（mL）；

m——试样质量（g）。

② 交换性钠、钾、钙、镁离子的测定（原子吸收吸光光度法）。吸取 10.0mL 试液（C）于 100mL 烧杯中，加 2～3 滴盐酸（1+1），低温蒸干。加 2.5mL 盐酸（1+1）及 10mL 水，加热至沸使盐类溶解，冷却后移入 100mL 容量瓶中，加入 5mL 氯化锶溶液（质量分数为 20%），用水稀释至标线，摇匀。

测定钠基膨润土中钠的交换量时，吸取 10.0mL 试液（C）于 100mL 容量瓶中，用水稀释至标线，摇匀。再从此溶液中吸取 10.0mL 置于 100mL 烧杯中，

加入 4.5mL 氯化铵（0.5mol/L）－乙醇（1+1）交换液，加 2～3 滴盐酸（1+1），低温蒸干。其余操作同上。

工作曲线的绘制：吸取 50.0mL 氯化铵（0.5mol/L）－乙醇（1+1）交换液于 100mL 容量瓶中，加入 20mL 乙醇（体积分数为 95%），以水稀释至标线，摇匀。分取此溶液各 10.0mL 于 8 个 100mL 烧杯中，滴加 2～3 滴盐酸（1+1），低温蒸干。再分别加入 2.5mL 盐酸（1+1）及 10mL 水，加热至沸使盐类溶解，冷却后移入 100mL 容量瓶中，加入 5mL 氯化锶溶液（质量分数为 20%）。然后按表 11-24 规定的量，分别加入表 11-25 混合标准溶液，用水稀释至标线，摇匀，得到混合标准系列的工作曲线。

将原子吸收分光光度计按所用仪器的操作规程调整到适当的工作状态。使用各元素的空心阴极灯，以空气－乙炔火焰。按表 11-22 所列波长，选择最佳的仪器参数，如狭缝宽度、灯电流、倍增管电压、燃烧器高度、火焰状态、放大增益、对数转换、曲线校直、标尺扩展、燃烧器与光轴的夹角等。

空心阴极灯管预热 20～30min 后，点燃空气-乙炔火焰。待燃烧稳定后，用水喷雾调零点，然后分别用工作曲线系列溶液和被测试液进行喷测，读取相应的吸光度。同一份试液至少喷测两次，取其平均值。以工作曲线混合标准系列溶液的吸光度与其相应离子的量绘制工作曲线，从工作曲线上查出试液中的被测离子量。

表 11-25　混合标准溶液加入量与交换性钠、钾、钙、镁离子含量

序号	加入量/mL	Na^+ 量/10^{-3}mmol	K^+ 量/10^{-3}mmol	$\frac{1}{2}Ca^{2+}$ 量/10^{-3}mmol	$\frac{1}{2}Mg^{2+}$ 量/10^{-3}mmol
1	0	0	0	0	0
2	1.00	1.0	0.4	5.0	0.4
3	2.00	2.0	0.8	10.0	0.8
4	3.00	3.0	1.2	15.0	1.2
5	5.00	5.0	2.0	25.0	2.0
6	7.00	7.0	2.8	35.0	2.8
7	10.00	10.0	4.0	50.0	4.0
8	14.00	14.0	5.6	70.0	5.6

试样中各交换性阳离子的含量按下式计算：

$$E_X C = m_c \frac{100}{V} \times \frac{100}{m} \qquad (11-48)$$

式中　$E_X C$——100g 膨润土各交换性阳离子的含量（mmol）；

m_c——从工作曲线上查得被测试液中各交换

性阳离子的含量（mmol）；

V——分取试液（C）的体积（mL）；

m——试样质量（g）。

③ 交换性钙、镁离子的测定（EDTA 络合滴定法）如下：

a. 交换性钙离子的测定。本方法适用于 100g 膨润土试样中含有 1.0mmol（1/2Ca^{2+}）以上交换性钙离子量的测定。

吸取 25.0mL 试液（C）于 250mL 锥形瓶中，然后依次加入 2mL 三乙醇胺（1+2）、25mL 水、3mL 氢氧化钾溶液（质量分数为 30%）及适量钙黄绿素混合指示剂。在黑色背景衬托下，用 EDTA 标准溶液（0.010mol/L）滴定钙至溶液的绿色荧光消失，并呈现紫红色为终点。按下式计算试样中交换性钙离子量：

$$E_X C = \frac{c_{EDTA} V_1 \times 100/V}{m} \times 100 \qquad (11-49)$$

式中　$E_X C$——100g 膨润土中的交换性钙离子（1/2 Ca^{2+}）量（mmol）；

c_{EDTA}——EDTA 标准溶液的浓度（mol/L）；

V_1——滴定钙时消耗 EDTA 标准溶液的体积（mL）；

V——分取试液（C）的体积（mL）；

m——试样质量（g）。

b. 交换性镁离子的测定。本方法适用于 100g 膨润土试样中含有（1/2Mg^{2+}）1.0mmol 以上交换性镁离子量的测定。

吸取 25.0mL 试液（C）于 250mL 锥形瓶中，加入 2mL 三乙醇胺（1+2），摇匀，并放置 5min，然后加入 25mL 热水、10mL 氨水 – 氯化铵缓冲溶液（pH 值为 10）及适量的酸性铬蓝 K – 萘酚绿 B 混合指示剂。用 EDTA 标准溶液（0.010mol/L）滴定溶液中钙、镁含量，使试液由紫红色变为纯蓝色为终点。按下式计算试样中交换性镁离子量：

$$E_X C = \frac{c_{EDTA} (V_2 - V_1) \times 100/V}{m} \times 100$$

$$(11-50)$$

式中　$E_X C$——100g 膨润土交换性镁离子（1/2 Mg^{2+}）量（mmol）；

c_{EDTA}——EDTA 标准溶液的浓度（mol/L）；

V_2——滴定钙、镁含量时消耗 EDTA 标准溶液的体积（mL）；

V_1——滴定钙时消耗 EDTA 标准溶液的体积（mL）；

V——分取试液（C）的体积（mL）；

m——试样质量（g）。

④ 交换性钾、钠离子的测定（火焰光度法）。吸取试液（C）25.0mL 置于 100mL 烧杯中，加 2～3 滴盐酸（1+1），低温蒸干。加 2.5mL 盐酸（1+1）及 10mL 水，加热至沸腾使盐类溶解，冷却后移入 100mL 容量瓶中，以水稀释至标线，摇匀。

工作曲线的绘制：吸取 100.0mL 氯化铵（0.5mol/L）– 乙醇（1+1）交换液置于 200mL 容量瓶中，加入 40mL 乙醇（体积分数为 95%），以水稀释至标线，摇匀。分别吸取此溶液 25.0mL 置于 6 个 100mL 烧杯中，各加入 2～3 滴盐酸（1+1），低温蒸干，加 2.5mL 盐酸（1+1）及 10mL 水，加热至沸使盐类溶解，冷却后移入 100mL 容量瓶中。按表 11-26 规定的量加入配制表 11-24 所示的混合标准溶液，以水稀释至标线，摇匀，得工作曲线混合标准系列。

将火焰光度计按仪器使用规程调整至工作状态。测定波长，钠为 589nm，钾为 767nm，也可采用相应的钠、钾分析用滤光片进行试验。

分别喷雾试样溶液和工作曲线混合标准系列溶液，用水对零，由检流计读取发射强度值。同一份试液至少喷测两次，取其平均值。以工作曲线混合标准系列的发射强度值与其相应离子的量绘工作曲线，从工作曲线上查出试液中钠子离、钾离子量。各次试验结果的差值应不大于表 11-27 所列允许误差。按下式计算试样中交换性钠或钾离子量：

$$E_X C = m_c \frac{100}{V} \times \frac{100}{m} \qquad (11-51)$$

式中　$E_X C$——100g 膨润土交换性钠或钾离子量（mmol）；

m_c——从工作曲线上查得试液中交换性钠或钾离子的量（mmol）；

V——分取试液（C）体积（mL）；

m——试样质量（g）。

表 11-26　混合标准溶液加入量与交换性钾、钠离子含量的关系

序号	加入量 /mL	K$^+$量/ 10^{-3}mmol	Na$^+$量/ 10^{-3}mmol
1	0	0	0
2	2.5	1.0	2.5
3	5.0	2.0	5.0
4	10.0	4.0	10.0
5	15.0	6.0	15.0
6	17.5	7.0	17.5

表 11-27　试验结果的允许误差

项　目	范围/mmol	允许误差(%)
100g 膨润土阳离子交换容量（以 NH_4^+ 计）	>50	8
	>30~50	5
	≤30	4
100g 膨润土交换性阳离子（ $\frac{1}{2}Ca^{2+}$，$\frac{1}{2}Mg^{2+}$，K^+，Na^+ ）量（以 NH_4^+ 计）	>15	5
	≤15	3

（2）离子交换量（K、Na、Ca、Mg）测定方法二（参考方法）　本方法采用氯化铵-氢氧化铵法。当用氯化铵-氢氧化铵溶液作为交换液时，试样中的交换性阳离子和交换液中的铵离子发生交换，膨润土变成铵基土，试样中的交换性阳离子全部置换进入提取液中，将铵基膨润土和提取液分离，分别测定阳离子交换容量和交换性阳离子。

1）试剂。质量分数为 3% 的氯化铵-氢氧化铵交换液是用 30g 氯化铵和 30mL 氨水加水溶解稀释至 1000mL 配制成的，pH 值在 9.5 左右。

以下为几种溶液试剂及其配制：

混合标准溶液（1mL 相当于浓度为 0.01mol/L 的 Na^+、Ca^{2+}、Mg^{2+} 和浓度为 0.002mol/L 的 K^+）：称取 1.000g 碳酸钙、0.4031g 氧化镁、0.5844g 氯化钠和 0.1492g 氯化钾（优质纯），置于 250mL 烧杯中，用少量盐酸溶解后，加热煮沸腾赶尽二氧化碳。冷却后，将溶液移入 1000mL 容量瓶中，用水稀释至刻度，摇匀。

聚氧化乙烯溶液（质量分数为 0.1%）或聚丙烯酰胺溶液（质量分数为 0.1%，聚丙烯酰胺的相对分子质量大于 500 万单位）：称取 500mg 聚氧化乙烯，用 500mL 水浸泡 8h 以上，如发现溶液无黏性，应重新配制。如现用现配，可先加几滴乙醇，溶后再加水。

氯化钙（质量分数为 5%）-甲醛（质量分数为 10%）混合液：取 25g 氯化钙和 500mL 甲醛，用 5000mL 水溶解后，以质量分数为 4% 的氢氧化钠溶液调至酚酞呈微红色。

氢氧化钠标准溶液（0.1mol/mL）：取 4g 氢氧化钠溶于 1000mL 刚煮沸并冷却后的水中。

氢氧化钠标准溶液标定：称取 0.5000g 曾在 120℃烘 2h 的苯二甲酸氢钾（$KHC_8H_4O_4$）于 250mL 烧杯中，加 50mL 刚煮沸并冷却下来的水溶解，加 2 滴质量分数为 1% 的酚酞指示剂，用标准氢氧化钠溶液滴定至溶液呈粉红色为终点。其浓度可按下式计算：

$$c_{NaOH} = \frac{0.5000 \times 1000}{204.23V} \tag{11-52}$$

式中　c_{NaOH}——氢氧化钠标准溶液的浓度（mol/L）；

　　　V——滴定消耗氢氧化钠标准溶液毫升数（mL）；

　　204.23——苯二甲酸氢钾相对分子质量。

EDTA 标准溶液（0.01mol/L）：称取 3.72g 乙二胺四乙酸二钠，溶解于 1000mL 水中。

EDTA 标准溶液标定 1：吸取 10mL 浓度为 0.035mol/L 的锌标准溶液于 250mL 烧杯中，加水至 100mL，先加入比锌量稍少的待标定 EDTA 溶液（约 25mL），然后用 4mol/L 氢氧化钠溶液中和至刚果红试纸变紫，加入乙酸-乙酸钠缓冲溶液（pH 值为 5.9）和几滴质量分数为 0.1% 的二甲酚橙指示剂，继续用 EDTA 标准溶液滴定至溶液由紫红色变为亮黄色，同时做空白试验。EDTA 标准溶液的浓度按下式计算：

$$c_{EDTA} = \frac{10 \times c_{Zn}}{V_1 - V_0} \tag{11-53}$$

式中　c_{EDTA}——EDTA 标准溶液的浓度（mol/L）；

　　　c_{Zn}——锌标准溶液浓度（mol/L）；

　　　V_1——滴定锌时消耗 EDTA 标准溶液的体积（mL）；

　　　V_0——空白试验滴定时消耗 EDTA 标准溶液的体积（mL）。

EDTA 标准溶液标定 2：抽取浓度为 1mg/mL 的锌标准溶液 20mL 置于 250mL 锥形瓶中，加入 pH 值为 10 的缓冲溶液 10mL 和质量分数为 0.5% 铬黑 T 4 滴，用 EDTA 标准溶液滴定至纯蓝色为终点。平行做 5 次试验。EDTA 标准溶液的浓度按下式计算：

$$c_{EDTA} = \frac{0.001 \times 20}{0.06538V} \tag{11-54}$$

式中　c_{EDTA}——EDTA 标准溶液的浓度（mol/L）；

　　0.06538——浓度为 1mol/L 时 1mL 溶液中锌的质量（g）；

　　　V——滴定时消耗 EDTA 标准溶液体积（mL）。

乙酸-乙酸钠缓冲溶液（pH 值为 5.9）：称取 200g 乙酸钠（$CH_3COONa \cdot 3H_2O$），溶于水中，加 6mL 冰乙酸，用水稀释至 1000mL。

锌标准溶液（1g/L）：称取 1.0000g 高纯金属锌粉，置于 250mL 烧杯中，盖上表面皿，加入盐酸

（1+1）15mL，加热溶解，冷却后移入1000mL容量瓶中，加水稀释至刻度。

氢氧化铵-氯化铵缓冲溶液（pH值为10）：称取67.5g氯化铵溶于200mL水中，加入氢氧化铵570mL，用水稀释至1000mL。

氢氧化铵（氨水）洗涤液（0.01mol/L）：10mL氨水加130mL水配制成浓度为1mol/L的氢氧化铵溶液，取出10mL，用水稀释至1000mL，即成浓度为0.01mol/L氢氧化铵溶液。

浓度为0.001mol/L EDTA-浓度为0.01mol/L氢氧化铵洗涤液：称取0.3g EDTA，用少量水溶解，滴加氨水中和至pH值9左右，加入10mL（1+13）1mol/L氢氧化铵，用水稀释至1000mL。

酸性铬蓝K-萘酚绿B指示剂：酸性铬蓝K配成质量分数为0.2%水溶液，单独存放；萘酚绿B配成质量分数为0.5%水溶液，也单独存放；两者按1:2或1:2.5混合使用，一般各滴3滴。

2）试验步骤。称取1.0g试样于100mL干烧杯中，加入25mL氯化铵（质量分数为3%）-氢氧化铵（质量分数为3%）交换液，搅匀，放置25min。边搅边加入聚氧化乙烯溶液（质量分数为0.1%）10滴，待溶液清亮后，再过量1mL，空白溶液加2mL，用φ9cm快速滤纸过滤。滤液收集于100mL容量瓶中，以氢氧化铵（0.01mol/L）冲洗烧杯及试样5~6次，加入盐酸（1+1）5mL，摇一下，再用水稀释至刻度，摇匀，做交换性阳离子测定用。试样继续用0.001mol/L EDTA-0.01mol/L氢氧化铵溶液洗至无氯离子，至少洗5次，用硝酸银检查。

① 阳离子交换容量的测定。将上述滤纸连同试样一起放在100mL锥形瓶中，加入25mL氯化钙（质量分数5%）-甲醛（质量分数为10%）混合液，加入4滴酚酞指示剂，塞上橡胶塞，激烈振荡1min（约150次）。用浓度为0.1mol/L的氢氧化钠标准溶液滴定至稳定红色，3~5min不消失为止。阳离子交换容量按下式计算：

$$\Sigma E_X C = c_{NaOH} V \tag{11-55}$$

式中　$\Sigma E_X C$——100g膨润土阳离子交换容量（mmol）；

c_{NaOH}——氢氧化钠标准溶液浓度（mmol/mL）；

V——滴定时消耗氢氧化钠标准溶液的体积（mL）。

② 交换性阳离子的测定如下：

a. 用EDTA容量法连续滴定钙、镁。吸取50mL滤液置于100mL烧杯中，加3滴酸性铬蓝K指示剂和3滴萘酚绿指示剂，用4mol/L氢氧化钠溶液调至指示剂呈红色，再过量2mL，用0.01mol/L EDTA标准溶液滴定至纯蓝色，测得钙离子的含量。然后加入盐酸（1+1）2mL，调至氢氧化镁沉淀溶解后（此时溶液变成加指示剂开始时的红色），加入15mL pH值为10的缓冲溶液，补加1滴指示剂，继续用0.01mol/L EDTA标准溶液滴定至纯蓝色，测得镁离子的量。钙、镁离子的浓度按下式计算：

$$\left(E\frac{1}{2}Ca^{2+},\ E\frac{1}{2}Mg^{2+} \right) = \frac{2c_{EDTA}V}{0.5} \tag{11-56}$$

$$(ECa^{2+},\ EMg^{2+}) = \frac{c_{EDTA}V}{0.5} \tag{11-57}$$

式中　$(ECa^{2+},\ EMg^{2+})$——100g膨润土交换性钙、镁离子量（mmol）；

c_{EDTA}——EDTA标准溶液浓度（mol/L）；

V——滴定消耗EDTA标准溶液体积（mL）。

b. 火焰光度法测定钾、钠。吸取20mL滤液后置于50mL容量瓶中，加入盐酸（1+1）2mL和氯化铝溶液（质量分数为3%）5mL，用水稀释至刻度，摇匀，在火焰光度计上测定钾、钠。

标准曲线的绘制：分取0、2mL、4mL、6mL、8mL、10mL的钾、钠、钙、镁混合标准溶液置于100mL容量瓶中，加入氯化铵（质量分数为3%）6mL-质量分数为3%的氨水溶液、2mL盐酸（1+1）和10mL质量分数为3%的氯化铝溶液，用水稀释至刻度，摇匀。与试样同样条件进行测量，绘制标准曲线（此标准溶液分别相当于每100g膨润土试样中含有0、5mmol、10mmol、15mmol、20mmol、25mmol的交换性钠离子和0、1mmol、2mmol、3mmol、4mmol、5mmol的交换性钾离子）。

11.1.5　黏土和膨润土的化学成分分析

1. 二氧化硅的测定

（1）盐酸一次蒸干脱水质量与钼蓝吸光光度联用法

1）主要仪器与试剂。仪器为分光光度计、坩埚、高温炉。

试剂为无水碳酸钠、盐酸（1+1、5+95、1+11）、氢氟酸、氢氟酸（1+9，储存于塑料瓶中）、硫酸（1+1）、硼酸溶液（质量分数为4%，储存于塑料瓶中）、硝酸银溶液（质量分数为1%，储存于棕色瓶中）、乙醇（体积分数为95%）、氨水、对硝基酚指示剂溶液（质量分数为0.5%，以乙醇配制）、钼酸铵溶液（质量分数为5%，储存于塑料瓶中）、酒石酸溶液（质量分数为 10%，储存于塑料瓶中）。

以下为几种溶液试剂及其配制：

还原剂溶液：将 0.7g 无水亚硫酸钠溶于 10mL 水中，加入 0.5g1-氨基-2-萘酚-4-磺酸，搅拌，使之溶解。另取 9.0g 亚硫酸氢钠溶于水中，与前者溶液合并，以水稀释至 100mL，储存于塑料瓶中，存放于阴暗处，使用时间不超过两周。

二氧化硅标准溶液（SiO$_2$ 浓度为 0.04mg/mL）：称取 0.1000g 预先经 1150℃ 灼烧 1h 的二氧化硅于铂坩埚中，加 2g 无水碳酸钠，混合均匀后，再覆盖 1g 无水碳酸钠，加盖，置于高温炉中。先于低温加热，逐渐升高温度至 1000 ~ 1050℃，以得到透明熔体。将透明熔体冷却，再用沸水浸取并用少量水冲洗坩埚，冷却至室温，移入 250mL 容量瓶中，用水稀释至标线，摇匀，转入干燥的塑料瓶中储存。吸取上述溶液 10.0mL，置于 100mL 容量瓶中，以水稀释至标线，摇匀，转入塑料瓶中储存。

2）试验步骤。称取 0.5g 试样，精确至 0.0001g，置于铂坩埚中（铂坩埚容积为 30 ~ 50mL）。加入 2g 无水碳酸钠，与试样混匀，再取 1g 无水碳酸钠覆盖表面，加盖，置于高温炉中。从低温开始逐渐升温至 1000 ~ 1050℃，并在此温度下，保持 15 ~ 20min。用包有铂金头的坩埚钳夹持坩埚，小心旋转，使熔融物均匀地贴附于坩埚内壁，冷却。将坩埚及盖置于瓷蒸发皿中，加 40mL 盐酸（1 + 1），盖上表面皿，在水浴上加热至熔块完全熔解。以少量水冲洗坩埚及盖。将瓷蒸发皿再置于水浴上加热蒸发至干（其间不断地用平头玻璃棒将析出的盐类捣碎成粉末状），然后将瓷皿置于烘箱内，于 130℃ 烘 1h。取出瓷皿，稍冷，加 5mL 盐酸，放置 5min，加入 20mL 热水，搅拌使盐类溶解，加适量滤纸浆搅拌均匀后，用中速定量滤纸过滤，滤液及洗涤液用 250mL 容量瓶承接。以热盐酸（5 + 95）洗涤皿壁及沉淀 3 ~ 5 遍，继续用热水洗涤至无氯离子（用质量分数为 1% 的硝酸银溶液检查）。

将沉淀和滤纸一并移入铂坩埚中，在沉淀上滴加 2 滴硫酸（1 + 1），在电热板上低温烘干；然后移入高温炉中，逐渐升高温度，使滤纸充分灰化；最后于 1150℃ ± 25℃ 灼烧 1h，取出坩埚，置于干燥器中冷却至室温，称量，反复灼烧，直至恒重。

用水润湿沉淀，加 3 滴硫酸（1 + 1）和 10mL 氢氟酸，在低温电热板上蒸发至冒白烟。取下，稍冷，再加 5mL 氢氟酸，继续加热至冒尽三氧化硫白烟为止。将坩埚置于高温炉中，于 1150℃ ± 25℃ 灼烧 15min，取出坩埚，置于干燥器中，冷却至室温，称量，反复灼烧，直至恒重。用氢氟酸处理前后坩埚的质量差即为二氧化硅质量。

在带残渣的坩埚中，加入约 2g 焦硫酸钾，加盖置于高温炉中，逐渐升温，在 700 ~ 750℃ 熔融至透明状。取出，冷却，用热水浸渍，以少量水冲洗坩埚及盖。冷却至室温，并入二氧化硅滤液中，用水稀释至标线，摇匀。此溶液为试样溶液（A），供测定残余的二氧化硅及氧化铝、氧化铁和氧化钛含量用。

吸取试液（A）10.0mL 置于 100mL 塑料杯中，加 2mL 氢氟酸（1 + 9），摇匀，放置 10min。加入 40mL 硼酸溶液（质量分数为 4%），加 1 滴对硝基酚指示剂，滴加氨水至溶液恰好变黄。加 10mL 盐酸（1 + 11），5mL 乙醇（体积分数 95%），6mL 钼酸铵溶液（质量分数 5%），摇匀，在 30 ~ 50℃ 的温水浴中放置 5 ~ 10min，冷却至室温。加 5mL 酒石酸溶液（质量分数 10%），摇匀，加 2mL 还原剂溶液，转入 100mL 容量瓶中，用水稀释至标线，摇匀。放置 30min 后，以试剂空白试验作为参比，选用 1cm 比色皿，在分光光度计上，于波长 650nm 处测量溶液的吸光度，从工作曲线上查得二氧化硅量。

3）工作曲线的绘制。移取 0mL、1.00mL、2.00mL、3.00mL、4.00mL、5.00mL 二氧化硅标准溶液（SiO$_2$ 浓度为 0.04mg/mL），分别置于 6 个 100mL 塑料杯中（SiO$_2$ 0 ~ 0.2mg），各加 2mL 氢氟酸（1 + 9）。以下操作按试验步骤进行，测量吸光度，绘制工作曲线。

4）试验结果的计算。按下式计算试样中二氧化硅的含量：

$$w(\mathrm{SiO_2}) = \frac{(m_1 - m_2) + m_c \times 250/10}{m} \times 100\%$$

(11-58)

式中　$w(\mathrm{SiO_2})$——试样中二氧化硅含量（质量分数）；

　　　m_1——氢氟酸处理前沉淀与铂坩埚的质量（g）；

　　　m_2——氢氟酸处理后残渣与铂坩埚的质量（g）；

　　　m_c——从工作曲线上查得对应滤液中二氧化硅的质量（g）；

　　　m——试样质量（g）。

同一试样各次试验结果的差值应不大于 0.50%。

（2）凝聚质量与钼蓝吸光光度联用法

1）主要仪器与试剂。仪器为分光光度计、坩埚、高温炉。

试剂为下列溶液和酸：

聚环氧乙烷溶液（质量分数为0.05%）：称取0.1g聚环氧乙烷，一边不断搅拌，一边逐次少量地将其加入到盛有150mL水的300mL烧杯中，待其溶解后，以水稀释至200mL，混匀。以中速滤纸过滤于塑料瓶中储存。使用时间不超过两周。

还有硼酸与（1）中所列试剂。

2）试验步骤。称取0.5g试样，精确至0.0001g，置于铂坩埚中（铂坩埚容积约30~50mL），加入2g无水碳酸钠及0.2g硼酸，与试样混匀后，再取1g无水碳酸钠覆盖表面，加盖，置于高温炉中，从低温开始逐渐升温至1000~1050℃，并在此温度下保持15~20min。用包有铂金头的坩埚钳夹持坩埚，小心旋转，使熔融物均匀地贴附于坩埚内壁，冷却。将坩埚及盖置于瓷蒸发皿中，加40mL盐酸（1+1），盖上表面皿，在水浴上加热至熔块完全熔解，以少量水冲洗坩埚及盖。将蒸发皿再置于水浴上，蒸发至溶液体积在15mL以下后，取下并冷却。加适量滤纸浆，搅拌均匀，加10mL聚环氧乙烷溶液（质量分数为0.05%），搅拌均匀后，放置5min。用中速定量滤纸过滤，滤液及洗涤液用250mL容量瓶承接。以热盐酸（5+95）洗涤皿壁和沉淀3遍，继续用热水洗涤至无氯离子［用硝酸银溶液（质量分数1%）检查］。将沉淀和滤纸一并移入铂坩埚中，在沉淀上滴加2滴硫酸（1+1）。

其余试验步骤及试验结果的计算按（1）进行。同一试样各次试验结果的差值应不大于0.50%。

2. 氧化钛的测定

（1）二安替比林甲烷分光光度法　本方法适用于试样中氧化钛的质量分数为1.00%以下的测定。

1）主要仪器与试剂。仪器为分光光度计、50mL容量瓶、1cm比色皿。

试剂为抗坏血酸溶液（质量分数为5%，用时现配）、盐酸（1+1、1+9）。

以下为几种溶液试剂及其配制：

二安替比林甲烷溶液（质量分数为2%）：称取2g二安替比林甲烷，用30mL盐酸（1+5）溶解后，用水稀释至100mL。

氧化钛标准溶液（0.1mg/mL）：称取0.1000g预经950℃灼烧2h的氧化钛于铂坩埚中，加约3g焦硫酸钾，先在电热板上熔融，再移至煤气灯上熔至透明状态。放冷后，用盐酸（1+9）在50℃以下加热溶解熔块，冷却后再移入1000mL容量瓶中，以盐酸（1+9）稀释至标线，摇匀。

氧化钛标准溶液（0.01mg/mL）：吸取上述氧化钛标准溶液（0.1mg/mL）50.0mL置于500mL容量瓶中，以盐酸（1+9）稀释至标线，摇匀。

2）试验步骤。根据试样中氧化钛的含量，按表11-28规定的量吸取试液（A）于50mL容量瓶中，加8mL盐酸（1+1），2mL抗坏血酸溶液（质量分数5%），摇匀使铁还原完全。然后加入10mL二安替比林甲烷溶液（质量分数2%），用水稀释至标线，摇匀。放置1h后，以水做参比试验，选用1cm比色皿，在分光光度计上于波长390nm处测量吸光度，从工作曲线上查得氧化钛的质量。

表11-28　试样中氧化钛的含量与分取试液（A）的体积关系

氧化钛（质量分数，%）	分取试液（A）体积/mL
≤0.20	20.0
>0.20~0.50	10.0
>0.50~1.00	5.0

3）工作曲线的绘制。移取氧化钛标准溶液（0.01mg/mL）0mL、1.00mL、2.00mL、4.00mL、6.00mL、8.00mL、10.00mL，分别置于7个50mL容量瓶中，加8mL盐酸（1+1）。以下操作按试验步骤进行，测量吸光度并绘制工作曲线。

4）试验结果的计算。按下式计算试样中氧化钛的含量：

$$w(TiO_2) = \frac{m_c \times 250/V}{m} \times 100\% \qquad (11\text{-}59)$$

式中　$w(TiO_2)$——试样中氧化钛含量（质量分数）；

　　　m_c——从工作曲线上查得氧化钛的质量（g）；

　　　V——分取试液（A）体积（mL）；

　　　m——试样质量（g）。

各次试验结果的差值应不大于表11-29所列允许差值。

表11-29　氧化钛含量测试结果的允许差值

氧化钛（质量分数，%）	允许差值（%）
≤0.10	0.020
>0.10~0.50	0.025
>0.50~1.00	0.040

（2）过氧化氢分光光度法　本方法适用于试样中氧化钛的质量分数为0.50%以上的测定。

1）主要仪器与试剂。仪器为分光光度计、50mL容量瓶、2cm比色皿。

试剂为磷酸（1+1）、过氧化氢（1+9）、盐酸（1+9）、氧化钛标准溶液（0.1mg/mL）。

2）试验步骤。吸取试液（A）25.0mL 两份，分别置于 2 个 50mL 容量瓶中。其中一份加入 5mL 磷酸（1+1），5mL 过氧化氢（1+9），以水稀释至标线，摇匀，作为显色液；另一份加入 5mL 磷酸（1+1），以水稀释至标线，摇匀，作为参比液。在分光光度计上，选用 2cm 比色皿，在波长 410nm 处测量吸光度，从工作曲线上查得氧化钛的质量。

3）工作曲线的绘制。移取氧化钛标准溶液（0.1mg/mL）0mL、2.00mL、4.00mL、6.00mL、8.00mL、10.00mL、12.00mL，分别置于 7 个 50mL 容量瓶中，各加入 5mL 磷酸（1+1）及 5mL 过氧化氢（1+9），以盐酸（1+9）稀释至标线，摇匀，作为显色液；另取一个 50mL 容量瓶，加入 5mL 磷酸（1+1），以盐酸（1+9）稀释至标线，摇匀，作为参比液。在分光光度计上，选用 2cm 比色皿，在波长 410nm 处测量吸光度，绘制工作曲线。

4）试验结果的计算。按下式计算试样中氧化钛的含量。

$$w(\text{TiO}_2) = \frac{m_c \times 250/25}{m} \times 100\% \quad (11\text{-}60)$$

式中　$w(\text{TiO}_2)$——试样中氧化钛含量（质量分数）；

　　　m_c——从工作曲线上查得氧化钛质量（g）；

　　　m——试样质量（g）。

各次试验结果的差值应不大于表 11-30 所列允许差值。

表 11-30　各次试验结果的允许差值

氧化钛（质量分数，%）	允许差值（%）
0.50 ~ 1.00	0.05
>1.00 ~ 2.00	0.10

3. 氧化铝的测定（EDTA 络合滴定法）

（1）试剂　盐酸（1+1，1+9）、氨水（1+1）、氟化钠、对硝基酚指示剂溶液（质量分数为 0.1%）、1-(2-吡啶偶氮)-2 萘酚（PAN）指示剂溶液（质量分数为 0.1%，以乙醇配制）。

乙酸 - 乙酸铵缓冲溶液（pH 值为 4.5）：称取 80g 乙酸铵溶于水中，加冰乙酸 60mL，用水稀释至 1000mL 混匀。

乙二胺四乙酸二钠（EDTA）溶液（0.02mol/L）：称取 7.44g EDTA，溶于 50mL 温水中，冷却后用水稀释至 1000mL，混匀。

铜标准溶夜（0.010mol/L）：称取 0.6354g 阴极铜于 250mL 烧杯中，加 30mL 硝酸（1+1），加热溶解，煮沸驱尽氮的氧化物，冷却。用氨水中和至氢氧

化铜出现，滴加盐酸至恰好溶解，移入 1000mL 容量瓶中，以水稀释至标线，摇匀。

（2）试验步骤　吸取试液（A）25.0mL，置于 250mL 锥形瓶中，加 50mL 水和 10~20mL 浓度为 0.02mol/L EDTA 溶液，其量应足以使溶液中铝离子完全络合，并过量 5mL 左右。滴加 2 滴对硝基酚指示剂溶液（质量分数为 0.1%），加热至近沸。用氨水（1+1）中和至溶液刚呈现黄色，再滴加盐酸（1+1）至溶液恰好褪色。加入 10mL 乙酸 - 乙酸铵缓冲溶液（pH 值为 4.5），加热煮沸 5min，取下待试液温度降为 80~90℃时，加入 6 滴 PAN 指示剂（质量分数为 0.1%），用铜标准溶液（0.01mol/L）滴定至紫红色为第一终点（不记取读数）。再加入 1.5g 氟化钠，加热煮沸 5min 后取下，待试液温度降至 80~90℃时，再以铜标准溶液（0.001mol/L）滴定至溶液由黄色变为稳定的紫红色或紫蓝色为终点。记录第二次滴定所消耗的铜标准溶液毫升数，所消耗的铜标准溶液与试验溶液中铝和钛的含量相当。

（3）试验结果的计算　按下式计算试样中氧化铝的含量。

$$w(\text{Al}_2\text{O}_3) = \frac{V(250/25) \times 5.098 \times 10^{-4}}{m} \times$$
$$100\% - w(\text{TiO}_2) \times 0.638 \quad (11\text{-}61)$$

式中　$w(\text{Al}_2\text{O}_3)$——试样中氧化铝含量（质量分数）；

　　　V——第二次滴定时所消耗铜标准溶液的体积（mL）；

　　　5.098×10^{-4}——1mL 铜标准溶液（0.010mol/L）相当于氧化铝的量（g）；

　　　$w(\text{TiO}_2)$——试样中氧化钛的含量（质量分数）；

　　　m——试样质量（g）。

各次试验结果的差值应不大于表 11-31 所列允许差值。

表 11-31　各次试验结果的允许差值

氧化铝（质量分数,%）	允许差值（%）
≤15	0.25
>15 ~ 20	0.30
>20	0.35

4. 氧化铁的测定（邻菲罗啉分光光度法）

（1）主要仪器与试剂　仪器为分光光度计、100mL 容量瓶、1cm 比色皿。

试剂为乙酸铵溶液（质量分数为 20%）、盐酸羟胺溶液（质量分数为 10%）。

以下为几种溶液试剂及其配制：

邻菲罗啉溶液（质量分数为 0.1%）：称取 0.5g 邻菲罗啉，溶于 25mL 乙醇中，以水稀释至 500mL 摇匀，于阴暗处保存。保存过程中若溶液呈现颜色，则应重新配制。

氧化铁标准溶液（Fe_2O_3 浓度为 0.01mg/mL）：称取 0.1000g 预先经 400℃ 灼烧 30min 的三氧化二铁，或 0.0699g 纯铁于 100mL 烧杯中，加 10mL 盐酸（1+1），加热溶解，冷却后移入 1000mL 容量瓶中，以水稀释至标线，摇匀。再吸取 50.0mL 上述溶液于 500mL 容量瓶中，加 10mL 盐酸（1+1）以水稀释到标线，摇匀。

（2）试验步骤　根据试样中氧化铁含量，按表 11-32 规定的量吸取试液（A）于 100mL 容量瓶中，加入 2mL 盐酸羟胺溶液（质量分数为 10%），摇匀后加入 10mL 乙酸铵溶液（质量分数为 20%）和 10mL 邻菲罗啉溶液（质量分数为 0.1%），用水稀释至标线，摇匀，放置 30min。以试剂空白做参比试验，选用 1cm 比色皿，在分光光度计上于波长 510nm 处测量溶液的吸光度，从工作曲线上查得氧化铁的质量。

表 11-32　氧化铁含量与吸取试液（A）体积关系

氧化铁（质量分数,%）	吸取试液（A）体积/mL
≤0.50	20.00
>0.50~1.50	10.00
>1.50~3.00	5.00
>3.00	2.50

（3）工作曲线的绘制　移取氧化铁标准溶液（Fe_2O_3 浓度为 0.01mg/mL）0mL、1.00mL、5.00mL、10.00mL、15.00mL、20.00mL、25.00mL、30.00mL，分别置于 8 个 100mL 容量瓶中（Fe_2O_3 含量为 0~0.3mg）。以下操作按试验步骤进行，测量吸光度，绘制工作曲线。

（4）试验结果的计算　按下式计算试样中氧化铁的含量：

$$w(Fe_2O_3) = \frac{m_c \times 250/V}{m} \times 100\% \quad (11-62)$$

式中　$w(Fe_2O_3)$——试样中氧化铁的含量（质量分数）；

m_c——从工作曲线上查得氧化铁质量（g）；

V——分取试液（A）体积（mL）；

m——试样质量（g）。

各次试验结果的差值应不大于表 11-33 所列允许差值。

表 11-33　各次试验结果的允许差值

氧化铁（质量分数,%）	允许差值（%）
≤0.50	0.05
>0.50~1.00	0.07
>1.00~1.50	0.10
>1.50~3.00	0.15
>3.00	0.20

5. 钙、镁、锰、钾、钠氧化物的测定方法一

（1）氧化钙的测定（EDTA 络合滴定法）　本方法适用于试样中氧化钙的质量分数为 0.10% 以上的测定。

1）试剂。硝酸（1+1）、氢氟酸、高氯酸、盐酸（1+11）、三乙醇胺（1+2）、氢氧化钾溶液（质量分数为 30%，储存于塑料瓶中）。

以下为几种溶液试剂及其配制：

乙二胺四乙酸二钠（EDTA）标准溶液（0.005mol/mL）：称取 1.86gEDTA 于 500mL 烧杯中，加水约 200mL，加热溶解，用水稀释至 1000mL，混匀。

氧化钙标准溶液（1.0mg/mL）：称取 1.7848g 预先在 105~110℃ 烘干 2h 的碳酸钙，置于 300mL 烧杯中。加水约 150mL，盖上表面皿，缓慢滴加 20mL 盐酸（1+1）使其溶解，加热煮沸数分钟以驱尽二氧化碳。冷却至室温，移入 1000mL 容量瓶中，用水稀释至标线，摇匀，储存于干燥的塑料瓶中。

钙黄绿素混合指示剂：称取 0.2g 钙黄绿素、0.1g 百里香酚酞、0.4g 吖啶与 20g 烘干的硫酸钾在玛瑙钵中研细混匀，储存于棕色广口瓶中。

2）EDTA 标准溶液的标定。吸取 10.00mL 氧化钙标准溶液（1.0mg/mL）于 300mL 烧杯中，加水约 150mL，滴加氢氧化钾（质量分数 30%）至溶液 pH 值约为 12，再过量 10mL，加适量的钙黄绿素混合指示剂。在黑色背景衬托下，用 EDTA 标准溶液滴定至绿色荧光消失，呈现现紫红色为终点。EDTA 标准溶液的浓度 c_{EDTA} 按下式计算：

$$c_{EDTA} = \frac{10 \times 1}{56.08} \times \frac{1}{V} \quad (11-63)$$

式中　c_{EDTA}——EDTA 的摩尔浓度（mol/L）；

V——滴定时消耗 EDTA 标准溶液体积（mL）；

56.08——氧化钙摩尔质量（g/mol）。

3）试验步骤。称取 1g 试样，精确至 0.0001g，置于铂皿中，用水湿润，加 5mL 硝酸（1+1）和 3mL 高氯酸、15mL 氢氟酸，低温溶解后，蒸发冒烟至近干，用水冲洗皿壁，继续蒸发至冒尽高氯酸烟，取下放冷。加 20mL 盐酸（1+11），低温加热溶解盐类至溶液清澈，冷却后，移入 100mL 容量瓶中，用水稀释至标线，摇匀。此溶液为试样溶液（B），供测定钙、镁、锰、钾、钠氧化物用。

吸取 20.0mL 试液（B）于 300mL 烧杯中，加 1mL 三乙醇胺（1+2），用水稀释至约 200mL，加 15mL 氢氧化钾溶液（质量分数为 30%），加适量钙黄绿素混合指示剂。在黑色背景衬托下，用 EDTA 标准溶液（0.005mol/L）滴定钙至溶液的绿色荧光消失，并呈现紫红色为终点。

4）试验结果的计算。按下式计算试样中氧化钙的含量：

$$w(\mathrm{CaO}) = \frac{c_{\mathrm{EDTA}} V \times 56.08 \times 100/20}{m \times 1000} \times 100\%$$

$$(11\text{-}64)$$

式中　$w(\mathrm{CaO})$——试样中氧化钙含量（质量分数）；

c_{EDTA}——EDTA 标准溶液浓度（mol/L）；

V——滴定时消耗 EDTA 标准溶液的体积（mL）；

56.08——氧化钙的摩尔质量（g/mol）；

m——试样质量（g）。

各次试验结果的差值应不大于表 11-34 所列允许差值。

表 11-34　氧化钙含量试验结果允许差值

氧化钙（质量分数,%）	允许差值（%）
0.10～0.50	0.05
>0.50～1.00	0.10
>1.00～2.00	0.15
>2.00～4.00	0.25
>4.00	0.30

（2）氧化镁的测定（EDTA 络合滴定法）　本方法适用于试样中氧化镁质量分数为 0.10% 以上的测定。

1）试剂。三乙醇胺（1+2）、EDTA 标准溶液（0.005mol/L）。

以下为几种溶液试剂及其配制：

氨水 – 氯化铵缓冲溶液（pH 值为 10）：称取 67.5g 氯化铵，溶于 200mL 水中，加入 570mL 氨水稀释至 1000mL，摇匀。

酸性铬蓝 K – 萘酚绿 B（1+2）混合指示剂：称取 0.2g 酸性铬蓝 K，0.4g 萘酚绿 B，30g 硝酸钾在玛

瑙钵中研细混匀，储存于棕色广口瓶中。

2）试验步骤。吸取 20.0mL 试液（B）置于 300mL 烧杯中，加入 30mL 三乙醇胺（1+2），摇匀，放置 5min，用热水稀释至约 200mL（此时溶液温度应保持在 50℃ 以上）；再加入 20mL 氨水 – 氯化铵缓冲溶液（pH 值为 10）及适量的酸性铬蓝 K – 萘酚绿 B 混合指示剂，用 EDTA 标准溶液（0.005mol/L）滴定试液中钙、镁含量，使试液由紫红变为纯蓝色为终点。

3）试验结果的计算。按下式计算试样中氧化镁的含量：

$$w(\mathrm{MgO}) = \frac{c_{\mathrm{EDTA}}(V_1 - V_2) \times 40.30 \times 100/20}{m \times 1000}$$

$$(11\text{-}65)$$

式中　$w(\mathrm{MgO})$——试样中氧化镁含量（质量分数）；

c_{EDTA}——EDTA 标准溶液的浓度（mol/L）；

V_1——滴定钙、镁含量时，消耗 EDTA 标准溶液的体积（mL）；

V_2——滴定钙时，消耗 EDTA 标准溶液的体积（mL）；

40.30——氧化镁摩尔质量（g/mol）。

m——试样质量（g）。

各次试验结果的差值应不大于表 11-35 所列允许差值。

表 11-35　氧化镁含量试验结果允许差值

氧化镁（质量分数,%）	允许差值（%）
0.10～0.50	0.05
>0.50～1.00	0.10
>1.00～2.00	0.15
>2.00～4.00	0.25
>4.00	0.30

（3）氧化锰的测定（过硫酸铵氧化高锰酸分光光度法）　本方法适用于试样中氧化锰的质量分数为 0.01% 以上的测定。

1）试剂。硝酸银（质量分数为 0.1%）、高氯酸、过硫酸铵（质量分数为 10%）。

以下为几种溶液试剂及其配制：

氧化锰标准溶液（1.0mg/mL）：称取 0.7744g 电解纯金属锰于 100mL 烧杯中［金属锰表面有氧化物时，可用硫酸（1+1）处理，以水、乙醇洗涤，烘干后使用］，加 10mL 硝酸（1+1），加热溶解，煮沸驱尽氮的氧化物后，冷却至室温。移入 1000mL 容量瓶中，用水稀释到标线，摇匀，储存于干燥的塑料瓶中。

氧化锰标准溶液（0.02mg/mL）：吸取上述氧化锰标准溶液（1.0mg/mL）5.0mL 于 250mL 容量瓶中，加 5mL 硝酸（1+1），用水稀释至标线，摇匀。

2）试验步骤。吸取 25.0mL 试液（B）于 125mL 锥形瓶中，加入 5mL 高氯酸，加热至冒高氯酸烟，稍冷，加 20mL 水，加 2mL 磷酸（1+1），滴 3 滴硝酸银溶液（质量分数为 0.1%），10mL 过硫酸铵溶液（质量分数为 10%），加热煮沸 1min，取下冷却，移入 50mL 容量瓶中，用水稀释至标线，摇匀。选用 5cm 比色皿，在分光光度计上，以水作为参比，于 530nm 波长处测量吸光度，从工作曲线上查得氧化锰的质量。

3）工作曲线的绘制。移取氧化锰标准溶液（0.02mg/mL）0mL、1.00mL、2.50mL、5.00mL、7.50mL、10.00mL、12.50mL，分别置于 7 个 125mL 锥形瓶中，各加入 5mL 高氯酸。以下操作按试验步骤进行，测量吸光度，绘制工作曲线。

4）试验结果的计算。按下式计算试样中氧化锰的含量：

$$w(MnO) = \frac{m_c \times 100/25}{m} \times 100\% \qquad (11-66)$$

式中　$w(MnO)$——试样中氧化锰含量（质量分数）；

　　　m_c——从工作曲线上查得氧化锰的质量（g）；

　　　m——试样质量（g）。

同一试样各次试验结果的差值应不大于表 11-36 所列允许差值。

表 11-36　氧化锰含量各次试验结果的允许差值

氧化锰（质量分数，%）	允许差值（%）
0.010 ~ 0.050	0.008
> 0.050 ~ 0.100	0.012

（4）氧化钾、氧化钠的测定（火焰光度法）　本方法适用于试样中含氧化钾、氧化钠的质量分数为 0.10% 以上的测定。

1）主要仪器与试剂。主要仪器为火焰光度计。

试剂为盐酸（1+1）等。

以下为几种溶液试剂及其配制：

氧化铝溶液：称取 1.75g 纯铝，置于 300mL 烧杯中，加入 50mL 盐酸（1+1），加热溶解，冷却后移入 500mL 容量瓶中，以水稀释至标线，移入塑料瓶中保存。此溶液每毫升相当于 6.6g 氧化铝。

氧化钠、氧化钾混合标准溶液 [（0.25mgNa$_2$O + 0.50mgK$_2$O）/mL]：称取预先在 500 ~ 600℃灼烧 2h 的氧化钠 0.475g 和氧化钾 0.7915g，置于 300mL 烧杯中，加水溶解，移入 1000mL 容量瓶中，用水稀释至标线，摇匀。

氧化钠、氧化钾工作曲线混合标准系列溶液：取氧化钠、氧化钾混合标准溶液 [（0.25mgNa$_2$O + 0.50mgK$_2$O）/mL] 1.00mL、2.00mL、3.00mL、4.00mL、5.00mL、6.00mL、7.00mL、8.00mL、9.00mL、10.00mL，分别置于 10 个容量瓶中，各加入 5mL 氯化铝溶液和 2mL 盐酸（1+1），用水稀释至标线，摇匀。此工作曲线混合标准系列溶液所含氧化钠的浓度分别为 2.0μg/mL、5.0μg/mL、7.5μg/mL、10.5μg/mL、12.5μg/mL、15.0μg/mL、17.5μg/mL、20.0μg/mL、22.5μg/mL 和 25.0μg/mL；含氧化钾的浓度分别为 5.0μg/mL、10.0μg/mL、15.0μg/mL、25.0μg/mL、30.0μg/mL、35.0μg/mL、40.0μg/mL、45.0μg/mL 和 50.0μg/mL。

2）试验步骤。根据试样中氧化钾、氧化钠的含量，按表 11-37 规定的量吸取试液（B）和盐酸（1+1）于 100mL 容量瓶中，用水稀释至标线，摇匀。

将火焰光度计按仪器使用规程调整到工作状态。测定波长，钠为 589nm，钾为 767nm。也可采用相应的钠、钾分析用滤光片进行试验。

分别喷雾试样溶液和混合标准系列溶液，用水喷雾调零点，由检流计读取发射强度值。同一份溶液至少喷测两次，取平均值。以混合标准系列溶液的发射强度值及相应的浓度绘制工作曲线，从工作曲线查得试样溶液中氧化钾和氧化钠的浓度。

在制作工作曲线和进行分析试验的同时，应按相应的操作步骤和相同的试剂用量进行空白试验。所得试剂空白试样的发射强度值应自混合标准系列溶液和试样溶液的发射强度值中扣除。

3）分析结果的计算。按下式计算试样中氧化钠或氧化钾的含量：

$$w(Na_2O) \text{ 或 } w(K_2O) = \frac{c_M \times 100 \times 10^{-6} \times 100/V}{m} \times 100\%$$

$$(11-67)$$

式中　$w(Na_2O)$ 或 $w(K_2O)$——试样中氧化钠、氧化钾含量（质量分数）；

　　　c_M——工作曲线上查得氧化钠或氧化钾浓度（μg/mL）；

　　　V——分取试液（B）的体积（mL）；

　　　m——试样质量（g）。

表 11-37 氧化钾、氧化钠含量与吸取试液（B）和盐酸（1+1）的量

氧化钾、氧化钠（质量分数,%）	吸取试液（B）体积/mL	加入盐酸（1+1）体积/mL
0.10~1.00	20.0	1.4
>1.00~2.00	10.0	1.7
>2.00	5.0	1.9

同一样品各次试验结果的差值应不大于表 11-38 所列允许差值。

表 11-38 同一样品各次试验结果氧化钠、氧化钾含量允许差值

氧化钠、氧化钾（质量分数,%）	允许差值（%）
≤0.50	0.05
>0.50~1.00	0.10
>1.00~2.00	0.15
>2.00	0.20

6. 铁、钙、镁、锰、钾、钠氧化物的测定方法二（原子吸收分光光度法）

（1）主要仪器与试剂　主要仪器为原子吸收分光光度计。

试剂为水（经过二次去离子处理，去离子水电阻率大于 $1.0M\Omega \cdot cm$）、氢氟酸、高氯酸、盐酸、盐酸（1+1）。

以下为几种溶液试剂及其配制：

氯化锶溶液（质量分数为20%）：称取 336g 氯化锶（$SrCl_2 \cdot 6H_2O$），溶于水并稀释到 1000mL，储存于塑料瓶中。

氧化钙标准溶液（1.0mg/mL），同前面所述。

氧化镁标准溶液（1.0mg/mL）：称取 1.0g 预先经过 900℃ 灼烧 2h 的氧化镁，或 0.6030g 纯金属镁于 100mL 烧杯中，加入 20mL 盐酸（1+1），加热使其全溶后，冷却至室温，移入 1000mL 容量瓶中，用水稀释至标线，摇匀，储存于干燥塑料瓶中。

氧化铁标准溶液（1.0mL/mL）：称取 1.0g 预先经过 400℃ 灼烧 30min 的三氧化二铁，或 0.6994g 纯金属铁于 200mL 烧杯中，加入 50mL 盐酸（1+1）加热溶解后，冷却至室温（在用纯铁配制时，在加水溶解后，应再滴加浓硝酸进行氧化，并加热驱尽氮的氧化物，然后冷却至室温，移入 1000mL 容量瓶中，用水稀释至标线，摇匀，储存于干燥塑料瓶中。

氧化锰标准溶液（1.0mg/mL），同前面所述。

氧化钾标准溶液（1.0mg/mL）：称取 1.5830g 预先经过 500~600℃ 灼烧 2h 的氧化钾，置于 150mL 烧杯中，加水溶解后，移入 1000mL 容量瓶中，加 20mL 盐酸（1+1），用水稀释至标线，摇匀，储存于干燥的塑料瓶中。

氧化钠标准溶液（1.0mg/mL）：称取 1.8859g 预先经过 500~600℃ 灼烧 2h 的氧化钠，置于 150mL 烧杯中，加水溶解后，移入 1000mL 容量瓶中，加 20mL 盐酸（1+1），用水稀释至标线，摇匀，储存于干燥的塑料瓶中。

混合标准溶液：移取上述 6 种标准溶液各 50mL 置于 1000mL 容量瓶中，加入 20mL 盐酸（1+1），用水稀释至标线，摇匀，储存于干燥的塑料瓶中备用。此混合标准溶液中，Fe_2O_3、CaO、MgO、MnO、K_2O、Na_2O 的浓度均为 $50\mu g/mL$。

工作曲线混合标准系列溶液配制：移取上述混合标准溶液 0、1.00mL、2.00mL、3.00mL、4.00mL、5.00mL、6.00mL、7.00mL、8.00mL、12.00mL、16.00mL、20.00mL、24.00mL，分别置于 13 个 100mL 容量瓶中，各加入 10mL 盐酸（1+1）和 5mL 氯化锶溶液（质量分数为 20%），用水稀释至标线，摇匀。工作曲线标准系列溶液中含 Fe_2O_3、CaO、MgO、MnO、K_2O 和 Na_2O 的浓度均为 0、$0.5\mu g/mL$、$1.0\mu g/mL$、$1.5\mu g/mL$、$2.0\mu g/mL$、$2.5\mu g/mL$、$3.0\mu g/mL$、$3.5\mu g/mL$、$4.0\mu g/mL$、$6.0\mu g/mL$、$8.0\mu g/mL$、$10.0\mu g/mL$、$12.0\mu g/mL$。

（2）试验步骤　称取 0.1g 试样，精确至 0.0001g，置于铂皿中，用少量水润湿，加入 1mL 高氯酸和 10mL 氢氟酸，低温加热溶解并蒸发至近干，再加入 1mL 高氯酸及 5mL 氢氟酸，以水冲洗皿壁，继续蒸发至冒高氯酸烟 1~2min，驱尽氢氟酸，取下冷却。加入 10mL 盐酸（1+1）及 20mL 水，加热溶解残渣至溶液清澈，冷却至室温，移入 100mL 容量瓶中，加入 5.0mL 氯化锶溶液（质量分数为 20%），用水稀释至标线，摇匀。

将原子吸收分光光度计按仪器的操作规程调整至适当的工作状态。使用各种元素的空心阴极灯，以空气-乙炔火焰，按表 11-39 所列波长，选择最佳的仪器参数，如狭缝宽度、灯电流、倍增管电压、燃烧器高度、火焰状态、放大增益、对数转换、曲线校直、标尺扩展、燃烧器与光轴的夹角等。

表 11-39 各种元素的测定波长

元素	Fe	Ca	Mg	Mn	K	Na
测定波长/nm	248.3	422.7	285.2	279.5	766.5	589.0

空心阴极灯预热 20~30min 后，点燃空气-乙炔火焰。待燃烧稳定后，用水喷雾调零点，然后分别用标准系列溶液和被测试液进行喷测，读取相应的吸光度。同一份试液至少喷测两次，取其平均值。用标准

系列溶液的吸光度与相应的浓度，绘制工作曲线，并从工作曲线上查出被测溶液的浓度。

测定溶液超过混合标准系列溶液浓度范围时，吸取 10.0mL 被测定溶液于 50mL 容量瓶中，加入 4.0mL 盐酸（1+1）及 2.0mL 氯化锶溶液（质量分数为 20%），以水稀释至标线，摇匀。与混合标准系列溶液在原子吸收分光光度计上重新进行喷测。

在制作工作曲线和进行分析试验的同时，应按相应的试验步骤和相同的试剂用量进行空白试验，将所得试剂空白吸收值从相应的混合标准系列和测定试液的吸光度中扣除。

（3）试验结果的计算 按下式计算试样中各元素氧化物的含量：

$$w(M_xO_y) = \frac{c_x V \times 10^{-6}}{m} \times 100\% \quad (11\text{-}68)$$

式中 $w(M_xO_y)$——试样中被测元素氧化物含量（质量分数）；

c_x——从工作曲线上查得试液中被测元素氧化物浓度（μg/mL）；

V——被测试液的体积（mL）；

m——试样的质量（g）。

7. 黏土和膨润土的矿相分析

（1）X 射线分析 黏土和膨润土矿物大部分以极细的颗粒存在，可用粉末法获得 X 射线衍射数据。检测时，先将矿物研磨成直径为 0.001mm 大小的粉末，制成圆柱形粉末柱，置于一圆筒形照相机的轴线上。然后，将条形感光纸紧贴在照相机内壁围成筒状，用一束平行的具有一定波长的 X 射线垂直射到粉末柱上，并让粉末柱在照相机轴线上旋转，即可摄取由样品中衍射出来的衍射粉末图。由于矿物晶格结构的不同，所以可衍射出弧线数目、黑度（感光强度）以及分布距离不同的粉末图。根据其粉末图，并结合专门资料即可查出所鉴定的矿物。

（2）差热分析 差热分析是黏土或膨润土矿物研究中最主要、最有效的物理分析方法之一，也适用于所有的矿物分析。差热分析的原理是，矿物在连续加热过程中，随着发生失水、相转变、重结晶、分解和氧化等物理和化学变化，会产生吸热和放热的热效应。在相同条件下，不同矿物产生的物理或化学变化的热效应不同，而同种矿物则基本相同。因此，只要准确测出某种矿物产生的热效应时的温度和热效应的强度，并和已知矿物进行对比，就能对矿物做出定性和定量的分析。

差热分析试验时，在相同条件下加热待测试样和标准样品（一般用煅烧过的三氧化二铝做标准样品）。由于标准样品在整个加热过程中是不产生任何热效应的，所以在加热过程中试样产生吸热和放热效应时，其温度将低于或高于标准样品。由两者的温度差转变为温度差电动势，经放大送入记录器，即可显示和记录出电动势和温度的差热曲线。利用此曲线，并和已知矿物进行对比，便可对黏土等矿物进行对比分析。

目前，对黏土和膨润土矿物进行分析时，还有采用电子显微镜照相法、红外线光谱法和染色试验法等，都是一些能较好地鉴别黏土和膨润土矿物的方法。

11.1.6 桐油和植物油的性能测定

1. 密度

油类黏结剂的密度通常用五位读数密度（比重）计测定。

（1）主要仪器 密度（比重）计（分度值为 0.005）、量筒（250mL）、温度计（0~100℃，分度值为 1℃）、恒温水浴槽（20℃±0.5℃）。

（2）试验步骤 将盛有油类黏结剂试样的量筒放入 20℃±0.5℃恒温水浴槽中，并充分搅拌样品使之达到恒温。静置使样品中气泡逸出后，将密度（比重）计慢慢放入量筒正中，当密度（比重）计达到平衡位置时，将其轻轻按下，待再回到平衡位置时，读取密度（比重）计的数值。每个样品测试 3 次，以 3 次数据的算术平均值作为试验结果。

2. 黏度

油脂类黏结剂因种类较多，黏度范围也较宽，因此，对不同的黏结剂可用相应的方法测定其黏度值。

（1）单圆筒旋转黏度计法（GB/T 2794—2013）

1）原理。圆柱形或圆盘形的转子在待测样品中以恒定速率旋转，由于待测样品的黏度对转子运行的阻力导致产生黏性力矩，使弹性元件偏转产生扭矩，当黏性力矩与偏转扭矩平衡时，通过测量弹性元件的偏转角计算待测样品的黏度（注：单圆筒旋转黏度计测量的黏度是动力黏度，对于非牛顿流体，剪切力与剪切速率不成线性关系，黏度与剪切速率有关。在特定转子、转速下测定的黏度值称为表观黏度，这种黏度测定称为相对测定）。

2）仪器设备。单圆筒旋转黏度计（见图 11-22）、恒温浴（能保持在规定测定温度的±0.5℃，如果需要在较高温度下测定，建议在转子和仪器之间安装连接杆）、温度计（分度值为 0.1℃）、容器（低型烧杯或盛样器，规格尺寸：标称容量为 600mL，外径为 90.0mm±2.0mm，全高为 125.0mm±3.0mm，最小壁厚为 1.3mm）。

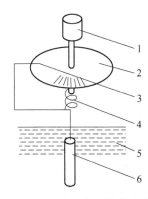

图 11-22　单圆筒旋转黏度计
1—同步电动机　2—刻度圆盘　3—指针
4—游丝　5—被测液体试样　6—转子

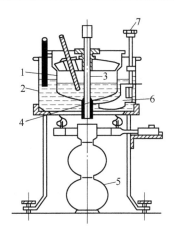

图 11-23　恩格勒黏度计结构图
1—内容器　2—外容器　3—柱塞　4—铂管
5—量瓶　6—搅拌器　7—搅拌手柄

3）试验步骤。在烧杯或盛样器内装满待测定的样品，确保不要引入气泡，如果有必要，可用抽真空或其他的合适方法消除气泡。如果样品易挥发或吸湿等，在恒温过程中要密封烧杯或盛样器。将准备好样品的烧杯或盛样器放入恒温浴中，确保时间充分以达到规定的温度，若无特别说明，样品温度应控制在 20.0℃ ± 0.5℃。选择合适的转子及转速，使读数在最大量程的 20% ~ 90%。起动电动机，根据单圆筒旋转黏度计制造商提供的说明书操作该设备，记录稳定读数（在测定某些胶黏剂的黏度时，仪器的黏度读数不能稳定，会缓慢地变化，需要在指定的时间读取黏度值，如 1min。每个样品只能用于一次测定）。关闭电动机，等到转子停止后再次起动电动机做第二次测定，直到连续两次测定数值相对平均值的偏差不大于 3%，结果取两次测定值的平均数。测定完毕，将转子从仪器上拆下，并用合适的溶剂小心清洗干净。

试验结果以 Pa · s 为单位表示，取三位有效数字。

（2）恩格勒黏度计法　恩氏黏度是指在一定温度下（如 20℃），自恩氏黏度计流出 200mL 试样所需的时间与同体积蒸馏水在 20℃ 时流出同一仪器所需时间之比，用 °E 表示。

1）主要仪器与试剂。主要仪器包括恩格勒黏度计（见图 11-23）、温度计、秒表、量瓶。试剂包括石油醚、蒸馏水、乙醇。

2）试验步骤如下：

① 水值的测定。先用硫酸醚或石油醚，再用乙醇，最后用蒸馏水仔细地把仪器的内容器和柱塞洗干净。然后向内容器中倒入温度为 20℃ 的蒸馏水，使其稍微超过水平指示器的触头尖端。借助水浴锅使内

容器的水保持 20℃ ± 0.1℃，保持 10min 后轻轻地拔起柱塞，从容器中放出一点水，使流出管全部充满水。之后，用移液管吸去容器中多余的水，使水平面刚好降到水平指示器的触头尖端的高度。把量瓶放在仪器流出孔的下面。盖好仪器，然后迅速地拔起柱塞，同时用秒表计下流满量瓶至 200mL 标线所需的时间。

上述时间应不小于 50s 且不大于 52s。对于某一仪器，其标准的水值应由相继 3 次测定的平均值来确定，其中这 3 次测定值之间差别不得大于 0.5s。

② 油类黏度的测定。测定前，首先用汽油将仪器和仪器的流出孔洗干净，并用空气吹干，用柱塞塞住流出孔。测定 20℃ 油的黏度时，将 20℃ 的试样倒入内容器，使其液面稍超过水平指示器的触头尖端。把 20℃ 的水倒入外容器水浴锅中，在整个试验过程中，水浴温度应始终保持在 20℃ ± 0.2℃。可用搅拌器搅拌浴锅中的水，并用环形加热器微微加热水浴锅，以达到上述要求。

轻轻提起柱塞，漏掉多余的油，使其液面刚好与水平指示器触头尖端一致。然后将量瓶放在流出孔的下面，并用盖子将仪器盖住。不断地用温度计搅拌试样，并使插有温度计的仪器盖绕柱塞转动。当插在试样中的温度计指示 20℃ 时，再等 5min，迅速提起柱塞，同时开动秒表，测定试样流到量瓶的 200mL 刻线处所用的时间。一个试样连做 3 次试验，取其平均值。各次试验结果之间的误差不得大于 0.5s。

该试样的黏度可按下式计算：

$$°E = \frac{t_1}{t_2} \qquad (11-69)$$

式中　　°E——被测试样的恩氏黏度；

t_1——在试验温度下流出 200mL 试样所需的时间（s）；

t_2——试验温度下流出 200mL 水的时间（s）。

（3）黏度杯法　对于黏度较大的油脂类黏结剂，可用黏度杯（也称漏斗黏度计）来测定其相对黏度。对于黏度较小的油类，为方便省时，也可用黏度杯测黏度。

1）主要仪器。N-6 黏度杯（容量为 100mL ± 3mL，见图 11-24）、专用支架、水银温度计（分度值为 0.5℃）、烧杯（大于 500mL）、秒表。

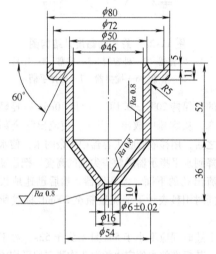

图 11-24　N-6 黏度杯示意图

2）试验步骤。测定前，首先用合适的溶剂将黏度杯的内壁擦干净，黏度杯的漏嘴应对光观察，如果不洁净时应用脱脂棉蘸溶剂轻拭干净。将预热至所需温度的黏度杯放在架子上（对于合脂，预热到 30℃），保持水平，将烧杯放在漏嘴下面。

将试样搅拌均匀，并调到所需温度（对于合脂为 30℃ ± 0.5℃）。待试样中气泡逸净后，堵住黏度杯的漏嘴，将试样倒入，满至黏度杯上边缘，并用平直玻璃棒或板刮平。打开漏嘴，同时开动秒表，当试样出现断流时，停止秒表，所得秒数即为试样的黏度值。对每个试样应测 3 次，取其平均值，其中任何一个数值超过平均值 10% 时，试验应重新进行。

3. 碘价（碘值）

碘价是一定质量的样品在规定的操作条件下吸收卤素的质量，用每 100g 油脂吸收碘的克数表示。

（1）碘价测定方法一（GB/T 5532—2008）

1）主要仪器与试剂。仪器为分析天平（精度为 0.001g）、玻璃称量皿（与试样量适宜并可置入锥形瓶中）、带磨口塞锥形瓶（容量 500mL 并完全干燥）。

以下为几种溶液试剂及其配制：

碘化钾溶液（100g/L，不含碘酸盐或游离碘）。

淀粉溶液：将 5g 可溶性淀粉在 30mL 水中混合，加入 1000mL 沸水，煮沸 3min 然后冷却。

硫代硫酸钠标准溶液（0.1mol/L）：标定后 7 天内使用。

溶剂：将环己烷和冰乙酸等体积混合。

韦氏试剂（含一氯化碘的乙酸溶液）：称 25g 氯化碘溶于 1500mL 冰乙酸中。韦氏试剂稳定性较差，为使测定结果准确，应做空白样的对比测定。

配制韦氏试剂的冰乙酸应符合质量要求，且不得含有还原物质。

鉴定乙酸是否含有还原物质的方法是，取冰乙酸 2mL，加 10mL 蒸馏水稀释，加入 1mol/L 高锰酸钾 0.1mL，所呈现的颜色应在 2h 内保持不变。如果红色褪去，则说明有还原物质存在。

乙酸可用如下方法精制：取冰乙酸 800mL 放入圆底烧瓶内，加入 8~10g 高锰酸钾，接上回流冷凝器，加热回流 1h，移入蒸馏瓶中进行蒸馏，收集 118~119℃间的馏出物。

2）试验步骤。根据样品预估的碘值，称取适量的样品于玻璃称量皿中，精确到 0.001g。推荐试样称取质量见表 11-40。将称有试样的称量皿放入 500mL 锥形瓶中，根据称样量加入表 11-40 所示与之相对应的溶剂体积溶解试样，用移液管准确加入 25mL 韦氏试剂，盖好塞子，摇匀后将锥形瓶置于暗处。

表 11-40　试样称取质量

预估碘价	试样质量/g	溶剂体积/mL
≤1.5	15.00	25
>1.5~2.5	10.00	25
>2.5~5	3.00	20
>5~20	1.00	20
>20~50	0.40	20
>50~100	0.20	20
>100~150	0.13	20
>150~200	0.10	20

注：试样的质量必须能保证所加入的韦氏试剂过量 50%~60%，即吸收量的 100%~150%。

对碘价低于 150 的样品锥形瓶应在暗处放置 1h；碘价高于 150 的、已经聚合的、含有共轭脂肪酸（含桐油、脱水蓖麻油）的、含有任何一种酮类脂肪酸（如不同程度的氢化蓖麻油）的，以及氧化到相当程度的样品，应置于暗处 2h。

到达规定的反应时间后，加 20mL 碘化钾溶液和

150mL 水，用标定过的硫代硫酸钠标准溶液滴定至碘的黄色接近消失。也可以采用电位滴定法确定终点。

同时做空白溶液的测定。

3）结果计算。油脂碘价按下式进行计算：

$$W = \frac{(V_1 - V_2)c \times 12.69}{m} \qquad (11\text{-}70)$$

式中　W——碘价，每 100g 样品吸取碘的克数 [g/(100g)]；

V_1——空白溶液消耗硫代硫酸钠标准溶液体积（mL）；

V_2——样品溶液消耗硫代硫酸钠标准溶液体积（mL）；

c——硫代硫酸钠标准溶液的浓度（mol/L）；

m——试样质量（g）。

测定结果的取值要求见表 11-41。

表 11-41　测定结果的取值要求

$W/$ [g/(100g)]	结果取值到
< 20	0.1
20 ~ 60	0.5
> 60	1

（2）碘价测定方法二（氯气法）

1）主要仪器与试剂。仪器为天平（精度为0.0001g）、100 ~ 1000mL 各种容量瓶、棕色磨口玻璃瓶、200mL 碘瓶。

试剂为三氯甲烷（氯仿，化学纯）、碘化钾溶液（质量分数为 10%）、$Na_2S_2O_3$ 标准溶液（0.1mol/L）。以下为几种溶液试剂及其配制：

干燥氯气：用浓盐酸（密度为 1.19g/cm³）滴加于 $KMnO_4$ 或漂白粉中制取，再经过浓硫酸干燥后使用。

韦氏溶液：取 13g ± 0.01g 碘溶于 1000mL 化学纯冰醋酸中，必要时可稍加热，但温度不得超过 100℃，溶解后冷却，取出 200mL 于棕色瓶中，置于阴暗处备用。向其余的溶液中通入干燥而洁净的氯气，直到溶液由深色变淡呈橘红色透明为止。若通入氯气后溶液颜色过淡，则可加入事先取出的碘液，使其浓度用硫代硫酸钠滴定时，其耗用量恰为不加氯气时的 2 倍，如果不足则再继续通氯气。配制好的韦氏溶液储存于棕色有磨口的玻璃瓶中，置于阴暗处备用。

淀粉指示剂：称取可溶性淀粉 1g ± 0.01g，加蒸馏水少许调成糊状，徐徐倒入沸腾的 100mL 蒸馏水中，同时迅速搅拌，温和沸腾几分钟，冷却并澄清。取上层澄清液作为指示剂。该液宜储存于冷处，必要

时加水杨酸（质量分数为 0.15%）以防腐。

2）试验步骤。准确称取 0.2 ~ 0.3g 试样（精确至 0.0002g），置于 200mL 碘瓶中，加 20mL 氯仿，用移液管精确加入 20mL 韦氏溶液，摇匀，以少量 KI 溶液（质量分数为 10%）润湿瓶塞后塞紧，放置在阴暗处。按相同步骤做空白试验。静置 1h 后打开瓶塞，各加 KI 溶液（质量分数为 10%）20mL 和蒸馏水 50mL，同时将瓶口附近的碘液洗下。在不断摇动下用 $Na_2S_2O_3$ 标准溶液（0.1mol/L）滴定至溶液呈淡黄色，再加淀粉指示剂 3mL，继续滴定至蓝色消失为终点。试样的碘价按式（11-70）计算。

（3）碘价测定方法三（氯化碘溶液法）

1）主要仪器与试剂。仪器为小烧杯（容积约 10mL）、带磨口的烧瓶（容积 300mL）、移液管、天平（精度为 0.0001g）。

试剂为 KI 溶液（质量分数为 10%）、$Na_2S_2O_3$ 标准溶液（0.1mol/L）、三氯甲烷、淀粉（质量分数为 1%）指示剂。

ICl_3 溶液由 2 种溶液配成。溶液 Ⅰ：将 25g 碘溶于 500mL 95% 乙醇中；溶液 Ⅱ：将 30g $HgCl_2$ 溶于 500mL 95% 乙醇中并过滤之。此两种溶液分别储存在带磨口的玻璃瓶中，分析前取等体积混合，在 48h 之内使用。

2）试验步骤。预先将试样过滤。干性油取 0.15 ~ 0.18g，非干性油取 0.3 ~ 0.4g，其他油取 0.2 ~ 0.3g，在 10mL 小烧杯中称取试样，一起放入 300mL 带磨口的烧瓶中。取 10mL 三氯甲烷和 25mL ICl_3 溶液注入小烧杯中，使试样溶解。用 KI 溶液（质量分数为 10%）沾湿瓶塞后塞紧烧瓶，于室温下暗处静置，干性油放置 18h，非干性油放置 6h，其他油放置 8h。若发现混合试液混匀后浑浊，可增加少量三氯甲烷。同时在相同条件下另做一空白试验。静置完毕，在盛有试样的烧瓶中加 15mL 的 KI 溶液及 100mL 水，在不断摇动下用 $Na_2S_2O_3$ 标准溶液（0.1mol/L）滴定至溶液呈现黄色，加 1mL 淀粉指示剂再用 $Na_2S_2O_3$ 标准溶液滴定至退色。以相同方法处理空白试验的对照液。如因加入 KI 溶液而有 HgI_2 沉淀生成，需再加 KI 溶液，直至生成的沉淀完全溶解为止。同样需将同量的 KI 溶液加入对照液中。试样的碘价可按式（11-70）计算出。

4. 皂化值

油脂类黏结剂的皂化值，表示在规定条件下皂化 1g 油脂所需氢氧化钾的毫克数。

（1）皂化值测定方法一（GB/T 5534—2008）

1）主要仪器与试剂。仪器为锥形瓶（250mL，

用耐碱玻璃制成，带有磨口。）、滴定管（容量为 50mL，分度值为 0.1mL）、回流冷凝管（带有连接锥形瓶的磨砂玻璃接头）、加热装置（如恒温水浴锅、电热板或其他适合的装置，不能用明火）、移液管（容量为 25mL，或自动吸管）、分析天平（精度为 0.001g）。

各种试剂及其配制如下：

氢氧化钾 – 乙醇溶液：大约 0.5mol 氢氧化钾溶解于 1 L 95%（体积分数）乙醇中。此溶液应为无色或淡黄色。通过下列任一方法可制得稳定的无色溶液：

a 法：将 8g 氢氧化钾和 5g 铝片放在 1L 乙醇中回流 1h 后立刻蒸馏。将需要量（约 35g）的氢氧化钾溶解于蒸馏物中，静置数天，倾出清亮的上层清液弃去碳酸钾沉淀。

b 法：加 4g 特丁醇铝片到 1L 乙醇中，静置数天，倾出上层清液。将需要量的氢氧化钾溶解于其中，静置数天，倾出清亮的上层清液弃去碳酸钾沉淀。

将此液贮存在配有橡胶塞的棕或黄色玻璃瓶中备用。

盐酸标准溶液（浓度为 0.5mol/L）、酚酞溶液 [（密度为 0.1g/100mL）溶于 95%（体积分数）乙醇]、碱性蓝 6B 溶液 [（密度为 2.5g/100mL）溶于 95%（体积分数）乙醇]、助沸物。

2）试验步骤。于锥形瓶中称量 2g 试验样品精确至 0.005g。以皂化值（以 KOH 计）170 ~ 200mg/g、称样量 2g 为基础，对于不同范围皂化值样品，以称样量约为一半氢氧化钾 – 乙醇溶液被中和为依据进行改变。推荐的取样量见表 11-42。

表 11-42 取 样 量

估计的皂化值/（mgKOH/g）	取样量/g
150 ~ 200	2.2 ~ 1.8
>200 ~ 250	1.7 ~ 1.4
>250 ~ 300	1.3 ~ 1.2
>300	1.1 ~ 1.0

用移液管将 25.0mL 氢氧化钾 – 乙醇溶液加到试样中，并加入一些助沸物，连接回流冷凝管与锥形瓶，并将锥形瓶放在加热装置上慢慢煮沸，不时摇动，油脂维持沸腾状态 60min。对于高沸点油脂和难于皂化的样品须煮沸 2h。

加 0.5 ~ 1mL 酚酞指示剂于热溶剂中，并用盐酸标准溶液滴定到指示剂的粉色刚消失。如果皂化液是深色的，则用 0.5 ~ 1mL 碱性蓝 6B 溶液作为指示剂。

同时不加样品，用 25.0mL 氢氧化钾 – 乙醇溶液进行空白试验。

3）结果计算。皂化值按下式计算：

$$Is = \frac{(V_0 - V_1)c_{HCl} \times 56.1}{m} \qquad (11\text{-}71)$$

式中　Is——油脂的皂化值（mgKOH/g）；

　　　V_0——空白试验所消耗的盐酸标准溶液体积（mL）；

　　　V_1——试样所消耗的盐酸标准溶液体积（mL）；

　　　c_{HCl}——盐酸标准溶液的浓度（mol/L）；

　　　m——试样质量（g）；

　　56.1——氢氧化钾的摩尔质量（g/mol）。

试验结果允许误差不超过 1.0mgKOH/g，取两次测定的算数平均值作为测定结果。

（2）皂化值测定方法二

1）主要仪器与试剂。仪器为天平（精度为 0.0001g）、锥形瓶、回流冷凝管、水浴器。

试剂为下列指示剂和溶液：

酚酞指示剂（质量分数为 1%）、盐酸标准溶液（0.25mol/L）。

氧化钾乙醇溶液：首先将 $AgNO_3$（化学纯）1.5g 溶于 5mL 蒸馏水中，再加入到 1000mL 无水乙醇中，摇匀后加入 NaOH（化学纯）3g（先溶于 5mL 蒸馏水中），充分摇匀，放置 12h。倾取上层乙醇澄清液 1000mL，加入 25g KOH 使之溶解，待澄清后，倾取澄清液使用。

2）试验步骤。准确称取 2g ± 0.0002g 试样，置于 250mL 锥形瓶中。用移液管加入 KOH 乙醇溶液 50mL，装上回流冷凝管，置于水浴上加热回流，维持微沸状态 60min（勿使蒸汽逸出，可加入沸石块）后取下，冷却。加入酚酞指示剂 2 滴，以浓度为 0.25mol/L 的盐酸溶液滴定至红色刚好消失为止。同时按相同步骤在相同条件下做空白对比试验。试样的皂化值可按式（11-71）计算。

5. 酸值

酸值是用中和 1g 游离脂肪酸所需的氢氧化钾的毫克数表示。

（1）酸值的测定方法——热乙醇测定法（GB/T 5530—2005）

1）主要仪器与试剂。仪器为分析天平、微量滴定管（10mL，分度值为 0.02mL）。

以下为各种试剂及其配制：

乙醇（体积分数为 95%）、氢氧化钠或氢氧化钾标准溶液 [NaOH 或 KOH 的浓度为 0.1mol/L]、氢氧化钠或氢氧化钾标准溶液［NaOH 或 KOH 的浓度为 0.5mol/L］。

酚酞指示剂（10g/L）：10g 的酚酞溶解于 1L 的乙醇溶液（体积分数为 95%）中。

注意：在测定颜色较深的样品时，每 100mL 酚酞指示剂溶液，可加入 1mL 的 0.1% 次甲基蓝溶液观察滴定终点。

碱性蓝 6B 或百里酚酞（20g/L，适合于深色油脂）：20g 的碱性蓝 6B 或百里酚酞溶解于 1L 的乙醇溶液中。

2）试验步骤。按表 11-43 的规定称取试样，放入锥形瓶中。将含有 0.5mL 酚酞指示剂的 50mL 乙醇溶液（体积分数为 95%）置于锥形瓶中，加热至沸腾，当乙醇的温度高于 70℃ 时，用 0.1mol/L 氢氧化钠或氢氧化钾溶液滴定至溶液变色。并保持溶液 15s 不褪色，即为终点。

注意：当油脂颜色深时，需加入更多量的乙醇和指示剂。

将中和后的乙醇转移至装有测试样品的锥形瓶中，充分混合，煮沸。用氢氧化钠或氢氧化钾溶液滴定，滴定过程中要充分摇动。至溶液颜色发生变化，并且保持 15s 不退色，即为终点。

表 11-43 试样取样表

估计的酸值 /(mgKOH/g)	试样量/g	试样称重的准确值/g
≤1	20	0.05
>1~4	10	0.02
>4~15	2.5	0.01
>15~75	0.5	0.001
>75	0.1	0.0002

注：试样的量和滴定液的浓度应使得滴定液的用量不超过 10mL。

3）结果计算。油脂酸值按下式计算：

$$S_j = \frac{56.1 V c_{KOH}}{m} \qquad (11-72)$$

式中 S_j——每克油脂的酸值用消耗氢氧化钾的质量表示（mg）；
V——滴定消耗的氢氧化钾标准溶液体积（mL）；
c_{KOH}——氢氧化钾标准溶液的浓度（mol/L）；
56.1——氢氧化钾的摩尔质量（g/mol）；
m——试样质量（g）。

（2）酸值的测定方法二——冷溶剂法（GB/T 5530—2005） 本方法适用于浅色油脂。

1）主要仪器与试剂。仪器为微量滴定管（10mL，最小刻度为 0.02mL）。

试剂为乙醚和乙醇（体积分数为 95%）：1+1 体积混合。临使用前，每 100mL 混合溶剂中加入 0.3mL 酚酞溶液，并用氢氧化钾乙醇溶液准确中和。如果不可能使用乙醚，可用下列混合溶剂：①甲苯和乙醇（体积分数为 95%），1+1 体积混合。②甲苯和异丙醇（体积分数为 99%），1+1 体积混合。③测定原油和精炼植物脂时，可用体积分数为 99% 异丙醇替代混合溶剂。

以下为几种溶液试剂及其配制：

氢氧化钾乙醇标准溶液：KOH 浓度为 0.1mol/L（溶液 A）或 KOH 浓度为 0.5mol/L（溶液 B）。

溶液 A：称取氢氧化钾 7g，溶解于 1000mL 的乙醇溶液中；溶液 B：称取氢氧化钾 35g，溶解于 1000mL 的乙醇溶液中。

临使用前按下述方法标定溶液的浓度：

标定溶液 A：称取质量分数大于 99.9% 的苯甲酸 0.15g，准确至 0.0002g，装入 150mL 锥形瓶中，用 50mL 的 4-甲级-2-戊酮溶解。

标定溶液 B：称取质量分数大于 99.9% 的苯甲酸 0.75g，准确至 0.0002g，装入 150mL 锥形瓶中，用 50mL 的 4-甲级-2-戊酮溶解。

标定溶液 A 或溶液 B 都需要插入 pH 计，起动搅拌器，用氢氧化钾溶液滴定至等当点。

氢氧化钾溶液浓度 c 按下式计算：

$$c = \frac{1000 m_o}{122.1 V_o} \qquad (11-73)$$

式中 c——溶液浓度（mol/L）；
m_o——所用苯甲酸的质量（g）；
V_o——滴定所用氢氧化钾溶液的体积（mL）。

至少应在使用前 5 天配制溶液，保存在带橡胶塞的棕色瓶中，橡胶塞需配有温度计，用来校正温度。溶液应为无色或浅黄色。如果瓶子与滴定管连接，应有放置二氧化碳进入的措施，如在瓶塞上连接一个充满碱石灰的管子。

稳定、无色的氢氧化钾溶液配制：1000mL 乙醇与 8g 氢氧化钾和 0.5g 铝片，煮沸回流 1h 后立刻进行蒸馏，在馏出液中溶解需要量的氢氧化钾，静置几天后，慢慢到处上层清液，弃去碳酸钾沉淀。

酚酞指示剂：10g/L，10g 的酚酞溶解于 1L 乙醇（体积分数为 95%）溶液中。

注意：在测定颜色较深的样品时，每 100mL 酚酞指示剂溶液，可加入 1mL 的 0.1% 次甲基蓝溶液观察滴定终点。

碱性蓝 6B 或百里酚酞（20g/L，适合于深色油脂）：20g 的碱性蓝 6B 或百里酚酞溶解于 1L 乙醇（体积分数为 95%）溶液中。

2）试验步骤。根据估计的酸值，按表 11-43 的规定称取试样，放入 250mL 锥形瓶中。

（3）酸值的测定方法三——电位滴定法（GB/T 5530—2005）

1）主要仪器与试剂。仪器为天平（精度为 0.001g）、高型烧杯（150mL）、滴定管（10mL，最小刻度为 0.05mL）、磁性搅拌器、pH 计（备有玻璃和甘汞电极）。试剂如下：

甲基异丁基酮（使用前用氢氧化钾 - 异丙醇溶液准确中和至酚酞指示剂终点呈微红色）。

氢氧化钾 - 异丙醇标准溶液，KOH 的浓度为 0.1mol/L 和 KOH 的浓度为 0.5mol/L。使用前必须知道溶液的准确浓度，并应经校正。

2）试验步骤。称 5～10g 试样，准确至 0.01g，放入高型烧杯中，用 50mL 甲基异丁基酮溶解试样。插入 pH 计的电极，起动磁性搅拌器，用氢氧化钾 - 异丙醇溶液滴定至等当点。

同一试样进行两次测定。

试样的酸值按式（11-72）计算。

（4）酸值的测定方法四

1）主要仪器与试剂。仪器为天平（精度为 0.0001g）、滴定管、300mL 锥形瓶。

试剂为 KOH 标准溶液（浓度为 0.1mol/L）、酚酞溶液（质量分数为 1.0%）、中性无水乙醇、中性苯。

2）试验步骤。准确称取 5.0g ± 0.0002g 试样置于 300mL 锥形瓶中，加入中和过的无水乙醇 20mL 和中和过的苯 20mL，振荡 1min 后，使之溶解，再加入酚酞溶液 2 滴，摇荡 30s，用浓度为 0.1mol/L 的 KOH 标准溶液滴定至试液呈红色。此红色深度与用中和后乙醇做空白试验所呈颜色相同。试样的酸值按式（11-72）计算。

6. 酸度

酸度（S_d）是指游离脂肪酸所占油脂的质量分数，可用下式计算：

$$S_d = \frac{Vc_{KOH}M(S)}{10 \times m} \qquad (11\text{-}74)$$

式中　S_d——油脂的酸度（%）；

$M(S)$——表示选用酸的摩尔质量（g/mol）；

V——滴定消耗的氢氧化钾标准溶液体积（mL）；

c_{KOH}——氢氧化钾标准溶液的浓度（mol/L）；

m——试样质量（g）。

11.1.7　合脂和渣油的性能测定

1. 密度

合脂和渣油的密度测定方法与 11.1.6 节中桐油和植物油的密度测定方法相同。

2. 黏度

（1）主要仪器　黏度杯（见图 11-24）、水银温度计（分度值为 0.5℃，范围为 0～50℃）、秒表（分度值为 0.2s）、烘箱（最高温度为 300℃）、烧杯（300mL）、水浴锅（2000mL）。

（2）试验步骤　测定之前，应先将黏度杯内壁用煤油擦净。把在烘箱里预热至 30℃ ±1℃ 的黏度杯放在架子上，保持水平位置，然后在黏度杯下面放置一只 300mL 干净烧杯。用水浴锅将试样温度控制在 30℃ ±0.5℃，并将试样搅拌均匀，使气泡逸净。再堵住黏度杯漏嘴孔，将试样倒入黏度杯中，满至黏度杯上边缘，并用一根平直的玻璃棒将表面多余的试样刮去。打开漏嘴孔，并同时开动秒表，当流出试样出现断流时，即刻停止秒表，所读的秒数即为黏度值。

每个试样应测定 3 次，取其算术平均值。如果其中有一个数值与平均值相差 10%，试验须重新进行。

3. 凝固点

（1）主要仪器　凝固点测定装置（见图 11-25）、温度计、干燥试管（长度为 150mm，内径为 20mm）、套管（长度为 130mm，内径为 40mm）、冷却浴（盛有适宜的冷却液）。

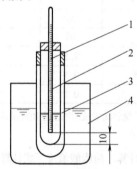

图 11-25　凝固点测定装置
1—温度计　2—干燥试管　3—套管　4—冷却浴

（2）试验步骤　称取 15～20g 固体样品或量取 15mL 液体样品，置于干燥试管中。固体样品应在超过熔点温度的热浴内熔化，并加热至高于其凝固点约 10℃。将温度计插入试管中，距管底 10mm。然后将试管放入低于凝固点 5～7℃ 的冷却浴中（不使温度计接触管壁），使样品冷却至低于凝固点 3～5℃ 时，迅速移入事先浸在上述冷却浴中的套管中。用温度计搅动样品至样品凝固，此时温度升高达一定数值，并且于该点保持短暂时间不变，然后开始下降，取此短暂不变的温度作为试样的凝固点。

4. 碘价

合脂和渣油的碘价测定方法与 11.1.6 节桐油和植物油的碘价测定方法相同。

5. 酸值 （GB/T 264—1983）

（1）主要仪器与试剂　仪器为锥形烧瓶（250~300mL）、球形回流冷凝管（300mm）、微量滴定管（2mL，分度值为 0.02mL）、电热板或水浴、乙醇（体积分数为 95%）。

以下是几种试剂及其配制：

氢氧化钾：优级纯，配成 0.05mol/L 的 KOH 乙醇标准溶液。

碱性蓝 6B：配制溶液时，称取碱性蓝 1g，精确至 0.01g，然后将它加在 50mL 煮沸的乙醇（体积分数为 95%）中，并在水浴中回流 1h，冷却后过滤。必要时，煮热的澄清滤液要用浓度为 0.05mol/L 的 KOH 乙醇溶液或浓度为 0.05mol/L 的盐酸溶液中和，直至加入 1~2 碱溶液能使指示剂溶液从蓝色变成浅红色，而在冷却后又能恢复成蓝色为止。有些指示剂制品经过这样处理变色才灵敏。

甲酚红：配制溶液时，称取甲酚红 0.1g，精确至 0.001g。研细，溶于 100mL 乙醇（体积分数为 95%）中，并在水浴中煮沸回流 5min，趁热用 0.05mol/L 的 KOH 乙醇溶液滴定至甲酚红溶液由橘红色变为深红色，而在冷却后又能恢复成橘红色为止。

（2）试验步骤　用清洁、干燥的锥形烧瓶称取试样 8~10g，准确至 0.2g。在另一只清洁无水的锥形烧瓶中，加入乙醇（体积分数为 95%）50mL，装上回流冷凝管。在不断摇动下，将乙醇煮沸 5min，除去溶解于乙醇内的 CO_2。

在煮沸过的乙醇中加入 0.5mL 碱性蓝 6B（或甲酚红）溶液，趁热用 0.05mol/L 的 KOH 乙醇溶液中和，直至溶液由蓝色变成浅红色（或由黄色变成紫红色）为止。对未中和就已呈现浅红色（或紫红色）的乙醇，若要用它测定酸值较小的试样时，可事先用 0.05mol/L 的稀盐酸若干滴中和乙醇恰好至微酸性，然后再按上述步骤中和直至溶液由蓝色变成浅红色（或由黄色变成紫红色）为止。

将中和过的乙醇注入已装好试样的锥形烧瓶中，并装上回流冷凝管。在不断摇动下，将溶液煮沸 5min。

在煮沸过的混合液中加入 0.5mL 碱性蓝 6B（或甲酚红）溶液，趁热用浓度为 0.05mol/L 的 KOH 乙

醇溶液滴定，直至乙醇层由蓝色变成浅红色（或由黄色变成紫红色）为止。

对于在滴定终点不能呈现浅红色（或紫红色）的试样，允许滴定达到混合液的原有颜色开始明显改变时作为终点。

在每次滴定过程中，自锥形烧瓶停止加热到滴定达到终点所经过的时间不应超过 3min。

重复测定两个结果的算数平均值作为试样的酸值。酸值按式（11-72）计算。平行测定两个结果的差数不应超过 11-44 规定，否则应重新试验。

表 11-44　酸值测定结果的允许误差

酸值/（mg KOH/g）	允许误差/（mg KOH/g）
≤0.1	0.02
>0.1~0.5	0.05
>0.5~1.0	0.07
>1.0~2.0	0.10

11.1.8　纸浆废液、亚硫酸盐木浆废液和糖浆的性能测定

1. 密度

纸浆废液、亚硫酸盐木浆废液和糖浆的密度测定方法与 11.1.6 节中桐油和植物油的密度测定方法相同。

2. 固形物含量

（1）试样制备　准确称取 25g ± 0.01g 试样于 250mL 容量瓶中，用少量 40~60℃ 蒸馏水溶解试样。冷却后用蒸馏水稀释到刻度，摇匀成稀释试样备用。

（2）试验步骤　准确吸取 10mL 稀释试样于已恒重的坩埚或称量瓶中，置于 105℃ ±1℃ 烘箱中，烘至恒重后精确称重，精确到 0.0001g。试样中固形物含量用下式计算：

$$w(G) = \frac{m - m_1}{25 \times \frac{10}{250}} \times 100\% \qquad (11\text{-}75)$$

式中　$w(G)$——试样中固形物含量（质量分数）；

　　　　m——固形物与称量瓶总质量（g）；

　　　　m_1——称量瓶质量（g）。

3. 水不溶物

水不溶物测定的试样制备同上述固形物含量测定中的试样制备。测定时，准确吸取 20mL 稀释试样于烧杯中，用已知恒重的滤纸，在直径为 70mm 的漏斗上过滤，再用 500mL 40~60℃ 蒸馏水分数次洗涤沉淀。然后，将滤纸与沉淀物放入称量瓶中，置于 105℃ ±1℃ 烘箱中烘至恒重，再放入干燥器中冷却至

室温，精确称重，精确到0.0001g。水不溶物含量可按下式计算：

$$w(\text{H}_2\text{O}) = \frac{m - m_1}{25 \times \dfrac{20}{250} w(\text{G})} \times 100\% \quad (11\text{-}76)$$

式中　$w(\text{H}_2\text{O})$——试样中水不溶物含量（质量分数）；

　　　　m——滤纸和沉淀物总质量（g）；

　　　　m_1——滤纸的质量（g）。

$25 \times \dfrac{20}{250} w(\text{G})$——试样固形物总质量（g）。

4. pH值

试验时可直接取20mL试样置于30mL烧杯中，而后按11.1.4节中pH值测定的试验步骤进行测定。

5. 灰分

(1) 主要仪器　天平（精度为0.0001g）、马弗炉（加热温度为0~1000℃）、瓷坩埚（直径为30mm，高度为30mm）、干燥器、电炉。

(2) 试验步骤　用已在800℃±10℃马弗炉中灼烧至恒重的坩埚，称取试样1g±0.001g，预先在电炉上进行炭化。然后，放入800℃±10℃马弗炉内灼烧2h后取出，放入干燥器中冷却40min后称重，再放入马弗炉中灼烧1h后取出，在干燥器中冷却40min后称重，直至恒重为止。试样的灰分含量可按下式计算：

$$w(\text{HF}) = \frac{m_2 - m_1}{m} \times 100\% \quad (11\text{-}77)$$

式中　$w(\text{HF})$——试样中灰分含量（质量分数）；

　　　　m_1——坩埚恒重后的质量（g）；

　　　　m_2——坩埚与试样灼烧至恒重后的质量（g）；

　　　　m——试样的质量（g）。

6. 糖浆的总酸度

(1) 主要仪器与试剂　仪器为天平（精度为0.0001g）、250mL锥形瓶、滴定管、100mL容量瓶。

试剂为NaOH溶液（0.1mol/L）、酚酞乙醇溶液指示剂（质量分数为1%）。

(2) 试验步骤　称取试样5g±0.001g，置于100mL容量瓶中，加水约90mL，用玻璃棒搅拌后，再用水稀释至刻度。将此液移至250mL锥形瓶中，加酚酞指示剂3~4滴，用0.1mol/L的NaOH溶液滴定至红色为终点。总酸度按下式计算：

$$w(\text{S}) = \frac{0.9 V c_{\text{NaOH}}}{m} \times 100\% \quad (11\text{-}78)$$

式中　$w(\text{S})$——糖浆的总酸度（以乳酸质量计）；

　　　　V——滴定所消耗的0.1mol/L NaOH标准

溶液的体积（mL）；

　　　　c_{NaOH}——NaOH标准溶液的浓度（mol/L）；

　　　　m——试样质量（g）；

　　　　0.9——乳酸常数。

11.1.9　淀粉和糊精的性能测定

各种淀粉材料由于选用的制造原料不同、制作工艺条件和参数控制不同，制得产品的性能有很大区别，从而对型砂性能和铸件质量的影响也有很大差别。

1. 淀粉的类型鉴别——简易的鉴别方法

(1) 水溶性试验　取淀粉材料少许放入盛有冷水的玻璃杯或试管中，摇晃或搅匀后观察其水溶性。糊精几乎全部溶解成透明液体；普通淀粉不溶于冷水而成浑浊液体，放置后形成沉淀物；α淀粉也不溶于水，放置后在水中呈胀溶（膨润）状态。

(2) 手感试验　取少量淀粉材料放在拇指和食指之间，加少量水使它湿润，手指感觉黏性大如胶水者为糊精，黏性很小的是普通淀粉，α淀粉的黏性介于糊精和普通淀粉之间。

(3) 淀粉的α化度和膨润度　α化度是反映从普通淀粉（β淀粉）转化为α淀粉程度的指标，其简易试验方法即膨润度测定法。该法操作步骤是，取α淀粉5.00g，放入预先加入20~40mL蒸馏水的100mL带塞量筒中，再加蒸馏水约40mL，摇匀之后加水到满刻度，再摇匀后静置。读取试料的膨润值毫升数即为该α淀粉的膨润度。一般商品α淀粉的膨润度为38~60mL。

2. 含水量

(1) 主要仪器　天平（精度为0.001g）、称量瓶、电烘箱、干燥器。

(2) 试验步骤　将试样充分混合，用已烘干的称量瓶称取试样2~5g（精确至0.001g），放入105℃的烘箱中烘3h，取出后置于干燥器中冷却，称重。含水量按下式计算：

$$w(\text{H}_2\text{O}) = \frac{m_1 - m_2}{m} \times 100\% \quad (11\text{-}79)$$

式中　$w(\text{H}_2\text{O})$——试样中含水量（质量分数）；

　　　　m_1——称量瓶及试样烘干前质量（g）；

　　　　m_2——称量瓶及试样烘干后质量（g）；

　　　　m——试样质量（g）。

3. 灰分

淀粉和糊精的灰分测定方法与11.1.8节中介绍的灰分测定方法相同。

4. 酸度

(1) 主要仪器与试剂　仪器为250mL锥形瓶

天平（精度为 0.001g）、滴定管、秒表。

试剂为 NaOH 标准溶液（0.1mol/L）、酚酞指示剂。

（2）试验步骤　称取试样 10g ± 0.001g，置于锥形瓶中，加入 100mL 蒸馏水，振摇。加酚酞指示剂 5 ~ 8 滴，用 NaOH 标准溶液（0.1mol/L）滴定，将近终点时再加酚酞指示剂 5 ~ 6 滴，滴定至微红色，以在 15s 内不变色为终点。酸度按下式计算：

$$w(S) = \frac{Vc_{NaOH}}{m} \times 100\% \qquad (11-80)$$

式中　$w(S)$——淀粉、糊精的酸度；

V——滴定所消耗浓度为 0.1mol/L 的 NaOH 标准溶液的体积（mL）；

c_{NaOH}——NaOH 标准溶液的浓度（mol/L）；

m——试样质量（g）。

5. 溶解度

（1）主要仪器　天平（精度为 0.001g）、容量瓶（250mL）、水浴器、干燥蒸发皿、电烘箱。

（2）试验步骤　称取 25g 试样（精确至 0.001g），加少量蒸馏水搅匀，至块状完全溶解消失，再倒入 250mL 容量瓶中，加 20℃ 蒸馏水至刻度，振摇 1h。过滤，吸取滤液 10mL，置于已知质量的干燥蒸发皿中，在水浴锅上蒸干，再于 105℃ 下干燥至恒重。试样溶解度按下式计算：

$$X_{溶解度} = \frac{m_1}{25 \times \frac{10}{250}[1 - w(H_2O)]} \qquad (11-81)$$

式中　$X_{溶解度}$——淀粉的溶解度，即 100g 水所能溶解的淀粉的最大克数（g）；

m_1——干固物的质量（g）；

$w(H_2O)$——试样中含水量（质量分数，%）。

6. 细度

称取样品 100g 置于 100 号筛内振摇，直至残留粉粒不再漏下为止，取出称量。试样细度以 100 号筛的通过率表示，可按下式进行计算：

$$X_1 = \frac{m - m_c}{m} \times 100\% \qquad (11-82)$$

式中　X_1——样品细度（%）；

m——样品质量（g）；

m_c——残留粉料质量（g）。

11.1.10　松香的性能测定（GB/T 8146—2003）

1. 软化点（环球法）

（1）仪器　软化点测定器及其附件（见图 11-26、图 11-27）。

1）钢球（直径为 9.5mm ± 0.1mm，3.5g ±

0.05mg，表面应光滑、无锈）。

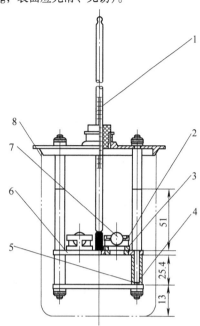

图 11-26　软化点测定器

1—温度计　2—钢球定位器　3—圆环　4—平板
5—定距管　6—环架板　7—钢球　8—烧杯

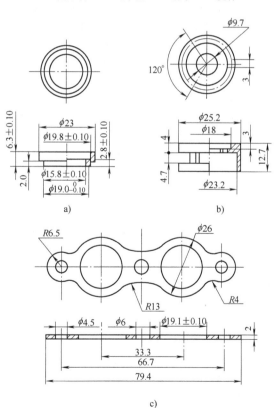

a)

b)

c)

图 11-27　软化点测定器附件

a）圆环　b）钢球定位器　c）环架板

2）环架板与平板间距离为 25.4mm，平板与烧杯底间距为 13mm，环架板至水面刻度线距离为 51mm。

3）环架板和平板的表面粗糙度值 Ra 应大于 2.5μm，其平面度误差小于 0.1mm/100mm。

4）温度计，为内标式，浸没高度为 55mm，尾长为 100mm，刻度范围为 30~100℃，最小分度值为 0.2℃，水银球外径为 5.0mm±0.5mm，水银球长为 8mm±2mm，全长为 380mm±10mm。

5）烧杯，容量约为 800mL，直径为 90mm，高度不低于 140mm。

6）搅拌器，一般使用手动搅拌器，也可使用机械搅拌器或电磁搅拌器。搅拌时速度应均匀，不应形成涡流，不应产生振动，不应产生气泡。

（2）加热介质 新煮过的蒸馏水（将约 800mL 普通蒸馏水放入 1000mL 烧杯中加热至沸腾，然后冷却到 35℃以下，用于软化点不大于 80℃的松香样品的测定）、丙三醇（符合 GB/T 687，分析纯，用于软化点大于 80℃的松香样品的测定，重复使用时应不影响测定）。

（3）试验步骤 取粉碎至直径近 5mm 的松香约 5g 置于器皿中，慢慢加热使之在尽可能低的温度下熔融，避免产生气泡和发烟。将熔融的试样立即注入平放在铜板上预热的圆环中，待松香完全凝固后，轻轻移去铜板。环内应充满松香，表面稍有凸起，用电熨斗熨平，以备检验。如环内松香有凹下或气泡等现象，应重新制作。

将准备好的试样圆环放在环架板上，把钢球定位器装在圆环上，再把钢球放入钢球定位器中心。另从环架顶盖插入温度计，使水银球底部与圆环底面在同一平面上，然后将整个环架放入 800mL 烧杯内。以上装置完成后，将新煮过的蒸馏水倒入烧杯中，使环架板的上表面至水面保持 51mm。放置 10min 后，用可调节的电炉或其他热源加热，使水温每分钟升高 5℃±0.5℃，并不断地充分搅拌，使温度均匀上升，直至测定完毕。软化点以包裹着钢球的松香落至平板瞬间的温度的数值表示，单位为℃。

如试样软化点高于 80℃时，容器内传热液应改用丙三醇。

熔一次试样的两个平行测定值允许相差 0.4℃，取算术平均值为最终结果，精确到小数点后一位。

2. 酸值

（1）主要试剂 在中性乙醇（体积分数为 95%，分析纯）中加入几滴酚酞指示剂，用氢氧化钾溶液滴定至微红色 30s 不褪色为止]、酚酞指示剂[10g/L，

取 1g 酚酞（分析纯），用乙醇（体积分数为 95%）溶解并稀释至 100mL]。

氢氧化钾标准滴定溶液（0.5mol/L）：将 33g 氢氧化钾（分析纯）溶于少量不含二氧化碳的蒸馏水中，再加入此蒸馏水稀释至 1000mL，混匀。以工作基准试剂邻苯二甲酸氢钾为基准物质，按照 GB/T 601 中 0.5mol/L 氢氧化钠标准滴定溶液的标定方法进行标定，准确至 0.001mol/L。

（2）试验步骤 将松香除去外表部分并粉碎好，立即称取 2g 的试样（准确至 0.001g）置于 250mL 锥形瓶中，加中性乙醇 50mL 溶解（必要时在水浴上加热，使试样全部溶解后放冷）。加酚酞指示剂 5 滴，然后用 0.5mol/L 氢氧化钾标准滴定溶液滴定至微红色 30s 不褪色为止。松香的酸值按式（11-72）计算。两次平行试验允许绝对值相差 0.5mg/g，取算术平均值为最终结果，精确到小数点后一位。

3. 不皂化物含量

（1）主要试剂 氢氧化钾乙醇溶液 [100g/L，将氢氧化钾（分析纯）100g 溶 150mL 蒸馏水中，再加乙醇（体积分数为 95%）至 1000mL]、乙醚（分析纯）、无水乙醇（分析纯）。

氢氧化钾标准滴定溶液（0.05mol/L）：将上述酸值测定中配制的 0.5mol/L 氢氧化钾标准滴定溶液，用不含二氧化碳的蒸馏水稀释 10 倍配制而成。

中性异丙醇：在异丙醇（分析纯）中加入几滴酚酞指示剂，用 0.05mol/L 的氢氧化钾标准溶液滴至微红色 30s 不褪为止。

（2）试验步骤 称取 4.95~5.05g 松香试料，精确至 0.001g，置于 250mL 锥形瓶中，加入 100g/L 氢氧化钾乙醇溶液 20mL，连接回流冷凝器，置水浴锅上加热煮沸 1.5h，并时常摇动。之后，移去冷凝器，将皂液冷却至室温后加入 50mL 蒸馏水，然后转入 500mL 分液漏斗中。用 40mL 乙醚冲洗锥形瓶，然后移入分液漏斗中，摇动漏斗，静置分为两层，将下层含水皂液放入另一 500mL 分液漏斗中，上层乙醚溶液留在原漏斗中。

将 30mL 乙醚加入盛有含水皂液的漏斗中，摇动漏斗，静置使其分为两层。将皂液放至原皂化用的锥形瓶中，将乙醚液并入第一个分液漏斗中。把锥形瓶中皂液倒入第二个分液漏斗，再加 30mL 乙醚，重复处理一次，弃去皂液。

将第三次乙醚液也集中在第一个分液漏斗中，弃去残存皂液，加 2mL 蒸馏水，慢慢回荡，让水下沉之后，放出并弃去。再加 5mL 蒸馏水洗乙醚液，弃水，再用 30mL 蒸馏水洗，弃水，并重复一次。

倒出乙醚液至已恒重的 150mL 低型烧杯中，用 15mL 乙醚冲洗漏斗，并加至烧杯中，在水浴上蒸去乙醚。若有小水滴，则加 1mL 无水乙醇至杯中，再在水浴上蒸干。将盛有剩余物的烧杯放在 110 ~ 115℃ 的烘箱中烘 1h，在干燥器中冷却至室温，称重。

用 15mL 中性异丙醇溶解烧杯中的剩余物，加入酚酞指示剂 2 ~ 3 滴，以 0.05mol/L 氢氧化钾标准溶液滴定至微红色 30s 不褪为止。

（3）试验结果的计算　不皂化物含量按下式计算：

$$w(FZ) = \frac{(m_2 - m_1) - (V/1000)cM}{m} \times 100\%$$
$$(11-83)$$

式中　$w(FZ)$——试样中不皂化物含量（质量分数）；

m_1——烧杯质量（g）；

m_2——烧杯和剩余物质量（g）；

m——试样质量（g）；

V——氢氧化钾标准滴定溶液体积（mL）；

c——氢氧化钾标准滴定溶液浓度的准确数值（mol/L）；

M—— 一元树脂酸的摩尔质量，$M = 302.45\text{g/mol}$。

试样的两次平行试验允许绝对值相差 0.2%，取算术平均值为最终结果，精确到小数点后第一位。

4. 灰分含量

（1）主要仪器　马弗炉（最高使用温度不低于 950℃，控制温度波动范围不大于 ±20℃）、瓷坩埚（50mL）、可调节电炉（或配有可调变压器电炉，功率为 300 ~ 1000W）。

（2）试验步骤　将洗净的坩埚（新坩埚可先用 5mol/L 的盐酸水溶液浸泡处理，洗净）放在马弗炉中灼烧至恒重，备用。

做两份试料的平行试验。

称取试样 10g，准确至 0.1g，置于已恒重的 50mL 瓷坩埚中，用可调节的电炉在通风橱内小心加热，温度逐渐升高，防止试样逸出，直至松香完全炭化。然后将坩埚放入 750℃ ± 20℃ 的马弗炉中灼烧 1.5h，取出坩埚，先在空气中冷却 1 ~ 3min（每次称重时在空气中的冷却时间应严格一致），再放入干燥器中冷却 0.5h，称重，准确至 0.0001g。

重复灼烧、冷却、称重，直至连续二次称重之差不大于 0.0003g 为止。

（3）试验结果的计算　灰分含量按下式计算：

$$w(HF) = \frac{(m_2 - m_1)}{m} \times 100\%$$
$$(11-84)$$

式中　$w(HF)$——灰分含量（质量分数）；

m_1——坩埚质量（g）；

m_2——坩埚和残渣质量（g）；

m——试样质量（g）。

两次平行试验允许绝对值相差 0.005%，取算术平均值为最终结果，精确至小数点后第三位。

5. 乙醇不溶物含量

（1）主要试剂　95% 乙醇（符合 GB/T 679，分析纯，使用前用 4 号玻璃砂芯坩埚过滤）。

（2）试验步骤　称取约 20g 试样（准确至 0.1g）置于 250mL 烧杯中，加 95% 乙醇 75mL，在水浴中加热，并用玻璃棒不断搅拌，待试样完全溶解后，用已恒重的 30mL 4 号玻璃砂芯坩埚趁热过滤。用热乙醇 50mL 分 5 次洗涤，若不溶物和坩埚壁有色渍应再用少量热乙醇洗涤，然后放入烘箱中，在 100 ~ 105℃ 下烘至恒重。

（3）试验结果的计算　计算乙醇不溶物含量按下式进行：

$$w(CBR) = \frac{(m_2 - m_1)}{m} \times 100\%$$
$$(11-85)$$

式中　$w(CBR)$——乙醇不溶物含量（质量分数）；

m_1——坩埚质量（g）；

m_2——坩埚和残渣质量（g）；

m——试样质量（g）。

两次平行试验允许绝对值相差 0.005%，取算术平均值为最终结果，精确到小数点后三位。

11.1.11　覆膜砂用热塑性酚醛树脂的性能测定

1. 软化点

覆膜砂用热塑性酚醛树脂的软化点测定方法与 11.10.1 节介绍的软化点测定方法相同。

2. 聚合速度（JB/T 8834—2013）

（1）主要仪器　电炉（600 ~ 800W）、瓷研钵、秒表、温度计（0 ~ 200℃，分度值为 1℃）、钢刮刀（150mm ×20mm ×1mm）、聚合速度测定板（材质为铸铁，其形状尺寸见图 11-28）。

（2）试验步骤　称取通过筛孔尺寸为 0.150mm 铸造用试验筛的壳型（芯）酚醛树脂试样 9.0g 和乌洛托品 1.0g，均放入瓷研钵中，将其研细混匀后，称取混合料 1.0g，放置在预先加热到 150℃ ±1℃ 的测定板中部圆圈内（放入测定板圆圈内的试样要铺平）。当树脂全部熔化时开始计时，同时用刮刀不断

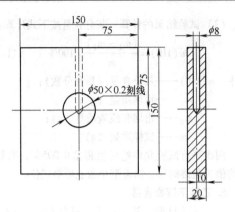

图 11-28 聚合速度测定板

搅动和拉丝（刮刀应与测定板同时预热），直至拉不成丝为止，所需的时间（s）即为树脂的聚合速度。

每个试样做3次试验，取其平均值为测定结果。其中任何一个试验结果与平均值相差超过10%时，应重新进行试验。

3. 游离酚（JB/T 8834—2013）

（1）主要仪器与试剂　仪器为平底烧瓶（1000mL）、分馏烧瓶（500mL）、冷凝管（500mm）、容量瓶（500mL）、磨口锥形瓶（500mL）、移液管（25mL、50mL）、天平（精度为0.0001g）、蒸馏装置（见图11-29）。试剂为下列溶液：

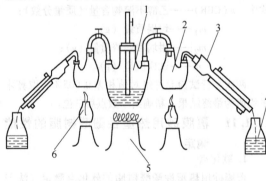

图 11-29 游离酚测定蒸馏装置
1—水蒸气发生器　2—分馏烧瓶　3—冷凝管
4—磨口锥形瓶　5—电炉　6—酒精灯

HCl（1∶1）溶液、饱和溴水、无水乙醇、KI溶液（质量分数20%）、淀粉指示剂（质量分数1.0%）。

KBrO₃ - KBr 溶液（0.1mol/L）：称取 2.8g KBrO₃ 和 12.5g KBr，加入蒸馏水溶解后，稀释至1000mL，保存在棕色瓶中备用。

Na₂S₂O₃ 标准溶液（0.1mol/L）：称取 26g 的 Na₂S₂O₃ 及 0.2g 的无水 Na₂CO₃ 溶于 1000mL 蒸馏水中，缓缓煮沸 10min，冷却。将溶液置于棕色带塞瓶

中放置数日后，过滤备用。

（2）试验步骤　精确称取 2g 树脂试样（精确至0.0001g），放入 500mL 分馏瓶中，加入 25~30mL 无水乙醇，待试样溶解后再加入 50mL 蒸馏水。将分馏烧瓶与水蒸气发生器相连接，通入水蒸气蒸馏（水蒸气应通过玻璃管达到烧瓶底部），直至流出的蒸馏物不含酚为止（可用饱和溴水检查，如无白色沉淀物出现即表示酚已蒸完）。将蒸馏物接收在 500mL 容量瓶中，用蒸馏水稀释至刻度，摇匀。

用移液管自接收瓶中吸出试液 25mL（或 50mL，视酚含量而定），置于 500mL 磨口锥形瓶中，加入蒸馏水 25mL 后，加入 0.1mol/L 的 KBrO₃ - KBr 溶液 25mL，再加入盐酸（1 + 1）10mL，立即将瓶塞塞紧。小心振荡后置于冷水中（低于 15℃），冷却 5min，然后加入 KI 溶液（质量分数 20%）10mL，塞紧瓶塞放置 3min。取下瓶塞，用少量蒸馏水吹洗瓶塞及瓶壁，立即用 0.1mol/L 硫代硫酸钠（Na₂S₂O₃）溶液滴定至淡黄色时，加入 1% 的淀粉指示剂 1mL，继续滴定至蓝色消失为终点。按相同方法在相同条件下做空白试验。树脂中游离酚含量按下式计算：

$$w(\mathrm{Ph}) = \frac{0.01568(V_2 - V_1)V_A c_{\mathrm{Na_2S_2O_3}}}{mV_B} \times 100\%$$

(11-86)

式中　$w(\mathrm{Ph})$——树脂中游离酚含量（质量分数）；

V_1——滴定试样所消耗的 Na₂S₂O₃ 标准溶液的体积（mL）；

V_2——空白试验所消耗的 Na₂S₂O₃ 标准溶液的体积（mL）；

$c_{\mathrm{Na_2S_2O_3}}$——Na₂S₂O₃ 标准溶液的浓度（mol/L）；

V_A——接收蒸馏物容量瓶的体积（mL）；

V_B——滴定时所吸取的试液的体积（mL）；

m——试样的质量（g）；

0.01568——与 1mL 浓度为 1mol/L 的 Na₂S₂O₃ 相当的苯酚质量（g）。

4. 含水量

（1）主要仪器与试剂　仪器为油浴加热装置量杯（50mL、100mL）、水分测定器［见图11-30包括直形冷凝管（400mm）、圆底烧瓶（250mL）、短头蒸馏接收管（10mL，分度值为0.1mL）］。

试剂为甲酚液（化学纯）、苯液（预先将蒸馏水与无水苯振荡，使苯层饱和水分）。

（2）试验步骤　称取固体树脂试样 10g（精确至

1mg），置于洁净干燥的 250mL 圆底烧瓶中。加入 60mL 苯液及 40mL 甲酚，再加入沸石以保证均匀沸腾。接上蒸馏接收管，冷凝管的上端装氯化钙（CaCl₂）干燥管，避免空气中的水分进入冷凝管内部凝结。在油浴上加热，缓缓升温。试样熔化后即升高油浴温度，使之沸腾回流，控制回流速度为每秒 2 滴。待大部分水分出来之后，提高回流速度至每秒 4 滴。接收管不增加水量时，再回流 15min，然后静置冷却后，称量接收管内水的质量。树脂中含水量可按下式计算：

$$w(H_2O) = \frac{m_1}{m} \times 100\% \qquad (11\text{-}87)$$

式中　$w(H_2O)$——树脂中含水量（质量分数）；

　　　m_1——蒸馏器接收管内水的质量（g）；

　　　m——试样质量（g）。

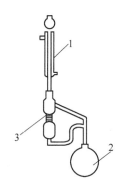

图 11-30　水分测定器
1—直形冷凝管　2—圆底烧瓶　3—蒸馏接收管

5. 流动性（JB/T 8834—2013）

（1）主要仪器　瓷研钵、金属尺（150mm）、电炉（1kW）、温度计（0～200℃，分度为 1℃）、干燥箱（最高温度 200℃以上，鼓风式）、流动性测定板（材质为铸铁，形状及尺寸见图 11-31）。

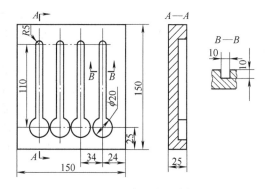

图 11-31　流动性测定板

（2）试验步骤　称取通过筛孔尺寸为 0.150mm 铸造用试验筛的壳型（芯）酚醛树脂试样 9.0g，乌洛托品 1.0g，均放入瓷研钵中将其研细混匀。称取混合料 0.5g，倒入预先加热到 80℃±5℃的测定板上的 φ20mm 坑中，然后将测定板水平放置在 125℃的干燥箱中。加热 2min 后迅速将测定板从带坑的一头抬起，置于与水平面成 60°倾角的支架上。保温 15min 后，将测定板从干燥箱中取出，用金属尺以 φ20mm 圆的中心为基点测量树脂流下的长度（单位为 mm），即为树脂的流动性。

每个试样做 3 次试验，取其平均值为试验结果。其中任何一个试验数据与平均值相差超过 10% 时，应重新进行试验。

11.1.12　热芯盒用树脂的性能测定

1. 密度（密度瓶法）（GB/T 13377—2010）

（1）主要仪器与试剂　仪器为密度瓶（瓶颈上带有毛细管磨口塞子，体积为 250mL）、恒温水浴（水浴温度能控制在 ±0.1℃之内）、温度计（分度值为 0.1℃，0～50℃ 或 0～100℃）、密度瓶支架（由金属材料制成，能保持密度瓶垂直于恒温水浴）、天平（精度为 0.0001g）。

试剂为铬酸洗液、汽油或其他溶剂（用于洗涤密度瓶油污）。

（2）试验步骤　首先测定密度瓶 20℃时的水值。先清除密度瓶和塞子的油污，用铬酸洗液彻底清洗，用水清洗后，再用蒸馏水冲洗并进行烘干。将冷却至室温的密度瓶精确称重（准确至 0.0002g），然后放入 20℃±0.1℃的恒温水浴中使之恒温（注意不要浸没密度瓶上端）。然后用移液管将新煮沸并冷却至 20℃的蒸馏水装满密度瓶，盖上瓶塞，再放入水浴中，并在水浴中保持 30min，使温度达到平衡。在瓶中没有气泡，液面不再变动时，将过剩的水用滤纸吸去。吸去标线以上部分的水后，盖上磨口塞。从水浴中取出密度瓶，仔细用绸布将其外部擦干，称重（精确至 0.0002g），则密度瓶 20℃时的水值可按下式计算：

$$m_0 = m_2 - m_1 \qquad (11\text{-}88)$$

式中　m_0——密度瓶的水值（g）；

　　　m_1——空密度瓶的质量（g）；

　　　m_2——装有 20℃水的密度瓶的质量（g）。

密度瓶的水值应测定 3～5 次，取其算术平均值作为该密度瓶的水值。如果要测定树脂在温度 t 时的密度，则可在所需温度 t 测定密度瓶的水值。

将试样用注射器小心注入已确定水值和质量的清洁、干燥的密度瓶中，放上塞子，浸入恒温水浴中直到顶部，注意不要浸没密度瓶瓶塞。在水浴中恒温时间不得少于20min，待温度达到平衡，没有气泡，试样表面不再变动时，吸去过剩的试样，盖上磨口塞。从水浴中取出密度瓶，仔细擦干其外部，称重（精确至0.0002g）。试样的密度可按下式计算：

$$\rho = \frac{(m_3 - m_1) \times 0.99820}{m_0} + 0.0012 \quad (11\text{-}89)$$

式中　m_1——空密度瓶的质量（g）；

m_3——装有试样的密度瓶的质量（g）；

m_0——20℃时，密度瓶的水值（g）；

0.99820——水在20℃时的密度（g/cm³）；

0.0012——空气在温度为20℃和压力为101.325kPa（760mmHg）时的密度（g/cm³）。

2. 黏度

（1）单圆筒旋转黏度计法（GB/T 2794—2013）热芯盒用树脂的单圆筒黏度计法11.1.6节中介绍的黏度测定方法相同。

（2）毛细管黏度计法（GB/T 265—1988）

1）主要仪器。毛细管黏度计（毛细管内径为0.4~6mm，见图11-32）、恒温水浴槽（精确至0.1℃）、秒表、洗耳球等。

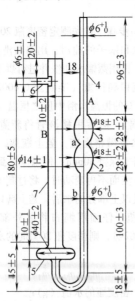

图 11-32　毛细管黏度计
1—毛细管　2、3、7—扩张部分
4、6—管身　5—支管　a、b—标线

2）试验步骤。将清洁干燥的毛细管黏度计倒置，用手指堵严管身6的管口，然后将管身4插入被测树脂试样的液面之下，同时将洗耳球接入支管5

上，将树脂试样吸到标线b（注意：不要使管身4、扩张部分2和3中的树脂液产生气泡或间隙）。当液面达到标线b时，从树脂液中提起黏度计，并将其恢复到正置状态，然后将此黏度计垂直放置于20℃±0.1℃的恒温水浴中，恒温20min。用洗耳球从管身4的管口将黏度计中树脂试样吸入扩张部分2，使树脂液面稍高于标线a（注意：在毛细管及扩张部分2中的树脂液不应产生气泡和断隙）。待液面下降到正好到达标线a时，开动秒表；液面正好降到标线b时，停止秒表，记下这段流动时间。应重复测定3次，3次试验结果的算术平均值作为该批树脂样品的毛细管黏度值。3次测定值中的任一值与平均值的偏差应在±2.5%范围内，否则应重测。树脂试样在20℃时的黏度按下式计算：

$$\eta = Kt \quad (11\text{-}90)$$

式中　η——树脂试样黏度（Pa·s）；

K——黏度计常数（Pa）；

t——树脂试样流过黏度计标线a到b所需的时间（s）。

（3）涂4黏度计法（JB/T 3828—1999）

1）主要仪器。N-4黏度杯、恒温水浴槽（20℃±1℃）、秒表等。

2）试验步骤。将质量约180g的热芯盒树脂试样倒入200mL烧杯中，将其放入20℃±1℃的恒温水浴中，同时使N-4黏度杯保持在20℃左右，杯内腔应干净。测黏度时，先用手指堵住黏度杯漏嘴，将21℃的树脂试样倒入黏度杯内，倒满后用平直玻璃棒刮平杯面试样液。然后放开漏嘴，同时开动秒表，当试样出现断流时，停止秒表，所得秒数即为试样的涂4黏度值。对每个试样应测3次，取其平均值，其中任何一个数值超过平均值10%时，试验应重新进行。

3. 固含量

液体树脂中固含量表示树脂中不挥发物的质量分数。

（1）主要仪器　天平（精度为0.0001g）、玻璃皿（φ18~φ22mm，高度为18~22mm）、电烘箱、干燥器。

（2）试验步骤　精确称量树脂试样1g（精确至0.0001g），置于已知质量的干燥洁净的玻璃皿中。将此玻璃皿置于105℃±2℃的电烘箱内，使试样靠近烘箱内的温度计，烘干3h。取出玻璃皿放入干燥器中，冷却至室温称重。树脂试样的固含量按下式计算：

$$w(G) = \frac{m_2}{m_1} \times 100\% \quad (11\text{-}91)$$

式中　$w(G)$——树脂试样中不挥发物（固含量）含量（质量分数）；

　　　m_1——烘干前树脂试样的质量（g）；

　　　m_2——烘干后树脂试样的质量（g）。

4. 含水量

（1）测定方法一（玻璃表面皿烘干测定法）

1）主要仪器。玻璃表面皿（φ35mm）、烘箱、干燥器。

2）试验步骤。称取树脂试样 0.5g（准确至 0.0001g），置于已知质量的玻璃表面皿中。将此玻璃表面皿置于 105℃ ±0.5℃ 电烘箱中烘 3h。取出玻璃表面皿放入干燥器中冷却至室温，称重，直至恒重为止。含水量按下式计算：

$$w(H_2O) = \frac{m - m_2}{m - m_1} \times 100\% - w(CH_2O)$$

$$(11-92)$$

式中　$w(H_2O)$——树脂中含水量（质量分数）；

　　　m——试样与玻璃表面皿的质量（g）；

　　　m_1——空的玻璃表面皿的质量（g）；

　　　m_2——烘干后试样和表面皿的质量（g）；

　　　$w(CH_2O)$——树脂中游离甲醛含量（质量分数）。

此法在已知树脂中游离甲醛含量时操作简单，但精度不够高，适用于要求不高的场合进行快速分析。

（2）测定方法二（气相色谱法）　用气相色谱法测定树脂含水量有较高的精确度。常用的气相色谱仪的型号有 102 - G、SP - 2304A 和 SP - 2305。具体操作方法按仪器的规定进行。

（3）测定方法三（共沸蒸馏法）　本方法的原理为共沸蒸馏，即把试样和作为载体的溶剂混合后加热使之沸腾，溶剂和树脂中的水产生共沸一起馏出，经冷凝后收集于一有刻度的承接管中，冷却后溶剂与水混合物自动重新分离为溶剂和水，水密度大沉于底部，并与溶剂分层，最后计量水的质量，并计算出树脂中水分的质量。

1）主要仪器及试剂。仪器为油水分离器（分度值为 0.03mL）、密封电炉（1000W）、普通天平（称量 100g）、量筒（200mL）、瓷片（普通瓷坩埚碎片）。试剂为甲苯（分析纯）。

2）试验步骤。称取试样 20g 或 50g（精确至 0.2g），放入专用蒸馏瓶中，加入甲苯 200mL，摇动使之混合，放入 4 ~ 5 片瓷片。用电炉升温，注意接近沸点时升温速度控制应小于 5℃/min。开始回流后，控制回流速度为 2 ~ 4 滴/s，回流达到 2h 时停止加热回流，读取承接管中水的体积毫升数。注意，如

果树脂中含水量高，超过承接管的刻度，应减少试样数量，重新进行测量。含水量按下式计算：

$$w(H_2O) = \frac{m_1}{m} \times 100\%$$

$$(11-93)$$

式中　$w(H_2O)$——树脂中含水量（质量分数）；

　　　m_1——承接管中水的质量（g）；

　　　m——试样质量（g）。

注意，甲苯的沸点为 110.8℃，有毒，易燃，操作时应注意安全。

5. pH 值（JB/T 3828—2013）

（1）pH 计法

1）主要仪器。pH 计（精确度为 0.1）、烧杯（50mL）、移液管（25mL）。

2）试验步骤。用干燥洁净的移液管吸取 25mL 树脂样品，置于 50mL 烧杯中。室温下在 pH 计上进行 pH 值测定，重复测定数次至读数稳定为止，该值即为被测树脂样品的 pH 值。

（2）精密 pH 试纸法

1）主要仪器。精密 pH 试纸（pH 值为 5.4 ~ 7.0、pH 值为 5.5 ~ 9.0）、烧杯（50mL）、移液管（25mL）。

2）试验步骤。用干燥洁净的移液管吸取 25mL 树脂样品，置于 50mL 烧杯中。取一条精密 pH 试纸，放入被测样品中浸渗 0.5s，立即取出试纸与 pH 标准色板比较，测得颜色与色板相同或相近的 pH 值颜色即为被测树脂样品的 pH 值。

6. 游离甲醛

测定树脂中游离甲醛的方法有氯化铵法和盐酸羟胺法两种。氯化铵法适用于糠醇的质量分数小于 70% 的呋喃树脂；对于糠醇的质量分数大于 70% 的树脂，由于树脂本身已是棕黄色，氯化铵法的滴定终点不易掌握，会造成较大误差，故应选用盐酸羟胺法来测定游离甲醛含量。

（1）氯化铵法（JB/T 3828—2013）

1）主要仪器与试剂。仪器为天平（精度为 0.0001g）、磨口锥形烧瓶（250mL）、酸式与碱式滴定管（25mL）、恒温水浴。

试剂为 NaOH 标准溶液（0.5mol/L）、盐酸标准溶液（0.5mol/L）、NH_4Cl 溶液（质量分数为 10%）、溴甲酚蓝乙醇溶液指示剂（质量分数为 0.1%）、无水乙醇。

2）试验步骤。称取树脂试样 3.5 ~ 4.0g（精确至 0.0002g），置于 250mL 磨口锥形瓶中。加入 25mL 无水乙醇溶解后，加入 10mL 质量分数为 10% 的 NH_4Cl 溶液，再加入 25mL 0.5mol/L 的 NaOH 标准溶

液（注意：不可颠倒加料顺序），塞紧瓶盖。在20℃恒温水浴中放置1h后，加入溴百里酚蓝指示剂3滴，摇匀后用0.5mol/L的盐酸标准溶液进行滴定，至黄色为终点。记下所消耗的体积数，同时做空白试验。树脂试样的游离甲醛含量按下式计算：

$$w(CH_2O) = \frac{0.04503(V - V_1)c_{HCl}}{m} \times 100\%$$

$$(11\text{-}94)$$

式中　$w(CH_2O)$——树脂试样的游离甲醛含量（质量分数）；

　　　　V——空白试验消耗的盐酸标准溶液的体积（mL）；

　　　　V_1——树脂试样试验消耗的盐酸标准溶液的体积（mL）；

　　　　c_{HCl}——盐酸标准溶液的浓度（mol/L）；

　　　0.04503——与1mmol盐酸相当的以克表示的甲醛质量（g/mmol）；

　　　　m——树脂试样的质量（g）。

平行测定的允许误差不大于10%。

（2）盐酸羟胺法

1）主要仪器与试剂。仪器为pH计、酸式与碱式滴定管（25mL）、烧杯（200mL）、量杯（50mL）、移液管（10mL）、容量瓶（1000mL）、天平（精度为0.0001g）。试剂为无水乙醇。

以下为几种溶液试剂及其配制：

盐酸羟胺（$NH_2OH \cdot HCl$）溶液（质量分数为10%）：将10g $NH_2OH \cdot HCl$（分析纯）溶于100mL蒸馏水中。

HCl溶液（0.1mol/L）：吸取9mL的HCl（分析纯）置于1000mL容量瓶中，用蒸馏水稀释至刻度，摇匀。

NaOH溶液（0.5mol/L）：称取20g的NaOH（分析纯），置于烧杯中。加少量水溶解后，移入1000mL带橡胶塞的容量瓶中。加入3～5g $BaCl_2$（试剂纯），摇匀，静置数小时，使$Ba(OH)_2$沉淀完全，再加入Na_2SO_4（试剂纯）25g，稀释至刻度，摇匀。将溶液放置过夜，然后吸取澄清液使用。

2）试验步骤。准确称取树脂试样2g（精确至0.0001g），加入50mL的乙醇溶液溶解于200mL烧杯中，加入少许水。用0.1mol/L的盐酸溶液滴定，滴定至pH计上pH值等于4.0时为终点。用移液管加入10mL质量分数为10%的盐酸羟胺溶液，在室温下放置10min，然后用0.5mol/L的NaOH溶液滴定至pH值等于4.0时为终点（用酸度计测定）。同时，用50mL乙醇代替试液进行空白试验。树脂的游离甲醛

含量可按下式计算：

$$w(CH_2O) = \frac{0.3003(V - V_1)c_{NaOH}}{m} \times 100\%$$

$$(11\text{-}95)$$

式中　$w(CH_2O)$——树脂的游离甲醛含量（质量分数）；

　　　　V_1——空白试验消耗的NaOH标准溶液的体积（mL）；

　　　　V——滴定试样消耗的NaOH溶液的体积（mL）；

　　　　c_{NaOH}——NaOH标准溶液的浓度（mol/L）；

　　　0.3003——与1mmol的NaOH相当的以克表示的甲醛摩尔质量（g/mmol）；

　　　　m——树脂试样的质量（g）。

7. 游离酚

本方法适用于酚醛改性树脂中游离酚含量的测定。

（1）主要仪器与试剂　仪器为长颈圆底烧瓶（1000mL）、容量瓶（1000mL）、直形冷凝管（400mL）、量筒（25mL）、量筒（100mL）、天平（精度为0.0001g）、移液管（100mL）、带塞锥形瓶（500mL）。

试剂为溴溶液（0.1mol/L）、$Na_2S_2O_3$标准溶液（0.1mol/L）、淀粉指示剂（质量分数为0.5%）、氯仿（试剂级）、HCl（试剂级）、饱和溴水、KI溶液（质量分数为10%）、乙醇（体积分数为98%，试剂级）。

（2）试验步骤　准确称取树脂试样1g（精确至0.0001g），小心置于1000mL圆底烧瓶中，用20mL乙醇溶解（水溶性树脂试样用20mL蒸馏水溶解），再加50mL蒸馏水，然后用水蒸气蒸馏出游离酚。将馏出物收集在1000mL容量瓶中，要求在40～50min内蒸馏物达400～500mL。取出蒸馏物少许，加几滴饱和溴水检验，至无白色沉淀，即可停止蒸馏。将蒸馏物用水稀释至1000mL刻度，充分摇匀。

用100mL移液管吸出蒸馏物，移入500mL带塞锥形瓶中，再用移液管吸取25mL 0.1mol/L的溴溶液，再加5mL的HCl。在室温下放置在暗处15min，迅速加入KI溶液（质量分数为10%）20mL，在暗处再放10min，加入氯仿1mL。用硫代硫酸钠标准溶液（0.1mol/L）进行滴定，滴定至碘色将近消失时，加入淀粉指示剂（质量分数为0.5%）1mL，继续滴定至蓝色恰好消失为止。同时进行空白试验，吸取20mL乙醇溶液稀释至1000mL，然后吸取该溶液100mL，按上述步骤进行试验。如测定水溶性树脂试

样，则以 100mL 蒸馏水做空白试验。树脂的游离酚（Ph）含量可按下式计算：

$$w(\mathrm{Ph}) = \frac{0.01567(V_1 - V_2)c_{\mathrm{Na_2S_2O_3}}}{m} \times 100\%$$

(11-96)

式中　$w(\mathrm{Ph})$——树脂的游离酚含量（质量分数）；

V_1——空白试验消耗的硫代硫酸钠标准溶液的体积（mL）；

V_2——试样试验消耗的硫代硫酸钠标准溶液的体积（mL）；

$c_{\mathrm{Na_2S_2O_3}}$——硫代硫酸钠标准溶液的浓度（mol/L）；

0.01567——1mmol 硫代硫酸钠相当的苯酚的摩尔质量（g/mmol）；

m——试样的质量（g）。

8. 含氮量（JB/T 3828—2013）

本方法适用于测定含有尿素的树脂的含氮量。

（1）主要仪器与试剂　仪器为凯氏长颈烧瓶（500mL）、冷凝器、酸式滴定管（50mL，分度值为 0.1mL）、锥形烧杯（250mL、500mL）、连接用玻璃管及胶塞。试验装置见图 11-33。

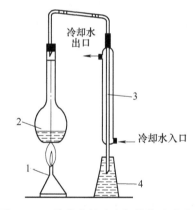

图 11-33　热芯盒树脂含氮量的试验装置
1—煤油灯　2—凯氏长颈烧瓶
3—冷凝器　4—吸收器

试剂为过硫酸钾（分析纯）、浓硫酸（密度为 1.84g/cm³）、硼酸（分析纯）、无水硫酸铜、氢氧化钠溶液（质量分数为 50%）、盐酸标准溶液（0.05mol/L）、无离子蒸馏水。

以下为两种溶液试剂及其配制：

硼酸水溶液（质量分数为 4%）：煮沸以驱除二氧化碳，冷却后过滤。

混合指示剂：甲基红乙醇溶液（质量分数为 0.1%）20mL 和甲酚绿乙醇溶液（质量分数为

0.1%）50mL 混合而成。

（2）试验步骤　称取树脂试样 0.1~0.8g（精确至 0.0002g），放入盛有 0.2g 无水硫酸铜、10g 过硫酸钾及 10mL 浓硫酸的凯氏长颈烧瓶中。用小火缓缓加热，并摇动凯氏长颈烧瓶，以免反应激烈，而使试样溅在瓶壁。待反应平息后，开大火加热直到溶液清澈透明为止。用煤气灯烘烤凯氏长颈烧瓶侧面下部，使内盛溶液回流，以洗下溅到瓶壁的样品，然后用大火加热 15~20min 后冷却。加入 200mL 无离子蒸馏水于凯氏长颈烧瓶中，摇动使盐类全部溶解，加入 50mL 的氢氧化钠溶液，迅速安装蒸馏装置，并将直形冷凝管下部插入吸收器（250mL 锥形烧杯）的液面下 3~4mm 处。吸收器内盛有 50mL 质量分数为 4% 硼酸水溶液，以小火直接加热凯氏长颈烧瓶，待吸收器内溶液达到 200mL 左右时，用 pH 试纸试验。若蒸馏液无碱性或凯氏长颈烧瓶内产生爆沸时，表示蒸馏已结束。

取下吸收器，用蒸馏水洗涤冷凝器，洗液并入原吸收溶液中。将吸收器内溶液移到 500mL 锥形烧瓶中，加入混合指示剂数滴，以 0.05mol/L 的盐酸标准溶液滴定，试液从绿色变为红色时为终点。同时进行空白试验。树脂试样的含氮量按下式计算：

$$w(\mathrm{N}) = \frac{0.01401(V_1 - V_2)c_{\mathrm{HCl}}}{m} \times 100\%$$

(11-97)

式中　$w(\mathrm{N})$——树脂中含氮量（质量分数）；

V_1——试样试验消耗的盐酸标准溶液的体积（mL）；

V_2——空白试验消耗的盐酸标准溶液的体积（mL）；

c_{HCl}——盐酸标准溶液的浓度（mol/L）；

0.01401——与盐酸相当的以克表示的氮的摩尔质量（g/mmol）；

m——树脂试样的质量（g）。

两个平行测定的结果（值）允许误差不大于 5%。

11.1.13　三乙胺冷芯盒用树脂的性能测定

1. 密度、黏度、固含量、含水量、pH 值、游离甲醛含量、游离酚含量、含氮量

密度、黏度的测定方法同 11.1.6 节；固含量、含水量、pH 值、游离甲醛含量、游离酚含量、含氮量等的测定方法同 11.1.12 节。

2. 异氰酸根

（1）主要仪器与试剂　仪器为磨口锥形瓶（500mL）、称量瓶、分析天平（精度为 0.0001g）、移液管（25mL）、滴定管（50mL）。

试剂为盐酸（分析纯）、乙醇（体积分数为95%，分析纯）、六氢吡啶（分析纯）、甲苯（分析纯）、溴甲酚绿（分析纯）。

以下为几种溶液试剂及其配制：

六氢吡啶甲苯溶液（0.2mol/L）：称取8.5g无水六氢吡啶置于500mL容量瓶中，用无水甲苯溶解，稀释至刻度（500mL）摇匀。

盐酸标准溶液（0.1mol/L）：量取9mL盐酸置于1000mL蒸馏水中，用无水碳酸钠进行标定。

溴甲酚绿指示剂（质量分数为1%）：称取1g溴甲酚绿溶于1000mL无水乙醇中。

（2）试验步骤　称取0.5g样品（准确至0.1mg），置于500mL磨口锥形瓶中，加入20mL甲苯。待试样溶解后，用移液管加入20mL六氢吡啶甲苯溶液，摇匀。放置30min后，加入120mL乙醇和6~8滴溴甲酚绿指示剂，用0.1mol/L的盐酸标准溶液滴定至溶液由蓝色变为黄色即为终点。同时做空白试验。异氰酸根含量按下式计算：

$$w(-NCO) = \frac{0.04202(V_1 - V_2)c_{HCl}}{m} \times 100\%$$

(11-98)

式中　$w(-NCO)$——异氰酸根含量（质量分数）；

$\quad V_1$——滴定试样溶液消耗盐酸标准溶液的体积（mL）；

$\quad V_2$——滴定空白溶液消耗盐酸标准溶液的体积（mL）；

$\quad c_{HCl}$——盐酸标准溶液的浓度（mol/L）；

$\quad m$——试样质量（g）；

$\quad 0.04202$——盐酸相当于异氰酸根（-NCO）的摩尔质量（g/mmol）。

11.1.14　SO₂ 冷芯盒用树脂的性能测定

密度、黏度的测定方法同11.1.6节。

固含量、含水量、pH值、游离甲醛含量、游离酚含量、含氮量的测定方法同11.1.12节。

11.1.15　CO₂/甲酸甲酯－酚醛树脂的性能测定

密度、黏度的测定方法同11.1.6节。

固含量、含水量、pH值、游离甲醛含量、游离酚含量的测定方法同11.1.12节。

11.1.16　CO₂－聚丙烯酸树脂和CO₂－聚乙烯醇树脂的性能测定

密度、黏度的测定方法同11.1.6节。

固含量、含水量、pH值的测定方法同11.1.12节。

11.1.17　自硬砂用呋喃树脂的性能测定

1. 密度、黏度

密度、黏度的测定方法同11.1.6节。

2. 固含量、含水量、pH值、游离酚含量

固含量、含水量、pH值、游离酚含量的测定方法同11.1.12节。

3. 游离甲醛（JB/T 7526—2008）

（1）主要仪器与试剂　仪器为碘量瓶（250mL）、滴定管（50mL，分度值为0.1mL，A级）、单标记移液管（25mL、10mL，A级）、分析天平（精度为0.0001g）、磁力搅拌器、pH计（分度值为0.01）。

标准溶液试剂的配制与标定按GB/T 601的规定进行。

试剂为氢氧化钠（分析纯，0.5mol/L）、盐酸（分析纯，0.5mol/L标准滴定溶液）、氯化铵（分析纯，质量分数为10%溶液）、无水乙醇（分析纯）、溴百里酚蓝指示剂（质量分数为0.1%乙醇溶液）。

（2）试验步骤　用减量法称取树脂样品3.5~4.0g（精确至0.0002g），置于250mL碘量瓶中。加入25mL无水乙醇，使试样溶解，再加入10mL氯化铵溶液（质量分数为10%）和25mL氢氧化钠（0.5mol/L）溶液（注意不可颠倒加料顺序），加入少量蒸馏水，塞紧瓶盖。在20℃下放置0.5h后，加入溴百里酚蓝指示剂（质量分数为0.1%）四滴，摇匀后用盐酸标准溶液（0.5mol/L）进行滴定。近终点时将样品移至250mL烧杯中，放在磁力搅拌器上用pH计控制pH值为7.0，即达终点。同时做空白试验。

空白试验：除不加试样外，须与测定采用完全相同的分析步骤、试剂和用量（滴定中标准滴定溶液的用量除外），并与试样测定同时平行进行。

树脂的游离甲醛含量按下式计算：

$$w(CH_2O) = \frac{(V_0 - V)c \times 0.04503}{m} \times 100\%$$

(11-99)

式中　$w(CH_2O)$——树脂中游离甲醛含量（质量分数）；

$\quad V_0$——空白试验中消耗盐酸标准滴定溶液的体积（mL）；

$\quad V$——样品测定中消耗盐酸标准滴定溶液的体积（mL）；

$\quad c$——盐酸标准滴定溶液的浓度（mol/L）；

m——样品质量（g）；

0.04503——与盐酸标准滴定溶液相当的甲醛的摩尔质量（g/mmol）。

取平行测定结果的算术平均值作为树脂游离甲醛含量的测定结果，允许相对偏差不大于10%。

4. 含氮量（JB/T 7526—2008）

（1）测定原理　将有机化合物中的氮转变成氨，以硼酸溶液吸收蒸馏出的氨，用酸碱滴定法测定含氮量。

（2）主要仪器与试剂　仪器为分析天平（精度为 0.0001g）、凯氏定氮瓶（500mL）、冷凝管（600mm 直管冷凝器）、锥形瓶（500mL）、50mL 酸式滴定管（分度值为 0.1mL，A 级）。

标准溶液试剂的配制与标定按 GB/T 601 的规定进行。

试剂为盐酸（分析纯，0.1mol/L 标准滴定溶液）、浓硫酸（分析纯）、过硫酸钾（分析纯）、氢氧化钠（分析纯，质量分数为 50% 溶液）、硼酸（分析纯，质量分数为 4% 溶液）、无水硫酸铜（分析纯）、甲基红 - 溴甲酚绿混合指示剂（采用 0.1% 甲基红乙醇溶液 20mL 和 0.1% 溴甲酚绿乙醇溶液 50mL 混合而成）。

（3）试验步骤　用减量法称取树脂样品 0.1 ~ 0.8g（精确至 0.0002g），置于 500mL 凯氏定氮瓶中，加入 0.2g 硫酸铜、10g 过硫酸钾及 10mL 浓硫酸。瓶口置一个玻璃漏斗，然后将烧瓶按图 11-34 所示成 45°斜置放好。缓缓加热，使溶液温度保持在沸点下。泡沫停止发生后强火使其沸腾，溶液由黑色逐渐转为透明，再继续加热 30min 后冷却。加入 200mL 水于凯氏定氮瓶中，摇动，使盐类全部溶解。放入少许玻璃球，沿瓶壁慢慢加入 50mL 氢氧化钠溶液（质量分数为 50%）流至瓶底，迅速按图 11-35 所示装好蒸馏装置，并将冷凝管插入吸收器（即 500mL 锥形瓶）液面下 3 ~ 4mm 处，吸收器内盛硼酸溶液（质量分数为 4%）50mL。以电炉直接加热凯氏定氮瓶，待吸收器内溶液达到 200mL 左右时，用 pH 试纸试之，蒸馏液呈无碱性；或凯氏定氮瓶内产生爆沸时，表示蒸馏已结束。取下吸收器，用蒸馏水洗涤冷凝管，洗液并入原吸收器溶液中，加入混合指示剂六滴，以盐酸标准溶液滴定至溶液变为粉红色为终点。同时做空白试验。

空白试验：除不加试样外，须与测定采用完全相同的分析步骤、试剂和用量（滴定中标准滴定溶液的用量除外），并与试样测定同时平行进行。

树脂的含氮量按下式计算：

图 11-34　烧瓶的安装

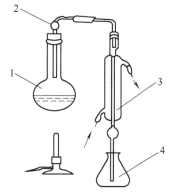

图 11-35　蒸馏装置

1—凯氏定氮瓶　2—安全球
3—冷凝器　4—锥形瓶

$$w(\mathrm{N}) = \frac{(V - V_0)c \times 0.01401}{m} \times 100\%$$

$$(11\text{-}100)$$

式中　$w(\mathrm{N})$——树脂中含氮量（质量分数）；

　　　V_0——空白消耗盐酸标准滴定溶液的体积（mL）；

　　　V——样品消耗盐酸标准滴定溶液的体积（mL）；

　　　c——盐酸标准滴定溶液的浓度（mol/L）；

　　　m——样品质量（g）；

0.01401——与 1mmol 盐酸标准滴定溶液相当的氮的质量（g）。

取平行测定结果的算术平均值作为树脂氮含量的测定结果，允许相对偏差不大于 5%。

11.1.18　磺酸类固化剂的性能测定

1. 密度、黏度

密度、黏度的测定方法同 11.1.6 节。

2. 总酸度（GB/T 21872—2008）

总酸度的测定是用氢氧化钠标准溶液滴定磺酸类固化剂样品中的酸量，以硫酸表示总酸度。

（1）主要仪器和试剂　仪器为天平（精度为 0.0001g）、滴定管（50mL，分度值为 0.1mL，A 类）、锥形瓶（250mL）。

试剂为氢氧化钠标准溶液（0.2mol/L）、甲基红－次甲基蓝混合指示液。

（2）试验步骤　称取试样 0.5 ~ 1g（精确到 0.0001g），置于 250mL 锥形瓶中，加入 50mL 水及 2 ~ 3 滴甲基红－次甲基蓝混合指示液，用氢氧化钠标准溶液滴定至呈灰绿色为终点。总酸度（以 H_2SO_4 计）按下式计算：

$$w(Zs) = \frac{0.049Vc_{NaOH}}{m} \times 100\% \quad (11\text{-}101)$$

式中　$w(Zs)$——固化剂总酸度（以硫酸质量计）；
　　　m——试样质量（g）；
　　　c_{NaOH}——氢氧化钠标准溶液的浓度（mol/ L）；
　　　V——氢氧化钠标准溶液的滴定体积（mL）；
　　　0.049——与氢氧化钠相当的硫酸摩尔质量（g/mmol）。

平行测定的两个结果的差不应大于 0.3%，其算术平均值作为试样的总酸度。

3. 游离硫酸含量（GB/T 21872—2008）

在酸性介质中，硫酸根与氯化钡反应生成硫酸钡沉淀后，在 pH 值约为 10 的条件下，以乙二胺四乙酸二钠标准溶液滴定过量的钡、镁盐，以计算游离硫酸的含量。

（1）主要仪器与试剂　仪器为滴定管（50mL，分度值为 0.1mL，A 类）、锥形瓶（150mL）、单刻线移液管（20mL、10mL，A 类）、天平（精度为 0.0001g）。

以下为几种溶液试剂及其配制：

氨－氯化铵缓冲溶液（pH 值约为 10）、乙二胺四乙酸二钠（EDTA）标准滴定溶液（0.05mol/L）、铬黑 T 指示剂（5g/L）。

氯化钡－氯化镁标准溶液（0.05mol/L）：称取 9.2g 氯化钡（$BaCl_2 \cdot 2H_2O$）和 2.6g 氯化镁（$MgCl_2 \cdot 6H_2O$）溶于 1000mL 盐酸溶液中。

（2）试验步骤　按表 11-45 规定的称样量称取试样（精确至 0.0001g）并置于锥形瓶中，加水 30mL，再用移液管准确加入氯化钡－氯化镁标准溶液 20.00mL，加入氨－氯化铵缓冲溶液 10mL 及铬黑 T 指示剂约 10 滴。用乙二胺四乙酸二钠标准滴定溶液滴定至溶液由紫红色变为纯蓝色。同时做空白试验。

表 11-45　不同型号产品的取样量

型号	GH01		GH02		GH03		GH04		GH05		GH06		GH07		GH08	
	A 型	B 型	A 型	B 型	A 型	B 型	A 型	B 型	A 型	B 型	A 型	B 型	A 型	B 型	A 型	B 型
密度/(g/cm³)	0.90 ~ 1.10		1.10 ~ 1.20		1.10 ~ 1.20		1.10 ~ 1.20		1.20 ~ 1.30		1.20 ~ 1.30		1.20 ~ 1.40		1.17 ~ 1.30	
黏度（20℃）/mPa·s ≤	20.0		20.0		20.0		20.0		50.0		50.0		80.0		50.0	
总酸度（以硫酸质量计,%）	6.0 ~ 8.0	6.5 ~ 13.0	12.0 ~ 14.0	10.0 ~ 17.0	14.0 ~ 16.0	13.0 ~ 22.0	16.0 ~ 18.0	18.0 ~ 26.0	18.0 ~ 20.0	23.0 ~ 31.2	24.0 ~ 26.0	29.0 ~ 33.7	24.5 ~ 27.5	32.0 ~ 36.0	32.5 ~ 35	34.0 ~ 40.5
游离硫酸（以硫酸质量计,%）	0.0 ~ 1.5	1.5 ~ 5.0	0.0 ~ 1.5	5.0 ~ 9.0	0.0 ~ 1.5	7.0 ~ 14.0	0.0 ~ 1.5	8.0 ~ 16.0	0.0 ~ 1.5	13.0 ~ 21.8	7.0 ~ 10.0	16.0 ~ 23.0	2.5 ~ 4.5	20.0 ~ 24.3	7.0 ~ 12.0	14.3 ~ 24.0
称样量/g	2.0 ~ 3.5		2.0 ~ 3.5		2.0 ~ 3.5		2.0 ~ 3.5		2.0 ~ 3.5		0.3 ~ 0.5		0.8 ~ 1.1		0.3 ~ 0.5	

游离硫酸含量按下式计算：

$$w(S) = \frac{(V_0 - V_2)c_2M}{m_2} \times 100\% \quad (11\text{-}102)$$

式中　$w(S)$——固化剂游离硫酸含量（以硫酸质量计）；
　　　c_2——乙二胺四乙酸二钠标准滴定溶液的实际质量浓度（mol/L）；
　　　V_0——滴定空白消耗乙二胺四乙酸二钠标准溶液的体积（mL）；
　　　V_2——滴定试样消耗乙二胺四乙酸二钠标准溶液的体积（mL）；
　　　m_2——试样的质量（g）；
　　　M——硫酸的摩尔质量（g/mol），$M = 98.077$g/mol。

两次平行测定两个结果的差不应大于 0.2%，取其算术平均值作为试样的游离硫酸含量。计算结果保留到小数点后一位。

4. 游离甲苯（或二甲苯）含量

（1）主要仪器　水分测定器、天平（精度为 0.001g）、量筒、圆底烧瓶、冷凝管和冷却器等。

（2）试验步骤　用干燥量筒量取试样（甲苯磺酸或二甲苯磺酸）100mL于500mL的蒸馏烧瓶中，加入50mL蒸馏水，并投入一些沸石。将圆底烧瓶中的混合物仔细摇匀。将接收器、冷却器安装好，放冷却水并加热圆底烧瓶，控制回流速度，使冷凝管的斜口每秒滴下2～4滴，回流时间1h。记下甲苯层毫升数。如果始终透明未见分层，则把接收器中接收的液体放入量筒中，并用5～10倍的水混匀后，即可看到分层，记下上层甲苯（或二甲苯）的毫升数。游离甲苯（或二甲苯）的含量按下式计算。

$$w(B) = \frac{V\rho_1}{100\rho_2} \times 100\% \qquad (11-103)$$

式中　$w(B)$——试样中游离甲苯（或二甲苯）含量（质量分数）；

　　　V——蒸馏出的甲苯（或二甲苯）的体积（mL）；

　　　ρ_1——甲苯或二甲苯的密度（g/cm³）；

　　　ρ_2——试样的密度（g/cm³）；

　　　100——试样的体积（mL）。

5. 石油醚溶解物含量（GB/T 21872—2008）

（1）主要仪器与试剂　具塞量筒（250mL）、虹吸管（内径为3～4mm，管端内径为1～2mm，管端弯曲朝上）、平底烧瓶（250mL，带磨砂玻璃瓶颈和与之配套的分馏柱和冷凝管，组成溶剂回收装置）、分析天平（精度为0.0001g）、石油醚（沸程为30～60℃，残余物的质量分数应不大于0.002%）、丙酮、无水乙醇、氢氧化钠（约140g/L）、酚酞指示液（1g/L的乙醇溶液）。

（2）试验步骤　称取约5g被测试样（精确至0.0001g）并置于250mL烧杯中，加入50mL无水乙醇溶液使试样溶解。向试样中滴入2～3滴酚酞指示液，用氢氧化钠溶液中和至呈粉红色，转移至具塞量筒中。用乙醇洗涤烧杯，洗涤溶液并入量筒中，最终体积约为120mL。加入石油醚50mL后盖紧量筒塞，上下摇动20次，小心地打开塞子，用少量石油醚冲洗塞子及量筒壁。静置10min后，插入虹吸管，管口高于石油醚与醇水层界面约3mm，将上层清液虹吸至预先称量过的平底烧瓶中，注意勿将下层醇水溶液吸出。按上述操作重复萃取四次，萃取液并入平底烧瓶中。装好溶剂回收装置，在60～70℃水浴上回收溶剂，直到无馏出物馏出为止。取下平底烧瓶放在水浴上，加2mL丙酮，插入吹气管（离瓶底5cm处），缓缓通入干燥的冷空气流，除去痕量溶剂。将平底烧瓶外壁用干净的纱布擦干，放入干燥器中冷却15min后称量。重复将平底烧

瓶在水浴上加热，然后取下擦干，冷却、吹气1min，干燥器内干燥、称量，直至为恒重（前后两次称量之差小于0.0002g）。

石油醚溶解物含量按下式计算：

$$w = \frac{m_1 - m_2}{m_0} \times 100\% \qquad (11-104)$$

式中　w——石油醚溶解物含量（质量分数）；

　　　m_1——恒重后的石油醚溶解物及瓶子的质量（g）；

　　　m_2——恒重后的空瓶的质量（g）；

　　　m_0——试样质量（g）。

两次平行测定结果的差不大于0.2%，取其算术平均值作为试样的石油醚溶解物含量。计算结果保留到小数点后两位。

11.1.19　水玻璃黏结剂的性能测定

1. 密度（GB/T 4209—2008）

（1）主要仪器　密度计（分度值为0.001g/mL）、250mL直形量筒、温度计（分度值为1℃）、恒温水浴（温度控制在20℃±0.5℃）。

（2）试验步骤　将待测试样倒入清洁、干燥的量筒中，不得有气泡，将量筒置于20℃±0.5℃的恒温水浴中。待温度恒定后，将清洁、干燥的密度计缓缓地放入试样中央，使密度计自然下沉。密度计应浮在试样中，不得与筒壁和筒底接触。密度计的上端露在液面外的部分所沾液体不得超过密度计上2～3分度值，待密度计在试样中稳定后，读出密度计弯月面下缘的刻度，即为20℃试样的密度。

取平行测定结果的算术平均值为测定结果，两次平行测定结果的绝对差值不大于0.001g/mL。

水玻璃的密度也常用波美度（°Be′）表示。两者之间的换算关系为

$$\rho_d = \frac{145}{145 - °Be'} \qquad (11-105)$$

式中　ρ_d——水玻璃的密度（g/cm³）；

　　　°Be′——水玻璃的波美度；

　　　145——常数。

2. 氧化钠含量（GB/T 4209—2008）

（1）主要仪器与试剂　仪器为电热恒温干燥箱（可控制在本试验需要的范围）、玛瑙研钵、50mL压力溶弹。

试剂为盐酸标准滴定溶液（HCL的浓度为0.2mol/L）、甲基红指示液（1g/L）。

（2）分析步骤　液体硅酸钠试验溶液的制备：称取约5g试样（精确至0.0002g），置于250mL容量瓶中，用水溶解，稀释至刻度，摇匀。

固体硅酸钠试验溶液的制备：将待测试样置于105～110℃的电热恒温干燥箱中烘干1h，用玛瑙研钵研细至无颗粒感为止，置于105～110℃电热恒温干燥箱内干燥至质量恒定。取约1g试样（精确至0.0002g），置于压力溶弹内，加入约2mL水，盖紧压力溶弹盖。置于电热恒温干燥箱中，使温度升到180℃，保持2h，取出压力溶弹。温度降到40℃时，用80℃以上的热水将试样溶解，转移至250mL容量瓶中。冷却至室温，用水稀释至刻度，摇匀。

用移液管移取该试液50mL置于250mL锥形瓶内，加10滴甲基红指示液，用盐酸标准滴定溶液滴定至溶液由黄色变为微红即为终点。试样中氧化钠（Na₂O）的含量按下式计算：

$$w(\mathrm{Na_2O}) = \frac{(V/1000)cM}{m(50/250)} \times 100\% \quad (11\text{-}106)$$

式中　$w(\mathrm{Na_2O})$——水玻璃中氧化钠含量（质量分数）；

　　　　V——滴定所消耗的盐酸标准滴定溶液的体积（mL）；

　　　　c——盐酸标准滴定溶液的浓度（mol/L）；

　　　　m——试样质量（g）；

　　　　M——氧化钠（1/2Na₂O）的摩尔质量（g/mol），$M=30.99$g/mol。

取平行测定结果的算术平均值为测定结果，两次平行测定结果的绝对差值不大于0.1%。

3. 二氧化硅含量（GB/T 4209—2008）

（1）试剂　氟化钠、盐酸标准滴定溶液（HCl的浓度为0.5mol/L）、NaOH标准滴定溶液（NaOH的浓度为0.5mol/L）、甲基红指示液（1g/L）。

（2）分析步骤　在测定氧化钠含量后的试验溶液中，加入3g±0.1g氟化钠，摇动使其溶解。此时溶液又变为黄色，立即用盐酸标准滴定溶液滴定至红色不变，再过量2～3mL，准确记录盐酸标准滴定溶液的总体积。然后用NaOH标准溶液滴定至黄色为终点。

同时做空白试验：在250mL锥形瓶中，加入约50mL水、10滴甲基红指示液，加3g±0.1g氟化钠，立即用盐酸标准滴定溶液滴定至红色不变，再过量2～3mL，准确记录盐酸标准滴定溶液的总体积。然后用NaOH标准溶液滴至黄色为终点。

试样中二氧化硅（SiO₂）的含量可按下式计算：

$$w(\mathrm{SiO_2}) = \frac{[(c_1V_1-c_2V_2)-(c_1V_3-c_2V_4)]M}{m(50/250) \times 1000} \times 100\%$$

$$(11\text{-}107)$$

式中　$w(\mathrm{SiO_2})$——试样中二氧化硅含量（质量分数）；

　　　　c_1——盐酸标准滴定溶液的浓度（mol/L）；

　　　　c_2——氢氧化钠标准滴定溶液的浓度（mol/L）；

　　　　V_1——滴定中所消耗的盐酸标准滴定溶液的体积（mL）；

　　　　V_2——滴定中所消耗的氢氧化钠标准滴定溶液的体积（mL）；

　　　　V_3——空白试验消耗的盐酸标准滴定溶液的体积（mL）；

　　　　V_4——空白试验消耗的氢氧化钠标准滴定溶液的体积（mL）；

　　　　m——试样质量（g）；

　　　　M——二氧化硅（1/4SiO₂）的摩尔质量（g/mol），$M=15.02$g/mol。

取平行测定结果的算术平均值为测定结果，两次平行测定结果的绝对差值不大于0.2%。

4. 模数

水玻璃中二氧化硅与氧化钠的摩尔数之比称为水玻璃的模数。水玻璃模数的测定有标准方法和快速法两种。

（1）标准方法（GB/T 4209—2008）　按前述方法分别测定出水玻璃试样的二氧化硅和氧化钠的含量，则模数可按下式计算：

$$M = \frac{w(\mathrm{SiO_2})}{w(\mathrm{Na_2O})} \times 1.032 \quad (11\text{-}108)$$

式中　M——水玻璃的模数；

　　$w(\mathrm{Na_2O})$——Na₂O含量（质量分数）；

　　$w(\mathrm{SiO_2})$——SiO₂含量（质量分数）；

　　1.032——Na₂O与SiO₂相对分子质量的比值。

（2）快速法

1）主要仪器与试剂。仪器为滴定管、250mL锥形瓶、100mL量筒。试剂为下列溶液：

盐酸标准溶液（0.5mol/L）、NaOH标准溶液（0.5mol/L）、NaF溶液（质量分数为5%）、酚酞指示剂（质量分数为0.1%）。

混合指示剂：取质量分数为0.1%的甲基红乙醇溶液和质量分数为0.1%的亚甲基蓝乙醇溶液，按质量比6:4混合。

2）试验步骤如下：

① 测定换算系数K。用滴定管加NaOH标准溶液（0.5mol/L）25mL于锥形瓶中，再加入30mL经加热煮沸并刚冷却的水，加3滴酚酞指示剂，用盐酸标准

溶液（0.5mol/L）滴定至红色消失。换算系数 K 可按下式计算：

$$K = \frac{V}{25} \qquad (11-109)$$

式中　K——换算系数；

　　　V——滴定消耗的盐酸标准溶液的体积（mL）；

　　　25——NaOH 标准溶液（0.5mol/L）的加入量（mL）。

② 模数的测定。用塑料小勺取水玻璃试样约 1g 置于锥形瓶中，加水 40mL 摇匀，使其溶解。加混合指示剂 10 滴，用盐酸标准溶液（0.5mol/L）滴定使试液由绿色变成红色。加入 40mL NaF 溶液（质量分数为 5%），振荡后，滴加盐酸溶液（0.5mol/L）至试液呈红色，再过量 3mL。再用 NaOH 溶液（0.5mol/L）中和过量的盐酸，使溶液呈淡绿色。试样的模数可按下式计算：

$$M = \frac{V_2 - KV_3}{2V_1} \qquad (11-110)$$

式中　M——水玻璃的模数；

　　　K——换算系数；

　　　V_1——首次滴定消耗的盐酸标准溶液的体积（mL）；

　　　V_2——加 NaF 后滴定消耗的盐酸标准溶液的体积（mL）；

　　　V_3——滴定消耗的 NaOH 标准溶液的体积（mL）。

5. 水不溶物（GB/T 4209—2008）

（1）主要仪器与试剂　试剂为酚酞指示液：10g/L、酸洗石棉（HG3 - 1062 - 67）。

仪器为古氏坩埚（容量为 30mL）、天平（精度为 0.01g）、400mL 烧杯、量筒、电烘箱、电炉等。

（2）试验步骤　取适量酸洗石棉，浸泡在盐酸溶液（1 + 3）中，煮沸 20min，用布氏漏斗过滤并用水洗涤至中性（用 pH 试纸检查）。再用氢氧化钠溶液（50g/L）浸泡并煮沸 20min，用布氏漏斗过滤，再用水洗涤至中性（用 pH 试纸检查 pH 值为 7 ~ 9）。用水调成稀糊状，备用。

将古氏坩埚置于抽滤瓶上，在筛板上下各均匀地铺上厚约 3mm 处理过的酸洗石棉，用 60 ~ 80℃的水洗至滤液中不含石棉毛为止。取下坩埚并于 105 ~ 110℃干燥，冷却后称量。再用热水洗涤，于 105 ~ 110℃干燥，冷却后称量。如此反复，直至坩埚恒重为止。

称取 5g 试样（精确至 0.01g），置于 400mL 烧杯

中，用约 300mL 60 ~ 80℃水溶解，用已于 105 ~ 110℃干燥至恒重的古氏坩埚过滤，用 60 ~ 80℃水洗涤残渣至无碱性反应（用 pH 试纸检查 pH 值为 7 ~ 9）为止。将坩埚和残渣于 105 ~ 110℃干燥至恒重。试样中水不溶物含量可按下式计算：

$$w(\text{BR}) = \frac{m_2 - m_1}{m} \times 100\% \qquad (11-111)$$

式中　$w(\text{BR})$——水不溶物含量（质量分数）；

　　　m_1——古氏坩埚的质量（g）；

　　　m_2——水不溶物与古氏坩埚的质量（g）；

　　　m——试样的质量（g）。

取平行测定结果的算术平均值为测定结果，两次平行测定结果的绝对差值不应大于 0.02%。

6. 含铁量（GB/T 4209—2008）

（1）测定原理　用抗坏血酸将试液中的 Fe^{3+} 还原成 Fe^{2+}。在 pH 值为 2 ~ 9 时，Fe^{2+} 与 1,10 - 菲啰啉生成橙红色络合物，在分光光度计最大吸收波长（510nm）处测定其吸光度。在特定条件下，络合物在 pH 值为 4 ~ 6 时测定。

（2）主要仪器与试剂　电热恒温干燥箱（可控制在本试验需要的温度范围）、玛瑙研钵；50mL 压力溶弹、分光光度计（带有 1cm、2cm、4cm 或 5cm 的比色皿）。分析时只能使用分析纯试剂、蒸馏水或纯度相当的水。其他试剂如下：

盐酸（180g/L 溶液）：将 409mL 质量分数为 38% 的盐酸溶液（密度为 1.19g/mL）用水稀释至 1000mL，并混匀（操作时要小心）。盐酸溶液（1 + 3）、甲基橙指示液（1g/L）；氨水（85g/L 溶液）将 374mL 质量分数为 25% 氨水（$\rho = 0.910g/mL$）用水稀释至 1000mL 并混匀。乙酸 - 乙酸钠缓冲溶液（在 20℃时 pH = 4.5）：称取 164g 无水乙酸钠用 500mL，水溶解，加 240mL 冰乙酸，用水稀释至 1000mL。抗坏血酸（100g/L）：该溶液一周后不能使用。1,10 - 菲啰啉盐酸一水合物（$C_{12}H_8N_2 \cdot HCl \cdot H_2O$），或 1,10 - 菲啰啉一水合物（$C_{12}H_8N_2 \cdot H_2O$），1g/L 溶液。用水溶解 1g 1,10 - 菲啰啉一水合物或 1,10 - 菲啰啉盐酸一水合物，并稀释至 1000mL。避光保存，使用无色溶液。铁标准溶液（每升含有 0.200g 的铁）：称取 1.727g 十二水硫酸铁铵 [$NH_4Fe(SO_4)_2 \cdot 12H_2O$]，精确至 0.001g，用约 200mL 水溶解，定量转移至 1000mL 容量瓶中，加 20mL 硫酸溶液（1 + 1），稀释至刻度并混匀。1mL 该标准溶液含有 0.200mg 的铁（Fe）。铁标准溶液，每升含有 0.020g 的铁（Fe）：移取 50.0mL 铁标准溶液（每升含有 0.200g 的铁）至 500mL 容量瓶中，稀释至刻度

并混匀。1mL 该标准溶液含有 20μg 的铁（Fe），该溶液现用现配。

（3）试验步骤　工作曲线的绘制：用移液管移取 0.00mL、0.50mL、1.00mL、2.00mL、3.00mL、4.00mL、5.00mL 铁标准溶液，分别置于 7 个 100mL 容量瓶中，使用适宜的比色皿（3cm 或 4cm），绘制工作曲线。

试验溶液的制备方法如下：

液体硅酸钠试验溶液的制备：称取约 5g 试样（精确至 0.01g），置于 500mL 烧杯中，加 150mL 水。加 2 滴甲基橙指示液，滴加（1 + 3）盐酸溶液中和，再过量 10mL，煮沸 5min，冷却至室温。全部移入 250mL 容量瓶中，用水稀释至刻度，摇匀。此溶液为试验溶液 A。

固体硅酸钠试验溶液的制备：将待测试样置于 105 ~ 110℃ 的电热恒温干燥箱中烘干 1h，用玛瑙研钵研细至无颗粒感为止，置于 105 ~ 110℃ 电热恒温干燥箱内烘至质量恒定。称取约 1g 此试样（精确至 0.0002g），置于压力溶弹内，加入约 2mL 水，盖紧压力溶弹盖。置于电热恒温干燥箱中，使温度升至 180℃，并在 180℃ 恒温 2h，取出压力溶弹。温度降到 40℃ 时，用 80℃ 以上的热水将试样溶解，全部移入 400mL 烧杯中。加 2 滴甲基橙指示液，用（1 + 3）盐酸溶液中和并过量 10mL，煮沸 5min。冷却至室温，全部移入 250mL 容量瓶中，用水稀释至刻度，摇匀。此溶液为试验溶液 B。

空白试验溶液的制备：在 500mL 烧杯中，加 150mL 水，加 2 滴甲基橙指示液，加入 15mL（1 + 3）盐酸溶液，煮沸 5min 冷却至室温，全部移入 250mL 容量瓶中，用水稀释至刻度，摇匀。

测定：用移液管移取试验溶液（液体硅酸钠优等品取 10mL，一等品取 5mL 试验溶液 A；固体硅酸的优等品取 50mL，一等品取 10mL 试验溶液 B）置于 100mL 容量瓶中。另外，用移液管移取与试液相同体积的空白试验溶液，分别置于 100mL 容量瓶中。加水至 60mL，用氨水溶液或盐酸溶液调整 pH 值为 2，用精密试纸检查 pH 值。将试液定量转移至 100mL 容量瓶中，加 1mL 抗坏血酸溶液，然后加 20mL 缓冲液和 10mL 1，10 - 菲啰啉溶液。用水稀释至刻度，摇匀。放置不少于 15min。从工作曲线中查出试验溶液和空白试验溶液中铁的质量。

试样中的含铁量按下式计算：

$$w(\text{Fe}) = \frac{(m_1 - m_2) \times 10^{-6}}{m(V/250)} \times 100\% \tag{11-112}$$

式中　$w(\text{Fe})$ ——铁含量（质量分数）；
　　　m_1 ——从工作曲线上查得的试验溶液中铁的质量（μg）；
　　　m_2 ——从工作曲线上查得的空白试验溶液中铁的质量（μg）；
　　　V ——移取试验溶液的体积（mL）；
　　　m ——试样质量（g）。

取平行测定结果的算术平均值为测定结果，两次平行测定结果的绝对差值：液体硅酸钠，不大于 0.005%；固体硅酸钠，优等品不大于 0.005%，一等品不大于 0.01%。

11.1.20　煤粉及其代用材料的性能测定

1. 粒度（GB/T 2684—2009）

粒度的测定方法参见 11.1.2 节的相关内容。

2. 含水量（GB/T 212—2008）

（1）通氮干燥法　称取一定量的一般分析试验煤粉试样，置于 105 ~ 110℃ 干燥箱中，在干燥氮气流中干燥到恒重。根据煤粉试样的质量损失计算出含水量。

1）主要仪器及试剂。仪器为天平（精度为 0.0001g）、小空间干燥箱（箱体严密，具有较小的自由空间，有气体进、出口，并带有自动控温装置，能保持温度在 105 ~ 110℃ 范围内）、玻璃称量瓶（直径为 40mm，高度 25mm，并带有严密的磨口盖）、干燥器（内装变色硅胶或粒状无水氯化钙）、干燥塔（容量为 250mL，内装干燥剂）、流量计（量程为 100 ~ 1000mL/min）。试剂为氮气（纯度为 99.9%，含氧量小于 0.01%）、无水氯化钙（化学纯，粒状）、变色硅胶（工业用品）。

2）试验步骤。用预先干燥和已称量过的称量瓶，称取粒度小于 0.2mm 的一般分析试验煤粉试样 1g ± 0.1g，精确至 0.0002g，平摊在称量瓶中。打开称量瓶盖，放入预先通入干燥氮气并已加热到 105 ~ 110℃ 的干燥箱中，烟煤干燥 1.5h，褐煤和无烟煤干燥 2h。在称量瓶放入干燥箱前 10min 开始通氮气，氮气流量以每小时换气 15 次为准。从干燥箱中取出称量瓶，立即盖上盖，放入干燥器中冷却至室温，约 20min 后进行称重。进行检查性干燥，每 30min 取出称重一次，直至两次称量之差小于 0.0010g 或质量增加时为止，在后一种情况下，采用质量增加前一次的质量为计算依据。当含水量小于 2.00%（质量分数）时，不必进行检查性干燥。煤粉中含水量按下式计算。

$$w(\text{H}_2\text{O}) = \frac{m_1 - m_2}{m_1} \times 100\% \tag{11-113}$$

式中　$w(H_2O)$——煤粉中含水量（质量分数）；

　　　m_1——烘干前试样的质量（g）；

　　　m_2——烘干至恒重时试样的质量（g）。

（2）空气干燥法　称取一定量的空气干燥煤粉试样，置于 105～110℃ 干燥箱中，在空气流中干燥至恒重。根据煤粉试样的质量损失计算出试样的含水量。

1）主要仪器。天平（精度为 0.0001g）、鼓风干燥箱、干燥器、带磨口称量瓶（φ40mm）等。

2）试验步骤。用预先干燥并已称量过的称量瓶，称取粒度小于 0.2mm 以下的空气干燥煤粉试样 1g±0.1g，精确至 0.0002g，平摊在称量瓶中。打开称量瓶盖，放入预先鼓风并已加热到 105～110℃ 的干燥箱中，在一直鼓风的条件下，烟煤干燥 1h，无烟煤干燥 1.5h。从干燥箱中取出称量瓶，立即盖上盖，放入干燥器中冷却至室温，约 20min 后进行称重。进行检查性干燥，每 30min 取出称重一次，直至两次称量之差小于 0.0010g 或质量增加时为止，在后一种情况下，采用质量增加前一次的质量为计算依据。当含水量小于 2.00%（质量分数）时，不必进行检查性干燥。煤粉的含水量按式（11-113）计算。

（3）微波干燥法　称取一定量的一般分析试验煤样，置于微波水分测定仪内。其中磁控管发射非电离微波，使水分子超高速振动，产生摩擦热，使煤中水分迅速蒸发。根据煤样的质量损失计算水分。本方法适用于褐煤和烟煤水分的快速测定。

1）主要仪器。微波水分测定仪（以下简称测水仪），带程序控制器，输入功率约为 1kW。仪器内配有微晶玻璃转盘，转盘上置有带标记圈、厚约 2mm 的石棉垫）、玻璃称量瓶（直径为 40mm，高度为 25mm，并带有严密的磨口盖）、干燥器（内装变色硅胶或粒状无水氯化钙）、分析天平（精度为 0.0001g）、烧杯（容量约为 250mL）。

2）试验步骤。在预先干燥和已称量的称量瓶内称取粒度小于 0.2mm 的一般分析试验煤样 1g±0.1g，精确至 0.0002g，平摊在称量瓶中。将一个盛有约 80mL 蒸馏水、容量约 250mL 的烧杯置于测水仪内的转盘上，用预加热程序加热 10min 后，取出烧杯。如连续进行数次测定，只需在第一次测定前进行预热。打开称量瓶盖，将带煤样的称量瓶放在测水仪的转盘上，并使称量瓶与石棉垫上的标记圈相内切。放满一圈后，多余的称量瓶可紧接第一圈称量瓶内侧放置。在转盘中心放一盛有蒸馏水的带表面皿盖的 250mL 烧杯（盛水量与测水仪说明书规定一致），并关上测水仪门。按测水仪说明书规定的程序加热煤样。加热程序结束后，从测水仪中取出称量瓶，立即盖上盖，放入干燥器中冷却至室温（约 20min）后称量。

空气干燥煤粉的含水量按下式计算：

$$M_{ad} = \frac{m_1}{m} \times 100\% \qquad (11\text{-}114)$$

式中　M_{ad}——空气干燥煤粉的含水量（质量分数）；

　　　m——称取的一般分析试验煤样的质量（g）；

　　　m_1——煤样干燥后失去的质量（g）。

3. 灰分（GB/T 212—2008）

煤粉的灰分测定有缓慢灰化法和快速灰化法两种，前者可作为仲裁分析用。

（1）主要仪器　天平（精度为 0.0001g）、干燥器、耐热瓷板或石棉板、灰皿（瓷质，长方形，尺寸 45mm×22mm×14mm，见图 11-36）、马弗炉（温度可调且能保持在 815℃±10℃）、灰分快速测定仪。

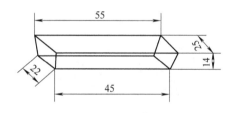

图 11-36　灰皿

（2）试验步骤

1）缓慢灰化法。用预先灼烧至恒重的灰皿，称取粒度为 0.2mm 以下的空气干燥煤粉试样 1g±0.1g，精确至 0.0002g。将试样均匀摊平在灰皿中，使其每平方厘米质量不超过 0.15g。将灰皿送入炉温不超过 100℃ 的马弗炉恒温区中。关上炉门并使炉门留有 15mm 左右缝隙，在不少于 30min 的时间内将炉温缓慢升至约 500℃，并在此温度下保温 30min。再将炉温升至 815℃±10℃，关上炉门并在此温度下灼烧 1h。从炉中取出灰皿，放在耐热瓷板或石棉板上，在空气中冷却 5min 左右，放入干燥器中冷却至室温（约 20min）后称量。然后进行检查性灼烧，温度为 815℃±10℃，每次 20min，直至质量变化小于 0.0010g 为止。采用最后一次称得的质量为计算依据。灰分的质量分数小于 15.00% 时，不必进行检查性灼烧。煤粉中灰分的质量分数按下式计算：

$$w(HF) = \frac{m_1}{m} \times 100\% \qquad (11\text{-}115)$$

式中　$w(HF)$——煤粉中灰分的质量分数；

　　　m——试样的质量（g）；

　　　m_1——灼烧后残留物的质量（g）。

2）快速灰化法。标准中有两种快速灰化法：方法 A 和方法 B。

① 方法 A（灰分快速测定仪法）。将灰分快速测定仪（见图 11-37）预先加热至 815℃±10℃，开动传送带并将其传送速度调节到 17mm/min 左右或其他合适的速度。对于新的灰分快速测定仪，需对不同煤种与缓慢灰化法进行对比试验，根据对比试验结果及煤的灰化情况，调节传送带的传送速度。用预先灼烧至恒重的灰皿，称取粒度为 0.2mm 以下的空气干燥试样 0.5g±0.01g，精确至 0.0002g。将试样均匀地摊平在灰皿中，使其每平方厘米的质量不超过 0.8g。把盛有试样的灰皿放在灰分快速测定仪的传送带上，灰皿即自动送入炉中。当灰皿从炉内传送出时，放在耐热瓷板或石棉板上，在空气中冷却 5min 左右，移入干燥器中冷却至室温（约 20min）后称量。按式（11-115）计算煤粉中灰分的质量分数。

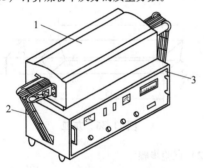

图 11-37　灰分快速测定仪

1—管式炉　2—传送带　3—控制仪

② 方法 B（马弗炉法）。用预先灼烧至恒重的灰皿，称取粒度为 0.2mm 以下的一般分析试样 1g±0.1g，精确至 0.0002g。将试样均匀摊平在灰皿中，使其每平方厘米质量不超过 0.15g。将盛有煤粉试样的灰皿预先分排放在耐热瓷板或石棉板上。将马弗炉加热到 815℃±10℃，打开炉门，将放有灰皿的耐热瓷板或石棉板缓慢推入马弗炉中，先使第一排灰皿中的煤粉试样灰化。待 5～10min 后，煤粉试样不再冒烟时，以不大于 2mm/min 的速度把第二、三、四排灰皿顺序推入炉内炽热部分（若煤粉试样着火发生爆燃，试验应作废）。关上炉门并使炉门留有 15mm 左右缝隙，在 815℃±10℃ 的温度下灼烧 40min。从炉中取出灰皿，放在耐热瓷板或石棉板上，在空气中冷却 5min 左右，放入干燥器中冷却至室温（约 20min）后称量。然后进行检查性灼烧，每次 20min，直至连续两次灼烧的质量变化小于 0.0010g 为止。用最后一次灼烧后的质量为计算依据。如遇检查性灼烧时结果不稳定，应改用缓慢灰化法重新测定。灰分的

质量分数低于 15% 时，不必进行检查性灼烧。以残留物的质量占煤粉试样的质量分数作为灰分的质量分数，按式（11-115）进行计算。

4. 挥发分（GB/T 212—2008）

煤粉的挥发分表示煤粉中除含水量以外的挥发物。

（1）主要仪器　天平（精度为 0.0001g）、秒表、干燥器、压饼机（螺旋式或杠杆式，能压制直径 10mm 的煤饼）、带盖挥发分瓷坩埚（高度为 40mm，上口外径为 33mm，见图 11-38）、马弗炉、坩埚架（用镍铬丝或其他耐热金属丝制成，其规格尺寸以能使所有的坩埚都在马弗炉恒温区内，并且坩埚底部紧邻热电偶热接点上方，见图 11-39）、坩埚架夹（见图 11-40）。

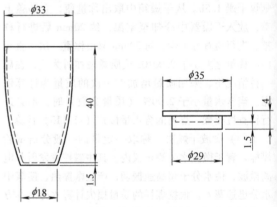

图 11-38　挥发分坩埚

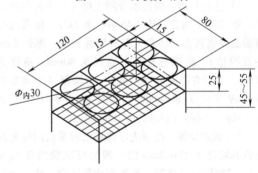

图 11-39　坩埚架

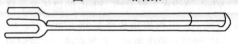

图 11-40　坩埚架夹

（2）试验步骤　在预先于 900℃ 下灼烧至恒重的带盖瓷坩埚中，准确称取粒度小于 0.2mm 的一般分析煤粉试样 1g±0.01g，精确至 0.0002g，然后轻轻振动坩埚，使其煤粉样摊平，盖上盖，放在坩埚架上。将马弗炉预先加热到 920℃ 左右，打开炉门，迅

速将坩埚与坩埚架送入恒温区，立即关上炉门并计时，准确加热 7min。坩埚与坩埚架放入后，要求炉温在 3min 内应恢复到 900℃ ± 10℃，此后保持在 900℃ ± 10℃，否则此次试验作废。加热时间包括温度恢复时间在内。

从炉中取出坩埚，在空气中冷却 5min 左右，移入干燥器中冷却至室温（约 20min）后称量。煤粉中挥发分的质量分数按下式计算：

$$w(\text{HF}) = \frac{m - m_1}{m} \times 100\% - w(\text{H}_2\text{O})$$

(11-116)

式中　$w(\text{HF})$——煤粉中挥发分的质量分数；

　　　m——试样加热前的质量（g）；

　　　m_1——试样加热后的质量（g）；

　　　$w(\text{H}_2\text{O})$——煤粉试样中含水量（质量分数）。

测定挥发分所得焦渣的特征，按下列规定加以区分：

1）粉状（1 型）：全部是粉末，没有相互黏着的颗粒。

2）黏着（2 型）：用手指轻碰即成粉末或基本上是粉末，其中较大的团块轻轻一碰即成粉末。

3）弱黏结（3 型）：用手指轻压即成小块。

4）不熔融黏结（4 型）：以手指用力压才裂成小块，焦渣上表面无光泽，下表面稍有银白色光泽。

5）不膨胀熔融黏结（5 型）：焦渣形成扁平的块，煤粒的界线不易分清，焦渣上表面有明显银白色金属光泽，下表面银白色光泽更明显。

6）微膨胀熔融黏结（6 型）：用手指压不碎，焦渣的上、下表面均有银白色金属光泽，但焦渣表面具有较小的膨胀泡（或小气泡）。

7）膨胀熔融黏结（7 型）：焦渣上、下表面有银白色金属光泽，明显膨胀，但高度不超过 15mm。

8）强膨胀熔融黏结（8 型）：焦渣上、下表面有银白色金属光泽，焦渣高度大于 15mm。

为了简便起见，通常用上列序号作为各种焦渣特征的代号。

5. 含硫量（GB/T 214—2007）

煤粉中含硫量的测定方法有艾士卡法、库仑法和高温燃烧中和法 3 种。在铸造生产中，一般只采用艾士卡法。

（1）艾士卡法　艾士卡法是将煤粉试样与艾士卡试剂混合灼烧，煤中硫生成硫酸盐，然后使硫酸根离子生成硫酸钡沉淀，根据硫酸钡的质量计算煤粉中硫的含量。

1）主要仪器与试剂。仪器为天平（精度为

0.0001g）、马弗炉（带温度控制装置，能升温到 900℃，温度可调并可通风）、瓷坩埚（容量为 30mL 和 10 ~ 20mL 两种）、滤纸（中速定性滤纸和致密无灰定量滤纸）。试剂为 BaCl_2 溶液［100g/L，10g 氯化钡（GB/T 652）溶于 100mL 水中］、甲基橙溶液（2g/L，0.2g 甲基橙溶于 100mL 水中）、AgNO_3 溶液［10g/L，1g 硝酸银（GB/T 670）溶于 100mL 水中，加入几滴 HNO_3（GB/T 626），保存于深色瓶中］、盐酸溶液（1 + 1）、艾士卡试剂［以下简称艾氏剂，以 2 质量份的化学纯轻质氧化镁（GB/T 9857）与 1 质量份的化学纯无水碳酸钠（GB/T 639）混匀并研细至粒度小于 0.2mm 后，保存在密闭容器中］。

2）试验步骤。在 30mL 瓷坩埚内称取粒度小于 0.2mm 的空气干燥煤粉试样 1.00g ± 0.01g（称量精确至 0.0002g）和艾氏剂 2g（精确至 0.1g），仔细混合均匀，再用艾氏剂 1g（精确至 0.1g）覆盖在煤粉样品上面。将该坩埚移入通风良好的马弗炉中，在 1 ~ 2h 之内将电炉从室温逐渐升到 800 ~ 850℃，并在该温度下保持 1 ~ 2h。

将坩埚从马弗炉中取出，冷却至室温，用玻璃棒将坩埚中的灼烧物搅松、捣碎（如发现有未烧尽的煤粉的黑色颗粒，应在 800 ~ 850℃ 下继续灼烧 0.5h）。将灼烧物转移到 400mL 烧杯中，用热水冲洗坩埚内壁，将冲洗液收入烧杯，再加入 100 ~ 150mL 刚煮沸的蒸馏水，充分搅拌。如果此时尚有黑色煤粉颗粒飘浮在液面上，则本次测定作废。

用中速定性滤纸以倾泻法过滤，用热水倾洗 3 次，然后将残渣移到滤纸中，用热水仔细冲洗至少 10 次。洗液总体积为 250 ~ 300mL。向滤液中滴入 2 ~ 3 滴甲基橙指示剂，用盐酸溶液中和并过量盐酸 2mL，使溶液呈微酸性。将溶液加热至沸腾，在不断搅拌下缓慢滴加 BaCl 溶液 10mL，并在微沸状况下保持约 2h，溶液最终体积约为 200mL。

溶液冷却或静置过夜后用致密无灰定量滤纸过滤，并用热水洗至无氯离子为止（AgNO_3 检验无浑浊）。将带沉淀的滤纸转移到已知质量的瓷坩埚中，低温灰化滤纸后，在温度为 800 ~ 850℃ 的马弗炉内灼烧 20 ~ 40min，取出坩埚，在空气中稍加冷却后放入干燥器中冷却到室温后称量。每配制一批艾氏剂或更换其他任一试剂时，应进行 2 个以上空白试验（除不加煤粉样外，全部操作按本过程），硫酸钡质量的极差不得大于 0.0010g，取算术平均值作为空白值。

煤粉中含硫量按下式计算：

$$w(\text{LS}) = \frac{(m_1 - m_2) \times 0.1374}{m} \times 100\%$$

(11-117)

式中　$w(LS)$——空气干燥煤粉试样含硫量（质量分
　　　　　　　数）；

　　　　m_1——硫酸钡质量（g）；

　　　　m_2——空白试验的硫酸钡质量（g）；

　　　　m——煤粉试样的质量（g）。

　　　　0.1374——由硫酸钡换算为硫的系数。

　　（2）库仑滴定法　煤粉试样在催化剂作用下，于
空气流中燃烧分解，煤中硫生成硫氧化物，其中二氧
化硫被碘化钾溶液吸收，以电解碘化钾溶液所产生的
碘进行滴定，根据电解所消耗的电量计算煤粉中含
硫量。

　　1）主要仪器与试剂。仪器为燃烧舟（素瓷或刚
玉制品，装样部分长度约为60mm，耐温1200℃以
上）；库仑测硫仪，包括由管式高温炉（能加热到
1200℃以上，并有至少70mm以上长的1150℃±10℃
高温恒温带，附有铂铑–铂热电偶测温及控温装置，
炉内装有耐温1300℃以上的异径燃烧管）、电解池
（高度为120～180mm，容量不少于400mL，内有面积
约为150mm²的铂电解电极对和面积约15mm²的铂
指示电极对，指示电极响应时间应小于1s）、电磁搅
拌器（转速约500r/min且连续可调）、库仑积分器
（电解电流在0～350mA范围内积分线性误差应小于
0.1%，配有4～6位数字显示器或打印机）、送样程
序控制器（可按规定的程序灵活前进、后退）、空气
供应及净化装置（由电磁泵和净化管组成，供气量
约为1500mL/min，抽气量约为1000mL/min，净化管
内装氢氧化钠及变色硅胶）。

　　试剂为三氧化钨（HG11-1129）、变色硅胶
（HG/T 2765.4，工业品）、氢氧化钠（GB/T 629，化
学纯）。

　　电解液试剂配制：称取碘化钾（GB/T 1272）、
溴化钾（GB/T 649）各5.0g，溶于250～300mL水中
并在溶液中加入冰醋酸（GB/T 676）10mL。

　　2）试验步骤。将管式高温炉升温至1150℃，用
另一组铂铑–铂热电偶高温计测定燃烧管中高温带的
位置、长度及500℃的位置。调节送样程序控制器，
使煤样预分解及高温分解的位置分别处于500℃和
1150℃处。在燃烧管出口处充填洗净、干燥的玻璃纤
维棉；在距出口端约80～100mm处，充填厚度约
3mm的硅酸铝棉。

　　将程序控制器、管式高温炉、库仑积分器、电解
池、电磁搅拌器和空气供应及净化装置组装在一起。
燃烧管、活塞及电解池之间连接时应口对口对接紧，
并用硅橡胶管密封。开动抽气泵和供气泵，将抽气流
量调节到1000mL/min，关闭电解池与燃烧间的活

塞。若抽气量能降到300mL/min以下，则证明仪器各
件及各接口气密性良好，否则须检查各部件及其接口。

　　将管式高温炉升温并控制在1150℃±10℃。开动
供气泵和抽气泵，将抽气流量调节到1000mL/min。在
抽气下，将电解液加入电解池内，开动电磁搅拌器。

　　仪器标定：使用有证煤标准物质，并按以下方法
之一进行测硫仪标定：①多点标定法，用含硫量能覆
盖被测样品含硫量范围的至少3个有证煤进行标定。
②单点标定法，用于被测样品含硫量相近的标准物质
进行标定。

　　标定程序：按GB/T 212测定煤标准物质的空气
干燥基水分，计算其空气干燥基全硫标准值。按煤测
硫步骤，用被标定仪器测定煤标准物质的含硫量。每
一标准物质至少重复测定3次，以3次测定值的平均
值为煤标准物质的硫测定值。将煤标准物质的硫测定
值和空气干燥基标准值输入测硫仪（或仪器自动读
取），生成校正系数。（有些仪器可能需要人工计算
校正系数，然后再输入仪器）。

　　标定有效性核验：另外选取1～2个煤标准物质
或者其他控制样品，用被标定的测硫仪测定其全硫含
量。若测定值与标准值（控制值）之差在标准值
（控制值）的不确定度范围（控制限）内，说明标定
有效，否则应查明原因，重新标定。

　　在燃烧瓷舟中放入少量非测定用的煤粉试样，按
下述过程进行终点电位调整试验：

　　于燃烧瓷舟中称取粒度小于0.2mm的空气干燥
煤粉试样0.05g±0.005g（称准至0.0002g），在煤粉
试样上盖一薄层三氧化钨。将燃烧瓷舟置于送样的石
英托盘上，开启送样程序控制器，煤粉试样即自动送
进炉内，库仑滴定随即开始。试验结束后，库仑积分
器显示出硫的毫克数或质量分数，或由打印机打印。
如试验结束后库仑积分器的显示值为0，应再次测定
直至显示值不为0。当库仑积分器最终显示数为硫的
毫克数时，全硫含量按下式计算：

$$w(S) = \frac{m_1}{m} \times 100\% \qquad (11\text{-}118)$$

式中　$w(S)$——一般分析煤粉试样中全硫含量（质
　　　　　　　量分数）；

　　　　m_1——库仑积分器显示值（mg）；

　　　　m——煤粉试样的质量（mg）。

　　（3）高温燃烧中和法　煤粉试样在催化剂作用
下于氧气流中燃烧，煤中硫生成硫的氧化物，被过氧
化氢溶液吸收形成硫酸，用氢氧化钠溶液滴定，根据
消耗的氢氧化钠标准溶液量，计算煤中含硫量。

　　1）主要试剂。氧气（GB/T 3863，纯度为

99.5%)、碱石棉（化学纯，粒状）、三氧化钨（HG 10-1129）、无水氯化钙（HG/T 2327，化学纯）、邻苯二甲酸氢钾（HG/ 1257，优级纯）。

以下为几种试剂溶液及其配制：

酚酞溶液（1g/L）：0.1g 酚酞（GB/T 10729）溶于 100mL 的乙醇（体积分数为 60%）溶液中。

混合指示剂：将 0.125g 甲基红（HG/T 3 – 958）溶于 100mL 乙醇中，另将 0.083g 亚甲基蓝（HGB 3364）溶于 100mL 乙醇中，分别贮存于棕色瓶中，使用前按等体积混合。

过氧化氢溶液（体积分数为 3%）：取 30mL 过氧化氢（质量分数为 30%）加入 970mL 水中，加 2 滴混合指示剂，用稀硫酸（GB 625）或稀氢氧化钠（GB/T 629）溶液中和至溶液呈钢灰色。此溶液当天使用当天中和。

氢氧化钠标准溶液（0.03mol/L）：称取优级纯氢氧化钠（GB/T 629）6.0g，溶于 5000mL 经煮沸并冷却后的蒸馏水中，混合均匀，装入瓶内，用橡胶塞塞紧。

氢氧化钠标准溶液的标定：取预先在 120℃ 下干燥过 1h 的邻苯二甲酸氢钾 0.2 ~ 0.3g（精确至 0.0002g），置于 250mL 锥形瓶中，用 20mL 左右水溶解。以酚酞作为指示剂，用氢氧化钠标准溶液滴定至红色。其浓度为

$$c_{NaOH} = \frac{m}{0.2042V} \qquad (11-119)$$

式中　c_{NaOH}——氢氧化钠标准溶液的浓度（mol/L）；
　　　　m——邻苯二甲酸氢钾的质量（g）；
　　　　V——氢氧化钠标准溶液的用量（mL）；
　　　　0.2042——邻苯二甲酸氢钾的摩尔质量（g/m mol）。

氢氧化钠标准溶液滴定度的标定：称取 0.2g 左右标准煤粉试样（精确至 0.0002g），置于燃烧舟中，再盖上一薄层三氧化钨。按试验步骤进行试验并记下滴定时氢氧化钠溶液的用量，按下式计算其滴定度：

$$T = \frac{mw(S)}{100V} \qquad (11-120)$$

式中　T——氢氧化钠标准溶液滴定度（g/mL）；
　　　　m——标准煤粉试样的质量（g）；
　　　　$w(S)$——标准煤粉试样的含硫量（质量分数）；
　　　　V——氢氧化钠溶液的用量（mL）。

羟基氰化汞溶液：称取约 6.5g 左右羟基氰化汞，溶于 500mL 去离子水中，充分搅拌后，放置片刻，过滤。滤液中加入 2 ~ 3 滴混合指示剂，用稀硫酸溶液中和，贮存于棕色瓶中。此溶液有效期为 7d。

仪器为管式高温炉（能加热到 1250℃，并有 80mm 以上长的 1200℃ ± 10℃ 高温恒温带，附有铂铑 – 铂热电偶测温及控温装置）、异径燃烧管（耐温 1300℃ 以上，管总长约为 750mm，一端外径约为 22mm，内径约为 19mm，长约为 690mm，另一端外径约为 10mm，内径约为 7mm，长约为 60mm）、氧气流量计（测量范围 0 为 ~ 600mL/min）、吸收瓶（250mL 或 300mL 锥形瓶）、气体过滤器（用 G1 ~ G3 型玻璃熔板制成）、干燥塔（容积为 250mL，下部 2/3 装碱石棉，上部 1/3 装无水氯化钙）、贮气桶（容量为 30 ~ 50L，用氧气钢瓶正压供气时可不配备贮气桶）、酸滴定管（25mL、10mL）、碱滴定管（25mL、10mL）、镍铬丝钩（用直径约为 2mm 的镍铬丝制成，长约为 700mm，一端弯成小钩）、洗耳球、燃烧舟（瓷或刚玉制品，耐温 1300℃ 以上，长约为 77mm，上宽约为 12mm，高约为 8mm）、带橡胶塞的 T 形管（见图 11-41）。

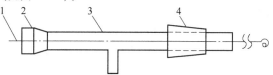

图 11-41　带橡胶塞的 T 形管
1—镍铬丝推棒（直径约 2mm，长约 700mm，一端卷成直径约 10mm 的圆环）　2—翻胶帽
3—T 形玻璃管（外径约 7mm，长约 60mm，垂直支管长约 30mm）　4—橡胶塞

2）试验步骤。把燃烧管插入高温炉，使细径管端伸出炉口 100mm，并接上一段长约 30mm 的硅橡胶管。将高温炉加热并稳定在 1200℃ ± 10℃，测定燃烧管内高温恒温带及 500℃ 温度带部位和长度。将干燥塔、氧气流量计、高温炉的燃烧管和吸收瓶连接好，并检查装置的气密性。用量筒分别量取 100mL 已中和的过氧化氢溶液，倒入 2 个吸收瓶中，塞上带有气体过滤器的瓶塞并连接到燃烧管的细径端，再次检查其气密性。

称取 0.2g（精确至 0.0002g）煤粉试样置于燃烧瓷舟中，并盖上一薄层三氧化钨。将盛有煤粉试样的燃烧瓷舟放在燃烧管入口端，随即用带 T 形管的橡胶塞塞紧，然后以 350mL/min 的流量通入氧气。用镍铅丝推棒将燃烧瓷舟推到 500℃ 温度区并保持 5min，再将瓷舟推到高温区，立即撤回推棒，使煤粉试样在该区燃烧 10min。停止通入氧气，先取下靠近燃烧管的吸收瓶，再取下另一个吸收瓶，取下带橡胶塞的 T 形管，用镍铬丝钩取出燃烧瓷舟。取下吸收瓶塞，用水清洗气体过滤器 2 ~ 3 次（清洗时，用洗耳球加压排出洗液）。分别向 2 个吸收瓶内加入 3 ~ 4 滴混合指示剂，用氢氧化钠标准溶液滴定至溶液由桃红色变为

钢灰色，记下氢氧化钠溶液的用量。

在燃烧瓷舟内放一薄层三氧化钨（不加煤样），按上述步骤进行空白试验测定空白值。煤粉中全硫含量有两种计算方法。

① 用氢氧化钠标准溶液的浓度计算，即

$$w(S) = \frac{0.016(V - V_0)c_{NaOH}f}{m} \times 100\%$$

$$(11\text{-}121)$$

式中　$w(S)$——空气干燥煤样中全硫含量（质量分数）；

　　　　V——煤样测定时，氢氧化钠标准溶液的用量（mL）；

　　　　V_0——空白测定时，氢氧化钠标准溶液的用量（mL）；

　　　c_{NaOH}——氢氧化钠标准溶液的浓度（mol/L）；

　　　0.016——硫的摩尔质量（g/m mol）；

　　　　f——校正系数，当 $w(S) < 1\%$ 时，$f = 0.95$；$w(S)$ 为 1~4 时，$f = 1.00$；$w(S) > 4\%$ 时，$f = 1.05$；

　　　　m——煤粉试样质量（g）。

② 用氢氧化钠标准溶液的滴定度计算，即

$$w(S) = \frac{(V - V_0)T}{m} \times 100\% \qquad (11\text{-}122)$$

式中　T——氢氧化钠标准溶液的滴定度（g/mL）。

硫的质量分数高于 0.02% 的煤粉或用氯化锌减灰的精煤粉应按以下方法进行硫的校正：在氢氧化钠标准溶液滴定到终点的试液中加入 10mL 羟基氰化汞溶液，用硫酸标准溶液滴定到溶液由绿色变钢灰色，记

下硫酸标准溶液的用量。按下式计算煤样的全硫含量。

$$w(S_0) = w(S) - \frac{0.016c_{H_2SO_4}V_1}{m} \times 100\%$$

$$(11\text{-}123)$$

式中　$w(S_0)$——空气干燥煤粉试样用氯含量校正全硫含量（质量分数）；

　　　　$w(S)$——按式（11-121）或式（11-122）计算的全硫含量（质量分数）；

　　　$c_{H_2SO_4}$——硫酸标准溶液的浓度（mmol/mL）；

　　　　V_1——硫酸标准溶液的用量（mL）；

　　　0.016——硫的摩尔质量（g/mmoL）。

6. 光亮碳析出量（JB/T 9222—2008）

光亮碳是煤粉中富碳材料在高温热分解时形成的沉积碳膜，因其光亮平滑，故称为光亮碳。

（1）主要仪器　石英管与石英坩埚：石英管的壁厚为 1.5mm，质量为 100g。石英坩埚的质量为 50g，石英管内装有石英棉 6g，石英棉在石英管中均匀分布。石英管和石英坩埚以磨口形式连接。石英管的使用寿命为 100 次 ± 10 次，石英棉为 30 次。光亮碳析出量试验装置见图 11-42。

马弗炉：内尺寸为 (160~175)mm × (95~100)mm × (260~290)mm。马弗炉带有调温装置，并附有热电偶及高温表。

干燥器：其尺寸以能容入石英管为宜。

分析天平：感量为 0.0001g。

支架：用厚度为 2mm 的耐热钢板制成（见图 11-43），配放石英管后置入马弗炉内，其大小应以不超过恒温区为限。

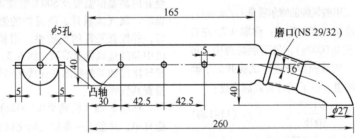

图 11-42　光亮碳析出量试验装置

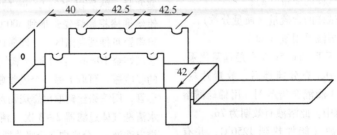

图 11-43　耐热钢支架

（2）试验步骤 将石英管和石英坩埚的外表面刷洗干净，将马弗炉升温至 900℃±20℃。石英管和石英坩埚在此温度和通风条件下加热约 30min，置入干燥器中冷却约 30min 至室温。称量石英管和石英坩埚的质量，精确到 0.0001g。在石英坩埚中称量试料 0.1~0.3g，精确到 0.0001g，试料质量须使测定后石英管至少有 10%~20% 长度未被染色。

先将装有石英棉的石英管置入 900℃±20℃ 的马弗炉中，等石英管被加热到 900℃±20℃（约 10min），迅速将装有试料的石英坩埚与石英管连接，并在第一分钟时将坩埚夹持牢固以避免爆燃损失，然后关闭炉门。3min 内炉温恢复到 900℃±20℃，总共 5min 后取出石英坩埚和石英管，在干燥器中冷却至室温（约 30min）后再次称量。

光亮碳析出量按下式计算：

$$w(GK) = \frac{m_1 - m_2}{m} \times 100\% \qquad (11-124)$$

式中　$w(GK)$——光亮碳析出量（质量分数）；
　　　m_1——试验后石英管质量（g）；
　　　m_2——试验前石英管质量（g）；
　　　m——试样质量（g）。

由于影响光亮碳测定准确性的因素较多，所以以测量操作至少应重复 10 次，去掉最大值及最小值，剩余各次测量结果取平均值即为最终的光亮碳检测结果。

11.2 型（芯）砂的测试方法

11.2.1 黏土砂的性能测定

1. 取样方法（GB/T 2684—2009）

型（芯）砂的性能与试样的选取有着密切的关系，选取的试样应对型（芯）砂总体来说具有代表性，能够全面反映型（芯）砂的总体情况。因此，选取试样应避免从砂堆表层收集已失去部分水分的混合料。试验用试样必须取经过与铸造车间相同方法处理过的型（芯）砂，或直接从铸造车间按混制设备的特点和工艺规定，定期定点取样。如果型（芯）砂由带式输送机输送，可从输送机上定期取样 3 份混匀，其数量根据试验项目而定。选取的样品应置于密封塑料袋或非金属有盖容器中。

2. 含水量（GB/T 2684—2009）

黏土砂的含水量是指经 105~110℃ 烘干后能去除的水分含量，以试样烘干后失去的质量与原试样质量比表示。

含水量试验步骤见 11.1.2 节。

3. 紧实率（GB/T 2684—2009）

（1）主要仪器 筛子（筛号为 6）、圆柱形标准试样筒、锤击式制样机。

（2）试验步骤 型砂紧实率测定方法见图 11-44。将试样通过带有筛号为 6 的筛子的漏斗，落入到有效高度为 120mm 的圆柱形标准试样筒内（筛底至标准试样筒的上端面距离应为 140mm），用刮刀将试样筒上多余的试样刮去，然后将装有试样的样筒在锤击式制样机（锤击式制样机应安放在水泥台面上，下面垫 10mm 厚的橡胶板）上冲击 3 次，从制样机上读出数值。紧实率 J_S 按下式计算：

$$J_S = \frac{H_0 - H_1}{H_0} \times 100\% \qquad (11-125)$$

式中　J_S——型砂紧实率；
　　　H_0——试样紧实前的高度（120mm）；
　　　H_1——试样紧实后的高度（mm）。

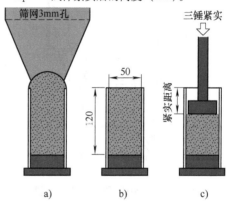

图 11-44　型砂紧实率测定方法
a）填满型砂　b）刮平　c）紧实

4. 常温强度（GB/T 2684—2009）

试样的强度按混合料性质的不同有湿强度和干度，按受力情况的不同有抗压、抗剪、抗拉、抗弯强度，按测定时的温度条件不同有高温强度和常温强度。

（1）主要仪器 SHN 型碾轮式混砂机（见图 11-45）或 SHQ 型强碾式混砂机（见图 11-46）、SAC 型外圆定位或内圆定位锤击式制样机（见图 11-47、图 11-48）、SWY 型水平液压万能强度试验机（见图 11-49）、SWX 型垂直加载数显式万能强度试验机（见图 11-50）、智能型砂强度试验机（见图 11-51）。图 11-52 是美国 Simpson 公司生产的数显液压–气动多功能测试仪，可测量芯砂抗压强度、抗剪强度、芯砂"8"字形试样抗拉强度、长条抗弯强度等，还可与计算机通信传输检测数据；图 11-53 是美国 Simpson 公司生产的数显液压–气动垂直加载的微型型砂实验室，图 11-54 是这个微型型砂实验室所能检测的型砂性能；

图 11-55 是国产的 SJB 型型砂抗剪强度变形极限测试仪，用于检测黏土湿型砂的抗剪强度和变形极限。

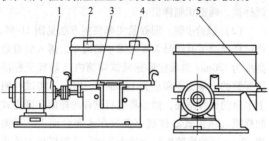

图 11-45 SHN 型碾轮式混砂机

1—电动机 2—碾轮 3—碾盘 4—外罩 5—出砂口

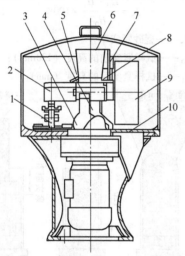

图 11-46 SHQ 型强碾式混砂机

1—搅拌器 2—回转臂 3—外刮板
4—内刮板 5—散水管 6—水盅
7—调压装置 8—调整间隙螺钉
9—碾轮 10—出砂门

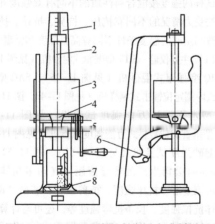

图 11-47 SAC 型外圆定位锤击式制样机

1—刻度盘 2—中心轴 3—重锤 4—锤垫
5—凸轮 6—扳手 7—冲头 8—试样筒

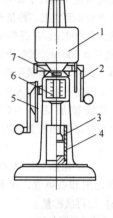

图 11-48 SAC 型内圆定位锤击式制样机

1—重锤 2—小凸轮 3—圆柱形冲头
4—试样筒 5—大凸轮 6—刻度线
7—紧实率刻度

a)

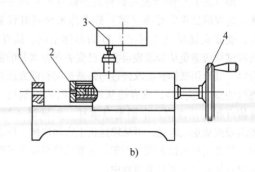

b)

图 11-49 SWY 型水平液压万能强度试验机

a) 外形 b) 结构
1—机体 2—工作活塞
3—压力计 4—手轮

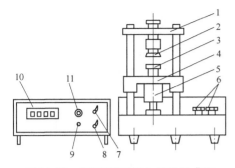

图 11-50　SWX 型垂直加载数显式液
压万能强度试验机

1—上横梁　2—试样上夹头　3—试样下夹头
4—下横梁　5—弹性加载器　6—加载速度选择旋钮
7—保持及短路开关　8—开关　9—调零旋钮
10—数字显示表头　11—加载种类转换旋钮

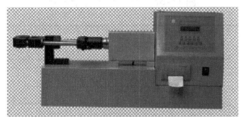

图 11-51　智能型砂强度试验机

a)

b)

图 11-52　数显液压 – 气动
多功能测试仪

a）仪器主机
b）用于测量抗压变形量的量具

图 11-53　微型型砂实验室

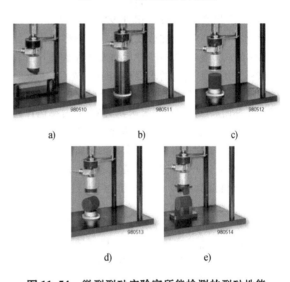

a)　　　　　b)　　　　　c)

d)　　　　　e)

图 11-54　微型型砂实验室所能检测的型砂性能

a）芯砂长条抗弯强度　b）抗压强度
c）垂直抗剪强度　d）劈裂强度
e）水平抗剪强度

图 11-55　SJB 型型砂抗剪强度
变形极限测试仪

（2）型砂混合料配制方法　测定黏土砂性能应按取样方法提取型砂混合料样品制作试样。测定铸造用黏土或膨润土的工艺试样强度，对于黏土采用控制水分法混制型砂试样，对于膨润土则采用控制紧实率法混制型砂试样。

1）控制水分法（JB/T 9227—2013）。此方法是在固定加水量的条件下混制试验用型砂混合料的。配制时，称取标准砂2000g和黏土试样200g，放入碾轮式混砂机中，先干混2min，然后加水100mL，再混碾8min。将配制好的混合料盛于带盖的容器中或置于塑料袋里扎紧，以备进行试验。混合料应放置10min后再进行试验，但不得超过1h。

2）控制紧实率法（JB/T 9227—2013）。量取40mL水，将2000g标准砂放入碾轮式混砂机内，加入3/4的水湿混1~2min，然后加入100g铸造用膨润土试料，并补加适量的水混碾8min，按GB/T 2684的规定测定紧实率。当紧实率小于43%时，可加少量水（补加水量按每毫升水达到1.5%紧实率估计），再混碾2min，再检查紧实率；若紧实率大于47%，将试料过筛1~2次，再检查紧实率。紧实率应控制在43%~47%。混好的试验料应密封存放，防止水分挥发。混合料放置10min内测定，但超过1h则不予使用。

（3）试样的制备　测定各种强度用的标准试样除特殊规定外都是在锤击式制样机（锤击式制样机应安放在水泥台面上，下面垫10mm厚的橡胶板）上冲击3次而制成的。试验抗压强度及抗剪强度用的试样为圆柱形标准试样（见图11-56）；抗拉强度为"8"字形标准试样（见图11-57）；抗弯强度为长条形标准试样（见图11-58）。

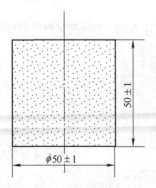

图11-56　圆柱形标准试样

制成的试样从试样筒中脱出后，即可进行湿强度试验。若需要进行干强度试验，应将试样在规定的条件下干燥或硬化。

（4）试验步骤

1）测定抗压强度时，将试样置于强度试验机的夹具中（见图11-59），逐渐加载，直至试样破裂。其抗压强度值可直接从仪器中读出。

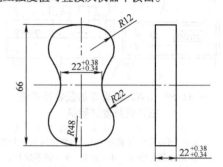

图11-57　"8"字形标准试样

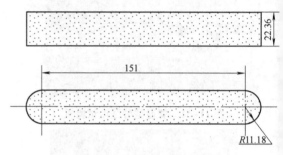

图11-58　长条形标准试样

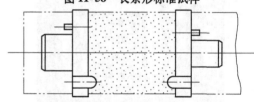

图11-59　抗压强度试样的装夹

2）测定抗剪强度时，将试样置于强度试验机上的夹具中（见图11-60），操作方法按1）的规定。

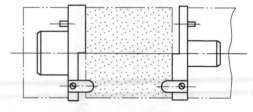

图11-60　抗剪强度试样的装夹

3）测定抗拉强度时，将试样置于强度试验机上的夹具中（见图11-61），逐渐加载，直至试样断裂。其抗拉强度值可直接从仪器中读出。

4）测定抗弯强度时，将试样置于强度试验机上的夹具中（见图11-62），使三角刃头对准试样中心部位，逐渐加载，直至试样破裂，读出或计算数据。

5）测定低湿压强度时，将低湿压夹具置于仪器上，并用调平螺钉 8 将曲杆 4 调平。其标准试样是采用圆柱形开合式样筒制成的（样筒底部放有一金属垫片）。将试样置于夹具中（见图 11-63），逐渐加载，直至试样破裂。其低湿压强度值可直接从仪器中读出。

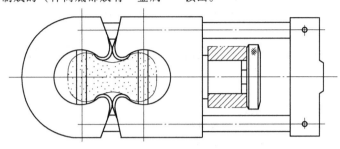

图 11-61　抗拉强度试样的装夹

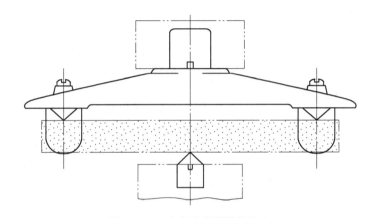

图 11-62　抗弯强度试样的装夹

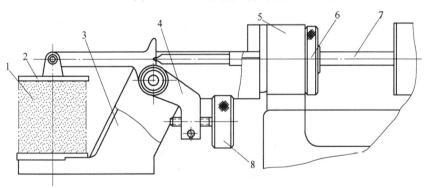

图 11-63　低湿压强度试样的装夹

1—试样　2—压板　3—拖架　4—曲杆　5—试验机夹具孔
6—固定螺母　7—顶杆　8—调平螺钉

6）湿拉强度（参考方法）。型砂湿态抗拉强度可用热湿拉试验仪来测定，也可用型砂湿拉强度试验仪测定。对高压造型而言，采用高压紧实，要求型砂有较高的湿拉强度，否则难以起模。在生产中往往要求型砂湿压强度与湿拉强度之间有一定比值，若比值较高，在一定程度上说明型砂有较好的韧性、起模性和造型性。

型砂湿拉强度试验仪（见图 11-64）主要由机械加载和测力部分组成。机械加载部分由电动机带动齿轮及蜗轮副减速，经螺母带动加载螺杆上下移动，把载荷施加在试样上；而测力部分采用机械杠杆摆锤式测力机构，由摆杆、重砣、刻度盘组成。

① 制备试样。将型砂装入特制试样筒中，在制样机上春击 3 次，使试样高度为 50mm。若测试高压

造型型砂湿拉强度，应将装好型砂的试样筒放在液压制样机上进行压制，可采用现场造型用的近似比压进行压制，试样高度也应为50mm。制作试样时，特别注意不要使型砂水分蒸发，否则会影响试验的精确度。

② 根据被测试样的破坏拉力大致范围，选定测力刻度盘，用A还是用B，同时挂上相应的重砝，并用手柄固定。

③ 把制备好的试样与试样筒一起装在下夹头上，并转动螺母将试样筒固定好。按下加载按钮，起动电动机，加载机构带动试样筒下移，把拉力施加在试样上，同时使摆杆沿弧形刻度盘摆起。当试样断开后，摆杆由于棘爪的作用，使摆杆停在棘轮上，即可由固定在摆杆上的指针指出试样的湿拉强度值。

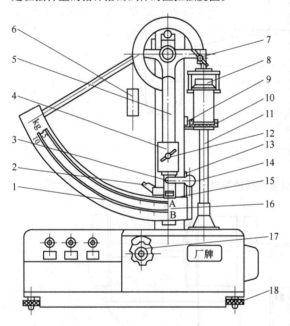

图 11-64　SLB 型摆锤式湿拉强度试验仪
1—刻度盘　2—扳手　3—摆杆固定钩　4—重砝
5—摆杆　6—平衡锤　7—夹头固定手柄　8—试样
筒座　9—行程开关（上）　10—螺母　11—加载杆
12—固定手柄　13—行程开关（下）　14—手柄
15—棘爪　16—指针　17—旋钮　18—调平螺钉

7）湿态劈裂强度（参考方法）。型砂湿态劈裂强度试验可在杠杆式万能强度仪或液压强度试验机上进行。用杠杆式万能强度仪试验的步骤如下：

① 将型砂舂制成 $\phi 50mm \times 50mm$ 圆柱形标准试样，用顶柱将试样从试样筒中顶出。把圆柱形试样横放在强度仪的上下压片之间，注意圆柱形试样的中心线应对准强度仪上下压片的中心（见图11-65）。旋

转上压片螺杆，使上压片徐徐下降，直至上压片与试样曲面接触，使试样受到微小的力而被夹住，不能自由滚动（注意不要用力过大使试样夹得太紧，否则所得读数偏低）。

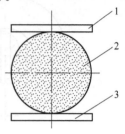

图 11-65　劈裂强度试验
1—上压片　2—圆柱形标准试样　3—下压片

② 转动强度仪手轮，以规定的速度加载。加载的同时应注意试样受力情况，当试样刚发生破裂时，应立即停止转动。所得标尺上的数值，经换算后即可得到型砂湿态劈裂强度值。

$$\sigma_{SP} = \frac{2F}{\pi dh} \qquad (11\text{-}126)$$

式中　σ_{SP}——型砂湿态劈裂强度（MPa）；

　　　F——劈裂载荷（N）；

　　　d——试样直径（mm），$d = 50mm$；

　　　h——试样高（mm），$h = 50mm$。

使用液压强度试验机进行劈裂试验时，将圆柱形标准试样横放在左右两个压托架的中间。摇动手轮，使右压托架与试样接触后再将手离开试样，继续摇动手枪，直到试样破裂为止。试样的劈裂强度值是低压表抗压强度值的1/10。

8）抗剪强度和变形极限。湿型砂经过紧实后的砂样抗剪强度以及在此剪切力作用下丧失聚合力前所能变形的程度（变形极限）是衡量湿型砂性能的两个重要指标。铸造工艺性能优良的湿型砂应具有适当的抗剪强度和变形极限。型砂抗剪强度变形极限测定仪（见图11-55）可以用同一个试样同时测定出型砂抗剪强度和变形极限两个性能值，比单独测定型砂抗剪强度和破碎指数能更有效地反映型砂的综合性能，特别是型砂的韧性及起模性。

试验时，将试样和样筒一起固定在仪器上。测试环中的型砂在外力的作用下产生应力和变形，直至断裂并与试样筒中的型砂分离，仪器上的计算机给出试样的型砂剪切强度和变形极限。

5. 透气性（GB/T 2684—2009）

黏土砂的透气性是指紧实的砂样允许气体通过的能力。

（1）主要仪器　圆柱形标准试样筒、锤击式制样机、天平（精度为 0.1g）、透气性测定仪（见图 11-66）、智能透气性测定仪（见图 11-67）。

a)

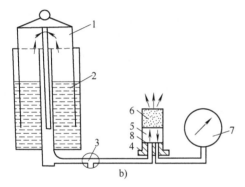

b)

图 11-66　STZ 型直读式透气性测定仪原理图

a）仪器外形　b）仪器原理图

1—气钟　2—水筒　3—三通阀
4—试样座　5—试样筒　6—标准试样
7—微压表　8—阻流孔

图 11-67　智能透气性测定仪

1—前面板　2—调压旋钮　3—试样座　4—打印机
5—试样筒　6—密封罩

（2）试验步骤　根据被检验试样的性质和用途，可分为混合料湿态、干态透气性及铸造用砂透气性。测定透气性采用快速法、标准法或智能透气性测定仪法进行。

1）快速法。

① 测定湿透气性时，称取一定量的试样放入圆柱形标准试样筒中，在锤击式制样机上（锤击式制样机应安放在水泥台面上，下面垫 10mm 厚的橡胶板）冲击 3 次，制成高度为 50mm ± 1mm 的标准试样。测定时，透气性测定仪处于测试状态，将内有试样的试样筒放在透气性测定仪的试样座上，并使两者密合。再将旋钮调至"测试"或"工作"位置，从数显屏或微压表上直接读出透气性的数值。试样透气性大于或等于 50 时，应采用 1.5mm 的阻流孔；试样透气性小于 50 时，应采用 0.5mm 的阻流孔。

② 测定干透气性时，按 11.2.1 节规定的方法制取标准试样，然后将冲制好的试样从试样筒中顶出，在规定的条件下干燥或硬化。测定时，将室温下的标准试样放在测干透气性的试样筒内，用打气筒使试样筒内的橡胶圈充气密封，然后放在透气性测定仪的试样座上，进行测定。其测定过程按①的规定。

每种试样的透气性，必须测定 3 次，其结果应取平均值。但其中任何一个试验结果与平均值相差超出 10% 时，试验应重新进行。

2）标准法。将透气性测定仪试样座上的阻流孔部件卸下，然后将气钟提至钟内空气容积为 2000cm³ 的标高处，将冲制好的内有试样的试样筒放到透气性测定仪的试样座上，使两者密合。再将旋钮旋转至"工作"位置，同时用秒表测定气钟内 2000cm³ 空气通过试样的时间，并由微压表中读出试样前的压力。

透气性 K 按下式计算：

$$K = \frac{VH}{Apt} = \frac{49945}{pt} \qquad (11\text{-}127)$$

式中　K——透气性 $[cm^2/(Pa \cdot s)]$；

V——通过试样的空气的体积（cm^3），$V = 2000cm^3$；

A——试样断面面积（cm^2），$A = 19.635cm^2$；

p——试样前的压力（Pa）；

t——2000cm^3 空气通过试样的时间（s）；

H——试样高度（cm），$H = 5cm$。

3）智能透气性测定仪法。检查电源线连接后，接通电源，按"测试"键起动气泵。将密封罩放到试样座上使其密封。再按"测试"键，将显示切换到显示气压值。调整调压旋钮，使显示值到 100。按

"测试"键，显示切换回显示透气率值。起动气泵，将制得的样试样放到试样座上，并使其密封，显示器上直接给出结果。测试过程中，可用"测试"键切换显示透气率值和气压值（mmH₂O，1mmH₂O = 9.8Pa）。待显示数字稳定后，按"打印"键结束测试，最终结果闪烁显示。

6. 高温性能

（1）主要仪器　LR型热湿拉强度试验仪、美国 Simpson 型砂高温性能试验仪、高温抗压强度及变形测定仪、SQR 型型砂热压应力试验仪及配套的制样器、SNJ 型型砂高温激热试验仪。

（2）试验步骤

1）热湿拉强度（GB/T 2684—2009）。热湿拉强度是指模拟湿型在熔融金属液的高温作用下，发生水分迁移，在砂型内表层水分凝聚区的抗拉强度。

用热湿拉强度试验仪的专用样筒制备试样，并将样筒置于 LR 型热湿拉强度试验仪（见图11-68、图11-69）上。将已加热到 320℃ ± 10℃ 的加热板紧贴试样 20s 后，加载直至试样断裂，从记录仪上读取测试数据。用同一种混合料测定 3 个试样，取其平均值作为该试样的热湿拉强度值。如果其中任何一个数据与平均值相差超过 10% 时，试验应重新进行。

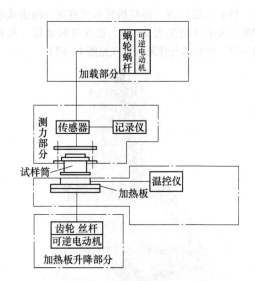

图 11-69　热湿拉强度试验仪工作原理

变形量，数据可用计算机记录和输出。圆柱形试样是在锤击式制样上用专门的模具冲制而成的。

图 11-71 是北京奇想达新材料有限公司生产的高温抗压强度及变形量测定仪。采用 φ12mm × 20mm 的圆柱形试样，加热温度为 1000℃。该仪器除了可以测试型砂或芯砂的抗压强度外，同时还可测出高温变形量。

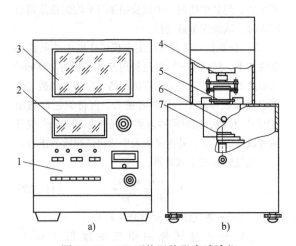

图 11-68　LR 型热湿拉强度试验仪

a）控制箱　b）主机

1—电控面板　2—温度控制仪　3—自动记录仪
4—测力传感器　5—试样筒　6—小门　7—电热板

2）高温抗压强度及变形量测定。美国 Simpson 公司生产的型砂高温性能试验仪见图 11-70。采用 φ1.125in × 2in（φ28.575mm × 50.8mm）的圆柱形试样，加热温度为 2000 °F（1093℃）。该试验仪除了可以测试型砂或芯砂的抗压强度外，同时还可测出高温

图 11-70　型砂高温性能试验仪

3）热压应力。SQR 型型砂热压应力试验仪见图 11-72。用图 11-73 所示的制样器制取 φ50mm × 5mm 球冠形试样，连同保持筒一起放在水浴槽中。用燃烧嘴对其加热，使试样急剧升温至 1000℃ 左右，试样产生的热压应力由传感器传给记录仪，经换算得出型砂热压应力值。

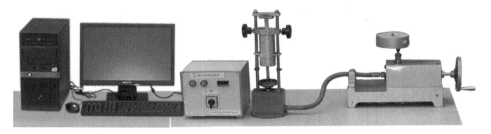

图 11-71　高温抗压强度及变形量测定仪

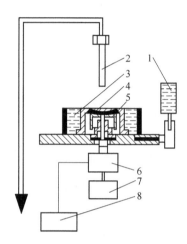

**图 11-72　SQR 型型砂热压应力
试验仪**

1—自动加水器　2—燃烧嘴　3—水浴槽
4—试样保持筒　5—试样托　6—测力传
感器　7—预加载机构　8—台式记录仪

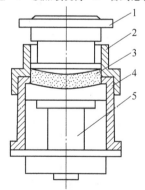

**图 11-73　SQR 型型砂热压应力试验仪
配套的制样器**

1—冲头　2—试样筒中圈　3—试样
4—试样保持筒　5—试样筒底座

根据记录仪所测毫伏数与力值按下式可计算出热
压应力值 σ_{bc}。式中参数见图 11-74。

$$\sigma_{bc} = \frac{2Pr}{a^2 s \pi} \qquad (11\text{-}128)$$

4）激热试验（曝热试验）。型（芯）砂的激热
试验（曝热试验）是指在高温急热的热辐射作用下，
考察型（芯）砂试样表层开裂程度的试验方法。用
激热性能可以评定型（芯）砂的抗夹砂性能。

SNJ 型型砂激热试验仪主要由高温激热炉和制样
机组成（见图 11-75）。试样为 $\phi135\text{mm} \times 40\text{mm}$ 圆饼
试样（见图 11-76）。高温炉门上装有一个石英玻璃
窥视孔。试验时，将制好的型砂圆饼试样放在高温激
热炉中，试样受到下方热源烘烤，以辐射加热板模拟
金属液高温作用。试样受热后表层水分向试样内部迁
移，形成高水分低强度区，试样表层受热膨胀、起皮
脱落。从高温炉门的窥视孔观察试样受热辐射时的变
化，并用秒表记录试样开始受热直到起皮脱落的时间
（激热开裂时间），以此表示型砂的抗夹砂能力。

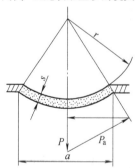

图 11-74　型砂热压应力试验用砂样形状

$r = 130\text{mm}$　$s = 5\text{mm}$　$a = 50\text{mm}$

P—传感器所测得的力　P_a—球面方向压力

7. 流动性

黏土砂的流动性是指其型（芯）砂在外力或自
重作用下，沿模样和砂粒之间相对移动的能力。

（1）主要仪器　湿型表面硬度计、锤击式制样
机、天平（精度为 0.01g）。

（2）试验步骤　型（芯）砂的流动性试验方法
目前有很多种，还没有统一，下面介绍其中的几种，
试验时可根据具体情况选用。

1）阶梯硬度差法。在圆柱形湿压强度标准试样

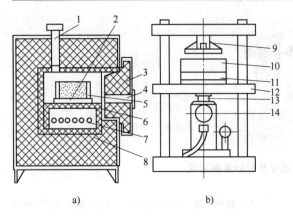

图 11-75　SNJ 型型砂激热试验仪

a）高温激热炉结构　b）制样机

1—耐火塞　2—载样轨　3—炉门　4—窥视孔
5—圆饼形型砂试样　6—辐射加热板　7—硅碳棒
8—耐火材料　9—上压板　10—加砂套圈
11—试样圈　12—托板　13—千斤顶　14—压力计

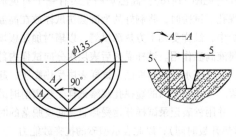

图 11-76　激热试验用圆饼试样

筒中，放置一个半圆形金属凸台（见图 11-77）。将 110～120g 的型（芯）砂放入试样筒中，用锤击式制样机春打或在专用的压实机上压实，然后翻转试样筒，测量 A 处硬度 H_A；再将试样从试样筒中顶出少许，使试样的阶梯处与试样筒边取齐，取下半圆形金属凸台，用条形刀片削去突出的砂块部分，再测试样 B 处的硬度 H_B。试样 A、B 两处的硬度值差别越小，说明型（芯）砂的流动性越好。其流动性可用下式计算：

$$\eta = \frac{H_A}{H_B} \times 100\% \qquad (11\text{-}129)$$

式中　η——型（芯）砂的流动性；

　　　H_A——试样 A 处的硬度；

　　　H_B——试样 B 处的硬度。

目前该法在高压造型工艺中应用较多。

2）漏孔质量法。此法为测定通过一定直径漏孔的试样质量（见图 11-78）。称取试样 170g，放入标准试样筒中。先在锤击式制样机上春打一次，然后将试样放置在一个带有 $\phi25mm$ 孔的漏孔模上，再冲击两次。用通过漏孔试样质量占原来试样的质量分数来

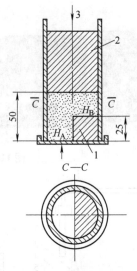

图 11-77　阶梯硬度差法

1—凸台　2—压头　3—冲头

表示型（芯）砂的流动性 η，即

$$\eta = \frac{m_A}{m_B} \times 100\% \qquad (11\text{-}130)$$

式中　m_A——通过漏孔的砂质量（g）；

　　　m_B——原试样质量（g）。

3）侧孔质量法。在圆柱形标准试样筒的侧面开有一个小孔，直径为 12mm（见图 11-79），先用塞柱塞紧。称量 185g 试样，倒入试样筒中，再将它放在锤击式制样机上，拔出塞柱舂击 10 次，用顶样柱将试样顶出。把留在小孔中的砂子刮下来，连同被挤出的砂子一起进行称量。以它占试样的质量分数作为型（芯）砂的流动性指标。其计算式同式（11-130）。

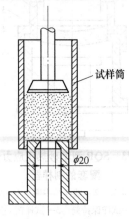

图 11-78　漏孔质量法

小孔中被挤出的砂子越多，说明型（芯）砂的流动性越好。这项试验基本上能反映出型（芯）砂充填铸型轮廓、凹槽的能力及其吹射性。它比较适合

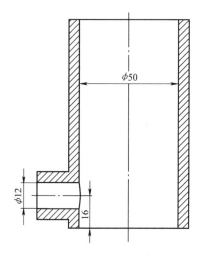

图 11-79　侧孔质量法

于测定湿态强度较低的树脂砂的流动性。

4）环形空腔法。在锤击式制样机上先春制一个圆柱形标准试样，并称其质量。再称同样质量的型砂，填入特制的试样筒中（见图 11-80），该试样筒的下端有环形空腔。在锤击式制样机上春打 3 次，测量试样的高度。型（芯）砂的流动性 η 用下式计算：

$$\eta = \frac{h_0 - h}{h_0 - h_1} \times 100\% \qquad (11\text{-}131)$$

式中　h_0——当型（芯）砂的流动性为零时试样的高度（mm），$h_0 = 50\text{mm}$；

　　　h_1——当型（芯）砂的流动性为 100% 时试样的高度（mm），$h_1 = 35\text{mm}$；

　　　h——实际试样的高度（mm）。

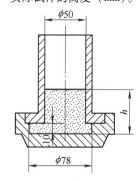

图 11-80　环形空腔法

此法能反映出型（芯）砂受力后向各个方向移动的能力。它也比较适用于测定湿态强度较低的型（芯）砂，如树脂砂的流动性。

8. 破碎指数

型（芯）砂的韧性系指型（芯）砂在造型、起模、制芯、脱芯时吸收塑性变形，不易损坏的能力，

一般以破碎指数来表示。

（1）主要仪器　SRQ 型落球式破碎指数试验仪（见图 11-81）、SAC 型锤击式制样机。

（2）试验步骤　试验时，将湿态标准抗压试样放在破碎指数试验仪的铁砧上，用 ϕ50mm、质量为 510g 硬质钢球自距铁砧上表面 1m 高处自由落下，直接打在标准试样上。试样破碎后，大块型砂留在 12.7mm 筛上，碎的通过筛网落入底盘内，然后称量筛网上大块砂的质量。大块砂质量与原试样质量的比值作为型（芯）砂的破碎指数。

型（芯）砂的破碎指数越大，表示它的韧性越好。测定破碎指数时数值较分散，重现性差。一般每种试样应取 3 次试验的平均值，而且，任一数值偏差不得大于平均值 20%。

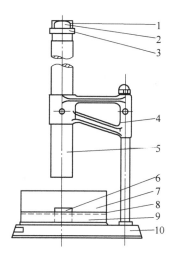

图 11-81　SRQ 型落球式破碎
指数试验仪

1、3—钢球擒纵机构　2—钢球　4—支架
5—导管　6—试样座　7—筛圈
8—筛子　9—底座　10—机座

9. 表面硬度

型（芯）砂的表面硬度是指它抵抗压划或磨损的能力。

型（芯）砂的硬度与它的紧实度、强度有很大的关系。由于目前测定型（芯）砂的紧实度比较困难，在生产中常以测定砂型（芯）的表面硬度来评定它的紧实程度。这种方法操作简便，不损坏砂型。

（1）主要仪器　SYS–A 型、SYS–B 型、SYS–C 型湿型硬度计（见图 11-82、图 11-83）。

与硬度计刻度值相对应的线性计算压力值见表 11-46。

（2）试验步骤　试验时，将硬度计紧压在所要试验的试样或砂型平面上，应使硬度计底部平面与被测试砂型平面紧密接触。根据小钢球压入试样或砂型表面的深度，可直接从硬度计表盘的刻度上读出该试样或砂型的硬度值。

测定湿态试样的硬度时，需测3个试样，而且每个试样要测3个不同位置，取其算术平均值。若其中任一个硬度值超出平均值20%，试验应重新进行。

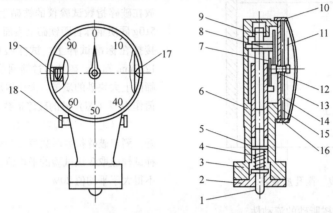

图 11-82　SYS 系列湿型硬度计的结构

1—压头　2—底面　3—表壳　4—测力弹簧　5—调节螺钉　6—镶套　7—传动齿轮
8—导向销　9、10—调整圈　11—指针　12—回转齿轮　13—表盖　14—刻度盘
15—游丝　16—弹性垫圈　17—钢丝扣　18—锁紧主要仪器　19—定位插片

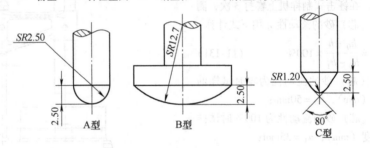

图 11-83　SYS 系列湿型硬度计的压头形状

表 11-46　与硬度计刻度值相对应的线性计算压力值

型　号	压力值/kPa						使用范围
SYS - A （圆形压头 $R=2.5mm\pm0.03mm$）	—	16.04	18.92	20.37	21.81	23.25	细砂型，手工或一般机械造型
SYS - B （圆形压头 $R=12.7mm\pm0.55mm$）	—	50.52	68.77	77.89	87.01	96.14	粗、细砂型，手工或一般机械造型
SYS - C （圆锥形压头 $R=1.2mm$）	56.51	82.40	108.30	—	134.20	147.15	高压造型

10. 型（芯）砂成型性

型砂的成型性对型砂含水量是很敏感的。检验型砂的干湿程度，除用紧实率外，还可以测定型砂的成型性（或称过筛性）。根据型砂的干湿程度不同通过筛孔的能力也不同的原理而设计的 SCS 转筛式成型性试验仪，见图 11-84。较干的型砂要比湿的型砂容易通过筛孔。试验时，将 200g 型砂试样在测定成型性的滚动筛中筛 10s，筛出的砂占原砂样的质量分数

称为型砂的成型性（过筛性）。

11. 有效膨润土含量（JB/T 9221—2017）

（1）主要仪器及试剂

1）主要仪器。黏土吸蓝量测定仪（酸式滴定管，50mL）、天平（精度为 0.0001g）、玻璃棒（$\phi6\sim\phi8mm$）、电炉、中速定量滤纸（在105℃烘箱烘干1h，取出后放置在干燥器中冷却至室温以备试验时使用）。

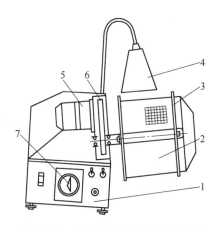

图 11-84　SCS 转筛式成型性试验仪
1—电气系统　2—滚筒筛　3—机械传动
4—红外线灯　5—变速齿轮　6—电动机　7—定时器

2）试剂如下：

亚甲基蓝溶液：0.2%（质量分数）亚甲基蓝溶液，称取 2.000g 分析纯亚甲基蓝试剂［亚甲基蓝纯度不低于 98.5%（质量分数）的三水亚甲基蓝，相对分子质量为 373.9，亚甲基蓝试剂必须在干燥器中保存］，溶解于 1000mL 水中，贮存于棕色玻璃瓶中（使用前应静置 24h，摇匀后使用）。

焦磷酸钠溶液：1%（质量分数，分析纯）。

试验用水符合实验室三级蒸馏水。

（2）取样

1）旧砂测定：在混砂机前预混或筛分后的旧砂中进行取样测定旧砂有效膨润土。取样后，在测定前必须用永久性磁铁吸干净旧砂中的含铁物质。

2）选取试样采用"四分法"或分样器。

（3）试验步骤

1）取生产所用原砂和膨润土在 105～115℃ 温度下烘干到恒重；冷却至室温后，分别称取膨润土 0.1g、0.2g、0.3g、0.4g、0.5g 及原砂 4.9g、4.8g、4.7g、4.6g、4.5g 置于一组（5 个）250mL 的烧杯中，使每份试样膨润土和原砂总量为 5.0g；先分别加入 50mL 的蒸馏水，待润湿后，再分别加入质量分数为 1% 的焦磷酸钠溶液 20mL；摇匀后，在电炉上加热煮沸 5～6min。待试样在空气中冷却至室温，用黏土吸蓝测定仪（酸式滴定管）依次分别测定 5 个试样的吸蓝量；测定时加入质量分数为 0.2% 的亚甲基蓝溶液，第一次加入预计亚甲基蓝溶液滴定量的 2/3 左右，搅拌 2min，使其充分反应；以后每次加 1mL，搅拌 30s；用玻璃棒沾取样液在滤纸上观察，直至试验终点。

2）检验终点的方法是每次滴加亚甲基蓝溶液

后，搅拌 30～50s，用玻璃棒沾一滴溶液到中速定量滤纸上，观察蓝色点周围有无出现淡蓝色晕环；若未出现，继续滴加亚甲基蓝溶液，反复操作。当出现淡蓝色晕环时，搅拌溶液 2min，再用玻璃棒沾一滴试液；若周围淡蓝色晕环消失，说明未到终点，应再滴加亚甲基蓝溶液至出现淡蓝色晕环，且淡蓝色晕环宽度约为 1.0mm，如图 11-85 所示，即为试验终点。此时的亚甲基蓝溶液的滴定量（体积）即为试样的吸蓝量。

图 11-85　吸蓝量滴定终点
注：外圆虚线与内圆实线间约为 1.0mm。

3）每个试样的吸蓝量按上述方法取相同的试样重复测定 3 次，求出平均值。若其中 3 个数值中的任一数值与平均值相差超过 10% 时，试验应重新进行。以试样中膨润土加入量为横坐标，3 次亚甲基蓝溶液滴定量（体积）的平均值为纵坐标，绘制工作曲线，如图 11-86 所示。在 2%（质量分数）0.1g、4%（质量分数）0.2g、6%（质量分数）0.3g、8%（质量分数）0.4g、10%（质量分数）0.5g 的膨润土与 4.9g、4.8g、4.7g、4.6g、4.5g 的原砂混合样中，有效膨润土含量（膨润土加入量）为横坐标和亚甲基蓝溶液滴定量（体积）的平均值为纵坐标的工作曲线方程如下：

$$m = kV + b \qquad (11\text{-}132)$$

式中　m——有效膨润土含量（质量分数，%）；

　　　k——曲线系数，根据工作条件而定为不等于 0 的常数；

　　　V——滴定有效膨润土的吸蓝量（mL）；

　　　b——根据工作条件而定的常数。

注：其中工作曲线线性相关系数 $k \geqslant 0.995$ 时，工作曲线方程才可用于计算有效膨润土含量。

示例 1：测得湿型砂（旧砂）的亚甲基蓝溶液定量为 40mL，在图 11-86 上面画一平行于横坐标的线

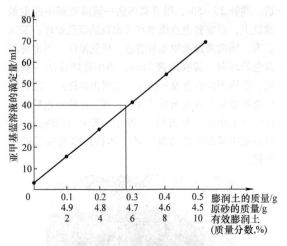

图 11-86　工作曲线示意图

与绘制的标准曲线相交，然后从交点画平行于纵坐标的直线与横坐标相交，则查出湿型砂（旧砂）中有效膨润土含量为 5.7%。

示例 2：有效膨润土（质量分数）为 2%（0.1g）、4%（0.2g）、6%（0.3g）、8%（0.4g）、10%（0.5g）时，测得吸蓝量为 27mL、48mL、71mL、91mL、111mL，代入标准曲线计算程序（标准曲线计算程序可在网上下载）。

计算曲线方程为：$m_{(有效膨润土量)} = 10.55v = 3.60$，曲线相关系数 $k = 0.9997$。测得湿型砂（旧砂）的亚甲基蓝溶液滴定量为 50mL，计算出有效膨润土量为 4.14%。

4）有效膨润土含量的计算。称取经在 105～115℃ 温度下烘干至恒温的湿型砂（旧砂）5.0g，置于 250mL 的锥形瓶中。测定试样中亚甲基蓝溶液的滴定量（体积），然后从绘制的标准曲线上查出湿型砂（旧砂）中有效膨润土含量。

12. pH 值

型（芯）砂中含有各种不同的酸或碱的盐，当它们溶于水中，能显示不同的酸碱性，称为型砂的 pH 值。

（1）主要仪器　天平（精度为 0.01g）、电热板、洗砂机、滤纸、pH 计等。

（2）试验步骤　称取 50g 已烘干的型（芯）砂试样，放入 150mL 的烧杯中。注入 100mL 蒸馏水，加热至沸腾，用洗砂机搅拌 10min，然后冷却沉淀，再用滤纸过滤，除去滤液表层的悬浮物。以下试验步骤参见 11.1.4 节。

13. 含泥量（GB/T 2684—2009）

黏土砂的含泥量是指型（芯）砂或旧砂中含有直径小于 0.020mm 的粒子的质量分数。试验步骤可参见 11.1.2 节。

14. 发气量

型（芯）砂在受热过程中析出气体的能力称为发气量，以 cm^3/g 表示。

（1）主要仪器　SFL 型记录式发气量测定仪（见 11.1.2 节）、高温电炉（1000℃）、天平（精度为 0.01g）、瓷舟。

（2）试验步骤　试验时，先将发气量测定仪升温至 900℃，再称取试样 3g ± 0.01g，置于瓷舟中（使用前瓷舟应经 1000℃ 灼烧 30min）。将盛有试样的瓷舟送入发气量测定仪的石英管或瓷管的红热部分，迅速用塞子将管子封闭，同时，发气量测定仪的记录部分开始工作，记下被测试样的发气量。经过一定时间至无气体产生为止，可从记录纸上直接读出试样的发气量。也可以将试验结果绘制成发气量—时间的关系曲线，用此曲线不仅能表示型（芯）砂的总发气量，还能判断它的发气速度。

15. 有效煤粉含量（JB/T 9221—2017）

黏土砂中有效煤粉含量是指在旧砂中除去已失效的，而能起着相当于新鲜煤粉作用组分的质量分数。

（1）主要仪器　造型材料发气性测定仪、天平（精度为 0.0001g）。

（2）试验步骤

1）将发气性测定仪升温至 900℃，称取生产所用煤粉 0.0100g（煤粉样在 105℃ 温度下烘干 1h 后，置于干燥器中保存），置于烧舟内（烧舟预先在 1000℃ 温度下灼烧 30～35min，冷却后置于干燥器中保存），然后将烧舟送入石英管红热部位。立即塞上橡胶塞，仪器开始记录所测定的发气量，在仪器上读取最大发气量 Q。

2）按上述方法测定 0.0100g 膨润土及其他附加物（待测物均应在 105℃ 温度下烘干 1h 后，置于干燥器中冷却至室温）的最大发气量 $\sum Q_i$。

3）按上述方法测定 1.0000g 湿型砂（旧砂）样品（待测物均应在 105℃ 温度下烘干 1h 后，置于干燥器中冷却至室温）的最大发气量 Q_i。

4）试验结果计算。湿型砂（旧砂）中有效煤粉含量按下式计算：

$$X = \frac{Q_i - \sum Q_i}{Q} \times 100\% \qquad (11\text{-}133)$$

式中　X——湿型砂（旧砂）中有效煤粉含量（质量分数）；

Q_i——1.0000g 湿型砂（旧砂）的发气量（mL）；

$\sum Q_i$——1.0000g 湿型砂（旧砂）中除煤粉以外膨润土及其他附加物的总发气量（mL）；

Q——0.0100g 煤粉所产生的发气量（mL）。

按上述方法对同一试样测定 3 次，取其算术平均值。若其中任一结果与平均值的差大于 10%，试验应重新进行。

16. 型（芯）砂热导率（导热系数）

（1）测定方法一　用非稳态热线方法导热仪测定铸型材料的热导率。

1）主要仪器。HC - 60 型高温导热仪是一种专门用于测定非金属材料热导率的仪器，其测量温度范围为从常温至 1500℃，测量热导率范围为 0.1163 ~ 11.63W/（m·K）。仪器主要由加热源和控制测量两大部分所组成。

2）工作原理。HC - 60 型高温导热仪所需的试样由 114mm × 114mm × 65mm 两块试样组成，两块试样中间夹有传感器，传感器由 6 条不同型号的铂铑合金丝组成，其中有铂铑 ϕ0.3mm 和铂 ϕ0.3mm 两支组成一对热电偶用来测定试样温度，由两支 ϕ0.5mm 铂线组成一个电流回路，在测量时间内通过 0.3 ~ 3A 的电流。随着时间变化，在试样与热线中产生了一个温度差 ΔT，也就是试样的中心温度高，热量通过试样向外扩散。如果试样的热导率大，热线的温度上升就慢（因为热量通过试样很快就扩散出去了）；反之，热线温度上升就快。设热线电阻值 R 在某一温度下为一常数，则电压 $E = IR$，温度差 ΔT 通过两条铂、铑 ϕ0.3mm 线测出，通过导线分别输入温度转换器，最后到积分计算器中计算出热导率值。

3）试验步骤如下：

① 试样的制作。标准试样尺寸为 114mm × 114mm × 65mm（两块），热线夹在试样中间，试样用手紧实，要求舂实均匀，内部不得有孔洞，两块的质量应一致。试样混合物配比和工厂实际配比应一致，范围大致如下：对于黏土砂，黏土加入量是原砂质量的 7% ~ 10%，烘干炉的温度为 300 ~ 400℃，保温 4h；若为水玻璃砂，水玻璃加入量是原砂质量的 5% ~ 7%，混砂机混 3 ~ 5min，二氧化碳吹硬，烘干炉的温度为 100 ~ 150℃，干燥保温 4h。

② 试样安装。为了减少试样与热线间的温度梯度到最低程度，必须使两试样接触面平行，并在试样上开沟槽将热线置于沟槽之中，以碎末封住沟槽，然后放入炉中进行低温测试。同时可进一步选择最佳电流值和热导率控制范围。如测试热导率时再现性不好，应检查试样安装是否正确。

③ 注意事项。在测试过程中应注意以下几点：保证温度达到稳定状态时才能测试；两次测量间隔不能小于 6 ~ 10min；在热导率曲线出现拐点时，测量温度间距应小一些；测量高热导率物质时，电流要大一些（一般在 2A 以上）。

设任意时间 t_1、t_2 相对热源表面温度为 T_1、T_2，则 $\Delta T = T_1 - T_2$，型（芯）砂的热导率可按下式计算：

$$\lambda = 1.576 \frac{IE}{\Delta T} \lg(t_2/t_1) \tag{11-134}$$

式中　λ——热导率[W/（m·K）]；

　　　ΔT——相对热源表面温度差（K）；

　　　I——电流密度（A）；

　　　E——电压（V）。

（2）测定方法二　激光闪光方法测定固体材料的热物理参数。

用此种方法测量物质的热物理参数（c_p，λ，a）是利用瞬间激光光照使试样产生热量，并通过热电偶或非接触式检测元件测量其温度，而后输入高速记忆转换主要仪器，再进入瞬时存储器，最后转换输出数据曲线图。

1）热扩散率 a 的测量。由于激光束照射在试样正表面时间极短（几毫秒到几秒），试样可认为处于绝热状态下。试样有均匀的厚度 δ，当试样正表面均匀地吸收激光照射，并假定试样无热损失时，当 $x(\delta, t) = 0.5$，$y = 1.38$，得热扩散率计算式为

$$a = 0.139 \frac{\delta^2}{t^{1/2}} \tag{11-135}$$

式中　$t^{1/2}$——试样正表面受瞬时热源辐照时，试样背表面温度达到最大值时需要的时间（s）。

2）比定压热容。测量比定压热容 c_p 时需要黑化试样表面。试样黑化可以保证激光在其表面吸收率的稳定。试样表面黑化常用喷涂石墨的方法。比定压热容由下式计算：

$$c_p = \frac{AQ_0}{\delta \rho \Delta T_{\max}} \tag{11-136}$$

式中　c_p——比定压热容[J/（kg·K）]；

　　　A——吸收率（%）；

　　　Q_0——激光能量（J）；

　　　δ——试样的厚度（mm）；

　　　ρ——试样的密度（g/cm^3）；

　$\Delta T_{\max}$——试样背面温升的最大值（K）。

3）热导率 λ 及蓄热系数 b 按下式计算：

　　　热导率　　　　　$\lambda = c_p \rho a \tag{11-137}$

铸型的蓄热系数 $b = (\lambda c_p \rho)^{1/2}$ (11-138)

注：在测试温度高于1000℃时，可用贴附白金箔或表面喷涂金属等方法黑化试样。实际上试样的厚度要根据热扩散大小而定的，热扩散率越大试样越薄。一般情况下，造型材料、保温材料的试样厚度为2~3mm。应当指出，厚度不同的同种材料的热扩散是有差异的。

11.2.2 水玻璃砂的性能测定

水玻璃砂（包括二氧化碳法、温芯盒法和自硬法）在生产应用中，除采用一些黏土砂常规的试验性能外（如含水量、透气性和强度），还需要测定其表面稳定性、可使用时间、溃散性、吸湿性和再生砂中 Na_2O 的含量。

1. 取样和试样制备

为了有效地控制生产中使用的水玻璃砂性能，试样可取自生产现场，也可在实验室里制取。

2. 含水量

水玻璃砂的含水量是指其能在105~110℃下烘干去除的水分含量。以试样烘干后失去的质量与原试样质量的百分比来表示。对于二氧化碳法硬化的水玻璃砂的含水量，是表示刚制备好、吹二氧化碳硬化前型（芯）砂中所含的水分。对于水玻璃自硬砂，是指水玻璃砂放置一定时间硬化后的含水量。

含水量试验步骤见11.1.4节。

但是，按上述方法测得的仅是水玻璃砂的平均含水量。在生产中往往需要测定型、芯的表层或不同深处的含水量，可在型、芯砂的表层和要求的不同型、芯砂的深度处取样，再按上述方法进行试验。

3. 透气性（GB/T 2684—2009）

水玻璃砂的透气性可分湿态和干态两种，都是采用 $\phi50mm \times 50mm$ 的圆柱形标准试样进行测定的。测定水玻璃砂的湿态透气性可采用黏土砂所用的办法。测定硬化的水玻璃砂的透气性时，对于 CO_2 法，试样吹气硬化后，便可在透气性测定仪进行测定；对于自硬水玻璃砂，待试样硬化后，从组合型芯盒中取出，装入测定干透气性的专用试样筒中，然后，把试样筒放在透气性测定仪上进行测定。

透气性试验步骤参见11.2.1节。

4. 强度

水玻璃砂的强度是指其型（芯）砂抵抗外力破坏的能力。根据型（芯）砂的性质和用途，又可分为湿态强度和硬化后强度。按硬化方式的不同，对于 CO_2 硬化的水玻璃砂，可分为即时强度和24h的终强度；对于自硬和温芯盒水玻璃砂，可分为小时强度和热强度。水玻璃砂主要是测其抗压强度和抗拉强度。

（1）酯硬化法

1）主要仪器及试剂。仪器为型砂强度试验机、树脂砂混砂机、"8"字形标准试块木质模具（模具内"8"字形标准尺寸见图11-57）、台秤（10kg）、天平（感量为0.01g）、标准砂（符合GB/T 9442）。试剂为有机酯（具体种类由供需双方协商指定）。

2）试样的制备和保存如下：

① 试验条件。砂温为20℃±2℃；室温为20℃±2℃；相对湿度为50%±5%。

② 混合料的配制。取标准砂1800g，放入混砂机，开始搅拌后即加入6.48g有机酯固化剂，搅拌1min，再加水玻璃54g，搅拌1min后出料，存放于密闭容器中备用。

③ 制样。将混合料填入模具中，用手工舂实每个试样，并刮去多余的混合料，达到起模强度时，打开模具。每组5块试样，试样应在5min内制作完毕。

④ 放置硬化。将已打好的试样在规定的条件下分别放置1h、2h、4h和24h。

3）试验步骤。按11.2.1节的规定测试样的抗拉强度，即可得到混合料的小时强度值和终强度（即24h强度）值。测定5个试样强度值，去掉最大值和最小值，将剩下的3个数值取平均值作为试样强度值。3个数值中任何一个数值与平均值相差不得超过10%，如果超过应重新试验。

（2）二氧化碳气硬法

1）主要仪器和试剂。仪器为型砂强度试验机、树脂砂混砂机、圆柱形标准试样木质模具（模具内圆柱形标准尺寸见图11-56）、台秤（10kg）、天平（精度为0.01g）、标准砂（符合GB/T 9442）。试剂为瓶装二氧化碳。

2）试样的制备和保存如下：

① 试验条件。砂温为20℃±2℃；室温为20℃±2℃；相对湿度为50%±5%。

② 混合料的配制。取标准砂1800g，放入混砂机，开始搅拌后即加入水玻璃90g，搅拌1min后出料。

③ 制样。将混合料填入模具中，用手工舂实每个试样，并刮去多余的混合料。每组制样5个，试样应在5min内制作完毕。

④ 吹气硬化。吹入二氧化碳气体20~30s，压力保持在0.5MPa±0.1MPa，流量控制在50L/min。

3）试验步骤。按11.2.1节的规定测试样的抗压强度。吹气完毕起模后立即测试，可得到混合料的即时强度值；将试样放置24h后测试，即可得到混合料的终强度（即24h强度）值。

测定 5 个试样强度值，去掉最大值和最小值，将剩下的 3 个数值取平均值作为试样强度值。3 个数值中任何一个数值与平均值相差不得超过 10%，如果超过应重新试验。

（3）温芯盒硬化法

1）主要仪器和试剂。台秤（3kg，精度为 5g）、天平（精度为 0.01g）、树脂砂混砂机（2kg）、"8"字形标准试样模样（模样内"8"字形标准试样尺寸见图 11-57，模样材质为金属）、热芯盒试样射芯机（Z861 型）、空气压缩机、热空气发生器、空气干燥机、型砂强度试验机。试剂为标准砂（符合 GB/T 9442）。

2）试样的制备和保存如下：

① 试验条件。砂温为 20℃ ±2℃；室温为 20℃ ±2℃；相对湿度为 50% ±5%。

② 混砂工艺。取标准砂 2000g，放入混砂机中，开始搅拌后加入水玻璃 40g，搅拌 1min 后加入粉料 20g，搅拌 1min 后取出。在密封条件下保存待用，但超过 1h 则不得使用。水玻璃、粉料加入量也可按供需要求增减。

③ 试样制备。将热芯盒试样射芯机模具加热至规定温度（140～180℃），开动空气压缩机供气，使射芯压力达到 0.5～0.7MPa，然后开动热空气发生器，温度加热至 200℃。将混合料放入射芯桶中，装满，刮去桶面及射芯孔中余砂。在 0.5MPa 的压力下射砂，射砂时间为 1～2s。完成射砂后通入热空气，热空气入口温度不低于 180℃，至规定的时间后（20～40s），立即取出试样，完成制样。清理芯盒，合上芯盒备用。

④ 抗拉强度的测定。达到试样硬化时间后，芯盒打开，马上取出"8"字形标准试样，其中一块立刻进行热抗拉强度测定，从取出试样到试样拉断这段时间不应超过 15s。取出的另一块试样，放置至室温后，测量其 24h 抗拉强度。测量 5 个试样强度值。去掉最大和最小值，将剩下的 3 个数值取平均值作为试样的强度值。3 个数值中任何一个数值与平均值相差不得超过 10%，如果超过应重新试验。

（4）冷芯盒法

1）主要仪器和试剂。台秤（3kg，精度为 5g）、天平（精度为 0.01g）、树脂砂混砂机（2kg）、"8"字形标准试样模样（模样内"8"字形标准试样尺寸见图 11-57，模样材质为金属）、圆柱形标准试样模样（模样内圆柱形标准试样尺寸见图 11-56，模具材质为金属）、冷芯盒试样射芯机、空气压缩机、空气干燥机、型砂强度试验机。试剂为标准砂（符合

GB/T 9442）、瓶装二氧化碳。

2）试样的制备和保存如下：

① 试验条件。砂温为 20℃ ±2℃；室温为 20℃ ±2℃；相对湿度为 50% ±5%。

② 混砂工艺。取标准砂 2000g，放入混砂机中，开始搅拌后加入水玻璃 40g，搅拌 1min 后加入粉料 10g，搅拌 1min 后取出。在密封条件下保存待用，但超过 1h 则不在得予以使用。水玻璃、粉状增强剂加入量也可按供需方要求增减。

③ 试样制备。开动空气压缩机供气，使射芯压力达到 0.5～0.7MPa。将混合料放入射芯桶中，装满，刮去桶面及射芯孔中余砂。在 0.3～0.4MPa 的压力下射砂，射砂时间为 1～2s。完成射砂后吹入二氧化碳气体 20s，压力保持在 0.5MPa ±0.1MPa，流量控制在 50L/min；然后通入空气清洗，压力保持在 0.5MPa ±0.1MPa，流量控制在 50L/min，清洗 20～40s 后立即取出试样，完成制样。清理芯盒，合上芯盒备用。

④ 抗拉强度的测定。达到试样清洗时间，芯盒打开，马上取出"8"字形标准试样，其中一块立刻进行抗拉强度测定，从取出试样到试样拉断这段时间不应超过 15s。取出的另一块试样，测量其 24h 抗拉强度。测量 5 个试样强度值，去掉最大和最小值，将剩下的 3 个数值取平均值作为试样的强度值。3 个数值中任何一个数值与平均值相差不得超过 10%，如果超过应重新试验。

⑤ 抗压强度的测定。达到试样清洗时间，芯盒打开，马上取出圆柱标准试样，其中一块立刻进行拉压强度测定，从取出试样到试样拉断这段时间不应超过 15s。取出的另一块试样，测量其 24h 抗压强度。测量 5 个试样强度值，去掉最大值和最小值，将剩下的 3 个数值取平均值作为试样的强度值。3 个数值中任何一个数值与平均值相差不得超过 10%，如果超过应重新试验。

5. 可使用时间

水玻璃砂的可使用时间是指其从混砂机中卸出后至仍能用于造型、制芯的允许存放的时间。

（1）主要仪器　型砂强度试验机、锤击式制样机、秒表等。

（2）试验步骤　将混制好的型（芯）砂放入密闭的容器中，每隔 10min（从型、芯砂出碾后算起），用制样机舂制圆柱形标准试样 3 个，直到型（芯）砂已硬化，不能继续再制作试样为止。在一定的环境温度和相对湿度的条件下，将制好的试样放置 24h 后测定其抗压强度，再与出碾后 10min 时所制作的，并

放置24h后的试样的抗压强度值进行比较。以其强度值下降20%时的试样所经历的时间，作为该型砂的可使用时间。

6. 表面安定性（参考方法）

水玻璃砂的表面安定性是指其试样经过二氧化碳硬化后，在存放过程中表面强度下降的程度，以试验前后试样质量变化的百分数来表示。

（1）主要仪器　转筛式成型性试验仪、锤击式制样机、天平（感量为0.1g）。

（2）试验步骤　水玻璃砂出碾后在10min内制作3个φ50mm×50mm的圆柱形标准抗压强度试样，经CO_2气体硬化后，分别称重；再放入转筛式成型性试验仪的φ178mm圆筒筛中，以57r/min的转速转动2min后，对残留在筛网中的试样进行称重。其表面安定性可按下式计算：

$$\psi = \frac{m_1}{m_0} \times 100\% \tag{11-139}$$

式中　ψ——试样表面安定性；

m_1——试验后试样的质量（g）；

m_0——试验前试样的质量（g）。

7. 吸湿性

吸湿性表示硬化后的砂型（芯）在存放过程中吸收空气中水分，致使其强度下降的程度，以试样强度下降的趋势来表示。

（1）主要仪器　液压万能强度试验机、锤击式制样机、天平（精度为0.1g）、干燥器等。

（2）试验步骤　用锤击式制样机将型（芯）砂制成φ50mm×50mm的圆柱形标准试样，经二氧化碳吹气硬化后，放入下部盛水的干燥器中，盖上盖子，使干燥器的空间形成高湿度的条件。将试样分别存放24h、48h和72h后，从干燥器中取出，测定其抗压强度，以其强度下降的趋势表示该种型（芯）砂吸湿的程度。

8. 溃散性

水玻璃砂型（芯）在浇注后自行溃散的能力称为溃散性。目前水玻璃砂的溃散性尚无统一的标准试验步骤，但试验的方法较多，国内外常用的两种方法是出砂指数法和残留强度法。

（1）主要仪器　1000℃高温加热炉、型砂强度试验机、锤击式制样机、落锤冲击试验主要仪器（见图11-87）、其他浇注用的附属工装等。

（2）试验步骤

1）出砂指数法。采用如图11-87所示的落锤冲击试验主要仪器。该仪器中的落锤质量为2kg，将它提升至顶端时锤尖离铸件上平面的距离为200mm。

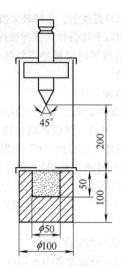

图11-87　落锤冲击试验主要仪器

理论上每次下落的冲击功为1.92J。溃散性试样的浇注工艺见图11-88。每箱同时浇注4个φ50mm×50mm水玻璃砂试样，待其冷却至室温后，将试样依次置于落锤冲击试验主要仪器下端的凹穴内，再把冲头提至顶端，使之自由落下，进行冲击，直至锤尖触及芯底部的铸件平面为止。记录其冲击次数，并把冲击下来的砂子集中起来称重。然后，以冲击次数为横坐标，砂的质量为纵坐标，在对数坐标纸上做出溃散性曲线。把平均每次冲击打下来的落砂质量称为出砂指数。

$$X_c = \frac{m}{n} \tag{11-140}$$

式中　X_c——出砂指数（g/次）；

m——冲击打下来的砂子质量总和（g）；

n——冲击次数（次）。

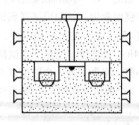
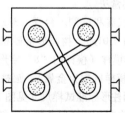

图11-88　溃散性试样的浇注工艺

2）残留强度法。试验时，将硬化后的 $\phi 30mm \times 50mm$ 水玻璃砂试样，放入预先加热至规定温度的高温电炉中，待下降的炉温回升到规定的温度后，保温一定时间（视规定温度而定）后，取出试样。待试样冷却至室温后，用型砂强度试验机测定其抗压强度，该强度即为该种水玻璃砂试样的在一定温度下的残留强度。

9. Na_2O 含量

（1）测定方法一

1）主要仪器和试剂。磁力加热搅拌器（78－1型）、天平（精度为 0.001g）、三角烧瓶等。试剂为溴甲酚绿－甲基红指示剂（3 份 0.1% 溴甲酚绿乙醇溶液与 1 份 0.2% 甲基红乙醇溶液混合）、0.25mol/L H_2SO_4 溶液、0.5mol/L NaOH 溶液。

2）试验步骤。准确称取砂样 10g（精确到 0.01g）放入烧瓶中，用量筒取 100mL 蒸馏水倒入烧瓶内，再用移液管准确量取 10mL 0.25mol/L H_2SO_4 溶液，也倒入烧瓶中。把烧瓶外部的水擦净，放在磁力搅拌器上，打开电源，加热并开始搅拌（搅拌速度逐步加快，防止液体外溅），同时将温度计插入烧瓶中（此时注意调整搅拌棒的位置，使砂子全部搅动起来）。当温度升高到 80℃ 开始计时，在 80～86℃ 下持续加热搅拌 30min，然后停止加热搅拌，用蒸馏水冲洗温度计 2～3 遍，再用蒸馏水把烧瓶内壁冲洗干净。把烧瓶放入冷水中，使温度降至室温，加入 8～10 滴溴甲酚绿－甲基红指示剂，然后用 0.5mol/L NaOH 溶液滴定。当液由暗红色变为浅绿色即为滴定终点，记下耗碱量 V。试样中的 Na_2O 含量 $w(Na_2O)$ 按下式计算：

$$w(Na_2O) = \frac{\left(10 - \frac{c_2 V}{2 c_1}\right) \times 2 c_1 \times 0.031}{m} \times 100\%$$

（11-141）

式中　c_1——H_2SO_4 标准溶液的物质的量浓度（mol/L）；

　　　　c_2——NaOH 标准溶液的物质的量浓度（mol/L）；

　　　　V——消耗 NaOH 溶液的体积（mL）；

　　　　m——称取试样的质量（g）；

　　　　0.031——Na_2O 计算系数。

（2）测定方法二

（1）主要仪器和试剂　仪器为天平（精度为 0.001g）、三角烧杯。试剂为甲基红指示剂（质量分数为 0.1%）、盐酸标准溶液（0.5mol/L）、蒸馏水等。

（2）试验步骤　称取 50g（精确至 0.1g）水玻璃再生砂，放入 250mL 的三角烧杯中，加入蒸馏水 100mL，煮沸 1min。加入甲基红指示剂 8～12 滴，用盐酸标准溶液（0.5mol/L）滴定。试液由绿变红即为终点，记下盐酸标准溶液消耗的毫升数。试样中的 Na_2O 含量 $w(Na_2O)$ 按下式计算：

$$w(Na_2O) = \frac{c_{HCl} V \times 62}{2 \times 1000 m} \times 100\%$$

（11-142）

式中　c_{HCl}——盐酸标准溶液的浓度（mol/L）；

　　　　V——浓度为 0.5mol/L 的盐酸标准溶液的消耗量（mL）；

　　　　m——试样的质量（g）；

　　　　62——Na_2O 的摩尔质量（g/mol）。

由于水玻璃再生砂中大部分 Na_2O 以硅酸钠的形式附着在砂粒表面，在不加热的条件下，直接用 0.5mol/L 的盐酸标准溶液中和标定，因溶解程度、反应程度等问题，误差极大，这种情况在模数高于 2.5 的情况下尤为严重，所以建议使用测定方法一来测定。

10. 流动性

流动性按 11.2.1 节中介绍的侧孔质量法进行测定。

11.2.3　覆膜砂的性能测定

1. 取样方法（JB/T 8583—2008）

对每一批量（按吨位划分，每连续生产 10t 为一个批号）中的覆膜砂进行取样时，可从包装完好的同一批号覆膜砂选取平均样品，袋装覆膜砂的平均样品由同一批号的 1% 中选取，但最少不少于 3 袋，其质量不得小于 5kg。检验所需的样品用"四分法"或分样器从总样品中选取。如果对某一部分的覆膜砂质量发生疑问，应对它单独取样，进行试验。

2. 熔点（JB/T 8834—2013）

壳型覆膜砂在热的作用下，使涂覆在砂粒外表面的酚醛树脂开始软化熔结，将砂粒黏结在一起的温度称为覆膜砂的熔点。

（1）主要仪器　覆膜砂熔点试验仪见图 11-89。

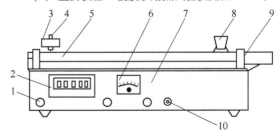

图 11-89　覆膜砂熔点试验仪

1—数显温度表开关　2—数字温度表
3—配重砝　4—测温传感器　5—导热金属梁
6—电压表　7—机座　8—铺砂器
9—电热芯　10—工作开关

（2）试验步骤　接通覆膜砂熔点试验仪的电源，使试验仪工作体表面（金属板面）上的温度沿长度方向形成60~180℃递增的温度梯度，并分成许多不同温度的区间，每一区间的测试温度应保持恒定。试验时，用特制漏斗（铺砂器）在金属板面上均匀地撒上一层厚1.5mm、宽20mm的长条形覆膜砂带，加热60s后，开动空气吹扫器，或用软毛刷将未结壳的覆膜砂去掉。覆膜砂在温度梯度板上结壳最低端的温度即为覆膜砂熔点。每个试样需测定3次，取其算术平均值作为试验结果。

3. 常温抗弯强度（JB/T 8583—2008）

覆膜砂的抗弯强度是指其抗弯试样在外力作用下破坏时所需的最大弯曲应力。

（1）刮板制样法

1）主要仪器试剂。仪器为型砂强度试验机、ZS-6型制样主要仪器及配套支撑主要仪器（两支点间距为60mm）。试剂为铸造用各种覆膜砂。

2）试样和试件的制备和保存。铸造用覆膜砂常温抗弯强度试样见图11-90。其尺寸为22.36mm×11.18mm×70mm。

先将试样模具及上、下加热板加热至232℃±5℃，然后移开上加热板，迅速将覆膜砂由砂斗倒入模腔中。刮板刀口垂直于模具（与模具长度方向平行），从试样的中间分两次向两边刮去模具上多余的砂子，然后压上上加热板，开始计时。保温2min后，取出试样，放于干燥处自然冷却到室温并在1h内进行测量。

3）试验步骤。将抗弯试样放置到液压强度试验机的支点上，应使试样的光面落在两个支承的刃口（两支点间距为60mm）上，加载的单刃口则落在试样刮平的平面上，逐渐加载，直至试样断裂。

试样常温抗弯强度值的测定按11.2.1节进行。其抗弯强度值为压力计中抗拉强度值的16倍。

（2）射芯法

1）主要仪器试剂。仪器为型砂强度试验机、ZS-6型制样主要仪器及配套支撑主要仪器（两支点间距为150mm）、射芯机。试剂为铸造用各种覆膜砂。

2）试样和试件的制备和保存。铸造用覆膜砂常温抗弯强度试样见图11-91。其尺寸为22.36mm×22.36mm×170mm。

图11-90　刮板制样法抗弯强度试样

图11-91　射芯法抗弯强度试样

先将试样左右模具加热至232℃±5℃，待温度稳定后，用射芯压力为0.5MPa±0.05MPa的气压保压5s试样射制成型，然后开始计时。固化120s±5s后，取出试样，放于干燥处自然冷却到室温并在30~60min之间进行测量。

3）试验步骤。将抗弯试样放置到型砂强度试验机的支点上，应使试样的光面落在两个支承的刃口（两支点间距为150mm）上，加载的单刃口则落在试样刮平的平面上，逐渐加载，直至试样断裂。

试样常温抗弯强度值的测定按11.2.1节进行。其抗弯强度值从压力计中直接读出。

4. 常温抗拉强度（JB/T 8583—2008）

覆膜砂的常温抗拉强度是指其硬化并冷却到室温时，"8"字形抗拉强度试样在外力作用下破坏时所需的最大拉应力。

（1）主要仪器　型砂强度试验机、ZS-6型制样装置。

（2）试样和试件的制备和保存　铸造用覆膜砂常温抗拉强度用"8"字形标准试样，见图11-92。

测定抗拉强度的试样制备参照上述常温抗弯强度中的刮板制样法进行。

（3）试验步骤　试样常温抗拉强度值的测定按

11.2.1 节进行。测定值乘以 2 即是所测定的试样常温抗拉强度。

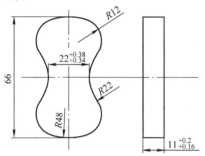

图 11-92 "8" 字形标准试样

5. 热态抗弯强度（JB/T 8583—2008）

覆膜砂的热态抗弯强度是指覆膜砂的型（芯）试样受热硬化后，在热态时测得的抗弯强度，也是其模拟壳型（芯）从壳型（芯）机上顶出时的热强度。

测定热态抗弯强度的仪器、工装参照上述常温抗弯强度中的刮板制样法选用。

热态抗弯强度的测定按上述常温抗弯强度中的刮板制样法制样。取出试样后，立即在型砂强度试验机上逐渐加载，直至试样断裂，要求取出试样后 10s 内测完。其热态抗弯强度值为压力计中抗拉强度值的 16 倍。

6. 热态抗拉强度（JB/T 8583—2008）

测定热态抗拉强度的仪器、试样制备参照上述常温抗拉强度的相关内容。

热态抗拉强度的试样制备后，取出，立即在型砂强度试样机上拉断，要求取出试样后到测定完成时间不超过 10s。测定值乘以 2 即是所测定的试样热态抗拉强度。

7. 高温膨胀率（JB/T 13037—2017）

高温膨胀率是指覆膜砂试样在 1000℃ 时的膨胀率。

（1）主要仪器和试剂 主要仪器为覆膜砂样机、覆膜砂高温强度试验仪。

覆膜砂制样机以 φ12mm × 20mm 试样模具，加热、温度控制及时间设置装置等组成。采用圆柱试样，受力面为圆柱体的两端面。

覆膜砂高温强度试验仪由高温炉套、负荷加载系统、负荷测量系统、位移测量系统、温度测量及控制系统等组成，其测试原理见图 11-93。要求：高温炉套能够在 1000℃ 下长期运行，温度控制精度在 ±10℃；负荷加载及测量系统的定负荷为 0.2MPa；变形测量系统可测量试样的线性尺寸变化；时间测量装置可以对试样在高温炉内的保温时间和定负荷下的耐热时间进行记录。

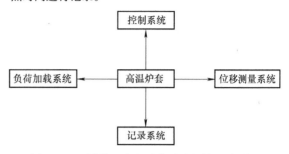

图 11-93 覆膜砂高温强度试验仪的测试原理

试剂为铸造用各种覆膜砂。

（2）试样制备 将制样机上、下加热板加热至 232℃ ±5℃，然后移开上加热板，放入常温模具，迅速将覆膜砂倒入模腔中。用刮板刀口垂直于模具，刮去模具上多余的砂子，然后压上上加热板，开始计时。保温 6min 后取出试样（试样要求整体致密，两端面平整平行），放入干燥器中自然冷却后，30min 内检测完毕。

（3）试验步骤 将覆膜砂高温强度试验仪加热炉降到适当位置，使待测试样的位置位于炉子中间，将加热炉升温至设定温度 1000℃。将试样放入炉套中间，记录试样受热膨胀后变形传感器显示的最大变形量。

试样的高温膨胀率按下式计算：

$$ER_T = \frac{\Delta L}{L_0} \times 100\% \qquad (11\text{-}143)$$

式中　ER_T——试样定负荷下的高温膨胀率；

　　　ΔL——试样长度增量（mm）；

　　　L_0——试样的初始长度（mm），$L_0 = 20$mm。

8. 激热自由膨胀率（参考方法）

激热自由膨胀率是覆膜砂试样在相应的温度下，自由膨胀后的线性变化量与试样初始尺寸的百分比。激热自由膨胀率是用树脂砂激热自由膨胀率测定仪测定的，见图 11-94。

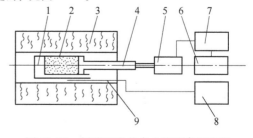

图 11-94 树脂砂激热自由膨胀率测定仪

1—试样支撑台　2—试样　3—高温加热炉
4—石英棒　5—位移传感器　6—台式记录仪
7—位移传感器　8—控温仪　9—热电偶

试验时，先将高温加热炉升温至预定试验温度，再将预先制好的 $\phi10mm \times 50mm$ 试样放在石英玻璃托管内，并通过石英棒与位移传感器相连，调整好位移传感器和记录仪的零点。移动高温加热炉，使试样置于炉内的高温恒温区，同时启动记录仪，由记录仪获得膨胀量－时间曲线。树脂砂的激热自由膨胀率可由下式计算：

$$C = \frac{\Delta L}{L_0} \times 100\% \qquad (11\text{-}144)$$

式中　C——激热自由膨胀率；

ΔL——试样长度增量（mm）；

L_0——试样的初始长度（mm），$L_0 = 50mm$。

9. 灼烧减量（JB/T 8583—2008）

覆膜砂的灼烧减量表示其中可燃和可挥发物质的总量。

（1）主要仪器和试剂　仪器为高温箱式电阻炉、天平（精度为 0.001g）、瓷舟。试剂为铸造用各种覆膜砂。

（2）试验步骤　首先将经 1000℃ ±5℃ 焙烧30min 至恒重的瓷舟，置于干燥器中冷却到室温备用。在已焙烧的瓷舟中称放 2g（准确到 0.001g）待测的覆膜砂试样，称量质量；然后一起放入已经加热到1000℃ ±5℃ 的高温箱式电阻炉中灼烧 30min，取出瓷舟放置到干燥器中，冷却到室温后再次称量质量。灼烧减量按下式计算：

$$D = \frac{m_1 - m_2}{m_1 - m_0} \times 100\% \qquad (11\text{-}145)$$

式中　D——灼烧减量；

m_0——空瓷舟焙烧至恒重的质量（g）；

m_1——瓷舟盛放试样后的质量（g）；

m_2——瓷舟盛放试样焙烧后的质量（g）。

10. 粒度和平均细度（GB/T 2684—2009）

粒度和平均细度测定同 11.1.2 节。

11. 发气量（JB/T 8583—2008）

（1）主要仪器和试剂　仪器为 SFL 型记录式发气量测定仪、天平（精度为 0.001g）、瓷舟。试剂为砂样（从各种覆膜砂的抗弯强度试样的断口处取得）。

（2）试验步骤　先将发气量测定仪升温至 1000℃ ±5℃，再称取覆膜砂试样 1g ± 0.001g，均匀置于瓷舟中（瓷舟需经 1000℃ ±5℃ 灼烧30min 后置于干燥器中冷却到室温）。将瓷舟迅速送入石英管的红热部位，并封闭管口，记录仪开始记录试样的发气量。在 3min 内读取记录仪记录的最大数据作为试样的发气量值。

12. 流动性（JB/T 8583—2008）

（1）主要仪器和试剂　仪器为 $\phi6mm$ 标准流杯。试剂为铸造用各种覆膜砂。

（2）试验步骤　取 $\phi6mm$ 标准流杯 1 个，用手将其底孔塞住，然后将覆膜砂添满、刮平后，移开手指并同时以秒表开始计时，至砂流完为止。秒表计时的这段时间为该砂的流动性测定值，单位为 s。

13. 脱壳率

（1）主要仪器和试剂　仪器为覆膜砂脱壳性能实验仪。试剂为铸造用各种覆膜砂。

（2）试验步骤　称取 450g 覆膜砂试样置于砂斗中，砂斗的正下方有一可翻转的加热盘。加热盘的设定温度，一般为 250℃ 左右（可根据工厂壳型机的实际工作温度而定）。当加热盘达到设定温度后，提起砂斗塞，砂斗中的覆膜砂漏到加热盘上。60s 后，翻转加热盘180°，未发生黏结的覆膜砂落在接砂盘上。立即将这些覆膜砂倒出，并马上将接砂盘复位，记下倒出的覆膜砂的质量，保持加热盘的位置和温度。如覆膜砂发生脱壳，记下脱壳砂的质量。覆膜砂的脱壳率为

$$\delta = \frac{m_2}{450 - m_1} \times 100\% \qquad (11\text{-}146)$$

式中　δ——覆膜砂的脱壳率；

m_1——倒出的覆膜砂质量（g）；

m_2——脱壳砂的质量（g）。

14. 硬化率（JB/T 8583—2008）

（1）主要仪器和试剂　仪器为型砂强度试验仪、ZS-6 型制样主要仪器及配套支撑主要仪器（两支点间距为 60mm）。试剂为铸造用各种覆膜砂。

（2）试验步骤　试样包含两组：第一组试样制备按照上述常温抗弯强度中的刮板制样法进行。第二组试样制备，除保温时间为 1min 外，其他方面与第一组相同。分别测试第一组试样和第二组试样的常温抗弯强度 σ_1、σ_2。硬化率为

$$Y = \frac{\sigma_2}{\sigma_1} \times 100\% \qquad (11\text{-}147)$$

式中　Y——硬化率；

σ_1——第一组试样的常温抗弯强度（MPa）；

σ_2——第二组试样的常温抗弯强度（MPa）。

15. 热变形

（1）主要仪器　高温性能测试仪。

（2）试样制备　热变形试样见图 11-95。试样制备按照上述常温抗弯强度中的刮板制样法进行。

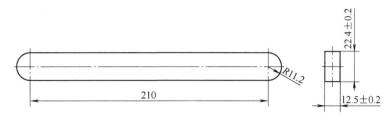

图 11-95　热变形试样

（3）试验步骤　将试验仪的炉子温度升至试验温度（600～1350℃），具体温度可依据工厂实际情况而定。温度稳定 30min 后，将试样放入试验位置，光滑平面朝上。仪器调零。缓慢降下加热炉至规定位置，开始记录试样变形过程。显示屏上直接显示变形过程。试样断裂后，仪器自动停止测试。试样变形过程数据自动存储在计算机内，根据需要可对数据进行打印输出。

16. 高温抗压强度（JB/T 13037—2017）

（1）主要仪器和试剂　与上述高温膨胀率中的主要仪器和试剂相同。

（2）试样制备　与上述高温膨胀率中的试样制备相同。

（3）试验步骤

1）将覆膜砂高温强度试验仪加热炉升温至设定温度 1000℃。将夹装调节好的试样放入炉套中，开始保温计时。1min 后，仪器测力机构以 1mm/s 的速率对试样加载，记录测量过程中的最大负荷。

2）试样的高温抗压强度 CS_T 按下式计算：

$$CS_T = \frac{F_{max}}{A} \qquad (11\text{-}148)$$

式中　CS_T——高温抗压强度（MPa）；

F_{max}——试样承受的最大载荷（N）；

A——$\phi12mm \times 20mm$ 试样的截面面积（mm^2），$A = 113.04mm^2$。

17. 高温耐热时间（JB/T 13037—2017）

（1）主要仪器和试剂　与上述高温膨胀率中的主要仪器和试剂相同。

（2）试样制备　与上述高温膨胀率中的试样制备相同。

（3）试验步骤

1）将覆膜砂高温强度试验仪加热炉降到适当位置，使待测试样的位置位于炉子中间，将加热炉升温至设定温度 1000℃。

2）将试样放入炉膛中间，施加 0.2MPa 的定负荷，开始记录直至试样溃散时持续的时间，即为定负荷下的高温耐热时间 t_T。

18. 氨气含量（JB/T 13039—2017）

氨气含量为低氨覆膜砂的专用指标，是指覆膜砂每 1% 灼烧减量对应的氨气量（质量分数）。

（1）氨气传感器法

1）主要仪器。仪器有氨气传感器、气体收集器等，见图 11-96。

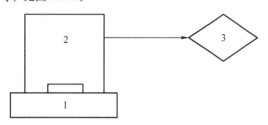

图 11-96　氨气传感器法的基本原理
1—加热平台（表面温度可控制在 232℃ ±2℃）
2—气体收集器　3—氨气传感器

2）试验步骤。首先开启加热平台 1 的电源，设置温控器温度为 232℃。称取低氨覆膜砂样品 1.000g。待温控器显示温度为 232℃ ±2℃ 时，把称好的低氨覆膜砂样品平铺在加热台中间，立即把气体收集器罩于低氨覆膜砂上，同时计时。每 20s 记录一次氨气的发气量，记录 5min。取 5min 内氨气量的最大值，平行测试 6 次，分别记为 n_1、n_2、n_3、n_4、n_{max}、n_{min}，其中 n_{max}、n_{min} 为最大值和最小值。舍掉最大值和最小值（即 n_{max}、n_{min}），其他数据求平均值，每 1% 灼烧减量对应的氨气量按下式计算：

$$N = (n_1 + n_2 + n_3 + n_4)/4D \qquad (11\text{-}149)$$

式中　　　N——每 1% 灼烧减量对应的氨气量（质量分数，10^{-4}%）；

n_1、n_2、n_3、n_4——氨气传感器测试数据中去掉最大值和最小值的 4 个平行样测试结果（质量分数，10^{-4}%）；

D——该低氨覆膜砂的灼烧减量（%）。

（2）气相色谱法　试样用解析仪表在 232℃ 条件下进行解析，用 GDX-401 色谱柱进行分离，有效成分用外标法峰面积定量。

1）主要仪器和试剂。具有 TCD 检测器的气相色谱仪、热解析仪、色谱数据处理机、色谱柱［2mm × 3mm（内径）不锈钢柱，内装 5% GDX-401 硅烷化白色担体（60～80目）填充物]、解析管（玻璃管）、氨水标样（已知质量分数≥28.0%）。

2）试验条件。气相色谱操作应具备的条件：柱室温度为100℃，汽化室温度为200℃，热导温度为100℃；载气为H_2，供气量为60mL/min。

解析仪的操作条件：解析温度232℃，阀箱温度150℃，管路温度100℃。

上述气相色谱操作条件是典型的操作参数。可根据不同仪器特点，对给定的操作参数做适当调整，以期获得最佳效果。典型的游离氨气相色谱图如图11-97、图11-98所示。

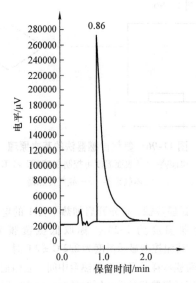

图 11-97　标样溶液气相色谱图

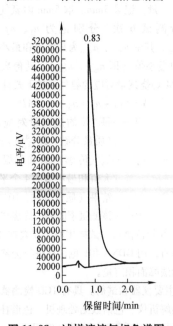

图 11-98　试样溶液气相色谱图

3）试验步骤。待仪器基线稳定后，准确称取氨水标准样品0.01g（精确至0.0001g）于解析管中进行解析。解析数次，直至相邻两次的氨气色谱响应值小于2%时，再准确称取1g低氨覆膜砂（精确至0.0001g）于解析管中进行解析。按照标样、试样、试样、标样的顺序进行测定。

将测试的两次试样及试样前后两针标样中氨气的峰面积分别进行平均。

实验中每1%灼烧减量对应的氨气质量分数 w 按下式计算：

$$w = \frac{A_2 m_1 P}{A_1 m_2 D} \times 10^6 \qquad (11\text{-}150)$$

式中　A_2——试样溶剂中，游离氨峰面积的平均值；

　　　m_1——游离氨标样的质量（g）；

　　　P——游离氨标样的质量分数（4×10^{-4}%）；

　　　A_1——标样溶液中，游离氨峰面积的平均值；

　　　m_2——试样质量（g）；

　　　D——该低氨覆膜砂的灼烧减量（%）。

11.2.4　热芯盒砂的性能测定

1. 常温强度和热强度（JB/T 3828—2013）

（1）主要仪器　仪器为台秤（10kg，精度为5g）、天平（精度为0.01g）、树脂砂混砂机（2kg）、"8"字形标准试样模具（模具内"8"字形标准试样尺寸见图11-57，模具材质为金属）、长条形标准试样模具（模具内长条形标准试样尺寸见图11-58，模具材质为金属）、热芯盒试样射芯机（Z861型）、空气压缩机、型砂强度试验机、干燥皿（φ240mm）。

（2）试剂　所用试剂如下：

1）标准砂（符合GB/T 9442）。

2）固化剂。树脂含氮量不同，所用固化剂不同。高氮树脂选用质量比为氯化铵∶尿素∶水 = 1∶3∶3的固化剂，其他树脂选用质量比为对甲苯磺酸∶水 = 1∶1的固化剂。可根据供需双方协议选用配套固化剂。

3）各种铸造用热芯盒树脂。

（3）混砂工艺　取标准砂2000g，放入树脂砂混砂机中。起动混砂机后，立刻加入铸造热芯盒固化剂8g（若根据协议选用固化剂，须根据所选取固化剂确定固化剂加入量），混制1min，然后加入铸造用热芯盒树脂40g混制2min后出料。将配制好的混合料盛于带盖的容器中或置于塑料袋里扎紧，以备进行试验，超过15min则不予使用。

（4）试样制备　起动空气压缩机供气，使射芯压力达到0.5～0.7MPa。将热芯盒试样射芯机加热至210℃±5℃，把树脂砂装入射芯桶中，装满，刮去筒面及射芯孔中余砂。按照表11-47规定的参数射砂，至规定的硬化时间，立即取出试样。制样完成后，清理好芯盒，合上芯盒备用。

表 11-47 铸造用热芯盒树脂强度测定的射芯参数

射芯参数	热芯盒树脂含氮量（质量分数%）			
	≤0.5	>0.5~5.0	>5.0~7.5	>7.5~12.0
硬化时间/s	40	90	90	45

（5）抗拉强度测定 达到规定的硬化时间，芯盒打开，立即取出"8"字形标准试样。其中一块试样立刻进行抗拉强度测定，从取出试样到试样拉断这段时间不应超过15s，此强度为热抗拉强度。将取出的另一块试样，置于干燥皿中冷却至室温，测量其常温抗拉强度，记录当时的室温和相对湿度。测量5个试样强度值。去掉最大和最小值，将剩下的3个数值取平均值作为试样的强度值。3个数值中任何一个数值与平均值相差不得超过10%，如果超过应重新试验。

（6）抗弯强度测定 达到规定的硬化时间，芯盒打开，立即取出长条形标准试样，其中一块试样立刻进行抗弯强度测定，从取出试样到试样弯断这段时间不应超过15s，此强度为热抗弯强度。将取出的另一块试样，置于干燥皿中冷却至室温，测量其常温抗拉强度，记录当时的室温和相对湿度。测量5个试样强度值，去掉最大和最小值，将剩下的3个数值取平均值作为试样的强度值。3个数值中任何一个数值与平均值相差不得超过10%，如果超过应重新试验。

2. 流动性

测定湿强度较低的热芯盒砂的流动性，一般采用侧孔质量法和环形空腔法，特别是前者，操作方便，简易可行。试验步骤参见11.2.1节。

3. 表面强度

在存放和搬运过程中，热芯盒砂芯的表面和棱角抵抗外力磨损的能力称为表面强度。

（1）主要仪器 砂芯表面强度试验仪（见图11-99）、天平（精度为0.1g）。

（2）试验步骤 试验时，首先制备一个抗弯强度试样，并称其质量（准确至0.1g），再将此试样的一端固定在砂芯表面强度试验仪上（见图11-99），以120r/min的速度旋转，同时使$S\phi 3mm$小钢球在其上方500mm处自由落下，撞击在抗弯强度试样的表面上。当总质量为500g的小钢球全部落完后，仔细称量磨损后试样的质量。该质量与原试样的质量比的百分数，即为试样的表面强度。砂芯的表面强度也可用硬度计测定其表面的划痕硬度来表示。

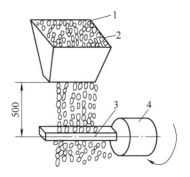

图 11-99 砂芯表面强度试验仪
1—钢球斗 2—钢球 3—试样
4—砂芯表面强度试验仪转轴

4. 可使用时间（参考方法）

热芯盒砂的可使用时间是指其芯砂从混砂机中卸出后至仍能满意地射制砂芯的允许存放时间。

（1）主要仪器 型砂强度试验机、热芯盒试样射芯机、碾轮式混砂机、天平（精度为0.1g）等。

（2）试验步骤 将刚混制好的芯砂，按射芯工艺射制成一组抗拉强度试样（一般每组由3~5个试样组成），然后，每隔一定时间射制一组抗拉强度试样，硬化、冷却后在型砂强度试验机上分别测定其强度。具体内容参见11.2.2节。

5. 吸湿性

热芯盒砂的吸湿性是指制成的砂芯从空气或水基铸型涂料中吸收水分的能力，可用试样吸收水分前后的质量变化的百分数或吸收水分前后强度下降的程度来表示。

（1）主要仪器 型砂强度试验机、锤击式制样机、干燥器、天平（精度为0.1g）等。

（2）试验步骤

1）吸收水分法。在试验时，先称量制备好的热芯盒抗拉强度试样的质量，然后，将其放入下部盛有一定水的干燥器中，放置24h后，取出再称其质量。其吸湿性可用下式计算：

$$X_{XS} = \frac{m_1 - m_2}{m_2} \times 100\% \qquad (11-151)$$

式中 X_{XS}——吸湿性（质量分数）；

m_1——试样在干燥器中放置24h后的质量（g）；

m_2——试样放入干燥器前的质量（g）。

2）强度下降法。试验时，先制取两组"8"字形抗拉强度试样，其中一组待硬化、冷却后测定其强度；另一组放入下部盛水的干燥器中，放置24h后，测定其强度。以试样吸收水分前后强度下降的程度来表示其吸湿性。

11.2.5 冷芯盒砂的性能测定

1. 强度

(1) 三乙胺冷芯盒砂的强度

1) 主要仪器和试剂。仪器为台秤 (3kg, 精度为 1g)、天平 (100g, 精度为 0.01g)、温湿度计、树脂砂混砂机 (2kg)、"8" 字形标准试样模具 (模具内 "8" 字形标准试样尺寸见图 11-57, 模具材质为金属)、长条形标准试样模具 (模具内长条形标准试样尺寸见图 11-58, 模具材质为金属)、冷芯盒试样射芯机、空气压缩机、空气干燥机、型砂强度试验机、干燥皿 (240mm)。试剂为标准砂 (符合 GB/T 9442)、三乙胺 (质量分数 ≥ 99.5%)、变色硅胶 (符合 HG/T 2765.4)。

2) 试验条件。砂温为 20℃ ±2℃, 室温为 20℃ ± 2℃, 相对湿度为 60% ±5%。

3) 混砂工艺。取标准砂 2000g (精确到 1g), 放入树脂砂混砂机中。起动混砂机后, 将称好的 16g 组分 I 均匀倒入混砂机中, 搅拌 30s; 再将称好的 16g 组分 II 均匀倒入混砂机中, 继续搅拌 90s 后出砂。将配制好的混合料盛于带盖的容器中或置于塑料袋里扎紧, 以备进行试验, 超过 15min 则不予使用。

4) 试样制备。将 "8" 字形抗拉标准试样模具或长条形抗弯标准试样模具安装在冷芯盒射芯机上, 打开空气压缩机和空气干燥器, 使空气压力达到 0.50 ~ 0.80MPa。将混好的混合料装入砂斗, 在 0.3 ~ 0.4MPa 的压力下开始射砂, 射砂时间为 1 ~ 2s, 然后以 0.15 ~ 0.20MPa 的压力开始吹胺。当测量抗拉强度时, 吹胺量为 2.0mL, 吹胺时间为 5s; 当测量抗弯强度时, 吹胺量为 3.0mL, 吹胺时间为 7s。吹胺后, 以 0.45 ~ 0.55MPa 的压力吹入空气清洗 15s, 然后取出试样。制样完成后, 清理好芯盒, 合上芯盒备用。

5) 试验步骤。将合格的试样分为 4 组, 每组 5 个, 分别用于瞬时强度、24h 常湿强度、24h 高干强度和 24h 高湿强度的测定。抗拉强度和抗弯强度均按此方法。

① 瞬时强度的测定。取一组起模时间小于 30s 的合格试样, 用型砂强度试验机测定瞬时强度。

② 24h 常湿强度的测定。取一组存放在常湿条件下的合格试样, 用型砂强度试验机测定 24h 常湿强度。

③ 24h 高湿强度的测定。取一组存放在高湿条件下的容器中 (干燥皿下层放入水, 水面与隔板不得接触, 温度控制在 20℃ ±2℃) 24h 的合格试样, 用

型砂强度试验机测定 24h 高湿强度。

④ 24h 高干强度的测定。取一组存放在高干条件下的容器中 (干燥皿下层放入新的或经烘干的变色硅胶, 温度控制在 20℃ ±2℃) 24h 的合格试样, 用型砂强度试验机测定 24h 高干强度。

每组测定 5 个试样强度值, 去掉最大值和最小值, 将剩下的 3 个数值取平均值作为试样的强度值。3 个数值中任何一个数值与平均值相差不得超过 10%, 如果超过应重新试验。

(2) 二氧化碳硬化冷芯盒砂的强度

1) 主要仪器和试剂。仪器为台秤 (3kg, 精度为 1g)、天平 (100g, 精度为 0.01g)、温湿度计、树脂砂混砂机 (2kg)、"8" 字形标准试样模具 (模具内 "8" 字形标准试样尺寸见图 11-57, 模具材质为金属)、圆柱形标准试样模具 (模具内圆柱形标准试样尺寸见图 11-56, 模具材质为金属)、冷芯盒试样射芯机、空气压缩机、型砂强度试验机。试剂为标准砂 (符合 GB/T 9442)、瓶装二氧化碳、各种铸造用二氧化碳硬化碱性酚醛树脂、粉状增强剂 (按厂家要求是否使用)。

2) 试验条件。砂温为 20℃ ±2℃, 室温为 20℃ ±2℃, 相对湿度为 50% ±5%。

3) 混砂工艺。取标准砂 2000g, 放入树脂砂混砂机中。开始搅拌后加入树脂 50g, 搅拌 1min 后加入粉料 10g, 搅拌 1min 后取出。在密封条件下保存待用, 但超过 1h 则不予使用。树脂、粉状增强剂加入量也可按供需方要求增减。

4) 试样制备。起动空气压缩机供气, 使射芯压力达到 0.5 ~ 0.7MPa。将混合料放入射芯桶中, 装满, 刮去桶面及射芯孔中余砂。在 0.3 ~ 0.4MPa 的压力下射砂, 射砂时间为 1 ~ 2s。完成射砂后, 吹入二氧化碳气体 30s (压力保持在 0.2 ±0.1MPa, 流量控制在 50L/min) 后, 立即取出试样。制样完成后, 清理好芯盒, 合上芯盒备用。

5) 抗拉强度的测定。达到试样硬化时间, 芯盒打开, 立即取出 "8" 字形标准试样。其中一块试样立刻进行抗拉强度测定, 从取出试样到试样拉断这段时间不应超过 15s。取出的另一块试样, 测量其 24h 抗拉强度。测量 5 个试样强度值, 去掉最大和最小值, 将剩下的 3 个数值取平均值作为试样的强度值。3 个数值中任何一个数值与平均值相差不得超过 10%, 如果超过应重新试验。

6) 抗压强度的测定。达到试样硬化时间, 芯盒打开, 立即取出圆柱标准试样。其中一块立刻进行压拉强度测定, 从取出试样到试样压断这段时间不应超

过 15s。取出的另一块试样，测量其 24h 抗压强度。测量 5 个试样强度值，去掉最大值和最小值，将剩下的 3 个数值取平均值作为试样的强度值。3 个数值中任何一个数值与平均值相差不得超过 10%，如果超过应重新试验。

2. 固化特性

冷芯盒树脂砂的固化特性包括硬化速度、初始强度和终强度等几个方面。固化速度和终强度是快速制芯树脂砂的最重要指标。固化速度的大小以初始强度（即吹气固化后 1min 内的抗拉强度），固化后 30min、60min 的强度来衡量；终强度是指吹气固化后 24h 的抗拉强度。抗拉强度的测定按常规标准方法进行，见 11.2.1 节。

3. 可使用时间

将混制好的树脂砂放入塑料桶内，放置一定时间（如 30min、60min、120min、180min、240min、480min）后，射制 "8" 字形抗拉试样。吹气硬化后 1min 内，测其初始强度，直至射制的工艺试样初始强度低于工艺要求下限为止。由此时到混砂完毕的时间即为冷芯盒树脂砂的可使用时间。生产中的工艺强度下限值，对于复杂砂芯一般定为 0.15MPa，对于形状较简单的厚壁砂芯可定为 0.06MPa。

11.2.6　自硬树脂砂的性能测定

1. 强度

自硬树脂砂的强度是指其砂型（芯）抵抗外力破坏的能力，通常可分为小时强度和终强度。自硬树脂砂一般只测抗拉强度。

（1）自硬呋喃树脂砂的强度

1）主要仪器及试剂。仪器为型砂强度试验机、树脂砂混砂机、"8" 字形标准试样模具（模具内 "8" 字形标准尺寸见图 11-57，模具材料为木模用材料）、台秤（10kg）、天平（500g，精度为 0.5g）、天平（100g，精度为 0.1g）。试剂为标准砂（符合 JB/T 9224 规定）、70% 对甲苯磺酸水溶液（符合 HG/T 2345 规定）。

2）试样的制备和保存如下：

① 试验条件。砂温为 20℃ ±2℃，室温为 20℃ ±2℃，相对湿度为 50% ±5%。

② 混合料的制备。取标准砂 1000g，放入树脂砂混砂机中。开动搅拌后，立即加入 5.0g 对甲苯磺酸水溶液，搅拌 1min，再加入树脂 10g（树脂不含任何附加物），搅拌 1min 后出料。

③ 制样。将混合料倒入 "8" 字形标准试样模具中人工压实，确保用力均匀一致然后刮平，达到（或大于）开模强度时，打开芯盒，成型完毕。每组制 5 个样块，试样质量为 67g ±1g，试块应在混砂开始 5min 内压实刮平。

④ 放置硬化。将已制好的试样在规定试验条件下自然硬化 24h。

3）试验步骤。工艺试样抗拉强度测定，按要求测定 24h 强度。试样放在型砂强度试验机夹具中，并使试验夹具 4 个滚柱的平面紧贴试样腰部，起动机器，直至试样断裂。其抗拉强度值可直接从压力计中读出。

测定 5 个试样强度值，然后去掉最大值和最小值，将剩下的 3 个数值取平均值作为试样强度值。3 个数值中任何一个数值与平均值相差不得超过 10%，如果超过应重新试验。

（2）自硬碱性酚醛树脂砂的强度

1）主要仪器及试剂。仪器为型砂强度试验机、树脂砂混砂机、"8" 字形标准试样模具（模具内 "8" 字形标准尺寸按图 11-57，模具材料为木模用材料）、台秤（10kg）、天平（500g，精度为 0.5g）、天平（100g，精度为 0.1g）。试剂为标准砂（符合 JB/T 9224 规定）、三乙酸甘油酯（符合 YC/T 144 规定）。

2）试样的制备和保存如下：

① 试验条件。砂温为 20℃ ±2℃，室温为 20℃ ±2℃，相对湿度为 50% ±5%。

② 混合料的制备。取标准砂 1000g，放入树脂砂混砂机中。开动搅拌后，立即加入 4.5g 三乙酸甘油酯，搅拌 1min，再加入树脂 18g（树脂不含任何附加物），搅拌 1min 后出料。

③ 制样。将混合料倒入 "8" 字形标准试样模具中人工压实，确保用力均匀一致然后刮平，达到（或大于）开模强度时，打开芯盒，成型完毕。每组制 5 个样块，试样质量为 67g ±1g，试块应在混砂开始 5min 内压实刮平。

④ 放置硬化。将已制好的试样在规定试验条件下自然硬化 24h。

3）试验步骤。工艺试样抗拉强度测定，按要求测定 24h 强度。试样放在型砂强度试验机夹具中，并使试验夹具 4 个滚柱的平面紧贴试样腰部，起动机器，直至试样断裂。其抗拉强度值可直接从压力计中读出。

测定 5 个试样强度值，然后去掉最大值和最小值，将剩下的 3 个数值取平均值作为试样强度值。3 个数值中任何一个数值与平均值相差不得超过 10%，如果超过应重新试验。

2. 可使用时间和起模时间

自硬树脂砂的可使用时间是指混砂后至型（芯）

砂能用以制作出合格型、芯的时间。起模时间是指制好的型、芯，当它硬化到可以起模（或能从芯盒中取出来）而不至于损坏所需的硬化时间。这两个参数一般都是从混制好的型（芯）砂从混砂机中卸料算起。

（1）主要仪器　型砂强度试验机、锤击式制样机。

（2）试验步骤

1）强度增长法。试验时，将刚混制好的型（芯）砂立刻制成3~5个$\phi50mm \times 50mm$圆柱形标准抗压强度试样，其余的型（芯）砂放入密闭的容器中保存。然后，每隔一定时间（5min或10min）再制作3~5个抗压强度试样，都立即测定其抗压强度。一般规定，当型（芯）砂的抗压强度增长到0.07MPa时所经历的时间称为自硬树脂砂的可使用时间；而当它的抗压强度增长到0.14MPa时所经历的时间称为起模时间。

2）强度下降法。将刚混制好的型（芯）砂，每隔一定时间制作一组圆柱形标准抗压强度试样，在规定的温度和湿度下放置24h后，测定其抗压强度，给出时间与强度的关系曲线。随着时间增加、强度下降，从曲线上查出强度下降20%时所对应的时间，即为可使用时间。

3）锤实法。用刚混制好的树脂砂立即制备标准试样（$\phi50mm \times 50mm$），并称试样质量。可使用时间从零开始，此后每隔5min、10min、15min进行一次检查，每次所用的砂量，要和零时所需用砂量完全一样，然后记录紧实到标准试样高度时所需的锤击次数。当所需的锤击次数为6锤时，即表示已超过可使用时间。

4）表面硬度法。按11.2.1节的步骤制备或使用生产现场的树脂砂，同时，按下秒表计时，并测量环境温度。迅速将混合物放置于厚度大于7.5cm，面积大于$400cm^2$的容器中，手工舂实，并将表面刮平。用湿型硬度计（见图11-82）测量砂型的表面硬度，每间隔一段时间测量一次。当表面强度达到103.4kPa时，为该混合料对应温度的可使用时间；当表面强度达到206.8kPa时，为该混合料对应温度的起模时间。

3. 流动性

自硬树脂砂的流动性是指其型（芯）砂在可使用时间范围内在外力或自重的作用下，沿着模样表面和砂粒间相对移动的能力。

由于自硬树脂砂的湿强度较低，一般都是采用侧孔质量法来测定其流动性。试验步骤可参见11.2.1节。

4. 表面安定性

将标准抗压试样经24h硬化后，称量，然后按11.2.2节中表面安定性的试验步骤，放入转筛式成型性试验仪的圆筒筛中测定。

5. 硬透性

试验方法为，采用数个$\phi50mm \times 120mm$试样筒，制作标准试样，试样要留在样筒内，并保持上表面敞开，下表面处于封闭状态。每隔5min取1个样，用B型湿型硬度计测量上下两端面的表面硬度（先测下表面硬度，然后用顶柱把试样推至样筒上端，测量上表面硬度）。绘出硬度与时间的关系曲线。在相同时间内，上下端面的表面硬度差别越小，则其硬透性越好。

6. 吸湿性

吸湿性测定同11.2.4节中吸湿性测定。

7. 再生砂灼烧减量

树脂再生砂的灼烧减量是指其旧砂经过再生后砂中残存的可燃性和可挥发物的含量。试验步骤参见11.2.3节中灼烧减量的试验步骤。

8. 发气量和发气速率

发气量也称发气性，是指型（芯）砂加热时析出气体的能力，用单位质量的发气物析出的气体体积表示（单位为cm^3/g）。

发气速率是指在一定温度下，单位质量的发气物，如型（芯）砂和黏结剂等，在单位时间内所产生的气体数量［单位为$cm^3/(g \cdot s)$］。

发气量的试验步骤可参见11.2.3节中发气量的试验步骤。

为了获得比较性的测试结果，一般可将测试时间限制在2~3min之内。有时为了取得更精确的数据，可将测试时间延续到析出气体过程完全停止时为止，在某些情况下气体析出过程可持续5~10min。在坐标纸上可将测试结果绘制成气体体积-时间的曲线。此曲线既表示了型（芯）砂的总发气量，又表示其发气速率。

9. 高温强度

型（芯）砂的高温强度又称热强度，是指型（芯）砂试样加热到室温以上规定的温度时测定的强度。目前只测定型（芯）砂在高温下的抗压强度。

（1）主要仪器　型砂高温强度试验仪、锤式制样机。

（2）试验步骤　将混制好的待测型（芯）砂填入试样筒内，用SAC型锤击式制样机舂打3次，制成$\phi30mm \times 50mm$圆柱形抗压强度试样。试样经烘干或硬化后，便可进行试验。

试验时，首先将型砂高温强度试验仪的炉温升至规定温度，把待测试样放入炉中，在该温度下保温，直至试样中心部位达到炉温。一般保温时间随规定温度而异，低温时保温时间要长一些。然后，按下加载按钮开始加载，直到试样破坏为止。试验仪的记录部分便可指示或记录出最大的载荷值，得出树脂砂的高温抗压强度。

根据各次试验中数据分散的程度，测定 3~5 个试样，取其算术平均值。其中任何一数值与平均值的差超出 10% 时，试验应重新进行。

10. 热稳定性试验

所谓热稳定性，是指树脂砂在定载荷作用下的高温变形保持不破坏的持久性，其特征参数为高温挠度和高温持久时间。

（1）主要仪器　树脂砂高温性能试验仪（见图 11-100）。

（2）试验步骤　试验时，先将树脂砂高温性能试验仪的杠杆支起，使加载机构脱离加载轴，并在两个定载加载盘（图 11-100 中未示出）上各放上等质量的三等标准砝码，其质量按试验要求选定。试样厚度为 10mm 时，单个砝码质量为 100g。加热炉预热至 800~1300℃，并保持恒温。把 200mm × 20mm × 10mm 试样放在支架上，然后调整位移传感器和记录仪的零点，起动记录仪。打开炉门，轻轻地将炉子落下罩在试样上，对试样加热直至试样破断，而后停止试验。记录仪记下试样的热变形曲线和破断时间，据此可读取试样的高温挠度和高温持久时间。

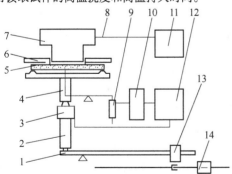

图 11-100　树脂砂高温性能试验仪

1—杠杆　2—加载轴　3—测力传感器
4—试样下支架　5—试样　6—试样上支架
7—加热炉　8—热电偶　9—位移传感器
10—位移变送器　11—温度控制仪　12—$x-y$
函数记录仪　13—杠杆砝码　14—直流电动机

11. 热胀率

型（芯）砂的热胀率是指在一定的温度范围内，每升高温度 1℃ 时，型（芯）砂试样单位长度的膨胀值（单位为 1/℃）。

（1）主要仪器　型砂高温强度试验仪、锤击式制样机、千分表等。

（2）试验步骤　首先将待测的型（芯）砂填入试样筒内，在制样机上制取 ϕ30mm × 50mm 圆柱形抗压试样。试样经烘干或硬化后，放在高温强度试验仪的上下试柱之间，并使试样的上端面与上试柱的下端面接触，套上炉体，调整好电感位移计的零点。然后，试样随炉按预定的升温速度进行升温，记录仪开始工作，记录出试样的温度和膨胀曲线。

热胀率按下式计算：

$$\alpha = \frac{L_1 - L_0}{L_0 t} \tag{11-152}$$

式中　α——型（芯）砂的热胀率（1/℃）；

　　　L_0——加热前试样的长度（mm）；

　　　L_1——加热到某一温度时试样长度（mm）；

　　　t——试样的温度（℃）。

对同一型（芯）砂要测定 3 个试样，取其算术平均值。其中任一值与平均值相差超出 10% 时，试验应重新进行。

12. 膨胀力

树脂砂膨胀力试样的尺寸为 ϕ30mm × 50mm。用锤击式制样器，试样直接在刚玉套筒内成型。其他制备条件与强度试样的制备相同。

试验主要仪器采用国产 SQW 型型砂高温性能试验仪。试验时，在刚玉套筒内直接成型的试样上端面放一片球冠形刚玉垫片，仔细安装在上、下试柱之间。然后，将常温炉子套在试样上，按选定的升温速度将试样连同炉子一起等速升温，进行缓热膨胀试验，或者预先将炉子加热至所需的试验温度，再套在试样上，做激热膨胀试验。通过加载机构保持试样原有的长度，测出在各种温度下试样所产生的膨胀力。

13. 热裂倾向试验

为测定树脂砂高温膨胀出现飞翅、裂纹缺陷的倾向，采用树脂砂热裂变形性测定仪（见图 11-101）进行试验。

热源用液化石油气焰、氧气助燃。改变气体的压力和流量，试验温度可在 1000~1600℃ 范围内调整。试样尺寸为 ϕ80mm × 6mm。试验时，先将待测的试样周边涂上导电涂料，作为计时器控制电路的常闭开关。把试样放在陶瓷座垫上，用防风罩压紧试样。接通电源，调整位移传感器的零点、气体的压力、流量，调定试验温度。打开工作开关，接通气源，用电子点火器点火，烧嘴开始燃烧并对试样加热，计时器

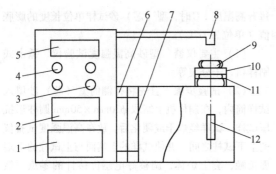

图 11-101 树脂砂热裂变形性测定仪
1—位移变送器 2—温度显示仪 3—工作开关
4—指示灯 5—计时器 6—O$_2$ 流量计
7—液化气流量计 8—燃烧嘴 9—防风罩
10—试样 11—陶瓷坐垫 12—位移传感器

同步计时。当试样产生裂纹时，导电涂料随之断开，计时器停止计时，同时自动切断气源，停止燃烧加热。台式记录仪记下试样的热变形曲线。

试样从开始加热至产生裂纹这一段时间称为热开裂时间，以热开裂时间长短表征树脂砂的热裂倾向。

11.3 涂料的测试方法

砂型（芯）涂刷涂料是明显提高铸件的表面质量、大幅度降低铸件清理工作量的一种有效的办法。为了正确地配制和合理使用涂料，必须仔细检测涂料的有关工艺性能。以下介绍国内外在生产中已广泛应用的一些涂料工艺性能的测试方法和仪器。

11.3.1 取样和制备

1. 取样 （JB/T 9226—2008）

浆状涂料、膏状涂料和粉（粒）状涂料都要按批验收，同一次配料所生产的产品作为一个批次。浆状涂料取样时，应将涂料充分搅拌均匀，取样桶数不少于 3 桶，将所取的样品混合均匀，提取检测用试样，质量不少于 1kg。膏状涂料取样时，应将涂料充分混合均匀，提取检测用试样，质量不少于 1kg。粉（粒）状涂料直接从袋中取样，取样数量不少于 3 袋，将所取的样品混合均匀后，采用"四分法"提取检测用试样，质量不少于 1kg。

2. 试样制备 （JB/T 9226—2008）

称量 500g ±1g 涂料试样，如果涂料试样为膏状或粉（粒）状，将水或有机溶剂（按供需双方在协议中规定的比例）加入到涂料搅拌机的料桶中，分批加入膏状涂料或粉（粒）状涂料，边加边搅拌，待料加完后，膏状涂料搅拌的时间不少于 20min，粉（粒）状涂料搅拌的时间不少于 40min。将稀释后的

涂料涂覆于 75mm × 25mm 的玻璃片上，目测检查涂层外观，当涂层中存在未稀释涂料的杂质时，则继续搅拌直到均匀为止。

3. 涂料外观状态的检查 （JB/T 9226—2008）

（1）主要仪器 75mm × 25mm 玻璃片。

（2）试验步骤 以少量涂料试样，均匀分布于 75mm × 25mm 玻璃片上，目测检查所选取试样是否均匀和有无夹杂物等。

11.3.2 涂料的性能测定

1. 密度 （JB/T 9226—2008）

（1）主要仪器 实验室用电动搅拌机、带磨口塞量筒（ϕ30mm，刻度为 0 ~ 100mL）、天平（精度为 0.01g）。

（2）试验步骤 首先称量筒的质量（精确到 0.01g），然后往量筒中加入在 20℃ ±3℃ 环境中放置 15min 后的涂料，使其达到 100mL 标高处，再以相同精度称量。

涂料密度按下式计算：

$$\rho = \frac{m_2 - m_1}{100} \tag{11-153}$$

式中 ρ——涂料密度（g/cm^3）；

m_2——装料后量筒的质量（g）；

m_1——空量筒的质量（g）。

密度瓶法（参考方法）是用密度瓶代替带磨口塞量筒，只是将天平改为分析天平，涂料装满密度瓶也可测定涂料的密度。

2. 涂层外观 （JB/T 9226—2008）

（1）主要仪器 SAC 型锤击式制样机、电热烘箱。

（2）试样的制备和存放 试样基体采用实际使用的型（芯）砂，在 SAC 型锤击式制样机上冲击 3 次，制成 ϕ50mm × 55mm 试样，按型（芯）砂相应的工艺干燥或硬化。

（3）试验步骤 把按 11.3.1 节制备的涂料均匀地涂覆或浸沾于基体试样上，涂层厚度为 0.5 ~ 1.0mm。水基涂料试样放入电热烘箱中，经 150℃ ± 5℃ 烘干，保温 1h（有机溶剂涂料试样点燃干燥），冷却后观察。

用目测检查涂层外观，水基涂料外观要求检查涂层是否开裂、起泡、有无裂纹；有机溶剂涂料要求检查涂层表面是否起泡、起泡破裂、有无裂纹。

3. 条件黏度 （JB/T 9226—2008）

涂料的条件黏度是指在特定的条件下，涂料液体分子及固体颗粒阻碍涂料相对流动的程度，用时间表示，单位为 s。

（1）主要仪器　标准黏度杯（容积为100mL，流出口 ϕ6mm ± 0.2mm）、黏度杯架、气泡水准仪、0.600mm 筛网（30 号筛）、秒表、刮尺、取样勺等。

（2）试验步骤　试验时，先检测黏度杯筒壁及流出口是否干净。将黏度杯放在杯架上，用气泡水准仪把黏度杯上沿调整到水平，再用勺取出充分搅拌均匀的试样120mL，以手指堵住黏度杯出口，再将通过0.600mm 筛（30 号筛）的涂料倒入标准黏度杯中，直到涂料溢出到环形通道为止，用刮尺刮去多余的试样。把承接器放在黏度杯下面，松开手指，同时按动秒表计时。当黏度杯流出口下的连续液流开始中断而成滴状时立即按停秒表，并记录流出时间，同时测量试样的温度。用流出时间表示试样的条件黏度。

同一种涂料试样的试验至少应重复 3 次，取其平均值，各次读数的误差不得超过5%。

4. 悬浮性

涂料的悬浮性是指涂料抵抗固体耐火骨料分层和沉淀的能力，用悬浮率（%）表示。

（1）主要仪器　ϕ30mm 带磨口塞量筒（刻度为0 ~ 100mL）、ϕ30mm × 465mm 沉降柱（开口间距为60mm，见图 11-102）。

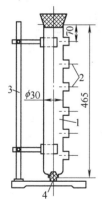

图 11-102　沉降柱
1—玻璃沉降柱　2—分层开口
3—支架　4—橡胶塞

（2）试验步骤　涂料悬浮性的测定有量筒法和沉降柱法两种。

1）量筒测定法（JB/T 9226—2008）。把按11.3.1 节制备的涂料倒入量筒中，使其达到 100mL标高处。在静止状态，水基涂料放置 6h 和 24h；有机溶剂涂料放置 2h 和 24h，测量澄清层体积。悬浮率按下式计算：

$$C = \frac{100 - V}{100} \times 100\%　　　　(11-154)$$

式中　C——涂料的悬浮率；

　　　V——量筒中涂料柱上部澄清层的体积（mL）。

2）沉降柱测定法。将搅拌均匀的试样倒入沉降柱中，在静止状态下，水基涂料试样停放 6h，有机溶剂涂料试样停放 2h。从分层处的上下两开口分别放出上段试样和下段试样，测得两段试样的密度，再算出其分层系数。试样的沉降分层系数可按下式计算：

$$K = \frac{\Delta\rho}{\rho h t}　　　　(11-155)$$

式中　K——沉降分层系数 $[1/(\text{cm} \cdot \text{h})]$；

　　　$\Delta\rho$——两层试样之间密度差（g/cm^3）；

　　　ρ——试样的原始密度（g/cm^3）；

　　　h——两个开口之间的距离（cm）；

　　　t——试样在沉降柱中静置时间（h）。

K 值越大，表明试样的悬浮性稳定度越差。

5. 渗透能力

涂料的渗透能力是指涂料能渗入到砂型孔隙中的能力，用涂料渗入深度（mm）表示。

（1）主要仪器　读数显微镜（放大倍数为 100倍）、专用的渗透性测定主要仪器（见图 11-103）。

图 11-103　渗透性测定主要仪器
1—料斗　2—渗透性测定管　3—排气管

（2）试验步骤　涂料的渗透能力测定有实际测定法和渗透性测定主要仪器法两种。

1）实际测量法。基体砂样采用在锤击式制样机上制成的（或在射芯机上吹制的）"8"字形试样，并经干燥或硬化。试验时，将上述基体砂样浸入待测的涂料试样中，浸入深度约为 60mm，在涂料试样中停留 3s 后立即取出，再在 150℃ ±5℃ 温度下烘干1h。然后将砂样从中间细腰处折断，用读数显微镜测出断口处涂料试样渗入深度。每个试样应取 5 点进行测定，取其算术平均值。

2）渗透性测定主要仪器法。测试前，首先将经过干燥或硬化后的型（芯）砂或干砂装入渗透性测定管中，填充高度达到 0 刻度处。试验时，将待测的涂料试样 15mL 注入料斗中，并立即按动秒表，分别测出在固定时间内涂料和溶剂的渗透深度。每种涂料试样应测定 3 次，取其算术平均值。

6. 涂层厚度

涂层厚度是指涂料在砂型（芯）表面形成涂层的厚度（mm）。

（1）主要仪器 湿态涂料测厚规（见图 11-104）、读数显微镜（放大倍数为 100 倍）。

（2）试验步骤 涂层厚度的测定分为湿态厚度和干态厚度两种方法。

1）湿态厚度的测定。试验时，首先在砂型（芯）表面涂覆涂料，然后立即将测厚规朝向有涂料的砂型（芯）表面，从垂直方向压入湿涂层上。取出测厚规，直接观察被涂层浸湿的最短叉股和未被浸湿的最长叉股的尺寸。如果被浸湿的叉股 2 是 0.15mm，未被浸湿的叉股 4 是 0.2mm，则涂层厚度为 0.15 ~ 0.20mm。

2）干态厚度的测定。涂层的干态厚度可在涂料烘干或点燃干燥后，通过折断砂型（芯）基体试样，用读数显微镜测出断口处基体试样上表面涂料层厚度。

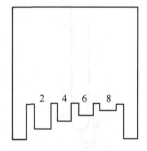

图 11-104 湿态涂料测厚规

7. 涂料层耐磨性（JB/T 9226—2008）

涂料层耐磨性是指涂料层抵抗外力抓搔而磨损的能力，用磨下涂料的质量表示，单位为 g。

（1）主要仪器 SUM 型涂料耐磨试验仪（见图 11-105、图 11-106）、电热烘箱、天平（精度为 0.01g）、干燥器。

（2）试样的制备和存放 按 11.3.1 节制备试样，把制备的涂料均匀地涂覆或浸沾于基体试样上，涂层厚度为 0.5 ~ 1.0mm。水基涂料试样放入电热烘箱中，经 150℃ ±5℃烘干，保温 1h（有机溶剂涂料试样点燃干燥），冷却后放入干燥器中。

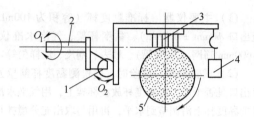

图 11-105 SUM 型涂料表面耐磨
试验仪的原理
1、2—可转小轴 3—针布刷
4—荷重砝码 5—试样

（3）试验步骤 接通电源，将试样夹持在仪器的夹具上，并用针布刷将试样外表面轻轻刷净，调整高速计数器使之达到 64r 的数值，然后使其复位。

按动开关，试样开始转动，当计数器的数值达到设定值时，试样自动停止转动。

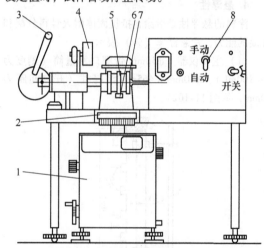

图 11-106 SUM 型涂料表面耐磨试验仪的结构
1—快速天平 2—铝接盘 3—试样夹持手柄
4—反光镜 5—针布刷 6—荷重砝码
7—驱动夹头 8—控制面板

称量铁刷磨下涂料的质量，精确到 0.01g，作为该涂料试样的耐磨性数值。

对同一涂料的试样测定 3 个，取其算术平均值。若其中任何一个值与平均值相差超出 10% 时，试验应重新进行。

8. 涂层强度

（1）主要仪器 涂料涂层强度试验仪原理及结构见图 11-107。

（2）试验步骤 首先在涂料试样模上底座的凸台上涂些润滑油作为脱模剂，将涂料涂覆在中间的圆孔中，涂一层涂料后连同底座一起放入烘箱中烘干。

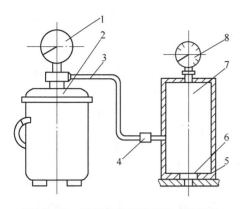

图 11-107 涂料涂层强度试验仪的结构
1、8—压力计 2—微形压缩空气机 3—橡胶管
4—单向阀 5—试样座 6—涂料试样 7—腔体

试样制备见图 11-108。烘干后冷却，再涂第二层，直到涂层略高于试样座上平面，以试样座为基准，用 280 号细砂纸将涂层高出的部分磨掉，即可得到厚度为 1.3mm、直径为 15mm 的涂料层试样。

将试样和试样座及腔体盖一起安装在试验仪腔体的底部，适当拧紧。接通电源，向腔体内充气加压，直到试样破坏，读出涂料试样的抗压强度值。每组试验 5 个试样，去掉最大值和最小值，取中间 3 个试验结果的算术平均值为结果。

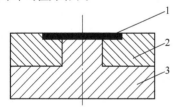

图 11-108 涂料强度试验用试样的制备
1—试样 2—试样座 3—底座

9. 流变特性

涂料的流变特性是指涂料流体的切应力 τ 与剪切速率 v 之间的关系，用流变曲线表示。用它可以判断所研究的涂料是属于何种流型。

（1）主要仪器 NXS-11 型旋转式黏度计或 NDJ-1 型旋转式黏度计（见图 11-22）。

（2）试验步骤 测试前首先将涂料试样的温度保持在 25℃±1℃ 的恒温水浴中，搅拌 1h，使之均匀且黏度（N-6 黏度杯）保持在 10~20s，便可用来测定流变曲线。

试验时，将涂料试样注入 NXS-11 型旋转式黏度计的测量筒里，再将测量筒座在仪器上。整个试验工作应在 25℃±1℃ 恒温下进行，并从低剪切速率逐

级向高剪切速率转换，直到最高剪切速率（或可测出的有读数最高剪切速率）后，再逐渐降低剪切速率。每次改变剪切速率后 30s 读数，并停止 1min，再改变剪切速率。将已测得的数值乘以该仪器说明书中给出的相应系数，便可求得切应力 τ 值。然后，分别以 τ、v 值作为坐标，绘出该涂料试样的流变曲线及其有关参数。

在试验过程中应经常测量涂料的温度，使之保持在 25℃±1℃ 范围内。同时，从低剪切速率（6r/min）逐渐向高剪切速率（60r/min）转换，然后逐渐向低剪切速率转换时，应在每一速率下旋转 5r 后才可记录刻度读数。

10. pH 值

涂料属于多元体系，涂料的 pH 值是指其中含有的耐火骨料、黏结剂、悬浮剂和其他附加物的酸碱性，用 0~13 的酸度值表示。

由于涂料中各组分的性能，如黏土的溶胀性、高分子悬浮剂的溶解度和悬浮能力，黏结剂的黏结特性和涂料本身的稳定性都取决于体系的 pH 值，所以在选用原材料和配制涂料时，必须测定各组分的 pH 值，并估计对其他组成物和涂料的影响，从而保证涂料工艺性能的稳定。

pH 值测定的试验步骤可参见 11.1.4 节中的 pH 值测定。

11. 发气量（JB/T 9226—2008）

（1）主要仪器 电热烘箱、SFL 型记录式发气性测定仪、天平（精度为 0.01g）、瓷舟。

（2）试样的制备和存放 浆状涂料、膏状涂料或粉（粒）状涂料试样，在电热烘箱中经 150℃±5℃ 烘干，保温 1h，冷却至室温，用研钵研成粉状，放入干燥器中备用。

（3）试验步骤 将发气性测定仪升温至 1000℃±5℃，称取 1g±0.01g 试样，均匀置于瓷舟中（瓷舟预先经 1000℃±5℃ 灼烧 30min 后置于干燥器中，冷却至室温待用）。然后，将瓷舟迅速送入石英管红热部位，并封闭管口，记录仪开始记录试样的发气量，在 3min 内读取记录仪记录的最大数据作为试样的发气量值。

对同一种试样测定 3 次，取其算术平均值。若其中任何一个值与平均值相差超过 10% 时，试验应重新进行。

12. 涂层高温曝热裂纹等级（JB/T 9226—2008）

（1）主要仪器 马弗炉、电热烘箱、SAC 型锤击式制样机。

（2）试样的制备 试样基体采用实际使用的型

（芯）砂，在SAC锤击式制样机上冲击3次，制成一端具有半球形（$SR25mm$）的$\phi50mm \times 75mm$圆柱试样，按型（芯）砂相应的工艺干燥或硬化。把按11.3.1节制备的涂料均匀涂于或浸沾于基体试样上，涂层厚度为0.5~1.0mm。水基涂料试样放入电热烘箱中，经150℃±5℃烘干，保温1h（有机溶剂涂料试样点燃干燥），冷却至室温待用。

（3）试验步骤　将马弗炉加热至1200℃，将烘干过的试样送入炉中，保温2~3min，在高温下观察涂料层是否产生裂纹及裂纹程度，并对涂层裂纹情况按Ⅰ~Ⅳ级进行评定。

Ⅰ级：表面光滑无裂纹，或只有极少微小的裂纹。涂层与基体试样间无剥离现象。

Ⅱ级：表面有树枝状或网状细小裂纹，裂纹宽度小于0.5mm。涂层与基体试样间无剥离现象。

Ⅲ级：表面有树枝状或网状裂纹，裂纹宽度小于1mm，裂纹较深，沿横向（水平圆周方向）或纵向无贯通性裂纹。涂层与基体试样间无明显剥离现象。

Ⅳ级：表面有树枝状或网状裂纹，裂纹宽度大于1mm，横向或纵向有贯通性裂纹。涂层与基体试样间有剥离现象。

13. 烧结特性

涂料的烧结特性是用涂料中耐火骨料颗粒间开始熔化烧结的温度表示，单位为℃。

（1）主要仪器　烧结点测定炉（最高温度约为1300℃，可连续测温）。

（2）试验步骤　首先将瓷舟放入高温炉中，经1200℃焙烧约30min，冷却后置于干燥器中保存。将少量待测涂料在200℃下彻底烘干，烘干时间以去除全部吸附水为准。将烘干的涂料碾成细粉并搅拌均匀，取适量涂料细粉压实在焙烧过的瓷舟一端（每次试验的装料量和压实程度力求相同），一起放入烧结用石英管的开口端部预热30s，以免试验中瓷舟断裂。在将盛料瓷舟推入烧结用石英管深处的高温区，停放2min（温度从低到高，每间隔50℃做一次试验，直至烧结物开始收缩为整块玻璃体为止），然后将盛料瓷舟取出，在空气中冷却，对冷却后的涂料进行观察评级。铸造用涂料烧结特性分级评定见表11-48。

表11-48　涂料烧结特性分级评定表

级别	涂料试样烧结特征		
	玻璃体量	密实程度	收缩及裂纹
0	粉料未烧结，高温下无液相产生，冷却后无玻璃体	粉料颗粒间互不黏结，呈松散状，用针可拨动	无体积收缩及裂纹
1	粉料开始烧结，出现玻璃相，显微镜下可见闪光斑点	粉料颗粒间开始黏结，有一定黏结强度，但用针可以刺入表面	试样烧结表面收缩，发生凹陷，基本无裂纹
2	粉料烧结加强，玻璃体量增多，显微镜下有局部亮块	粉料颗粒间黏结已较紧密，黏结强度较高，用针难以刺入	试样烧结表面凹陷较大，有较多细小裂纹
3	玻璃体量更多，显微镜下可见大量亮块	粉料颗粒黏结紧密，黏结强度高，用针已不能刺入	试样烧结表面收缩严重，裂纹多且深
4	粉料大量熔为液相，显微镜下有连续玻璃体区	烧结产物密度及强度均很高，试样基体已熔为一体	试样烧结收缩严重，体积明显缩小，裂纹也合并发展为粗大裂纹
5	粉料已全部成为玻璃相，显微镜亮区已连成一片	烧结产物密度及强度均极高，试样基体已熔为一体并裂成几块玻璃相	试样完全烧结，体积严重缩小，烧结产物呈几块陶瓷状

14. 耐火度

涂料的耐火度是指涂料抵抗高温作用而不熔化的特性。试验步骤可参照11.1.2节中原砂耐火度的试验步骤。

11.4　过滤网的测试方法

11.4.1　过滤网的外观测定

1. 缺边（GB/T 25139—2010）

用直角尺紧贴缺边处，金属直尺紧贴直角尺边缘，深入缺边最深处，金属直尺与缺边处两个单面的夹角为45°，缺边最深处到棱边的距离即为缺边深度（见图11-109），精确至1mm。

2. 掉角（GB/T 25139—2010）

用直角尺从顶方向深入掉角最深处，金属直尺沿立方体中心对角线方向进行测量，顶角到掉角最深处的距离即为掉角深度（见图11-109），精确至1mm。

3. 凹坑（GB/T 25139—2010）

用直角尺紧贴试样表面，将游标卡尺深入凹坑最

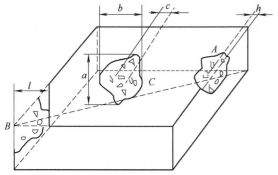

图 11-109　缺边、掉角、凹坑的测定

a—凹坑的长度　b—凹坑的宽度
c—凹坑的深度　l—掉角的深度　h—缺边的深度

深处，游标卡尺要与直角尺保持垂直，凹坑最深处到试样表面的距离即为凹坑深度，用金属直尺测量凹坑的最大长度及最大宽度作为凹坑的长度及宽度（见图 11-109），精确至 1mm。

4. 裂纹（GB/T 25139—2010）

目测：观察试样工作面（金属液垂直流经的面）上有无裂纹。

5. 尺寸偏差（GB/T 25139—2010）

（1）主要仪器　数显标尺（测量范围为 0 ~ 300mm，精度为 0.01mm，见图 11-110）。挡板采用铝合金材质，挡板平面度误差小于 0.1mm，精密等级为 0 级）、测量平板（平面度误差小于 0.1mm，精密等级为 0 级）。

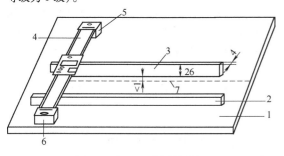

图 11-110　尺寸测量装置

1—测量平板　2—固定挡板（厚度为 30mm）
3—移动挡板（高度为 26mm，厚度为 4mm）
4—数显标尺　5、6—垫块　7—测量平板的平面

（2）试验步骤

1）长方体形产品。将试样平放于测量平板上，通过调节移动各边，测其长、宽各 2 个相邻边的尺寸。直立试样测量其 4 个边的平均尺寸作为厚度。

2）圆柱体形产品。将试样平放于测量平板上，通过调节移动测定的最大值为直径。直立试样测量垂直两直径位置的平均尺寸作为厚度。

3）其他形状产品。根据需要测定特征边的尺寸。

11.4.2　过滤网的性能测定

1. 孔密度（GB/T 25139—2010）

在试样工作面上划出中心线及两条与中心线相距 10mm 的直线段，3 条直线段长度均为 25.4mm。用放大镜（2 ~ 10 倍）或有标准刻度的读数显微镜，读取每条直线上孔的数目并记录（被计算的孔在表面并且是被直线穿过的孔）。试样数量 3 块，以 9 次测量结果的算术平均值取整数为该试样的孔密度值。

2. 体积密度（GB/T 25139—2010）

体积密度是干燥试样质量与其轮廓体积（包括气孔）之比。

（1）主要仪器　烘干箱、分析天平（精度为 0.01g）。

（2）试验步骤　将表面刷净的试样置于烘干箱中于 110℃ ±5℃ 烘干至恒重，并于干燥器中冷却至室温，称量每个试样的质量，精确至 0.01g。试样的体积密度，按下式计算：

$$X_1 = \frac{m_1}{V_1} \tag{11-156}$$

式中　X_1——体积密度（g/cm³）；

　　　m_1——烘干后试样的质量（g）；

　　　V_1——试样体积的数值（cm³），根据不同形状的试样计算。

测定 15 块试样，然后去掉最大值和最小值，将剩下 13 块取其平均值，作为体积密度测定值。计算结果保留到小数点后两位。

3. 孔隙率（GB/T 25139—2010）

（1）主要仪器　烘干箱、分析天平（精度为 0.01g）、浸液槽（容积大于 1000mL）。

（2）试验步骤　测试前将试样表面附着的灰尘和细碎颗粒清理干净，在烘干箱中于 110℃ ±5℃ 烘干至恒重，并于干燥器中冷却至室温。将盛有足够量水的浸液槽放在分析天平上，使其指示为 0.00。称量试样悬挂在水中的质量，精确至 0.01g。称量时试样用细绳拴住完全浸入水中，注意试样不要接触杯底或内壁。孔隙率按下式计算：

$$X_2 = \left(1 - \frac{m_2/\rho}{V_2}\right) \times 100\% \tag{11-157}$$

式中　X_2——孔隙率；

　　　m_2——被测试样悬挂在水中的质量（g）；

　　　ρ——水的密度（g/cm³），一般取 1.0g/cm³；

　　　V_2——被测试样的轮廓体积（cm³）。

测定15块试样，然后去掉最大值和最小值，将剩下13块取其平均值作为孔隙率测定值。计算结果保留到小数点后一位。

4. 常温抗压强度（GB/T 25139—2010）

在上压头为ϕ30mm圆柱体的特定条件下，对一定尺寸的试样以恒定的加压速率施加负荷直至破碎。试样破碎时所承受的最大压应力即为常温抗压强度。

（1）主要仪器　烘干箱、游标卡尺（精度为0.02mm）、机械式或液压式强度试验机［①带有能够测定施加在试样上的压力值的装置，示值误差在±2%以内。②具有能将试样破坏的压力量程。③能够均匀连续地增大压力，应能够以1.0MPa/s±0.1MPa/s的速率施加压力，直至试样破碎。④试验机上压板尺寸为ϕ30mm圆柱体。⑤应在试验机的下压板做出标记以便把试样放置在中心处（如在下压板划同心圆）］。

（2）试样制备　试样的最小尺寸应不小于30mm。有缺边、掉角、裂纹或其他明显缺陷的试样要做记录并废弃不用。试样的受压面应尽可能平行，并尽可能垂直于加压方向。制备好的试样置于干燥箱中在110℃±5℃下干燥至恒重，而后冷却至室温，试验前应防受潮。

（3）试验步骤　用游标卡尺测定上压头尺寸，计算出平均初始断面面积。将试样放置在试验机上下两块压板的中心位置，选择试验机量程，使其比试样预计破坏载荷值大10%。以1.0MPa/s±0.1MPa/s的速率连续均匀地施加压力，直至试样破碎，即试样不能再承受进一步增长的压力为止。记录指示的最大载荷。试样的常温抗压强度按下式计算：

$$p = \frac{F_{max}}{A_0} \qquad (11\text{-}158)$$

式中　p——常温抗压强度（MPa）；

　　　F_{max}——记录的最大载荷（N）；

　　　A_0——试样受压面初始断面面积（mm^2）。

测定10块试样，然后去掉最大值和最小值，将剩下8块取其平均值作为强度测定值。计算结果保留到小数点后一位。8个数值中任何一个数值与平均值相差超出10%时，试验应重新进行。

5. 抗热震性（GB/T 25139—2010）

（1）主要仪器　高温电炉（均温性为±3℃，能够连续均匀加热，升温速度为5~10℃/min）、坩埚钳、放大镜（放大倍数为5~10倍）。

（2）试验步骤　将抽取的10片泡沫陶瓷过滤网逐片放入已升温至1100℃±15℃的高温电炉内并保温5min，然后取出在常温下以0.1MPa±0.02MPa压

缩空气流作为冷却介质急剧冷却5min后，在放大镜下进行观察，以此为一次测定。凡发现4边出现裂纹或有连续3根（包括3根）筋出现断裂，则检测结束。抗热震的次数即为做试验的次数N减去1次，即$N-1$次。

6. 高温抗弯强度（GB/T 25139—2010）

（1）主要仪器　高温电炉。高温电炉应具有以下功能：

1）炉子应能同时加热弯曲装置和试样，并且在试验时使试样上的温度分布不超过±10℃。

2）应设置可将试样推至下刀口的机构。

3）能够连续均匀加热，升温速度为5~10℃/min。

4）应设置温度测量装置（应在试样张力面中点附近用校准的热电偶测量温度，试验期间应使试样张力面中点保持在试验温度下）和加荷装置（具体要求：①两个下刀口和一个上刀口，互相平行；下刀口间距为75mm±2mm，上刀口应放置在两个下刀口的正中，精确至±2mm。②刀口和试样在试验温度下接触时应不起任何反应。③刀口的长度比试样的宽度应至少长5mm，刀口曲率半径应为5mm±1mm。④两个下刀口应在一个水平面上，其间距在室温下测量，精确至±0.5mm。⑤加荷装置应能以规定的加荷速度对试样均匀加荷，并应具备记录或指示试样断裂的装置）。

（2）试验步骤　试样每组数量6块，尺寸为(100±1)mm×(50±1)mm×(22±0.5)mm。

用游标卡尺测量常温下试样中部宽度和厚度，精确至0.1mm。加热温度至1200℃，保温10min。保温结束，将试样由室温推至炉内下刀口。以恒定加荷速度（0.15MPa/s），对试样加荷直至断裂。

试样的高温抗弯强度，按下式计算：

$$p_e = 1.5 \frac{FL}{bh^2} \qquad (11\text{-}159)$$

式中　p_e——高温抗弯强度（MPa）；

　　　F——试样断裂时最大载荷（N）；

　　　L——下刀口间距（mm）；

　　　b——试样中部宽度（mm）；

　　　h——试样中部厚度（mm）。

测定6块试样，然后去掉最大值和最小值，将剩下4块取其平均值作为高温抗弯强度测定值。计算结果保留到小数点后一位。4个数值中任何一个数值与平均值相差超出10%时，试验应重新进行。

11.5　冒口套的测试方法

11.5.1　密度的测定（GB/T 5071—2013）

（1）主要仪器　密度瓶（25mL、50mL或

100mL,配有带毛细管的磨口瓶塞)、天平(精度为0.1mg)、真空装置(能抽真空到残余压力不大于2.5kPa,并装有压力指示器)、恒温控制浴(能保持室温以上2~5℃,精度为0.2℃)、试验筛(孔径为63μm)、干燥箱、干燥器。

(2) 样品的制备

1) 取样应按 GB/T 10325—2012 要求或双方同意的其他标准取样方案进行。从每块冒口套上所取样块的数量应取得双方同意,并在试验报告中注明。

2) 样块应破碎、磨细至全部通过试验筛。样块在破碎、磨细过程中应小心,不得带入杂质或受潮。

3) 试验前,试样应在 110±5℃ 干燥到恒重,即至少要在干燥箱内烘干 2h,前后两次连续称量试样的质量差不大于 0.1%。每次称量前,试样应放置于干燥器内冷却至室温。

(3) 试验步骤

1) 试料的初始质量测定。清洗空密度瓶,保证其完全干燥,称量洗净带有瓶塞的空密度瓶,精确到0.0002g。向密度瓶内倒入干试料,其量大约相当于密度瓶体积的 1/3。当装有试料的密度瓶再达到环境温度时,进行称量,精确到 0.0002g。这两次称量的差即为试料的初始质量。

注意,如果材料难以被液体湿润,可向密度瓶内注入一定量脱气的蒸馏水或其他已知密度的液体,其加入量不超过密度瓶容量的 1/4,称量密度瓶和液体,精确到 0.0002g。把相当于密度瓶体积的 1/3 的干试样倒入密度瓶内,称量密度瓶,精确到0.0002g。这两次称重的差即为试料的初始质量。

2) 装有试料和试验液体的密度瓶的质量测定如下:

① 向称量过的密度瓶内注入一定量脱气的蒸馏水或其他已知密度的液体,使其达到密度瓶容量的1/2 或 2/3。把密度瓶放到干燥器内,置于残余压力不大于 2.5kPa 的真空中,直到不再有气泡上升为止。密度瓶可以通过干燥器的振动装置进行振动,或其他方式振动,以保证完全湿润。当使用的液体不是水时,要小心保证在所采用的压力下,该液体不会沸腾。

② 用水或其他所选用的液体把密度瓶差不多加满,并使瓶内的试样沉淀下来,直到上层的液体仅有轻微的浑浊为止(通常让试样在瓶内沉淀过夜)。

③ 小心地加满密度瓶,插入玻璃塞,并仔细地除去溢流出来的液体。把密度瓶放到恒温控制浴内,把温度提高到比环境温度高 2~5℃ 之间(这个温度是和整个测定有关的试验温度),保持此温度恒定在±0.2℃ 内。

④ 温度升高时玻璃瓶塞上毛细孔中的液体会大量溢出,用滤纸小心地吸去溢流出来的液体。密度瓶

达到试验温度时,不会再有液体从毛细孔中溢出。从恒温控制浴中取出密度瓶,小心不要让手上的热量使密度瓶的温度增高,造成更多的液体溢出(把装满的密度瓶放到冷水中几秒钟,可以防止温度增高,但要避免弄湿瓶颈顶部和瓶塞)。仔细擦干密度瓶的外面,称量精确至 0.0002g。

3) 装有液体的密度瓶的质量的测定。倒空并洗净密度瓶,用水或其他选用的液体把密度瓶加满;重复 2) 条中所述的操作,以便确定装有液体的密度瓶的质量。

真密度 ρ 按下式计算:

$$\rho = \frac{m_1}{m_3 + m_1 - m_2} \times \rho_1 \tag{11-160}$$

式中　ρ——真密度(g/cm³);

　　m_1——试料的初始质量(g);

　　m_2——装有试料和试验液体的密度瓶的质量(g);

　　m_3——装有液体的密度瓶的质量(g);

　　ρ_1——在恒温控制浴中的温度下,所用液体的密度(g/cm³),水的密度见表 11-49。

表 11-49　15~30℃时水的密度

温度/℃	密度/(g/cm³)
15	0.999099
16	0.998943
17	0.998774
18	0.998595
19	0.998405
20	0.998203
21	0.997992
22	0.997770
23	0.997538
24	0.997296
25	0.997044
26	0.996783
27	0.996512
28	0.996232
29	0.995944
30	0.995646

11.5.2　常温耐压强度的测定(GB/T 5072—2008)

保温、发热冒口属于真气孔率不小于 45% 的耐火材料制品,其常温抗压强度为对试样以恒定的速度施加载荷直至破碎或者压缩到原来尺寸的 90%,记录的最大载荷。根据试样所承受的最大载荷和平均受压断面积计算出常温耐压强度。

(1) 主要仪器　测微仪、游标卡尺(分度值为

0.02mm)、干燥箱（能控温110℃±5℃）、衬垫板（厚度在3~7mm的无波纹纸或硬纸板）、三角板、塞尺、金属直角尺以及压力试验机。

机械式或液压式压力试验机的性能要求：带有能够测定对试样施加压力的装置，示值误差在2%以内；试验机应能以规定的速率均匀施加压力；试验机的量程应确保施加于试样上的最大应力不大于量程的10%。

压力试验机压板应满足下列要求：硬度为58~62HRC；与试样接触面的平面度公差为0.03mm；表面粗糙度Ra为0.8~3.2μm。

压力试验机的两块压板都应经过研磨，其中上压板应安装在球形座上，以补偿试样与压板平行度之间的微小误差，下压板应刻有标记，以利于试样放置在压板中心处。当试样的承受面尺寸（直径或边长）为50mm时，上压板的面积不应超过100cm²。上压板的尺寸不能满足上述要求的试验机，可配合使用一辅助试样适配器（见图11-111），将其安装在试验机上下两块压板的中心位置。适配器压板应达到试验机压板要求，厚度至少为10mm。

注意，压板应可更换，以便进行机械再加工，以确保其表面满足上述要求。

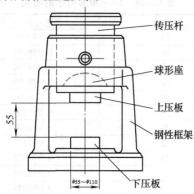

传压杆
球形座
上压板
钢性框架
下压板
55
φ55~φ110

图11-111　试样适配器

（2）试样制备

1）从每个冒口上切取一块试样，样品的数量按GB/T 10325要求或有关方协商的其他方案确定。

2）每块试样尺寸为114mm×114mm×76(75)mm，或114mm×114mm×64(65)mm。

3）试样的受压面的平面度误差应在0.5mm以内，用金属直角尺和0.5mm的塞尺检查每个试样受压面上两个相交的对角线，以检查试样的平面度是否满足要求。

4）每块试样的受压面之间应平行，在受压面4条边的中间做4次高度测量，测量值之间的偏差应不超过1mm。

5）试样的4个侧面与其底面的垂直度误差应在1mm内。检查方法是将试样放在一个面上，在4个边的中点竖直放置一三角板，三角板的竖边与试样之间的间隙不得超过1mm。

（3）试验步骤

1）测量试样每个受压面的长和宽，在4个边的中点测量试样的高度，精确到0.5mm。

2）将试样于110℃±5℃的烘干箱内干燥至恒重，每次干燥后冷却时，应避免受潮。

3）将试样的较大面（114mm×114mm）对准压力试验机下压板的中心放置，试样和压板间不用衬垫材料。将微侧仪安放在下压板上，以测量受压变形。

4）以0.05MPa/s±0.005MPa/s的速率平缓而连续地施加载荷，直到试样破碎或压缩到原始试样的90%±1%，记录试验时的最大载荷。

试样的常温耐压强度按下式计算，结果保留3位有效数字。

$$\sigma = \frac{F_{max}}{A_0} \qquad (11\text{-}161)$$

式中　σ——试样的常温耐压强度（MPa）；

F_{max}——记录的最大载荷（N）；

A_0——试样受压面的初始断面积（mm²）。

11.5.3　常温抗折强度的测定（GB/T 3001—2017）

常温抗折强度是对规定尺寸的材料试样以恒定的加荷速率施加应力直至试样断裂，在3点弯曲装置上所能承受的最大应力。两个下刀口应位于中间支撑块上。

（1）主要仪器　电热鼓风干燥箱（能控温110℃±5℃）、游标卡尺（分值度不大于0.05mm），以及加荷装置。

加荷装置结构及功能：

1）加荷装置应有3个刀口，下面2个刀口支撑试样，上面1个刀口加荷（见图11-112），3个圆柱形刀口的曲率半径应符合表11-50的规定。刀口的长度b应比试样的宽度至少大5mm（见图11-113）。3个刀口与试样的接触线应互相平行，且垂直于试样压力面长度方向的侧面。2个下刀口应位于中间支撑块上，中间支撑块的底面是圆柱面的一部分。这样，当试样在垂直面上稍有偏斜时可独立地调节上下刀口（见图11-113），也可固定一个下刀口，使另一个下刀口和上刀口能在垂直面上调节。2个下刀口之间的距离见表11-50。上刀口位于2个下刀口中间，偏差在2mm以内。

2）加荷装置能以恒定的速率对准试样中间均匀

加荷，并有能记录或指示其断裂加荷的仪器，测力示值误差应在 2% 以内，测量的断裂载荷不小于量程的 10%，不大于量程的 90%。

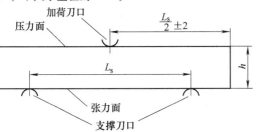

图 11-112　加荷装置上下刀口的布置

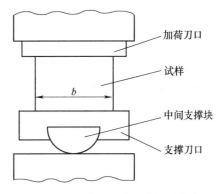

图 11-113　加荷装置中间支撑块的位置

表 11-50　试样尺寸、允许偏差和刀口尺寸　　　（单位：mm）

试样尺寸 $l \times b \times h$	宽度 b 和高度 h 的允许偏差	横断面对边之间的平行度允许偏差	顶面和底面之间平行度允许偏差	下刀口之间距离 L_S	上下刀口的曲率半径
$230 \times 114 \times 75$ $230 \times 114 \times 65$	—	—	—	180 ± 1	15 ± 0.5
$200 \times 40 \times 40$	± 1	± 0.15	± 0.25	180 ± 1	15 ± 0.5
$150 \times 25 \times 25$	± 1	± 0.1	± 0.2	125 ± 1	5 ± 0.5

（2）样品的制备

1）数量。试验用样品的数量按 CB/T 10325—2012 的规定或由有关方协商确定。试样从冒口上切取，从每个冒口上切取的数量应相同，以便统计分析。

2）形状和尺寸。冒口制品标准试样尺寸为 230mm × 114mm × 65（75）mm，也可采用表 11-50 列出的其他尺寸。

3）试样制备。试样从冒口上切取，应保留冒口成型时加压方向的原面作为压力面。

注意：建议采用连续凸缘金刚石片切割冒口制品试样。如使用齿形刀片，切出的试样常出现边缘破损，因此建议切割面作为张力面。

（3）试验步骤

1）在 110℃ ±5℃ 的干燥箱内将试样烘干至恒重，在干燥器内冷却至室温。

2）测量每个试样中间部位的高度和宽度，求其平均值，精确到 0.1mm。测量下刀口之间的距离，精确到 0.5mm。

3）将试样对称地放置在加荷装置的刀口下。试样的压力面应是原冒口的成型加压面。

4）在常温下对试样垂直以 0.05MPa/s ± 0.005MPa/s 的速率平缓而连续地施加载荷直至试样断裂，记录试样断裂时的荷载（F_{max}）和试验时的温度。

常温抗折强度由下式计算：

$$\sigma_F = \frac{3}{2} \times \frac{F_{max} L_S}{bh^2} \qquad (11-162)$$

式中　σ_F——常温抗折强度（MPa）；

$\quad F_{max}$——对试样施加的最大压力（N）；

$\quad L_S$——下刀口间的距离（mm）；

$\quad b$——试样宽度（mm）；

$\quad h$——试样高度（mm）。

11.5.4　热导率的测定（GB/T 36133—2018）

热导率（导热系数）是在单位温度梯度下，在单位时间内垂直通过单位面积的热量。

（1）主要仪器

1）测量装置。测量装置见图 11-114。

加热炉的加热室应能容纳两块 230mm × 114mm × 75mm 的直形砖，并应在底部设置两个支撑架，使试件均匀受热。加热炉在每个测试温度点的温度控制到 ±5℃，试件任意两点间的温差不大于 10℃。热线升温步骤开始前 15min 内应保持温度稳定，恒温期间试件外侧热电偶所得温度值波动不应大于 ± 0.5℃。另外，应在炉墙上设置四个孔，放置四根空心氧化铝保护管。保护管中分别埋设两根热线升温引线和与两根测阻引线。孔与孔之间应保持一定的间距，以减少升温过程中的导电性。

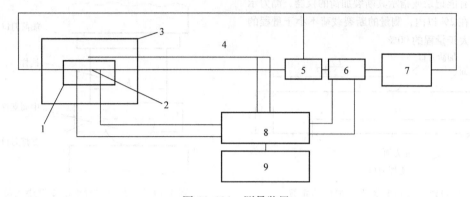

图 11-114　测量装置

1—试件　2—热线　3—加热炉　4—热电偶　5—断电器
6—分流器　7—电源　8—数据记录系统　9—计算机

　　热电偶用于测量试件外侧的温度，应由铂或铂铑丝组成，并与最终试验温度相匹配。

　　热线升温系统包括交流电源、分流器与断电器，可产生 0~10A（0~50V）的稳定电流。热线加热应当使用稳定的交流电，测试功率应为 1~125W/m，这等同于在 150mm 的测阻引线之间的热线功率为 0.15~18.75W。该系统还应具备测量电流与压降的装置，其满量程精度应达到 ±0.5%。

　　数据记录系统包括直流电源、数字电压表工程序记录仪、继电器、分流器。为了测量热线的电阻值变化，需要使用较低的恒定直流电流（比如 100mA）叠加于热线交流升温电流之上。记录测阻引线之间热线段的直流电压降以计算出热线温度变化。由于测量时热线电阻的变化率仅为其绝对电阻值的百万分之一，需要使用分辨率足够高的数据记录系统。程序化的数字电压表应能自动变换量程、自动校验，数字分辨率为 6½（即精度达到六位半）。温度 - 时间记录设备的灵敏度至少应能达到 0.2μV/mm，或者测温分辨率达到 0.01℃，时间测试分辨率短于 0.5s。

　　计算机能控制数据记录系统与热线升温系统，采集和分析试验结果（附带 IEEE 元器件并具有顺序文件编号功能）。

　　热线测量架（可重复使用的试验导线）由一条至少 300mm 长的热线和两条中心间距大约 150mm 的垂直测阻引线组成，见图 11-115。为确保测量准确，热线和垂直测阻引线采用纯铂丝。热线铂丝的技术要求与其温度系数的测定方法参照 GB/T 5977 进行。铂合金丝仅可用于连接热线测量架与外部的升温电路和测阻电路。热线与测阻引线可通过氧化铝空心管和安装在炉边的有隔热保护的接线盒分别连接热线升温系统与数据记录系统。热线直径为 0.3~0.5mm。推荐

测阻引线的径向截面积小于热线的一半，也可与热线的直径相同。热线测量架外部的加热电流引线至少与热线的直径相同。热线测量架的制作方法是采用微炬焊、电弧焊或电弧冲压焊将测阻引线与热线焊接，焊点呈珠状，且尽可能小。焊接点需平直，使测阻引线垂直于主线，焊点接头排成丁字形。

　　2）游标卡尺。分度值不大于 0.05mm。

　　3）天平。精度为 0.1g。

　　4）电热干燥箱。控温为 110℃ ±5℃。

　　（2）试样的制备　选择两块相同尺寸的试样，组成试件。选取单个试样的最小尺寸为 200mm × 100mm × 50mm，推荐尺寸为 230mm × 114mm × 65mm 或者 230mm × 114mm × 75mm。热线测量架放置在两块紧密接触的试样中心位置。在上下两块试样的接触面各加工出一个台阶，以埋置热线，见图 11-115。

　　为了确保试样与热线紧密接触，试样台阶的最大高度应不大于 0.8mm，并确保其最小高度不小于所使用热线的直径。为保证试件不晃动，两个台阶的平均高度误差应在 0.1mm 之内。另外，上下试样接触表面的平面度误差应当不大于 0.1mm/100mm。台阶加工好后，将两块试样合在一起，使两个台阶相互吻合，摇动试件检测其是否晃动，不晃动即为合格。在台阶高度和紧密接触面的平面度都达到要求后，在一块试样的台阶上刻上测阻引线槽。为使热线和测阻引线的焊点相匹配，可用工具在放置焊点处凿坑进行修饰。

　　（3）试验步骤

　　1）安装。量取测阻引线之间的热线长度 L，精确至 0.5mm。先在炉内底座放入一块带有测阻引线槽的试样，将热线测量架放入刻好的槽中；将另一块试样放在有槽的试样上，将它们扣在一起与热线紧接触。将装好的试件放入炉内两个支撑架上，以确保

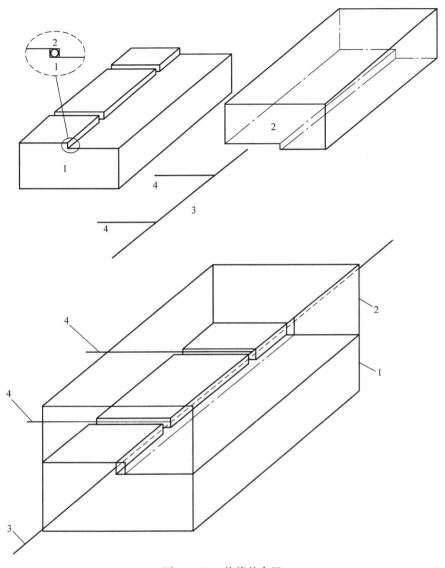

图 11-115　热线的布置

1—下部试样　2—上部试样　3—热线　4—测阻引线

均匀受热。将热线与测阻引线分别与试验电路连接。将试件外侧测温用热电偶放置在试件中心上部,并将多余的测阻引线拉至炉外以减少炉内线的长度,使其不超过 200mm。如果炉内测阻引线过长,在炉内温度超过 1000℃ 时,发热体处将有可能会产生交流干扰。

2)试验前校准。依据所使用的数据分析与计算方法,可能需要检测热线测量架在 0℃ 时的电阻(R_0)。可将热线测量架放入盛有冰水混合物的塑料盘中,使用与实际试验过程相同的测阻方法记录热线测量架上四根引线的数据,并计算出其冰点电阻。另一种可选的方法是检测热线测量架的室温电阻,通过

$R_T/R_0 = a + bT + cT^2$ 计算 R_0 值。该式中的系数可以通过前期的试验过程所求得。如果使用此方法计算热线电阻与温度,则无须进行 0℃ 校准步骤。

3)编制计算机与其他炉温控制装置的程序,以设置所需的试验温度和保温时间。为了避免炉体和试件受到热震破坏,控制加热炉升温速率不超过 10℃/min,推荐的升温速率为 3℃/min。如果加热炉采用独立控制升温系统,需要在达到预设温度后保温 4h 后才可进行测试。如果在较低测试温度下测试低导热材料,保温时间可能需达到 8h。如果加热炉由计算机程序控制炉内热稳定性,则不需要规定最低保温时间。为了确定热线升温曲线,至少测试 4 个试验温度(比如

室温与其他3个温度点)。

4)用低功率测试每个试验温度点下的标准热线电阻(R_s),精确至$1.0 \times 10^{-6}\,\Omega$。推荐将测试装置的输出设置为$0.1 \sim 0.2$A,用通过标准电阻的电压降($V_s$)精确测量电流($I$)。在各温度下都应使用相同方法检测标准电阻。

5)使用热线升温电流给热线供电,以获得最大热线温升0.5℃/min(dT/dt)。可以采用计算机对不同测试材料与测试温度预先选取测试功率。室温下的最大输入电流为8A,相应输入最大功率约为6W,或约为0.5W/cm。接通测试回路,热线加热时间控制在5min(高导热材料)到10min(低导热材料)之间。与此同时,使用计算机控制的数据记录系统以每3s或更短的频率记录升温过程中的热线电阻与时间数据。当测试结束后,断开测试回路同时停止数据采集,使试件温度重新达到平衡。

6)等待1h或更长时间使试件重新达到平衡温度,然后在每个试验温度下将热线升温,试验至少3次。依据使用的软件不同,可在每次重复试验中不使用相同的电流。在室温下,当加热炉加热系统关闭后,炉温依然也有可能因为温度惯性而上升,因此等待时间不应小于1h。测试完所有温度点后,计算最终的试验结果,将整个温度范围所测得的R_T数据拟合成曲线。

7)计算。计算过程如下:

①计算所需用到的物理量与符号如下:

R_T——任一温度T下的热线电阻(Ω);

R_0——0℃冰水浴中的热线电阻(Ω);

L——热线长度(cm);

T——试验温度(℃);

V——热线两端的平均压降(V);

V_s——通过标准热线电阻的平均压降(V);

R_s——标准热线电阻的平均阻值(Ω);

I——通过热线的标准电流(V_s/R_s)(A);

Q——试验时输入热线的平均电功率(W/m),$Q = 100VI/L$;

T——时间(min);

B——RT对ln$t$图中线性区间段的斜率;

λ——热导率[W/(m·K)];

A、b、c——热线电阻和温度有关的二次多项式的回归系数。

注:为获得最佳精度,V、I与Q的数值可在R_T对ln$t$图中的线性区间内测定。

②回归系数计算。采用至少4个试验温度(如室温和其他3个升温点),用多项式回归分析对标准热线电阻(R_s)或比电阻(R_T/R_0)与所记录的温度数据进行曲线拟合,得出多项式($a + bT + cT^2$)。传统计算方法是用实测电阻与0℃冰点电阻的比值数据(R_T/R_0)进行拟合,使用该方法时应实测或计算出R_0。因为在热线的反复使用过程中可能会由于拉伸或装样步骤导致R_0发生变化,所以应定期用0℃冰水浴进行校验,或者根据室温测得的数据和以往试验中依照方程$R_T/R_0 = a + bT + cT^2$所测得的回归系数重新计算。使用电阻比值的优点是回归系数可得到规范化,并可直接与其他数据源进行比较(如使用相同热线测量架所测得的不同试验数据,或不同长度和线径的热线测量架所测出的试验数据)。另一种可选的方法是仅对热线阻值和温度的数据进行拟合。该方法的优点是所有数据均可以在当次试验中取得,不需要0℃冰点电阻数据,也无须考虑热线安放过程所导致的热线阻值细微变化。因此,该方法更加适用于常规试验。但该方法的缺点是电阻与温度的回归系数每次都需要通过试验升温过程才能求得,该系数也会因热线架的长度和直径改变而发生变化。

③斜率计算。采用合适的线性回归方法从每次试验测得的R_T对ln$t$曲线中的线性区间计算出斜率(B)。可通过计算机分析软件或目测确定R_T对ln$t$曲线的线性区间。为了避免R_T对ln$t$曲线线性回归时产生偏向高温段的偏差,推荐使用均匀区间的ln$t$时间坐标轴进行分析。这可能需要在进行线性回归分析步骤之前,在更长的时间段内采集电阻数据,或在均匀的采样率下采集更多数据点。如果在曲线上未发现线性区间,其原因有可能是材料不适用于该试验方法,或者试验操作出现了错误,此时应当重新进行试验。

④热导率计算。根据每次热线升温过程中采集得到的数据所做出的R_T对ln$t$的斜率(B)和之前所求出的多项式回归系数,使用式(11-169)或式(11-170)计算出热导率。

针对线热源的傅里叶热流方程:

$$\lambda = \frac{Qd(\ln t)}{4\pi dT} \tag{11-163}$$

如果$R_T/R_0 = a + bT + cT^2$,那么有

$$\frac{dR_T}{dT} = R_0(b + 2cT) \tag{11-164}$$

如果B是R_T对ln$t$的斜率,则

$$B = \frac{dR_T}{d(\ln t)} = \frac{dT R_0(b + 2cT)}{d(\ln t)} \tag{11-165}$$

则

$$d(\ln t) = \frac{dT R_0(b + 2cT)}{B} \tag{11-166}$$

将式 (11-166) 代入式 (11-163) 得

$$\lambda = \frac{QR_0(b+2cT)}{4\pi B} \qquad (11\text{-}167)$$

Q 可表示为

$$Q = \frac{100VI}{L} = \frac{100VV_s}{R_s L} \qquad (11\text{-}168)$$

将式 (11-168) 代入式 (11-167) 得

$$\lambda = \frac{100VV_s R_0(b+2cT)}{R_s L 4\pi B} \qquad (11\text{-}169)$$

式中，热导率 λ 的单位为 W/(m·K)。如果使用拟合热线阻值与温度的方法进行 $R_T = a + bT + cT^2$ 的计算，则可化为下式：

$$\lambda = \frac{100VV_s(b+2cT)}{R_s L 4\pi B} \qquad (11\text{-}170)$$

11.5.5　耐火度的测定 (GB/T 7322—2017)

冒口套耐火度的试验方法见 11.1.2 节原砂耐火度的试验方法。

11.5.6　含水量的测定 (GB/T 3007—2017)

(1) 主要仪器　天平 (精度为 0.1g)、玻璃皿、电热干燥箱、干燥器 (装有干燥剂)。

(2) 试样　在冒口上采用多点采样法取出总质量约 300g 的试样，分成 3 份。

(3) 试验步骤　将 3 份试样，尽量分成小块，分别放入 3 个干燥过已知质量的玻璃皿中称重，精确至 0.1g。试样在 110℃ ±5℃ 的电热烘干箱内烘干 2h。将干燥后的试样迅速移至干燥器内，冷却至室温，称重，再烘干 1h，重复至恒重 (试样烘干至最后两次称量之差不大于前一次的 0.1% 时即为恒重)。

含水量按式 (11-171) 计算，以 3 个试样的平均值为试验结果。

$$w(\text{H}_2\text{O}) = \frac{m_1 - m_2}{m} \times 100\% \qquad (11\text{-}171)$$

式中　$w(\text{H}_2\text{O})$——含水量 (质量分数)；

m_1——干燥前容器和试样质量 (g)；

m_2——干燥后容器和试样质量 (g)；

m——试样质量 (g)。

参 考 文 献

[1] 胡彭生. 型砂 [M]. 上海：上海科技出版社，1994.

[2] 余笃武，梁希超，等. 铸造测试仪器的原理及应用 [M]. 北京：机械工业出版社，1990.

[3] 美国铸造师学会. 造型材料试验手册 [M]. 李传轼，朱承永，译. 北京：机械工业出版社，1983.

[4] 于震宗，黄天佑，殷锡鹏. 湿型砂用膨润土检测技术的评述 [J]. 现代铸铁，2003 (5)：45-48.

[5] 于震宗. 湿型铸铁件生产中一些与型砂有关的问题解答 (五)——与型砂性能检验方法有关的问题 [J]. 现代铸铁，2005 (6)：50-52.

[6] 于震宗. 中小铸造工厂适用的有效煤粉含量测定方法 [J]. 现代铸铁，2006 (2)：80-83.

[7] 黄天佑，熊鹰. 黏土湿型砂及其质量控制 [M]. 2 版. 北京：机械工业出版社，2016.

[8] 解瑞云，海本斋，张小伟. 计算机图像法测定旧黏土砂中的有效膨润土含量 [J]. 铸造技术，2016，37 (08)：1790-1793.

[9] 段双，金小成，朱智，等. 电感耦合等离子体原子发射光谱法测定水玻璃再生砂中残余氧化钠含量 [J]. 铸造，2016，65 (12)：198-

1202.

[10] 魏甲，袁树林，张俊法，等. 新型水玻璃砂成套工艺及材料在铸造上的应用 [J]. 铸造设备与工艺，2018 (1)：36-41.

[11] 周静一. 国内外水玻璃无机黏结剂在铸造生产中的应用及最新发展 [J]. 铸造，2012，61 (3)：237-245.

[12] 陈允南. 树脂砂主要原材料性能及检测方法 (1) [J]. 现代铸铁，2013 (01)：63-66.

[13] 陈允南. 树脂砂性能检测技术 (1) [J]. 现代铸铁，2012 (01)：85-88.

[14] 姚俊，张劲恒，姚良. 砂型铸造中树脂砂高温性能检测系统研究 [J]. 铸造技术，2018，39 (10)：2308-2310.

[15] 马俊，张钧城. 呋喃树脂砂质量控制要素的研究 [J]. 金属加工 (热加工)，2017 (03)：55-57.

[16] 能鹰，王丽峰. 行业标准《铸造用低氨覆膜砂》解读 [J]. 铸造，2017，66 (08)：893-895.

[17] 段文恒，李国忠，杜崇山，等. 发热保温冒口套关键特性控制及应用问题对策 [J]. 中国铸造装备与技术，2017 (06)：20-24.